AF320716

TRAITÉ
D'ANALYSE CHIMIQUE

QUANTITATIVE

Dosage et séparation des corps simples et composés,
les plus usités dans la pharmacie, l'industrie,
les arts et l'agriculture :
analyse par les liqueurs titrées,
analyse des eaux minérales, des cendres végétales, des terres, des engrais
des minerais métalliques, des fontes, dosage des sucres,
alcalimétrie, chlorométrie, etc.

PAR

R. FRESENIUS

PROFESSEUR DE CHIMIE A L'UNIVERSITÉ DE WIESBADEN

CINQUIÈME ÉDITION FRANÇAISE

TRADUITE DE L'ALLEMAND SUR LA SIXIÈME ÉDITION

PAR

C. FORTHOMME

PROFESSEUR DE CHIMIE A LA FACULTÉ DES SCIENCES DE NANCY

AVEC 259 GRAVURES DANS LE TEXTE

PARIS

LIBRAIRIE F. SAVY

77, BOULEVARD SAINT-GERMAIN, 77

1885

TRAITÉ
D'ANALYSE QUANTITATIVE

INTRODUCTION

L'analyse chimique complète comprend *l'analyse qualitative* et *l'analyse quantitative*. Le but de la première est de découvrir la *nature* de tous les éléments qui constituent un corps composé, celui de la seconde est d'en déterminer la *quantité*.

Dans l'analyse qualitative on obtient le résultat désiré en donnant aux éléments inconnus des formes connues. L'analyse quantitative arrive à son but par des procédés divers selon les circonstances, mais dont l'ensemble constitue cependant deux méthodes essentiellement différentes, savoir : *l'analyse par pesées* et *l'analyse volumétrique*. Toutes deux résolvent le problème, mais elles procèdent d'une façon tout à fait distincte.

La *méthode par les pesées* nous apprend à faire passer les éléments du corps étudié, connus quant à leur nature, dans des composés qui d'abord soient susceptibles d'être pesés avec toute l'exactitude possible et soient ensuite parfaitement connus quant au rapport des poids des éléments qui les constituent.

Les formes ou les composés, qui se prêtent aux exigences du dosage, sont tantôt tirés directement de la combinaison à analyser ou du mélange à déterminer; ou tantôt ce sont des produits que l'on en obtient par suite de traitements particuliers. Dans le premier cas, le poids trouvé est l'expression directe de la quantité de l'élément séparé ; dans le second, ce poids ne nous fait pas connaître immédiatement la quantité réelle de l'élément entré dans la nouvelle combinaison, mais il nous permet de l'obtenir par un calcul fort simple. Un exemple suffira pour faire comprendre ce que nous disons.

Supposons qu'il s'agisse de déterminer la quantité de mercure contenue dans du bichlorure de mercure; nous pourrons d'abord y arriver en précipitant le mercure à l'état métallique au moyen du protochlorure d'étain. Mais nous pourrions aussi précipiter la dissolution par l'acide sulfhydrique et peser le sulfure de mercure précipité. 100 p. de bichlorure renferment 75,83 de mercure et 26,17 de chlore : en opérant convenablement avec le protochlorure d'étain, nous devrons retirer 75,83 p. de mercure de 100 parties de bichlorure; en mettant la même rigueur dans la seconde méthode, nous devrons obtenir 85,658 p. de sulfure de mercure avec la même quantité de bichlorure. Dans le premier cas, nous arrivons directement au nombre 75,85 (quantité de mercure contenue dans le poids de chlorure analysé); mais, dans le second cas, nous ne le trouvons qu'en résolvant ce problème très simple : 100 p. de sulfure de mercure renfermant 86,213 de mercure, combien en contiennent 85,658 ? $x = 75{,}85$.

Il faut donc nécessairement et absolument que, dans les analyses par les pesées, on puisse prendre exactement le poids des combinaisons dont on fera usage, et qu'en outre on connaisse leur composition. Si la première condition ne peut se réaliser, il est impossible de mener l'opération à bonne fin : et si l'on ignore la seconde, on manque des données indispensables pour faire les calculs, dans le cas où l'on a affaire à des produits secondaires.

L'*analyse volumétrique* repose sur un principe tout différent. Elle fait trouver la quantité d'un corps en le faisant passer, il est vrai, d'une forme déterminée sous une autre, mais cela au moyen d'un liquide d'une force chimique, ou, comme on dit, d'un *titre* connu et dans des conditions telles qu'on puisse nettement reconnaître le moment où sera terminée la transformation à opérer. — Voici un exemple : le permanganate de potasse, ajouté à une dissolution de sulfate de protoxyde de fer acidulée avec de l'acide sulfurique, transforme aussitôt ce protoxyde en peroxyde, parce que le permanganate, remarquable par sa couleur rouge intense, cède de l'oxygène pour se changer en protoxyde de manganèse qui s'unit à l'acide sulfurique et donne du sulfate de manganèse incolore. D'après cela, si dans une liqueur acide contenant du protoxyde de fer nous versons goutte à goutte une dissolution de permanganate, la couleur rouge disparaîtra par l'agitation : mais bientôt il arrivera un instant où la coloration produite par la dernière goutte sera persistante, ce sera le moment où tout le protoxyde de fer sera passé à l'état de peroxyde.

Si donc nous déterminons la force chimique ou le titre de la dissolution de permanganate, en la faisant agir sur une quantité bien connue de protoxyde de fer dissous, nous trouverons par exemple que 100 p. du réactif transforment 2 parties de protoxyde, et dès lors nous pourrons avec cette dissolution de permanganate doser la quantité inconnue de protoxyde de fer contenue dans le liquide donné; car si nous employons 100 p. du réactif titré, c'est qu'il y a 2 p. de protoxyde de fer : 50 p. de la liqueur correspondront à 1 p. de protoxyde de fer, etc.

Comme ce n'est plus en poids mais en volume qu'on mesure le liquide agissant chimiquement, ce genre d'analyse prend le nom d'*analyse volumétrique*, ou analyse par les liqueurs *titrées*. Il conduit bien plus rapidement au but que l'emploi des pesées.

Ayant indiqué nettement l'objet de l'analyse quantitative et la manière générale dont elle procède, nous dirons encore, avant d'aller plus loin, les qualités que doit posséder celui qui veut obtenir de bons résultats dans un travail. Elles sont de trois sortes : il faut d'abord posséder les connaissances théoriques nécessaires, en second lieu avoir une certaine habileté manuelle et troisièmement une exactitude scrupuleuse.

Pour ce qui est des *connaissances*, il faut posséder à fond celles déjà nécessaires pour mener à bien les analyses qualitatives. Ajoutez la connaissance des lois des combinaisons chimiques, l'habitude du calcul, mais d'un calcul tout élémentaire, et vous aurez l'ensemble de tout ce que doit savoir celui qui veut commencer l'étude de l'analyse quantitative. Il sera à même de comprendre les méthodes à l'aide desquelles on sépare les corps et on en détermine les poids : il pourra faire les calculs au moyen desquels, d'après les équivalents, on déduit des résultats analytiques obtenus la composition des combinaisons, on s'assure de la rigueur des procédés de séparation employés et l'on contrôle les résultats obtenus.

Aux connaissances scientifiques il faut ajouter une certaine *adresse* dans les opérations pratiques. Cette condition est du reste nécessaire pour toutes les sciences d'application ; mais si elle est indispensable, c'est surtout quand il s'agit d'analyses quantitatives. Avec la science la plus profonde, on n'est pas capable de trouver combien il y a de sel marin dans une dissolution, si l'on ne peut pas verser un liquide d'un vase dans un autre sans en laisser répandre ou sans laisser glisser une goutte le long des parois, etc. Il faut que la main acquière une certaine habileté dans l'exécution de toutes les opérations que nécessite l'analyse quantitative, habileté que la pratique peut seule donner.

Enfin *il faut au savoir et à l'habileté joindre une volonté sincère d'arriver à la vérité, une conscience scrupuleuse dans les opérations.* Tous ceux qui ont fait des analyses quantitatives savent qu'il arrive parfois, surtout au commencement, qu'on a des doutes sur l'exactitude des résultats ou qu'on est même certain de leur peu de rigueur. Tantôt on a laissé tomber un peu de liquide, tantôt une décrépitation a occasionné une légère perte ; on doute si l'on ne s'est pas trompé dans les pesées, deux analyses ne sont pas d'accord. Dans ces cas, il faut avoir assez de conscience pour recommencer aussitôt son travail. Celui qui n'en a pas le courage, celui qui craint le travail lorsqu'il s'agit de trouver la vérité, celui qui se contente de conjectures ou d'à-peu-près là où il faut des résultats positifs, celui-là n'est pas plus capable de faire une analyse quantitative, que s'il manquait des connaissances théoriques et de l'adresse nécessaire dans les manipulations. Si l'on n'a pas la plus grande confiance dans son travail, il faut faire des analyses pour l'acquérir, mais il faut bien se garder de publier les résultats qu'on a obtenus ou d'en faire usage ; on n'y gagnerait rien d'abord, et ensuite on nuirait plus à la science qu'on ne la servirait.

L'analyse quantitative s'applique à toutes les substances sans exception, bien que dans le traité que nous publions nous ne nous occupions que des corps employés en pharmacie, dans les arts, l'industrie, l'agriculture. Si l'on voulait faire une division, on pourrait, abstraction faite de la nature même de la matière, s'occuper d'une part de l'analyse des mélanges, de l'autre chercher la composition des combinaisons chimiques. Quelque peu fondée que paraisse cette subdivision au premier abord, nous devons cependant la conserver si nous voulons avoir une idée nette de l'importance et de l'utilité de l'analyse quantitative. Dans les deux cas le but est différent, dans les deux la rigueur de l'analyse se contrôle différemment, et si dans un cas, on peut même dire en général, l'analyse est utile à la science, dans l'autre le plus souvent elle sert aux usages ordinaires de la vie. Si par exemple j'analyse les sels d'un acide, je puis d'après les résultats trouver la constitution de l'acide, son poids équivalent, sa capacité de saturation, etc. ; en d'autres termes, je puis répondre à une série de questions fort importantes pour la théorie scientifique. Mais si j'analyse de la poudre à canon, un alliage, un médicament composé, des cendres de végétaux, etc., mon but est autre : je ne veux résoudre aucune question de chimie spéculative, je cherche à rendre service aux arts, à l'industrie, etc. Pour contrôler mes résultats, dans le premier cas je les soumettrai aux calculs indiqués par les lois de la chimie, dans le second je recommencerai les analyses.

Ce qui précède suffit pour faire ressortir la haute importance de l'analyse quantitative. C'est par elle que la chimie est devenue réellement une science, car elle a été le point de départ pour la découverte des lois suivant lesquelles les éléments se combinent et se substituent les uns aux autres. Toute la théorie atomistique repose sur ses résultats ; elle est la base unique et solide des idées rationnelles que la science propose et adopte sur la constitution des composés.

Si l'analyse quantitative est un si puissant auxiliaire de la chimie au point de vue scientifique, elle ne lui est pas d'un moindre secours dans ses nombreuses applications aux autres sciences, aux arts, à l'industrie. Elle éclaire le minéralogiste sur la vraie nature des minéraux, elle lui donne le moyen de les reconnaître et de les classer; elle aide puissamment le physiologiste; elle a déjà été d'un grand secours pour l'agriculture, et lui offre en perspective des avantages bien plus grands encore. Il est inutile de dire les services qu'elle rend à la médecine et à la pharmacie, et le concours qu'elle prête directement ou indirectement au commerce et à l'industrie. — Enfin l'analyse quantitative a favorisé le développement de certaines industries, qui nous ont fourni des vases en platine, en verre, en porcelaine, des objets en caoutchouc, etc., fabriqués avec tant de soins et d'habileté, que sans eux il est maintenant très difficile, pour ne pas dire presque impossible, de faire une analyse chimique avec toute la rigueur à laquelle nous sommes habitués.

Toutefois, malgré les facilités apportées dans l'exécution des analyses, malgré le perfectionnement des méthodes volumétriques, qui abrègent considérablement les opérations de dosage, il n'en est pas moins vrai qu'une analyse quantitative est toujours un travail qui demande beaucoup de temps, surtout lorsqu'on commence à s'en occuper : dans ce cas en effet on ne saurait en entreprendre plusieurs à la fois, sans nuire plus ou moins à l'exactitude des résultats. Aussi à tous ceux qui voudront s'y adonner je conseillerai de faire ample provision de patience, afin qu'elle ne vienne pas à leur manquer au milieu de leurs recherches.

Ce n'est que peu à peu, par de nombreux efforts, que l'on acquerra la sûreté nécessaire et une confiance inébranlable dans les résultats obtenus. Si les travaux que nécessite une analyse, la plupart tout mécaniques, sont longs et ennuyeux, on en est bien récompensé par le plaisir qu'on éprouve quand on obtient des résultats exacts, tandis qu'au contraire rien n'est plus désagréable que d'arriver à des résultats inexacts. Je ne saurais donc trop recommander à celui qui veut s'occuper d'analyses quantitatives de façon que son travail lui plaise, d'y mettre dès le début tous les soins possibles et de s'astreindre scrupuleusement à observer toutes les conditions prescrites. De toutes les opérations pratiques du laboratoire, je n'en connais pas qui fassent plus de plaisir que des analyses parfaitement concordantes : indépendamment de l'avantage d'arriver au but qu'on se proposait, elles dédommagent amplement de la peine qu'on s'est donnée et du temps qu'on a dépensé.

Les corps dont nous nous occuperons dans ce traité sont les suivants :

I. MÉTALLOÏDES.

Oxygène, hydrogène, soufre, (sélénium), phosphore, chlore, iode, brome, fluor, azote, bore, silicium, carbone.

II. MÉTAUX.

Potassium, sodium, (lithium), baryum, strontium, calcium, magnésium, aluminium, chrome, (titane), zinc, manganèse, nickel, cobalt, fer, (urane), (thallium), argent, mercure, plomb, cuivre, bismuth, cadmium, (palladium), or, platine, étain, antimoine, arsenic, (molybdène).

Les éléments entre parenthèses seront traités en appendice et d'une manière moins développée que les autres.

Avant de commencer l'étude de chacun de ces corps, il est bon de connaître l'ensemble de tout ce que nous aurons à examiner, et pour cela il suffit de jeter un coup d'œil sur les grandes divisions que nous avons cru devoir introduire dans l'ouvrage.

Il se divise tout d'abord en trois grandes parties. La première traite de *l'analyse quantitative en général* et se subdivise en deux sections, la *pratique des analyses*, puis leur *calcul;* — dans la deuxième on décrit des *méthodes analytiques spéciales;* — et la troisième renferme un certain nombre de *questions* choisies avec soin, que l'on peut donner comme exercices fondamentaux.

Voici le résumé des subdivisions de ce traité :

I. GÉNÉRALITÉS.

    A. *Pratique des analyses.*

        1. Opérations.
        2. Réactifs.
        3. Formes et combinaisons sous lesquelles on sépare les corps les uns des autres et on détermine leur poids.
        4. Détermination du poids des corps dans les combinaisons simples.
        5. Séparation des corps.
        6. Analyse organique élémentaire.

    B. *Calcul des analyses.*

II. Spécialités.

1. Analyse des eaux naturelles et en particulier des eaux minérales.
2. Analyse des minéraux et des produits industriels, qui sont le plus fréquemment soumis aux essais chimiques pour reconnaître leur pureté et leur valeur commerciale.
3. Analyse des cendres.
4. Analyse des sols.
5. Analyse des engrais.
6. Analyse de l'air atmosphérique.

III. Exemples d'analyse.

Appendice.

1. Documents pour contrôler les analyses.
2. Tables pour le calcul des analyses.

PREMIÈRE PARTIE

GÉNÉRALITÉS

PREMIÈRE SECTION — PRATIQUE DE L'ANALYSE

CHAPITRE PREMIER

DES OPÉRATIONS

§ 1.

Nous avons déjà indiqué, dans le premier chapitre du *Traité d'analyse qualitative*, la nature et le but de la plupart des opérations à pratiquer dans les analyses en général : nous ne nous occuperons donc ici que de ce qui se rapporte surtout aux recherches quantitatives, en insistant sur ce que les méthodes générales offrent de spécial à chaque cas particulier. Quant aux opérations qui ont pour but certaines opérations ou certains dosages tout particuliers, nous en parlerons plus loin en leur lieu et place.

§ 2.

I. DES DOSAGES

Dans les analyses chimiques, le dosage ou la détermination des quantités réelles des substances se fait généralement par des pesées; mais dans beaucoup de cas on emploie les mesures en volumes pour les gaz et pour les liquides. L'exactitude des résultats dépend évidemment d'abord de la justesse de la balance et de celle des mesures de capacité, puis certainement aussi de la pureté de la substance employée dans la recherche, de celle du produit formé, et enfin, dans les analyses volumétriques, de la bonne préparation des liqueurs titrées. Le chimiste ne saurait donner trop d'attention à ces points importants, et l'on nous pardonnera si, à ce sujet nous entrons dans des détails qui, au premier abord, pourraient paraître superflus.

§ 3.

1. Des pesées.

Les pesées ne seront bonnes qu'à la condition première de posséder une bonne balance et des poids exacts. Avant donc de nous occuper de la manière dont doit se faire l'opération elle-même, disons quelques mots des instruments à employer.

a. DE LA BALANCE.

Bien que la théorie de la balance soit du domaine de la physique, nous croyons cependant nécessaire de rappeler ici, avant tout, comment on doit essayer une balance destinée à des analyses (*fig. 1*), et se mettre en garde

Fig. 1.

contre les erreurs que l'on pourrait commettre dans les pesées : l'expérience nous a appris que tous les jeunes chimistes n'ont pas à cet égard des notions assez claires.

Deux choses sont nécessaires pour qu'une balance soit bonne et puisse être employée : il faut qu'elle soit *juste* et *sensible*.

§ 4.

La *justesse* d'une balance (*) dépend des conditions suivantes :

α. *L'axe de rotation doit être au-dessus du centre de gravité.* — Cela est nécessaire, non pas tant pour que l'instrument soit juste, que pour qu'on puisse en faire usage. En effet, si le centre de gravité coïncidait avec l'axe

---

(*) Une balance *juste* est celle qui donne immédiatement le poids d'un corps, en plaçant celui-ci dans un des plateaux et en mettant dans l'autre des poids, jusqu'à ce que le fléau soit horizontal ou l'aiguille verticale.

de suspension; la balance à vide, ou également chargée dans les deux plateaux, resterait en équilibre dans toutes les positions, et si le poids placé dans l'un des deux plateaux était tant soit peu supérieur à celui placé dans l'autre, aussitôt le fléau prendrait la position verticale, le poids le plus lourd en bas : la balance n'oscillerait pas, toute pesée serait impossible. — Si le centre de gravité était au-dessus de l'axe de rotation, il serait presque impossible d'amener le fléau à être horizontal, c'est-à-dire que l'on n'y parviendrait et il ne resterait dans cette position qu'autant que le centre de gravité serait juste verticalement au-dessus de l'axe. Le moindre excès de poids d'un côté ou de l'autre, le moindre mouvement, choc, balancement ou autre aurait pour effet de faire trébucher le fléau d'un côté, sans qu'il puisse revenir à sa position primitive. — Mais si le centre de gravité est au-dessous de l'axe de rotation, sous des charges égales des plateaux, le fléau prendra la position horizontale. La balance forme alors un pendule composé, dont la longueur est égale à la distance du centre de gravité au point d'appui du fléau et forme avec le fléau dans toutes ses positions le même angle droit. Et de même qu'une boule suspendue à un fil et ayant reçu une légère impulsion revient, après avoir effectué plus ou moins d'oscillations, s'arrêter verticalement au-dessous du point d'attache du fil, de même aussi la balance, une fois en équilibre, reviendra toujours à cette première position si on l'en écarte, c'est-à-dire que son centre de gravité se placera toujours verticalement au-dessous du point d'appui et par suite son fléau prendra la position naturelle d'équilibre de la balance.

Mais pour connaître exactement le mouvement produit, il ne faut pas oublier que la balance n'est pas un pendule simple, mais bien un pendule composé, c'est-à-dire, non pas un point matériel unique, mais un grand nombre de points matériels se mouvant autour de l'axe de rotation. L'inertie de la masse à mouvoir est celle de l'ensemble des masses de tous les points, et la force accélératrice est mesurée par l'excès des forces agissant sur les points situés au-dessous de l'axe sur celles agissant sur les points situés au-dessus.

β. *Le centre de gravité de tout le système mobile doit être réellement dans l'axe de l'aiguille.* — On donne à la balance une forme telle que son centre de gravité se trouve sur une ligne matérialisée, représentée par l'axe de l'aiguille, perpendiculaire à l'axe rectiligne du fléau. Pour que le poids de la balance n'ait pas d'influence sur l'équilibre, pour que celui-ci ne soit produit que par les poids placés dans les plateaux, il faut annuler en quelque sorte le poids de la balance agissant en son centre de gravité, en amenant ce dernier dans la verticale passant par le point d'appui, ce qu'on fait en amenant l'aiguille dans la verticale à l'aide des poids qu'on ajoute peu à peu. Si donc la condition indiquée n'était pas remplie, le poids de la balance concourrait avec le poids placé sur le plateau le plus voisin du centre de gravité pour équilibrer l'autre poids seul ; on n'en pourrait donc pas conclure l'égalité des deux poids.

γ. *Le fléau doit être assez rigide pour n'éprouver aucune flexion sous le maximum de charge des plateaux pour lequel la balance a été construite ;* cette condition est surtout importante pour la sensibilité de l'instrument. La forme la plus convenable à donner au fléau est celle d'une tige dont la section serait un triangle isocèle obtusangle ou un losange.

δ. *Les bras du fléau doivent être égaux,* c'est-à-dire *que les points de suspension des plateaux doivent être exactement à la même distance du point d'appui du fléau :* parce que si ces distances sont inégales, et que dans les plateaux on mette des poids égaux, l'un d'eux agira à l'extrémité d'un plus long bras de levier, le fléau ne restera pas horizontal et s'inclinera du côté du plus long bras.

ε. *Les plateaux doivent être parfaitement mobiles autour de leur point de suspension,* afin que, plaçant les corps à peser et les poids en n'importe quelle place dans les plateaux, le centre de gravité de l'ensemble de chaque plateau vienne toujours se placer verticalement au-dessous des points d'attache, et que l'égalité des bras du fléau donne bien en effet l'égalité des bras de levier des deux forces dans toutes les positions du fléau.

Une balance peut ne pas remplir les conditions β et δ (absolument nécessaires pour qu'elle soit juste) et cependant donner rigoureusement le poids des corps par l'emploi de la méthode de la double pesée, que nous donnons plus bas.

§ 5.

La *sensibilité* d'une balance dépend surtout de trois conditions :

α. *Le frottement des couteaux, qui supportent le fléau sur son coussinet et les plateaux aux extrémités du fléau, doit être le plus faible possible,* ce qui dépend autant de la forme des couteaux et de leurs supports que de la substance dont on les fabrique. On peut les faire tous en bon acier et mieux encore faire le support du fléau plan et en pierre dure, comme par exemple en agate. Pour comprendre la nécessité d'éviter autant que possible le frottement aux points de suspension des plateaux, nous n'avons qu'à examiner ce qui arriverait si les plateaux étaient attachés à des tiges rigides fixées d'une manière invariable aux extrémités du fléau. La balance pourrait dans ce cas être d'une insensibilité complète : supposons en effet que l'on place un poids dans un des plateaux ; celui-ci devra s'abaisser et produire un déplacement du fléau : mais il pourra immédiatement y avoir une compensation, car les plateaux étant soutenus par des tiges forcées de rester à angle droit avec le fléau, celui qui s'abaisse se rapproche de la verticale du point d'appui du fléau, tandis que celui qui s'élève s'éloigne de cette verticale ; la balance se comporte alors comme si les bras étaient inégaux, le poids ajouté agissant du côté du bras de levier le plus court. Or plus le frottement sera considérable aux extrémités du fléau, plus la balance se rapprochera de la disposition que nous venons de supposer et par conséquent moins elle sera sensible.

β. *Le centre de gravité de la balance doit être aussi près que possible du point d'appui.* Plus la distance de ces deux points est petite, plus le pendule est court. Or, pour une impulsion égale, une boule attachée à un fil court est écartée de sa position verticale d'équilibre d'un angle plus grand que lorsqu'on la suspend à un fil plus long ; par conséquent aussi, pour un égal excès de poids placé d'un côté, la balance s'écartera d'autant plus de sa position d'équilibre, que la longueur du pendule qu'elle représente sera plus courte, ou que le centre de gravité sera plus rapproché du point de suspension. Nous avons vu plus haut que lorsque le point d'appui du fléau et les points de suspension des plateaux sont dans un même plan, la charge des plateaux élève le centre de gravité; il en résulte que l'accroissement de la charge doit rendre une bonne balance plus sensible, mais elle doit l'être moins d'un autre côté par l'augmentation du frottement et de la masse à mouvoir; aussi la sensibilité n'est-elle pour ainsi dire pas modifiée par le changement de charge.

γ. *Le fléau doit être aussi léger que possible.* La nécessité de cette condition ressort des considérations précédentes. Nous avons vu que d'un côté l'accroissement de la charge doit augmenter la sensibilité, si toutefois la sensibilité totale, définitive, ne doit pas en être diminuée, et que cela vient de ce que le centre de gravité se rapproche du point d'appui. Or plus le poids du fléau sera grand, moins des poids égaux placés dans les plateaux changeront le centre de gravité de tout le système et plus ce dernier point se rapprochera lentement du point d'appui; en outre le frottement sera augmenté et la balance sera moins sensible. Considérons en outre qu'à égalité de force motrice, une faible masse est mise plus facilement en mouvement qu'une masse plus considérable (§ 4, α).

<h2 style="text-align:center">§ 6.</h2>

Nous devrions dire, après ces quelques considérations rapides, comment on *essaye* une balance de précision : mais avant nous indiquerons quelques précautions à prendre, précautions suggérées par l'expérience et dont on reconnaîtra du reste aisément l'utilité.

1. Une balance pouvant peser 70 à 80 grammes dans chaque plateau suffit pour presque toutes les analyses.

2. On doit la préserver de la poussière en l'enfermant dans une cage en verre : celle-ci ne sera pas trop petite et ses parois ne seront pas trop rapprochées des plateaux. Il est nécessaire qu'après avoir posé les poids on puisse facilement fermer la cage afin de faire la pesée à l'abri de tout courant d'air. Il faut pour cela que la partie antérieure de la boîte, garnie en son milieu d'un montant fixe, puisse s'ouvrir au moyen de deux petites portes de chaque côté : ou bien si la partie antérieure forme un seul panneau pouvant glisser verticalement entre deux coulisses, il faut que les deux côtés latéraux de la cage puissent s'ouvrir à l'aide de deux charnières.

3. Il est indispensable que la balance soit munie d'un système destiné à rendre le fléau immobile, chaque fois que l'on change la charge des plateaux. Ordinairement on y parvient à l'aide de fourchettes qui, saisissant le fléau, soulèvent le couteau au-dessus du plan d'appui, tandis que les plateaux peuvent toujours osciller : dans d'autres dispositions, les plateaux seuls sont soulevés sans que le couteau quitte son coussinet. Il est aussi très commode et fort utile que non seulement le fléau puisse être soulevé, mais aussi qu'une disposition particulière permette d'arrêter facilement et promptement l'oscillation des plateaux. Les nouvelles balances sont généralement munies d'un système particulier qui produit facilement cet effet. Il est très commode que la pièce destinée à faire manœuvrer le système d'arrêt soit

placée en dehors de la cage, pour qu'on puisse s'en servir quand celle-ci est fermée.

4. Il est nécessaire que le fléau porte un index, indiquant les écarts sur un arc gradué, et il est préférable que cet index soit vertical plutôt qu'horizontal.

5. Il faut que la balance soit munie d'un fil à plomb ou d'un niveau à bulle d'air, afin de placer les trois points de suspension dans un plan horizontal, et pour cela il est bon que la cage soit portée par trois vis calantes.

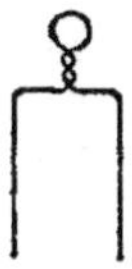

Fig. 2.

6. Une chose fort commode et qui épargne beaucoup de temps, c'est que le fléau porte une division décimale, de sorte qu'avec un petit crochet pesant un centigramme (*fig.* 2) on puisse peser les milligrammes et leurs subdivisions. Dans les nouvelles balances il y a une disposition qui permet au moyen d'un bras mobile de déplacer le poids additionnel par la paroi latérale et lorsque la cage est fermée.

7. Il faut que la balance soit munie : 1° d'une vis pour régler le centre de gravité du fléau ; 2° de deux autres pour établir l'égalité des bras de levier ; 3° enfin d'un moyen de rétablir l'équilibre des plateaux dans le cas où il serait rompu par une cause quelconque.

§ 7.

On s'assure de la justesse et de la sensibilité d'une balance par les essais suivants :

1. Que les plateaux soient ou non équilibrés, on met la balance en équilibre avec des fragments de feuille d'étain ou toute autre chose, puis on ajoute un milligramme dans un des plateaux. Pour que la balance soit bonne, elle doit trébucher d'une manière sensible. Une bonne balance indiquera ainsi $\frac{1}{10}$ de milligramme. Je ferai remarquer une fois pour toutes qu'il ne suffit pas de constater que l'aiguille de la balance s'arrête au zéro, pour en conclure qu'elle est naturellement en équilibre ; quelque défaut dans le système d'arrêt, ou tout autre frottement pourrait dans ce cas induire en erreur. — Il faut surtout observer les oscillations du fléau, qu'on détermine en produisant avec la main un courant d'air qui agit sur les plateaux et les met en mouvement. Dans une bonne balance les oscillations doivent être régulières : les écarts de part et d'autre de la verticale doivent être presque égaux avec une balance bien équilibrée : l'amplitude diminue à chaque oscillation, et alors l'aiguille doit s'arrêter au zéro.

2. On charge chaque plateau avec le maximum du poids pour lequel la balance a été construite ; on établit l'équilibre et on ajoute ensuite un milligramme d'un côté. L'écart observé doit être sensiblement égal à celui qu'on a observé en 1° (avec la plupart des balances, il est un peu plus faible).

3. On établit l'équilibre de la balance (si cela est nécessaire) avec une tare qu'on laisse la même pendant l'essai ; on ajoute sur chacun des deux plateaux un poids égal, par exemple 50 grammes. S'il le faut, on établit l'équilibre avec quelques petits poids. On change alors les poids de place, mettant dans le plateau de gauche celui qui est à droite et réciproquement. Si les bras de levier sont bien égaux, l'équilibre ne doit pas être rompu.

4. On met la balance en équilibre, on l'arrête, puis on la fait osciller jusqu'à ce qu'elle s'arrête de nouveau, et l'on recommence cela plusieurs fois.
Une bonne balance doit nécessairement se retrouver toujours dans la même
position d'équilibre. Si les couteaux qui supportent les plateaux aux extrémités du fléau ont trop de jeu sur leurs supports, leur position changera
nécessairement et l'on observera dans ce cas des différences dans la position
d'équilibre par suite du changement de longueur des bras de levier. C'est
ce qui arrive pour beaucoup de balances.

Une balance d'un bon usage doit satisfaire aux conditions 1, 2 et 4; quant
à une légère différence dans la longueur des bras du levier, cela n'a pas un
grand inconvénient à cause de la manière même dont on fait les pesées.

Comme la sensibilité d'une balance diminue promptement si les couteaux
en acier s'oxydent, les instruments délicats ne doivent jamais être placés
dans le laboratoire même, mais dans une chambre particulière. — Il est bon
en outre de placer dans la cage un vase à moitié rempli de potasse calcinée
ou de chlorure de calcium fondu; on les renouvelle quand ils sont saturés
d'humidité, pour maintenir constamment l'air sec.

§ 8.

b. DES POIDS.

L'unité de poids à employer est parfaitement indifférente. Toutefois les
avantages que présente le gramme pour écrire les analyses, pour faire les
calculs avec des fractions, ont engagé presque tous les chimistes à adopter
cette mesure.

Il importe peu pour les usages scientifiques que le gramme, ses multiples
et ses sous-multiples, soient réellement égaux au gramme normal et à ses
subdivisions (*), mais il est absolument nécessaire que les poids s'accordent
parfaitement entre eux, c'est-à-dire que le milligramme soit exactement la
millième partie du gramme, que le centigramme en soit la centième partie,
que le poids de cinq grammes pèse bien rigoureusement cinq fois plus que
le gramme, etc.

Avant d'indiquer la manière dont on s'assurera que les poids ont l'exactitude indispensable dont nous parlons, je ferai quelques remarques utiles.

1° Une série de poids partant de 50 grammes et diminuant jusqu'au milligramme est suffisante pour la plupart des cas.

2° Il faut conserver les poids dans un étui bien fermé, et même avoir
une case particulière pour chaque petit poids.

3° Quant à la forme, en général les gros poids seront cylindriques avec un
petit bouton sur le haut pour pouvoir les saisir. Les plus petits seront en lames
carrées dont un angle sera relevé. Il faut que la feuille de métal dans laquelle

---

(*) Il serait bon que les constructeurs, qui fabriquent des poids pour l'usage de la
chimie, fussent en possession d'un *gramme normal*. Dans beaucoup de cas, des incertitudes sont causées parce que des poids de même valeur nominale, sortant d'ateliers différents, ne sont nullement d'accord, ainsi que j'ai eu souvent occasion de le constater.

on les coupe ne soit pas trop mince et que les cases dans lesquelles on les place ne soient pas trop petites, car autrement, après quelque usage, on les déformerait et ils seraient méconnaissables. Chaque poids (sauf les milligrammes) doit être nettement étiqueté.

4° Quant à la matière à employer, le cristal de roche est certainement ce qu'il y a de mieux pour fabriquer les poids normaux ; toutefois je crois cette substance peu convenable pour faire les poids de laboratoire, à cause du prix élevé auquel ils reviendraient et de la forme peu commode qu'il faudrait leur donner. Les poids en platine, s'ils n'étaient pas si chers, seraient certainement les meilleurs à cause de leur inaltérabilité. En général il suffit d'avoir le gramme ou le demi-gramme et ses subdivisions en platine, et les autres poids en laiton. — Il faut avoir soin de les préserver de toute vapeur acide, etc., si l'on veut qu'ils conservent leur exactitude : il ne faut pas les prendre avec les doigts, mais avec une petite pince. Il ne faut pas croire non plus que les poids s'altérant avec le temps (ce que l'on ne peut, il est vrai, éviter) ne puissent plus pour cela être employés. J'ai essayé beaucoup de poids anciens, je les ai comparés entre eux et ils ont toujours été en parfait accord. L'oxydation qui se produit avec le temps est si faible, que cela ne cause pas une différence appréciable même avec les balances les plus délicates. — Il sera cependant très avantageux de dorer par la galvanoplastie les poids en laiton avant le dernier ajustage.

On fait mal en général l'*essai des poids*, et quant à leur concordance on n'obtient de bons résultats que par le moyen suivant :

Sur l'un des plateaux d'une bonne balance on place 1 gramme et on lui fait équilibre avec une tare quelconque (du clinquant, de la feuille d'étain, mais pas de papier, qui attire l'humidité), on enlève le gramme et on lui substitue les autres pièces d'un gramme, puis les subdivisions faisant le gramme, et l'on oberve si chaque fois l'équilibre se maintient. De la même façon on s'assure que la pièce de 2 grammes pèse autant que deux pièces de 1 gramme, celle de 5 autant que celle de 3 grammes plus celle de 2, celle de 10 grammes autant que 10 pièces de 1 gramme chacune, etc. — Pour qu'on puisse employer les poids, il faut qu'on ne trouve pas de différence pour les petits poids, avec une balance trébuchant pour $\frac{1}{10}$ de milligramme. Dans la comparaison des poids forts avec les poids faibles, la différence ne doit pas dépasser $\frac{1}{10}$ ou $\frac{2}{10}$ de milligramme. Si l'on veut être plus exigeant, il faut se donner la peine d'ajuster soi-même les poids, car ceux qui sont fabriqués par les mécaniciens les plus en renom ont rarement une exactitude supérieure à celle que nous venons d'indiquer. — Au reste je recommande d'essayer toujours les poids, quand bien même ils viendraient des fabricants les plus habiles, l'expérience m'ayant appris que souvent il sort de leurs ateliers des poids inexacts et dont il est impossible de faire usage. — Il ne faut jamais se laisser arrêter par le prix, quelquefois fort élevé, par la raison toute simple que les bons poids sont chose précieuse et que les mauvais n'ont aucune valeur.

§ **9**.

C. DE LA PESÉE.

Nous indiquerons plus bas les précautions à prendre pour peser les diverses substances suivant leur état, leur nature; ici nous ne parlerons que de la pesée en elle-même.

On peut employer deux procédés pour déterminer le poids d'un corps; l'un peut s'appeler la pesée directe, l'autre la pesée par substitution ou la double pesée.

Dans la *pesée directe*, on place la substance dans un des plateaux et les poids dans l'autre; il y a à ce sujet quelques précautions à prendre.

Si la balance a ses bras de levier bien égaux et si les plateaux sont bien identiques, il importe peu sur quel plateau on place la substance dans différentes pesées relatives à une expérience; on peut la mettre tantôt à droite, tantôt à gauche. Mais si l'une ou l'autre des conditions précédentes n'est pas remplie, il faut placer le corps à peser toujours dans le même plateau, si l'on veut que les résultats soient exacts.

Supposons que nous ayons à prendre 1 gramme d'une substance, puis à le partager en deux parties égales, et que notre balance, en équilibre à vide, ait cependant ses bras de levier inégaux, celui de gauche de 99 millimètres et celui de droite de 100 millimètres. Nous mettons d'abord dans le plateau de gauche un poids de 1 gramme et dans celui de droite le corps jusqu'à ce qu'il y ait équilibre.

D'après ce principe que dans le levier les poids sont en équilibre quand leurs produits par les distances au point d'appui sont égaux, nous aurons sur le plateau de droite 0^{gr},99 de substance, puisque $99 \times 1,00 = 100 \times 0,99$.

Maintenant si pour prendre la moitié nous plaçons sur le plateau de gauche 0^{gr},5, et que de celui de droite nous ôtions assez de substance pour rétablir l'équilibre, il restera 0^{gr},495; notre but sera atteint quant aux grandeurs relatives des poids, et nous avons déjà dit que pour les travaux scientifiques la valeur absolue des poids était sans importance. — Mais si, pour peser la moitié, nous plaçons 0^{gr},5 sur le plateau de droite et si nous mettons une partie des 0^{gr},99 sur celui de gauche pour rétablir l'équilibre, nous aurons alors 0^{gr},505 de substance, car $100 \times 0,500 = 99 \times 0,505$. L'erreur sera donc de $0,505 - 0,495$ ou de 0^{gr},010.

Si une balance a ses bras de levier égaux, mais si elle n'est pas naturellement en équilibre, on n'y peut faire une pesée exacte qu'en plaçant le corps dans un vase (V. § **10**, 6). Il est évident ici qu'il faudra toujours mettre les poids dans le même plateau, et que la différence des poids des plateaux ne devra pas changer pendant une série d'expériences.

De ce qui précède nous pouvons conclure :

1. Dans toutes les circonstances, il faut s'habituer à mettre la substance à peser dans le même plateau.

2. Si l'on se sert seul de sa balance et si, par conséquent, on est certain que pendant toute la durée d'une analyse elle n'a été changée en rien, il n'est pas nécessaire de la mettre chaque fois en équilibre au commencement des pesées. Mais cela est indispensable si plusieurs personnes s'en servent.

La *pesée par substitution* ou *double pesée* donne exactement non seulement les poids relatifs, mais encore les poids absolus. En l'employant, il est indifférent que les bras du fléau soient ou non égaux, que les plateaux soient ou non de même poids.

Pour la pratiquer, on place le corps à peser, par exemple un creuset de platine, sur l'un des plateaux, et sur l'autre on établit l'équilibre avec une tare quelconque; puis on enlève le creuset et on le remplace par des poids marqués pour établir de nouveau l'équilibre. On voit de suite que ces poids donnent exactement le poids du creuset. Dans les pesées qui exigent une grande rigueur, par exemple pour la détermination des poids atomiques, on emploie toujours cette méthode. On peut abréger le travail en plaçant sur l'un des plateaux, celui de gauche par exemple, une tare qui ferait équilibre à un poids connu mis à droite et supérieur aux poids des substances à peser. On voit facilement que la différence entre le poids connu équilibré par la tare et les poids à ajouter à côté du corps à peser pour rétablir l'équilibre donnera, par une seule opération, le poids cherché. Supposons, par exemple, sur le plateau de gauche une tare faisant équilibre exactement à 50 gr. placés à droite; mettons de ce dernier côté un creuset de platine et ajoutons 10 gr. pour ramener l'équilibre. Il est clair que le creuset et les poids ajoutés font juste 50 gr.; donc le creuset seul pèse 50 — 10 ou 40 gr.

§ 10.

Comme *règles à observer pour faire une pesée*, je recommande les suivantes :

1. La balance doit être enfermée dans une cage bien sèche, garantie contre les vapeurs acides, à l'abri des rayons directs du soleil : elle doit être posée sur un support solide, inébranlable, et à côté de la colonne doit pendre un fil à plomb. Si la salle est chauffée, la balance sera placée assez loin du fourneau pour qu'une partie ne soit pas plus chauffée que l'autre.

2. Pour arriver sûrement et promptement au but, il ne faut pas au hasard essayer des poids tantôt trop forts, tantôt trop faibles, mais il faut procéder systématiquement, de manière à resserrer le poids cherché entre des limites de plus en plus rapprochées, jusqu'à ce qu'on l'ait atteint. Un creuset pèse par exemple $6^{gr},627$; nous plaçons sur l'autre plateau 10 gr. : c'est trop; le poids venant après, 5 gr., est trop faible, puis 7 gr. trop fort, 6 gr. trop peu, $6^{gr},5$ trop peu, $6^{gr},7$ trop fort, $6^{gr},6$ trop faible, $6^{gr},65$ trop fort, $6^{gr},62$ trop faible, $6^{gr},63$ trop fort, $6^{gr},625$ trop faible, $6^{gr},627$ exact. Pour rendre clair le principe, j'ai choisi un exemple compliqué; mais je puis affirmer qu'en procédant ainsi on mettra moitié moins de temps que si l'on opère sans règle. De cette façon, avec une balance qui n'oscille pas trop lentement, on peut en deux minutes faire une pesée à 1/10 de milligramme près.

3. Au lieu de faire usage des poids de milligrammes sur les plateaux, il est bien plus commode et plus rapide, tout en obtenant la même exactitude, de se servir d'un petit crochet pesant un centigramme, qu'on pose, pour établir l'équilibre, sur ou entre les divisions du fléau pour obtenir les milligrammes ou leurs sous-multiples.

4. On ne saurait prendre trop de précautions pour écrire les pesées. On

fera bien de compter les poids d'après les vides dans la boîte, puis aussitôt après de contrôler ce compte en enlevant les poids pour les remettre en place. — En écrivant ses notes, on s'habituera à poser les nombres de façon que toujours celui qui doit être retranché soit au-dessous de celui dont on doit le soustraire et jamais l'inverse. Par exemple, sur la ligne supérieure : creuset + substance, et au-dessous : creuset vide.

5. Il ne faut jamais rien changer à la balance (placer le corps à peser, enlever ou poser des poids) sans préalablement l'arrêter ; autrement l'instrument serait bientôt hors d'usage.

6. Jamais le corps à peser, à moins que ce ne soit un morceau de métal ou une substance analogue, ne doit être posé directement sur le plateau ; mais il faut le mettre dans un vase convenable, en platine, en argent, en verre, en porcelaine, etc. Il ne faut employer ni carte ni papier, car ceux-ci absorbant l'humidité changent constamment de poids. — Ordinairement on met d'abord sur le plateau le creuset ou le vase choisi, on le pèse, puis on y introduit le corps ; on pèse de nouveau et on retranche le premier poids du second. Dans beaucoup de cas, surtout lorsqu'on doit peser plusieurs portions d'une seule et même substance, on pèse d'abord le vase avec la substance, on ôte une portion de celle-ci, on pèse de nouveau et la différence des poids donne le poids de la partie enlevée.

7. Les substances qui absorbent facilement l'humidité de l'air devront toujours être pesées dans des vases fermés (dans un creuset couvert, entre deux verres de montre, dans un flacon à l'émeri). On pèse les liquides dans des flacons en verre bouchés à l'émeri.

8. Il ne faut pas peser un vase pendant qu'il est chaud, parce que dans ce cas, pour deux raisons, il est toujours plus léger. D'abord tous les corps condensent à leur surface une certaine quantité d'air et d'humidité, quantité qui dépend de la température et de l'état hygrométrique de l'air, ainsi que de la température du corps lui-même. Si donc au commencement on pèse un creuset froid, puis que plus tard on le pèse chaud rempli de la substance, en prenant pour le poids de celle-ci la différence des deux poids, on a un résultat trop faible, parce que le poids du creuset que l'on retranche est relativement trop fort. En second lieu, l'air qui enveloppe le corps chaud s'échauffe lui-même, devient plus léger et s'élève ; l'air froid venant le remplacer, il en résulte un courant d'air ascendant qui soulève le plateau et le fait paraître moins lourd qu'il ne l'est réellement.

9. Toutes les pesées faites dans l'air sont entachées d'une erreur provenant de ce que le volume d'air déplacé par le corps à peser n'est pas égal au volume d'air déplacé par les poids ; mais comme le poids spécifique des corps solides est incomparablement plus grand que celui de l'air, on peut négliger cette erreur dans toutes les opérations analytiques ordinaires. Toutefois si l'on voulait une grande exactitude, il faudrait ramener la pesée au vide.

§ **11**.

2. Mesure des volumes.

Dans les analyses chimiques on ne mesure les volumes que pour les gaz et les liquides. Pour les premiers, *Bunsen, Regnault* et *Reiset, Franckland* et *Ward*, *Williamson* et *Russel* et d'autres, ont tellement perfectionné les méthodes, qu'elles donnent des résultats aussi exacts que la balance; toutefois ces procédés demandent pour être appliqués tant de soins et de temps, qu'on ne peut guère les employer que pour les recherches scientifiques les plus délicates (*).

Le dosage volumétrique des liquides dans les analyses a été employé pour la première fois pas *Descroizilles* (Alcalimétrie, 1806); *Gay-Lussac* l'a perfectionné et l'a amené à un haut degré d'exactitude (Mesure volumétrique de la dissolution de sel marin dans les essais d'argent par la voie humide). Dans ces derniers temps, *F. Mohr* (**) a cherché à donner aux appareils de mesure une forme commode et a imaginé la burette à pince, d'un emploi facile et tout à fait pratique. Cependant, quelque perfectionné que soit le procédé de mesure volumétrique d'un liquide, il n'atteindra jamais la rigueur que donne une bonne pesée. Toutefois, comme l'erreur dans la mesure peut être pour ainsi dire complètement compensée par la dilution convenable des liquides à mesurer, cette méthode a une importance réelle, même dans les recherches scientifiques rigoureuses; elle a du reste sur les pesées l'avantage d'épargner beaucoup de temps.

L'exactitude de ces sortes d'analyses dépend des vases gradués et de la manière de s'en servir.

<h2 style="text-align:center">§ 12.</h2>

a. MESURE DES GAZ.

Pour *mesurer les gaz* on se sert de tubes de verre gradués, à parois assez fortes, fermés à un bout, d'une contenance plus ou moins grande.

1. Une éprouvette en verre d'environ 4 centimètres de diamètre, partagée en centimètres cubes et d'une contenance de 150 à 250 centimètres cubes.

2. Cinq à six tubes de verre de 30 à 40 centimètres cubes de 12 à 15 millimètres de diamètre intérieur, partagés en 1/5 de centimètre cube.

L'épaisseur des parois ne sera pas trop faible, sans quoi les tubes se briseraient facilement, surtout en opérant avec du mercure; on lui donnera à

(*) On trouvera une description complète de la méthode de *Bunsen* dans le *Dictionnaire de chimie* de *Liebig*, *Poggendorf* et *Wœhler*, t. II, 1053 (article *Eudiomètre*, par *Kolb*), et t. I, 930, 2ᵉ édit. (article *Analyse volumétrique des gaz*, par *Kolb* et *Franckland*). En outre *Bunsen* lui-même a publié, sous le titre de *Méthode gazométrique* par *Robert Bunsen* (Brunswick, 1857), un volume précieux pour tous ceux qui veulent faire des analyses de gaz. La méthode gazométrique de *Regnault* et *Reisel*, ainsi que celle de *Franckland* et *Ward*, diffèrent de la méthode ordinaire perfectionnée de *Bunsen*, en ce que dans les premières les tubes dans lesquels on mesure les gaz sont enfermés dans des manchons pleins d'eau, en sorte qu'en quelques minutes la température du gaz est amenée à être la même que celle de l'eau ambiante, ce qui rend la durée de l'analyse bien plus courte. Dans l'appareil de *Franckland-Ward*, la mesure du volume est indépendante de la pression atmosphérique. — Mais ces méthodes exigent des appareils compliqués et dispendieux. Elles sont décrites dans le dictionnaire déjà cité. Les détails sur l'appareil de *Williamson* et *W. J. Russel* se trouvent dans le *Journ. of the chem. Soc.*, 17.238, et les modifications de *W. J. Russel* dans le même ouvrage [II] 6, 128 et dans la *Zeitschr. f. analyt. Chem.* VII. 154.

(**) *Traité d'analyse par les liqueurs titrées*, par *F. Mohr*, traduit par *C. Forthomme*. Paris, F. Savy.

peu près 3 millimètres pour les éprouvettes (1) et 2 millimètres pour les tubes (2).

Ce qui importe surtout dans ces instruments, c'est qu'ils soient parfaitement divisés ; car c'est de cela que dépend toute l'exactitude des résultats.

Je n'indiquerai pas ici la manière de diviser soi-même les tubes ; je renvoie pour cela au *Traité de chimie* de Berzélius, 4ᵉ édition, vol. X, article Mesures, et au *Traité des manipulations chimiques* de Faraday, article Mesure des volumes (*). Je passe de suite à la manière de vérifier les tubes gradués.

Il y a à cet égard trois question à poser :

1. Les divisions d'un même tube s'accordent-elles entre elles ?

2. Les divisions d'un tube sont-elles d'accord avec celles des autres ?

3. Les volumes indiqués par la graduation coïncident-ils avec les poids ?

On répond à ces questions par les essais suivants.

a. On place le tube dans une position verticale, on y verse de petites quantités de mercure égales et parfaitement mesurées jusqu'à ce que le tube soit plein, et on regarde avec soin (*V.* plus bas la manière de faire des lectures) si la graduation est bien toujours proportionnelle à la quantité de mercure introduit. — Pour mesurer celle-ci, on emploie un petit tube de verre fermé à un bout et dont les bords de l'extrémité ouverte sont parfaitement rodés ; on emplit ce tube en le plongeant dans du mercure, avec la précaution qu'il ne reste pas de bulles d'air, et en glissant avec pression une lame de verre sur les bords de l'ouverture, on fait tomber l'excédent de mercure (**).

b. Dans un des tubes on mesure successivement des quantités différentes de mercure : on les verse dans un autre tube, et l'on observe si des quantités égales de liquide remplissent des volumes qui correspondent à des divisions identiques.

Si les tubes satisfont à ces deux essais, on pourra les employer dans toutes les analyses où l'on n'aura à mesurer que les volumes relatifs des gaz ; mais si l'on doit déduire le poids du gaz du volume mesuré, il faut encore répondre à la question 3. Pour cela,

c. Ayant pesé le tube vide, on le remplit jusqu'à la dernière division avec de l'eau distillée à + 17°,4, et on prend le poids de l'eau.

Si les volumes sont d'accord avec les poids, 100 CC. d'eau à 17°,5 doivent peser 99,8 grammes. Dans le cas contraire, que ce soit l'unité de poids ou celle de volume qui soit fausse, il faudra dans les analyses, avant de calculer le poids du gaz d'après son volume, corriger la mesure observée d'après le rapport trouvé par l'expérience. Supposons que 100 CC. aient pesé 100 grammes : en admettant que les poids soient exacts, les centimètres cubes du tube sont alors trop grands, et pour réduire, par exemple, 100 divisions à leur véritable valeur en centimètres cubes, il faudra poser la proportion :

$$99,8 : 100 = 100 : x = 100,2 \ c. \ c.$$

Pour l'*analyse des gaz* en particulier, si l'on veut appliquer les méthodes

(*) Voyez le *Traité de chimie* de V. Regnault, t. I.

(**) Pour éviter l'échauffement du métal, il est bon de ne pas tenir directement le tube entre les doigts pour le plonger dans le mercure, mais de se servir d'une petite pince en bois.

de *Bunsen* (qui se recommandent par leur rigueur et leur simplicité), il faut avant tout un *eudiomètre* convenable. L'eudiomètre de *Bunsen* (*fig.* 5) est un long tube de 500 à 600 millimètres ayant un diamètre intérieur d'environ 19 millimètres et autant que possible égal partout : l'épaisseur de la paroi ne dépasse pas 1 1/2 millimètre. La partie supérieure, fermée à la lampe, est traversée en deux points diamétralement opposés par des fils fins de platine scellés à la lampe et qui, se recourbant à l'intérieur de façon à suivre la paroi interne du sommet de l'eudiomètre, ont leurs extrémités à environ 3 millimètres l'une de l'autre.

Ce tube est partagé en millimètres, au moyen d'une machine simple et fort ingénieuse (*) : on le jauge au moyen du mercure, et on construit une table de réduction. — Cette manière de faire les tubes gradués est sans contredit la plus exacte.

Outre ce grand eudiomètre, il faut en avoir un plus petit, également partagé en millimètres, un peu recourbé à la partie inférieure (*fig.* 4). Sa longueur est de 250 millimètres, le diamètre intérieur de 19, et l'épaisseur de la paroi 2 millimètres.

La méthode de *Bunsen* nécessite un laboratoire situé au nord, à température uniforme, et exige un temps assez long, à cause de la lenteur avec laquelle le gaz à mesurer se refroidit. Pour pouvoir appliquer ces procédés dans le cas où l'on n'aurait pas de laboratoire à gaz, et aussi pour abréger la durée de l'expérience, *O. Kersten* munit l'eudiomètre de *Bunsen* d'un système de fermeture à vis, semblable à celui de l'absorptiomètre, et il ne fait la lecture qu'après avoir plongé l'instrument dans l'eau. — On atteint le même but avec l'eudiomètre de *J. P. Cooke* (*Zeitschr. f. analyt. Chem.* VII, 86).

Dans la mesure des gaz il faut :

1° Faire bien la lecture ; 2° tenir compte de la température du gaz ; 3° noter la pression qu'il supporte ; 4° considérer s'il est sec ou humide. On comprend l'importance des trois derniers points ; il suffit de se rappeler qu'une même quantité de gaz occupe des volumes très différents suivant la pression, la température plus ou moins élevée et la tension plus ou moins grande de la vapeur d'eau qui s'y trouve mélangée.

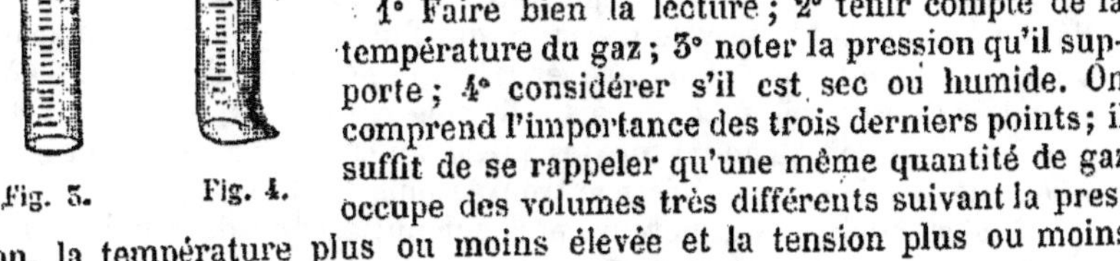

Fig. 5.   Fig. 4.

§ **13.**

1. *Lecture exacte du volume.*

Si l'on verse du mercure dans un tube de verre, sa surface terminale prend la forme convexe par suite de la cohésion ; cela se remarque surtout dans les tubes étroits. — L'eau, au contraire, se termine par une surface

(*) Voyez la *Méthode gazométrique* de *Bunsen*.

concave, en s'élevant légèrement le long des parois en verre. Ces deux circonstances rendent assez difficile la lecture exacte de la division indiquant le volume. — Dans tous les cas, on place d'abord le tube verticalement et l'œil dans le même plan horizontal que la surface du liquide. Pour mettre le tube vertical, on vise la direction du tube et celle de deux fils à plomb à une certaine distance l'un de l'autre et à une certaine distance du tube : ou bien, au lieu du fil à plomb, on prend les arêtes verticales d'une fenêtre ou d'une porte. Pour remplir la seconde condition, on place devant soi, tout contre le tube et derrière lui, la surface d'un miroir et l'on fait en sorte que l'image du centre de l'œil, vue dans le miroir, coïncide juste avec la surface du liquide. L'œil étant ainsi convenablement placé, on enlève le miroir et on fait la lecture.

Au lieu de se servir d'un miroir, *Bunsen* fait usage d'une lunette horizontale, mobile le long d'un pied vertical et placée à $1^m,50$ ou 2 mètres de l'eudiomètre. Outre que les lectures avec la lunette se font bien plus facilement, ce procédé a encore l'avantage de tenir l'observateur à une distance assez grande de l'eudiomètre, pour que sa présence ne puisse pas faire varier le volume comme cela pourrait arriver en se servant du miroir.

Si l'eudiomètre contient de l'eau, il faut prendre pour surface terminale réelle le milieu de la zone obscure formée par l'eau qui s'élève le long des parois ; avec le mercure, on prendra le milieu de l'espace compris entre le sommet de la partie convexe et la ligne de contact du mercure et du verre. Toutefois on n'obtient ainsi que des résultats approximatifs.

Avec l'eau et les autres liquides qui mouillent le verre, on ne peut pas faire de mesures réellement exactes : il n'en est pas de même avec le mercure, si l'on a soin de déterminer l'erreur due à la forme du ménisque, et de faire la lecture au sommet même de ce ménisque. — On mesure l'influence du ménisque une fois pour toutes pour chaque tube gradué. Pour cela, on verse une certaine quantité de mercure que l'on mesure sur le tube en notant le sommet du ménisque. On verse alors quelques gouttes d'une dissolution de bichlorure de mercure, qui fait immédiatement disparaitre la convexité : on observe de nouveau, et on prend la différence. Comme dans le calibrage du tube la partie fermée est en bas, tandis qu'elle se trouve en haut lorsqu'on mesure les gaz, il faudra, à chaque volume observé, ajouter le double de la différence trouvée plus haut.

Il faudra employer du mercure pur, surtout exempt de plomb et d'étain, sans quoi il adhérerait au verre. Si le mercure renferme de ces métaux, on le purifiera facilement en le versant dans une large capsule avec de l'acide azotique, au contact duquel on le laissera un jour en remuant de temps en temps. Enfin on le débarrassera de la poussière et autres impuretés analogues en le filtrant à travers du drap ou une peau de chamois.

Rien n'est plus commode que la cuve pneumatique construite par *Bunsen*. Elle est représentée dans la figure 5. A est un morceau de bois de poirier de 310 à 350 millimètres de longueur sur 80 à 86 millimètres de largeur ; on y creuse une cavité de 240 à 250 millimètres de long sur 50 millimètres de large et autant en profondeur. Le fond en est arrondi, sauf vers une des extrémités, où se trouve ménagée une partie parfaitement plane de 52 millimètres sur 50, et sur laquelle on colle une feuille de caoutchouc

vulcanisé. Aux extrémités latérales du bloc sont solidement fixées deux
planchettes B, B, de 19 millimètres d'épaisseur, 100 à 110 millimètres de

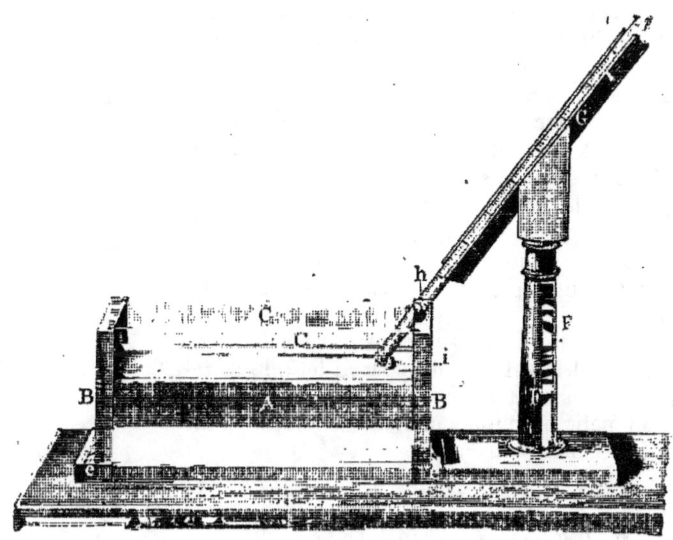

Fig. 5.

largeur, 150 à 155 millimètres de hauteur, servant en bas de support
pour A, et formant en haut les deux bouts d'une plus large cuve, dont les
parois antérieures et postérieures sont faites avec des lames de verre C, C,
mastiquées dans A, et dans B, B. Les glaces ont de 510 à 520 millimètres
de longueur et 55 millimètres de hauteur : elles sont légèrement inclinées,
de façon que les bords inférieurs étant distants de 67 à 70 millimètres, les
bords supérieurs le sont de 85 millimètres environ. La cuve est portée
sur la planche DD, à laquelle elle est fixée par les liteaux *ee*. Une colonne
verticale F, vissée sur D, se termine par la gouttière en bois G inclinée,
garnie de feutre à l'intérieur et destinée à supporter les tubes pendant l'introduction des gaz, etc. — *h* est une échancrure arrondie pratiquée dans B
pour pouvoir placer convenablement le tube, et *i* une petite rainure courbe,
dans laquelle on place le bord inférieur du tube pour l'empêcher de glisser
et de tomber dans la cavité de la cuve. Pour l'usage on remplit la cuve de
mercure jusqu'à environ 3 à 5 centimètres du bord supérieur, ce qui
exige de 15 à 16 kilogr. de mercure. Pour faire adhérer le mercure à la
surface des parties en bois, on les humecte d'abord en les frottant avec
un linge humide, puis on les essuie avec du mercure et une dissolution de
bichlorure de mercure. Pour transvaser les gaz contenus dans de grandes
fioles, on fait usage d'une cuve semblable, mais de plus grandes dimensions (*Franckland*, loc. cit., p. 940 ; *Bunsen*, loc. cit., p. 36).

Enfin, pour déterminer exactement le volume d'un gaz recueilli sur le mercure, il faut d'abord remplir bien complètement le tube, sans qu'il reste la moindre trace d'air. Pour cela on nettoie l'intérieur du tube avec de l'eau et l'on essuie avec du papier à filtre, fixé à l'extrémité d'une baguette en bois (*fig.* 6), à l'aide de quelques petites pointes métalliques ; il faut avoir bien soin naturellement qu'il ne reste pas de parcelles de papier dans le tube. Le remplissage se fait au moyen de l'entonnoir représenté dans la figure 7, et que l'on a soin de tenir toujours plein de mercure : le bout de l'entonnoir est un long tube, terminé par une ouverture étroite, que l'on plonge jusqu'au fond du tube à remplir. Le mercure arrivant ainsi par le fond s'élève en poussant l'air devant lui et s'applique contre les parois auxquelles il donne l'aspect d'un miroir (*Bunsen,* loc. cit., p. 58). Faute d'un appareil tel que la figure 7 le représente, on pourra tout simplement souder un petit entonnoir à l'un des bouts d'un tube effilé à l'autre extrémité.

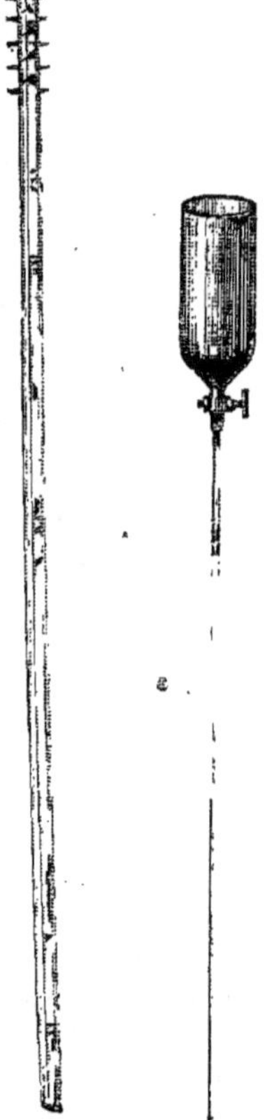

Fig. 6.   Fig. 7.

§ 14.

2. *Influence de la température.*

On mesure la température des gaz soit en prenant celle du liquide sur lequel on les recueille, soit en observant un thermomètre sensible suspendu à côté du tube contenant le gaz.

Si la disposition des appareils permet de plonger complètement dans le liquide de la cuve le tube rempli de gaz, celui-ci prendra facilement et rapidement la température du milieu. Dans les autres cas il faudra, après chaque manipulation, attendre une demi-heure, ou même une heure s'il y a eu développement assez fort de chaleur, avant d'examiner la position du mercure dans le tube et la température.

Il faut en outre éviter que le gaz, une fois amené à une température constante, ne se dilate pas de nouveau au moment où l'on fera la lecture. On se mettra donc en garde contre toutes les influences fâcheuses dans cette circonstance, surtout on ne touchera pas les tubes directement avec les doigts, mais avec une pince en bois.

Comme il est nécessaire que le gaz et l'air ambiant soient toujours à la même température, et que dès lors dans le local où l'on fait des analyses de gaz tout changement brusque de température serait nuisible, il faudra, autant qu'on le pourra, installer les appareils dans une chambre bien abritée et située au nord.

§ 15.

3. *Influence de la pression.*

Lorsque dans l'éprouvette, qui renferme un gaz sur un liquide, le niveau est le même à l'intérieur qu'à l'extérieur, c'est que la force élastique du gaz est égale à la pression atmosphérique extérieure. On la connaîtra donc immédiatement par l'observation du baromètre. Mais si dans le tube à gaz le niveau est plus haut ou plus bas qu'au dehors, la force élastique du gaz est inférieure ou supérieure à la pression atmosphérique. Cependant, si la cuve pneumatique le permet, on pourra toujours, en enfonçant le tube gradué ou en le soulevant, amener les deux niveaux à être les mêmes. Si l'on opère sur l'eau, l'équilibre de pression pourra facilement s'établir : il n'en

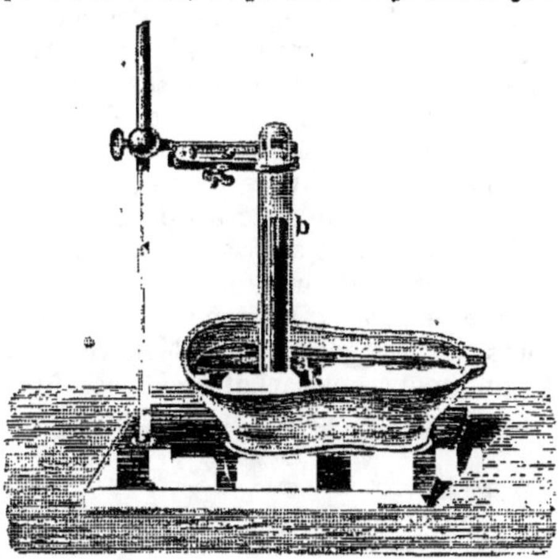

Fig. 8.

est plus de même si l'on opère sur le mercure et si le tube est un peu large (*fig.* 8).

Dans le cas où le mercure est plus haut dans l'éprouvette, la force élastique du gaz est égale à la pression atmosphérique *moins* la hauteur verticale de la colonne *ab*, que l'on mesurera exactement. Si par exemple le baromètre marque 758 millimètres et si la longueur *ab* est de 100 millimètres, la force élastique réelle du gaz est 768 — 100 ou 658 millimètres.

Si au-dessus de la colonne intérieure de mercure il y avait de l'eau ou tout autre liquide, par exemple une solution de potasse, on opérerait en général sans y faire attention, soit en ramenant les deux niveaux sur le même plan, soit en mesurant la différence. L'influence de la colonne d'eau ou du liquide analogue est ordinairement si faible qu'on peut la négliger. Si l'on voulait en tenir compte, il faudrait, d'après le poids spécifique du liquide, transformer la colonne de celui-ci en hauteur de mercure et la retrancher de la pression atmosphérique. Toutefois on peut s'épargner cette correction, car il n'est pas possible, dans ces circonstances, d'avoir une mesure tout à fait rigoureuse.

§ 16.

4. *Influence de l'humidité.*

Si le gaz qu'on mesure est saturé d'humidité, on n'a pas immédiatement son vrai volume, parce que la vapeur d'eau, par sa tension, produit une pression sur le liquide. Mais comme on connaît la tension maximum de la vapeur d'eau pour les différentes températures, la correction nécessaire est

facile à faire. Celle-ci toutefois n'est possible qu'autant que le gaz est saturé : il faut donc dans la mesure du volume des gaz, faire en sorte ou que
ceux-ci soient saturés de vapeur d'eau ou qu'ils soient parfaitement secs.

Pour dessécher un gaz recueilli sur le mercure, on introduit dans l'éprouvette, au moyen d'un fil de platine, une petite boule de chlorure de calcium
fondu. Pour obtenir celle-ci, on plonge dans un moule à balles de 6 millimètres de diamètre intérieur l'extrémité recourbée d'un fil de platine, puis
on y coule du chlorure de calcium (exempt de chaux caustique) fondu par la
chaleur. — Après le refroidissement, on enlève les bavures avec un couteau.
— Pour dessécher le gaz, on introduit à l'aide du fil la boule dans la partie
occupée par le gaz, on l'y laisse environ une heure, puis on la retire. Pendant que la boule est au milieu du gaz, il faut avoir soin que l'autre bout du
fil de platine soit complètement plongé dans le mercure de la cuve, sans
quoi le long de cette partie non baignée dans le liquide il se produirait
immanquablement une diffusion entre le gaz intérieur et l'air extérieur.

Toutes les fois qu'on le pourra, il sera bon de saturer le gaz. Pour cela
Bunsen prend au bout d'un fil de fer une goutte d'eau de la grosseur d'une
tête d'épingle et la dépose au fond du vase fermé encore vide, sans toucher les parois. Cette quantité d'eau est plus que suffisante pour saturer
à la température ordinaire le gaz qu'on introduit ensuite.

Maintenant on comparera les volumes des gaz en les ramenant tous à la
même température et à la même pression. En général on calcule ce qu'ils
seraient à 0° et à la pression de 760 millimètres et parfaitement secs. Nous
indiquerons comment cela se fait en traitant du calcul des analyses.

§ 17.

b. MESURE DES LIQUIDES.

Depuis qu'on fait usage des liqueurs titrées dans les analyses volumétriques, on a fréquemment à mesurer des liquides. — Suivant le but qu'on
se propose, on fait usage de vases différents ; mais leur nombre s'est tellement accru, que je n'entreprendrai pas de décrire toutes leurs formes,
toutes leurs dispositions. Je me contenterai de parler ici de ceux que l'u-
sage m'a fait reconnaître pour les meilleurs et les plus commodes.

Il faut d'abord distinguer si le vase est gradué pour n'indiquer un volume déterminé que lorsqu'il est plein ou pour mesurer le volume quand
on le vide. Dans le premier cas il contient autant de centimètres cubes
du liquide que cela est indiqué par la marque faite sur la paroi ; dans le
second cas, il laisse couler, quand on le vide, le volume indiqué. Si avec
un vase gradué de la première sorte on a mesuré 100 centimètres cubes,
et si l'on veut les faire passer complètement dans un autre flacon, il faut
bien laisser égoutter le vase gradué, tandis qu'il ne faut pas le faire avec
les vases de la seconde espèce.

α. VASES GRADUÉS, CONTENANT AUTANT DE LIQUIDE QUE L'INDIQUE LA MARQUE QU'ILS PORTENT (vases gradués par remplissage).

aa. *Vases ne servant qu'à mesurer une quantité donnée de liquide.*

On emploie pour cela :

§ 18.

1. Des flacons ou ballons jaugés.

La forme la plus convenable est représentée dans la figure 9. On en trouve de différentes grandeurs, de 200, 250, 500, 1000, 2000, etc. centimètres cubes. Ils ne sont généralement pas fermés avec des bouchons en verre ; cependant cela peut être commode dans beaucoup de cas. — Les parois doivent avoir une épaisseur bien égale partout, et le verre doit être bien recuit afin qu'on puisse chauffer le liquide si cela est nécessaire. Le trait se trouvera au tiers inférieur ou au moins à la moitié du col.

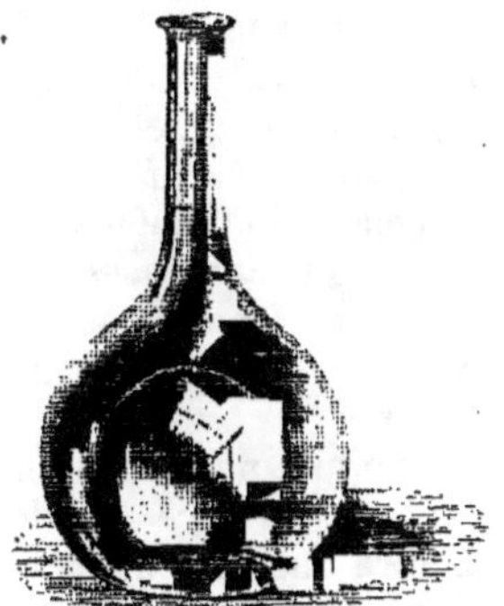

Fig. 9.

Avant de faire usage des flacons jaugés, il faut les vérifier. Le moyen le plus simple et le plus exact est d'équilibrer sur une balance suffisamment sensible, avec de la grenaille de plomb et des feuilles d'étain, le ballon de 1 litre, bien essuyé en dedans et en dehors, avec 1000 grammes à côté, celui d'un demi-litre avec 500 grammes, etc. On enlève ensuite le ballon, on le place sur une table horizontale, on le remplit d'eau distillée à 17°,5 centigrades, jusqu'à ce que le bord inférieur de la zone obscure corresponde exactement au trait. Après avoir bien essuyé l'intérieur du col au-dessus du trait, on replace le flacon sur le plateau de la balance et on enlève les poids. Si l'équilibre se rétablit exactement, c'est que, par exemple, avec le flacon d'un litre l'eau pèse bien réellement 1000 grammes : si le flacon l'emporte, il contient plus de 1000 grammes d'eau et autant en plus qu'il faut ajouter de poids de l'autre côté pour rétablir l'équilibre. — Si la tare est plus forte, le flacon renferme 1000 grammes d'eau moins les poids qu'il faut ajouter de son côté pour ramener l'horizontalité du fléau.

Si le poids de l'eau est 1000 grammes pour le flacon d'un litre, 500 pour celui d'un demi-litre, etc., les mesures sont exactes. Des différences de 0,100 grammes pour les flacons d'un litre, 0,070 pour ceux d'un demi-litre, et 0,050 pour ceux d'un quart de litre, sont sans importance : car ce sont celles qu'on remarquerait en pesant le même flacon qu'on remplirait jusqu'au trait, plusieurs fois de suite et avec la même eau distillée à la même température.

Si le ballon jaugé ne contient pas autant d'eau qu'il le devrait, il peut cependant être d'accord avec les autres mesures et on pourra encore l'employer dans beaucoup de cas. Il suffit que les nombres de centimètres cubes marqués sur les différents vases soient proportionnels aux poids d'eau trouvés. Si par exemple un flacon d'un litre ne renferme que 998 grammes d'eau à 17°,5 et qu'une pipette de 50 centimètres cubes ne laisse couler que 49,9 grammes d'eau également à 17°,5, ces deux mesures seront d'accord entre elles, car 1000 : 50 = 998 : 49,9.

Pour faire un ballon jaugé ou pour en corriger un qui est mal gradué, on opère de la même façon. On tare le flacon bien sec, par la méthode de la double pesée (§ 9) on y pèse 999 grammes d'eau à 17°,5 si l'on doit avoir 1 litre, la moitié ou le quart de ce poids pour un demi ou un quart de litre ; on place le ballon sur un support bien horizontal, on vise exactement le bord inférieur de la zone noire du niveau, on la marque de deux petits points, à l'aide d'une pointe trempée dans du vernis à l'asphalte ou tout autre. Ensuite on vide le ballon, on le couche devant soi et à l'aide d'un diamant on réunit les deux points par un trait fin et visible.

Quelquefois on fait la graduation par transvasement : mais les flacons ainsi jaugés ne peuvent servir que pour les mesures qui ne demandent pas une grande exactitude, parce que le nombre, la grandeur et la forme des gouttes d'eau qui restent après la paroi interne du flacon type sont très variables, et en répétant plusieurs fois le jaugeage d'un même ballon on a des résultats toujours différents. Pour graduer ces vases ou les essayer, on y verse de l'eau avec le flacon type, puis on les vide, on laisse égoutter et l'on y pèse le poids d'eau distillée à 17°,5, qui correspond au nombre de centimètres cubes représentant le volume.

On voit que dans toutes ces pesées on n'a pas rempli, pour faciliter les opérations, les conditions dans lesquelles le ballon d'un litre aurait un volume réel de 1000 centimètres cubes : c'est-à-dire que les pesées n'ont pas été faites avec de l'eau à 4° centigrades dans le vide. Mais si l'on a soin de remplir les mêmes conditions pour jauger tous les vases destinés à mesurer des liquides, ainsi que l'a recommandé le premier *M. Mohr*, alors toutes les contenances sont parfaitement d'accord, ce qui est le point important dans les analyses volumétriques. Il n'y aurait que dans le cas où exceptionnellement on les emploierait à la mesure des gaz, qu'il faudrait ramener ces vases gradués à 17°,5 à leur vraie contenance, ce qui se ferait facilement en multipliant par 1,0022 la capacité apparente.

bb. *Vases servant à mesurer des quantités quelconques de liquide.*

§ 19.

2. Éprouvette graduée.

Elle est représentée dans la figure 10. Elle a environ 3 centimètres de diamètre, elle contient de 100 à 300 centimètres cubes et est divisée en centimètres cubes. Le bord supérieur sera rodé, afin qu'on puisse la fermer exactement avec une lame de verre. Les mesures faites avec cette éprouvette ne sont pas aussi exactes qu'avec les ballons jaugés, parce que dans ceux-ci l'affleurement du niveau se fait dans une partie plus étroite. On vérifie du reste l'exactitude des divisions comme pour les ballons, en pesant de l'eau à 17°,5. On y arrive aussi très bien avec des pipettes et des burettes exactement graduées, desquelles on laisse couler dans l'éprou-

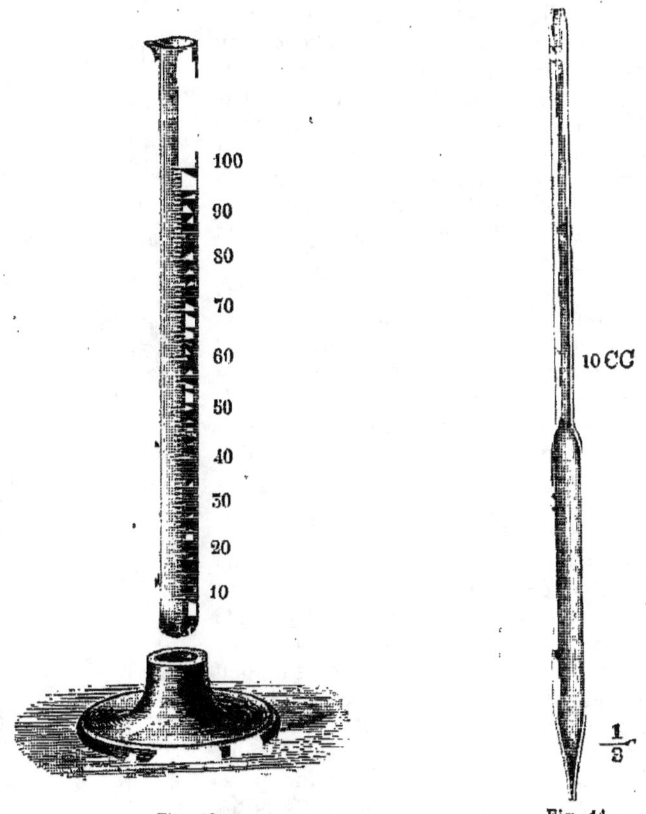

Fig. 10.   Fig. 11.

vette des volumes déterminés de liquide, qui doivent être indiqués exactement par la graduation de l'éprouvette.

6. VASES GRADUÉS, QUI, EN SE VIDANT, LAISSENT COULER JUSTE AUTANT DE LIQUIDE QUE L'INDIQUENT LES DIVISIONS (vases gradués par écoulement).

aa. *Vases qui ne servent que pour mesurer une quantité déterminée de liquide.*

§ 20.

3. Pipettes graduées.

Elles servent pour prendre dans un vase une quantité donnée d'un liquide et la transvaser dans un autre. Il est donc nécessaire que la forme des pipettes permette de les introduire dans les flacons. On en a de la contenance de 5, 10, 50, 100, 150, 200 centimètres cubes. La figure 11 représente leur forme jusqu'à 20 centimètres cubes, et les plus grandes ont la forme de la figure 12. Pour les remplir, on plonge la partie effilée dans le liquide, et par la partie supérieure on aspire directement avec la bouche ou par l'intermédiaire d'un petit tube en caoutchouc, jusqu'à ce que le liquide soit monté au-dessus du trait. Alors on ferme la partie supérieure un peu rétrécie et rodée avec le bout généralement humide du doigt indicateur de la main droite : et tenant la pipette bien verticale, on laisse couler le liquide goutte à goutte en soulevant légèrement le doigt, jusqu'à ce que le niveau soit descendu jusqu'au trait. Si des gouttes restent adhérentes à la paroi externe, on les enlève et on laisse couler le contenu de la pipette dans le vase voulu. Ici on remarquera que le liquide ne s'écoule pas complètement, mais que la partie inférieure du tube reste remplie par suite de l'adhérence entre le liquide et le verre. Puis, au bout de quelque temps, à mesure que le liquide descend le long des parois de la pipette, il se forme au dehors une goutte que son propre poids fait tomber plus tard, ou qui se détache plus promptement en imprimant une légère secousse à l'instrument. Si après cela on pose la pointe de la pipette sur la paroi mouillée du vase, il arrive encore un peu de liquide, et enfin si l'on souffle dans la pipette on en fera encore sortir une petite goutte. On voit donc qu'il pourra y avoir facilement des inexactitudes dans la mesure du liquide, puisque les quantités sorties seront différentes suivant qu'on fera l'une ou l'autre des choses que nous venons de dire. Je préfère dans tous les cas poser la pointe de la pipette contre la paroi humide du vase pendant qu'elle se vide, cette méthode donnant des mesures toujours parfaitement d'accord entre elles.

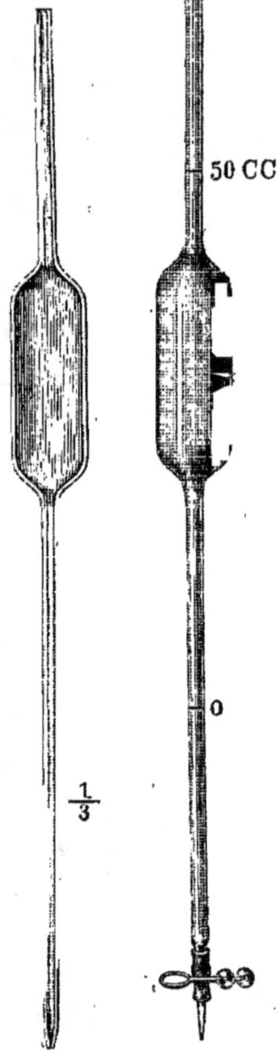

Fig. 12.   Fig. 13.

On essaye les pipettes en les remplissant jusqu'au trait avec de l'eau distillée à 17°,5, puis on laisse couler l'eau dans un vase taré et on la pèse. Si 100 centimètres cubes d'eau à 17°,5 pèsent 100 grammes, les pipettes sont exactes.

Si l'on cherche de cette façon quel est le degré d'exactitude d'une mesure faite avec une pipette, on trouve, en pesant son contenu avec tout le soin possible, des différences qui vont jusqu'à 0^{gr},010 pour 10 centimètres cubes, et 0^{gr},040 pour 50 centimètres cubes.

Les mesures avec les pipettes sont bien plus exactes, si l'on emploie la disposition de la figure 15, c'est-à-dire, si on les gradue de telle sorte qu'on n'ait pas à les vider complètement, mais seulement jusqu'à une marque placée à la partie inférieure, et cela en se servant d'une sorte de robinet à pince, dont nous donnerons la description en parlant des burettes. Les différences des mesures se réduisent dans ce cas à $0^{gr},005$ avec une seule et même pipette de 50 centimètres cubes.

On fait surtout usage des pipettes quand on veut chercher divers éléments dans différentes portions d'une seule et même substance. On dissout par exemple 10 grammes de celle-ci dans un ballon de 250 centimètres cubes, on étend d'eau jusqu'au trait, on agite et on prend avec la pipette de 50 centimètres cubes une, deux, trois ou quatre portions successives. Chacune d'elles est égale à 1/5 du tout et contient dès lors 2 grammes de la substance.

Pour mesurer des quantités quelconques de liquide, on pourrait se servir de pipettes graduées sur toute leur longueur et dont la partie graduée serait cylindrique; toutefois on ne s'en servira que pour les travaux qui ne demandent pas une grande rigueur, car les causes d'erreur sont assez grandes, attendu qu'il faut faire les lectures des divisions intermédiaires dans un tube large. Pour de petites quantités de liquide cette inexactitude est bien moindre, si l'on fabrique des pipettes avec des tubes de verre de petit diamètre, calibrés et rétrécis aux deux bouts (pipettes de *F. Mohr*).

Si pendant qu'une pipette se vide il restait çà et là des gouttes de liquide adhérentes à la paroi, c'est que celle-ci serait grasse. On nettoie le tube en le remplissant d'une solution de potasse caustique ou d'une solution concentrée de bichromate de potasse additionnée d'acide sulfurique.

bb. *Instruments servant à mesurer des quantités quelconques de liquide.*

4. Burettes.

De toutes les formes et de toutes les dispositions qu'on a données aux burettes, les suivantes me semblent préférables.

§ 21.
1. Burettes à pinces.

C'est à *F. Mohr* (*) que nous devons cet appareil de mesure si parfait; il est représenté dans la figure 14. Il consiste, comme on voit, en un tube de verre cylindrique, effilé à 25 millimètres de la partie inférieure mais présentant cependant tout à fait au bout un léger renflement, afin que le petit tube en caoutchouc, qui enveloppe cette extrémité, ne puisse pas glisser. Je n'emploie que deux grandeurs de ces burettes, l'une de 30 centimètres cubes partagée en $\frac{1}{10}$ de centimètre cube, l'autre de 50 centimètres cubes donnant 1/5 de centimètre cube. Les premières servent surtout aux recherches purement scientifiques, les autres aux expériences techniques. La longueur totale des burettes de 50 centimètres cubes est de 50 centimètres, et la partie di-

(*) Voyez *Traité d'analyse par les liqueurs titrées* de *F. Mohr*, traduit par *C. Forhomme*, Paris, F. Savy.

visée a 45 centimètres. Le diamètre intérieur du tube est d'environ
10 millimètres ; je fais élargir la partie supérieure en forme d'entonnoir
(20 millimètres) pour pouvoir facilement remplir la burette. L'ouverture
inférieure a 2 millimètres. Pour les analyses tout à fait délicates on peut

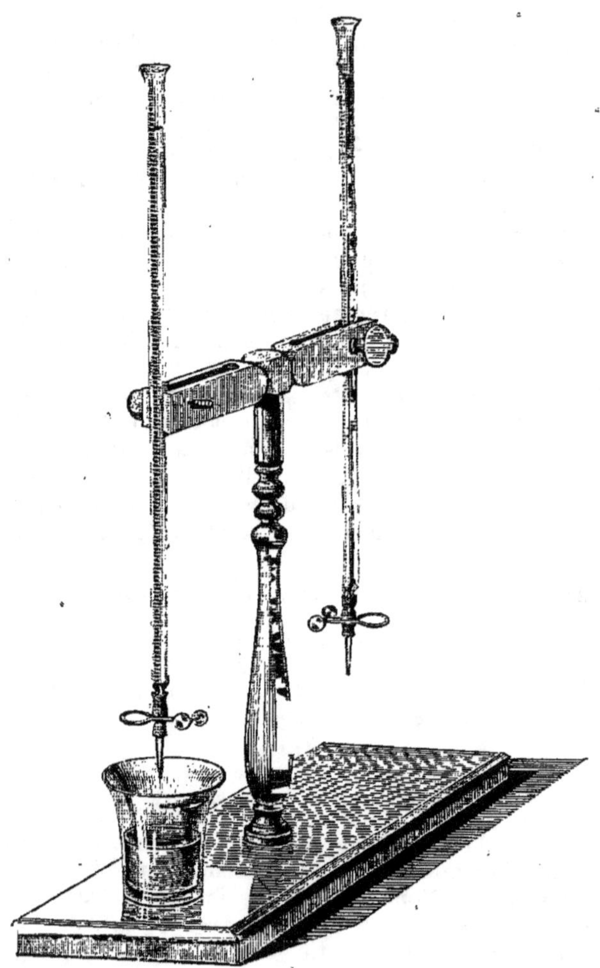

Fig. 14.

donner 50 à 52 centimètres à la portion graduée, de sorte que les divisions
seront distantes d'environ 2 millimètres. Pour les burettes de 50 centimètres
cubes, la longueur de la partie graduée est ordinairement de 40 centimètres.
   Après avoir légèrement chauffé et frotté avec du suif la partie inférieure
du tube, on l'introduit dans un petit tube en caoutchouc de 30 millimètres

de long et 3 millimètres de diamètre intérieur : dans l'ouverture inférieure de celui-ci, on fait entrer un tube de verre à paroi un peu épaisse, de 40 millimètres de long et étiré en pointe fine. On peut renfler légèrement l'extrémité de ce tube qui tient dans le caoutchouc et la graisser un peu, et enfin, pour que tout soit bien hermétiquement fermé, serrer le tube en caoutchouc aux deux bouts contre les tubes de verre avec un peu de fil fort.

Entre la partie inférieure de la burette et l'extrémité supérieure du petit tube à écoulement, le tube en caoutchouc sera libre sur une longueur d'environ 15 millimètres. C'est cette partie qu'on introduit entre les deux branches de la pince destinée à serrer fortement le tube en caoutchouc et à le fermer hermétiquement.

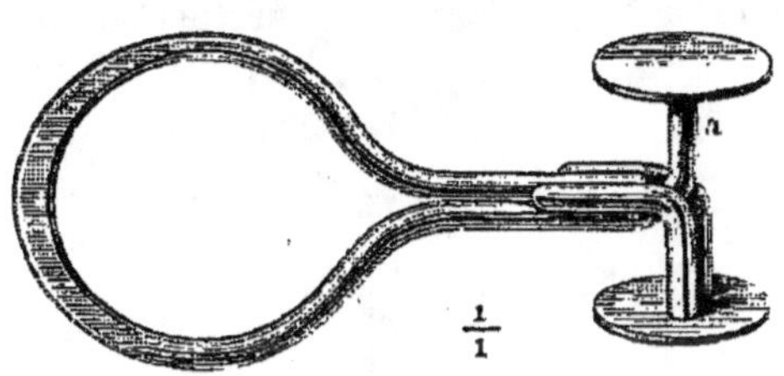

Fig. 15.

Cette pince est en fil de laiton écroui. *Mohr* lui avait d'abord donné la forme de la figure 15.

Elle doit serrer assez fortement le caoutchouc pour qu'il ne puisse s'échapper la moindre goutte de liquide, et avoir une élasticité telle qu'en la serrant plus ou moins fortement entre les doigts on puisse obtenir un écoulement continu ou seulement un écoulement goutte à goutte.

Depuis, *Mohr* a imaginé un autre genre de pinces faites en verre (ou en corne) et en caoutchouc, et que je recommande tout particulièrement, d'autant mieux que chacun peut soi-même les fabriquer. Les figures 16 et 17 représentent cette disposition si simple.

Voici comment *Mohr* en donne la description :

« On courbe à angle très obtus deux morceaux de tube plat à thermomètre de 80 à 90 millimètres de longueur, on applique deux branches parallèlement l'une contre l'autre, en plaçant entre elles, près du sommet des an-

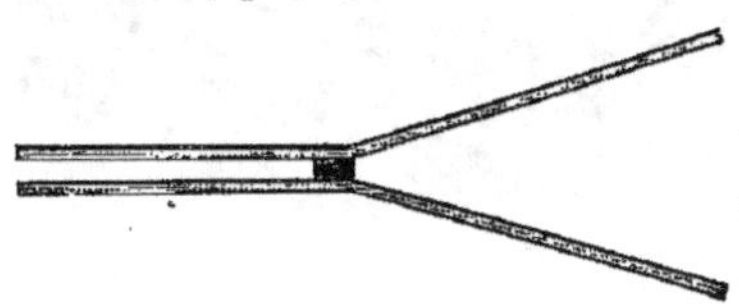

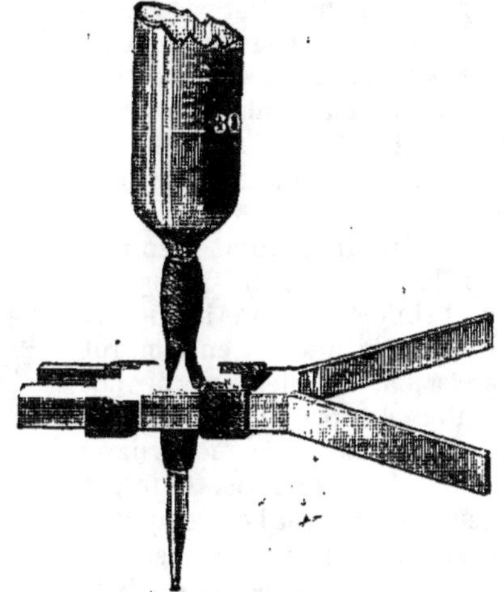

Fig. 16.   Fig. 17.

gles, un mince morceau de liège de 1 1/2 à 2 millimètres d'épaisseur, et on introduit ces deux branches dans un anneau d'un tube en caoutchouc un peu large. Après avoir introduit entre ces deux branches le tube en caoutchouc

de la burette, on rapproche les deux bouts de la pince et on les serre à
l'aide d'un second anneau en caoutchouc. La pression de ces deux anneaux
comprime complètement la partie élastique de la burette. En appuyant sur
les deux bouts des tubes de verre, qui sont naturellement écartés, pour les
rapprocher l'un de l'autre, on fait ouvrir la partie opposée de la pince, ce
qui tend les bandes élastiques et l'écoulement a lieu. En cessant la compression des doigts, les anneaux de caoutchouc referment le tube.

Pour fixer les burettes je me sers du support dessiné dans la figure 14.
Il est solide, permet d'élever ou d'abaisser facilement la burette et de l'enlever sans qu'il soit nécessaire
de démonter la pince. Il faut
seulement avoir soin que l'échancrure garnie de liège et destinée à embrasser le tube de
verre soit bien perpendiculaire
à la planchette formant le pied,
afin que la burette en place soit
dans une position verticale.
Maintenant je fais faire le bras
horizontal mobile autour d'un
axe vertical, passant dans la colonne qui porte le tout : on peut
ainsi amener devant soi tantôt
un tube, tantôt l'autre. Une vis
de pression, qui n'est pas représentée dans le dessin, permet s'il
le faut de rendre le mouvement
de rotation impossible. La figure
18 représente un support analogue dont la pince est en laiton.

Pour remplir une première
fois la burette, on plonge la
pointe inférieure dans le liquide,
on ouvre la pince et en aspirant
par la partie supérieure on fait
monter un peu de liquide, de
façon qu'il arrive au moins dans
la partie large du tube. On ferme
ensuite la pince et l'on remplit la
burette par le haut, un peu au-
dessus du trait supérieur. Étant
assuré que la burette est verti-

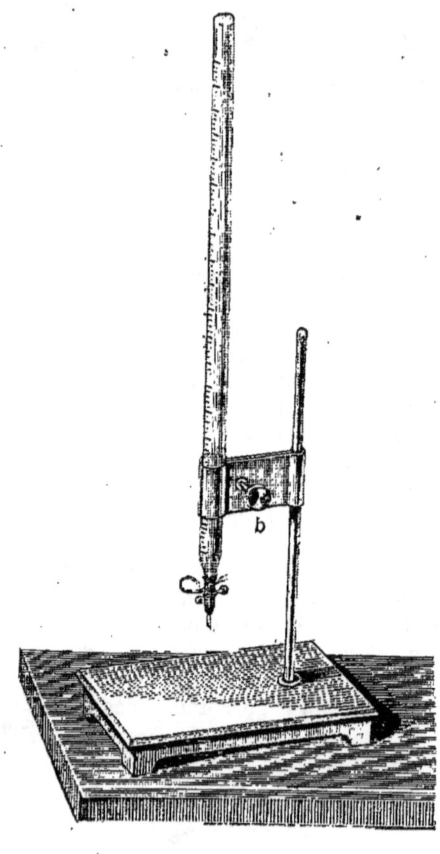

Fig. 18.

cale, on laisse couler avec précaution le liquide pour faire affleurer le niveau
au trait supérieur. L'instrument est prêt pour l'usage. Quand on a laissé couler
la quantité de liquide voulue pour le but qu'on se propose, on attend quelques instants pour que le liquide qui mouille les parois soit descendu, et on fait
la lecture. Cette dernière recommandation ne doit pas être négligée, si l'on

tient à ce que les mesures soient parfaitement exactes ; autrement une expérience faite avec lenteur (en donnant au liquide le temps de se rassembler) ne serait pas d'accord avec celle où l'on aurait laissé couler rapidement la plus grande partie du liquide et les dernières gouttes seulement avec lenteur.

La *manière de faire la lecture* est d'une grande importance. Il faut avoir soin d'abord que l'œil et le bord supérieur du liquide soient bien dans un même plan : il faut par conséquent savoir ce qu'on entendra par bord supérieur du liquide.

Si l'on place une burette en partie remplie d'eau entre l'œil et un mur bien éclairé, la surface offre l'aspect représenté dans la figure 19 ; si

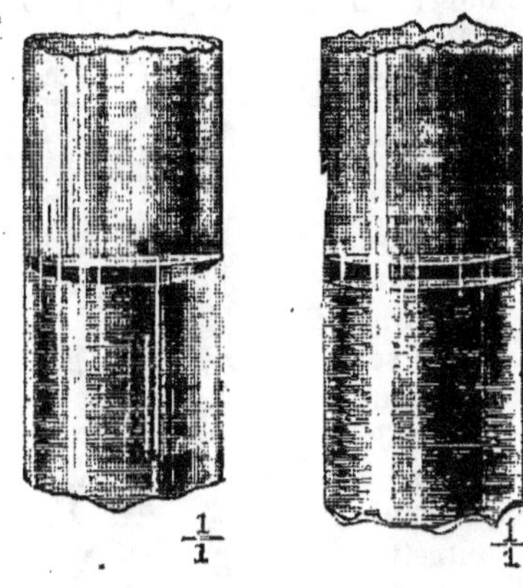

Fig. 19.   Fig. 20.

derrière le tube et tout contre sa paroi on applique une feuille de papier blanc bien éclairée aussi, on verra ce qui est dessiné dans la figure 20. Dans un cas comme dans l'autre on fera la lecture au-dessous du bord inférieur de la zone noire, car on la distingue très nettement. On peut la voir encore mieux en se servant du moyen très simple imaginé par *Mohr*. Sur un carré de mince carton blanc on colle une bande de papier noir, ayant la moitié de la largeur du carré : pour faire la lecture, on place cette carte derrière le tube, la partie noire en bas, de façon que la ligne de séparation des deux parties blanche et noire soit à 2 ou 3 millimètres au-dessous du bord inférieur de la zone, comme cela est représenté dans la figure 21, et on lit la division qui coïncide avec le bord inférieur de la zone

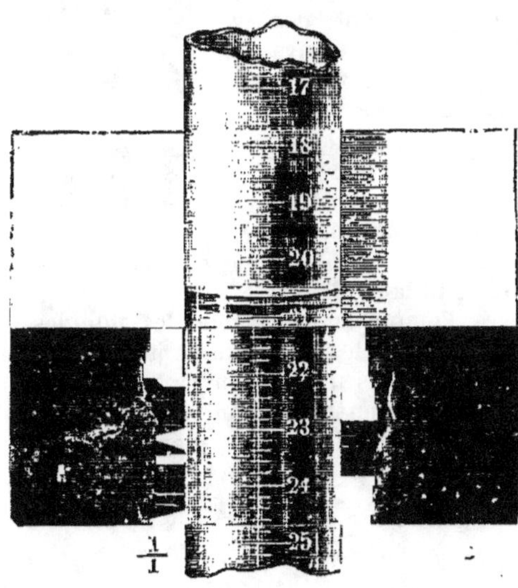

Fig. 21.

noire. — Il faut seulement avoir soin de tenir toujours le papier de la même façon, car si on l'abaisse le bord de la zone noire se relève un peu. Quant à moi je n'emploie pas ce procédé, je préfère éclairer la burette de façon que le sommet de la colonne offre l'aspect de la figure 19.

Pour éviter toute incertitude dans la lecture, on peut se servir du flotteur d'*Erdmann*. La figure 22 représente une burette munie de ce flotteur. On lit toujours la division de la burette qui coïncide avec le cercle tracé sur le flotteur. Celui-ci doit être proportionné à la largeur de la burette de telle sorte que lorsqu'il est dans le tube rempli, il descende régulièrement quand on fait couler le liquide et que, la burette étant fermée, si on l'enfonce dans le liquide, il remonte lentement. Le poids du flotteur doit être réglé avec du mercure, de façon que, placé dans le tube plein, le niveau du liquide soit régulièrement réparti autour de son bord supérieur. Enfin son axe doit, autant que possible, coïncider avec celui du tube pour que les divisions de la burette soient parallèles au cercle tracé sur le flotteur.

Rien de plus facile que de vérifier les burettes. Dans un ballon bien exactement pesé, on laisse couler 10 centimètres cubes d'eau à 17°,5, puis on en prend le poids : on reprend 10 nouveaux centimètres cubes, et ainsi de suite. Avec une bonne burette, 10 centimètres cubes d'eau à 17°,5 doivent peser 10 grammes. On ne tiendra pas compte des écarts ne dépassant pas 0,010 gr., car on trouve des différences allant jusque-là, en mesurant à plusieurs reprises les 10 centimètres cubes supérieurs de la même burette, même en prenant toutes les précautions possibles pour faire la lecture. Si l'on fait usage du flotteur, les pesées s'accordent bien mieux : les différences pour 10 centimètres ne dépassent pas 0,002 grammes.

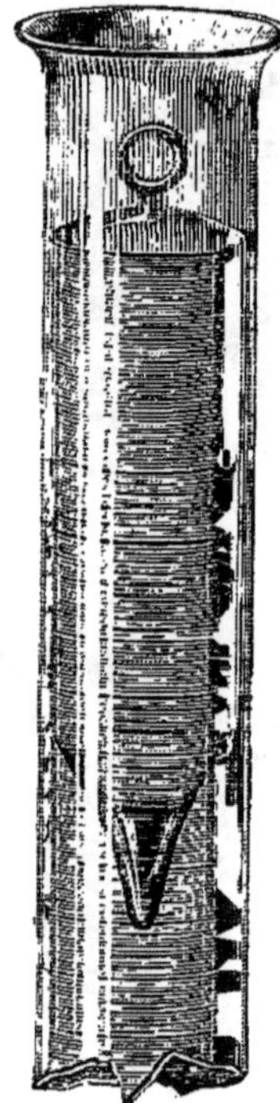

Fig. 22.

La burette à pince est sans contredit la meilleure et la plus commode. et on devra l'employer avec tous les liquides qui sont sans action sur le caoutchouc. Parmi les dissolutions jusqu'à présent en usage dans les analyses par les liqueurs titrées, il n'y a que le permanganate de potasse qu'on ne puisse pas mettre en contact avec le caoutchouc. *Scheibler* a donné une bonne description des moyens à employer pour graduer les burettes à pince (*).

§ 22.

II. Burette de Gay-Lussac.

La figure 25 la représente sous la forme qui me paraît préférable. J'ai d'ordinaire deux sortes de cette burette, une de 50 centimètres cubes, donnant le demi-centimètre cube et une de 30 centimètres cubes divisés en dixièmes. La longueur de la première est d'environ 55 centimètres, la partie divisée a 25 centimètres. Le diamètre intérieur du tube large est de 15 millimètres, celui du tube étroit de 4 millimètres et diminue jusqu'à

(*) *Journ. f. prackt. Chem.*, t. LXXVI, p. 177.

2 millimètres à la partie supérïeure. La burette de 50 centimètres cubes donnant les dixièmes est divisée sur une longueur de 28 centimètres et a un diamètre intérieur d'environ 11 millimètres.

Pour m'en servir, je tiens la burette dans la main gauche, en appuyant légèrement le fond sur la poitrine. On peut de cette façon régler facilement l'écoulement goutte à goutte, surtout quand on donne à l'instrument un léger mouvement de rotation autour de son axe longitudinal, de façon que la partie terminée par l'orifice d'écoulement soit tantôt un peu plus verticale, tantôt un peu plus horizontale.

Pendant une expérience, j'ai l'habitude de ne jamais laisser redescendre le liquide dans le tube étroit, car autrement on aura beaucoup de mal à le faire de nouveau couler goutte à goutte, à cause de l'air qui se trouve emprisonné entre le liquide et la goutte qui reste toujours à l'orifice d'écoulement.

Pour soutenir les burettes, je me sers d'un disque massif en bois, de 10 à 12 centimètres de diamètre, de 5 à 6 centimètres de hauteur, dans lequel sont creusées des cavités destinées à recevoir tout simplement les parties inférieures des tubes. Cela me paraît plus commode que de mastiquer chaque burette dans un pied en bois.

Pour diminuer la difficulté qu'il y a à faire de nouveau couler le liquide goutte à goutte, lorsqu'il y a de l'air dans le petit tube et une goutte à son extrémité, on peut, comme le recommande *Mohr*, fermer le tube large avec un bouchon traversé par un tube de verre court et recourbé à angle droit. On y adapte un bout de tube en caoutchouc, et en soufflant plus ou moins fortement dans ce tube on peut, en inclinant légèrement la burette, régler l'écoulement à volonté. On comprend que, au lieu de souffler avec la bouche, on pourra se servir d'un petit ballon en caoutchouc, qui sera percé d'un trou pour laisser rentrer l'air quand on cessera la compression. Pendant qu'on pressera la boule élastique, on fermera le trou avec le doigt (*Hervé-Mangon*) (*).

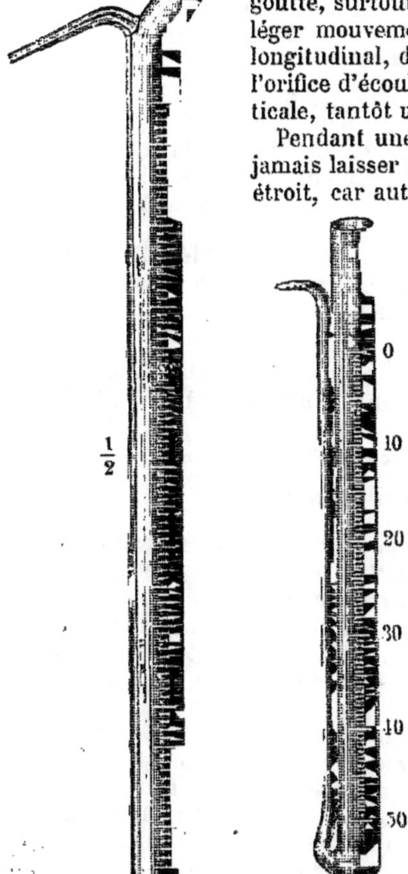

Fig. 24.   Fig. 25.

(*) *Rép. de chim. app.*, t. LXVIII

La lecture peut se faire comme avec la burette à pince. Toutefois je me contente d'appliquer l'instrument contre une paroi verticale, soit une porte blanche éclairée, soit l'embrasure d'une fenêtre, en lui donnant ainsi la position verticale. Seulement avec les dissolutions concentrées et non transparentes de permanganate de potasse, on prend pour limite le bord supérieur du liquide : on lit mieux en éclairant d'en haut et sur un fond blanc.

La burette de *Gay-Lussac* se vérifie comme celle à pince.

§ 23.

III. *Burette de Geissler.*

Elle est représentée dans la figure 24. On voit que le tube étroit, qui dans la burette de *Gay-Lussac* est en dehors du tube large, est ici en dedans. La partie extérieure du tube étroit est en verre épais, tandis que la partie intérieure est en verre mince.

Cette burette se recommande par son peu de fragilité d'abord, puis par la facilité avec laquelle on peut la manier. J'en fais volontiers usage.

Pour la lecture et l'essai, c'est comme plus haut.

PRÉPARATIONS PRÉLIMINAIRES A FAIRE SUBIR AUX CORPS, POUR LES AMENER A L'ÉTAT CONVENABLE POUR EN FAIRE L'ANALYSE.

§ 24.

1. Choix de la substance.

Avant de commencer une analyse quantitative, on ne saurait trop examiner si l'on connaît les différentes parties constituant le corps à étudier. C'est un point qu'on néglige trop fréquemment, et il en résulte que, même après des analyses faites avec soin, au lieu de connaître exactement la composition du corps, on s'en fait une idée tout à fait fausse. Cela arrive dans les recherches purement scientifiques aussi bien que dans celles qui s'appliquent à l'industrie.

D'après cela si l'on opère sur des minéraux dont il faut établir la constitution par l'analyse, il faut mettre le plus grand soin à éliminer la gangue et les substances mécaniquement interposées ; il faut par le frottement et des lavages enlever tout ce qui les recouvre extérieurement, broyer sur une petite enclume en acier la substance enveloppée dans du papier et avec de petites pinces choisir les fragments les plus purs ; — les corps préparés artificiellement et cristallisables seront purifiés par de nouvelles cristallisations, et les précipités par des lavages complets, etc. — Dans les analyses techniques, par exemple, le dosage du peroxyde pur dans un manganèse du commerce, du fer dans un minerai, il faut faire bien attention que l'essai analysé corresponde autant que possible à la richesse moyenne de la matière à étudier : à quoi servirait en effet à l'industriel de connaître la richesse d'un échantillon choisi, d'un échantillon qui peut-être serait un morceau du minéral pur ?

On voit facilement qu'il n'y a pas de règles générales à donner pour le choix de la matière ; il vaut beaucoup mieux, dans chaque cas particulier, d'une part faire un essai exact de la substance, l'examiner au microscope ou à la loupe, d'autre part se bien pénétrer du but de l'analyse et appliquer ensuite les méthodes convenables.

§ 25.

2. Division mécanique.

Pour préparer un corps à l'analyse, pour le rendre attaquable par les dissolvants ou les agents de désagrégation, la condition première essentielle est en général de le réduire en poudre aussi fine que possible. En multipliant ainsi les points de contact avec le dissolvant, en diminuant l'influence de la force de cohésion, on remplit mieux les conditions pour que la dissolution soit facile et prompte.

Suivant la nature du corps, on arrive à ce but par des moyens différents. Dans beaucoup de cas, il suffit de concasser et de broyer la substance ; dans d'autres au contraire il faut employer des lévigations et passer au tamis pour obtenir une poudre fine.

On broie dans des mortiers. La première condition, c'est que la substance dont est faite le mortier soit assez dure pour ne pas être entamée et ne pas se mélanger avec la matière que l'on doit analyser. Pour les sels, et en général les corps peu durs, on pourra se servir de mortiers en porcelaine ; mais il faudra nécessairement qu'ils soient en agate, en calcédoine ou en silex pour pulvériser les corps durs (la plupart des minéraux). Dans ce cas on commence par briser les gros morceaux en les enveloppant dans plusieurs plis de papier et en les frappant avec un marteau sur une plaque en acier ou en fer, puis on broie la poudre grossière par petites portions dans un mortier en agate, pour la rendre presque impalpable.

Quand on opère sur des minéraux dont on n'a que de petites quantités et pour lesquels il faut éviter les pertes, on fait usage d'un mortier en acier, figure 25. *a b* et *c d* sont les deux parties séparables du mortier. Au fond de la cavité cylindrique *e f* on place la substance, déjà concassée si c'est possible ; un cylindre en acier entrant dans la cavité sert de pilon. On place le mortier sur un solide support et avec un marteau on frappe d'aplomb sur la tête du pilon jusqu'à ce que le but soit atteint.

Fig. 25.

Lorsque des minéraux très difficiles à désagréger peuvent supporter une haute température sans perdre aucun de leurs éléments essentiels et ne peuvent rien céder à l'eau, on facilite leur pulvérisation en les chauffant fortement au rouge, puis en les plongeant brusquement dans l'eau froide, et enfin en les portant de nouveau au rouge. (C'est ce qu'on appelle *étonner* une subtance.).

Quand on achète un mortier en agate, il faut faire bien attention qu'il n'ait ni fente, ni cavité appréciable. Des fentes simplement superficielles rendent l'instrument plus fragile, sans cependant le mettre hors d'usage.

Les minéraux insolubles, qui doivent être attaqués par la voix sèche, ne le seront d'une façon complète qu'à la condition d'être réduits en poudre parfaite. On y parvient par le broiement avec de l'eau, la lévigation ou le passage au tamis. Les deux premières opérations ne sont applicables bien entendu qu'aux substances que l'eau n'attaque pas. Il faut dans ce cas être plus scrupuleux qu'autrefois, car des corps que l'on considère d'ordinaire comme complètement insolubles dans l'eau sont fortement attaqués par ce liquide quand ils sont réduits en poudre : ainsi l'eau, par exemple, peut dissoudre même à froid et rapidement 2 ou 5 pour 100 de verre finement pulvérisé. (*Pelouze*, Compt. rend., t. XLIII, p. 117-125) ; — le feld-spath, le granite, le porphyre en poudre, cèdent à l'eau un peu d'alcali et de silice (*H. Ludwig*, Arch. der Pharm. XCL. 147).

Pour *broyer avec l'eau*, on ajoute un peu d'eau à la poudre qui est dans le mortier, et on broie la masse en bouillie jusqu'à ce qu'on n'entende plus de grincement. On arrive plus vite au but en faisant la dernière opération non pas dans un mortier, mais sur une plaque d'agate, de silex ou de porphyre et en porphyrisant avec une molette. Ensuite au moyen de la fiole à jet, on fait tomber la matière dans une capsule hémisphérique de porcelaine bien unie, on fait évaporer l'eau au bain-marie et on mélange soigneusement le résidu avec un pilon. (On pourrait aussi sécher la matière en bouillie dans le mortier en agate, mais il faudrait chauffer à une bien douce température, dans la crainte de faire éclater ce dernier.)

Pour opérer par *lévigation* on jette dans un vase à fond plat la matière broyée avec de l'eau aussi finement qu'on a pu, on remue avec de l'eau distillée, on laisse reposer environ une minute et dans un second vase, par décantation, on sépare le liquide trouble du dépôt formé par les parties les plus grossières. Ce dernier est de nouveau broyé, puis traité par lévigation, et ainsi de suite, jusqu'à ce que toute la masse soit bien pulvérisée. On laisse reposer le liquide trouble ; au bout de quelques heures la poudre en suspension s'est rassemblée au fond du verre : on décante l'eau et on dessèche le dépôt dans le vase même où il s'est formé.

On *tamise* de la façon suivante : on ferme un bocal en verre d'environ 10 centimètres de haut avec un petit morceau de toile fine, bien lavée et bien sèche, que l'on enfonce un peu dans l'ouverture, de manière à faire un petit tamis sur lequel on jette une portion de la poudre. Sur l'ouverture on applique en le liant un morceau de cuir de veau, pour faire comme un couvercle bien tendu. En frappant sur la membrane on produit des ébranlements qui font passer peu à peu la poussière à travers la toile. Ce qui reste sur le tamis est de nouveau broyé dans le mortier d'agate, ajouté à une nouvelle portion de la poudre, en sorte qu'on finit par faire passer toute la substance dans le bocal et à l'état de poudre très fine.

Lorsqu'on divise soit par lévigation, soit avec un tamis, une substance formée par le mélange de plusieurs corps, on commettrait une grave erreur si l'on soumettait seulement à l'analyse la poudre obtenue par une première opération, car les éléments faciles à désagréger y sont, comparativement à ceux qui sont plus difficiles à pulvériser, dans une beaucoup plus grande proportion que dans la substance primitive. Il faut donc avoir bien soin de ne rien perdre dans ces deux opérations, car la perte se répartirait inégalement sur les différentes parties qui composent le corps à étudier. Il vaut encore mieux en pareil cas renoncer à la lévigation et ne pas craindre de se donner la peine de broyer longtemps et finement la substance sèche.

S'il s'agit de chercher la composition moyenne d'une matière dont la constitution n'est pas homogène, par exemple d'un minerai de fer, on en réduit d'abord en poudre grossière une portion ayant à peu près la composition moyenne, on mélange le tout bien également, puis on en pulvérise finement une partie. Pour concasser et broyer grossièrement les minerais on fera usage d'une enclume en acier. — Celle qui sert dans mon laboratoire consiste en un bloc cylindrique en bois, de 85 centimètres de haut, 26 centimètres de diamètre, dans lequel est encastré, à la moitié de son épaisseur, un disque en acier épais de 3 centimètres, ayant un diamètre de 20 centimètres et entouré d'un cercle en laiton de 5 centimètres de hauteur. La tête du marteau, en acier bien trempé, a 5 centimètres de diamètre. Cette enclume est surtout commode parce qu'on peut facilement nettoyer la surface en acier et lui conserver son poli. — Pour commencer à pulvériser des poudres grossières, on peut fort bien employer une capsule en acier en forme de mortier et polie au tour, d'environ 130^{mm} de diamètre supérieur et 74 ^{mm} de profondeur au centre ; on achève la pulvérisation dans un mortier en agate.

§ 26.

5. Dessiccation.

Dans toute analyse il faut comme point de départ mettre le corps dans un état nettement caractérisé, tel qu'on pourra toujours l'y replacer.

Comme condition première de toute analyse quantitative, nous avons déjà dit qu'il fallait connaître les éléments du corps à analyser, quant à leur nature, avant de passer à la détermination de leur poids. Mais presque toujours ces parties constituantes sont accompagnées d'une plus ou moins grande quantité d'eau, ne faisant pas essentiellement partie de la composition du corps, et que celui-ci retient, par suite de sa préparation, entre les lamelles qui le constituent, ou bien qu'il a absorbée dans l'air. Il est évident dès lors que nous ne pourrons pas savoir exactement quelle est la quantité réelle de la substance sur laquelle nous opérons, si nous ne la débarrassons pas tout d'abord de cette quantité variable d'eau. *Il faut donc au préalable dessécher la plupart des corps solides, avant de les soumettre à l'analyse.*

Cette opération est d'une grande importance pour l'exactitude des résultats ; on peut même dire que la plupart des différences que l'on trouve dans les analyses proviennent de ce que les corps ont été traités à des états d'humidité différents.

On sait que beaucoup de corps renferment de l'eau qui leur est propre, soit comme eau de constitution, soit comme eau de cristallisation. Par opposition nous appelons *humidité* l'eau en proportion variable, retenue mécaniquement, et c'est l'élimination de cette eau que nous appelons dessiccation et dont nous nous occupons ici.

Il faut donc bien se rappeler que nous voulons n'enlever que l'humidité sans faire partir l'eau combinée ou tout autre élément du corps. Pour opérer la dessiccation, il faut dès lors connaître exactement les propriétés de la substance à l'état sec ; nous devons savoir si elle perd de l'eau ou tout autre principe au rouge, ou à 100°, ou dans l'air sec, ou seulement au contact de l'atmosphère. Et suivant ces données, nous choisirons pour chaque substance le mode le plus convenable de dessiccation. Une fois les corps desséchés, on les enferme immédiatement dans des vases hermétiquement bouchés ; en général on les mettra dans des tubes plus ou moins grands, fermés par un bout et à parois assez fortes pour qu'on puisse les fermer fortement avec des bouchons à surface lisse. Il sera bon aussi d'envelopper les bouchons avec de l'étain en feuilles.

a. *Corps qui perdent déjà de l'eau au contact de l'air atmosphérique* : par exemple, sulfate de soude, carbonate de soude cristallisé. On les reconnaît facilement à ce qu'en les abandonnant à l'air, leur surface devient terne, opaque, et qu'enfin ils tombent plus ou moins en poussière.

Il est plus difficile avec eux d'opérer la dessiccation complète. Pour y arriver, on met le sel réduit en poudre entre plusieurs doubles de fin papier blanc à filtre, on comprime fortement et on répète cette opération avec du nouveau papier, jusqu'à ce que les dernières feuilles employées ne prennent plus d'humidité. On doit, entre chaque renouvellement de papier, broyer de nouveau.

b. *Corps qui ne perdent pas d'eau au contact de l'air atmosphérique, à moins que celui-ci soit tout à fait sec, mais qui s'effleurissent dans une atmosphère artificiellement desséchée*, par exemple : sulfate de magnésie, sel de Seignette, etc.

On les broie, on presse la poudre, si elle très humide, entre des feuilles de papier (comme en *a*), puis on la laisse quelque temps étalée en couche mince sur une feuille de papier buvard, à l'abri de la poussière et des rayons directs du soleil.

§ 27.

c. *Corps qui ne subissent pas de changement dans l'air sec, mais perdent leur eau à 100°*, par exemple : tartrate de chaux, etc.

On les broie finement, on les met en couche mince sur un verre de montre ou une capsule en porcelaine peu profonde, et on place le tout dans un espace fermé, dont l'air est desséché avec de l'acide sulfurique concentré. On emploie pour cela d'ordinaire des appareils auxquels on donne le nom de *dessiccateurs*, et qui peuvent en outre servir à laisser refroidir dans de l'air sec des creusets chauds ou des capsules.

Dans la figure 26, *a* est une lame de verre dépolie, *b* une cloche en verre dont les bords sont rodés et enduits de suif, *c* un vase cylindrique large, peu profond, un petit cristallisoir, rempli d'acide sulfurique concentré, *d* un disque en tôle porté par trois pieds et percé de trous de diverses grandeurs, dans lesquels on pose les verres de montre contenant les substances, ou les creusets qui doivent refroidir, etc.

Dans la figure 27, *a* est un vase à précipité dont les bords sont rodés et

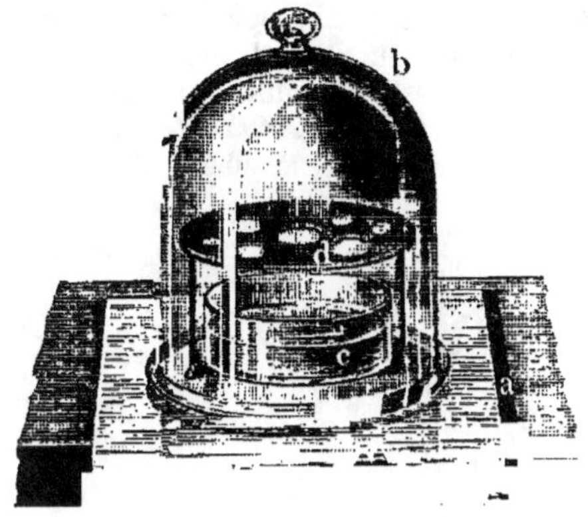

Fig. 26

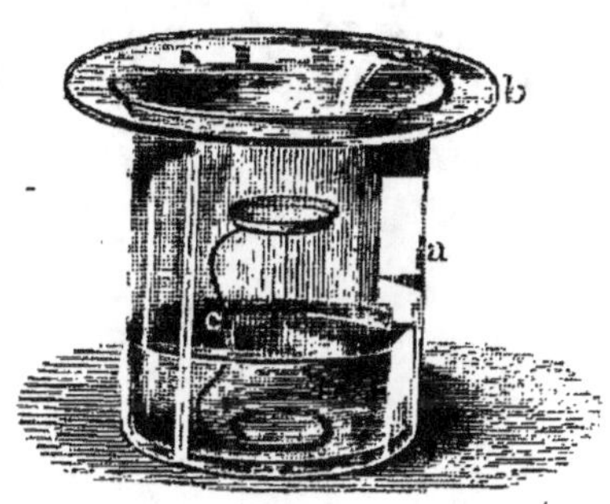

Fig. 27.

enduits de suif : il est rempli au tiers ou au quart avec de l'acide sulfurique concentré ; *b* est un disque en verre dépoli et dressé ; *c* un fil de plomb recourbé, comme on le voit, sur lequel on pose le verre de montre.

La figure 28 représente un dessiccateur semblable avec du chlorure de calcium.

La figure 29 représente un dessiccateur facilement transportable, fort commode pour retirer le creuset refroidi, ou pour le

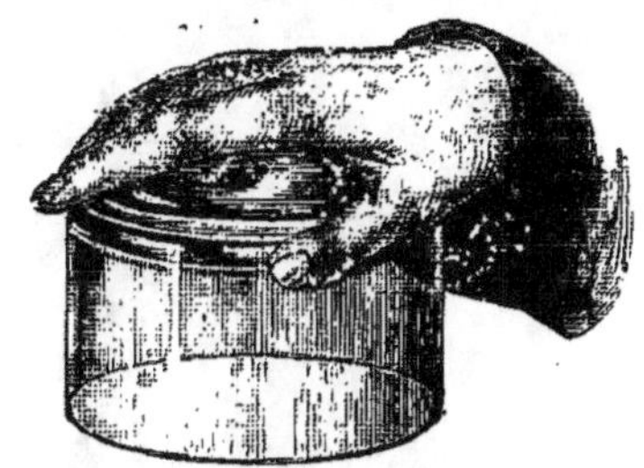

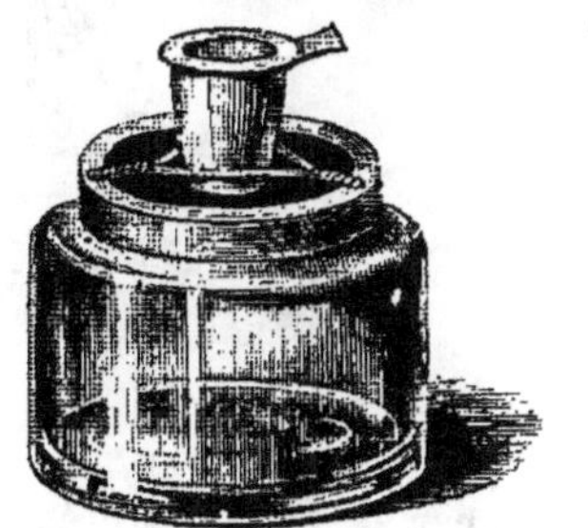

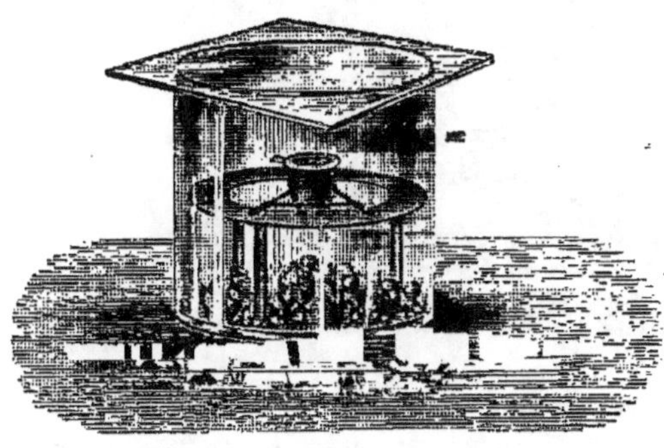

Fig. 28.

Fig. 29.

transporter jusqu'à la balance. C'est une sorte de tabatière en verre à fortes parois. Le couvercle doit fermer hermétiquement ; on garnit de suif les surfaces qui se touchent à la jonction des deux pièces. Le diamètre de la boîte

dont je me sers est de 105 millimètres à l'extérieur, les parois ont 6 millimètres d'épaisseur. L'ouverture a 80 millimètres de diamètre, la hauteur de
la boîte jusqu'au col est de 65 millimètres, et le couvercle a la même dimension. Le col légèrement conique a 15 millimètres de hauteur ; il est garni
d'un anneau en laiton, recouvrant son bord supérieur et sur lequel on fixe le
triangle en fil de fer, ou mieux en fil de platine, destiné à soutenir le creuset.

La figure 30 représente un dessiccateur construit par *A. Schrœtter* ; il permet à l'air dilaté par la chaleur du creuset de sortir par le tube *a* d'abord,

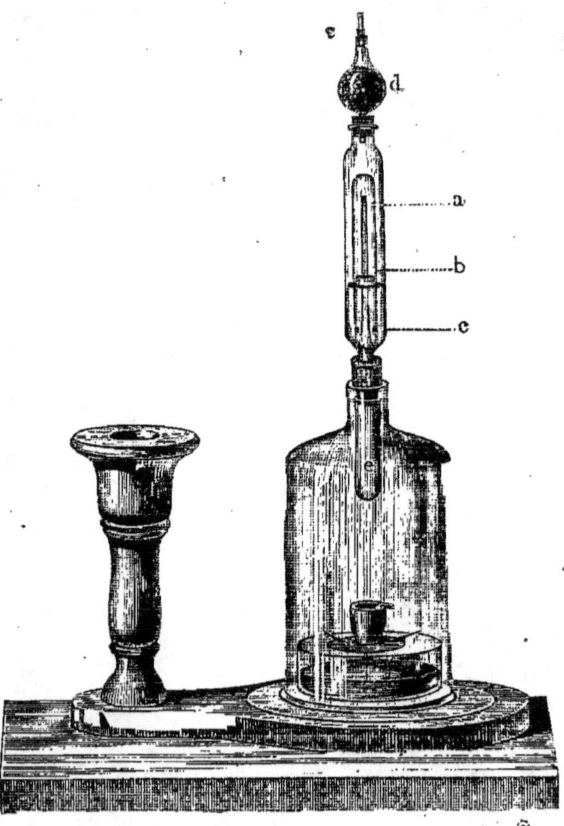

Fig. 30.

puis par deux ouvertures latérales pratiquées à la partie inférieure du
tube *b*, et enfin les bulles d'air traversant l'acide sulfurique contenu en *c*
s'échappent au dehors, à travers la boule *d* remplie de chlorure de calcium.
Quand l'appareil se refroidit, l'air extérieur rentre en suivant le même
chemin, mais il est parfaitement desséché. Lorsque les bulles d'air ne traversent plus l'acide sulfurique, l'équilibre de pression est établi entre l'intérieur
et l'extérieur. Le petit tube *e* fermé en bas, et fixé au-dessous de l'appareil

de façon à ne pas fermer hermétiquement, parce qu'on a pratiqué des échancrures dans le bouchon, est destiné à retenir les petites quantités d'acide sulfurique qui pourraient passer par *a*. Le pied *f* sert à soutenir la cloche. Ce dessiccateur a l'avantage de laisser refroidir les substances sous la pression extérieure, en sorte qu'en les retirant on n'a pas à craindre qu'elles absorbent de nouveau de l'air et par suite de l'humidité, ce qu'on ne pourrait affirmer de substances restées longtemps dans une atmosphère dilatée par l'échauffement primitif de l'air.

On laisse les corps sous l'influence de l'air sec jusqu'à ce que leur poids ne change plus. Les substances sur lesquelles l'oxygène de l'air aurait de l'action seront desséchées de la même manière sous le récipient de la machine pneumatique. Celles qui, dans l'air sec, perdraient de l'ammoniaque seraient soumises à l'action de l'air desséché avec de la chaux vive, à laquelle on ajoute un peu de sel ammoniac pour que l'atmosphère de la cloche soit saturée d'ammoniaque.

<h3 style="text-align:center">§ 28.</h3>

d. Corps qui perdent complètement leur eau à 100° *sans éprouver de changement*, par exemple : acide tartrique, sucre, etc. On les dessèche au bain-marie, tantôt sans faire agir en même temps un courant d'air sec, tantôt en employant ce dernier moyen si la substance est difficile à dessécher, ou si l'on veut hâter l'opération.

La figure 31 représente le bain-marie le plus fréquemment en usage ; on le fabrique en tôle ou en cuivre, et dans ce dernier cas on soude les pièces

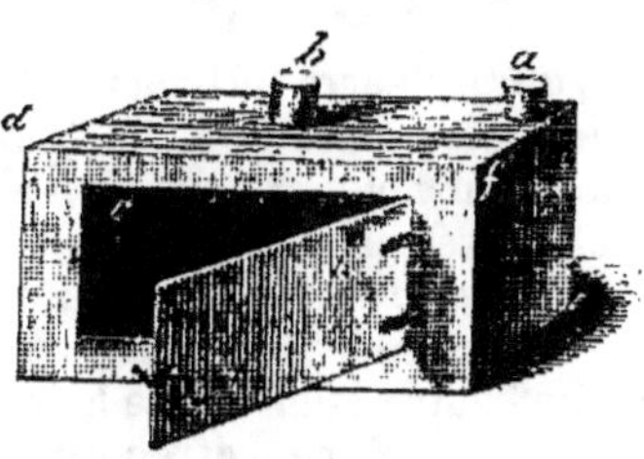

Fig. 51.

à la soudure forte, afin de pouvoir employer l'appareil comme bain à l'huile. Le dessin rend toute description inutile. La cavité intérieure *c* est entourée sur cinq de ses faces par l'enveloppe extérieure *d e*, sans toutefois communiquer avec elle. Les ouvertures *g* et *h* dans la porte ont pour but de permettre le renouvellement de l'air et remplissent suffisamment ce but. Pour se servir de l'appareil on remplit à moitié l'enveloppe externe avec de l'eau de pluie, on ferme tout à fait l'ouverture *b*, et on adapte à l'orifice *a* un bouchon traversé par un tube de verre. Si l'on chauffe avec du charbon, on donne à la boîte de *d* en *f* une longueur de 20 centimètres environ ; si l'on fait usage du gaz, de la lampe à alcool ou de l'huile, la longueur *d f* sera d'environ 15 centimètres seulement. Dans le premier cas, les dimensions de la boîte intérieure seront de 17 centimètres de profondeur, 14 de largeur et 10 de hauteur ; dans le second, 10 centimètres de profondeur, 9 de largeur et 6 de hauteur. La température intérieure n'atteint jamais 100° : cependant pour arriver à ce degré, *F. Rochleder* ferme l'orifice *b* avec un tube recourbé à deux branches, dont la plus longue plonge dans une éprouvette remplie d'eau. Dans ce cas on ferme exactement en *a* avec un bouchon portant un tube à entonnoir, dont la partie inférieure plonge jusqu'à 1 pouce du fond.

Dans les grands laboratoires, l'appareil est ordinairement chauffé à l'ébullition pendant la journée entière, afin de se procurer de l'eau distillée. Je donne à la caisse une forme rectangulaire un peu allongée, par exemple 120 centimètres de longueur, 60 de largeur et 24 de hauteur; sur la paroi antérieure je fais deux séries de boîtes à dessiccation superposées, de façon que chaque travailleur puisse avoir la sienne. La plupart de ces étuves partielles ont 11 à 12 centimètres de largeur et de profondeur, et 8 centimètres de hauteur; mais on en réserve cependant quelques-unes de plus grandes dimensions et au moins une profonde et large de 16 centimètres, afin d'y pouvoir placer des capsules un peu grandes.

On met généralement les substances à dessécher sur des verres de montre, que l'on introduit dans l'étuve. Pendant l'opération on met les deux verres de montre l'un dans l'autre, et pendant la pesée on couvre l'un avec l'autre. Avant de les poser sur la balance, il faut qu'ils soient refroidis. Quand les substances sont hygroscopiques, il faut les empêcher d'attirer de nouveau l'humidité pendant le refroidissement. Pour cela on choisit deux verres de montre pouvant parfaitement se fermer l'un par l'autre; quand ils sont posés l'un sur l'autre, on les introduit entre les branches d'une pince (*fig.* 52), qui les serre fortement, et on laisse tout refroidir sous une cloche avec de l'acide sulfurique (*fig.* 26). — Cette manière d'opérer est généralement indispensable, et nous n'en parlerons plus à propos des autres appareils employés pour la dessiccation.

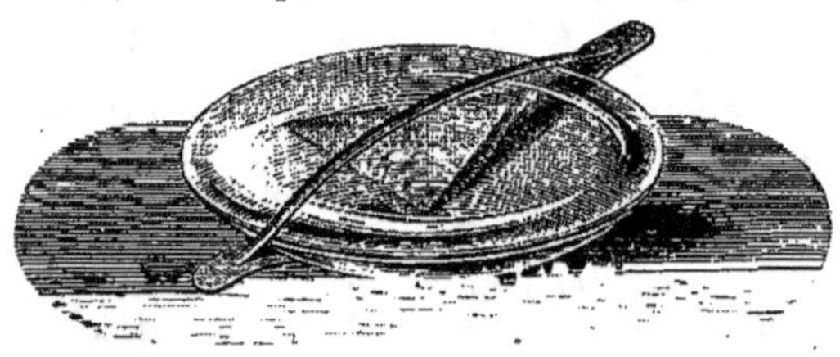

Fig. 52.

La pince qui sert à presser les deux verres de montre est formée de deux bandelettes de feuille mince de laiton, de 10 centimètres de longueur et 1 centimètre de largeur; on les place l'une sur l'autre et on soude les deux bouts sur une étendue de 5 à 6 millimètres. Cette pince fait en quelque sorte partie des verres de montre, et on la pèse chaque fois avec eux quand on veut reconnaître la perte de poids par dessiccation.

Les appareils suivants servent à dessécher dans un courant d'air.

Dans l'étuve de la figure 33, le courant est naturellement produit par l'échauffement de l'air; aussi cet appareil est-il fort commode.

ab est une boîte en fer-blanc ou en cuivre, dans laquelle est soudé le canal *cd*, qui communique avec le canal ascendant *ef*, lequel est enveloppé sur trois côtés par la cavité *gh*, communiquant avec la boîte *ab*; cette cavité n'a pas d'orifice à la partie supérieure. En *i* est un trou rond, communiquant avec le canal et pouvant se fermer avec un bouchon; *lk* peut se fermer avec un registre vertical bien ajusté, glissant entre des coulisses.

Pour l'usage, on remplit à moitié avec de l'eau l'enveloppe externe par le goulot *m* (l'ouverture *n*, qui sert à vider l'eau, est fermée avec un bouchon). puis on chauffe à l'ébullition. Les substances à dessécher sont déposées sur des verres de montre qu'on pose dans les cavités de la plaque B (*fig.* 33); celle-ci est introduite dans la boîte par *lk*, que l'on ferme ensuite avec le registre.

Il se produit, dans la cheminée échauffée par la vapeur d'eau, un courant ascendant d'air chaud, qui détermine par l'orifice *i* un appel d'air

Fig. 53.

froid, passant sur la substance à dessécher et entraînant avec lui la vapeur formée.

Pour éviter l'inconvénient résultant de ce que le courant d'air froid empêche la substance d'atteindre la température de 100°, on peut faire arriver l'air par un tube soudé sous le canal tout le long de sa longueur ; de cette façon l'air sera déjà chauffé à 100° avant d'arriver sur la substance. On a supprimé ce tube dans le dessin pour ne pas compliquer la figure. On peut remplacer l'ouverture *m* par des orifices circulaires de diverses grandeurs, pouvant se fermer avec des couvercles, et qui seront très commodes pour placer de petites capsules, dans lesquelles seront des liquides à évaporer ou à concentrer. — Suivant les besoins, on donne à l'appareil une longueur de 20 à 30 centimètres, une profondeur et une hauteur de 10 centimètres environ ; le canal a 5 centimètres de large et 2,5 de haut. — Si au lieu du faible courant d'air produit par la petite cheminée d'appel, on en voulait un plus fort, on pourrait, au moyen d'un gazomètre, ou d'un ballon en caoutchouc, ou de toute autre disposition, insuffler par l'orifice *i* de l'air, qu'on aurait fait passer à travers de l'acide sulfurique ou du chlorure de calcium. — On pourrait aussi terminer la petite cheminée *f* en forme de tube, que l'on fermerait avec un bouchon traversé par un tube en communication avec la pompe à eau aérohydrique (§ **47**) ou un aspirateur (*d fig.* 54) et on aurait soin de faire passer l'air dans de l'acide sulfurique avant son entrée en *i*. — Si l'on désire une température supérieure à 100°, on remplit d'huile l'appareil qui, dans ce cas, doit être en cuivre, et on détermine la température avec un thermomètre placé à l'ouverture *m* à l'aide d'un bouchon.

Dans la figure 54, le courant d'air est obtenu par l'écoulement de l'eau. *a* est un ballon rempli au tiers avec de l'acide sulfurique concentré, *c* est un vase en verre (tube à dessiccation de *Liebig*), *d* un récipient en tôle, muni d'un robinet en *e*, et disposé comme on le voit dans la figure. — La figure 55 représente une petite boîte en fer-blanc, qui peut se fermer à l'aide d'un couvercle portant les deux échancrures *a* et *b*.

On met la substance à dessécher dans le tube *c* et celui-ci dans la petite boîte (*fig.* 35), dont on porte l'eau à l'ébullition avec la lampe à gaz ou à

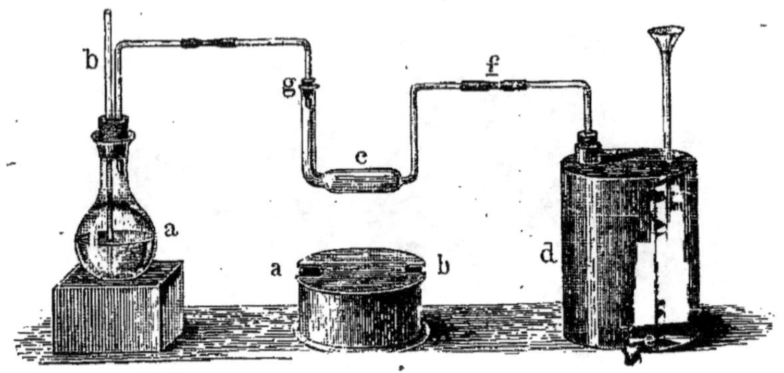

Fig. 34.   Fig. 35.

alcool. *d* étant rempli d'eau, on relie *c* avec le ballon *a* au moyen du bou chon *g*, et avec le vase *d* à l'aide du tube en caoutchouc *f*. En ouvrant le robinet *e* pour laisser couler l'eau, l'air entre par le tube *b*, se dessèche en traversant l'acide sulfurique et passe bien sec sur la substance chauffée en *c*. On pèse ce dernier tube avec le corps qu'il renferme au commencement, et on continue la dessiccation jusqu'à ce qu'il n'y ait plus de perte de poids. Si l'on possède une pompe aérohydrique (§ 47), on la substitue à l'aspirateur. — Comme le courant d'air froid empêche la substance d'atteindre en *c* la température de 100°, il est quelquefois préférable de remplacer l'eau de la petite caisse par une dissolution saturée de sel marin.

Ce dernier moyen dessèche les substances le plus promptement; cependant on ne saurait l'appliquer à celles qui fondent ou se concrètent à 100°.

Cet appareil est plutôt destiné à dessécher une substance qu'à doser la quantité d'eau qu'elle renferme, parce que l'action prolongée de l'eau bouillante sur le tube de verre en diminue un peu le poids. Cet effet est plus ou moins prononcé suivant les diverses espèces de verre.

§ 29.

e. Corps qui ne perdent leur eau à 100° qu'incomplètemnt ou au bout d'un temps très long, mais qui se décomposent au rouge.

Pour dessécher de pareilles substances, on fait usage du bain d'huile ou d'air, ou aussi des disques dessiccateurs, et on les sèche entre 110 et 120°, ou à une plus haute température, avec ou sans courant d'air, tantôt dans le vide, tantôt dans une atmosphère d'acide carbonique à faible pression.

Les figures 56 et 57 représentent des *bains d'air* d'une construction facile, le premier pour sécher à la fois plusieurs substances, le dernier pour n'opérer que sur une seule.

ab, dans la figure 56, est une boîte faite avec du cuivre fort, soudé au laiton, de 15 à 20 centimètres de largeur et de profondeur, et d'une hauteur correspondante. Par l'ouverture *c* on introduit, au moyen d'un bouchon, un thermomètre dont la boule est au centre de la caisse ; *e* est un support en fils métalliques sur lequel on dépose la substance mise dans des verres de montre. On chauffe au moyen du gaz, de l'alcool ou de l'huile. Lorsque la température a atteint le degré voulu, on l'y maintient en réglant la flamme (*) ; on parvient facilement à avoir une température sensiblement constante. Il est bon, pour diminuer le refroidissement par le rayonnement extérieur, d'entourer tout l'appareil d'une enveloppe en carton dont la paroi antérieure sera mobile.

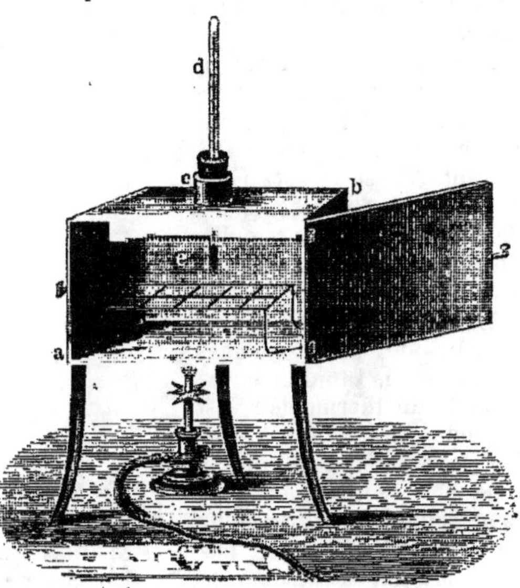

Fig. 56.

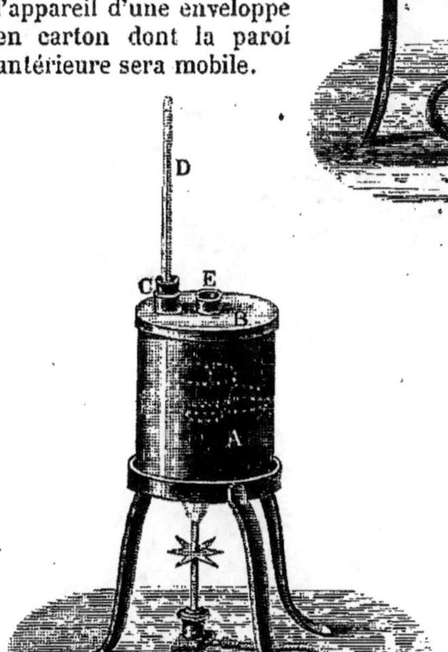

Fig. 57.

La figure 57 représente une boîte en cuivre fort A, d'un diamètre de 9 centimètres et d'une hauteur de 11 centimètres ; elle est fermée avec un couvercle à petit rebord B, s'adaptant facilement, portant deux ouvertures C et E. C est destinée à recevoir un thermomètre, et E à laisser échapper la vapeur d'eau ; suivant les circonstances, on fermera cette dernière plus ou moins. Dans l'intérieur de la boîte, à la moitié de sa hauteur, sont fixés trois taquets pour supporter un triangle, sur lequel on placera le creuset contenant la substance. La boule du thermomètre doit être autant que possible rapprochée du creuset, sans cependant toucher le triangle. On chauffe avec la lampe à gaz ou à alcool. Quand l'appareil est assez refroidi pour qu'on puisse le toucher, on

(*) Si l'on emploie comme moyen de chauffage du gaz de l'éclairage, on pourra se servir pour avoir une température constante du régulateur de *Bunsen*, perfectionné par

enlève le couvercle, on retire le creuset et on le place sous le dessiccateur jusqu'au moment de faire la pesée.

Le bain d'air de la figure 58 sert à dessécher les substances dans un tube à boule, en employant en même temps un courant d'air sec. Il est en tôle et a la forme d'une boîte. Les dimensions suivantes remplissent parfaitement le but: $ab = 20$, $ac = 15$, $ad = 12$, $ef = 11$, $eg = 6$ centimètres. Le diamètre des petits ajutages latéraux est de 16 millimètres. La boule du thermomètre est descendue de manière à toucher latéralement le tube à boule et à se trouver à la même hauteur que lui; pour cela l'ouverture h ne doit pas être tout à fait au milieu de la paroi, mais d'environ 1 centimètre plus sur le côté. — Dans cet appareil, on peut facilement atteindre une température de 200 à 260°. — Pour produire le courant d'air sec, on réunit l'un des bouts du tube à boule avec un aspirateur, comme celui de la figure 54, ou avec une pompe aéro-hydrique (§ 47), l'autre avec un tube plein de chlorure de calcium ou avec un flacon contenant de l'acide sulfurique concentré (*fig.* 34, *a*), et on laisse couler l'eau d'abord assez rapidement, puis ensuite plus

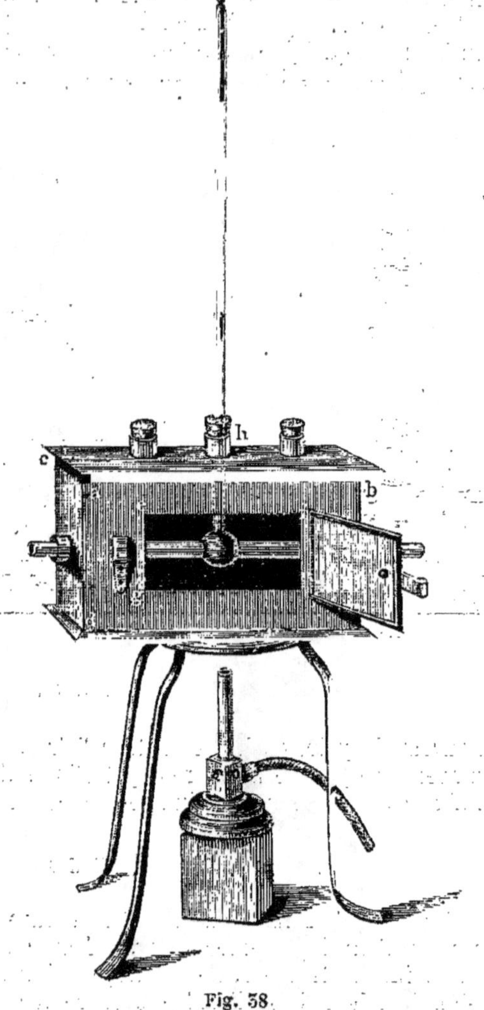

Fig. 58.

lentement. S'il faut peser le tube avec la substance desséchée, on le laisse refroidir en continuant le courant d'air sec.

Dans le bain d'air de la figure 59, la dessiccation s'effectue en faisant alternativement le vide et laissant rentrer de l'air sec.

a est un vase en cuivre fort, soudé au laiton et muni de deux ouver-

Kemp. Th. Schorer a modifié encore cette disposition. (*Zeitschr. f. analyt. Chem.* IX, 215. — Le régulateur de *Scheibler* (*Zeitschr. f. analyt. Chem.* VII, 88) est plus certain dans ses effets, surtout s'il arrive des changements brusques dans la pression du gaz, parce qu'il repose sur l'emploi d'un électro-aimant; mais il est compliqué dans sa construction.

tures ; *b* est un petit tube dans lequel on met la substance, *c* un thermomètre, *d* un tube à chlorure de calcium, *e* une petite pompe pneumatique.

Pour opérer, on chauffe *a* au degré voulu, puis on fait le vide en *b* et en *d*.
Au bout de quelques minutes, on ouvre le robinet *f* pour laisser entrer
l'air qui se dessèche en passant sur le chlorure de calcium ; on fait de

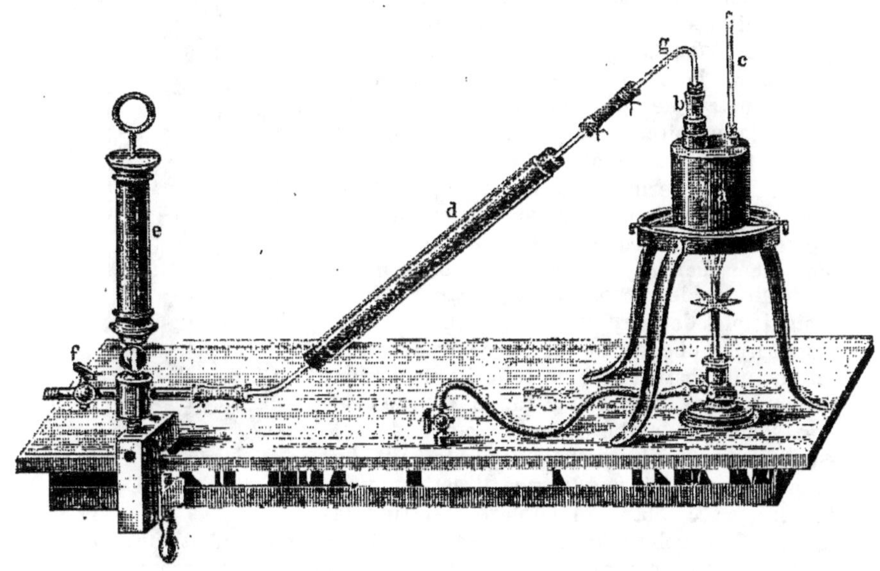

Fig. 39.

nouveau le vide, on laisse rentrer l'air et ainsi de suite, jusqu'à ce qu'on
n'aperçoive plus le moindre dépôt d'humidité dans le tube *g* quand on le
refroidit, en l'entourant d'un peu de coton imbibé d'éther.

§ **30.**

Comme *bain d'huile*, on se sert de l'étuve en cuivre de la figure 31, et on
remplit l'enveloppe externe aux 2/3 avec de l'huile de navette épurée. —
On estime la température au moyen d'un thermomètre introduit à l'aide
d'un bouchon dans l'orifice *a* et de façon que le réservoir, plongeant
presque jusqu'au fond, soit tout entier dans l'huile. — Comme l'huile
chauffée dégage une odeur désagréable et incommode, je la remplace
souvent par de la paraffine, que l'on peut maintenant se procurer à bon
marché. — Le bain d'air de la figure 34 peut aussi servir de bain d'huile. Si
dans ce cas la substance doit, après dessiccation, être pesée dans un petit
tube, on choisit pour celui-ci un tube plus court qu'on introduit facilement dans celui qui plonge dans l'huile.

Certaines substances organiques, séchées à une haute température, subissent des changements sous l'action de l'oxygène de l'air atmosphérique

(*V. Fr. Rochleder*, Journ. für prakt. Chem., LXVI, 208). Il faut dans ce cas
éviter le contact de l'oxygène.

. Les figures 40 et 41 représentent des appareils construits pour cet usage
par *Rochleder*. Le premier peut être employé avec avantage pour sécher dans
un courant d'air sec. — Dans le second, la
dessiccation se fait dans un gaz sous une faible
pression. Dans la figure 40, B est un cylindre
en cuivre de 18 centimètres de haut et de
9 centimètres de large, qui contient de l'huile
ou de la paraffine : on y maintient plongé
d'une façon convenable un vase en verre
ou en fer renfermant du mercure. Dans ce
dernier plongent un thermomètre et un tube
de verre C dans lequel on met la substance à
dessécher. Par *b* on fait arriver le courant de
gaz (air, acide carbonique, hydrogène, etc.),
dans lequel doit se faire l'opération, et le gaz
sort par *a*, tube qui au besoin peut être mis
en communication avec un tube à chlorure de
calcium taré. Pour éviter que le courant de
gaz soulève la matière souvent pulvérulente,
son extrémité est recourbée vers le haut. Le
mercure en A fait que le tube C est toujours
propre et sec quand on l'enlève. — Dans la

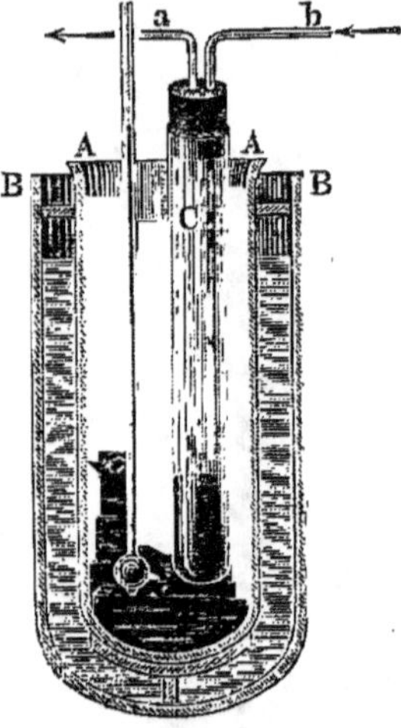

Fig. 40.

figure 41, le robinet H est vissé en *a* sur la pompe pneumatique : en *b* l'appareil est mis en communication, au moyen d'un tube en caoutchouc, avec
un sac en caoutchouc (ou une vessie) rempli d'acide carbonique. B est un

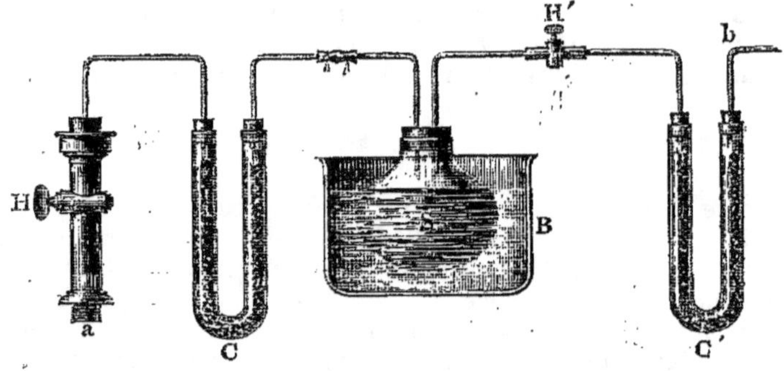

Fig. 41.

bain d'huile dont la température est donnée par un thermomètre. Dans ce
bain plonge un vase en verre S à forte paroi, à large ouverture, destiné à
recevoir la substance contenue elle-même dans un tube de verre fermé par
un bout. En faisant le vide quand le robinet H' est fermé, H ouvert, on
enlève l'air en S : en ouvrant H' quand H est fermé, l'appareil se remplit
d'acide carbonique sec. On ferme alors H' et l'on fait le vide. On chauffe le

bain d'huile à la température voulue, et de temps en temps en ouvrant H'
on laisse arriver de l'acide carbonique. On ferme H', on fait le vide pour
enlever le gaz humide, et au bout d'une heure la dessiccation est complète.

§ 31.

Pour les recherches de chimie industrielle ou agricole, dans lesquelles il
faut souvent sécher en même temps à une assez haute température plusieurs
essais, j'emploie le *disque dessiccateur*
(*fig.* 42) que j'ai imaginé.

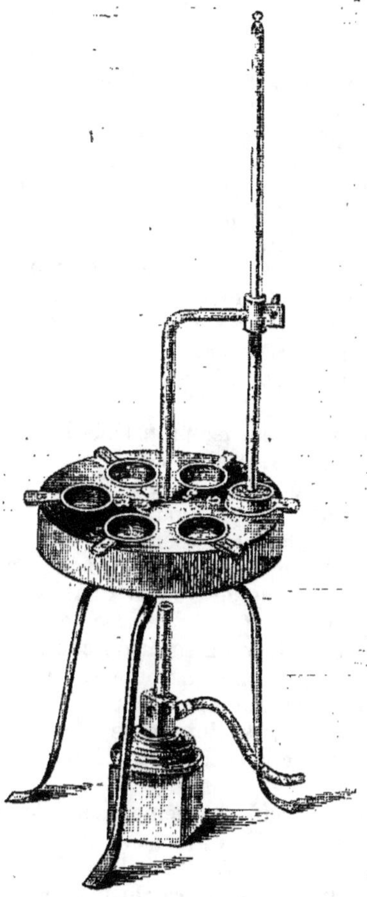

C'est un disque en fonte soutenu par
trois pieds : il a 21 centimètres de diamètre et 37 millimètres d'épaisseur. Sa
masse est donc assez considérable ; il
pèse environ 8 kilogrammes. Il s'é-
chauffe très régulièrement et peut atteindre facilement une température
voulue. Dans le disque sont creusées, à
égale distance du centre, six cavités
cylindriques bien polies à l'intérieur, et
dans lesquelles peuvent entrer, facilement des petits poêlons en laiton, ayant
à l'intérieur 55 millimètres de diamètre et 18 millimètres de profondeur.
Chacun d'eux porte un petit manche
tourné vers la périphérie du disque et
logé dans une petite échancrure ; sur
chaque manche est un numéro de 1 à 6,
qui se répète sur le disque en face des
cavités, en sorte que chaque poêlon occupera toujours la même place. Les
milieux des cavités sont à 6, 5 centimètres du centre du disque, et les bords
des poêlons sont au niveau de la surface ; cinq des récipients sont pour recevoir les essais (minerais, organes de
végétaux, etc.), le sixième est pour le
thermomètre. A cet effet, dans ce poêlon est un cercle en laiton qui dépasse
les bords au-dessus de la surface d'environ 3 centimètres ; on le remplit de
limaille de cuivre ou de laiton, au milieu de laquelle on plonge le thermo-

Fig. 42.

mètre, de façon que la boule touche le fond. — On fait agir la source de
chaleur au-dessous du centre du disque.

f. Corps qui ne subissent pas de changement au rouge, par exemple sulfate de baryte, potasse, etc. Rien de plus facile que de les débarrasser de leur
humidité. On les place dans un creuset en platine ou en porcelaine et on les

chauffe sur la lampe à gaz ou à alcool jusqu'à ce qu'on atteigne le but proposé. Après avoir laissé un peu refroidir, on place sous le dessiccateur et on pèse froid.

III. OPÉRATIONS QUE L'ON A GÉNÉRALEMENT A FAIRE DANS LES ANALYSES QUANTITATIVES

§ 32.

Si l'on veut indiquer avec quelque exactitude une méthode analytique générale, il faut que les corps auquels elle s'appliquera forment un ensemble bien limité et caractérisé par certaines propriétés générales, car, pour tracer un chemin, il faut connaître les points par où il doit passer. D'après ce principe, je suppose donc, dans l'indication des opérations analytiques générales que je vais donner, qu'il ne sera question que de la séparation et de la détermination du poids des métaux et de leurs combinaisons avec les métalloïdes, des acides et de leurs composés salins du règne inorganique. Pour les autres combinaisons, on ne peut les soumettre à une méthode générale : il faut le plus souvent transformer leurs éléments d'abord en acides ou en bases avant de les séparer ou de les peser: ainsi c'est ce qu'il faut faire avec le sulfure de phosphore, le chlorure de soufre, le chlorure d'iode, le sulfure d'azote, etc.

Il est bien entendu que l'on connaît parfaitement les propriétés des substances à analyser et la nature de leurs éléments. D'après ces données, on verra s'il est nécessaire de doser directement toutes les parties constituantes, s'il faudra faire les opérations sur une seule et même quantité de la substance, ou s'il sera plus commode pour doser chaque élément de traiter des portions différentes du corps à étudier. Si l'on a, par exemple, du chlorure de sodium et du sulfate de soude, et qu'il s'agisse de trouver dans quelle proportion ils sont mélangés, il est évidemment superflu de doser directement chacun des deux composés : on voit de suite qu'il suffit de connaître la quantité de chlorure ou celle de sulfate ; et de plus on comprend que si l'on dose le chlore et l'acide sulfurique, cela sera un contrôle pour l'exactitude de l'analyse : car en calculant les poids du sodium et de soude correspondants, le poids total devra représenter le poids du mélange sur lequel on aura opéré.

Mais on pourrait faire l'analyse sur un seul et même poids de la substance, en précipitant d'abord l'acide sulfurique avec de l'azotate de baryte, puis l'acide chlorydrique dans le liquide filtré avec de l'azotate d'argent ; ou bien on pourrait pour ces deux dosages prendre chaque fois un poids nouveau du mélange. — Si l'on a une quantité suffisante de la substance, si celle-ci est parfaitement homogène, cette dernière manière d'opérer est évidemment la plus commode et celle qui donne le plus d'exactitude ; parce que, par le premier procédé, il faut pour les séparations faire tant de lavages qu'on finit par avoir des quantités tellement considérables de liquides que l'analyse en devient plus difficile, et que les chances de perte sont beaucoup augmentées.

Avant de commencer une analyse, surtout si le travail est important et difficile, il faut prendre des notes exactes sur tout ce que l'on fait, d'après un plan bien conçu. Il est très imprudent de s'en rapporter à sa mémoire. Ceux qui pensent pouvoir agir ainsi ne tardent pas, presque toujours, à reconnaître que, lorsqu'une analyse n'est terminée que huit ou quinze jours après qu'on l'a commencée, ils ont oublié beaucoup de ce qu'il leur importerait maintenant le plus de connaître. La marche que l'on suit dans une analyse chimique doit être toujours rationnelle et scientifique ; elle doit reposer sur la connaissance claire et précise de tous les phénomènes chimiques. Celui qui travaille sans plan arrêté et réfléchi ne peut pas dire qu'il fait de la science : faire, sans s'en rendre compte, une série de filtrations, d'évaporations, de calcinations et de pesées, quelque soin qu'on puisse y mettre, ce n'est pas faire de la chimie.

Nous allons maintenant décrire les différentes opérations que l'on a toujours, ou au moins le plus souvent, à pratiquer dans une analyse proprement dite.

§ 33.

1. Pesée de la substance.

La quantité du corps qu'il faut employer pour en faire l'analyse dépend de la nature des éléments et par conséquent il est impossible de l'indiquer d'une manière générale. Pour doser le chlore dans du sel marin, un demi-gramme est suffisant et même moins ; dans un mélange de sel de Glauber et de sel marin, il faudra 1 gramme ; pour les cendres de plantes, les minéraux complexes, on prendra 3 à 4 grammes et même davantage. On peut indiquer 3 grammes comme la quantité à prendre dans la plupart des cas. Mais s'il faut déterminer des éléments qui ne sont qu'en petite proportion dans une substance, comme, par exemple, les alcalis dans les calcaires, le phosphore ou le soufre dans la fonte, etc., il est nécessaire d'employer d'assez grandes quantités de matière, par exemple : 10, 20, 50, 100 ou 200 grammes.

Plus on prend d'une substance, plus les analyses sont exactes ; moins on en emploie, plus elles se font rapidement. Il faut donc combiner ici l'exactitude avec le temps. Moins on prend de substance, plus les pesées doivent être précises ; plus on en prend, moins les inexactitudes ont d'influence. Dans les analyses faites sur une grande échelle, on se contentera de peser à 1 milligramme près ; dans celles où l'on n'opérera que sur de petites quantités, il faudra pousser l'exactitude à 1/10 de milligramme.

Pour prendre un poids de la substance à analyser, on pèse d'abord deux verres de montre pouvant se recouvrir l'un l'autre ou un creuset en platine vide avec son couvercle, puis on y place la substance : on pèse de nouveau et on retranche le premier poids du second. Ou mieux : on place sur un plateau de la balance deux verres de montre convenables, ou un creuset de platine vide avec son couvercle ; on met à côté un poids de 5 grammes ou de 10 grammes suivant la quantité ; on fait la tare sur l'autre plateau, on enlève les poids, on met la substance dans le verre de montre ou le creuset, on rétablit l'équilibre avec des poids qui, retranchés des 5 ou 10 grammes, donnent le poids cherché.

Toutefois on ne procédera ainsi qu'autant que la substance devra être ultérieurement traitée dans le verre de montre ou dans le creuset en platine, ou bien si elle ne s'attache pas aux parois des vases, ou enfin si, dans ce dernier cas, on peut faire tomber ou enlever avec de l'eau les parties adhérentes. Si la matière doit être mise dans un ballon ou une capsule, pour y être soumises à l'action d'un dissolvant, il vaut mieux faire la pesée dans un petit tube en verre fermé à un bout.

Pour apprécier facilement la quantité de matière à prendre, il est bon de connaître approximativement le poids du tube. Après avoir introduit la substance on pèse exactement, puis on verse toute la matière ou une partie dans le vase où doit se faire la réaction ; on pèse de nouveau, et la différence donne le poids du corps. — Avec les matières hygroscopiques, il faut fermer le petit tube. Il suffit en général d'employer pour cela un autre tube un peu plus étroit qu'on introduit dans le premier (*fig. 43*). — Si pour doser les différents éléments d'un composé il faut en prendre des quantités diverses, il est bon de les peser de suite l'une après l'autre : on met la substance dans un tube de verre, et on verse les quantités nécessaires successivement dans les vases en prenant chaque fois la perte de poids.

Fig. 43

Très souvent on peut considérablement simplifier et abréger le travail en pesant une assez grande quantité de la substance, en la dissolvant dans 1/4, 1/2 ou 1 litre d'eau et en prenant avec une pipetté soit 50 centimètres cubes, soit 100 centimètres cubes de la solution. La seule condition évidente à remplir c'est que le jaugeage des pipettes soit parfaitement d'accord avec celui des ballons (§ **10**. § **20**).

<h2 style="text-align:center">§ 34</h2>

2. Dosage de l'eau.

Si le corps à analyser, débarrassé de son humidité par une dessiccation convenable (§ **26-32**), contient de l'eau, on commence en général par en déterminer la proportion. Cette opération est assez simple, mais souvent difficile. La difficulté dépend de la facilité plus ou moins grande avec laquelle les composés abandonnent leur eau, avec laquelle ils résistent ou se décomposent à la chaleur rouge, et enfin des substances volatiles qu'ils peuvent perdre en même temps que l'eau, même à une température peu élevée.

Le dosage de l'eau n'est exact qu'autant que l'on connaît parfaitement la constitution de la substance : dans beaucoup de cas, par exemple dans l'analyse des sels dont on connaît les acides, le dosage de l'eau suffit pour déterminer la formule du sel. Il devient alors une des questions les plus fréquentes à résoudre et les plus importantes de l'analyse quantitative. On y arrive de deux manières, soit par la perte de poids de la matière, soit par la pesée directe de l'eau.

§ 35.

a. DOSAGE DE L'EAU PAR LA PERTE DE POIDS.

À cause de sa simplicité, c'est le moyen qu'on emploie le plus fréquemment. Selon la constitution du corps soumis aux essais, on choisira l'une ou l'autre des méthodes suivantes.

α. La substance peut supporter la température rouge sans perdre aucun de ses éléments et sans absorber d'oxygène.

On la pèse dans un creuset en platine ou en porcelaine, et on la chauffe doucement d'abord, puis graduellement jusqu'à une forte température sur la lampe à gaz ou à alcool. Quand le creuset a été maintenu quelque temps au rouge, on le laisse un peu refroidir, on le place encore chaud sous le dessiccateur et on le pèse quand il est complètement froid. On fait de nouveau rougir et on pèse de nouveau. — Si dans la dernière pesée on n'a pas trouvé de perte de poids, c'est que le dosage est exact ; dans le cas contraire on recommence, jusqu'à ce que les deux dernières pesées soient identiques.

Quand on opère sur des silicates, il ne faut pas oublier de porter la température rouge aussi haut que possible, car beaucoup d'entre eux (le talc, la stéatite, la néphrite) abandonnent d'abord de l'eau au rouge, mais ne la perdent complètement qu'au blanc (*Th. Scheerer*, Journal de *Liebig* et *Kopp*, 1851, 650). — On chauffe de pareilles substances au chalumeau à gaz ; on observera si pendant ce traitement la flamme se colore, ce qui indiquerait la volatilisation de quelque alcali.

Avec les substances qui se boursoufflent fortement, ou sont disposées à décrépiter, on fait mieux la calcination dans un petit ballon ou une petite cornue en verre. On n'oubliera pas d'enlever les dernières traces d'eau en aspirant dans le vase au moyen d'un tube de verre.

On met les sels décrépitants (par exemple le sel marin) finement pulvérisés dans un petit creuset en platine couvert ; on place celui-ci dans un plus grand également couvert, on pèse, on chauffe d'abord lentement à une douce chaleur, qu'on élève peu à peu, puis on pèse de nouveau après refroidissement.

ε. La substance au rouge abandonne un ou plusieurs éléments (par exemple, de l'acide carbonique, de l'acide sulfurique, du fluorure de silicium, etc.).

Dans ce cas, la première chose à faire c'est de s'assurer si l'eau ne pourrait pas être chassée à une température inférieure à celle à laquelle la substance commence à se décomposer. — Alors on chauffe le corps au bain-marie, ou, si la température doit être plus élevée, au bain d'huile ou d'air, dont on règle la température à l'aide du thermomètre, en favorisant ou non le départ de l'eau à l'aide d'un courant d'air (§§ **20** et **30**), — ou bien encore en mélangeant la substance, pour la rendre poreuse, avec du sable pur et sec (*Ann. der Chem. und Pharm.*, LII, 233). — Dans tous les cas, l'expérience ne doit être regardée comme terminée que lorsque les deux dernières pesées sont tout à fait concordantes.

Si ce faible chauffage ne suffit pas, on regarde si l'on ne pourrait pas arriver au but en mélant au corps une substance qui s'unirait à l'élément volatil. —

Par exemple, avec du sulfate d'alumine cristallisé qui, avec son eau, perd de l'acide sulfurique, on peut empêcher le dégagement du dernier en ajoutant un excès (environ six fois) d'oxyde de plomb pur finement pulvérisé et récemment calciné; mais cette addition n'empêche pas dans les silicates la volatilisation du fluorure de silicium (*List*, Ann. der Chem. und Pharm., LXXX, 189). — On dose l'eau dans l'iode du commerce en le broyant avec huit fois son poids de mercure, et en séchant à 100° (*Bolley*, Journ. polytech. de Dingler, CXXVI, 59).

Pour doser l'eau dans les fluosilicates, on ajoute de la magnésie. Pour cela on chauffe au rouge dans un creuset de platine de la magnésie calcinée, environ deux fois plus qu'il ne faut pour décomposer le fluosilicate : on pèse, on y ajoute de l'eau chaude de façon à faire une bouillie épaisse, on ajoute la combinaison fluosiliceuse pesée en remuant avec un fil de platine pesé, on ajoute encore de l'eau, si celle qu'on a déjà versée ne suffit pas, on dessèche avec soin, on chauffe au rouge. La perte de poids donne l'eau renfermée dans la fluosilicate ; car les produits de la composition, savoir : le fluorure de magnésium, la silice et les oxydes métalliques pèsent autant que le fluosilicate anhydre avec la magnésie ajoutée. Cette méthode ne nécessiterait une correction qu'autant que l'oxyde métallique éliminé, par exemple du protoxyde de fer, absorberait l'oxygène de l'air pendant la calcination (*F. Stolba*).

γ. *La substance contient de l'eau à divers états de combinaison, et qui dès lors se volatilise à différentes températures.* On la chauffe d'abord au bain-marie jusqu'à ce qu'il n'y ait plus de perte de poids, puis ensuite à 150°, 200°, 250°, etc., au bain d'huile ou d'air, et enfin sur la lampe à calcination. — Pour de pareilles expériences, je me sers volontiers de l'appareil de la figure 58. Le tube à boule peut être remplacé par un tube de même largeur dans lequel on glisse une petite nacelle contenant la substance. Pour que la substance déshydratée n'absorbe pas d'eau pendant les pesées, on la glisse dans un petit tube en verre fermé avec un bouchon que l'on pèse avant et après.

On peut de cette façon apprécier nettement les quantités d'eau combinée de diverses manières, et en déterminer le poids. Par exemple, le sulfate de cuivre cristallisé contient 28,87 pour 100 d'eau qui se dégage au-dessous de 140° et 7,22 pour 100 qui ne part qu'entre 220° et 260°. Dans ce cas il est bon souvent de favoriser l'action de la chaleur par l'effet du vide. Ainsi le sulfate de magnésie perd à 100°, dans le vide sur l'acide sulfurique, 5 équivalents d'eau, le 6° part à 131° dans l'air, et le 7° au rouge faible.

δ. *La substance chauffée peut absorber de l'oxygène* (elle contient, par exemple, un sel de protoxyde de fer). Il vaut mieux dans ce cas doser directement l'eau (§ **36**) que de la déterminer par la perte de poids.

<h2 style="text-align:center">§ 36.</h2>

b. DOSAGE DE L'EAU EN LA PESANT DIRECTEMENT.

Si l'on veut doser l'eau par une pesée directe, soit comme contrôle, soit parce que la substance chauffée au rouge perd de ses éléments qu'il est im-

possible de retenir (par exemple, acide carbonique, oxygène), on chasse
l'eau par la chaleur, de telle façon que les vapeurs soient condensées et
qu'on puisse les recueillir, soit à l'état d'eau, soit en les absorbant à l'aide
d'un corps hygroscopique. L'augmentation de poids de l'appareil donne
ainsi la quantité d'eau.

On peut opérer de bien des façons. La méthode suivante est une des plus
commodes (*fig.* 44).

B est un gazomètre plein d'air, *b* un flacon à moitié rempli d'acide sulfurique concentré, *c* et *ao* des tubes à chlorure de calcium très bien desséché

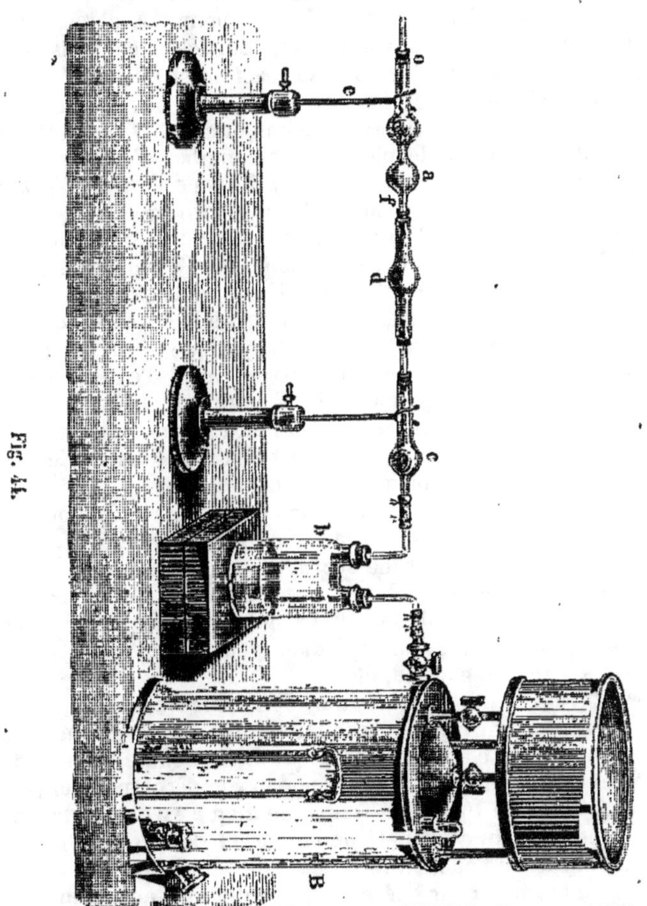

(§ **66**. 7), *d* un tube à boule en verre difficilement fusible. — On pèse la
substance dans laquelle on veut connaître la proportion d'eau dans le tube
à boule *d* bien desséché, on réunit celui-ci, à l'aide de bouchons bien secs,
avec le tube *c* et avec le tube à chlorure de calcium *ao*, pesé d'avance exac-

tement; on ouvre un peu le robinet du gazomètre, afin que l'air bien sec de *b* et de *c* passe lentement à travers *d*, puis on chauffe le tube *d* vers *f* au moyen d'une lampe à alcool, jusqu'à la température d'ébullition de l'eau (en ayant soin bien entendu de ne pas brûler le bouchon), et enfin en maintenant cette température en *f*, on chauffe au rouge faible la boule contenant la substance. Toute l'eau étant chassée, on laisse toujours passer l'air lentement jusqu'à complet refroidissement; on démonte l'appareil, et l'on pèse le tube *ao*, dont l'augmentation de poids donne la quantité d'eau abandonnée par la substance. La boule vide *a*, dans laquelle se rassemble la plus grande partie de l'eau condensée, n'a pas seulement pour but d'empêcher que le chlorure de calcium ne tombe trop vite en déliquescence, mais elle permet encore de recueillir l'eau et d'essayer sa réaction et sa pureté.

On peut naturellement modifier cet appareil de bien des manières. On peut remplacer les tubes à chlorure de calcium et le flacon par des tubes en U remplis de fragments de pierre ponce imbibée d'acide sulfurique, et substituer au gazomètre un aspirateur (*fig.* 34) que l'on adaptera en *o*. — Il faut avoir bien soin de faire passer dans un tube à chlorure de calcium parfaitement desséché l'air desséché avec de l'acide sulfurique concentré, avant de le faire arriver dans le tube à boule. — J'ai constaté en effet par de nombreuses expériences que l'air mêlé avec de l'acide sulfurique prend un peu d'humidité au chlorure de calcium calciné, c'est-à-dire que l'air séché par l'acide sulfurique se change en quelque sorte en air séché au chlorure. Si donc on enlevait ce tube *c*, la quantité d'eau trouvée dans la substance serait un peu trop faible, de la petite quantité que l'air séché à l'acide enlèverait au chlorure de calcium du tube *ao :* mais en mettant le tube *c*, il entre dans le tube *a* et il en sort de l'air séché au chlorure, et la perte de poids de *ao* donne bien l'eau de la substance.

Au lieu de déterminer le courant d'air avec un gazomètre ou un aspirateur, on peut, pour faire passer l'eau dans le tube-récipient, chauffer la substance au rouge dans un tube sec avec un carbonate de plomb, dont l'acide carbonique, chassé par la chaleur, entraînera la vapeur d'eau. On emploie surtout cette méthode lorsqu'il s'agit de retenir un acide qui pourrait se volatiliser avec l'eau, par exemple, pour le dosage direct de l'eau dans le sulfate acide de potasse, etc.

La figure 45 représente la disposition de l'appareil.

ab est un fourneau ordinaire à combustion, *cf* le tube fermé à un bout qu'il faut chauffer : de *c* en *d* il est rempli de carbonate de plomb qu'on a préalablement chauffé jusqu'à commencement de décomposition, et qu'on a laissé refroidir dans un tube bien fermé ; de *d* en *e* est la substance intimement mélangée avec du carbonate de plomb, et de *e* en *f* du carbonate de plomb pur. A l'aide du bouchon bien sec *f* on réunit le tube à chlorure de calcium pesé d'avance. Pour opérer, on chauffe graduellement de *f* en *c*, en entourant le tube de charbons incandescents. La partie antérieure du tube doit être maintenue assez chaude pour qu'on puisse à peine la tenir un instant entre les doigts. Pour plus de détails, on peut voir plus loin l'analyse organique élémentaire. On peut faire le mélange dans le tube avec un fil métallique. Le tube peut être court et assez étroit.

L'oxyde de plomb ne peut pas dans tous les cas arrêter la volatilisation

d'un acide. Ainsi on ne pourrait pas de cette façon doser la proportion
d'eau de l'acide borique cristallisé : mais on y parviendra en chauffant cet
acide mêlé à du carbonate de soude anhydre dans un tube fermé par une
pointe recourbée, recevant l'eau dans un tube à chlorure de calcium, et

Fig. 15.

faisant arriver les dernières traces de vapeur dans ce tube en aspirant après
avoir cassé la pointe. (V. les analyses organiques.)

Les moyens que nous venons d'indiquer pour le dosage direct de l'eau ne
sont toutefois pas applicables dans tous les cas pour lesquels les méthodes
décrites au § **35** ne peuvent être employées : on ne pourra évidemment s'en
servir qu'autant que les principes qui se dégageraient avec l'eau ne seraient
pas absorbables par le chlorure de calcium (ou l'hydrate de potasse ou
l'acide sulfurique imbibant la pierre ponce) ; on dosera de cette façon l'eau
du carbonate basique de zinc, mais pas celle du sulfate double de soude et
d'ammoniaque. Dans des cas analogues au dernier, il faut, ou bien opérer
comme pour faire une analyse organique élémentaire (V. plus loin), ou se
contenter de déterminer la quantité d'eau d'une manière indirecte.

§ 37.

5. Procédés pour dissoudre les corps.

Avant de pousser plus loin l'analyse, il faut dans la plupart des cas commencer par dissoudre la substance. Le cas le plus simple, c'est quand le
corps peut se dissoudre en le traitant directement par l'eau, un acide ou un
alcali, etc. La dissolution est plus difficile lorsqu'elle est précédée d'une désagrégation.

Si l'on a à analyser des substances dont les éléments se comportent différemment avec les dissolvants, il n'est pas nécessaire d'opérer de suite la
dissolution complète ; au contraire, l'emploi judicieux et successif des dissolvants permet, le plus souvent, d'opérer plus simplement et plus rapidement la séparation des différents éléments du composé. Si l'on avait, par
exemple, un mélange de nitrate de potasse, de carbonate de chaux et de
sulfate de baryte, on séparerait très facilement ces substances en éliminant
d'abord le salpêtre avec l'eau, le carbonate de chaux avec l'acide chlorhydrique,
et le sulfate de baryte resterait alors parfaitement pur.

§ 38.

a. DISSOLUTION DIRECTE.

Suivant les circonstances, on l'effectue dans des gobelets en verre, des ballons ou des capsules, et l'on favorise l'action par la chaleur, si cela est nécessaire. Le mieux est, dans ce dernier cas, de chauffer au bain-marie. Si l'on opère à feu nu ou au bain de sable, il faut se garder de laisser entrer le liquide en ébullition tumultueuse, car alors on ne pourrait pas empêcher des pertes produites par projection, surtout si l'on fait usage d'une capsule. Quand on chauffe directement des liquides dans lesquels se trouve un dépôt insoluble ou non encore dissous, il se fait toujours des soubresauts et des projections même à une température encore bien inférieure à celle de l'ébullition.

Si la dissolution est accompagnée d'un dégagement de gaz, il faut opérer dans un ballon dont on incline le col, afin que les petites gouttelettes de liquide projetées soient arrêtées par les parois du vase et ne soient pas entraînées par le courant gazeux ; on peut aussi prendre un gobelet en verre que l'on couvre avec un grand verre de montre. Lorsque la dissolution est achevée et que tout le gaz a été chassé en chauffant au bain-marie, on lave parfaitement le verre de montre avec la fiole à jet, en recevant l'eau de lavage dans le vase.

S'il faut employer pour opérer la dissolution un acide volatil concentré (acide chlorhydrique, azotique, eau régale), on opérera toujours dans un ballon à col incliné, ou bien on le laissera droit, mais en le fermant avec un verre de montre ; on ne fera jamais usage d'une capsule et on évitera une trop grande élévation de température. Pour se débarrasser des vapeurs acides qui se développent, on se mettra sous une cheminée d'appel (*). Sous ce rapport, l'appareil suivant me rend de grands services. Un tube de plomb convenablement disposé et à demeure part de la table de travail et va déboucher au dehors en passant à travers la muraille ou à travers la fenêtre. Le bout qui est dans le laboratoire est réuni à l'une des deux tubulures d'un flacon, qui contient un peu d'eau. L'autre tubulure est exactement fermée avec un bon bouchon traversé par un tube de verre recourbé à angle droit. La branche qui plonge dans le flacon ne doit pas pénétrer dans l'eau. On ferme le ballon dans lequel se fait la dissolution avec un bouchon percé d'un trou ou un capuchon en caoutchouc à travers lequel passe un tube relié au tube à angle droit du flacon ; de cette façon, on est tout à fait à l'abri des vapeurs et on n'a pas à craindre d'absorption pendant le refroidissement. — Au lieu de laisser les vapeurs s'échapper au dehors, on peut remplacer le tube de plomb par un tube en verre conique, une allonge, qu'on fixe à la seconde tubulure du flacon et qu'on remplit de fragments de verre imbibés d'eau ou d'une dissolution de carbonate de soude. Toutefois je préfère la première disposition. — Souvent il est commode de faire arriver dans un peu d'eau les vapeurs qui se dégagent pendant la dissolution, et quand celle-ci est achevée de laisser remonter dans le ballon en enlevant la lampe cette eau qui sert alors à étendre la liqueur ; seulement il faut prendre garde dans ce cas qu'un refroidissement fortuit ne fasse monter trop tôt l'eau dans le ballon.

(*) Les petites étuves de M. *Schlœsing*, appliquées comme une cheminée traînante, sont fort commodes.

Fréquemment aussi il faut, pendant la dissolution, empêcher l'action de l'oxygène de l'air atmosphérique. On opère alors dans un ballon dans lequel on fait passer un courant lent d'acide carbonique. Quelquefois il suffit de chasser l'air qui remplit l'appareil au commencement, en mettant dans le ballon un peu de bicarbonate de soude avec la substance et un excès d'acide.

Quant au choix du vase dans lequel on fera la dissolution, il faut le prendre de nature telle qu'il soit le moins possible attaqué par les dissolvants. En général on peut admettre que les vases en verre sont peu attaqués par les dissolvants acides, mais qu'ils le sont assez fortement par les alcalis (V. § 41).

§ 39.

b. DISSOLUTION PRÉCÉDÉE D'UNE DÉSAGRÉGATION.

Les substances insolubles dans l'eau, dans les acides et dans les alcalis hydratés doivent être en général désagrégées pour pouvoir être soumises à l'analyse. On rencontre fréquemment de pareils corps dans le règne minéral : la plupart des silicates, les sulfates alcalino-terreux, le fer chromé, etc., appartiennent à cette classe.

Nous avons déjà indiqué d'une manière générale les divers modes de désagrégation à propos de l'analyse qualitative ; nous donnerons plus loin, à propos de l'analyse des silicates et en d'autres endroits, la manière exacte de faire cette importante opération, car on ne peut bien la décrire que pour chaque cas en particulier.

Souvent la désagrégation nécessite une température plus élevée que celle qu'on peut obtenir avec la lampe à alcool à double courant d'air ou la lampe à gaz ordinaire. On se sert alors du chalumeau alimenté par le gaz.

§ 40.

4. Opérations pour donner aux corps dissous une forme qui permette de les peser.

On peut de deux manières donner à un corps dissous une forme convenable pour le peser, soit en *évaporant* la dissolution, soit en y produisant un *précipité*. On ne pourra pratiquer l'évaporation que lorsque la substance que l'on doit peser existe dans la dissolution sous la forme convenable pour faire la pesée, ou doit prendre cette forme pendant l'évaporation avec un réactif convenable. En outre il faut encore faire bien attention que le corps à doser doit se trouver seul dans la dissolution, ou, s'il est mélangé à quelques autres substances, celles-ci doivent être de nature telle, qu'elles disparaîtront pendant l'évaporation ou la calcination. Ainsi on dosera le sulfate de soude en dissolution aqueuse après une simple évaporation, tandis que, pour le carbonate de potasse, il vaudra mieux l'évaporer avec du sel ammoniac pour le changer en chlorure de potassium. On pourra toujours appliquer la précipitation, lorsqu'il sera possible de faire passer un corps dissous dans une combinaison insoluble dans les liquides employés : en supposant en outre aussi que le précipité est convenable pour une détermination de poids, ce qui exige qu'on puisse bien le laver et qu'après dessiccation ou calcination il ait une composition constante.

§ 41.

a. ÉVAPORATION.

D'ans cette opération, appliquée soit aux préparations pharmaceutiques, soit aux travaux de chimie technique, il faut avant tout chercher les moyens de gagner du temps et d'économiser le combustible. Mais, en chimie analytique, ces considérations sont tout à fait secondaires; l'important ici, c'est d'éviter toute perte et de se mettre à l'abri des impuretés.

Le cas le plus simple d'abord, c'est quand il ne s'agit que de *concentrer un liquide clair et limpide sans pousser jusqu'à l'évaporation à siccité.* On met pour cela le liquide dans une capsule, qui devra être remplie au plus aux deux tiers, et on chauffe en évitant d'aller jusqu'à l'ébullition tumultueuse, car dans ce cas il y a toujours des gouttelettes de liquide projetées et perdues. On chauffe au bain-marie, au bain de sable, sur un poêle ordinaire ou enfin directement sur la lampe à gaz ou à alcool. Ce dernier mode de chauffage est à recommander, car en prenant quelques précautions il est

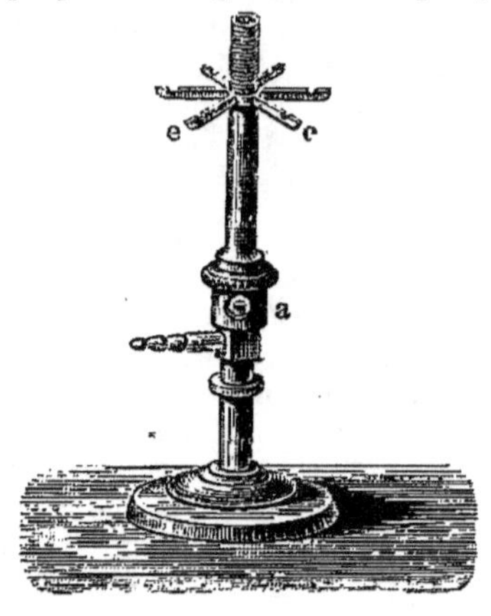

Fig. 46.

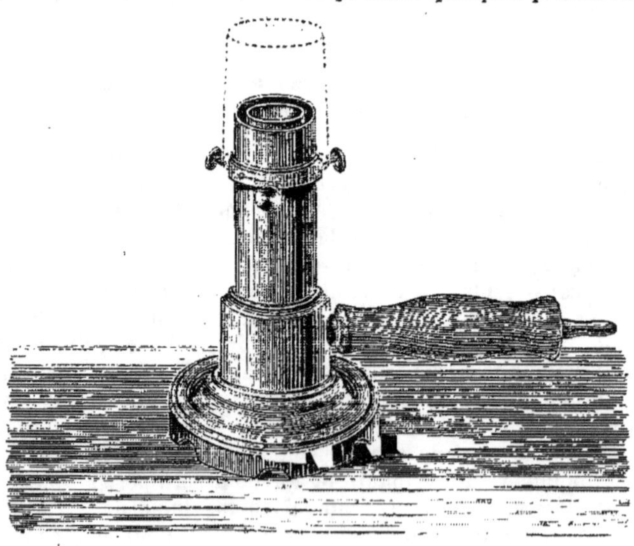

Fig. 47.

très propre. Si l'on emploie la lampe si commode de *Bunsen,* que nous avons déjà décrite dans le volume d'analyse qualitative et qui est représentée ici (*fig.* 46), il est bon de placer au-dessus du tube de la lampe un petit dôme fait avec un morceau de toile métallique. Par ce moyen, il est facile d'obtenir de très petites flammes sans avoir à craindre qu'elles s'éteignent.

La lampe à gaz des frères *Maste* (*fig.* 47) est tout à fait commode pour évaporer et pour chauffer au rouge. Le brûleur est semblable à celui de la lampe à alcool de *Berzélius* et disposé de façon à donner de très petites ou de très grandes flammes. Un long usage m'en a fait reconnaître les avantages : il y en a de cinq grandeurs différentes.

Le fourneau à gaz bien connu de la figure 48, dans lequel le mélange d'air et de gaz sort par de nombreux petits trous, est aussi fort commode

Fig. 48.

pour évaporer dans des capsules. Sa construction permet de diminuer les flammes assez pour que le contenu du vase s'évapore lentement sans bouillir.

Si l'on doit faire l'évaporation au bain-marie et si l'on a dans son laboratoire un appareil à vapeur de *Beindorff* ou tout autre semblable, on pose tout simplement la capsule dans l'ouverture circulaire appropriée à sa grandeur ; autrement on prendra le bain-marie représenté dans la figure 49.

Fig. 49.

C'est un vase en cuivre (ou une casserole en fer battu) qu'on remplit à moitié d'eau et qu'on chauffe à l'ébullition avec une lampe à gaz, ou à alcool, ou à huile. Pour soutenir les capsules ou les creusets, on ferme le récipient avec des disques percés d'ouvertures de divers diamètres. On donne au vase de 12 à 18 centimètres de *a* en *b*.

Comme il est très incommode que l'eau se vaporise complètement sans qu'on puisse s'en apercevoir, parce qu'alors les résidus peuvent être plus

chauffés qu'il ne faut, et que dans les dissolutions concentrées il peut se produire des soubresauts, etc., je me sers depuis quelque temps avec avantage
d'un bain-marie à niveau constant (*fig.* 50). Le vase en zinc (diamètre 12 centimètres ; hauteur 10 centimètres) *abcd* est mis en communication par le
petit tube en caoutchouc *e* et le tube en cuivre *f* avec le bain-marie *g*. Dans

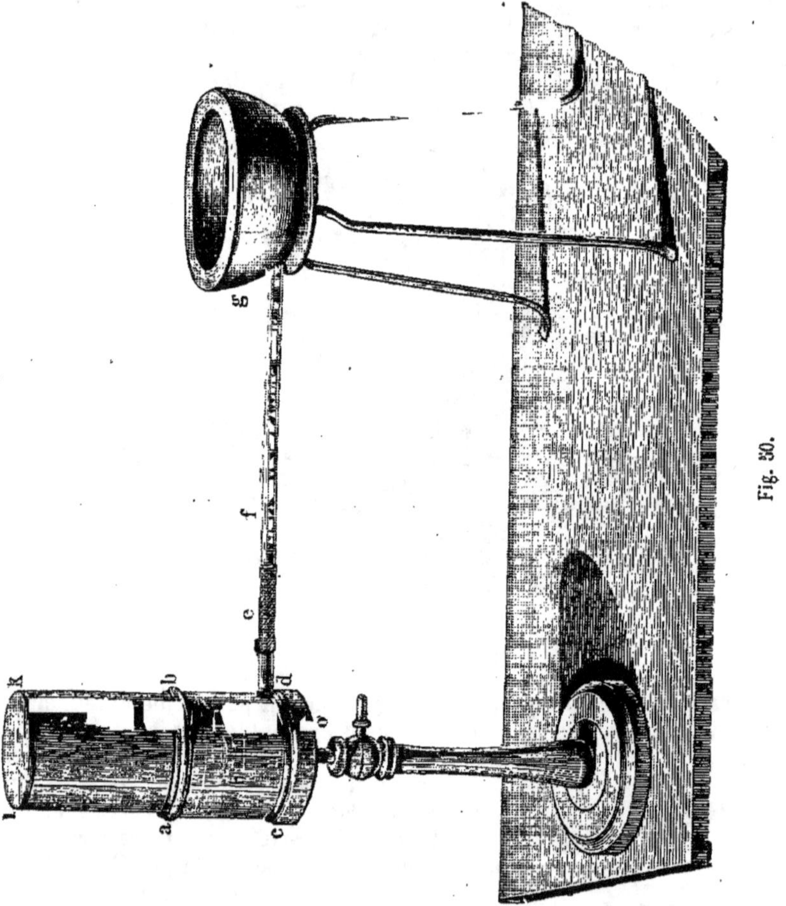

e premier on introduit en la retournant la fiole également en zinc *hikl*,
et remplie d'eau (hauteur de la partie cylindrique 17 centimètres ; diamètre au col 3 centimètres). L'ouverture libre du col n'est que de 15 millimètres et est fermée par la soupape *m*; mais en renversant le flacon dans
abcd, la soupape s'ouvre par l'effet de la tige *n*, qui lui est soudée et qui
bute contre le fond du réservoir. En élevant ou en abaissant le support *o*,
on peut établir en *g* un niveau convenable, qui se maintient tant qu'il y a
de l'eau dans le flacon ; le tube *f* débouche presque au fond du bain-marie.

K. Reuss a décrit (Zeitsch. f. analyt. Chem., IX, 356) une disposition ingénieuse qui éteint le gaz au moment où l'eau du bain-marie a complètement disparu, et *W. H. Wahl* (*loc. cit.* X, 88) a publié la construction du bain-marie à niveau constant de *Bunsen*.

Si l'on peut, pour faire les évaporations, avoir un local dans lequel personne n'entre pendant l'opération, et dans lequel il n'y a pas de motifs pour que de la poussière se répande dans l'air, cela est fort commode et il est facile de conserver aux liquides toute leur pureté; dans ce cas on ne couvrira pas les capsules (*). Mais si l'on travaille avec d'autres personnes dans le même laboratoire, si l'on a à craindre les courants d'air, s'il y a des feux de charbon, on ne saurait prendre trop de précautions pour garantir le liquide à évaporer de la poussière, des cendres et de toutes autres impuretés.

Pour cela on couvre la capsule avec du papier à filtre, ou bien on pose sur ses bords un triangle formé avec une baguette en verre recourbée (*fig.* 51); sur ce triangle on étale une feuille de papier à filtre que l'on maintient à

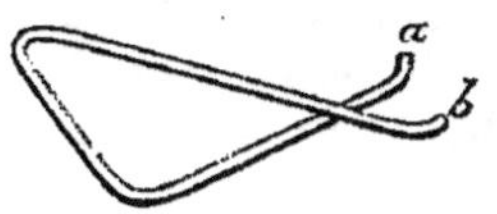

Fig. 51.   Fig. 52.

plat avec une baguette en verre, retenue par les deux extrémités recourbées vers le haut *a* et *b* du tube formant le triangle. — Le moyen suivant est cependant encore le meilleur.

On fait faire chez un fabricant de tamis deux cercles en bois mince (*fig.* 52), dont l'un peut entrer facilement dans l'autre; sur le plus petit on étend une feuille de papier à filtre et on le fait passer dans le plus grand. On a ainsi un couvercle qui répond à toutes les exigences. Il garantit complètement de la poussière; on peut facilement l'enlever; le papier ne peut pas tremper dans le liquide et dure longtemps; il est du reste facile de le remplacer. L'évaporation marche ainsi très régulièrement.

Toutefois, avec cette sorte de couvercle, il faut s'assurer que le papier lui-même n'altérera pas le liquide. — Si l'on évapore en effet un liquide capable d'émettre des vapeurs acides, celles-ci ne tardent pas à attaquer la chaux, le peroxyde de fer, etc., qui se trouvent toujours dans le papier, et ces substances dissoutes, tombant goutte à goutte dans la capsule, deviennent une cause d'impureté. — Si donc on était forcé de couvrir la capsule

(*) Dans mon laboratoire, on fait les évaporations pour les analyses quantitatives dans des espaces clos disposés d'une façon particulière. Le sol et le plafond sont faits avec de larges dalles en grès, les parois sont en maçonnerie recouverte d'une couche de plâtre bien unie. De la partie supérieure du fond part verticalement un conduit de tirage assez large, qui débouche bientôt dans une cheminée particulière. Celle-ci ne doit pas communiquer directement avec un foyer, mais il faut la mettre en contact avec une autre cheminée ordinaire qui suffira pour la chauffer : on pourra, par exemple, l'accoler à la cheminée de l'appareil à vapeur. La partie antérieure de l'enceinte est fermée par une plaque de grès de 18 décimètres de haut, dans laquelle glissent des fenêtres à coulisses enchâssées dans des cadres en bois.

dans ces circonstances, il faudrait n'employer que du papier débarrassé, par des lavages convenables, de toutes les matières solubles dans les acides.

Au lieu de faire les opérations dans des capsules en porcelaine, on peut prendre des ballons en verre, que l'on ne remplit qu'à moitié et dont on tient les cols inclinés. On peut chauffer au bain de sable, sur la lampe à gaz ou à alcool, ou très bien aussi à feu nu sur des charbons. Dans ces derniers cas on fera bien, pour plus de sécurité, de poser le ballon sur une toile métallique. — On peut ici porter le liquide à une légère ébullition, car la position inclinée du ballon empêche la perte des gouttelettes que projette le mouvement du liquide.

Une cornue tubulée dont la tubulure reste ouverte vaut encore mieux qu'un ballon : on la pose de façon que le col relevé soit légèrement incliné et fasse en quelque sorte l'office de cheminée d'appel, favorisant l'évaporation par le courant d'air.

S'il y a un précipité dans le liquide à évaporer, il faudra toujours chauffer au bain-marie, car, en opérant à feu nu ou au bain de sable, on ne pourrait pas éviter les pertes produites par les projections. Les soubresauts sont produits par de petites explosions de vapeur, provenant de ce que le dépôt solide empêche la répartition uniforme de la chaleur. On peut jusqu'à un certain point éviter cet inconvénient en faisant l'évaporation dans un creuset incliné, comme le montre la figure 55.

On dirige la flamme de façon qu'elle touche le creuset au-dessus du niveau du liquide ; cependant l'emploi du bain-marie est plus convenable.

S'il faut évaporer le liquide à siccité, comme cela arrive souvent, on fait toujours l'évaporation au bain-marie, quand c'est possible. Cepen-

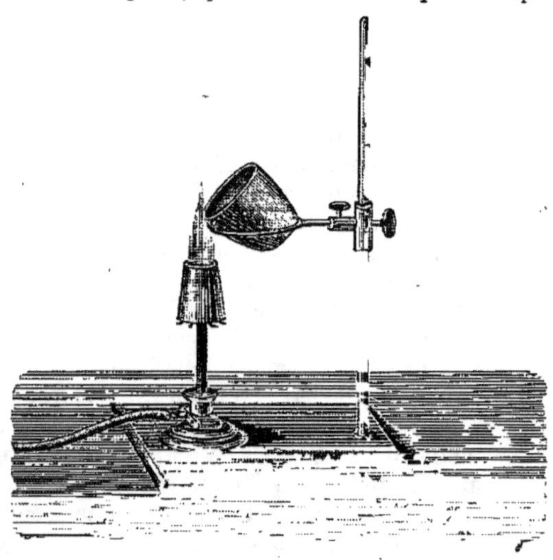

Fig. 55.

dant si la nature de la substance dissoute empêchait de prendre ce moyen, on arriverait à son but en chauffant le contenu de la capsule par le haut, en plaçant celle-ci dans une étuve dont on chaufferait la paroi supérieure soit par une flamme convenablement dirigée, soit par de l'eau ou du sable chaud.

Lorsqu'on doit chauffer la capsule par le fond, il faut pouvoir faire agir la chaleur bien uniformément et pouvoir la modérer à volonté. On y réussit très bien en chauffant dans un bain d'air : on prend une capsule en tôle dans laquelle on soutient la capsule ou le creuset de platine au moyen d'un triangle en fil de fer et de façon que le vase soit à environ 1 centimètre ou 1/2 centimètre de la paroi en tôle. On peut ainsi faire usage de l'appareil de la figure 49 (bien qu'avec le temps cet usage le détériorera). Si l'on veut chauffer à la lampe nue, il faut placer la capsule assez haut au-dessus de la flamme, et mieux la poser en outre sur une toile métallique, qui distribue plus également la chaleur. — Je ne recommande pas l'emploi du bain de sable, car avec lui on ne peut pas assez promptement modérer la chaleur.

Quel que soit le procédé dont on fera usage, aussitôt que le résidu commencera à s'épaissir, il ne faut plus perdre la capsule des yeux ; car il faut empêcher les soubresauts en modérant la chaleur et en écrasant constamment avec une baguette en verre ou un fil en platine les croûtes solides qui se forment dans la masse.

Si une dissolution saline a la propriété *en s'évaporant* de *grimper le long des parois du vase* et de passer ensuite par-dessus, ce qui naturellement occasionne des pertes, il sera bon de chauffer par la partie supérieure, comme nous l'avons dit plus haut. Les parois seront alors assez chaudes pour qu'à mesure que le liquide y montera, il s'évapore en abandonnant le sel dissous. — En évaporant à la manière ordinaire, on peut en général jusqu'à un certain point éviter encore cet inconvénient en recouvrant le bord et une partie de la paroi supérieure interne de la capsule avec une mince couche de suif, que l'on applique en frottant tout simplement avec le doigt gras ; par là on diminue l'adhésion entre le liquide et le vase.

Si pendant l'évaporation il se dégage du liquide des bulles de gaz, il faut faire bien attention que cela n'occasionne pas de pertes. Pour plus de sûreté, on opérera dans un ballon à col incliné ou dans un vase à précipité, que l'on fermera avec un large verre de montre tant que le dégagement gazeux continuera, et on lavera le verre de montre avec la fiole à jet, en recueillant l'eau de lavage dans le vase. — S'il faut opérer dans une capsule, on la choisira suffisamment grande et on chauffera très modérément au commencement et jusqu'à ce que la plus grande partie du gaz soit chassée.

S'il faut faire l'évaporation à l'*abri de l'air*, on place le liquide sous la cloche de la machine pneumatique, à côté d'un vase contenant de l'acide sulfurique, et l'on fait le vide; ou bien on le met dans une cornue tubulée, dans laquelle on fait arriver un courant d'hydrogène ou d'acide carbonique au moyen d'un tube passant par la tubulure et ne descendant pas tout à fait jusqu'à la surface du liquide.

La nature de la substance formant le vase dans lequel on fait l'évaporation a une plus grande influence qu'on ne le croit généralement. Beaucoup de phénomènes tout à fait étrangers à l'analyse peuvent être la conséquence de l'altération du liquide par la substance même du vase, et il ne faut souvent attribuer qu'à cette cause beaucoup d'erreurs grossières.

J'ai soumis cette question, à cause de son importance, à de nombreux essais faits avec le plus grand soin (V. *Appendice* de 1 à 4). Dans ces derniers temps A. *Emmerling* (*) a repris la question avec plus de détails encore et est arrivé aux résultats suivants, parfaitement d'accord avec les miens.

(*) *Ann. d. Chem. u. Ph.*, CL, 257. — *Zeitschr. f. analyt. Chem.*, VIII, 454.

L'eau distillée, maintenue longtemps en ébullition dans du verre (dans des ballons en verre de Bohême), lui enlève des traces de matières très appréciables à la balance. Cela vient de ce qu'il se forme des silicates solubles. C'est surtout la potasse ou la soude, avec de la chaux et la quantité correspondante de silice, qui entre en dissolution. Le verre se dissout en bien plus grande porportion lorsque l'eau renferme un peu d'alcali caustique ou carbonaté; la dissolution bouillante de sel ammoniac attaque aussi fortement le verre : les acides étendus bouillants, excepté naturellement l'acide fluorhydrique (l'acide hydrofluosilicique), ont moins d'action que l'eau pure. La porcelaine (les capsules de Berlin) est moins attaquée par l'eau que le verre, mais cependant la quantité de matière enlevée n'en est pas moins encore très appréciable. La dissolution de sel ammoniac agit aussi fortement sur la porcelaine que sur le verre, et enfin les acides étendus attaquent peu la porcelaine, mais plus cependant que le verre. On voit d'après cela que pour des analyses très exactes il faudra faire les évaporations dans des vases en platine ou en argent. Les premiers pourront servir dans tous les cas où les liquides ne renfermeront pas de chlore, de brome ou d'iode libre, ou quand ces substances ne devront pas être mises en liberté pendant l'opération même. On pourra aussi évaporer dans des vases en platine les liquides contenant des alcalis caustiqes, mais il n'y faudra pas faire fondre les résidus. Les capsules en argent ne pourront pas servir pour les liqueurs acides, ou pour celles qui renfermeraient des sulfures alcalins, mais elles seront très convenables pour les dissolutions des alcalis caustiques ou carbonatés.

Si l'on est obligé d'employer des vases en porcelaine ou en verre (par exemple : pour évaporer de grandes quantités de liquides), en général il vaut mieux prendre des capsules en porcelaine : s'il s'agit de liquides alcalins, les vases en verre ne conviennent nullement, surtout pour des analyses exactes.

§ 42.

Il reste à dire quelques mots sur la manière de *peser le résidu de l'évaporation*. Nous ne nous occuperons ici que des résidus solubles dans l'eau ; il sera question de ceux qu'on obtient par filtration, quand nous nous occuperons de la précipitation. La pesée se fait généralement dans le vase même où l'évaporation s'est achevée. Ce qu'il y a de meilleur, c'est une capsule en platine de 4 à 8 centimètres de diamètre fermée avec un léger couvercle, ou un grand creuset en platine, parce que ces vases à égalité de contenance sont plus légers que ceux en porcelaine.

Le plus souvent la quantité de liquide est tellement grande qu'il serait trop long de l'évaporer peu à peu dans une même capsule. Dans ce cas, on concentre la liqueur dans un grand vase et on achève l'évaporation dans le plus petit, qui servira pour la pesée. Pour transvaser, on graisse légèrement le bec de la capsule avec du suif, et l'on fait couler le liquide le long d'une baguette en verre (*fig.* 54).

À la fin on lave avec soin la capsule avec la fiole à jet, jusqu'à ce qu'un peu de la dernière eau de lavage évaporée sur une feuille de platine ne laisse pas de résidu.

Maintenant lorsque le sel est dans la capsule dans laquelle il sera pesé, et que l'évaporation aura été poussée aussi loin que cela est possible au bain-marie, il faut distinguer si le sel doit ou non être chauffé au rouge. Dans

le premier cas, on couvre la capsule avec son couvercle en mince feuille de platine, ou à son défaut avec une mince lame de verre et l'on chauffe doucement, bien haut au-dessus de la flamme, jusqu'à ce qu'on ait chassé toute l'eau qui se trouve encore dans la substance ; ensuite on chauffe plus fort jusqu'au rouge (il est évident qu'alors il faudrait ôter la lame de verre). Après le refroidissement sous le dessiccateur (§ **27**), on pèse la capsule avec son contenu en la laissant couverte. Si les substances contiennent, comme le sel marin, de l'eau de décrépitation, il est bon, après les avoir enlevées du bain-marie et avant de les porter au rouge, de les chauffer un peu au-dessus de 100° dans un bain d'air ou de sable ou sur un poêle ordinaire.

Si le résidu ne doit pas être chauffé au rouge, par exemple si c'est une substance organique ou un sel ammoniacal, etc., on le séchera dans la petite capsule à une température convenable. Dans beaucoup de cas, celle du bain-marie suffit, par exemple pour le sel ammoniac ; d'autres fois, il faudra faire usage du bain d'huile ou d'air. Dans tous les cas, la dessiccation doit être poussée jusqu'à ce qu'il y ait accord parfait dans les deux dernières pesées entre lesquelles on mettra un intervalle d'un quart d'heure et même une demi-heure, pendant lequel on replace la substance dans l'étuve. Il faut absolument couvrir la petite capsule pendant les pesées.

Comme les sels obtenus par évaporation, desséchés ou calcinés, ont fréquemment une tendance à absorber l'humidité, on trouve le poids de la première pesée un peu trop fort, parce que cette pesée demande toujours plus de temps. Pour corriger cette erreur, on chauffe de nouveau la capsule après la pesée, on laisse refroidir sous le dessiccateur, on place les poids de la première pesée sur la balance, on met la capsule sur l'autre plateau, et on achève la pesée le plus rapidement possible.

Si l'on a, comme cela arrive fréquemment, un liquide qui ne renferme qu'un peu de sel de potasse ou de soude à peser, mélangé à une quantité proportionnellement considérable d'un sel ammoniacal, introduit pendant l'analyse, je préfère le moyen suivant à celui indiqué plus haut. Dans une grande capsule et au bain-marie on évapore la masse saline, on l'amène à siccité en la portant à une température supérieure à 100°, puis avec une petite spatule en platine, on la fait passer dans une petite capsule en verre, que l'on place sous la cloche d'un dessiccateur. On fait passer le reste du sel avec un peu d'eau et la fiole à jet de la grande capsule dans la petite qui servira à faire la pesée, ou dans un autre creuset et l'on évapore à siccité. Alors dans ce dernier vase on jette par portion ou tout d'une fois le contenu de la capsule en verre, on chasse le sel ammoniacal en chauffant au rouge et on pèse le résidu de sels fixes. S'il restait quelque chose dans la capsule en verre, on l'enlèverait facilement avec un peu de sel ammoniac en poudre, ou de tout autre sel ammoniacal, qu'on ferait tomber également ment dans le vase destiné à la pesée ; mais si l'on voulait employer de l'eau et mouiller la masse saline, on aurait du mal à éviter les pertes.

§ 43.

b. PRÉCIPITATION.

La précipitation est une opération que l'on pratique dans les analyses quantitatives bien plus fréquemment encore que l'évaporation, car non seulement elle sert à donner aux substances une forme qui permet de les peser, mais elle sert surtout à les séparer les unes des autres. Dans tous les dosages par précipitation on n'a qu'un but, c'est de séparer du liquide le précipité qui y est insoluble. Toutes choses égales d'ailleurs, les résultats seront d'autant plus exacts que la substance sera réellement plus insoluble, et qu'à égalité de solubilité on perdra moins de précipité, perte qui sera d'autant moindre qu'on emploiera moins du dissolvant.

Il résulte premièrement de là que, lorsqu'on n'est pas arrêté dans son choix par des circonstances particulières, il faut précipiter le corps sous la forme la plus insoluble ; ainsi pour la baryte on l'amènera plutôt à l'état de sulfate qu'à celui de carbonate. Secondement, quand il faudra produire un précipité qui ne sera pas complètement insoluble dans le liquide employé, il faudra autant que possible se débarrasser de celui-ci par évaporation : c'est ainsi qu'on concentrera une dissolution de strontiane, avant de la précipiter par l'acide sulfurique. Troisièmement, s'il s'agit d'un précipité un peu soluble dans le liquide où il se formera, mais insoluble dans un autre qu'on pourrait obtenir en ajoutant quelque chose au premier, il faut toujours avoir soin d'opérer ce changement : par exemple, on changera l'eau en esprit-de-vin par l'addition d'un peu d'alcool, pour obtenir la précipitation complète du chlorure double de platine et d'ammoniaque, du chlorure de plomb, du sulfate de chaux, etc. : on ajoutera de l'ammoniaque à l'eau pour y rendre insoluble le phosphate ammoniaco-magnésien.

Pour faire les précipités, on se sert de vases à précipités (gobelets à fond plat, en verre mince et à bord renversé). Si cependant il faut opérer à la température de l'ébullition, ou faire bouillir pendant quelque temps le précipité avec le liquide, on se sert de ballons ou de capsules, en faisant bien attention à la nature du vase, comme pour l'évaporation.

Suivant la constitution physique du précipité formé, on le séparera du liquide dans lequel il est en suspension, soit par décantation, soit par filtration, ou par décantation et filtration à la fois.

Toutefois, avant de faire cette séparation, il faut s'assurer que l'on a ajouté la quantité suffisante du réactif précipitant et que le précipité est bien complétement formé. — Pour la dernière circonstance, il faut connaître parfaitement ses propriétés, et nous renvoyons à ce sujet au troisième chapitre. — Pour savoir s'il y a assez du précipitant, il suffit en général d'en ajouter avec précaution une nouvelle quantité au liquide clair et de voir si cela produit un trouble. Cependant cet essai pourrait induire en erreur, si le précipité ne se forme pas de suite, comme par exemple avec le phospho-molybdate d'ammoniaque. Dans ce cas on décante et l'on prend avec une pipette un peu du liquide clair; on y ajoute du réactif, on chauffe s'il le faut, et l'on regarde si au bout d'un temps assez long, il s'est formé ou non un nouveau précipité.

Généralement on ne sépare pas de suite les précipités des liquides, mais seulement après un repos de plusieurs heures; c'est surtout le cas avec ceux qui sont cristallins, pulvérulents ou gélatineux : tandis que les précipités caillebottés ou floconneux, surtout quand ils sont formés à l'ébullition, peuvent être immédiatement séparés par filtration. Toutefois on ne peut guère donner ici de règles générales.

§ 44.

Si le précipité se dépose assez bien dans le liquide pour que celui-ci, parfaitement clair, puisse être transvasé, enlevé avec un siphon ou avec une pipette et cela en un temps guère plus long que celui qu'il faudrait pour faire les lavages, on opérera par décantation pour séparer et laver le précipité : par exemple avec le chlorure d'argent, le mercure métallique, etc.

Si l'on veut en employant quelques précautions que cette méthode de séparation donne de bons résultats, il y a certaines règles à observer pour que le précipité se dépose complètement et promptement. On peut dire comme condition principale qu'il faut chauffer le précipité avec le liquide dans lequel il s'est formé : mais parfois cela ne suffit pas ; il faut souvent agiter le tout, comme avec le chlorure d'argent, ou ajouter quelque réactif particulier, comme de l'acide chlorhydrique dans les précipitations de mercure, etc. Nous reviendrons sur ce sujet dans le quatrième chapitre, en même temps que nous indiquerons les vases les plus convenables à employer pour les différentes substances.

Quand avec des quantités plusieurs fois renouvelées du liquide convenable on a suffisamment lavé le précipité, pour qu'on ne trouve plus dans les dernières portions du liquide décanté la moindre trace de substance dissoute, on fait passer le précipité, s'il n'y est pas déjà, dans un creuset ou une capsule convenable, on enlève le liquide autant que possible, et l'on dessèche ou l'on calcine le résidu selon sa nature. — Comme on emploie ici pour laver des quantités d'eau beaucoup plus grandes que lorsqu'on opère sur un filtre, on comprend que les résultats ne seront exacts qu'autant que les précipités seront complètement insolubles. On ne se servirait pas non plus de cette méthode, si l'on devait doser d'autres substances dans le liquide décanté.

Pour être certain que les eaux de lavage ne renferment aucune portion du précipité, il est bon de les laisser reposer de 12 à 24 heures, et de ne les jeter qu'autant qu'elles n'auraient laissé aucun dépôt au fond du vase. S'il y en avait un, il faudrait en déterminer le poids en le séparant du liquide par décantation ou par filtration.

β. PRÉCIPITATION SUIVIE DE FILTRATION.

Lorsqu'on ne peut pas opérer par décantation, ce qui est le cas le plus fréquent, on sépare les précipités par filtration, autant toutefois qu'on peut espérer de les purifier des matières qui y restent adhérentes par de simples lavages sur le filtre. — Si cela n'était pas, surtout avec les précipités gélatineux, comme par exemple l'hydrate d'alumine, on combine la filtration avec la décantation (§ 48). La filtration peut se faire à la manière ordinaire, c'est-à-dire, sans forcer par succion le liquide à traverser le filtre, ou bien par succion, ce qui accélère l'opération. Nous examinerons successivement ces deux procédés.

§ 45.

aa. *Filtration sans succion du liquide.*

αα. *Appareils pour filtrer.* — La filtration, à quelques rares exceptions près, se fait toujours à travers du papier dans les analyses quantitatives.

On choisit toujours des filtres ronds, unis, rarement à plis. La nature du papier est importante ; il doit, pour être bon, remplir trois conditions : premièrement retenir les précipités les plus fins, deuxièmement filtrer promptement, troisièmement contenir le moins de principes minéraux possible et surtout être exempt de ceux qui sont solubles dans les liquides alcalins ou acides.

Il est très difficile de se procurer du papier à filtre parfait. Le meilleur est le papier de Suède, portant la marque de *J. H. Munktell*, mais il est d'un prix assez élevé. Encore il ne satisfait qu'aux deux premières conditions ; pour les travaux délicats il est insuffisant, car il laisse environ 0,5 pour 100 de cendres (*) et il cède aux acides des quantités appréciables de fer, de chaux et de magnésie. Il est donc indispensable, pour les analyses exactes, de le laver d'abord avec de l'acide chlorhydrique étendu, puis d'enlever toute trace d'acide avec de l'eau et enfin de le dessécher. — Nous avons indiqué dans le volume de l'analyse qualitative (4ᵉ édition française, page 8) la manière de préparer des provisions de filtres lavés, c'est donc inutile d'y revenir (**). Si l'on ne voulait en purifier que quelques-uns, on

---

(*) D'après les analyses de *Plantamour*, les cendres du papier à filtre suédois renferment sur 100 parties : 63,23 acide silicique, 12,83 chaux, 6,21 magnésie, 2,94 alumine. 13,92 oxyde de fer.

(**) On trouve maintenant dans le commerce des papiers lavés à l'acide chlorhydrique et à l'acide fluorhydrique, ne laissant que des quantités insignifiantes de cendres.

les placerait l'un dans l'autre dans un entonnoir, comme pour filtrer, on les humecterait en y versant goutte à goutte un mélange de 1 partie d'acide chlorhydrique pur et 2 parties d'eau, on laisserait 10 minutes, on laverait à plusieurs reprises avec de l'eau, surtout chaude, jusqu'à ce que toute trace de réaction acide ait disparu, et on mettrait tout à sécher, filtres et entonnoir. — Il faut rejeter le papier qui contient du plomb : il est facile à reconnaître parce qu'il noircit par l'acide sulfhydrique.

Il est bon d'avoir d'avance des filtres de diverses grandeurs découpés d'après des morceaux circulaires de carton ou de fer-blanc, ou plus facile-

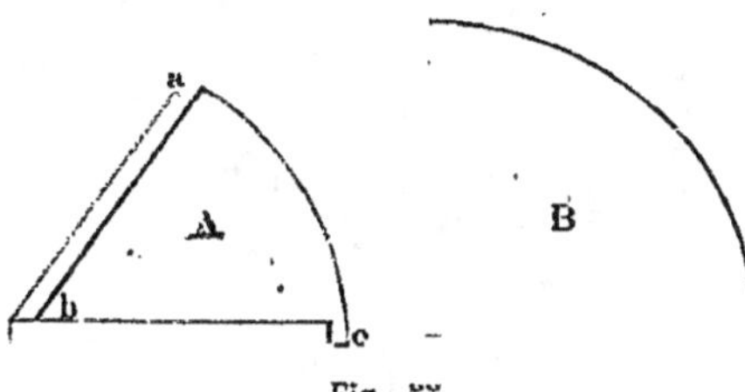

Fig. 55.

ment au moyen des patrons de *Mohr* (*fig.* 55), faits en fer-blanc et de différentes grandeurs. On plie le papier d'abord deux fois de façon que les bords soient à angle droit, on l'introduit dans le patron A, on le recouvre de la feuille de fer-blanc B, dont les bords sont un peu plus courts que ceux de la face du fond A et on coupe avec des ciseaux le papier qui déborde. Les filtres ainsi faits sont parfaitement circulaires et tout à fait identiques.

On fait des filtres et par suite des patrons dont les rayons sont de 3, — 4, — 5, — 6, — 7 et 8 centimètres et pour l'usage on les choisit de façon que le précipité ne les remplisse pas tout à fait à moitié après l'écoulement complet du liquide.

Quant aux entonnoirs, qui seront en verre, il faut pour les analyses quantitatives que les arêtes fassent entre elles un angle de 60° et qu'il n'y ait pas de renflements.

Les bords du filtre ne devront pas dépasser ceux de l'entonnoir, mais rester de une ou deux lignes au-dessous : on applique exactement le filtre contre les parois internes, de façon que le papier soit bien partout en contact avec le verre et on l'humecte avec de l'eau, qu'on laisse égoutter plutôt que de la vider.

On place les entonnoirs sur un support qui ne permette pas de les changer de place. Les formes des supports des figures 56 et 57 nous semblent les plus simples et les plus commodes.

Le support de la figure 56 convient surtout pour les gros entonnoirs, aussi doit-il être un peu plus massif que celui de la figure 57, destiné aux plus petits.

Les supports sont en bon bois. Le bras qui porte les entonnoirs doit pouvoir se déplacer facilement et se fixer solidement à l'aide d'une vis de pression. Les trous doivent être légèrement coniques. Il faut pouvoir les porter çà et là sans rien déranger.

66. *Règles pour filtrer.* — Il y a plusieurs observations à faire sur la manière de filtrer les précipités. — S'ils sont caillebottés, floconneux, gélatineux ou cristallins, on n'a pas à craindre que le liquide passe trouble. — Pour ceux qui sont fins et pulvérulents, il est nécessaire

et au moins avantageux de les laisser déposer, de filtrer d'abord le liquide
surnageant et de ne jeter qu'ensuite le précipité sur le filtre. Si rien ne s'y
oppose, il vaut mieux filtrer à chaud qu'après refroidissement : les liquides

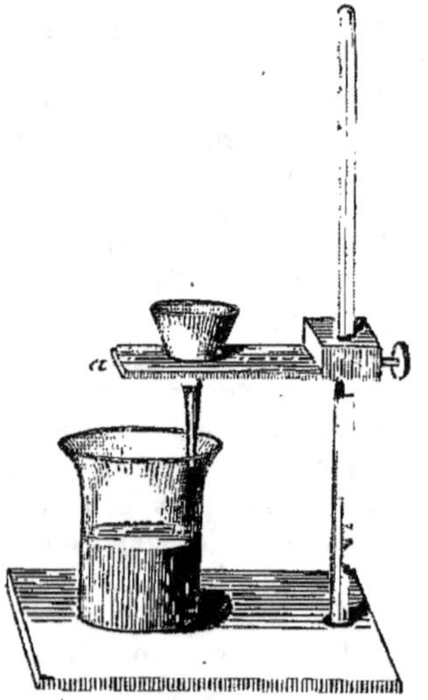

Fig. 56.

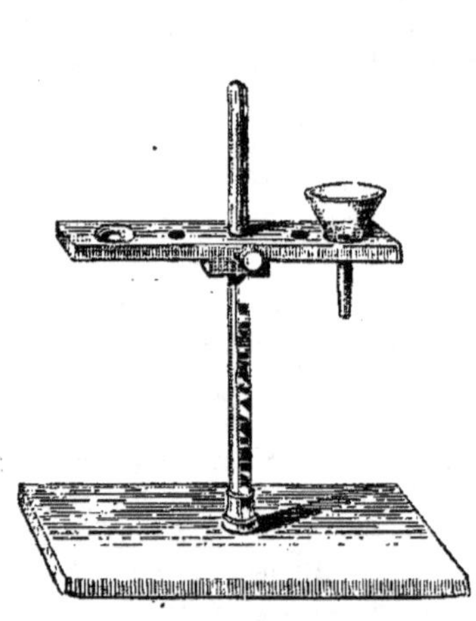

Fig. 57.

chauds filtrent plus rapidement que les liquides froids. — On évite
souvent le grave inconvénient de voir le précipité passer à travers
le filtre, en changeant la nature du liquide : ainsi le sulfate de baryte
avec de l'eau passe souvent à travers le filtre, mais bien plus difficilement si l'on ajoute un peu d'acide chlorhydrique ou de sel ammoniac. Si
pendant l'opération il arrive que le précipité remplisse plus de la moitié du
filtre, on prendra un second filtre, car si le premier était trop plein le lavage
ne serait pas suffisant.

Il ne faudra jamais verser le liquide directement, mais toujours au moyen
d'une baguette en verre (*fig.* 54), et ne pas oublier de couvrir d'une légère
couche de suif le bord du vase par lequel on verse. On coule le suif dans
un tube de verre fermé par un bout avec un bouchon et, à mesure qu'on en
a besoin, on le pousse avec une petite baguette. On peut aussi facilement
graisser le bord du vase avec le doigt enduit légèrement de suif. — S'il faut
filtrer le liquide sans déranger le précipité, il ne faut pas laisser la baguette
en verre dans le vase où se trouve le liquide à filtrer. On la retire donc
avant la filtration, on la pose dans un verre à réactif, que l'on nettoie ensuite
avec l'eau destinée au lavage.

On verse toujours le liquide laveur contre les parois du filtre, jamais dans
son milieu, et on ne le lance jamais en jet, ce qui occasionnerait certainement des pertes. — Le liquide qui passe est reçu, suivant l'usage qu'on en
veut faire, dans des ballons, des vases à précipités ou des capsules. Il faut

faire bien attention qu'il tombe goutte à goutte sur le côté des vases et jamais au milieu du liquide, car cela ferait sauter des gouttes hors du vase. On fera d'ordinaire reposer le bec de l'entonnoir contre la partie supérieure de la paroi interne du récipient, comme l'indique la figure 56.

Si l'on travaille dans un local sans poussière, il est tout à fait inutile de couvrir l'entonnoir et le vase recevant le liquide, mais cependant il vaut mieux les couvrir. On se sert à cet effet de disques en verre à vitres, dans lesquels on pratique une échancrure latérale pour laisser passer le tube de l'entonnoir : ceux qui sont perforés dans le milieu ne remplissent pas le même but.

Lorsque le précipité et le liquide ont été jetés sur le filtre et que le vase qui les contenait a été lavé plusieurs fois avec de l'eau, il arrive fréquemment que de petites quantités du précipité restent adhérentes aux parois, et ne peuvent pas être détachées avec la baguette en verre. Quand on a opéré dans un vase à précipités ou une capsule, il est presque toujours facile d'enlever ces parcelles de matière avec une plume dont on a coupé presque toutes les barbes. Les restes d'un précipité lourd sont facilement chassés d'un ballon, en renversant celui-ci au-dessus de l'entonnoir et en y injectant un filet d'eau. Pour cela on fait usage de le fiole à jet de la figure 60, seulement la partie extérieure du tube qui plonge dans l'eau se relève vers le haut au lieu d'être dirigée vers le bas, comme cela est dessiné. — Si les moyens mécaniques ne peuvent pas détacher un précipité, on le redissout dans un réactif convenable, et on le reprécipite de la dissolution. Il faut évidemment éviter cet inconvénient quand il s'agira de corps pour lesquels on ne connaît pas de dissolvant, comme par exemple le sulfate de baryte.

§ 46.

γγ. *Lavage des précipités.* — Une fois tout le précipité rassemblé sur le filtre, il faut avoir soin de le bien laver.

Le lavage se fait avec les fioles à jet, semblables à celles des figures 58, 59 et 60. Dans la disposition de la figure 60, on voit que l'intercalation du tube *a* permet de diriger le jet soit en haut, soit en bas. — L'appareil de la figure 61 pourra également être d'un très bon usage, sa construction ne demande pas d'explications. La pointe *a* est étirée et un peu aplatie. En inclinant le ballon, on fait couler naturellement un jet continu.

Si le précipité doit être lavé avec de l'eau, on se servira plutôt d'eau chaude si rien ne s'y oppose : le travail sera par là considérablement abrégé. — Pour laver avec de l'eau bouillante, la fiole à jet de la figure 59 est tout particulièrement convenable. Pour pouvoir la prendre à la main on y fixe une poignée en bois avec du fil de laiton, ou bien on enveloppe le col avec de la ficelle.

Il est de règle de ne jamais verser l'eau de lavage avant que tout le liquide qui est sur le filtre soit écoulé. En reversant de l'eau, il faut bien laver les bords supérieurs du filtre et éviter qu'il se forme dans la masse du précipité des crevasses ou de petits canaux par lesquels passe l'eau de lavage sans pénétrer dans toute la masse. Si cela arrivait et si par le filet d'eau on ne pouvait étaler convenablement le précipité, on le remuerait avec précaution au moyen d'une petite spatule en verre ou en platine.

Le lavage est terminé quand on a enlevé toutes les substances solubles. En mettant tous ses soins à l'effectuer complètement, on évite un des

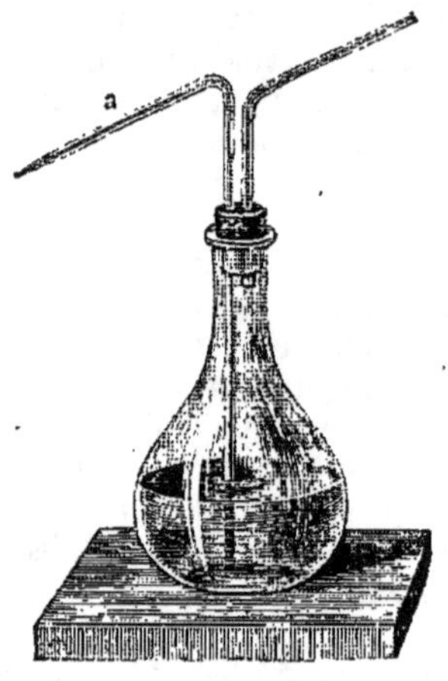

Fig. 58.

Fig. 59.

écueils dans lesquels tombent le plus fréquemment ceux qui débutent dans la science. — Pour s'assurer que tout est fini, il suffit en général de re-

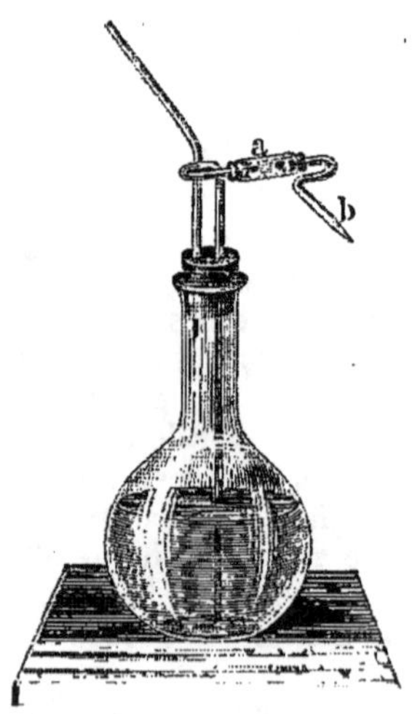

Fig. 60.

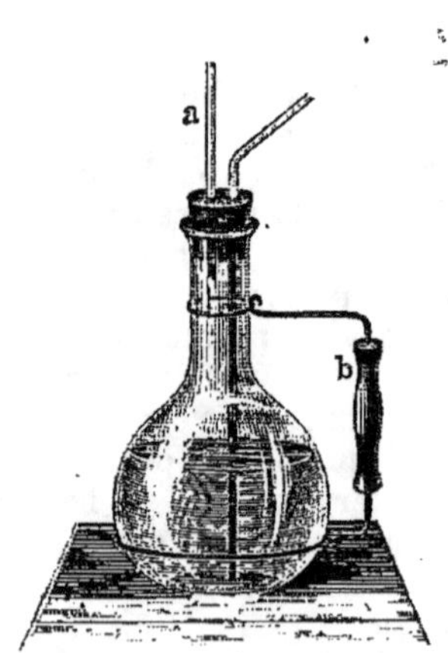

Fig. 61.

cueillir une goutte de la dernière eau de lavage sur une feuille de platine, de l'évaporer lentement et de regarder s'il y a ou non un résidu. Si toutefois les précipités ne sont pas complètement insolubles dans l'eau, comme par exemple le sulfate de strontiane, il faut avoir recours à des moyens que nous donnerons plus bas. Il ne faut jamais s'en rapporter à l'idée que l'on peut avoir que le lavage doit être terminé : un essai seul en donne la certitude.

Autrefois pour des lavages qui devaient durer longtemps, on se servait de flacons laveurs. On les abandonne maintenant pour les travaux analytiques, parce qu'ils favorisent la formation des petits canaux dans le précipité ; il faut en outre employer une grande quantité d'eau de lavage et enfin on ne peut pas prendre d'eau chaude. Pour les précipités difficiles à laver, il vaut mieux opérer comme il est dit au § 48.

§ 47.

·bb. *Filtration avec succion du liquide.*

Comme dans les opérations analytiques la filtration revient à chaque instant et demande beaucoup de temps, on s'était efforcé depuis longtemps déjà de l'accélérer en faisant passer le liquide par succion à travers le papier. *Bunsen* (*), dans ces derniers temps, s'est occupé avec sa sagacité bien connue de cette question pratique. — Le grand inconvénient à redouter dans la succion, c'est la rupture du filtre : pour l'éviter, il faut que jusqu'à sa pointe le filtre soit appliqué exactement contre les parois de l'entonnoir. On choisit ce dernier avec des parois intérieures de 60°, à surface bien nette, sans aspérités, sans courbures : à l'intérieur on met un second entonnoir en platine, petit, fort mince, qui s'applique bien contre le verre et enfin on place en dedans le filtre en papier, de telle sorte que, lorsqu'il sera mouillé, il adhère partout sans bulles d'air, aux parois qui l'enveloppent.

Voici comment *Bunsen* conseille de faire le petit entonnoir en platine. On choisit un entonnoir en verre bien régulier : on y fixe, avec quelques gouttes de cire à cacheter sous le bord supérieur, un filtre en papier écolier qui *s'applique bien exactement contre les parois :* on imbibe le papier d'huile et on remplit le filtre d'une bouillie de gypse, dans laquelle on fiche une petite poignée avant la solidification complète. Au bout de quelques heures, on peut retirer le cône de plâtre entouré de papier huilé et ayant exactement la forme de l'entonnoir. On le plonge avec son enveloppe extérieure de papier huilé dans une autre bouillie de gypse, remplissant un creuset de 4 ou 5 centimètres de haut : après le

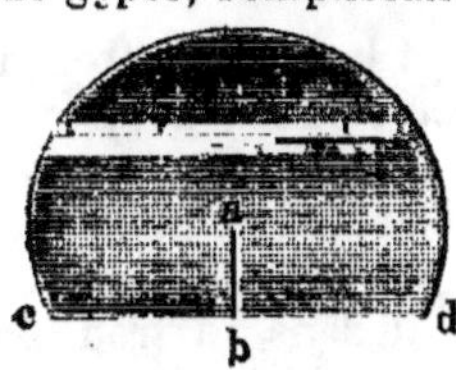

durcissement, on le retire en enlevant avec soin le papier qui pourrait rester adhérent à l'un des deux moules. On a ainsi un cône massif et un cône creux, rentrant parfaitement l'un dans l'autre et offrant la même inclinaison d'arêtes que l'entonnoir. Pour faire maintenant celui en platine, on coupe une feuille de platine comme cela est représenté en grandeur naturelle dans la figure 62 : on

Fig. 62.

choisit une feuille dont 1 centimètre carré pèse environ 0,154 gram. Avec un ciseau on fait une fente *ab* menée perpendiculairement du centre sur la corde *cd*. On chauffe au rouge à la lampe pour recuire et rendre le métal

---

(*) *Ann. d. Chem. u. Pharm.*, CXLVII, 269. — *Zeitsch. f. analyt. Chem.*, VIII, 174.

mou, puis, plaçant la pointe du cône massif au centre *a* et la surface tangente à la feuille de platine à peu près suivant *ad,* on relève sur le cône la languette *abd,* et l'on achève d'envelopper la surface conique avec la feuille de platine, en serrant autant que possible. On achève de donner la forme exacte en chauffant au rouge et travaillant à la main, et aussi en serrant fortement le métal entre les deux surfaces coniques en plâtre.

L'entonnoir en platine qui n'offre pas à sa pointe d'ouverture laissant passer la lumière est assez solide pour qu'on puisse l'employer immédiatement, sans qu'il y ait besoin d'aucune soudure.

L'entonnoir en verre, contenant le petit entonnoir en platine et le filtre en papier, est introduit par sa pointe dans un des deux trous d'un bouchon en caoutchouc, de façon que le tube *dépasse de 5 à 8 centimètres.* Dans l'autre trou on fait passer un tube en verre court, courbé à angle droit et qui *débouche juste au niveau de la face inférieure du bouchon.* On ferme hermétiquement un ballon à fond plat avec le bouchon et si l'on aspire par le tube, le liquide qu'on aura versé sur le filtre passera rapidement à travers le papier, et d'autant plus vite que la différence de pression sera plus grande. — Si l'on voulait filtrer avec une grande différence de pression, une fiole ordinaire ne suffirait pas, parce qu'elle pourrait céder à l'excès de pression extérieure et se briser avec explosion : on prend dans ce cas un flacon à fortes parois. Il est bon aussi de le placer dans un vase en métal (voy. *fig.* 64) de forme conique ; celui-ci peut recevoir des fioles de diverses grandeurs, que l'on cale avec trois bandes de drap ou mieux de caoutchouc.

Pour produire la succion on peut se servir de tout aspirateur donnant une différence de pression d'environ un quart d'atmosphère. On peut aussi disposer le système bien simple représenté dans la figure 63. Le tube *b* en caoutchouc épais réunit la fiole C au flacon A, tandis que A et B sont reliés aussi par un semblable tube. On voit de suite qu'en ouvrant les robinets de A et de B, l'eau de A coule en B et produit dans le flacon supérieur une diminution de pression qui appelle l'air extérieur dans C à travers le filtre. La différence de pression est d'autant plus grande, que la différence des niveaux en A et B est elle-même plus grande. Les deux flacons, dont la capacité variera de 2 à 4 litres, doivent avoir des goulots de même diamètre, afin qu'on puisse les changer mutuellement, lorsque celui d'en haut sera vide et celui d'en bas plein.

Mais ce qu'il y a de plus commode est sans contredit la pompe aérohydrique, connue depuis longtemps, mais à laquelle *Bunsen* vient de donner une disposition qui la rend un instrument parfait. Elle est représentée dans la figure 64, reliée à un ballon à filtre. En ouvrant le robinet à pince *a,* l'eau du conduit *w* arrive dans le tube large en verre *c* et s'écoule par le tube de plomb *d* de 8 millimètres de diamètre. Celui-ci se rend dans un trou profond de 12 mètres creusé dans la cour du laboratoire à une distance de 10 à 15 mètres (*). Le tube *c* soudé dans la partie supérieure de *c* descend

____

(*) Si la pompe aérohydrique est placée dans un étage supérieur, il suffit de conduire le tube de plomb presque au fond d'un vase placé dans la cave et qui porte un peu au-dessous de la moitié de sa hauteur un tube latéral, que l'on fait communiquer à l'aide d'un tube de plomb avec un canal plus profond. Toute cette disposition est remplacée avantageusement par la trompe d'*Alvergniat.*

Fig. 63.

jusqu'au fond de ce dernier et a en bas une étroite ouverture. Ce tube *e*, après
s'être recourbé en une seconde branche, porte latéralement un ajutage communiquant avec un manomètre à mercure et est réuni en *g* à une cavité *h*,
qu'on fait communiquer par un tube en caoutchouc avec le flacon portant
l'entonnoir. Le vase *h* a pour but de recueillir la vapeur d'eau condensée

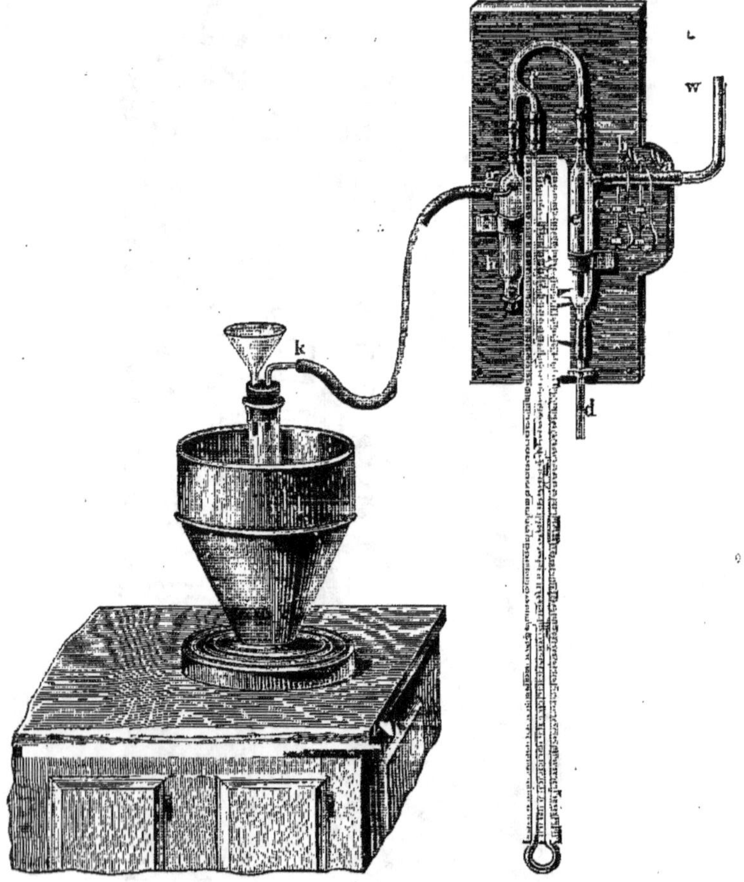

Fig. 64.

quand on fait les lavages à l'eau chaude. Toutes les parties sont réunies
par des tubes de caoutchouc à parois épaisses et ayant 2 à 3 millimètres de
diamètre. Tout le système est fixé à vis sur une planche attachée au mur,
de telle sorte qu'entre deux liens de caoutchouc il n'y ait qu'une vis pour
empêcher que par le jeu du bois la tension des tubes les fasse casser.

Quand on ouvre le robinet *a*, la colonne d'eau qui s'écoule par *d* ayant plus
de 10 mètres de haut, aspire l'air par le tube *e* entouré d'eau de tous côtés,
et cet air est entraîné sous forme de bulles par la veine liquide. En donnant

à l'eau qui arrive sa plus grande vitesse, on ne parvient pas cependant á
produire une diminution de pression considérable, même avec une colonne
d'eau de 13 à 14 mètres, parce que le frottement de l'eau contre les parois
du tube, croissant rapidement avec la vitesse, produit le même effet qu'une
contre-pression. C'est pour cela qu'on a disposé un second robinet b avec
lequel on règle une fois pour toutes l'écoulement de l'eau, de façon qu'en
ouvrant en plein le robinet a on ait le maximum d'effet.

Après avoir réuni le flacon i au tube en caoutchouc k, on verse d'abord
sur le filtre le liquide clair qui est au-dessus du précipité, puis ensuite on
y jette ce dernier. Le liquide coule d'abord en filet continu, puis ensuite en
gouttes qui se suivent rapidement. On peut remplir le filtre presque jusqu'au
bord, et c'est même préférable. La pression applique le précipité en couche
mince contre le papier, et de cette façon on évite les projections. Lorsque
tout le liquide a passé, le précipité est tellement serré contre le filtre, que
l'eau qu'on versera avec précaution ne le délaye plus. Pour laver on remplit avec de l'eau que l'on verse avec précaution jusqu'à 1 centimètre au-
dessous du bord du filtre : on ne se sert pas de fiole à jet, mais d'un flacon
ordinaire. Le lavage terminé, ce qui arrive après avoir renouvelé l'eau de
une à quatre fois, suivant la quantité de matière, on laisse parfaitement
égoutter : le filtre est à moitié sec, de telle sorte que souvent, sans dessécher
davantage, on peut le mettre avec son contenu dans le creuset et le calciner
(voy. § **52**). Il est inutile de faire remarquer combien la filtration se trouve
abrégée par ce procédé. En outre, comme sous cette pression les précipités

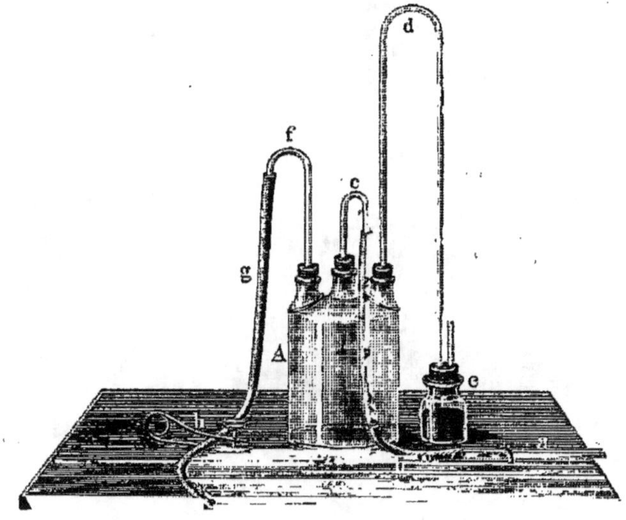

Fig. 65.

occupent moins de place, on peut prendre de plus petits filtres et on peut
aussi laver complètement et avec des quantités relativement faibles de liquide

des précipités, qui de la façon ordinaire ne se laveraient que difficilement. Enfin à cet état de demi-sécheresse, les précipités se laissent très facilement et complètement séparer du filtre, sans emporter des fibres du papier.

Dans ce qui précède nous avons décrit la pompe complète, telle qu'elle peut servir non seulement pour filtrer, mais pour d'autres usages (aspirer l'air sous un dessiccateur, etc.). Nous ajouterons que s'il ne s'agit que de filtrer et de faire passer un courant d'air dans un appareil à dessécher § 28), une hauteur de chute de 4 à 5 mètres est suffisante. On peut alors la monter au rez-de-chaussée et sans trou de sonde ; il suffit de fixer la pompe au haut de la muraille. Il faut simplement s'arranger pour pouvoir ouvrir ou fermer d'en bas le robinet d'écoulement. On réunit le tube aspirateur de la pompe avec un tuyau de plomb qu'on fixe solidement sur la table, comme l'indique la figure 65.

a est le tube en plomb relié à la pompe, que le tube en caoutchouc b unit au flacon A ; d est un tube en verre assez long, qui plongeant en e dans du mercure, sert de manomètre. Le tube en verre f communique avec le tube en caoutchouc g, que la pince h fixée sur la table permet d'ouvrir

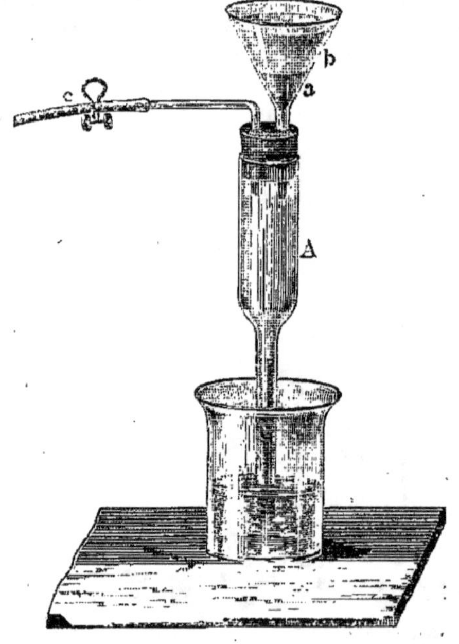

Fig. 66.

Fig. 67.

ou de fermer. En unissant ce tube g avec le ballon à entonnoir, mettant la pompe en activité et ouvrant h, la filtration commence.

On peut encore produire sans pompe et sans flacon d'aspiration une succion suffisante pour filtrer. Les figures 66 et 67 représentent deux dispositions d'appareils qui peuvent être utiles. Le système de la figure 66 a été indiqué par *Weil*. En aspirant en *c*, on fait monter le liquide dans A à la hauteur qu'on voudra, et l'on détermine alors une filtration par succion. Pour

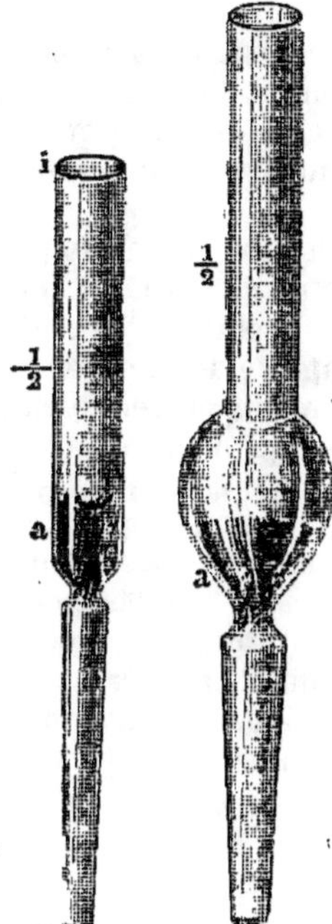

renforcer le filtre, on place d'abord dans l'entonnoir le petit filtre *a*, puis en dedans le filtre principal *b*. Il faut appliquer les filtres bien exactement l'un sur l'autre, sans plis.

La disposition de la figure 67, employée par *Piccard*, se comprend d'elle-même. Si l'on ne donne pas à la colonne d'eau une longueur plus grande que 50 centimètres, le filtre n'a pas besoin d'être renforcé. Toutefois il est bon de prendre toujours la précaution de mettre d'abord un petit filtre en dehors. Si le filtre est bien appliqué contre l'entonnoir et s'il n'y a pas de fente, la filtration va plus vite avec ce tube recourbé (10 à 12 fois plus vite suivant *Piccard*), que par le moyen ordinaire.

L'emploi de la succion permet, suivant les circonstances, de laisser de côté les filtres en papier et d'employer l'amiante ou le verre en poudre. Lorsque les précipités doivent être séchés à une température donnée et pesés ensuite, ce procédé peut être souvent fort utile.

La figure 68 représente un tube que j'ai souvent employé pour peser de petites quantités de sulfure d'antimoine. Il y a en *a* de longs filaments d'asbeste. Après avoir disposé le tube, on lave avec de l'eau pour enlever les parties les plus fines d'amiante, puis on place le tube verticalement, ou aspire en *b*; on chauffe un peu vers la fin pour

Fig. 68.   Fig. 69.

dessécher complètement le tout. Après avoir pesé, on fixe l'extrémité *b* dans le ballon à filtrer, on place en *i* un petit entonnoir, on aspire faiblement et on verse avec précaution le liquide à filtrer.

La figure 69 montre un filtre à verre pilé ou à sable, construit dans le même but par *W. Gibbs* et *Taylor*. Le tube renferme en *a*, de bas en haut, d'abord des éclats de verre, puis des morceaux plus petits et enfin de la poudre fine.

§ 48.

γ. PRÉCIPITATION SUIVIE D'UNE DÉCANTATION ET D'UNE FILTRATION.

Si l'on a affaire à un précipité qui, soit par sa nature gélatineuse, soit parce qu'il retient fortement les sels qui y sont mélangés, ne peut être lavé sur un filtre qu'incomplètement ou avec peine, on le laisse se déposer autant que possible, on jette le liquide presque clair sur le filtre, on remue le précipité avec le liquide destiné au lavage, on chauffe à l'ébullition si cela est possible, on laisse de nouveau déposer, on rejette sur le filtre, et on continue jusqu'à ce que le lavage soit achevé; on met ensuite le précipité sur le filtre, on le lave avec la fiole à jet (voy. § 46). Cette méthode devrait être employée plus fréquemment qu'on n'en a l'habitude, car il n'y a que ce moyen d'obtenir des précipités bien purs.

Si un précipité lavé par décantation ne doit pas être pesé, mais de nouveau dissous, on achève le lavage complet par décantation et on ne le jette pas sur le filtre. On verse sur celui-ci le dissolvant goutte à goutte et on reçoit le liquide qui passe dans le vase contenant la presque totalité du précipité.

On reconnaîtra facilement la fin de l'opération en cherchant dans un peu de l'eau de lavage une des substances contenues dans la dissolution primitive (par exemple : de l'acide chlorhydrique avec une dissolution d'argent); toutefois ce moyen n'est pas toujours applicable. Dans ce dernier cas, et en général quand on procède par décantation, il vaut mieux opérer comme l'indique *Bunsen*, en continuant le lavage jusqu'à ce qu'on ait étendu à 10 000 fois son volume le liquide restant dans le vase à précipité après la première décantation. Pour cela, après avoir versé le premier liquide, on marque sur une bande de papier collée sur le vase le niveau du liquide restant avec le précipité. On remplit le vase cylindrique complètement d'eau (bouillante si on le peut), on mesure la hauteur totale du liquide qu'on divise par la première hauteur. Aussi souvent que l'on décante, on recommence cette opération et on multiplie chaque fois le produit précédent par le quotient obtenu, jusqu'à ce qu'on arrive au nombre de 10 000; tout est alors terminé.

<h2 style="text-align:center">§ 49.</h2>

<h3 style="text-align:center">Traitement ultérieur des précipités.</h3>

Avant de peser les précipités, il faut les amener à une forme parfaitement connue quant à sa composition. On y parvient, soit en les calcinant, soit en les desséchant; le dernier moyen est plus imparfait que le premier et donne des résultats moins certains, aussi ne l'applique-t-on qu'aux précipités qui ne peuvent être chauffés au rouge sans se volatiliser particllement, ou dont le résidu de la calcination n'a jamais une composition identique; ainsi on ne traitera que par dessiccation le sulfure de mercure, le sulfure d'arsenic et d'autres sulfures, ainsi que le cyanure de mercure, le chlorure double de platine et de potassium, etc. Si l'on a le choix entre la calcination et la dessiccation simple, comme par exemple avec le sulfate de baryte, le sulfate de plomb et beaucoup d'autres, il faut toujours préférer la première.

<h2 style="text-align:center">§ 50.</h2>

<h3 style="text-align:center">aa. DESSICCATION DES PRÉCIPITÉS.</h3>

Lorsqu'un précipité a été ramassé sur un filtre, lavé et séché, il en reste toujours des parcelles tellement adhérentes au papier, qu'il est impossible de les enlever. Il faut donc dans tous les dosages exacts faire sécher le filtre en même temps que le précipité et le peser avec lui. Fréquemment on rassemble le précipité à sécher dans deux filtres identiques, placés l'un dans l'autre; après la dessiccation, on enlève le filtre extérieur que l'on place dans le plateau opposé de la balance pour faire contrepoids à celui qui renferme le précipité. On suppose dans ce cas que les filtres égaux sont également lourds, ce que l'on ne saurait admettre dans des analyses rigoureuses, car l'expérience prouve que deux filtres, d'égales dimensions et même fort petits, peuvent offrir des différences de 20, 30 milligrammes et même plus dans leur poids. Pour avoir des résultats plus exacts, il faut avant la filtration sécher et peser le filtre dans lequel on rassemblera le précipité. Bien entendu qu'il faudra le chauffer à la même température que celle à laquelle on le soumettra avec le précipité. En outre le papier ne doit renfermer aucune substance que les liquides employés pourraient dissoudre.

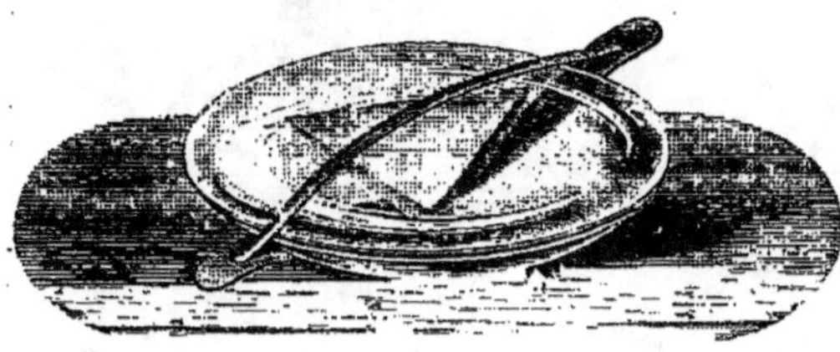

La dessiccation se fera, suivant la température, au bain-marie, au bain d'air, ou au bain d'huile. Pour la pesée, on renfermera le corps entre deux verres de montre serrés par une pince (*fig.* 70), ou dans deux tubes rentrant l'un dans l'autre (*fig.* 71), ou dans un creuset de platine, en un mot dans un vase fermé. Si l'on juge la

Fig. 70.

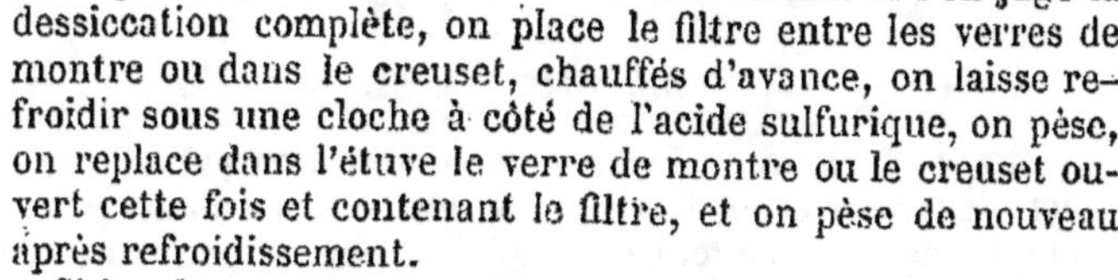

dessiccation complète, on place le filtre entre les verres de montre ou dans le creuset, chauffés d'avance, on laisse refroidir sous une cloche à côté de l'acide sulfurique, on pèse, on replace dans l'étuve le verre de montre ou le creuset ouvert cette fois et contenant le filtre, et on pèse de nouveau après refroidissement.

Si les deux pesées sont identiques, c'est que le filtre est bien sec. On n'a qu'à noter le poids des verres de montre reliés par la pince ou des tubes, ou du creuset et du filtre sec.

Après le lavage du précipité, on laisse bien égoutter l'eau, on enlève le filtre et son contenu de dedans l'entonnoir, on le pose de côté sur du papier buvard, on laisse sécher dans un endroit un peu chaud à l'abri de la poussière, on le place dans un des deux verres de montre préalablement pesés, ou dans le plus étroit des deux tubes, ou dans le creuset de platine, et on dessèche au bain-marie, au bain d'air ou d'huile.

Fig. 71.

Si l'on juge la dessiccation complète, on place le second verre de montre avec la pince ou le couvercle du creuset, on laisse refroidir sous le dessiccateur et l'on pèse. On replace le filtre et le précipité dans l'étuve, et l'on ne regarde l'opération comme achevée que quand les deux pesées sont tout à fait d'accord ou ne diffèrent que de quelques déci-milligrammes. — En retranchant du dernier poids total le poids trouvé plus haut pour les récipients, on aura celui du précipité sec.

Si le précipité remplit complètement le filtre, s'il contient trop d'eau ou si le papier est tellement mince qu'il y ait à craindre qu'en enlevant le filtre de l'entonnoir il ne se déchire, on laisse le filtre dans l'entonnoir jusqu'à dessiccation presque complète, en plaçant celui-ci, enveloppé de papier à

filtre, dans un vase à précipité sans fond (*fig.* 72) ou tout autre, et en le
posant sur l'appareil à vapeur, le bain de sable ou le poêle. On pourra faire
usage, pour soutenir l'entonnoir, de cônes en fer-blanc ouverts aux deux

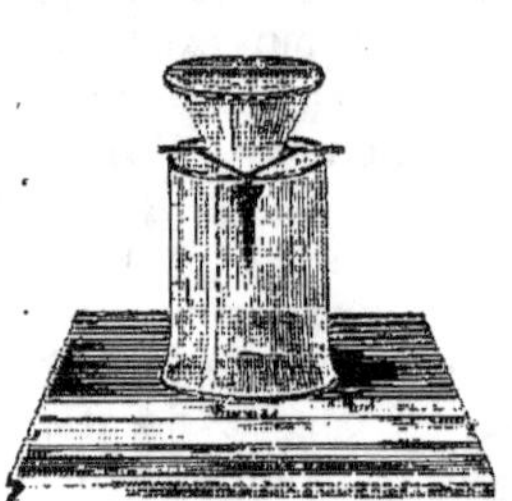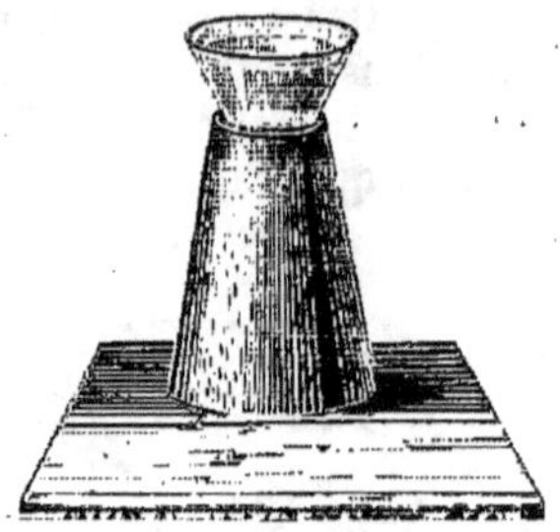

Fig. 72.   Fig. 73.

bouts (*fig.* 73). Je donne aux plus petits 10 centimètres de haut et 12 centimètres aux plus grands. Le diamètre inférieur a de 7 à 8 centimètres et
le diamètre supérieur de 4 à 6.

§ 51.

bb. CALCINATION DES PRÉCIPITÉS.

Pour peser un précipité après calcination, on avait l'habitude de le dessécher d'abord avec le filtre, de le jeter ensuite dans un creuset, d'enlever
autant que possible tout ce qui était adhérent au papier et de calciner le
précipité ainsi séparé du filtre. De cette façon on avait toujours une perte
provenant des parcelles restant adhérentes au papier. L'expérience a montré que les résultats étaient plus exacts en laissant brûler le filtre pendant
la calcination et en tenant compte dans les calculs du poids de ses cendres.

Lorsqu'en suivant le conseil donné au § 45. αα, on fait usage de filtres
ayant la même grandeur, il n'est besoin de déterminer qu'une seule fois
pour toutes la quantité de cendres pour chaque grandeur de filtre, à condition bien entendu qu'on emploiera le même papier ; seulement il faudra
faire des pesées séparées pour les filtres ordinaires et pour ceux qui auront
été lavés à l'acide chlorhydrique et à l'eau. En moyenne, le papier non lavé
laisse à peu près deux fois plus de cendres. Pour faire cette mesure, on
prend dix filtres (ou un poids égal de découpures du même papier), on les
fait brûler dans un creuset en platine incliné ou une capsule en platine, on
calcine jusqu'à ce que toute trace de charbon ait disparu, on pèse les cendres, et en divisant le poids total par 10 on obtient avec une exactitude
suffisante la quantité de cendres que donne un filtre en moyenne.

Dans l'opération de la calcination il y a certaines précautions qu'il ne
faut pas négliger :

1° Il faut éviter toute perte ;

2° Il faut que les précipités, après calcination, soient bien réellement de
la composition qu'on leur suppose dans le calcul ;

3° Le filtre doit être complètement brûlé ;

4° Il faut éviter que le creuset soit attaqué.

Suivant les circonstances dont nous parlerons plus bas, on choisira une des deux méthodes que je regarde comme les plus simples et les meilleures de toutes celles que l'on emploie. — Toutefois, quelque moyen que l'on prenne, il faut toujours que la calcination soit précédée d'une dessiccation complète ; car si l'on chauffe au rouge des précipités humides, surtout ceux qui à l'état sec sont légers et floconneux, comme l'acide silicique, il y a presque toujours une perte produite par les parcelles qu'entraîne la vapeur d'eau, qui se dégage tumultueusement. La dessiccation préliminaire est aussi indispensable pour ceux qui, comme l'alumine, l'hydrate de peroxyde de fer, etc., forment des morceaux agglomérés et tenaces : quand ils sont encore humides à l'intérieur, il arrive souvent que pendant la calcination ils sont violemment projetés hors du vase. — Pour faire cette dessiccation préalable, on laisse le filtre dans l'entonnoir que l'on supporte comme cela est indiqué dans les figures 72 et 73 et que l'on place sur un bain de sable, un bain-marie, un poêle ou tout autre appareil convenable de chauffage. — Ces règles peuvent subir des exceptions ; ainsi *Bunsen* a fait remarquer qu'au moyen de la pompe aérohydrique, surtout avec une aspiration suffisante, on pouvait, après avoir filtré et lavé, calciner immédiatement le précipité sans autre traitement, surtout quand on peut le faire avec le filtre.

Quant au degré de température auquel il faut chauffer et à la durée de la calcination, cela dépend de la nature du précipité : si l'on ne connaît pas ses propriétés et la manière dont il se comporte au rouge, ou si l'on n'en tient pas compte, on s'expose à commettre des fautes pour avoir chauffé trop ou trop peu, pendant trop ou trop peu de temps. En général il suffit d'une calcination modérée pendant environ cinq minutes ; il y a toutefois des exceptions que nous indiquerons en leur lieu et place.

Si l'on a le choix entre les creusets de porcelaine et ceux de platine, on donnera toujours la préférence aux derniers, parce qu'à égalité de contenance leur poids est moindre ; en outre ils ne sont pas fragiles et peuvent plus facilement être portés au rouge. On ne prendra pas un creuset trop petit, pour éviter les chances de pertes. La plupart du temps il suffit qu'il ait 4 centimètres de hauteur et 3,5 de diamètre. — Il est inutile de recommander qu'il soit parfaitement propre au dedans comme au dehors. Il faut prendre l'habitude de nettoyer et de polir le creuset chaque fois qu'on s'en est servi ; on le fait en le frottant avec du sable de mer humide, dont les grains arrondis ne peuvent pas rayer le métal. Ce moyen indiqué par *Berzélius*, rappelé dernièrement par *Erdmann*, me paraît très convenable : on atteint le but en quelques minutes. Le creuset est toujours brillant et on le conserve plus longtemps : on frotte tout simplement avec les doigts. Ce nettoyage est d'autant plus nécessaire que lorsqu'on fait usage de la lampe à gaz, le creuset à une haute température se couvre bientôt d'une pellicule grisâtre, occasionnée par un ramollissement superficiel dans la structure du platine, mais que le frottement avec le sable de mer fait facilement disparaître, sans que le poids du creuset change d'une quantité appréciable (*Erdmann*). S'il y avait des taches qu'on n'enlèverait qu'en frottant longtemps et fortement avec le sable, il faut faire fondre dans le creuset un peu de sulfate acide de potasse qu'on étalera fondu sur toutes·les parois ; puis après le refroidissement, on le fera bouillir avec de l'eau. S'il est fortement sali au dehors, on pourra le placer dans un creuset plus grand, remplir l'intervalle avec du sulfate acide de potasse, et chauffer jusqu'à la fusion du sel : ou bien on le placera sur un triangle en platine, on le portera au rouge et on le roulera dans du bisulfate de potasse en poudre. Au lieu de ce dernier sel on pourrait prendre du borax. On n'oubliera pas ensuite de frotter avec du sable de mer.

Une fois le creuset propre, on le place sur un triangle en fil de platine (*fig.* 74) également bien propre ; on fait rougir, on laisse refroidir sous le dessiccateur et on pèse. Cela n'est pas tout à fait nécessaire : mais cependant il est bon d'opérer ainsi, pour que la pesée du creuset vide se fasse dans les mêmes conditions que celle du creuset plein. On peut, il est vrai, peser le creuset *après* la calcination ; cependant il est bien préférable de le faire *avant.* — Si l'on n'a pas de triangle en fil de platine, on peut en prendre un en fil de fer en prenant la précaution d'envelopper de fil fin de platine, ou d'une feuille mince du même méta la partie du triangle qui doit toucher les parois

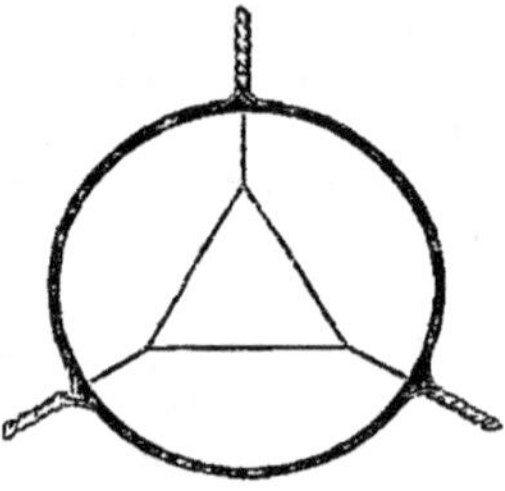

Fig. 74.

du creuset. On peut enfin se servir de bouts de tuyau de pipe dans lesquels on fait passer les fils de fer.

On chauffe avec la lampe à alcool de *Berzélius* ou avec la lampe à gaz ; on peut aussi se servir d'un moufle chauffé au rouge. — Si l'on se sert de la lampe à gaz de *Bunsen*, on place toujours la petite assiette en porcelaine sur son support à six branches (*fig.* 46). — Si l'on opère la calcination avec des lampes, il faut se rappeler que les oxydes réductibles peuvent être réduits, même dans les creusets couverts, s'ils sont en contact avec des carbures d'hydrogène non brûlés. Cela peut arriver facilement avec les lampes. On l'évitera en ne prenant pas des flammes trop longues, en plaçant le creuset incliné dans la partie supérieure de la flamme et en le chauffant en dessous.

Nous allons décrire maintenant les méthodes particulières de calcination.

§ 52.

Première méthode (Calcination du précipité avec le filtre).

On pourra l'employer toutes les fois qu'on ne craindra pas que le charbon provenant de la calcination du filtre agisse comme réducteur sur le précipité.

Lorsque le filtre a été complètement desséché dans l'entonnoir, on rabat les bords vers l'intérieur, de façon que le précipité se trouve enfermé comme dans un petit sac ; on le retire du filtre, on le dépose dans le creuset que l'on couvre, et l'on chauffe sur la lampe à gaz ou la lampe à alcool à double courant d'air, de façon que le filtre se carbonise lentement. On enlève ensuite le couvercle (que l'on pose dans l'intervalle sur une capsule ou un creuset en porcelaine), on incline le creuset, on chauffe plus fortement jusqu'à ce que le filtre soit complètement incinéré, on couvre de nouveau, on calcine encore quelque temps, comme il est nécessaire, on laisse refroidir un peu, de façon que le creuset soit encore chaud, mais ne soit plus rouge : on le prend avec une pince en laiton (*) ou en fer (*fig.* 75 et *fig.* 76), on le place sous le dessiccateur, on laisse refroidir et l'on porte dans la balance.

Si le charbon du filtre brûle trop lentement, on porte, à l'aide d'un fil de platine épais et bien poli, les parties non brûlées là où la chaleur est la plus

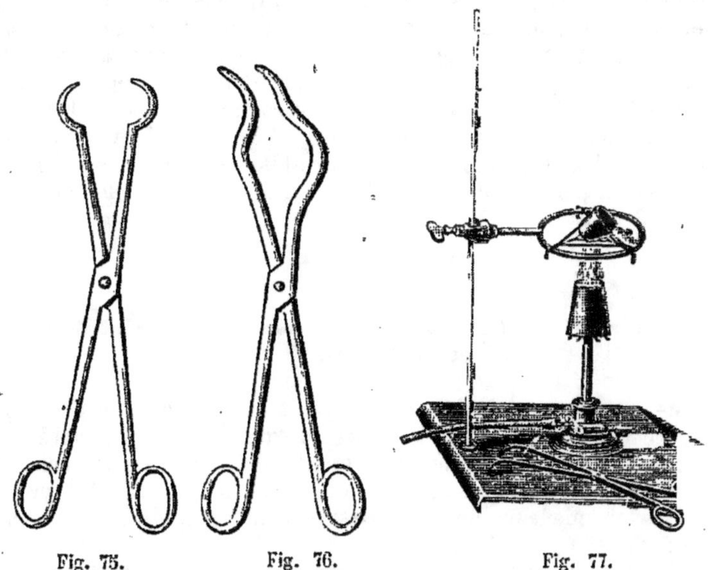

Fig. 75.   Fig. 76.   Fig. 77.

forte et l'accès de l'air plus facile. — Pour augmenter le courant d'air, on peut placer le couvercle devant le creuset, comme on le voit dans la figure 77. — Si des parcelles de charbon résistent opiniâtrément à la combustion, on met dans le creuset un petit morceau d'azotate d'ammoniaque fondu et sec, on chauffe d'abord doucement après avoir couvert, et peu à peu on élève la température ; cependant il vaut mieux en général ne pas agir ainsi, car cela pourrait occasionner des pertes. — Si l'on peut facilement séparer du filtre la masse du précipité, il vaut mieux souvent le jeter dans le creuset, plier le filtre avec les parcelles adhérentes, le poser dans le creuset avec le précipité et achever l'opération comme plus haut.

Ainsi que nous l'avons déjà dit, on peut, d'après les nouvelles expériences de *Bunsen* (**), calciner de suite les précipités bien égouttés par succion et par conséquent assez peu humides, pourvu toutefois qu'on n'ait pas à craindre la réduction de la substance par le charbon du filtre. On opère ainsi :

(*) Si l'on saisit le creuset encore rouge avec la pince en laiton, celle-ci forme facilement des taches noires sur le platine.

(**) *Ann. d. Chem. u. Pharm.*, CXLVIII, 285, et *Zeilschr. f. anal. Chem.*, VIII, 186, *Mitscherlich* avait déjà calciné les précipités d'alumine encore humides. (*Zeilschr. f. analyt. Chem.*, L, 67.)

on applique la moitié du filtre qui ne touche pas le précipité sur ce dernier et on plie le tout de façon que la substance soit en contact avec quatre à six couches de papier : on le place dans le creuset incliné au-dessus de la lampe, avec le doigt on le serre un peu contre les parois du creuset, on place le couvercle contre le bord (*fig.* 77) et on commence à chauffer là où le couvercle touche le bord du creuset ouvert. On règle la flamme de façon que la carbonisation du papier se fasse lentement, sans flamme ni fumée abondante. Si la carbonisation ne se fait plus d'une façon sensible, on recule un peu la flamme du côté du fond du creuset. Quand au bout de quelque temps le précipité n'est plus entouré que d'une enveloppe charbonneuse ayant la forme du filtre plié, on porte au rouge vif toute la partie du creuset ouvert occupée par le précipité, jusqu'à ce que l'enveloppe soit complètement brûlée et ait l'aspect de cendre blanche. S'il y avait encore quelques places un peu foncées en couleur, on chaufferait quelques instants au soufflet à gaz.

<h2 style="text-align:center">§ 53.</h2>

Seconde méthode (Calcinations séparées du précipité et du filtre).

On emploie cette méthode lorsqu'on craint que le charbon du filtre réduise le précipité; on l'applique encore lorsque le précipité, après sa calcination, doit être soumis à des traitements ultérieurs que les cendres du filtre pourraient gêner. On peut enfin la substituer au procédé précédent toutes les fois que le précipité se laissera facilement et complètement séparer du filtre.

On place le creuset sur une feuille de papier glacé, on retire de l'entonnoir le filtre bien desséché contenant le précipité; on le presse légèrement contre la feuille de papier pour détacher le précipité du filtre et on jette le contenu dans le creuset. On détache les parties qui resteraient adhérentes en pressant de nouveau ou en frottant légèrement les deux faces du filtre plié en deux, et on remet de nouveau dans le creuset ce qui se détache.

Au-dessus de la feuille de papier glacé, on coupe le filtre en 8 ou 10 morceaux avec des ciseaux bien propres, on chauffe le couvercle du creuset au rouge et on y place les morceaux du filtre les uns après les autres, en se servant d'une petite pince. Enfin on maintient la température rouge jusqu'à la combustion complète des dernières traces de charbon. — Si le couvercle est grand et le filtre petit, on ne coupe pas ce dernier, on le plie et on le brûle tel quel sur le couvercle : on place celui-ci sur un creuset de porcelaine et on le recouvre avec un verre. Enfin on procède à la calcination du précipité qui est dans le creuset, en prenant un autre couvercle si c'est nécessaire: vers la fin, on pose le couvercle contenant les cendres du filtre, on porte sous le dessiccateur et on pèse après refroidissement complet.

Avec les précipités qui ne sont pas complètement insolubles dans l'eau de lavage, comme par exemple le phosphate ammoniaco-magnésien, le filtre est imprégné d'une solution saline, il est vrai très étendue, qui est cause cependant que l'incinération complète n'a lieu souvent qu'au bout d'un temps fort long. On peut l'accélérer en appuyant avec un fil de platine ou une petite spatule les parties charbonneuses contre la paroi rouge du couvercle. Du reste il faut, pour cette opération, une certaine dose de patience.

Si le précipité est de nature telle que par sa réduction il ne donne pas de corps pouvant se combiner au platine, on peut procéder à l'incinération de la façon suivante indiquée par *Bunsen*. On place le filtre ouvert sur la feuille de papier glacé, on le plie de façon qu'il offre au milieu une sorte de petite boîte carrée, qu'on pourra fermer avec des bords relevés; on y place la poussière du précipité tombée sur la feuille glacée, on ferme l'enveloppe, on roule le papier sur lui-même et on l'entoure en spirale avec l'extrémité d'un long fil de platine. On allume cette petite cartouche de papier et, pendant la combustion, on la tient au-dessus du creuset en platine renfermant le précipité et placé sur une assiette en porcelaine afin de recueillir les parcelles de précipité ou de cendres qui pourraient tomber. De cette façon la combustion du filtre est rapide et complète, surtout si l'on a soin de le placer de temps en temps dans la flamme de la lampe ou tout simplement à côté. Lorsqu'elle est terminée, il suffit de donner une légère secousse au fil de platine pour faire tomber dans le creuset les cendres et les traces du précipité qui y sont restées mélangées. On couvre alors le creuset et on termine l'opération comme au § **52**. Si l'on ne devait pas mêler les cendres avec le précipité, on ne les jetterait pas dans le creuset, mais dans la concavité de son couvercle; dans ce cas, il vaut mieux calciner d'abord la plus grande partie du précipité contenue dans le creuset. Ce procédé de combustion du filtre, indiqué par *Bunsen*, est bien préférable à la manière dont on opérait autrefois, et qui consistait à couper en petits morceaux le filtre, autant que possible débarrassé du précipité, et à brûler ces fragments sur le couvercle du creuset; si cela était nécessaire, on favoriserait l'opération en appuyant les parcelles carbonisées contre la surface incandescente du platine à l'aide d'un fil du même métal. Si l'on employait ce moyen d'incinération avec certains précipités comme le chlorure d'argent, le carbonate de plomb, etc., on aurait des pertes, parce qu'un peu d'argent métallique, ou de plomb s'allie au platine et est perdu pour l'analyse.

La combustion du filtre, de quelque façon qu'on la pratique, doit toujours être faite à l'abri des courants d'air.

Si le précipité qu'il faut peser est de nature telle que par la calcination ses propriétés, par exemple sa solubilité, soient notablement modifiées, et si, après la pesée, il doit être en partie ramené à l'état antérieur à la calcination, on peut réunir les deux opérations, calcination et dessiccation simple de la manière suivante: on réunit le précipité sur un filtre séché à 100°, on le dessèche à 100° et on pèse (§ **50**); on jette dans un creuset pesé une partie quelconque du précipité, dont on détermine d'abord la quantité, puis ensuite on évalue la perte du poids par la calcination, et on calcule cette perte pour la totalité du précipité.

§ 54.

5. ANALYSE VOLUMÉTRIQUE.

Nous avons fait connaître dans l'introduction le principe sur lequel reposent les analyses volumétriques ; nous avons vu là comment, avec une dissolution de permanganate de potasse, on peut trouver la quantité de protoxyde de fer contenu dans un liquide, si l'on a préalablement titré le manganate en le faisant agir sur un poids connu de protoxyde de fer.

Pour rendre la chose plus claire, prenons encore ici quelques exemples.

Supposons qu'on ait préparé une dissolution de sel marin d'une concentration telle, que 100 centimètres cubes de cette solution précipitent juste à l'état de chlorure 1 gramme d'argent pur dissous dans l'acide azotique ; elle pourra permettre de trouver la proportion d'argent contenu dans un composé argentifère. Pesons, par exemple, 1 gramme d'un alliage d'argent et de cuivre de composition inconnue, dissolvons-le avec soin dans de l'acide azotique et ajoutons goutte à goutte la solution de sel jusqu'à ce que tout l'argent soit précipité, par conséquent jusqu'à ce qu'une nouvelle goutte ne produise plus de précipité ; il est clair que le volume de dissolution saline employé fera connaître le poids d'argent. S'il a fallu 80 centimètres cubes, l'alliage contient 80 pour 100 d'argent pur, car 100 centimètres cubes correspondant à 1 gramme, c'est-à-dire à 100 pour 100, 1 centimètre cube représente 1 pour 100.

On sait que l'iode et l'acide sulfhydrique ne peuvent se trouver en présence sans réagir aussitôt l'un sur l'autre et donner du soufre et de l'acide iodhydrique $(I+SH=IH+S)$. L'acide iodhydrique n'a pas d'action sur l'empois d'amidon, tandis que la moindre trace d'iode le colore en bleu.

Préparons donc, au moyen de l'iodure de potassium, une dissolution d'iode telle que 100 centimètres cubes renferment $0^{gr},7463$ d'iode ; elle pourra décomposer exactement $0^{gr},1$ d'acide sulfhydrique, car $17 : 126,88 = 0,1 : 0,7573$.

Prenons maintenant un liquide contenant une quantité inconnue d'acide sulfhydrique ; ajoutons un peu d'empois d'amidon, versons-y goutte à goutte de la dissolution d'iode : tout d'abord il ne se produira pas de coloration, tant qu'il y aura de l'acide sulfhydrique non décomposé en présence de l'iode, mais bientôt et tout à coup la couleur bleue de l'iodure d'amidon apparaîtra. Nous savons alors que tout l'acide sulfhydrique est décomposé, et nous en déduirons facilement la quantité du nombre de centimètres cubes de la liqueur d'iode employés : car 100 centimètres cubes correspondant à $0^{gr},1$ d'acide sulfhydrique, 50 centimètres cubes, par exemple, en indiqueront $0^{gr},05$.

Ce liquide dont on connaît la force chimique, la valeur analytique, s'appelle un liquide *titré,* du mot titre employé pour indiquer la richesse des monnaies en métal précieux.

La préparation des liqueurs titrées peut se faire de deux manières :

a. — On pèse une certaine quantité de substance et on la dissout de façon à avoir un volume déterminé de liquide ;

b. — On prépare une dissolution de concentration quelconque, mais convenable cependant pour le but qu'on se propose, et on détermine le titre en la faisant réagir plusieurs fois sur des poids connus des corps qu'elle servira plus tard à doser.

Dans le premier mode de préparation, on donne à la liqueur un titre déterminé et fixé une fois pour toutes et en général on le choisit tel, qu'un litre renferme autant de grammes de la substance qu'il y a d'unités dans son poids équivalent, en supposant $H = 1$. On peut aussi réaliser ces conditions en employant la seconde préparation : on fera la dissolution un peu plus concentrée qu'il ne le faudrait, on en prendra exactement la valeur et on l'étendra ensuite convenablement. Mais il n'y a guère que pour les opérations techniques, là où l'on évite les calculs autant que possible, qu'il est bon d'avoir des liqueurs d'un titre déterminé. — Les liqueurs qui renferment par litre un équivalent d'une substance évalué en grammes se nomment des liqueurs *normales*, — celles qui ne contiennent que 1/10 d'équivalent sont dites *normales décimes*.

On voit facilement que dans les analyses volumétriques la fixation du titre des liqueurs est une opération extrèmement importante, car s'il est faux, toutes les analyses faites avec ce liquide seront entachées d'erreur. — Pour les recherches scientifiques et exactes, que l'on fasse usage de liqueurs préparées de la première manière, ou de celles qu'on aura amenées à un titre déterminé en les étendant, il sera bon, quand on le pourra, de les contrôler en les faisant agir sur des poids exactement pesés de la substance pour laquelle on les emploiera. Dans ce qui précède je n'ai pas fait de différence entre un liquide de composition déterminée et un liquide dont la valeur de l'action chimique est déterminée. Si l'on admet que ces deux expressions ont la même signification, c'est que l'on suppose qu'un liquide produit toujours un effet chimique correspondant exactement à la quantité de la substance qu'il tient en dissolution, que par exemple une solution de sel marin contenant 1 équivalent de chlorure de sodium précipite juste un équivalent d'argent à l'état de chlorure. Cette supposition n'est pas toujours rigoureusement vraie, comme le montreront les précipitations dont on parlera au § **115**. *b*. 5. Dans de pareils cas il ne suffit donc pas de conseiller, mais il faut enjoindre expressément de fixer rigoureusement par des expériences exactes la valeur chimique des liquides, quand bien même on connaît parfaitement la quantité de substance active qu'ils renferment, sans quoi on n'aurait qu'une valeur approchée de leur action chimique analytique.

Si un liquide titré peut se conserver sans altération, ce sera un grand avantage, parce qu'il ne faudra pas en reprendre le titre avant chaque analyse.

Le phénomène visible qui indique la fin de l'opération, en un mot, la *réaction finale* consiste tantôt en un *changement de couleur*, comme cela arrive dans l'action du permanganate de potasse sur le protoxyde de fer, ou de l'iode sur l'acide sulfhydrique additionné d'empois d'amidon. Tantôt c'est un *précipité qui cesse de se former* par une nouvelle addition du réactif titré, comme dans la précipitation de l'argent par la solution du sel marin ; — tantôt au contraire c'est un *précipité qui commence à se former* juste à la fin de l'opération, comme lorsqu'on verse une dissolution titrée d'argent dans une dissolution d'acide prussique additionnée de potasse ; — tantôt c'est un *changement dans l'action du liquide essayé sur un réactif particulier*, comme lorsqu'on verse goutte à goutte une dissolution d'arsénite de soude dans une dissolution de chlorure de chaux, jusqu'à ce que celle-ci ne bleuisse plus un papier imprégné d'empois et d'iodure de potassium, etc.

Plus la réaction finale est sensible, plus elle se produit facilement, sûrement et promptement, plus elle est convenable pour servir de base à une méthode analytique par les liqueurs titrées. Quelquefois, pour rendre l'analyse plus sensible, outre la liqueur d'essai normale, on en prépare une autre dix fois plus étendue, dont on se sert pour achever l'opération commencée avec la liqueur ordinaire.

Une bonne réaction finale ne suffit pas cependant pour établir une bonne méthode volumétrique : on peut même plutôt dire que la première condition, c'est que la décomposition, sur laquelle est basée l'analyse, soit bien toujours identique à elle-même, au moins dans certaines conditions données et connues. Si cela n'a pas lieu, si la réaction dépend du degré de concentration, du plus ou moins d'acide libre, de l'action plus rapide ou plus lente du liquide titré, si le précipité formé a une composition différente au commencement de l'opération de ce qu'elle sera vers le milieu ou à la fin, la réaction qu'on aura prise pour base de la méthode est trompeuse, et les résultats ne seront pas exacts.

Lorsqu'on commença à s'occuper des analyses volumétriques, beaucoup de chimistes crurent que toute réaction finale, sans en avoir fait une étude approfondie, pouvait servir de base à une nouvelle méthode volumétrique, et il y avait là en effet quelque chose de séduisant. C'est ainsi que nous en sommes arrivés à avoir une surabondance de matériaux proposés pour établir des procédés par les liqueurs titrées. — Dans la partie de cet ouvrage où je traiterai des spécialités, j'aurai soin de ne choisir que des méthodes réellement bonnes.

CHAPITRE II

DES RÉACTIFS

§ 55.

Pour ce qui est des réactifs en général je renverrai au chapitre traitant du même sujet dans le *Traité d'analyse qualitative.* Ici nous ne nous occuperons que des substances chimiques employées essentiellement au dosage et à la séparation des corps, en indiquant leur préparation, leurs essais et leurs usages principaux. Comme il y a beaucoup de ces réactifs employés dans l'analyse qualitative et que dès lors nous en avons déjà parlé, nous nous bornerons, pour ceux-là, à n'en donner que le nom.

Nous classerons les réactifs servant à l'analyse quantitative de la manière suivante :

A. — Réactifs pour les analyses en poids par la voie humide.
B. — Réactifs pour les analyses en poids par la voie sèche.
C. — Réactifs pour les analyses volumétriques.
D. — Réactifs pour les analyses organiques élémentaires.

La préparation des liqueurs titrées pour les méthodes volumétriques, celle des réactifs employés seulement dans des cas tout particuliers et celle des boules d'absorption pour les analyses des gaz seront indiquées là où il sera question de leurs usages.

A — RÉACTIFS POUR LES ANALYSES EN POIDS PAR LA VOIE HUMIDE.

I — DISSOLVANTS SIMPLES

§ 56.

1. Eau distillée. (V. *Anal. qualit.*)

Elle doit être pure. L'eau distillée dans des vases en verre ne peut pas être employée à certains usages, par exemple, s'il s'agit de déterminer la solubilité d'une substance peu soluble : parce que, évaporée dans une capsule en platine, elle laisse un léger résidu (voir docum. n° 5). Dans certains cas, l'eau doit être débarrassée par l'ébullition de l'air et de l'acide carbonique qu'elle tient en dissolution.

2. Alcool. (V. *Anal. qualit.*)

Il faut avoir de l'alcool absolu aussi bien que de l'alcool hydraté à différents degrés de concentration.

5. Éther.

On peut employer tel quel l'éther officinal. Comme dissolvant, ses usages sont fort restreints. Le plus souvent on l'ajoute à l'alcool pour diminuer le pouvoir dissolvant de ce dernier sur certaines substances (par exemple : sur le chlorure double de platine et d'ammoniaque).

4. Sulfure de carbone.

On purifie celui du commerce en l'agitant avec du mercure, ce qui enlève l'odeur désagréable du sulfure impur, et on rectifie au bain-marie. Il faut éviter les caoutchoucs dans cette opération.

Il sert surtout pour enlever l'iode libre dans les solutions aqueuses et pour débarrasser les sulfures du soufre mélangé.

II — ACIDES ET HALOIDES

a. OXACIDES.

§ 57.

1. Acide sulfurique.

Il faut avoir :

α. De l'acide concentré du commerce, de l'acide anglais :

ϐ. De l'acide concentré pur ;

γ. De l'acide étendu.

Voyez pour chacun l'*Analyse qualitative.*

2. Acide azotique.

Il faut :

α De l'acide azotique pur de densité 1,2. (V. *Anal. qualit.*)

ϐ. De l'acide azotique concentré contenant de l'acide hypoazotique (acide rouge fumant).

PRÉPARATION. — On mélange 1000 gram. de nitrate de potasse pur avec 15 gram. de fécule, sans se donner la peine de broyer les grumeaux ; on introduit le tout dans une grande cornue avec 500 gram. d'acide sulfurique anglais et 500 gram. d'acide sulfurique fumant. On place la cornue sur une toile métallique et l'on chauffe, ou bien on fait usage d'un bain de sable. La distillation commence sans qu'il soit besoin de chauffer. Si le salpêtre renferme un peu de chlorure, on ne recueille pas les premiers produits. Si la distillation se ralentit, on chauffe légèrement et on ne conduit pas l'opération trop rapidement. On termine lorsqu'en chauffant modérément il ne passe plus d'acide dans le récipient. Comme on ne peut empêcher un peu d'acide hypoazotique de s'échapper, on fera bien d'opérer sous un hangar ou sous une bonne cheminée d'appel.

ESSAIS. — L'acide azotique rouge fumant doit être aussi concentré que possible et exempt complètement d'acide sulfurique. Pour être bien certain de l'absence de ce dernier, on évapore presque complètement quelques centimètres cubes de l'acide dans une petite capsule en porcelaine, on étend le résidu d'eau, on y verse un peu d'une dissolution de chlorure de baryum et l'on observe s'il ne se forme pas de précipité, même au bout d'un temps assez long.

USAGES. — C'est un agent puissant d'oxydation et de dissolution, surtout pour transformer le soufre et les sulfures métalliques en acide sulfurique et en sulfate.

3. Acide acétique. (V. *Anal. qualit.*)

4. Acide tartrique. (V. *Anal. qualit.*)

b. HYDRACIDES ET HALOGÈNES.

§ 58.

1. Acide chlorhydrique.

Il faut :

α. De l'acide pur de densité 1,12 (voy. *Anal. qualit.*) (*).

ϐ. De l'acide pur fumant de densité 1,18 environ.

PRÉPARATION. — On prépare ce dernier comme nous l'avons indiqué dans l'*Analyse qualitative*, seulement à 4 parties de sel on n'ajoute pas 6, mais

-----

(*) Voir dans le *Zeitschr. f. analyt. Chem.*, IX, 107, les expériences de *Bettendorf* pour obtenir de l'acide chlorhydrique exempt d'arsenic, en s'appuyant sur la précipitation de l'arsenic par le protochlorure d'étain.

5 ou 4 parties d'eau, et l'on a soin de bien refroidir le récipient. Aussitôt que le tube à dégagement commence à s'échauffer, on change le récipient, parce qu'à partir de ce moment il ne se dégage plus de gaz acide chlorhydrique, mais des vapeurs d'acide hydraté qui, en se condensant dans le premier acide fumant obtenu, diminueraient sa concentration.

Essais. — L'acide chlorhydrique fumant, comme celui qui est étendu, doit être parfaitement exempt de chlore et d'acide sulfureux. On s'en assure par les moyens indiqués dans l'*Analyse qualitative*. — Puis on y constatera l'absence de l'acide sulfurique, comme on le fait pour l'acide azotique.

Usages. — L'acide fumant agit avec plus de force que l'acide étendu, et le remplacera lorsqu'on voudra produire une réaction énergique et rapide.

2. Acide fluorhydrique.

On en a besoin tantôt à l'état gazeux, tantôt en dissolution aqueuse pour la décomposition des silicates et des borates. Dans le premier cas, on place la substance à décomposer dans la boîte en plomb, dans laquelle on dégage l'acide fluorhydrique; dans le second on prépare d'abord la dissolution aqueuse. Pour obtenir le réactif on se sert ou du spath fluor ou mieux de la cryolithe (*Luboldt* *). Tous deux finement pulvérisés sont décomposés par de l'acide sulfurique hydraté sans excès d'eau. Pour 1 partie de cryolithe il faut 2,5 parties d'acide, et 2 parties seulement pour 1 partie de spath fluor. En employant ce dernier, on laisse quelques jours dans un lieu sec le mélange qu'on remue de temps en temps, afin que le fluorure de silicium, provenant de la silice que renferme le plus souvent le spath fluor, ait eu le temps de se dégager. Les meilleurs appareils distillatoires ont été récemment indiqués par *Luboldt* et par *H. Briegleb* (**). Celui de ce dernier se recommande par la modicité relative de son prix. Il consiste en une cornue en plomb dont la voûte en plomb est mobile et peut être mastiquée en place. Le récipient est une boîte en plomb, portant une tubulure latérale dans laquelle on introduit le col de la cornue, qui ne descend pas trop profondément. Le couvercle du récipient est conique et se termine en haut par un tube de plomb pour laisser échapper l'air. Dans le récipient on place une capsule en platine contenant de l'eau, on lute toutes les jointures et l'on chauffe la cornue avec précaution au bain de sable. L'acide fluorhydrique contenu dans la capsule en platine est tout à fait pur. On jette la petite quantité d'acide impur qui s'amasse dans le récipient. — Chauffé au bain-marie dans une capsule en platine, l'acide fluorhydrique doit se vaporiser sans résidu. Neutralisé avec la potasse ou sursaturé avec de l'ammoniaque, il ne doit pas y avoir de précipité, tandis qu'on aurait un dépôt de fluosiliciure de potassium, ou d'hydrate d'acide silicique, si l'acide contenait du fluorure de silicium. — On conserve très bien l acide fluorhydrique dans des flacons en gutta-percha, suivant la recommandation de *Stœdeler*. On peut de cette façon se le procurer dans le commerce, mais il ne faudra jamais oublier de l'essayer, car il est souvent impur. — Dans la préparation de cet acide gazeux ou dissous

---

(*) *Journ. f. prakt. Chem.*, LXXVI, 53.
(**) *Ann. d. Chem. u. Pharm.*, CXI, 580.

il faut toujours prendre des précautions, car c'est une des substances les plus corrosives.

3. Chlore et eau de chlore. (V. *Anal. qualit.*)

4. Eau régale. (V. *Anal. qualit.*)

5. Acide hydrofluosilicique. (V. *Anal. qualit.*)

Il faut le conserver dans des fioles en gutta-percha, parce que, par un séjour prolongé dans des flacons en verre, il les attaque et en dissout les éléments.

C. SULFACIDES.

1. Acide sulfhydrique. (V. *Anal. qualit.*)

III. — BASES ET MÉTAUX.

a. OXYBASES ET MÉTAUX.

§ 59.

α. *Alcalis.*

1. Potasse et soude. (V. *Anal. qualit.*)

On peut avoir besoin des trois sortes d'alcali caustique, savoir : la lessive de soude ordinaire, l'hydrate de potasse purifié par l'alcool et la lessive de potasse préparée par la baryte. On obtient aussi une dissolution de potasse pure, en chauffant au rouge pendant une demi-heure, dans un creuset en cuivre, un mélange intime de 1 p. de salpêtre avec 2 ou 3 p. de tournure de cuivre : on traite ensuite la masse par l'eau et l'on décante avec un siphon le liquide clair (*Wœhler*).

2. Ammoniaque. (V. *Anal. qualit.*)

β. *Terres alcalines.*

1. Baryte (V. *Anal. qualit.*)

2. Chaux.

On s'en sert à l'état d'hydrate en suspension dans l'eau (lait de chaux), surtout pour séparer la magnésie, etc , des alcalis. Le lait de chaux ne doit pas contenir traces de ces derniers : pour le préparer, on prend de la chaux aussi pure que possible (du marbre blanc calciné) et on lave l'hydrate à plusieurs reprises, en le faisant bouillir avec de l'eau distillée qu'on renouvelle chaque fois. Il faut faire cette opération, quand on le peut, dans une capsule en argent ou en platine. Après le refroidissement on conserve le lait de chaux dans un flacon bien bouché.

. Métaux lourds et leurs oxydes.

§ **60.**

1. Zinc.

Le zinc est devenu dans ces derniers temps un réactif fréquemment employé dans les analyses quantitatives. Il sert surtout à ramener le peroxyde de fer à l'état de protoxyde, à précipiter le cuivre de ses dissolutions. Dans le premier cas il doit être tout à fait exempt de fer; dans le second, il ne doit contenir ni plomb, ni cuivre, en général aucun métal qui ne se dissoudrait pas lorsqu'on traite le zinc par des acides étendus. — Comme il n'est pas facile de préparer en quantité suffisante du zinc qui remplisse en même temps les deux conditions, on préfère, outre le zinc ordinaire servant à préparer l'hydrogène, se procurer les deux sortes suivantes :

A. *Zinc exempt de fer.* Comme la distillation du zinc dans les laboratoires est une opération fastidieuse et coûteuse, on pourra prendre en général du zinc brut, tel qu'il est donné immédiatement par la première distillation. Il contient la plupart du temps de si faibles traces de fer, qu'on peut l'employer immédiatement à la réduction des solutions de peroxyde de fer. Le zinc ordinaire du commerce en renferme plus, parce qu'il a été fondu dans des vases en fer. Parmi les différentes sortes de zinc brut que j'ai eu l'occasion d'examiner, celui de Silésie contient moins de fer.

B. *Zinc exempt de plomb, de cuivre,* etc. — Pour avoir du zinc qui ne laisse aucun résidu dans l'acide sulfurique étendu, il n'y a pas d'autre moyen de purification que de distiller celui du commerce.

On opère cette distillation dans une cornue en terre placée dans un bon fourneau à vent. Le col doit être abaissé autant verticalement que possible. On y adapte un tube en terre comme ceux qui servent pour le drainage, on lute le raccord à l'extérieur, et on fait plonger à peine la partie inférieure dans de l'eau contenue dans une capsule ou une petite cuve pleine d'eau. La distillation commence quand la cornue est rouge clair. Comme le col de la cornue pourrait s'obstruer facilement par un dépôt de zinc ou d'oxyde, il faut de temps en temps le dégager à l'aide d'un fil de fer recourbé. On a ainsi du zinc qui ne renferme pas ou peu de plomb, mais bien un peu de fer (à cause du fil de fer). Pour n'avoir pas de fer du tout, on prendra un long tuyau de pipe en terre pour déboucher le col.

Essai. — Le plus simple est de dissoudre le zinc dans l'acide sulfurique étendu : on opère dans un petit ballon, fermé par un tube abducteur dont la branche extérieure plonge dans l'eau : après la dissolution complète, l'eau du vase remontera plus ou moins dans le ballon, et après le refroidissement complet on ajoutera goutte à goutte une dissolution convenablement étendue de permanganate de potasse. Si une goutte colore la dissolution en rouge autant qu'elle le ferait dans un égal volume d'eau, on peut regarder le zinc comme exempt de fer. Je préfère cette méthode d'essayer aux autres, car elle donne aussitôt une idée approchée de la quantité de fer, ou même elle en fait connaître exactement la proportion, si l'on a pesé le zinc et si la dissolution de caméléon, qui sera alors très étendue, a été titrée. S'il y avait du cuivre ou du plomb, ils resteraient à l'état insoluble.

2. Cuivre.

Préparation. — Le cuivre du commerce (à l'exception de celui du Japon, que l'on ne peut se procurer que difficilement) n'est généralement pas assez pur pour les analyses. Il vaut mieux en préparer soi-même par la méthode de *Fuchs* en précipitant une dissolution de sulfate de cuivre par le fer; on enlève les traces de fer en faisant bouillir la boue de cuivre avec de l'acide chlorhydrique, on lave, on sèche et on fond. On fait ensuite laminer en lames minces. On peut aussi prendre le cuivre obtenu par la galvano-plastie.

Essais. — La dissolution dans l'acide azotique doit être parfaitement claire et limpide; avec l'ammoniaque, même au bout d'un assez long temps, elle ne doit pas donner de précipité (fer, plomb, etc.), et ne pas se troubler par l'acide chlorhydrique (argent). L'acide sulfhydrique doit précipiter tous les éléments fixes.

Usages. — Il sert dans certains cas à des analyses indirectes, à doser le cuivre dans un liquide, le fer d'après la méthode de *Fuchs*, etc.; mais depuis l'extension des analyses volumétriques, ses usages sont plus restreints.

5. Oxyde de plomb.

On précipite de l'azotate ou de l'acétate de plomb pur avec du carbonate d'ammoniaque, on lave le précipité, on le dessèche, on le calcine légèrement jusqu'à décomposition complète.

L'oxyde de plomb est souvent employé pour fixer un acide et l'empêcher de se volatiliser à une température élevée.

4. Bioxyde de mercure.

Préparation. — On verse avec précaution une dissolution de bichlorure de mercure dans de la lessive chaude de soude un peu étendue, en ayant soin que la soude soit toujours en excès, on lave complètement le précipité jaune par décantation, puis on le délaye dans de l'eau et on le conserve à cet état dans un flacon.

Essai. — Chauffé au rouge dans un creuset de platine, le bioxyde de mercure ne doit pas laisser de résidu.

Usages. — Il sert surtout dans les analyses quantitatives pour décomposer le chlorure de magnésium, pour séparer la magnésie des alcalis.

b. SULFOBASES.

1. Sulfhydrate d'ammoniaque. (V. *Anal. qualit.*)

On emploie soit le sulfhydrate incolore, soit le sulfhydrate jaune.

2. Sulfure de sodium. (V. *Anal. qualit.*)

IV. — SELS.

a. SELS ALCALINS.

§ 61.

1. Sulfate de potasse. (V. *Anal. qualit.*)

2. Phosphate d'ammoniaque.

PRÉPARATION. — A de l'acide phosphorique étendu de densité 1,13, préparé avec du phosphore pur, on ajoute une quantité égale d'eau, on y verse de l'ammoniaque pure jusqu'à réaction fortement alcaline, on laisse reposer longtemps, on filtre, si c'est nécessaire, et l'on conserve pour l'usage.

Le phosphate d'ammoniaque doit être exempt d'arséniate, de sulfate, d'azotate, et surtout de potasse et de soude. Pour reconnaître l'absence de ces alcalis, on ajoute une dissolution d'acétate de plomb pur, tant qu'il se forme un précipité; on filtre, on enlève l'excès de plomb par un courant d'acide sulfhydrique : on filtre, on évapore à siccité et on chauffe au rouge. S'il y a un résidu soluble dans l'eau, à réaction alcaline, c'est qu'il y avait de la potasse ou de la soude.

Dans la plupart des cas, on peut remplacer le phosphate d'ammoniaque par du phosphate de soude. (V. *Anal. qualit.*)

3. Oxalate d'ammoniaque. (V. *Anal. qualit.*)

4. Acétate de soude. (*V. Anal. qualit.*)

5. Succinate d'ammoniaque.

PRÉPARATION. — On prend de l'acide succinique purifié par cristallisation dans l'acide azotique, on le sature aussi exactement que possible avec de l'ammoniaque étendue, de façon que la réaction soit plutôt légèrement alcaline qu'acide.

USAGES. — Il sert parfois à précipiter le peroxyde de fer dans les séparations.

6. Carbonate de soude. (V. *Anal. qualit.*)

On l'emploie aussi bien en dissolution qu'à l'état de cristaux purs. Sous cette dernière forme, il sert à neutraliser un excès d'acide dans un liquide que l'on ne veut pas trop étendre.

7. Carbonate d'ammoniaque. (V. *Anal. qualit.*)

8. Bisulfite de soude. (V. *Anal. qualit.*)

9. Hyposulfite de soude.

Depuis qu'on en fait usage en photographie, il est plus commode de l'acheter que de le préparer en petite quantité. Il doit être sec, transparent comme de l'eau, bien cristallisé, facilement et complètement soluble dans l'eau. La dissolution doit donner un précipité d'abord blanc avec l'azotate d'argent, elle ne doit pas faire effervescence avec l'acide acétique et, légèrement acidulée, elle ne doit pas se troubler, ou le faire à peine avec le chlorure de baryum.

Usages. — L'hyposulfite de soude sert à précipiter certains métaux à l'état de sulfures, surtout dans les séparations, par exemple pour séparer le cuivre du zinc. En outre c'est un dissolvant pour certains sels (chlorure d'argent, sulfate de chaux, etc.), et enfin on l'utilise dans les analyses volumétriques en appliquant la réaction $2 (NaO,S^2O^2) + I = NaI + NaO, S^4O^3$.

10. Azotite de potasse (V. *Anal. qualit.*)

11. Bichromate de potasse. (V. *Anal. qualit.*)

12. Molybdate d'ammoniaque. (V. *Anal. qualit.*)

Lorsqu'on emploie pour le dosage de l'acide phosphorique la solution azotique du molybdate d'ammoniaque, l'acide molybdique passe dans deux liquides, d'abord dans celui que l'on sépare par filtration du phosphomolybdate, puis dans celui où l'on précipite le phosphate ammoniaco-magnésien. En les recueillant tous deux, on peut ne pas perdre d'acide molybdique. Voici comment on peut le retirer des résidus. On évapore à siccité en plein air ou sous une cheminée d'appel et l'on chauffe jusqu'à décomposition de la majeure partie de l'azotate d'ammoniaque. On fait digérer le résidu avec de l'ammoniaque qui dissout l'acide molybdique et l'on filtre. On ajoute un peu de solution ammoniaco-magnésienne (§ **62**. 6) pour précipiter le peu d'acide phosphorique qui se trouverait dans le liquide. S'il se forme un précipité, il est bon d'augmenter la quantité de magnésie pour enlever avec certitude tout l'acide phosphorique. Après avoir abandonné pendant assez longtemps, on ajoute de l'acide azotique jusqu'à commencement de réaction acide, on sépare par décantation et filtration l'acide molybdique précipité, on le lave en employant le moins d'eau possible et on s'en sert pour faire une nouvelle dissolution molybdique. Le liquide séparé par filtration de l'acide molybdique et l'eau de lavage ne contiennent que très peu de cet acide : on peut les ajouter aux nouveaux résidus.

13. Chlorhydrate d'ammoniaque. (V. *Anal. qualit.*)

14. Cyanure de potassium. (V. *Anal. qualit.*)

Outre le cyanure de potassium préparé suivant la méthode de *Liebig* (voy. *Anal. qualit.*) et qui renferme du cyanate et du carbonate de potasse, on a besoin de cyanure de potassium pur pour certaines séparations, par exemple celle du nickel d'avec le zinc par le procédé de *Wœhler*. Pour l'obtenir, on chauffe dans une cornue, jusqu'à ce que le résidu produise des soubresauts, un mélange de 2 parties de ferrocyanure de potassium cristallisé et réduit en poudre, avec 1 1/2 partie d'acide sulfurique concentré et 4 parties d'eau. On conduit les vapeurs d'acide cyanhydrique dans un récipient contenant une dissolution filtrée et récemment faite de 1 partie d'hydrate de potasse (obtenu par évaporation jusqu'à solidification par refroidissement, mais non fondu) dans 3 à 4 parties d'alcool à 92 pour 100 au moins.

Il faut qu'à la fin il y ait encore un léger excès d'hydrate de potasse. On sépare en filtrant par succion la bouillie cristalline, on lave complètement les cristaux avec de l'alcool, on laisse bien égoutter, on sèche dans une capsule en porcelaine chauffée et l'on conserve dans un flacon bien bouché.

b. SELS ALCALINO-TERREUX.

§ 62.

1. Chlorure de baryum. (V. *Anal. qualit.*)

On prépare du chlorure de baryum parfaitement pur, exempt de strontiane et de chaux, en faisant passer un courant d'acide chlorhydrique gazeux dans une dissolution concentrée de chlorure de baryum impur, tant qu'il se forme encore un précipité. Le chlorure de baryum, qui se dépose presque complètement sous la forme d'une poudre cristalline, est ramassé sur un entonnoir; on le laisse bien égoutter, puis on le lave à plusieurs reprises avec de petites quantités d'acide chlorhydrique pur, jusqu'à ce que le liquide qui s'écoule, étendu d'eau et précipité par l'acide sulfurique, donne, après filtration, un liquide ne laissant pas de résidu quand on le vaporise dans une capsule en platine. Les eaux-mères acides servent à dissoudre une nouvelle quantité de withérite. J'emploie ce chlorure de baryum pour préparer du carbonate de baryte très pur, dont on a souvent besoin dans les analyses quantitatives.

2. Acétate de baryte. (V. *Anal. qualit.*)

PRÉPARATION. — On dissout du carbonate de baryte pur dans de l'acide acétique un peu étendu, on filtre et on évapore à cristallisation.

ESSAIS. — La dissolution étendue d'acétate de baryte ne doit pas se troubler par l'azotate d'argent; pour le reste, c'est comme avec le chlorure de baryum.

USAGES. — On se sert de l'acétate de baryte, au lieu du chlorure de baryum, pour précipiter l'acide sulfurique, lorsqu'on ne veut pas introduire de chlorure métallique dans la liqueur, ou s'il faut transformer la base en acétate. Comme on l'emploie du reste rarement, il vaut mieux le conserver en cristaux.

3. Carbonate de baryte. (V. *Anal. qualit.*)

4. Chlorure de strontium.

Sa préparation au moyen de la célestine ou de la strontianite se fait comme celle du chlorure de baryum. Les cristaux purs obtenus sont dissous pour l'usage dans de l'alcool à 96 pour 100, on filtre la dissolution et on la conserve pour l'usage.

USAGES. — La solution alcoolique de chlorure de strontium sert à transformer les sulfates alcalins en chlorures, si l'on ne veut introduire dans le liquide aucun sel insoluble dans l'alcool.

5. Chlorure de calcium. (V. *Anal. qualit.*)

6. Sulfate de magnésie. (V. *Anal. qualit.*)

Il sert à précipiter l'acide phosphorique et l'acide arsénique de leurs dissolutions aqueuses. On prépare à cet effet une dissolution de 1 partie de sulfate de magnésie cristallisé, 1 partie de sel ammoniac pur, 8 parties d'eau et 4 parties de solution d'ammoniaque ; après avoir laissé reposer quelques jours, on filtre. — Pour abréger nous appellerons souvent cette dissolution *mixture magnésienne*.

C. SELS DES OXYDES DES MÉTAUX LOURDS.

§ 63.

1. Sulfate de protoxyde de fer. (V. *Anal. qualit.*)

2. Perchlorure de fer. (V. *Anal. qualit.*)

5. Acétate d'urane.

PRÉPARATION. — On chauffe de la pechblende finement pulvérisée avec de l'acide azotique étendu, on sépare par filtration de la partie non dissoute, on précipite par l'acide sulfhydrique le plomb, le cuivre et l'arsenic : on filtre, on évapore à siccité, on traite par l'eau et on sépare par filtration des oxydes insolubles de fer, de cobalt et de manganèse. La dissolution laisse cristalliser de l'azotate d'urane, que l'on purifie par de nouvelles cristallisations et que l'on chauffe ensuite jusqu'à ce qu'une petite portion de l'oxyde d'urane se réduise ; on chauffe la masse rouge jaunâtre avec de l'acide acétique, on filtre et on laisse cristalliser. Les cristaux sont de l'acétate d'urane et les eaux-mères renferment l'azotate qui pourrait encore exister (*Wertheim*).

— La préparation est plus facile avec l'uranate de soude, préparé en fabrique. On en fait digérer une partie avec 2 parties d'acide acétique de densité 1,058, puis au bout de quelque temps on ajoute 28 parties d'eau, on chauffe, on filtre, on évapore et on laisse cristalliser. Dans les dernières eaux-mères, renfermant l'acétate de soude, on précipite l'oxyde d'urane avec l'ammoniaque.

Comme l'urane est un métal très cher, on réunit les résidus pour en refaire de l'acétate. A cet effet on précipite dans les liquides rassemblés tout l'urane par le phosphate de soude, on lave le précipité par décantation, on y ajoute le phosphate d'urane qu'on pourrait avoir mis de côté, on dissout dans l'acide chlorhydrique, on verse du perchlorure de fer jusqu'à ce qu'un essai donne avec le carbonate d'ammoniaque un précipité brun, on étend d'eau et on ajoute un excès de dissolution de carbonate de soude cristallisé à la liqueur, qui doit contenir un excès suffisant d'acide chlorhydrique. De cette façon, tout l'acide phosphorique s'est précipité à l'état de phosphate basique de peroxyde de fer, tandis que l'oxyde d'urane reste en dissolution dans le bicarbonate de soude. On filtre, on lave, on acidifie la liqueur avec de l'acide chlorhydrique, on chauffe pour chasser complètement l'acide carbonique et l'on précipite l'oxyde d'urane à chaud avec l'ammoniaque. Après lavage, on dissout dans l'acide acétique. (*Reichard* (*).

Essais. — La solution d'acétate d'urane, acidifiée par l'acide chlorhydrique, ne doit pas être changée par l'acide sulfhydrique ; le carbonate d'ammoniaque y produit un précipité, qui se dissout complètement dans un excès du précipitant. — Un essai additionné d'un peu d'acide sulfurique doit rougir par une goutte de solution de permanganate de potasse (absence de sel de protoxyde d'urane).

Usages. — Dans beaucoup de cas on emploiera l'acétate d'urane pour précipiter et doser en poids l'acide phosphorique et l'acide arsénique.

4. Azotate d'argent. (V. *Anal. qualit.*)

5. Acétate de plomb. (V. *Anal. qualit.*)

6. Bichlorure de mercure. (V. *Anal. qualit.*)

7. Protochlorure d'étain. (V. *Anal. qualit.*)

8. Chlorure de platine. (V. *Anal. qualit.*)

Il est bon, dans les analyses quantitatives, de savoir au moins d'une manière approximative la quantité de platine contenue dans le chlorure. Je recommande de donner à la solution une concentration telle que 10 ou 20 CC. renferment 1 gramme de métal.

9. Chlorure double de palladium et de sodium. (V. *Anal. qualit.*)

B. RÉACTIFS POUR LES ANALYSES EN POIDS PAR LA VOIE SÈCHE.

§ 64.

1. Carbonate de soude pur, anhydre. (V. *Anal. qualit.*)

2. Carbonate de potasse et de soude. (V. *Anal. qualit.*)

3. Hydrate de baryte. (V. *Anal. qualit.*)

4. Azotate de potasse. (V. *Anal. qualit.*)

5. Azotate de soude. (V. *Anal. qualit.*)

6. Borax (fondu).

On chauffe du borax cristallisé (voy. la préparation dans l'*Analyse qualitative*) dans une capsule en platine ou en porcelaine, jusqu'à ce qu'il ne boursoufle plus ; on broie la masse poreuse et l'on chauffe la poudre dans un creuset de platine jusqu'à ce qu'elle soit fondue en un liquide clair, que l'on verse sur des tessons de porcelaine. Il vaut mieux fondre le borax sur une toile en fils de platine, en dirigeant sur lui la flamme du chalumeau à gaz ; on recueille les gouttes fondues dans une capsule en platine. On conserve le verre de borax dans un flacon en verre bien bouché. Comme il faut

(*) *Zeitschr. f. analyt. Chem.*, VIII, 116.

toujours chauffer de nouveau le verre de borax avant de s'en servir, afin d'être bien sûr qu'il est complètement privé d'eau, on fera bien en général de ne le préparer que lorsqu'on en aura besoin.

USAGES. — Il sert à chasser au rouge l'acide carbonique et d'autres acides volatils.

7. Sulfate acide de potasse.

PRÉPARATION. — On remue 87 parties de sulfate neutre de potasse (préparation, V. *Anal. qualit.*) dans un creuset de platine avec 49 parties d'acide sulfurique monohydraté ; on chauffe au rouge faible, jusqu'à ce que la masse soit limpide comme de l'eau, et on la coule dans une capsule en platine reposant sur de l'eau froide ou sur un fragment de porcelaine, on concasse et on conserve pour l'usage.

USAGES. — Il sert à désagréger certains composés naturels d'alumine ou d'oxyde de chrome. Pour nettoyer les creusets de platine, on emploie le sel moins pur, résidu de la préparation de l'acide azotique.

8. Sulfate acide de soude.

PRÉPARATION. — Comme pour le bisulfate de potasse, avec 71 parties de sulfate neutre de soude pur et 49 parties d'acide sulfurique monohydraté pur.

USAGES. — Il sert comme celui de potasse ; mais il faut le substituer à celui-ci, par exemple dans la désagrégation des émeris et des composés alumineux analogues, parce que la cristallisation de l'alun rendrait l'analyse plus difficile (*L. Schmidt*).

9. Fluorhydrate de fluorure de potassium,

PRÉPARATION. — Dans une capsule en porcelaine, on neutralise en chauffant une quantité déterminée d'acide fluorhydrique avec du carbonate de potasse pur ou de l'hydrate de potasse, on y ajoute une quantité d'acide fluorhydrique égale à celle déjà employée et l'on évapore à siccité. Ordinairement on prépare le réactif au moment de s'en servir : si l'on voulait le conserver, il faudrait faire usage de vases en gutta-percha.

ESSAIS. — La solution doit rester limpide avec l'acide sulfhydrique, l'ammoniaque, l'ammoniaque et le sulfhydrate d'ammoniaque, le carbonate d'ammoniaque et le phosphate d'ammoniaque avec addition d'ammoniaque.

USAGES. — C'est un moyen précieux de désagrégation pour certains minéraux difficiles à attaquer, par exemple le minerai d'étain, le fer chromé (*Gibbs*).

10. Fluorhydrate de fluorure d'ammonium.

PRÉPARATION. — On ajoute (le mieux dans une capsule en platine) de l'ammoniaque jusqu'à forte réaction alcaline dans de l'acide fluorhydrique ou aussi dans de l'acide hydrofluosilicique, on laisse reposer quelque temps à une douce chaleur, on filtre si c'est nécessaire et on évapore à siccité dans une capsule en porcelaine. La moitié de l'ammoniaque se dégage et il reste du fluorhydrate de fluorure d'ammonium. — Si l'on veut conserver le produit, il faut faire usage de vases en gutta-percha.

Essais. — Comme pour le sel de potassium. — En outre, en chauffant sur une lame de platine, il ne doit pas y avoir de résidu (il faut chauffer à l'air libre ou sous une bonne cheminée d'appel).

Usages. — On l'emploie avec avantage, au lieu de l'acide fluorhydrique, pour désagréger les silicates.

11. Carbonate d'ammoniaque (solide).

Préparation (V. *Anal. qualit.*). — Il sert à transformer les sulfates alcalins acides en sulfates neutres. Il faut faire bien attention qu'en le chauffant dans une capsule en platine il doit totalement se vaporiser.

12. Azotate d'ammoniaque.

Préparation. — On neutralise de l'acide azotique pur avec du carbonate d'ammoniaque pur : on chauffe, on rend légèrement alcalin avec de l'ammoniaque, on filtre, si c'est nécessaire, et l'on fait cristalliser. On fond les cristaux obtenus dans une capsule en platine, on verse la masse fondue sur un tesson de porcelaine, on la casse encore chaude en petits morceaux, que l'on conserve dans un vase en verre bien fermé.

Essai. — Chauffé au rouge dans une petite capsule en platine, il ne doit pas laisser de résidu.

Usages. — C'est un agent d'oxydation quand on veut éviter les sels fixes, par exemple pour changer le plomb en oxyde, brûler le charbon.

13. Chlorhydrate d'ammoniaque.

Préparation et Essais. (V. *Anal. qualit.*)

Usages. — Le sel ammoniac est fréquemment employé pour transformer en chlorures (avec dégagement d'ammoniaque et d'eau) les oxydes et les acides métalliques : par exemple, l'oxyde de plomb, de zinc, d'étain, l'acide arsénique, l'acide antimonique, etc. Comme beaucoup de chlorures métalliques sont volatils, soit par eux-mêmes, soit avec l'aide des vapeurs de sel ammoniac, ils peuvent être complètement éliminés en les chauffant au rouge avec un excès de sel ammoniac, et beaucoup de combinaisons de ces oxydes, par exemple les antimoniates alcalins, peuvent être par ce moyen facilement et promptement analysées. — Le sel ammoniac peut encore servir à transformer en chlorures différents sels des autres acides, par exemple quelques sulfates alcalins.

14. Hydrogène.

Préparation. — On traite du zinc granulé par de l'acide sulfurique étendu. — Pour enlever les traces de gaz étrangers qui pourraient s'y trouver mélangés, on peut le faire passer d'abord à travers une dissolution de bichlorure de mercure, puis à travers une dissolution de potasse. On le dessèche s'il le faut au moyen du chlorure de calcium ou de l'acide sulfurique concentré. — Si le zinc est neuf, on fera bien, pour activer le dégagement de gaz, de verser quelques gouttes de chlorure de platine dans le flacon à dégagement.

Essais. — L'hydrogène pur n'a pas d'odeur; il brûle avec une flamme incolore et à peine visible. La flamme écrasée par une capsule en porcelaine n'y doit rien déposer que de l'eau pure (sans réaction acide).

Usages. — Il sert à réduire à l'état métallique des oxydes, des chlorures, des sulfures, etc., et pour préserver du contact de l'oxygène atmosphérique certains corps, comme des sulfures qu'il faut calciner.

15. Chlore.

Préparation. (V. *Anal. qualit.*) — On le dessèche et on le purifie en le faisant passer à travers des tubes en U renfermant des fragments de peroxyde de manganèse, puis dans un flacon laveur contenant de l'acide sulfurique concentré (ou bien dans un tube à chlorure de calcium).

Usages. — Il sert surtout pour faire des chlorures, et dès lors pour séparer ceux qui sont volatils de ceux qui ne le sont pas ; en outre, on l'emploie pour séparer et doser indirectement le brome et l'iode, et perchlorurer les chlorures inférieurs.

C. RÉACTIFS POUR LES ANALYSES VOLUMÉTRIQUES.

§ 65.

Je réunis sous ce titre les préparations les plus essentielles servant à obtenir et à essayer les liqueurs employées dans les analyses volumétriques, surtout celles des substances dont il n'a pas été question dans les sections B et A, ou pour lesquelles il y aura quelque chose d'important à ajouter relativement à la préparation ou aux essais.

1. Acide oxalique cristallisé pur.

L'acide oxalique cristallisé a été choisi par *F. Mohr* comme base de l'alcalimétrie et de l'acidimétrie. Il peut en outre servir à fixer le titre des dissolutions de permanganate de potasse, car 1 équivalent de ce sel est nécessaire pour transformer complètement 5 équivalents d'acide oxalique en acide carbonique ($Mn^2O^7 + 2.SO^3 + 5.C^2O^3 = 2.MnO,SO^3 + 10.CO^2$). Dans tous les cas on fait usage de l'acide pur cristallisé, dont la formule est C^2O^3, $HO + 2Aq$, et par conséquent l'équivalent égal à 63.

On le prépare en faisant digérer et en agitant dans un ballon avec de l'eau distillée tiède de l'acide oxalique du commerce réduit en poudre, et en proportion telle, qu'il reste une notable quantité d'acide non dissous (*Mohr*) ; on filtre et on laisse cristalliser par un refroidissement rapide. On laisse égoutter les cristaux sur un filtre, on les étend sur du papier buvard, on les laisse parfaitement sécher à la température ordinaire (encore pas trop élevée), en les garantissant de la poussière. On peut aussi les presser entre des feuilles de papier à filtre qu'on renouvelle jusqu'à ce qu'on ne remarque plus trace d'humidité.

Essais. — Les cristaux d'acide oxalique ne doivent pas être le moins du monde effleuris, ce qui peut déjà arriver à 20° et dans l'air sec ; leur dissolution dans l'eau doit être parfaitement limpide, et chauffés sur une capsule en platine ils ne doivent laisser aucun résidu fixe et non combustible (carbonate de chaux, carbonate de potasse, etc.). Si l'acide purifié par une première cristallisation n'offrait pas ces caractères, il faudrait faire cristalliser une seconde fois. On opère avec une concentration telle, qu'au commencement il ne cristallise que 10 à 20 pour 100 de l'acide dissous, on met de côté le produit de cette première cristallisation qui contient les sels étrangers, puis on évapore les eaux-mères, et les cristaux sont plus purs.

2. Teinture de tournesol.

PRÉPARATION. — Pendant assez longtemps et au bain-marie, on fait digérer 1 partie de tournesol du commerce avec 6 parties d'eau, on partage le liquide bleu en 2 parties ; on sature dans une moitié l'alcali libre en remuant à plusieurs reprises et jusqu'à ce que la couleur passe au rouge, avec une baguette en verre trempée dans de l'acide sulfurique étendu. On mélange avec l'autre moitié bleue ; on ajoute 1 partie d'alcool concentré et on conserve la teinture ainsi préparée dans un petit flacon non bouché et incomplètement rempli, en le préservant de la poussière. Dans un vase fermé, la liqueur ne tarderait pas à se décolorer.

ESSAIS. — Pour essayer la teinture de tournesol, on en verse dans 100 centimètres cubes d'eau, de façon à leur donner une coloration bleue bien nette, on partage en deux parties ; dans l'une on met le moins possible d'un acide étendu, dans l'autre une trace de lessive de soude. Si la première moitié se colore en rouge et [l'autre en bleu net, la teinture est bonne ; il n'y domine ni acide ni base.

5. Permanganate de potasse (caméléon).

PRÉPARATION. — On mélange 8 parties de pyrolusite aussi pure que possible et en poudre fine avec 7 parties de chlorate de potasse, on y ajoute dans un vase en fonte peu profond la dissolution très concentrée de 10 parties d'hydrate de potasse (KO,HO) ou 57 parties d'une lessive de potasse de densité 1,27 (celle qu'on emploie dans les analyses organiques), on évapore à siccité en remuant constamment ; on introduit le résidu, avant qu'il devienne humide, dans un creuset de fer ou de Hesse, et l'on chauffe au rouge sombre en remuant avec une tige ou une spatule en fer, jusqu'à ce qu'il ne se dégage plus de vapeur d'eau et que toute la mase soit légèrement rouge. On retire le creuset du feu et l'on jette la masse poreuse dans une bassine en fer. — Si l'on fait usage d'hydrate de potasse solide, on le fera fondre d'abord avec le chlorate de potasse, puis on le mélangera avec l'oxyde de manganèse. — Quand la masse poreuse aura été réduite en poudre grossière, on la jettera par portions dans une marmite en fer, où l'on aura porté à l'ébullition 100 parties d'eau, et, en remplaçant l'eau qui part par vaporisation, on y fera passer un courant de gaz acide carbonique (*Mülder*). La couleur vert foncé du manganate de potasse prend bientôt la teinte rouge-violet foncé du permanganate, en même temps qu'il se dépose de l'hydrate de peroxyde de manganèse. — Quand on juge la transformation complète, on laisse déposer ; dans un essai limpide qu'on porte à l'ébullition on fait encore passer de l'acide carbonique. Si le liquide reste clair, l'opération est terminée ; dans le cas contraire, on la continue plus longtemps.

La nouvelle méthode de *Stœdeler* conduit plus rapidement au but.

Dans un ballon on ajoute à la masse fondue et pulvérisée d'abord son propre poids d'eau pour bien l'humecter, puis on y verse une nouvelle quantité d'eau égale et l'on y fait passer un courant de chlore en agitant fréquemment, jusqu'à ce que la couleur verte ait été remplacée par une couleur rouge pure. On étend de quatre fois le volume d'eau et on laisse déposer. Dans ce procédé la quantité de permanganate obtenue est plus grande dans la proportion de 2 à 5, parce qu'il ne se précipite pas d'oxyde de manganèse ; mais (si la matière fondue renferme un excès d'hydrate de potasse) il peut se faire du chlorate de potasse qui rend plus difficile la préparation des cristaux purs.

On décante maintenant la solution rouge et limpide, obtenue par l'un ou l'autre des procédés, on lave le dépôt par décantation, on évapore jusqu'à cristallisation le liquide réuni aux eaux de lavage et on laisse refroidir. Les eaux-mères, par une nouvelle évaporation, donnent encore des cristaux ; mais la dernière eau-mère, renfermant beaucoup de chlorure de potassium, ne peut plus servir qu'à préparer du peroxyde de manganèse. — Si les cristaux ne sont pas assez purs, on pourra les faire cristalliser une seconde fois. On les débarrasse des eaux-mères en les mettant sur une plaque de gypse.

S'il fallait filtrer une solution de permanganate, on le ferait sur de l'amiante, du fulmi-coton, du sable calciné ou de la laine de verre.

4. **Sulfate double d'ammoniaque et de protoxyde de fer.** ($FeO,SO^3 + AzH^4O,SO^3 + 6Aq$).

Ce sel double, non efflorescent et non peroxydable, est recommandé par *F. Mohr* pour établir le titre du caméléon.

Dans 2 parties d'eau on verse peu à peu 1 partie d'acide sulfurique concentré et pur. On pèse ou l'on mesure en volume deux parties égales de cet acide étendu. On chauffe l'une avec un léger excès de petites pointes de Paris bien exemptes de rouille, jusqu'à ce qu'il ne se dégage plus ou presque plus d'hydrogène : on neutralise l'autre partie à chaud avec du carbonate d'ammoniaque qu'on ajoute peu à peu en forme de poudre grossière, jusqu'à ce que la liqueur soit neutre. On filtre la solution de fer, en ayant soin d'y ajouter, au moment de la filtration, quelques gouttes d'acide sulfurique étendu et, s'il le faut, on filtre aussi la solution ammoniacale, mais dans un vase séparé, et on lui ajoute aussi un peu d'acide sulfurique pour qu'elle ait une réaction acide. On mélange les deux liquides chauds dans une capsule en porcelaine et on remue jusqu'à refroidissement. Après avoir laissé reposer quelques heures, on ramasse la poudre cristalline blanc-bleuâtre sur un entonnoir, relié à l'appareil à succion, on enlève l'eau-mère par succion, et on lave de même avec une petite quantité d'esprit-de-vin, formé de 2 parties d'alcool et 1 partie d'eau. On sèche sur du papier à filtre sans chauffer, jusqu'à ce que la poudre cristallisée glisse comme du sable fin et sec sur un verre de montre sans y adhérer. On conserve pour l'usage dans un flacon bien bouché.

L'équivalent du sel (196,04) est presque égal à sept fois celui du fer (28). La dissolution de ce sel acidulée avec de l'acide sulfurique ne doit pas rougir par le sulfocyanure de potassium.

5. Iode pur.

Préparation. — On broie de l'iode du commerce avec 1/6 de son poids d'iodure de potassium, on sèche la masse dans un grand verre de montre dont les bords sont bien rodés, en chauffant sur un bain de sable ou une plaque de fer, et aussitôt que les vapeurs violettes apparaissent, on couvre avec un second verre de montre. On continue à chauffer jusqu'à ce que tout l'iode soit volatilisé et on le conserve dans un flacon en verre bien bouché. Le chlore et le brome, qui se trouvent souvent dans l'iode du commerce combinés au potassium, restent dans la capsule avec l'excès d'iodure. Pour préparer de grandes quantités d'iode pur, il vaut mieux chauffer dans une assiette en porcelaine et recueillir les vapeurs dans un grand entonnoir fixé sur les bords de l'assiette avec une bande de papier collé.

Essais. — L'iode ainsi purifié, chauffé dans un verre de montre, ne doit pas laisser de résidu fixe.

Usages. — L'iode pur sert à fixer le titre en iode des dissolutions de ce métalloïde dans l'iodure de potassium, employées dans beaucoup d'analyses volumétriques.

6. Iodure de potassium.

Il vaut mieux se le procurer dans le commerce que le préparer soi-même en petite quantité. Parmi les nombreux modes de préparation, je préfère, quand il s'agit des analyses, celui de *Federking* perfectionné par *Baup*, parce qu'on obtient un produit exempt d'acide iodique.

Essais. — On met un peu du sel dans de l'acide sulfurique étendu. L'iodure pur se dissout lentement et sans coloration : s'il y a de l'iodate de potasse, le liquide se colore en brun par de l'iode mis en liberté ($KI + HO,SO^3 = KO,SO^3 + IH$ et $IO^3 + 5.IH = 5.HO + 6.I$, qui restent en dissolution dans l'acide iodhydrique). — Dans une dissolution d'un second essai, on verse de l'azotate d'argent tant qu'il se forme un précipité, on ajoute un excès d'ammoniaque, on agite, on filtre et on sursature le liquide avec de l'acide azotique; s'il se forme un précipité caillebotté, c'est que l'iodure renferme du chlore. Le sulfate de potasse se reconnaîtra avec le chlorure de baryum après addition d'un peu d'acide chlorhydrique.

Usages. — L'iodure de potassium sert d'abord de dissolvant à l'iode dans la préparation des liqueurs titrées, ensuite on l'emploie pour absorber le chlore libre. Dans ce dernier cas chaque équivalent de chlore met en liberté un équivalent d'iode, qui reste en dissolution dans l'excès d'iodure. — Pour ce dernier usage l'iodure de potassium doit être exempt d'iodate et de carbonate de potasse; de petites traces de chlorure de potassium ou de sulfate de potasse sont sans inconvénients. — Si l'on veut faire une dissolution d'iodure de potassium d'une force connue, il faut déshydrater le sel avant de le peser. Pour cela on le pulvérise et on le chauffe à 180° jusqu'à ce que le poids soit constant. Si l'on dépassait la température de 200°, il y aurait à craindre la formation d'iodate de potasse (*Petterson*).

7. Acide sulfureux.

Préparation. — On sature l'eau distillée avec le gaz obtenu au moyen de la tournure de cuivre et de l'acide sulfurique anglais (V. *Anal. qualit.*), et l'on conserve la solution dans de petits flacons en verre (des fioles à médecine) bien bouchés, que l'on prend les uns après les autres pour l'usage.

Cette dissolution concentrée sert à faire la solution étendue employée dans le dosage de l'iode par la méthode de *Bunsen*.

8. Acide arsénieux.

L'acide arsénieux, que l'on trouve dans le commerce en gros morceaux porcelaniques à l'extérieur et souvent vitreux à l'intérieur, est en général tout à fait pur. On l'essaye en le chauffant dans un tube ouvert aux deux bouts, pour qu'il puisse s'y établir un faible courant d'air. L'acide pur doit se volatiliser sans résidu, et le sublimé doit se détacher du tube complétement. S'il y a un résidu non volatil, qui devienne noir quand on le chauffe dans un courant d'hydrogène, c'est que l'acide arsénieux renferme de l'oxyde d'antimoine et ne peut pas servir pour les analyses. En outre on dissout 10 grammes environ de l'acide à essayer dans une lessive de soude, et on y ajoute 1 ou 2 gouttes d'acétate de plomb. S'il se produit une coloration brune, c'est que l'acide arsénieux contient du sulfure d'arsenic, et il ne peut pas être employé.

L'acide arsénieux, sous forme d'arsénite de soude, sert au dosage de l'acide hypochloreux, du chlore libre, de l'iode, etc.

9. Chlorure de sodium.

On emploie de préférence le sel gemme pur. Sa dissolution aqueuse doit être limpide et ne se troubler ni par l'oxalate d'ammoniaque, ni par le phosphate de soude, ni par le chlorure de baryum. — Si l'on voulait préparer soi-même du chlorure de sodium pur, on emploierait de préférence la méthode de *Margueritte*, qui consiste à faire passer un courant d'acide chlorhydrique gazeux jusqu'à saturation dans une dissolution concentrée de sel de cuisine ordinaire : on rassemble sur un entonnoir les petits cristaux de chlorure de sodium qui se sont déposés, on les laisse bien égoutter, on les lave avec de l'acide chlorhydrique, et enfin on dessèche le sel dans une capsule en porcelaine, jusqu'à ce que tout l'acide chlorhydrique soit chassé : les eaux-mères qui contiennent un peu de gypse, de chlorure de magnésium, etc., peuvent remplacer, dans la préparation de l'acide chlorhydrique, une quantité équivalente de l'eau nécessaire.

Usages. — Le chlorure de sodium sert à précipiter l'argent dans le dosage volumétrique de ce métal, et à titrer la dissolution d'argent employée au dosage du chlore. — D'ordinaire on a soin de le fondre avant de le peser. Il faut opérer cette fusion avec précaution et ne pas la pousser trop loin, car la flamme du gaz peut agir sur le sel et faire dégager de l'acide chlorhydrique, tandis qu'il se forme un peu de carbonate de soude.

10. Argent métallique.

Il n'est chimiquement pur que lorsqu'il a été obtenu par une réduction convenable de son chlorure pur; l'argent granulé des ateliers d'affinage n'est jamais pur, il contient toujours au moins 1/1000 de cuivre. Sous le nom d'argent chimiquement pur, les affineurs en livrent en feuilles, qu'il pourra être commode au chimiste d'employer.

On n'a besoin que de petites quantités d'argent chimiquement pur pour en faire une dissolution étendue, employée au dosage de l'argent. Pour le dosage du chlore on peut prendre l'argent granulé ordinaire, car le titre de la dissolution doit toujours de préférence être bien établi après la préparation au moyen du chlorure de sodium pur.

D. RÉACTIFS POUR LES ANALYSES ORGANIQUES ÉLÉMENTAIRES

§ 66.

1. Oxyde de cuivre.

Préparation. — On prend de la limaille de cuivre pur préalablement calcinée dans un moufle ; on la remue avec de l'acide azotique pur dans une capsule en porcelaine, de façon à faire une bouillie épaisse ; quand l'effervescence est passée, on chauffe modérément au bain de sable et on laisse complètement dessécher. On retire le sel basique vert et on le chauffe dans un creuset de Hesse au rouge faible, jusqu'à ce qu'il ne se dégage plus de vapeurs d'acide hypoazotique ; on s'en assure par l'odeur, mais mieux encore en mettant un peu de la poudre noire dans un tube à essais que l'on ferme avec le doigt et que l'on chauffe au rouge, puis on regarde dans le tube suivant la longueur. On facilite la décomposition du sel qui est dans le creuset, en le remuant de temps en temps avec une baguette en verre. Lorsque le creuset est à moitié refroidi, on réduit en poudre fine l'oxyde aggloméré en le broyant dans un mortier en cuivre ou en porcelaine, on le passe à travers un tamis métallique et on le met dans un flacon en verre bien bouché. Il est bon de laisser une petite portion de l'oxyde dans le creuset pour le soumettre de nouveau à une forte chaleur : on concasse en petits morceaux cette partie fortement agglomérée et on la conserve dans cet état.

L'oxyde de cuivre doit être une poudre dense, lourde, noire foncée, sableuse au toucher. Chauffé au rouge dans un tube de verre difficilement fusible et avec un courant d'air, il ne doit donner ni vapeurs acides : acide hypoazotique, acide sulfurique, acide chlorhydrique, acide sélénieux (*Violette*), ni acide carbonique (parcelles de charbon ou poussières mélangées) : il ne doit rien céder à l'eau. L'oxyde fortement calciné est dur et noir cendré.

Usages. — L'oxyde de cuivre sert à oxyder le carbone et l'hydrogène des matières organiques. Il se transforme suivant les circonstances en oxydule ou en métal, en cédant une partie ou la totalité de son oxygène. Celui qui est fortement calciné est très commode pour l'analyse des liquides volatils.

N. B. L'oxyde qui a déjà servi n'est pas hors d'usage : il suffit de le traiter de nouveau par l'acide azotique, etc. S'il renfermait des sels alcalins, on le ferait préalablement digérer avec de l'acide azotique très étendu froid et on le laverait avec de l'eau.

2. Chromate de plomb.

Préparation. — On précipite par un léger excès de bichromate de potasse une dissolution filtrée d'acétate de plomb, acidifiée légèrement avec de l'acide acétique, on lave le précipité par décantation, puis à la fin on le lave *complètement* en le plaçant dans une chausse en toile. On le dessèche, on en remplit un creuset de Hesse et on chauffe au rouge vif, jusqu'à ce que la masse soit fondue. On verse le sel sur une plaque en pierre ou en fer, on concasse et on broie, on passe à travers un tamis fin et on conserve la poudre pour l'usage.

Essais. — Le chromate de plomb forme une poudre lourde, d'un brun jaune sale. Il ne doit pas dégager d'acide carbonique quand on le chauffe au rouge (ce qui indiquerait qu'il renferme des matières organiques, de la poussière, etc.), et il ne doit rien céder à l'eau.

Usages. — Il sert, comme l'oxyde de cuivre, à brûler les matières organiques. Il se change alors en oxyde de chrome et en chromate basique de plomb. Il subit lui-même et seul cette décomposition, avec dégagement d'oxygène quand on le chauffe au-dessus de son point de fusion. C'est parce que le chromate de plomb fond au rouge, qu'il est préférable à l'oxyde de cuivre pour oxyder les substances difficilement combustibles.

N. B. Le chromate qui a déjà servi peut encore être employé une seconde fois. Il suffit de le faire fondre de nouveau (après un lavage préalable, si cela est nécessaire). — S'il a servi deux fois, on le réduit en poudre, on l'humecte avec de l'acide azotique, on le dessèche, on le chauffe au rouge et on le fond. De cette façon le chromate de plomb peut toujours servir de nouveau (*Vohl* *).

5. Oxygène.

Préparation. — On pulvérise 100 grammes de chlorate de potasse avec 5 grammes de peroxyde de manganèse en poudre fine, on met le mélange dans une cornue non tubulée, qui devra être au plus remplie à moitié, et on la chauffe d'abord doucement, puis peu à peu plus fortement sur un feu de charbon. Aussitôt que le sel commence à fondre, on tourne légèrement la cornue pour que le contenu se chauffe bien uniformément; bientôt le dégagement d'oxygène commence, et (avec les proportions indiquées entre le chlorate et l'oxyde de manganèse) il se continue régulièrement et rapidement.

Quand on juge que l'air est chassé, on adapte au col de la cornue, au moyen d'un petit bout de tube en caoutchouc, un tube de verre assez large, qu'on introduit dans l'ouverture inférieure du gazomètre, laquelle doit être suffisante pour laisser facilement couler l'eau chassée par le gaz. On continue à chauffer jusqu'à ce que le dégagement du gaz cesse complètement.

100 grammes de chlorate donnent environ 27 litres d'oxygène.

L'oxygène ainsi préparé est humide et peut renfermer des traces d'acide carbonique et de chlore. Il faut le dessécher et lui enlever ces gaz étrangers avant d'en faire usage pour les analyses élémentaires.

(*) *Ann. d. Chem. u. Pharm.*, CVI, *127*.

Pour cela on le fait passer, au sortir du gazomètre, d'abord dans un tube à boules de *Liebig* rempli d'une solution de potasse de densité 1,27, ensuite dans des tubes en U contenant de la chaux sodée en grains et enfin, suivant les circonstances, dans d'autres tubes renfermant soit du chlorure de calcium, soit de la pierre ponce imbibée d'acide sulfurique concentré.

ESSAIS. — Il faut que l'oxygène dirigé sur une allumette offrant un point en ignition la rallume aussitôt; il ne doit troubler ni l'eau de chaux, ni la dissolution d'azotate d'argent.

4. Chaux sodée.

PRÉPARATION. — On prépare d'abord, comme cela est indiqué dans l'*Analyse qualitative*, avec du carbonate de soude cristallisé du commerce, une lessive de soude caustique, on prend sa densité; avec un certain poids de cette lessive, on éteint de la bonne chaux caustique, en choisissant des proportions telles que, pour 1 partie de soude hydratée dans la lessive, il y ait 2 parties de chaux anhydre; on évapore à siccité dans un vase en fer, on chauffe le résidu dans un creuset de fer ou de Hesse, on maintient quelque temps au rouge faible et on réduit la masse encore chaude en poudre fine, en la concassant et la passant à travers un tamis, dont les trous ont 5 millimètres de diamètre. En passant la poudre grossière ainsi obtenue à travers un second tamis dont les trous ont 2 millimètres, on obtient de la chaux sodée de deux grosseurs de grains différentes, que l'on conserve chacune dans deux flacons bien fermés.

ESSAIS. — La chaux sodée ne doit pas faire trop d'effervescence quand on verse sur elle un excès d'acide chlorhydrique étendu, et surtout elle ne doit pas dégager d'ammoniaque lorsqu'on la chauffe au rouge avec du sucre pur.

USAGES. — La chaux en grains plus gros sert parfaitement pour absorber l'acide carbonique; la chaux en grains sablonneux est employée pour l'analyse des substances organiques azotées. Nous expliquerons plus loin la théorie de ce dernier usage.

5. Cuivre métallique.

Il sert, dans les analyses des substances azotées, à réduire les composés nitreux qui pourraient se former.

On l'emploie soit en tournure ou soit en spirales faites avec du fil un peu gros, ou en bandelettes minces. On donne aux spirales de 7 à 10 centimètres de longueur, et un diamètre qui leur permette d'entrer dans le tube à combustion. — Pour avoir du cuivre métallique sans poussière et sans couche d'oxyde, on le chauffe d'abord au rouge dans un creuset au contact de l'air, jusqu'à ce que la surface soit oxydée; on le place ensuite dans un tube en verre ou en porcelaine, dans lequel on fait passer un courant continu d'hydrogène sec, et que l'on chauffe au rouge quand on a chassé tout l'air atmosphérique du tube et de l'appareil à dégagement. Si l'on chauffait trop tôt, il pourrait y avoir une explosion qui ne serait peut-être pas sans danger.

6. Potasse.

a. *Lessive de potasse.*

On la prépare, d'après la méthode indiquée dans l'*Analyse qualitative* pour la lessive de soude, avec de la potasse purifiée et au moyen d'un lait de chaux (pour 1 partie de potasse on prend 12 parties d'eau, et il faut environ 2/3 de partie de chaux; celle-ci est éteinte avec environ 3 fois son poids d'eau chaude). On évapore rapidement dans un vase en fer la lessive obtenue, de façon à lui donner la densité 1,27; on la verse encore chaude dans un flacon que l'on bouche bien, et pour l'usage on soutire le liquide clair qui est au-dessus du dépôt.

b. *Hydrate de potasse* (ordinaire).

On se sert de l'hydrate de potasse que l'on trouve en petits bâtons dans le commerce. — Si l'on voulait le préparer soi-même, on évaporerait dans une capsule en argent, sur un bon feu, la lessive préparée en (a), jusqu'à ce que l'hydrate restant soit épais comme de l'huile et dégage des vapeurs blanchâtres; on verserait la masse fondue sur une lame de fer poli et l'on concasserait en morceaux que l'on conserverait dans des vases en verre bien bouchés.

c. *Hydrate de potasse* (purifié par l'alcool). V. *Anal. qualit.*, § **34**, b.

Usages. — La lessive sert à absorber et par suite à doser l'acide carbonique. Dans beaucoup de cas il faut, outre l'appareil rempli de la dissolution, s'aider d'un tube plein de morceaux d'hydrate de potasse. L'hydrate, purifié par l'alcool et par conséquent exempt de sulfate de potasse, sert à doser le soufre dans les substances organiques.

7. Chlorure de calcium.

a. *Chlorure purifié desséché.*

Préparation. — On fait digérer avec de l'eau chaude le résidu de la préparation de l'ammoniaque, formé de chlorure de calcium basique : ou bien on fait une dissolution de chlorure brut, en traitant par l'acide chlorhydrique ordinaire du carbonate ou de l'hydrate de chaux. Si c'est nécessaire, on fait digérer quelque temps avec de l'hydrate de chaux, de façon que le liquide soit fortement alcalin, et on ajoute du sulfure de calcium, assez pour qu'après un temps assez long le liquide filtré ne soit ni précipité ni bruni par le sulfhydrate d'ammoniaque. On filtre, on rend légèrement acide avec l'acide chlorhydrique, on évapore dans une capsule en porcelaine, on sépare par filtration le peu de soufre qui se dépose, on évapore à siccité dans une capsule en porcelaine, et on expose pendant quelques heures au bain de sable le résidu à une température assez élevée (environ 200°). La masse poreuse blanche ainsi obtenue a pour composition $CaCl + 2Aq$.

b. *Chlorure brut fondu.*

Préparation. — On fait digérer la solution impure obtenue en (a) avec un léger excès d'hydrate de chaux; on neutralise exactement avec de l'acide chlorhydrique, on évapore à siccité dans une marmite en fer, on fond le résidu dans un creuset de fer ou de Hesse, on coule la masse fondue, on la concasse et on la garde dans des flacons en verre bien bouchés.

Usages. — Le chlorure de calcium brut fondu sert à dessécher les gaz humides ; le chlorure purifié est employé dans les analyses élémentaires pour absorber et doser l'eau provenant de l'hydrogène des substances. Sa dissolution ne doit pas avoir de réaction alcaline.

8. **Bichromate de potasse.**

On purifie celui du commerce en le faisant cristalliser plusieurs fois, jusqu'à ce qu'un essai dissous dans l'eau donne avec le chlorure de baryum un précipité qui se redissolve complètement dans l'acide chlorhydrique pur.

On emploie ce sel, parfaitement privé d'acide sulfurique, pour oxyder les matières organiques dans lesquelles on veut doser le soufre. Pour d'autres usages, par exemple, pour doser le carbone en chauffant les substances avec le bichromate et l'acide sulfurique, on peut se servir du sel purifié par une seule nouvelle cristallisation.

CHAPITRE III

FORMES ET COMBINAISONS DES CORPS

SOUS LESQUELLES ON LES SÉPARE LES UNS DES AUTRES ET SOUS LESQUELLES ON LES PÈSE

§ 67.

De même qu'on ne peut pas entreprendre d'analyse qualitative sans savoir l'action des réactifs sur les différents corps, de même on ne peut pas faire d'analyse quantitative avant de connaître parfaitement les combinaisons dans lesquelles on doit faire entrer les éléments, pour les séparer les uns des autres et en déterminer le poids. Cela suppose premièrement la connaissance des propriétés des combinaisons, secondement leur composition. Parmi les propriétés il faut toujours considérer l'action des dissolvants, celle de l'air et de la chaleur. — En général on peut dire qu'un composé se prête d'autant mieux aux dosages en poids, qu'il est plus insoluble et plus inaltérable à l'air ou à une haute température.

La composition d'un corps peut être donnée en centièmes ou d'après la formule atomique : ce dernier moyen a l'avantage de rappeler plus facilement la composition des composés qu'on rencontre le plus fréquemment. Dans ce qui va suivre, les compositions seront indiquées dans la première colonne en signes chimiques, dans la deuxième en équivalents ($H = 1$), et enfin dans la troisième en centièmes. — Au point de vue de la composition, une combinaison est d'autant plus convenable pour le dosage, que le corps à déterminer y entre dans une plus faible proportion, parce qu'alors toute faute dans l'opération, perte, incertitude dans la pesée, se partageant sur la masse totale, est moins sensible sur la portion à doser. Ainsi, abstraction faite de toute autre considération, le sel double de platine et d'ammoniaque est plus convenable que le sel ammoniac pour doser l'azote, parce que 100 parties du premier ne renferment que 6,27 d'azote, tandis qu'il y en a 26,2 p. dans 100 du second.

Supposons donc que nous analysons une substance azotée et que, par un travail bien conduit, nous trouvons 1,000 gr. de sel double de platine et d'ammoniaque sur 0,300 gr. de matière ; 100 parties du sel de platine renferment 6,295 d'azote, ou 0,06295 pour 1 partie. Les 0,06295 gr. d'azote sont fournis par 0,3 de substance ; 100 parties de celle-ci renferment don 20,98 d'azote.

Nous recommençons la même analyse en transformant l'azote en sel ammoniac. Un travail rigoureux nous donnera pour 0,300 de substance 0,2399 de sel ammoniac, correspondant à 0,06295 d'azote ou 20,93 pour 100. — Admettons maintenant que dans chacune des deux opérations nous ayons une perte de 10 milligrammes : dans le premier cas nous ne trouverons pas 1,000 gr., mais 0,990 gr. de sel de platine = 0,06252 d'azote, d'où 20,77 pour 100 d'azote dans la substance ; la perte est donc de 20,983 moins 20,770 ou 0,213. Au lieu de 0,2399 de sel ammoniac nous n'en aurons, d'après notre supposition, que 0,2299, donnant 0,0603 d'azote. Cela ne correspond qu'à 20,10 pour 100 d'azote ; la perte est ici de 0,880.

La même erreur produit donc sur le dosage de l'azote une perte de 0,213 dans un cas, tandis que dans l'autre elle monte à 0,880.

Après ces généralités nous allons indiquer les combinaisons des corps simples qui remplissent le mieux ces conditions ; on comprend cependant que nous n'indiquerons pas toutes celles qui pourraient servir aux dosages, mais seulement celles qui sont préférables et auxquelles on a le plus souvent recours dans la pratique. — Au point de vue où nous nous plaçons, nous ferons connaître les caractères extérieurs des substances à l'état où l'on doit les obtenir dans les analyses, et quant aux propriétés, nous ne nous occuperons que de celles qui auraient quelque intérêt pour le but que nous nous proposons.

A. FORMES ET COMBINAISONS DES BASES SOUS LESQUELLES ON LES SÉPARE OU SOUS LESQUELLES ON LES DOSE

BASES DU PREMIER GROUPE

§ 68.

1. Potasse.

Les composés les plus convenables pour peser la potasse sont :
Le *sulfate de potasse*, l'*azotate de potasse*, le *chlorure de potassium*, le

chlorure double de potassium et de platine. On la sépare quelquefois sous forme de *fluosiliciure de potassium.*

a. Le SULFATE DE POTASSE, obtenu par une cristallisation non troublée, forme le plus souvent de petits prismes durs, rhombiques droits, parfois sous forme de cristaux combinés offrant l'aspect de pyramides à six faces ; dans les analyses, c'est une masse saline blanche. Il se dissout assez difficilement dans l'eau (1 partie exige 10 parties d'eau à 12°) ; il est pour ainsi dire insoluble dans l'alcool pur, mais celui qui contient de l'acide sulfurique en dissout un peu (Exp. n° 6). Il ne change pas les couleurs végétales ; il est inaltérable à l'air. Les cristaux décrépitent au feu en abandonnant un peu d'eau (mécaniquement interposée) ; si on les laisse sécher longtemps, la décrépitation est moins forte. A une forte chaleur rouge, le sel fond sans se vaporiser ni se décomposer. Mais en l'évaporant au rouge blanc, il se volatilise un peu de sulfate de potasse et un peu d'acide sulfurique, de sorte que le résidu est alcalin (*Al. Mitscherlich, Boussingault*). Chauffé au rouge avec un excès de sel ammoniac, le sulfate de potasse se change en chlorure de potassium en formant une sorte d'écume, et la transformation est complète si l'on renouvelle l'action du sel ammoniac plusieurs fois (*H. Rose*).

COMPOSITION :

KO	47,13	. . .	54,09
SO³	40,00	. . .	45,91
	87,13		100,00

Le bisulfate de potasse ($KO,SO^3 + HO,SO^3$), que l'on obtient toujours en évaporant à siccité le sulfate neutre avec de l'acide sulfurique libre, est facilement soluble dans l'eau et fusible à une température peu élevée ; au rouge il perd la moitié de son acide sulfurique avec son eau basique, toutefois assez difficilement, et l'élimination n'est complète qu'en le soumettant assez longtemps à une température rouge intense. Mais en le chauffant dans une atmosphère de carbonate d'ammoniaque (ce qu'on obtient facilement en jetant de temps en temps des petits morceaux de carbonate d'ammoniaque pur dans le creuset rouge contenant le sel et en le refermant avec le couvercle), le sel acide passe promptement et facilement à l'état neutre. La transformation est achevée quand le sel, auparavant facilement fusible, est redevenu dur et solide au rouge faible.

b. L'AZOTATE DE POTASSE cristallise ordinairement en longs prismes striés. Dans les analyses on l'obtient en masse blanche ; il se dissout facilement dans l'eau. Dans l'alcool absolu il est pour ainsi dire insoluble, et il est difficilement soluble dans l'esprit-de-vin ordinaire. — Il n'altère pas les matières colorantes végétales et n'éprouve aucun changement à l'air. Si on le chauffe, il fond bien au-dessous du rouge sans modification et sans perte de poids ; si l'on élève de plus en plus la température, il se transforme d'abord en azotite de potasse avec dégagement d'oxygène, et au rouge vif il se change en potasse caustique avec dégagement d'oxygène et d'azote. Chauffé au rouge avec du sel ammoniac, ou dans un courant d'acide chlorhydrique sec, il se change complètement et facilement en chlorure de potassium. Évaporé à plusieurs reprises avec un excès d'acide oxalique, il passe tout entier à l'état d'oxalate de potasse et, traité de même (4 à 6 fois) par l'acide chlorhydrique, il se change complètement en chlorure de potassium.

COMPOSITION :

KO	47,13	. . .	46,58
AzO^5	54,04	. . .	53,42
	101,17		100,00

c. Le CHLORURE DE POTASSIUM cristallise en cubes, souvent allongés en forme de prismes, rarement eu octaèdres ; dans les analyses on l'obtient soit sous la première forme, soit en masse cristalline. Il se dissout facilement dans l'eau, mais moins bien dans l'acide chlorhydrique étendu ; il est à peine soluble dans l'alcool absolu et l'est très difficilement dans l'esprit-de-vin. Il est neutre aux couleurs végétales, inaltérable à l'air. Sous l'action de la chaleur, il décrépite (à moins qu'il n'ait été longtemps desséché) en perdant un peu d'eau (mécaniquement interposée) ; au rouge sombre, il fond sans changement et sans perte de poids. À une plus haute température, il se volatilise en donnant des vapeurs blanches, et cela d'autant plus difficilement que l'on empêche plus complètement l'accès de l'air (Exp. n° 7). Évaporé à plusieurs reprises avec une dissolution d'acide oxalique en excès, il se change en oxalate de potasse ; avec un excès d'acide azotique, il passe facilement et complètement à l'état d'azotate de potasse. En le chauffant au rouge avec de l'oxalate d'ammoniaque, il se forme du carbonate de potasse et du cyanure de potassium en quantité très notable.

COMPOSITION :

K	39,13	. . .	52,46
Cl	35,46	. . .	47,54
	74,59		100,00

d. Le CHLORURE DOUBLE DE PLATINE ET DE POTASSIUM se présente tantôt en petits octaèdres jaune rougeâtre, tantôt en poudre jaune citron. Il se dissout difficilement dans l'eau froide, plus facilement dans l'eau chaude ; il est à peine soluble dans l'alcool absolu et l'est très difficilement dans l'alcool aqueux. 1 partie du sel exige 12 083 parties d'alcool absolu, 5775 parties d'alcool à 76 pour 100, 1053 parties d'alcool à 55 pour 100 (Exp. n° 8 a). La présence de l'acide chlorhydrique libre augmente beaucoup la solubilité (Exp. n° 8 b). Il se dissout complètement dans la potasse caustique en un liquide jaune ; il est inaltérable à l'air et à 100°. Au rouge vif tout le chlore combiné au platine se dégage, et il reste du platine métallique et du chlorure de potassium ; cependant, même après une longue fusion, il reste un peu de chlorure double non décomposé. — Si l'on chauffe au rouge dans un courant d'hydrogène ou avec addition d'un peu d'acide oxalique, la décomposition est facile et complète. — Suivant *Andrews*, le chlorure de platine et de potassium, desséché à une température notablement supérieure à 100°, contiendrait encore 0,0055 de son poids d'eau.

COMPOSITION :

K.	. . .	59,13	. . .	16,03	KCl	. . .	74,59	. . .	30,56
Pt.	. . .	98,50	. . .	40,59	PtCl²	. . .	169,51	.	69,44
3Cl	. . .	106.38	. . .	43,58			244,10		100,00
		244,10		100,00					

e. Le FLUOSILICIURE de potassium (hydrofluosilicate) forme un précipité transparent, irisé, quand on mêle une dissolution d'un sel de potasse avec de l'acide hydrofluosilicique : le précipité est plus abondant et se dépose complétement si l'on ajoute au liquide un volume égal d'alcool. Après filtration, lavage avec de l'alcool faible et dessiccation, on obtient une poudre blanche et dure. Il se dissout difficilement dans l'eau froide, bien plus facilement dans l'eau chaude, pas ou très peu dans un mélange de parties égales d'eau et d'esprit-de-vin fort : mais il se dissout bien davantage quand il y a une quantité notable d'acide libre, surtout de l'acide chlorhydrique ou de l'acide sulfurique. Si à la dissolution aqueuse bouillante on ajoute de la lessive de potasse, il se fait une double décomposition suivant l'équation : $KFl,SiFl^2 + 2.HO,KO) = 3.KFl + SiO^2 + 2.HO$; à la place d'un liquide acide on a un liquide neutre (principe sur lequel repose le dosage volumétrique de la potasse, par *Stolba*). L'hydro-fluosilicate de potasse fond au rouge naissant, il laisse dégager du fluorure de silicium gazeux et il reste du fluorure de potassium.

§ 69.

2. Soude.

En général la soude est pesée sous forme de :

Sulfate de soude, azotate de soude, chlorure de sodium ou *carbonate de soude.* On la sépare de la potasse, surtout à l'état de *chlorure double de platine et de sodium*, et d'autres corps sous forme de *fluosiliciure de sodium* (hydro-fluosilicate de soude).

a. Le SULFATE DE SOUDE neutre anhydre est une poudre blanche ou une masse blanche très friable. Il se dissout facilement dans l'eau, peu dans l'alcool absolu, un peu plus en présence de l'acide sulfurique libre, plus facilement dans l'alcool aqueux (Exp. n° 9). Il est sans action sur les couleurs végétales ; il attire lentement l'humidité de l'air (Exp. n° 10). Il ne change pas à une faible chaleur ; au rouge intense il fond sans décomposition et sans perte de poids. Chauffé au blanc, il diminue de poids par suite de la volatilisation d'une partie du sel non décomposé et d'un peu d'acide sulfurique (*Al. Mitscherlich, Boussingault*). — Il se comporte avec le sel ammoniac en excès comme le sulfate de potasse.

COMPOSITION :

NaO.	. . . .	31,04	. . .	43,69
SO³.	. . . .	40,00	. . .	56,31
		71,04	. . .	100,00

Le sulfate acide de soude ($NaO,SO^3 + HO,SO^3$), que l'on obtient toujours en évaporant le sulfate neutre avec un excès d'acide sulfurique, fond facilement. On peut par le même procédé que pour le bisulfate de potasse le ramener à l'état neutre.

b. L'AZOTATE DE SOUDE cristallise en rhomboèdres tronqués. Dans les analyses, il vaut mieux l'amener à la forme de masse saline amorphe. — Il se dissout facilement dans l'eau. Il est pour ainsi dire insoluble dans l'alcool absolu : l'alcool aqueux en prend à peine. Il est sans action sur les couleurs végétales. Dans les circonstances ordinaires, il est inaltérable à l'air; quand celui-ci est très humide, il absorbe de l'eau. Il fond bien au-dessous du rouge sans décomposition (Exp. n° 11); à une plus haute température, il est décomposé comme l'azotate de potasse (§ **68**. b). Chauffé au rouge avec du sel ammoniac, ou dans un courant de gaz acide chlorhydrique, ou évaporé avec une dissolution d'acide oxalique ou d'acide chlorhydrique, il se comporte comme le sel de potasse correspondant. La transformation par l'acide chlorhydrique aqueux se fait plus facilement que celle de l'azotate de potasse, c'est-à-dire à la suite d'une évaporation moins souvent répétée (*Baumbauer*) (*).

COMPOSITION :

NaO.	31,04 . . .	56,48
AzO⁵.	54,04 . . .	63,52
	85.08	100,00

c. Le CHLORURE DE SODIUM cristallise en cubes, en octaèdres ou en pyramides carrées creuses (trémies). Dans les analyses il s'offre fréquemment en masse amorphe. Il se dissout facilement dans l'eau, moins facilement dans l'acide chlorhydrique aqueux; l'alcool absolu le dissout à peine et l'alcool aqueux difficilement. 100 parties d'alcool à 75 pour 100 prennent 0,7 p. à la température de 15° (*Wagner*). Il n'agit pas sur les couleurs végétales. Dans l'air un peu humide il attire lentement de l'eau (Exp. n° 12). Il décrépite au feu lorsqu'il n'a pas été desséché longtemps; cela est produit par de l'eau mécaniquement interposée. Au rouge, il fond sans décomposition; chauffé à blanc (et déjà au rouge clair dans un vase ouvert), il se volatilise en fumées blanches (Exp. n° 13). Sous l'action de la flamme d'un carbure d'hydrogène, le chlorure de sodium fondu donne de l'acide chlorhydrique et un peu de carbonate de soude. Évaporé avec de l'acide oxalique ou de l'acide azotique ou calciné avec de l'oxalate d'ammoniaque, il se comporte comme le chlorure de potassium.

COMPOSITION :

Na.	23,04 . . .	39,38
Cl.	35,46 . . .	60,62
	58,50	100,00

d. Le CARBONATE DE SOUDE anhydre est une poudre blanche ou une masse blanche friable. Il se dissout facilement dans l'eau, mais moins bien dans l'ammoniaque aqueuse (*Margueritte*); l'alcool ne le dissout pas. Il a une forte réaction alcaline ; il attire lentement l'humidité de l'air. Chauffé au rouge

(*) *Journ. f. prakt. Chem.*, LXXVIII, 213.

modéré jusqu'au commencement de fusion, il perd à peine de son poids ;
mais la perte devient sensible si la fusion se prolonge (Exp. n° 14).

COMPOSITION :

NaO.	31,04	. . .	58,52
CO².	22,00	. . .	41,48
	53,04	. . .	100,00

e. Le CHLORURE DOUBLE DE PLATINE ET DE SODIUM cristallise avec 6 équivalents
d'eau (NaCl,PtCl² + 6Aq) en prismes jaune clair, transparents, aussi facilement solubles dans l'eau que dans l'alcool.

f. Le FLUOSILICIURE DE SODIUM (hydrofluosilicate de soude) ressemble pour
ses propriétés au sel analogue de potasse : il a une composition analogue
et se comporte de même avec les alcalis. Il est seulement bien plus soluble
dans l'eau et dans l'eau alcoolisée.

§ 70.

3. Ammoniaque.

Les combinaisons qui permettent le plus facilement de peser l'ammoniaque sont :

Le *chlorhydrate d'ammoniaque* et le *chlorure double de platine et d'ammonium*. A la place de ce dernier on pèse fréquemment le *platine métallique*
qu'on obtient par sa calcination.

Dans certaines circonstances, on mesure le volume d'*azote* que dégage
l'ammoniaque décomposée, et fréquemment aussi on sature avec un acide
titré l'alcali mis en liberté.

a. Le CHLORHYDRATE D'AMMONIAQUE cristallise en cubes, en octaèdres, mais le
plus fréquemment en cristaux groupés en barbe de plume. Dans les analyses on lui donne toujours la forme de masse saline blanche. Il se dissout
facilement dans l'eau, très difficilement dans l'alcool. Il n'agit pas sur les
couleurs végétales et ne s'altère pas à l'air. En évaporant au bain-marie
une dissolution de sel ammoniac, elle perd un peu d'ammoniaque et devient légèrement acide. La perte de poids qui en résulte est insignifiante
(Exp. n° 15). A 100° le sel ammoniac ne perd rien ou presque rien de son
poids (Exp. n° 15). A une température plus élevée il se volatilise facilement
sans décomposition.

COMPOSITION :

AzH⁴ . . .	18,04 .	. .	53,72		AzH³ . . .	17,04 .	. .	31,85
Cl	35,46 .	. .	66,28		ClH . . .	36,46 .	. .	68,15
	53,50		100,00			53,50		100,00

b. Le CHLORURE DOUBLE DE PLATINE ET D'AMMONIAQUE est tantôt une poudre
lourde jaune citron, tantôt il forme des cristaux petits, octaédriques, durs,
d'une couleur jaune vif. Il se dissout difficilement dans l'eau froide, plus
facilement dans l'eau chaude. 1 partie du sel exige pour se dissoudre
26535 parties d'alcool absolu, 1406 parties d'alcool à 76 pour 100, 665 p.
d'alcool à 55 pour 100. La présence d'un acide libre augmente beaucoup sa

solubilité (Exp. n° 16). Il est inaltérable à l'air et à 100°; entre 100 et 125° il perd encore un peu d'eau. Au rouge il laisse dégager du chlore et du chlorhydrate d'ammoniaque et le platine reste sous forme de masse poreuse (éponge de platine). Si l'on chauffe un peu rapidement, des parcelles de platine sont entraînées par la vapeur et elles platinisent le couvercle du creuset dans lequel on opère. (Voy. au § **89**. a. les propriétés du platine métallique.)

COMPOSITION :

AzH^4 . .	18,04 . . .	8,09		AzH^4Cl . .	53,50 . . .	23,99
Pt . . .	98,59 . . .	44,21		$PtCl^2$ . .	169.51 . . .	76,01
3Cl . . .	106,38 . . .	47,70			223,01	100,00
	223,01	100,00				
AzH^3 . .	17,04 . . .	7,64		Az . . .	14,04 . . .	6,295
ClH . . .	56,46 . . .	16,35		H^4 . . .	4,00 . . .	1,794
$PtCl^2$ . .	169,51 . . .	76,01		Cl^3 . .	106,38 . . .	47,702
	223,01	100,00		Pt . . .	98,59 . . .	44,209
					223,01	100,000

100 parties du sel double correspondent à 11,667 parties d'oxyde d'ammonium.

c. Le gaz AZOTE est incolore, sans odeur et sans saveur : il se mélange à l'air sans coloration, n'a pas d'action sur les couleurs végétales. Son poids spécifique est 0,97137 (celui de l'air étant 1); 1 litre à 0° et à la pression 0,760 pèse 1,25617 gr. Il est très peu soluble dans l'eau : 1 volume d'eau absorbe à 0° et à la pression 0,760 un volume de gaz égal à 0,02035; à 10° 0,01607; à 15° 0,01478 (*Bunsen*).

BASES DU DEUXIÈME GROUPE

§ 71.

1. Baryte.

Les formes convenables au dosage de la baryte sont :

Le *sulfate de baryte*, le *carbonate de baryte* et le *fluosiliciure de baryum*.

a. Le SULFATE DE BARYTE artificiel est une poudre fine, blanche. Fraîchement précipité, il ne se laisse pas séparer facilement par filtration, surtout si la précipitation a été faite à froid et si la liqueur ne renferme ni acide chlorhydrique ni sel ammoniac. Il ne se dissout ni dans l'eau froide, ni dans l'eau chaude (1 p. de sel exige 400000 p. d'eau froide pour se dissoudre). En se précipitant au milieu d'une dissolution, il entraîne facilement d'autres substances contenues dans le liquide, surtout l'azotate de baryte, le chlorure de baryum, le peroxyde de fer, etc. On peut enlever plusieurs de ces impuretés en chauffant le précipité au rouge, l'humectant avec de l'acide chlorhydrique, évaporant de nouveau, puis enfin lavant avec de l'eau. On pourra se débarrasser ainsi, par exemple, des chlorates alcalins; mais on ne pourra pas par ce moyen enlever d'autres sels, comme par exemple les azotates alcalins (*). Même quand on traite une solution de chlorure de baryum par un excès d'acide sulfurique, le précipité contient des traces de chlorure de baryum dont l'eau bouillante ne peut pas le débarrasser, mais qui sont enlevées par l'acide azotique (*Siegle*). Les acides étendus et froids dissolvent des quantités de sulfate de baryte faibles, il est vrai, mais cependant appréciables; par exemple, 1000 parties d'acide azotique de densité 1,052 dissolvent 0,062 parties de BaO,SO^3; les acides concentrés froids en dissolvent bien davantage : ainsi 1000 parties d'acide azotique de densité 1,167 dissolvent 2 parties de BaO,SO^3 (*Galvert*). L'acide chlorhydrique bouillant le dissout aussi d'une manière sensible; ainsi 250 C. C. d'acide chlorhydrique de densité 1,02 maintenus pendant un quart d'heure en ébullition avec 0,679 gr. de sulfate de baryte en prirent 0,048 gr. L'acide acétique est celui qui agit le moins comme dissolvant : 80 C. C. de cet acide de densité 1,02 maintenus un quart d'heure en ébullition avec 0,4 gr. de BaO,SO^3 n'en ont dissous que 0,002 gr. (*Siegle*). Le chlore libre augmente notablement la solubilité du sulfate de baryte (*O. L. Erdmann*). Certains sels diminuent la précipitation de la baryte par l'acide sulfurique : je l'ai déjà constaté depuis longtemps pour le chlorure de magnésium, mais cela est surtout marqué avec l'azotate d'ammoniaque (*Mittentzwey*) et les citrates alcalins (*Spiller*). Dans ce dernier cas l'addition d'acide chlorhydrique détermine la précipitation. — Si le liquide contient de l'acide métaphosphorique, cela peut empêcher complètement ou partiellement la baryte d'être précipitée par l'acide sulfurique ; encore le précipité n'est-il pas pur, il contient de l'acide phosphorique (*Scheerer, Rube*). Il se dissout en quantité notable dans l'acide sulfurique concentré, mais il se précipite de nouveau par addition d'eau. — Il est, pour ainsi dire, insoluble dans une solution concentrée (1 : 4) et bouillante d'ammoniaque. — A l'air à 100° et au rouge, il est complètement inaltérable. Calciné au rouge avec du charbon, ou sous l'action des gaz réducteurs à cette même température, il se change en sulfure de baryum d'une façon assez rapide, mais cependant le plus souvent incomplète. Chauffé au rouge avec le sel ammoniac, il est incomplètement décomposé. Les dissolutions froides des bicarbonates alcalins ou du carbonate d'ammoniaque ne décomposent pas, ou, plus exactement, presque pas le sulfate de baryte : les solutions froides des carbonates neutres alcalins fixes ne l'attaquent que peu ; enfin celles-ci à l'ébullition, par une action prolongée et répétée, le décomposent complètement (*H. Rose*). Il est facilement décomposé par la fusion avec les carbonates alcalins.

COMPOSITION :

BaO	76,5 . . .	65,67
SU^3	40,0 . . .	54,55
	116,5	100,00

b. Le CARBONATE DE BARYTE artificiel est une poudre blanche. Il se dissout dans 14157 parties d'eau froide et dans 15421 parties d'eau bouillante (Exp.

(*) Dosage de l'acide sulfurique, par *Fresenius. Zeitschr. f. anal. Chem.*, IX, 62.

n° 17). Il se dissout plus facilement dans des solutions de chlorhydrate ou d'azotate d'ammoniaque. L'ammoniaque caustique le précipite de nouveau (mais incomplètement) de ces dissolutions salines. Dans l'eau chargée d'acide carbonique, il se dissout à l'état de bicarbonate. Il est presque complètement insoluble dans l'eau contenant de l'ammoniaque ou du carbonate d'ammoniaque : il faut pour 1 partie de carbonate de baryte environ 141 000 parties de cette eau ammoniacale (Exp. n° 18). Sa dissolution dans l'eau a une légère réaction alcaline. L'acide citrique et les métaphosphates alcalins empêchent ou rendent incomplète la précipitation de la baryte par le carbonate d'ammoniaque. Il est inaltérable à l'air et au rouge. Au feu violent de la forge, il perd lentement tout son acide carbonique, et cela arrive plus facilement si l'on fait agir la vapeur d'eau. Calciné avec du charbon, il donne de la baryte caustique et il se dégage de l'oxyde de carbone.

COMPOSITION :

BaO	76,5	77,67
CO_2	22,0	22,53
	98,5	100,00

c. Le FLUOSILICIURE DE BARYUM forme de petits cristaux durs et incolores, ou (en général) une poudre cristalline. Il se dissout dans 3800 parties d'eau froide, mais plus facilement dans l'eau chaude (Exp. n° 19). La présence de l'acide chlorhydrique libre augmente beaucoup sa solubilité (Exp. n° 20), ainsi que la présence du chlorhydrate d'ammoniaque (1 partie du fluosiliciure de baryum se dissout dans 428 parties d'une dissolution saturée de sel ammoniac et dans 589 parties de la même solution étendue. *J. W. Mallet*). Il est presque insoluble dans l'alcool hydraté. Il est inaltérable à l'air et à 100° ; chauffé au rouge, il se décompose en fluorure de silicium gazeux qui se dégage et en fluorure de baryum qui reste.

COMPOSITION :

BaFl	87,5	62,72		Ba	68,5	49,10
$SiFl_2$	52,0	37,28		Si	14,0	10,04
				Fl_5	57,0	40,86
	139,5	100,00			139,5	100,00

§ 72.

2. Strontiane.

La strontiane se dose à l'état de *sulfate* ou de *carbonate*.

a. Le SULFATE DE STRONTIANE artificiel est une poudre blanche, tantôt lourde et cristalline, tantôt légère et volumineuse. Il se dissout dans 6895 parties d'eau froide et 9658 parties d'eau bouillante (Exp. n° 21) ; il est moins soluble dans l'eau contenant de l'acide sulfurique, il en faut de 11 000 à 12 000 parties (Exp. n° 22) : il faut 474 parties d'acide chlorhydrique froid à 8.5 pour 100, 432 parties d'acide azotique froid à 4,8 pour 100, mais 7843 parties d'acide acétique froid à 15,6 pour 100 (Exp. n° 23). Il se dissout dans les solutions de chlorure de potassium et de chlorure de magnésium en proportion d'autant plus grande que la concentration est plus grande : il se dissout aussi dans les chlorures de sodium et de calcium et en quantité maximum pour une concentration moyenne (*A. Virck*). L'acide sulfurique le précipite de nouveau de ces dissolutions. L'acide métaphosphorique (*Scheerer, Rube*), ainsi que les citrates alcalins, mais pas l'acide citrique libre (*Spiller*), empêchent ou rendent incomplète la précipitation de la strontiane par l'acide sulfurique. Il est presque insoluble dans l'alcool absolu et dans l'alcool hydraté : il est pour ainsi dire insoluble dans une solution bouillante de sulfate d'ammoniaque (1 : 4). Il ne change pas les couleurs végétales. Il est inaltérable à l'air et à la température rouge ; au rouge vif, il fond en perdant un peu d'acide sulfurique (*M. Durmstadt*) ; en le maintenant longtemps au rouge vif, il perd tout son acide sulfurique (*Boussingault*). Chauffé au rouge avec du charbon ou par l'action des gaz réducteurs, il se change en sulfure de strontium. La dissolution des carbonates neutres et des bicarbonates de potasse, de soude et d'ammoniaque décompose complètement le sulfate de strontiane à la température ordinaire, même en présence d'une quantité notable de sulfates alcalins (*H. Rose*). L'ébullition active la réaction.

COMPOSITION :

SrO	51,75	. . .	56,40
SO³	40.00	. . .	43,60
	91,75		100,00

h. Le CARBONATE DE STRONTIANE artificiel est une poudre blanche, dure. Il se dissout à la température ordinaire dans 18 045 parties d'eau (Exp. n° 24). La présence de l'ammoniaque diminue la solubilité (Exp. n° 25). Il se dissout assez facilement dans les solutions de sel ammoniac et d'azotate d'ammoniaque, mais il en est de nouveau précipité par l'ammoniaque et le carbonate d'ammoniaque, et cela plus complètement que le carbonate de baryte. L'eau chargée d'acide carbonique le dissout à l'état de bicarbonate, avec une faible réaction alcaline. L'acide citrique et les métaphosphates alcalins empêchent ou rendent incomplète la précipitation de la strontiane par les carbonates alcalins. Il est inaltérable à l'air et au rouge ; à une température plus élevée, il fond et perd peu à peu son acide carbonique. Chauffé au rouge avec du charbon, il donne de la strontiane caustique avec dégagement d'oxyde de carbone.

COMPOSITION :

SrO	51,75	. . .	70,17
CO²	22,00	. . .	29,83
	73,75		100,00

§ 73,

3. Chaux.

La chaux est pesée sous la forme de *sulfate*, de *carbonate* ou de *chaux pure* (caustique). Pour lui donner les deux dernières formes on la précipite ordinairement à l'état d'*oxalate*.

a. Le SULFATE DE CHAUX anhydre artificiel est une poudre blanche légère. A la température ordinaire, il se dissout dans 450 parties d'eau et à 100 dans 460 parties (*Poggiale*). L'acide chlorhydrique, l'acide azotique, le sel ammoniac, le sulfate de soude, le sel marin augmentent sa solubilité. Il se dissout facilement, au moins d'une façon relative, dans une dissolution d'hyposulfite de soude, surtout à une douce chaleur (*Diehl*), comme aussi dans une dissolution bouillante de sulfate d'ammoniaque (1 : 4). La dissolution aqueuse de gypse ne modifie pas les couleurs végétales. Il est presque insoluble dans l'alcool absolu et dans l'alcool à 90 pour 100. Il attire lentement l'humidité de l'air; il est inaltérable au rouge sombre, fond au rouge blanc et éprouve une perte de poids sensible par suite d'un dégagement d'acide sulfurique (*A. Mitscherlich*) : tout l'acide part quand on maintient longtemps le sel à cette température élevée (*Boussingault*). Chauffé avec du charbon ou sous l'action des gaz réducteurs, il se change en sulfure de calcium. Les dissolutions des carbonates neutres ou des bicarbonates alcalins le décomposent encore plus facilement que le sulfate de strontiane.

COMPOSITION :

CaO	28	41,18
SO³	40	58,82
	68	100,00

b. Le CARBONATE DE CHAUX, préparé artificiellement en précipitant une solution calcaire par le carbonate d'ammoniaque, est d'abord un précipité amorphe, volumineux, qui, au bout de quelque temps, se change en une poudre blanche, cristalline, fine, offrant sous le microscope tantôt la forme cristalline du spath calcaire, tantôt celle de l'arragonite. Il se dissout très peu dans l'eau. En le maintenant longtemps en ébullition dans l'eau, celle-ci garde par litre de 0,034 gr. (*A. W. Hofmann*) à 0,036 gr. (*C. Weltzien*) : de sorte qu'une partie de sel exige 28 500 p. d'eau pour se dissoudre. La dissolution a une réaction à peine alcaline. L'eau qui renferme de l'ammoniaque et du carbonate d'ammoniaque dissout bien moins facilement le carbonate cristallin (Exp. nº 26); 1 partie de carbonate exige environ 65 000 p. d'eau alcaline. Cette dissolution n'est pas précipitée par l'oxalate d'ammoniaque. Le carbonate amorphe est aussi plus insoluble dans l'eau ammoniacale que dans l'eau pure; le sel ammoniac et l'azotate d'ammoniaque augmentent sa solubilité. Il est précipité, et cela plus complètement que le carbonate de baryte, de toutes les dissolutions opérées à l'aide de ces sels par l'ammoniaque et par le carbonate d'ammoniaque. Les sels neutres de potasse et de soude comme aussi les sels neutres solubles de chaux et de magnésie (*Hunt*) favorisent sa solubilité. La précipitation de la chaux par les carbonates alcalins est complètement empêchée ou rendue très incomplète par la présence des citrates (*Spiller*) ou des métaphosphates alcalins (*Rube*). Dans l'eau chargée d'acide carbonique il se dissout à l'état de bicarbonate. Il est inaltérable à l'air à 100° et au rouge faible : à une température plus élevée il perd peu à peu son acide carbonique, et plus facilement au contact de l'air que lorsqu'on en empêche l'accès. On produit cette décomposition facilement avec le chalumeau à gaz dans un creuset de platine ouvert renfermant le carbonate de chaux (environ 0,5 gr.) à rendre caustique, mais on n'y parvient qu'incomplètement avec la lampe à alcool à double courant d'air (Exp. n° 27). Il perd très facilement tout son acide carbonique, si on le calcine avec du charbon, en même temps qu'il se dégage de l'oxyde de carbone.

COMPOSITION :

CaO	28	56.00
CO^2	22	44,00
	50	100,00

c. L'OXALATE DE CHAUX précipité des dissolutions chaudes et concentrées est une poudre blanche, fine, presque insoluble dans l'eau et composée de cristaux excessivement petits. Si l'on regarde l'acide oxalique comme un acide bibasique, la formule chimique est $2CaO$, C^4O^6 + 2 Aq. Obtenu avec des dissolutions froides et très étendues, il est nettement cristallisé et est un mélange des deux sels 2 CaO, C^4O^6 + 2 Aq et 2 CaO, C^4O^6 + 6 Aq (*Souchay* et *Lenssen*). La présence de l'acide oxalique libre, ou de l'acide acétique, augmente un peu sa solubilité. Les acides forts (chlorhydrique, azotique) dissolvent facilement l'oxalate de chaux : il est précipité de ces dissolutions sans altération par les alcalis, comme aussi par un excès d'oxalates et d'acétates alcalins (pourvu qu'il n'y ait pas une trop grande quantité d'acide libre). Dans les solutions de chlorure de potassium, de chlorure de sodium, de chlorhydrate d'ammoniaque, de chlorure de baryum, de chlorure de calcium et de chlorure de strontium, même quand elles sont chaudes et concentrées, l'oxalate de chaux ne se dissout pas, tandis qu'il se dissout facilement et en quantité notable dans les dissolutions chaudes des sels du groupe de la magnésie. Un excès d'un oxalate alcalin le précipite de nouveau de ces dissolutions (*Souchay* et *Lenssen*). Les citrates (*Spiller*) et les métaphosphates (*Rube*) alcalins empêchent ou rendent incomplète la précipitation de la chaux par les oxalates alcalins. Traité par des dissolutions d'un assez grand nombre de métaux lourds, par exemple de chlorure de cuivre, d'azotate d'argent, etc., l'oxalate de chaux se décompose : il se forme un sel de chaux soluble et un oxalate métallique qui se dépose de suite ou plus tard (*Reynoso*). Il est inaltérable à l'air et à 100° : desséché à cette dernière température, il a toujours la composition suivante (Exp. n° 28, et aussi *Souchay* et *Lenssen*, Annal. der Chem. und Pharm., C. 322) :

$2CaO$	56	38,36
C^4O^6	72	49,32
2Aq	18	12,32
	146	100,00

A 205° l'oxalate de chaux perd son eau, sans éprouver de décomposition : à une température encore plus élevée, qui atteint à peine le rouge sombre, il se décompose en oxyde de carbone et carbonate de chaux, sans dépôt de charbon. La poudre, primitivement d'un blanc de neige, prend peu à peu une teinte grise, même quand elle est au plus haut degré de pureté : mais en continuant à chauffer, cette teinte disparaît. Si l'on a de l'oxalate de chaux en morceaux agglomérés, tel qu'on l'obtient par simple dessiccation sur le filtre, on peut, à ce changement de teinte, reconnaître facilement le commencement et la fin de la décomposition. En chauffant avec précaution, le résidu ne contient pas trace de chaux caustique. L'oxalate de chaux hydraté, porté brusquement au rouge sombre, se décompose en donnant un abondant dépôt de charbon. — Calciné au chalumeau à gaz, l'oxalate de chaux se change en chaux caustique.

d. La CHAUX CAUSTIQUE, telle qu'on l'obtient dans les analyses en maintenant au rouge vif pendant assez longtemps le carbonate ou l'oxalate, est une poudre blanche, infusible, inaltérable par la chaleur. Abandonnée à l'air, elle attire l'eau et l'acide carbonique, mais assez lentement pour que cela ne gêne pas dans les pesées exactes (Exp. n° 29). Humectée avec de l'eau, elle se change avec un grand dégagement de chaleur en chaux hydratée qui, par calcination, perd de nouveau et facilement toute son eau. Elle se dissout dans l'acide chlorhydrique étendu sans effervescence, mais avec dégagement de chaleur.

§ 74.

4. Magnésie.

La magnésie est pesée à l'état de *sulfate,* de *pyrophosphate* ou de *magnésie pure*. Pour la faire passer à l'état de pyrophosphate on la précipite sous forme de *phosphate basique ammoniaco-magnésien*.

a. Le SULFATE DE MAGNÉSIE anhydre est une masse blanche, non transparente. Il se dissout facilement dans l'eau. Il est presque insoluble dans l'alcool absolu ; l'alcool hydraté en prend un peu. Il ne change pas les couleurs végétales. Il attire promptement l'humidité de l'air. Au rouge faible, il n'éprouve pas de décomposition et n'en subit qu'une partielle à une température plus élevée. Dans ce dernier cas il perd une partie de son acide et ne se dissout plus complètement dans l'eau. Avec le chalumeau à gaz on parvient facilement à chasser tout l'acide sulfurique de petites quantités de sulfate (Exp. n° 30). Chauffé au rouge avec le sel ammoniac, il ne se décompose pas.

COMPOSITION :

MgO	20	. . .	33,33
SO³	40	. . .	66,67
	60	. . .	100,00

b. Le PHOSPHATE BASIQUE AMMONIACO-MAGNÉSIEN forme une poudre blanche cristalline. A la température ordinaire il se dissout dans 15 293 parties d'eau froide (Exp. n° 31). Il est bien moins soluble encore dans l'eau ammoniacale : 1000 grammes d'une pareille eau, renfermant 1 p. de solution ammoniacale pour 3 p. d'eau, n'en dissolvent qu'une quantité correspondant à 0,004 gramme de pyrophosphate (*Kissel**); il se dissout sensiblement plus quand il y a du chlorhydrate d'ammoniaque; ainsi, dans une expérience de *Kissel*, 1000 grammes d'eau ammoniacale additionnés de 18 grammes de sel ammoniac ont dissous une quantité correspondant à 0,011 gramme de pyrophosphate. Un excès de sulfate de magnésie diminue la solubilité dans l'eau ammoniacale, même en présence du sel ammoniac, de telle façon que dans 1000 grammes de liquide on ne pouvait plus doser la quantité de phosphate ammoniaco-magnésien restant (*Kissel*); le précipité renferme alors un peu d'hydrate ou de sulfate basique de magnésie (*Kubel***), surtout s'il n'y a pas trop de sel ammoniac et si l'excès de sulfate de magnésie est un peu notable. — Le phosphate de soude diminue aussi la solubilité du phosphate ammoniaco-magnésien dans l'eau contenant du sel ammoniac et de l'ammoniaque, et cela dans la même mesure que le sulfate de magnésie (*W. Heintz****). Il se dissout facilement dans les acides, même dans l'acide acétique. Sa composition est exprimée par la formule $2MgO,AzH^4O,PhO^5 + 12Aq$. Desséché à $100°$, il perd 10 équivalents d'eau; au rouge toute l'eau part ainsi que l'ammoniaque et il ne reste que $2MgO,PhO^5$. Si l'on chauffe un peu plus fort et si le phosphate ammoniaco-magnésien est pur, il se produit une incandescence qui se propage dans toute la masse, mais sans pour cela changer le poids du résidu. Cette incandescence est gênée et même tout à fait empêchée, si le précipité renferme un peu d'un sel de chaux, ou d'un autre sel magnésien, ou de l'acide silicique. Ce phénomène n'est pas produit par le changement de l'acide phosphorique ordinaire en acide pyrophosphorique, mais par le passage de la substance de l'état ordinaire à l'état amorphe concret (*O. Podd*****). — Si l'on dissout le phosphate ammoniaco-magnésien dans l'acide chlorhydrique étendu ou dans l'acide azotique et si l'on ajoute de l'ammoniaque, ce sel est de nouveau précipité complètement ou, pour parler plus exactement, la précipitation est aussi complète que le permet la solubilité du sel dans un liquide contenant de l'ammoniaque ou de l'ammoniaque avec un sel ammoniacal.

c. Le PYROPHOSPHATE DE MAGNÉSIE est une masse blanche, paraissant quelquefois un peu grisâtre. Il est à peine soluble dans l'eau, mais facilement soluble dans l'acide chorhydrique et l'acide azotique. Il est inaltérable à l'air et à la chaleur rouge; à une température très élevée il fond sans décomposition. Au rouge blanc et avec le concours de l'hydrogène, il se forme $3MgO,PhO^5$, en même temps qu'il se dégage PhH^3,Ph et PhO^5 : $3(2MgO,PhO^5) = 2(3MgO,PhO^5) + PhO^5$ (*Struve******). Il ne change ni le papier de curcuma humide, ni le papier de tournesol rougi. — Si on le dissout dans l'acide chlorhydrique ou dans l'acide azotique, qu'on ajoute de l'eau, qu'on maintienne quelque temps à l'ébullition et qu'enfin on verse de l'ammoniaque en excès, on obtient un précipité de phosphate double d'ammoniaque et de magnésie qui, chauffé au rouge, ne donne plus autant de $2MgO,PhO^5$ qu'on

<hr>

(*) *Zeitschr. f. analyt. Chem.*, VIII, 173.
(**)　　　id.　　　　VIII, 125.
(***)　　　id.　　　　IX, 16.
(****)　　　id.　　　　1870. XIII, 305.
(*****) *Journ. f. prackt. Chem.*, LXXIX, 349.

en avait primitivement employé. La perte, suivant *Weber*, est de 1,3 à 2,3 pour 100. — Mes expériences (n° 32) le confirment et apprennent en outre dans quelles circonstances la perte est le plus faible. Le pyrophosphate de magnésie est complètement décomposé lorsqu'on le maintient longtemps en fusion avec le mélange des carbonates de potasse et de soude, et l'acide phosphorique passe à l'état d'acide tribasique. Si donc on traite la masse fondue par de l'acide chlorhydrique, qu'on ajoute de l'eau et de l'ammoniaque, en calcinant le précipité on retrouve la quantité première de pyrophosphate employé. — Si l'on évapore à siccité la solution de pyrophosphate de magnésie dans l'acide azotique, il reste un résidu blanc; en chauffant davantage, il devient couleur cannelle en même temps qu'il se dégage des vapeurs nitreuses, et après refroidissement il est blanc jaunâtre. En élevant toujours la température jusqu'au rouge sombre, il se produit une décomposition; il se dégage de nouveau de l'acide hypoazotique et l'on obtient du pyrophosphate magnésien blanc pur. L'abondant dégagement de gaz pourrait pendant l'évaporation occasionner des pertes, si l'on chauffait trop rapidement et sans précaution (*E. Luck*).

COMPOSITION :

PhO^5.	71,00	. . .	63.96
$2MgO$	40,00	. . .	36,04
	111,00		100,00

d. La MAGNÉSIE PURE est une poudre blanche et légère. Elle se dissout dans 85 368 parties d'eau froide et dans la même quantité d'eau bouillante (Exp. n° 32). Les dissolutions ont une faible réaction alcaline. Elle se dissout sans dégagement de gaz dans l'acide chlorhydrique et les autres acides. Elle se dissout en outre facilement dans les dissolutions des sels ammoniacaux neutres, et elle est aussi plus soluble dans les dissolutions de chlorure de potassium et de chlorure de sodium (Exp. n° 34), ainsi que dans celles de sulfate de potasse et de sulfate de soude (*Rob. Warington*). Elle attire lentement l'acide carbonique et l'humidité de l'air. Elle est inaltérable au rouge vif, et aux plus hautes températures elle ne fond qu'à la surface.

COMPOSITION :

Mg.	12	. . .	60,00
O.	8	. . .	40,00
	20		100,00

BASES DU TROISIÈME GROUPE.

§ 75.

1. Alumine.

L'alumine est en général précipitée à l'état d'*hydrate*, parfois à l'état d'*acétate basique* ou de *formiate basique*, et toujours pesée à l'*état pur*.

a. L'HYDRATE D'ALUMINE, fraîchement obtenu en précipitant par un alcali un sel d'alumine, est un précipité transparent qui, séché à 100°, a pour formule $Al^2O^3,3HO$. Il retient toujours un peu de l'acide auquel l'alumine était combinée et de l'alcali qu'on a employé pour la précipiter : on ne peut l'en débarrasser que difficilement par des lavages.

L'hydrate d'alumine est insoluble dans l'eau pure, très facilement soluble dans la potasse, la soude et l'éthylamine (*Sonnenschein*); il se dissout difficilement dans l'ammoniaque caustique et pas du tout dans le carbonate d'ammoniaque. La solubilité dans l'ammoniaque caustique est très diminuée par la présence des sels ammoniacaux (Exp. n° 35). L'exactitude de mes recherches à ce sujet, appuyées sur les expériences que j'ai faites lors de la publication de ma première édition, a été pleinement confirmée depuis par un travail de MM. *Malaguti* et *Durocher* (Ann. de chim. et de phys., 3° série, XVII, 421), ainsi que par de nombreuses expériences faites par M. *J. Fuchs*. Les premières ont montré de plus que, lorsqu'on précipite une dissolution d'alumine par le sulfhydrate d'ammoniaque, le liquide filtré même au bout de cinq minutes ne renferme plus d'alumine. — *Fuchs* prétend n'avoir pas vu ce fait se confirmer (Exp. n° 36).—L'hydrate d'alumine, au moment où il vient d'être précipité, se dissout facilement dans l'acide chlorhydrique et l'acide azotique : mais après filtration, ou bien après être resté déposé longtemps au fond du liquide d'où il a été précipité, il ne se dissout que difficilement dans les mêmes acides et seulement après une longue digestion. Il diminue beaucoup de volume par la dessiccation et forme alors une masse tantôt dure, transparente et jaunâtre, tantôt blanche et terreuse. Par la calcination, il perd son eau, souvent en décrépitant un peu, mais toujours en diminuant considérablement de volume.

L'hydrate d'alumine précipité par le chlorhydrate d'ammoniaque de sa solution dans une lessive de potasse ou de soude est blanc de lait, moins transparent, plus dense, plus facile à laver et bien moins soluble dans l'ammoniaque que le précédent; séché à 100°, il a pour formule $Al^2O^3,2HO$ (*J. Lœve*[']).

b. L'ALUMINE obtenue d'après a. par la calcination de l'hydrate est une masse légère, rude au toucher : si elle a été chauffée au rouge vif, elle forme de petits morceaux durs, agglomérés. Au blanc intense elle fond en un verre incolore. L'alumine calcinée ne se dissout que très difficilement dans les acides étendus : dans l'acide chlorhydrique fumant elle ne se dissout que lentement, mais complétement, par une longue digestion à chaud. Elle se dissout très facilement et très promptement, si on la chauffe d'abord dans un mélange de 8 parties d'acide sulfurique monohydraté et 3 parties d'eau, auquel on ajoute ensuite de l'eau pour dissoudre le sulfate d'alumine formé (*A. Mitscherlich*[**]). Elle est inaltérable quand on la chauffe au rouge dans un courant d'hydrogène. Fondue avec le sulfate acide de potasse, elle se désagrège au point que le résidu se dissout alors facilement dans l'eau.— En calcinant l'alumine avec du sel ammoniac, il se dégage du chlorure d'aluminium; on ne peut pas toutefois obtenir par ce moyen la volatilisation complète de l'alumine (*H. Rose*). En fondant l'alumine avec dix fois son poids de carbonate de soude, à une très haute température, il se forme de l'aluminate de soude soluble dans l'eau (*R. Richter*). L'alumine pure, placée sur un papier rouge de tournesol humide, ne le ramène pas au bleu.

(') *Zeitschr. f. analyt. Chem.*, IV, 350.
**) *Journ. f. prackt. Chem.*, LXXXI, 110.

COMPOSITION :

2Al	27,50	. . .	53,40
3O	24,00	. . .	46,60
	51.50		100,00

c. A une dissolution d'un sel d'alumine si l'on ajoute du carbonate de soude jusqu'à ce que le précipité formé disparaisse à peine encore par l'agitation, puis que l'on verse de l'acétate de soude ou de l'acétate d'ammoniaque en quantité suffisante, et que l'on fasse bouillir quelque temps, alors l'alumine se dépose presque complètement à l'état d'acétate basique sous forme d'un précipité transparent et de telle sorte que, en faisant bouillir le liquide filtré avec de l'ammoniaque et du sel ammoniac, il ne se dépose que des flocons d'hydrate d'alumine que l'on ne pourrait pas peser. Si l'on prend trop peu d'acétate de soude, le précipité paraît grumeleux : le liquide filtré renferme dans ce cas de plus grandes quantités d'alumine. Toutefois le précipité ne se laisse ni bien séparer par filtration ni bien laver. On emploie pour cela l'eau bouillante, à laquelle on ajoute un peu d'acétate de soude ou d'acétate d'ammoniaque. Le précipité se dissout facilement dans l'acide chlorhydrique.

d. En remplaçant les acétates indiqués en c. par les formiates correspondants, on obtient un précipité en flocons volumineux de formiate basique d'alumine, qui peut se laver sans difficulté (*Fr. Schulze*[*]).

§ 76.

2. Oxyde de chrome.

L'oxyde de chrome est en général précipité à l'état d'*hydrate*, et toujours pesé à l'état pur.

a. Le SESQUIOXYDE DE CHROME HYDRATÉ, obtenu par précipitation des dissolutions vertes de chrome, est un précipité gélatineux gris verdâtre, insoluble dans l'eau, mais qui se dissout facilement à froid dans la lessive de potasse ou dans celle de soude en donnant un liquide vert foncé : il est notamment moins soluble dans l'ammoniaque, qu'il colore en rouge violet clair; avec les acides il donne facilement une dissolution colorée en vert foncé. La présence du sel ammoniac est sans influence sur la solubilité de l'hydrate dans l'ammoniaque. Par l'ébullition tout l'oxyde se dépose de la dissolution dans la potasse ou la soude aussi bien que de la solution ammoniacale (Exp. n° 37). L'hydrate desséché forme une poudre bleu verdâtre, qui perd son eau d'hydratation au rouge faible.

b. Le SESQUIOXYDE DE CHROME, préparé en chauffant l'hydrate jusqu'au rouge foncé, est une poudre vert foncé qui, à une température plus élevée, ne perd plus de son poids et prend une couleur plus claire à la température rouge vif. L'oxyde faiblement calciné est difficilement soluble dans l'acide chlorhydrique, et ne l'est plus du tout quand il a été fortement chauffé au rouge. Il n'éprouve aucun changement lorsqu'on le calcine avec le sel ammoniac ou dans un courant d'hydrogène. Fondu avec du carbonate de soude et du salpêtre, il se change en chromate de potasse.

[*] *Chem. Centralbl.*, 1861. 3.

COMPOSITION :

2Cr	52,48	. . .	68,62
3O	24,00	. . .	31,38
	76,48		100,00

BASES DU QUATRIÈME GROUPE.

§ 77.

1. Oxyde de zinc.

Le zinc est pesé sous forme d'*oxyde* ou de *sulfure*. La transformation en oxyde s'obtient en précipitant le zinc à l'état de *carbonate basique de zinc* ou de *sulfure de zinc*, ou aussi par une simple calcination au rouge.

a. Le CARBONATE DE ZINC basique, fraîchement obtenu, est un précipité blanc, floconneux, presque insoluble dans l'eau (1 partie exige 44 600 parties d'eau. Ex. n° 38); il se dissout facilement dans la potasse, la soude, l'ammoniaque, le carbonate d'ammoniaque et les acides. Si l'on fait bouillir les dissolutions dans la lessive de potasse ou dans celle de soude et si elles sont concentrées, elles ne subissent pas d'altération; mais si elles sont étendues, presque tout l'oxyde de zinc se dépose en précipité blanc. Les dissolutions dans l'ammoniaque et dans le carbonate d'ammoniaque abandonnent aussi l'oxyde de zinc par l'ébullition, surtout si elles sont étendues. Si l'on précipite une dissolution neutre de zinc avec du carbonate de potasse ou de soude, il se dégage de l'acide carbonique, parce que le précipité formé n'est pas ZnO,CO^2, mais une combinaison d'hydrate d'oxyde de zinc et d'acide carbonique, en proportion variable suivant la concentration du liquide et les conditions de la précipitation. A la faveur de cet acide carbonique libre, une partie de l'oxyde de zinc reste en dissolution, de façon que le liquide filtré à froid donne un précipité avec le sulfhydrate d'ammoniaque. Mais si l'on opère la précipitation à la température de l'ébullition et si l'on fait encore bouillir quelque temps, la précipitation est complète, en ce sens que le sulfhydrate d'ammoniaque ne trouble plus le liquide filtré. Toutefois, en laissant reposer longtemps ces derniers liquides mélangés, il se dépose encore des flocons de sulfure de zinc, mais en si petite quantité qu'on ne peut pour ainsi dire pas les peser. En opérant comme nous venons de le dire, le précipité se laisse complètement débarrasser des alcalis par un lavage à l'eau chaude. — En présence de sels ammoniacaux la précipitation n'est complète, dans les conditions que nous venons d'indiquer, qu'autant que toute l'ammoniaque a été chassée. — Si l'on évapore à siccité, à une douce chaleur, une dissolution d'un sel de zinc additionnée d'un excès de carbonate de potasse ou de soude, et si l'on traite le résidu par de l'eau froide, une notable portion du zinc se dissout à l'état de carbonate de zinc et de potasse : mais si l'on évapore à la température de l'ébullition et si l'on reprend le résidu par de l'eau chaude, la précipitation est complète et telle que nous l'avons indiquée plus haut. — Le carbonate basique de zinc desséché forme une poudre ténue, d'un blanc brillant, qui par la calcination se change en oxyde de zinc.

b. L'OXYDE DE ZINC provenant de la calcination du carbonate est une poudre légère, blanche, mais avec une légère teinte jaunâtre. Il devient jaune par la chaleur et de nouveau blanc par le refroidissement. Avec du charbon, il donne de l'oxyde de carbone et de la vapeur de zinc. Chauffé au rouge dans un courant rapide d'hydrogène, il donne du zinc métallique : mais si le courant gazeux est lent, on a de l'oxyde de zinc cristallisé (*Sainte-Claire Deville*) et une portion du zinc se réduit en vapeur. Il est insoluble dans l'eau et, placé sur un papier de curcuma humide, il ne le brunit pas. Il se dissout facilement dans les acides sans dégagement de gaz. — Chauffé au rouge avec du sel ammoniac, il se transforme en chlorure de zinc fondu, qui se volatilise très difficilement à l'abri de l'air, mais au contraire très facilement et avec des vapeurs de sel ammoniac, si on laisse l'accès de l'air. Chauffé au rouge dans un courant d'hydrogène avec une quantité suffisante de soufre en poudre, on obtient une quantité de sulfure de zinc correspondant à celle de l'oxyde (*H. Rose*).

COMPOSITION :

Zn	32,53	. . . 80,26
O	8,00	. . . 19,74
	40,53	100,00

c. Le SULFURE DE ZINC fraîchement obtenu est un précipité blanc léger, retenant de l'eau. Lorsqu'on le produit, voici (d'après des expériences que j'ai faites[*]) les phénomènes que l'on observe. Le sulfhydrate d'ammoniaque incolore précipite, mais très lentement, les dissolutions de zinc étendues ; le sulfhydrate jaune ne précipite pas les solutions étendues (1 : 5000). Le sel-ammoniac rend la précipitation plus prompte et plus complète. L'ammoniaque maintient le précipité un peu plus longtemps en suspension, mais n'a pas d'influence fâcheuse. En se plaçant dans les conditions les plus favorables, le sulfhydrate d'ammoniaque peut précipiter l'oxyde de zinc d'un liquide qui n'en contiendrait que $\frac{1}{500000}$, en supposant qu'on abandonne le tout pendant 24 heures dans un lieu chaud. Le sulfure de zinc hydraté, à cause de sa consistance gélatineuse, bouche facilement les pores du filtre, ce qui fait que le lavage sur le filtre est fort difficile. Pour qu'il le soit moins, on prend de l'eau contenant du sulfhydrate d'ammoniaque, à laquelle on ajoute d'abord beaucoup de sel ammoniac, puis un peu moins, puis enfin on n'en met plus du tout (Exp. n° 39). — Le sulfure de zinc hydraté ne se dissout ni dans l'eau, ni dans les alcalis caustiques ou carbonatés, ni dans les sulfures alcalins. Il est facilement dissous et complètement par l'acide chlorhydrique et l'acide azotique, mais extrêmement peu par l'acide acétique. Desséché, il forme une poudre blanche qui, séchée à l'air, a pour formule $3ZnS,2HO$; à 100°, c'est $2ZnS,HO$; et à 150°, $4ZnS,HO$ (*Souchay*). Au rouge, la totalité de l'eau est chassée. Dans cette dernière opération il se dégage un peu d'acide sulfhydrique et le sulfure de zinc restant renferme de l'oxyde de zinc. En grillant le résidu au contact de l'air et au vif, de petites quantités de sulfure de zinc se changent facilement en oxyde de zinc. Le sulfure de zinc desséché, chauffé au rouge dans un cou-

[*] *Journ. f. prackt. Chem.*, LXXXII, 263.

rant d'hydrogène avec du soufre en poudre, se change en sulfure de zinc pur anhydre (*H. Rose*). Celui-ci, maintenu pendant cinq minutes au rouge vif du chalumeau à gaz, ne subit pas de perte de poids appréciable ; mais si l'on prolonge l'action de la chaleur longtemps, le poids change d'une façon sensible (*Al. Classen*[*]).

COMPOSITION :

Zn	32,53 . . .	67,03
S.	16,00 . . .	32,97
	48,53	100,00

§ 78.

Protoxyde de manganèse.

Le manganèse est pesé à l'état d'*oxyde rouge* ou *oxyde salin* ($MnO+Mn^2O^3$ $=Mn^3O^4$), ou de *sulfure* ou de *sulfate de protoxyde*, ou de *pyrophosphate de protoxyde de manganèse*.—Outre ces combinaisons, il nous faut encore connaître celles sous lesquelles on le précipite pour le doser sous les formes précédentes, savoir : le *carbonate de protoxyde*, l'*hydrate de protoxyde*, le *peroxyde* et le *phosphate double d'ammoniaque et de protoxyde de manganèse*.

a. Le CARBONATE DE PROTOXYDE DE MANGANÈSE récemment préparé est un précipité blanc, floconneux, insoluble dans l'eau, un peu moins dans l'eau contenant de l'acide carbonique. Le carbonate de soude ou de potasse n'augmente pas sa solubilité. La dissolution de sel ammoniac le dissout facilement lorsqu'il a été récemment précipité : aussi la précipitation d'une solution de manganèse par le carbonate de soude ou de potasse ne peut être complète en présence du sel ammoniac (ou de tout autre sel ammoniacal) qu'autant que ce dernier est complètement chassé ou décomposé. —À l'état humide et au contact de l'air ou lavé avec de l'eau aérée, surtout en contact avec les carbonates alcalins, le précipité prend peu à peu une teinte d'un blanc brun sale, parce qu'une partie se change en oxyde salin hydraté. En lavant ce précipité (ce qui, même en prolongeant le lavage, n'enlève pas les dernières traces de sels alcalins), l'eau qui passe est souvent trouble. En évaporant à siccité le liquide filtré avec les eaux de lavage, et traitant le résidu par l'eau bouillante, on trouve non dissoutes, à l'état d'hydrate d'oxyde salin (Mn^3O^4), les petites quantités de carbonate de manganèse restées en dissolution et en suspension ; — séché par pression, le précipité blanc est MnO,CO^2+HO ; séché dans le vide, il est $2(MnO,CO^2)+HO$ (*Prior*[**]) ; séché au contact de l'air, il devient blanc sale, à cause d'un mélange avec Mn^3O^4 hydraté. — Chauffé fortement au rouge à l'air, il devient d'abord noir, puis passe à l'état d'oxyde salin brun. Cette transformation exige un certain temps pour s'opérer, et ne doit être considérée comme complète que lorsque deux pesées, entre lesquelles on calcine le précipité de nouveau au contact de l'air, sont parfaitement identiques. En chauffant au rouge dans un courant d'hydrogène le carbonate de manganèse mélangé avec du soufre en poudre, on a du sulfure de manganèse (*H. Rose*).

[*] *Zeitschr. f. analyt. Chem.*, IV, 121.
[**] *Zeitschr. f. analyt. Chem.*, VIII, 128.

b. Le PROTOXYDE DE MANGANÈSE HYDRATÉ forme, au moment de sa production, un précipité blanc, floconneux, insoluble dans l'eau et dans les alcalis, soluble dans le sel ammoniac et qui devient brun au contact de l'air par suite de sa transformation en oxyde salin hydraté. Desséché à l'air il donne une poudre brune (oxyde salin hydraté) qui, fortement chauffée au rouge, au contact de l'air, passe à l'état d'oxyde salin et, chauffée au rouge avec du soufre dans un courant d'hydrogène, se change en sulfure.

c. L'OXYDE SALIN DE MANGANÈSE ou oxyde rouge, qui est le résultat définitif d'une calcination au rouge vif et au contact de l'air de tous les différents oxydes du manganèse, forme une poudre brune qnand il est préparé artificiellement. Chaque calcination lui donne une teinte plus noire, mais son poids ne change pas. Il est insoluble dans l'eau, n'altère pas les couleurs végétales : chauffé au rouge avec du sel ammoniac, il se transforme en chlorure : chauffé avec de l'acide chlorhydrique concentré, il se dissout à l'état de chlorure avec dégagement de chlore ($Mn^3O^4 + 4.ClH = 3.MnCl + Cl + 4.HO$). Chauffé au rouge avec du soufre en poudre dans un courant d'hydrogène, il se change en sulfure (*H. Rose*), dans un courant d'oxygène en sesquioxyde (*Schneider*), et dans un courant d'hydrogène en protoxyde.

COMPOSITION :

3Mn	82,50	. . .	72,05
4O	52,00	. . .	27,95
	114,50		100,00

d. Le PEROXYDE DE MANGANÈSE s'obtient le plus souvent dans les analyses en soumettant à une température sans cesse croissante une dissolution concentrée d'azotate de protoxyde de manganèse. À 140° il se dépose déjà des flocons bruns : à 155° il se dégage beaucoup d'acide azoteux et tout le manganèse se précipite à l'état de peroxyde anhydre. Il est d'un noir brun, il se dépose avec une surface brillante sur les parois des vases, il ne se dissout pas dans l'acide azotique faible et seulement en petite quantité dans le même acide concentré et chaud (*Deville*). Il se dissout dans l'acide chlorhydrique avec dégagement de chlore et dans l'acide sulfurique avec dégagement d'oxygène. Il n'est pas rare que dans les séparations on obtienne le peroxyde de manganèse à l'état d'hydrate, par exemple lorsqu'on précipite une dissolution d'un sel de protoxyde par de l'hypochlorite de soude ou lorsque, après addition d'acétate de soude, on précipite à chaud avec du chlore. Le précipité noir brun floconneux ainsi obtenu est hydraté et retient toujours de l'alcali, dont on ne peut pas le débarrasser bien complètement dans les lavages.

e. Le SULFURE DE MANGANÈSE obtenu par voie humide est un précipité couleur de chair. Pour l'obtenir il faut tenir compte des remarques que j'ai faites récemment à ce sujet (*). La précipitation se fait mal et incomplètement, si dans une dissolution pure de manganèse on n'ajoute que du sulfhydrate d'ammoniaque, qu'il soit incolore ou jaune, tandis qu'elle réussit bien, si l'on ajoute du chlorhydrate d'ammoniaque. Même une grande quantité de ce dernier n'empêche pas la précipitation complète, mais elle la ra-

___

(*) *Journ. f. prackt. Chem.*, LXXXII, 263.

lentit sensiblement. — L'ammoniaque libre en petite quantité ne nuit pas, mais si elle est en excès, elle n'est pas favorable à la réaction et empêche la précipitation complète, surtout en présence du polysulfure d'ammonium (*A. Classen* [*]). Dans tous les cas, avant de filtrer il faut abandonner la liqueur dans un lieu chaud au moins 24 heures et même 48 heures pour les dissolutions très étendues. Comme précipitant, le sulfhydrate d'ammoniaque jaune est préférable. En présence du chlorhydrate d'ammoniaque un grand excès de sulfhydrate est sans inconvénients. En tenant compte de ces remarques, on peut avec le sulfhydrate d'ammoniaque précipiter le manganèse dans des dissolutions qui ne contiennent que $\frac{1}{10000}$ de protoxyde. — Dans certaines circonstances, j'ai remarqué que le sulfure de manganèse hydratique couleur de chair se change en sulfure anhydre vert (**), au milieu même du liquide où il s'est formé. Cela arrive surtout lorsqu'on ajoute d'abord un grand excès de sulfhydrate d'ammoniaque à la liqueur : la chaleur favorise la transformation, la présence du sel ammoniac la gêne ou l'empêche. Parfois elle se fait rapidement, d'autres fois il faut attendre longtemps. Ce sulfure de manganèse vu au microscope a la forme bien nettement reconnaissable de lamelles octogonales (*F. Muck* ***). Il se dissout avec dégagement d'acide sulfhydrique dans les acides (chlorhydrique, sulfurique, acétique, etc.). Abandonné à l'air à l'état humide ou lavé avec de l'eau aérée, il devient brun; il se forme alors de l'hydrate d'oxyde salin et un peu de sulfate de protoxyde de manganèse. Aussi pour laver le précipité, on ajoute toujours à l'eau du sulfhydrate d'ammoniaque et l'on a soin que le filtre soit rempli autant que possible avec l'eau de lavage. Pour empêcher que le liquide passe trouble à travers le filtre, on ajoute au commencement beaucoup de sel ammoniac, puis de moins en moins, jusqu'à ce qu'on le supprime complètement (Exp. n° 40). — Le précipité mélangé de soufre, calciné au rouge dans un courant d'hydrogène, se change en sulfure anhydre. Si l'on a chauffé au rouge sombre, le produit est vert clair; mais en chauffant très fort il devient vert foncé et même noir. Ni le sulfure vert ni le sulfure noir n'absorbent rapidement l'oxygène et l'humidité de l'air (*H. Rose*). Le sulfure de manganèse anhydre se dissout aussi facilement dans les acides étendus.

COMPOSITION :

Mn	27,5	. . . 63,22
S	16,0	. . . 56,78
	43,5	100,00

f. Le SULFATE DE PROTOXYDE DE MANGANÈSE anhydre, tel qu'on l'obtient en chauffant le sulfate cristallisé, forme une masse blanche, friable, facilement soluble dans l'eau. Il peut supporter sans se décomposer une température rouge faible; au rouge vif, il est plus ou moins complètement décomposé en laissant dégager de l'oxygène, de l'acide sulfureux, de l'acide sulfurique anhydre et en donnant pour résidu de l'oxyde salin. Chauffé au

(*) *Zeitschr. f. analyt. Chem.*, VIII, 370.
(**) *Journ. f. prackt. Chem.*, LXXXII, 268.
(***) *Zeitschr. f. analyt. Chem.*, N. F., VI, 6.

rouge avec du soufre en poudre dans un courant d'hydrogène, il se change en sulfure (*H. Rose*).

COMPOSITION :

MnO	35,50	. . .	47,02
SO^3	40,00	. . .	52,98
	75,50		100,00

g. On indiquera au § **109** les propriétés du *pyrophosphate de protoxyde de manganèse* et celles du *phosphate double d'ammoniaque et de protoxyde de manganèse*.

§ **79**.

5. Protoxyde de nickel.

Le nickel est toujours pesé à l'état de *protoxyde* et de *nickel métallique*, et aussi parfois à l'état de *sulfate de protoxyde* anhydre. Il nous faut en outre parler du *protoxyde hydraté* et du *sulfure*, qui sont les formes sous lesquelles on précipite le nickel.

a. Le PROTOXYDE DE NICKEL HYDRATÉ est un précipité vert pomme, presque complètement insoluble dans l'eau. Obtenu dans une solution de chlorure ou de sulfate de protoxyde de nickel, il conserve des traces de l'acide du sel, même après un lavage prolongé (*Teichmann* [*]), et il ne se laisse aussi que très difficilement débarrasser des dernières traces d'alcali. Il se dissout assez difficilement dans l'ammoniaque et le carbonate d'ammoniaque, à moins qu'il n'y ait en présence un sel ammoniacal. La potasse ou la soude précipitent de ces solutions ammoniacales, surtout à chaud, l'hydrate de protoxyde de nickel, et la précipitation est complète. Il est inaltérable à l'air, et chauffé au rouge il se change en protoxyde anhydre.

b. Le PROTOXYDE DE NICKEL est une poudre dont la couleur varie du vert au vert-gris sale. Obtenu en chauffant au rouge l'azotate de protoxyde de nickel, il renferme toujours un peu de peroxyde : ce n'est qu'en chauffant long-temps et au rouge vif qu'on obtient l'oxydule pur, vert (*W. R. Russel* [**]). Son poids ne change pas par la calcination au rouge à l'air : il est insoluble dans l'eau, facilement soluble dans l'acide chlorhydrique : il ne change pas les couleurs végétales et, chauffé au rouge avec du sel ammoniac, il se change en nickel métallique (*H. Rose*). Il est également facile à réduire au rouge par un courant d'hydrogène ou d'oxyde de carbone.

COMPOSITION :

Ni	29,5	. . .	78,67
O	8,0	. . .	21,33
	37,5		100,00

c. Le NICKEL MÉTALLIQUE, comme on l'obtient dans les analyses en réduisant le protoxyde par l'hydrogène, est une poudre métallique grise, ou bien un métal brillant, blanc d'argent, fondu quand on a fortement élevé la tempé-

[*] *Ann. d. Chem. u. Pharm.*, CLVI, 17.
[**] *Zeitschr. f. analyt. Chem.*, II, 473.

rature. Chauffé au rouge dans l'hydrogène, le poids ne change pas ; dans l'air il s'oxyde à la surface. Le nickel est attiré par l'aimant ; l'acide chlorhydrique et l'acide sulfurique étendu le dissolvent lentement ; l'acide azotique de moyenne concentration l'attaque facilement.

d. Le SULFATE ANHYDRE DE PROTOXYDE DE NICKEL, obtenu par évaporation d'une solution de chlorure ou d'azotate, etc., avec l'acide sulfurique, est jaune, soluble dans l'eau en un liquide vert. Le sel hydraté, chauffé avec précaution dans une capsule en platine, peut se déshydrater sans perdre d'acide ; mais au rouge il perd de l'acide, et une coloration noire se produit sur les bords de la masse (*Fr. Gauhe* *).

e. Le SULFURE DE NICKEL hydraté, préparé par la voie humide, est un précipité noir insoluble dans l'eau. Dans sa précipitation il est certaines circonstances auxquelles il faut faire attention et que j'ai étudiées récemment (***). La précipitation ne réussit pas bien, si l'on n'ajoute que du sulfhydrate d'ammoniaque à un sel de protoxyde de nickel pur, tandis qu'elle est complète, si l'on y ajoute du sel ammoniac ; même un grand excès de ce dernier est sans inconvénient. Au contraire il faut éviter l'ammoniaque libre : aussitôt que cet alcali domine, le nickel reste dissous. Dans ce cas le liquide surnageant paraît brun. On choisira comme précipitant le sulfhydrate d'ammoniaque incolore ou jaune pâle, ne contenant pas d'ammoniaque libre. Si l'on fait attention à toutes ces précautions et si on laisse reposer 48 heures, le nickel est complètement précipité par le sulfhydrate d'ammoniaque dans des dissolutions qui ne renferment que $\frac{1}{800000}$ de protoxyde. Comme le précipité absorbe l'oxygène de l'air pour se changer en sulfate de protoxyde de nickel, on emploiera pour le lavage de l'eau contenant du sulfhydrate d'ammoniaque, auquel on ajoutera au commencement beaucoup de sel ammoniac, puis de moins en moins, et on maintiendra le filtre aussi plein que possible (Exp. n° 41). Si la liqueur filtrée est brune, elle renferme encore du sulfure de nickel, qu'on précipite en ajoutant de l'acide acétique et en faisant bouillir longtemps. — Le sulfure de nickel se dissout très peu dans l'acide acétique concentré, un peu plus dans l'acide chlorhydrique, facilement dans l'acide azotique et mieux encore dans l'eau régale. La calcination le change en sulfure anhydre : si l'air intervient, il se forme un composé basique d'oxyde de nickel et d'acide sulfurique. Chauffé au rouge avec du soufre dans un courant d'hydrogène, il donne du sulfure de nickel (Ni^2S) fondu, de couleur jaune pâle et ayant l'aspect métallique. Toutefois sa composition n'est pas constante (*F. Gauhe* ***). — Si l'on chauffe à 120° dans un tube scellé à la lampe un sel neutre de protoxyde de nickel avec un excès d'hyposulfite de soude, au bout d'une demi-heure tout le nickel est précipité à l'état de sulfure ($NiCl + 2(NaO, S^2O^2) = NiS + NaCl + NaO, S^3O^5$). Celui-ci est vert, inaltérable à l'air ; il peut être lavé avec facilité : l'acide chlorhydrique et l'acide sulfurique étendus l'attaquent à peine ; en le dissolvant dans l'acide azotique et en évaporant la solution avec de l'acide sulfurique, on le transforme en sulfate de protoxyde (*W. Gibbs* ****).

(*) *Zeitschr. f. analyt. Chem.*, IV, 190.
(**) *Journ. f. prackt. Chem.*, LXXXII, 257.
(***) *Zeitschr. f. analyt. Chem.*, IV, 191.
(****) *Zeitschr. f. analyt. Chem.*, III, 389.

§ 80.

4. Protoxyde de cobalt.

Les formes les plus convenables au dosage du cobalt sont les suivantes : le *cobalt métallique pur* ou le *sulfate de protoxyde*. Nous donnerons aussi les propriétés de l'*hydrate de protoxyde*, du *sulfure* et de l'*azotite double de cobalt et de potasse*, qui permettent quelquefois de doser le cobalt.

a. HYDRATE DE PROTOXYDE DE COBALT. Si l'on précipite avec de la potasse une dissolution de protoxyde de cobalt, on obtient d'abord un précipité bleu (sel basique) qui passe à l'état d'hydrate rouge clair, par son ébullition avec un excès de potasse à l'abri du contact de l'air ; si au contraire on laisse accès à l'air la couleur est salé d'abord, puis à la fin noire par suite de la transformation en peroxyde d'une partie du protoxyde. Toutefois l'hydrate ainsi obtenu renferme toujours un peu de l'acide du sel et même, après un lavage prolongé avec de l'eau chaude, il reste une partie assez notable de l'alcali employé pour la précipitation. Cependant il n'en résulte pas une erreur qui altère l'exactitude des résultats (*H. Rose, Fr. Gauhe**).

L'hydrate de protoxyde de cobalt est insoluble dans l'eau et dans la lessive étendue de potasse : il se dissout un peu dans la potasse concentrée et facilement dans les sels ammoniacaux. Séché à l'air, il devient brun en absorbant de l'oxygène. Fortement chauffé au rouge, il se change en protoxyde anhydre, quand bien même par ébullition ou par dessiccation à l'air il se serait déjà formé de l'hydrate d'oxyde salin : en sorte que, si l'on opère le refroidissement à l'abri de l'air, par exemple dans un courant d'acide carbonique, on obtient le protoxyde pur brun clair. Au contraire, en laissant refroidir à l'air, le protoxyde absorbant de l'oxygène se transforme plus ou moins en oxyde salin noir (*W. J. Russell ****). — En chauffant dans un courant d'hydrogène on a le cobalt métallique, que l'on peut débarrasser presque complètement de l'alcali en faisant bouillir avec de l'eau.

b. Le COBALT MÉTALLIQUE obtenu en a., ou en calcinant dans un courant d'hydrogène le chlorure pur ou l'oxyde salin (résidu de la calcination de l'azotate), est une poudre métallique d'un noir grisâtre. Il fond plus difficilement que l'or et est attirable à l'aimant. Si la réaction a lieu à une température moins élevée, la poudre métallique prend feu à l'air en se changeant en oxyde salin. Cela n'arrive pas, si pendant la réduction on chauffe fortement au rouge. Le cobalt ne décompose l'eau ni à la température ordinaire ni à l'ébullition, mais bien en présence de l'acide sulfurique. Chauffé avec de l'acide sulfurique monohydraté il donne du sulfate de protoxyde de cobalt avec dégagement d'acide sulfureux : il se dissout facilement dans l'acide azotique à l'état d'azotate de protoxyde.

c. Le SULFURE DE COBALT obtenu par voie humide est un précipité noir insoluble dans l'eau, dans les alcalis et dans les sulfures alcalins. Pour l'obtenir, il faut avoir égard aux circonstances que j'ai étudiées (*****). Le sulfhydrate d'ammoniaque seul ne le précipite que lentement et incomplètement,

(*) *Zeitschr. f. analyt. Chem.*, IV, 54.
(**) *Zeitschr. f. analyt. Chem.*, II, 471.
(***) *Journ. f. prackt. Chem.*, LXXXII, 262.

mais avec addition de sel ammoniac la précipitation est prompte et complète. L'ammoniaque libre n'a pas d'inconvénient; on peut prendre le sulfhydrate incolore ou le sulfhydrate jaune. En ne négligeant pas ces observations, on peut précipiter le cobalt dans une liqueur qui ne renferme que $\frac{1}{800000}$ de protoxyde. Exposé encore humide à l'air, le sulfure de cobalt se change en sulfate de protoxyde. Il faudra donc pour les lavages prendre de l'eau additionnée de sulfhydrate d'ammoniaque et maintenir le filtre plein. Il sera bon aussi d'ajouter à cette eau, au commencement, assez de sel ammoniac, dont on diminuera peu à peu la proportion. Le sulfure de cobalt se dissout peu dans l'acide acétique et dans les acides minéraux étendus : il est plus soluble dans l'eau régale concentrée et l'est très facilement dans ce liquide chaud. Chauffé dans un courant d'hydrogène avec du soufre en poudre, il donne suivant les températures différents sulfures de cobalt. Comme il y a de l'incertitude sur la composition du résidu, celui-ci ne peut servir au dosage du cobalt (*H. Rose*). — En faisant chauffer une heure une solution d'un sel de cobalt avec un excès d'hyposulfite de soude dans un tube fermé et à 120°, tout le cobalt se sépare sous forme de sulfure lourd, inaltérable à l'air, facile à laver, insoluble dans l'acide chlorhydrique ou l'acide sulfurique étendus (*W. Gibbs*[*]). En chauffant à l'air, humectant avec l'acide azotique, évaporant avec de l'acide sulfurique et chauffant au rouge, on le transforme en sulfate de protoxyde.

d. Le SULFATE DE PROTOXYDE DE COBALT combiné à 7 équivalents d'eau cristallise difficilement en prismes obliques à vase rhombe, d'un beau rouge. Les cristaux perdent toute leur eau à une chaleur modérée et se changent en sel anhydre rouge rosé. Celui-ci peut supporter une température rouge faible (rouge sombre) sans perdre d'acide. Il se dissout assez facilement dans l'eau froide, mais plus facilement dans l'eau chaude.

COMPOSITION :

CoO	37,5	48,39
SO³	40,0	51.61
	77,5	100,00

c. AZOTITE DOUBLE DE COBALT ET DE POTASSE. Dans une dissolution pas trop étendue d'un sel de protoxyde de cobalt si l'on ajoute de la lessive de potasse en léger excès, puis de l'acide acétique de façon à redissoudre le précipité qui se forme, et enfin une solution concentrée d'azotite de potasse acidulée avec de l'acide acétique, il se forme d'abord un précipité brunâtre sale, qui peu à peu, surtout en chauffant, devient jaune et cristallin (*N. W. Fischer*[**]). — D'après les analyses de *Stomeyer* [***] le précipité, séché à 100°, correspond à la formule $Co^2O^3, 2AzO^3 + 3KO, AzO^3 + 2HO$. Il se dissout notablement dans l'eau, moins dans une solution d'acétate de potasse neutre ou acidulée d'acide acétique; il ne se dissout pas dans ces solutions additionnées d'azotite de potasse, pas davantage dans une solution d'azotite de potasse, et pas du tout dans l'alcool à 80 p. c. — Si on le lave avec de

[*] *Zeitschr. f. analyt. Chem.*, III, 590.
[**] *Pogg. Ann.*, LXXII, 477.
[***] *Ann. d. Chem. u. Pharm.*, XCVI, 218.

l'eau ou avec une dissolution d'acétate de potasse, il dégage constamment un peu de bioxyde d'azote, ce qui n'a pas lieu si l'on ajoute un peu d'azotite de potasse au liquide laveur. La combinaison est difficilement décomposée par la lessive de potasse, mais facilement par la lessive de soude ou l'eau de baryte : il se sépare de l'oxyde de cobalt hydraté brun. En humectant avec de l'acide sulfurique monohydraté et chauffant au rouge (en ajoutant à la fin un peu de carbonate d'ammoniaque), on obtient $2\,(CoO,SO^3) + 3(KO,SO^3)$. toutefois il est assez difficile de chasser tout l'excès d'acide sans en même temps décomposer un peu du sulfate de protoxyde de cobalt. L'azotite double de cobalt et de potasse se dissout dans l'acide chlorhydrique et la lessive de potasse précipite de la dissolution tout le cobalt à l'état d'hydrate de protoxyde, parfois d'oxyde salin.

§ 81.

5. Protoxyde de fer. — Peroxyde de fer.

Le fer est ordinairement pesé à l'état de *peroxyde*, quelquefois à l'état de *sulfure*. Outre ces combinaisons, nous devons encore connaître l'*hydrate de peroxyde* le *succinate*, l'*acétate* et le *formiate*, qui permettent souvent de l'obtenir à l'état où il sera pesé.

a. L'HYDRATE DE PEROXYDE DE FER, au moment de sa formation par voie humide, est un précipité brun rouge, insoluble dans l'eau, les alcalis et les sels ammoniacaux, facilement soluble dans les acides ; il diminue considérablement de volume par la dessiccation. Simplement desséché, il forme une masse brune, dure, à cassure écailleuse, brillante. Lorsque pour la précipitation on n'emploie pas un excès d'alcali, le précipité renferme un sel basique et, si l'alcali est en excès, le précipité en retient toujours un peu ; c'est pourquoi il faudra dans les analyses n'employer que de l'ammoniaque. Dans certaines circonstances, par exemple en chauffant longtemps au bain-marie une dissolution d'acétate de peroxyde de fer (dont la couleur rouge sang devient rouge brique et qui paraît trouble quand on la regarde dans la lumière incidente) et en ajoutant ensuite un peu d'acide sulfurique ou d'un sel alcalin, on obtient un hydrate brun rouge qui est complètement insoluble dans les acides froids, même concentrés, et qui n'est pas attaqué par l'acide azotique, même bouillant (*Péan de Saint-Gilles*).

A côté de l'hydrate de peroxyde de fer il faut placer ces sels très basiques de peroxyde, qu'on obtient en additionnant les solutions ferriques, surtout celle de perchlorure, froides et étendues avec du carbonate d'ammoniaque, qu'on ajoute avec précaution jusqu'à ce que le liquide maintenu froid, ne s'éclaircisse plus, mais soit plus trouble qu'avant : puis on fait bouillir. Ces précipités, formés ainsi dans la liqueur à réaction encore nettement acide, renferment tout le fer et jouent un rôle important dans la séparation des corps. Il faut les laver avec de l'eau bouillante et surtout contenant un peu de sel ammoniac, parce que le lavage à l'eau pure en dissout toujours un peu. Ils ne sont pas convenables pour la calcination, par ce que suivant les circonstances il peut se volatiser un peu de perchlorure de fer.

b. Chauffé au rouge, l'hydrate de peroxyde de fer passe à l'état de PEROXYDE DE FER ANHYDRE. Si l'hydrate n'a pas été préalablement desséché avec soin, des parcelles d'oxyde pourront être facilement projetées par la vapeur, qui se dégagerait des morceaux solides desséchés seulement à la surface. L'hydrate humide, débarrassé autant que possible de son eau par succion, peut au contraire être changé sans perte en oxyde anhydre par calcination. Le peroxyde de fer pur, placé sur du papier de tournesol rougi et humide, ne le ramène pas au bleu. Il se dissout lentement dans l'acide chlorhydrique étendu, plus rapidement dans l'acide concentré. La dissolution est plus rapide à une douce chaleur qu'à l'ébullition. Il se comporte comme l'alumine avec un mélange de 8 parties d'acide sulfurique monohydraté et de 3 parties d'eau. Calciné à l'air, son poids ne change pas ; — calciné avec du sel ammoniac. il donne du perchlorure de fer ; calciné avec du charbon à l'abri de l'air, il est plus ou moins réduit. Fortement chauffé au rouge avec du soufre en poudre dans un courant d'hydrogène, il donne du monosulfure de fer.

COMPOSITION :

2Fe.	56	. . .	70.00
3O	24	. . .	30,00
	80		100,00

c. Le SULFURE DE FER obtenu par la voie humide est un précipité noir. Voici quelques particularités que j'ai étudiées à propos de sa formation (*). Le sulfhydrate d'ammoniaque pur, incolore ou jaune, ne précipite que lentement et incomplétement les dissolutions neutres de protoxyde de fer. Le sel ammoniac rend la précipitation plus prompte et plus complète : un grand excès est sans influence fâcheuse, — l'ammoniaque ne nuit en rien, peu importe que le sulfhydrate soit jaune ou incolore. En prenant toutes les précautions, on peut avec le sulfhydrate précipiter le protoxyde de fer dans une dissolution qui n'en contient que $\frac{1}{1600000}$, en ayant soin toutefois, avec les dissolutions très étendues, d'attendre au moins 48 heures. Comme le précipité s'oxyde rapidement au contact de l'air, il faut ajouter du sulfhydrate d'ammoniaque à l'eau de lavage et tenir le filtre plein. Il sera bon d'ajouter aussi assez de sel ammoniac au commencement en diminuant peu à peu la proportion. Le sulfure de fer hydraté se dissout facilement dans les acides minéraux même étendus. Fortement chauffé au rouge dans un courant d'hydrogène avec du soufre en poudre, il se change en monosulfure anhydre (*H. Rose*).

COMPOSITION :

Fe	28	. . .	63,64
S	16	. . .	36,36
	44		100,00

d. Si l'on mélange une dissolution neutre de peroxyde de fer avec une dissolution neutre d'un succinate alcalin, il se forme un précipité brun cannelle clair ou foncé de SUCCINATE DE FER ($Fe^2O^3,C^8H^4O^6$). Il résulte de la nature de ce précipité que, lorsqu'il se forme, il doit y avoir 1 équivalent d'acide mis en liberté (d'acide succinique, s'il y a excès de succinate d'ammoniaque,

(*) *Journ. f. prackt. Chem.*, LXXXII, 268.

par exemple : $2(Fe^2O^3,5SO^3) + 5(2AzH^4O,C^8H^4O^6) + 2HO = 2(Fe^2O^3,C^8H^4O^6) + 6(AzH^4O,SO^3) + 2HO,C^8H^4O^6$. — Dans les dissolutions froides très étendues l'acide succinique libre ne dissout pour ainsi dire pas le précipité, mais, si la solution est chaude, il le dissout abondamment. Il ne faut donc pas filtrer le liquide précipité quand il est chaud, si le précipité doit rester à l'état insoluble. On croyait à tort autrefois que le précipité était un sel neutre, que l'eau chaude transformait en un sel basique insoluble et une combinaison acide soluble. — Le succinate de fer est insoluble dans l'eau froide, peu soluble dans l'eau chaude, facilement soluble dans les acides minéraux. L'ammoniaque lui enlève la plus grande partie de son acide, plus complètement à chaud qu'à froid : il reste des combinaisons analogues à l'hydrate de peroxyde de fer, qui pour 1 équivalent d'acide succinique ($C^8H^4O^6$) renferment de 18 à 30 équivalents de Fe^2O^3 (*Dœpping*).

e. Si dans une dissolution d'un sel de peroxyde de fer on ajoute à froid du carbonate de soude, jusqu'à ce que la liqueur ne renferme plus d'acide libre, et que par suite de la formation d'un sel basique la solution devienne rouge foncé, mais cependant reste toujours limpide, puis si l'on y verse de l'acétate de soude et si l'on chauffe quelque temps à l'ébullition, tout le fer se précipite à l'état d'ACÉTATE BASIQUE DE PEROXYDE. — Pour que cette précipitation réussisse, la dissolution de peroxyde de fer doit être suffisamment étendue, l'acide libre doit être neutralisé et il faut ajouter l'acétate de soude en quantité suffisante. La durée de l'ébullition a peu d'importance; quand la proportion des réactifs est convenable, une ébullition d'un instant suffit. Il est inutile de dire que tout le fer doit être peroxydé. Au lieu du carbonate et de l'acétate de soude on peut prendre les sels d'ammoniaque correspondants. — Le précipité se laisse généralement bien séparer par filtration et il est facile à laver sans que du peroyde de fer passe à travers le filtre : parfois cependant il n'en est pas ainsi. Je conseille pour la précipitation de ne pas faire bouillir plus longtemps qu'il ne faut, de filtrer chaud et d'ajouter à l'eau de lavage bouillante un peu d'acétate de soude ou d'acétate d'ammoniaque, ce qui ne peut avoir aucun inconvénient, puisque ordinairement on redissout ce précipité dans l'acide chlorhydrique pour le précipiter de nouveau par l'ammoniaque.

f. Au lieu de l'acétate de soude ou d'ammoniaque indiqué en e., on peut employer les formiates correspondants. Le FORMIATE BASIQUE DE PEROXYDE DE FER qu'on obtient alors est plus facile à laver que l'acétate basique (*F. Schulze*[*]).

BASES DU CINQUIÈME GROUPE.

§ 82.

1. Oxyde d'argent.

L'argent peut être pesé à l'état *métallique*, à l'état de *chlorure*, de *sulfure* ou de *cyanure*.

a. L'ARGENT MÉTALLIQUE obtenu en calcinant un sel d'argent à acide organique, etc., est une masse métallique poreuse, blanc clair, brillant d'un

(*) *Chem. Centralblatt*, 1861, 3.

vif éclat ; préparé au moyen du chlorure, etc., par la voie humide avec le zinc, c'est une poudre grise, mate. Il fond vers 1000°; il ne change pas de poids au rouge modéré, et à la température du chalumeau oxyhydrique il peut distiller (*Christomanos*[*]). — Il se dissout facilement et sans résidu dans l'acide azotique étendu.

b. Le CHLORURE D'ARGENT récemment précipité est blanc, caillebotté. Par l'agitation les gros flocons se rassemblent et entraînent les petites parcelles du précipité, en sorte que le liquide s'éclaircit promptement. Toutefois cela n'a lieu d'une façon tout à fait satisfaisante que lorsque les flocons se sont formés en présence d'un excès de dissolution d'argent et sont tout fraîchement précipités (voir *G. J. Mulder*). Le chlorure d'argent est complètement insoluble dans l'eau et dans l'acide azotique étendu, mais ce dernier acide concentré en dissout des traces. L'acide chlorhydrique, surtout concentré et bouillant, en dissout des quantités très appréciables. Suivant *Pierre*, pour une partie de chlorure d'argent il faut 200 parties d'acide chlorhydrique pur et 600 parties d'acide étendu du double de son poids d'eau. Mais en étendant d'eau suffisamment une pareille dissolution, le chlorure se précipite si complètement que l'acide sulfhydrique ne brunit même pas le liquide filtré. L'acide sulfurique concentré ne le dissout pas ou presque pas; dans le même acide étendu il est aussi insoluble que dans l'eau. Il se dissout assez notablement dans une dissolution d'acide tartrique chaude, mais à froid il se dépose de nouveau, sinon en totalité, au moins en grande partie. Les dissolutions aqueuses des chlorures métalliques (chlorure de sodium, de potassium, de calcium, d'ammonium, de zinc, etc.), dissolvent toutes le chlorure d'argent en quantité considérable, surtout quand elles sont concentrées et chaudes. En étendant d'eau froide ces solutions, le chlorure d'argent se précipite de nouveau si complètement que le liquide filtré ne se colore pas par l'acide sulfhydrique. — Les solutions des azotates alcalins et terreux dissolvent aussi un peu le chlorure d'argent : la solubilité est faible à froid, mais au contraire marquée à chaud. Une dissolution concentrée d'azotate d'argent peut dissoudre un peu de chlorure d'argent, surtout à chaud; mais ce chlorure est insoluble dans une solution froide de nitrate de plomb de concentration moyenne. L'action des sels de mercure sur le chlorure d'argent mérite de fixer l'attention. Ce dernier, après avoir été bien lavé, recouvert d'une solution très étendue de bichlorure de mercure, redevient blanc, s'il a déjà été noirci par la lumière, il se délaye facilement dans le liquide et ne se dépose plus que lentement. Dans ces conditions le chlorure d'argent s'empare du bichlorure de mercure; un lavage à l'eau enlève ce dernier. — L'azotate de bioxyde de mercure change le chlorure d'argent de la même façon, mais en même temps il se dissout un peu d'argent. L'acétate de bioxyde de mercure dissout bien plus difficilement le chlorure d'argent que l'azotate de mercure : c'est pour cela que, lorsque la quantité de sels de mercure ne sera pas trop grande, on pourra précipiter presque complètement par les acétates alcalins le chlorure d'argent dissous par l'azotate de mercure (*H. Debray*). Les dissolutions d'hydrate de potasse et d'hydrate de soude décomposent le chlo-

---

(*) *Zeitschr. f. analyt. Chem.*, VII, 299.

rure d'argent déjà à la température ordinaire, mais bien mieux à l'ébullition : il se dépose de l'oxyde d'argent et il se fait un chlorure alcalin. Les dissolutions de carbonate de potasse ou de soude ne le décomposent que très incomplètement, même à l'ébullition ; cependant en prolongeant l'ébullition on trouve une quantité notable de chlorure alcalin dans le liquide filtré. Le chlorure d'argent se dissout très facilement dans l'ammoniaque, ainsi que dans le cyanure de potassium et l'hyposulfite de soude. Suivant *Wallace* et *Lamont* (*), 1 partie de chlorure d'argent se dissout dans 12,88 parties d'ammoniaque liquide de densité 0,89, — Sous l'action de la lumière le chlorure d'argent devient bientôt violet, puis enfin noir : il perd du chlore et passe en partie à l'état de Ag^2Cl. La transformation est tout à fait superficielle, cependant la différence de poids qui en résulte est très appréciable à la balance (*Mulder*). Si l'on traite par la solution d'ammoniaque le chlorure d'argent devenu violet ou noir par l'action de la lumière, il se dissout en laissant un faible résidu d'argent métallique. Ag^2Cl donne $AgCl$ et Ag (*Wittstein*). Par un contact prolongé (24 heures) avec de l'eau pure, surtout chauffée à 75°, le chlorure d'argent, même à l'abri de la lumière, devient gris et semble décomposé de telle sorte que dans le précipité il y a un peu d'oxyde, et dans l'eau un peu d'acide chlorhydrique (*Mulder*). — Mis en digestion avec un excès d'une dissolution de bromure ou d'iodure de potassium, le chlorure d'argent se transforme complètement en bromure ou en iodure (*Field***). — Par la dessiccation le chlorure d'argent devient pulvérulent ; chauffé il prend une teinte jaune ; à 260° il fond en un liquide jaune transparent ; à une haute température rouge il se volatilise sans décomposition. Le chlorure fondu se prend par le refroidissement en une masse incolore ou légèrement jaunâtre. Le chlorure d'argent fondu dans un courant de chlore absorbe un peu de ce gaz, qu'il abandonne, mais pas complètement, pendant le refroidissement. S'il fallait chasser totalement ce gaz, comme cela serait nécessaire dans une analyse exacte, on ferait passer un courant de gaz acide carbonique sur le chlorure d'argent fondu dans un courant de chlore, avant de laisser refroidir (*Stass****). — Chauffé au rouge avec du charbon, le chlorure d'argent n'est pas réduit, mais la réduction en argent métallique se fait facilement dans un courant d'hydrogène, d'hydrogène carboné ou d'oxyde de carbone.

COMPOSITION :

Ag	107,93	. . .	75,27
Cl	35,46	. . .	24,73
	143,39		100,00

c. Le SULFURE D'ARGENT obtenu par la voie humide est un précipité noir, insoluble dans l'eau, les acides étendus, les alcalis, les sulfures alcalins, et inaltérable à l'air : on peut le sécher à 100° sans qu'il se décompose. L'acide azotique concentré le dissout avec dépôt de soufre. La dissolution de cyanure

(*) *Chem. Gaz.*, 1859, 137.
(**) *Quarterl. Journ. of the Chem. Soc.*, X, 251. — *Journ. f. prackt. Chem.*, LXXIII, 404.
(***) *Recherches sur les rapports réciproques des poids atomiques.* Bruxelles, 1860, p. 37. La perte que 100 grammes de chlorure d'argent peuvent éprouver quand on chasse le chlore absorbé peut s'élever de 7 à 13 milligrammes.

de potassium dissout difficilement le sulfure d'argent, à moins qu'il n'ait été précipité dans une liqueur très étendue : du reste la quantité de cyanure a une grande influence. Si par exemple on dissout du cyanure d'argent dans un grand excès de cyanure de potassium, l'hydrogène sulfuré ou le sulfhydrate d'ammoniaque ne produit pas de précipité : mais si l'on n'a pris que juste la quantité de cyanure de potassium pour faire la solution, il se précipite du sulfure d'argent. Souvent, par une simple addition d'un grand excès d'eau, le sulfure d'argent dissous dans une solution concentrée de cyanure de potassium se précipite tout d'un coup (*Béchamp*). Chauffé dans un courant d'hydrogène, le sulfure d'argent se change complètement et facilement en argent métallique (*H. Rose*).

COMPOSITION :

Ag.	107,93	...	87,09
S.	16,00	...	12,91
	123,93		100,00

d. Le CYANURE D'ARGENT, récemment préparé, forme un précipité blanc, caillebotté, insoluble dans l'eau et l'acide azotique étendu, soluble dans le cyanure de potassium et dans l'ammoniaque ; il ne noircit pas à l'air et peut être desséché à 100° sans se décomposer. — Chauffé au rouge, il se décompose en argent, mélangé avec un peu de paracyanure d'argent, et en cyanogène. — Porté à l'ébullition avec un mélange de parties égales d'acide sulfurique et d'eau, il se dissoudrait, suivant *Glassford* et *Napier*, à l'état de sulfate d'argent avec dégagement d'acide cyanhydrique.

COMPOSITION :

Ag	107,93	...	80,56
C^2Az	26,04	...	19,44
	133,97		100,00

§ 83.

2. Oxyde de plomb.

On pèse le plomb sous forme d'*oxyde*, de *sulfate*, de *chromate*, de *chlorure* et de *sulfure*. Outre ces combinaisons, nous dirons encore quelques mots du *carbonate* et de l'*oxalate*.

a. Le CARBONATE DE PLOMB NEUTRE forme un précipité blanc, pulvérulent et lourd. Il est très peu soluble dans l'eau (bouillie) pure (1 partie exige 50 550 parties d'eau. Exp. n° 42, *a*); il l'est un peu plus dans l'eau qui renferme de l'ammoniaque et des sels ammoniacaux (Exp. n° 42, *b* et *c*); l'eau chargée d'acide carbonique en prend un peu plus que l'eau pure.

b. L'OXALATE DE PLOMB est une poudre blanche, très peu soluble dans l'eau. Sa solubilité est un peu augmentée par la présence des sels ammoniacaux. (Exp. n° 43). Calciné en vase clos, il laisse du sous-oxyde de plomb; au contact de l'air, il donne de l'oxyde jaune.

c. L'OXYDE DE PLOMB (obtenu par la calcination du carbonate ou de l'oxalate est une poudre jaune citron, parfois plutôt rougeâtre ou jaune pâle. Chaque

fois qu'on le chauffe il prend une couleur rouge brun sans changer de poids.
Il fond à une haute température rouge, il est réduit par la calcination avec
du charbon, il se volatilise au blanc. Placé sur du papier de tournesol rougi
et humide, il le ramène au bleu. Il absorbe lentement l'acide carbonique
de l'air. Chauffé au rouge avec du sel ammoniac, il se change en chlorure
de plomb. L'oxyde de plomb fondu dissout facilement la silice et les terres
qui seraient unies à cette dernière.

COMPOSITION :

Pb.	103,50	. . . 92,83
O	8,00	. . . 7,17
	111,50	100,00

d. LE SULFATE DE PLOMB est une poudre blanche et lourde. À la température
ordinaire il se dissout dans 22 800 parties d'eau pure (Exp. n° 44*), moins dans
l'eau qui renferme de l'acide sulfurique (1 partie de sel exige 56 500 parties
d'eau acide. Exp. n° 45), et davantage dans l'eau qui contient des sels ammoniacaux, mais l'acide sulfurique en excès l'en précipite presque complètement (Exp. n° 46) : il n'est pour ainsi dire pas soluble dans l'alcool concentré et l'alcool étendu. Parmi les sels ammoniacaux ce sont surtout l'azotate,
l'acétate et le tartrate, qui peuvent servir de dissolvants au sulfate de plomb :
en emploie les deux derniers en les rendant fortement alcalins avec de
l'ammoniaque (*Wackenroder*). — Il se dissout à chaud dans l'acide chlorhydrique concentré et d'autant mieux dans l'acide azotique que celui-ci est
plus concentré et plus chaud. L'eau ne le précipite pas de la dissolution azotique, mais bien l'acide sulfurique étendu employé en quantité suffisante.
Plus on aura pris d'acide azotique, plus il faudra d'acide sulfurique. — L'a-
cide sulfurique concentré en dissout un peu, et en étendant avec de l'eau,
la quantité dissoute se précipite de nouveau (plus complètement encore par
addition d'alcool). — Une solution moyennement concentrée d'hyposulfite
de soude dissout complètement à froid le sulfate de plomb, mais la dissolution est plus prompte, si l'on chauffe légèrement : à l'ébullition la dissolution noircit avec dépôt d'un peu de sulfure de plomb (*J. Lœve***). Les solutions de carbonates et bicarbonates alcalins décomposent complètement le
sulfate de plomb à la température ordinaire, en le transformant en carbonate de plomb. Le sulfate de plomb se dissout facilement dans les lessives
chaudes de potasse ou de soude. Il est inaltérable à l'air et au rouge faible :
il fond sans décomposition au rouge vif (Exp. n° 47), autant toutefois qu'on
empêche l'action des gaz réducteurs ; sans cette dernière précaution, le poids
diminue constamment par suite de la transformation de PbO,SO^3 en PbS (*Erdmann****). Chauffé à blanc, il laisse peu à peu dégager tout son acide sulfurique
(*Boussingault*). Chauffé au rouge avec du charbon, il donne d'abord du sulfure
de plomb ; la température s'élevant toujours, celui-ci réagit sur le sulfate non
décomposé et on obtient en définitive du plomb métallique et de l'acide sul-

(*) Suivant *G. F. Rodwell*, à 15° 1 partie se dissout dans 54 696 parties d'eau (*Zeitschr
f. analyt. Chem.*, V, 405).
(**) *Journ. f. prackt. Chem.*, LXXIV, 348.
(***) *Journ. f. prackt. Chem.*, LXII, 581.

fureux. Il est réduit à l'état de plomb métallique par la fusion avec le cyanure de potassium. Si l'on mélange du sulfate de plomb avec du soufre et si l'on soumet le tout à une *forte* température rouge dans un courant d'hydrogène, il se change en monosulfure de plomb, sans que cependant on puisse éviter une perte (voir f.).

COMPOSITION :

PbO	111,50	75,60
SO³	40,00	26,40
	151,50	100,00

e. Le chlorure de plomb obtenu par précipitation est une poudre blanche cristalline : dans un liquide chaud, contenant une certaine quantité d'acide chlorhydrique, il se dépose en aiguilles, parfois en petits cristaux cunéiformes ; ou bien, si la solution est fortement acide par l'acide chlorhydrique, il forme des lames hexagonales. 100 parties d'eau à 15° dissolvent 0,946 parties de chlorure de plomb ; en ajoutant 15 p. 100 d'acide chlorhydrique de densité 1,162, la quantité dissoute est 0,090 : avec 20 p. 100 du même acide la proportion de sel est 0,111, avec 80 p. 100, 0,498. L'acide chlorhydrique pur de densité 1,162 en dissout 2,900 parties (*J. Corter Bell**). L'eau contenant de l'acide azotique le dissout moins bien que l'eau pure (pour 1 partie de sel il faut 1636 parties, *Bischof*). Il est à peine soluble dans l'alcool de 70 à 80 p. 100, et ne l'est pas du tout dans l'alcool absolu. — Il est inaltérable à l'air et au-dessous du rouge il fond sans perte de poids. Fortement chauffé au contact de l'air, il se volatilise lentement, en se décomposant en partie : il se dégage du chlore et il reste de l'oxychlorure de plomb.

COMPOSITION :

Pb	103,50	74,48
Cl	35,46	25,52
	138,96	100,00

f. Le sulfure de plomb obtenu par voie humide est un précipité noir insoluble dans l'eau, les acides étendus, les alcalis et les sulfures alcalins. Lorsqu'on le précipite dans un liquide contenant de l'acide chlorhydrique libre, il faut se rappeler que tout le plomb n'est précipité que si la liqueur est très étendue. Avec une proportion de 2,5 p. 100 d'acide chlorhydrique, la précipitation du plomb est déjà incomplète (*M. Martin*). — Il est inaltérable à l'air et peut être séché à 100° sans se décomposer. Suivant *H. Rose*, il augmente alors de poids d'une quantité appréciable, par suite d'un commencement d'oxydation, et cela peut aller à quelques centièmes, si l'on prolonge la dessiccation (**). J'ai vérifié cette assertion (Exp. n° 48). Si l'on mélange le sulfure de plomb avec un peu de fleur de soufre et si l'on chauffe dans un courant d'hydrogène à une température rouge faible, de façon que le fond et le quart inférieur du creuset seulement soient rouges, on obtient sans perte du monosulfure de plomb. En maintenant longtemps cette température, le poids

(*) *Journ. f. prackt. Chem.*, CV, 188.
(**) *Ann. de Pogg.*, XCI, 110 et CX, 134.

diminue lentement, mais la perte est rapide, si l'on chauffe fortement au rouge. Cette perte tient en partie à la sublimation du sulfure de plomb, mais aussi et surtout à ce qu'une partie du soufre part à l'état d'hydrogène sulfuré et il se forme du sous-sulfure de plomb et même du plomb métal-lique, suivant les circonstances (*A. Souchay*). Dans l'acide chlorhydrique concentré et chaud il se dissout avec dégagement d'acide sulfhydrique : chauffé avec de l'acide azotique de concentration moyenne, il se dissout avec dépôt de soufre (si l'acide est assez concentré il se forme encore un peu de sulfate de plomb). L'acide azotique fumant le change sans dépôt de soufre en sulfate de plomb et la réaction est très vive.

COMPOSITION :

Pb..	103,50	. . .	86,61
S.	16,00	. . .	13,39
	119,50	. . .	100,00

g. Voir, à propos de l'acide chromique, § **93**, les propriétés et la compo-sition du CHROMATE DE PLOMB.

<h3 align="center">§ 84.</h3>

3. Protoxyde de mercure.

4. Bioxyde de mercure.

Le mercure est pesé à l'état de *mercure métallique*, de *protochlorure* ou de *bisulfure*, et quelquefois aussi de *bioxyde*.

a. Le MERCURE MÉTALLIQUE, comme on sait, est un métal blanc d'étain, li-quide à la température ordinaire. À l'état pur sa surface est parfaitement brillante ; il est inaltérable à l'air à la température ordinaire. Il bout à 360°, mais il se volatilise déjà, quoique lentement, à la température moyenne de l'été. Si on le maintient dans l'eau bouillante, il se transforme aussi un peu en vapeur dont des traces sont entraînées par la vapeur d'eau, tandis qu'une très petite quantité reste disséminée dans l'eau (mais non en dissolution, voir Exp. n° 49). Par un repos prolongé, ces traces de mercure en suspen-sion dans l'eau finissent par se déposer complètement. Lorsque le mercure est précipité au milieu d'un liquide en partitules ténues, les petits globules se réunissent facilement en grosses gouttes, si le mercure est tout à fait pur ; mais s'il y a des matières étrangères, même en très petites quantités, comme, par exemple, de la graisse, etc., le mercure se rassemble plus dif-ficilement. — Le mercure ne se dissout pas dans l'acide chlorhydrique, même concentré ; il se dissout à peine dans l'acide sulfurique étendu à froid : au contraire il est facilement dissout par l'acide azotique ou l'acide sulfurique concentré et bouillant.

b. Le PROTOCHLORURE DE MERCURE, obtenu par voie humide, est une poudre blanche lourde. Il est complètement insoluble dans l'eau froide : il est peu à peu décomposé par l'eau bouillante, qui contient alors du chlore et du mer-cure : le résidu devient gris par une ébullition prolongée. — L'acide chlor-hydrique très étendu ne dissout pas le protochlorure de mercure à la température ordinaire ; en chauffant un peu la dissolution se fait lentement et elle est complète à l'ébullition et sous l'influence de l'air : la solution contient du bichlorure ($Hg^2Cl + HCl + O = 2.HgCl + HO$). L'acide chlorhydrique concentré et bouillant transforme promptement le protochlorure de mercure en mercure qui reste et en bichlorure qui se dissout. — L'acide azotique bouillant le dissout à l'état de bichlorure et d'azotate de bioxyde : l'eau régale ou l'eau de chlore le change à froid en bichlorure. — Les dissolutions de sel ammoniac, de chlorure de sodium, de chlorure de potassium, le décomposent, peu à froid, plus à chaud, en métal et bichlorure soluble. — Le protochlorure de mercure se dissout dans les solutions chaudes d'azotate de protoxyde de mercure, plus encore dans celles d'azotate de bioxyde : par refroidissement il se dépose presque complètement et à l'état cristallin (*Debray*[*]). — Le protochlorure de mercure ne change pas les couleurs végétales, il est inaltérable à l'air ; on peut le sécher à 100° sans qu'il perde de son poids ; à une plus haute température (encore au-dessous du rouge) il se volatilise complètement sans fusion préalable.

COMPOSITION :

2Hg	200,00	84,94
Cl	55,46	15,06
	235,46	100,00

c. Le BISULFURE DE MERCURE obtenu par la voie humide est une poudre noire, insoluble dans l'eau. L'acide chlorhydrique et l'acide azotique ne le dissolvent pas quand ils sont étendus ; l'acide azotique concentré chaud l'attaque à peine, l'acide chlorhydrique bouillant n'a pas d'action sur lui. Chauffé longtemps dans l'acide azotique rouge fumant, il se transforme enfin en un composé blanc ($2,HgS + HgO,AzO^5$) insoluble ou à peine soluble dans l'acide azotique. Il est facilement dissous par l'eau régale. Dans une dissolution de bichlorure de mercure contenant beaucoup d'acide chlorhydrique libre, l'acide sulfhydrique ne précipite tout le mercure à l'état de bisulfure qu'autant que la liqueur est convenablement étendue ; mais si la dissolution est très concentrée, il se dépose du protochlorure de mercure et du soufre (*M. Martin*). La lessive de potasse, même bouillante, est sans action : le sulfure de potassium, surtout en présence d'un alcali libre, le dissout facilement. Il est insoluble dans le sulfhydrate de sulfure de potassium ou de sodium : il sera donc précipité par l'acide sulfhydrique ou le sulfhydrate d'ammoniaque de ses dissolutions dans le sulfure de potassium ou de sodium (*C. Barfoed*[**]). En le faisant digérer à froid avec du sulfhydrate d'ammoniaque incolore ou jaune, il ne s'en dissout que des traces que l'on peut cependant reconnaître, mais à chaud la quantité dissoute est si minime qu'on peut à peine la retrouver. Il est insoluble dans le cyanure de potassium et le sulfite de soude. La solubilité du bisulfure de mercure dans le sulfure de potassium fait qu'on ne peut pas précipiter tout le mercure avec le sulfhydrate d'ammoniaque dans les dissolutions qui renferment de l'hydrate de potasse ou de soude, ou du carbonate de potasse ou de soude. De pareils mélanges peuvent

[*] *Compt. rend.*. LXX, 995.
[**] *Zeitschr. f. analyt. Chem.*, III, 140.

en effet se former, si une dissolution de bichlorure de mercure contient
beaucoup de chlorure de potassium ou de sodium, car dans ce cas l'hydrate
de potasse ou de soude ne précipite pas l'oxyde de mercure (*H. Rose*[*]). Il
est inaltérable à l'air, même quand il est humide; il ne s'altère pas à 100°.
Il se volatilise complètement sans décomposition à une haute température.

COMPOSITION :

Hg	100,00	. . .	86,21
S.	16,00	. . .	13,79
	116,00		100,00

d. Le BIOXYDE DE MERCURE préparé par voie humide est une poudre cristalline, rouge brique, qui chaque fois qu'on la chauffe devient rouge cinabre, puis noir violet. Il supporte une température assez élevée sans se décomposer; mais quand on approche de la chaleur rouge, il se dédouble en
mercure et oxygène; s'il est pur, il ne reste aucun résidu fixe et les vapeurs
qui se dégagent ne doivent pas rougir le papier de tournesol. L'eau peut en
dissoudre des traces et présente alors une faible réaction alcaline. Il se dissout facilement dans l'acide chlorhydrique ou l'acide azotique.

COMPOSITION :

Hg	100,00	. . .	92,59
O.	8,00	. . .	7,41
	108,00		100,00

§ 85.

5. Oxyde de cuivre.

Le cuivre se pèse en général à l'*état métallique* ou à l'état de *bioxyde*,
quelquefois de *protosulfure*. Nous indiquerons encore les caractères du *bisulfure*, du *protoxyde* et du *sulfocyanure*.

a. Le CUIVRE MÉTALLIQUE est un métal de couleur particulière connue et qui
fond au rouge blanc. Il est inaltérable dans l'air sec et privé d'acide carbonique : exposé à l'air humide et contenant de l'acide carbonique, il devient
peu à peu gris noirâtre, puis vert bleuâtre. Le cuivre très divisé obtenu
par précipitation s'oxyde plus rapidement au contact de l'air et de l'humidité,
surtout à une température élevée. — Chauffé au rouge à l'air, il se couvre
d'une couche de couleur foncée formée tantôt d'un excès de protoxyde de
cuivre, tantôt d'un excès de bioxyde. — A l'abri de l'air, il ne se dissout pas
dans l'acide chlorhydrique à froid ; en chauffant il s'en dissout peu, surtout
s'il est en morceaux compacts. Au contraire, s'il est très divisé, il se change
lentement à chaud en protochlorure dans l'acide chlorhydrique concentré,
et il se dégage de l'hydrogène (*Weltzien*[**]). En laissant accès à l'air la dissolution se fait plus vite. Il est facilement attaqué par l'acide azotique; l'ammoniaque ne le dissout pas à l'abri du contact de l'air, mais le fait lentement,

[*] *Ann. de Pogg.*, CX, 141.
[**] *Ann. d. Chem. u. Pharm.*, CXXXVI, 109.

si on laisse intervenir l'air. — A l'abri de l'air le cuivre, en contact avec une dissolution de bichlorure de cuivre dans l'acide chlorhydrique ou avec une solution ammoniacale de bioxyde, transforme le bichlorure en protochlorure et le bioxyde en protoxyde, et pour chaque équivalent de bichlorure ou de bioxyde un équivalent de métal se dissout.

b. BIOXYDE DE CUIVRE. Si dans une dissolution aqueuse, étendue et froide, d'un sel de bioxyde de cuivre, on verse un excès de potasse ou de soude, il se forme un précipité d'hydrate de bioxyde (CuO,HO), bleu clair, difficile à laver et qui, restant dans le liquide où il s'est formé, devient peu à peu noir, même sous la seule action de la chaleur de l'été, parce qu'il perd en grande partie son eau d'hydratation et passe à l'état de 6CuO,HO (*Souchay* [*]). On sait que cette transformation se fait rapidement, si l'on chauffe le liquide presque à l'ébullition. — Le liquide séparé par filtration du précipité noir ne renferme plus trace de cuivre. Il en résulte que le précipité noir est insoluble dans la potasse étendue. Mais les lessives concentrées de potasse ou de soude dissolvent l'hydrate d'oxyde de cuivre et même l'oxyde noir, si l'on chauffe longtemps (*O. Locw* [**]). Les liquides bleus épais qui résultent de ces dissolutions restent limpides par ébullition même quand on y ajoute un peu d'eau : mais en faisant bouillir après une forte addition d'eau, tout le cuivre se précipite en oxyde noir. — Si une dissolution de cuivre renferme des substances organiques non volatiles, jamais tout le cuivre ne sera précipité à l'état d'oxyde par un excès d'alcali, même en portant à l'ébullition. — L'hydrate de bioxyde (6CuO,HO) obtenu à l'aide de la potasse ou de la soude dans les dissolutions étendues et chaudes retient toujours fortement une partie de l'alcali, dont on peut toutefois le débarrasser complètement par des lavages réitérés à l'eau bouillante. — Lorsqu'on a chauffé au rouge l'oxyde obtenu par précipitation ou celui provenant de la calcination d'un carbonate ou d'un azotate, on obtient une poudre noir brun ou noire qui, même au rouge vif de la lampe à gaz ou à alcool, ne change plus de poids, si l'on a soin d'écarter les gaz réducteurs (Exp. n° 50). Toutefois elle fond à une température voisine du point de fusion du cuivre, perd de l'oxygène et passe à l'état de Cu^2O^3 (*Favre* et *Maumené*). — Calciné avec du charbon, le bioxyde de cuivre est réduit avec la plus grande facilité. Le cuivre ainsi réduit, chauffé à l'air, brûle pour se transformer de nouveau en bioxyde. — Mélangé avec du soufre en poudre et chauffé dans un courant d'hydrogène à la température rouge, que l'on pousse un peu à la fin, le bioxyde passe à l'état de protosulfure Cu^2S (*H. Rose*). — Au contact de l'air ce bioxyde attire l'humidité atmosphérique, et cela plus promptement quand il a été faiblement calciné que lorsqu'il l'a été fortement (Exp. n° 51). — Il est pour ainsi dire insoluble dans l'eau : l'acide chlorhydrique, l'acide azotique, etc., le dissolvent sans peine, l'ammoniaque moins facilement. — Il est indifférent avec les couleurs végétales.

COMPOSITION :

Cu.	31,70	. . . 79,85
O.	8,00	. . . 20,15
	39,70	100,00

[*] *Zeitschr. f. analyt. Chem.*, X, 3.
[**] *Zeitschr. f. analyt. Chem.*, IX, 463.

c. Le BISULFURE DE CUIVRE, préparé par la voie humide, est un précipité noir brun ou noir, qu'on peut regarder comme tout à fait insoluble dans l'eau (*). Encore humide et au contact de l'air, il devient verdâtre et rougit le tournesol, en se transformant en sulfate de bioxyde de cuivre; c'est pourquoi il faut laver le sulfure de cuivre avec de l'eau contenant de l'acide sulfhydrique. Il se dissout facilement, avec dépôt de soufre, dans l'acide azotique bouillant; l'acide chlorhydrique l'attaque difficilement : aussi tout le cuivre est-il précipité par l'acide sulfhydrique dans les dissolutions qui contiennent de l'acide chlorhydrique, même en grand excès (*Grundmann***). Ce n'est que lorsqu'on dissout directement un sel de cuivre dans de l'acide chlorhydrique de densité 1,1 qu'il reste un peu de métal non précipité (*M. Martin*). Il n'est pas dissous par les solutions, même bouillantes, de potasse et de sulfure de potassium, mais il se dissout notablement dans le sulfhydrate d'ammoniaque incolore et plus encore dans le sulfhydrate jaune chaud. La solution de cyanure de potassium dissout facilement et complétement le sulfure de cuivre récemment précipité. Chauffé fortement au rouge dans un courant d'hydrogène, il se change en Cu²S.

d. Au liquide bleu obtenu en mettant dans une dissolution d'oxyde de cuivre de l'acide tartrique, puis un excès de lessive de soude, si l'on ajoute une dissolution de sucre de raisin ou de lait et si l'on chauffe, il se forme un précipité jaune orangé d'hydrate de protoxyde de cuivre : ce précipité renferme tout le cuivre de la dissolution et devient bientôt rouge, surtout si on le chauffe, parce que l'hydrate se change en Cu²O. Le précipité insoluble dans l'eau retient fortement de l'alcali. Traité par l'acide sulfurique étendu, il donne du sulfate de bioxyde qui se dissout et du métal qui se dépose.

e. Le SULFOCYANURE DE CUIVRE (Cu²CyS²), qui se produit toujours lorsqu'on met en présence du sulfocyanure de potassium et une dissolution d'oxyde de cuivre additionnée d'acide sulfureux ou d'acide hypophosphoreux, est un précipité blanc, insoluble dans l'eau et dans les acides chlorhydrique et sulfurique étendus. Séché à 115°, le sel contient encore de 1 à 3 pour 100 d'eau, qui ne peut être chassée que quand le sel est chauffé au point où il commence à se décomposer, circonstance qui s'oppose à l'emploi du sulfocyanure de cuivre pour en faire la pesée directe. Fondu avec du soufre et à l'abri du contact de l'air, il se change (suivant *Rivot*) en protosulfure(Cu²S). Chauffé avec de l'acide chlorhydrique et du chlorate de potasse ou avec de l'acide sulfurique et de l'acide azotique, il se dissout en se décomposant. Les lessives de potasse et de soude le changent en hydrate de protoxyde de cuivre et sulfocyanure alcalin.

f. Le PROTOSULFURE DE CUIVRE (Cu²S), tel qu'on l'obtient en chauffant CuS dans un courant d'hydrogène, ou Cu²CyS² avec du soufre, est une masse cristalline noire grisâtre, qui peut être chauffée au rouge et fondue sans décomposition, pourvu qu'on empêche le contact de l'air.

(*) Il résulte des analyses que j'ai faites de l'eau de Weilbach que 1 p. de CuS se dissout dans 950 000 p. d'eau.

(**) *Journ. f. prackt. Chem.*, LXXIII, 241.

COMPOSITION :

2Cu.	. . .	65,40	. . .	79,85
S.	. . . . .	16,00	. . .	20,15
		79,40		100,00

§ 86.

6. Oxyde de bismuth.

Dans les analyses on pèse le bismuth sous forme d'*oxyde*, de *métal* ou de *chromate* ($BiO^3, 2CrO^3$). Outre ces deux composés, nous nous occuperons encore du *carbonate basique*, de l'*azotate basique*, du *chlorure basique* et du *sulfure*, parce que ce sont les combinaisons par lesquelles on passe généralement pour obtenir l'oxyde ou le métal.

a. L'OXYDE DE BISMUTH, obtenu par la calcination de l'azotate ou du carbonate, est une poudre jaune citron pâle, qui par l'action de la chaleur devient jaune plus foncé et dont la teinte peut aller jusqu'au brun rouge. A une forte température rouge, il fond sans subir de changement de poids. Calciné avec du charbon, il se réduit et donne le métal; il est encore réduit par sa fusion avec le cyanure de potassium, et cela d'une manière complète (*H. Rose**). — Il est insoluble dans l'eau et tout à fait indifférent aux couleurs végétales. Il se dissout facilement dans les acides, avec lesquels il peut former des sels solubles. Porté au rouge avec du sel ammoniac, il donne avec détonation du bismuth métallique.

COMPOSITION :

Bi.	. . . .	208	. . .	89,655
O^3.	. . . .	24	. . .	10,345
		232		100,000

b. Le BISMUTH MÉTALLIQUE est blanc avec reflet rougeâtre, assez dur, cassant, cristallisable. Il fond à 264°, se volatilise au blanc naissant. Il ne s'oxyde pas à l'air à la température ordinaire, mais il le fait lentement en présence de l'eau et rapidement quand il est fondu. Il se dissout dans l'acide azotique étendu.

c. CARBONATE DE BISMUTH. Si l'on ajoute un excès de carbonate d'ammoniaque dans une dissolution de bismuth exempte d'acide chlorhydrique, il se forme aussitôt un précipité blanc de carbonate de bismuth (BiO^3, CO^2), dont une partie toutefois se redissout dans un excès du précipitant. Mais si l'on chauffe le tout avant de filtrer, le liquide qui passe ne renferme pas du tout de bismuth. — (Le carbonate de potasse précipite aussi complètement la dissolution de bismuth. Toutefois le précipité renferme toujours des traces de potasse, que l'on ne peut enlever que difficilement par les lavages. — Le carbonate de soude précipite moins complètement.) Le précipité peut se séparer facilement par décantation. Il est pour ainsi dire insoluble dans l'eau, mais se dissout facilement avec effervescence dans l'acide chlorhydrique et l'acide azotique. — Il donne de l'oxyde par calcination.

(*) *Journ. f. prackt. Chem.*, LXI, 180.

d. L'AZOTATE BASIQUE DE BISMUTH, obtenu en mêlant avec de l'eau une dissolution d'azotate de bismuth ne contenant pas ou contenant peu d'acide libre, est une poudre blanche cristalline. On ne peut la laver avec de l'eau pure sans qu'elle subisse de notables changements. Elle devient en effet de plus en plus basique et l'eau de lavage offre une réaction acide en même temps qu'elle renferme du bismuth. — Une dissolution froide de 1 partie d'azotate d'ammoniaque dans 500 parties d'eau se comporte autrement que l'eau pure : elle n'altère pas l'azotate basique et le liquide qui passe ne contient pas de bismuth. Mais si on lave avec la solution d'azotate d'ammoniaque chaude, il y a dans le liquide filtré des traces reconnaissables de bismuth. Ces observations n'ont du reste de valeur qu'autant qu'il n'y a pas d'acide azotique libre (*J. Lœwe*[*]). Par la calcination, l'azotate basique de bismuth se change en oxyde pur.

e. Le CHLORURE BASIQUE DE BISMUTH, produit par l'action de beaucoup d'eau sur une solution de bismuth contenant de l'acide chlorhydrique ou du chlorure de sodium, est une poudre blanche éclatante ($2BiO^3,BiCl^3 + Aq$). Il est insoluble dans l'eau, mais se dissout bien dans l'acide chlorhydrique ou azotique concentré. Fondu avec du cyanure de potassium, il donne du bismuth métallique.

f. Le CHROMATE DE BISMUTH, dont la formule est $BiO^3, 2CrO^3$, et qui s'obtient en mélangeant une dissolution aussi neutre que possible d'azotate de bismuth avec un léger excès de bichromate de potasse, est un précipité jaune orangé, dense, et qui se dépose facilement. Il ne se dissout pas dans l'eau, même en présence d'un peu d'acide chromique libre, mais il se dissout dans l'acide chlorhydrique et l'acide azotique. Il peut se dessécher de 100 à 112° sans subir d'altération (*Lœwe*[**]).

COMPOSITION :

BiO^3	252,00	. . .	69,78
$2CrO^3$	100,48	. . .	30,22
	332,48		100,00

g. Le SULFURE DE BISMUTH obtenu par la voie humide est un précipité brun noir ou noir. Il est insoluble dans l'eau, les acides étendus, les alcalis, les sulfures alcalins, le sulfite de soude et le cyanure de potassium. L'acide azotique moyennement concentré le change en azotate à chaud, avec un dépôt de soufre. En précipitant le bismuth de l'azotate, il faudra donc avoir soin d'étendre convenablement la solution et d'y faire passer un excès suffisant d'acide sulfhydrique ; l'acide chlorhydrique n'empêche la précipitation par l'acide sulfhydrique que quand il est en grande quantité et que la liqueur est tout à fait concentrée. Il est inaltérable à l'air; séché à 100°, il augmente un peu de poids par suite d'une absorption lente d'oxygène ; si l'on prolonge longtemps la dessiccation, cette augmentation devient très notable (Exp. n° 52). Le sulfure de bismuth fondu avec le cyanure de potassium est complètement réduit (*H. Rose*); cette réduction est plus lente quand on chauffe au rouge dans un courant d'hydrogène.

[*] *Journ. f. prackt.*, LXXIV, 341.
[**] *Chem. Journ. f. prackt. Chem.*, LXVII, 341.

COMPOSITION :

Bi.	208	81,25
3S.	48	18,75
	256	100,00

§ 87.

7. Oxyde de Cadmium.

Le cadmium se pèse à l'état d'*oxyde* ou de *sulfure*. Nous dirons aussi quelques mots du *carbonate de cadmium*, car c'est lui que l'on transforme le plus souvent en oxyde.

a. L'OXYDE DE CADMIUM, préparé en calcinant le carbonate ou l'azotate, est une poudre brune avec une teinte allant du jaune au brun. Chauffé à blanc, il est infusible, fixe et indécomposable. Il est insoluble dans l'eau, se dissout facilement dans les acides, n'altère pas les couleurs végétales. Chauffé au rouge avec du charbon ou dans un courant d'hydrogène, d'oxyde de carbone ou d'hydrogène carboné, il est facilement réduit et le cadmium se dégage en vapeur.

COMPOSITION :

Cd.	56,00	87,50
O.	8,00	12,50
	64,00	100,00

b. Le CARBONATE DE CADMIUM est un précipité blanc, insoluble dans l'eau et les carbonates alcalins fixes, fort peu soluble dans le carbonate d'ammoniaque. Il perd complètement son eau par la dessiccation et se transforme au rouge en oxyde.

c. Le SULFURE DE CADMIUM obtenu par la voie humide est un précipité jaune citron ou jaune orangé, insoluble dans l'eau, les acides étendus, les alcalis, les sulfures alcalins, le sulfite de soude et le cyanure de potassium (voir Exp. n° 55). Il se dissout facilement dans l'acide chlorhydrique concentré avec dégagement d'acide sulfhydrique. Il faudra donc, lorsqu'on précipitera une dissolution de cadmium avec l'acide sulfhydrique, avoir soin qu'il n'y ait pas trop d'acide chlorhydrique libre et que la liqueur soit assez étendue. Dans l'acide azotique de concentration moyenne, le sulfure de cadmium se dissout avec dépôt de soufre. On peut le laver, puis le sécher à 100 ou 105° sans qu'il se décompose. Si on le chauffe au rouge, même faible, dans un courant d'hydrogène, il se volatilise en quantité qui n'est pas négligeable (*H. Rose*[*]), partie sans se décomposer, partie à l'état de cadmium en vapeur.

COMPOSITION :

Cd.	56,00	77,78
S.	16,00	22,22
	72,00	100,00

[*] *Poggend. Annal.*, CX, 134.

OXYDES MÉTALLIQUES DU SIXIÈME GROUPE.

§ 88.

1. Oxyde d'or.

L'or est toujours pesé à l'*état métallique*. Nous indiquerons encore le *sulfure d'or*, car fréquemment l'or est précipité sous cette forme.

a. L'OR MÉTALLIQUE obtenu par précipitation est une poudre lourde, brunnoirâtre, qui prend l'éclat métallique par la pression : quand elle est ainsi agrégée, elle offre la couleur jaune bien connue de l'or. Il ne fond qu'au rouge-blanc et ne peut par conséquent pas être liquéfié avec la lampe à alcool. Il est complètement inaltérable à l'air et à la température rouge : il n'est attaqué ni par l'eau ni par les acides simples : l'eau régale le change en chlorure. L'acide sulfurique concentré et chaud, additionné d'un peu d'acide azotique, dissout aussi l'or, surtout quand celui-ci est très divisé ; mais l'eau le précipite de cette solution (*J. Spiller*[*]).

b. SULFURE D'OR. Si dans une dissolution étendue et froide de chlorure d'or on fait passer un courant d'acide sulfhydrique, tout l'or se dépose sous forme d'un précipité noir-brun de trisulfure d'or (AuS^3). Si on le laisse au fond du liquide, il se change peu à peu en or métallique et en acide sulfurique. Si l'on fait passer l'acide sulfhydrique dans une dissolution chaude de chlorure d'or, il se dépose du monosulfure d'or (AuS), en même temps qu'il se forme de l'acide sulfurique et de l'acide chlorhydrique ($2.AuCl^3 + 3.HS + 4.HO = 2.AuS + 6.HCl + HO,SO^3$). — Le trisulfure est insoluble dans l'eau, l'acide chlorhydrique et l'acide azotique : il est attaqué par l'eau régale. Il ne se dissout pas dans le sulfhydrate d'ammoniaque incolore, mais il se dissout presque complètement dans le sulfhydrate jaune : il se dissout dans la potasse avec dépôt d'or, et complètement aussi dans le sulfure de potassium jaune ou le sulfhydrate d'ammoniaque jaune, quand on ajoute de la potasse. Il est aussi soluble dans le cyanure de potassium. Chauffé légèrement, il perd tout son soufre et laisse l'or métallique.

§ 89.

2. Oxyde de platine.

Le platine est toujours pesé tel quel. On le précipite toujours à l'état de *chlorure double de platine et de potassium* ou *d'ammoniaque*, rarement à l'état de *sulfure*.

a. Le PLATINE MÉTALLIQUE obtenu par la calcination du chlorure double de platine et de potassium ou d'ammoniaque est une masse grise, poreuse, sans éclat (éponge de platine). Il n'est fusible qu'à la température la plus élevée qu'on puisse produire et complètement inaltérable à l'air, même au feu de forge. L'eau et les acides simples sont sans aucune action sur lui : les alcalis hydratés l'attaquent à peine, l'eau régale le dissout à l'état de chlorure.

b. Nous avons déjà fait connaître les propriétés du CHLORURE DOUBLE DE

[*] *Zeitschr. f. analyt. Chem.*, VI, 228.

PLATINE ET D'AMMONIAQUE au § **70** et celles du CHLORURE DOUBLE DE PLATINE ET DE POTASSIUM au § **68**.

c. SULFURE DE PLATINE. Si l'on verse une dissolution d'hydrogène sulfuré dans une solution concentrée de chlorure de platine, ou bien si l'on fait passer un courant de gaz sulfhydrique dans la dissolution étendue du même sel, il ne se forme pas tout d'abord de précipité. Au bout d'un repos assez long la liqueur brunit et enfin il se forme un précipité. Mais si l'on chauffe peu à peu, lentement d'abord, puis jusqu'à l'ébullition, la dissolution additionnée d'un excès d'acide sulfhydrique, tout le platine dissous se dépose à l'état de sulfure (exempt de chlorure de platine). Ce sulfure est insoluble dans l'eau et dans les acides simples; il se dissout dans l'eau régale. Il est dissous en partie par les alcalis caustiques (avec séparation de platine) et complètement par les sulfures alcalins surtout fortement sulfurés et employés en excès suffisant. Si dans l'eau qui tient en suspension le sulfure de platine on fait passer un courant d'acide sulfhydrique, ce sulfure prend une teinte brun-gris clair, par suite d'absorption d'hydrogène sulfuré (qu'il abandonne de nouveau au contact de l'air). — Le sulfure de platine humide exposé à l'air se décompose peu à peu : le platine devient libre et le soufre se change en acide sulfurique. — Calciné à l'air, le sulfure de platine est réduit en platine métallique.

§ 90.

5. Oxyde d'antimoine.

Le plus souvent l'antimoine est pesé à l'état de *sulfure*, à l'état d'*antimoniate d'antimoine* (acide antimonieux) ou — mais dans des cas rares — à l'état *métallique*.

a. Si l'on précipite avec l'acide sulfhydrique une dissolution de protochlorure d'antimoine additionnée d'acide tartrique, on obtient un précipité rouge orangé de SULFURE D'ANTIMOINE AMORPHE, avec lequel se précipite au commencement un peu de chlorure basique d'antimoine. Toutefois, si l'on sature complètement le liquide d'acide sulfhydrique et si l'on chauffe légèrement, le chlorure d'antimoine précipité avec le sulfure est décomposé et l'on a du sulfure pur. Le sulfure d'antimoine est insoluble dans l'eau et dans les acides étendus; il est attaqué par l'acide chlorhydrique concentré avec dégagement d'acide sulfhydrique. D'après cela les dissolutions d'antimoine ne seront complètement précipitées par l'hydrogène sulfuré qu'autant qu'elles ne contiendront pas trop d'acide chlorhydrique libre et qu'elles seront suffisamment étendues. Le sulfure d'antimoine amorphe se dissout facilement dans la lessive de potasse étendue, le sulfhydrate d'ammoniaque et le sulfure de potassium, moins facilement dans l'ammoniaque, très peu dans le carbonate d'ammoniaque et pas du tout dans le bisulfite de potasse. — Le sulfure d'antimoine amorphe desséché sous le dessiccateur à la température ordinaire ne diminue que très peu de poids à 100° : son poids reste constant quand on le maintient longtemps à 100°, bien qu'il conserve alors toujours une petite quantité d'eau qu'on ne peut pas lui enlever même à 190°, mais seulement à 200°, et dans ce dernier cas il devient noir et cristallin (*H. Rose**)

(*) *Journ. f. prackt. Chem.*, LIX, 331.

(*Voir* Exp. n° 54.) Chauffé légèrement au rouge dans un courant d'acide carbonique, le sulfure d'antimoine devenu noir et cristallin ne change pas de poids; il n'y a qu'à une forte température rouge que de petites quantités de sulfure se volatilisent. Exposé longtemps à l'air en présence de l'eau, le sulfure d'antimoine amorphe absorbe lentement l'oxygène, de sorte qu'en traitant ce précipité par l'acide tartrique, le liquide filtré renferme de l'oxyde d'antimoine.

Le sulfure correspondant à l'acide antimonique est également insoluble dans l'eau, même quand elle contient de l'acide sulfhydrique. Il se dissout complètement, surtout à chaud, dans l'ammoniaque; il s'en dissout des traces dans la solution aqueuse de carbonate d'ammoniaque. En chauffant le pentasulfure desséché dans un courant d'acide carbonique, il se dégage 2 équivalents de soufre et il reste du trisulfure noir cristallin.

En traitant le trisulfure et le pentasulfure d'antimoine par l'acide azotique fumant, il se produit une vive oxydation. On obtient d'abord de l'acide antimonique et du soufre en poudre : en évaporant à siccité on a de l'acide antimonique et de l'acide sulfurique, puis, en chauffant au rouge, de l'antimoniate d'oxyde d'antimoine. Ce dernier composé se produit encore en chauffant le sulfure d'antimoine au rouge avec 50 ou 50 fois son poids de bioxyde de mercure (*Bunsen*). — En chauffant le sulfure d'antimoine au rouge dans un courant d'hydrogène, on a de l'antimoine métallique.

COMPOSITION :

Sb	122,0	71,77
5S	48,0	28,23
	170,0	100,00

b. L'ANTIMONIATE D'OXYDE D'ANTIMOINE (*acide antimonieux*) forme une poudre blanche, qui devient jaune quand on la chauffe, infusible, irréductible au feu si l'on a soin d'écarter les gaz réducteurs. Il se dissout à peine dans l'eau, difficilement dans l'acide chlorhydrique, et au milieu du sulfhydrate d'ammoniaque il ne subit aucune altération. Sur du papier de tournesol humide il a une réaction acide.

COMPOSITION :

Sb	122,0	79,22
4O	52,0	20,78
	154,0	100,00

c. L'ANTIMOINE MÉTALLIQUE, obtenu par la voie humide par précipitation, est une poudre noire sans éclat. Il peut se sécher à 100° sans altération. À une température rouge modérée, il entre en fusion et il se vaporise quand on le chauffe au rouge dans un courant de gaz, par exemple d'hydrogène. Il ne se fait pas d'hydrogène antimonié dans cette circonstance. Il est à peine attaqué par l'acide chlorhydrique, même concentré et bouillant : l'acide azotique le transforme en oxyde plus ou moins mélangé d'acide antimonieux, suivant le degré de concentration de l'acide

§ 91.

4. Protoxyde d'étain et 5. Bioxyde d'étain.

L'étain est généralement pesé à l'état de *bioxyde*. Nous dirons aussi quelques mots des deux *sulfures*, par lesquels on passe souvent pour obtenir le bioxyde.

a. Bioxyde d'étain. Si l'on traite l'étain métallique par l'acide azotique ou si l'on évapore une dissolution d'étain avec un excès d'acide azotique, on obtient l'hydrate d'oxyde d'étain *b* (acide métastannique hydraté) sous forme d'un précipité blanc. Il est insoluble dans l'eau et ne se dissout que peu dans l'acide azotique et l'acide sulfurique étendu. En le chauffant avec l'acide chlorhydrique, il se forme du métaperchlorure d'étain qui ne se dissout pas dans l'acide chlorhydrique, mais bien dans l'eau quand on a enlevé l'excès d'acide. L'acide métastannique hydraté, après lavage complet, rougit le tournesol. Si au contraire on précipite la dissolution de bichlorure d'étain par un alcali, par le sulfate de soude ou l'azotate d'ammoniaque, on obtient l'hydrate d'oxyde d'étain *a*, qui se dissout facilement dans l'acide chlorhydrique. Si l'on verse un excès de lessive de soude dans une dissolution de métaperchlorure d'étain, il se précipite du métastannate de soude insoluble dans la lessive de soude ainsi que dans l'alcool faible, tandis que le perchlorure ordinaire donne avec la soude un précipité soluble dans un excès de la lessive alcaline, et qui ne se précipite pas quand on ajoute un grand excès de cette dernière (*C. F. Barfoed**). — Les deux hydrates chauffés au rouge se changent en bioxyde. Il faut cependant faire attention que l'eau ne se dégage pas complètement à la simple chaleur rouge; ce n'est qu'à une forte calcination (*Dumas*). — L'oxyde d'étain est une poudre jaune-paille, à laquelle la chaleur donne une couleur variant du jaune vif au brun, ne changeant pas le tournesol, insoluble dans l'eau et dans les acides. Chauffé au rouge avec un excès de sel ammoniac, il se volatilise complètement à l'état de bichlorure. Fondu avec du cyanure de potassium, il donne de l'étain métallique en globules, que l'on peut sans perte retirer des scories, en employant comme dissolvant de l'alcool étendu et en séparant rapidement l'étain du liquide (*H. Rose***).

COMPOSITION :

Sn	59	78,67
2O	16	21.35
	75	100,00

b. Le protosulfure d'étain hydraté est un précipité brun, insoluble dans l'eau, la dissolution d'acide sulfhydrique et les acides étendus. La précipitation de l'étain dans les dissolutions de protoxyde par l'acide sulfhydrique n'est complète que s'il n'y a pas trop d'acide chlorhydrique libre et si la solution est assez étendue. Il ne se dissout pas dans l'ammoniaque; il se dissout assez facilement (en se changeant en bisulfure) dans le sulfhydrate d'ammoniaque jaune et le sulfure jaune de potassium et très bien dans l'acide chlorhydrique concentré chaud. — Chauffé à l'abri de l'air, il perd

(*) *Zeitschr. f. analyt. Chem.*, VII, 260.
(**) *Journ. f. prackt. Chem.*, LXI, 189.

son eau et se change en protosulfure anhydre; en laissant l'accès de l'air
et chauffant doucement pendant quelque temps, il se change en acide sulfureux et en oxyde.

c. Le BISULFURE D'ÉTAIN HYDRATÉ, précipité par un acide de sa dissolution
à l'état de sulfosel alcalin, est jaune clair. Quand on le lave avec de l'eau
pure, le liquide passe trouble et les pores du filtre se bouchent: cela n'arrive pas si l'on emploie de l'eau contenant du sel marin, de l'acétate d'ammoniaque ou d'autres sels analogues (*Bunsen*). Par la dessiccation le précipité
devient plus foncé. Il est insoluble dans l'eau, il est difficilement soluble
dans l'ammoniaque et ne l'est pas dans le bisulfite de potasse; il se dissout
facilement dans la potasse, les sulfures alcalins et l'acide chlorydrique concentré et chaud. — La précipitation de l'étain par l'acide sulfhydrique dans
les dissolutions de ses sels de bioxyde n'est complète qu'autant qu'il n'y a
pas trop d'acide chlorhydrique libre et que la liqueur est assez étendue.
Suivant *C. F. Barfoed*, les précipités ainsi obtenus ne sont pas du bisulfure
hydraté pur, mais des mélanges de ce sulfure avec de l'acide stannique hydraté, et surtout avec de l'acide métastannique. Le précipité obtenu avec la
solution de perchlorure ordinaire conserve sa couleur jaune, même après
avoir séjourné longtemps dans le liquide où il s'est formé, et il se dissout
complètement dans un excès de lessive de soude. Au contraire celui obtenu
avec le métachlorure, d'abord blanc, devient peu à peu jaune : il prend
une teinte brune dans le liquide et se dissout dans un excès de lessive de
soude en laissant un résidu notable de métastannate de soude. Chauffé à
l'abri du contact de l'air, il perd avec son eau et suivant les circonstances,
1/2 ou 1 équivalent de soufre et passe à l'état de sesquisulfure ou de monosulfure. Chauffé très-lentement au contact de l'air, il se change en oxyde,
tandis qu'il se dégage de l'acide sulfureux.

<h2 style="text-align:center">§ 92.</h2>

6. Acide arsénieux et 7. Acide arsénique.

L'arsenic se pèse à l'état d'*arséniate de plomb*, de *sulfure d'arsenic*, d'*arséniate ammoniaco-magnésien*, d'*arséniate de magnésie*, d'*arséniate d'urane* ou
d'*arséniate basique de fer*. Nous dirons aussi quelque chose de l'*arsénio-
molybdate d'ammoniaque*.

a. L'ARSÉNIATE DE PLOMB pur est une poudre blanche, qui semble prendre
une teinte jaune quand on la chauffe au rouge faible, en même temps qu'elle
s'agglomère, et qui fond à une température plus élevée. Au rouge vif il diminue de poids, parce qu'il perd une partie de l'acide, qui se transforme en
oxygène et en acide arsénieux. Dans les analyses on n'a jamais affaire à ce
sel pur, mais à un mélange de ce sel et d'oxyde de plomb.

b. Le TRISULFURE D'ARSENIC est un précipité jaune, insoluble dans l'eau
pure (*), ou contenant de l'acide sulfhydrique. Bouilli avec de l'eau ou en contact avec elle pendant plusieurs jours, il éprouve une décomposition à sa surface; il se dissout des traces d'acide arsénieux, en même temps qu'il se dégage

---

(*) Il résulte des analyses faites par moi des eaux de Weilbach, que 1 partie d'ArS³ se
dissout dans environ 1 million de parties d'eau (*Analyses chimiques des principales eaux
minérales du grand-duché de Nassau*, par *Fresenius*).

un peu d'acide sulfhydrique; cela n'empêche pas qu'on puisse parfaitement laver le précipité. On peut le sécher à 100° sans qu'il éprouve de décomposition; il ne fait que perdre toute son eau. A une température plus élevée, il prend une couleur rouge-brun foncé, fond et se volatilise sans décomposition. Les alcalis libres ou carbonatés, le bisulfite de potasse et les sulfures alcalins le dissolvent facilement; l'acide chlorhydrique concentré et bouillant l'attaque à peine; l'eau régale le dissout sans difficulté. — L'acide azotique fumant le transforme en acide arsénique et en acide sulfurique. — Il est insoluble dans le sulfure de carbone.

COMPOSITION :

Ar	75	. . . 60,98
3S	48	. . . 39,02
	123	100,00

c. L'ARSÉNIATE AMMONIACO-MAGNÉSIEN est un précipité blanc, un peu transparent, finement cristallisé. Séché sous le dessiccateur, il a pour formule $2MgO,AzH^4O,ArO^5+12.$ Aq. A 100° il perd 11 équivalents, d'eau et devient $2MgO,AzH^4O,ArO^5+Aq$; chauffé davantage, par exemple de 105 à 110°, il perd encore de l'eau; à 150 la perte est déjà forte (*Puller*[*]). Au rouge il perd complétement son eau et son ammoniaque, et se transforme en $2MgO,ArO^5$. En chauffant brusquement au rouge, le gaz ammoniac agit comme réducteur sur l'acide arsénique et il en résulte une perte notable d'arsenic (*H. Rose*) : mais en élevant graduellement la température, on peut chasser l'eau et l'ammoniaque de façon qu'il n'y ait ni réduction ni par conséquent perte d'arsenic (*H. Rose, Wittstein*[**], *Puller*). On arrive au même résultat en chauffant au rouge dans un courant d'oxygène sec. Ce composé se dissout très-difficilement dans l'eau; 1 partie du sel séché à 100° exige 2656 parties d'eau, et 1 partie de sel anhydre en demande 2788 p. à 15°. Il se dissout encore plus difficilement dans l'eau ammoniacale; pour une partie de sel séché à 100°, il faut 15058 p. d'un mélange d'une partie d'ammoniaque en dissolution (densité 0,96) et de 3 parties d'eau à 15°, et 1 partie de sel anhydre exige 15786 parties du même mélange. — Le précipité est bien plus soluble dans l'eau contenant du sel ammoniac. 1 partie de sel anhydre se dissout dans 886 parties d'une dissolution de 1 p. de sel ammoniac dans 7 d'eau. — La présence de l'ammoniaque diminue le pouvoir dissolvant de la solution de sel ammoniac. 1 partie de sel anhydre exige 3014 parties d'un liquide formé de 60 parties d'eau, 10 parties d'ammoniaque (densité 0,96) et 1 partie de sel ammoniac. — L'arséniate ammoniaco-magnésien se dissout encore bien moins dans une liqueur contenant un peu de sel ammoniac, de l'ammoniaque libre et du sulfate de magnésie : *Puller* a trouvé le rapport de 1 partie de sel anhydre à 32827 parties de dissolvant (formé de 10 C.C. de mixture magnésienne (p. 105) et 200 C.C. d'eau). Un excès d'arséniate alcalin augmente encore bien davantage le peu de solubilité dans l'eau renfermant de l'ammoniaque et du sel ammoniac (*Puller*).

(*) *Zeitschr. f. analyt. Chem.*, X, 62.
(**) *Zeitschr. f. analyt. Chem.*, II, 19.

L'arséniate ammoniaco-magnésien séché à 100° contient :

COMPOSITION :

$2MgO$	40,00	...	21,05
AzH^4O	26,04	...	13,70
ArO^5	115,00	...	60,51
HO	9,00	...	4,74
	190,04		100,00

d. L'ARSÉNIATE DE MAGNÉSIE, provenant de la calcination bien conduite de l'arséniate ammoniaco-magnésien, est une substance blanche infusible dans le creuset de porcelaine, même au chalumeau à gaz, mais qui, à une plus haute température, se concrète et entre en fusion. La substance calcinée dans le creuset de porcelaine se dissout sans difficulté dans l'acide chlorhydrique et l'ammoniaque précipite de la solution de l'arséniate ammoniaco-magnésien cristallisé.

COMPOSITION :

$2MgO$	40	...	25,81
ArO^5	115	...	74,19
	155		100,00

e. ARSÉNIATE D'URANE. Si l'on ajoute un léger excès de lessive de potasse dans une solution d'acide arsénique, puis de l'acide acétique jusqu'à faible réaction acide et ensuite de l'acétate d'urane, tout l'acide arsénique se précipite à l'état d'arséniate d'urane ($2Ur^2O^3,HO,ArO^5+8Aq$). En présence des sels ammoniacaux, la précipitation est aussi complète à l'état d'arséniate double d'urane et d'ammoniaque $2Ur^2O^3,AzH^4O,ArO^5+Aq$. — Les précipités sont jaune verdâtre pâle, gélatineux, insolubles dans l'eau, l'acide acétique, les solutions salines, mais solubles dans les acides minéraux. L'ébullition favorise le dépôt, que gène l'addition de quelques gouttes de chloroforme : il faut laver en faisant bouillir et en décantant alternativement. Les deux précipités deviennent $2Ur^2O^3,ArO^3$ par la calcination au rouge. C'est un résidu jaune pâle qui, s'il est un peu verdâtre par suite de l'action du gaz réducteur, redevient jaune si on l'humecte avec de l'acide azotique et le calcine de nouveau. — En calcinant l'arséniate double d'urane et d'ammoniaque, on n'obtient des résultats exacts qu'en chassant d'abord l'ammoniaque, en chauffant avec précaution, puis en calcinant ensuite ou bien en chauffant le composé au rouge dans un courant d'oxygène. Mais en chauffant rapidement, il y a une réduction partielle de l'acide arsénique et par suite une perte d'arsenic (*Puller*).

COMPOSITION :

$2Ur^2O^3$	285,6	...	71,29
ArO^3	115,0	...	28,71
	400,6		100,00

f. ARSÉNIATE DE FER. Le précipité blanc, en bouillie, que l'on obtient en précipitant du perchlorure de fer avec de l'arséniate de soude ordinaire, a pour composition $2Fe^2O^3,3HO,3ArO^3+9Aq$. Il se dissout dans les acides minéraux ; mais avec l'acide arsénique il faut que la liqueur soit très-concentrée et qu'on n'ait pas chauffé. En chauffant ou en étendant d'eau une pa reille dissolution, il se forme un précipité d'arséniate de fer qui ne se redissout pas par le refroidissement de la liqueur au sein de laquelle il s'est formé par réchauffement (*Lunge*[*]). Il se dissout dans l'ammoniaque avec une coloration jaune. Outre cette combinaison, il en existe encore plusieurs autres renfermant plus de peroxyde de fer. Par exemple : Fe^2O^3,ArO^5, qui se précipite avec $5Aq$ lorsqu'on traite l'acétate de fer par l'acide arsénique (*Kotschoubcy*) ; $2Fe^2O^3,ArO^5$, qu'on obtient avec $12Aq$ en oxydant avec l'acide azotique le sous-arséniate de protoxyde de fer et en ajoutant de l'ammoniaque ; $16Fe^2O^3,ArO^5$, qui se forme avec $24Aq$ si l'on fait bouillir avec de la potasse les composés moins basiques (*Berzelius*). Les deux derniers composés ne sont pas solubles dans l'ammoniaque ; le dernier ressemble tout à fait au peroxyde de fer hydraté. — Dans la méthode de dosage de *Berthier* pour l'acide arsénique, c'est un mélange de ces divers sels qu'on obtient. Ils sont d'autant préférables, à cause de leur insolubilité dans l'ammoniaque, qu'ils sont plus basiques ; en outre ils se laissent bien mieux laver. — En les chauffant au rouge, à la condition d'élever la température graduellement, il ne se dégage que de l'eau ; mais si l'on porte brusquement le sel au rouge (avant que l'ammoniaque qui y reste adhérente soit éliminée), une partie de l'acide arsénique est réduite à l'état d'acide arsénieux (*H. Rose*).

g. ARSÉNIO-MOLYBDATE D'AMMONIAQUE. Si dans un liquide contenant de l'acide arsénique on verse un excès de la dissolution de molybdate d'ammoniaque dans l'acide azotique, telle qu'on l'emploie pour précipiter l'acide phosphorique, il reste limpide à froid ; mais si l'on chauffe, il se dépose un précipité jaune d'arsénio-molybdate d'ammoniaque. Il se comporte avec les dissolvants comme le composé analogue d'acide phosphorique, et comme celui-ci il est insoluble dans l'eau, les acides libres, surtout l'acide azotique, et les sels, en présence d'un excès de la solution de molybdate d'ammoniaque additionnée d'un léger excès d'acide azotique. La présence de beaucoup d'acide chlorhydrique ou d'une grande quantité d'un chlorure métallique s'oppose à la précipitation complète. *Seligsohn* (**) y a trouvé 87,666 pour 100 d'acide molybdique, 6,508 d'acide arsénique, 4,258 d'ammoniaque et 1,768 d'eau.

B. FORMES ET COMBINAISONS QUI SERVENT A PESER ET A SÉPARER LES ACIDES

ACIDES DU PREMIER GROUPE.

§ 93.

1. **Acide arsénieux** et **Acide arsénique**. Voir les bases (§ **92**).

2. **Acide chromique.**

On le pèse à l'état d'*oxyde de chrome*, de *chromate de plomb* ou de *chromate de baryte*. Nous donnerons aussi les caractères du *chromate de protoxyde de mercure*, parce que souvent on précipite l'acide chromique sous cette forme.

[*] *Zeitschr. f. analyt. Chem.*, X, 72.
(**) *Journ. f. prackt. Chem.*, LXVII, 81.

a. Voir, au § **76**, les propriétés de l'oxyde de chrome.

b. Le chromate de plomb est un précipité d'un beau jaune; il est insoluble dans l'eau et l'acide acétique, à peine soluble dans l'acide azotique étendu et facilement dans la lessive de potasse. L'acide chlorhydrique concentré le décompose sans difficulté à l'ébullition (surtout avec addition d'alcool), et le change en chlorure de plomb et en perchlorure de chrome. — Il est inaltérable à l'air et peut se dessécher complètement à 100°. Par la chaleur, il prend une teinte brun-rouge passagère; il fond au rouge. Chauffé au delà du point de fusion, il perd de l'oxygène et se transforme en un mélange d'oxyde de chrome et de sous-chromate de plomb; chauffé avec des matières organiques, il leur cède facilement de l'oxygène.

COMPOSITION :

PbO	111,50 . . .	68,94
CrO³	50,24 . . .	31,06
	161,74	100,00

c. Le chromate de baryte est un précipité jaune pâle, qui se forme quand on mélange un chromate alcalin avec une solution de chlorure de baryum. Il se dissout dans l'acide chlorhydrique et l'acide azotique, mais non dans l'acide acétique. Si on le lave avec de l'eau pure, aussitôt que tous les sels solubles sont enlevés, un peu du précipité se dissout, assez pour que l'eau de lavage soit colorée en jaune : mais ce précipité est insoluble dans les solutions salines; aussi, pour le laver, on pourra prendre de l'eau chargée d'acétate d'ammoniaque (*Pearson* et *Richard*). Le chromate de baryte n'est pas décomposé au rouge faible.

COMPOSITION :

BaO	76,50 . . .	60,36
CrO³	50,24 . . .	39,64
	126,74	100,00

'd. Le chromate de protoxyde de mercure, obtenu en ajoutant à une solution d'azotate de protoxyde de mercure un chromate alcalin, est un précipité rouge vif, qui noircit à la lumière. Il se dissout peu dans l'eau froide, plus dans l'eau bouillante, peu dans l'acide azotique étendu. Pour le laver on fera usage d'une solution d'azotate de protoxyde de mercure étendue, contenant un peu d'acide azotique libre, dans laquelle il est insoluble (*H. Rose*).

3. Acide sulfurique.

On dose le mieux l'acide sulfurique à l'état de sulfate de baryte, dont nous avons indiqué les caractères au § **71**.

4. Acide phosphorique.

On peut peser l'acide phosphorique à l'état de *phosphate de plomb*, *pyro-phosphate de magnésie*, *phosphate basique de magnésie* (3MgO,PhO⁵), *phosphate basique de peroxyde de fer*, *phosphate d'urane*, *phosphate d'étain* et *phosphate d'argent*. Il faut en outre connaître les propriétés du *phosphate de protoxyde de mercure* et du *phospho-molybdate d'ammoniaque*.

a. En général, dans les analyses, on n'obtient pas le phosphate de plomb à l'état pur, mais bien mélangé avec de l'oxyde de plomb libre. D'après cela, on a dans ce mélange le composé basique $3PbO,PhO^5$. Ce dernier, pur, est une poudre blanche, fusible sans décomposition, insoluble dans l'eau, l'acide acétique et dans l'ammoniaque, facilement soluble dans l'acide azotique.

b. Pyrophosphate de magnésie. Voir § 74.

c. Phosphate basique de magnésie $(3MgO,PhO^5)$. On l'obtient avec un excès de magnésie en mélangeant avec de la magnésie une dissolution d'un phosphate alcalin additionnée de sel ammoniac, évaporant le mélange, chauffant le résidu jusqu'à ce que tout le sel ammoniac soit chassé, puis traitant par l'eau. Il suffit d'indiquer ici, pour le but que nous nous proposons, que la combinaison en question est insoluble dans l'eau et dans les dissolutions des sels alcalins (*Fr. Schulze*).

d. Phosphate basique de fer. Si l'on précipite avec précaution une dissolution d'acide phosphorique ou de phosphate de chaux dans l'acide acétique par une dissolution d'acétate de fer, ou par un mélange d'alun de fer et d'acétate de soude, de façon que l'excès de sel de fer soit à peine sensible, on obtient un précipité constant formé de 1 éq. PhO^5 pour 1 éq. Fe^2O^3 (*Rœwsky, Wittstein, E. Davy* [*]); mais si l'acétate de fer domine, le produit précipité est plus basique. *Wittstein*, en prenant un grand excès d'acétate de fer, a obtenu le précipité $4Fe^2O^3,3PhO^5$. Les précipités qu'on obtient avec de moindres excès du précipitant ont une composition variable, comprise entre ces deux extrèmes.

Le phosphate de fer ayant la formule Fe^2O^3,PhO^5 fut obtenu par *Rammelsberg* (avec 4 Aq) et plus tard par *Wittstein* (avec 8 Aq), en mélangeant du sulfate de peroxyde de fer avec un excès de phosphate de soude; ce dernier chimiste, en employant une quantité insuffisante de phosphate de soude, eut un précipité plus jaunâtre, dont la formule était $3(Fe^2O^3,PhO^5+8Aq)+(Fe^2O^3,3Aq)$.

Si dans un liquide acide contenant un grand excès d'acide phosphorique, on ajoute un peu d'une solution de peroxyde de fer, puis un acétate alcalin, on a toujours le précipité $Fe^2O^3,PhO^5 +$ de l'eau, qui par la calcination devient Fe^2O^3,PhO^5. Je me suis assuré par de nouvelles expériences de toute l'exactitude de ce fait avancé par *Wittstein*. *Fr. Mohr* est arrivé au même résultat. Le précipité ne se dissout pas dans un liquide contenant des sels; mais quand par suite des lavages l'eau devient presque pure, le précipité commence à se dissoudre. La liqueur filtrée a une réaction acide et contient du peroxyde de fer et de l'acide phosphorique. Il en résulte nécessairement une modification dans la composition du précipité, ce qui explique la divergence des résultats auxquels on arrive, suivant qu'on lave le précipité plus ou moins longtemps (*Fr. Mohr*).

COMPOSITION :

PhO^5.....	71,00	... 47,02
Fe^2O^3....	80,00	... 52,98
	151,00	100,00

En dissolvant du phosphate de peroxyde de fer dans l'acide chlorhydrique, saturant avec l'ammoniaque et chauffant, on obtient les sels plus basiques

(*) *Philos. Mag.*, XIX, 181. — *Journ. f. prackt. Chem.*, LXXX, 530.

$3Fe^2O^3,2PhO^5$ (*Rammelsberg*), $2Fe^2O^3,PhO^5$ (*Wittstein*, après un lavage prolongé). Dans les expériences de *Wittstein* les eaux de lavage renfermaient de l'acide phosphorique. Le phosphate blanc de fer ne se dissout pas dans l'acide acétique, mais dans une dissolution d'acétate de peroxyde de fer.

Si l'on fait bouillir cette dernière dissolution, tout l'acide phosphorique se précipite à l'état de phosphate ultrabasique de fer avec de l'acétate basique de fer. On obtient toujours de ces combinaisons basiques (mélangées souvent de peroxyde de fer hydraté) lorsqu'on précipite par l'ammoniaque ou le carbonate de baryte une dissolution renfermant de l'acide phosphorique et un excès de peroxyde de fer. Le précipité produit par le carbonate de baryte se laisse bien séparer par filtration et laver; le liquide qui passe ne renferme ni peroxyde de fer, ni acide phosphorique. Au contraire le précipité obtenu par l'ammoniaque, surtout quand il y a un excès de cet alcali, est mucilagineux, se laisse mal laver et dans l'eau de lavage on trouve toujours des traces de fer et d'acide phosphorique.

e. Phosphate d'urane. — Si dans une dissolution aqueuse chaude d'un phosphate soluble dans l'eau ou dans l'acide acétique, on verse de l'acétate d'urane en présence d'acide acétique libre, il se forme aussitôt un précipité de phosphate d'urane. Si le liquide contient un sel ammoniacal en grande quantité, le précipité contient aussi de l'ammoniaque; si le précipité se forme en présence de l'alumine ou du peroxyde de fer, il est plus ou moins mélangé de phosphate de peroxyde de fer ou de phosphate d'alumine. La présence des sels de potasse ou de soude, ou des sels alcalino-terreux, n'a pas d'influence sur la composition du précipité.

Le phosphate d'urane ammoniacal $2Ur^2O^3,AzH^4O,PhO^5+xHO$ est un précipité blanc jaunâtre, à reflets verdâtres, d'une consistance un peu mucilagineuse. Il vaudra donc mieux le laver par ébullition dans l'eau et par décantation, au moins pour les premiers lavages. Si dans le liquide au milieu duquel est suspendu le précipité et qu'on a laissé un peu refroidir, on ajoute quelques gouttes de chloroforme et on agite ou on fait bouillir, le précipité se dépose bien plus facilement que sans cette addition.

Le précipité ne se dissout ni dans l'eau, ni dans l'acide acétique, mais il est soluble dans les acides minéraux. Par l'addition d'un excès suffisant d'acétate d'ammoniaque et par l'ébullition, on le précipite de nouveau complètement; par la calcination du précipité contenant ou non de l'ammoniaque, on obtient le phosphate d'urane $2Ur^2O^3,PhO^5$ de couleur jaune. En faisant agir, pendant la calcination, du charbon ou un gaz réducteur, il prend une couleur verdâtre, par suite d'une réduction partielle en phosphate de protoxyde d'urane; mais en chauffant avec un peu d'acide azotique, il repasse facilement à l'état de sel jaune. Celui-ci n'est pas hygroscopique, et peut dès lors être calciné et pesé dans une capsule en platine ouverte (*A. Arendt* et *W. Knop*).

COMPOSITION :

$2Ur^2O^3$	285,6	80,09
PhO^5	71,0	19,91
	356,6	100,00 (*)

(*) Dans ces calculs, on a pris l'équivalent de l'urane d'*Ebelmen*, savoir, 59,4. En pre-

f. Jamais dans les analyses on a le PHOSPHATE D'ÉTAIN pur, mais toujours mélangé avec un excès d'hydrate d'acide métastannique et, après calcination, avec de l'acide métastannique. Il a en général les mêmes caractères que l'acide métastannique hydraté : entre autres, il n'est comme lui soluble qu'en très petite quantité dans l'acide azotique. Chauffé avec une dissolution concentrée de potasse, il donne du phosphate et du métastannate de potasse.

g. Le PHOSPHATE TRIBASIQUE D'ARGENT est une poudre jaune, insoluble dans l'eau, facilement soluble dans l'acide azotique et dans l'ammoniaque, plus difficilement dans les sels ammoniacaux; il est inaltérable à l'air. Au rouge il prend une couleur brun-rouge passagère ; à une forte chaleur il fond sans décomposition.

COMPOSITION :

$5AgO$	347,79		85,05
PhO^5	71,00		16,95
	418,79		100,00

h. PHOSPHATE DE PROTOXYDE DE MERCURE. Ce sel n'est pas employé pour peser l'acide phosphorique sous cette forme ; seulement il permet de séparer cet acide de beaucoup de bases, d'après la méthode de *H. Rose.* C'est une masse blanche cristalline ou une poudre analogue, insoluble dans l'eau, soluble dans l'acide azotique et qui, à la chaleur rouge, se transforme en phosphate de bioxyde de mercure fondu, en dégageant des vapeurs de mercure. Fondu avec les carbonates alcalins, il donne un phosphate alcalin, des vapeurs de mercure, de l'oxygène et de l'acide carbonique.

i. PHOSPHATE MOLYBDO-AMMONIACAL. Cette combinaison est une forme précieuse sous laquelle on peut séparer l'acide phosphorique des autres corps. C'est un précipité jaune vif, qui se dépose facilement et qui, séché à 100°, serait formé en moyenne, suivant *Seligsohn,* de :

Acide molybdique	90,744
Acide phosphorique	3,142
Oxyde d'ammonium	3,570
Eau	2,544
	100,000 (*)

À l'état pur il se dissout peu dans l'eau froide (1 : 10000, suivant *Eggertz*), facilement dans l'eau chaude. Les alcalis caustiques, carbonatés ou phosphatés, le chlorhydrate et l'oxalate d'ammoniaque le dissolvent aisément

nant celui de *Péligot,* qui est 60, le phosphate d'urane calciné contient 80,22 Ur^2O^3 et 19,78 PhO^5. *W. Knopp* et *Arendt* trouvèrent dans quatre expériences 20,13—20,06—20,04 et 20,04 (dans une 20,77). Ces nombres s'accordent bien mieux avec le calcul fait en prenant l'équivalent d'*Ebelmen,* qu'avec celui de *Péligot.*

(*) Les résultats différents, obtenus dans l'analyse de ce précipité par divers chimistes, montrent qu'il n'a pas la même composition, bien que produit en apparence dans les mêmes circonstances. *Sonnenschein (Journ. f. prackt. Chem.,* LIII, 542) a trouvé dans le précipité séché à 120° : 2,93 à 3,12 pour 100 de PhO^5. — *Liepowitz (Ann. Pogg.,* CIX, 135), dans le précipité séché de 20 à 30° : 3,607 pour 100 de PhO^5. — *Eggertz (Journ. f. prackt Chem.,* LXXIX, 496), 3,7 à 3,8.

déjà à froid, le sulfate d'ammoniaque le dissout peu, l'azotate d'ammoniaque très peu, l'azotate de potasse et le chlorure de potassium peu. Il est soluble dans le sulfate de potasse, le sulfate de soude, le chlorure de sodium et le chlorure de magnésium, l'acide sulfurique, l'acide azotique, l'acide chlorhydrique, concentrés ou étendus. L'eau qui renferme 1 pour 100 de son volume d'acide azotique ordinaire le dissout dans la proportion de 6600 : 1 (*Eggertz*). L'action dissolvante de tous ces liquides n'est pas augmentée par la chaleur. — La manière dont il se comporte avec ces liquides acides change complètement en présence du molybdate d'ammoniaque. Ainsi de l'acide azotique ou sulfurique étendu contenant ce dernier sel ne dissout plus le précipité : mais beaucoup d'acide chlorhydrique agit comme dissolvant, même en présence d'un excès de molybdate d'ammoniaque, et empêche par conséquent la précipitation complète de l'acide phosphorique par une dissolution azotique de molybdate d'ammoniaque. Probablement que dans tous les cas la dissolution dans les acides a lieu à la suite d'une décomposition et d'une séparation d'acide molybdique, ce qu'empêche la présence du molybdate d'ammoniaque (*J. Craw, Chem. Gaz.*, 1852, 216. — *Pharm. Centralbl.*, 1852, p. 670). — L'acide tartrique et les autres matières organiques analogues empêchent complètement la précipitation du phosphate molybdo-ammoniacal (*Eggertz*). En présence d'un iodure métallique, par suite de l'action réductrice de l'acide iodhydrique sur l'acide molybdique, il se forme, au lieu d'un précipité jaune, un précipité vert, ou même il ne s'en forme pas du tout et la liqueur devient verte (*J. W. Bill*) (*). Naturellement d'autres substances pouvant réduire l'acide molybdique ont la même action.

5. Acide borique.

Le meilleur moyen de doser directement l'acide borique est de le faire passer sous la forme de FLUOBORURE DE POTASSIUM. On l'obtient en décomposant dans une capsule en argent ou en platine un borate alcalin, en présence d'une quantité suffisante de potasse, par un excès d'acide fluorhydrique, puis en évaporant à siccité. Le précipité gélatineux que l'on obtient à froid se dissout quand on chauffe et se sépare ensuite de nouveau, quand on évapore, sous forme de petits cristaux durs et transparents. Le composé a pour formule KFl,BoFl³; il se dissout dans l'eau et dans l'alcool étendu, mais pas dans l'alcool concentré ni dans les dissolutions concentrées d'acétate de potasse. On peut le sécher à 100° sans qu'il s'altère (*Aug. Stromeyer*) (**).

COMPOSITION :

K.	39,13	. . .	31,02
Bo.	11,00	. . .	8,72
4Fl.	76,00	. . .	60,26
	126,13		100,00

(*) *Sillim. Journ. July*, 1858. — *Journ. f. prackt. Chem.*, LXXVI, 191.
(**) *Ann. der Chem. und Pharm.*, C. 82.

6. Acide oxalique.

En général on précipite l'acide oxalique à l'état d'OXALATE DE CHAUX lorsqu'on doit le doser directement. Pour le dosage, on transforme le plus souvent ce sel en carbonate de chaux ou en chaux caustique. Voir au § 73 les propriétés de ces combinaisons.

7. Acide fluorhydrique.

Quand on veut doser directement l'acide fluorhydrique, on le pèse à l'état de FLUORURE DE CALCIUM. Obtenu par voie humide, c'est un précipité gélatineux, difficile à laver; mis en digestion avec de l'ammoniaque, il devient plus dense et moins gélatineux. Il n'est pas complètement insoluble dans l'eau; les alcalis aqueux ne le décomposent pas. L'acide chlorhydrique étendu le dissout à peine, l'acide concentré le dissout un peu plus ; l'acide sulfurique le décompose en sulfate de chaux et acide fluorhydrique. A l'air et au rouge le fluorure de calcium est inaltérable; il fond au rouge intense. Fortement chauffé au rouge au contact de l'air humide, il se décompose lentement et partiellement en chaux et acide fluorhydrique ; chauffé au rouge avec du sel ammoniac, le fluorure de calcium diminue constamment de poids, mais la décomposition est incomplète.

COMPOSITION :

Ca	20 . . .	51,28
Fl	19 . . .	48,72
	39	100,00

Fréquemment, surtout en présence de la silice, on dose le fluor en le transformant en FLUORURE DE SILICIUM ($SiFl^2$). C'est un gaz incolore, fumant à l'air, à odeur forte, de densité 3,574, décomposé par l'eau en silice hydratée et acide hydrofluosilicique : $3.SiFl^2 + 2.HO = 2\ (SiFl^2,HFl) + SiO^2$.

8. Acide carbonique.

Lorsqu'on veut doser directement l'acide carbonique, ce qui arrive rarement, on le pèse à l'état de CARBONATE DE CHAUX. Voir au § 73 les propriétés de ce sel.

9. Acide silicique.

L'acide silicique, précipité par les acides de la solution aqueuse d'un silicate alcalin, est d'abord complètement soluble dans l'eau. Il ne devient insoluble, ou plus exactement difficilement soluble que par suite d'une transformation permanente, la coagulation. Celle-ci est déterminée par la concentration de la liqueur ou par une élévation de température. La solution de silice à 10-12 p. 100 se coagule en quelques heures à la température ordinaire, et de suite si on la chauffe. La solution à 5 p. 100 peut rester 5 à 6 jours sans se coaguler, celle à 2 p. 100 deux ou trois mois, celle à 1 p. 100 plusieurs années. S'il y a $\frac{1}{10}$ et moins pour 100, on ne peut pas trouver de changement appréciable avec le temps. Les corps solides en poudre, comme le graphite, activent la coagulation ; les sels alcalins la développent rapidement. Au contraire on peut mêler la solution siliceuse sans qu'il y ait coagulation avec les acides chlorhydrique, azotique, acétique, tartrique et avec l'alcool. La silice gélatineuse coagulée peut être plus ou moins riche en eau combinée : elle semble d'autant moins difficilement soluble dans l'eau, qu'elle en renferme davantage. Ainsi une silice gélatineuse qui renferme 1 p. 100 d'acide silicique donne avec de l'eau une solution contenant 1 partie de silice dans 5000 parties d'eau; tandis qu'avec 5 p. 100 d'acide silicique on a une solution de 1 partie de silice dans 10 000 d'eau. Une silice gélatineuse renfermant encore moins d'eau est encore moins soluble. Si enfin la silice est desséchée en masse gommeuse, elle est à peine soluble, comme c'est aussi le cas avec l'hydrate pulvérulent que l'on obtient en chauffant à 100° la gelée siliceuse mélangée de sel, que l'on obtient dans l'analyse des silicates (*). L'hydrate d'acide silicique desséché à 100° se dissout aussi à peine dans les acides (excepté l'acide fluorhydrique); mais il se dissout bien, surtout à chaud, dans les solutions des alcalis fixes purs ou carbonatés. L'ammoniaque aqueuse dissout la silice gélatineuse en quantité notable et l'hydrate desséché aussi (*Pribane***). Les différents chimistes ne sont pas d'accord sur la proportion d'eau contenue dans l'hydrate de silice desséché à différentes températures (***).

Tous ces hydrates chauffés au rouge passent à l'état anhydre. La vapeur en se dégageant peut facilement entraîner des parcelles de cette poudre extrêmement fine. On peut l'empêcher, en humectant avec de l'eau l'hydrate dans le creuset, évaporant à siccité au bain-marie, puis calcinant faiblement d'abord et graduellement de plus en plus.

La silice obtenue par la calcination de l'hydrate paraît être la modification amorphe de densité 2,2 à 2,5. C'est une poudre blanche, insoluble dans l'eau et dans les acides (excepté l'acide fluorhydrique), soluble dans les dissolutions des alcalis fixes caustiques ou carbonatés, surtout à chaud. L'acide fluorhydrique dissout facilement l'acide silicique amorphe, et si ce dernier est pur, la solution évaporée dans une capsule en platine ne laisse pas de résidu; chauffée dans un creuset de platine avec du fluorure d'ammonium, la silice se vaporise facilement. — La silice amorphe calcinée absorbe fortement à l'air de l'eau qu'elle retient encore de 100 à 150° (*H. Rose*). La propriété hygroscopique est d'autant plus prononcée que la silice a été calcinée moins fortement (*Souchay*). Elle fond à la plus haute température qu'on puisse produire en une masse vitreuse et amorphe. La silice amorphe calcinée avec du sel ammoniac perd d'abord de son poids; mais plus tard, quand par l'action de la chaleur elle est devenue plus dense, elle ne change plus.

Il faut distinguer de la silice amorphe celle que l'on trouve cristallisée ou à l'état cristallin, comme dans le cristal de roche, le quartz, le sable, etc. Son poids spécifique est 2,6 (*Schaffgotsch*), et elle est bien plus difficilement

(') *Pogg. Ann.*, C̦ xiii, 529.
(**) *Zeitschr. f. analyt. Chem.*, VI, 119.
(***) *Doveri* a trouvé dans la silice séchée à l'air 16,9 à 17,8 pour 100 d'eau;— *J. Fuchs*, de 9,1 à 9,6; — *G. Lippert*, 9,28 à 9,95. — Dans l'hydrate séché à 100°, *Doveri* a trouvé 8,3 à 9,4 ; — *J. Fuchs*, 6,63 à 6,96; — *G. Lippert*, 4,97 à 5,52. — *H. Rose* a obtenu 4,85 pour 100 d'eau dans un hydrate desséché à 150° et provenant du traitement de la stilbite par l'acide chlorhydrique concentré.

et en bien moindre quantité dissoute par la lessive de potasse ou les dissolutions d'alcalis fixes carbonatés, et aussi plus lentement attaquée par l'acide fluorhydrique ou le fluorure d'ammonium. La silice cristallisée, même un peu calcinée, n'est pas hygroscopique.

Les couleurs végétales ne sont changées ni par la silice, ni par ses hydrates.

COMPOSITION :

Si.	14,00 . . .	46,67
2O.	16,00 . . .	53,33
	30,00	100,00

ACIDES DU DEUXIÈME GROUPE.

§ 94.

1. Acide chlorhydrique.

On ne le dose presque jamais qu'à l'état de CHLORURE D'ARGENT. Voir les propriétés de ce sel au § 82.

2. Acide bromhydrique.

Dans les analyses en poids, on dose toujours l'acide bromhydrique à l'état de BROMURE D'ARGENT. Obtenu par la voie humide, c'est un précipité blanc jaunâtre : il est tout à fait insoluble dans l'eau et dans l'acide azotique, assez soluble dans l'ammoniaque, facilement soluble dans les dissolutions d'hyposulfite de soude et de cyanure de potassium. Les dissolutions concentrées de chlorure de potassium, chlorure de sodium, chlorhydrate d'ammoniaque, et celles des bromures métalliques correspondants, dissolvent le bromure d'argent en quantité très notable, tandis qu'il est complètement insoluble dans les dissolutions très étendues des mêmes sels. Les solutions des azotates alcalins n'en dissolvent que des traces; il se dissout en abondance dans une solution chaude et concentrée d'azotate de protoxyde de mercure. En le faisant digérer dans un excès d'une dissolution d'iodure de potassium, il passe complètement à l'état d'iodure d'argent (*Field*). Chauffé au rouge dans un courant de chlore, le bromure d'argent se change en chlorure; dans un courant d'hydrogène, il est réduit et l'on a l'argent métallique. — Exposé à la lumière, il devient d'abord peu à peu gris, puis enfin noir; chauffé, il fond en un liquide rougeâtre, qui par le refroidissement se prend en une masse cornée jaune. — Il est décomposé au contact de l'eau et du zinc; il se forme de l'argent métallique en mousse et du bromure de zinc.

COMPOSITION :

Ag.	107,93 . . .	57,45
Br.	79,95 . . .	42,55
	187,88	100,00

5. Acide iodhydrique.

On dose l'acide iodhydrique à l'état d'*iodure d'argent* et quelquefois sous forme d'*iodure de palladium*.

a. L'IODURE D'ARGENT, obtenu par la voie humide, est un précipité jaune clair, insoluble dans l'eau et dans l'acide azotique étendu, très difficilement soluble dans l'ammoniaque. Suivant *Wallace* et *Lamont* (*), 1 partie se dissout dans 2493 parties d'ammoniaque très concentrée (densité 0,89); suivant *Martini*, 1 partie se dissout dans 2510 parties d'ammoniaque de densité 0,95. Il se dissout abondamment dans une solution concentrée d'iodure de potassium et pas du tout dans la même dissolution très étendue : il se dissout aussi facilement dans le cyanure de potassium, l'hyposulfite de soude, tandis que les azotates alcalins n'en prennent que des traces; il se dissout facilement dans une solution concentrée et chaude d'azotate de protoxyde de mercure. L'acide azotique ou l'acide sulfurique concentré et chaud le transforment, bien qu'un peu difficilement, en azotate ou sulfate, avec dépôt d'iode. — L'iodure d'argent noircit à la lumière ; il est fusible sans décomposition en un liquide rougeâtre, qui par le refroidissement se prend en une masse jaune, que l'on peut facilement couper. Sous l'action du chlore gazeux à chaud, il se change en chlorure; l'hydrogène le réduit à l'état métallique. Il est décomposé, mais pas complètement, par le zinc en présence de l'eau; il se dépose de l'argent métallique et il se fait de l'iodure de zinc.

COMPOSITION :

Ag.	107,95	. . .	45,97
I	126,85	. . .	54,03
	234,78		100,00

b. L'IODURE DE PALLADIUM, obtenu en précipitant par le chlorure de palladium un iodure alcalin, est un précipité floconneux, noir-brun foncé ; il est insoluble dans l'eau, se dissout un peu dans les solutions salines (chlorure de sodium, de magnésium, de calcium, etc.), et pas du tout dans l'acide chlorhydrique étendu. Il est inaltérable à l'air. Desséché à l'air, il renferme 1 éq. d'eau = 5,05 pour 100 ; séché en le maintenant assez longtemps dans le vide, ou à une température plus élevée que la température ordinaire (70 à 80°), il perd son eau complètement sans laisser dégager d'iode. A 100°, il abandonne des traces d'iode, et enfin, de 300 à 400°, il se décompose complètement. On peut le laver avec de l'eau chaude sans qu'il perde d'iode.

COMPOSITION :

Pd	53,29	. . .	29,58
I	126,85	. . .	70,42
	180,14		100,00

(*) *Chem. Gaz.*, 1859, 37. — *Jahresb.* von *Kopp* und *Vill*, 1859, 670.

4. Acide cyanhydrique.

L'acide cyanhydrique, autant toutefois qu'on le dose directement et en poids, se pèse à l'état de *cyanure d'argent.* Voir les propriétés de ce sel au § **82.**

5. Acide sulfhydrique.

Les formes sous lesquelles on fait passer l'acide sulfhydrique ou le soufre des sulfures métalliques, dans les analyses en poids, sont : le *sulfure d'arsenic,* le *sulfure d'argent,* le *sulfure de cuivre* ou le *sulfate de baryte.* Les propriétés des premiers sont indiquées aux §§ **82, 85** et **92,** celles du dernier au § **71.**

ACIDES DU TROISIÈME GROUPE.

§ 95.

1. Acide azotique et 2. Acide chlorique.

Ces acides ne sont jamais dosés directement, c'est-à-dire dans des combinaisons qui les renferment, mais toujours indirectement et souvent par des méthodes volumétriques.

CHAPITRE IV

DÉTERMINATION DU POIDS DES CORPS (')

§ 96.

Après avoir indiqué dans le chapitre précédent les principales combinaisons dans lesquelles il faut faire entrer les corps, ou les formes qu'il faut leur donner pour les séparer les uns des autres et déterminer leurs poids, et avoir fait connaître ces formes ou combinaisons quant à leurs propriétés principales et à leur composition, il nous faut indiquer maintenant les méthodes spéciales qu'on emploiera pour produire ces combinaisons. On ne peut guère à cet égard donner beaucoup de généralités, car presque pour chaque substance il faut tenir compte de telle ou telle circonstance, qui, si insignifiante qu'elle paraisse, n'en a pas moins souvent une grande importance pour l'exactitude des résultats.

D'après cela, et en songeant en outre à l'importance qu'il y a pour la séparation des corps d'avoir une idée nette du but final de l'analyse quantitative, nous pensons qu'il est nécessaire de séparer la partie qui traite des règles pratiques, si nécessaires dans le dosage des poids, de l'autre partie dans laquelle on s'occupera spécialement de la séparation des corps. — Convaincu de cela, nous ne parlerons donc dans le présent chapitre que de la manière de déterminer les poids des corps, en supposant en outre qu'ils

---

(') Le titre de ce chapitre pourrait faire croire qu'on n'y parlera pas des méthodes volumétriques : ce serait une erreur, car le but de ces méthodes est aussi d'arriver au *poids* du corps ; il n'y a de différence que dans le procédé employé.

sont à l'état libre ou dans des combinaisons formées seulement d'un acide et d'une base, ou d'un métal et d'un métalloïde ; puis dans le cinquième chapitre, nous appuyant sur nos connaissances déjà acquises, nous traiterons de la séparation des corps. — Ainsi que nous l'avons déjà fait dans l'analyse qualitative, nous rangerons les acides de l'arsenic parmi les bases, à cause de l'action qu'exerce sur eux l'acide sulfhydrique, et nous parlerons des éléments qui forment des acides avec l'hydrogène, en nous occupant des hydracides correspondants.

Pour chaque corps nous aurons deux points à considérer : d'abord le procédé le plus convenable pour l'amener à l'état liquide, pour opérer sa *dissolution*, qu'il soit libre ou non dans ses combinaisons diverses, et en second lieu les méthodes d'après lesquelles on lui donne une forme qui permette de le peser, ou en général, dans le cas où l'on ferait usage d'un procédé volumétrique, qui permette d'en trouver la quantité ; en un mot, nous étudierons le *dosage* proprement dit. Sous ce dernier point de vue, nous aurons à indiquer le *procédé pratique* et les données sur lesquelles il s'appuie, puis ensuite à rechercher le degré d'*exactitude* de la méthode de dosage.

Quiconque en effet s'occupe d'analyses quantitatives reconnaît, dès les premiers jours, que la quantité trouvée d'une substance n'est jamais rigoureusement égale à celle qu'on aurait dû trouver, et que ce n'est qu'un pur hasard s'il y a exactitude parfaite. Il est donc important de savoir, dans chaque méthode, à quoi cela tient et quelles sont les limites des erreurs possibles.

Quant à la cause de la non-exactitude absolue, elle peut tenir ou au *procédé pratique* seulement, ou au *procédé et à la méthode elle-même*. Dans le dernier cas, on dit que la méthode est entachée d'erreur.—En opérant avec tous les soins possibles, ne pourrait-on cependant pas atteindre une exactitude parfaite? Non : seulement on approcherait d'autant plus du but sans pouvoir jamais y parvenir. Il suffit pour s'en convaincre de se rappeler que nos poids et nos mesures de capacité ne sont pas d'une exactitude absolue ; que nos balances ne peuvent pas être rigoureusement justes, nos réactifs d'une pureté parfaite ; que nous ne rapportons généralement pas nos pesées au vide et qu'enfin, si nous faisons cette correction, nous ne connaissons jamais rigoureusement les données nécessaires. Ajoutez que l'état hygrométrique de l'air change pendant la pesée d'un creuset vide et celle du même creuset plein de la substance analysée ; que nous ne connaissons que d'une manière approchée le poids des cendres d'un filtre ; que pendant les évaporations des traces des substances dissoutes, même quand elles sont fixes, sont entraînées ; que les lavages ne sont jamais complets ; qu'on ne peut se garantir de la poussière, etc.

Quant au second point, les *sources d'erreurs inhérentes à la méthode*, elles tiennent la plupart à ce que les précipités ne sont jamais tout à fait insolubles ; les combinaisons à calciner ne sont pas absolument fixes ; les corps à dessécher sont toujours un peu volatils ; dans les analyses volumétriques, la réaction finale ne se produit en général que par un léger excès de la liqueur titrée, et cet excès varie avec la dilution du liquide, la température, etc. On peut dire qu'il n'y a pas de méthode complètement exempte de pareilles causes d'erreur ; le sulfate de baryte lui-même n'est pas absolument insoluble dans l'eau. Aussi, lorsque nous regardons une méthode comme exempte d'erreurs, nous entendons seulement que les inexactitudes ne sont pas appréciables.

Nous avons donc dans toute analyse des causes d'incertitudes. Il est clair que tantôt elles doivent s'ajouter, tantôt se compenser, et que dès lors la vérité se trouve entre deux limites, que nous appelons les limites des erreurs de la méthode. Pour les fixer d'une manière irréprochable, on ne pourrait faire que des suppositions: car il n'est pas possible de soumettre au calcul les erreurs provenant des mauvais réactifs, de pesées fausses, de dessiccations, calcinations ou lavages incomplets, de titres mal pris, etc.

Lorsque la méthode est exempte d'erreurs, ces limites sont très resserrées ; ainsi, en se donnant un peu de peine dans le dosage du chlore, on peut, au lieu de 100 parties, en trouver une proportion comprise entre 99,9 et 100,1, tandis qu'avec des méthodes moins bonnes, les différences seraient bien plus grandes. Par exemple, dans le dosage de la strontiane par l'acide sulfurique, au lieu de 100 parties de strontiane, on peut facilement n'en trouver que 99, ou même moins encore. Nous aurons grand soin d'examiner sévèrement chaque méthode à ce point de vue.

Pour indiquer l'exactitude qu'on peut atteindre dans les expériences directes, je continuerai à indiquer combien on obtient réellement de parties au lieu de 100 qu'on aurait dû trouver. Je dirai seulement ici, une fois pour toutes, que ces nombres se rapportent à la substance à déterminer : par exemple au chlore, à l'azote, à la baryte, et non pas aux combinaisons dans lesquelles on les a pesés, telles que le chlorure d'argent, le chlorure double de platine et d'ammoniaque, le sulfate de baryte ; car ce n'est qu'en représentant ainsi les résultats que les diverses méthodes peuvent être comparées.

Avant de passer à l'étude de chaque corps, je ferai encore une remarque : c'est que de ce qu'une analyse est d'accord avec le calcul, il n'en faut pas conclure que l'on a parfaitement opéré. Il peut arriver assez fréquemment qu'au commencement du travail on fasse quelque perte ; si plus tard on ne lave pas complètement, le résultat final paraîtra exact. — On peut poser en règle qu'une analyse doit passer pour mieux faite lorsqu'elle indique une légère perte que lorsqu'elle donne un excès.

Enfin, dans les analyses en poids, *je recommande expressément, comme un moyen de se garantir des faux résultats, d'examiner toujours les propriétés de la substance après la pesée et de les comparer à celles qu'elle doit posséder* (couleur, état de la matière fondue, solubilité, réactions, etc.). Pour cela, je conserve entre deux verres de montre tous les corps qui ont été pesés pendant le cours de l'analyse, en sorte qu'on peut toujours les examiner et s'assurer s'ils sont purs ou non, suivant qu'on a quelque soupçon. — Comme j'ai indiqué dans le chapitre précédent les propriétés des corps que l'on peut avoir à peser, je me contente de renvoyer aux paragraphes correspondants. — Dans les cas où l'une des opérations exposées dans le premier chapitre devrait être conduite avec une attention particulière, j'y rendrai attentif en rappelant entre parenthèses le paragraphe dans lequel on indique la manière de diriger l'opération.

I. DOSAGE DES BASES DANS LES COMPOSÉS NE RENFERMANT QU'UNE BASE ET UN ACIDE, OU UN MÉTAL ET UN MÉTALLOÏDE

PREMIER GROUPE

POTASSE, SOUDE, AMMONIAQUE (LITHINE)

§ 97.

1. Potasse.

a. DISSOLUTION. La potasse et ses sels à acides minéraux, que nous considérerons ici, seront dissous dans l'eau, ce qui se fait facilement ou assez facilement. — Les sels de potasse à acides organiques seront fréquemment et pour plus de commodité transformés en carbonate de potasse, par leur calcination dans un creuset fermé. Si l'on chauffe jusqu'à la fusion, le charbon réagit sur le carbonate de potasse; il se dégage de l'oxyde de carbone, et le carbonate de potasse renferme de la potasse caustique. Dans la carbonisation il y a toujours une légère perte en potasse, laquelle est plus grande lorsqu'on pousse jusqu'à la fusion, ce que l'on doit éviter.

b. DOSAGE. On dose la potasse à l'état de *sulfate* ou d'*azotate*, à l'état de *chlorure de potassium* ou de *chlorure double de platine et de potassium;* ou bien on la précipite à l'état de *fluosiliciure de potassium*, et enfin on peut la doser par des liqueurs titrées. Quant au dosage alcalimétrique de la potasse libre ou carbonatée, on le verra aux §§ **219** et **220**. Le dosage de la potasse sous forme de tartrate acide, qui ne donne qu'un résultat approximatif, sera indiqué dans le chapitre des applications à propos de l'analyse des sels de potasse.

On transforme plus avantageusement en :

1. SULFATE DE POTASSE : les sels de potasse à acides volatils puissants, par exemple le chlorure de potassium, le bromure, l'azotate de potasse, etc., et en outre les sels à acides organiques.

2. AZOTATE DE POTASSE : la potasse caustique et les combinaisons de la potasse avec les acides faibles, volatils, non décomposés par l'acide azotique; par exemple le carbonate de potasse (les sels de potasse à acides organiques).

3. CHLORURE DE POTASSIUM : en général la potasse caustique et les sels de potasse à acides faibles, volatils, surtout aussi ceux dont les acides seraient décomposés par l'acide azotique, par exemple le sulfure de potassium; en outre dans certains cas le sulfate, le chromate, le chlorate et le silicate de potasse.

4. CHLORURE DOUBLE DE PLATINE ET DE POTASSIUM : tous les sels de potasse dont les acides sont solubles dans l'alcool. Ce dosage est surtout important pour les sels dont les acides ne sont pas volatils : par exem-

ple le phosphate, le borate, et en outre aussi pour séparer la potasse d'avec la soude.

5. FLUOSILICIURE DE POTASSIUM : tous les sels de potasse dont l'acide est soluble dans l'alcool faible, excepté le borate.

1. *Dosage à l'état de sulfate de potasse.*

Si l'on a une dissolution aqueuse de sulfate de potasse, on l'évapore ; on chauffe le résidu au rouge dans un creuset ou une capsule de platine et on le pèse (§ **42**). Avant la calcination il faut dessécher longtemps le résidu salin, ne le porter au rouge que très lentement, bien couvrir le creuset ou la capsule ; autrement la décrépitation occasionnerait des pertes. — S'il y avait de l'acide sulfurique libre, l'évaporation donnerait du bisulfate de potasse ; il faut chasser l'excès d'acide d'abord en chauffant au rouge (le mieux au moyen de la flamme du gaz, que l'on dirige obliquement d'en haut sur le couvercle du creuset), puis à la fin en ajoutant un peu de carbonate d'ammoniaque (voir § **68**).

Voir au § **68** les caractères du résidu. Il faut surtout remarquer qu'il doit donner avec l'eau une dissolution limpide et parfaitement neutre. — S'il restait des traces de platine, il faudrait les peser, si l'on avait eu soin de peser d'abord la capsule vide, et les retrancher du poids du contenu de la capsule : mais si l'on n'avait pas pesé la capsule vide, on ne pourrait pas faire cette soustraction. — La méthode demande à être bien conduite, mais elle n'a pas de causes d'erreur.

Pour transformer en sulfates les sels énumérés plus haut (chlorure, etc.), on ajoute à leur dissolution aqueuse une quantité d'acide sulfurique pur plus que suffisante pour s'unir à toute la potasse ; on évapore le liquide, on chauffe le résidu au rouge et on transforme le sulfate acide qui pourrait rester en sulfate neutre, en traitant par du carbonate d'ammoniaque (§ **68**). Comme il est désagréable de chasser de grandes quantités d'acide sulfurique monohydraté, on évite d'en employer un excès. On remarquerait facilement qu'on n'en aurait pas pris une suffisante quantité à ce qu'il ne se dégagerait pas de vapeurs d'acide sulfurique à la fin de l'opération. Dans ce cas on humecte de nouveau le résidu avec de l'acide sulfurique étendu, on évapore et on calcine de nouveau. — On peut très bien traiter avec de l'acide sulfurique étendu de petites quantités de chlorure de potassium, etc., à l'état sec, dans un creuset de platine, pourvu que celui-ci soit grand. — Avec l'iodure ou le bromure de potassium il ne faut pas faire usage de vases en platine.

On carbonise les sels à acide organique dans un creuset en platine, à la température le moins élevée possible ; après refroidissement on met dans le creuset quelques cristaux de sulfate d'ammoniaque pur, on rassemble la masse charbonneuse avec un peu d'eau, on chasse l'eau par évaporation en chauffant le creuset par en haut, puis ensuite le carbonate d'ammoniaque formé et enfin l'excès de sulfate d'ammoniaque en chauffant le fond. Si le charbon n'était pas alors complètement brûlé, on ajouterait un peu d'azotate d'ammoniaque, jusqu'à oxydation complète du charbon. On pèse le sulfate de potasse obtenu. Il est bon en général de chauffer au rouge à la fin dans une atmosphère de carbonate d'ammoniaque. Résultat exact.

2. *Dosage à l'état d'azotate de potasse.*

Traitement général comme en 1. Il faut avoir soin de chauffer peu l'azotate de potasse, jusqu'au moment où il entre en fusion; autrement le dégagement d'oxygène causerait une perte. — Caractères du résidu, § **68**. L'emploi de la méthode est facile, les résultats sont exacts. — Pour transformer le carbonate de potasse en azotate, il faut faire attention au § **38**.

3. *Dosage à l'état de chlorure de potassium.*

Traitement général comme en 1. Avant la calcination il faut traiter le chlorure de potassium comme le sulfate de potasse, et cela pour les mêmes motifs. Il faut le chauffer dans un creuset bien fermé et pas à trop haute température (seulement jusqu'au rouge sombre); autrement on aurait des pertes par suite de la volatilisation. — Caractères du résidu, § **68**. — La méthode donne des résultats très exacts quand on prend les précautions convenables. Au lieu de peser le chlorure de potassium, on peut en déterminer la quantité en dosant son chlore d'après le § **141**. b. Cette méthode n'offre aucun avantage quand on ne fait qu'une analyse; mais elle épargne beaucoup de temps lorsqu'on en a une série à faire.

Dans le dosage de la potasse dans le carbonate de potasse, si l'on veut éviter l'effervescence, comme cela arrive avec les résidus de sels de potasse à acides organiques calcinés dans un creuset, on ajoute au carbonate une dissolution de sel ammoniac; ce dernier doit être ajouté en excès. On obtient alors, après l'évaporation et la calcination, du chlorure de potassium, tandis que le carbonate d'ammoniaque formé et l'excès de chlorhydrate d'ammoniaque se dégagent.

Nous indiquerons dans la section II de ce chapitre comment on transforme en chlorure les combinaisons de potasse, que nous avons indiquées plus haut d'une façon spéciale.

4. *Dosage à l'état de chlorure double de platine et de potassium.*

α. S'il y a un acide volatil, par exemple de l'acide azotique, de l'acide acétique, etc., on ajoute de l'acide chlorhydrique à la dissolution; on évapore à siccité, on reprend le résidu par un peu d'eau, on y ajoute une dissolution concentrée et neutre autant que possible de chlorure de platine en excès (et c'est pourquoi il est bon de savoir quelle est la richesse en platine (§ **63**.8) de la dissolution de chlorure), et l'on évapore à consistance sirupeuse dans une capsule en porcelaine et sur un bain-marie, dont on ne porte pas tout à fait l'eau à l'ébullition. On reprend le résidu avec de l'alcool à 80 pour 100, on laisse en digestion pendant quelque temps et enfin on jette le chlorure double qui reste non dissous sur un filtre pesé (cela se fait très facilement avec une fiole à jet remplie d'alcool); on lave avec de l'alcool, on dessèche à 130° et l'on pèse. Comme filtre on se servira avec avantage du petit tube filtrant à asbeste (*fig.* 68, page 84). Pour dessécher, on introduit dans un tube un peu plus large, mais de 4 centimètres plus court, et fixé dans le bain d'air de la figure 38, page 49, le petit tube filtrant débarrassé par succion autant que possible de tout liquide. On fait passer lentement de l'air par aspiration dans le petit tube, pendant que l'on chauffe le bain d'air, et l'on a soin à la fin de maintenir assez longtemps ce dernier à 150°. On fait passer le courant d'air de la partie large du tube vers la partie étroite et l'on dessèche l'air au préalable avec de l'acide sulfurique concentré. — Après la dessiccation et la pesée du petit tube, on peut, comme contrôle, transformer facilement le chlorure double en platine métallique. Pour cela on chauffe modérément le petit tube avec une lampe et l'on y fait passer un courant d'hydrogène sec. La réduction achevée, on enlève le chlorure de potassium en lavant avec de l'eau, on se débarrasse de celle-ci par succion et en chauffant le tube, puis enfin on pèse le platine, dont un équivalent correspond à un équivalent de potassium.

Si l'on fait usage d'un filtre en papier, on sèche d'abord à 100° et l'on pèse; puis sur une portion du précipité on mesure la petite perte de poids produite en chauffant à 130° et on la calcule pour le tout. .

β. S'il y a un acide non volatil, comme par exemple de l'acide phosphorique ou de l'acide borique, on fait d'abord une dissolution aqueuse concentrée du sel; on y ajoute ensuite un peu d'acide chlorhydrique et un excès de chlorure de platine, on additionne d'une quantité notable d'alcool aussi fort que possible. On laisse reposer vingt-quatre heures, on filtre et on achève comme en α.

Caractères du précipité, § **68.** La méthode exige qu'on suive exactement la marche indiquée, et alors elle donne des résultats satisfaisants. En général il y a une perte insignifiante, parce que le chlorure double de platine et de potassium n'est pas complètement insoluble dans l'alcool même absolu. Dans les analyses exactes, on évapore presque à siccité et à une température qui ne dépasse pas 75° l'eau de lavage alcoolique, additionnée d'eau et d'un peu de chlorure de sodium, et l'on traite de nouveau le résidu par de l'alcool. On obtient ainsi encore un peu de chlorure double, qu'on ajoute au précipité principal ou que l'on rassemble sur un petit filtre pour le peser à l'état de platine, comme nous allons l'indiquer plus bas. — L'addition d'un peu de chlorure de sodium au chlorure de platine a pour but d'empêcher la décomposition que le chlorure de platine pur subit plus facilement que le chlorure de platine et de sodium, quand on l'évapore dans une dissolution alcoolique. — Il faut éviter l'action de l'atmosphère souvent ammoniacale du laboratoire, qui pourrait former du chlorure double de platine et d'ammoniaque, et augmenterait le poids du sel double de potasse.

Il faut assez de temps pour rassembler un précipité sur un filtre pesé, et encore cette méthode est-elle inexacte lorsqu'on opère sur de petites quantités; aussi quand on ne veut pas employer le petit tube filtrant, il vaut mieux mettre le précipité sur un petit filtre en papier et non pesé, le bien dessécher, placer le précipité enveloppé dans le filtre dans un petit creuset en porcelaine couvert, laisser le papier se carboniser lentement, enlever ensuite le couvercle, brûler le charbon du filtre et laisser le creuset refroidir. On y met ensuite une très petite quantité d'acide oxalique pur, on couvre et on chauffe lentement d'abord, puis on porte fortement au rouge. L'addition d'acide oxalique facilite beaucoup la décomposition complète du chlorure double de platine et potassium, que l'on n'obtiendrait qu'imparfaitement par une simple calcination. Bien entendu qu'on peut remplacer l'acide oxa-

lique par un courant d'hydrogène. On traite le contenu refroidi du creuset
par de l'eau, on lave le platine jusqu'à ce que l'eau de lavage ne trouble plus
par le nitrate d'argent ; on sèche, on chauffe au rouge et l'on pèse le platine.
En général le lavage se fait par simple décantation.

5. *Dosage à l'état de fluosiliciure de potassium.*

A la solution du sel de potasse suffisamment concentrée et dans un vase à
précipité, on ajoute une quantité suffisante d'acide hydrofluosilicique (*),
puis ensuite un volume égal de fort esprit-de-vin pur. Si le sel de potasse
est difficilement soluble, comme le chlorure double de platine, on le chauffe
avec l'acide hydrofluosilicique, avant d'ajouter l'alcool. Quand l'hydrofluosilicate de potasse s'est complètement déposé sous forme de précipité transparent, on filtre, on lave le vase et le précipité avec de l'esprit-de-vin faible
(volume égal d'eau et d'esprit fort), jusqu'à ce que le liquide ne rougisse
plus le papier de tournesol sensible. On met alors le filtre avec le précipité
dans le vase même où ce dernier a été produit, on ajoute de l'eau, un peu
de teinture de tournesol, on chauffe à l'ébullition et on verse de la lessive
normale de potasse ou de soude (§ **215**), — ou pour de petites quantités
de précipité, de la dissolution normale décime, — jusqu'à ce que le liquide
devienne bleu, et reste bleu pendant qu'on prolonge un peu l'ébullition.
Comme ici $KFl,SiFl^2$ réagit sur $2.KO$ pour faire $5.KFl + SiO^2$, 2 équivalents
d'alcali dans la liqueur normale correspondent à 1 équivalent de potasse
dans le fluosilicate précipité (*Fr. Stolba***).

Si la dissolution du sel de potasse renferme beaucoup d'acide libre, surtout de l'acide sulfurique, il faut l'éliminer par la chaleur, avant d'ajouter
l'acide hydrofluosilicique. — Les sels ammoniacaux en petite quantité ne
gênent pas ; s'il y en avait trop il faudrait les chasser. — Il est inutile de
dire qu'il ne faut pas qu'il y ait d'autres métaux précipitables par l'acide
hydrofluosilicique ; les résultats sont satisfaisants. *Stolba* a obtenu 99,2 au
lieu de 100. — Comme le chlorure double de platine et de potassium se
change, facilement en hydrofluosilicate, on pourrait, dans les analyses techniques, précipiter d'abord la potasse avec le platine, puis doser la potasse
dans le chlorure double avec la liqueur titrée (*Stolba*).

§ 98.

2. Soude.

a. DISSOLUTION. Tout ce que nous avons dit de la potasse (§ **97**) s'applique,
sans exception, à la soude et à ses sels.

b. DOSAGE. La soude, d'après le § **69**, est dosée à l'état de *sulfate* ou d'*azo-
late*, à l'état de *chlorure* ou de *carbonate*. Pour les dosages alcalimétriques de
la soude libre ou carbonnatée, voir les §§ **219** et **220**.

On peut transformer en :

1. SULFATE DE SOUDE, 2. AZOTATE DE SOUDE, 3. CHLORURE DE SODIUM : en général

(*) *W. Knopp* et *W. Wolff*, au lieu de l'acide hydrofluosilicique, prennent l'hydrofluosilicate d'aniline (*Zeitschr. f. analyt. Chem.*, I, 471).
(**) *Zeitschr. f. analyt. Chem.*, III, 298.

les sels de soude analogues à ceux de potasse que l'on fait passer dans les mêmes combinaisons.

4. CARBONATE DE SOUDE : la soude caustique, le bicarbonate de soude, les sels de soude à acides organiques, l'azotate de soude et le chlorure de sodium.

5 HYDROFLUOSILICATE DE. SOUDE : les sels de soude à acides solubles dans l'alcool faible, excepté le borate.

Dans le borate de soude, on dose la soude de préférence à l'état de sulfate (voir § **136**).

Le dosage de la soude dans le phosphate se fait sous forme de chlorure, azotate ou carbonate (voir § **135**).

On dose les sels de soude à acides organiques soit, comme les combinaisons de potasse correspondantes, à l'état de chlorure ou d'azotate, ou on les pèse sous forme de carbonate (ce qui ne peut pas se faire aussi bien avec la potasse). La dernière méthode est préférable. On se souviendra que si le charbon agit sur le carbonate de soude fondu, il se dégage de l'oxyd e de carbone et il se forme de la soude caustique en quantité qu'on ne peut pas négliger.

1. *Dosage à l'état de sulfate de soude.*

Si ce sel est seul en dissolution aqueuse, on l'évapore, on chauffe au rouge et on pèse le résidu dans un vase en platine fermé (§ **42**). On n'a pas à craindre, comme avec le sulfate de potasse, une perte par décrépitation. Ici aussi, s'il y avait de l'acide sulfurique libre, on l'écarterait au moyen du carbonate d'ammoniaque (§ **69**). Pour changer en sulfate le chlorure, etc., et les sels à acides organiques, tout ce que nous avons dit pour la potasse peut s'appliquer ici. Caractères du résidu (§ **69**). — La méthode est d'une application facile et elle est exacte.

2. *Dosage à l'état d'azotate de soude.*

On opère comme en 1. On appliquera tout ce que nous avons dit pour le dosage de l'azotate de potasse (§ **97**). Caractères du résidu, § **69**.

3. *Dosage à l'état de chlorure de sodium.*

On opère comme en 1. On suivra de point en point ce qui a été dit pour le chlorure de potassium. Le dosage est d'autant plus exact que le chlorure de sodium est bien moins volatil que le chlorure de potassium. Caractères du résidu, § **69**.

La transformation du sulfate, du chromate, du chlorate et du silicate de soude en chlorure se fera d'après les procédés indiqués pour chaque acide correspondant dans la section II de ce chapitre.

4. *Dosage à l'état de carbonate de soude.*

Si l'on n'a ce sel qu'en dissolution aqueuse, on évapore à siccité, on chauffe au rouge et on pèse le résidu; les résultats sont tout à fait exacts. Caractères du résidu, § **69**.

Si l'on veut doser la soude caustique à l'état de carbonate, on additionne sa solution aqueuse 'd'un excès de carbonate d'ammoniaque; on évapore à une douce chaleur et l'on chauffe le résidu au rouge.

Le bicarbonate de soude se change en carbonate neutre par la seule calcination. Il faut élever la température très lentement et tenir le creuset bien fermé. — Si le bicarbonate est en dissolution, on l'évapore à siccité dans une capsule en argent ou en platine suffisamment grande et l'on chauffe au rouge.

Pour pouvoir peser la soude des sels à acides organiques sous forme de carbonate, on les chauffe au rouge dans un creuset en platine couvert; il ne faut élever que très lentement la température. Quand la masse ne se boursoufle plus et que la carbonisation est achevée, on chauffe le contenu du creuset avec un peu d'eau; on filtre pour séparer le charbon non détruit; on lave complétement; on évapore à siccité le liquide filtré avec les eaux de lavage, en ajoutant un peu de carbonate d'ammoniaque, et on calcine le résidu. L'addition du carbonate d'ammoniaque a pour but de transformer en carbonate de soude le peu de soude caustique qui pourrait s'être formée. La méthode bien conduite donne de bons résultats; cependant il est assez difficile d'éviter une légère perte de soude pendant la carbonisation. On brûle le charbon resté sur le filtre: s'il y a un résidu soluble dans l'eau, on ajoute la dissolution au liquide à évaporer.

S'il faut transformer en carbonate l'azotate de soude ou le chlorure de sodium, on y arrive très simplement en évaporant plusieurs fois à siccité la dissolution aqueuse avec un excès suffisant d'acide oxalique parfaitement pur, et renouvelant l'eau à plusieurs reprises. De cette façon tout l'acide azotique se dégage, en partie décomposé, en partie non décomposé, et aussi tout l'acide chlorhydrique. En calcinant ensuite le résidu jusqu'à ce que l'on ait chassé tout l'acide oxalique, il reste du carbonate de soude.

§ **99.**

3. **Oxyde d'ammonium** (ammoniaque).

a. Dissolution. L'ammoniaque et tous ceux de ses sels que nous considérerons sont solubles dans l'eau; toutefois, comme nous le verrons plus bas, il n'est pas nécessaire dans toutes les méthodes de faire d'abord dissoudre les sels ammoniacaux.

b. Dosage. L'ammoniaque, d'après le § **70,** est pesée soit à l'état de *chlorhydrate d'ammoniaque,* soit à l'état de *chlorure double de platine et d'ammoniaque.* On peut lui donner ces formes soit directement, soit indirectement (c'est-à-dire après l'avoir chassée de la première combinaison à l'état d'ammoniaque et l'avoir de nouveau combinée à un acide). — Parfois on dose l'ammoniaque d'après le poids du platine que fournit le chlorure double de platine et d'ammoniaque. — Fréquemment aussi on dose l'ammoniaque par des liqueurs titrées, plus rarement d'après le volume d'azote qu'elle fournit.

1. On peut transformer directement en CHLORHYDRATE D'AMMONIAQUE le gaz ammoniac et sa dissolution aqueuse, et les sels ammoniacaux à acides faibles volatils (carbonate, sulfhydrate, etc.).

2. On donne directement la forme de CHLORURE DOUBLE DE PLATINE ET D'AMMO-NIAQUE à tous les sels dont les acides sont solubles dans l'alcool, comme par exemple au sulfate, au phosphate, etc.

5. Les dosages faits en CHASSANT L'AMMONIAQUE DE SES COMBINAISONS, ou bien en mesurant le volume d'AZOTE provenant de la décomposition de l'ammoniaque, peuvent s'appliquer dans tous les cas.

Comme l'élimination de l'ammoniaque par la voie sèche (par calcination avec la chaux sodée) et son dosage d'après le volume d'azote (en calcinant avec l'oxyde de cuivre) se font de la même manière que la mesure de l'azote dans les matières organiques, je renvoie pour la description de cette méthode au chapitre qui traite des analyses organiques élémentaires. Quant au dosage par la décomposition des composés ammoniacaux par la dissolution bromée de l'hypochlorite de soude, il en sera question à propos de l'analyse des sels (chapitre des applications). — Quant au dosage alcalimétrique de l'ammoniaque libre, on en parlera aux §§ **219** et **220**, et on indiquera la méthode colorimétrique avec le réactif de *Nessler*, à propos de l'analyse des eaux naturelles (§ **205**).

1. *Dosage à l'état de chlorhydrate d'ammoniaque.*

Si l'on a du chlorhydrate d'ammoniaque en dissolution aqueuse, on évapore au bain-marie, on sèche le résidu à 100° jusqu'à ce qu'il ne perde plus de poids (§ **42**). La méthode donne de bons résultats. Ce qui pourrait se vaporiser en sel ammoniac est tout à fait insignifiant. Un essai direct (n° 15) a donné 99,94 au lieu de 100. Voir les détails de l'expérience. — La présence de l'acide chlorhydrique libre ne change en rien la manière d'opérer, de sorte que pour doser l'ammoniaque caustique, il n'y a qu'à la sursaturer avec de l'acide chlorhydrique avant l'évaporation. Si l'on a affaire à du carbonate d'ammoniaque, on opère de même, seulement on prend la précaution de faire la neutralisation dans un ballon dont le col est incliné et de chauffer de même jusqu'à ce que tout le gaz acide carbonique soit chassé. Dans l'analyse du sulfhydrate d'ammoniaque on procède de même, seulement après le dégagement complet de l'acide sulfhydrique et avant d'évaporer à siccité, on sépare par filtration le soufre mis en liberté. Au lieu de peser le chlorhydrate d'ammoniaque, on peut en déterminer la quantité par le dosage de son chlore d'après le § **141**. b. (*Voyez* chlorure de potassium, § **97**. 5).

2. *Dosage à l'état de chlorure double de platine et d'ammoniaque.*

On opère tout à fait comme il a été indiqué plus haut (§ **97**.4) pour le dosage de la potasse à l'état de chlorure double de platine et de potassium, pour les sels à acides volatils d'après α (*), et d'après β pour ceux à acides non volatils.

La méthode donne de bons résultats. Comme contrôle, on peut calciner au rouge le sel double et calculer l'ammoniaque d'après le poids du résidu de

(*) *Gunning* a fait remarquer (*Zeitschr. f. analyt. Chem.*, VII, 180) que les liquides qu'on évapore peuvent prendre de l'ammoniaque au gaz d'éclairage dont on fait usage pour chauffer : il faut y faire attention dans les analyses rigoureuses.

platine. Les résultats doivent concorder. Si le sel est dans le petit tube à entonnoir, on y fait passer un courant d'air lent, en chauffant avec précaution à la lampe. S'il est dans un filtre en papier, il vaut mieux l'envelopper dans le filtre, le chauffer longtemps modérément sur le couvercle du creuset, puis brûler le charbon du filtre en mettant le tout dans le creuset incliné, en élevant peu à peu la température. — Si le sel double est pur, ce qu'on peut déjà reconnaître à sa couleur et à ses propriétés, on peut s'épargner ce contrôle. Si l'on ne chauffe pas convenablement, on trouve toujours une perte en calculant l'ammoniaque d'après le résidu de platine, parce qu'il y a un peu de sel double entraîné avec les vapeurs ammoniacales. — Lorsqu'on n'a que de très petites quantités de chlorure double de platine et d'ammoniaque, on les rassemble sur un filtre non pesé, et après la dessiccation on les transforme immédiatement en platine par la calcination (*).

3. *Dosage en chassant l'ammoniaque par la voie humide.*

Cette méthode, qu'on peut employer pour tous les sels ammoniacaux, peut être appliquée de trois manières. Dans les deux premières méthodes on absorbe l'ammoniaque éliminée; la troisième est un dosage indirect.

a. Élimination de l'ammoniaque par distillation avec une lessive de potasse, de soude, un lait de chaux ou de la *magnésie calcinée.* On prend cette dernière quand il y a des substances organiques azotées, qui par ébullition avec les alcalis ou avec la chaux pourraient fournir de l'ammoniaque.

On pèse la substance où l'on doit doser l'ammoniaque dans un petit tube en verre long de 3 centimètres, large de 1 centimètre, et l'on introduit le tout dans une petite cornue tubulée *a* (*fig.* 78), contenant une quantité suffisante de lessive de potasse ou de soude assez concentrée, un lait de chaux ou de la magnésie délayée dans de l'eau. On a eu soin préalablement de faire bouillir ces réactifs assez longtemps pour chasser toute trace d'ammoniaque, et on a laissé refroidir. La figure suffit pour faire comprendre la disposition de l'appareil. Comme on le voit, le liquide ammoniacal qui distille n'est en contact ni avec des bouchons, ni avec du caoutchouc, ce qui est important parce que ces substances pourraient facilement retenir un peu de ce liquide ammoniacal.

Si l'ammoniaque doit être dosée volumétriquement, on mesure une certaine quantité d'acide oxalique, d'acide chlorhydrique ou d'acide sulfurique normal (§ **215**); on en met la plus grande partie dans le récipient et le reste dans le tube en U, en ajoutant encore un peu de teinture de tournesol. Le tube réfrigérant ne plonge pas dans le liquide du récipient : le liquide du tube en U doit enr emplir toute la partie inférieure, mais il doit peu s'élever dans les deux branches, sans quoi les bulles d'air qui le traverseront pourraient en projeter un peu. — La quantité d'acide titré employée doit être plus que suffisante pour se combiner à toute l'ammoniaque dégagée.

L'appareil étant monté et toutes les parties étant réunies sans qu'il puisse

(*) Un de mes élèves, M. *Lucius,* a obtenu de 44,1 à 44,50 pour 100, au lieu de 44,50, dans des expériences directes faites avec du chlorure double de platine et d'ammoniaque anhydre et parfaitement pur, calciné avec toutes les précautions.

y avoir des fuites, on chauffe le ballon renfermant le sel jusqu'à l'ébullition faible de son contenu, et on maintient cette ébullition jusqu'à ce que les gouttes de liquide, qui tombent de l'appareil réfrigérant, aient cessé depuis assez longtemps de bleuir le liquide au point de contact. Avant de cesser de

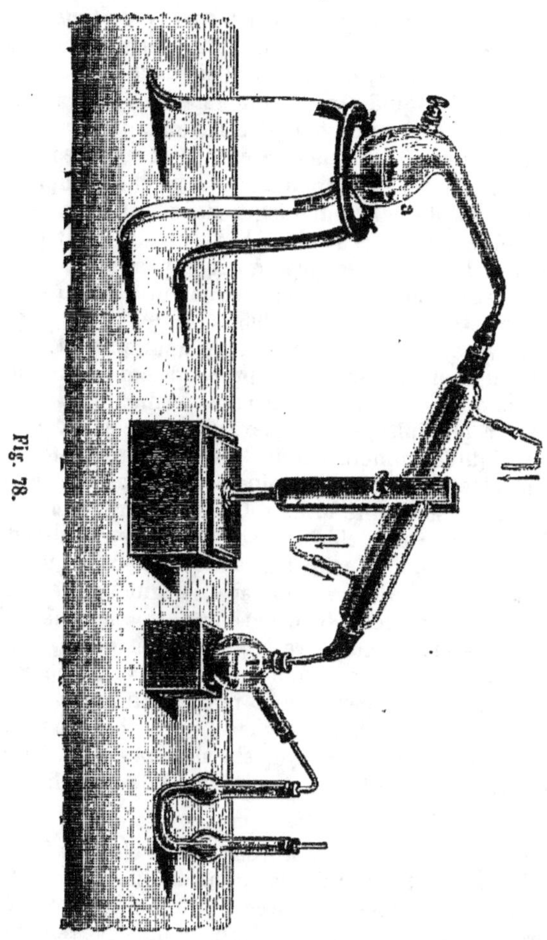

chauffer, on introduit une bande de papier de curcuma dans la tubulure et l'on s'assure qu'elle ne brunit pas. On ouvre légèrement le bouchon de la cornue, on laisse reposer une demi-heure, on verse le contenu des récipients dans un vase à précipité, on lave les récipients à plusieurs reprises avec un peu d'eau, on détermine la quantité d'acide encore libre au moyen de la lessive titrée de soude, on en conclut la quantité d'acide combiné à l'ammoniaque et l'on en déduit les proportions de cette dernière (§ **220**). Résultats exacts (*voir* Exp. n° 55).

Si l'on veut doser l'ammoniaque en poids, on emploie une quantité quelconque, mais en excès, d'acide chlorhydrique et on détermine la quantité de sel ammoniac formé soit par une simple évaporation d'après 1, mais mieux d'après 2, par le chlorure double de platine et d'ammoniaque.

b. *Élimination de l'ammoniaque à froid par le lait de chaux, d'après Schlœsing.* Ce procédé repose sur ce fait qu'une dissolution aqueuse contenant de l'ammoniaque libre, exposée à l'air dans un vase large et sous une petite épaisseur de liquide, perd complètement son ammoniaque à la température ordinaire et dans un temps relativement court : cette méthode peut dès lors être appliquée lorsque la présence de matières organiques azotées décomposables par les alcalis bouillants empêche d'employer le procédé 5. a., par exemple pour doser l'ammoniaque dans les urines, les engrais, etc.

On place le liquide ammoniacal, dont le volume ne doit pas dépasser 55 centimètres cubes, dans un vase large à bords peu élevés et d'un diamètre de 10 à 12 centimètres, et l'on pose ce vase sur une assiette dont on remplit le fond de mercure. On fait, avec une baguette en verre, un trépied que l'on pose dans le vase renfermant le liquide ammoniacal, on pose sur ce trépied une soucoupe ou une capsule peu profonde contenant 10 centimètres cubes d'acide oxalique ou d'acide 'sulfurique normal (§ **215**), on recouvre le tout d'un vase à précipité, qu'on relève d'un côté assez pour pouvoir introduire dans le liquide ammoniacal une quantité suffisante de lait de chaux à l'aide d'une pipette, on rabaisse rapidement le vase à précipité formant cloche et on le charge avec une brique. On laisse reposer 48 heures, au bout desquelles on soulève la cloche et sous laquelle on introduit un papier humide de tournesol rougi. Si celui-ci reste rouge, c'est que toute l'ammoniaque a été chassée; dans le cas contraire, il faut rapidement replacer la cloche. Au lieu du vase à précipité et de l'assiette contenant du mercure, on peut prendre une cloche en verre à bords rodés que l'on garnit de suif et que l'on applique sur une lame plane de verre. Il vaut mieux prendre une cloche tubulée à la partie supérieure et dont la tubulure peut se fermer hermétiquement par un bouchon à l'émeri, parce qu'alors on peut facilement, sans soulever la cloche, essayer si l'absorption de l'ammoniaque est complète, en introduisant sous la cloche, à l'aide d'un fil, un lambeau de papier de tournesol rougi.

Suivant *Schlœsing*, 48 heures suffisent pour chasser $0^{gr},1$ à 1 gramme d'ammoniaque de 25 à 50 centimètres cubes de dissolution. Toutefois je ne pourrais l'affirmer que pour les quantités d'ammoniaque moindres que $0^{gr},3$, et pour des proportions plus grandes il faut le plus souvent plus de temps : c'est pourquoi je recommande de n'opérer toujours que sur des quantités de substance ne renfermant au plus que $0^{gr},3$ d'ammoniaque.

Lorsque toute l'ammoniaque a été chassée et reprise par l'acide, on détermine, avec la solution titrée de soude, la quantité d'acide encore libre, et d'après cela la quantité d'ammoniaque (§ **220**).

c. *Méthode indirecte d'après F. Mohr.* Elle consiste à chauffer dans l'eau, avec le sel ammoniacal, une quantité connue et en excès d'un alcali, par exemple de carbonate de soude, jusqu'à ce que toute l'ammoniaque soit chassée : dans le résidu on titre alcalimétriquement l'alcali restant, et de la

ment employé, d'autant plus que cette méthode est préférable pour séparer la baryte de beaucoup d'autres bases. Le procédé par évaporation est très exact et très commode, lorsqu'on peut l'appliquer et qu'il n'y a pas trop de liquide à évaporer. — On ne dose la baryte à l'état de carbonate et par la voie humide que lorsque, pour une cause particulière, on ne veut pas ou l'on ne peut pas la précipiter à l'état de sulfate. — Si un liquide ou une substance solide contient des matières qui gênent la précipitation de la baryte à l'état de sulfate ou de carbonate (citrates alcalins, acide métaphosphorique, § **71**. a et b.), il faut les éliminer avant de procéder à la précipitation. Le dosage de la baryte à l'état de fluosiliciure ou de chromate sera indiqué au § **154**, à propos de la séparation de la baryte d'avec la strontiane.

1. *Dosage à l'état de sulfate de baryte.*

a. Par précipitation.

La dissolution de baryte modérément étendue et ne devant renfermer qu'un peu d'acide libre (ce qui oblige à la débarrasser d'abord d'un trop grand excès d'acide par évaporation, et si cela ne suffit pas, par addition d'ammoniaque) est chauffée lentement jusqu'à commencement d'ébullition dans une capsule en platine ou en porcelaine, ou même dans un vase en verre : on ajoute alors de l'acide sulfurique étendu tant qu'il se forme un précipité, on maintient quelque temps en remuant à une température voisine de l'ébullition, on laisse déposer, on décante le liquide presque clair sur le filtre, on fait bouillir une fois le précipité avec de l'eau additionnée d'un peu d'acide sulfurique étendu, puis trois à quatre fois avec de l'eau pure, enfin on fait passer le précipité sur le filtre et on le lave avec de l'eau bouillante jusqu'à ce que l'eau qui passe ne se trouble plus avec le chlorure de baryum. On sèche le précipité et on le traite suivant le § **53**, en ne chauffant qu'au rouge modéré. — Si l'on suit la marche indiquée pour le lavage, le précipité est tout à fait pur. Il n'y a que lorsque la dissolution renferme des sels alcalins que le sulfate de baryte renferme toujours un peu de sulfate alcalin : voir § **153**.

b. Par évaporation.

Dans une capsule en platine pesée, on évapore au bain-marie tout le liquide après addition d'un léger excès d'acide sulfurique monohydraté pur ; on chasse l'excès d'acide en chauffant convenablement, et l'on calcine le résidu au rouge.

Voir au § **71** les caractères du sulfate de baryte. — Les deux méthodes bien conduites donnent des résultats d'une exactitude pour ainsi dire absolue.

2. *Dosage à l'état de carbonate de baryte.*

a. *Dans les dissolutions.* — On additionne d'ammoniaque la dissolution du sel de baryte placée dans un vase à précipité, on y verse du carbonate d'ammoniaque en léger excès, on abandonne le tout quelques heures dans un lieu chaud, on filtre, on lave le précipité avec de l'eau additionnée d'un peu d'ammoniaque, on sèche et l'on chauffe au rouge (§ **53**). Caractères du précipité § **7 1**. Par cette méthode il y a toujours une légère perte, toutefois à peine appréciable, parce que le carbonate de baryte n'est pas absolument insoluble. L'expérience directe du n° 56 a donné 99,79, au lieu de 100. — Si la dissolution renferme des sels ammoniacaux en grande quantité, la perte est plus considérable, parce que la solubilité du carbonate de baryte est notablement augmentée.

b. *Dans les sels à acides organiques.* — On les chauffe lentement dans un creuset de platine couvert, jusqu'à ce qu'il ne se dégage plus de vapeurs, on incline le creuset, on place le couvercle à côté, on chauffe au rouge jusqu'à ce que tout le charbon soit brûlé et que le résidu soit complètement blanc; ensuite on humecte le résidu avec une dissolution concentrée de carbonate d'ammoniaque, on laisse évaporer, on chauffe légèrement au rouge et l'on pèse. On obtient ainsi des résultats tout à fait satisfaisants. L'expérience directe (n° 57) a donné 99,61, au lieu de 100. La perte, toujours constante, que l'on remarque dans ces expériences, vient de ce que pendant la calcination il y a des traces de sel entraînées. Elle est d'autant moindre que l'on chauffe plus lentement en commençant. — Si l'on néglige d'humecter avec le carbonate d'ammoniaque, la perte est plus considérable, parce qu'en calcinant le carbonate de baryte avec du charbon il se forme un peu de baryte caustique, avec dégagement d'oxyde de carbone.

§ 102.

2. Strontiane.

a. Dissolution. — On peut dire de la strontiane et de ses sels tout ce que nous avons dit de la baryte au § **101**. — Le fluosiliciure de strontium est facilement et complètement soluble dans l'eau acidulée avec de l'acide chlorhydrique.

b. Dosage. — D'après le § **72**, on dose la strontiane à l'état de *sulfate* ou de *carbonate*. Si elle est pure ou carbonatée, on peut lui appliquer la méthode volumétrique (alcalimétrique) : voir § **223**.

On peut transformer en :

1. Sulfate de strontiane :

    a. *Par précipitation.* — Toutes les combinaisons de strontiane sans exception.

    b. *Par évaporation.* — Tous les sels de strontiane à acides volatils, autant qu'il n'y a pas en présence de substances fixes.

2. Carbonate de strontiane :

    a. Toutes les combinaisons de strontiane solubles dans l'eau.

    b. Les sels de strontiane à acides organiques.

Le dosage de la strontiane à l'état de sulfate, par précipitation, ne donne de résultats exacts qu'autant que l'on peut, sans inconvénients, ajouter de l'alcool au liquide dans lequel doit se faire la précipitation. Si cela ne se peut pas et si l'on ne peut pas non plus opérer par évaporation avec l'acide sulfurique, il faut employer de préférence le dosage à l'état de carbonate de strontiane. — Comme pour la baryte, il faudra avec la strontiane s'assurer qu'il n'y a pas de corps qui s'opposent à la précipitation (citrates, acide métaphosphorique) et, s'il y en a, les éliminer d'abord.

1. *Dosage à l'état de sulfate de strontiane.*

a. Par précipitation.

A la dissolution de strontiane, qui ne doit pas être trop étendue, ni contenir beaucoup d'acide azotique ou chlorhydrique libre, on ajoute un excès d'acide sulfurique étendu, puis de l'alcool en quantité au moins égale à celle du liquide, on laisse reposer douze heures, on filtre, on lave avec de l'alcool faible, on sèche et l'on calcine (§ **53**).

Si les circonstances empêchent d'employer l'alcool, on a soin de précipiter le liquide dans le plus grand état de concentration possible, et d'employer un notable excès d'acide sulfurique (ce qui est surtout nécessaire en présence de grandes quantités de chlorure de potassium, de sodium ou de magnésium) ; on laisse reposer au moins 24 heures à froid, on filtre, on lave le précipité avec de l'eau froide jusqu'à ce que le liquide qui passe n'ait plus de réaction acide et ne laisse pas de résidu sensible par évaporation. S'il reste de l'acide sulfurique libre dans le filtre, celui-ci devient noir pendant la dessiccation et se désagrège. Si au contraire on lave trop longtemps, on augmente la perte.

Il ne faut calciner le précipité qu'après une dessiccation complète, autrement des parcelles seraient facilement entraînées. En outre, on aura soin de laisser le moins possible de précipité après le filtre, qu'on en sépare pour être brûlé à part, parce que dans la combustion du filtre il y a une perte, que l'on reconnaît sans peine à la coloration rouge-carmin de la flamme.

Voir au § **72** les caractères du précipité. En ajoutant de l'alcool et en suivant exactement les règles indiquées, les résultats sont exacts ; quand on précipite une dissolution aqueuse, il y a toujours une perte, parce qu'une partie du sulfate de strontiane reste en dissolution. Les expériences directes du n° 58, faites d'après la dernière manière, ont donné 98,12 et 98,02, au lieu de 100. Toutefois, si en s'appuyant sur la solubilité du sulfate de strontiane dans l'eau pure et dans l'eau acide, on fait une correction en mesurant ou en pesant le liquide filtré et les eaux de lavage, on peut arriver à une exactitude à peu près complète. L'expérience directe du n° 59 ainsi corrigée a donné 99,77, au lieu de 100. — Pour éviter une pareille correction, on lavera d'abord le précipité avec de l'acide sulfurique étendu ($1.SO^3HO + 20.$ eau), jusqu'à ce que toutes les substances précipitables par l'alcool soient enlevées, puis avec de l'alcool aqueux jusqu'à ce qu'on ait éliminé tout l'acide sulfurique libre. — Le sulfate de strontiane, à un degré moindre que celui de baryte il est vrai, entraîne aussi avec lui de petites quantités des sulfates des autres bases fortes : il ne faudra pas l'oublier dans les analyses exactes (§ **153**).

b. Par évaporation.

On opère comme pour la baryte (§ **101**. 1. b.) : l'exactitude est la même.

2. *Dosage à l'état de carbonate de strontiane.*

a. *Dans les dissolutions.* — On suit exactement la même marche que pour la précipitation de la baryte à l'état de carbonate (**101**. 2. a.). Voir les caractères du précipité au § **72**. — Cette méthode donne de bons résultats, au moins bien plus exacts que ceux par le dosage à l'état de sulfate dans les solutions aqueuses et faits sans correction, parce que le carbonate de strontiane est pour ainsi dire complètement insoluble dans l'eau contenant de l'ammoniaque et du carbonate d'ammoniaque. L'expérience directe du n° 60 donne 99,82 au lieu de 100. La présence des sels ammoniacaux a une influence bien moins fâcheuse que dans la précipitation du carbonate de baryte.

b. *Dans les sels à acides organiques.* — On opère tout à fait comme pour la baryte (**101**. 2. b.). Tout ce qui a été dit à propos de l'exactitude des résultats peut se répéter ici.

§ 103.

5. Chaux.

a. DISSOLUTION. — En général on peut dire de la chaux ce que nous avons dit de la baryte (§ **101**). On transforme le fluorure de calcium en sulfate de chaux au moyen de l'acide sulfurique et, si cela est nécessaire, on décompose ultérieurement le sulfate de chaux en le faisant bouillir ou fondre avec un carbonate alcalin (§ **132**).

b. DOSAGE. — D'après le § **73**, on pèse la chaux à l'état de *sulfate*, de *carbonate* ou de *chaux caustique pure*. On peut l'avoir sous la première forme soit par précipitation, soit par évaporation : on lui donne les deux dernières en la précipitant à l'état d'oxalate ou de carbonate ou bien par calcination. — Si la chaux est pure ou carbonatée, on peut la doser par les liqueurs titrées (§ **223**). On peut aussi la doser volumétriquement en la précipitant sous forme d'oxalate. et on a dans ce cas le choix entre une méthode directe et une méthode indirecte.

On peut changer en :

1. SULFATE DE CHAUX.

   a. *Par précipitation.* — Tous les sels de chaux dont les acides sont solubles dans l'alcool, autant toutefois qu'il n'y a pas dans la liqueur d'autres substances insolubles dans l'alcool.

   b. *Par évaporation.* — Tous les sels de chaux à acides volatils, autant qu'il n'y a pas en outre d'autres substances fixes.

2. CARBONATE DE CHAUX OU CHAUX CAUSTIQUE.

   a. *Par précipitation avec le carbonate d'ammoniaque.* — Tous les sels de chaux solubles dans l'eau.

   b. *Par précipitation avec l'oxalate d'ammoniaque.* — Tous les sels de chaux solubles dans l'eau ou dans l'acide chlorhydrique sans exception.

   c. *Par calcination.* — Les sels de chaux à acides organiques.

De toutes ces méthodes, celle **2. b.** est la plus fréquemment employée : elle donne les résultats les plus exacts avec **1. b.** On n'opère guère suivant **1. a.** que lorsqu'il s'agit de séparer la chaux des autres bases; la méthode **2. a.** n'est guère appliquée que pour séparer des alcalis la chaux et les autres terres alcalines. — Comme certains corps (citrates, acide métaphosphorique) empêchent ou gênent la précipitation de la chaux par les réactifs indiqués, il faut les enlever d'abord dans le cas où ils se trouveraient dans la substance à analyser.

3. Après les procédés en poids je parlerai des *méthodes volumétriques*, qui sont commodes lorsqu'on a un grand nombre de dosages de chaux à faire.

1. *Dosage à l'état de sulfate de chaux.*

a. Par précipitation.

A la dissolution de chaux, placée dans un vase à précipité et pouvant contenir un peu d'acide chlorhydrique libre, on ajoute un excès d'acide sulfurique étendu, puis environ 2 volumes d'alcool, on laisse reposer 12 heures, on filtre, on lave *complètement* avec de l'alcool hydraté, on sèche et on chauffe modérément au rouge (§ **53**). — Voir au § **73** les caractères du précipité. — En suivant exactement la marche indiquée, le résultat est toujours un tant soit peu trop faible. L'essai direct du n° 61 a donné 99,64, au lieu de 100.

b. Par évaporation.

On opère dans les mêmes circonstances, comme pour la baryte (§ **101**. 1. b.).

2. *Dosage à l'état de carbonate de chaux* ou de *chaux caustique.*

a. Par précipitation avec le carbonate d'ammoniaque.

On opère d'après la méthode donnée pour la baryte (§ **101**. 2. a.) et l'on a soin de ne chauffer le précipité qu'au rouge très faible et pendant quelque temps. — Voir au § **73** les caractères du précipité. — La méthode bien conduite donne une perte inappréciable, qui devient cependant plus forte si la dissolution contient en quantité notable du sel ammoniac ou d'autres sels ammoniacaux semblables.

Si au lieu de prendre de l'eau ammoniacale pour le lavage on faisait usage d'eau pure, la perte ne serait pas négligeable. L'expérience directe du n° 62, faite de la dernière manière, a donné 99,17, au lieu de 100. — Si l'on craignait que par une calcination trop prolongée il ne se soit formé de la chaux caustique, on humecterait le résidu avec un peu d'eau, on y ajouterait un petit morceau de carbonate d'ammoniaque, on évaporerait lentement et on chaufferait de nouveau au rouge faible, c'est-à-dire jusqu'à ce que le fond du creuset paraisse seulement rouge sombre. — Si l'on a à sa disposition un chalumeau à gaz, on peut chauffer assez longtemps au rouge vif et changer ainsi le carbonate en chaux caustique, que l'on pèse à cet état : voir b. (*).

(*) *Fritzsche* (*Zeitschr. f. anal. Chem.*, III, 179) et A. *Cossa* (ibid., VIII, 141), en transformant du carbonate de chaux précipité en chaux caustique, ont trouvé un poids un peu trop faible (99,7 au lieu de 100) : cela tient à ce que le carbonate de chaux (celui de *Fritzsche* était chauffé à 160°) pouvait bien contenir encore un peu d'eau.

b. Par précipitation avec l'oxalate d'ammoniaque.

α. *On a un sel de chaux soluble dans l'eau.* — Dans la dissolution chaude, renfermée dans un vase à précipité, on verse un léger excès d'oxalate d'ammoniaque, puis un peu d'ammoniaque, jusqu'à ce que le liquide en répande l'odeur; on couvre le vase et on l'abandonne au moins 12 heures dans un lieu chaud, jusqu'à ce que le précipité se soit complètement déposé. On verse le liquide clair sur un filtre assez grand, en prenant la précaution de ne pas entraîner le précipité. Lorsque tout le liquide est passé, on fait tomber sur le filtre le précipité en le chassant avec de l'eau chaude. On a bien soin de ne jamais rejeter de nouveau du précipité sur le filtre avant que tout le liquide qui se trouvait sur ce dernier soit complètement égoutté (*). On enlève les parcelles adhérentes à la paroi du vase avec une barbe de plume coupée droite et courte, ou avec une baguette en verre entourée à l'extrémité par un bout du tube en caoutchouc bien net. Si ce moyen ne réussit pas, on les dissout dans quelques gouttes d'acide chlorhydrique très étendu, on précipite la dissolution avec de l'ammoniaque dans un petit vase et l'on ajoute le précipité au premier. — Si l'on n'opère pas pour la filtration comme nous l'avons recommandé, il arrive très souvent que le liquide passe trouble. — Après le lavage on sèche le précipité dans l'entonnoir, on le place ensuite dans un creuset de platine et l'on brûle sur le couvercle ou sur un fil de platine le filtre, après lequel on a soin de ne laisser que le moins possible de l'oxalate de chaux, puis on dépose les cendres dans la partie creuse du couvercle (§ **53**). Ensuite on pose celui-ci retourné sur le creuset, afin que les cendres du filtre ne se mêlent pas au précipité : on chauffe le creuset, d'abord lentement, puis un peu plus fort, jusqu'à ce que le fond soit faiblement rouge. On le maintient à cette température pendant 5 à 10 minutes, pendant lesquelles on soulève de temps en temps le couverle. Pour ce chauffage, je crois qu'il vaut mieux tenir la lampe à la main et la promener sous le creuset, car en la laissant fixe dessous, la température peut facilement s'élever trop haut. Enfin on laisse refroidir sous le dessiccateur et l'on pèse. Après la pesée, on humecte avec un peu d'eau le contenu du creuset, qui doit être blanc ou montrer à peine une teinte grisâtre, et on essaye, au bout de quelque temps, avec une bande de papier de curcuma. Si celle-ci brunit (preuve que l'on a trop chauffé), on lave la bande de papier avec un peu d'eau qu'on fait tomber dans le creuset, on y jette un petit morceau de carbonate d'ammoniaque pur, on évapore (le mieux au bain-marie) à siccité, on chauffe très modérément au rouge et l'on pèse. Si le poids a augmenté, on recommence cette opération, et cela jusqu'à ce que le poids reste constant. — Je recommande expressément de suivre bien exactement les conseils que j'indique plus haut pour la manière de calciner, afin d'éviter l'évaporation ennuyeuse avec le carbonate d'ammoniaque. — Voir les caractères du précipité et du résidu au § **73**. Cette méthode fournit des résultats d'une exactitude presque absolue. L'expérience directe du n.̣ 63 a donné 99,99, au lieu de 100.

(*) Pour faire déposer rapidement l'oxalate de chaux et filtrer un liquide bien clair, *Muck* recommande d'ajouter 1 C.C. d'une solution d'alun ammoniacal qui renferme 0,001 gramme d'alumine. Il faut dans ce cas éviter un excès d'ammoniaque et retrancher 0,001 gramme du poids de chaux caustique trouvé (*Zeitschr. f. analyt. Chem.*, IX, 451).

Si l'on a à sa disposition un soufflet à gaz ou toute autre disposition qui permette de chauffer un creuset de platine au blanc, on peut transformer l'oxalate de chaux en *chaux caustique*, et obtenir un résultat presque aussi exact : il me semble que plusieurs chimistes sont arrivés à de bons résultats par ce moyen, qui exige moins de patience que le précédent. On place l'oxalate avec les cendres du filtre dans un creuset de platine pas trop grand, on chauffe d'abord sur la lampe ordinaire, puis à peu près 15 minutes au chalumeau à gaz. Après avoir pesé, on chauffe de nouveau 10 minutes sur le chalumeau et on reprend le poids. S'il n'y a pas de différence, l'expérience est finie. Il est bon de peser le creuset de platine vide après l'opération, parce qu'il arrive quelquefois que son poids diminue par l'action prolongée d'une haute température. Les résultats obtenus par *Fritzsche, Costa* et *Souchay* s'écartent à peine d'une façon appréciable de ceux donnés par le calcul. Voir au § **73** les caractères de la chaux caustique.

Au lieu de transformer l'oxalate de chaux en carbonate ou en chaux caustique, on pourrait le changer en *sulfate*. À cet effet, ou bien on le chauffe au rouge, suivant la méthode de *Schrœtter*, dans un creuset de platine fermé avec du sulfate d'ammoniaque pur, ou bien on le chauffe dans une capsule en platine munie d'un couvercle jusqu'à ce qu'il soit en grande partie caustifié, on ajoute un peu d'eau, puis assez d'acide chlorhydrique pour tout dissoudre, on évapore après addition d'un léger excès d'acide sulfurique pur et enfin on calcine légèrement. Par ce moyen on obtient aussi des résultats très exacts.

Plusieurs chimistes rassemblent l'oxalate de chaux sur un filtre, pesé et se contentent de sécher à 100° avant la pesée. Le précipité ainsi obtenu est $2CaO, C^4O^6 + 2Aq$. Cette méthode est moins commode et moins exacte que la précédente.

β. *On a un sel insoluble dans l'eau.* — On le dissout dans l'acide chlorhydrique étendu. Si l'acide est de telle nature que par ce traitement il se dégage immédiatement, comme par exemple l'acide carbonique, ou bien s'il peut être séparé par évaporation, comme cela arriverait avec l'acide silicique, on opère d'après α, après avoir éliminé l'acide. Si cela ne peut se faire, comme par exemple avec l'acide phosphorique, on précipite la chaux de la dissolution acide de la façon suivante. On neutralise l'excès d'acide libre avec de l'ammoniaque jusqu'à ce qu'il commence à se faire un précipité, qu'on dissout de nouveau avec une goutte d'acide chlorhydrique, on ajoute un excès d'oxalate d'ammoniaque et enfin de l'acétate de soude; on laisse déposer, et pour le reste on opère suivant α. L'acide chlorhydrique libre se combine de cette façon aux bases de l'acétate de soude et de l'oxalate d'ammoniaque, dont les acides, mis en liberté en quantités correspondantes, dissolvent à peine l'oxalate de chaux. De cette façon la perte est très faible. L'expérience directe du n° 64, faite de cette manière, a donné 99,78 au lieu de 100.

c. Par calcination.

On opère exactement comme pour la baryte (§ **101**. 2. b.), et l'on a soin de ne chauffer que très peu au rouge le résidu de l'évaporation avec le carbonate d'ammoniaque (évaporation que l'on fera bien de répéter deux fois).

Pour l'exactitude, c'est la même chose qu'avec la baryte. Comme contrôle, on peut transformer le carbonate de chaux en chaux caustique ou sulfatée, voir b. *α.*, ou doser alcalimétriquement (§ **223**).

5. *Dosage volumétrique de la chaux.*

a. Pour ce qui est du *procédé alcalimétrique* appliqué a la chaux pure ou carbonatée, je renvoie au § **223**. En opérant bien, avec un mélange de chaux caustique et de chaux carbonatée tel que celui fourni par la calcination modérée à l'air de l'oxalate de chaux, on obtient de très bons résultats. (Voir exp. n° 65.)

b. Par précipitation à l'*état d'oxalate de chaux* et dosage *direct* de l'acide oxalique qu'il renferme.

Dans l'oxalate de chaux bien lavé, mais pas encore sec, on dose l'acide oxalique avec le permanganate de potasse (§ **137**), et l'on calcule 7 parties en poids de chaux pour 9 p. d'acide oxalique anhydre (*Hempel*). Résultats très bons. (Voir exp. n° 65.)

c. Par précipitation à l'*état d'oxalate de chaux* et dosage *indirect* de l'acide oxalique qu'il renferme (*Kraut* *).

Cette méthode suppose un sel de chaux soluble dans l'eau. La dissolution de chaux étant dans un ballon jaugé, on y ajoute un volume de solution normale décime d'acide oxalique (§ **215**) bien mesuré et plus que suffisant pour précipiter toute la chaux ; on verse de l'ammoniaque jusqu'à réaction alcaline, on chauffe à l'ébullition, on laisse refroidir, on remplit le ballon jaugé jusqu'au trait avec de l'eau distillée, on agite, on filtre à travers un filtre desséché, on mesure une portion du liquide filtré (au moins la moitié), on y dose l'acide oxalique avec le permanganate de potasse suivant le § **137**, on rapporte le résultat au volume total et l'on obtient ainsi la quantité d'acide oxalique combiné à la chaux, d'où l'on conclut le poids de cette dernière. 1 C.C. d'acide oxalique normal décime correspond à 0,0028 gr. de chaux. En opérant bien, la méthode fournit rapidement de bons résultats. Si la quantité de chaux est faible par rapport au volume du liquide, il n'est pas nécessaire de faire de correction pour l'espace occupé par l'oxalate de chaux dans le ballon jaugé.

§ **104.**

4. **Magnésie.**

a. DISSOLUTION. — Beaucoup de composés magnésiens sont solubles dans l'eau ; ceux qui y sont insolubles se dissolvent dans l'acide chlorhydrique (excepté quelques silicates et aluminates dont on indiquera la désagrégation aux §§ **105** et **140**).

b. DOSAGE. — D'après le § **74**, la magnésie est pesée à l'état de *sulfate*, de *pyrophosphate* ou de *magnésie pure*. Quand elle est caustique ou carbonatée, on peut également la doser alcalimétriquement, § **223**.

(*) *Chem. Centralbl.*, 1856, 316

On peut changer en :

1. SULFATE DE MAGNÉSIE.
Tous les sels de magnésie à acides volatils, pourvu qu'il n'y ait pas de substances fixes.

2. PYROPHOSPHATE DE MAGNÉSIE.
Tous les composés de magnésie sans exception.

3. MAGNÉSIE PURE.
  a. Les sels de magnésie à acides organiques ou à oxacides minéraux facilement volatils.

  b. Le chlorure de magnésium ou les composés qu'on peut facilement transformer en ce sel.

Le dosage direct à l'état de sulfate de magnésie est préférable lorsqu'on peut l'appliquer. — Le dosage à l'état de pyrophosphate est le plus fréquemment employé, surtout aussi pour séparer la magnésie des autres bases. — On ne fait usage de la transformation du chlorure de magnésium en magnésie pure que pour séparer cette base des alcalis fixes. — Les combinaisons de la magnésie avec l'acide phosphorique seront analysées suivant le § **135**.

1. *Dosage à l'état de sulfate de magnésie.*

A la dissolution on ajoute de l'acide sulfurique étendu en quantité plus que suffisante pour s'unir à toute la magnésie, on évapore à siccité au bain-marie dans une capsule en platine pesée d'avance, on chauffe avec précaution plus fortement après avoir ouvert la capsule, jusqu'à ce que l'excès d'acide sulfurique soit chassé ; on porte enfin et on maintient quelque temps au rouge faible, on laisse refroidir et l'on pèse. Si en chauffant plus fortement, après l'évaporation, il ne se dégageait pas de vapeurs d'acide sulfurique, c'est qu'on n'aurait pas mis assez de cet acide ; on laisserait refroidir et l'on en ajouterait un peu. — On ne rend pas ce travail plus difficile en ajoutant trop d'acide sulfurique ; on a soin de ne pas trop chauffer au rouge le résidu et l'on pèse rapidement. — Caractères du résidu, § **74**. Résultats exacts.

2. *Dosage à l'état de pyrophosphate de magnésie.*

On ajoute à la dissolution de magnésie du sel ammoniac, puis de l'ammoniaque en léger excès. (Si l'ammoniaque produisait un précipité, par suite du manque de sel ammoniac dans la liqueur, on ajouterait de ce dernier sel jusqu'à ce que le précipité formé ait disparu.) On mélange ensuite le liquide avec un excès d'une dissolution de phosphate de soude, on agite en ayant soin de ne pas toucher les parois du verre avec l'agitateur (autrement partout où la paroi serait frottée par la baguette en verre, le sel s'attacherait avec tant de force, qu'il serait fort difficile de l'enlever) ; on abandonne douze heures le vase bien couvert et dans un endroit pas trop chaud, on réunit le précipité sur un filtre et l'on enlève les parcelles adhérentes aux parois du verre avec une petite barbe de plume, qu'on lave au-dessus du filtre avec une portion du liquide filtré. Quand le précipité est bien égoutté, on le lave

avec un mélange de 5 parties d'eau et 1 partie d'ammoniaque de densité
0,96, et cela jusqu'à ce que quelques gouttes du liquide qui passe ne se
troublent plus, quand on les additionne d'acide azotique et d'un peu d'azotate d'argent. Après dessiccation complète, on met le précipité dans un
creuset de platine (§ **53**) que l'on couvre, et l'on chauffe assez longtemps
d'abord à une chaleur modérée, puis à la fin au rouge vif. Le filtre, débarrassé autant que possible du précipité, est brûlé sur la spirale en platine ;
on jette les cendres dans le creuset, on chauffe encore une fois au rouge,
on laisse refroidir et l'on pèse. Si le pyrophosphate magnésien n'était pas
tout à fait blanc, on l'humecterait avec quelques gouttes d'acide azotique,
on ferait évaporer et l'on chaufferait de nouveau le résidu, avec précaution
au commencement.

Voir au § **74** la nature et les caractères du précipité et du résidu. En
suivant en tous points les indications que nous venons de donner, la méthode fournit des résultats parfaitement exacts. Il ne faut pas laver trop peu,
mais aussi ne pas laver trop longtemps, et surtout ne pas oublier d'ajouter
de l'ammoniaque à l'eau de lavage.

5. *Dosage à l'état de magnésie pure.*

a. Dans les sels de magnésie à acides organiques ou à acides minéraux
volatils.

On chauffe le sel dans un creuset de platine fermé, en élevant lentement
et graduellement la température, jusqu'à ce qu'il ne se dégage plus de
vapeur ; on enlève le couvercle, on le place à côté du creuset, que l'on incline et l'on calcine au rouge jusqu'à ce que le résidu soit complètement
blanc. — Caractères du résidu, au § **74**. La méthode donne des résultats
d'autant meilleurs qu'on a chauffé plus lentement au début. En général on
obtient toujours un peu moins, parce que des traces de sel sont entraînées
avec les produits combustibles. Les sels de magnésie à oxacides très volatils
(acide carbonique, acide azotique) se transforment de même en magnésie
par le simple chauffage au rouge ; le sulfate de magnésie lui-même perd
tout son acide sulfurique lorsqu'on le calcine dans un creuset de platine au
chalumeau à gaz (*Sonnenschein*). J'ai vérifié l'exactitude de ce fait pour de
petites quantités.

b. Dans le chlorure de magnésium.

A la dissolution concentrée, placée dans un creuset en porcelaine, on
ajoute du bioxyde de mercure pur délayé dans de l'eau et en quantité telle,
que son oxygène soit plus que suffisant pour transformer en magnésie tout
le chlorure de magnésium ; on évapore au bain-marie, on dessèche avec
soin, on couvre le creuset et l'on chauffe graduellement au rouge jusqu'à ce
qu'on ait chassé par volatilisation le bichlorure de mercure formé et l'excès
de bioxyde de mercure. (On évitera de respirer les vapeurs qui se dégagent
pendant la calcination.) La magnésie reste comme résidu : on pourra la
peser immédiatement dans le creuset, ou bien, s'il s'agit de séparer la magnésie des alcalis, on ramasse sur un filtre, on lave avec de l'eau chaude, on
sèche et l'on calcine (§ **53**). Quant aux autres méthodes qui atteignent le

même but, et qui sont souvent plus commodes pour les séparations : voy. § **153**, B. 4 (17 à 21).

TROISIÈME GROUPE DES BASES

ALUMINE, SESQUIOXYDE DE CHROME (ACIDE TITANIQUE)

§ **105**.

1. Alumine.

a. Dissolution. — Les combinaisons de l'alumine insolubles dans l'eau se dissolvent presque toutes dans l'acide chlorhydrique. L'alumine cristallisée naturelle (saphir, rubis, corindon), celle obtenue artificiellement par une violente calcination, et beaucoup de composés naturels d'alumine doivent, pour pouvoir être attaqués par l'acide chlorhydrique, subir une calcination préalable au rouge avec du carbonate de soude, de la potasse caustique ou de l'hydrate de baryte. Certaines combinaisons alumineuses, qui résistent à l'action de l'acide chlorhydrique concentré, sont décomposées quand on les chauffe assez longtemps avec de l'acide sulfurique concentré ou quand on les fond avec du sulfate acide de potasse; c'est ce qui arrive, par exemple, avec l'argile ordinaire. — Le bisulfate de potasse détermine bien la désagrégation complètement, mais la formation d'un sel double d'alumine et de potasse, assez peu soluble dans l'eau et dans les acides, rend difficile la marche ultérieure de l'analyse (*L. Smith*).

b. Dosage. — Presque toujours on pèse l'alumine à l'état d'*alumine pure*, très rarement à l'état de *phosphate* (voir par exemple § **209**. 7. II). — On lui donne la première forme soit en la précipitant à l'état d'hydrate et en calcinant, soit par la calcination seule. On ne la précipite à l'état d'acétate basique ou de formiate basique, que pour la séparation. — Nous dirons au § **215** comment on la dose indirectement (acidimétriquement) dans l'alun, etc.

On peut transformer en :

ALUMINE PURE :

> a. *Par précipitation*. Tous les composés d'alumine solubles dans l'eau ainsi que ceux qui y sont insolubles, mais dont l'acide est éliminé par la dissolution dans l'acide chlorhydrique.
> b. *Par la chaleur ou la calcination*. α. Tous les sels d'alumine à acides facilement volatils (azotate d'alumine, etc.). — β. Tous les sels d'alumine à acides organiques.

Dans le procédé a. il faut s'assurer avec soin que la dissolution d'alumine ne renferme pas de substances organiques qui empêchent ou rendent incomplète la précipitation, par exemple, de l'acide tartrique, du sucre, etc. Dans ce cas il faut évaporer la solution à siccité dans une capsule en platine, après y avoir ajouté du carbonate de soude et du salpêtre, mettre le résidu fondu dans un vase à précipité avec de l'eau, faire digérer avec de

l'acide *chlorhydrique*, filtrer la dissolution et procéder seulement à la précipitation. Les méthodes b. α. et β. ne peuvent s'appliquer qu'autant qu'il
n'y a aucune substance fixe ni de chlorhydrate d'ammoniaque, parce que ce
dernier, en agissant au rouge sur l'alumine, produit du chlorure d'aluminium volatil. — Dans les combinaisons de l'alumine avec l'acide phosphorique, l'acide borique, l'acide silicique et l'acide chromique, on dose l'alumine d'après les procédés donnés dans la seconde partie de ce chapitre à
propos des acides correspondants.

Dosage à l'état d'alumine pure.

a. Par précipitation.

A la dissolution chaude assez étendue on ajoute du sel ammoniac autant
toutefois qu'elle n'en contient pas déjà, puis de l'ammoniaque en *léger* excès;
on chauffe à une douce ébullition, que l'on maintient jusqu'à ce que toute
ou presque toute l'ammoniaque libre soit chassée et qu'une petite goutte du
liquide, qu'on remettra dans le vase, ait une réaction neutre ou faiblement
alcaline. — Si l'on chauffait trop longtemps, le liquide deviendrait acide par
suite de la décomposition du sel ammoniac, et une partie de l'hydrate d'alumine précipité se redissoudrait, ce qu'il faut éviter. — Le mieux serait de
faire la précipitation dans une grande capsule en platine ; à son défaut on
en prendra une en porcelaine, mais il faut éviter l'emploi d'un vase en verre
qui serait inévitablement attaqué par un liquide ammoniacal chaud maintenu longtemps en ébullition (page 69). On laisse déposer, on décante le
liquide clair sur un filtre, sans y laisser arriver le précipité ; on verse de
l'eau bouillante dans le vase à précipité, on agite, on laisse de nouveau déposer, on lave ainsi trois fois par décantation, puis on jette le précipité sur
le filtre et on le lave complètement avec de l'eau bouillante. — La filtration
par succion est très convenable pour l'hydrate d'alumine. Après la succion
du liquide, on peut immédiatement calciner le précipité d'après les méthodes
indiquées aux pages 90 et 91. Si l'on opère sans succion, la calcination du
précipité humide est ennuyeuse. — Si l'on veut d'abord sécher, puis calciner, il faut sécher lentement, longtemps et complètement, puis calciner
d'après le § **52**. Dans la calcination il faut chauffer très doucement au début
et bien fermer le creuset, sans quoi l'on aurait facilement une perte à cause
des projections produites par la dessiccation toujours incomplète de
l'hydrate d'alumine, dont la consistance est gommeuse.

Que l'on ait calciné le précipité d'une façon ou de l'autre, il faut toujours
avant la pesée l'exposer assez longtemps au chalumeau à la température
voisine du blanc, pour être certain que les dernières traces d'acide sont
expulsées (A. *Mitscherlich*). Cela est surtout nécessaire et doit se faire
pendant 5 à 10 minutes, si la solution alumineuse est *sulfurique*, parce
qu'alors il se précipite toujours avec l'hydrate d'alumine du sulfate basique
d'alumine, qui ne perd complètement son acide sulfurique que par l'action
prolongée d'une haute température. Si l'on n'a pas ce qu'il faut pour cela, il
faut redissoudre dans l'acide chlorhydrique (en chauffant suffisamment longtemps dans l'acide concentré) le précipité simplement lavé, ou même celui
qui n'a été que modérément calciné, le précipiter de nouveau par l'ammo-

niaque : ou bien encore il faut transformer le sulfate en azotate, en le décomposant par un léger excès d'azotate de plomb, enlever l'excès de plomb par l'acide sulfhydrique, et opérer ensuite suivant a. ou suivant b.

A la place de l'ammoniaque on peut employer le carbonate ou le sulfhydrate d'ammoniaque pour précipiter l'alumine. Mais cela n'augmente pas l'exactitude des résultats.

Voyez au § **75** les caractères de l'hydrate d'alumine et ceux de l'alumine calcinée. On aura toujours soin d'essayer si l'alumine ne renferme pas de la silice, ce qui arrive souvent. On le fera facilement en chauffant avec un peu d'acide sulfurique étendu, ou en fondant avec le bisulfate de potasse ou de soude (§ **75**). — En suivant les indications précédentes, les résultats sont très exacts; mais si l'on met un trop grand excès d'ammoniaque, surtout quand on n'a pas ajouté de sel ammoniac ou qu'il n'y a pas en général de sels ammoniacaux, et si l'on filtre sans avoir fait partir l'excès d'ammoniaque par l'ébullition ou par un long repos dans un lieu chaud, on peut avoir une perte notable. Celle-ci est d'autant plus grande que la dissolution est plus étendue et que l'excès d'ammoniaque est plus considérable. — Un simple lavage sur le filtre est insuffisant, à cause de la consistance gélatineuse du précipité ; un simple lavage par décantation donne trop d'eau de lavage. C'est pourquoi il vaut mieux, comme nous l'indiquons, combiner les deux méthodes.

b. Par calcination.

α. *On a des composés d'alumine à acides volatils.* S'ils sont en dissolution, on les évapore au bain-marie; on met dans un creuset de platine le résidu ou immédiatement le sel solide si on l'a à cet état ; on porte au rouge d'abord lentement, puis peu à peu à la température la plus élevée, jusqu'à ce que le poids du creuset ne diminue plus. Voir au § **75** les caractères du résidu. On s'assurera qu'il est pur. Il n'y a pas de causes d'erreur.

β. *On a un sel d'alumine à acide organique.* On opère exactement comme pour la magnésie dans les mêmes circonstances (§ **104**. 3. a.).

§ 106.

2. Sesquioxyde de chrome.

a. Dissolution. — Beaucoup de composés de chrome sont solubles dans l'eau. L'hydrate de sesquioxyde de chrome et la plupart de ses sels, insolubles dans l'eau, sont dissous dans l'acide chlorhydrique. La calcination rend l'oxyde de chrome et beaucoup de ses sels insolubles dans les acides. Lorsque ce cas se présente, on leur rend leur solubilité dans l'acide chlorhydrique en les fondant avec 3 ou 4 parties d'hydrate de potasse dans un creuset d'argent. La petite quantité de chrome que ce traitement transformera en acide chromique, par le contact de l'air, sera ramenée à l'état d'oxyde par l'action de l'acide chlorhydrique à chaud. L'addition d'un peu d'alcool facilite considérablement cette réduction. — On préfère souvent à la fusion avec l'hydrate de potasse un traitement par lequel l'oxyde de chrome est en même temps oxydé et transformé en chromate alcalin : voy. 2. — Voy. au § **160** la manière de dissoudre le fer chromé.

b. Dosage. — Dans les dosages directs l'oxyde de chrome est toujours amené à l'*état pur*. On lui donne cette forme en le précipitant à l'état d'hydrate. puis en le calcinant, ou tout simplement par une calcination immédiate, On peut cependant aussi le transformer en acide chromique, que l'on dose alors soit en poids, soit par les méthodes volumétriques, comme nous l'indiquerons quand nous nous occuperons de l'acide chromique.

On peut transformer en :

1. Sesquioxyde de chrome pur :

   a. *Par précipitation*, tous les composés de chrome solubles dans l'eau, de même que ceux qui y sont insolubles, mais dont l'acide chlorhydrique peut éliminer l'acide, autant toutefois qu'il n'y a pas de substances organiques (acide tartrique, acide oxalique, citrique, etc.) qui pourraient contrarier la précipitation.
   b. *Par calcination.* α. Tous les sels de chrome à oxacides volatils, autant toutefois qu'ils ne sont pas mélangés de substances fixes. — β. Tous les sels de chrome à acides organiques.

2. Acide chromique, ou plus exactement en chromate alcalin : le sesquioxyde de chrome et tous ses sels.

Les composés du sesquioxyde de chrome avec l'acide chromique, l'acide phosphorique, l'acide borique et l'acide silicique seront analysés d'après les méthodes indiquées pour chacun de ces oxacides dans la 2ᵉ partie de ce chapitre.

1. *Dosage à l'état d'oxyde de chrome.*

a. Par précipitation.

La dissolution pas trop concentrée est chauffée à 100° dans une capsule en platine ; une capsule en porcelaine est moins bonne et il ne faut pas prendre de vase en verre ; on y ajoute un léger excès d'ammoniaque et on maintient la température voisine du point d'ébullition jusqu'à ce que le liquide surnageant le précipité soit complètement incolore (ne paraisse plus rougeâtre) ; on laisse reposer, on lave trois fois par décantation, puis on achève le lavage complet sur un filtre avec de l'eau chaude. On dessèche avec soin et l'on calcine (§ 52). Dans cette dernière opération il faut élever la température lentement jusqu'au rouge, sans quoi il y aurait facilement des pertes par projection, au moment de l'incandescence qui se produit au passage de l'oxyde de chrome soluble à l'état d'oxyde insoluble. — Si l'on a une disposition qui permette le laver par succion, on pourra très bien laver le précipité par ce moyen et le placer tout humide dans le creuset, où se feront la calcination et la pesée. — Voy. au § 76 les caractères du précipité et ceux du résidu. En suivant point par point la marche indiquée, elle donne de très bons résultats. — Si l'on fait usage d'une capsule en porcelaine on trouve un nombre un peu plus grand, mais c'est peu important et cela vient de l'acide silicique qui reste dans l'oxyde de chrome : avec des vases en verre les éléments du verre rendent les résultats beaucoup trop forts pour qu'on puisse négliger cette cause d'erreur (*A. Souchay*). Au lieu d'ammoniaque on peut aussi faire la précipitation avec du sulfhydrate d'ammoniaque : dans ce cas elle est complète à froid et l'on peut faire usage de vases en verre.

  b. Par calcination.

 α.. *On a un sel de chrome à acide volatil.* Opérer comme pour un sel d'alumine dans les mêmes circonstances (§ **105**).

 β. *On a un sel de chrome à acide organique.* Opérer comme pour la magnésie dans les mêmes circonstances (§ **104**).

  2. *Transformation de l'oxyde de chrome en acide chomique.* (Voy. au § **130** le dosage de ce dernier.) (*)

Pour obtenir ce résultat on peut employer un des procédés suivants.

 a. On ajoute à la dissolution du sel de chrome un excès de lessive de potasse ou de soude, jusqu'à redissolution complète de l'hydrate d'oxyde, on fait passer un courant de chlore dans le liquide maintenu froid jusqu'à ce que la couleur devienne jaune rougeâtre ; on ajoute un excès de potasse ou de soude, on évapore à siccité et l'on calcine dans un creuset de platine. Tout le chlorate de potasse se trouve ainsi décomposé et le résidu est formé de chromate et de chlorure alcalin (*Volh*).

 b. On fond dans un creuset en argent de l'hydrate de potasse jusqu'à fusion tranquille, on modère un peu la chaleur et l'on ajoute la composition chromée à oxyder après l'avoir complètement déshydratée. Aussitôt qu'elle est complètement couverte par l'hydrate de potasse, on jette de petits morceaux de chlorate de potasse fondu ; il se forme alors une abondante écume par suite du dégagement d'oxygène. En même temps la masse devient de plus en plus jaune et enfin tout à fait claire et transparente. Il faut avoir soin d'éviter les pertes (*H. Schwartz*).

 c. On dissout l'oxyde de chrome dans une lessive de potasse ou de soude, on ajoute un excès suffisant de peroxyde de plomb et l'on chauffe ; on obtient un liquide jaune dans lequel tout l'oxyde de chrome est à l'état de chromate de plomb en dissolution alcaline. On sépare par filtration du peroxyde de plomb en excès, on sursature le liquide filtré avec de l'acide acétique et on pèse le chromate de plomb précipité (*G. Chancel* **).

 d. On mélange dans une capsule en porcelaine l'oxyde de chrome en poudre fine avec un peu de chlorate de potasse, on ajoute de l'acide azotique de densité 1,367, on couvre avec un entonnoir de diamètre moindre que celui de la capsule, on chauffe au bain-marie et l'on ajoute de temps en temps des cristaux de chlorate de potasse, jusqu'à ce que tout l'oxyde de chrome soit dissous et transformé en acide chromique : même avec l'oxyde de chrome fortement calciné l'opération ne dure pas plus d'une demi-heure à une heure. Dans la

(*) Voir la note 1, à la fin du volume.
(**) *Comptes rendus*, XLIII, 927.

solution on dosera le mieux l'acide chromique à l'état de chromate
de baryte (*Storer*, *Pearson*).

§ 107.

Appendice au 5ᵉ groupe : **Acide titanique.**

L'acide titanique est toujours pesé tel quel. On le sépare soit par précipitation au moyen d'un alcali, soit en chauffant avec un acétate alcalin ou
en faisant bouillir ses dissolutions acides étendues.

Pour précipiter les dissolutions acides d'acide titanique, on se sert de
l'ammoniaque ; on évite d'en mettre un trop grand excès. On laisse complètement déposer le précipité, qui ressemble à de l'hydrate d'alumine : on lave
par décantation, puis on achève sur le filtre ; on sèche et l'on calcine, comme
il est indiqué au § 52. Si la dissolution renfermait de l'acide sulfurique,
après la première calcination on ajouterait dans le creuset un peu de
carbonate d'ammoniaque, pour chasser les dernières traces d'acide. Il faut
peser promptement l'acide calciné, car il est hygrométrique.

Parfois il vaut mieux précipiter l'acide titanique de ses dissolutions acides
en les neutralisant d'abord presque complètement avec de l'ammoniaque ;
puis on ajoute de l'acétate de soude ou de l'acétate d'ammoniaque et on
fait bouillir. Le précipité ainsi obtenu se filtre et se lave facilement.

Si la dissolution d'acide titanique est sulfurique, ou si elle a été obtenue
en traitant par de l'eau froide la masse obtenue par fusion avec le bisulfate
de potasse, on peut complètement précipiter l'acide titanique en maintenant
la dissolution très étendue à une *ébullition prolongée* et en remplaçant l'eau
qui se vaporise, puis on lave avec de l'eau. S'il y a beaucoup d'acide libre,
on en neutralise la plus grande partie avec de l'ammoniaque avant de faire
bouillir. On opère mieux dans une capsule en platine. Après la filtration on
neutralise un peu plus le liquide filtré et l'on s'assure, en le faisant de nouveau
bouillir, qu'il ne laisse plus déposer d'acide titanique. En essayant le dernier liquide filtré avec de l'ammoniaque, on s'assurera de la complète précipitation. En calcinant le précipité bien desséché, on ajoute un peu de carbonate d'ammoniaque. Si l'on essaye le même mode de précipitation avec une
dissolution chlorhydrique, l'acide titanique ne peut se séparer qu'après une
évaporation complète à siccité ; et encore en reprenant par de l'eau, la liqueur
passe laiteuse à travers le filtre : c'est pourquoi il faut ajouter un peu d'acide.

L'acide titanique hydraté, précipité à froid, lavé avec de l'eau froide et
séché sans être chauffé, est complètement soluble dans l'acide chlorhydrique ;
dans les autres circonstances, il l'est incomplètement. L'acide métatitanique
précipité par ébullition de ses dissolutions acides étendues n'est pas soluble
dans les acides étendus. L'acide titanique calciné ne se dissout pas non plus
dans l'acide chlorhydrique concentré, mais il se dissout quand on le chauffe
assez longtemps avec de l'acide sulfurique assez concentré. Le meilleur
moyen de l'avoir dissous, c'est de le fondre avec du bisulfate de potasse et de
traiter la masse par beaucoup d'eau froide. En fondant avec du carbonate de
soude, on obtient du titanate de soude qui, traité par l'eau laisse du titanate acide de soude, soluble dans l'acide chlorhydrique. — En fondant l'acide

titanique avec trois fois son poids de fluorhydrate de fluorure de potassium,
il se forme un fluorure double de titane et de potassium, qui se dissout facilement à chaud dans l'acide chlorhydrique très étendu (densité = 1,105).
Il faut d'abord chauffer fort doucement, jusqu'à ce que tout l'excès d'acide
fluorhydrique soit parti : on élève ensuite rapidement la température jusqu'à
la fusion et jusqu'à ce que tout l'acide titanique soit dissous (*Marignac*). —
L'acide titanique (TiO^2) renferme 60,98 de titane et 39,02 d'oxygène. En le
chauffant avec de l'acide fluorhydrique et de l'acide sulfurique, il ne forme
pour ainsi dire pas de fluorure de titane, mais il s'en produit en chauffant
avec l'acide fluorhydrique seul (*Riley*).

Pour doser l'acide titanique par *liqueur titrée*, on le réduit d'abord en
sesquioxyde, que l'on oxyde de nouveau en acide titanique avec une solution
titrée de permanganate de potasse (§ **112**. 2) (*Pisani*). Il ne faut pas prendre
de solution sulfurique : on emploie ordinairement la solution chlorhydrique
ou la dissolution de fluorure double dans l'acide chlorhydrique étendu. On
opère la réduction avec le zinc à l'abri de l'air en chauffant un peu ou
simplement à froid. La solution chlorhydrique se colore en violet; celle du
fluorure double devient verte. La réduction achevée, on enlève le zinc et on
verse la solution de permanganate de potasse jusqu'à l'apparition de la couleur rouge. Le point délicat de la méthode, c'est de saisir le moment où la
réduction est achevée. *Marignac* a décrit toutes les précautions à prendre
pour arriver à des résultats exacts.

QUATRIÈME GROUPE DES BASES

OXYDE DE ZINC, PROTOXYDE DE MANGANÈSE, PROTOXYDE DE NICKEL, PROTOXYDE
DE COBALT, PROTOXYDE DE FER, PEROXYDE DE FER (OXYDE D'URANE)

§ **108.**

1. Oxyde de zinc.

a. DISSOLUTION. — Beaucoup de sels de zinc sont solubles dans l'eau. Le zinc
métallique, l'oxyde de zinc et les sels insolubles dans l'eau se dissolvent dans
l'acide chlorhydrique. Pour dissoudre le sulfure de zinc précipité, on peut
aussi employer l'acide chlorhydrique; mais pour la blende il faut d'abord la
pulvériser finement, la chauffer avec de l'acide chlorhydrique concentré,
puis, pour achever la dissolution, ajouter un peu d'acide azotique ou du chlorate de potasse, ou enfin du brome dissous dans l'acide chlorhydrique.

b. DOSAGE. — Le zinc est pesé à l'état d'*oxyde* ou de *sulfure*, d'après le
§ **77**. On donne la première forme aux composés de zinc en les précipitant
à l'état de carbonate ou de sulfure, ou encore par calcination. — Outre ces
méthodes par les pesées, il y a encore des procédés par les liqueurs titrées.

On peut transformer en :

1. OXYDE DE ZINC :

a. *Par précipitation à l'état de carbonate de zinc*, tous les sels de zinc solubles dans l'eau, — tous ceux qui, étant insolubles dans l'eau, ont un acide qu'on peut éliminer, et tous les sels à acides organiques volatils.

b. *Par précipitation à l'état de sulfure de zinc*, tous les composés de zinc sans exception.

c. *Par calcination*, les sels à oxacides minéraux volatils.

2. SULFURE DE ZINC :

Tous les composés de zinc sans exception.

La méthode 1. c. ne peut s'employer que pour le carbonate et l'azotate de zinc. On applique les méthodes 1. b. ou 2. quand le procédé 1. a. est insuffisant. Elles sont bonnes surtout pour séparer l'oxyde de zinc des autres bases. On ne peut pas par calcination transformer en oxyde les sels de zinc à acides organiques, parce qu'il y a toujours un peu de zinc réduit et volatilisé. Si les acides sont volatils, on peut doser le zinc immédiatement suivant 1. a.: s'ils ne sont pas volatils, il vaut mieux précipiter à l'état de sulfure. Pour l'analyse du chromate de zinc, du phosphate, du borate, du silicate, nous renvoyons à l'acide correspondant. — Les analyses volumétriques de zinc sont surtout employées dans les recherches techniques ; nous en parlerons dans le chapitre des spécialités.

1. Dosage à l'état d'oxyde de zinc.

a. Par précipitation à l'état de carbonate.

On chauffe la dissolution suffisamment étendue dans un vase assez grand, le mieux dans une capsule en platine, presque jusqu'à l'ébullition : on ajoute goutte à goutte jusqu'à excès du carbonate de soude, on fait bouillir quelques minutes, on laisse déposer. On décante le liquide clair sur un filtre, on fait de nouveau et par trois fois bouillir le précipité avec de l'eau, en décantant chaque fois ; on jette le précipité sur le filtre, on le lave complètement avec de l'eau chaude, on le dessèche. On le calcine au rouge, comme il est indiqué au § **53**, en ayant soin de séparer autant qu'on pourra du précipité le filtre avant de l'incinérer. — Pour éviter la réduction de l'oxyde de zinc et la volatilisation du métal, il vaut mieux, après avoir autant que possible séparé le précipité du filtre, humecter celui-ci avec une solution d'azotate d'ammoniaque, le sécher et alors seulement le brûler. — Si la dissolution renferme des sels ammoniacaux, il faut continuer l'ébullition jusqu'à ce que, après une nouvelle addition de carbonate de soude, les vapeurs ne brunissent plus le papier de curcuma. S'il y avait beaucoup de sels ammoniacaux, il faudrait évaporer à siccité en faisant bouillir : aussi est-il plus commode dans ce cas de précipiter le zinc à l'état de sulfure (voy. b.).

Il faut avoir soin qu'il y ait le moins possible d'acide en liberté dans la dissolution, afin que l'effervescence produite par le dégagement d'acide carbonique soit faible. — Il faut chaque fois s'assurer, avec le sulfhydrate d'ammoniaque versé dans le liquide filtré, que le zinc est bien complètement précipité. En général cela produit presque toujours un léger précipité. Toutefois, en opérant convenablement, il est si peu important que, même après plusieurs heures de repos, il se rassemble à peine en quelques légers flocons.

qu'on ne pourrait pas peser, et qu'on peut généralement négliger; mais s'il est en quantité appréciable, on le traite suivant b. et on ajoute le poids de l'oxyde de zinc au poids principal. — Voy. les caractères du précipité et ceux du résidu au § **77**. — En opérant bien, les résultats sont toujours un peu trop faibles, d'abord à cause de la précipitation incomplète et parce que, pendant l'incinération du filtre, un peu d'oxyde est réduit et du métal se volatilise. Il arrive souvent que par suite d'un lavage incomplet on a des résultats trop élevés; dans ce cas le résidu est toujours alcalin. On essaye aussi s'il peut se dissoudre dans l'acide chlorhydrique sans résidu de silice, ce qui n'arrive presque jamais si l'on a opéré dans des vases en verre.

b. Par précipitation à l'état de sulfure.

La dissolution convenablement étendue étant dans un ballon pas trop grand, on y ajoute du chlorhydrate d'ammoniaque, puis de l'ammoniaque jusqu'à ce que la réaction soit légèrement alcaline; on verse un léger excès de sulfhydrate d'ammoniaque incolore ou faiblement jaunâtre, on remplit le ballon d'eau jusqu'au col (et si l'on a bien choisi la grosseur du ballon, la quantité d'eau ne doit pas être trop considérable), on le ferme, on l'abandonne de douze à vingt-quatre heures dans un lieu chaud. On lave le précipité d'abord par décantation, s'il est en quantité suffisante, puis sur le filtre, et cela avec de l'eau contenant toujours un peu de sulfhydrate d'ammoniaque et du sel ammoniac, dont on diminue graduellement la quantité.— Si le sulfure de zinc doit être pesé tel quel, il vaudra mieux remplacer le chlorhydrate d'ammoniaque par l'azotate. — Si l'on opère par décantation, on ne verse pas la liqueur sur le filtre, mais immédiatement dans un autre ballon. Après trois décantations on filtre d'abord le liquide transvasé, puis on jette le précipité sur le filtre et on le lave sans interruption avec de l'eau contenant du sulfhydrate d'ammoniaque. On a soin pendant cette opération de couvrir le filtre avec une plaque de verre. Si l'on ne préfère pas doser le sulfure d'après 2., on place le précipité humide avec le filtre dans un verre, on y ajoute un léger excès d'acide chlorhydrique moyennement étendu. On laisse dans un lieu chaud jusqu'à ce que la dissolution ne répande plus l'odeur d'hydrogène sulfuré, on étend d'un peu d'eau, on filtre; on lave bien avec de l'eau chaude le papier du premier filtre qui reste et on précipite d'après a. la dissolution de chlorure de zinc ainsi obtenue.

Dans une dissolution d'acétate de zinc même avec excès d'acide acétique, mais pourvu qu'il n'y ait pas d'autre acide, on peut avec l'acide sulfhydrique précipiter le zinc complètement ou au moins presque complètement (Exp. n° 66). On ajoute du carbonate de soude, à la fin goutte à goutte, jusqu'à ce qu'il se forme un précipité permanent que l'on redissout par addition d'une goutte d'acide chlorhydrique; on fait passer un courant d'hydrogène sulfuré jusqu'à ce que le précipité ne paraisse plus augmenter, et on continue encore quelque temps le courant de gaz. Après avoir lavé avec de l'eau contenant de l'acide sulfhydrique, ce qui n'offre pas de difficulté quand il s'agit du sulfure précipité dans une liqueur acétique, on le traite comme nous l'avons déjà indiqué. — On peut également transformer en oxyde de petites quantités de sulfure de zinc, en les chauffant dans un creuset de platine ouvert, d'abord au rouge faible, puis en élevant la température peu à peu autant que possible. Voyez les caractères du sulfure de zinc au § **77**. c.

c. Par calcination.

On chauffe le sel dans un creuset de platine couvert, d'abord modérément, puis à une température de plus en plus élevée, jusqu'à ce que le résidu ne diminue plus de poids. Il faut éviter avec soin l'action réductrice des gaz.

2. *Dosage à l'état de sulfure de zinc.*

Au lieu de dissoudre dans l'acide chlorhydrique le précipité de sulfure de zinc, on peut le chauffer au rouge dans un courant d'hydrogène et le peser. *H. Rose* (*), qui a indiqué et appliqué ce procédé, se sert pour cela de l'appareil représenté figure 79.

a. renferme de l'acide sulfurique concentré, b. du chlorure de calcium. Le creuset de porcelaine c. est muni d'un couvercle en porcelaine ou en platine percé d'un trou, à travers lequel passe le tube d. en porcelaine ou

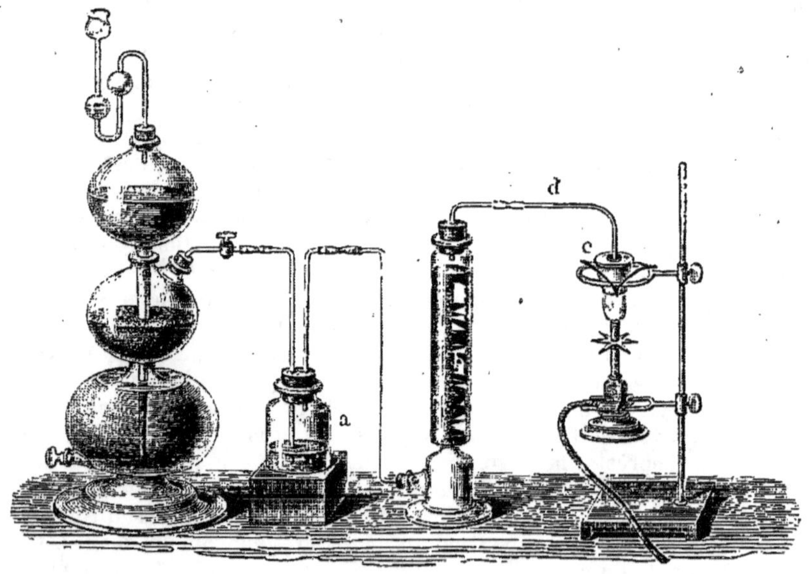

Fig. 79.

en platine qui amène le gaz. Il est soutenu sur le bord de l'ouverture au moyen d'un renflement annulaire, et il plonge presque jusqu'au fond du creuset. — Quand le sulfure de zinc a été desséché sur le filtre, on le place dans le creuset en porcelaine pesé d'avance, on ajoute les cendres du filtre;

(*) *Pogg. Ann.*, CX, 128.

on recouvre le contenu avec du soufre en poudre, on place le couvercle. On fait arriver un courant lent d'hydrogène, on chauffe d'abord doucement, puis au rouge vif; on laisse refroidir en maintenant le courant d'hydrogène et l'on pèse le sulfure de zinc.

Au lieu de l'appareil précédent, que tout le monde peut ne pas avoir à sa disposition, on peut certainement en prendre d'autres; mais le premier est toutefois plus commode, parce qu'il permet de régler à volonté le courant de gaz.

Les expériences de Œsten, que H. Rose cite à l'appui de l'exactitude de cette méthode, ont donné de très bons résultats.

On peut par ce procédé transformer également en sulfure le sulfate, le carbonate et l'oxyde pur de zinc, mais il faut mêler ces composés avec un excès de soufre; autrement, par suite de la réduction de l'oxyde de zinc par l'hydrogène, on aurait facilement des pertes. — Il est bon de calciner d'abord le sulfate de zinc seul au contact de l'air, avant de le mélanger avec le soufre et de faire passer l'hydrogène.

Voir, § 77, les caractères du sulfure de zinc hydraté et du sulfure anhydre. Il n'y a que lorsqu'on fait usage du chalumeau à gaz (ce qui est inutile) et qu'on chauffe plus de cinq minutes, qu'il peut y avoir des pertes (*H. Rose*).

§ 109.

2. Protoxyde de manganèse.

a. Dissolution. — Beaucoup de sels de protoxyde de manganèse sont solubles dans l'eau. Le protoxyde pur et ses sels insolubles dans l'eau peuvent se dissoudre dans l'acide chlorhydrique. — Les oxydes d'un degré supérieur au protoxyde sont également attaqués par l'acide chlorhydrique; pendant cette dissolution il se dégage du chlore en quantité équivalente à la quantité d'oxygène que l'oxyde attaqué renferme de plus que le protoxyde. Le liquide, après avoir été préalablement chauffé, renferme du protochlorure de manganèse.

b. Dosage. — D'après le § 78, on pèse le manganèse à l'état d'*oxyde salin*, de *sulfure*, de *sulfate de protoxyde* ou de *pyrophosphate de protoxyde*. On lui donne la forme d'oxyde salin, tantôt en précipitant à l'état de carbonate de protoxyde ou d'hydrate de protoxyde, opération que l'on fait précéder quelquefois d'une séparation à l'état de sulfure ou de peroxyde, tantôt en calcinant directement. — Le manganèse peut se doser par trois méthodes volumétriques différentes, dont l'une peut s'appliquer à toutes les dissolutions de manganèse ne renfermant aucune substance capable de réduire le ferricyanure de potassium alcalin, tandis que la seconde suppose l'absence du peroxyde de fer. Enfin la troisième méthode, n'est applicable que lorsqu'on a le manganèse à un degré supérieur d'oxydation bien connu et exempt de tout corps qui pourrait dégager du chlore par son ébullition avec l'acide chlorhydrique.

On peut transformer en :

1. OXYDE SALIN DE MANGANÈSE :

  a. *Par précipitation à l'état de carbonate de protoxyde*, tous les sels solubles dans l'eau à acides inorganiques ; en outre les sels insolubles dont les acides peuvent être éliminés par dissolution, et tous les sels à acides organiques volatils.

  b. *Par précipitation à l'état d'hydrate de protoxyde*, toutes les combinaisons de manganèse énumérées en a.

  c. *Par précipitation à l'état de sulfure*, tous les composés de manganèse sans exception.

  d. *Par séparation à l'état de peroxyde de manganèse*, toutes les combinaisons de manganèse dans lesquelles il y a peu d'acide libre, en particulier l'acétate et le nitrate de protoxyde de manganèse.

  e. *Par calcination*, tous les composés oxygénés du manganèse, — les sels de manganèse à acides facilement volatils et ceux à acides organiques.

2. SULFURE DE MANGANÈSE :

Tous les composés de manganèse sans exception.

3. SULFATE DE PROTOXYDE DE MANGANÈSE :

Tous les oxydes de manganèse, tous les sels à acides volatils, autant qu'il n'y a pas de substances fixes.

4. PYROPHOSPHATE DE PROTOXYDE DE MANGANÈSE :

Tous les sels de protoxyde de manganèse solubles dans l'eau et les sels insolubles, dont les acides peuvent être éliminés dans la solution.

La méthode 1. e. est simple et exacte, mais elle n'est applicable que rarement. La méthode 1. a. est la plus commode, et il faudra la préférer à 1. b. lorsqu'on sera libre de choisir. Les méthodes 1. c. et 2. sont généralement employées quand on ne peut pas appliquer 1. a. ou b., à cause, par exemple, de la présence d'une substance organique non volatile ; on s'en sert aussi pour séparer le manganèse des autres métaux. La méthode 1. d. peut servir dans ce dernier but. Le procédé 3. est souvent commode, mais les résultats n'en sont qu'approchés. La méthode 4. a été souvent appliquée dans ces derniers temps : elle conduit relativement vite au but, mais elle ne donne pas des résultats assez exacts, à cause de la solubilité du phosphate double d'ammoniaque et de manganèse. — Dans le phosphate et le borate de protoxyde de manganèse, on dose celui-ci soit d'après 2., ou d'après 4. dans le premier. — Dans les silicates on détermine la quantité de manganèse d'après 1. a., après avoir séparé la silice (§ **140**). — On décompose le chromate de manganèse d'après le § **130**. — Parmi les procédés volumétriques les deux premiers conviennent surtout pour les recherches purement techniques, là où il ne faut pas la plus grande exactitude. — Le dosage du manganèse, d'après la quantité de chlore que dégagent ses oxydes par leur ébullition avec l'acide chlorhydrique, est surtout en usage pour déterminer le degré d'oxydation du métal, et permet aussi de doser le manganèse en présence des autres métaux (voy. chap. V).

1. Dosage à l'état d'oxyde salin de manganèse.

a. Par précipitation à l'état de carbonate de protoxyde.

On procède à cette opération absolument comme pour le carbonate de zinc (§ **108**. 1. a.) dans une capsule en platine ou en porcelaine et on lave de la même manière. Comme le liquide filtré et les eaux de lavage souvent troubles ne sont pas tout à fait exempts de manganèse, on les évapore tous deux à siccité dans une capsule en platine ou en porcelaine, on reprend le résidu par l'eau bouillante, on sépare sur un petit filtre spécial les flocons insolubles d'hydrate d'oxyde salin de manganèse et on les lave à l'eau chaude. Après avoir desséché les deux filtres avec les précipités, on les chauffe au rouge d'après le § **53**, on traite plusieurs fois l'oxyde salin formé avec de l'eau bouillante, en filtrant chaque fois sur un petit filtre; enfin on brûle ce dernier sur un fil de platine ou le couvercle du creuset, on met les cendres dans le creuset, on chauffe fortement au rouge le creuset ouvert dans une bonne flamme d'oxydation, en empêchant les gaz réducteurs d'agir sur le contenu du creuset et jusqu'à ce que le résidu ne change plus de poids, et l'on pèse l'oxyde salin obtenu. — Voir § **78** les caractères du précipité et du résidu. Si l'on ne tient pas compte de la petite quantité de manganèse des eaux de lavage et du liquide filtré, ou si l'on pèse l'oxyde salin avant de l'avoir traité par l'eau bouillante, on ne devra s'attendre qu'à des résultats approximatifs, bien que les deux causes d'erreur puissent jusqu'à un certain point se compenser. Après la pesée on s'assurera si l'oxyde se redissout dans l'acide chlorhydrique sans résidu de silice.

b. Par précipitation à l'état d'hydrate de protoxyde de manganèse.

On précipite la dissolution pas trop concentrée, le mieux dans une capsule en platine, avec une lessive pure de potasse ou de soude, en opérant du reste comme en a. On pourrait prendre une capsule de porcelaine, mais non un vase en verre. — Caractères du précipité, § **78**. Exactitude et essai du précipité comme en a.

c. Par précipitation à l'état de sulfure de manganèse (voy. 2).

d. Par précipitation à l'état de peroxyde de manganèse.

La dissolution d'acétate de protoxyde de manganèse, ou toute autre dissolution de protoxyde de manganèse contenant peu d'acide libre et additionnée d'une quantité suffisante d'acétate de soude, est chauffée entre 50 et 60°, puis on y fait passer un courant de chlore gazeux ou l'on ajoute du brome (*Kaemmerer-Waage*). Le manganèse se dépose à l'état de peroxyde hydraté (*Schiel, Rivot, Beudant* et *Daguin*). La présence des sels ammoniacaux peut, dans certaines circonstances, empêcher la précipitation complète. On lave d'abord par décantation, puis sur le filtre; on sèche, on met le précipité dans un ballon, on ajoute les cendres du filtre, on chauffe avec de l'acide chlorhydrique, on filtre et on précipite d'après a. — Comme par suite d'une proportion peu convenable entre l'acide libre (surtout l'acide chlorhydrique) et l'acétate de soude, il peut arriver que la précipitation du manganèse par le chlore soit incomplète, il est bon de traiter une seconde fois par le chlore ou le brome le liquide filtré, additionné de nouveau d'acétate de soude. Si le liquide filtré était coloré en rose par l'acide permanganique, on le chaufferait avec un peu d'alcool pour précipiter la petite quantité de manganèse. — Je ne conseille pas de transformer immédiatement par calcination l'hydrate de peroxyde en oxyde salin, parce qu'il retient toujours de l'alcali avec une facilité extraordinaire. — La transformation du manganèse en peroxyde par l'évaporation de sa dissolution dans l'acide azotique et le chauffage du résidu jusqu'à 155°, sera indiquée quand nous traiterons des séparations.

e. Par calcination.

On chauffe d'abord doucement dans un creuset de platine bien couvert, puis ensuite le plus fortement possible après avoir enlevé le couvercle, et en évitant l'arrivée des gaz réducteurs ; on pousse jusqu'à ce que le poids du résidu soit constant. Pour transformer en oxyde salin les oxydes supérieurs, il faut l'action prolongée d'une température plus élevée (qu'on ne peut guère obtenir qu'avec le chalumeau à gaz) que celle qui est nécessaire pour la transformation du protoxyde. (Aussi pour ceux-là il vaut mieux les chauffer avec du soufre dans un courant d'hydrogène, pour les transformer en sulfure : voy. 2.)—Si l'on a des sels à acides organiques, on a soin que tout le charbon soit brûlé. Si ce n'était pas, on dissoudrait le résidu dans l'acide chlorhydrique et on précipiterait d'après a.; ou bien on évaporerait à plusieurs reprises le résidu avec de l'acide azotique jusqu'à complète oxydation du charbon. — En conduisant bien l'opération, les résultats sont exacts ; mais si l'on néglige les précautions, il faut s'attendre à des erreurs graves.— Dans la décomposition des sels à acides organiques, on obtient des nombres trop faibles, pour les mêmes raisons que nous avons données à propos de la magnésie, § **104**. 3.

2. *Dosage à l'état de sulfure de manganèse.*

On peut précipiter le manganèse à l'état de sulfure de deux manières : la seconde est surtout préférable lorsqu'on veut opérer relativement vite.

a. La solution pas trop étendue étant dans un petit ballon, on y ajoute un peu de sel ammoniac (s'il n'y a pas déjà un sel ammoniacal), puis de l'ammoniaque si la liqueur est acide jusqu'à ce qu'elle soit neutre ou ait une réaction à peine alcaline : on verse un excès suffisant de sulfhydrate d'ammoniaque jaunâtre, on remplit le ballon d'eau jusqu'au col, mais il ne faut pas naturellement que la quantité de celle-ci soit trop considérable : on ferme, on laisse déposer 24 heures dans un lieu chaud, jusqu'à ce que le liquide surnageant soit parfaitement limpide : on lave le précipité d'abord par décantation s'il est un peu volumineux, puis sur un filtre, en employant de l'eau additionnée de sulfhydrate d'ammoniaque à laquelle on ajoute d'abord du sel ammoniac, dont on diminue peu à peu la quantité, jusqu'à n'en plus mettre du tout.—En décantant on ne verse pas de suite le liquide sur le filtre, mais dans un ballon. Après avoir décanté trois fois, on filtre d'abord les liquides décantés, puis on met le précipité sur le filtre et on le lave sans interruption. On a soin de couvrir l'entonnoir avec une lame de verre.

b. À la dissolution bouillante et préalablement neutralisée par l'ammoniaque, on ajoute une solution chaude de sulfhydrate d'ammoniaque, on fait bouillir dix minutes, on laisse refroidir de quelques degrés, on ajoute encore du sulfhydrate d'ammoniaque et l'on filtre à travers un double filtre le liquide, qui doit encore avoir l'odeur du sulfhydrate d'ammoniaque. Si le liquide passe trouble, on le rejette sur le filtre jusqu'à ce qu'il soit limpide (*R. Finkener**). Souvent par l'ébullition le sulfure de manganèse se précipite à l'état anhydre et alors il est vert, surtout si la solution renferme peu de sels ammoniacaux, mais beaucoup d'ammoniaque libre. On lave aussi ce précipité avec de l'eau additionnée de sulfhydrate d'ammoniaque.

Autrefois on avait coutume de redissoudre dans l'acide chlorhydrique le sulfure de manganèse lavé, puis on précipitait la solution d'après 1. a. Il est bien plus commode et moins long, après l'avoir séché, de lui ajouter les cendres du filtre et une quantité suffisante de soufre pur et de le chauffer fortement au rouge (jusqu'à ce qu'il soit noir) dans un courant d'hydrogène : on pèse ensuite le sulfure anhydre (*H. Rose***). (Voy. le zinc § **108**. 2.) — Voir au § **78** et les propriétés du précipité et celles du résidu, ainsi que les circonstances qui déterminent, favorisent, ou entravent la précipitation du manganèse à l'état de sulfure. Les résultats obtenus par *Œsten* et ceux donnés par *H. Rose* sont très satisfaisants, ainsi que ceux que j'ai trouvés moi-même. — Si l'on a bien opéré, on ne trouvera que des traces de manganèse dans les eaux séparées du sulfure par filtration. — L'acide tartrique retarde la précipitation, mais ne l'empêche pas d'être complète : l'acide citrique la gêne et tout au moins la rend incomplète.

En chauffant au rouge avec du soufre dans un courant d'hydrogène, on peut aussi transformer en sulfure le sulfate de protoxyde de manganèse et les différents oxydes.

3. *Dosage à l'état de sulfate de protoxyde de manganèse.*

On opère comme pour la magnésie dans les mêmes circonstances. On évite de mettre un trop grand excès d'acide sulfurique et l'on a soin en chauffant de ne pas dépasser le rouge faible. — Caractères du résidu, § **78**. Ce n'est guère que par hasard que les résultats sont exacts. Si l'on chauffe trop peu, on a un poids trop fort ; si l'on chauffe trop, il est trop faible, parce qu'il se perd de l'acide sulfurique (*H. Rose*) (***). Si l'on veut de bons résultats, on transforme le sulfate en sulfure d'après 2.

4. *Dosage à l'état de pyrophosphate de protoxyde de manganèse,* d'après *W. Gibbs* (****).

La dissolution pas trop étendue est versée dans une capsule en platine, ou aussi en porcelaine, mais pas dans un vase en verre ; on y ajoute une

---

(*) *Traité d'analyse chim.* de H. Rose.
(**) *Pogg. Ann.*, CX, 122.
(***) *Pogg. Ann..* CX, 125.
(****) *Sillim. Amer. Journ.* [II], XLIV, p. 216. *Zeitschr. f. analyt. Chem.*, VII, 101.

quantité de phosphate de soude bien plus grande que celle nécessaire pour former le phosphate de manganèse : on redissout dans l'acide chlorhydrique le précipité sans l'avoir filtré : on chauffe au commencement d'ébullition, on verse un excès d'ammoniaque, on maintient 10 à 15 minutes à l'ébullition, on laisse encore une heure dans la liqueur presque bouillante le précipité devenu cristallin et transformé en phosphate double d'ammoniaque et de manganèse, on filtre, on lave, suivant *Gibbs*, avec de l'eau bouillante, on calcine au rouge et l'on pèse ce pyrophosphate.

D'après mes propres expériences, il vaut mieux filtrer par succion, ce qui permet d'employer moins d'eau pour le lavage, et de se servir d'eau froide plutôt que d'eau chaude, parce que je n'ai pas vu se confirmer ce que dit *Gibbs*, à savoir que ce précipité est insoluble dans l'eau bouillante (*). Et même pour que les résultats soient exacts, il faut évaporer à siccité le liquide filtré et les eaux de lavage, dissoudre ce résidu dans l'eau et l'acide chlorhydrique, chauffer à l'ébullition, ajouter de l'ammoniaque, etc.; en un mot, il faut recommencer les opérations précédentes pour précipiter et doser le peu de manganèse qui reste dissous, ordinairement de 2 à 4 milligrammes.

5. *Dosage volumétrique du protoxyde de manganèse* (**).

a. Dosage par réduction du ferricyanure de potassium, suivant *E. Lenssen* (***).

La méthode repose sur ce fait, que si l'on fait agir une dissolution alcaline de ferricyanure de potassium sur une dissolution d'un sel de protoxyde de manganèse, contenant assez de peroxyde de fer pour qu'à 1 éq. MnO corresponde 1 éq. Fe^2O^3, tout le manganèse se dépose à l'état de peroxyde à la température de l'ébullition, tandis qu'il se forme une quantité correspondante de ferrocyanure de potassium. En dosant donc ce dernier, on en peut conclure la quantité de manganèse d'après l'équation

$$Cy^6Fe^2,3K + 2.KO + MnO,SO^3 = 2(Cy^3Fe,2K) + KO,SO^3 + MnO^2.$$

2 équiv. de prussiate jaune formé correspondent à 1 équiv. de manganèse.

Cette méthode suppose, bien entendu, l'absence de toute autre substance réductrice : il faut aussi que tout le manganèse soit à l'état de protoxyde ou de protochlorure, et non pas à un plus haut degré d'oxydation ou de chloruration. Si la liqueur ne contient pas de peroxyde de fer, le précipité de manganèse est un mélange de beaucoup de peroxyde avec un peu de protoxyde et cela dans des proportions qui sont variables.

Pour opérer on ajoute à la dissolution acide du sel de protoxyde de manganèse assez de perchlorure de fer pour être certain qu'à 1 équiv. de MnO

(*) D'après mes expériences, 1 partie de $2MnO, AzH^4O, PhO^5 + 2Aq.$ se dissout dans 32092 p. d'eau froide, 20122 p. d'eau bouillante, 17755 p. d'eau renfermant du sel ammoniac (1 : 70). Le sel double forme des houppes rouge-rose pâle à éclat nacré : sur le filtre il devient un peu plus rougeâtre : si sur le filtre il paraît rouge foncé, c'est que tout le métal n'est pas passé dans la combinaison ammoniacale. Dans ce cas il faut redissoudre le précipité dans l'acide chlorhydrique et recommencer la précipitation en prenant plus de phosphate de soude. — Le pyrophosphate $(2MnO, PhO^5)$ obtenu en calcinant le phosphate double est blanc.

(**) Voir la note 2, à la fin du volume.

(***) *Journ. f. prackt. Chem.*, LXXX, 49.

correspond au moins 1 équiv. Fe^2O^3, puis on verse peu à peu le mélange dans une dissolution bouillante de ferricyanure de potassium, rendue fortement alcaline avec de la potasse ou de la soude hydratée. Après une courte ébullition, le précipité noir brun suspendu dans le liquide jaune foncé devient grenu et n'occupe plus qu'un faible volume. On laisse *complètement* refroidir, on sépare le précipité par filtration, on le lave, on acidule le liquide filtré avec de l'acide chlorhydrique et l'on y dose le ferrocyanure de potassium avec le permanganate de potasse d'après le § **147**. II. g. Si l'on filtrait chaud, on aurait des résultats trop forts, car le filtre agirait comme réducteur. On peut abréger les opérations en mettant après l'ébullition la dissolution avec le précipité dans un ballon jaugé ; après refroidissement on remplit avec de l'eau jusqu'au trait, on agite et on laisse déposer. On filtre à travers un filtre sec et l'on prend avec une pipette un volume déterminé dans lequel on dose le prussiate jaune ; par le calcul on ramène le résultat à la quantité totale. Comme ici on ne tient pas compte du volume du précipité, on voit qu'on aura un résultat un peu trop élevé. — Les nombres que *Lenssen* cite à l'appui de cette méthode sont très concordants. J'ai souvent essayé le procédé et j'ai été conduit à faire les observations suivantes :

a. Si l'on fait bouillir pendant quelque temps une dissolution de ferricyanure de potassium avec de l'hydrate de potasse pur, il se forme toujours un peu de ferrocyanure.

b. L'hydrate de potasse doit être exempt de substances organiques ; aussi, quand on n'en est pas bien certain, il faut avant de l'employer le fondre dans une capsule en argent ; autrement la cause d'erreur signalée en a. serait bien plus grande.

c. Le lavage complet du volumineux précipité est si difficile et si long, que cette méthode est moins commode que celle par les pesées.

d. La méthode simplifiée au contraire peut rendre de bons services dans quelques cas, entre autres lorsqu'on aura une grande série de dosages de manganèse à faire, que la quantité de manganèse ne sera pas trop petite et qu'on n'aura pas besoin d'une grande rigueur. — Dans des essais faits dans mon laboratoire, on a obtenu 97,9 — 100,12 — 98,12 — 98,99 et 100,4 au lieu de 100 avec un faible excès de sel de peroxyde de fer ; en prenant un grand excès de ce dernier les inexactitudes sont plus grandes.

b. Dosage par précipitation du manganèse au moyen du permanganate de potasse, suivant *A Guyard* (*).

La méthode repose sur la réaction suivante : si l'on fait réagir à 80° une dissolution de permanganate de potasse sur une dissolution neutre ou faiblement acide de protoxyde de manganèse, tout le manganèse, celui de la solution à analyser et celui du liquide précipitant, se précipite à l'état de $5MnO,Mn^2O^7 + 5.HO$ ou $5(MnO^2,HO)$. On reconnaît la fin de la réaction à la coloration rose du liquide — Si l'on connaît la valeur chimique de la solution de permanganate (au moyen d'une quantité connue de protoxyde de manganèse ou de fer), le volume du liquide employé pour précipiter la quantité inconnue de manganèse permettra de calculer celle-ci.

(*) *Chem. News*, 1865, 292. — *Zeitschr. f. analyt. Chem.*, III, 373. — Voir la note 3, à la fin du volume

On dissout dans l'eau régale 1 à 2 grammes de la substance, on fait bouillir quelque temps pour transformer tout le manganèse en chlorure, on neutralise presque complètement avec un alcali, on étend avec beaucoup d'eau bouillante (1 à 2 litres), on porte à 80° et l'on maintient cette température pendant que l'on verse peu à peu la solution titrée de permanganate de potasse. Il se fait de suite un précipité floconneux brun. On le laisse de temps en temps se déposer et l'on arrête l'opération aussitôt que la liqueur offre nettement la coloration rouge.

Les épreuves critiques auxquelles cette méthode a été soumise dans mon laboratoire par *R. Habich* ont donné les résultats suivants : a. La méthode est bonne avec des dissolutions neutres.· — b. Un très léger excès d'acide sulfurique libre augmente d'une façon sensible la quantité de solution de caméléon : les résultats sont donc moins exacts, mais le procédé peut encore s'appliquer pour les besoins industriels. — Avec un peu plus d'acide sulfurique libre la réaction sur laquelle repose le dosage n'a plus lieu. — On peut dire de l'acide chlorhydrique la même chose que de l'acide sulfurique et encore à un plus haut degré (cependant, suivant *Winkler*, on peut éviter son influence fâcheuse en ajoutant de l'oxyde de mercure en poudre fine). — c. La méthode n'est pas applicable s'il y a de l'oxyde de fer ou de l'oxyde de chrome. — d. La présence du protoxyde de nickel, de celui de cobalt, de l'oxyde de zinc, de l'alumine ou de la chaux n'altère pas l'exactitude des résultats.

> e. Dosage volumétrique par la quantité de chlore que dégagent les oxydes de manganèse des degrés supérieurs, quand on les fait bouillir avec l'acide chlorhydrique.

Toutes ces méthodes sont réunies dans la partie des spécialités sous les titre commun d'*Essai des manganèses*.

<h2 style="text-align:center">§ 110.</h2>

5. Protoxyde de nickel.

a. DISSOLUTION. — Beaucoup de sels de protoxyde de nickel sont solubles dans l'eau. Les sels insolubles, ainsi que le protoxyde pur dans sa modification ordinaire, sont, sans exception, solubles dans l'acide chlorhydrique. La modification du protoxyde de nickel cristallisée en octaèdres, découverte par *Genth*, ne se dissout pas dans les acides, mais est attaquée par le bisulfate de potasse fondu. Le nickel métallique se dissout lentement à chaud avec dégagement d'hydrogène dans l'acide chlorhydrique ou l'acide sulfurique étendu. L'acide azotique le dissout facilement. — Le sulfure de nickel est peu attaqué par l'acide chlorhydrique, il l'est facilement par l'eau régale. — Le peroxyde de nickel se dissout à chaud dans l'acide chlorhydrique avec dégagement de chlore et formation de protochlorure.

b. DOSAGE. — D'après le § **79**, le nickel est pesé à l'état de *protoxyde* ou de *métal*, parfois aussi sous forme de *sulfate anhydre de protoxyde*. On lui donne ordinairement la première forme en le précipitant à l'état d'hydrate ; parfois on fait précéder cette précipitation d'une autre pour avoir le sulfure de nickel : on peut aussi l'avoir par calcination. — On peut aussi employer des méthodes volumétriques.

On peut transformer en :

1. PROTOXYDE DE NICKEL :

    a. *Par précipitation à l'état de protoxyde de nickel hydraté.* — Tous les sels solubles à acides inorganiques, — ceux qui sont insolubles et dont les acides peuvent être éliminés pendant la dissolution dans les acides, — tous les sels à acides organiques volatils.

    b. *Par précipitation à l'état de sulfure.* — Toutes les combinaisons de nickel sans exception.

    c. *Par calcination.* — Les sels de nickel à acides oxygénés facilement volatils ou décomposables par la chaleur (CO^2, AzO^5).

2. NICKEL MÉTALLIQUE :

    Le protoxyde de nickel (par conséquent toutes les combinaisons indiquées en a., b. et c.) et les composés du nickel avec le chlore, le brome, l'iode.

3. SULFATE DE PROTOXYDE DE NICKEL :

    Les sels de nickel dont les acides peuvent être complètement éliminés en chauffant et évaporant avec l'acide sulfurique.

Les procédés qui consistent à simplement calciner le protoxyde de nickel, ou à chauffer au rouge les combinaisons de nickel dans un courant d'hydrogène, pour avoir le nickel métallique, sont très exacts, mais ne peuvent s'appliquer que dans quelques cas. La méthode 1. a. est celle qu'on emploie le plus souvent, parfois en la combinant avec 2. — En présence du sucre ou d'autres substances organiques fixes, on ne peut pas s'en servir, à moins de détruire d'abord par calcination les matières organiques : on pourrait aussi dans ce cas opérer suivant 1. b., ce que l'on ne fait cependant en général que pour séparer les métaux. — La transformation des combinaisons de nickel en sulfate permet d'opérer vite, mais les résultats ne sont exacts que si l'on prend beaucoup de précautions. — Les combinaisons du protoxyde de nickel avec les acides chromique, phosphorique, borique et silicique seront analysées quand nous parlerons des acides correspondants. — Les méthodes volumétriques présentent rarement un avantage et laissent du reste beaucoup à désirer, autant pour la simplicité que pour l'exactitude.

    1. *Dosage à l'état de protoxyde de nickel.*

    a. Par précipitation de l'hydrate de protoxyde de nickel.

On ajoute à la dissolution un excès de lessive de potasse ou de soude, on chauffe quelque temps à une température voisine de l'ébullition, on décante, on chauffe avec de nouvelle eau à l'ébullition, on décante de nouveau, on répète cela encore deux fois, on filtre, on lave avec de l'eau chaude, on sèche et l'on calcine fortement, en ayant soin toutefois que les gaz réducteurs ne puissent pas agir sur l'oxyde de nickel (§ **53**). Il vaut mieux faire la précipitation dans une capsule en platine : en présence de l'eau régale ou si l'on n'avait pas une capsule de platine assez grande, on en prendrait une en porcelaine, mais il serait moins bon de se servir de vase en verre. La présence des sels ammoniacaux ou de l'ammoniaque libre ne gêne pas l'opération. — Caractères du précipité et du résidu § **79**. La méthode bien conduite donne de très bons résultats. Il faut faire attention à ce que le lavage soit bien complet et essayer si l'oxyde pesé n'a pas de réaction alcaline et donne dans l'acide chlorhydrique une dissolution bien limpide.

b. Par précipitation à l'état de sulfure de nickel.

Ce procédé exige qu'on prenne de grandes précautions. On peut opérer de l'une des trois manières suivantes :

α. La dissolution convenablement étendue et froide étant dans un ballon pas trop grand, on y ajoute s'il est nécessaire de l'ammoniaque jusqu'à neutralité (la réaction doit être plutôt légèrement acide qu'alcaline), puis du sel ammoniac s'il n'y en a pas déjà assez, ou un autre sel ammoniacal agissant comme le chlorhydrate, par exemple de l'acétate, et enfin avec précaution, en évitant un trop grand excès, du sulfhydrate de sulfure d'ammonium incolore ou légèrement jaunâtre, bien saturé d'acide sulfhydrique, et on en met tant qu'il se forme un précipité. Après le mélange on remplit le ballon jusqu'au col avec de l'eau, qui ne doit pas être en grande quantité, on ferme, on laisse 24 heures sans chauffer ou seulement à une très douce chaleur. Le précipité est alors complètement déposé et le liquide surnageant est incolore ou légèrement jaunâtre. On décante, on filtre et on lave avec soin, ainsi qu'il est recommandé pour le sulfure de manganèse (§ **109**. 1. c.). Le liquide filtré doit être incolore ou légèrement jaunâtre. On dessèche le précipité dans l'entonnoir, on le fait tomber aussi complètement que possible dans un vase en verre. On incinère le filtre sur la spirale en fil de platine ou sur le couvercle renversé d'un creuset de platine, on ajoute les cendres au précipité desséché. On verse enfin sur celui-ci de l'eau régale concentrée, on fait digérer à une douce chaleur, jusqu'à ce que tout le sulfure de nickel soit dissous et que le soufre séparé soit d'un jaune bien pur, on étend d'eau, on filtre et l'on précipite la dissolution d'après a. — Caractères du précipité, § **79**. En opérant bien, les résultats sont exacts. Si, au moment de la précipitation, la dissolution contient de l'ammoniaque libre ou ne renferme pas de sel ammoniac, le liquide séparé du sulfure de nickel par filtration est toujours plus ou moins coloré en brun et contient encore du sulfure de nickel (§ **79**. e.), qu'il faut alors précipiter en acidulant la liqueur avec de l'acide acétique et en faisant bouillir. — Si l'on ne lave pas le précipité comme cela est indiqué, il peut passer bien facilement un peu de nickel dans l'eau de lavage. — Si l'on traite par l'eau régale le précipité avec son filtre, le nickel n'est plus précipité complètement de la dissolution par la potasse ou la soude (parce qu'il y a des matières organiques en présence).

β. A la dissolution de nickel un peu acidulée on ajoute du bicarbonate d'ammoniaque, de façon à neutraliser l'acide libre et que la solution renferme un léger excès de bicarbonate d'ammoniaque et de l'acide carbonique libre, puis on fait passer un courant d'acide sulfhydrique gazeux

Aussitôt que le nickel est précipité, ce qui se fait facilement, on filtre et l'on traite comme en α.

γ. Dans la solution du nickel on verse d'abord de l'ammoniaque jusqu'à réaction alcaline, puis relativement beaucoup d'acétate de soude ou d'ammoniaque, du sulfhydrate d'ammoniaque en excès, enfin de l'acide acétique jusqu'à forte réaction acide et l'on porte à l'ébullition. Le précipité formé se dépose facilement et on le traite comme en α. On essaye le liquide filtré en le neutralisant par l'ammoniaque et en ajoutant du sulfhydrate d'ammoniaque. S'il y a coloration noire, on acidifie avec l'acide acétique et l'on chauffe pour précipiter les dernières traces de nickel à l'état de sulfure.

c. Par calcination.

On opère comme pour le manganèse, § **109**. 1. e.

2. *Dosage à l'état de nickel métallique.*

Dans un creuset de porcelaine haut et mince, on chauffe au rouge le protoxyde de nickel, le chlorure, etc., à réduire dans un courant lent d'hydrogène pur (§ **108**. 2) : on chauffe d'abord lentement, puis peu à peu on élève la température jusqu'à ce que le poids soit constant. Voir § **79**. c. les caractères du résidu. Si, en dissolvant le nickel métallique dans l'acide azotique, il y avait un résidu de silice, on le retrancherait du métal trouvé.

3. *Dosage à l'état de sulfate de protoxyde de nickel.*

On évapore à siccité dans une capsule en platine avec un léger excès d'acide sulfurique pur la solution de nickel, débarrassée de tout sel fixe : on chauffe pendant 10 à 15 minutes de façon à chasser tout l'excès d'acide sulfurique hydraté, mais sans faire noircir, même sur les bords, le sulfate de nickel jaune. Comme il n'est pas facile d'atteindre exactement ce résultat, la méthode est entachée d'une certaine incertitude, qui atteint par conséquent aussi le procédé proposé par *Gibbs* pour doser le nickel et qui consiste à dissoudre le sulfure de nickel dans l'acide azotique et à évaporer la dissolution avec de l'acide sulfurique. Voir au § **79**. d. les caractères du sulfate de nickel.

4. *Dosage volumétrique du nickel.*

En raison de ce qui a été dit plus haut à propos du dosage volumétrique du nickel, je me contenterai d'indiquer les méthodes et les sources où l'on pourra les trouver.

Kunzel (*) précipite avec le sulfure de sodium et reconnaît la fin de la réaction avec le nitro-prussiate de soude ou une solution ammoniacale d'argent; — *Wicke* (**) et *Fleischer* (***) précipitent à l'ébullition avec de l'hypochlorite de soude et une lessive de soude et ils déterminent la quantité d'oxyde formé par son action oxydante, le premier sur l'acide arsénieux, le second sur le protoxyde de fer; *F. Mohr* (****) prend l'iodure de potassium.

(*) *Zeitschr. f. analyt. Chem.*, II, 373.
(**)　　id.　　　　VI, 421.
(***)　　id.　　　　X, 219.
(****) *Traité d'analyse par les liqueurs titrées*, 4ᵉ édition. Paris, 1875.

Gibbs (*) précipite avec l'acide oxalique additionné d'alcool et dose l'acide oxalique dans le précipité avec la solution de caméléon.

§ 111.

4. Protoxyde de cobalt.

a. DISSOLUTION. — Le protoxyde de cobalt, ses combinaisons et le cobalt métallique se comportent avec les dissolvants comme les composés analogues du nickel. L'oxyde salin de cobalt, obtenu en octaèdres microscopiques par *Schwartzenberg*, est insoluble dans l'acide chlorhydrique bouillant, dans l'acide azotique et l'eau régale, mais il se dissout dans l'acide sulfurique concentré et dans le bisulfate de potasse fondu.

Le cobalt se dose, suivant le § **80**, à l'état de *cobalt métallique* ou de *sulfate de protoxyde :* on arrive le plus souvent à ces formes en commençant par le précipiter, soit comme hydrate de protoxyde, soit comme sulfure ou azotite double de cobalt et de potasse. On peut aussi employer des méthodes volumétriques.

On peut transformer en :

1. COBALT MÉTALLIQUE :

a. *Par réduction directe :*

Tous les sels de cobalt qui peuvent être immédiatement réduits par l'hydrogène (chlorure, azotate, carbonate, etc., de protoxyde).

b. *Par précipitation à l'état d'hydrate de protoxyde :*

Tous les sels solubles dans l'eau à acides inorganiques, les sels insolubles dont les acides peuvent être chassés par un dissolvant, tous les sels à acides organiques fixes.

c. *Par précipitation à l'état de sulfure :*

Toutes les combinaisons cobaltiques sans exception.

d. *Par précipitation à l'état d'azotite double :*

Tous les sels de cobalt solubles dans l'eau ou dans l'acide acétique.

2. SULFATE DE PROTOXYDE DE COBALT :

a. *Par simple évaporation et calcination :*

Les combinaisons oxygénées du cobalt et tous les sels dont les acides peuvent être chassés par évaporation avec l'acide sulfurique.

b. *Par précipitation à l'état de sulfure :*

Tous les composés de cobalt sans exception.

La méthode 1. a., quand on pourra l'appliquer, devra être préférée à toutes les autres : elle est d'une exécution rapide et donne de bons résultats. — La méthode 1. b. est meilleure qu'on ne l'a cru longtemps. — La transformation directe, quand elle est possible, des composés cobaltiques en sulfate est aussi fort bonne. Ce n'est guère que lorsqu'il y a des sépara-

(*) *Zeitschr. f. analyt. Chem.*, VII, 259.

tions à faire que l'on précipite en sulfure ou en azotite. — Les méthodes volumétriques sont plutôt industrielles que purement scientifiques.

1. *Dosage à l'état de cobalt métallique.*

a. Par réduction directe.

On évapore à siccité la dissolution de chlorure de cobalt ou d'azotate de protoxyde (qui doit être exempte d'acide sulfurique et d'alcali) dans un creuset de porcelaine pesé, on couvre le creuset avec un couvercle percé d'une ouverture centrale, par laquelle on fait arriver un courant modéré d'hydrogène pur et sec, et l'on chauffe le creuset d'abord doucement, puis peu à peu plus fort et enfin au rouge vif. Si l'on pense que la réduction est achevée, on laisse refroidir en maintenant le courant de gaz ; on pèse, on calcine de nouveau de la même façon, et l'on ne juge l'essai terminé que quand les pesées dernières sont d'accord. — Les résultats sont exacts. Caractères du cobalt, § **80.**

Voir § **108.** 2. l'appareil que l'on pourra employer.

b. Par précipitation à l'état d'oxyde hydraté.

On chauffe presque à l'ébullition dans une capsule en platine (ou à son défaut en porcelaine, mais pas dans un vase en verre) la dissolution du sel de protoxyde de cobalt à précipiter, que l'on aura préalablement débarrassée par évaporation, si c'est nécessaire, d'un trop grand excès d'acide ; on ajoute un léger excès de lessive de potasse pure, et l'on continue à chauffer jusqu'à ce que le précipité soit brun. On verse le liquide surnageant sur un filtre, on lave plusieurs fois par décantation avec de l'eau bouillante, on met enfin le précipité sur le filtre et l'on continue le lavage à l'eau bouillante, jusqu'à ce que le liquide qui passe ne renferme plus trace de substance en dissolution. On sèche, on calcine au rouge dans un creuset à bords élevés (§ **52**), jusqu'à ce que le filtre soit complètement brûlé ; on réduit dans le courant d'hydrogène, on lave plusieurs fois le cobalt métallique à l'eau bouillante, on le sèche, on le calcine une seconde fois dans le courant d'hydrogène et enfin on le pèse. — Il est prudent de redissoudre le cobalt réduit dans l'acide azotique. S'il reste de la silice, on en tient compte. On ajoute du sel ammoniac et du carbonate d'ammoniaque à la dissolution : s'il se forme un précipité léger (alumine, peroxyde de fer), il faut également ment le recueillir et le retrancher du poids trouvé. — Les résultats obtenus de cette façon sont tout à fait satisfaisants, parce que les traces d'alcali que peut retenir le cobalt sont insignifiantes. Voir § **80.** a.

c. Par précipitation à l'état de sulfure de cobalt.

On ajoute à la solution, dans un ballon pas trop grand, du sel ammoniac, puis de l'ammoniaque en excès, et l'on y verse du sulfhydrate d'ammoniaque tant qu'il se forme un précipité : on remplit d'eau jusqu'au col, on ferme et on abandonne 12 à 24 heures dans un lieu chaud. On décante, on filtre et on lave tout à fait comme pour le sulfure de manganèse (§ **110.** 2.). A la fin on sèche le précipité et l'on opère, pour redissoudre le cobalt, comme il a été dit à propos du sulfure de nickel (§ **110.** b. α). — Dans la solution on dose le cobalt suivant b. — La précipitation du sulfure n'entraîne pas de cause d'erreur. — Voy., § **80**, les caractères du sulfure.

Il n'est pas possible de peser le sulfure de cobalt après sa calcination dans un courant d'hydrogène, parce que le résidu est un mélange variable de divers degrés de sulfuration (*H. Rose*).

Outre ce procédé, on peut encore précipiter le sulfure de cobalt par les moyens indiqués pour le nickel, et la précipitation complète réussit plus facilement avec le cobalt qu'avec le nickel.

d. Par précipitation à l'état d'azotite double de cobalt et de potasse.

A la dissolution assez concentrée du sel de cobalt on ajoute un excès de lessive de potasse, puis de l'acide acétique jusqu'à ce que le précipité qui s'était formé soit de nouveau dissous; on verse ensuite une solution concentrée d'azotite de potasse faiblement acidulée avec de l'acide acétique, et l'on abandonne 24 heures à une douce chaleur. On filtre, on lave le précipité avec une solution de 1 p. d'acétate de potasse dans 9 p. d'eau additionnée d'un peu d'azotite de potasse, jusqu'à ce que tous les corps étrangers soient enlevés: on sèche le précipité, on le chauffe avec les cendres du filtre dans l'acide chlorhydrique jusqu'à dissolution, et dans la liqueur on dose le cobalt suivant 1. b. Cette modification du procédé de *A. Stromeyer* (*), indiquée d'abord par *H. Rose* et perfectionnée par *Fr. Gauhe* (**), donne avec certitude de bons résultats. Voy. au § **80**. e. les caractères de l'azotite double.

2. *Dosage à l'état de sulfate de cobalt.*

a. Par transformation directe.

Si la solution renferme du sulfate de cobalt, on l'évapore directement; si elle renferme un acide volatil, on ajoute une quantité convenable d'acide sulfurique (un excès, mais très léger). L'évaporation se fera de suite, ou au moins vers la fin dans une capsule ou un creuset en platine. On chauffe avec précaution en élevant graduellement la température, que l'on pousse à la fin jusqu'au rouge sombre et que l'on maintient pendant 15 minutes. Les bords de la capsule ne doivent pas noircir. Si cela arrivait par suite d'une trop grande élévation de température, il faudrait humecter ce résidu avec un peu d'acide sulfurique, sécher et calciner de nouveau en prenant plus de précautions. Voy. au § **80** les propriétés du résidu. Résultats bons en opérant bien (***).

b. Par précipitation préalable du sulfure de cobalt.

On précipite le cobalt à l'état de sulfure suivant 1. c., et on le redissout comme cela est indiqué; on évapore à siccité avec un léger excès d'acide sulfurique dans une capsule en porcelaine, on reprend ce résidu par l'eau, on le verse dans une capsule en platine pesée et l'on achève suivant 2. a.

(*) *Ann. d. Chem. u. Ph.*, XCVI, 218.
(**) *Zeitschr. f. analyt. Chem.*, IV, 60.
(***) Voir *Gauhe. Zeitschr. f. analyt. Chem.*, IV, 55.

5. *Dosage volumétrique du cobalt.*

1. Méthode de *Cl. Winckler* (*).

Principe. — Si l'on ajoute à une solution aqueuse de protochlorure de cobalt du bioxyde de mercure (§ **60**. 4) en poudre fine, le premier ne sera pas décomposé et il ne se précipitera pas d'hydrate de protoxyde de cobalt; mais si l'on verse du permanganate de potasse, il se précipite des hydrates de peroxyde de manganèse et de peroxyde de cobalt ($6.CoCl + 5.HgO + 11.HO + KO,Mn^2O^7 = 5(Co^2O^3,3HO) + 2(MnO^2,HO) + 5.HgCl + KCl$). Toutefois, comme la formule n'exprime pas exactement la réaction, mais qu'il y a toujours avec le sesquioxyde de cobalt une certaine quantité proportionnelle d'hydrate de protoxyde (ou plutôt sans doute d'un oxyde intermédiaire entre Co^2O^3 et CoO), on ne peut pas déterminer la quantité de cobalt d'après la force chimique du caméléon fixée avec le protoxyde de fer ou l'acide oxalique (§ **112**. 2). Il faut mesurer la valeur du caméléon d'après une solution de chlorure de cobalt de force connue.

Marche de l'opération. — On dissout environ 0,1 à 0,2 grammes de cobalt pur (**) dans l'acide chlorhydrique chaud; on étend d'eau dans un flacon à l'émeri de 500 C.C. de façon à faire à peu près 200 C.C., on ajoute l'oxyde de mercure en excès, puis on verse dans le liquide froid avec une burette une solution de permanganate de potasse (5 à 6 grammes de sel cristallisé *pur* dans un litre) par petites portions et en agitant, jusqu'à ce que le liquide se colore en rouge. Au commencement on reconnaît difficilement la couleur, mais elle est de plus en plus nette, parce que le précipité se dépose d'autant mieux qu'on approche de la fin de la réaction. L'addition d'une nouvelle quantité d'oxyde de mercure favorise la clarification. On ne se préoccupera pas de la disparition lente de la couleur, qui se produit toujours quand on abandonne longtemps la liqueur. Les C.C. de solution de caméléon employés correspondent alors au poids de cobalt dissous. — Pour doser une quantité inconnue de cobalt on opère tout à fait de la même façon, en ayant soin de se placer autant que possible dans les mêmes conditions pour la quantité de cobalt, celle d'oxyde de mercure ajoutée, et la dilution du liquide.

Si la dissolution cobaltique renferme de l'acide sulfurique, de l'acide phosphorique, de l'acide arsénique, des acides oxygénés de l'azote ou du chlore, des acides organiques, la méthode n'est plus applicable telle qu'elle vient d'être décrite. La présence du perchlorure de fer n'a pas d'inconvénient, parce que l'oxyde de mercure précipite aussitôt tout le fer à l'état de peroxyde hydraté.

 On peut éliminer l'acide sulfurique en ajoutant un léger excès de chlorure de baryum : on peut empêcher l'influence fâcheuse de quantités pas trop

---

(*) *Zeitschr. f. analyt. Chem.*, III, 265, 420. — VII, 48.
(**) Voici suivant *Winckler* le meilleur moyen de se procurer du cobalt pur. Dans un grand creuset en platine, muni d'un couvercle percé et d'un tube pour amener les gaz, on place un creuset en porcelaine émaillée, que l'on remplit au tiers avec du perchlorure purpuréo-cobaltique (chlorhydrate roséo-cobaltique de *Fremy*) exempt de nickel et purifié par plusieurs cristallisations : on chauffe dans un courant d'hydrogène pur, d'abord lentement, puis (quand la plus grande partie du sel ammoniac est chassée) on chauffe plus fortement en allant jusqu'au rouge vif, de façon que toute trace d'acide chlorhydrique soit chassée : on laisse refroidir dans le courant d'hydrogène.

considérables d'acide phosphorique ou arsénique en ajoutant à la solution
une proportion suffisante de perchlorure de fer, puis ensuite l'oxyde de mercure : si l'on a soin que pour 1 p. d'acide arsénique ou phosphorique il y
ait environ 1 p. de peroxyde de fer, les acides seront complètement précipités à l'état de sels basiques. Il n'est pas nécessaire d'enlever les précipités
par filtration, on peut titrer de suite.

S'il y a du manganèse, on ne peut pas employer la méthode. De petites
quantités de nickel ne font pas grand'chose ; mais il ne faudrait pas qu'il y
en eût trop (voy. la séparation du nickel et du cobalt). Les résultats ne sont
pas d'une grande rigueur, mais ils sont suffisants pour les besoins de l'industrie.

2. Quant aux autres procédés proposés pour doser volumétriquement le
cobalt, nous renvoyons à ce que nous avons dit pour le nickel ; toutes les
méthodes que nous y indiquons peuvent s'appliquer au cobalt. Nous parlerons aussi de la méthode de *Fleischer*, à propos de la séparation du cobalt
et du nickel (§ **160**).

§ **112**.

5. **Protoxyde de fer.**

a. DISSOLUTION. — Beaucoup de composés du protoxyde de fer sont solubles
dans l'eau. Le protoxyde pur ainsi que ses combinaisons insolubles dans l'eau
sont, presque sans exception, solubles dans l'acide chlorhydrique. Lorsqu'on
n'a pas eu soin d'empêcher complètement l'accès de l'air et que le dissolvant
n'a pas été lui-même parfaitement purgé d'air, la solution renferme toujours
plus ou moins de perchlorure. S'il faut dans la dissolution éviter toute oxydation du protoxyde, on opérera dans un petit ballon, dans lequel on fera
passer un courant lent d'acide carbonique et l'on maintiendra le liquide froid.
— Beaucoup de combinaisons de protoxyde de fer naturelles ne peuvent pas
se dissoudre de cette façon. En les fondant avec du carbonate de soude,
elles peuvent, il est vrai, être rendues solubles ; mais alors le protoxyde de
fer passe en grande partie à l'état de peroxyde. Il vaut mieux dans ce cas,
après les avoir réduites en poudre très fine, les chauffer avec un mélange
de 5 parties d'acide sulfurique monohydraté et 1 partie d'eau dans un fort
tube en verre de Bohême fermé aux deux bouts, en portant la température
vers 210° environ ; ou bien, si ce sont des silicates, on les chauffe dans une
capsule en platine couverte avec un mélange de 2 parties d'acide chlorhydrique et 1 partie d'acide fluorhydrique concentré (*A. Mitscherlich* [*]). On fera
bien de fermer le bain-marie sur lequel on chauffe la capsule avec un anneau en gypse de 1 centimètre de hauteur, sur lequel on met une plaque de
gypse : on ménage sur le haut une ouverture par laquelle on fait passer un
courant d'acide carbonique, de façon que pendant l'opération la capsule soit
dans une atmosphère d'acide carbonique. — Le fer métallique se dissout
dans l'acide chlorhydrique et dans l'acide sulfurique étendu avec dégagement d'hydrogène, à l'état de protochlorure ou de sulfate de protoxyde,

[*] *Journ. f. prackt. Chem.*, LXXXI, 116.

dans l'acide azotique chaud à l'état d'azotate de peroxyde et dans l'eau régale à l'état de perchlorure.

b. Dosage. — On peut doser le protoxyde de fer : 1) en dissolvant, le faisant passer à l'état de peroxyde et dosant celui-ci, soit par les pesées, soit volumétriquement ; — 2) en précipitant d'abord le protoxyde de fer à l'état de sulfure pur, en pesant celui-ci tel quel ou en le transformant en peroxyde ; — 3) par une analyse volumétrique directe ; — 4) d'après la quantité d'or provenant de la réduction du chlorure d'or.

Les méthodes 1. et 2. ne peuvent naturellement s'appliquer que lorsqu'il n'y a pas de peroxyde mêlé au protoxyde ; la méthode 2. n'est presque employée que pour séparer le protoxyde des autres bases. Les méthodes 3. peuvent s'appliquer le plus souvent et sont surtout fort commodes quand il n'y a pas d'autres substances réductrices. La méthode 4. sera brièvement ndiquée dans l'appendice qui fait suite §§ **112** et **113**.

Comme les dosages par les pesées ou les liqueurs titrées du fer à l'état de peroxyde seront décrites au § **113**, et que la transformation du protoxyde de fer en sulfure se fait absolument de la même manière que pour le peroxyde (§ **113**), il ne nous reste ici qu'à indiquer la manière de transformer le protoxyde de fer en peroxyde et à dire quelques mots des méthodes indiquées sous le n° 3.

1. *Transformation du protoxyde de fer en peroxyde, ou en perchlorure* (*).

a. Méthode applicable dans tous les cas.

On chauffe la dissolution de protoxyde de fer à peroxyder avec de l'acide chlorhydrique et l'on y jette par petites portions du chlorate de potasse jusqu'à ce que le liquide, même après une longue ébullition, répande encore fortement l'odeur du chlore. On arrive au même but en faisant passer dans la solution un courant de chlore gazeux ou, pour de petites quantités, en ajoutant de l'eau de chlore : on peut aussi prendre une solution de brome dans l'acide chlorhydrique. — Si la liqueur ne doit pas contenir de chlore en excès, on la chauffe jusqu'à ce que l'odeur de ce métalloïde (ou du brome) ait totalement disparu.

b. Méthode qui ne peut s'appliquer que si le fer doit être précipité par l'ammoniaque à l'état de peroxyde hydraté.

A la solution de sel de protoxyde placée dans un ballon on ajoute un peu d'acide chlorhydrique, si elle n'en contient pas déjà ; on y verse un peu d'acide azotique et l'on chauffe longtemps à une température voisine de l'ébullition. On reconnaît facilement à la couleur de la liqueur si la quantité d'azide azotique est suffisante. Un excès de cet acide n'aurait pas d'inconvénients : toutefois il ne serait pas prudent d'en mettre une trop grande quantité, à cause de la précipitation à faire utérieurement. Dans les dissolutions concentrées l'addition de l'acide azotique fait naître une couleur brun foncé, qui disparaît quand on chauffe. Rappelons-nous qu'elle est due à la dissolution du bioxyde d'azote dans le sel de protoxyde de fer non encore décomposé.

____

(*) Voir la note 4 à la fin du volume.

c. Méthodes applicables seulement quand le peroxyde de fer doit être dosé par des liqueurs titrées.

On met dans la dissolution chlorhydrique de petites quantités de peroxyde de manganèse artificiel, exempt de fer, jusqu'à ce que la dissolution soit colorée en vert olive foncé, à cause du chlorure de manganèse, et on fait bouillir jusqu'à ce que la couleur et l'odeur du chlore aient disparu (*Fr. Mohr*). On peut encore verser dans le sel de fer une dissolution concentrée de permanganate de potasse ou bien y jeter de ce sel en morceaux, jusqu'à ce que la liqueur ait pris la couleur rouge du caméléon, puis on fait bouillir jusqu'à disparition de la couleur et de l'odeur de chlore. Ces méthodes ont l'avantage de produire une oxydation complète, sans qu'on emploie un excès notable de l'agent oxydant.

2. *Dosage du protoxyde de fer par les liqueurs titrées.*

a. Procédé de Margueritte.

Le principe est le suivant. Si dans une dissolution d'un sel de protoxyde de fer contenant un excès d'acide, on ajoute du permanganate de potasse (caméléon), celui-ci est réduit et le sel de fer est peroxydé : $10(FeO,SO^3) + 8(HO,SO^3) + KO,Mn^2O^7 = 5(Fe^2O^3,3SO^3) + KO,SO^3 + 5(MnO,SO^3) + 8.HO$. Si donc on a une dissolution de permanganate de potasse et si l'on sait combien 100 C. C. de cette solution peuvent transformer de protoxyde de fer en peroxyde, elle pourra servir facilement à mesurer une quantité inconnue de fer : il suffira de dissoudre ce dernier à l'état de protoxyde dans une liqueur acide et de le peroxyder ensuite exactement avec ce caméléon, dont on mesurera le nombre de centimètres cubes employés pour opérer cette transformation.

Je ferai remarquer que la réaction ne se produit suivant l'équation précédente que lorsque l'acide libre est de l'acide sulfurique : en présence de l'acide chlorhydrique ce n'est plus aussi net, et la méthode, tout en pouvant encore être employée en prenant certaines précautions, perd cependant de son exactitude (*Lœwenthal et Lenssen*[*]). J'indiquerai plus bas (3) comment il faut opérer avec les solutions chlorhydriques.

α. Préparation et fixation du titre du caméléon.

On dissout 5 grammes (pesés approximativement) de permanganate pur cristallisé dans de l'eau distillée, on étend pour faire un litre et l'on conserve dans un flacon à l'émeri. On évitera l'action directe des rayons du soleil sur la liqueur.

Bien que le titre d'une pareille dissolution ne change pas quand on la conserve avec soin, cependant comme chaque fois qu'on ouvre le flacon on ne peut pas empêcher l'action réductrice des poussières organiques de l'air, il est bon après qu'on en a fait usage un certain temps d'en reprendre le titre.

aa. Fixation du titre par le fer métallique.

On pèse 1 gramme de fil de fer doux, mince, bien frotté avec du papier à l'émeri ; on le met dans un ballon jaugé de 250 C.C., contenant 100 C.C. d'acide

---

[*] *Zeitschr. f. analyt. Chem.*, I, 32.

sulfurique pur étendu (1 p. HO,SO³ + 5 p. HO), on y jette 1 gramme de bicarbonate de soude pour chasser l'air du ballon par l'acide carbonique qui se
dégage, et aussitôt on ferme le ballon avec un bouchon en caoutchouc, muni
d'un tube à dégagement, comme l'indique la figure 80. On chauffe d'abord
doucement, puis ensuite à une légère ébullition jusqu'à ce que tout le fer
soit dissous. Pendant ce temps la pince b est ouverte : l'hydrogène traverse
l'eau en c, dont le volume ne dépassera pas 20 à 30 C.C. Pendant ce temps on
chauffe environ 300 C.C. d'eau distillée à l'ébullition pour chasser l'air dissous et on la laisse refroidir. Quand le fer est dissous, on éteint la lampe et
on ferme la pince b. Lorsque le ballon est un peu refroidi, on ouvre la pince

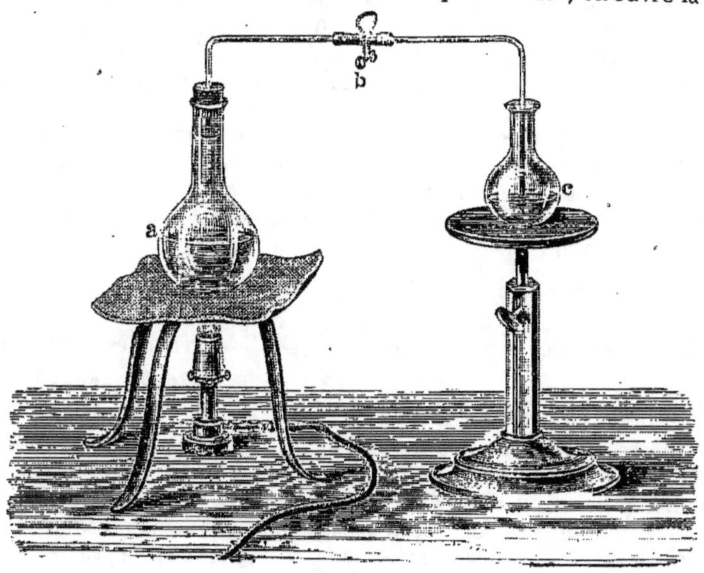

Fig. 80.

et on laisse arriver d'abord l'eau du vase c, que l'on remplace à mesure qu'elle
monte par l'eau distillée bouillie. On remplit le ballon presque jusqu'au trait.
On remplace le bouchon percé par un bouchon non percé, on laisse refroidir
à la température de la chambre, on remplit exactement d'eau jusqu'au trait,
on agite pour bien mélanger et on laisse reposer pour que le carbone non
dissous se dépose; avec une pipette on prend 50 C.C. du liquide limpide,
presque incolore (représentant $\frac{5}{6}$ du poids du fer), on le verse dans un vase
en verre d'environ 400 C.C. de capacité, on étend d'eau de façon à faire en
tout environ 200 C.C. On place le vase sur une feuille de papier blanc ou
mieux sur une lame de verre recouvrant la feuille de papier blanc.

On fait couler le caméléon goutte à goutte dans la solution de fer que l'on
remue constamment avec une baguette en verre. Au commencement les
gouttes rouges disparaissent promptement, puis vers la fin avec plus de lenteur. Le liquide qui était d'abord incolore devient peu à peu jaunâtre. Quand

la disparition de la couleur est plus lente, on ajoute le caméléon avec plus de précaution et goutte par goutte, jusqu'à ce que l'addition de la dernière goutte donne au liquide une teinte rougeâtre faible, non équivoque et persistante malgré l'agitation. On laisse le liquide titré rentrer dans la burette et on note le nombre de C.C. employés. — Il faut faire la lecture (§ 22) avec une exactitude telle, qu'on n'ait pas de doute au moins pour les dixièmes de centimètre cube.

Si l'on a préparé la liqueur de caméléon comme il est dit, on emploiera environ 20 C.C., c'est-à-dire la quantité convenable pour un travail facile et une lecture exacte. — On recommencera l'essai avec 50 nouveaux centimètres cubes de la dissolution de fer. Si l'on trouve le même nombre de C.C. de caméléon, ou une différence qui ne dépasse pas 0,1 C.C., on peut s'en tenir là. Si la différence est plus grande, on fait un troisième essai et l'on prend la moyenne des nombres qui s'accordent le mieux. On calcule ensuite la quantité de fer que 100 C.C. de caméléon font passer de l'état de protoxyde à l'état de peroxyde; le problème n'est pas difficile. D'abord le fer n'étant pas pur, on a trouvé qu'en moyenne il renferme 0,4 pour 100 de carbone, etc. On multiplie donc d'abord le poids du fer, soit 1,050 grammes, par 0,996 pour avoir le poids de fer pur. Puis, comme on n'a opéré que sur 50 C.C. de la solution de fer dont le volume total était de 250 C.C., on prend le cinquième du poids de fer : $\dfrac{1,050 \times 0,996}{5}$. Supposons qu'on ait employé 21,3 C.C. de caméléon, on dira : 21,3 C.C. de caméléon changent $\dfrac{1,050 \times 0,996}{5}$ grammes de fer pur de protoxyde en peroxyde, donc 100 C.C. en changeront $\dfrac{1,050 \times 0,996 \times 100}{5 \times 21,3}$, soit 0,98197 grammes. — S'il n'y a pas d'acide libre dans la liqueur, celle-ci prend une teinte brune, elle se trouble et il se forme un précipité brun de peroxyde de fer et de manganèse. Cela peut aussi arriver si l'on ajoute trop rapidement le caméléon et si l'on n'agite pas. Quand ces anomalies se présentent, il vaux mieux recommencer l'expérience. — Il ne faut pas se préoccuper de la décoloration que subit au bout de quelque temps la liqueur rougie par les dernières gouttes : cela arrive toujours, parce qu'une solution etendue d'acide permanganique libre ne peut pas se conserver longtemps.

bb. Fixation du titre avec le sulfate double de fer et d'ammoniaque.

On pèse exactement 1,4 grammes de sel pur, préparé exactement comme il est dit au § 65.4; on le dissout dans environ 200 C.C. d'eau distillée, additionnés de 20 C.C. d'acide sulfurique étendu, et l'on achève comme en aa.

En divisant le poids de sulfate double par 7,0014 (ou par 7 seulement pour les recherches moins rigoureuses), on a la quantité de fer qu'il renferme.

Si le sel double est impur, s'il contient par exemple des bases isomorphes avec le protoxyde de fer (protoxyde de manganèse, magnésie, etc.), ou du peroxyde de fer, ou s'il est humide, le titre de caméléon est trop élevé, parce que l'on suppose dans le mélange salin, dont on détermine le rapport avec la liqueur de caméléon, une plus grande quantité de protoxyde de fer, et par suite de fer, que celle qui y existe réellement.

cc. Fixation du titre avec l'acide oxalique.

Ce procédé repose sur la réaction suivante.

Si dans une dissolution chaude d'acide oxalique additionnée d'acide sulfurique, on verse goutte à goutte de la solution de caméléon, l'acide permanganique mis en liberté oxyde aussitôt l'acide oxalique et le transforme en acide carbonique : $5(HO,C^2O^3)+5(HO,SO^3)+KO,Mn^2O^7=10.CO^2+2(MnO,SO^3)+KO,SO^3+8.HO$. Pour oxyder un équivalent d'acide oxalique (supposé monobasique) et 2 équivalents de fer (à l'état de protoxyde) il faut donc la même quantité de permanganate de potasse, et par conséquent sous ce rapport 63 p. (1 éq.) d'acide oxalique cristallisé équivalent à 56 p. (2 éq.) de fer.

Comme la dissolution d'acide oxalique s'altère sous l'action de la lumière, c'est-à-dire que la proportion d'acide oxalique diminue, il vaut mieux pour titrer le caméléon ne dissoudre que la quantité d'acide nécessaire pour faire les essais. Pour cela o dissout, de façon à faire 250 C.C., 1 gramme à 1,2 gramme exactement pesé d'acide oxalique cristallisé pur, préparé suivant le § **45**. 1. On en met 50 C.C. dans un vase à précipité, on étend avec environ 100 C.C. d'eau distillée, on verse 6 à 8 C.C. d'acide sulfurique pur et l'on chauffe vers 60°. On place alors le vase sur une feuille de papier blanc et l'on fait couler goutte à goutte la dissolution de caméléon. Si l'on opère bien exactement comme nous l'indiquons, la couleur rouge ne disparaît pas très vite au commencement, mais lorsqu'une fois la réaction a commencé, la décoloration se fait longtemps presque instantanément. Aussitôt que les gouttes disparaissent plus lentement, on fait couler avec beaucoup de précaution et il est alors très facile de saisir la fin de l'opération, par la belle couleur rouge que la dernière goutte de caméléon donne au liquide jusque-là incolore. Pour trouver la quantité de fer qui correspond au nombre de C.C. de caméléon employés, on n'a qu'à multiplier par 8 le poids d'acide oxalique contenu dans les 50 C.C. de la dissolution décomposés et à diviser le produit par 9.

Si l'acide oxalique n'était pas tout à fait sec ou tout à fait pur, on obtiendrait naturellement un titre trop fort. — Au lieu d'acide oxalique pur on peut aussi (d'après *Saint-Gilles*) employer de l'oxalate d'ammoniaque cristallisé ($AzH^4O,C^2O^3+Aq.$). Ce sel peut se préparer facilement, il se conserve bien et peut se peser exactement. 71,04 p. de ce sel cristallisé correspondent à 56 p. de fer.

De ces trois moyens de fixer le titre du caméléon, le premier, avec le fer métallique, a été donné dans l'origine par *Margueritte ;* l'emploi du sulfate de fer et d'ammoniaque est dû à *Fr. Mohr* et celui de l'acide oxalique à *Hempel.* Tous trois donnent des résultats parfaitement d'accord, quand on opère bien et avec des produits purs et bien secs.

Pour moi la première méthode est celle qui offre le plus de garantie ; d'abord elle est la plus directe, ensuite il n'y a d'incertitude que dans la supposition que le fil de fer contient 99,6 pour 100 de fer est fondée, incertitude peu importante au fond, car on ne peut se tromper de plus de 1 à 2 dixièmes pour 100 (*). L'emploi des deux autres méthodes est, il est

---

(*) Si l'on a à faire de nombreux dosages de fer, il vaut mieux naturellement faire provision de fil de fer doux et mesurer une fois pour toutes exactement la totalité des éléments étrangers qui s'y trouvent.

vrai, un peu plus commode; mais elle n'offre la même garantie de certitude que lorsqu'on est certain de la pureté et de la dessiccation convenable des composés qu'on emploie.

S'il faut doser le fer dans des dissolutions très étendues, par exemple dans des eaux minérales, où l'on peut rapidement et avec une assez grande exactitude peroxyder le protoxyde de fer au moyen du permanganate de potasse, il faut préparer une dissolution de caméléon très étendue, telle par exemple que celle qu'on obtiendrait en mélangeant 1 p. de la solution indiquée plus haut avec 9 p. d'eau, ou bien en dissolvant 0,5 grammes de permanganate cristallisé dans 1 litre d'eau. On en déterminera le titre directement avec une quantité correspondante et faible de fer, ou de sulfate double, ou d'acide oxalique.

Dans ces dernières opérations il y a un inconvénient, c'est que pour colorer de l'eau pure acidulée il faut une certaine quantité de caméléon négligeable, il est vrai, quand les liqueurs sont plus concentrées, mais dont il faut ici tenir compte; car on peut s'assurer que ce qu'il faut en prendre pour donner à la masse d'eau employée la teinte rose nécessaire est parfaitement mesurable.

Dans ce cas, pour déterminer le titre du caméléon, on fait avec de l'eau bouillie une dissolution de fer ou de sulfate double de protoxyde de fer et d'ammoniaque renfermant à peu près autant de fer qu'on peut en supposer dans l'eau minérale à analyser, et l'on prend un volume de cette dernière égal au volume du liquide qui sert à déterminer le titre : ou bien, par une expérience préalable, on mesure combien il faut de 1/10 de C.C. de caméléon pour donner la même teinte rose à des volumes d'eau pure acidulée égaux à celui de la dissolution servant à fixer le titre et à celui du liquide ferrugineux à essayer. On retranche alors ces dixièmes de C.C. de la quantité de caméléon employée dans les deux essais, et on a des résultats parfaitement certains. — Il est bien entendu que, dans le dosage du protoxyde de fer des eaux minérales, nous supposons qu'elles ne renferment aucune autre substance pouvant décolorer le caméléon, par exemple qu'il n'y a ni hydrogène sulfuré, ni matière organique, ni azotites; voy. § **208**.

β. Marche de l'expérience.

Elle est naturellement indiquée par ce que nous avons dit en α. On dissout la combinaison de protoxyde de fer à essayer, et le mieux en employant toujours un courant d'acide carbonique (*fig.* 81), dans de l'eau, de l'acide sulfurique étendu ou de l'acide chlorhydrique; on laisse refroidir dans le courant d'acide carbonique, on étend convenablement d'eau (si cela se peut de façon que pour environ 2 grammes de fer dans la substance il y ait 200 C.C.), on ajoute, s'il n'y a pas déjà assez d'acide libre, à peu près 20 C.C. d'acide sulfurique étendu; on fait couler goutte à goutte la dissolution de caméléon qui est dans la burette jusqu'à coloration rouge faible, et l'on fait la lecture. Le titre du caméléon étant connu, un calcul simple donne la quantité du protoxyde de fer. — Supposons que 100 C.C. de caméléon correspondent à 0,98 gr. de fer et que pour l'oxydation du protoxyde cherché on ait employé 25 C.C., on posera : $100 : 0,98 = 25 : x$, $x = 0,245$ gr. Il y avait donc 0,245 gr. de fer à l'état de protoxyde.

Si la dissolution contenait du protoxyde fer avec du peroxyde, nous indiquerons au § **113** comment il faudrait opérer pour connaître la quantité

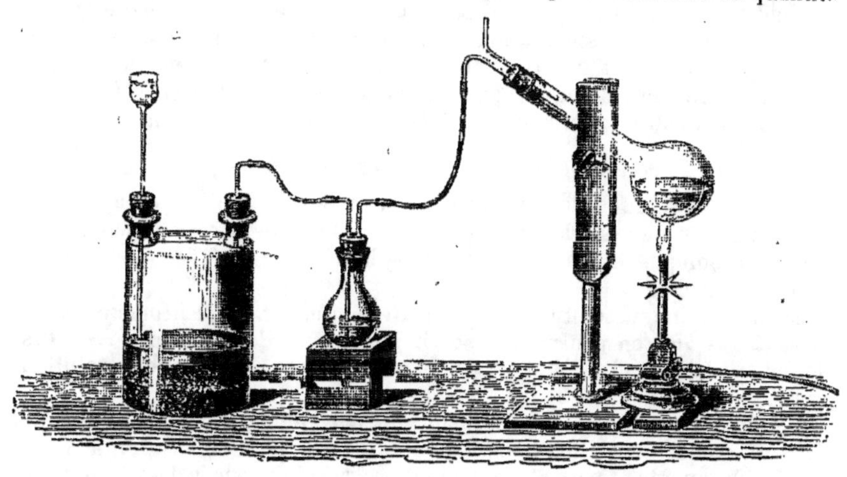

Fig. 81.

totale en fer; nous dirons dans le cinquième chapitre comment il faudra s'y prendre pour savoir la proportion de chaque oxyde séparé.

γ. Marche à suivre pour titrer les solutions chlorhydriques avec le caméléon.

Lorsqu'on opère avec une solution chlorhydrique de protoxyde de fer, on n'obtient des résultats exacts que lorsqu'on a la précaution de se mettre dans les mêmes conditions que pour la fixation du titre du caméléon, au point de vue de la quantité d'acide chlorhydrique, du degré de dilution des liqueurs et de la température. C'est que, dans ce cas, outre la réaction principale ($10.FeO + Mn^2O^7 = 5.Fe^2O^3 + 2.MnO$), il s'en fait une secondaire ($7.HCl + Mn^2O^7 = 5.Cl + 2.MnCl + 7.HO$) qui donne un dégagement de chlore. Quand la liqueur est très étendue, le chlore n'a pas d'action oxydante sensible sur le protoxyde de fer; il se forme une sorte d'équilibre d'action dans le liquide renfermant le protoxyde de fer, le chlore et l'acide chlorhydrique; mais cet état se détruit par l'addition d'une plus grande quantité de chacun de ces corps, et celui-ci a une action prédominante variable avec la quantité primitive d'acide chlorhydrique (*Lœwenthal et Lenssen**).

Voici, d'après mes propres expériences (**), la méthode qui fournit les meilleurs résultats dans une solution chlorhydrique (***).

On fixe le titre du caméléon avec du fer dissous dans de l'acide sulfurique étendu : on fait 1/4 de litre avec la liqueur à essayer renfermant le fer à l'état de protoxyde, on ajoute à une grande quantité d'eau fortement acidifiée

(*) *Zeitschr. f. analyt. Chem.*, I, 320.
(**) *Zeitschr. f. analyt. Chem.*, I, 561.
(***) Voir la note 5 à la fin du volume.

avec de l'acide sulfurique (environ 1 litre) 50 C. C. de la solution de protoxyde de fer ; on titre avec le caméléon : on ajoute de nouveau 50 C. C. de la liqueur ferrugineuse au même liquide, on titre une seconde fois : on ajoute encore 50 C. C. de liquide à essayer, etc., et on ne prend que les nombres donnés par la troisième et la quatrième opération, qui sont constants (tandis que ceux de la première et souvent aussi de la deuxième en diffèrent). En calculant pour la totalité, on a la quantité de caméléon assez exactement.

b. Procédé de *Penny* (employé plus tard par *Schabus*).

Si à une dissolution de protoxyde de fer fortement acidulée on ajoute du bichromate de potasse, le protoxyde passe à l'état de peroxyde, tandis que l'acide chromique se change en sesquioxyde de chrome ($6.FeO + 2.CrO^5 = 5.Fe^2O^5 + Cr^2O^5$).

Si l'on fait une dissolution d'un litre avec 0,1 équiv. de bichromate de potasse $= 14^{gr},761$, on pourra s'en servir pour peroxyder 0,6 équiv. $= 16^{gr},8$ de fer préalablement à l'état de protoxyde, et 50 C. C. de cette dissolution correspondront à $0^{gr},84$ de fer.

Il faut avoir soin que le bichromate soit parfaitement pur ; on le chauffe dans un creuset en platine jusqu'à ce qu'il commence à fondre, on le verse sur des fragments de porcelaine, on le laisse refroidir sous le dessiccateur où il se fendille naturellement, et on pèse. — Outre la dissolution précédente, on en prépare une seconde dix fois plus faible, contenant par conséquent dans un litre un centième d'équivalent de bichromate.

Il est bon de s'assurer de l'exactitude de la solution, en s'en servant pour oxyder une quantité connue de protoxyde de fer (voy. § **112**. 2. a. α. aa.).

Pour opérer on étend suffisamment la dissolution du protoxyde de fer, on y ajoute une assez notable quantité d'acide sulfurique étendu et l'on fait couler goutte à goutte de la burette la dissolution de bichromate. La dissolution presque incolore devient d'abord au commencement vert de chrome pâle, puis peu à peu plus foncée. De temps en temps avec la baguette mince en verre qui sert à agiter le liquide, on prend une goutte de celui-ci, que l'on dépose dans une des gouttes de prussiate rouge de potasse que l'on a d'avance étalées sur une assiette en porcelaine. Si la coloration bleue qui se produit est foncée, on peut sans crainte verser encore du bichromate : mais si la teinte bleue est faible, on marche avec plus de précaution et l'on essaye avec le prussiate après chaque deux gouttes et même chaque goutte. L'oxydation est achevée quand il n'y a plus de coloration bleue. La réaction est tellement sensible qu'on saisit à une goutte près la fin de l'opération. Au commencement, pour que la perte de la substance soit aussi faible que possible, on ne prend pour les essais à la touche que de très petites gouttes ; mais à la fin on les prend plus grosses pour que la réaction soit plus nette, et l'on n'observe qu'au bout de quelque temps l'effet du réactif. — L'exactitude des résultats est bien plus grande si, après avoir employé la dissolution de bichromate jusqu'à ce que l'opération soit presque achevée, on la termine avec la liqueur au dixième. — Il vaut mieux encore faire 250 C. C. avec la solution de protoxyde de fer et, pour éviter des pertes de substances, prendre d'abord 50 C. C. pour y déterminer approximativement la quantité de chromate nécessaire ; puis sur 50 nouveaux centimètres cubes on fait un dosage exact.

Si l'on dissout juste 0,84gr de la substance ferrugineuse, les C. C. de la dissolution de chromate concentrée employés donnent la quantité pour 100, ceux de la dissolution étendue les dixièmes pour 100 de fer pur contenu à l'état de protoxyde. — Nous dirons au § **113** comment il faudrait faire s'il y avait du peroxyde. — Si la dissolution manquait d'acide libre, il pourrait se faire du chromate brun d'oxyde de chrome, sur lequel la dissolution de protoxyde fer n'a aucune action désoxydante.

De ces deux méthodes volumétriques, la première a le grand avantage que la fin de l'oxydation est indiquée immédiatement par un phénomène de coloration qui se produit au sein même du liquide ; la seconde a pour elle que la liqueur titrée se prépare très facilement et se conserve sans altération.

Depuis que l'on a reconnu que le dosage par le caméléon pouvait donner des résultats erronés avec les solutions chlorhydriques, on a repris le procédé par le chromate de potasse, qui depuis quelque temps était tombé dans l'oubli.

Il faut encore observer que si l'on a le choix de dissoudre le fer dans l'acide chlorhydrique ou dans l'acide sulfurique, il faudra encore donner la préférence au dernier acide, parce que la solution sulfurique est moins sensible à l'action de l'oxygène de l'air que la solution chlorhydrique (*Pattinson*).

§ 113.

6. **Peroxyde de fer.**

a. Dissolution. — Beaucoup de combinaisons de peroxyde de fer se dissolvent dans l'eau ; le peroxyde pur et les composés insolubles dans l'eau sont pour la plupart attaqués par l'acide chlorhydrique. Dans beaucoup de cas la dissolution est difficile à opérer ; aussi faut-il finement pulvériser la matière et employer de l'acide chlorhydrique concentré. On opère alors dans un ballon, et l'on active l'action en chauffant, souvent même pendant plusieurs heures. Il faut éviter de pousser la chaleur jusqu'à l'ébullition. — Parfois, surtout quand on a du peroxyde de fer calciné, on se sert de bisulfate de potasse que l'on fond avec l'oxyde, ou bien on le chauffe avec un mélange de 8 p. d'acide sulfurique monohydraté et 5 p. d'eau. — Maintes fois aussi il vaudra mieux réduire d'abord l'oxyde au rouge dans un courant d'hydrogène, puis dissoudre le fer obtenu. — Quant aux silicates ferrugineux indécomposables par l'acide chlorhydrique, on les désagrège suivant le § **140**. b.

b. Dosage. — Le peroxyde de fer, d'après le § **81**, est généralement pesé tel quel, rarement après l'avoir transformé en sulfure. On peut en outre employer des procédés indirects ou enfin le doser par des liqueurs titrées soit directement, soit après l'avoir ramené à l'état de protoxyde. — La transformation en peroxyde se fait soit en précipitant à l'état de peroxyde hydraté, que précède parfois une précipitation à l'état de sulfure de fer, ou bien — pour la séparation du peroxyde de fer d'après les bases fortes, par exemple le protoxyde de manganèse, — en transformant en perchlorure très basique, ou en acétate basique, ou en formiate basique, ou enfin par calcination. — Les analyses volumétriques et les dosages par les moyens indirects, bien que rarement employés, peuvent s'appliquer dans presque tous les cas.

On peut transformer en :

1. PEROXYDE DE FER :

   a. *Par précipitation à l'état d'hydrate :*
   Tous les sels solubles dans l'eau à acides minéraux ou à acides orga- niques volatils, — les sels insolubles dont les acides peuvent être éliminés par la dissolution.

   b. *Par précipitation à l'état de sulfure :*
   Tous les composés de fer sans exception.

   c. *Par calcination.*
   Tous les sels de peroxyde de fer à oxacides volatils.

2. SULFURE DE FER :

   Tous les composés de fer sans exception.

La méthode 1. c. sera préférée aux autres toutes les fois qu'on le pourra, à cause de la promptitude dans la marche opératoire et de l'exactitude des résultats. Le procédé 1. a. est le plus fréquemment en usage ; les méthodes 1. b ou 2. servent principalement à opérer la séparation du peroxyde de fer et des autres bases. En outre on s'en servira chaque fois qu'on ne pourra pas appliquer a., par exemple en présence du sucre ou d'autres matières organiques non volatiles, et aussi pour doser le peroxyde de fer dans ses combinaisons avec l'acide phosphorique et l'acide borique. — Dans les chromates et les silicates on détermine le fer d'après le § **130** et le § **140**. — Le dosage par les liqueurs titrées (surtout après une réduction préalable à l'état de protoxyde) est presque exclusivement en usage dans les recherches industrielles et fréquemment aussi dans les travaux purement scientifiques. Nous ferons connaître dans le V⁰ chapitre les moyens de précipiter le peroxyde de fer à l'état de sels basiques.

1. *Dosage à l'état de peroxyde.*

a Par précipitation à l'état de peroxyde hydraté.

À la dissolution placée dans une capsule en porcelaine, moins bien dans un vase en verre, on ajoute un excès d'ammoniaque ; on chauffe presque à l'ébullition, on décante plusieurs fois en versant le liquide sur un filtre : on filtre, on lave avec soin à l'eau chaude, on dessèche complètement (opéra- tion pendant laquelle le précipité se contracte considérablement) et l'on cal- cine comme il est indiqué au § **53**.

Caractères du précipité et du résidu, § **81**. La méthode n'a pas de causes d'erreur. — On a bien soin de laver complètement le précipité dans tous les cas, même quand il n'y aurait pas de matières fixes à enlever par le lavage ; s'il restait en effet du sel ammoniac, il y aurait une perte, car du fer se vo- latiliserait à l'état de perchlorure. Il ne faut pas négliger non plus, après avoir pesé le précipité, de le redissoudre tout ou partie dans de l'acide chlorhydrique concentré ou de le fondre avec du bisulfate de potasse, et de traiter la masse fondue avec de l'acide chlorhydrique, afin de s'assurer s'il n'y a pas de silice qui resterait insoluble. — Si l'on a sous la main un appareil à hydrogène, cet essai se fait facilement en réduisant d'abord l'oxyde et en dissolvant dans l'acide chlorhydrique étendu.

b. Par précipitation à l'état de sulfure.

La dissolution étant dans un ballon pas trop grand, on y verse de l'ammoniaque pour neutraliser tout l'acide libre (en l'absence de matières organiques non volatiles, il se précipite un peu d'hydrate de peroxyde, mais cela n'a aucun inconvénient); on ajoute du sel ammoniac s'il n'y en a pas en quantité suffisante, puis du sulfhydrate d'ammoniaque incolore ou jaune en excès convenable, enfin de l'eau pour emplir le ballon jusqu'au col. On le ferme, on laisse reposer dans un lieu chaud, jusqu'à ce que tout le précipité soit déposé et que le liquide surnageant soit parfaitement clair et jaunâtre (sans teinte verdâtre). On lave le précipité d'abord par décantation s'il est assez abondant, puis sur le filtre, et on prend pour cela de l'eau renfermant d'abord assez de sel ammoniac, puis de moins en moins, mais toujours un peu de sulfhydrate d'ammoniaque. Dans la décantation on ne verse pas le liquide sur le filtre, mais dans un autre ballon. Quand le lavage par décantation est terminé, on filtre d'abord les liquides décantés, puis on ajoute le précipité sur le filtre et on le lave sans interruption. On a soin de couvrir l'entonnoir avec une lame en verre. — Si l'on néglige ces précautions, on a toujours une perte ; car le sulfure de fer s'oxyde peu à peu aux dépens de l'oxygène de l'air, et la liqueur filtrée contient du sulfate de fer. Comme ce dernier est de nouveau précipité par le sulfhydrate d'ammoniaque que contient le liquide qui passe, celui-ci se colore dans ce cas-là en vert et ensuite il laisse peu à peu déposer un précipité noir. L'addition du sel ammoniac empêche beaucoup cet inconvénient.

Quand le lavage est terminé, si l'on ne préfère pas peser le sulfure hydraté à l'état de sulfure anhydre d'après 2., on met le précipité humide avec le filtre dans un vase à précipté; on ajoute un peu d'eau, puis de l'acide chlorhydrique jusqu'à la dissolution complète du sulfure. On chauffe jusqu'à ce que l'odeur de l'acide sulfhydrique ait disparu, on filtre dans un ballon, on lave avec soin le papier du premier filtre, que l'on incinère : on chauffe les cendres avec un peu d'acide chlorhydrique fort : si la liqueur est jaunâtre, on l'étend d'eau, on la filtre dans la solution principale, que l'on chauffe enfin avec de l'acide azotique (§ **112**. 1), pour opérer la peroxydation, et l'on précipite d'après a. avec de l'ammoniaque.

Si une dissolution de tartrate double de peroxyde de fer et d'un alcali contient un grand excès de carbonate alcalin, la précipitation du fer à l'état de sulfure sera plus ou moins empêchée, suivant *Blumenau*. Dans ce cas il faudra presque complètement neutraliser la liqueur avec un acide avant de traiter par le sulfhydrate d'ammoniaque.

c. Par calcination.

Dans un creuset couvert, on chauffe d'abord doucement, puis peu à peu aussi fort que possible, jusqu'à ce que le poids de l'oxyde restant ne change plus.

2. *Dosage à l'état de sulfure anhydre.*

On peut parfaitement déterminer la quantité de sulfure hydraté obtenu en 1. b. par précipitation, en le transformant en sulfure anhydre. On opère comme pour le zinc (§ **108**. 2). La température rouge à laquelle il faut soumettre le sulfure dans le courant d'hydrogène ne doit pas être trop faible, car il pourrait facilement retenir du soufre. Je recommande, après la première pesée du résidu, de le calciner encore fortement dans le courant d'hydrogène et de le peser de nouveau. Il importe peu que le sulfure hydraté se soit ou non oxydé pendant la dessiccation. — On peut de la même manière transformer en sulfure le sulfate de protoxyde et celui de peroxyde de fer, pourvu qu'on les déshydrate dans un creuset en porcelaine avant la calcination (*H. Rose*[*]). Les résultats de *OEsten*, cités par *H. Rose*, ainsi que ceux que j'ai obtenus dans mon laboratoire, sont très satisfaisants (Exp. n° 67).

3. *Dosage par les liqueurs titrées.*

a. Après une réduction préalable du peroxyde de fer à l'état de protoxyde.

Les méthodes suivantes reposent sur la transformation du peroxyde de fer en protoxyde, dont on détermine la quantité comme plus haut (§ **112**). Nous n'avons donc à indiquer ici que les moyens d'opérer la réduction.

On peut employer une foule de substances réductrices (le zinc, le protochlorure d'étain, l'acide sulfhydrique, l'acide sulfureux, etc.); mais il ne faudra conserver que celles qu'on pourra mettre en excès sans inconvénients. Si l'agent réducteur ne peut pas être employé en excès ou si l'on ne peut l'enlever qu'avec peine, la méthode devient incommode ou n'est plus susceptible d'exactitude. C'est pour cela que le zinc, bien qu'agissant moins promptement, est cependant la substance la plus avantageuse.

La dissolution chlorhydrique ou sulfurique exempte d'acide azotique libre (**) et renfermant un excès suffisant d'acide est chauffée dans un petit ballon à long col incliné, et l'on y projette de petits morceaux de zinc exempt de fer (§ **60**), avec un fil de platine en spirale ou une lame de platine : en même temps on fait arriver par le col un courant d'acide carbonique (*fig.* 81, page 256). Il se dégage aussitôt de l'hydrogène et la couleur devient de plus en plus pâle à mesure que le peroxyde passe à l'état de protoxyde; on favorise la réaction en chauffant légèrement, et s'il est nécessaire on ajoute encore un peu de zinc. Aussitôt que la dissolution chaude est totalement décolorée (si la liqueur est froide on peut moins bien saisir la fin de l'opération, parce que la couleur du perchlorure de fer est bien plus tranchée à chaud) et que tout le zinc est dissous (***), on laisse complètement refroidir dans le courant d'acide carbonique, ce qu'on peut hâter en plongeant le ballon dans de l'eau froide, on étend d'eau, on verse dans un vase à précipité avec précaution, en laissant autant que possible tous les flocons de plomb qui

---

[*] *Ann. de Pogg.*, CX, 126.

(**) En présence de l'acide azotique il se forme par l'action du zinc de l'acide azoteux, qui réduit le permanganate de potasse et conduit à des résultats erronés (*Terreil*).

(***) S'il reste du zinc non dissous, les résultats peuvent être trop faibles, parce que souvent du fer se précipite sur le zinc et ne se redissout qu'avec celui-ci. (*A. Mitscherlich, Zeitschr. f. analyt. Chem.*, II, 72).

peuvent être séparés du zinc, on lave à plusieurs reprises avec de l'eau qu'on ajoute au liquide, et l'on achève l'opération comme il est dit à la page 235, suivant β. si la solution est sulfurique, et suivant γ. si elle est chlorhydrique. — Si la dissolution renfermait des métaux précipitables par le zinc, ceux-ci se déposeraient, et l'on serait peut-être obligé de filtrer. Dans ce cas, avant de titrer il faudrait chauffer encore le liquide filtré avec du zinc. — Si l'on ne pouvait pas se procurer du zinc exempt de fer, il faudrait par un essai préalable déterminer la quantité de fer qu'il contiendrait, opérer la réduction avec un poids connu du zinc, et soustraire du résultat le poids de fer qu'il renferme.

Si les combinaisons de peroxyde de fer à analyser sont solides, il vaudra mieux ajouter le zinc pendant qu'on les dissout dans l'acide chlorhydrique. La dissolution sera par là facilitée et activée (*O. L. Erdmann*[*]).

Quant à la réduction d'une dissolution de perchlorure de fer par le protochlorure d'étain, *voy.* b ([**]).

b. Sans réduction préalable à l'état de protoxyde.

Toutes ces méthodes ont pour but d'ajouter à la dissolution contenant tout le fer à l'état de peroxyde un agent réducteur jusqu'à ce que tout le peroxyde soit ramené à l'état de protoxyde, et de déterminer ensuite, soit directement, soit indirectement, la quantité de l'agent réducteur employé.

Parmi tous les essais tentés dans cette voie, il n'y a guère que les méthodes α. et β. qui me semblent applicables.

α. *Réduction par le protochlorure d'étain* ([***]).

Pour appliquer cette méthode, qui, bien conduite, donne de bons résultats et que je puis recommander comme l'ayant souvent employée, il faut :

a. Une dissolution de perchlorure de fer d'une force connue. On l'obtient en dissolvant 10,04 gr. de fil fin de clavecin, correspondant à 10 gr. de fer pur, au moyen de l'acide chlorhydrique dans un ballon à long col incliné; on oxyde ensuite la solution avec du chlorate de potasse, on chasse *complètement* le chlore par une douce ébullition prolongée et l'on étend d'eau pour faire un litre.

b. Une dissolution limpide de protochlorure d'étain. Son degré de concentration doit être tel, qu'un volume puisse en réduire deux de la solution de perchlorure de fer.

c. Une dissolution d'iode dans l'iodure de potassium, contenant 0,010 gr. environ d'iode par C.C. Il est inutile de connaître exactement la force de cette liqueur.

On opère de la manière suivante :

1. On mesure 2 C.C. de la solution de protochlorure d'étain, on ajoute un peu d'empois d'amidon, 5 C.C. d'eau, puis de la solution d'iode jusqu'à ce que le liquide prenne une couleur bleue permanente. On note la quan-

---

[*] *Journ. f. prackt. Chem.*, LXXVI, 175.
[**] Voir la note 6 à la fin du volume.
[***] La réduction du perchlorure de fer par le protochlorure d'étain a été appliquée antérieurement par *Wallace* et *Penny* d'une autre façon : mais je crois que la méthode n'a pris une forme pratique que depuis que j'ai indiqué le moyen d'employer le sel d'étain (*Zeitschr. f. analyt. Chem.*, I, 26).

tité employée. Pour 1 C.C. de protochlorure d'étain il faudra environ 5 C.C. de la solution d'iode (*).

2. On mesure 50 C.C. de la dissolution de perchlorure de fer, on ajoute un peu d'acide chlorhydrique, on chauffe le petit ballon renfermant le liquide, le mieux sur une plaque de fer chaude, jusqu'à ce que le contenu arrive à l'ébullition. Au moyen d'une burette on verse alors du protochlorure d'étain, d'abord en assez grande quantité, puis en quantité plus faible, à des intervalles de temps égaux, en maintenant le liquide à une douce ébullition. La couleur jaune devient de plus en plus pâle à mesure que la réduction s'avance. Vers la fin on n'ajoute le chlorure d'étain que goutte à goutte, en laissant le temps à la réaction de s'opérer. On peut ainsi saisir assez facilement le point où la réduction est achevée, car on voit bien le moment où la liqueur jaunâtre devient incolore. — On refroidit ensuite le ballon, on ajoute de l'empois d'amidon, puis de la dissolution d'iode avec une burette, jusqu'à coloration bleue permanente. La quantité d'iode donne, d'après les rapports trouvés en 1., la quantité de protochlorure d'étain en excès (**). En retranchant cette dernière des centimètres cubes versés dans la solution de perchlorure, on sait combien il faut de C.C. de solution de protochlorure d'étain pour transformer 0,5 gr. de fer de peroxyde en protoxyde.

3. Connaissant la valeur chimique de cette dissolution de protochlorure d'étain, on s'en servira maintenant pour déterminer une quantité inconnue de fer. On dissoudra celui-ci dans de l'acide chlorhydrique, on transformera en perchlorure le peu de protochlorure de fer qu'il pourrait y avoir, en appliquant une des méthodes du § 112. 1. a. ou c., on chassera toute trace de chlore, on fera agir jusqu'à décoloration la dissolution de protochlorure d'étain, ainsi que cela est indiqué plus haut en 2., et au moyen de la solution d'iode on déterminera le petit excès de protochlorure d'étain, s'il y en a un. Une règle de trois simple donnera la quantité de fer d'après le volume de la liqueur réductrice. Supposons que 25 C.C. de celle-ci correspondent à 0,5 gr. de fer (c'est-à-dire, suffisent pour transformer en protoxyde 0,5 gr. de fer préalablement peroxydé) et qu'il ait fallu pour réduire la quantité inconnue de fer 20 C.C. de protochlorure d'étain, cette quantité de fer est alors égale à 0,40 gr. de fer, car 25 : 0,50 = 20 : 0,40.

La méthode donne en moyenne des résultats satisfaisants (***), mais à la condition toutefois que toutes les opérations seront faites de suite les unes après les autres, afin que le changement de titre, que l'air fait subir à la solution d'étain, ne puisse pas avoir d'influence sur le résultat. — C'est pour cette raison aussi qu'il vaut mieux opérer avec une solution un peu

---

(*) La quantité de dissolution d'iode qu'il faut employer est un peu différente, suivant qu'on ajoute plus ou moins d'acide chlorhydrique au protochlorure d'étain. Mais les différences sont si faibles que dans la méthode en question, où l'on n'a toujours que de très petits excès de protochlorure d'étain à déterminer, cela n'a pas d'influence appréciable sur les résultats.

(**) Si vers la fin on a ajouté la dissolution de protochlorure d'étain avec précaution, et si surtout on opère sur des dissolutions concentrées, on n'a souvent pas d'excès de sel d'étain à déterminer. Cependant cela n'arrive pas dans beaucoup de cas. Pour que la méthode ait toute son exactitude, il est indispensable d'essayer s'il n'y a pas un excès de protochlorure d'étain et d'en déterminer alors exactement la quantité.

(***) Mes expériences sur ce sujet sont consignées dans le *Zeitschr. f. anal. Chem.*, I, 26.

concentrée de protochlorure d'étain et dès lors employer une plus grande quantité de fer, que de prendre une liqueur d'étain étendue, sur laquelle la même action de l'air est proportionnellement plus grande.

Pour préparer le protochlorure d'étain, on fond de l'étain pur dans une capsule en porcelaine, on enlève la lampe et l'on remue pendant le refroidissement avec un pilon pour avoir le métal en poudre. On le chauffe avec de l'acide chlorhydrique de densité 1,12, jusqu'à ce qu'il ne se dégage plus d'hydrogène avec un excès d'étain non dissous. Un volume de la dissolution claire et limpide décantée, et filtrée si c'est nécessaire, additionné de trois volumes d'acide chlorhydrique et de six volumes d'eau, donne une liqueur de concentration convenable. — Pour la conserver il faut prendre une disposition qui empêche l'action de l'air ou au moins en diminue l'effet.

Autrefois je forçais l'air, qui rentrait dans le flacon pour remplacer le liquide, à traverser des tubes remplis de phosphore et de pyrogallate de potasse; mais je préfère la disposition représentée dans la figure 82, qui permet de conserver de grandes quantités de protochlorure, sans nécessiter un appareil tenant beaucoup de place.

a flacon contenant le protochlorure d'étain, f siphon que l'on remplit en

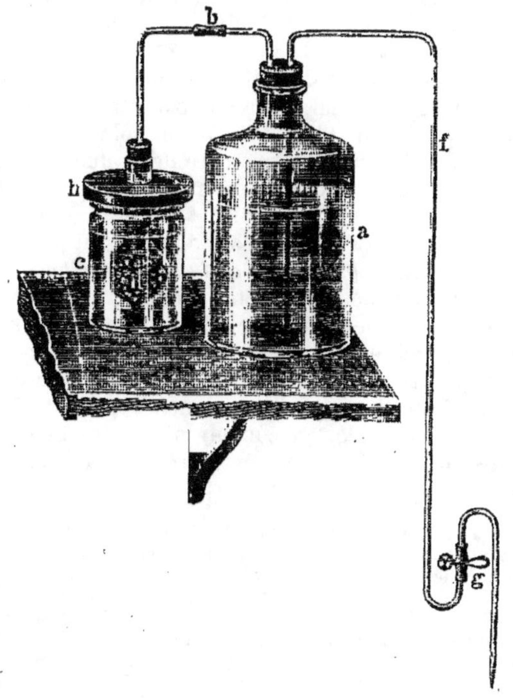

Fig. 82.

soufflant en b. La pince g étant fermée, on relie au tube b l'appareil c, qui produit continuellement de l'acide carbonique: on débouche un peu le

flacon et on chasse l'air par un courant d'acide carbonique, puis on ferme
le flacon. Il suffit de voir la figure pour comprendre le jeu de l'appareil. En
ouvrant la pince g, le liquide coule par le siphon et est remplacé par
l'acide carbonique que fournit le ballon d : quand on ferme g, le dégagement d'acide carbonique cesse aussitôt que le liquide acide a été refoulé
hors du ballon d. Le petit ballon plein de marbre est maintenu par une
plaque de plâtre h.

β. *Réduction par l'iodure de potassium et dosage de l'iode mis en liberté
par l'hyposulfite de soude* (*).

Voici le *principe* de cette méthode : Si l'on fait agir à une douce chaleur
sur le perchlorure de fer un excès de dissolution aqueuse d'iodure de potassium, il se forme du protochlorure de fer, du chlorure de potassium, et de
l'iode mis en liberté se dissout dans l'excès d'iodure de potassium (Fe^2Cl^3+
$KI=2.FeCl+KCl+I$). Si donc on détermine la quantité d'iode libre, ce qui
se fera très facilement avec une solution titrée d'hyposulfite de soude
($2.NaO,S^2O^2+I=NaO,S^4O^3+NaI$), on aura la quantité de fer à l'état de peroxyde ou de perchlorure, puisque 1 équivalent d'iode$=126,85$ correspond
à 2 équivalents de fer $= 56$.

Pour *appliquer* la méthode, il faut : 1) une solution d'hyposulfite de soude
renfermant environ 12 gr. de sel cristallisé par litre; 2) de l'iodure de potassium, bien exempt d'iodate (§ **65**. 6); 3) une solution de perchlorure de
fer de force connue : elle doit être exempte de protochlorure et de chlore
libre : celle préparée d'après ce qui est dit au § **113**. b. α., qui renferme 0,1
de fer dans 10 C.C., est très convenable ; 4) quelques flacons à l'émeri de
100 à 150 C.C.; enfin 5) de l'empois d'amidon frais et peu épais.

On commence par bien *établir le titre de la solution d'hyposulfite de soude*,
et pour cela on verse dans deux des petits flacons 10 C.C. de la solution de
perchlorure de fer. Pour que la liqueur ne soit que faiblement acide, on y
ajoute de la lessive étendue de soude jusqu'à ce qu'il se forme quelques flocons d'hydrate de peroxyde de fer, que l'on redissout avec de l'acide chlorhydrique faible (environ 0,5 à 1 C.C. de densité 1,10), de façon que la liqueur soit de nouveau limpide. Sa couleur n'est plus brune, mais plutôt
jaune foncé. Dans chaque flacon on met 5 gr. d'iodure de potassium, on

(*) Cette méthode a passé par bien des modifications avant d'arriver à être telle qu'on
l'applique maintenant. Après que *Duflos* et *Streng* ensuite eurent appliqué la réduction du perchlorure de fer par l'acide iodhydrique au dosage du fer, *C. Mohr* (Ann. d.
Chem. u. Pharm.*, CV, 55) étudia en 1858 l'influence de la dilution des liqueurs sur la
réaction. En 1860, *F. Mohr* (Ann. d. Chem. u. Pharm.*, CXIII, 257) décrivit un procédé
dans lequel l'iodure de potassium n'était pas ajouté en excès, et jouait plutôt le rôle
d'indicateur. Toutefois ce moyen ne remplissait pas encore les conditions d'une bonne
méthode. La même année, *C. D. Braun* (Journ. f. prackt. Chem.*, LXXXI, 123) employa ce
procédé pour déterminer la quantité de fer transformé de protochlorure en perchlorure
par l'acide azotique; mais il y apporta un perfectionnement important par l'addition d'un
excès d'iodure de potassium, l'action de la chaleur pour favoriser la réaction et le dosage
de l'iode libre après le refroidissement. En 1863, *Fr. Mohr* (Zeitschr. f. analyt. Chem.*,
II, 215) décrivit la méthode avec les perfectionnements de *Braun*, mais en fixant le titre
de la solution d'hyposulfite de soude par l'iode précipité par le bichromate de potasse;
et en 1864, *Braun* (Zeitschr. f. analyt. Chem.*, III, 452) décrivit encore sa méthode en
indiquant toutes les particularités qu'elle peut présenter.

ferme solidement les bouchons, on les assujettit avec du parchemin humide ou une simple ficelle et l'on chauffe les flacons vers 50° à 60°, en les suspendant au-dessus d'un bain-marie, de façon à les chauffer par la vapeur d'eau. La réduction du chlorure de fer est terminée au bout de 15 à 20 minutes, le contenu des fioles est fortement coloré en brun. Après refroidissement complet, on fait couler d'une burette la solution d'hyposulfite de soude jusqu'à ce que le liquide soit jaune vineux, on ajoute 0,5 à 1 C.C. d'empois d'amidon, puis de nouveau de l'hyposulfite de soude jusqu'à ce que la couleur bleue disparaisse. Le nombre de C.C. correspond à l'iode précipité par 0,1 gr. de fer et par conséquent à 0,1 gr. de fer à l'état de perchlorure.

Le *dosage du fer* dans une liqueur, qui en contient une quantité inconnue, se fait exactement de la même manière que pour fixer le titre de l'hyposulfite. On a soin que tout le fer soit à l'état de peroxyde ou de perchlorure et que le liquide ne renferme pas de substance autre capable de décomposer l'iodure de potassium : ainsi pas de chlore et pas d'acide azotique. Il sera bon aussi de prendre un volume de la solution de fer renfermant une quantité de fer approximativement peu différente de 0,1 gr., afin que pour doser l'iode mis en liberté, il ne faille pas employer trop ou trop peu d'hyposulfite. Il faudra aussi diminuer tant qu'on pourra l'acide libre dans la liqueur à doser.

Si 18,4 C.C. de la solution d'hyposulfite correspondent à 0,1 gr. de fer et si pour enlever l'iode mis en liberté par la solution à analyser il a fallu 24,5 C.C. d'hyposulfite, la quantité de fer sera $\dfrac{0,1}{18,4} \times 24,5 = 0,13315$ gr..

La méthode donne de bons résultats : elle est surtout commode pour doser de petites quantités de fer.

γ. *Réduction par l'hyposulfite de soude, en présence d'un sel de cuivre, suivant Oudemans* (*).

Principe. Si à une dissolution acide de perchlorure de fer on ajoute un peu d'une solution de sulfate de cuivre et un peu de sulfocyanure de potassium, puis de l'hyposulfite de soude, la couleur rouge du sulfocyanure de fer devient de plus en plus pâle et finit par disparaître. Il n'est pas nécessaire de chauffer. Comme il n'est pas facile de saisir le moment où la décoloration est juste achevée, on dépasse un peu ce point, et l'on revient avec une solution titrée d'iode pour savoir l'excès d'hyposulfite ajouté ; on connaît alors la quantité de ce dernier employée pour réduire le peroxyde de fer. La réaction a lieu suivant l'équation, $Fe^2Cl^3 + 2.NaO,S^2O^2 = 2.FeCl + NaO,S^4O^5 + NaCl$. Le sulfate de cuivre a pour effet de la faciliter et de l'activer, parce qu'il devient d'abord sel de protoxyde et agit comme réducteur sur le sel de fer en repassant à l'état de sulfate de bioxyde. Si par l'addition de l'excès d'hyposulfite il se forme aussi à la fin un sel de protoxyde

(*) L'hyposulfite de soude a d'abord été employé par *Scherer* (*Journ. de l'Académ. de Bavière*, 31 août 1859), puis plus tard par *Kremer* et *Landolt* (*Zeitschr. f. analyt. Chem.*, I, 214). La méthode de *Oudemans* se trouve dans le *Zeitschr. f. analyt. Chem.*, VI, 129. *Mohr* la critique dans son traité d'analyses par liqueurs titrées : *Oudemans* répond aux objections de *Mohr* dans le n° IX, 312 du *Zeitschr.*, et dans le même journal, IX, 99, *C. Balling* discute aussi le procédé.

de cuivre, cela n'amène pas d'erreur, parce que celui-ci décolore autant de la solution d'iode que l'hyposulfite qui l'a formé. — Comme la méthode n'est exacte qu'autant que le liquide reste limpide, c'est-à-dire, qu'il ne se dépose ni sulfocyanure de cuivre, ni proto-iodure de cuivre, ni soufre, il faut mettre tous ses soins à n'employer que les quantités de réactifs nécessaires et à étendre convenablement les liqueurs.

Application. C'est la même marche que pour la méthode β. On établit le titre de la solution d'hyposulfite avec une solution de perchlorure de fer de force connue, puis on fait agir cette solution d'hyposulfite sur la solution de fer à analyser.

Il faut : 1) une solution d'hyposulfite de soude ; 2) une solution de perchlorure de fer contenant un poids connu de fer (voir pour ces deux liqueurs la méthode β.); 3) une solution de sulfate de cuivre, contenant 1 gr. de vitriol bleu dans 100 C.C. d'eau; 4) une solution de sulfocyanure de potassium, 1 gr. dans 100 C.C. d'eau; 5) une solution d'iode dans de l'iodure de potassium, dont la quantité d'iode n'a pas besoin d'être exactement connue : elle contiendra environ 5 ou 6 gr. d'iode libre par litre (voir § **146**. 3); 6) de l'empois d'amidon clair.

On fait d'abord agir la solution d'iode sur un volume bien connu d'hyposulfite de soude additionné d'empois d'amidon (§ **146**. 3), pour connaître la relation entre les deux liqueurs. On verse 10 à 20 C.C. de chlorure de fer de force connue dans un vase à précipité, 2 C.C. d'acide chlorhydrique concentré, 100 à 150 C.C. d'eau, 5 C.C. de solution de cuivre et 1 C.C. de sulfocyanure de potassium ; on verse avec une burette de la solution d'hyposulfite jusqu'à la décoloration du liquide, puis l'empois d'amidon, sans faire de mousse, et avec une seconde burette on ajoute la liqueur d'iode jusqu'au moment juste où se produit la réaction de l'iodure d'amidon. On en conclut l'excès d'hyposulfite ajouté et par conséquent le volume de cette liqueur qui a servi à la réduction d'une quantité connue de peroxyde de fer. — En faisant agir de même l'hyposulfite sur une solution dont la teneur en fer est inconnue et en se plaçant autant que possible dans les mêmes conditions, on en conclura facilement la quantité cherchée de fer.

Cette méthode a l'avantage de conduire rapidement au but : si elle n'atteint pas toute l'exactitude des procédés α. et β., elle est cependant suffisante dans certains cas industriels (*).

ADDITION AUX §§ 112 ET 113.

Indépendamment des moyens de doser le fer indiqués aux §§ **112** et **113**, il y en a beaucoup d'autres, surtout indirects, recommandés les uns autrefois, les autres tout récemment. Comme ils n'ont pas d'avantages sur ceux que nous avons décrits ou qu'ils ne sont que d'une application restreinte, je me dispenserai de les décrire en détail, et je me contenterai d'indiquer brièvement les plus importants.

1. *Méthode de Fuchs* (**). — On fait bouillir avec de la tournure de cuivre, jusqu'à ce que le liquide soit devenu vert clair, la dissolution conte-

(*) Voir la note 7 à la fin du volume.
(**) *Journ. f. prackt. Chem.*, XVII, 160.

nant le fer à l'état de peroxyde, exempte d'acide azotique et additionnée d'acide chlorhydrique : on détermine le fer d'après la perte de poids du cuivre ($Fe^2Cl^5 + 2.Cu = 2.FeCl + Cu^2Cl$). Cette méthode ne donne de bons résultats que lorsqu'on évite avec soin l'accès de l'air. Les circonstances dans lesquelles elle réussit le mieux ont été étudiées dans ces derniers temps par *J. Lœwe* et *Kœnig*, et nous les rappellerons dans le chapitre des spécialités, à propos de l'analyse des minerais de fer.

2. Le liquide contenant le fer à l'état de peroxyde, exempt des métaux du cinquième et du sixième groupe, et de toute substance pouvant décomposer l'acide sulfhydrique, est additionné d'un excès d'une dissolution claire et limpide d'acide sulfhydrique, en évitant toute élévation de température ; au bout de quelques jours on mesure la quantité de soufre déposée et l'on calcule la quantité de fer d'après la réaction : $Fe^2O^3 + HS = 2.FeO + HO + S$. (*H. Rosc.*) — Résultats exacts ; *voir* aussi *Delffs* (*).

3. À la dissolution contenant le fer à l'état de protoxyde, on ajoute une dissolution de chlorure d'or et de sodium en excès, on ferme le flacon et l'on détermine le poids d'or réduit : $6.FeCl + AuCl^5 = 3.Fe^2Cl^3 + Au$. (*H. Rose.*)

§ 114.

APPENDICE AU 4° GROUPE.

7. Oxyde d'urane.

Si la combinaison dans laquelle on doit doser l'urane ne renferme pas d'autres substances fixes, on le transforme le plus souvent en *oxyde salin* (UrO,Ur^2O^5) par une simple calcination. — S'il y a de l'acide sulfurique, on ajoute seulement un peu de carbonate d'ammoniaque dans le creuset vers la fin de l'opération.

Si l'on ne peut pas agir ainsi, on précipite d'abord la dissolution d'urane avec de l'ammoniaque en léger excès, après avoir chauffé presque à l'ébullition dans une capsule en platine ou en porcelaine (si la dissolution renfermait du protoxyde, il faudrait d'abord le transformer en peroxyde en faisant chauffer avec de l'acide azotique). Pour empêcher le liquide de passer laiteux à la filtration, on lave avec une dissolution étendue de sel ammoniac le précipité jaune d'*oxyde d'urane ammoniacal* hydraté. Après la dessiccation, on le calcine d'après le § **53**. Pour être certain d'avoir de l'oxyde salin, on chauffe longtemps au rouge le creuset ouvert et incliné; on le couvre ensuite pendant la calcination, on laisse refroidir sous le dessiccateur et l'on pèse (*Rammelsberg*).

Si la dissolution dans laquelle on doit précipiter l'oxyde d'urane renferme d'autres bases (terres alcalines et même des alcalis), le précipité d'oxyde d'urane ammoniacal n'est pas pur de ces bases. Il faudra dès lors suivre les règles que nous donnerons dans le cinquième chapitre.

(*) *Chem. Centralblatt*, 1858, 859.

Il faudra toujours, pour contrôler la pureté et en même temps la composition de l'oxyde salin, le réduire à l'état de protoxyde (UrO); parfois *Péligot* a trouvé des proportions différentes d'oxygène dans l'oxyde salin. On fera cette réduction au moyen de l'hydrogène, comme cela est indiqué pour le cobalt (§ **111.**); seulement on se rappellera que si l'on opère sur une quantité notable d'oxyde, la réduction n'est complète qu'à la condition de répéter plusieurs calcinations successives dans l'hydrogène, en remuant avant chacune avec un fil de platine. Pendant le refroidissement on activera le dégagement d'hydrogène pour éviter la peroxydation facile du protoxyde. Par une forte calcination au rouge on lui enlève aussi la propriété de s'enflammer à l'air. — Si l'on avait à réduire le résidu de l'évaporation d'une solution chlorhydrique, il faudrait chauffer d'abord très faiblement et longtemps dans le courant d'hydrogène pour éviter la volatilisation d'un peu de chlorure d'urane; ensuite on élèverait graduellement la température. — L'oxyde d'urane peut se séparer de l'acide phosphorique en fondant la combinaison avec du cyanure de potassium et du carbonate de soude. En reprenant par l'eau l'acide phosphorique reste en dissolution et l'urane se sépare à l'état de protoxyde. C'est la méthode suivie par *Knopp* et *Arendt*.

L'oxyde salin d'urane, dont l'équivalent = 210,2 contient 178,2 d'urane et 32 d'oxygène, renferme sur 100 parties : 84,77 d'urane et 15,23 d'oxygène; — le protoxyde pour 1 équivalent = 67,5 renferme 59,4 = Ur et 8 = O ou en centièmes 88.15 urane et 11,87 oxygène.

Suivant *Belohoubeck* (*), on peut doser volumétriquement l'urane en réduisant par le zinc la solution du sulfate ou de l'acétate; cela se fait absolument comme pour le fer (§ **113.**3. a.). Comme on ne peut pas reconnaître à la couleur de la liqueur si la réduction est achevée, il faut laisser longtemps le zinc en contact avec la liqueur. Suivant *Belohoubeck*, il faut de un quart d'heure à une demi-heure, suivant la quantité. La solution de protoxyde d'urane additionnée d'eau et d'acide sulfurique est alors traitée jusqu'à coloration rouge par une solution de caméléon, dont la force ou le titre sera fixé comme il est dit au § **112.** 2. La fin de l'opération se reconnaît très facilement.

D'après *Belohoubeck*, le dosage se ferait aussi bien dans les solutions chlorhydriques; mais les expériences faites dans mon laboratoire démontrent que les mêmes inconvénients ne se présentent que dans le dosage du fer, surtout quand la quantité d'acide chlorhydrique est un peu notable (voir p. 236. γ.).

Comme pour transformer le protoxyde d'urane en peroxyde, deux équivalents du premier prennent un équivalent d'oxygène, c'est-à-dire autant que deux équivalents de protoxyde de fer, pour se changer en sesquioxyde, pour avoir le titre du caméléon en urane, quand on le connait en fer, on n'a qu'à calculer 59,4 d'urane pour 28 de fer.

(*) *Zeitschr. f. analyt. Chem.*, VI, 120.

CINQUIÈME GROUPE DES BASES

OXYDE D'ARGENT, OXYDE DE PLOMB, PROTOXYDE DE MERCURE, BIOXYDE DE MERCURE, OXYDE DE CUIVRE, OXYDE DE BISMUTH, OXYDE DE CADMIUM (PROTOXYDE DE PALLADIUM).

§ 115.

1. Oxyde d'argent.

a. DISSOLUTION. — Les composés d'argent insolubles dans l'eau et l'argent métallique seront dissous dans l'acide azotique, lorsque cela sera possible. En général il suffit de prendre l'acide étendu ; pour le sulfure d'argent il faut qu'il soit concentré. On fera la dissolution dans un ballon. Les chlorure, bromure et iodure d'argent ne sont attaqués ni par l'eau, ni par l'acide azotique ; pour mettre en dissolution l'argent que les deux premiers renferment, on les met dans l'eau, le mieux après les avoir fondus, avec un peu de cadmium pur, ou de zinc, ou de fer et de l'acide sulfurique étendu. La réduction achevée, on lave la boue d'argent d'abord avec de l'acide sulfurique étendu, puis avec de l'eau, et on la dissout enfin dans l'acide azotique. Cependant, pour en faire l'analyse, il n'est pas besoin, comme nous allons le voir, de faire dissoudre ces combinaisons.

b. DOSAGE. — On peut, d'après le § **82**, doser l'argent à l'état de *chlorure*, de *sulfure*, de *cyanure* ou à l'*état métallique*. En outre on fait fréquemment usage de liqueurs titrées.

On peut changer en :

1. CHLORURE D'ARGENT. — Tous les composés d'argent sans exception.

2. SULFURE D'ARGENT, 5. CYANURE D'ARGENT. — Tous les composés d'argent solubles dans l'eau ou dans l'acide azotique.

4. ARGENT MÉTALLIQUE. — L'oxyde d'argent et quelques-uns de ses composés à acides facilement volatils ; en outre les sels à acides organiques, et enfin les chlorure, bromure, iodure et sulfure d'argent.

La méthode 4. est la plus commode, quand on peut l'employer. La méthode 1. est la plus ordinaire ; 2. et 5. servent le plus généralement pour séparer l'oxyde d'argent des autres bases.

Le dosage de l'argent par les liqueurs titrées, d'après le procédé de *Gay-Lussac*, se fait dans les ateliers des monnaies. — Le titrage d'après *Pisani* est surtout bon quand il n'y a que de très petites quantités d'argent. Nous décrirons dans le chapitre des spécialités le procédé de coupellation, à propos de l'analyse des galènes.

1. *Dosage de l'argent à l'état de chlorure.*

a. Par la voie humide.

On chauffe vers 70° dans un vase à précipité la solution d'argent assez étendue et additionnée d'un peu d'acide azotique, et en remuant constamment on verse peu à peu de l'acide chlorhydrique, jusqu'à ce qu'il ne se forme plus de précipité. Il faut éviter un excès d'acide chlorhydrique, dans lequel le chlorure d'argent n'est pas tout à fait insoluble. On continue de chauffer, en évitant l'action directe des rayons du soleil, jusqu'à ce que le précipité se dépose complètement. On verse le liquide clair surnageant sur un petit filtre, puis on y fait arriver tout le chlorure d'argent avec de l'eau chaude additionnée d'un peu d'acide azotique : on lave d'abord avec de l'eau acidulée avec de l'acide azotique, puis avec de l'eau chaude pure ; on sèche bien ; on fait tomber aussi complétement que possible le contenu du filtre sur un verre de montre ; on incinère le filtre dans un creuset de platine pas trop grand et pesé : comme les cendres renferment toujours un peu d'argent métallique, on les traite à chaud par un peu d'acide azotique, on ajoute quelques gouttes d'acide chlorhydrique, on évapore à siccité avec précaution ; on verse maintenant dans le creuset tout le chlorure d'argent, en employant un pinceau fin pour détacher les dernières parcelles ; on chauffe avec précaution jusqu'à ce que la fusion commence sur les bords, on laisse refroidir et l'on pèse.

Pour retirer la masse fondue du creuset, sans altérer celui-ci, on place un petit morceau de fer ou de zinc sur le chlorure d'argent, on y verse un peu d'acide sulfurique étendu ou d'acide chlorhydrique. La réduction terminée, le creuset peut se nettoyer facilement.

Voir au § 82 les caractères du précipité. La méthode donne des résultats très exacts, autant toutefois qu'il n'y a pas dans la dissolution une trop grande quantité de sels, dans lesquels le chlorure d'argent serait un peu soluble. Voir § 82. Pour avoir une certitude à cet égard, il est bon avant de jeter les liquides clairs décantés de les essayer avec l'acide sulfhydrique.

b. Par la voie sèche.

Cette méthode ne s'emploie guère que pour l'analyse du bromure et de l'iodure d'argent, bien qu'on pourrait l'appliquer aux autres combinaisons. On place la combinaison à analyser dans la boule d'un tube à boule, on l'y fond, on pèse et l'on fait passer un courant très lent de gaz chlore pur et sec. On dispose l'appareil de la manière suivante (fig. 85) : a est un ballon d'où se dégage du chlore, b renferme de l'acide sulfurique concentré, c du chlorure de calcium, d est le tube à boule dans lequel est le bromure ou l'iodure d'argent, e conduit le chlore au dehors ou dans un lait de chaux. Quand le courant de chlore a commencé depuis un certain temps, on chauffe à fusion le contenu de la boule, on l'y maintient environ un quart d'heure, en l'agitant deci delà. On enlève le tube, et après refroidissement on le tient incliné pour que l'air remplace le chlore et enfin on pèse. On fait de nouveau passer du chlore comme précédemment, on pèse de nouveau. Si le poids n'a pas changé, l'expérience peut être regardée comme terminée pour la plupart des cas. Si l'on voulait atteindre toute l'exactitude possible, on chaufferait encore une fois le chlorure d'argent jusqu'à la fusion, et pour chasser les traces de chlore qu'absorbe le chlorure fondu, on ferait passer dans le tube un courant lent d'acide carbonique pur et sec. Après refroidissement on incline le tube pour remplacer l'acide carbonique par l'air atmosphérique et l'on pèse.

2. *Dosage de l'argent à l'état de sulfure.*

On peut précipiter complètement l'argent de ses dissolutions acides, neutres ou alcalines par l'acide sulfhydrique et de ses dissolutions neutres et alcalines par le sulfhydrate d'ammoniaque : mais ce précipité ne se dépose rapidement et la liqueur ne s'éclaircit bien qu'autant que le liquide renferme

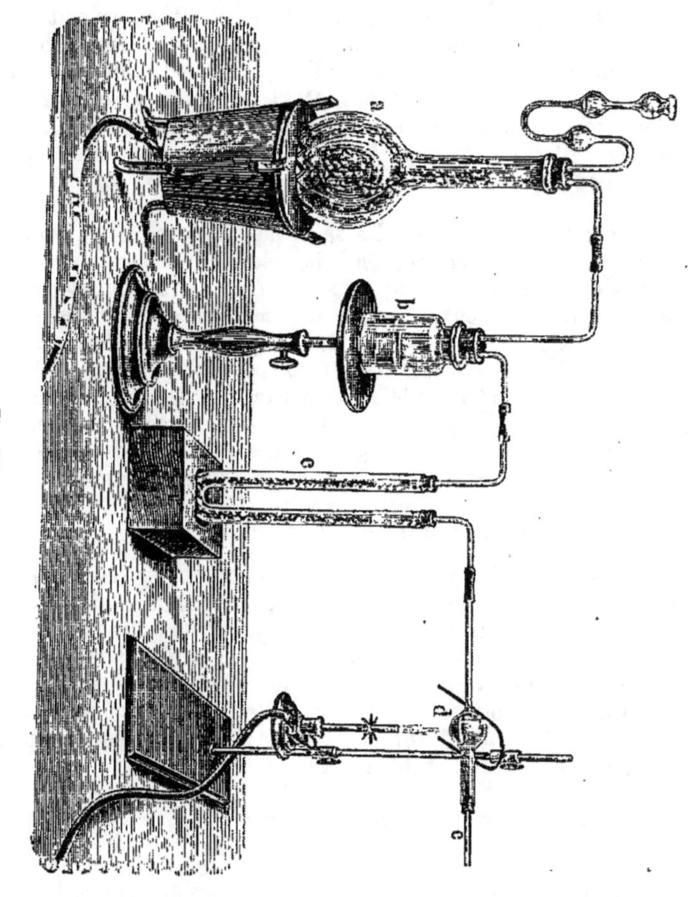

Fig. 85.

un peu d'acide libre (azotique par exemple) ou un sel comme un azotate alcalin. Pour de petites quantités d'argent on peut employer une dissolution d'acide sulfhydrique récemment préparée et parfaitement limpide ; pour des proportions un peu fortes d'argent, on fera passer dans la dissolution convenablement étendue et pas trop acide un courant de gaz hydrogène sulfuré lavé. La précipation achevée et le précipité déposé à l'abri du contact de l'air, on le met sur un filtre pesé, puis on lave, on sèche à 100° et l'on pèse. Caractères du précipité § **82.** Cette méthode bien conduite fournit de bons résultats. — On aura soin pendant la filtration de préserver autant que possible du contact de l'air et d'opérer promptement, afin qu'il ne se sépare pas de soufre de l'acide sulfhydrique, ce qui augmenterait le poids du sulfure d'argent. Si l'on craignait qu'il n'y eût un peu de soufre, on traiterait à plusieurs reprises par le sulfure de carbone le précipité desséché sur le filtre, jusqu'à ce que le liquide filtré ne laisse plus de résidu sur un verre de montre.

Il ne faut toutefois peser le sulfure d'argent que lorsqu'on s'est assuré qu'il n'est pas mélangé avec du soufre. Si le précipité renfermait du soufre, ce qui arriverait si la liqueur contenait de l'acide hypoazotique, du peroxyde de fer ou toute autre substance pouvant décomposer l'acide sulfhydrique, il faudrait, d'après le conseil de *H. Rose* (*), le transformer en argent métallique. Pour cela on le met dans un creuset en porcelaine pesé, on ajoute les cendres du filtre et l'on chauffe au rouge dans un courant d'hydrogène, en faisant usage de l'appareil décrit au § **108** (*fig.* 79). — Résultats exacts.

Si l'on n'avait pas cet appareil à sa disposition, on ferait tomber avec précaution, après le lavage complet, le précipité mélangé de soufre dans une capsule en porcelaine, en ayant soin de ne pas endommager le filtre, on chaufferait une ou deux fois avec une dissolution assez forte de sulfite de soude pur, puis on rejetterait sur le même filtre le sulfure d'argent débarrassé du soufre, on laverait bien et l'on pèserait [*J. Lowe* (**)] ; ou bien on traite à une douce chaleur le sulfure d'argent avec les cendres du filtre par de l'acide azotique convenablement étendu et exempt de chlore jusqu'à complète décomposition (que le soufre non dissous paraisse avec sa couleur jaune pur), on filtre, on lave bien et on opère suivant 1.

3. *Dosage de l'argent à l'état de cyanure.*

On traite la dissolution neutre ou acide d'argent par le cyanure de potassium jusqu'à ce que le précipité formé soit de nouveau dissous : on ajoute alors de l'acide azotique en léger excès et l'on chauffe à une douce chaleur. Si la solution d'argent renfermait un acide libre, il faudrait la neutraliser par la lessive de potasse ou le carbonate de soude, avant de verser le cyanure de potassium. On rassemble sur un filtre pesé le cyanure d'argent qui se dépose, on lave, on sèche à 100° et l'on pèse. Caractères du précipité § **82**. — Les résultats sont exacts.

4. *Dosage à l'état d'argent métallique.*

a. Par voie sèche :

Si l'on a de l'oxyde d'argent, du carbonate d'argent, etc., on les calcine tout simplement dans un creuset de porcelaine jusqu'à réduction complète. Avec les sels à acides organiques, il est bon de commencer la première action de la chaleur dans le creuset fermé; on enlève ensuite le couvercle et l'on chauffe plus fort jusqu'à la combustion complète du charbon. Caractères

(*) *Ann, de Pogg.*, CX, 139.
(**) *Journ. f. prackt. Chem.*, LXXVII, 75.

du résidu § **82**. — Avec l'oxyde d'argent, etc., la méthode donne des résultats exacts. Avec les sels à acides organiques il n'est pas rare qu'on ait des nombres trop forts, à cause d'un peu de charbon qui reste dans l'argent réduit.

Si l'on voulait, au point de vue analytique, transformer le chlorure, le bromure ou le sulfure d'argent en argent métallique, il faudrait en chauffer au rouge un poids connu, dans un courant d'hydrogène sec et pur, jusqu'à ce que le poids ne varie plus. On peut chauffer dans un creuset en porcelaine ou dans un tube à boule. Dans le premier cas on se sert de l'appareil décrit au § **108** et représenté dans la figure 79 ; dans le second on monte un appareil analogue à celui de la figure 85 ; on remplace le flacon à chlore par un flacon à hydrogène pur et sec (§ **64**. 14). — Après refroidissement on enlève le tube à boule, on l'incline pour que l'air remplace l'hydrogène et l'on pèse. Les résultats sont très exacts. — L'iodure d'argent ne peut pas se réduire par ce moyen.

b. Par voie humide.

On évapore d'abord la solution d'argent, en ajoutant de l'acide sulfurique si elle est azotique, comme c'est le cas le plus commun. On dissout le sulfate d'argent dans de l'eau chaude, on verse la solution dans un creuset de porcelaine pesé et l'on y plonge une baguette de cadmium. La réduction s'opère rapidement, le métal réduit se sépare facilement du cadmium, et se rassemble en une masse compacte. On chauffe celle-ci avec la liqueur acide tant qu'il se dégage de l'hydrogène, on lave par décantation avec de l'eau chaude, on sèche et l'on calcine. Résultats exacts [*A. Classen* (*)]. Le cadmium est préférable au zinc, parce que ce dernier en se dissolvant dans l'acide sulfurique étendu laisse parfois du plomb.

5. *Dosage par les liqueurs titrées.*

I. Méthode de Gay-Lussac.

Cette méthode que *Gay-Lussac* a substituée à l'essai par coupellation et a étudiée dans tous ses détails avec la plus scrupuleuse exactitude, a été également l'objet d'un travail sérieux de la part de *J. Mulder*. Je n'en parlerai ici qu'au point de vue de l'usage qu'on en peut faire dans un laboratoire de chimie, et je supposerai qu'on ne possède que les appareils de mesure ordinaires. Je ferai en sorte cependant dans ces conditions d'indiquer toutes les particularités signalées par *Mulder* et qui font de cette méthode la plus exacte de toutes celles qui procèdent par les liqueurs titrées.

a. Objets nécessaires.

α. *Dissolution normale de sel marin.* — On chauffe modérément au rouge du chlorure de sodium pulvérisé et chimiquement pur, soit du sel artificiel,

(*) *Zeitschr. f. analyt. Chem.*, V. 402. — Il résulte des expériences de *Stass* et des miennes que l'emploi du protochlorure de cuivre ammoniacal, proposé par *Millon* et *Commailles*, ne saurait être recommandé.

soit du sel gemme [il ne faut pas faire fondre (*)], et l'on dissout 5,4202 grammes dans l'eau distillée, de façon à faire un litre à 16°. 100 C.C. de cette dissolution renferment donc la quantité de sel équivalente à 1 gramme d'argent. — Cette dissolution sera conservée dans un flacon à l'émeri et agitée avant d'en faire usage.

β. *Dissolution normale décime* $\left(\dfrac{N}{10}\right)$ *de sel.* — On met 50 C.C. de la dissolution préparée en α. dans un flacon jaugé de 500 C.C., on remplit d'eau distillée jusqu'au trait et l'on agite. Chaque C.C. de cette liqueur correspond à 0,001 gr. d'argent. Les mesures doivent se faire à 16°. On la conserve comme en α.

γ. *Dissolution décime d'argent.* — On dissout 0,5 gr. d'argent chimiquement pur (**) dans 2 ou 3 C.C. d'acide azotique pur de densité 1,2 : on étend la dissolution avec de l'eau de façon à faire 500 C.C. de liqueur à 16°. — Chaque C.C. contient donc 0,001 gr. d'argent. — On gardera cette dissolution dans un flacon à l'émeri, et on la préservera de l'action de la lumière.

δ. *Fioles à essais.* — Ce sont des flacons en verre blanc, d'une contenance de 200 C.C. au moins, fermés avec des bouchons en verre à l'émeri fermant parfaitement et se terminant en pointe dans l'intérieur du flacon. On les place dans des boîtes noircies à l'intérieur, recouvrant les flacons jusqu'au col, et pour éviter toute action de la lumière on place par-dessus un couvercle noir.

b. Principe.

Lorsque l'on connait la valeur d'une dissolution de sel, son titre, la quantité d'argent, par exemple 1 gramme, qu'elle peut précipiter à l'état de chlorure, on peut s'en servir pour doser une quantité inconnue d'argent. Car la quantité d'argent est proportionnelle à la quantité de la solution de sel employée pour la précipitation.

En cherchant si 1 équivalent de chlorure de sodium dissous dans l'eau précipite juste et complètement 1 équivalent d'argent dissous dans l'acide azotique, on trouve que cela n'arrive pas (***). Le liquide clair au fond du-

(*) Par la fusion le sel marin prend, lorsque la flamme agit sur lui, une réaction alcaline, parce que par l'action de la vapeur d'eau et de l'acide carbonique, il se fait un peu d'acide chlorhydrique qui se dégage et un peu de carbonate de soude.

(**) Pour le préparer, *Stass* emploie la méthode suivante (*Recherches sur loi des proportions multiples*). On fait fondre l'azotate d'argent brut renfermant du cuivre (pour décomposer un peu d'azotate de platine qu'il pourrait contenir), on dissout dans l'ammoniaque étendue, on laisse reposer 48 heures, on filtre et on étend de façon que la liqueur ne renferme pas plus de 2 pour 100 d'argent. On ajoute un excès de sulfite d'ammoniaque (on détermine la quantité à ajouter par un essai préliminaire en petit : lorsqu'après avoir chauffé suffisamment la liqueur bleue est décolorée, on peut être certain d'avoir ajouté assez de sulfite d'ammoniaque). On chauffe au bain-marie vers 60° à 70°, ce qui fait précipiter tout l'argent sous forme de poudre métallique, on laisse refroidir et on lave par décantation avec de l'ammoniaque étendue, jusqu'a ce que la dernière eau de lavage ne renferme plus ni cuivre, ni acide sulfurique. On fait digérer pendant plusieurs jours la poudre d'argent avec de l'ammoniaque concentrée, on lave avec de l'eau et on fond avec du borax et de l'azotate de soude.

(***) En prenant du bromure de sodium ou de potassium au lieu du chlorure de sodium, la précipitation est complète avec une quantité équivalente d'argent, parce que

quel est le précipité donne un léger précipité aussi bien quand on y ajoute un peu de la dissolution de sel, que lorsqu'on y verse de la solution d'argent : c'est ce que *Mulder* a parfaitement et très exactement démontré. On ne peut donc pas calculer le titre d'une dissolution de sel, dans les sens que nous lui attribuons plus haut, d'après sa richesse en sel, en prenant 1 équivalent d'argent pour 1 équivalent de chlorure de sodium, mais il faut le fixer par l'expérience. *Mulder* a fait voir que dans ce cas la température et la concentration des liqueurs avaient de l'influence : ce que l'on comprend d'après l'action dissolvante de l'azotate de soude formé par double décomposition sur le chlorure d'argent. Dans la dissolution formée on doit regarder NaO, AzO^5, — NaCl et AgO, AzO^5 comme dans un certain état d'équilibre. Si l'on ajoute NaCl ou AgO, AzO^5, on trouble cet équilibre et il se dépose du chlorure d'argent.

Il résulte de cette intéressante remarque que si dans une dissolution d'argent on verse d'abord une dissolution concentrée de sel marin, puis à la fin et goutte à goutte une dissolution décime, juste ce qu'il faut pour qu'il ne se forme plus de précipité, l'addition de la solution décime d'argent formera un nouveau précipité léger; — et si l'on verse cette dernière goutte à goutte, jusqu'à ce que la dernière goutte ne fasse plus de trouble, alors la solution décime de sel donnera de nouveau un léger précipité. Si l'on compte le nombre de gouttes de l'une ou de l'autre dissolution décime qu'il faut pour passer d'une limite à l'autre, on trouve qu'il est le même. Supposons que nous ayons complètement titré avec la dissolution décime de sel et que nous ayons employé 20 gouttes (*) de la dissolution décime d'argent pour n'avoir plus de trouble ultérieur, il nous faudra de nouveau ajouter aussi 20 gouttes de solution normale décime de sel, pour atteindre le point où celle-ci ne réagit plus. Si au lieu de ces 20 gouttes on n'en verse que 10, on a atteint ce que *Mulder* appelle le point de neutralité, c'est-à-dire celui où la dissolution d'argent et celle de sel marin produisent des précipités également abondants de chlorure d'argent.

On peut dès lors choisir trois points comme indiquant la fin de la réaction : a. le moment ou le sel marin cesse de précipiter l'argent, ou b. le point de neutralité, ou c. le point où la dissolution d'argent cesse de précipiter le chlorure de sodium. Quel que soit celui que l'on choisisse, il faut qu'il soit le même pour fixer le titre de la solution de sel et pour faire l'essai. La différence que l'on obtient si l'on choisit a. pour une opération et b. pour l'autre peut être, suivant *Mulder*, de 0,5 milligr. d'argent sur 1 gram. à la température de 16°; mais si l'on choisit une fois a. et l'autre fois c., comme on le faisait dans les premiers essais suivant *Gay-Lussac*, la différence peut monter à 1 milligramme.

Pour le but que nous nous proposons, il me semble plus commode de choisir une fois pour toutes le point a., c'est-à-dire celui où la dissolution de sel ne donne plus de précipité, et de ne jamais employer la disso-

---

le bromure d'argent n'est pas du tout soluble, comme le chlorure d'argent, dans le liquide surnageant (*Stass*. Compt. rend., LXVII, 1107).

(*) 20 gouttes de l'instrument de *Mulder* représentent 1 C.C.

lution d'argent pour revenir. Si l'on a dépassé le point en ajoutant trop de solution décime de sel, il faut verser d'un coup 2 ou 5 centimètres cubes de solution normale décime d'argent. On atteint ensuite le point final en ajoutant de nouveau avec précaution la solution décime de sel et l'on retranche de la quantité d'argent calculée d'après l'essai celle que contiennent les centimètres cubes de solution décime d'argent ajoutés.

c. Manière d'opérer.

L'opération se partage en deux parties, ainsi que cela résulte de b. : α. on fixe le titre de la solution de sel ; β. on fait l'essai de l'alliage.

α. *Fixation du titre de la solution de sel.* — On pèse de $1^{gr},001$ à $1^{gr},003$ d'argent chimiquement pur, on le met dans une fiole à essai, on ajoute 5 centimètres cubes d'acide azotique chimiquement pur de densité 1,2 et en inclinant le col on chauffe la fiole sur un bain d'eau ou de sable, jusqu'à complète dissolution. En soufflant dans le flacon on en chasse les vapeurs nitreuses, on fait refroidir en plongeant dans une cuve d'eau à 16° et on laisse assez de temps pour que le liquide ait bien atteint cette température. Après avoir essuyé la fiole on la pose dans son enveloppe.

On remplit la pipette de 100 centimètres cubes avec la solution normale de sel marin, on fait couler son contenu dans la fiole, on ferme avec le bouchon à l'émeri mouillé avec de l'eau, on couvre le col du flacon avec son capuchon noir et l'on agite fortement sans s'arrêter, jusqu'à ce que tout le chlorure d'argent soit rassemblé et que le liquide soit devenu parfaitement limpide. — On débouche le flacon, on frotte le bouchon contre le goulot pour en enlever toutes les parcelles de chlorure d'argent, on le replace et, en agitant convenablement le liquide, on ramasse tout le chlorure qui pourrait être adhérent au haut des parois. Après avoir laissé reposer quelque temps, on débouche et d'une pipette donnant le dixième de centimètre cube on fait couler la solution normale décime de sel par petites portions, de telle façon que les gouttes tombent au bas du col de la fiole que l'on tient légèrement incliné. Si l'on a pesé, comme nous l'indiquons, de $1^{gr},001$ à $1^{gr},003$ d'argent, on peut commencer par verser la solution décime par 1/2 centimètre cube. Après chaque addition, on retire un peu le flacon de son enveloppe, on examine l'abondance du précipité, on agite jusqu'à ce que le liquide redevienne clair et l'on opère comme nous l'avons dit, avant d'ajouter une nouvelle portion de la liqueur salée. Plus le précipité formé est léger, moins on ajoute de sel marin ; à la fin on ne procède que par 2 gouttes et l'on a soin de lire la position du liquide dans la burette avant chaque addition. Si les deux dernières gouttes ne donnent plus de trouble, c'est la dernière lecture qui est la bonne.

Si par hasard on avait dépassé le point avant d'avoir pu noter exactement la quantité de la solution de sel, on ajoute 2 ou 5 centimètres cubes de la solution normale décime d'argent (on ajoutera la quantité d'argent au poids primitif sur lequel on opère) et l'on tâche d'atteindre exactement le point final de l'opération, par une addition judicieuse et faite avec précaution de la solution normale décime de sel.

Cela fait, on connaît la valeur chimique de la dissolution de sel ; on la calcule alors pour 1 gr. d'argent.

Supposons que pour $1^{gr},002$ d'argent on ait employé 100 C.C. de solution concentrée de sel et 5 C.C. de la solution décime, cela fait 100,5 centimètres cubes de la première ; nous poserons la proportion :

$$1,002 \text{ argent} : 100,5 \text{ de solution salée} = 1,000 : x$$
$$x = 100,0998,$$

ou bien sans inconvénients, $x = 100,1$. — Nous savons donc que 100,1 centimètres cubes de la dissolution concentrée de sel précipitent juste 1 gr. d'argent. Ce rapport servira à faire le calcul dans les essais, et il faudra le chercher de nouveau chaque fois que nous aurons à craindre que par quelque cause la concentration de la solution de sel soit changée.

β. *Essai d'un alliage.* — On pèse une quantité de l'alliage telle, qu'on y trouve environ 1 gr. d'argent et mieux quelques milligrammes de plus (pour les monnaies qui renferment 9 parties d'argent et 1 partie de cuivre, on prendra de $1^{gr},115$ à $1^{gr},120$) (*), on dissout dans une fiole à essais avec 5 à 7 centimètres cubes d'acide azotique et l'on opère exactement et en tous points comme dans la méthode α.

Supposons qu'on ait pris $1^{gr},116$ d'alliage et qu'outre 100 centimètres cubes de la solution de sel concentrée, on en ait employé 5 de la solution décime ou 0,5 de la première. La valeur de la solution salée étant celle que nous avons supposée plus haut, le calcul est simple ; on écrira :

$$100,1 \text{ de solution salée} : 1,000 \text{ d'argent} = 100,5 : x$$
$$x = 1,005996,$$

ou sans erreur sensible 1,004.

On aurait pu arriver au même résultat de la façon suivante :

Pour précipiter l'argent dans l'alliage, il a fallu de la solution normale de sel. . . . . 100,5 C.C.

Pour 1 gramme d'argent il en faut. . . . . 100,1 C.C.

La différence. . . . . 0,4 C.C.

représente juste les milligrammes d'argent qui sont en plus que 1 gr., en admettant que 0,1 centimètre cube de la solution concentrée ($= 1$ centimètre cube de la solution décime) correspond à 1 milligramme d'argent. — Cela n'est pas rigoureusement exact sans doute, mais on voit qu'au cas actuel l'erreur est infiniment petite et peut parfaitement être négligée.

Pour appliquer exactement cette méthode, il faut déjà connaître d'une manière approchée le titre de l'alliage. Cela est facile dans l'essai des mon-

(*) Lorsqu'on pèse un alliage d'argent et de cuivre il faut toujours se rappeler que ceux qui ne correspondent pas à la formule Ag^3Cu^4 et par conséquent sont à $\frac{718,67}{1000}$ de fin, ne sont jamais complètement homogènes : ainsi les lingots avec lesquels on bat les monnaies ont souvent à l'intérieur de 1,5 à 1,7 millième de plus d'argent que sur les bords. Il faudra donc pour les essais prendre des échantillons en différents points. Pour éviter complètement cette cause d'irrégularité, il faudrait faire fondre l'alliage et retirer un échantillon du milieu de la masse fortement agitée.

naies, mais pour les alliages quelconques il n'en est plus ainsi. Dans ce dernier cas, on fait précéder l'essai définitif d'un essai approximatif préliminaire. On pèse 1/2 gr., ou 1 gr. pour les alliages pauvres, on dissout dans 5 à 6 C.C. d'acide azotique, puis à l'aide de la burette à pince on verse de la solution de sel, d'abord en assez grande quantité et à la fin par petites portions, jusqu'à ce que la dernière goutte (qu'on ne comptera pas) ne produise pas de trouble. On opère du reste en agitant comme plus haut. — Supposons qu'on ait pesé 0^{gr},5 d'alliage et qu'il ait fallu 25 centimètres cubes de solution de sel, on trouve (en admettant le même titre pour les liqueurs que dans les exemples précédents) par la proportion :

$$100,1 \text{ de solution salée} : 1,000 \text{ argent} = 25 : x,$$

que dans 0^{gr},5 d'alliage il y a 0^{gr},2497 d'argent, ou que 1 gr. d'alliage contient 0^{gr},4995 d'argent. On pèsera donc pour faire l'essai 2^{gr},008. Bien entendu maintenant que pour les dissoudre il faudra non plus 5, mais 10 centimètres cubes d'acide azotique. — Lorsqu'on ne tient pas à avoir la plus grande rigueur dans l'analyse, l'essai préliminaire bien conduit peut déjà donner des résultats dont l'approximation varie entre 1/500 et 1/1000.

Pour les alliages contenant du soufre et pour ceux qui outre l'or et l'argent renferment encore un peu d'étain, *Levol* (*) emploie pour dissoudre l'essai environ 25 gr. d'acide sulfurique concentré. On fait dissoudre par ébullition et après le refroidissement on opère comme il a été dit. — Toutefois l'acide sulfurique concentré ne dissout pas tout l'argent quand la proportion de cuivre est un peu considérable; dans ce cas *Mascazzini* (**) traite d'abord l'essai, qui outre l'or peut contenir de petites quantités de plomb, d'étain et d'antimoine, par le moins possible d'acide azotique, tant qu'il se dégage encore des vapeurs rutilantes ; il ajoute ensuite de l'acide sulfurique concentré, il fait bouillir jusqu'à ce que l'or se soit déposé à l'état compact, il ajoute de l'eau froide, puis enfin prend le titre. — Si l'argent renferme du mercure, la méthode est inexacte, parce que le chlorure d'argent entraîne avec lui du bichlorure de mercure. Quand la proportion de mercure est faible, on évite l'erreur, d'après *Levol*, en ajoutant de l'acétate d'ammoniaque (25 C.C. d'ammoniaque et 9 C.C. d'acide acétique dans un essai). Suivant *Debray* (***), l'acétate alcalin décompose le bichlorure de mercure et maintient la pureté du chlorure d'argent. Si la proportion de mercure est notable, l'addition de l'acétate alcalin ne suffit pas pour l'exactitude des résultats, et *Debray* conseille de chasser le mercure, en maintenant pendant un quart d'heure l'essai dans un petit creuset chauffé dans un moufle à gaz. La présence d'autres métaux volatils, comme le zinc, n'a pas d'inconvénients.

(*) *Ann. de chim. et de phys.*, 3e série, XLIV, 347.
(**) *Chem. Centralblatt.*, 1857, 300.
(***) Compt. rend., LXX, 849.

II. Méthode de Pisani (*).

Cette méthode repose sur les faits suivants. Si dans une dissolution neutre et très étendue d'azotate d'argent on verse une dissolution d'iodure d'amidon, il se forme de l'iodure d'argent et de l'hypo-iodite d'argent. La coloration bleue disparaît et en ajoutant de plus en plus du réactif, la couleur persiste quand tout l'azotate d'argent est transformé comme nous venons de l'indiquer. La quantité de la solution d'iodure d'amidon est proportionnelle à la quantité d'azotate d'argent. On pourra donc, en prenant le titre de ce liquide ioduré avec un poids connu d'argent, doser facilement l'argent, à condition que dans la dissolution d'argent il n'y aura pas d'autre substance capable de décomposer l'iodure d'amidon. Outre les agents ordinaires de décoloration de ce dernier réactif, nous pourrons citer les sels suivants : les sels de protoxyde et de bioxyde de mercure, de protoxyde d'étain, d'oxyde d'antimoine, de protoxyde de fer et de manganèse, les arsénites, ainsi que le chlorure d'or : les sels de plomb et de cuivre sont sans action.

Pour préparer l'iodure d'amidon, on broie intimement 2 grammes d'iode avec 15 grammes d'amidon et 6 gouttes d'eau et dans un ballon on chauffe au bain-marie le mélange humide, jusqu'à ce que la couleur d'abord bleu violacé soit passée au gris bleuâtre foncé (environ une heure). On fait digérer l'iodure d'amidon ainsi formé dans l'eau, et il s'y dissout complètement en produisant un liquide noir bleuâtre foncé.

Pour en prendre le titre, on le fait agir sur 10 centimètres cubes d'une solution neutre d'azotate d'argent contenant 1 gramme d'argent pur par litre, en ayant soin d'ajouter avant à la liqueur d'argent un peu de carbonate de chaux pur préparé par précipitation. La concentration de la dissolution d'iodure d'amidon est convenable, quand pour 10 centimètres cubes de la solution d'argent il faut 50 à 60 centimètres cubes d'iodure. Lorsqu'on verse celui-ci dans le liquide argentifère la couleur bleue disparaît d'abord promptement et le liquide devient jaunâtre à cause de l'iodure d'argent. On cesse de verser du réactif aussitôt que le liquide devient vert bleuâtre. Ce point est facile à saisir et une erreur de 0,5 centimètre cube a peu d'importance à cause de la faiblesse de la liqueur d'iode : cela ne correspond qu'à environ 0^{gr},0001 d'argent. Le carbonate de chaux, en neutralisant les acides libres, permet de reconnaître très facilement le changement de couleur. — Pour analyser un alliage d'argent et de cuivre, on en dissout 0^{gr},5 dans l'acide azotique, on étend à 100 centimètres cubes pour diminuer la coloration due au cuivre, on sature 5 centimètres cubes de ce liquide avec du carbonate de chaux et l'on verse l'iodure d'amidon jusqu'à l'apparition de la coloration. Ou bien on détermine très approximativement la proportion d'argent dans 2 centimètres cubes de la dissolution, on précipite ensuite dans 50 centimètres cubes la plus grande partie de l'argent (environ 99 pour 100) avec une dissolution titrée d'iodure de potassium, et dans le liquide, sans filtrer, on titre le reste de l'argent avec l'iodure d'amidon. Quand la quantité d'argent à doser dépasse 0^{gr},020, il vaut mieux suivre cette dernière marche. — Si l'on avait du plomb avec de l'argent dans l'azo-

---

(*) *Annal. des Mines*, X, 85. — Jahresber. von *Liebig* und *Kopp*, 1856, 749.

tate, il faudrait d'abord précipiter le plomb avec l'acide sulfurique, filtrer, ajouter le carbonate de chaux pour neutraliser les acides, filtrer encore une fois, s'il s'est fait un précipité, ajouter un peu plus de carbonate de chaux, puis enfin l'iodure d'amidon. — Les dissolutions trop étendues doivent être concentrées, afin que l'on n'ait toujours à opérer que sur 50 à 100 centimètres cubes. — La méthode est recommandable et surtout très propre à évaluer les petites quantités d'argent. Elle m'a donné dans ce dernier cas des résultats très concordants et très satisfaisants.

Au lieu d'une dissolution d'iodure d'amidon. titrée, on peut aussi bien prendre une dissolution titrée d'iode dans de l'iodure de potassium et ajouter de l'empois (*Field*) (*); cependant avec cette liqueur il faut éviter la présence des substances qui décomposent l'iodure de potassium avec dépôt d'iode.

H. Vogel (**) a modifié la méthode de *Pisani* pour la rendre surtout applicable au dosage de l'argent dans les liquides servant en photographie. À la solution d'argent qui peut contenir de l'acide libre, on ajoute de l'acide azotique contenant de l'acide azoteux (qu'on prépare en mêlant 1000 grammes d'acide azotique de densité 1,2 avec un gramme de sulfate de protoxyde de fer), puis de l'empois d'amidon et enfin une solution titrée d'iodure de potassium jusqu'à coloration bleue. Cela ne peut arriver que quand tout l'argent est précipité partie en iodure, partie en iodate. La précipitation repose sur les deux réactions suivantes : $KI + AgO,AzO^5 = KO,AzO^5 + AgI$, et $6.I + 6.AgO,AzO^5 + 6.HO = AgO,IO^5 + 5.AgI + 6.HO,AzO^5$. Il en résulte que dans tous les cas 1 équivalent d'iode correspond à 1 équivalent d'argent. *Vogel* choisit la solution d'iodure de façon que 1 centimètre cube corresponde à 0,01 gramme d'argent, c'est-à-dire qu'il dissout 16,611 grammes d'iodure de potassium pur et sec de façon à faire 1000 centimètres cubes de liqueur. — Il résulte d'un essai que j'ai fait que la méthode, avantageuse pour la rapidité d'exécution, laisse à désirer sous le rapport de l'exactitude : car, pour la même quantité de solution d'argent, il faut des quantités d'iodure de potassium fort différentes, suivant la proportion des deux liqueurs qui agissent l'une sur l'autre et surtout suivant la concentration et la quantité d'acide azotique libre : cela dépend évidemment de la formation de l'iodate d'argent, qui n'est pas complètement insoluble dans la liqueur acide.

III. Méthode fondée sur l'action du chlorure de sodium sur l'azotate d'argent en présence du chromate de potasse.

Cette méthode étant l'inverse du dosage du chlore, nous en parlerons au sujet de ce dernier (§ **141**. b. α.).

§ 116.

2. Oxyde de plomb.

a. Dissolution. — Il y a peu de composés de plomb solubles dans l'eau. La plupart de ceux qui sont insolubles, ainsi que l'oxyde de plomb et le plomb métallique, sont dissous par l'acide azotique étendu. Si l'on fait

---

(*) *Chem. News*, II, 17.
(**) *Pogg. Ann.*, CXXIV, 347. — *Zeitschr. f. analyt. Chem.*, V, 227.

usage d'acide trop concentré, la décomposition et la dissolution sont incomplètes, parce que l'azotate de plomb étant insoluble dans l'acide azotique concentré, les parties de la substance d'abord attaquées enveloppent le reste et le préservent de l'action ultérieure de l'acide. Voir au § **83** la solubilité du chlorure de plomb et du sulfate. Pour l'analyse de ces composés il n'est pas nécessaire de les dissoudre préalablement ainsi que nous allons bientôt le voir. — L'iodure de plomb se dissout avec dépôt d'iode lorsqu'on le chauffe avec de l'acide azotique de concentration moyenne. Le chromate de plomb ne se dissout sans décomposition que dans la lessive de potasse; il vaut mieux pour les analyses le transformer en chlorure de plomb (voir plus bas).

b. DOSAGE. — Le plomb peut se doser à l'état d'*oxyde*, de *sulfate*, de *chromate*, de *sulfure*, de *chlorure*, d'*oxyde de plomb + du plomb métallique*, de *plomb métallique*, et enfin on peut employer des liqueurs titrées.

On peut transformer en :

1. OXYDE DE PLOMB :

    a. *Par précipitation :* Les sels de plomb solubles dans l'eau et ceux qui y sont insolubles, mais dont les acides sont éliminés par l'acide azotique.

    b. *Par calcination :* α. Les sels de plomb à acides minéraux volatils ou facilement décomposables. — β. Les sels de plomb à acides organiques.

2. SULFURE DE PLOMB :

Tous les sels de plomb dissous.

3. SULFATE DE PLOMB :

    a. *Par précipitation :* les sels insolubles dans l'eau, solubles dans l'acide azotique et dont les acides ne peuvent pas être éliminés de la dissolution.

    b. *Par évaporation :* α. Tous les oxydes du plomb et les sels à acides volatils. — β. Beaucoup de composés organiques de plomb.

4. CHROMATE DE PLOMB :

Les composés de plomb solubles dans l'eau ou dans l'acide azotique.

5. CHLORURE DE PLOMB :

Le chromate.

6. OXYDE DE PLOMB + PLOMB.

Beaucoup de composés organiques de plomb.

7. PLOMB MÉTALLIQUE :

Les oxydes et la plupart des sels, — les composés de plomb avec le chlore, le brome et l'iode.

En outre le plomb peut se doser par les liqueurs tirées, mais rarement avec quelque avantage.

Nous venons d'indiquer pour les divers composés de plomb les formes qu'il faut leur donner au point de vue de l'analyse : ce n'est pas à dire cependant qu'on ne puisse appliquer l'une ou l'autre méthode aux composés spécialement indiqués pour une méthode particulière : par exemple toutes les combinaisons désignés en 1. peuvent aussi être transformées en sulfate et souvent il vaut mieux précipiter à l'état de sulfure de plomb les composés solubles.

Le chlorure, le bromure et l'iodure de plomb se décomposent par ébullition avec du carbonate de soude : en faisant passer dans la liqueur refroidie un courant d'acide carbonique, on précipite les moindres traces de plomb qui auraient pu passer en dissolution dans le liquide. — Les oxydes supérieurs du plomb se changent en oxyde ordinaire par une simple calcination, ce qui donne un moyen de les analyser et de les dissoudre. On peut aussi les dissoudre très facilement sans calcination préalable, en les traitant par l'acide azotique étendu avec addition d'un peu d'alcool. — L'analyse du sulfate et du chromate de plomb sera encore traitée quand nous nous occuperons des acides correspondants.

1. *Dosage de plomb à l'état d'oxyde.*

a. Par précipitation.

A la dissolution modérément étendue on ajoute du carbonate d'ammoniaque en léger excès, puis un peu d'ammoniaque caustique, on chauffe légèrement, on laisse refroidir et l'on filtre quelque temps après à travers du papier fin. On lave avec de l'eau pure, on laisse sécher, on met le précipité sur un verre de montre et l'on fait brûler dans un creuset en porcelaine pesé le papier du filtre débarrassé autant que possible du précipité. Après refroidissement on humecte les cendres avec un peu d'acide azotique, on laisse évaporer, on chauffe légèrement au rouge : après refroidissement on ajoute tout le carbonate de plomb dans le creuset, et l'on chauffe modérément au rouge jusqu'à ce que tout le carbonate soit changé en oxyde. Caractères du précipité et du résidu § **83**. Les résultats sont très satisfaisants ; seulement en général un peu trop faibles. La perte provient de ce que le carbonate de plomb n'est pas complètement insoluble, surtout dans les liquides qui renferment trop de sels ammoniacaux (Exp. n° 42. b.).

b. Par calcination.

On calcine les combinaisons telles que le carbonate, l'azotate, dans un creuset en porcelaine jusqu'à ce qu'il n'y ait plus de perte de poids. Il faut avoir soin de bien dessécher l'azotate avant d'élever la température au degré voulu pour la calcination, sans quoi on aurait des pertes produites par la décrépitation du sel. — Nous indiquerons dans ce paragraphe, au n° 6, comment on oxyde les sels à acides organiques.

2. *Dosage du plomb à l'état de sulfure.*

Le plomb peut être complètement précipité à l'état de sulfure par l'acide sulfhydrique dans les dissolutions neutres, acides ou alcalines, ou par le sulfhydrate d'ammoniaque dans les dissolutions neutres ou alcalines. Fréquemment, surtout pour les séparations, on fait usage de la précipitation dans les liqueurs acides. Dans ces circonstances on évite et un trop grand excès d'acide et l'élévation de la température. Le premier nuit à la complète précipitation (§ **83**. f.), la seconde favoriserait la dissolution du sulfure de plomb déjà précipité. — Pour s'assurer de la complète précipitation on cherche avant de filtrer si un essai du liquide clair, surnageant le précipité, ne se trouble plus quand on le mélange avec une quantité relativement considérable d'une dissolution saturée d'acide sulfhydrique.

Si la liqueur ne contient ni acide chlorhydrique, ni chlorure métallique, le sulfure de plomb est pur. On le sépare alors par filtration, on le lave avec de l'eau froide et on le dessèche : cela fait, on le met avec les cendres du filtre dans un creuset de porcelaïne, on y ajoute un peu de soufre en poudre, on chauffe au rouge dans un courant d'hydrogène jusqu'à ce qu'on ait un poids constant, on laisse refroidir dans le courant d'hydrogène et l'on pèse. Voir pour l'appareil § **108**. 2. *fig.* 79, et pour les caractères du résidu § **83**. f. — Les résultats sont très bons (*H. Rose*). Si l'on n'a chauffé qu'au rouge faible, le sulfure de plomb renferme un peu plus de soufre que ne l'indique la formule PbS; si l'on chauffe trop fort, le sulfure commence à se volatiliser et il se forme aussi un sous-sulfure avec dégagement d'hydrogène sulfuré. Il n'est pas bon de dessécher ce précipité à 100° (§ **83**. f.).

Si le liquide précipité contenait de l'acide chlorhydrique ou un chlorure, le sulfure de plomb serait mélangé de chlorure de plomb, qui ne se transformerait pas, même en faisant bouillir avec du sulfhydrate d'ammoniaque. En traitant ce précipité comme il est dit plus haut, on aurait bien du sulfure pur, mais il y aurait une perte par suite de la volatilisation du chlorure de plomb. Il faut alors décomposer le précipité avec de l'acide chlorhydrique concentré, évaporer la solution à siccité, dissoudre le résidu en le chauffant avec une dissolution concentrée d'acétate de soude et, après avoir étendu d'eau, verser la solution de plomb en remuant dans un excès d'une dissolution concentrée d'hydrogène sulfuré. Si l'on préfère, on pourra peser directement le chlorure de plomb obtenu après l'avoir chauffé à 200° (*Finkener*) (*).

5. *Dosage du plomb à l'état de sulfate.*

a. Par précipitation.

α. A la dissolution, qui ne doit pas être trop étendue, on ajoute un léger excès d'acide sulfurique pur de concentration moyenne, on y mélange le double de son volume d'esprit-de-vin, on laisse déposer quelques heures, on filtre, on lave avec de l'alcool, on sèche et l'on calcine d'après la méthode indiquée au § **53**. On peut, en prenant des précautions, faire la calcination dans un creuset de platine, mais il est plus prudent de faire usage d'un creuset en porcelaine mince. — On observera en outre les recommandations faites plus haut 1. a.

(*) TRAITÉ D'ANAL. CHIMIQ. de *H. Rose*, 6ᵉ édition publiée par *Finkener*, p. 952.

β. Dans le cas où l'on ne pourrait pas ajouter d'alcool, on ajoute un assez grand excès d'acide sulfurique, on filtre le précipité après l'avoir laissé longtemps déposer, on le lave avec de l'eau additionnée d'un peu d'acide sulfurique, on chasse ensuite le liquide acide par un lavage répété avec de l'esprit-de-vin et l'on achève comme plus haut.

Si la liqueur contient de l'acide azotique, il vaudra mieux, aussi bien en opérant suivant α. que suivant β., après l'addition de l'acide sulfurique, évaporer au bain-marie jusqu'à ce que tout l'acide azotique soit chassé, sans quoi la précipitation ne serait pas complète. — Si la liqueur renferme de l'acide chlorhydrique ou un chlorure, il se précipite du chlorure de plomb avec le sulfate. Il faudra alors ou bien évaporer le liquide avec un excès d'acide sulfurique et chauffer le résidu jusqu'à ce qu'il se dégage des vapeurs d'acide sulfurique, pour être certain d'avoir chassé tout l'acide chlorhydrique, ou bien, quand on aura mis le précipité avec les cendres du filtre dans le creuset, on humectera avec de l'acide sulfurique concentré, on évaporera ensuite celui-ci, puis on chauffera au rouge et l'on obtiendra ainsi du sulfate de plomb pur (*Finkener*) (*).

Caractères du précipité § **83**. En opérant d'après α., la méthode donne de bons résultats; ils sont un peu moins exacts (un peu trop faibles) d'après β., mais cependant encore satisfaisants si l'on prend bien toutes les précautions indiquées. — Si l'on néglige d'ajouter un excès convenable d'acide sulfurique, le plomb ne sera pas complètement précipité, par exemple en présence de sels ammoniacaux, et si on lave avec de l'eau pure, il se dissout des traces notables du précipité.

b. Par évaporation.

α. On place la substance pesée dans une petite capsule également pesée, on dissout dans de l'acide azotique faible, on ajoute un léger excès d'acide sulfurique moyennement étendu et l'on évapore d'abord à une douce chaleur, à la fin au-dessus de la lampe, jusqu'à ce que tout l'excès d'acide sulfurique soit chassé. Lorsqu'il n'y a pas de substances organiques, on peut faire l'opération dans une capsule de platine; dans le cas contraire, on choisira une capsule en porcelaine légère. Les résultats sont très exacts quand l'évaporation est faite avec soin.

β. Pour transformer en sulfate les combinaisons organiques de plomb, on leur ajoute dans un creuset en porcelaine un excès d'acide sulfurique concentré pur, on évapore avec soin en fermant bien le creuset jusqu'à ce que tout l'acide sulfurique soit chassé; on chauffe au rouge et l'on pèse. Si par une seule évaporation le résidu n'était pas tout à fait blanc, on l'humecterait de nouveau avec de l'acide sulfurique et l'on recommencerait l'opération. Les résultats sont exacts, mais en général il y a toujours une légère perte, parce que l'acide sulfureux et l'acide carbonique qui se dégagent entraînent facilement des traces de sel.

4. *Dosage à l'état de chromate.*

On verse dans la dissolution acidulée nettement par de l'acide acétique

(*) Traité d'analyse de *H. Rose*.

un excès de bichromate de potasse; on ajoute, s'il y a de l'acide azotique libre, assez d'acétate de soude pour qu'à la place de l'acide azotique libre il y ait de l'acide acétique : on laisse déposer à une douce chaleur, on filtre à travers un filtre desséché à 100° et pesé; on lave avec de l'eau, on sèche à 100° et l'on pèse. — On peut aussi calciner le précipité d'après le § **53**, en ayant soin de ne laisser presque pas de chromate de plomb après le filtre et de ne pas trop élever la température. — Propriétés du précipité § **93**. 2. Résultats exacts (Exp. n° 68).

5. *Dosage à l'état de chlorure.*

Dans quelques cas on dose le plomb à l'état de chlorure en ajoutant à la dissolution un excès d'acide chlorhydrique, concentrant fortement au bain-marie, traitant le résidu par de l'alcool absolu additionné d'un peu d'éther, laissant déposer, filtrant et lavant avec de l'esprit-de-vin contenant de l'éther. On peut ou bien sécher le chlorure de plomb à 100°, et alors on le rassemble sur un filtre séché à 100° et pesé, ou le traiter avec précaution d'après le § **53**. Dans ce dernier cas on fait usage d'un creuset en porcelaine : on a soin qu'il ne reste presque pas de chlorure de plomb après le filtre et l'on n'élève pas la température jusqu'au rouge, mais seulement jusqu'à environ 200°.

6. *Dosage à l'état d'oxyde de plomb + plomb.*

On chauffe très doucement, dans une petite capsule en porcelaine pesée, la combinaison organique de plomb (1 à 2 gr,) et l'on fait agir la chaleur d'abord sur les bords de la capsule, de façon que la décomposition commençant par un côté se propage peu à peu et lentement. Lorsque toute la masse est décomposée, on chauffe plus fortement, jusqu'à ce qu'on ne distingue plus de parcelles qui brûlent lentement et que le résidu paraisse un mélange d'oxyde de plomb et de globules de plomb exempts de charbon. On le pèse, on le chauffe ensuite avec de l'acide acétique jusqu'à dissolution complète de l'oxyde, ce qui se fait facilement ; on lave par décantation, on chauffe pour chasser l'eau et l'on pèse le résidu de plomb métallique. En retranchant celui-ci du poids total primitif, on aura la quantité d'oxyde qui se trouvait dans le premier résidu. On calcule le poids de métal correspondant et l'on a ainsi la quantité totale de plomb renfermée dans la combinaison.

Dans cette méthode il y a deux choses auxquelles il faut faire attention : d'abord il faut conduire la décomposition fort lentement, autrement par la combustion rapide du charbon et de l'hydrogène de la combinaison aux dépens de l'oxygène de l'oxyde de plomb, il y aurait une élévation de température assez forte pour que du plomb se volatilise en vapeurs visibles; — ensuite il faut qu'il ne reste pas du tout de charbon, ce que l'on reconnaîtra facilement après le traitement par l'acide acétique. En négligeant le premier point on aurait un résultat trop faible, tandis qu'en négligeant le second, le résultat serait trop fort. Du reste la méthode est simple et donne de bons résultats, quand on la conduit avec soin.

Dulk a introduit les modifications suivantes à ce procédé, indiqué pour la première fois par *Berzelius*. On calcine légèrement la combinaison dans un creuset de porcelaine couvert, jusqu'à complète carbonisation de la matière organique ; on enlève le couvercle et l'on remue avec un fil de fer. La masse rougit, il se forme un mélange de plomb et d'oxyde de plomb, qui peut aussi contenir du charbon .On place alors quelques morceaux d'azotate d'ammoniaque récemment fondu dans le creuset, qu'on a retiré du feu et qu'on couvre aussitôt. Le sel fond, oxyde le plomb et le transforme en partie en azotate. On chauffe le creuset au rouge, jusqu'à ce qu'on n'aperçoive plus de vapeurs rutilantes, et l'on pèse l'oxyde obtenu. Par ce procédé rapide on est certain que tout le charbon est brûlé et l'on s'épargne une pesée. — Les résultats sont tout à fait satisfaisants.

7. *Dosage du plomb à l'état de plomb métallique.*

a. On peut analyser l'oxyde de plomb et la plupart de ses composés, tels que le sulfate, le phosphate, mais non pas le chromate et difficilement le sulfure, en les fondant à l'aide d'une lampe ordinaire dans un creuset fermé en porcelaine émaillée, avec quatre à cinq fois leur poids de cyanure de potassium préparé d'après le procédé de *Liebig*. Après refroidissement on traite par l'eau, on sépare rapidement la solution du plomb réduit, on lave celui-ci d'abord avec de l'eau, puis avec de l'alcool étendu, enfin avec de l'alcool concentré, on sèche et l'on pèse. Quelquefois on trouve avec la poudre de plomb quelques grains arrondis, généralement petits. Après la pesée on dissout le plomb dans l'acide azotique étendu chaud. S'il y a un résidu (provenant de l'émail du creuset), il faudrait le peser et le retrancher du poids trouvé pour le métal (*H. Rose*) (*).

b. Dans les sels de plomb solubles, aussi bien que dans les sels insolubles, surtout dans le chlorure et le sulfate, on peut précipiter le plomb par le zinc ou le cadmium. A cet effet on chauffe au bain-marie le composé de plomb avec de l'eau et un peu d'acide chlorhydrique et l'on y ajoute un morceau bien propre de zinc pur (soluble sans résidu dans l'acide chlorhydrique) ou de cadmiun. La réduction commence aussitôt ; de temps en temps on détache avec une baguette en verre le plomb qui, en se déposant, recouvre le zinc et, s'il le faut, on ajoute un peu d'acide chlorhydrique. Si le zinc débarrassé de plomb reste longtemps brillant ou si un essai du liquide limpide ne précipite plus par l'acide sulfhydrique ou ne se colore pas, l'opération est terminée. On enlève le zinc ou le cadmium, on décante le liquide, on lave le plomb spongieux rapidement et complètement par décantation. Il faudra laver avec de l'eau de fontaine, parce que l'eau distillée dissout des traces de plomb. Pour combattre l'effet de l'eau ordinaire sur les solutions salines de zinc ou de cadmium, on ajoutera à cette eau un peu de teinture de bois de Campêche, puis assez d'acide sulfurique très-étendu pour faire passer juste au jaune la coloration rouge. Comme le plomb spongieux lavé ne peut pas se dessécher sans qu'il se forme de l'oxyde hydraté, on peut, ou bien après dessiccation de 150 à 200° peser le mélange de plomb et d'oxyde, puis doser ce dernier volumétriquement suivant 8.c. et calculer le poids d'oxygène qu'on retranchera du poids total ; ou bien on dissout

(*) *Pogg. Ann.*, XCI, 104.

dans l'acide azotique et l'on dose le plomb à l'état de sulfate suivant 3. b.
Stolba) (*).

8. *Dosage du plomb par les liqueurs titrées* (**).

Bien qu'on ne manque pas de principes sur lesquels on puisse baser un
procédé de dosage volumétrique du plomb, il n'y a cependant pas de bonne
méthode pratique, c'est-à-dire de méthode simple et exacte, applicable en
général ou au moins à la plus grande partie des cas. Il faudra donc mieux
le plus souvent préférer l'analyse en poids à celle par les liqueurs titrées
dans le dosage du plomb. Je ne vois pas du tout l'avantage que l'on retire,
sous le rapport de la promptitude dé l'opération et de l'exactitude, à remplacer une légère calcination et une pesée par le dosage volumétrique d'un
précipité qu'il a fallu laver et obtenir pur. — Aussi je me contenterai d'indiquer rapidement les procédés volumétriques qui me paraissent les meilleurs et je ne dirai rien des autres.

a. On précipite le plomb à l'état d'oxalate avec l'acide oxalique, mais non
   pas avec l'oxalate d'ammoniaque : la solution doit être neutre et ne
   renfermer aucun sel alcalin, surtout aucun sel ammoniacal : le précipité étant bien lavé, on le dissout dans l'acide azotique, on ajoute de
   l'acide sulfurique et l'on dose l'acide oxalique dans la liqueur avec le
   permanganate de potasse (§ **137**) (*Hempel*).

b. Dans la solution azotique de l'oxyde de plomb on verse de l'ammoniaque
   ou du carbonate de soude, tant que le précipité se dissout juste encore
   par l'agitation : on ajoute de l'acétate de soude en quantité pas trop
   faible et l'on verse avec une burette graduée une solution de bichromate de potasse (14,761 gr. par litre), jusqu'à ce que le précipité commence à se déposer rapidement. Alors on met sur une soucoupe en
   porcelaine un certain nombre de gouttes d'une solution neutre d'azotate
   d'argent et l'on ne fait plus couler le chromate de potasse que par deux
   ou trois gouttes à la fois, en remuant avec soin après chaque addition.
   Quand le liquide s'est éclairci, ce qui arrive en quelques secondes,
   on en prend une goutte qu'on porte sur une goutte de l'azotate d'argent. S'il y a un léger excès de chromate de potasse, il est aussitôt
   annoncé par une coloration rouge bien nette : le chromate de plomb
   précipité n'a pas d'action sur la solution d'argent. Comme il faut ajouter
   un léger excès de chromate de potasse pour pouvoir essayer la réaction
   finale, il faut retrancher 0,1 C.C. du volume total employé. Chaque
   centimètre cube de la solution de chromate de potasse correspond à
   0,0207 gr. de plomb. — Si la liqueur prenait déjà une teinte jaune
   avant la production de la réaction avec le sel d'argent, c'est qu'il manquerait de l'acétate de soude. Dans ce cas on ajoutera d'abord davantage
   de ce dernier sel, puis 1 C. C. d'une dissolution contenant 0,0207 de
   plomb dans 1 C.C. : on continuera l'opération comme plus haut, seulement on retranchera 1 C.C. du nombre des C.C. de la solution de chromate, à cause du C.C. de la solution de plomb ajouté. — S'il y a du

(*) *Journ. f. prackt. Chem.*, CI, 150.
(**) Voir la note 8 à la fin du volume.

fer, il faut le peroxyder; il faut aussi éliminer d'abord les métaux dont les chromates sont insolubles (*H. Schwarz*) (*).

c. On précipite le plomb d'après 1. a., on lave le carbonate de plomb (dont la composition importe peu ici), on le dissout dans un volume connu d'acide azotique normal (§ **215**), on ajoute une dissolution neutre de sulfate de soude, qui précipite le plomb à l'état de sulfate et donne une quantité équivalente d'azotate de soude, on dose avec la potasse normale l'acide azotique encore libre, et l'on obtient par la différence avec le volume primitif d'acide la proportion de ce dernier combiné à l'oxyde de plomb. 1 C.C. d'acide azotique normal correspond à $0^{gr},1035$ de plomb. — On peut aussi déterminer la quantité d'acide azotique libre, en ajoutant à la liqueur, placée sur un fond noir, une solution normale de carbonate de soude (53,04 grammes de sel anhydre dans un litre, jusqu'à ce qu'on puisse saisir un léger trouble permanent : on retranchera les C.C. de la solution de carbonate de soude, du nombre des C.C. de la solution normale d'acide azotique. — Les résultats sont bons. (*F. Mohr.*)

§ **117**.

5. Protoxyde de mercure.

a. DISSOLUTION. Le protoxyde de mercure et la plupart de ses composés peuvent se dissoudre à l'aide de l'acide azotique étendu. Il ne faut pas faire agir la chaleur, car il faut éviter tout ce qui pourrait peroxyder le protoxyde. — S'il ne s'agit que de mettre le mercure en dissolution, il vaut mieux chauffer la substance avec de l'acide azotique, laisser l'action se produire assez longtemps, ajouter goutte à goutte un peu d'acide chlorhydrique et laisser digérer à une douce chaleur, jusqu'à ce qu'on ait une dissolution limpide, qui contient tout le mercure à l'état de peroxyde et de perchlorure. Il faut éviter avec soin de chauffer la dissolution jusqu'à l'ébullition ou de l'évaporer, parce qu'il y aurait du bichlorure entraîné par la vapeur d'eau.

b. DOSAGE. — Si l'on ne parvient pas à faire la dissolution de telle façon qu'elle soit complètement exempte de peroxyde, et si dès lors on est forcé de transformer tout le mercure en bioxyde, on dose ce dernier d'après le § **118**; mais si l'on a préparé une dissolution pure de protoxyde, on peut déterminer la quantité de ce dernier en se basant sur l'insolubilité du protochlorure de mercure et faire usage des pesées ou des liqueurs titrées. Le procédé décrit au § **118**. 1. a. pour doser le mercure peut naturellement s'appliquer aussi aux composés de protoxyde.

1. Dosage à l'état de protochlorure.

A la dissolution fortement étendue et froide on ajoute une dissolution de chlorure de sodium tant qu'il se forme encore un précipité, on laisse celui-ci déposer, on le recueille sur un filtre pesé, on sèche à 100° et l'on

(*) *Dingl. polyt. Journ.*, CLXIX, 284.

pèse. Caractères du précipité § **84**. Résultats exacts. — Si la dissolution de protoxyde de mercure renferme beaucoup d'acide azotique libre, on commence par en neutraliser la plus grande partie avec du carbonate de soude.

2. *Dosage volumétrique.*

On a proposé beaucoup de méthodes par les liqueurs titrées pour doser le protoxyde de mercure : j'indiquerai les meilleures.

a. Dans la dissolution froide on verse de la dissolution normale décime de chlorure de sodium (§ **141**. b. α.), jusqu'à ce qu'il n'y ait plus de précipité, puis on en verse un léger excès, on filtre, on lave bien, en faisant en sorte toutefois de ne pas employer trop d'eau de lavage, on ajoute au liquide quelques gouttes d'une solution de chromate neutre de potasse, et assez de carbonate de soude pur pour que la liqueur soit jaune clair, puis avec la dissolution d'argent (**141**. b. α.) on détermine la quantité de sel qui reste (par conséquent l'excès qu'on a ajouté primitivement) et on a ainsi ce qu'il a fallu de chlorure de sodium pour précipiter le mercure. Pour 1 équivalent NaCl il faut 1 équivalent Hg^2O ; par conséquent 1 centimètre cube de solution normale décime de sel correspond à $0^{gr},0208$ de protoxyde de mercure. Les résultats sont exacts, mais la méthode n'offre pas d'avantages sur les pesées, à cause des filtrations et des lavages (*F. Mohr*). Comme on le voit, on pourrait fort bien combiner en un seul les deux procédés 1. et 2. a.

b. On précipite la dissolution de protoxyde de mercure avec le chlorure de sodium d'après 1. (nous dirons au § **118**. 2. comment il faudrait procéder s'il y avait en même temps du bioxyde), en faisant l'opération dans un flacon bouché à l'émeri, on filtre après dépôt, on lave, on perce le filtre, et avec la fiole à jet on fait tomber le précipité dans le flacon où sont restés des flocons de protochlorure de mercure qu'on a lavés. On ajoute une suffisante quantité d'iodure de potassium avec de la dissolution titrée d'iode (pour 1 gramme de protochlorure de mercure environ 2,5 d'iodure de potassium et 100 centimètres cubes de solutum $\frac{N}{10}$ d'iode) (§ **146**. 2), on ferme et l'on agite jusqu'à ce que le précipité ait disparu ($Hg^2Cl + 3.KI + I = 2(HgI,KI) + KCl$) : comme l'iode domine, la liqueur a une teinte brune. On verse maintenant une dissolution d'hyposulfite de soude ($24^{gr},808$ par litre) équivalente à la solution normale décime d'iode, jusqu'à ce que la coloration ait disparu et que le liquide soit limpide comme de l'eau, on le verse dans un ballon jaugé, on étend d'eau jusqu'au trait, on agite et dans une partie aliquote du liquide on détermine, en ajoutant de l'empois d'amidon, l'excès d'hyposulfite de soude avec la solution normale décime d'iode. Après avoir rapporté au tout ce résultat obtenu avec la partie, on ajoute les quantités d'iode employées, on en retranche celle annulée par l'hyposulfite de soude et l'on calcule à l'aide de la différence la quantit

de mercure, 1 équivalent d'iode correspondant à 1 équivalent de Hg^2Cl.
Les résultats sont satisfaisants (*Hempel*) (*).

§ 118.

4. Bioxyde de mercure.

a. DISSOLUTION. Le bioxyde de mercure et ses composés insolubles dans
l'eau seront dissous dans l'acide chlorhydrique ou dans l'acide azotique, suivant les circonstances. On chauffera le bisulfure de mercure avec de l'acide
chlorhydrique auquel on ajoutera de l'acide azotique ou du chlorate de potasse jusqu'à dissolution complète ; mais on le dissout encore plus facilement
en le mettant en suspension dans de la lessive étendue de potasse et en y
faisant passer un courant de chlore (*H. Rose*). — Quand on évapore au bain-
marie une solution de bichlorure de mercure, il y a de ce sel qui est entraîné par la vapeur d'eau ; il ne faut pas oublier cette circonstance quand
on dissout des composés mercuriels. C'est pour cette raison que le procédé
de dosage du mercure indiqué par *Vohl* (**) donne des résultats tout à fait
faux, et *F. Mohr* ainsi que *R. Rieth*, dans leurs traités d'analyses volumétriques, n'ont pas assez tenu compte de cette cause d'erreur.

b. DOSAGE. D'après le § 84 on peut peser le mercure à l'*état métallique*,
et à l'état de *protochlorure*, de *bisulfure* ou de *bioxyde;* dans les séparations
on le dose fréquemment par la perte de poids produite par la calcination
au rouge. — On peut aussi faire usage des liqueurs titrées.

On peut lui donner les trois premières formes dans presque tous les cas;
— le dosage à l'état d'oxyde n'est possible que pour les combinaisons du
protoxyde ou du bioxyde avec l'acide azotique. — Les méthodes par le protochlorure ou le bisulfure ont en général un avantage sur celles qui ra-
mènent le mercure à l'état métallique. — Les procédés volumétriques ne
peuvent s'employer que dans des circonstances fort restreintes.

1. Dosage à l'état de mercure métallique.

On peut le faire de deux façons.

a. Par voie sèche.

On choisit un tube en verre difficilement fusible, fermé à un bout, long
de 45 centimètres et d'environ 12 millimètres de diamètre. On introduit
d'abord un mélange de bicarbonate de soude et de craie en poudre sur une
longueur de 6 centimètres, puis une couche de chaux caustique anhydre
pure, par-dessus un mélange intime du composé de mercure à analyser avec
un excès de chaux calcinée, ensuite de la chaux en poudre avec laquelle
on a lavé le mortier employé à faire le mélange précédent, en outre une
couche de chaux pure et enfin un tampon peu serré d'asbeste pur. Cela
fait, on étire le tube à la lampe en recourbant la pointe à angle obtus. —
Les manipulations sont les mêmes que pour les analyses organiques, nous
n'entrerons donc ici dans aucun détail.

(*) *Ann. der Chem. und Pharm.*, CX, 176.
(**) *Ann. der Chem. und Pharm.*, XCIV, 270.

Le tube étant ainsi préparé, on forme un petit canal le long de l'arête supérieure en le frappant à plat contre la table, on le place dans le fourneau à combustion et l'on plonge la pointe dans un ballon contenant de l'eau de façon que le niveau de l'eau affleure seulement l'extrémité du tube.

La figure 84 explique clairement la disposition : a-b renferme le mélange

Fig. 84.

devant fournir l'acide carbonique, b-c l'autre mélange, c-d la chaux employée au lavage, d-e une couche de chaux pure et e-f le tampon d'amiante.

On entoure le tube, comme dans les analyses organiques, avec des charbons ardents en les plaçant graduellement de e vers a ; à la fin de l'opération on chasse les dernières traces de vapeur de mercure en chauffant la partie b-a, qui doit produire le dégagement d'acide carbonique ; puis, pendant que le tube est encore rouge, on coupe la partie effilée en f, on lave complètement avec la fiole à jet en recevant l'eau dans le ballon, on réunit par agitation les gouttelettes de mercure provenant de sa distillation, on décante après un repos suffisant l'eau claire qui surnage, on verse le mercure dans un petit creuset en porcelaine, on absorbe l'eau en excès avec du papier à filtre, et enfin on sèche sous une cloche à côté de l'acide sulfurique jusqu'à ce qu'il n'y ait plus de perte de poids. Il ne faut pas faire usage de la chaleur. Propriétés du mercure § **84**. — Pour les combinaisons sulfurées, on remplace le mélange de bicarbonate de soude et de craie par de la magnésite, pour éviter la vapeur d'eau qui pourrait donner naissance à de l'hydrogène sulfuré. — Le biiodure de mercure n'est pas complètement décomposé par la chaux. Si l'on voulait l'analyser par la voie sèche, il faudrait substituer à la chaux de la tournure fine de cuivre métallique (*H. Rose*) (*).

L'exactitude des résultats dépend du soin que l'on met à diriger l'opération. — Il n'y a rien de plus parfait que le procédé peut-être un peu compliqué qu'ont employé *Erdmann* et *Marchand* pour déterminer le poids atomique du mercure et celui du soufre ; je renvoie à ce sujet au travail original : je rappellerai seulement ici que la distillation se faisait dans un courant d'acide carbonique et que le mercure était recueilli dans un appareil à boule pesé, dont la partie opposée à celle par où arrivait le courant était remplie de feuilles d'or, pour arrêter toute trace de vapeur de mercure.

(*) *Ann. Pogg.*, CX, 546.

On peut, comme l'a fait *Kœnig* (*), appliquer cette méthode à l'analyse des amalgames.

b. Par voie humide.

Dans un ballon bien propre, et mieux encore qu'on vient de laver avec une lessive chaude de potasse, on précipite la dissolution additionnée d'acide chlorhydrique libre, exempte d'acide azotique, avec une dissolution limpide et récemment préparée de protochlorure d'étain, sans acide chlorhydrique libre : on ajoute le sel d'étain en excès, on fait bouillir un instant, on ferme et on laisse refroidir.

On sépare par décantation le liquide devenu clair après un repos suffisamment prolongé : le mercure se rassemble le plus souvent en globules ; on le lave par décantation, d'abord avec de l'eau contenant de l'acide chlorhydrique, puis à la fin avec de l'eau pure, et l'on en détermine la quantité comme en *a*.

Si les gouttelettes de mercure ne se sont pas rassemblées en une masse unique, on décante la solution claire, on ajoute de l'acide chlorhydrique étendu additionné de quelques gouttes de protochlorure d'étain, on fait bouillir un instant et cela suffit presque toujours pour obtenir le résultat que l'on cherche. — Caractères du mercure § **84.**

Au lieu de protochlorure d'étain on peut se servir d'autres agents réducteurs, par exemple l'acide phosphoreux, en chauffant à l'ébullition.

Cette méthode ne donne de bons résultats que lorsqu'on la pratique avec beaucoup de précautions. En général on obtient trop peu.

2. *Dosage à l'état de protochlorure.*

Suivant *H. Rose* (**), à la dissolution de mercure (qui peut contenir de l'acide azotique, mais doit être alors fortement étendue), on ajoute de l'acide chlorhydrique et un excès d'acide phosphoreux (obtenu en abandonnant du phosphore à l'air humide), on laisse reposer 12 heures à froid, ou à une légère chaleur inférieure dans tous les cas à 60°, puis on filtre sur un filtre pesé : le mercure est complètement transformé en protochlorure, on lave à l'eau chaude, on sèche à 100° et l'on pèse. Les résultats sont très satisfaisants.

3. *Dosage à l'état de bisulfure.*

On précipite la dissolution de mercure étendue, additionnée d'un peu d'acide chlorhydrique, avec de l'eau saturée d'acide sulfhydrique et limpide : ou bien, quand on opère sur des quantités un peu considérables, on fait passer un courant d'acide sulfhydrique gazeux ; on filtre après avoir laissé déposer un instant, on lave rapidement avec de l'eau froide, on sèche à 100° et l'on pèse. Les résultats sont très satisfaisants.

Si par quelque circonstance, par exemple par la présence d'un sel de peroxyde de fer, de chlore libre ou tout autre, le précipité devait contenir du soufre libre, on étalerait le filtre sur une lame de verre, on chasserait le

---

(*) *Journ. f. prackt. Chem.*, LXX, 64.
(**) *Ann. Pogg.*, CX, 520.

précipité avec la fiole à jet dans une capsule en porcelaine et on le chaufferait quelque temps avec une dissolution assez concentrée de sulfite de soude. Pendant ce temps on aurait séché un peu le filtre sur la lame en verre, on le replacerait dans l'entonnoir, on y verserait le liquide surnageant au-dessus du précipité, on renouvellerait le traitement par le sulfite de soude, on rassemblerait de nouveau sur le filtre le précipité débarrassé du soufre, on sécherait et l'on pèserait. Résultats très bons (*J. Lowe*) (*).

Si la quantité de soufre mêlé au sulfure n'est pas trop considérable, on peut, après avoir bien lavé le précipité avec de l'eau et l'avoir bien desséché, le traiter plusieurs fois avec du sulfure de carbone, jusqu'à ce que quelques gouttes du liquide qui passe s'évaporent sans résidu sur un verre de montre.

Caractères du bisulfure de mercure, § **84**.

4. *Dosage à l'état de bioxyde.*

S'il s'agit de doser le mercure dans des combinaisons de ses oxydes avec les acides de l'azote, on peut très bien le faire, d'après *Marignac*, en faisant passer le métal à l'état de bioxyde. — On chauffe le sel dans un tube à boule dont une extrémité, tirée en pointe, plonge dans l'eau, tandis que l'autre est en rapport avec un gazomètre, au moyen duquel on fait arriver un courant d'air sec pendant tout le temps que l'on chauffe. On obtient ainsi facilement la décomposition du sel sans atteindre la température à laquelle l'oxyde lui-même est décomposé.

5. *Dosage par les liqueurs titrées.*

a. On précipite le mercure à l'état de protochlorure suivant 2. et l'on traite celui-ci lavé d'après le § **117**. 2. b.

b. Suivant *Liebig* (**). La méthode repose sur ce que le phosphate de soude précipite de la dissolution d'azotate de bioxyde de mercure, mais non pas de celle du bichlorure, du phosphate de bioxyde de mercure sous forme de flocons blancs qui deviennent bientôt cristallins; en outre le chlorure de sodium dissout de nouveau avec facilité ce précipité, tant qu'il n'est pas encore à l'état cristallin, parce qu'il se forme du phosphate de soude et du bichlorure de mercure. Si donc on connaît la quantité de chlorure de sodium nécessaire pour dissoudre le phosphate de mercure, on en pourra déduire le poids de ce dernier métal, car 1 équivalent de NaCl dissout 1 équivalent d'oxyde de mercure (sous forme de phosphate).

α. *Dissolution de sel marin.* On peut parfaitement faire usage de la dissolution normale décime. Chaque centimètre cube contenant 0^{gr},005850 de chlorure de sodium correspond à 0^{gr},01080 de HgO.

β. *Préparation de la dissolution de bioxyde de mercure.* On comprend, d'après ce que nous avons dit, que la dissolution ne doit renfermer aucune combinaison de chlore, de brome ou d'iode, et contenir tout le

(*) *Journ. f. prackt. Chem.*, LXXVII, 75.
(**) *Ann. der Chem. und Pharm.*, CVII, 97 et CX, 177.

mercure à l'état de bioxyde; il faut aussi qu'elle soit convenablement étendue pour que l'opération réussisse. Suivant *Liebig*, il est bon que l'essai ne contienne pas plus de $0^{gr},2$ de bioxyde environ dans 10 C.C. — Si dans un essai préliminaire on a reconnu que la liqueur est trop concentrée, on l'étendra suffisamment pour procéder à l'opération définitive. — La dissolution ne doit contenir aucun métal étranger et pas trop d'acide libre; il y a suffisamment de ce dernier quand, après l'addition de la quantité de phosphate de soude qu'on verse de suite, le mélange n'a plus de réaction acide. Si la liqueur est trop acide, on y met du carbonate de soude jusqu'à ce qu'il se précipite un sel basique que l'on redissout avec une ou deux gouttes d'acide azotique.

γ. *Manière d'opérer.* On peut procéder de deux façons, qu'il est bon d'employer toutes deux, car l'une donnant un résultat un peu trop fort, l'autre un résultat un peu trop faible, en les combinant les erreurs se compensent.

MÉTHODE I. On mesure 10 C.C. de la solution de mercure, on les verse dans un vase à précipité, on ajoute 3 ou 4 centimètres cubes d'une dissolution saturée de phosphate de soude et l'on fait couler de suite, avant que le précipité ait le temps de passer à l'état cristallin, la dissolution de sel jusqu'à ce que le précipité disparaisse; à la fin on ajoute le sel avec précaution.

Supposons qu'on ait employé 20,5 C.C. de solution normale de sel marin, on mesure alors (MÉTHODE II) 20,5 C.C. nouveaux de cette dissolution de sel marin, on y ajoute 3 ou 4 C.C. de sulfate de soude, et l'on verse dans le mélange à l'aide d'une burette graduée la même dissolution de mercure jusqu'à ce qu'un précipité permanent commence à se former. Si l'on a dû employer pour cela 10,25 C.C. de la solution de mercure, on dira que $20,5 + 20,5 = 41$ C.C. de la dissolution de sel correspondent à $10 + 10,25 = 20,25$ C.C. de la dissolution de mercure. Comme 1 C.C. de la solution de sel marin équivaut à 0,01080 grammes de bioxyde de mercure, les 20,25 C.C. du sel de mercure analysés contenaient donc $0,0108 \times 41 = 0,4428$ grammes de HgO.

L'opération ainsi conduite donne des résultats très concordants, ainsi que *Liebig* s'en est assuré par de nombreux essais; par exemple, on a obtenu 0,1878 gramme au lieu de 0,1870, — 0,174 gramme au lieu de 0,1748, — 0,1668 gramme au lieu de 0,1664, etc. Mais ce procédé est fort limité dans ses applications.

C'est pour cette raison que je ne m'étendrai pas ici sur la modification apportée à cette méthode par *F. Mohr*, et qui consiste à remplacer le phosphate de soude par le prussiate rouge de potasse.

c. Quant à la méthode de *Personne* (*), qui consiste à ajouter une solution de bichlorure de mercure à une solution titrée d'iodure de potassium jusqu'à ce qu'il se forme un léger trouble permanent d'iodure de mercure, je renvoie à la critique que j'en ai faite dans le *Zeitschr. f. analyt. Chem.*, II, 581.

____

(*) *Journ. de Pharm. et de Chim.*, XLIII, 477

§ **119.**

5. Oxyde de cuivre.

a. Dissolution. — Beaucoup de combinaisons de bioxyde de cuivre sont solubles dans l'eau. Le cuivre métallique se dissout le mieux dans l'acide azotique. L'oxyde de cuivre et ses sels insolubles dans l'eau peuvent se dissoudre dans les acides azotique, chlorhydrique ou sulfurique. On traite le sulfure de cuivre par l'acide azotique fumant, ou bien on le chauffe avec l'acide azotique étendu jusqu'à ce que le soufre séparé ait une couleur jaune pur. On peut activer considérablement l'action de l'acide étendu par l'addition d'un peu d'acide chlorhydrique ou de chlorate de potasse.

b. Dosage. — On peut, d'après le § **85**, peser le cuivre à l'état de *métal*, d'*oxyde* ou de *protosulfure*. On lui donne la forme d'oxyde soit par une précipitation directe à cet état, soit par calcination, soit par une précipitation antérieure à l'état de sulfure; -- le dosage à l'état de protosulfure est fréquemment précédé d'une précipitation sous forme de bisulfure ou de sulfocyanure. Outre ces procédés d'analyses en poids, on peut appliquer des méthodes par des liqueurs titrées ou aussi des méthodes indirectes.

On peut transformer en

1. Bioxyde de cuivre :

   a. *Par précipitation directe à cet état :* tous les sels de cuivre solubles dans l'eau, ainsi que les sels insolubles dont les acides peuvent être éliminés par la dissolution dans l'acide azotique, autant qu'il n'y a pas de matière organique fixe en présence.

   b. *Par précipitation après une calcination préalable de la substance :* les sels énumérés en a., quand ils sont mélangés à une matière organique non volatile; par conséquent, tous les sels de cuivre à acides organiques fixes.

   c. *Par calcination :* les oxysels à acides volatils ou facilement décomposables par la chaleur (carbonate, azotate).

2. Métal :

   L'oxyde de cuivre dans toutes les dissolutions qui sont exemptes d'autres métaux précipitables par le zinc ou par le courant électrique, en outre tous les composés oxygénés du cuivre.

3. Protosulfure de cuivre :

   L'oxyde de cuivre dans tous les cas où il ne sera pas mélangé avec d'autres métaux précipitables par l'acide sulfhydrique, l'hyposulfite de soude ou le sulfocyanure de potassium.

De ces différentes méthodes, le dosage à l'état de sulfure est très bon à employer dans les laboratoires : celui par le cuivre métallique est fort commode et applicable surtout dans les établissements métallurgiques. Quant aux procédés volumétriques, les uns sont bons pour les opérations techniques, les autres quand il s'agit de mesurer de petites quantités. — Pour les usages techniques, on peut encore citer les procédés colorimétiques de *Haine*, *Hubert*, *Jacquelain*, *A. Müller*, etc. Tous reviennent à comparer une dissolution de cuivre ammoniacale de richesse inconnue à une dissolution semblable d'un titre connu (*).

La méthode indirecte de dosage du cuivre de *Levol*, qui repose sur la diminution de poids d'une lame de cuivre, qu'on laisse en contact jusqu'à décoloration avec une solution ammoniacale de cuivre à l'abri du contact de l'air, est longue et donne de faux résultats (*Philipps* **, *Erdmann* ***]); la dernière remarque s'applique aussi au procédé indirect de *Runge*, qui consiste à faire bouillir dans un ballon, avec une lame de cuivre d'un poids connu et un peu d'acide chlorhydrique libre, la dissolution de cuivre exempte d'acide azotique et de peroxyde de fer, et de mesurer après la décoloration la perte de poids de la lame.

1. *Dosage à l'état de bioxyde.*

a. Par précipitation directe à l'état de bioxyde.

On met dans une capsule en platine ou en porcelaine la dissolution de cuivre, assez étendue, *neutre* ou *acide*, on la chauffe jusqu'au commencement d'ébullition, on y ajoute de la lessive pure un peu étendue de soude ou de potasse tant qu'il se forme un précipité, on maintient encore quelques minutes à une température voisine de l'ébullition, on laisse déposer un instant, on verse le liquide sur un filtre, on ajoute de l'eau au précipité. on chauffe jusqu'à l'ébullition, on laisse encore déposer, et l'on recommence les mêmes opérations deux ou trois fois. A la fin, on jette tout le précipité sur le filtre, on le lave parfaitement avec de l'eau chaude, on sèche et l'on chauffe au rouge dans un creuset de platine d'après le § **53**, en n'employant que la simple lampe à gaz et non le chalumeau. Après avoir fortement chauffé au rouge, en évitant l'action réductrice du gaz sur l'oxyde, et après avoir réuni les cendres du filtre au contenu du creuset, on laisse refroidir sous le dessiccateur et l'on pèse.

Si des parcelles d'oxyde de cuivre étaient tellement adhérentes aux parois de la capsule qu'il ne fût pas possible de les détacher par un moyen purement mécanique (ce qui n'arrive généralement pas quand on suit exactement la méthode indiquée plus haut), on les dissoudrait dans quelques gouttes d'acide azotique après avoir bien lavé la capsule, et l'on évaporerait la dissolution ainsi obtenue sur l'oxyde qui est dans le creuset; seulement, s'il y avait trop de liquide, il faudrait naturellement commencer par en réduire considérablement le volume par une concentration préalable.

Caractères du précipité § **85**. Cette méthode bien conduite donne des résultats parfaitement exacts.

(*) Comme ce serait s'éloigner du but de cet ouvrage que de s'occuper de ces méthodes jusqu'à un certain point analogues aux essais d'argent par la pierre de touche, je renvoie à ce sujet au colorimètre complémentaire de *A. Müller*, Chemnitz, 1854, et à l'art de l'essayeur de *Bodemann*, par *Kerl*, page 222. Voir aussi *Dehm* (*Zeitschr. f. analyt. Chem.*, III, 218) et *G. Bischof* (*Idem.*, VI, 459).

(**) *Ann. der Chem. und Pharm.*, LXXXI, 208.

(***) *Journ. f. prackt. Chem.*, LXXV, 2'1.

En ne suivant pas rigoureusement les règles prescrites, on peut obtenir des nombres trop forts ou trop faibles. Si la dissolution primitive est concentrée, tout l'oxyde de cuivre ne se précipite pas, — si l'on ne lave pas avec beaucoup de soin avec de l'eau chaude, le précipité retient de l'alcali, — on trouve un poids trop grand, si avant la pesée on laisse le précipité calciné exposé quelque temps à l'air, etc.; — au contraire, le poids est trop faible si l'on calcine le précipité avec le filtre ou sous l'action des gaz réducteurs, parce qu'il se forme du protoxyde. — Si l'on craignait qu'il y ait eu réduction plus ou moins forte du bioxyde, on humecterait avec un peu d'acide azotique, on évaporerait avec soin à siccité et l'on chaufferait fortement en élevant graduellement la température.

Il faudra *toujours* essayer le liquide filtré avec de l'acide sulfhydrique pour s'assurer qu'il ne contient plus de cuivre. Si, malgré toutes les précautions prises, ce réactif donnait une coloration brune ou un précipité, il faudrait l'attribuer à la présence de quelque matière organique. Alors on concentre par évaporation le liquide filtré et les eaux de lavage, on les acidule, on précipite par l'acide sulfhydrique, on filtre, on incinère le filtre, on le chauffe avec de l'acide azotique, on étend d'eau, on filtre, on concentre, on précipite avec la lessive de potasse, et l'on filtre l'oxyde obtenu avec la quantité primitive. — Il ne faudra jamais oublier de chauffer avec de l'eau chaude l'oxyde de cuivre après qu'il aura été pesé, afin de s'assurer qu'il n'a pas de réaction alcaline et qu'il n'a pas retenu de sel alcalin. Si cela n'était pas, il faudrait épuiser l'oxyde avec de l'eau chaude, le chauffer de nouveau au rouge et le peser une seconde fois. Enfin on dissout l'oxyde dans l'acide chlorhydrique pour chercher s'il ne renfermerait pas des traces de silice dont il faudra tenir compte.

Si l'on n'avait pas une solution de potasse ou de soude assez pure, on pourrait, suivant *Gibbs* (*), précipiter avec du carbonate de soude : seulement la précipitation ne sera complète que si la dissolution ne renferme pas plus de 1 gramme de cuivre par litre, si l'on n'ajoute le carbonate alcalin qu'en très léger excès et si l'on fait bouillir au moins une demi-heure. Par là le précipité d'abord vert bleuâtre deviendra vert foncé, grenu et se laissera bien laver.

L'oxyde de cuivre peut être aussi précipité d'une dissolution *ammoniacale* par la potasse ou la soude. On opère en général comme plus haut. Après la précipitation, on chauffe jusqu'à ce que le liquide au milieu duquel est le précipité soit complètement incolore, et l'on filtre aussi rapidement que possible. Si on laissait le liquide se refroidir avec le précipité, un peu de ce dernier pourrait se redissoudre, ce qui occasionnerait une perte.

    b. Par précipitation à l'état d'oxyde après une calcination préalable de la substance.

On chauffe dans un creuset de porcelaine jusqu'à complète décomposition de la matière organique, on dissout le résidu dans l'acide azotique étendu, on filtre si c'est nécessaire et l'on opère suivant a.

<hr>

(*) *Journ. f. prackt. Chem.*, LXI, 105.

c. Par calcination.

On chauffe le sel à décomposer dans un creuset de platine ou de porcelaine d'abord lentement, puis peu à peu on élève la température au rouge vif et l'on pèse le résidu. Comme le nitrate de cuivre en se décomposant décrépite fortement, il vaut mieux le mettre dans un petit creuset en platine fermé, que l'on place dans un plus grand également fermé et l'on calcine. Les résultats sont exacts quand on opère avec précaution. — Les sels de cuivre à acides organiques se transforment aussi en oxyde par une simple calcination ; seulement le premier résidu obtenu, renfermant du protoxyde, devra être chauffé au rouge avec du bioxyde de mercure pur (ne laissant pas de résidu à la calcination).

Ce moyen vaut mieux que celui qui consiste à humecter plusieurs fois avec de l'acide azotique en évaporant et calcinant chaque fois : on ne peut guère, en opérant ainsi, éviter des pertes à cause des décrépitations.

2. *Dosage à l'état de cuivre métallique.*

a. Par précipitation avec le zinc ou le cadmium.

La méthode qui consiste à précipiter le cuivre par le fer ou le zinc et à le peser à l'état métallique a été appliquée il y a longtemps ; voir le *Traité d'analyse chimique* de *Pfaff*. Altona, 1822 II. 269 (*), où l'on indique les raisons pour lesquelles le zinc est préférable à l'emploi de l'acide sulfhydrique pour reconnaître si la précipitation est achevée.

Cette méthode, employée depuis bien des années dans mon laboratoire avec les meilleurs résultats, doit se faire de la manière suivante d'après mes propres expériences.

On met dans une capsule en platine pesée d'avance la dissolution de cuivre exempte d'acide azotique, qu'on en aura par conséquent débarrassée par une évaporation préalable avec de l'acide sulfurique ou de l'acide chlorhydrique, on étend si c'est nécessaire avec de l'eau : on y met un petit morceau de zinc soluble sans résidu dans l'acide chlorhydrique et l'on ajoute, s'il le faut, assez d'acide chlorhydrique pour qu'il se produise un dégagement modéré d'hydrogène. Si ce gaz se produisait en trop grande abondance, parce qu'il y aurait trop d'acide, il faudrait ajouter encore un peu d'eau. On couvre la capsule avec un verre de montre, qu'on lavera ensuite en recevant l'eau dans la capsule. Le cuivre commence aussitôt à se précipiter, la plus grande partie sous forme d'un dépôt solide sur le platine, l'autre sous forme de masse spongieuse rouge — surtout si la dissolution de cuivre est concentrée. La chaleur favorise et active la réaction, mais elle n'est pas nécessaire ; seulement il faut qu'il y ait toujours assez d'acide libre pour que le dégagement d'hydrogène ait lieu. Au bout d'environ une heure ou deux tout le cuivre est déposé. On le reconnaît avec certitude à ce qu'un essai de la liqueur n'est plus coloré en brun par l'acide sulfhydrique dissous dans l'eau. On s'assure ensuite que tout le zinc est dissous, en

---

(*) Je cite cette source, parce que c'est à tort que l'on indique la précipitation du cuivre par le fer comme la méthode de *Kerl*, et l'emploi du zinc comme le procédé de *Mohr*. Je dis cela à propos du travail de *F. Mohr* dans les *Ann. der Chem. und Pharm.*, XCVI, 215, et du *Traité de l'art de l'essayeur de Bodemann*, par *Kerl*, page 220.

tâtant d'abord avec une petite baguette en verre s'il n'y a plus de grains métalliques durs, et si l'addition d'un peu d'acide chlorhydrique ne produit pas un nouveau dégagement d'hydrogène. Quand on est certain d'avoir obtenu ce résultat, on comprime le cuivre avec un agitateur en verre, on décante le liquide clair, ce qui se fait sans difficulté, on lave plusieurs fois et promptement par décantation avec de l'eau bouillante, jusqu'à ce que l'eau de lavage ne contienne plus trace d'acide chlorhydrique. On verse l'eau autant qu'on peut, on lave la capsule avec de l'alcool concentré, on la met dans une étuve chauffée à 100° et on la pèse après refroidissement avec le cuivre parfaitement sec. Si l'on n'a pas de capsule en platine, on peut parfaitement opérer dans un creuset en porcelaine ou une petite capsule en verre, seulement il faut un peu plus de temps, parce que la réaction ne sera plus facilitée par l'action galvanique du platine et du zinc : de plus tout le cuivre est à l'état de masse spongieuse et ne forme pas un dépôt adhérent sur les parois de la capsule, comme lorsqu'on fait usage d'un vase en platine.

Les résultats sont très exacts. Les expériences directes du n° 69 donnent 100,0 et 100,06 au lieu de 100; — *F. Mohr* a obtenu aussi d'excellents résultats en opérant dans un creuset en porcelaine (*).

Au lieu de zinc, qui n'est jamais assez pur, on peut prendre du cadmium, dont la dissolution dans la liqueur cuprique très acide ne se fait pas d'une façon si tumultueuse. On l'emploie sous forme de petites baguettes, comme on le trouve dans le commerce (*Classen* **]).

b. Par précipitation par le courant de la pile.

Non seulement l'emploi du courant électrique rend le résultat indépendant des impuretés que peut contenir le zinc ou le cadmium, mais on obtient le cuivre à l'état compact, ce qui permet de le laver et de le peser facilement.

Dans les laboratoires métallurgiques où il faut faire journellement des dosages de cuivre, la méthode électrolytique joue un grand rôle et les avantages qu'elle procure méritent qu'on se donne la peine d'organiser une petite pile constante, comme on l'a fait dans les établissements industriels de Mansfeld. *Ollgren* a imaginé un appareil électrolytique, sans pile séparée, pour faire chaque précipitation (***).

c. Par calcination dans un courant d'hydrogène.

Les composés oxygénés du cuivre sont réduits en cuivre métallique si on les chauffe dans un courant d'hydrogène pur. Cette réduction se prête donc fort bien aux analyses de cuivre et souvent on préfère réduire de suite l'oxyde obtenu suivant 1. a. ou b.; ou le réduire après l'avoir pesé, ce qui sert de contrôle.

(*) Je n'ai pas trouvé exact (Exp. n° 70) que le cuivre précipité contenait de l'eau, ainsi que l'avance *Storer*. (*On the alloys of copper and zink*, Cambridge, 1860, page 47.)
(**) *Journ. f. prackt. Chem.*, XCVI, 259.
(***) *Zeitschr. f. analyt. Chem.*, VIII, 23, XI, 1, VII, 442.

5. *Dosage à l'état de protosulfure.*

a. Par précipitation à l'état de sulfure.

Dans la dissolution, qui doit être plutôt légèrement acide et surtout ne pas contenir un grand excès d'acide azotique, on précipite suivant la quantité probable de cuivre soit avec une solution aqueuse concentrée d'acide sulfhydrique, soit par un courant de gaz sulfhydrique. S'il n'y a pas d'acide azotique, il vaut mieux chauffer presque à l'ébullition pendant que le courant de gaz passe, parce qu'alors le précipité est plus dense, et se laisse mieux laver. Après le dépôt complet et après s'être assuré que le liquide surnageant n'est plus précipité ni même coloré par une forte solution d'acide sulfhydrique, on filtre rapidement, on lave sans arrêter avec de l'eau contenant de l'hydrogène sulfuré et l'on sèche rapidement sur le filtre. On place le précipité dans un creuset en porcelaine mince pesé ; on y mélange les cendres du filtre et un peu de soufre en poudre pur et l'on chauffe fortement au rouge (avec le soufflet à gaz) dans un courant d'hydrogène (§ **108**, fig 79). Les résultats sont très exacts (*H. Rose* *]).

Cette méthode employée d'abord par *Berzelius* et plus tard par *Brunner* est devenue tellement facile à pratiquer au moyen de l'appareil imaginé par *H. Rose*, qu'on peut parfaitement l'appliquer avec toute sécurité. On en fait fréquemment usage dans mon laboratoire.

Si au lieu de calciner le précipité de sulfure de cuivre dans un courant d'hydrogène, on le chauffait au rouge dans le creuset fermé, que l'on retirerait de temps en temps du feu et qu'on ouvrirait quelques secondes, on obtiendrait le composé Cu^2S, CuO, plus ou moins mélangé d'oxyde ou de sulfure de cuivre. Mais comme Cu^2S et CuO renferment pour 100 la même quantité de cuivre, on peut aussi du poids du résidu ci-dessus conclure la quantité de cuivre (*Ulrici*). Ainsi présentée la méthode est plus simple, mais cependant les résultats ne sont pas aussi exacts.

b. Par précipitation à l'état de sulfocyanure (suivant *Rivot*) (**).

A la dissolution du composé de cuivre, qui doit autant que possible être exempte d'acide azotique et de chlore libre et ne pas contenir d'acide libre ou seulement très peu, on ajoute de l'acide sulfureux ou de l'acide hypoposphoreux en quantité suffisante, puis une dissolution de sulfocyanure de potassium en excès aussi léger que possible. Le cuivre se précipite à l'état de sulfocyanure blanc. On le filtre après avoir laissé déposer, on le mélange après lavage et dessiccation avec les cendres du filtre et du soufre en poudre, on chauffe au rouge dans un courant d'hydrogène dans l'appareil cité en a. et l'on réitère la calcination avec le soufre jusqu'à ce que le poids soit constant. On peut aussi recueillir le sulfocyanure sur filtre pesé, le sécher à 100° et en prendre le poids. L'expérience n° 71, faite de cette dernière façon, a donné 99,66 au lieu de 100. Les résultats sont généralement bons, mais toujours plutôt un peu trop faibles, parce que le sulfocyanure de cuivre

(*) *Pogg. Ann.*, CX, 138.
(**) *Comptes rendus*, XXXVIII, 868.

n'est pas tout à fait insoluble. La perte augmente s'il y a beaucoup d'acide libre.

c. Le bioxyde et le protoxyde de cuivre, le sulfate et beaucoup d'autres sels de cuivre peuvent aussi être transformés directement en sulfure de cuivre, par leur calcination avec du soufre en poudre et dans un courant d'hydrogène, comme il est indiqué en a. (*H. Rose*). Les résultats sont assez satisfaisants.

Voir au § **85** les propriétés du sulfocyanure et celles du sulfure de cuivre.

4. *Méthodes de dosage du cuivre par les liqueurs titrées.*

Parmi les nombreuses méthodes proposées, j'indique les suivantes, qui me paraissent les meilleures.

a. Méthode de *de Haen* (*).

Cette méthode (**), découverte dans mon laboratoire, y est employée surtout quand il s'agit de doser rapidement de petites quantités de cuivre. Elle repose sur ce fait que si l'on ajoute à un sel de bioxyde de cuivre un excès d'iodure de potassium, il se dépose du protoiodure de cuivre et de l'iode libre, qui reste dissous dans l'iodure de potassium :

$$2(CuO,SO^3) + 2.KI = Cu^2I + 2.KO,SO^3 + I.$$

— Si donc on détermine la quantité d'iode soit par la méthode de *Bunsen*, soit avec de l'hyposulfite de soude (§ **146**), on obtient la quantité de cuivre, puisque 1 équivalent d'iode libre (127) correspond à 2 équivalents de cuivre (63,4). Pour la marche de l'opération on procédera comme il suit : on fait passer le cuivre à l'état de sulfate, dont la dissolution sera autant que possible neutre, mais qui cependant peut sans inconvénients contenir un peu d'acide sulfurique libre. On forme avec la liqueur un volume connu, en l'étendant d'eau dans un ballon jaugé de façon que 100 C.C. renferment de 1 à 2 grammes de bioxyde de cuivre. Dans un flacon à l'émeri on met environ 10 C.C. d'une dissolution d'iodure de potassium (1 d'iodure dans 10 d'eau) : on ajoute 10 C.C. de la dissolution de cuivre, on mélange, on laisse dix minutes et l'on détermine sans retard l'iode éliminé, soit avec l'acide sulfureux et l'iode (§ **146**. 1.), soit avec de l'hyposulfite de soude (§ **146**. 2.). — Il faut éloigner de la dissolution le peroxyde de fer et les autres substances qui pourraient décomposer l'iodure de potassium ; en outre elle ne doit contenir ni acide azotique, ni acide chlorhydrique libres ; l'exactitude des résultats est aussi altérée si on laisse quelque temps la dissolution de cuivre en contact avec celle d'iodure de potassium, avant d'ajouter l'acide sulfureux ou l'hyposulfite de soude. — En prenant les précautions indiquées les résultats sont bons : ainsi *de Haen* a trouvé 0,3566 de sulfate de

(*) *Ann. der Chem. und Pharm.*, XCI, 237.

(**) *Brown*, en indiquant en 1857 cette méthode comme nouvelle (*Quart. Journ. of the Chem. Soc.*, X, 65), semble n'avoir pas eu connaissance de la publication qui en fut faite en 1854. La légère modification qui consiste à doser l'iode précipité avec l'hyposulfite de soude (d'après *Schwarz*), au lieu de l'acide sulfureux (d'après *Bunsen*), se trouve déjà indiquée dans l'ouvrage de *F. Mohr* (analyses volumétriques), publié en 1855.

cuivre au lieu de 0,5567, — 99,89 et 100,1 de cuivre métallique au lieu de 100. Des recherches ultérieures faites dans le même but (Exp. n° 72) m'ont démontré que la méthode est bien réellement satisfaisante, mais que cependant elle ne donne pas de résultats aussi rigoureux qu'on pourrait le conclure des nombres cités par *de Haen*. — Je n'ai pas été satisfait des expériences que j'ai faites pour éliminer l'influence fâcheuse de la présence de l'acide azotique, en ajoutant d'après la recommandation de *F. Mohr*, d'abord de l'ammoniaque en excès, puis de l'acide chlorhydrique jusqu'à ce qu'il domine légèrement. Cela tient à ce qu'une dissolution d'azotate d'ammoniaque additionnée d'un peu d'acide chlorhydrique met de l'iode en liberté, au bout de très peu de temps, dans une solution d'iodure de potassium.

b. Méthode de *Parker* (*) avec la modification de *H. Fleck* (**).

Parker a fondé un dosage rapide du cuivre sur l'action d'une dissolution de cyanure de potassium sur une liqueur ammoniacale de cuivre. Quand on ajoute du cyanure de potassium au liquide bleu céleste, la couleur disparaît; il se forme Cu^2Cy, AzH^4Cy et KO, tandis qu'un équivalent de cyanogène devenu libre agit sur l'ammoniaque libre pour faire de l'urée, de l'oxalate d'urée, de cyanhydrate d'ammoniaque et du formiate d'ammoniaque (*Liebig***). Cependant la réaction n'est pas toujours la même : elle se modifie par la quantité et la concentration de l'ammoniaque. Voir à ce sujet *Liebig* (loc. cit.), mes propres expériences (Exp. n° 75. a.), qui prouvent que la présence des sels ammoniacaux neutres modifie les résultats, enfin *Fleck* (loc. cit.), *Wolskron* (****), *Steinbeck* (*****) et *Kirpitschow* (******).

Fleck a ainsi modifié la méthode. — Au lieu d'ammoniaque caustique on prend une dissolution de sesquicarbonate d'ammoniaque (1 : 10); on chauffe vers 60°, et pour reconnaître plus facilement la fin de l'opération on ajoute deux gouttes d'une solution de prussiate jaune de potasse (1 : 20), qui ne doit changer ni la couleur bleue, ni la limpidité de la dissolution. On fixe d'abord le titre de la solution de cyanure de potassium en la faisant agir sur une liqueur de cuivre de force connue. — En versant goutte à goutte la liqueur de cyanure dans le liquide chauffé à 60°, on sent nettement l'odeur du cyanogène et la couleur disparaît peu à peu. Mais aussitôt que le sel double cupro-ammoniacal est détruit, on voit apparaître la couleur rouge du ferrocyanure de cuivre, sans qu'il se forme de précipité, et en ajoutant une dernière goutte de cyanure, la coloration disparaît, en sorte que la liqueur est tout à fait incolore.

La méthode ainsi modifiée donne, il est vrai, des résultats plus concordants, mais ils ne sont toujours qu'approximatifs (*******). Là où ils suffiront, le procédé se recommande par la facilité de son application.

(*) *Mining Journal*, 1831.
(**) *Politechn. Centralb.*, 1859, 1513.
(***) *Ann. der Chem. und Pharm.*, XCV. 118.
(****) *Zeitschr. f. analyt. Chem.*, V. 403.
(*****) *Zeitschr. f. analyt. Chem.*, VIII. 16.
(******) *Zeitschp. f. analyt. Chem.*, (II) VII. 207.
(*******) Dans six expériences, où les quantités d'ammoniaque et d'azotate d'ammoniaque.

J'ai trouvé que dans cette méthode la présence des sels ammoniacaux n'est pas sans influence (Exp. n° 75. b.); c'est pourquoi elle ne pourra être appliquée que lorsqu'on se placera dans les mêmes conditions pour fixer le titre de la solution de cyanure et pour l'employer à un dosage.

C'est d'après cette remarque que *Steinbeck* (*) dose le cuivre dans les schistes du Mansfeld. Le cuivre est d'abord précipité à l'état métallique dans la solution chlorhydrique avec du zinc en contact avec du platine. Après lavage, on dissout le cuivre dans une quantité déterminée d'acide azotique, on ajoute une quantité aussi mesurée d'ammoniaque, puis on verse jusqu'à décoloration la solution de cyanure de potassium. Comme de cette façon la liqueur renferme toujours une quantité déterminée et sensiblement la même d'ammoniaque et d'azotate d'ammoniaque, les résultats sont concordants et surtout assez exacts, si le titre du cyanure de potassium a été pris avec un poids de cuivre approximativement égal à la moyenne de cuivre à doser dans les divers essais. Cette solution de cyanure correspond à 0,005 gramme de cuivre par centimètre cube.

c. Méthodes fondées sur la précipitation du cuivre par le sulfure de sodium.

Pelouze a le premier employé ce procédé. La solution de cuivre servant à fixer le titre, ainsi que celle dans laquelle il faut mesurer la quantité inconnue de métal, acide ou neutre, est d'abord sursaturée avec de l'ammoniaque, pour faire une solution ammoniacale que l'on chauffe de 60° à 80°, et l'on y ajoute du sulfure de sodium, jusqu'à disparition de la couleur bleue. Le précipité formé a pour composition $5.CuS + CuO$. — Comme l'élévation de la température n'est pas sans influence sur la composition de l'oxysulfure de cuivre et qu'on ne peut pas saisir nettement la fin de l'opération, *Fr. Mohr* (**) et *Kunzel* (***) ont modifié la méthode. Le premier fait la précipitation à froid (auquel cas il se précipite du sulfure) et saisit le moment où le sulfure de sodium est en excès avec une solution alcaline de plomb; — le second précipite à la température de l'ébullition (auquel cas l'oxysulfure se dépose rapidement) et l'on reconnaît la fin de l'opération à ce qu'une goutte du liquide ne colore plus en brun le sulfure de zinc hydraté récemment précipité. On étend la solution de sulfure de sodium de façon que 1 C.C. corresponde environ à 0,01 gramme de cuivre. Pour fixer le titre, on prend une liqueur renfermant 10 grammes de cuivre par litre. On mesure 20 C.C. de celle-ci, correspondant à 0,2 grammes de cuivre, on sursature avec de l'ammoniaque, on étend d'eau, on fait bouillir et l'on verse le sulfure de sodium jusqu'à la réaction finale. Pour faire le sulfure de zinc, on dissout du zinc ordinaire dans de l'acide chlorhydrique, on ajoute de l'ammoniaque en excès, on fait bouillir avec un peu de la solution de sulfure de sodium, ce qui précipite le plomb qui pourrait se trouver

---

étaient différentes, *Fleck* a employé pour 100 C.C. de solution de cuivre : au minimum 15,2 C.C. de cyanure, au maximum 15,75, en moyenne 15,46.

(*) *Zeitschr. f. analyt. Chem.*, VII, 8.
(**) *Traité d'analyse par liqueurs titrées.*
***) *Journ. f. prackt. Chem.*, LXXXVIII, 686. — *Zeitschr. f. analyt. Chem.*, II, 375.

dans la liqueur. Dans le liquide filtré on ajoute du sulfure de sodium de façon à ne pas précipiter tout le zinc, et l'on étend le précipité uniformément sur du papier à filtre plié en plusieurs doubles.

Suivant *Kunzel*, l'opération bien conduite donne des différences qui montent au plus à 0,25 pour 100 : on peut donc appliquer la méthode industriellement.

d. Méthodes fondées sur la réduction du bichlorure de cuivre par le protochlorure d'étain.

E. Mulder (*) appliqua le premier cette réaction au dosage du cuivre en prenant le carmin d'indigo pour indicateur. *Fr. Weill* (**) reconnut que si la liqueur renfermait assez d'acide chlorhydrique, la décoloration du liquide chaud permettrait de reconnaître la fin de l'opération. Ce dernier prépare la liqueur d'étain en dissolvant 6 grammes d'étain (en feuille) dans 200 C.C. d'acide chlorhydrique chaud et en étendant d'eau pour faire un litre avec de l'eau bouillie : la liqueur de cuivre, avec laquelle il faudra établir le titre de la solution d'étain avant chaque série nouvelle d'essais, se fait en dissolvant 7,867 grammes de sulfate de cuivre pulvérisé, séché entre des feuilles de papier à filtre, de façon à faire un demi-litre renfermant 2 grammes de cuivre. — On verse alors 25 C.C. de la solution de cuivre (0,1 gramme de cuivre) dans un ballon d'environ 100 C.C. en verre incolore; on ajoute 5 C.C. d'acide chlorhydrique concentré, on chauffe à légère ébullition, et l'on verse d'abord rapidement, ensuite goutte à goutte, la solution d'étain dans la liqueur maintenue à l'ébullition, jusqu'à ce que la liqueur soit incolore comme de l'eau distillée. On ajoute de nouveau 5 C.C. d'acide chlorhydrique, on observe si cela produit une légère coloration, qu'on ferait dans ce cas disparaître par addition de quelques gouttes de chlorure d'étain. Si l'on voulait avoir plus de ce certitude sur la fin de la réaction, on ajouterait une goutte de bichlorure de mercure à un petit essai de la liqueur refroidie. S'il ne se forme pas de trouble apparent, c'est que le protochlorure d'étain n'est pas encore en excès. On pourrait alors en ajouter encore un peu, jusqu'à ce qu'il se forme un faible trouble de protochlorure de mercure; mais alors il faudra retrancher 0,05 C.C. du volume de la solution d'étain employée. — Pour faire une analyse, on opère de même. S'il y a de l'acide azotique, il faut d'abord le chasser en évaporant avec de l'acide sulfurique. — S'il y a du peroxyde de fer, il serait réduit avec le bichlorure de cuivre. Dans ce cas on prend un second essai, on y précipite le cuivre à chaud avec du zinc et du platine : on dose le protoxyde de fer dans la liqueur par le caméléon ou le chromate de potasse (§ **112**), et on peut calculer d'après cela la proportion de protochlorure d'étain qui a servi à la réduction du peroxyde de fer dans la première opération : la différence correspond au bichlorure de cuivre, — ou bien on lave le cuivre précipité, on le dissout à l'état de sulfate et l'on réduit par le protochlorure d'étain. Les résultats donnés par *Weill* sont satisfaisants.

(*) *Jahresber. von Kopp u. Will*, 1860. 613.
(**) *Zeitschr. f. analyt. Chem.*, IX, 297.

e. Schwarz (*) précipite le cuivre à l'état de protoxyde avec de la glucose dans une solution tartrique de cuivre et de potasse ; il lave le protoxyde, le chauffe avec du perchlorure de fer et de l'acide chlorhydrique et détermine avec le caméléon (**) le protochlorure formé d'après la réaction :
$$Cu^2O + Fe^2Cl^5 + HCl = 2.CuCl + 2.FeCl + HO.$$

f. E. Fleischer (***) précipite le cuivre à l'état de sulfocyanure (§ **119. 5.** b.), fait bouillir le précipité avec une lessive de potasse et obtient ainsi du protoxyde de cuivre ; — ou bien il précipite le cuivre à l'état de protoiodure avec de l'iodure de potassium et addition de protochlorure d'étain. Il met ce protoxyde ou ce protoiodure avec du sulfate de peroxyde de fer dissous, dose le protoxyde de fer formé et en déduit le cuivre.

g. F. Fleitmann (****) précipite le cuivre avec le zinc, et après l'avoir lavé il le traite par l'acide chlorhydrique et le perchlorure de fer : il en résulte du protochlorure de fer que l'on dose $(Cu + Fe^2Cl^5 = CuCl + 2.FeCl)$.

h. H. Schwarz (*****) ajoute à la solution acétique de cuivre du xanthogénate de potasse, juste assez pour qu'il ne se forme plus de précipité. Comme les autres métaux lourds, excepté le zinc, sont aussi précipités des solutions acétiques par ce réactif, il faut d'abord les séparer du cuivre.

Comme on le voit, les méthodes e. à h. exigent qu'on précipite préalablement ou qu'on isole le cuivre : elles ne peuvent donc, abstraction faite encore d'autres raisons, avoir un avantage sur les dosages en poids que dans des cas tout particuliers.

§ **120.**

6. Oxyde de bismuth.

a. Dissolution. — Le bismuth métallique, l'oxyde et tous leurs composés se dissolvent le mieux dans de l'acide azotique plus ou moins étendu. Il ne faudra pas oublier que les solutions chlorhydriques, quand elles sont concentrées, laissent dégager du chlorure de bismuth pendant l'évaporation.

b. Dosage. — On pèse le bismuth à l'état d'*oxyde*, de *chromate*, de *sulfure*, de *bismuth métallique* ou d'*arséniate de bismuth*. On donne aux composés de bismuth la forme d'oxyde, soit par la calcination, soit en les précipitant à l'état de carbonate basique, soit en évaporant à plusieurs reprises la dissolution azotique d'oxyde de bismuth ; parfois on fait précéder ces opérations d'une séparation à l'état de sulfure de bismuth ; fréquemment aussi avant le dosage à l'état de métal, on opère une précipitation à l'état de sulfure ou de chlorure basique.

On peut transformer en :

1. Oxyde de bismuth :

a. Par précipitation à l'état de carbonate : tous les composés de bismuth

---

(*) *Ann. d. Chem. u. Pharm.*, LXXVIV, 84.
(**) Il ne faut pas employer le chromate de potasse dans ce cas, parce que le chlorure de cuivre ne permet pas de saisir nettement la fin de la réaction.
(***) *Zeitschr. f. analyt. Chem.*, IX, 255.
(****) *Ann. d. Chem. u. Pharm.*, XCVIII, 141.
(*****) *Dingl. polyt. Journ.*, CXC, 220 et 205.

qui se dissolvent en azotate dans l'acide azotique, et lorsqu'il n'y a pas d'autres acides dans la dissolution.

b. *Par calcination* : α. Les sels de bismuth à acides oxygénés facilement volatils. — β. Les sels de bismuth à acides organiques.

c. *Par évaporation :* le bismuth dans une dissolution azotique.

d. *Par précipitation à l'état de sulfure :* tous les composés de bismuth sans exception.

2. CHROMATE D'OXYDE DE BISMUTH :

Tous les composés indiqués en 1. a.

3. SULFURE DE BISMUTH :

Tous les composés de bismuth sans exception.

4. BISMUTH MÉTALLIQUE.

L'oxyde de bismuth et ses sels, le sulfure de bismuth, le chlorure basique de bismuth, cette dernière forme pouvant être donnée au bismuth par précipitation dans toutes les dissolutions.

1. *Dosage du bismuth à l'état d'oxyde.*

a. Par précipitation à l'état de carbonate.

Après avoir étendu d'eau la solution de bismuth dans le cas où elle serait trop concentrée, on y verse du carbonate d'ammoniaque en évitant d'en mettre un trop grand excès (il importe peu pour le dosage que l'addition de l'eau produise ou non un précipité de sous-nitrate de bismuth), on chauffe assez longtemps presque à l'ébullition, puis on filtre, on sèche et l'on calcine. On opère en tous points comme pour la calcination du carbonate de plomb (§ **116**. 1.). Par l'action de la chaleur le carbonate de bismuth se transforme en oxyde pur. — Caractères du précipité et du résidu § **86**. — Quand on a soin de bien remplir toutes les conditions, la méthode donne de bons résultats. Ils sont cependant en général un peu trop faibles, parce que le carbonate de bismuth n'est pas complètement insoluble dans le carbonate d'ammoniaque. — Si l'on voulait précipiter de la même manière le bismuth dans une dissolution chlorhydrique ou sulfurique, on aurait de mauvais résultats, parce qu'avec le carbonate basique de bismuth il se précipiterait du chlorure ou du sulfate basique, qui ne serait pas décomposé par le carbonate d'ammoniaque. — Si l'on filtrait le précipité sans chauffer, on aurait une perte considérable, parce qu'alors tout le carbonate basique de bismuth ne serait pas précipité. (Exp. n° 74.)

b. Par calcination.

α. Pour les combinaisons telle que le carbonate et l'azotate de bismuth, on les calcine dans un creuset en porcelaine, jusqu'à ce qu'il n'y ait plus de perte de poids.

β. Avec les composés à acides organiques, on opère comme avec les composés analogues de cuivre, § **119**. 1. c.

c. Par évaporation.

On évapore au bain-marie dans une capsule en porcelaine la dissolution azotique de bismuth, jusqu'à de que le sel neutre reste à l'état sirupeux, on ajoute de l'eau, on détache des parois avec une baguette de verre la croûte blanche, on évapore de nouveau au bain-marie, on précipite de nouveau avec de l'eau et on continue de la même façon trois ou quatre fois encore. Lorsque la masse desséchée sur le bain-marie ne répand plus du tout d'odeur de l'acide azotique, on verse sur le contenu refroidi de la capsule une dissolution froide de 1 partie d'azotate d'ammoniaque dans 500 parties d'eau, on laisse quelque temps en contact, on filtre, on lave avec la dissolution de nitrate d'amoniaque, on dessèche et l'on calcine (§ **55**). Résultats très satisfaisants [*J. Lowe* (*)].

d. Par précipitation à l'état de sulfure.

On précipite la dissolution étendue avec de l'acide sufhydrique gazeux ou dissous dans l'eau. A l'eau qui servira à étendre on ajoute un peu d'acide acétique pour qu'il ne se forme pas de sel basique. Lorsque l'acide sulfhydrique domine fortement, que le précipité s'est déposé et qu'on s'est assuré que tout le bismuth est précipité en versant de la solution d'acide sulfhydrique dans la liqueur éclaircie, on filtre pendant que le liquide répand encore fortement l'odeur d'acide sulfhydrique et on lave avec de l'eau sulfurée. — On peut aussi neutraliser l'acide libre avec de l'ammoniaque, précipiter avec un excès de sulfhydrate d'ammoniaque et laisser digérer quelque temps.

On peut maintenant traiter le précipité de trois façons, suivant qu'on veut le peser à l'état de sulfure, ou le transformer en bismuth métallique ou en oxyde. Les deux premières méthodes seront décrites aux n° 5 et 4; nous indiquerons ici la dernière.

On traite le précipité lavé par de l'acide azotique de concentration moyenne et en chauffant à une douce chaleur, jusqu'à décomposition complète : on pourra séparer le précipité du filtre en étendant celui-ci sur une lame de verre ; mais si on ne le pouvait pas, on ferait agir l'acide directement sur le filtre contenant le précipité humide. On étend la solution avec de l'eau additionnée d'un peu d'acide acétique ou azotique, on filtre, on lave le filtre avec la même eau et l'on précipite la liqueur filtrée suivant a.

2. *Dosage du bismuth à l'état de chromate* suivant *J. Lowe* (**).

On verse la dissolution de bismuth aussi neutre que possible et débarrassée par évaporation au bain-marie (si c'est nécessaire) de l'acide azotique qui pourrait être en excès, dans une dissolution chaude de bichromate de potasse faite dans une capsule en porcelaine : on remue en faisant le mélange et on a soin que le chromate alcalin soit en léger excès. On lave le vase dans lequel était la solution du bismuth avec de l'eau acidulée avec de l'acide azotique, que l'on reçoit dans la capsule. Le précipité formé doit être dense et jaune orangé dans toute sa masse; s'il était jaune d'œuf et floconneux cela

---

(*) *Journ. f. prackt. Chem.*, LXXIV, 344.
(**) *Journ. f. prackt. Chem.*, LXVII, 464.

indiquerait qu'il manque du chromate de potasse. On ajouterait de ce sel et l'on ferait bouillir jusqu'à ce que l'on remarque l'état normal; mais il faut toujours éviter un trop grand excès de sel de potasse. On fait alors bouillir le contenu de la capsule pendant 10 minutes en remuant constamment, on lave le précipité d'abord par décantation en faisant bouillir plusieurs fois avec de l'eau que l'on renouvelle, puis on sépare par filtration, on lave sur le filtre avec de l'eau bouillante, on sèche à environ 120° et l'on pèse. Voy. au § **86** les caractères du précipité. Résultats très satisfaisants.

3. *Dosage du bismuth à l'état de sulfure.*

On précipite le bismuth suivant 1. d. à l'état de sulfure; si le précipité était mélangé à du soufre libre, on l'en débarrasserait soit en faisant bouillir avec une dissolution de sulfite de soude, soit en traitant par le sulfure de carbone (*voy.* le dosage du mercure à l'état de sulfure, § **118.** 3.); on filtre sur un filtre séché à 100° et pesé, on sèche à 100° et l'on pèse.

Il faut dessécher avec précaution. Au commencement le filtre et le précipité diminuent de poids parce que l'eau se vaporise, et plus tard le poids augmente parce que le sulfure absorbe de l'oxygène. Il faudra donc peser de $\frac{1}{2}$ heure en $\frac{1}{2}$ heure et prendre pour résultat le poids le plus faible. Voy. aux expériences justificatives, celle du n° 52. Caractères et composition § **86**.g.

Je ne conseille pas de transformer le sulfure en bismuth métallique par l'action de l'hydrogène au rouge, car la transformation demande beaucoup de temps pour être complète. Quant à la réduction par le cyanure de potassium, *voy.* 4.

4. *Dosage du bismuth à l'état métallique.*

On fond l'oxyde de bismuth ou le sulfure ou le chlorure basique à réduire dans un petit creuset en porcelaine, avec environ cinq fois son poids de cyanure de potassium ordinaire. La réduction est complète : la fusion se fait rapidement à une faible température avec l'oxyde et le chlorure; mais avec le sulfure il faut maintenir assez longtemps la matière fondue et à une température bien plus élevée. L'opération est réussie lorsqu'en traitant par l'eau on obtient des grains métalliques. On les lave d'abord rapidement et complètement avec de l'eau, puis avec de l'alcool d'abord hydraté et à la fin concentré, on sèche et l'on pèse.

Lorsqu'on réduit le sulfure, si le traitement de la masse fondue par l'eau donne avec les grains métalliques une poudre noire (mélange de bismuth et de sulfure de bismuth), il faut de nouveau fondre cette poudre avec du cyanure de potassium.

Pour éviter l'inexactitude qui pourrait provenir de ce que le creuset serait attaqué et que des parcelles de porcelaine se trouveraient mélangées avec le métal, on pèse avant l'expérience le creuset avec un petit filtre desséché, on rassemble ensuite le bismuth sur ce filtre, on l'y dessèche, et l'on pèse à la fin le creuset avec le filtre plein : l'augmentation de poids donne le poids du ismuth. Les résultats sont bons (*H. Rose* *).

La précipitation du bismuth à l'état de *chlorure basique* et la réduction de

(*) *Pogg. Ann.*, XCI, 104 et CX, 136.

celui-ci par le cyanure de potassium ont été employées dans ces derniers temps par *H. Rose* (*). Pour opérer de cette façon, on commence par neutraliser presque complètement le trop grand excès d'acide libre avec de la potasse, de la soude ou de l'ammoniaque, on ajoute — s'il n'y a pas déjà de l'acide chlorhydrique — suffisamment de chlorhydrate d'ammoniaque, puis une assez grande quantité d'eau. Après avoir laissé déposer assez longtemps, on essaye si le liquide clair surnageant se trouble par une nouvelle addition d'eau : dans ce cas on verserait encore de l'eau dans toute la masse de façon que la précipitation soit complète ; enfin on sépare le précipité par filtration, on le lave complètement avec de l'eau froide, et une fois desséché on le fond avec du cyanure de potassium. — Il ne serait pas exact de dessécher le précipité à 100°, de le peser et de calculer le bismuth d'après la formule $2.BiO^5 + BiCl^5$; car il se décompose un peu par le lavage, si l'eau de lavage ne contient pas un peu d'acide chlorhydrique (ce qui a des inconvénients s'il faut rassembler le précipité sur un filtre qui devra être ultérieurement desséché) ; et si la liqueur renferme de l'acide sulfurique, phosphorique, etc., il retient une partie de ces acides. Résultats exacts.

5. *Dosage du bismuth à l'état d'arséniate.*

H. Salkowski (**), s'appuyant sur ce fait déjà découvert par *Scheele* que l'arséniate de bismuth est complètement insoluble dans l'acide azotique, dose le bismuth à l'état d'arséniate, qui desséché entre 100° et 120° a pour composition BiO^5, AsO^5, HO. On précipite avec un excès suffisant d'acide arsénique la solution d'azotate de bismuth acidulée avec l'acide azotique, mais ne contenant pas d'autre acide libre : on agite avec une baguette en verre, en ayant soin de ne pas toucher les parois du vase (sans quoi il se fait un dépôt cristallin sur les points frottés), on laisse reposer quelques heures sans chauffer, on rassemble le précipité lourd sur un filtre séché à 120° et on le lave jusqu'à ce que l'eau de lavage commence à offrir un léger trouble. On pèse après la dessiccation à 120°. On ne calcine pas le précipité au rouge, parce que même en ajoutant de l'azotate d'ammoniaque le charbon du filtre produit une réduction. — Les exemples cités par *Salkowski* à l'appui de son procédé donnent de 99,88 à 100,02 au lieu de 100.

§ 121.

7. Oxyde de cadmium.

a. DISSOLUTION. — Le cadmium, l'oxyde de cadmium et tous leurs composés insolubles dans l'eau se dissolvent dans l'acide chlorhydrique ou dans l'acide azotique.

b. DOSAGE. — D'après le § 87 on pèse le cadmium à l'état d'*oxyde* ou de *sulfure*. — On peut aussi doser sous forme de *sulfate* et appliquer la méthode volumétrique, s'il n'y a pas d'autre base précipitable par l'acide oxalique.

(*) *Pogg. Ann.*, CX, 425.
(**) *Journ. f. prakt. Chem.*, CIV, 170. — *Zeitschr. f. analyt. Chem.*, VIII, 205.

On peut transformer en :

1. OXYDE DE CADMIUM :

    a. *Par précipitation :* les composés solubles dans l'eau, — ceux qui sont insolubles, mais dont les acides sont éliminés par l'acide chlorhydrique, — les sels à acides organiques.

    b. *Par calcination :* les sels de cadmium à acides minéraux volatils ou facilement décomposables.

2. SULFURE DE CADMIUM :
Tous les composés de cadmium sans exception.

3. SULFATE DE CADMIUM :

Tous les composés de cadmium, autant qu'ils ne renferment pas de substances fixes.

1. *Dosage à l'état d'oxyde de cadmium.*

a. Par précipitation.

On précipite avec du carbonate de potasse ou de soude et l'on calcine le précipité bien lavé de carbonate de cadmium, ce qui le transforme en oxyde pur. La précipitation se fait comme pour le zinc, § **108. 1. a.** — Comme l'oxyde de cadmium qui reste attaché au filtre est facilement réductible et se volatiliserait, il faut pour éviter cela prendre certaines précautions. On choisit un filtre de papier mince, on met dans le creuset tout ce que l'on peut du précipité bien desséché, puis on humecte avec quelques gouttes d'azotate d'ammoniaque le filtre qu'on a replacé dans l'entonnoir, on laisse de nouveau sécher, puis on le retire et on le brûle avec soin sur la spirale de platine. Après avoir réuni les cendres au précipité dans le creuset, on calcine avec précaution en évitant l'action des gaz réducteurs et enfin on pèse ; comme le carbonate de cadmium abandonne difficilement les dernières traces d'acide carbonique, il faut répéter la calcination jusqu'à ce qu'il n'y ait plus de perte de poids ; — *voy.* au § **87** les caractères du précipité et ceux du résidu. Résultats le plus souvent un peu trop faibles.

b. Par calcination.

On opère en tous points comme pour le zinc, § **108. 1. c.**

2. *Dosage à l'état de sulfure de cadmium.*

On précipite les dissolutions neutres ou acides avec un excès d'acide sulfhydrique en dissolution ou à l'état gazeux. Comme la précipitation pourrait être incomplète, s'il y avait un trop grand excès d'acide chlorhydrique ou azotique, surtout si la liqueur n'était pas assez étendue, on évite de se mettre dans ces conditions et toujours, avant de filtrer, on essaye si une portion du liquide surnageant reste limpide lorsqu'on l'additionne d'une quantité relativement considérable d'eau saturée d'acide sulfhydrique. On peut précipiter avec le sulfhydrate d'ammoniaque les dissolutions alcalines de cadmium. — Si le sulfure de cadmium ne contient pas de soufre libre, on le rassemble sur un filtre pesé, on le lave d'abord avec une solution étendue d'acide sulfhydrique additionnée d'un peu d'acide chlorhydrique, puis avec de l'eau pure; on sèche à 100° et l'on pèse : — si au contraire il y avait du soufre libre, on traiterait le précipité (*voy.* le mercure § **118**. 3.) soit par une dissolution de sulfite de soude à l'ébullition, soit par le sulfure de carbone. — Résultats exacts. — Parfois on empêche la précipitation du soufre en ajoutant à la dissolution de cadmium du cyanure de potassium, jusqu'à ce que le précipité formé soit redissous, puis on précipite par l'acide sulfhydrique.

Si l'on ne veut pas peser le sulfure de cadmium tel quel, on le chauffe avec le filtre dans de l'acide chlorhydrique de concentration moyenne, jusqu'à ce qu'il soit redissous et que l'odeur de l'acide sulfhydrique ait complètement disparu, on filtre et l'on précipite la solution d'après 1. a., après avoir chassé presque tout l'excès d'acide par une évaporation préalable.

3. *Dosage à l'état de sulfate de cadmium.*

On opère comme pour la magnésie (§ **104**. 1). Le sulfate de cadmium (CdO,SO^3) peut être chauffé relativement assez fort avant de se décomposer.

4. *Dosage par liqueur titrée.*

Suivant *Gibbs* (*) on ajoute un excès d'acide oxalique et beaucoup d'alcool fort à la solution concentrée de sulfate, ou d'azotate, ou de chlorure de cadmium, on filtre, on lave le précipité avec de l'alcool, on le dissout dans l'acide chlorhydrique à chaud et l'on dose l'acide oxalique avec le caméléon (§ **137**). *W. G. Leison* (**) a obtenu ainsi de bons résultats.

APPENDICE AU CINQUIÈME GROUPE.

§ 122.

8. **Protoxyde de palladium.**

Pour le dosage on transforme le protoxyde de palladium en *palladium métallique*, ou bien, dans certaines séparations, on lui donne la forme de *chlorure double de palladium et de potassium.*

1. *Dosage à l'état de palladium métallique.*

a. Dans la dissolution de chlorure de palladium presque complètement neutralisée par le carbonate de soude, on ajoute une dissolution de cyanure de mercure, on chauffe doucement jusqu'à ce que le liquide ne répande plus l'odeur de l'acide cyanhydrique, on laisse déposer le précipité de cyanure de palladium, qui ne se forme qu'au bout de quelque temps dans les liqueurs étendues, on le lave d'abord par décantation, puis sur un filtre : on le dessèche bien, on le calcine avec précaution et à la fin au chalumeau à gaz, jusqu'à la décomposition complète

(*) *Zeitschr. f. analyt. Chem.*, VII, 259.
(**) *Zeitschr. f. analyt. Chem.*, X, 545.

du paracyanure de palladium : puis on le chauffe au rouge dans un courant d'hydrogène, parce que pendant la calcination il s'est fait un peu d'oxyde de palladium ; il faut toutefois avoir soin d'arrêter le courant de gaz quand on cesse de chauffer, pour empêcher l'absorption de l'hydrogène par le palladium ; enfin on pèse le métal. — Si la dissolution renferme de l'azotate, il faut d'abord évaporer à siccité avec de l'acide chlorhydrique, parce que le précipité fourni par l'azotate détone par la calcination (*Wollaston*). — Résultats exacts.

b. On ajoute à la dissolution de chlorure ou d'azotate du formiate de soude ou de potasse et l'on chauffe jusqu'à ce qu'il ne se dégage plus d'acide carbonique. Le palladium se précipite en lamelles brillantes (*Döbereiner*).

c. On précipite la dissolution acide de palladium avec de l'acide sulfhydrique, on filtre, on lave avec de l'eau bouillante, on grille, on dissout dans l'acide chlorhydrique additionné d'un peu d'acide azotique et l'on précipite suivant a.

Le *palladium métallique* prend au rouge faible une teinte qui varie du violet au bleu : mais à une température plus élevée il reprend tout son éclat et le conserve par un refroidissement brusque, par exemple quand on le plonge dans l'eau froide ; cela toutefois n'occasionne pas de différence dans les pesées. Le palladium qui s'est combiné à l'oxygène est aussitôt réduit dans l'hydrogène, mais en refroidissant dans le courant gazeux il conserve un peu d'hydrogène absorbé. Il ne fond qu'à une température excessivement élevée. Il se dissout facilement dans l'eau régale, difficilement dans l'acide azotique pur et dans l'acide sulfurique monohydraté bouillant, plus facilement dans l'acide azotique nitreux.

2. *Dosage à l'état de chlorure double de palladium et de potassium.*

On évapore à siccité la dissolution de chlorure de palladium avec du chlorure de potassium et de l'acide azotique et l'on traite la masse saline froide par de l'alcool de densité 0,853, dans lequel le sel double est insoluble. On rassemble sur un filtre pesé, on sèche à 100° et l'on pèse. Les résultats sont un peu trop faibles parce que du sel double passe dans la solution alcoolique (*Berzelius*). — Au lieu de peser le chlorure double, on peut le décomposer au rouge dans un courant d'hydrogène, enlever avec l'eau le chlorure de potassium et peser le palladium métallique. Ce procédé a l'avantage de rendre sans influence un petit excès de chlorure de potassium que pourrait contenir le précipité.

Le *chlorure double de palladium et de potassium* est une poudre de couleur rouge cinabre formée de cristaux octaédriques microscopiques, ou de couleur brune quand les cristaux sont un peu plus gros. Il se dissout peu dans l'eau froide et pour ainsi dire pas du tout dans l'acool froid de densité 0,853. Il contient 26,806 pour 100 de palladium.

SIXIÈME GROUPE DES BASES

OXYDE D'OR, OXYDE DE PLATINE, OXYDE D'ANTIMOINE, PEROXYDE D'ÉTAIN, PROTOXYDE
D'ÉTAIN, ACIDE ARSÉNIEUX, ACIDE ARSÉNIQUE
(ACIDE MOLYBDIQUE)

§ 123.

1. Oxyde d'or.

a. Dissolution. — Pour dissoudre l'or métallique et tous ses composés inso·
lubles dans l'eau, on chauffe dans l'acide chlorhydrique auquel on ajoute peu
à peu de l'acide azotique, ou bien on fait digérer avec de l'eau de chlore
concentrée. On emploie surtout ce dernier moyen lorsqu'on veut dissoudre
de petites quantités d'or et laisser non dissous des oxydes étrangers qui y
sont mélangés.—Préférablement au chlore on emploiera, suivant *W. Skey* (*).
la teinture d'iode, ou l'eau bromée pour de grandes quantités d'or : on a
ainsi des dissolutions qui renferment bien moins d'autres bases que lorsqu'on prend du chlore.

b. Dosage. — L'or est toujours pesé à *l'état métallique*. On lui donne cette
forme soit par calcination, soit par précipitation de l'or métallique ou de
son sulfure.

On transforme en :

Or :

a. *Par calcination :* tous les composés d'or qui ne renferment pas d'acides
fixes.

b. *Par précipitation à l'état métallique :* tous les composés sans exception
pour lesquels on ne peut pas employer le procédé a.

c. *Par précipitation à l'état de sulfure :* tous les composés d'or, lorsqu'il
faut les séparer de certains oxydes métalliques auxquels ils sont mélangés.

Dosage à l'état d'or métallique.

a. Par calcination.

Dans un creuset de porcelaine fermé on chauffe d'abord doucement, puis
à la fin au rouge et l'on pèse le résidu d'or pur. — Caractères du résidu
§ 88. Résultats très exacts.

b. Par précipitation à l'état d'or métallique.

α. Si la dissolution d'or est exempte d'acide azotique, on y ajoute un peu
d'acide chlorhydrique, dans le cas où elle n'en contiendrait pas déjà, puis
un excès d'une dissolution limpide de sulfate de protoxyde de fer : on
chauffe doucement environ deux heures, jusqu'à ce que la fine poudre d'or
soit déposée, on filtre, on lave, on sèche et l'on calcine d'après le § 52. Il

(*) *Zeitschr. f. analyt. Chem.*, X, 221.

vaut mieux opérer la précipitation dans une capsule de porcelaine, parce qu'il est plus facile d'en retirer la poudre lourde que d'un vase à précipité. L'exactitude des résultats dépendra uniquement de la manipulation, car il n'y a pas de causes d'erreur dans cette méthode.

β. Si la solution d'or contient de l'acide azotique, on l'évapore à consistance sirupeuse au bain-marie, en ajoutant de temps en temps de l'acide chlorhydrique, on reprend le résidu par de l'eau additionnée d'acide chlorhydrique et l'on achève suivant α. Si le résidu ne donnait pas une dissolution limpide, c'est-à-dire s'il restait de la poudre d'or non dissoute, provenant de la décomposition du perchlorure en protochlorure et en or métallique, cela ne changerait en rien la manière d'opérer.

γ. Dans les cas où l'on ne doit pas introduire de fer dans la liqueur filtrée, on réduit le sel d'or avec l'acide oxalique. La dissolution d'or étendue étant dans un vase à précipité et préalablement débarrassée suivant β de l'acide azotique libre, si c'est nécessaire, on y ajoute de l'acide oxalique ou de l'oxalate d'ammoniaque en excès, puis un peu d'acide chlorhydrique, s'il n'y en a pas déjà, et l'on abandonne le vase couvert avec une lame de verre pendant deux jours dans un endroit chaud. Au bout de ce temps tout l'or s'est déposé en lamelles jaunes, que l'on sépare par filtration, lave, sèche et calcine. — Si la dissolution d'or à précipiter contient un trop grand excès d'acide chlorhydrique, il faut en chasser la plus grande partie par évaporation avant d'étendre d'eau et d'ajouter l'acide oxalique. — Si la dissolution renferme beaucoup de chlorures alcalins, il faut ajouter beaucoup d'eau et abandonner longtemps pour que la précipitation soit complète (*H. Rose*).

δ. L'or se précipite aussi facilement à l'état métallique par l'hydrate de chloral (*) en présence de l'hydrate de potasse. On chauffe la solution d'or, on y ajoute l'hydrate de chloral, puis un excès de lessive de potasse, et l'on maintient une minute à l'ébullition. Tout l'or est réduit en même temps qu'il se produit du chloroforme.

ε. Enfin l'or peut être précipité par beaucoup de métaux, tels que le zinc, le cadmium, le magnésium, etc. Ce dernier a été employé par *Scheibler* (**) surtout pour analyser les sels organiques d'or. On lave le métal précipité d'abord avec de l'acide chlorhydrique, puis avec de l'eau.

c. Par précipitation à l'état de sulfure.

Dans la dissolution étendue on fait passer un courant d'acide sulfhydrique en excès, on filtre rapidement le précipité sans chauffer et l'on calcine dans un creuset de platine après lavage et dessiccation. Caractères du précipité § **88**. — Pas de causes d'erreur.

(*) Hager, *Pharm. Centralb.*, XI, 593.
(**) *Bericht der deuts. Chem. Gesell.*, 1869, I, 295.

§ **124.**

2. Oxyde de platine.

a. DISSOLUTION. — On dissout le platine métallique et. ses composés insolubles dans l'eau en les faisant digérer à une douce chaleur dans l'eau régale.

b. DOSAGE. — Le platine est toujours pesé à l'*état métallique*. On le transforme ainsi, soit par précipitation à l'état de chlorure double de platine et de potassium, de chlorure double de platine et d'ammonium ou de sulfure de platine, soit par calcination, soit par précipitation avec des agents réducteurs.

Dans la plupart des cas tous les composés de platine peuvent être transformés en platine par l'une ou l'autre de ces méthodes. Les circonstances indiqueront facilement le choix à faire. Lorsqu'on le peut, il faut donner la préférence à la simple calcination. On transforme en sulfure quand il faut séparer le platine d'avec d'autres métaux.

Dosage à l'état de platine.

a. Par précipitation à l'état de chlorure double de platine et d'ammoniaque.

A la dissolution contenue dans un vase à précipité et concentrée par évaporation au bain-marie, si c'est nécessaire, on ajoute de l'ammoniaque jusqu'à ce qu'on ait saturé en grande partie, mais pas complètement, l'excès d'acide s'il y en a un, on verse un excès de sel ammoniac, puis une quantité assez notable d'alcool absolu. On laisse le précipité se déposer pendant 24 heures, on filtre dans le petit tube-filtre à asbeste ou sur un filtre non pesé, on lave avec de l'alcool à 80 pour 100, jusqu'à ce qu'on ait enlevé toutes les substances qu'on veut éliminer, on sèche avec soin; on calcine et l'on pèse. — On opère la calcination d'après le § **99**, 2. — Quand on opère sur une grande quantité, il vaut mieux faire la dernière calcination dans un courant d'hydrogène (§ **108**, *fig.* 79), afin d'être certain que la décomposition est complète. — Caractères du précipité et du résidu § **89**. Les résultats sont satisfaisants, en général cependant un peu trop faibles, parce que le sel double n'est pas tout à fait insoluble dans l'alcool (Exp. n° 16), et parce que, si l'on ne chauffe pas avec la plus grande précaution, il y a facilement des traces de ce sel entraînées avec les vapeurs de sel ammoniac.

. Les résultats seraient faux si l'on pesait le chlorure double tel quel, parce que, ainsi que je m'en suis assuré, il n'est pas possible, sans en dissoudre une quantité notable, de le débarrasser complètement par des lavages à l'alcool de tout le sel ammoniac qu'il a entraîné avec lui. En général les nombres qu'on obtient ainsi sont trop forts de quelques centièmes.

b. Par précipitation à l'état de chlorure double de platine et de potassium.

Dans la dissolution placée dans un vase à précipité on verse de la lessive de potasse pure pour neutraliser (si c'est nécessaire) la plus grande partie de l'acide libre, puis du chlorure de potassium en léger excès, et enfin, après une concentration préalable si elle est nécessaire, une assez grande quantité d'alcool absolu. Au bout de 24 heures on rassemble le précipité sur un petit tube-filtre à asbeste pesé, on le lave avec de l'alcool à 80 pour 100, on le dessèche à 100° et l'on transforme suivant le § **97**. 4. α. le chlorure double en platine métallique pur que l'on pèse.

Caractères du précipité et du résidu § **89**. Les résultats sont plus exacts qu'avec la méthode a., d'abord parce que le sel double de potassium est plus insoluble que celui d'ammoniaque, et que d'autre part il peut moins y avoir de perte pendant la calcination. — Il ne faut pas se contenter de peser le chlorure double, car on ne peut pas sans en dissoudre une partie le débarrasser complètement par des lavages à l'alcool du chlorure de potassium qu'il entraîne.

c. Par précipitation à l'état de sulfure de platine.

Suivant les circonstances, on précipite la dissolution de platine avec l'acide sulfhydrique gazeux ou dissous dans l'eau, on chauffe le mélange jusqu'à commencement d'ébullition, on lave et l'on calcine (§ **42**) le précipité. — Caractères du précipité et du résidu § **89**. — Résultats exacts.

d. Par calcination.

On opère comme pour l'or § **122**. — Caractères du résidu § **79**. Résultats très exacts.

e. Par précipitation au moyen d'agents réducteurs.

Il y a beaucoup de moyens de réduction pour précipiter le platine de ses dissolutions à l'état métallique. Cela se fait rapidement au moyen du sulfate de protoxyde de fer et de la lessive de potasse ou de soude (dans ce cas il faut par une addition d'acide chlorhydrique faire disparaître toute trace d'oxyde salin de fer, *Hempel*) ou par le zinc pur ou le magnésium (dont on enlève l'excès avec de l'acide chlorhydrique) : l'opération marche plus lentement et seulement à chaud avec les formiates alcalins. L'azotate de protoxyde de mercure précipite aussi tout le platine de la dissolution de son chlorure : par la calcination on chasse du précipité brun tout le protochlorure de mercure et il ne reste que le platine.

§ 125.

5. Oxyde d'antimoine.

a. DISSOLUTION. — On dissout dans l'acide chlorhydrique, plus ou moins concentré, l'oxyde d'antimoine et ses composés insolubles ou décomposables par l'eau ; il vaut mieux employer l'eau régale pour l'antimoine métallique. Quand on fait bouillir une dissolution chlorhydrique de protochlorure d'antimoine, il se volatilise des traces de celui-ci : par conséquent si l'on en concentre une dissolution on pourra avoir des pertes. — S'il fallait évaporer des solutions très étendues, on les saturerait avec une lessive de potasse. S'il fallait étendre d'eau des dissolutions chlorhydriques d'oxyde d'antimoine, on ajouterait avant de l'acide tartrique pour éviter le dépôt d'un sel basique. Lorsqu'on étend une dissolution acide d'acide antimonique, il faut avoir soin de ne pas ajouter l'eau peu à peu et en petite quantité (ce qui produirait un trouble), mais en grande quantité et tout d'un coup (alors la liqueur reste limpide).

b. Dosage. — L'antimoine se pèse soit à l'état de *sulfure*, soit à l'état d'*antimoniate d'antimoine* : parfois dans les séparations on le pèse à l'état *métallique*. On peut aussi faire usage de liqueurs titrées.

Les oxydes d'antimoine et leurs composés avec les oxacides facilement volatils ou décomposables peuvent se transformer en antimoniate d'antimoine par une simple calcination. Dans les dissolutions on précipite presque toujours l'antimoine à l'état de sulfure, que l'on transforme ensuite pour faire les pesées en sulfure anhydre, ou en antimoniate d'oxyde d'antimoine, ou enfin on emploie les liqueurs titrées. — Parmi les procédés volumétriques, les deux premiers ne peuvent s'appliquer que quand l'antimoine est à l'état d'oxyde pur ou de protochlorure.

1. *Précipitation à l'état de sulfure d'antimoine.*

A la dissolution d'antimoine on ajoute un peu d'acide chlorhydrique, si elle n'en contient pas déjà, puis de l'acide tartrique et l'on étend d'eau, si c'est nécessaire. Il vaut mieux mettre la dissolution dans un ballon fermé avec un bouchon percé de deux trous ; dans l'un on fait passer un tube de verre qui plonge presque jusqu'au fond du ballon et se recourbe au dehors à angle droit ; dans le second on fixe un tube recourbé deux fois à angle droit, dont l'une des branches, plus courte, ne fait que dépasser un peu le bouchon dans le col du ballon, et l'autre plus longue plonge un peu dans de l'eau contenue dans un verre. Par le premier tube on fait arriver un courant d'acide sulfhydrique jusqu'à grand excès, on place le ballon dans un lieu chaud, et au bout de quelque temps on chasse tout l'acide sulfhydrique par un courant d'acide carbonique. Si la quantité d'acide chlorhydrique libre ou surtout la présence de l'acide azotique ne s'y oppose pas, il est bon de chauffer la liqueur pendant qu'on fait agir l'acide sulfhydrique, et même à la fin on portera à l'ébullition. Le précipité est plus dense et se laisse mieux laver (*Sharples**).

Si le précipité est assez abondant, on le recueille sans interruption sur un filtre pesé, on le lave complétement et rapidement avec de l'eau additionnée d'un peu d'hydrogène sulfuré, on sèche à 100° et l'on pèse. — Ce précipité pesé renferme presque toujours encore un peu d'eau, il peut en outre contenir du soufre : il est toujours mélangé à cette dernière substance lorsque avec l'oxyde ou le protochlorure d'antimoine se trouve encore de l'acide antimonique ou le chlorure correspondant, car la précipitation est toujours précédée d'une réduction de ces composés par l'acide sulfhydrique, réduction qui produit un dépôt de soufre (*H. Rose*).

D'après cela, il faut toujours soumettre le sulfure d'antimoine précipité à un essai ultérieur.

On en chauffe une petite portion avec de l'acide chlorhydrique concentré. Si elle se dissout

(*) *Zeitschr. f. analyt. Chem.*, X, 348.

a. complètement et sans trouble, c'est qu'il n'y a que SbS³; mais si au contraire

b. il reste du soufre, c'est qu'il y en a dans le précipité à l'état de mélange.

Dans le cas a. (pour éliminer l'eau contenue dans le précipité séché à 100°) on pèse la plus grande partie du précipité dans une petite nacelle en porcelaine, on l'introduit dans un tube de verre suffisamment large, de 2 décimètres de long environ, on fait passer lentement un courant d'acide carbonique sec, et l'on chauffe la nacelle avec précaution en promenant au-dessous la flamme d'une lampe à alcool, jusqu'à ce que le précipité, d'abord de couleur orangée, soit devenu noir. On laisse refroidir dans le courant d'acide carbonique, on pèse : on obtient ainsi la quantité de sulfure anhydre renfermé dans cette portion du précipité et l'on calcule pour le tout. Les résultats sont satisfaisants. L'essai indiqué à la fin de l'ouvrage, Exp. n° 75, a donné 99,24 au lieu de 100. Mais si l'on ne dessèche qu'à 100°, on obtient environ 2 pour 100 en excès. Caractères du précipité § **90**.

Dans le cas b. on opère comme pour a., seulement on chauffe plus fortement et jusqu'à ce qu'il ne se dégage plus de vapeur de soufre. Celui-ci étant alors complètement éliminé, le résidu est du sulfure d'antimoine SbS³) pur. Il doit se dissoudre complètement dahs l'acide chlorhydrique sans résidu de soufre.

Si *la quantité de sulfure d'antimoine précipité est faible*, on le ramasse dans un petit tube-filtre à asbeste pesé, on le sèche dans un courant lent d'acide carbonique à une douce chaleur, puis on chauffe à la fin un peu plus fort jusqu'à ce que le sulfure devienne noir et qu'on ait volatilisé le peu de soufre qu'il pourrait y avoir : enfin on pèse après avoir remplacé dans le petit tube l'acide carbonique par de l'air (résultats très bons) (*).

Suivant *Bunsen*, il vaut mieux pour les analyses transformer le sulfure d'antimoine en antimoniate d'oxyde d'antimoine (voir 2).

Voir 3. c. le procédé de dosage indirect et de dosage par les liqueurs titrées de l'antimoine dans son sulfure.

2. *Dosage à l'état d'antimoniate d'oxyde d'antimoine.*

a. Si l'on a de l'oxyde d'antimoine ou un de ses composés à oxacide volatil ou facilement décomposable, on l'évapore avec précaution avec de l'acide azotique, on calcine ensuite longtemps au rouge jusqu'à ce qu'il n'y ait plus de perte de poids. On peut sans crainte faire l'opération dans un creuset en platine. Si l'on avait de l'acide antimonique, il ne serait pas nécessaire d'évaporer avec l'acide azotique.

b. S'il faut transformer le sulfure d'antimoine en antimoniate d'oxyde, on pourra procéder suivant l'une ou l'autre des deux manières suivantes indiquées par *Bunsen* (**).

α. On traite le sulfure desséché, préalablement humecté avec de l'acide

(*) *Zeitschr. f. analyt. Chem.*, VIII, 155.
(**) *Ann. der Chem. und Pharm.*, CVI, 3.

azotique de densité 1,42, par huit à dix fois son poids d'acide azotique fumant (*) dans un creuset en porcelaine, muni d'un couvercle concave, et on laisse l'acide se vaporiser lentement au bain-marie. Le soufre se sépare d'abord à l'état de poudre fine, mais il s'oxyde lentement et complètement pendant l'évaporation. La masse blanche qui reste dans le creuset est un mélange d'acide antimonique et d'acide sulfurique, qui se transforme sans perte en antimoniate d'oxyde par la calcination au rouge. Si le précipité à oxyder est mêlé à un grand excès de soufre, on enlève d'abord celui-ci en lavant avec du sulfure de carbone.

β. On mélange le sulfure d'antimoine avec de 30 à 50 fois son poids de bioxyde de mercure, autant que possible préparé par la voie humide (§ **60**. 4.), et l'on chauffe graduellement le mélange dans un creuset de porcelaine ouvert. Aussitôt que l'oxydation commence, ce qu'on reconnaît au dégagement subit des vapeurs grisâtres de mercure, on modère la température. Si le dégagement de vapeurs se ralentit, on chauffe un peu plus, en évitant que la flamme réductrice vienne en contact avec le contenu du creuset. On chasse les dernières traces d'oxyde de mercure avec le chalumeau à gaz et l'on pèse l'antimoniate qui reste sous forme de poudre blanche et dure. Comme l'oxyde de mercure laisse en général par la calcination des traces d'un résidu fixe, on peut en déterminer la quantité une fois pour toutes et en tenir compte en pesant l'oxyde de mercure qu'on emploie. La volatilisation de l'oxyde de mercure se fait bien plus rapidement dans un creuset en platine que dans un creuset en porcelaine; mais pour préserver le platine de l'action de l'antimoine, il faut brasquer le creuset avec de l'oxyde de mercure (**). — Si le sulfure d'antimoine renferme du soufre libre, il faut l'éliminer au moyen du sulfure de carbone avant l'oxydation, sans quoi il y aurait toujours une légère explosion.

3. *Dosage par les liqueurs titrées* (***).

a. Transformation de l'oxyde d'antimoine en acide antimonique par l'iode suivant *Fr. Mohr* (****).

L'oxydation se fait dans une dissolution alcaline, d'après l'équation : $SbO^3 + 2.I + 2.NaO = SbO^5 + 2.NaI$. On n'obtient des résultats convena-

---

(*) On ne peut pas faire usage d'acide azotique de densité 1,42, parce que son point d'ébullition n'est pas 86° comme pour l'acide fumant, par conséquent au-dessous du point de fusion du soufre, mais bien de 10° environ au-dessus de cette dernière température. Il en résulte que si l'on faisait usage d'acide de densité 1,42, le soufre séparé formerait des globules liquides dont l'oxydation serait très difficile.

(**) Pour garnir la paroi interne du creuset avec une couche d'oxyde de mercure, voici le moyen employé par *Bunsen*. On ramollit à la lampe le fond d'un tube à essai ordinaire, on le place encore mou dans le creuset et l'on souffle un petit ballon qui prend exactement la forme intérieure du creuset. On coupe le fond de ce petit ballon et on arrondit les bords à la lampe. Le creuset étant rempli d'oxyde de mercure sec, mais non tassé, on y plonge dans le centre le tube ainsi préparé, comme pour replacer le petit ballon sans fond dans le moule en platine : en tournant légèrement le tube sur lui-même, l'oxyde pénètre par le fond dans le tube, on l'enlève de temps en temps, et il reste entre le verre et le platine une couche d'oxyde à laquelle on peut donner 1/2 à 1 ligne d'épaisseur, et assez compacte pour qu'elle se maintienne sans se briser, quand on enlève le tube de verre et quand on soumet à la calcination.

(***) Voir la note 9 à la fin du volume.

(****) *Traité d'analyse par liqueurs titrées*. Trad. *Forthomme*, p. 576.

bles que dans des circonstances tout à fait particulières, car l'oxyde d'antimoine dans une dissolution alcaline n'a pas toujours la même tendance à se changer en acide antimonique; ainsi elle est plus grande en présence de beaucoup de carbonate alcalin que lorsqu'il y en a peu, et elle n'est constante que pour un excès particulier d'alcali.

On opère comme il suit :

On dissout dans environ 10 C.C. d'eau et d'acide tartrique un poids de substance renfermant à peu près $0^{gr},1$ d'oxyde d'antimoine, on ajoute ensuite assez de carbonate de soude pour que le liquide soit à peu près neutre. On verse alors 20 C.C. d'une dissolution de bicarbonate de soude saturée à froid, puis au liquide qui doit rester limpide, un peu d'empois d'amidon, et on laisse enfin couler goutte à goutte la dissolution titrée d'iode (§ **146**), jusqu'à ce que la couleur bleue persiste quand on agite. Bientôt, il est vrai, la coloration disparaît, mais ce n'est pas une raison pour ajouter encore de l'iode.

2 équivalents d'iode correspondent à 1 équivalent d'oxyde d'antimoine.

Les résultats ainsi obtenus sont tout à fait satisfaisants (Exp. n° 76). Je ne saurais recommander l'emploi du carbonate neutre de soude, dont s'est servi *Fr. Mohr* dans ses expériences, parce qu'il s'unit lui-même à une quantité notable d'iode, qui varie avec la quantité d'eau (Exp. n° 77); tandis que cela n'arrive pas avec le bicarbonate (Exp. n° 78). Voir encore § **127**, 5. a. 1. et Exp. n° 79.

b. Dosage par le bichromate de potasse, ou par le permanganate de potasse.

F. Kessler (*), qui a imaginé ces deux méthodes, les avait d'abord décrites d'une façon trop peu précise pour qu'elles puissent donner de bons résultats; mais dans un travail ultérieur (**), il a établi d'une manière nette les conditions à remplir pour titrer d'une façon satisfaisante l'oxyde d'antimoine dans une dissolution acide, soit avec le chromate de potasse en mesurant l'excès d'acide chromique avec le sulfate de protoxyde de fer, soit avec le caméléon.

I. *Dosage par le bichromate de potasse.*

1. Il faut préparer :

α. *Une dissolution d'acide arsénieux de force connue.* — On dissout 5 gr. d'acide arsénieux pur au moyen d'un peu de lessive de soude, on ajoute de l'acide chlorhydrique jusqu'à réaction légèrement acide, puis encore 100 C.C. du même acide de densité 1,12 et l'on étend d'eau pour faire 1000 C.C. Chaque centimètre cube renferme donc 0,005 gr. d'acide arsénieux, correspondant à 0,007374 gr. d'oxyde d'antimoine.

β. *Une dissolution de bichromate de potasse.* — On en dissout environ 2,5 grammes dans un litre d'eau.

(*) *Pogg. Ann.*, XCV, 204.
(**) *Pogg. Ann.*, CXVIII, 17.

γ. *Une dissolution de sulfate de protoxyde de fer.* — On dissout environ 1ᵍʳ,1 de fil de clavecin dans 20 C.C. d'acide sulfurique étendu (1 vol. d'acide concentré et 4 d'eau), on filtre et l'on étend d'eau pour faire 1 litre.

δ. *Une dissolution de ferricyanure de potassium.* — Elle doit être assez étendue ; avant chaque série d'expériences il faudra la préparer avec du prussiate rouge bien exempt de prussiate jaune.

2. *Fixation du titre des dissolutions.*

α. *Relation entre les dissolutions de chromate de potasse et de sulfate de fer.* — Dans un vase à précipité on verse avec la burette 10 C.C. de la solution de chrome, on ajoute 5 C.C. d'acide chlorhydrique et 50 C.C. d'eau, puis on y fait couler avec une autre burette de la solution de fer jusqu'à ce que la liqueur devienne verte. On ajoute maintenant le sel de fer peu à peu en essayant, après chaque addition, si une goutte du liquide avec une goutte de prussiate rouge donnent nettement sur une soucoupe en porcelaine la réaction des sels de protoxyde de fer. Ce point atteint, on verse encore 0,5 C.C. de solution de chrome, puis goutte à goutte la solution de sel de fer jusqu'à ce qu'une goutte de liquide avec le ferricyanure donne à peine la réaction bleue. On fait les lectures sur les deux burettes, ce qui indique le rapport chimique des deux liqueurs, et pour plus de facilité, on calcule combien il faut de solution de chrome pour 10 C.C. de sel de fer. Comme ce dernier absorbe lentement l'oxygène de l'air, il faut recommencer cette expérience avant chaque nouvelle série d'analyses.

β. *Relation entre la solution de chrome et celle d'acide arsénieux.* — Dans un vase à précipité on met 10 C.C. de la solution d'acide arsénieux, 20 C.C. d'acide chlorhydrique de densité 1,12 et 80 à 100 C.C. d'eau (*), on ajoute de la dissolution de chrome jusqu'à ce qu'on reconnaisse à la couleur jaune du liquide que l'acide chromique domine, on attend quelques minutes, on verse un léger excès de la solution de fer, puis de nouveau 0,5 C.C. de solution de chrome, et enfin de nouveau du sel de fer, jusqu'à la réaction finale (voir α). On retranche de la quantité totale de solution de chrome celle qui correspond au sulfate de fer employé, on obtient ainsi le rapport entre le chromate de potasse et l'acide arsénieux, et l'on calcule d'après cela combien 100 C.C. de la solution de chrome peuvent transformer d'oxyde d'antimoine en acide antimonique.

3. *Marche de l'analyse.*

On dissout avec de l'acide chlorhydrique la substance contenant l'oxyde d'antimoine, en ayant soin qu'elle ne renferme ni matières organiques, ni oxydes des métaux lourds ou autres capables de gêner les réactions ; il ne faut pas non plus que la quantité d'acide chlorhydrique de densité 1,12 soit en quantité inférieure à 1/6 du volume total. Nous ne conseillons pas non plus de prendre un volume d'acide chlorhydrique supérieur à la moitié du

---

(*) Il faut mesurer l'eau, car l'action de l'acide chromique sur l'acide arsénieux et aussi sur l'oxyde d'antimoine n'a lieu normalement que si l'acide chlorhydrique de densité 1,12 forme au moins 1/6 du volume du liquide.

volume total, parce qu'alors la réaction finale avec le prussiate rouge se produit plus lentement et perd de sa sensibilité. Il ne faut pas non plus faire usage d'acide tartrique pour dissoudre les composés d'antimoine, parce qu'il gêne la réaction normale de l'acide chromique sur le protoxyde de fer. On opère ensuite comme il est indiqué en 2. On calcule alors la quantité d'oxyde d'antimoine d'après le titre connu de la liqueur de chromate.

Si pour un motif quelconque on ne peut pas titrer directement la dissolution chlorhydrique, on la précipite par l'acide sulfhydrique, on lave le précipité, on le reprend par une quantité suffisante d'acide chlorhydrique pour le dissoudre en le faisant digérer au bain-marie avec cet acide : pour chasser l'acide sulfhydrique on ajoute une quantité suffisante d'une solution presque saturée de bichlorure de mercure dans de l'acide chlorhydrique de densité 1,12; on étend avec un volume d'eau mesuré (tel que le rapport du volume d'acide chlorhydrique de densité 1,12 à celui de l'eau ne soit pas moindre que 1 : 6), on verse la solution de chromate de potasse, puis celle de fer et l'on opère comme en 2.

II. Dosage par le permanganate de potasse.

On ne peut l'appliquer qu'à une dissolution chlorhydrique d'oxyde d'antimoine, qui doit aussi contenir au moins 1/6 de son volume d'acide chlorhydrique de densité 1,12. On ajoute jusqu'à coloration rouge permanente la dissolution de caméléon contenant par litre 1^{gr},5 de permanganate cristallisé. La réaction finale est nette, et la transformation de l'oxyde d'antimoine en acide antimonique se fait régulièrement, quel que soit le degré de concentration, pourvu que la proportion indiquée d'acide chlorhydrique soit bien observée. Trop d'acide chlorhydrique (plus de 1/3 du volume) ne serait pas bon, car dans ce cas la réaction finale n'est pas facile à saisir. — L'acide tartrique n'empêche pas la réaction, au moins s'il se trouve avec l'oxyde d'antimoine dans la proportion où ces substances entrent dans l'émétique.

On peut d'après cela fixer le titre du caméléon en le faisant agir sur une dissolution d'émétique d'une force connue.

S'il fallait analyser du sulfure d'antimoine, on opérerait comme en I. 3. On donne un volume connu au liquide additionné de bichlorure de mercure, on laisse déposer et l'on titre une portion mesurée de la dissolution tout à fait limpide.

Il résulte d'expériences que j'ai faites qu'on peut appliquer la méthode de Kessler au dosage de très petites quantités d'antimoine (*).

c. Dosage volumétrique par l'acide sulfhydrique que dégage le sulfure
d'antimoine, suivant R. Schneider (**).

L'action de l'acide chlorhydrique bouillant sur le trisulfure ou le pentasulfure d'antimoine, donne toujours 3 équivalents d'acide sulfhydrique pour 1 équivalent d'antimoine. Si donc on détermine la quantité d'hydrogène sulfuré on en pourra conclure celle du métal.

(*) Zeitschr. f. analyt. Chem., VIII, 155.
(**) Pogg. Ann., CX, 634.

Pour décomposer le sulfure d'antimoine et absorber l'acide sulfhydrique, on se sert de l'appareil dont *Bunsen* fait usage dans les analyses iodométriques (§ **130**). La grandeur du petit ballon doit être naturellement en rapport avec la quantité de sulfure : pour des poids qui ne dépassent pas $0^{gr},4$ de SbS^5, il suffit d'un ballon de 100 C.C., — pour des poids de $0^{gr},4$ à 1 gramme de SbS^5, on prendra un vase de 200 C.C. Le ballon sera sphérique, le col assez étroit, long et cylindrique. Si le sulfure est recueilli sur un filtre, on introduira le tout ensemble dans le ballon. — L'acide chlorhydrique ne devra pas être trop concentré.

Le meilleur moyen de doser l'acide sulfhydrique est celui décrit au § **148**. b. Les exemples cités par *Schneider* sont très satisfaisants. Les résultats seraient faux, si le sulfure d'antimoine contenait du chlorure d'antimoine, ce qui arriverait si l'on oubliait d'ajouter de l'acide tartrique lorsqu'on précipite par l'acide sulfhydrique.

§ **126.**

4. **Protoxyde d'étain** et 5. **Peroxyde d'étain.**

a. DISSOLUTION. — Pour avoir des dissolutions claires avec les sels d'étain solubles dans l'eau, il faut ajouter un peu d'acide chlorhydrique. Presque tous les composés insolubles dans l'eau se dissoudront dans l'acide chlorhydrique ou dans l'eau régale. On peut dissoudre l'acide métastannique en le faisant bouillir avec de l'acide chlorhydrique, en décantant celui-ci et traitant le résidu par beaucoup d'eau. Quant à l'oxyde d'étain calciné et aux autres composés insolubles dans les acides, on les rend solubles dans l'acide chlorhydrique en les réduisant d'abord en poudre fine, puis les fondant dans un creuset d'argent avec un excès d'hydrate de potasse ou de soude. — L'étain métallique se dissout le mieux dans l'eau régale, ce qui donne une dissolution de perchlorure, qui cependant renferme assez souvent du métabichlorure (*Th. Schœrer**). Mais en général pour le dosage on le transforme en oxyde sans qu'il soit nécessaire de le dissoudre préalablement. — Les dissolutions acides d'étain qui renferment de l'acide chlorhydrique ou un chlorure métallique ne peuvent pas être évaporées, même après addition d'acide azotique ou d'acide sulfurique, sans qu'il se volatilise du bichlorure d'étain.

b. DOSAGE. — L'étain est toujours pesé à l'état d'*oxyde*. On lui donne cette forme soit en le traitant par l'acide azotique, soit en le précipitant à l'état d'oxyde hydraté ou de sulfure. Il y a beaucoup de procédés pour doser l'étain par des liqueurs titrées : tous reposent sur la dissolution de l'étain à l'état de protochlorure, que l'on transforme en bichlorure dans une liqueur acide : mais quelques-uns seulement donnent de bons résultats.

On peut transformer en :

OXYDE D'ÉTAIN :

a. Par *l'action de l'acide azotique* : l'étain métallique et ses composés

(*) *Journ. f. prakt. Chem.*, N. F., III, 472.

qui ne renferment pas d'acide fixe pourvu qu'il n'y ait pas de chlorure.

b. Par *précipitation à l'état d'oxyde hydraté :* tous les composés d'étain à acides volatils, pourvu qu'il n'y ait ni substances organiques fixes, ni peroxyde de fer.

c. Par *précipitation à l'état de sulfure d'étain :* tous les composés d'étain sans exception.

Dans les méthodes a. et c. il importe peu que l'étain soit à l'état de protoxyde ou de peroxyde; la méthode b. suppose qu'il est à l'état de peroxyde. — Les méthodes volumétriques peuvent s'employer dans beaucoup de cas, mais elles ne sont simples et directes qu'autant que l'étain est à l'état de protochlorure dans une dissolution exempte d'autres corps oxydables, ou qu'on peut facilement le mettre dans ces conditions. Nous dirons dans le cinquième chapitre comment on dose les deux oxydes quand ils sont mélangés.

1. *Dosage de l'étain à l'état d'oxyde :*

a. Par le traitement par l'acide azotique.

Cette méthode est surtout employée pour transformer l'étain métallique en oxyde. — Dans un ballon assez grand, on verse peu à peu sur le métal très divisé de l'acide azotique pur, de densité 1.5 environ; on ferme le ballon avec un verre de montre. — Lorsque la réaction très vive a cessé, on chauffe longtemps à une douce chaleur, jusqu'à ce que l'acide métastannique hydraté formé paraisse d'un blanc bien pur et qu'on ne remarque plus la moindre action ultérieure de l'acide. On fait passer avec de l'eau le contenu du ballon dans une capsule en porcelaine, on évapore presque à siccité au bain-marie, on ajoute de l'eau, on filtre, on lave jusqu'à ce que l'eau de lavage ne colore pour ainsi dire plus le papier de tournesol, on sèche, on calcine et l'on pèse. On fera la calcination dans un petit creuset en porcelaine, suivant le § **53**; on peut cependant prendre un creuset en platine. La chaleur rouge ne suffit pas pour chasser toute l'eau; il faut à la fin faire usage du chalumeau à gaz. — Les combinaisons d'étain exemptes de substances fixes peuvent se changer en oxyde de la même façon : on les additionne d'acide azotique dans un creuset de porcelaine, on évapore à siccité et l'on calcine le résidu. S'il y a de l'acide sulfurique, on favorise à la fin son départ au moyen du carbonate d'ammoniaque, comme avec le bisulfate de potasse (voir § **97**). Il faut aussi, dans ce dernier cas, porter à la fin à la plus haute température rouge possible. — Caractères du résidu, § **91**. Il n'y a pas de causes d'erreur.

b. Par précipitation à l'état d'oxyde hydraté.

Cette méthode suppose que tout l'étain est à l'état de bichlorure ou de peroxyde. Si donc la dissolution renfermait de l'oxydule, on la traiterait par l'eau de chlore; on y ferait passer un courant de chlore ou on la chaufferait légèrement avec du chlorate de potasse, jusqu'à ce qu'on ait tout transformé en peroxyde ou perchlorure. On ajoute alors de l'ammoniaque jusqu'à ce qu'il commence à se former un précipité permanent, puis goutte à goutte de l'acide chlorhydrique jusqu'à ce que la liqueur soit de nouveau limpide, en ayant soin que la dissolution ne renferme que très peu d'acide chlorhydrique en excès. Dans le liquide ainsi préparé on verse une dissolution concentrée d'azotate d'ammoniaque (ou de sulfate de soude) en quantité assez notable et l'on chauffe quelque temps. Tout l'étain se précipite à l'état de bioxyde hydraté. On décante trois fois à travers un filtre, on y jette le précipité, on lave complètement, on sèche et l'on calcine. — Pour s'assurer que la précipitation de l'étain est complète, on peut avant de filtrer verser quelque gouttes du liquide clair, au fond duquel est le précipité, dans une dissolution chaude d'azotate d'ammoniaque ou de sulfate de soude. S'il ne se forme pas de précipité, c'est que la décomposition est complète. — Les mêmes réactifs précipitent aussi tout l'étain de la solution de métabichlorure, et cela à l'état d'acide métastannique hydraté.

Ce procédé, dû à *J. Lœventhal,* a souvent été essayé par lui dans mon laboratoire (*). Il donne de bons résultats, il est facile et commode. La décomposition est exprimée par l'équation suivante :

$$SnCl^2 + 2(AzH^4O,AzO^5) + 2.HO = SnO^2 + 2.AzH^4Cl + 2(AzO^5,HO),$$

ou bien avec le sulfate de soude :

$$SnCl^2 + 4(NaO,SO^3) + 2.HO = SnO^2 + 2.NaCl + 2(NaO,HO,2SO^3).$$

Suivant *H. Rose* (**), on peut aussi précipiter complètement l'étain avec l'acide sulfurique dans les dissolutions qui le renferment à l'état de bioxyde ou de bichlorure. Si la solution renferme de l'acide métastannique ou du métabichlorure, il suffit de l'étendre modérément ; si au contraire elle contient les autres modifications, il faut étendre fortement. S'il y a de l'acide chlorhydrique, la précipitation est rapide, autrement il faut attendre au moins 12 à 14 heures avant qu'elle soit complète. On laisse bien déposer avant de filtrer, on lave jusqu'à ce que l'eau de lavage ne trouble plus le nitrate d'argent, s'il y avait de l'acide chlorhydrique, on sèche, on calcine et à la fin on ajoute un peu de carbonate d'ammoniaque. Les exemples d'analyses faites par *Œsten,* cités par *H. Rose,* donnent de bons résultats.

c. Par précipitation à l'état de sulfure d'étain.

On précipite la dissolution étendue et suffisamment acide par l'acide sulfhydrique gazeux ou dissous dans l'eau. Si l'on avait un sel de protoxyde, le précipité de protosulfure serait brun : on abandonnerait dans un lieu chaud pendant une demi-heure après addition d'une solution saturée d'acide sulfhydrique et l'on filtrerait. Si l'on a un bioxyde, ou du bichlorure, ou du métabichlorure, le précipité est du bisulfure jaune renfermant du bioxyde hydraté (*Barfoed,* voy. p. 164. — *Th. Scheerer* ***). On abandonne le vase couvert, dans un lieu chaud, jusqu'à ce que l'odeur de l'hydrogène sulfuré ait presque disparu, et l'on filtre. Pour laver le préci-

(*) *Journ. f. prackt. Chem.,* LVI, 366.
(**) *Ann. de Pogg.,* CXII, 164.
(***) *Journ. f. prackl. Chem.,* N. F., III, 472.

pité et éviter que les eaux ne passent troubles à travers le filtre, on emploie d'abord une dissolution concentrée de chlorure de sodium, que l'on déplace ensuite avec une solution d'acétate d'ammoniaque contenant un léger excès d'acide acétique. Si la présence de ce dernier sel dans le liquide filtré n'a pas d'inconvénient, on peut opérer le lavage avec lui seul (*Bunsen* *). On met d'abord sur un verre de montre tout le précipité desséché, on brûle le filtre avec précaution dans un creuset en porcelaine pesé, on humecte les cendres avec un peu d'acide azotique, on chauffe au rouge : on fait tomber le sulfure dans le creuset refroidi, on ferme, on chauffe assez longtemps à une douce chaleur (ce qui produit souvent une décrépitation), on ôte le couvercle. et l'on chauffe doucement au contact de l'air, jusqu'à ce qu'il ne se dégage plus d'acide sulfureux. (Si l'on chauffait trop fort au début, il se volatiliserait du sulfure dont les vapeurs au contact de l'air se changeraient en oxyde d'étain). On chauffe alors fortement, on laisse un peu refroidir, on met un petit morceau de carbonate d'ammoniaque dans le creuset et l'on chauffe de nouveau fortement pour chasser les dernières traces d'acide sulfurique formé. Si après des calcinations répétées avec addition de carbonate d'ammoniaque le poids reste constant, l'opération est terminée (*H. Rose*). — Caractères du précipité, § **91**. Résultats exacts.

2. *Méthode par les liqueurs titrées.*

Le dosage de l'étain par la transformation du protochlorure en bichlorure par les agents d'oxydation (bichromate de potasse, iode, permanganate de potasse, etc.) offre des difficultés provenant de ce que le protochlorure peut s'oxyder aux dépens de l'oxygène de l'air libre ou de l'air dissous dans l'eau employée pour étendre les dissolutions, et cela avec une rapidité différente suivant les circonstances où se fait l'opération : en outre la tendance du protochlorure à passer à l'état de bichlorure ne reste pas la même suivant le degré de dilution des liquides, suivant la présence d'un plus ou moins grand excès d'acide.

Dans les méthodes suivantes ces causes d'erreur sont écartées autant que possible et assez pour que les résultats puissent être regardés comme satisfaisants.

1. Dosage du protochlorure d'étain dans une dissolution alcaline au moyen de l'iode (suivant *Lenssen* **).

On dissout l'étain ou le sel de protoxyde à essayer (le mieux dans un courant d'acide carbonique) dans de l'acide chlorhydrique (avec l'étain métallique on met dans le liquide une lame de platine (***)), on ajoute du tartrate double de potasse et de soude, puis du carbonate de soude en excès. Dans cette dissolution alcaline limpide on met un peu d'empois d'amidon et l'on y verse une solution d'iode dans l'iodure de potassium (§ **146**) jusqu'à ce que la coloration bleue soit persistante. 1 équivalent d'iode (126,85)

(*) *Ann. der Chem. und Pharm.*, CVI, 13.

(**) *Journ. f. prackt. Chem.*, LXXVIII, et *Ann. d. Chem. und Pharm.*, CXIV, 113.

(***) *Lenssen* trouve de l'inconvénient à ajouter du platine ; la présence de ce métal facilite beaucoup la dissolution, et aucun expérimentateur n'a constaté que cela avait une fâcheuse influence sur l'exactitude des résultats.

correspond à 1 équivalent d'étain (59). *Lenssen* a obtenu ainsi de bons résultats.

2. Dosage du protochlorure d'étain au moyen du perchlorure de fer.

Lœventhal (*) a le premier montré que le protochlorure d'étain en dissolution acide se laisse bien mieux oxyder par les agents d'oxydation quand on ajoute du perchlorure de fer (ou du perchlorure de cuivre); plus tard *Stromeyer* (**) a publié des expériences conduisant au même résultat, en indiquant des observations pratiques sur la meilleure manière d'appliquer cette méthode dans les différents cas. J'indique ici les méthodes qui s'appuient sur ce fait et qui ont été soumises aux épreuves de la pratique.

a. S'il faut analyser du protochlorure d'étain ou un sel de protoxyde, on le dissout avec addition d'acide chlorhydrique et en chauffant dans du perchlorure de fer parfaitement exempt de protochlorure, on étend d'eau, on titre après refroidissement avec le caméléon : on fait une autre expérience avec un égal volume d'eau colorée également avec du perchlorure de fer, on retranche de la première quantité du caméléon celle qu'il a fallu pour colorer cette eau, et d'après le reste on calcule la proportion d'étain.

La réaction a lieu d'après l'équation suivante : $SnCl + Fe^2Cl^3 = SnCl^2 + 2.FeCl$. On voit que ce n'est pas le protochlorure d'étain que l'on titre avec le caméléon, mais le protochlorure de fer qu'il produit et qui est bien moins sensible à l'action de l'oxygène : 2 équivalents de fer correspondent à 1 équivalent d'étain. Il ne faut pas oublier ici que l'on titre le protoxyde de fer dans une dissolution chlorhydrique et qu'on rencontrera les inconvénients signalés à la page 256 γ (***). — Les résultats ne seront donc suffisamment exacts qu'autant qu'on aura pris soin de se mettre, relativement à la quantité d'acide chlorhydrique et à la dilution des liqueurs, dans les mêmes conditions pour fixer le titre du caméléon et pour en faire usage. Si l'on a beaucoup d'essais d'étain à faire, on calculera la valeur du caméléon en étain, en prenant 59 d'étain pour 56 de fer.

b. S'il faut analyser de l'étain métallique, on le dissoudra dans de l'acide chlorhydrique (dans un courant d'acide carbonique et favorisant la dissolution avec une lame de platine) et l'on traitera la dissolution suivant a. : ou bien on met l'étain directement dans une dissolution concentrée de perchlorure de fer, additionnée d'acide chlorhydrique, et, si le métal est divisé, il est rapidement attaqué même à froid sans dégagement d'hydrogène. On peut chauffer légèrement sans inconvénients. On titre alors, et dans le dernier cas on a l'équation : $Sn + 2.Fe^2Cl^3 = SnCl^2 + 4.FeCl$, d'où il faudra pour 4 équivalents de fer $= 112$ à l'état de protochlorure calculer 1 équivalent $= 59$ d'étain. Les résultats ne sont évidemment exacts qu'autant qu'il n'y a pas de fer. Dans ce dernier cas, il faudra traiter comme il est dit en c. la dissolution impure d'étain.

c. Si l'on a du bichlorure ou du bioxyde d'étain, ou une combinaison renfermant du fer, on la dissout dans l'eau avec un peu d'acide chlorhy-

(*) *Journ. f. prackt. Chem.*, LXXVI, 481.
(**) *Ann. der Chem. und Pharm.*, CXVII, 261.
(***) Voir la note 5 à la fin du volume.

drique, on met pendant 24 heures une lame de zinc, on enlève avec un pinceau l'étain précipité, on le lave, on le dissout dans le perchlorure de fer et l'on achève comme en b.

d. Si l'on a du bisulfure d'étain pur, obtenu par précipitation d'une dissolution de bioxyde exempte de protoxyde, on le met avec du perchlorure de fer, on chauffe un peu, on sépare le soufre par filtration et l'on titre. 4 équivalents de fer correspondent à 1 équivalent d'étain, car $SnS^2 + 2.Fe^2Cl^3 = SnCl^2 + 4.FeCl + 2S$. Les nombres donnés par *Stromeyer* sont très satisfaisants. Voir page 164 les observations de *Barfoed*, sur le bisulfure d'étain précipité.

§ **127**.

6. Acide arsénieux et **7. Acide arsénique.**

a. Dissolution. — Les combinaisons de l'acide arsénieux et celles de l'acide arsénique, qui sont insolubles dans l'eau, se dissolvent dans l'acide chlorhydrique ou dans l'eau régale. Certains arséniates métalliques naturels sont rendus solubles par une fusion préalable avec le carbonate de soude. — L'arsenic métallique, les sulfures d'arsenic et les arséniures métalliques se dissolvent dans l'acide azotique fumant ou dans l'eau régale ; les composés qui résistent à ces dissolvants seront fondus avec de la soude et du salpêtre et transformés ainsi en arséniates alcalins solubles et en oxydes métalliques, ou on les mettra en suspension dans une lessive de potasse et on les traitera par le chlore (§ **164**. B. 7). On peut très facilement dissoudre de cette façon le sulfure d'arsenic dans une lessive concentrée de potasse. — Lorsqu'on traite un composé arsenical quelconque à chaud par l'acide azotique fumant, par l'eau régale ou par le chlore, la solution renferme toujours de l'acide arsénique. On ne peut pas concentrer par évaporation une dissolution d'acide arsénieux dans l'acide chlorhydrique, sans qu'il se dégage de vapeurs de chlorure d'arsenic. Cela est moins à craindre et ne pourrait arriver qu'avec des proportions relativement grandes d'acide chlorhydrique (c.-à-d. avec un liquide contenant parties égales d'eau et d'acide chlorhydrique de densité 1,12 (*)), quand l'arsenic est à l'état d'acide arsénique. Toutefois, lorsqu'on devra concentrer une dissolution chlorhydrique contenant de l'arsenic, il sera bon de la rendre auparavant alcaline.

b. Dosage. — L'arsenic est pesé à l'état d'*arséniate de plomb*, d'*arséniate ammoniaco-magnésien* ou d'*arséniate de magnésie*, d'*arséniate d'urane*, ou de *sulfure d'arsenic*. Souvent on fait précéder le dosage à l'état d'arséniate ammoniaco-magnésien d'une précipitation à l'état d'arsénio-molybdate d'ammoniaque. La précipitation et le dosage de l'arsenic à l'état d'arséniate basique de fer proposés par *Berthier* et modifiés par *Kobell* ne s'appliquent que pour la séparation. On peut encore doser l'arsenic par un *moyen indirect* ou aussi par des liqueurs titrées.

(*) *Zeitschr. f. analyt. Chem.*, I, 118.

On peut transformer en :

1. Arséniate de plomb :

L'acide arsénieux et l'acide arsénique, lorsqu'ils sont seuls dans une dissolution aqueuse ou azotique. (Il ne faut pas qu'il y ait de corps halogènes ou d'acides pouvant former des sels fixes avec l'oxyde de plomb.)

2. Arséniate ammoniaco-magnésien et Arséniate de magnésie :

a. *Par précipitation directe :* l'acide arsénique dans toutes les dissolutions qui sont exemptes d'acides ou de bases, qui seraient précipités par la magnésie ou par l'ammoniaque.

b. *Par une précipitation préalable à l'état d'arsénio-molybdate d'ammoniaque :* l'acide arsénique dans tous les cas où il n'y a pas d'acide phosphorique, pas ou peu d'acide chlorhydrique et pas de substance pouvant décomposer l'acide molybdique.

3. Arséniate d'urane :

L'acide arsénique dans tous ses composés solubles dans l'eau et dans l'acide acétique.

4. Sulfure d'arsenic :

Tous les composés arsenicaux sans exception.

L'arsenic se laisse doser simplement et facilement par des liqueurs titrées, et cela aussi bien à l'état d'acide arsénieux ou d'arsénite alcalin, qu'à l'état d'acide arsénique ou d'arséniate alcalin. Les procédés de dosage volumétrique rendent tout à fait inutiles les méthodes indirectes employées autrefois pour déterminer en poids l'acide arsénieux.

1. *Dosage à l'état d'arséniate de plomb.*

a. On a une dissolution aqueuse d'acide arsénique.

On verse un poids connu de la dissolution dans une petite capsule en platine ou en porcelaine, on y ajoute un poids connu d'oxyde de plomb pur récemment calciné (environ 5 ou 6 fois autant qu'il peut y avoir d'acide arsénique). On évapore avec précaution jusqu'à siccité, on chauffe le résidu au rouge faible et on le maintient quelque temps à cette température. — Le résidu est formé d'arséniate de plomb et d'oxyde de plomb. Du poids total on retranche le poids d'oxyde employé et la différence donne la quantité d'acide arsénique. — Voir au § **92** les caractères de l'arséniate de plomb. Les résultats sont exacts tant qu'on n'a pas trop élevé la température.

b. On a une dissolution d'acide arsénieux.

On ajoute de l'acide azotique, on évapore presque à siccité, on introduit un poids connu d'oxyde de plomb en excès, on évapore à siccité : on chauffe au rouge et avec précaution le creuset couvert jusqu'à ce que tout l'azotate de plomb soit décomposé. Le résidu est encore un mélange d'arséniate de plomb et d'oxyde de plomb. — Cette méthode exige qu'on prenne bien des précautions, parce qu'en chauffant au rouge l'azotate de plomb il y a toujours une décrépitation qui occasionne des pertes.

2. *Dosage à l'état d'arséniate ammoniaco-magnésien.*

a. Par précipitation directe.

Cette méthode, indiquée pour la première fois par *Levol*, suppose que tout l'arsenic est dissous à l'état d'acide arsénique. Si cela n'était pas, on chaufferait légèrement la dissolution dans un assez grand ballon avec un peu d'acide chlorhydrique, et l'on y ajouterait du chlorate de potasse par petites portions jusqu'à ce que le liquide répande fortement l'odeur d'acide chloreux; puis on laisserait reposer dans un lieu chaud jusqu'à ce que cette odeur ait presque complètement disparu.

On ajoute alors à la dissolution d'acide arsénique un excès d'ammoniaque, ce qui, même au bout de quelque temps, ne doit pas produire de trouble ; puis on verse une quantité convenable et pas trop grande de la mixture magnésienne (§ **62**. 6). On laisse reposer pendant douze heures et à froid le liquide bien couvert, qui doit répandre une forte odeur d'ammoniaque; on filtre sur un filtre pesé, on fait tomber tout le précipité sur le filtre au moyen du liquide filtré, pour employer le moins possible d'eau de lavage, et on lave avec un mélange de 5 parties d'eau et 1 partie de dissolution d'ammoniaque, jusqu'à ce que le liquide qui passe, additionné d'acide azotique et d'azotate d'argent, ne devienne plus opalin. On sèche le précipité entre $102°$ et $103°$, et on le pèse. Il a la formule $ArO^5, 2MgO, AzH^4O + Aq.$ (*).

Comme la dessiccation de l'arséniate ammoniaco-magnésien jusqu'à ce que son poids soit constant est longue et exige des pesées répétées, nous allons donner le moyen indiqué par *H. Rose* (**), *Wittstein* (***) et *Puller* (****), de le transformer sans perte d'arsenic en arséniate de magnésie $(2MgO, ArO^5)$. On dépose, autant que possible, tout le précipité desséché sur un verre de montre; on humecte le filtre avec une solution d'azotate d'ammoniaque, on le dessèche et on le brûle avec précaution dans un creuset en porcelaine. Après le refroidissement, on met l'arséniate dans le creuset, on chauffe d'abord au bain d'air vers $130°$, ou bien pendant deux heures sur un petit bain de sable, chauffé avec la lampe à gaz; on chauffe ensuite plus fortement pendant une ou deux heures sur une plaque de fer chauffée à la lampe, et enfin on porte au rouge le précipité complètement débarrassé de son ammoniaque par cette élévation continue et graduelle de température. — On peut abréger l'opération en chauffant dans un creuset de *H. Rose* au milieu d'un courant lent d'oxygène. Il suffit dans ce cas de chauffer dix minutes avec précaution, puis de porter graduellement au rouge. — Voir au § **92** les propriétés de

---

(*) Si l'on ne dessèche le précipité qu'au bain-marie, il faut prolonger la dessiccation extrêmement longtemps, si l'on veut n'avoir que la quantité d'eau correspondant à la formule. — Par une dessiccation ordinaire au bain-marie, la combinaison retient de 1 à 2 équivalents d'eau. — En desséchant entr $105°$ et $110°$, la quantité d'eau est inférieure à celle de la formule.

(**) *Traité d'analyses*, 6ᵉ édit., II, 390.

(***) *Zeitschr. f. analyt. Chem.*, II, 19.

(****) *Zeitschr. f. analyt. Chem.*, X, 63.

l'arséniate ammoniaco-magnésien et celles de l'arséniate de magnésie. La méthode donne de bons résultats, parce que, suivant les expériences de *Puller*, la légère perte provenant de l'arséniate ammoniaco-magnésien qui passe dans le liquide filtré et dans les eaux de lavage est compensée par la petite quantité de sulfate de magnésie qui reste dans le précipité. En se plaçant dans de bonnes conditions *Puller*, avec 0,37 gram. d'arséniate double, a obtenu des résultats qui ne différaient que d'une fraction de milligramme : toutefois, en augmentant la quantité relative de chlorhydrate d'ammoniaque, la perte s'élevait à environ 0,002 gram. Si l'on voulait faire une correction pour les traces du composé passant dans la dissolution, on pourrait calculer pour 30 C.C. seulement 0,001 gram. d'arséniate ammoniaco-magnésien à 1 équivalent d'eau.

b. Par une séparation préalable à l'état d'arsénio-molybdate d'ammoniaque.

Dans la dissolution acide, exempte d'acide phosphorique et d'acide silicique, on verse un excès d'une solution de molybdate d'ammoniaque, à laquelle on a ajouté de l'acide azotique jusqu'à ce qu'on redissolve le précipité qui se forme d'abord (§ **61**. 12) ; puis on achève comme pour l'acide phosphorique, § **134**. b. β. On traite suivant a. l'arséniate ammoniaco-magnésien précipité par un mélange de sulfate de magnésie et de chlorhydrate d'ammoniaque de la dissolution ammoniacale de l'arsénio-molybdate (dont on aura neutralisé une partie de l'ammoniaque libre par l'acide chlorhydrique). Résultats satisfaisants.

3. *Dosage à l'état d'arséniate d'urane.*

Cette méthode imaginée par *Werther* (*) a été dernièrement étudiée avec soin dans mon laboratoire par *Puller* (**) : elle donne des résultats assez bons. On ajoute à la solution arsenicale un excès de lessive de potasse ou d'ammoniaque, puis de l'acide acétique, jusqu'à ce qu'il domine fortement (s'il restait un précipité insoluble d'arséniate de fer ou d'alumine, la méthode ne serait pas applicable). On verse alors dans la solution limpide acétique un excès d'acétate d'urane et l'on fait bouillir. On lave d'abord par décantation avec de l'eau bouillante, puis sur le filtre le précipité mucilagineux d'arséniate d'urane ou d'arséniate double d'urane et d'ammoniaque. On peut favoriser le dépôt du précipité par l'addition de quelques gouttes de chloroforme au liquide à demi refroidi. Après dessiccation, on met le précipité sur un verre de montre, on humecte le filtre débarrassé autant que possible du précipité avec une solution d'azotate d'ammoniaque, on le sèche, on l'incinère dans un creuset en porcelaine, on place dans celui-ci le précipité. Si ce dernier est ammoniacal, on le change en arséniate d'urane en chauffant d'abord très doucement et en ajoutant à la fin un peu d'acide azotique, ou bien on le chauffe au rouge dans un courant d'oxygène; si le précipité ne renferme pas d'ammoniaque, on le chauffe simplement au rouge. Voir 2. a. pour le traitement du précipité ammoniacal. — La présence des sels ammo-

(*) *Journ. f. prackt. Chem.*, XLIII, 346.
(**) *Zeitschr. f. analyt. Chem.*, X, 72.

niacaux n'influe pas sur l'exactitude du dosage — Voir § **92**. e. les caractères du précipité et ceux du résidu.

4. Dosage à l'état de sulfure d'arsenic.

a. On a une dissolution d'acide arsénieux ou d'un arsénite exempte d'acide arsénique.

On précipite avec de l'acide sulfhydrique, dont on chasse l'excès avec de l'acide carbonique, la dissolution fortement acidifiée avec de l'acide chlorhydrique. Un courant d'acide carbonique pendant une heure suffit pour expulser la plus grande partie de l'acide sulfhydrique: il n'est pas nécessaire de prolonger au delà. On opère comme pour l'antimoine § **125**. 1. On lave complètement le précipité de sulfure, on le sèche à 100° jusqu'à ce que le poids soit constant, et l'on pèse. Quelques parcelles du précipité s'attachent si fortement aux parois du verre, qu'on ne peut pas les en détacher mécaniquement : on les dissout dans de l'ammoniaque et l'on précipite de nouveau avec de l'acide chlorhydrique. — Caractères du précipité, § **92**. On ne négligera pas d'essayer si un essai pesé est complètement volatil. S'il y avait un léger résidu, il faudrait le peser, le calculer sur le tout et le retrancher du poids trouvé d'abord. Résultats exacts.

Si la dissolution contenait des substances pouvant décomposer l'acide sulfhydrique (perchlorure de fer, acide chromique, etc.), le précipité obtenu à froid serait un mélange de sulfure d'arsenic et de soufre très-divisé. Dans ce cas, on le rassemble encore sur un filtre séché à 100°, et l'on pèse. On enlève le soufre avec du sulfure de carbone bien purifié (ne laissant pas de résidu par évaporation), que l'on fait agir jusqu'à ce que le liquide qui passe ne laisse rien par évaporation. Après avoir séché à 100° jusqu'à ce que le poids soit constant, on pèse. Les résultats obtenus de cette façon sont très-exacts, même avec de grandes quantités de soufre, quand on a opéré à froid. Mais si la réaction s'est faite à chaud, le soufre s'est déposé en petits grains agglomérés, que le sulfure de carbone à froid ne peut plus dissoudre complètement sur le filtre. Il faut alors faire digérer à plusieurs reprises et au bain-marie avec du sulfure de carbone le précipité séparé du filtre. (*Puller* [*]).

Pour doser l'arsenic dans le mélange de sulfure et de soufre, on peut encore opérer autrement. — On dissout le précipité dans une lessive concentrée de potasse, et l'on y fait passer un courant de chlore (§ **148**. II.2. b.). Alors dans la dissolution limpide qui contient le soufre à l'état de sulfate. l'arsenic à l'état d'arséniate, on dose celui-ci d'après le 2. a. On pourrait aussi mesurer la quantité d'acide sulfurique d'après le § **132**, en déduire le poids de soufre et le retrancher du poids du sulfure d'arsenic mélangé de soufre. Dans cette manière d'opérer, il ne peut pas y avoir de perte d'arsenic par volatilisation du chlorure d'arsenic, parce que le liquide reste toujours alcalin. — On peut aussi obtenir le même résultat avec de l'acide azotique. On emploie de l'acide très fumant, bouillant à 82°, mais non pas de l'acide de densité 1,42 parce que, celui-ci ayant un point d'ébullition trop

[*] *Zeitschr. . analyt. Chem.*, X, 16.

élevé, le soufre pourrait fondre et son oxydation serait trop lente. On met dans une petite capsule en porcelaine le précipité desséché avec soin, on ajoute un assez grand excès d'acide azotique fumant. On couvre de suite avec une capsule en verre peu profonde, et aussitôt que la réaction vive a cessé, on chauffe au bain-marie, jusqu'à ce que le soufre ait disparu et que le volume de l'acide azotique soit de beaucoup réduit. On traite le filtre séché tout à fait de la même façon, et l'on achève la destruction complète de la matière organique, en chauffant *légèrement* la dissolution un peu étendue avec du chlorate de potasse. (*Bunsen* *). On pourrait aussi enlever avec de l'ammoniaque les traces de sulfure restant adhérentes au filtre, évaporer la dissolution dans une petite capsule et oxyder comme plus haut le résidu de sulfure d'arsenic. Enfin dans les deux dissolutions réunies on précipite l'acide arsénique à l'état d'arséniate ammoniaco-magnésien (§ **127**. 2. a). — Le traitement du précipité mélangé de soufre par l'ammoniaque, qui dissout le sulfure et doit laisser le soufre, ne donne que des résultats approchés, parce que la dissolution ammoniacale de sulfure d'arsenic dissout un peu de soufre.

  b. On a une dissolution d'acide arsénique, un arséniate ou un mélange des deux acides.

On chauffe le liquide dans un ballon (sur une plaque de fer) à environ 70°, en y faisant passer un courant d'acide sulfhydrique tant qu'il se forme un précipité. Le précipité est toujours un mélange de soufre et de protosulfure d'arsenic ; car s'il y a de l'acide arsénique, il est d'abord réduit par l'hydrogène sulfuré, ce qui donne du soufre et de l'acide arsénieux, qui se transforme ensuite en protosulfure. (*H. Rose* **). Ce n'est que lorsqu'un sulfosel contenant du pentasulfure d'arsenic est décomposé par un acide, que le précipité n'est pas un mélange de soufre et de protosulfure d'arsenic, mais bien réellement du pentasulfure d'arsenic (*A. Fuchs*). — Si l'on veut avoir du sulfure d'arsenic pur, propre à être pesé, avec le mélange précipité à chaud de sulfure et de soufre en grains, on épuise avec de l'ammoniaque le précipité bien lavé et encore humide, et on lave le soufre restant : on précipite la dissolution avec de l'acide chlorhydrique sans chauffer, on sépare par filtration le précipité qui est maintenant un mélange de sulfure d'arsenic et de soufre divisé, on le sèche, on enlève le soufre avec le sulfure de carbone, on sèche à 100° et l'on pèse. — Résultats exacts. — Bien entendu que l'on peut dans le mélange obtenu à chaud de sulfure et de soufre doser l'arsenic directement ou indirectement par un des deux moyens donnés en 4. a.

  5. *Dosage par les méthodes volumétriques.*

  a. Méthodes qui supposent la présence de l'acide arsénieux.

  1. Suivant *F. Mohr* (***). La méthode repose sur le même principe que pour l'oxyde d'antimoine § **125**. 5. a., c'est-à-dire qu'on transforme l'acide arsé-

---

(*) *Ann. der Chem. und Pharm.*, CVI, 10.
(**) *Pogg. Ann.*, CVII, 186.
(***) *Méthode d'analyse par les liqueurs titrées*, traduit de l'allemand par *C. Forthomme*.

nieux dissous dans un liquide alcalin, en acide arsénique à l'aide d'une dissolution d'iode ($ArO^5 + 2.NaO + 2.I = ArO^5 + 2.NaI$).

Si donc on a une dissolution aqueuse d'acide arsénieux ou d'un arsénite
alcalin, on ajoute à une quantité pesée ou mesurée en volume contenant
environ $0^{gr},1$ d'ArO^5, 20 C.C. d'une dissolution saturée de bicarbonate de
soude, purifié par lavage avec de l'eau, puis on y met un peu d'empois d'a-
midon et l'on verse de la dissolution titrée d'iode (§ **146**) jusqu'à ce qu'on
produise la réaction de l'iodure d'amidon : 2 équivalents d'iode correspondent à 1 équivalent d'acide arsénieux. Avant de mettre le bicarbonate de
soude on aura soin, si la solution d'acide arsénieux est acide, de la neutraliser d'abord avec du carbonate de soude, et si elle est alcaline, on la traitera
par de l'acide chlorhydrique. Il n'est pas nécessaire de dire que la liqueur
ne doit pas renfermer de substances capables d'agir sur la solution d'iode
(SO^2,S^2O^2). Les résultats sont exacts : voyez les expériences rapportées au
n° 79, et *Waitz* (*).

2. Suivant *Kessler* (**). La méthode repose sur le même principe que celle
qui sert de base au principe de l'antimoine (§ **125**. 3. b.), c'est-à-dire sur
l'oxydation de l'acide arsénieux en dissolution chlorhydrique par le chromate
de potasse (***); on l'applique exactement de la même façon que pour l'antimoine. Les résultats ici n'ont aussi de valeur qu'autant que la quantité
d'acide chlorhydrique de densité 1,12 n'est pas inférieure à 1/6 du volume
total. Il ne faut cependant pas employer plus que 1/2 volume en acide
chlorhydrique, parce qu'alors la formation du ferricyanure de fer, qui est
l'indice de la fin de l'opération, n'a lieu que lentement, et dès lors la réaction finale perd de sa netteté.

Si par une raison quelconque le titrage direct de la solution chlorhydrique
n'est pas possible, on précipite par l'hydrogène sulfuré (en chauffant à 70°,
si c'est de l'acide arsénique), on lave le précipité, on le met avec le filtre
dans un flacon à l'émeri, on y ajoute une solution presque concentrée de
bichlorure de mercure dans l'acide chlorhydrique de densité 1,12; on fait
digérer à une douce chaleur jusqu'à ce que le précipité soit devenu blanc,
on étend avec un volume connu d'eau (de façon que le rapport du volume
de l'acide chlorhydrique de densité 1,12 à celui de l'eau ne soit pas moindre
que 1 : 6), on ajoute la solution de chromate de potasse, puis celle de fer, et
l'on achève comme au § **125**. 3. b. Résultats bons. Voir aussi *Waitz* (****).

3. D'après *Bunsen* (*****). La méthode repose sur les faits suivants :

aa. Si l'on fait bouillir du bichromate de potasse avec de l'acide chlorhydrique concentré, il se dégage 3 équivalents de chlore pour 2 équivalents
d'acide chromique ($2.CrO^5 + 6.HCl = Cr^2Cl^5 + 5.Cl + 6.HO$).

(*) *Zeitschr. f. analyt. Chem.*, X, 162. Les essais faits par *Waitz* pour transformer en
arsénite alcalin le sulfure d'arsenic n'ont pas donné de bons résultats.

(**) *Pogg. Ann.*, XCV, 204 ; CXIII, 134; CXVIII, 17. — *Zeitschr. f. analyt. Chem.*, II, 383.

(***) L'oxydation de l'acide arsénieux peut aussi se faire par l'acide permanganique, en
ajoutant un excès de celui-ci et dosant cet excès avec une solution de fer. Mais comme ce
dosage est peu exact avec une solution chlorhydrique, on ne pourra remplacer l'acide
chromique par l'acide permanganique que lorsqu'on aura une solution sulfurique d'acide
arsénieux. Voir *Waitz. Zeitschr. f. analyt. Chem.*, X, 174.

(****) *Zeitschr. f. analyt. Chem.*, X, 169.

(*****) *Ann. der Chem. und Pharm*, LXXXVI, 290.

bb. Mais si cette réaction se fait en présence d'une quantité d'acide arsénieux qui n'est pas trop considérable, la quantité de chlore dégagé n'est
plus en rapport avec celle d'acide chromique, mais moindre de toute
celle qu'il faut pour transformer l'acide arsénieux en acide arsénique
($ArO^3 + 2.Cl + 2.HO = ArO^5 + 2.ClH$. Par conséquent pour 2 équivalents de
chlore obtenu en moins avec l'acide chromique, il faut calculer 1 équivalent d'acide arsénieux.

cc. On détermine la quantité de chlore par la quantité d'iode qu'il chasse
de l'iodure de potassium.

Je me borne à rappeler ici les principes de la méthode, je reviendrai sur
la manière d'opérer à propos de l'acide chromique.

b. Méthode qui suppose la présence de l'acide arsénique.

La méthode repose sur la précipitation de l'acide arsénique par la dissolution d'oxyde d'urane, en reconnaissant la fin de l'opération avec le prussiate jaune de potasse. C'est la même que celle indiquée par *Leconte* pour
l'acide phosphorique, et qui fut plus tard mise en vogue par *Neubauer* et
par *Pincus.*

Bœdcker (*) préfère la dissolution d'azotate d'urane parce qu'elle se conserve mieux que celle de l'acétate, qui se décompose peu à peu par l'action
de la lumière.

La concentration de la dissolution d'urane est convenable quand elle renferme 20 grammes d'oxyde par litre. On a soin qu'elle contienne le moins
possible d'acide libre. On peut en fixer le titre avec de l'arséniate de soude
pur, ou au moyen d'un poids connu d'acide arsénieux pur que l'on transforme en acide arsénique par ébullition avec de l'acide azotique fumant. On
rend la dissolution fortement alcaline avec de l'ammoniaque, puis nettement acide avec de l'acide acétique. On fait couler lentement la dissolution
d'urane de la burette en remuant bien et d'une manière continue, jusqu'à
ce qu'en étalant une goutte du mélange sur une lame de porcelaine et en
touchant son milieu avec une petite goutte de dissolution de prussiate
jaune de potasse, on aperçoive bien nettement une ligne de séparation d'un
brun rougeâtre entre les deux liquides. On note le niveau dans la burette, on
marque le niveau du mélange dans le vase à réaction avec une bande de
papier gommé, on vide ce vase, on le lave, on y verse jusqu'au repère de
l'eau additionnée d'à peu près autant d'ammoniaque et d'acide acétique que
la première fois et l'on fait couler avec précaution et goutte à goutte de la
solution d'urane, jusqu'à ce que la touche sur la porcelaine donne le même
résultat que précédemment dans l'essai. La quantité de la dissolution d'urane
employée dans cette seconde expérience fait connaître ce qu'on a ajouté
de trop dans la première pour atteindre le terme de la réaction : on fait la
soustraction et l'on a ainsi la valeur de la solution d'urane en acide arsénique.

Pour doser de l'arsenic on le transforme en acide arsénique et on en prépare une dissolution limpide contenant de l'acétate d'ammoniaque et un
peu d'acide acétique libre (il peut s'y trouver des alcalis, des terres alcalines

(*) *Ann. der Chem. und Pharm.*, CXVII, 193.

ou de l'oxyde de zinc, mais aucun des métaux qui, comme le cuivre, forment des précipités colorés avec le prussiate jaune de potasse); puis on opère exactement comme pour fixer le titre de la dissolution d'urane. On n'oubliera pas de faire la correction indiquée pour chaque expérience particulière, car ce n'est qu'ainsi qu'on évitera les erreurs qui résulteraient de la différence de concentration de la liqueur arsenicale, qui a servi à fixer le titre et de celle qu'on soumet à l'analyse. Les résultats de deux dosages rapportés par *Bœdeker* sont satisfaisants. — Toutefois l'application convenable de cette méthode offre des difficultés. Les résultats ne sont suffisamment exacts qu'autant que la quantité et la nature des sels alcalins sont les mêmes pour fixer le titre de la solution d'urane et pour l'employer à la mesure d'une quantité inconnue d'acide arsénique : voir *Waitz* (*Zeitschr. f. analyt. Chem.*, X, 182).

6. *Dosage de l'acide arsénieux par des analyses indirectes en poids.*

a. D'après *H. Rose.* A la dissolution chlorhydrique préparée à l'abri des substances oxydantes on ajoute un excès de chlorure double d'or et de sodium ou d'or et d'ammonium, on laisse digérer quelques jours à froid, ou à une douce chaleur avec des liqueurs étendues et l'on mesure la quantité d'or précipité d'après le § **123**. On conserve le liquide filtré pour être certain qu'il ne se fera pas un nouveau dépôt d'or. 2 équivalents d'or correspondent à 3 équivalents d'acide arsénieux.

b. D'après *Vohl* (*). On ajoute à la substance dans laquelle on veut doser l'arsenic, du bichromate de potasse et de l'acide sulfurique titré ($3.AsO^3 + 4.CrO^3 = 3.AsO^5 + 2.Cr^2O^3$), on détermine la quantité d'acide chromique restant d'après le procédé indiqué au § **130**. c., et l'on calcule la quantité d'acide arsénieux d'après celle d'acide chromique qui a disparu, en se fondant sur l'équation chimique précédente.

APPENDICE AU SIXIÈME GROUPE.

§ **128**.

8. Acide molybdique.

Dans les analyses ou transforme l'acide molybdique en oxyde de molybdène, ou en molybdate de plomb, ou enfin en bisulfure de molybdène.

a. Au point de vue analytique on peut réduire en oxyde (MoO^2) par un courant d'hydrogène et à chaud l'acide molybdique (MoO^3) pur ou le molybdate d'ammoniaque. On opère dans une petite nacelle en porcelaine, placée dans un tube en verre plus large ou dans un creuset de platine ou de porcelaine dont le couvercle est troué (§ **108**. 2., fig. 79). On chauffe jusqu'à ce que le poids ne change plus. La température ne doit pas dépasser le rouge faible, sans quoi l'oxyde pourrait se réduire en partie à l'état métallique. Avec le molybdate d'ammoniaque il faut

____

(*) *Ann. der Chem. und Pharm.*, XCIV, 219.

chauffer très lentement, très doucement au commencement, parce qu'il se forme de l'écume. — Si l'on a un tube en platine, il vaut mieux y chauffer au rouge avec la lampe à gaz l'acide molybdique dans un courant lent d'hydrogène, et cela pendant 2 ou 3 heures. On obtient ainsi le métal pur. Quand on transforme en oxyde, le résidu dans le creuset n'est pas toujours homogène, mais gris en dessous et brun à la partie supérieure. (*Rammelsberg* *). .

b. Dans les dissolutions alcalines, le mieux est de précipiter l'acide molybdique avec une dissolution neutre d'azotate de protoxyde de mercure, après avoir neutralisé avec de l'acide azotique l'alcali libre dans la dissolution étendue et avoir chassé l'acide carbonique qui aurait pu être mis en liberté. Le précipité jaune, tout d'abord volumineux, se dépose au bout de quelques heures : il est insoluble dans le liquide contenant un excès d'azotate de protoxyde de mercure. On ramasse le précipité sur un filtre, on le lave avec une solution étendue d'azotate de protoxyde de mercure, parce qu'il est un peu soluble dans l'eau pure. On enlève, autant que possible, tout le précipité du filtre et l'on y détermine la quantité de molybdène d'après a. (*H. Rose*) ; ou bien on le mélange, ainsi que les cendres du filtre, avec un poids connu d'oxyde de plomb calciné : on chauffe au rouge jusqu'à ce que tout le mercure soit chassé et l'on pèse. Tout le poids qui excède la quantité d'oxyde de plomb donne la quantité d'acide molybdique. (*Seligsohn* **).

c. *Chatard* (***) propose de doser l'acide molybdique dans les solutions de ses sels alcalins, en ajoutant au liquide bouillant un léger excès d'acétate de plomb et en faisant bouillir quelques minutes. Le précipité d'abord laiteux devient grenu, se dépose facilement et se laisse facilement laver. Après dessiccation on le sépare autant que possible du filtre, on le calcine et l'on en déduit le molybdène d'après la formule PbO,MoO^3. — La méthode ne peut s'appliquer qu'avec des dissolutions de molybdates alcalins *purs*.

d. La précipitation du molybdène à l'état de sulfure est toujours une opération ennuyeuse. On sature la dissolution acide avec de l'acide sulfhydrique, on chauffe et l'on filtre, mais ordinairement la liqueur filtrée et l'eau de lavage sont encore colorées. Il faut alors les chauffer de nouveau, leur ajouter de l'acide sulfhydrique et recommencer jusqu'à ce que les liquides soient presque incolores. — La précipitation réussit mieux en dissolvant le sulfure de molybdène dans un excès relativement grand de sulfhydrate d'ammoniaque et en le précipitant de nouveau avec l'acide chlorhydrique quand la liqueur est devenue jaune rougeâtre. *Zenker* (****) conseille de faire alors bouillir jusqu'à ce qu'on ait chassé l'acide sulfhydrique et de laver avec de l'eau chaude, qu'on acidulera au commencement. — Il est prudent encore de traiter par l'acide sulfhydrique le liquide filtré et les eaux de lavage, et de les laisser

(*) *Pogg. Ann.*, CXXVII, 281. — *Zeitschr. f. analyt. Chem.*, V, 203.
(**) *Journ. f. prackt. Chem.*, LXVII, 472.
(***) *Sill. Amer. Journ.* (3), I, 416.
(****) *Journ. f. prackt. Chem.*, LVIII, 239.

longtemps reposer afin d'être certain que tout le molybdène est bien précipité. — On rassemble le sulfure brun de molybdène sur un filtre pesé, et dans une portion du précipité dont on prend le poids, on dose la quantité de molybdène en le chauffant, comme en a., dans un courant d'hydrogène. Le sulfure brun passe alors à l'état de sulfure gris (MoS^2). *H. Rose.*

e. Suivant *Pisani* (*), on peut doser volumétriquement l'acide molybdique en le faisant digérer avec de l'acide chlorhydrique et du zinc jusqu'à dissolution de l'excès de zinc et du précipité qui se formerait par suite du manque de la quantité convenable d'acide chlorhydrique : on a ainsi une solution chlorhydrique de sesquioxyde de molybdène que l'on transforme en solution d'acide molybdique dans l'acide chlorhydrique à l'aide d'une solution titrée de permanganate de potasse. La couleur brune des liqueurs passe d'abord au vert, puis la coloration disparaît. *Rammelsberg* (**) a confirmé les données de *Pisani.*

II. DOSAGE EN POIDS DES ACIDES DANS LES COMPOSÉS QUI NE RENFERMENT QU'UN ACIDE LIBRE OU COMBINÉ ET LEUR SÉPARATION D'AVEC LES BASES.

PREMIER GROUPE DES ACIDES

PREMIÈRE SECTION. — ACIDE ARSÉNIEUX, ACIDE ARSÉNIQUE, ACIDE CHROMIQUE (ACIDE SÉLÉNIEUX, ACIDE SULFUREUX, ACIDE HYPOSULFUREUX, ACIDE IODIQUE).

§ 129.

1. Acide arsénieux et acide arsénique.

Nous avons traité de ces acides à propos des bases (§ **127**), à cause de leur action sur l'acide sulfhydrique, et nous ne les rappelons ici que pour indiquer la place qu'ils doivent occuper. Nous indiquerons dans le cinquième chapitre leur séparation d'avec les bases.

§ 130.

2. Acide chromique.

1. DOSAGE.

On dose l'acide chromique soit à l'état d'*oxyde de chrome*, soit à l'état de *chromate de plomb* ou *de baryte*. On peut aussi le déterminer d'après la quantité d'acide carbonique qu'il dégage en agissant sur un excès d'acide oxalique, ou encore par des procédés volumétriques. — En employant la première méthode, on voit facilement que 1 équivalent d'oxyde de chrome Cr^{2}O^3) correspond à 2 équivalents d'acide chromique 2(CrO^3).

(*) Comptes rendus, LIX, 301.
(**) *Pogg. Ann.*, CXXVII, 281. — *Zeitschr. f. analyt. Chem.*, V, 205.

a. *Dosage à l'état d'oxyde de chrome.*

α. On réduit l'acide chromique et on détermine la quantité d'oxyde (§ **106**). On peut faire la réduction en chauffant la dissolution avec de l'acide chlorhydrique et de l'alcool, — ou en faisant passer un courant d'acide sulfhydrique dans le liquide additionné d'acide chlorhydrique, — ou en ajoutant une solution concentrée d'acide sulfureux et en chauffant légèrement. — Avec les dissolutions concentrées on emploie plus souvent le premier, moyen et le dernier avec les liqueurs étendues. Dans la première méthode il faut faire attention que l'alcool soit chassé complètement avant de précipiter l'oxyde de chrome par l'ammoniaque; dans la deuxième il faut abandonner la dissolution saturée d'acide sulfhydrique dans un lieu chaud jusqu'à ce que le soufre éliminé soit complètement déposé. — Les résultats sont exacts si l'on a soin que l'oxyde de chrome soit pur et ne soit pas mélangé de silice et de chaux, comme cela arrive toujours quand on précipite la solution de chrome par l'ammoniaque dans les vases en verre.

β. On précipite la dissolution neutre ou faiblement acidulée avec de l'acide azotique par de l'azotate de protoxyde de mercure, on sépare par filtration après avoir laissé longtemps déposer le précipité rouge de chromate de protoxyde de mercure, on le lave avec une dissolution étendue d'azotate de chrome (*H. Rose*). Résultats exacts.

b. *Dosage à l'état de chromate de plomb.*

On ajoute à la dissolution un excès d'acétate de soude, puis de l'acide acétique jusqu'à réaction fortement acide, et l'on précipite avec de l'acétate de plomb neutre. Le précipité lavé est ensuite rassemblé sur un filtre pesé : on sèche au bain-marie et l'on pèse; ou bien on le chauffe légèrement au rouge, suivant le § **55**, et on le pèse. Voyez ses caractères au § **93**. 2. Résultats exacts.

c. *Dosage à l'état de chromate de baryte.*

On ajoute de l'acide acétique jusqu'à réaction faiblement acide, puis du chlorure de baryum en léger excès, on laisse reposer 24 heures le précipité fin très pulvérulent, on le lave avec une dissolution d'acétate d'ammoniaque autant qu'on peut par décantation, on déplace l'acétate d'ammoniaque par une solution d'azotate d'ammoniaque (sans quoi il y aurait à craindre une réduction partielle de l'oxyde de chrome pendant la calcination), on sèche le précipité et on le chauffe légèrement au rouge après l'avoir séparé du filtre autant que possible. Voy. au § **93**. 2. c. les caractères du précipité et sa composition. (*H. Rose, Pearson* [*]).

d. *Dosage par l'acide oxalique (Vohl).*

Si l'on met ensemble de l'acide oxalique et de l'acide chromique, le premier prend de l'oxygène au second : il se forme du sesquioxyde de chrome et il se dégage de l'acide carbonique ($2.CrO^3 + 5.C^2O^3 = Cr^2O^3 + 6.CO^2$). 3 équivalents d'acide carbonique (66) correspondent donc à un équivalent (50,24).

---

[*] *Americ. Journ. of science* [2], XLV, 298.

d'acide chromique. On opère absolument de la même manière que celle que nous indiquerons au § **230** pour l'essai des manganèses. Pour 1 partie d'acide chromique il faut 2 parties 1/4 d'oxalate de soude. S'il fallait doser dans le résidu l'alcali combiné à l'acide chromique, on ferait usage de l'oxalate d'ammoniaque.

c. *Dosage par les liqueurs titrées.*

α. Suivant *Schwartz* :

Le principe de cette méthode très exacte est le même que celui qui sert de base au dosage du fer par le procédé de *Penny*. (Page 257.)

L'opération est simple. À la dissolution du chromate, qui ne doit pas être trop étendue, on ajoute une quantité mesurée et en excès d'une dissolution de protoxyde de fer, dont on a établi d'avance la richesse en protoxyde de fer, d'après le § **112**. 2. a. ou b., ou bien la dissolution acidulée avec de l'acide sulfurique d'un poids connu de sulfate double de fer et d'ammoniaque exempt de peroxyde : on détermine ensuite, d'après le § **112**. 2. a. ou b., la quantité de protoxyde de fer qui reste. De la différence on conclut combien de fer a été peroxydé par l'acide chromique. 6 équivalents de fer passant de l'état de protoxyde à celui de peroxyde réduisent 2 équivalents d'acide chromique : $6.\ FeO.SO^3 + 2.CrO^3 + 6.SO^3 = 3(Fe^2O^3,3SO^3) + Cr^2O^3,3SO^3$: ou 1 gramme de fer correspond à $0^{gr},5981$ d'acide chromique. S'il fallait par ce moyen déterminer l'acide chromique dans du chromate de plomb, on le broierait intimement avec du sulfate de protoxyde de fer et d'ammoniaque et de l'acide chlorhydrique, on ajouterait de l'eau et l'on titrerait.

β. Suivant *Bunsen* (*) :

Si l'on fait bouillir un chromate avec un excès d'acide chlorhydrique fumant, il se dégage 3 équivalents de chlore pour 2 équivalents d'acide chromique : $KO,2CrO^3 + 7.ClH = KCl + Cr^2Cl^3 + 7.HO + 3Cl$. — Si l'on fait arriver le chlore dans un excès de dissolution d'iodure de potassium, les 3 équivalents de chlore mettent 3 équivalents d'iode en liberté. En dosant ceux-ci par la méthode que nous décrirons au § **146**, on en conclut la quantité d'acide chromique, car 3 équivalents d'iode $= 580,55$ correspondent à 2 équivalents d'acide chromique $= 100,48$.

On dirige l'opération de la manière suivante : on met le chromate pesé (environ $0^{gr},3$ à $0^{gr},4$) dans un petit ballon *d*, de 36 à 40 C.C. (fig. 85), soufflé à la lampe dans un tube de verre, on le remplit aux 2/3 d'acide chlorhydrique fumant (exempt de chlorure et d'acide sulfureux) et, au moyen d'un bon tube en caoutchouc *c*, on adapte le tube à dégagement *a* muni d'une boule. Comme on le voit, le tube *a* est une pipette recourbée et dont l'extrémité libre inférieure est légèrement recourbée vers le haut et étirée en pointe. On n'a pas à craindre de perte de chlore quand on verse de l'acide chlorhydrique, car le dégagement du gaz ne commence que lorsqu'on chauffe. On plonge le tube à dégagement dans le col d'une cornue de 100 C.C., remplie aux 2/3 environ·

(*) *Ann. der Chem. und Pharm.*, LXXXVI, 279.

FRESENIUS, ANAL. QUANT. 5ᵉ ÉDIT.   21

de la dissolution d'iodure de potassium (*). Au col de la cornue on a fait à la lampe deux renflements, l'un inférieur pour retenir le liquide chassé par la pression intérieure pendant l'opération, l'autre pour éviter les pertes accidentelles par projection. On chauffe le petit ballon avec précaution. Au bout de 2 ou 5 minutes d'ébullition, tout le chlore est chassé et remplacé par son équivalent d'iode libre dans la dissolution d'iodure de potassium. Aussitôt que l'ébullition est terminée, on prend le tube en caoutchouc c de la main gauche et en maintenant toujours la lampe sous le ballon avec la

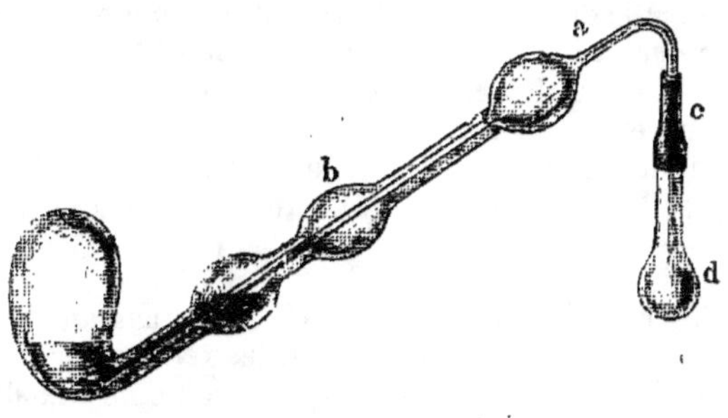

Fig. 85.

main droite, on retire le tube a de la cornue jusqu'à ce que la pointe recourbée soit dans la boule b. Alors on enlève d'abord la lampe, puis le petit ballon, et l'on plonge la cornue dans l'eau froide, en agitant le liquide afin de favoriser la dissolution dans l'excès d'iodure de potassium de tout l'iode qui s'est déposé. Après le refroidissement complet du liquide, on le verse dans un vase à précipité, on lave la cornue en recueillant les eaux de lavage et l'on achève d'après le § **146**. La méthode donne des résultats très satisfaisants. — L'appareil indiqué plus haut diffère de celui de *Bunsen* par des modifications qui m'ont paru offrir quelques avantages. Le tube à dégagement de *Bunsen* n'a pas de boule et est fermé en bas par une soupape en verre ou en caoutchouc qui permet la sortie du gaz, mais empêche le liquide de remonter dans le tube; sa cornue en outre n'a qu'un renflement au col. — Au lieu de l'appareil décrit plus haut, on peut très bien prendre celui indiqué au § **142**.

γ. Je me contenterai d'indiquer ici les principes de deux autres méthodes, l'une proposée par *Rube* (**), l'autre par *Zulkowski* (***).

La première repose sur la réaction suivante :

$$2.CrO^5 + 6.(K^2FeCy^5) + 6.HCl = 5.KCl + Cr^2Cl^5 + 5(K^5Fe^2Cy^6) + 6.HO.$$

Dans la seconde, celle de *Zulkowski*, on dose directement, c'est-à-dire sans

(*) Une partie d'iodure de potassium pur (exempt d'acide iodique) et 10 parties d'eau. Le liquide ne doit pas brunir immédiatement lorsqu'on y ajoute de l'acide sulfurique étendu.

(**) *Journ. f. prackt. Chem.*, XCV, 55. — *Zeitschr. f. analyt. Chem.*, IV, 414.

(***) *Journ. f. prackt. Chem.*, CIII, 531. — *Zeitschr. f. analyt. Chem.*, VIII, 74.

distillation, l'iode éliminé par l'acide chromique exactement comme on fait pour le dosage du fer, page 245, β.

II. SÉPARATION DE L'ACIDE CHROMIQUE D'AVEC LES BASES.

a. *Des bases du premier groupe.*

α. On réduit l'acide chromique suivant I. et l'on sépare l'oxyde de chrome des alcalis d'après le § **155**.

β. On mélange le chromate de potasse ou de soude avec environ 5 parties de sel ammoniac sec en poudre et l'on chauffe le mélange avec précaution. Dans le résidu restent les chlorures des alcalis et l'oxyde de chrome : on pourra les séparer par l'eau.

γ. On précipite l'acide chromique suivant I. a. β., et dans la liqueur filtrée, on sépare les sels alcalins du sel de mercure suivant le § **162**.

b. *Des bases du deuxième groupe.*

α. On fond la combinaison avec 4 parties du mélange de carbonate de potasse et de soude. En traitant par l'eau, les terres alcalines restent à l'état de carbonates, l'acide chromique se dissout combiné aux alcalis. On ne peut pas peser directement les premiers, car ils retiennent des alcalis; on dose le dernier d'après I. — On peut, comme l'a montré *H. Rose*, pour le chromate de strontiane et pour celui de chaux, remplacer la fusion avec les carbonates alcalins par une simple ébullition avec un excès d'une dissolution de carbonate de potasse ou de soude, qui suffit pour décomposer le sel. Avec le chromate de baryte, il faut décanter la première dissolution et recommencer plusieurs fois l'ébullition avec le carbonate alcalin.

β. On dissout dans l'acide chlorhydrique, on réduit l'acide chromique d'après I. a., et l'on sépare l'oxyde de chrome des terres alcalines d'après le § **156**.

γ. Le chromate de magnésie, et en général les composés de l'acide chromique et des terres alcalines solubles dans l'eau, peuvent encore être facilement analysés en dosant l'acide chromique suivant I. a. β. ou I. b., et en séparant dans le liquide filtré, d'après le § **162**, la magnésie de l'excès de sel de mercure ou de plomb ajouté.

δ. Les chromates de baryte, de strontiane et de chaux peuvent être décomposés par la méthode II. a. β. Voir *Bahr*, analyse des bichromates de baryte, de chaux, etc. (*). *H. Rose* recommande de prendre 5 parties de sel ammoniac pour 1 partie de la substance réduite en poudre extrêmement fine. Une seule calcination au rouge suffit, il est vrai, en général pour une décomposition complète : il vaut mieux cependant chauffer une seconde fois au rouge avec du sel ammoniac pour s'assurer de la constance du poids, puis après on sépare par l'eau le chlorure de baryum, etc., de l'oxyde de chrome.

c. *Des bases du troisième groupe.*

α. De *l'alumine.*

S'il faut séparer l'alumine d'avec l'acide chromique dans une solution

---

(*) *Journ. f. prackt. Chem.*, LX, 60.

acide, on précipite l'alumine par l'ammoniaque et le carbonate d'ammoniaque (§ **105.** a.); dans le liquide filtré, on dose l'acide chromique suivant I. Si l'alumine bien lavée offre encore une coloration jaune, on la traite sur le filtre par de l'ammoniaque et on lave avec de l'eau bouillante. On enlèvera ainsi les dernières traces d'acide chromique. Mais comme l'ammoniaque dissout un peu d'alumine, on chauffera le liquide ammoniacal dans une capsule en platine jusqu'à ce qu'il n'ait plus qu'une faible réaction alcaline, et l'on filtrera avec le précipité principal les flocons d'hydrate d'alumine qui se seraient séparés.

β. De l'*oxyde de chrome.*

aa. Dans une première portion on détermine l'acide chromique d'après I. d. ou d'après I. e. α. ou β., et dans une seconde on dose la quantité totale de chrome en transformant tout en oxyde par une calcination avec le sel ammoniac ou suivant I. a.; ou bien on change d'abord tout en acide chromique d'après le § **106.** 2.

bb. Dans certains cas, l'acide chromique peut être précipité d'après I. a. β. ou I. b. Puis, dans le liquide filtré, on sépare l'oxyde de chrome du protoxyde de mercure ou de l'oxyde de plomb, d'après le § **162.**

cc. Les combinaisons hydratées de sesquioxyde de chrome et d'acide chromique, telles qu'elles se forment par la précipitation d'une dissolution d'oxyde de chrome par une dissolution de chromate de potasse, peuvent aussi être analysées en les calcinant dans un courant d'air sec, dans un tube à boules muni d'un tube à chlorure de calcium (fig. 44, § **56**). La perte totale de poids fait connaître la quantité d'eau et d'oxygène : en retranchant de cette perte totale l'augmentation de poids du tube à chlorure, on a la quantité d'oxygène dégagé et l'on calcule que 3 équivalents d'oxygène correspondent à 2 équivalents d'acide chromique. On connaîtra la proportion d'oxyde de chrome en retranchant du résidu de la calcination le poids d'oxyde de chrome correspondant à celui d'acide chromique trouvé. *Vogel* (*), *Storer* et *Elliot* (**) ont fait usage de cette méthode.

d. *Des bases du quatrième groupe.*

α. On opère comme il est indiqué en b. α. Après le traitement de la masse fondue, les métaux restent à l'état d'oxyde. — S'il y avait du manganèse, il faudrait opérer la calcination dans une atmosphère d'acide carbonique. Appareil de la figure 79, au § **108.**

β. On réduit l'acide chromique d'après I. a., et l'on sépare l'oxyde de chrome des métaux en question d'après le § **160.**

e. *Des bases du cinquième et du sixième groupe.*

α. On précipite avec de l'acide sulfhydrique la dissolution additionnée d'acide libre, soit en la prenant telle qu'elle est, soit après une réduction préliminaire de l'acide chromique par l'acide sulfureux. — Les métaux

(*) *Journ. f. prackt. Chem.,* LXXVII, 181.
(**) *Proceedings of the American Academy,* V, 198.

des groupes 5 et 6 seront précipités avec du soufre libre (§§ **115** à **127**),
l'acide chromique sera réduit. On précipite l'oxyde dans le liquide filtré
d'après I. a.

β. On décomposera de préférence le chromate de plomb en le chauffant
avec de l'acide chlorhydrique et de l'alcool, et l'on séparera par l'alcool
(voir § **162**) le chlorure de plomb du chlorure de chrome. On n'oubliera
pas d'essayer la dissolution alcoolique avec l'acide sulfurique. S'il se forme
un précipité de sulfate de plomb, il faudra le séparer par filtration, le peser
et en tenir compte dans le calcul (voir aussi § **130**. I. d.).

APPENDICE A LA PREMIÈRE SECTION.

§ 131.

1. Acide sélénieux.

Si l'on a de l'acide sélénieux en dissolution aqueuse ou chlorhydrique, on
précipite le sélénium par l'acide sulfureux gazeux, ou bien, s'il y avait un
excès d'acide, par le sulfite de soude ou d'ammoniaque. On chauffe ensuite
un quart d'heure à l'ébullition, ce qui rend lourd, dense et noir le précipité
qui tout d'abord était rouge. On s'assure qu'une nouvelle addition d'acide
sulfureux ne précipite plus de sélénium, on rassemble le dépôt sur un filtre,
on sèche à une température qui ne doit pas tout à fait atteindre 100° et
l'on pèse.

Comme *H. Rose* (*) a montré que la présence de l'acide chlorhydrique
était nécessaire pour la complète réduction de l'acide sélénieux, il faudra
en ajouter lorsque les liqueurs n'en renfermeront pas déjà. — Par précaution l'on évaporera jusqu'à réduction à un petit volume, avec addition de
chlorure de potassium ou de sodium, le liquide séparé du sélénium par filtration : on fera bouillir avec de l'acide chlorhydrique concentré pour réduire en acide sélénieux le peu d'acide sélénique qui pourrait exister et l'on
essayera encore avec l'acide sulfureux s'il y a du sélénium. — Si le liquide
à précipiter par l'acide sulfureux renfermait de l'acide azotique, on ne pourrait pas évaporer avec l'acide chlorhydrique pour chasser l'acide azotique :
on aurait de grandes pertes par suite de la volatilisation de l'acide sélénieux.
Ce n'est que s'il y a une quantité suffisante de sels alcalins, et c'est pourquoi il faut ajouter du chlorure de potassium ou de sodium pour l'évaporation, qu'il ne se volatilise pas d'acide sélénieux lorsqu'on traite, à plusieurs
reprises, le résidu au bain-marie par l'acide chlorhydrique, opération qu'il
faut faire pour éliminer l'acide azotique (*Rathke* **).

Quant à la séparation de l'acide sélénieux d'avec les bases, nous n'en
dirons que quelques mots.

a. Si les bases sont de nature à n'être pas altérées par l'acide sulfureux
et l'acide chlorhydrique, on précipite immédiatement le sélénium comme
il est dit plus haut : le liquide filtré, évaporé avec de l'acide sulfurique,
donne les bases à l'état de sulfates.

(*) *Zeitschr. f. analyt. Chem.*, I, 73.
(**) *Journ. f. prackt. Chem.*, CVIII, 249.

b. Si les bases ne sont pas précipitées par l'acide sulfhydrique dans un liquide acide, on peut séparer l'acide sélénieux par l'acide sulfhydrique. Le précipité suivant *Rathke* (*), est un mélange de SeS^2, Se^2S et Se, qui renferme 1 équivalent de sélénium pour 2 équivalents de soufre. On le dessèche à 100°, ou mieux un peu au-dessous, et l'on peut déduire de son poids le poids de sélénium avec beaucoup d'exactitude. — Mais s'il y a plus de soufre mélangé au précipité, alors on l'oxyde lorsqu'il est encore humide avec de l'acide chlorhydrique et du chlorate de potasse, ou bien on le traite par une lessive de potasse et l'on y fait passer un courant de chlore, en même temps que l'on chauffe. Il ne faut pas seulement oxyder le sélénium, mais encore le soufre, car celui-ci enveloppe toujours le premier. On chauffe la dissolution qui contient de l'acide sélénique jusqu'à ce qu'elle ne répande plus l'odeur du chlore, on ajoute de l'acide chlorhydrique et l'on chauffe de nouveau. Puis lorsque l'odeur du chlore a encore disparu, on précipite le sélénium par l'acide sulfureux. Au lieu d'opérer de cette façon, on peut faire digérer pendant quelques heures le précipité sulfo-sélénifère avec une solution concentrée de cyanure de potassium : il se dissout complètement et, dans la liqueur chaude, on précipite le sélénium par l'acide chlorhydrique comme en c. (*Rathke.*)

c. Dans beaucoup de sélénites ou de séléniates, on peut doser le sélénium en le transformant en sélénocyanure de potassium, dont on précipite la dissolution aqueuse par l'acide chlorhydrique (*Oppenheim***). A cet effet, on mêle le sel dans un ballon à long col ou dans un creuset en porcelaine avec 7 à 8 fois son poids de cyanure de potassium ordinaire (contenant un peu d'acide cyanique), on couvre encore le mélange avec un peu de cyanure de potassium, on fond dans un courant d'hydrogène, en ayant soin que pendant le refroidissement l'air ne puisse pas agir sur la matière. On maintient la température de fusion assez basse pour que le verre ou la porcelaine ne soit pas attaquée. Après le refroidissement on traite la masse brune par de l'eau, et l'on filtre la dissolution incolore, s'il reste un résidu insoluble ; on fait en sorte, par le lavage ou par addition d'eau, que le liquide soit un peu mais pas trop étendu ; on chauffe assez longtemps à l'ébullition (afin de transformer encore en sélénocyanure, par l'action de l'excès de cyanure de potassium, le peu de séléniure de potassium qui resterait dans la masse fondue) ; on laisse refroidir, on sature d'acide chlorhydrique et l'on fait de nouveau chauffer quelque temps. Tout le sélénium est déposé au bout de 12 à 24 heures ; on le sépare par filtration, on sèche à 100°, et l'on pèse. Les résultats obtenus ainsi sont exacts. (*H. Rose ****). Si pendant que l'on chauffe le sélénium se rassemblait en pelotes, il pourrait emprisonner des sels : dans ce cas, et pour contrôler les résultats, on le dissout dans l'acide azotique et l'on précipite par l'acide sulfureux. — En général dans le liquide filtré il n'y a plus de sélénium ; il sera prudent toutefois de s'en assurer par l'acide sulfureux.

d. On peut encore séparer l'acide sélénieux (et l'acide sélénique) de beau-

---

(*) *Journ. f. prackt. Chem.*, CVIII, 252.
(**) *Journ. f. prackt. Chem.*, LXXI, 280.
(***) *Zeitschr. f. analyt. Chem*, I, 75.

coup de bases, en faisant fondre la combinaison avec 2 parties de carbonate de soude et 1 partie de salpêtre ; on fait ensuite bouillir la masse avec de l'eau, on sature (si c'est nécessaire) le liquide filtré avec de l'acide carbonique pour enlever le peu de plomb qui pourrait s'y trouver, on fait bouillir avec un excès d'acide chlorhydrique (pour réduire l'acide sélénique et chasser l'acide azotique) et enfin on précipite par l'acide sulfureux.

Si le sélénium obtenu par l'un ou l'autre de ces procédés est pur ; il doit, dans un tube de verre, se volatiliser sans résidu.

2. Acide sulfureux.

S'il faut doser l'acide sulfureux libre dans une dissolution aqueuse, qui peut aussi contenir d'autres acides (sulfurique, chlorhydrique, acétique), on en étend un poids connu avec de l'eau bien purgée d'air (par ébullition prolongée et refroidie à l'abri de l'air) de façon que la dissolution nouvelle ne contienne pas plus de 0,05 pour 100 d'acide sulfureux en poids : on verse la liqueur en agitant dans un excès d'une solution titrée d'iode dans l'iodure de potassium ; ensuite, avec une solution titrée d'hyposulfite de soude, on détermine la quantité d'iode qui reste encore libre, et l'on en conclut celle qui a servi à transformer l'acide sulfureux en acide sulfurique. Suivant *Finkener* (*), ce n'est qu'en appliquant la méthode de *Bunsen* ainsi modifiée, c'est-à-dire en faisant couler l'acide sulfureux étendu dans la solution d'iode, que la réaction a réellement lieu suivant l'équation $I + 2.HO + SO^2 = IH + HO,SO^3$. C'est aussi le meilleur moyen d'éviter les pertes d'acide sulfureux. Pour plus de détails, voir le **§ 146**. — S'il faut analyser des sulfites solubles dans l'eau ou dans les acides, on les étend d'eau purgée d'air jusqu'à ce que l'on ait atteint le degré de concentration indiqué plus haut, on ajoute de l'acide sulfurique ou chlorhydrique en excès et l'on titre comme on vient de le dire. Dans ce procédé, il faut avoir le plus grand soin de n'employer que de l'eau bien purgée d'air.

Si l'on voulait doser l'acide sulfureux en poids, il faudrait le transformer en acide sulfurique et précipiter par la baryte, d'après le **§ 132**. Cette méthode est surtout applicable lorsqu'on a des sulfites exempts d'acide sulfurique. Pour faire passer l'acide sulfureux à l'état d'acide sulfurique, le mieux est, quand on procède par voie humide, d'employer le chlore ou le brome, en versant la solution aqueuse étendue du sulfite dans un excès d'eau chlorée ou bromée. Les sulfites insolubles dans l'eau seront préalablement transformés en sulfite de soude soluble, par ébullition avec une solution de carbonate de soude. — Après avoir chassé l'excès de chlore ou de brome par la chaleur, on précipite la solution un peu acide avec le chlorure de baryum. — On peut transformer les sulfites en sulfates par la voie sèche, en les chauffant dans un creuset de platine avec 4 parties d'un mélange de parties égales de carbonate de soude et de salpêtre.

3. Acide hyposulfureux.

Lorsque l'acide hyposulfureux est à l'état de sels solubles, on peut le doser par l'iode tout comme l'acide sulfureux. La réaction est la suivante :

---

*) *Traité d'analyse* de H. Rose, édition de Finkener.

$2(NaO,S^2O^2) + I = NaO,S^4O^5 + NaI$. On dissout le sel dans une quantité d'eau suffisante, on ajoute de l'empois d'amidon et, avec la dissolution d'iode, on titre jusqu'à l'apparition de la couleur bleue la dissolution neutre ou rendue telle. Bien entendu que les résultats ne sont exacts qu'autant qu'il n'y a pas d'autres substances sur lesquelles l'iode puisse agir. On pourrait, comme pour l'acide sulfureux, transformer en acide sulfurique tout le soufre de l'acide hyposulfureux, en traitant comme les sulfites, par de l'eau chlorée ou bromée

4. Acide iodique.

Le dosage de l'acide iodique peut se faire facilement de la façon suivante. On distille l'acide libre ou uni à une base avec un excès d'acide chlorhydrique libre et fumant dans l'appareil décrit à propos de l'acide chromique (§ **130**. e. β), on recueille le chlore qui se dégage dans la dissolution d'iodure de potassium et l'on détermine, comme il a été dit, l'iode éliminé. Comme 1 équivalent d'acide iodique met en liberté 4 équivalents de chlore et par conséquent 4 équivalents d'iode, il faut pour 507,4 d'iode compter 166,85 d'acide iodique. Voici la réaction : $IO^5 + 5.HCl = ICl + 5.HO + 4Cl$ (*Bunsen* *). On peut arriver aussi simplement et aussi exactement au même but par le moyen suivant : à la solution d'acide iodique ou d'un iodate on ajoute de l'acide sulfurique, puis un excès d'iodure de potassium et, suivant le § **146**, on dose l'iode mis en liberté. Le sixième de cette quantité provient de l'acide iodique $(IO^5 + 5.HI = 5.HO + 6I)$. *Rammelsberg*, par ce moyen, a obtenu de bons résultats (**).

5. Acide azoteux.

Dans les azotites exempts d'azotate, on dose l'acide azoteux soit en transformant son azote en ammoniaqué, soit en mesurant son action oxydante sur un sel de protoxyde de fer. Ces opérations se conduisant en tous points comme s'il s'agissait d'un azotate (§ **149**), nous ne nous occuperons ici que du cas où l'acide azoteux serait à doser en présence de l'acide azotique. Dans ce cas on peut très bien mesurer la quantité d'acide azoteux avec une dissolution de permanganate de potasse. en prenant seulement la précaution d'étendre assez la liqueur, pour empêcher la transformation par l'eau en acide azotique et bioxyde d'azote de l'acide azoteux mis en liberté par un acide plus fort. On y arrive en mettant au moins 5000 parties d'eau pour 1 partie d'acide azoteux anhydre. La réaction a lieu suivant l'équation : $5.AzO^5 + 2.Mn^2O^7 = 5.AzO^5 + 4.MnO$. Si donc on fixe le titre du caméléon avec un sel de protoxyde de fer, 4 équivalents de fer correspondent à 1 équivalent d'acide azoteux, car celui-ci, comme ceux-là, prend 2 équivalents d'oxygène. — On dissout les azotites dans de l'eau très faiblement acidulée, on y verse du permanganate de potasse jusqu'à ce que l'oxydation de l'acide azoteux soit presque complète, puis seulement on acidifie fortement la liqueur pour verser le caméléon jusqu'à coloration rouge permanente.

Pour doser l'acide hypoazotique dans l'acide azotique rouge fumant,

(*) *Ann. d. Chem. u. Pharm.*, LXXXVI, 285.
(**) *Pogg. Ann.*, CXXXV, 195. — *Zeitschr. f. analyt. Chem.*, VIII, 456.

on verse quelques centimètres cubes de ce dernier dans environ 500 C. C. d'eau distillée, pure et froide, en remuant; puis on dose l'acide azoteux produit. 1 équivalent d'acide azoteux trouvé correspond à 2 équivalents d'acide hypoazotique, car celui-ci, en contact avec une suffisante quantité d'eau, se décompose ainsi : $2.AzO^4 + 2.HO = HO,AzO^3 + HO,AzO^5$. (*Sig. Feldhauss* *).

On peut encore doser l'acide azoteux et l'acide hypoazotique en présence de l'acide azotique par la réduction de l'acide chromique. — On prend un excès d'une solution titrée de chromate de potasse et l'on mesure l'excès d'acide chromique restant avec une solution titrée de protoxyde de fer (*Fr. Mohr*).

Quant au dosage des azotites au moyen du peroxyde de plomb, voir *Feldhauss* (*), ainsi que les travaux de *Lang* (**) et de *J. Lœwenthal* (***). Au § **203**, nous indiquerons la recherche des azotites dans les eaux naturelles.

DEUXIÈME SECTION. — ACIDE SULFURIQUE (ACIDE HYDROFLUOSILICIQUE).

§ 132.

1. Acide sulfurique.

I. Dosage.

En général on dose l'acide sulfurique en poids sous forme de *sulfate de baryte* ; toutefois, indépendamment des procédés acidimétriques, il y a des méthodes volumétriques basées sur l'insolubilité du sulfate de baryte (et du sulfate de plomb). Pour ce qui est de ces dernières, je n'indiquerai que celles qui peuvent offrir quelque avantage sur les analyses en poids.

1. *Dosage par pesée.*

Le dosage de l'acide sulfurique à l'état de sulfate de baryte n'est pas, comme on l'a cru longtemps, une opération simple et facile : elle demande au contraire beaucoup de soin et d'attention. Cela tient à plusieurs causes que nous avons déjà indiquées au § **71**. D'abord le sulfate de baryte est bien plus soluble qu'on ne le croyait dans les dissolutions à acides libres et en présence de certains sels ; ensuite il entraîne très facilement avec lui des sels étrangers par eux-mêmes solubles dans l'eau ; enfin une fois le précipité impur, il est souvent extrêmement difficile de le purifier.

Il faut d'abord que la liqueur soit dans un état convenable pour la précipitation, et avant tout elle ne doit renfermer qu'une faible quantité d'acide chlorhydrique libre et pas du tout d'acide azotique ou chlorique. Si ces derniers s'y trouvaient, il faudrait d'abord les chasser par des évaporations répétées au bain-marie avec de l'acide chlorhydrique pur. — La solution ainsi préparée, on l'étend fortement, on la chauffe presque à l'ébullition, on y verse un excès de chlorure de baryum et on laisse déposer à une douce

(*) *Zeitschr. f. analyt. Chem.*, I, 426.
(**) *Zeitschr. f. analyt. Chem.*, I, 485.
(***) *Zeitschr. f. analyt. Chem.*, III, 176.

chaleur. On jette le liquide clair sur un filtre, on verse de l'eau bouillante sur le précipité, on décante de nouveau sur le filtre et l'on continue ces opérations jusqu'à ce que l'eau de lavage ne renferme plus de chlore. Après avoir mis le précipité sur le filtre et l'avoir séché, on le traite suivant le § **55**, en ne dépassant pas la température rouge modérée.

Après la pesée du précipité, il est bon de le chauffer longtemps au bain-marie avec de l'acide chlorhydrique étendu. On décante l'acide chlorhydrique à travers un petit filtre, on lave le précipité avec de l'eau bouillante sans le déposer sur le filtre, on évapore presque à siccité la liqueur filtrée et l'eau du lavage dans une capsule en platine ou en porcelaine, on y ajoute de l'eau, on recueille sur le même petit filtre le peu de sulfate de baryte non dissous, on le lave, on le sèche, on incinère le filtre et l'on chauffe de nouveau au rouge le tout réuni au sulfate de baryte. S'il y a une perte de poids, cela prouve que le sulfate pesé la première fois renfermait des sels étrangers.

Cette sorte de purification ne conduit pas toujours au but (*): on n'y arrive jamais si la liqueur précipitée contient une assez notable quantité d'acide azotique, ou si du peroxyde de fer ou de l'oxyde de platine a pu passer dans le précipité (*Clauss***). Dans ce cas il n'y a qu'un moyen à employer. On fond le précipité avec environ 4 grammes de carbonate de soude, on chauffe la masse fondue avec de l'eau, on filtre, on lave le résidu avec de l'eau bouillante, on acidule légèrement avec de l'acide chlorhydrique et l'on précipite de nouveau l'acide sulfurique.

En opérant exactement comme nous le disons, les résultats sont satisfaisants : mais en négligeant ces précautions, on peut avoir quelques centièmes en plus ou en moins.

2. *Dosage par les liqueurs titrées.*

a. Suivant *Charles Mohr* (***). — On fait usage d'une solution normale de chlorure de baryum, contenant dans un litre un équivalent de sel pur cristallisé ($BaCl + 2.Aq$), puis de l'acide azotique ou chlorhydrique normal et de la soude normale (§ **213**). Dans le liquide où l'on veut doser l'acide sulfurique et qui doit être rendu presque neutre avec du carbonate de soude, s'il renfermait trop d'acide libre, on verse un volume connu de la solution de chlorure de baryum: on prendra un nombre entier de centimètres cubes, de telle façon que ce soit plus que suffisant pour précipiter tout l'acide sulfurique, mais cependant qu'il n'y en ait pas un trop grand excès.

Après avoir laissé digérer longtemps à chaud, on précipite sans filtration préalable l'excès de chlorure de baryum avec du carbonate d'ammoniaque et un peu d'ammoniaque pure, on recueille sur un filtre le précipité formé de sulfate et de carbonate de baryte, on le lave jusqu'à ce que l'eau n'agisse plus sur le papier du tournesol rougi bien sensible, et l'on mesure, par les procédés alcalimétriques décrits au § **223**, la quantité de carbonate de baryte. S'il n'y avait pas d'acide sulfurique, il faudrait juste autant de centi-

(*) *Fresenius. Zeitschr. f. analyt. Chem.,* IX, 52.
(**) *Jahresb. über die Fortschr. der Chem.* von *Kopp.* u. *Will,* 1861, p. 325.
(***) *Ann. der Chem. und Pharm.,* XC. 165.

mètres cubes d'acide normal pour saturer le carbonate de baryte qu'on aurait employé de centimètres cubes de la solution de chlorure de baryum :
s'il y a de l'acide sulfurique, il en faudra moins et en quantité proportionnelle à la quantité d'acide sulfurique. Dès lors pour chaque centimètre
cube d'acide normal employé en moins, on calculera $0^{gr},4$ d'acide sulfurique
anhydre.

Les résultats de cette méthode sont tout à fait satisfaisants, s'il n'y a pas
trop d'acide libre ; autrement un peu de carbonate de baryte reste en dissolution à la faveur des sels ammoniacaux et l'on a pour l'acide sulfurique un
nombre un peu trop élevé. On comprend qu'on ne pourra pas opérer de
cette façon si la dissolution renferme de l'acide phosphorique, de l'acide
oxalique, en général des acides qui précipitent la baryte dans les liqueurs
neutres.

b. Suivant *Ad. Clemm* (*). — *Clemm* a modifié la méthode de *Ch. Mohr* pour
la rendre d'une exécution plus prompte, par conséquent d'un usage plus
pratique dans les fabriques. Il faut encore qu'il n'y ait aucun acide formant
avec la baryte un sel insoluble dans l'eau : il ne faut non plus d'autres bases
que des alcalis. Outre les liqueurs titrées indiquées en a., il faut une solution normale de carbonate de soude pur (53,04 gr. de sel anhydre dans 1 litre).
On commence par mettre de la teinture de tournesol dans la liqueur versée
dans un ballon jaugé ; on y ajoute juste la quantité d'acide chlorhydrique, ou
de lessive de soude exempte d'acide carbonique, nécessaire pour neutraliser
exactement ; on verse ensuite un volume connu de chlorure de baryum,
plus que suffisant pour précipiter tout l'acide sulfurique, puis ensuite un
volume de solution normale de carbonate de soude égal au volume employé
de solution de chlorure de baryum ; on remplit le ballon jusqu'à la marque,
on agite, on filtre, et dans une partie aliquote du liquide filtré (moitié par
exemple) on dose le carbonate de soude suivant le § **220**. On voit facilement
que le carbonate de soude restant dans tout le liquide et par conséquent
aussi la quantité d'acide normal nécessaire pour le neutraliser est équivalente à la quantité d'acide sulfurique cherchée. Car toutes les liqueurs étant
équivalentes, s'il a fallu à la fin n C.C. d'acide normal pour neutraliser
l'excès de carbonate de soude dont on avait employé N C.C., il n'y a eu que
$(N—n)$ C.C. de carbonate de soude pour précipiter l'excès de N C.C. de chlorure de baryum, et dès lors l'acide sulfurique n'en a pris que $N—(N-n)$ ou
n C.C. — Dans les dissolutions étendues, le léger excès de carbonate de
soude n'a aucune action sur le sulfate de baryte, de sorte qu'il ne peut pas
en résulter d'erreur. Les résultats sont suffisamment exacts pour les
besoins industriels.

c. *E. Bohlig* (**) a aussi employé une méthode alcalimétrique pour doser
l'acide sulfurique dans les sulfates, surtout au point de vue technique. Le
procédé repose sur ce fait que les sulfates alcalins en présence d'un excès
d'acide carbonique sont décomposés par le carbonate de baryte précipité,
avec production de sulfate de baryte et de bicarbonate alcalin ; la réaction
a lieu à une température voisine de celle de l'ébullition de l'eau, ce qui em-

(*) *Zeitschr. f. analyt. Chem.*, IX, 122.
(**) *Zeitschr. f. analyt. Chem.*, IX, 310.

pêche la dissolution d'une quantité notable de carbonate de baryte dans le liquide contenant de l'acide carbonique libre. La quantité d'alcali que l'on trouve combinée à l'acide carbonique correspond au sulfate cherché. Je renvoie au travail original pour les détails de l'opération.

d. Suivant *R. Wildenstein* (premier procédé) (*). — Cette méthode consiste à précipiter l'acide sulfurique par le chlorure de baryum et à titrer l'excès de baryte ajouté avec le chromate neutre de potasse, directement si la liqueur est neutre et, si elle est acide, après avoir ajouté de l'ammoniaque exempte d'acide carbonique jusqu'à ce qu'elle soit en léger excès. Il faut préparer :

1. Une dissolution de chlorure de baryum telle que 1 C.C. corresponde à $0^{gr},02$ d'acide sulfurique (en dissolvant $60^{gr},98$ de chlorure de baryum pur cristallisé (BaCl + 2Aq) de façon à faire 1 litre) :

2. Une dissolution de chromate neutre de potasse pur, dont 2 C.C. précipitent 1 C.C. de la solution de chlorure de baryum (on dissout $18^{gr},451$ de bichromate de potasse, on ajoute un peu d'ammoniaque jusqu'à ce que la couleur rouge devienne jaune pâle et l'on étend d'eau pour faire un litre).

On s'assure ensuite que le rapport des deux dissolutions est bien exact. Pour cela on mesure 10 C.C. de la solution de baryte, on étend d'environ 50 C.C. d'eau, on chauffe à l'ébullition et l'on ajoute 20,4 C.C. de la solution de chromate. Le liquide surnageant le précipité, qui se dépose rapidement, doit paraître jaunâtre. Avec la burette on verse alors de la dissolution de baryum goutte à goutte jusqu'à complète décoloration : on doit en employer 0,2 C.C., de sorte qu'en tout 10,2 C.C. de chlorure de baryum correspondent à 20,4 C.C. de la dissolution de chromate.

Pour doser l'acide sulfurique, on met dans un ballon de 200 C.C. la substance à analyser dissoute dans environ 50 C.C. d'eau, on chauffe à l'ébullition et l'on verse de la dissolution de chlorure de baryum jusqu'à ce qu'on soit certain que tout l'acide sulfurique a été précipité, sans toutefois en mettre un trop grand excès. On porte pendant 1/2 à 1 minute à l'ébullition, on neutralise avec de l'ammoniaque exempte d'acide carbonique, puis on ajoute au liquide chaud, qu'il soit trouble ou non, de la dissolution de chromate de potasse, chaque fois par quantité de 0,5 C.C. Le liquide alors s'éclaircit rapidement, quand on le fait tournoyer, de sorte qu'on peut facilement reconnaître à l'apparition de la teinte jaunâtre quand le chromate commence à dominer. Ce point atteint, on verse lentement goutte à goutte de la solution de baryte jusqu'à décoloration complète, ce qui ordinairement n'exige que tout au plus 0,4 C.C. L'opération est terminée, on retranche la moitié des C.C. de la dissolution de chromate de la totalité des C.C. de la dissolution de baryte employée, et l'on calcule l'acide sulfurique d'après le reste.

Les nombreux exemples d'analyse cités par l'auteur donnent des résultats très satisfaisants pour les usages techniques.

S'il faut appliquer la méthode au sulfate de magnésie, de zinc ou de

(*) *Zeitschr. f. analyt. Chem.*, I, 323.

cadmium, on dissout dans l'ammoniaque après addition de sel ammoniac, on chauffe avec un peu de chlorure de calcium, pour le débarrasser du peu d'acide carbonique que contient l'ammoniaque, puis on ajoute le chlorure de baryum et enfin la solution de chromate de potasse. (*Fleischer*[*].)

e. Suivant *R Wildenstein* (second procédé) (**). — De toutes les méthodes de dosage de l'acide sulfurique, la plus simple et celle qui peut être appliquée dans le plus grand nombre de cas est, sans contredit, celle qui consiste à précipiter l'acide dans une dissolution acidulée par de l'acide chlorhydrique au moyen d'une solution titrée de chlorure de baryum jusqu'à ce qu'il ne se forme plus de précipité : on n'a plus qu'à calculer la quantité d'acide sulfurique d'après le volume de la dissolution normale de baryte employée. Ce qui fait que ce procédé n'a que des applications très restreintes, c'est que la fin de l'opération est difficile à saisir et ne peut se constater que par de nombreux tâtonnements.

Wildenstein a rendu cependant cette méthode assez pratique pour qu'en une demi-heure environ on puisse terminer l'analyse avec des résultats satisfaisants. Il se sert de l'appareil représenté dans la figure 86. A est un flacon en verre blanc de 900 à 950 C.C. dont on a fait sauter le fond ; B, un tube à entonnoir à fortes parois, dont l'entonnoir a la forme d'une boule ; ce tube est recourbé comme le montre la figure ; il se termine vers le bas par un bout de tube en caoutchouc serré dans une pince en laiton et se terminant par un bout de tube en verre non étiré en pointe. La longueur de *c* en *d* est d'environ 7 1/2 à 8 centimètres, et celle de *d* en *e* d'environ 12. L'ouverture de l'entonnoir sphérique *f*, dont le diamètre sera de 2, 5 à 3 centimètres, est garnie de la façon suivante : on prend un morceau d'étoffe de coton ou de mousseline de 6 centimètres carrés, bien purifié d'acide sulfurique, on pose dessus 2 feuilles de papier de Suède,

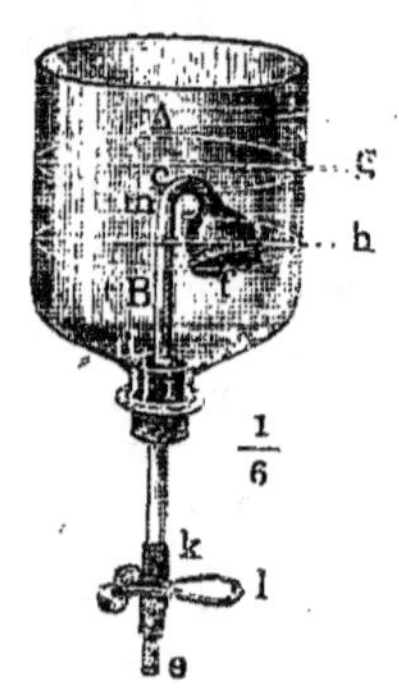

Fig. 86.

puis de nouveau un morceau d'étoffe et l'on ferme l'ouverture de l'entonnoir avec ce diaphragme, en le serrant contre les bords avec un fil ciré, en évitant de déchirer le papier. On coupe les bords. On a de cette façon un petit filtre-siphon qui permet d'avoir rapidement une portion claire du liquide rendu trouble par le sulfate de baryte.

Comme en ajoutant peu à peu du chlorure de baryum dans une dissolution acide étendue d'un sulfate, on arrive à un point analogue au point neutre dans la précipitation de l'argent par le chlorure de sodium (*voir* page 256), c'est-à-dire à un moment où un essai filtré sera aussi bien troublé au bout de quelques minutes par l'acide sulfurique que par le chlorure de baryum, il faudra opérer d'après les principes indiqués à propos des dosages de l'argent : il ne faudra donc pas calculer d'après la composition de la dissolution de

---

(*) *Journ. f. prackt. Chem.*, N. F. V, 918. — On trouve là aussi une modification à la méthode pour reconnaître l'excès du chromate d'ammoniaque dans la liqueur colorée : mais c'est aux dépens de la simplicité de l'opération.

(**) *Zeitschr. f. analyt. Chem.*, I, 132.

chlorure de baryum, mais d'après sa valeur effective, que l'on établira d'une manière exacte en versant de cette dissolution dans un poids connu d'un sulfate, jusqu'à ce qu'il ne se forme plus de précipité ; ou bien, comme le fait *Wildenstein*, on regardera comme terme de l'opération le moment où le chlorure de baryum ne donnera plus, au bout de 2 minutes, un trouble sensible dans un essai filtré.

On fera la dissolution de baryte comme en d., de telle sorte que 1 C.C. corresponde à $0^{gr},02$ d'acide sulfurique.

On opère comme il suit :

Après avoir préparé la dissolution de sulfate à essayer (dont on prendra de 3 à 4 grammes), on remplit A avec de l'eau chaude, on ouvre le tube en caoutchouc en desserrant la pince jusqu'à ce que le siphon B soit plein d'eau. Si l'eau coulait par le tube *ce* sans le remplir complètement, il suffirait pour obvier à cet inconvénient d'ouvrir et de fermer plusieurs fois de suite et rapidement la pince inférieure. (Si l'on voulait aspirer par *e* ou lancer de l'eau

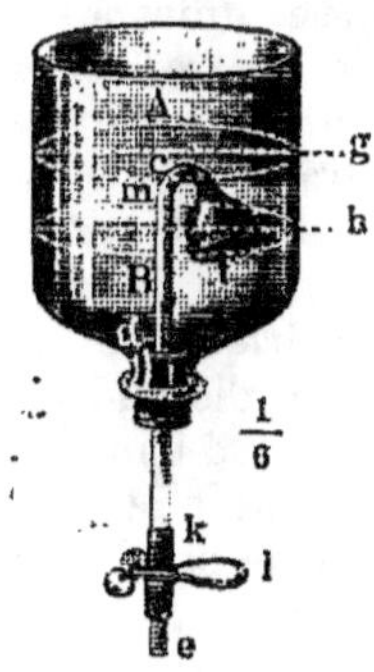

Fig. 87.

par *e* avec la fiole à jet, on courrait le risque de détériorer le filtre ; il ne faut donc pas le faire.) Ayant alors fermé le tube, on décante l'eau chaude, on la remplace par environ 400 C.C. d'eau bouillante, on ajoute la dissolution de sulfate ainsi qu'une quantité convenable d'acide chlorhydrique et on laisse couler la dissolution de chlorure de baryum, d'abord en assez grande quantité, à la fin par 1/4 ou 1/5 C.C. Avant chaque nouvelle addition de chlorure de baryum, on ouvre la pince, on laisse couler dans un petit verre à précipité un volume de liquide un peu plus grand que le contenu du siphon (volume marqué par un trait sur le vase à précipité) et l'on rejette ce liquide filtré dans le vase A. Comme le vase où l'on reçoit le liquide clair servira toujours au même usage, il n'est pas nécessaire de le laver

chaque fois. Ensuite on reçoit dans un petit tube à essai le liquide filtré clair de façon à le remplir au tiers ou au quart, on ajoute avec la burette 2 gouttes de la solution de baryte et l'on agite. Tant qu'il se forme un précipité ou un trouble, on rejette l'essai dans le vase A. Si au bout de 2 minutes l'essai ne se trouble plus, l'opération est achevée et naturellement on ne compte pas les 4 gouttes employées pour le dernier essai. Quant à la légère erreur qui provient de ce que le liquide, qui à la fin se trouve dans le siphon, n'est pas soumis à l'action du chlorure de baryum, elle n'a pas d'influence sensible sur le résultat, parce qu'à la fin de l'opération la différence de composition du liquide en dedans et au dehors du siphon est très faible. Il faut, pendant le travail, agiter le liquide en prenant garde de déchirer le filtre. — Si l'on dépassait le point, on ajouterait dans A 1 centimètre cube d'une dissolution d'acide sulfurique équivalente à la dissolution de baryte, on chercherait de nouveau la fin de la réaction et l'on retrancherait 1 C.C. du volume de chlorure de baryum employé.

Les exemples cités par *Wildenstein* sont d'une exactitude très satisfaisante pour les besoins techniques. Les analyses faites de cette façon dans mon laboratoire ont fourni d'excellents résultats.

f. Les méthodes de *Levol* (*), *Pappenheim* (**), *Schwarz* (***), etc., fondées sur la précipitation de l'acide sulfurique avec une dissolution titrée de plomb, ne peuvent s'employer que dans les cas fort restreints, parce que la présence des chlorures métalliques ou de l'acide chlorhydrique et aussi des sels ammoniacaux nuit à l'opération : c'est pour cela que je n'en parlerai pas ici.

II. Séparation de l'acide sulfurique d'avec les bases.

a. *Des bases avec lesquelles il forme des composés solubles dans l'eau ou l'acide chlorhydrique.*

Dans la dissolution exempte d'acide azotique libre, on précipite l'acide sulfurique d'après I. avec du chlorure de baryum (ou de l'acétate de baryte); dans le liquide filtré qui, avec les chlorures des bases unies à l'acide sulfurique, renferme l'excès de chlorure de baryum, on sépare ces bases d'après les méthodes que nous indiquerons dans le cinquième chapitre. En purifiant le sulfate de baryte chauffé au rouge par un traitement à l'acide chlorhydrique, il ne faudra pas oublier d'ajouter au liquide qui renferme les bases celui qu'on aura séparé du peu de sulfate de baryte déposé par évaporation. Si après son traitement par l'acide chlorhydrique, le sulfate de baryte n'était pas encore complètement débarrassé, on dissoudrait les dernières traces de bases qu'il retient en le dissolvant à chaud dans l'acide sulfurique monohydraté, puis on verserait la solution acide avec précaution dans l'eau froide et l'on séparerait par filtration le sulfate de baryte reprécipité. La solution sulfurique renfermerait le reste des bases.

b. *Des bases avec lesquelles il forme des composés insolubles ou très peu solubles dans l'eau et dans l'acide chlorhydrique.*

α. *De la baryte, de la strontiane et de la chaux.* — Dans un creuset de platine, on fond la combinaison réduite en poudre fine avec 4 à 5 parties du mélange de carbonate de potasse et de soude, on jette le creuset avec son contenu dans un vase à précipité ou dans une capsule en porcelaine ou en platine contenant de l'eau, on chauffe jusqu'à dissolution complète des carbonates et sulfates alcalins, on sépare par filtration des carbonates terreux pendant que le liquide est encore chaud, on lave bien sur le filtre avec de l'eau contenant un peu d'ammoniaque et de carbonate d'ammoniaque et l'on continue l'analyse d'après les §§ **101** à **103**. Si l'on a bien lavé, il est inutile de calciner et de peser le précipité. Dans le liquide filtré, on dose l'acide sulfurique d'après I. — Le sulfate de chaux et celui de strontiane, finement pulvérisés, peuvent être décomposés complètement par leur ébullition avec le carbonate de potasse, moins bien avec le carbonate de soude; avec le sulfate de baryte cette opération réussit aussi, mais plus difficilement et seulement quand, après un premier traitement, on décante le

(*) *Bulletin de la Société d'encourag.*, avril 1853.
(**) *Mohr. Traité d'analyse à l'aide de liqueurs titrées*, 2ᵉ édit., Paris, 1875.
(***) *Zeitschr. f. analyt. Chem.*, II, 592.

liquide et l'on recommence l'ébullition du précipité avec un excès de carbonate alcalin (*H. Rose**).

β. *De l'oxyde de plomb.* — La méthode la plus simple pour décomposer le sulfate de plomb consiste à le faire digérer à la température ordinaire avec une dissolution de bicarbonate de soude ou de potasse. On filtre, on lave le précipité, on dose dans le liquide filtré l'acide sulfurique d'après I., on dissout le précipité (parce qu'il est alcalin) dans de l'acide azotique ou acétique et l'on détermine le plomb d'après un des procédés du § **162**.

S'il fallait séparer en même temps l'oxyde de plomb, la strontiane et la chaux d'avec l'acide sulfurique, il n'y aurait rien à changer à la méthode ; mais s'il y avait aussi de la baryte et s'il fallait calciner le mélange avec des carbonates alcalins (ce qui se ferait le mieux dans un creuset en porcelaine), ou le faire bouillir à plusieurs reprises avec une solution de ces carbonates, le liquide alcalin filtré renfermerait toujours un peu de plomb, qu'il faudrait précipiter par un courant d'acide carbonique avant la filtration.

γ. *Du protoxyde de mercure.* — On dissout facilement le sulfate de protoxyde de mercure en le chauffant avec de l'acide chlorhydrique étendu et ajoutant un peu de chlorate de potasse ou de brome, puis on traite la dissolution suivant a. — Si l'on décompose le sulfate de protoxyde de mercure en le faisant bouillir avec une dissolution de carbonate de potasse, on a dans le résidu les produits de la décomposition du carbonate de protoxyde de mercure qui s'est d'abord formé, savoir : du mercure métallique et du bioxyde de mercure dont une petite portion peut passer dans le liquide filtré.

III. Dosage de l'acide sulfurique libre en présence des sulfates.

On peut avoir quelquefois à doser l'acide sulfurique libre en présence des sulfates, par exemple, dans le vinaigre, dans le vin, etc. On peut y arriver par des moyens indirects : ainsi doser d'une part les bases, de l'autre les acides, ou bien doser d'abord tout l'acide sulfurique combiné et libre et mesurer ce dernier acide volumétriquement suivant le § **215**. — Suivant *A Girard* (**), il n'y a que le procédé suivant qui donne des résultats satisfaisants : on évapore le liquide à essayer au bain-marie à siccité, on reprend le résidu par l'alcool absolu ; dans la partie insoluble on dose l'acide sulfurique combiné, dans la solution alcoolique, que l'on étend d'eau et que l'on chauffe pour chasser l'alcool, on mesure l'acide libre. C'est une erreur de croire qu'on pourrait atteindre le but avec le carbonate de baryte qui ne précipiterait que l'acide sulfurique libre, car les sulfates alcalins, même à la température ordinaire, sont décomposés partiellement par le carbonate de baryte dans leurs solutions aqueuses.

(*) *Journ. f. prackt. Chem.*, LXIV, 582 et LXV, 516.
(**) *Compt. rend.*, LVIII, 515.

APPENDICE A LA DEUXIÈME SECTION.

§ 133.

Acide hydrofluosilicique.

Si l'acide hydrofluosilicique est en dissolution, on y ajoute une dissolution
de chlorure de potassium en quantité suffisante pour opérer la précipitation
complète, puis un volume d'alcool concentré égal au volume total du mélange; on recueille sur un filtre pesé le précipité de fluosiliciure de potassium et on le lave avec un mélange à volume égal d'alcool et d'eau. On pèse
le précipité après dessiccation à 100°. On ajoute de l'acide chlorhydrique au
liquide alcoolique séparé par filtration, on l'évapore à siccité et l'on reprend
le résidu par l'acide chlorhydrique et l'eau. S'il y a un résidu insoluble, c'est
une preuve que l'acide analysé renfermait un excès d'acide silicique, dont
on déterminera le poids. —Le fluosiliciure de potassium, desséché à 100°,
a pour formule $KFl,SiFl^2$; voir ses propriétés à la page 122. —Au lieu de le
peser, on pourrait le doser d'après la méthode volumétrique décrite au
§ **97**. 5. — Quant aux fluosiliciures métalliques, il faut les chauffer avec
de l'acide sulfurique concentré dans un vase en platine; le fluorure de silicium et l'acide fluorhydrique se volatilisent, les bases restent à l'état de
sulfates et peuvent fréquemment, après la volatilisation de l'excès d'acide
sulfurique, être pesées à cet état. — Si les fluosiliciures métalliques renferment de l'eau, on ne peut pas la doser par une simple calcination, parce
qu'avec l'eau il se dégage du fluorure de silicium. Alors on les mêle intimement, suivant *H. Rose*, avec 6 parties d'oxyde de plomb fraîchement précipité, on couvre le mélange placé dans une petite cornue avec une couche
d'oxyde de plomb pur, on pèse la cornue, on chauffe avec précaution jusqu'à
la fusion, on entraîne par aspiration la vapeur d'eau qui reste dans le vase
et l'on pèse celui-ci après refroidissement. La perte de poids donne le poids
d'eau éliminée. On n'oubliera pas d'essayer avec du papier de tournesol les
gouttes d'eau condensée : le résultat ne sera exact qu'autant que l'eau
n'aura pas de réaction acide.

Suivant *Stolba* (*), on arrive au même but, au moins pour les combinaisons
solubles dans l'eau, de la façon suivante : on chauffe très-fortement au
rouge dans un creuset de platine un poids de magnésie double du poids de
fluosiliciure que l'on soumet à l'analyse, on pèse le creuset après refroidissement et l'on ajoute de l'eau de façon à faire une bouillie épaisse. On met alors
dans le creuset le fluosiliciure pesé, on y ajoute encore de l'eau si celle
qu'on a déjà mise ne suffit pas pour opérer la dissolution, on mélange avec
un fil de platine, on sèche et l'on calcine. L'augmentation de poids représente le poids du fluosiliciure anhydre, autant toutefois qu'il n'y a pas
d'oxyde pouvant perdre de l'oxygène.

(*) *Zeitschr. f. analyt. Chem.*, VII, 93.

§ 134.

1. Acide phosphorique.

1. Dosage.

L'acide phosphorique tribasique peut se doser de diverses manières. Nous avons indiqué au § **90**. 4. les formes sous lesquelles se font les pesées; elles sont nombreuses, mais parmi elles je préfère le *pyrophosphate de magnésie* et le *phosphate d'urane*, parce que les opérations sont plus faciles et applicables dans un plus grand nombre de cas. Fréquemment pour arriver au pyrophosphate de magnésie, on passe par une précipitation préalable surtout de phosphate ammoniaco-molybdique, parfois aussi de phosphate d'étain ou de protoxyde de mercure. Les autres formes, dans lesquelles on peut faire entrer l'acide phosphorique pour le doser, donnent bien aussi de bons résultats, mais elles n'ont souvent qu'une application restreinte. — Parmi les procédés volumétriques qu'on a indiqués, les meilleurs sont ceux qui reposent sur l'emploi d'une dissolution titrée d'oxyde d'urane (*).

Quant aux acides méta et pyrophosphorique, je dirai ici qu'on ne peut pas les doser par les méthodes que nous allons indiquer : il vaut mieux les transformer en acide tribasique. On y parvient : α. *Par la voie sèche*, en maintenant quelque temps la matière en fusion avec 4 à 6 parties du mélange des carbonates de potasse et de soude. Cette méthode ne peut toutefois s'appliquer qu'aux sels alcalins ou aux métaphosphates et pyrophosphates métalliques, qui seraient complètement décomposés par leur fusion avec les carbonates alcalins : ainsi elle ne pourra pas s'employer avec les combinaisons des terres alcalines, excepté les sels de magnésie. β. *Par la voie humide*. On traite le sel assez longtemps à chaud par un acide fort, surtout l'acide sulfurique concentré (*Weber. Ann. de Pogg.*, LXXIII, 157). Je ferai la remarque que par ce dernier moyen on n'atteint le but qu'incomplètement avec les sels dont les bases forment des composés solubles avec l'acide employé, parce que dans ce cas jamais tout l'acide méta ou pyrophosphorique n'est mis en liberté; au contraire, on réussit facilement en prenant des acides qui font des composés insolubles avec les bases en question. Toutefois, dans le premier cas, la transformation est d'autant plus complète que d'abord on emploie une plus grande quantité d'acide libre (sans toutefois en mettre un trop grand excès qui deviendrait nuisible) et ensuite qu'on fait bouillir plus longtemps. (Exp. n° 32.)

Je dirai encore, avant de commencer la description des procédés d'opération, que *Bunce* (**) s'est trompé quand il a dit que de l'acide phosphorique se volatisait, lorsqu'on évaporait à siccité un phosphate avec de l'acide chlorhydrique ou azotique et qu'on chauffait un peu le résidu (voir mon

(*) Voir la note 11 à la fin du volume.
(**) *Sillim. Journ.*, mai 1851, 405.

travail sur cette question dans les *Ann. der Chem. u. Pharm.*, LXXXVI, 211).
Au contraire il faut faire bien attention que dans ces circonstances l'acide
phosphorique tribasique passe à l'état d'acide pyrophosphorique non pas à
100°, mais déjà au-dessous de 150°: ainsi en évaporant du phosphate de
soude ordinaire et de l'acide chlorhydrique et en desséchant le résidu à
150° on obtient $NaCl + PhO^5,NaO,HO$.

a. *Dosage à l'état de phosphate de plomb.*

On opère absolument comme pour l'acide arsénique, § **127**. 1. a., c'est-
à-dire que l'on évapore avec un poids connu d'oxyde de plomb et l'on calcine. Cette méthode suppose que l'acide phosphorique n'est qu'en dissolution
aqueuse ou azotique; elle a l'avantage de donner des résultats exacts, que
l'acide phosphorique soit mono ou bi ou tribasique.

b. *Dosage à l'état de pyrophosphate de magnésie.*

α. *Directement* (applicable et commode dans tous les cas où l'on est certain que l'acide phosphorique est à l'état tribasique, ou bien est libre ou
combiné aux alcalis). On ajoute à la dissolution neutre ou faiblement ammoniacale un peu de chlorhydrate d'ammoniaque, puis un mélange préparé
d'avance de sulfate de magnésie, de sel ammoniac et d'ammoniaque (§ **62**.6.),
ou mieux encore de chlorure de magnésium, de sel ammoniac et d'ammoniaque (*); on en verse une suffisante quantité, mais pas en trop grand
excès. Comme on peut jusqu'à un certain point savoir approximativement la
proportion d'acide phosphorique et qu'on connaît la composition de la mixture magnésienne (10 C. C. précipitent $0^{gr},24$ d'acide phosphorique), il est
facile de ne pas dépasser la quantité à employer. Dans ces circonstances le
précipité se dépose sous forme cristalline parce qu'il se produit lentement.
Après quelque temps, on ajoute peu à peu au liquide de l'ammoniaque, de
façon que la quantité représente environ 1/4 de la masse totale. On laisse
reposer 12 heures sans chauffer dans un vase couvert, on filtre, on s'assure
que tout l'acide phosphorique est bien précipité en versant de l'ammoniaque
et de la mixture magnésienne dans le liquide filtré, on lave le précipité
cristallin avec un mélange de 3 parties d'eau et 6 parties d'ammoniaque,
jusqu'à ce que l'eau de lavage acidulée avec de l'acide azotique ne trouble
plus avec le nitrate d'argent, et l'on achève comme il est dit au § **104**. 2. (**).

(*) Ce mélange a l'avantage de donner des résultats exacts avec plus de certitude
qu'avec la mixture au sulfate (si l'emploi de cette dernière n'est pas fait avec soin, le
précipité n'est pas toujours exempt de sulfate basique de magnésie). On prépare le réactif au chlorure de magnésium de la façon suivante : on dissout 13 grammes de sulfate
de magnésie cristallisé dans de l'eau bouillante, on ajoute 5 C. C. d'acide chlorhydrique,
puis une dissolution aqueuse de 82 grammes de chlorure de baryum cristallisé, on décante, on filtre et l'on s'assure que dans le liquide filtré l'acide sulfurique ne produit plus
de précipité. Si cela arrivait, parce que les sels ne renfermeraient pas exactement la proportion d'eau de cristallisation, on ajouterait encore un peu de sulfate de magnésie,
pour que la liqueur soit bien exempte de baryte. On concentre le liquide filtré réuni aux
eaux de lavage, on laisse refroidir, on verse dans un ballon jaugé d'un litre, on ajoute
165 grammes de sel ammoniac pur, 260 C. C. d'ammoniaque, puis enfin de l'eau jusqu'au
trait. — Après avoir laissé reposer quelques jours, on filtre si c'est nécessaire et la liqueur
est prête pour l'usage. Elle renferme autant de magnésie que la mixture du § **62**. 6. —
10 C. C. précipitent 0,24 gr. d'acide phosphorique anhydre.

(**) Voir la note 10 à la fin du volume.

— Comme le phosphate ammoniaco-magnésien n'est pas tout à fait insoluble dans l'eau de lavage ammoniacale, il vaut mieux employer un filtre à succion, parce qu'alors le lavage s'effectue avec beaucoup moins d'eau. — Les résultats sont exacts (Voir Exp. 80 et en outre les recherches de *Kissel* [*]). Si, pour un motif particulier, on croyait que le précipité n'est pas pur, il faudrait le redissoudre dans l'acide chlorhydrique et le précipiter de nouveau avec de l'ammoniaque ; il ne faudrait pas oublier d'ajouter encore un peu de mixture magnésienne. Du reste on opère pour cette seconde précipitation comme pour la première. — Si l'on négligeait d'ajouter de la mixture magnésienne, on aurait une perte sensible, parce qu'alors il resterait un peu de phosphate ammoniaco-magnésien, dissous dans le liquide renfermant du sel ammoniac et ne contenant pas de sel magnésien. Voir les expériences de *Kissel*. Loc. cit. — Caractères du précipité et du résidu, § **74**. — Si la liqueur contenait de l'acide pyrophosphorique, le précipité serait floconneux et se dissoudrait notablement dans l'eau ammoniacale (*Weber*).

β. *Indirectement,* après une précipitation préalable à l'état de *phosphate ammoniaco-molybdique*, d'après *Sonnenschein* [**] (applicable dans tous les cas où l'acide est à l'état tribasique, et aussi en présence des terres alcalines, de l'alumine, du peroxyde de fer, etc., mais en l'absence de l'acide tartrique et d'autres substances organiques agissant d'une façon analogue). Il ne doit pas y avoir trop d'acide chlorhydrique et non plus de sel ammoniac, ni en général de chlorures métalliques et de certains sels ammoniacaux, surtout l'oxalate et le citrate (*Kœnig* [***]) ; au contraire la présence de l'azotate d'ammoniaque facilite la précipitation et contre-balance l'action nuisible de trop grandes quantités de sulfates ou d'azotates (*E. Richters* [****]). Pour faire la précipitation on emploie la dissolution de molybdate d'ammoniaque dans un excès d'acide azotique, contenant 5 p. 100 d'acide molybdique et préparée et conservée avec soin, comme il est dit dans le Traité d'analyse qualitative, § **52**. Il faut que le liquide à analyser soit concentré : il peut contenir de l'acide sulfurique et de l'acide azotique libres. On ajoute à la dissolution, dans un vase à précipité, une grande quantité du liquide molybdique, de telle sorte que pour 1 partie d'acide phosphorique il y ait environ 40 parties d'acide molybdique : pour $0^{gr},1$ d'acide phosphorique il faudra donc 80 C. C. de la solution molybdique. On remue sans frotter les parois du verre, on couvre le vase et on laisse reposer de 12 à 24 heures dans un lieu chaud, dont la température ne dépasse pas 40°. Avec une pipette on enlève un essai du liquide clair, on y ajoute un volume égal de la dissolution molybdique et l'on abandonne assez longtemps à la température de 40°. S'il ne se forme pas un autre précipité, c'est un indice certain que tout l'acide phosphorique est bien précipité. Dans le cas contraire on rejette l'essai dans la masse totale, on ajoute une nouvelle quantité de molybdate d'ammoniaque, on laisse encore reposer 12 heures et l'on renouvelle l'essai. La précipitation étant achevée, on décante le liquide à travers un petit filtre, on lave le pré-

---

[*] *Zeitschr. f. analyt. Chem.*, VIII, 170.
[**] *Journ. f. prackt. Chem.*, LIII, 343.
[***] *Zeitschr. f. anal. Chem.*, X. 305.
[****] *Zeitschr. f. analyt. Chem.*, X. 489.

cipité par une suite de décantations et de filtrations sur le même petit filtre. On se sert pour le lavage d'un mélange de 100 parties de liqueur molybdique, 20 parties d'acide azotique de densité 1,2 et 80 parties d'eau (*). Le lavage doit être complet et tel que la dernière eau qui passe reste limpide avec un excès d'ammoniaque, quand bien même la dissolution aurait contenu de la chaux, du fer, etc. — On dissout maintenant le précipité jaune dans le moins possible d'ammoniaque, on fait passer la dissolution à travers le petit filtre, ce qui dissout les parties du précipité qui sont restées adhérentes, on lave le petit filtre avec un mélange de 5 parties d'eau et 1 partie d'ammoniaque, on réunit les eaux de lavage à la dissolution, et enfin on verse de l'acide chlorhydrique goutte à goutte et avec précaution jusqu'à ce que le précipité jaune qui reparaît ne se dissolve pas tout de suite, mais avec une certaine lenteur, enfin on précipite avec la mixture magnésienne (voir α.). Si l'ammoniaque laisse un peu de précipité non dissous, il faut avoir la précaution de traiter ce résidu par l'acide azotique et d'essayer le liquide filtré avec la solution d'acide molybdique pour ne pas perdre une petite quantité d'acide phosphorique. Résultats exacts (**).

Comme cette méthode exige une grande quantité d'acide molybdique, on ne l'emploie que lorsqu'on ne peut pas faire usage des méthodes b. α. et c., et l'on prend un poids de substance tel que la quantité d'acide phosphorique qu'il renferme ne dépasse pas $0^{gr},2$ à $0^{gr},3$. S'il y avait de l'acide arsénique et de l'acide silicique (***), il faudrait préalablement les éliminer. — Parmi tous les procédés de dosage de l'acide phosphorique en présence du peroxyde de fer et de l'alumine, je regarde celui-là comme le meilleur, surtout s'il faut doser de très petites quantités d'acide phosphorique en présence de fortes proportions de ces bases.

γ. *Indirectement* après une précipitation préalable à l'état de *phosphate de protoxyde de mercure*, d'après *H. Rose* (****) (applicable à la séparation de l'acide phosphorique d'avec toutes les bases, excepté l'alumine; voir aussi § **135.** k.). On dissout la combinaison phosphorique dans une quantité d'acide azotique ni trop forte, ni trop faible. La solution étant dans une petite capsule en platine, on y ajoute du mercure métallique pur en quantité telle qu'une portion, faible il est vrai, reste non dissoute par l'acide libre. On évapore à siccité au bain-marie. Si la masse chaude répand encore l'odeur de l'acide azotique, on l'humecte avec de l'eau, on chauffe de nouveau au bain-marie jusqu'à ce qu'enfin cette odeur ait disparu. — On ajoute

---

(*) Suivant *Richter* (*Zeitschr. f. analyt. Chem*, X, 471), on peut laver avec une dissolution d'azotate d'ammoniaque (15 grammes de sel dans 100 C. C.) faiblement acidulée avec de l'acide azotique et additionnée de quelques centièmes de solution d'acide molybdique.

(**) *Zeitschr. f. analyt. Chem.*, III, 466, et VI, 403.

(***) L'acide silicique peut être aussi précipité en jaune par une dissolution acide de molybdate d'ammoniaque, surtout en présence de beaucoup de sel ammoniac (*W. Knop*, 1857). *Grundmann*, qui a répété les expériences de *Knop* dans mon laboratoire, les a trouvées parfaitement exactes. Le précipité se dissout dans l'ammoniaque. Si après addition d'un peu de sel ammoniac on laisse reposer longtemps cette dissolution, l'acide silicique se dépose, de sorte que dans le liquide filtré on peut alors précipiter l'acide phosphorique avec la dissolution de magnésie; toutefois il vaut mieux éliminer d'abord l'acide silicique.

(****) *Pogg. Ann.*, LXXVI, 218.

ensuite de l'eau chaude, on filtre sur un petit filtre et on lave jusqu'à ce que l'eau de lavage ne laisse pas de résidu fixe par évaporation sur la lame de platine. On dessèche le précipité qui, outre le phosphate de mercure, contient aussi de l'azotate basique et du mercure métallique : on le mélange dans un creuset de platine avec un excès de carbonate de potasse et de soude ; on roule le filtre en boule, on le place dans un trou fait dans le mélange et l'on recouvre le tout d'une couche de carbonate alcalin. Puis pendant environ une demi-heure, on chauffe modérément le creuset, sans le porter au rouge, sous une cheminée qui tire bien. A cette température le mercure et l'azotate de protoxyde de mercure se volatilisent. On chauffe ensuite sur la lampe le résidu au rouge vif et l'on traite par de l'eau chaude. Tout se dissoudra en un liquide limpide, s'il n'y a pas de peroxyde de fer. On sature la dissolution claire (filtrée au besoin) avec de l'acide chlorhydrique, on ajoute de l'ammoniaque et la dissolution de magnésie et l'on achève suivant *α*. (*).

δ. Indirectement, après une précipitation préalable à l'état de *phosphate d'étain.*

aa. D'après *W. Reissig* (**). — On dissout dans l'acide azotique concentré la substance dans laquelle on doit doser l'acide phosphorique et qui ne doit pas renfermer de chlorures métalliques, on ajoute un poids d'étain en feuille ou en grenaille égal au moins à 8 fois le poids probable d'acide phosphorique et l'on chauffe 5 à 6 heures jusqu'à ce que le précipité se dépose au milieu du liquide clair. En présence de l'alumine et de l'oxyde de fer, une partie de ces bases passe dans le précipité (*Girard*). On lave par décantation et par filtration, on met le précipité dans une capsule en platine et on le fait digérer avec un peu de lessive très concentrée de potasse. On obtient ainsi du métastannate et du phosphate de potasse qui donnent une dissolution bien limpide avec de l'eau chaude, d'autant plus facilement qu'on n'aura pas employé trop de potasse. On dissout de même les parcelles du précipité qui seraient restées sur le filtre. On sature avec de l'acide sulfhydrique tout le liquide alcalin que l'on a versé dans un ballon de 1000^{gr} pesé d'avance, et après avoir étendu d'eau la liqueur de façon à faire environ 900^{gr} : on ajoute aussi un peu de pentasulfure d'ammonium, puis de l'acide acétique jusqu'à ce que tout le sulfure d'étain soit précipité et que le liquide soit légèrement acide. On replace le ballon sur la balance, on ajoute de l'eau de façon que le contenu pèse 1000^{gr} (ou un nombre entier de grammes), on agite, on laisse reposer 12 heures, on filtre le liquide clair dans une capsule en porcelaine, on pèse de nouveau le ballon contenant le précipité et le reste du liquide. On a ainsi le poids du liquide filtré qu'on emploiera à doser l'acide phosphorique. On connaîtra la quantité totale de liquide en retranchant du

(*) En présence d'une grande quantité de peroxyde de fer, il reste facilement un peu d'acide phosphorique dans ce dernier (§ **135**, g. α.).— Nous indiquerons au § **135**, k. γ les modifications à apporter au procédé ordinaire de *Rose* en présence de l'alumine.

(**) *Ann. d. Chem. u. Pharm.*, XCVIII, 359. La méthode est une modification de celle de *Reynoso*. Ce dernier procédé, exact en principe, présente cependant dans la pratique des difficultés, qui tiennent à ce que de faibles impuretés dans l'étain produisent des erreurs assez considérables, puisqu'il faut prendre au moins huit fois plus d'étain qu'il n'y a d'acide phosphorique. Les remarques de *Reissig* sont parfaitement d'accord avec mes propres expériences.

poids total 1000ᵍʳ, le poids du sulfure d'étain qu'on pourra déterminer soit directement, soit par le poids d'étain employé.

On réunit au liquide filtré les eaux de lavage du filtre, on réduit par évaporation à un faible volume et l'on dose l'acide phosphorique dans ce résidu, d'après b. α. Ce moyen de séparer le liquide contenant l'acide phosphorique d'avec le sulfure d'étain est préférable à une simple filtration, parce que, dans ce dernier cas et par le lavage du sulfure d'étain, il y a toujours un peu d'étain dissous, que l'on prenne de l'eau pure ou de l'eau contenant de l'acide sulfhydrique. — Résultats exacts.

bb. Suivant *Girard* (*). — Pour rendre applicable la méthode précédente, même en présence de l'alumine et du peroxyde de fer, *Girard* traite à chaud d'abord par un peu d'eau régale, puis ensuite par de l'ammoniaque et du sulfhydrate d'ammoniaque, ou de suite par un excès de sulfhydrate d'ammoniaque, le précipité obtenu en aa., bien lavé d'abord par décantation, puis ensuite sur le filtre : ce précipité contient de l'acide métastannique hydraté, du phosphate d'étain et un peu de phosphate de fer et d'alumine. Suivant *O. Bœber* (**), le traitement direct par le sulfhydrate d'ammoniaque serait préférable, parce qu'autrement il resterait un peu d'acide phosphorique dans le précipité.

Après avoir laissé digérer environ 2 heures, on sépare par filtration le précipité consistant en sulfure de fer et en hydrate d'alumine, on le lave d'abord avec du sulfhydrate d'ammoniaque chaud, puis avec de l'eau contenant du sulfhydrate d'ammoniaque, on le dissout dans l'acide azotique et on réunit la dissolution au liquide séparé du précipité d'étain par filtration, et qui renferme encore la plus grande partie des bases : dans la liqueur qui contient du sulfhydrate d'ammoniaque et le sulfure d'étain avec du phosphate d'ammoniaque, on précipite directement l'acide phosphorique par la magnésie. — *Girard* regarde 4 et 5 parties d'étain comme suffisantes pour précipiter 1 partie d'acide phosphorique. Les résultats qu'il donne comme exemple sont très satisfaisants. Suivant *Janovsky* (***) cette quantité serait insuffisante, il faudrait en prendre au moins 6 parties. Si l'étain contient de l'arsenic, la précipitation directe par la mixture magnésienne donne avec le phosphate ammoniaco-magnésien un peu d'arséniate ammoniaco-magnésien et par conséquent un résultat trop fort. Dans ce cas il vaut mieux traiter suivant aa. la solution obtenue avec le sulfhydrate.

ε. *Indirectement*, après une précipitation préalable à l'état de phosphate de bismuth.

Cette méthode indiquée par *Chancel* (****), modifiée par *Birbaum* et *Chojnaki* (*****), n'est pas applicable en présence de l'acide sulfurique et de l'acide chlorhydrique, et elle ne présente aucun avantage tant sous le rapport de la rapidité d'exécution qu'au point de vue de l'exactitude (******).

(*) *Compt. rend.*, LIV, 468.
(**) *Zeitschr. f. analyt. Chem.*, IV, 120.
(***) *Zeitschr. f. analyt. Chem.*, XI, 157.
(****) *Compt. rend*, L, 416, LI, 882.
(*****) *Zeitschr. f. analyt. Chem.*, IX, 203.
(******) Voir : *Holzberger, Archiv. de Pharm.* (2), CXVI, 37. — *Bœber, Zeitschr. f. die ges. Naturwirs.*, 1864, 203. — *Girard, Compt. rend.*, LIV, 468. — *Fresenius, Neubauer* et *Luck Zeitschr. f. analyt. Chem.*, X, 155. — *Adriaansz, Zeitschr. f. analyt. Che n. .*

c. *Dosage à l'état de phosphate d'urane.*

Suivant *Leconte, A. Arendt* et *W. Knop* (*). Ce procédé, très applicable en présence des alcalis et des terres alcalines, mais non plus en présence d'une quantité un peu notable d'alumine, ne peut s'employer qu'avec des modifications (**) (voir plus bas § **135**. g. γ.) quand il y a du peroxyde de fer.

Si c'est possible, on prépare une dissolution acétique du sel; mais si l'on a une dissolution chlorhydrique ou azotique, on enlève la plus grande partie de l'acide par évaporation, on ajoute de l'ammoniaque jusqu'à ce que le liquide bleuisse fortement le papier rouge de tournesol et l'on redissout le précipité formé dans l'acide acétique. S'il y avait des acides minéraux on ajouterait en outre de l'acétate d'ammoniaque. Cela fait, on verse une dissolution d'acétate d'urane et l'on fait bouillir, ce qui détermine la précipitation de l'acide phosphorique à l'état de phosphate double jaune d'ammoniaque et d'urane.

Le lavage du précipité se fait par décantation et filtration, en ayant soin de faire bouillir après chaque décantation et addition nouvelle d'eau : cette opération est rendue plus facile si l'on ajoute à l'eau de lavage quelques centièmes d'azotate d'ammoniaque. — On calcine, d'après le § **53**, le précipité desséché. Il est bon d'évaporer plusieurs fois au-dessus du précipité calciné un peu d'acide azotique et ensuite de calciner encore une fois. Le résidu doit être jaune. Caractères du précipité et du résidu. § **93**. 4. e. — S'il fallait redissoudre le précipité calciné pour le précipiter de nouveau, on n'y parviendrait qu'après l'avoir fondu avec un grand excès du mélange des carbonates de potasse et de soude, pour transformer l'acide pyrophosphorique en acide tribasique. — Les résultats sont exacts. Exp. n° 81. Voir aussi les expériences de *Kissell* (***).

d. *Dosage à l'état de phosphate basique de fer.*

α. Au liquide acide contenant l'acide phosphorique, on ajoute un excès d'une solution de perchlorure de fer de force connue : s'il le faut, on verse assez d'ammoniaque pour neutraliser la plus grande partie de l'acide libre, puis de l'acétate d'ammoniaque en excès, mais pas trop grand, et l'on fait bouillir. Si la quantité de chlorure de fer est convenable, le précipité sera rougebrun. Il est formé de phosphate basique et d'acétate basique de fer et renferme tout l'acide phosphorique et tout le fer. On filtre bouillant, on lave avec de l'eau bouillante additionnée d'un peu d'acétate d'ammoniaque, on sèche avec soin et l'on calcine au rouge dans un creuset de platine au contact de l'air (§ **53**). Après la calcination, on humecte le résidu avec de l'acide azotique concentré, on évapore à une douce chaleur et l'on calcine de nouveau. Si le poids du résidu avait augmenté, ce qui en général n'est pas le cas, il faudrait recommencer la dernière opération, jusqu'à ce que le poids ne change plus. — En retranchant du poids définitif celui de l'oxyde de fer

---

(*) C'est *Leconte* qui a le premier indiqué (1853) de précipiter l'acide phosphorique dans une dissolution acétique avec un sel d'urane. Plus tard (1856-1857), A. *Arendt* et *W. Knop* ont soumis cette méthode à des expériences nombreuses et faites avec soin.

(**) *Chem. Centralbl.*, 1857, 182.

(***) *Zeitschr. f. analyt. Chem..* VIII, 167.

contenu dans le volume de solution de perchlorure ajouté, on aura celui de l'acide phosphorique.

C'est *A. Müller* (*) qui a eu le premier l'idée de modifier la méthode de *Schulze* en employant une solution titrée de perchlorure de fer, de façon à s'épargner le dosage du fer dans le résidu (ce que l'on faisait suivant le § **113**. 3.). *Way* et *Ogston* (**) ont employé cette méthode de *Müller* dans leurs analyses de cendres.

β. Suivant *J. Weeren* (***). — A la dissolution azotique du phosphate alcalin ou alcalino-terreux, ne renfermant pas d'autre acide fort, on ajoute une dissolution d'azotate de peroxyde de fer d'un titre connu (pour 1 p. d'acide phosphorique il faut environ 3 à 4 p. de peroxyde de fer), en quantité suffisante pour faire un sel basique, on évapore à siccité, on chauffe le résidu à 160°, jusqu'à ce qu'il ne se dégage plus de vapeurs nitreuses, on traite par l'eau chaude additionnée d'azotate d'ammoniaque, de façon à enlever tous les azotates alcalins et alcalino-terreux, on rassemble le précipité jaune ocreux sur un filtre, on le sèche, on le chauffe au rouge (§ **53**), on le pèse et l'on retranche de son poids celui du peroxyde de fer ajouté. — *Latschinow* (****) préfère chauffer le résidu à 200°, le chauffer ensuite avec de l'eau et quelques gouttes d'acide azotique, puis ajouter un peu d'ammoniaque et enfin le traiter par une dissolution chaude d'azotate d'ammoniaque. De cette façon l'acide phosphorique serait plus complètement séparé et le précipité se séparerait mieux par filtration.

> e. *Dosage à l'état de phosphate basique de magnésie* ($3MgO, PhO^5$) d'après *Fr. Schulze* (*****) (très convenable pour séparer l'acide phosphorique des alcalis).

On mélange la dissolution du phosphate alcalin contenant du sel ammoniac avec un excès de magnésie pure pesée, on évapore à siccité, on chauffe au rouge pour chasser le sel ammoniac et avec l'oxyde de mercure (§ **104**. 5. b.) on ramène à l'état de magnésie la portion de cette terre transformée en chlorure. On traite le résidu calciné par de l'eau, on filtre la dissolution des chlorures alcalins, on lave le précipité, on le sèche, on le calcine et on le pèse. La quantité que l'on trouve en plus que le poids de magnésie primitif représente l'acide phosphorique. Résultats satisfaisants.

f. La méthode de *Schlœsing*, qui consiste à calciner dans un courant d'oxyde de carbone le phosphate mélangé d'acide silicique et à retenir le phosphore éliminé avec du cuivre ou de l'azotate d'argent, n'a suivant moi aucun avantage. Je me contenterai de l'indiquer.

> g. *Dosage de l'acide phosphorique par les liqueurs titrées* (******).

Parmi toutes les méthodes proposées, la meilleure est celle qui consiste à précipiter l'acide phosphorique par une dissolution titrée d'urane. Elle a été

(*) *Journ. f. prakt. Chem.*, XLVII, 341.
(**) *Journ. of the Royal Agricult. Soc. of England*, VIII, part. I.
(***) *Journ. f. prakt. Chem.*, LXVII. 8.
(****) *Zeitschr. f. analyt. Chem.*, VII, 213.
(*****) *Journ. f. prackt. Chem.*, LXIII, 410.
(******) Voir la note 11 à la fin du volume.

déjà appliquée en 1855 par *Leconte*. *Neubauer*, en 1858, l'a décrite avec soin en l'étudiant à fond; plus tard elle a été employée par *Pincus*, et dans ces derniers temps par *Bædeker*.

Le principe est le suivant : l'acétate d'urane précipite du phosphate d'urane dans les dissolutions acidifiées par l'acide acétique, ou du phosphate double d'ammoniaque et d'urane en présence d'une grande quantité de sels ammoniacaux. Le rapport entre la quantité d'oxyde d'urane et celle d'acide phosphorique est le même dans les deux composés. Le phosphate d'urane simple ou ammoniacal, récemment précipité et en suspension dans l'eau, n'est pas modifié par la dissolution de prussiate jaune de potasse; mais l'acétate d'urane est décelé avec la plus grande sensibilité par ce dernier réactif, parce qu'il se forme du ferrocyanure d'urane insoluble brun-rouge.

Suivant *Neubauer* (*), on emploie les solutions suivantes :

a. *Une dissolution d'acide phosphorique d'un titre connu*, préparée en dissolvant dans l'eau distillée, de façon à faire un litre, $10^{gr},087$ de phosphate de soude pur, non effleuri, cristallisé, broyé et séché entre deux feuilles de papier à filtre. 50 C. C. contiennent $0^{gr},1$ de PhO^5. Il est bon de contrôler la dissolution en en évaporant 50 C. C. dans une capsule de platine pesée. On calcine fortement le résidu, on le pèse et l'on doit trouver $0^{gr},1874$.

b. *Une dissolution acide d'acétate de soude*, préparée en dissolvant 100^{gr} d'acétate de soude dans 900^{gr} d'eau et ajoutant de l'acide acétique étendu de densité 1,04 pour faire 1 litre.

c. *Une dissolution aqueuse d'acétate (ou d'azotate) d'urane* (§ **63**. 5.). Elle est faite d'après la solution d'acide phosphorique et étendue de façon que 1 C. C. précipite $0^{gr},005$ de PhO^5. On la préparera d'abord un peu plus concentrée qu'il ne faut, par exemple, de façon que 1 litre contienne 22^{gr} d'oxyde d'urane, qui correspondent à $32^{gr},5$ de Ur^2O^3, $\overline{A}+2Aq$, sel cristallisé en prismes klinorhombiques jaunes, ou à 34^{gr} Ur^2O^3, $\overline{A}+5Aq$, cristallisé en octaèdre à base carrée, de couleur jaune-topaze; on en établira bien exactement le titre et l'on étendra d'eau en conséquence.

Pour *établir le titre* on met 50 C. C. de la solution de phosphate de soude (a.) dans un vase à précipité, on ajoute 5 C. C. de la solution d'acétate de soude (b.) et l'on chauffe au bain-marie de 90 à 100° : on laisse couler dans la liqueur la dissolution d'urane, d'abord en assez grande quantité, à la fin par 1,2 C. C., et après chaque addition, on essaye si la précipitation est ou non achevée. Pour cela on étend une ou deux gouttes du mélange sur de la porcelaine blanche, et avec une petite baguette en verre on dépose au milieu une petite goutte d'une dissolution de prussiate jaune de potasse faiblement colorée. Aussitôt qu'il y a une trace d'acétate d'urane en excès, il se forme au milieu de la goutte une tache brun rougeâtre que l'on peut parfaitement reconnaître, entourée qu'elle est par le liquide incolore ou à peine coloré. Si la réaction finale se produit, on chauffe quelques minutes au bain-marie et l'on recommence l'essai. Si la réaction se produit encore nettement, l'analyse est terminée. Si la dissolution d'urane est au titre, il en faut 20 C. C. Si l'on n'en avait employé que 18 C. C., il faudrait ajouter à la dissolution 2 C. C. d'eau pour 18 C. C.

(*) *Analyse des urines*, 4e édit., p. 148. 6e édit., p. 171.

Pour *faire un dosage d'acide phosphorique*, il faut d'abord avoir le plus grand soin de mettre la dissolution sur laquelle on opérera dans les conditions où l'on s'est placé pour établir le titre de la solution d'urane. On n'oubliera pas surtout que l'acétate de soude empêche ou retarde la précipitation du sel d'urane par le ferrocyanure de potassium, de sorte qu'on ne pourra compter sur des résultats exacts qu'autant que la quantité de ce sel et sa proportion dans la masse entière du liquide seront toujours à peu près les mêmes. En outre il n'y a que la personne qui a déterminé elle-même le titre de la solution d'urane qui peut l'employer à un dosage exact; car il est essentiel que la fin de l'opération soit saisie de la même façon et pour la fixation du titre et pour l'analyse définitive, et il ne faut pas se laisser tromper par la teinte de plus en plus foncée que prennent les essais sur la porcelaine, phénomènes produits par l'influence retardatrice de l'acétate de soude sur la réaction (*Neubauer*).

On peut appliquer la méthode à l'analyse de l'acide phosphorique libre, des phosphates alcalins, du phosphate de magnésie, et aussi de petites quantités d'autres phosphates alcalino-terreux, mais non pas en présence du peroxyde de fer ou de l'alumine. On dissout le phosphate dans l'eau ou dans le moins possible d'acide acétique, on ajoute 5 C. C. de la dissolution d'acétate de soude (b.), on amène le volume à être 50 C. C., en ajoutant de l'eau : on opère avec la solution d'urane comme il est dit plus haut, et pour chaque centimètre cube de la liqueur d'urane on calcule $0^{gr},005$ d'acide phosphorique. — Les résultats sont satisfaisants.

Si l'on opère comme il a été dit en présence d'une grande quantité de chaux, par exemple en prenant une dissolution d'acétate basique de chaux dans l'acide acétique, on a toujours un résultat trop faible, parce qu'en chauffant il se sépare toujours un peu de phosphate de chaux, perdu pour l'expérience. On peut cependant éviter facilement et complètement cet inconvénient en n'ajoutant pas, comme il est recommandé plus haut, la solution d'urane à la solution acétique du phosphate, mais en faisant l'inverse, et cela jusqu'à ce que la réaction du ferrocyanure d'urane cesse de se produire (*Fresenius, Neubauer* et *Luck*[*]). Bien entendu qu'il faudra opérer de même pour fixer le titre de la solution d'urane. Dans ce cas on conduira l'opération comme il suit :

On verse 25 C. C. de la solution d'urane dans un vase à précipité, on y ajoute 5 C. C. de la solution d'acétate de soude et 3 C. C. d'acide acétique de densité 1,04, on chauffe au bain-marie et on laisse couler avec une burette la solution de phosphate de soude, jusqu'à ce qu'une goutte prise dans le vase et posée sur une assiette en porcelaine, en contact avec quelques grains de prussiate jaune de potasse en poudre fine, *cesse juste* de donner une coloration rougeâtre. Bien entendu qu'après chaque addition du liquide de la burette on replace le vase dans l'eau bouillante et l'on ne recommence l'essai qu'après quelques minutes; en outre, on peut laisser couler le phosphate de soude sans arrêter tant que la liqueur est colorée en jaune. — Quand on fera une analyse, il faut avoir soin que la solution d'acétate de chaux ne renferme pas un excès d'acide libre, que son degré de concentration ne diffère pas trop de celui de

---

(*) *Zeitschr. f. analyt. Chem.*, X, 147.

la solution de phosphate de soude, et tout d'abord il faudra mesurer son volume total avant de la verser dans la burette. Puis on calculera d'après le volume employé ce qu'il faudrait pour le tout.

Quant au procédé de dosage volumétrique de l'acide phosphorique de *Fleischer* (*) (méthode par l'alumine), et celui de *Schwarz* (**) (par le plomb), je renvoie aux travaux originaux. Le dernier est assez exact quant à son principe et pour des liqueurs neutres ; mais il est d'un emploi restreint, car son degré de rigueur est bien diminué par la présence de l'acide acétique libre. Voir les expériences de *Fr. Mohr* (***).

§ 135.

II. Séparation de l'acide phosphorique d'avec les bases.

a. *Des alcalis* (voir aussi d. k. et I.).

α. À la dissolution additionnée d'un peu de chlorhydrate d'ammoniaque ou d'acide chlorhydrique, on ajoute de l'acétate de plomb jusqu'à ce qu'il ne se forme plus de précipité, puis un peu de carbonate de plomb pur, préparé en précipitant de l'acétate de plomb par du carbonate d'ammoniaque (*Baeber*****), on sépare par filtration, après avoir laissé digérer longtemps avec un peu de carbonate de plomb, le précipité formé de phosphate et de chlorure de plomb, et on le lave : dans le liquide filtré, on précipite le léger excès de plomb par l'acide sulfhydrique, on filtre et l'on évapore après addition d'acide chlorhydrique si l'on a de la potasse, de la soude ou de l'ammoniaque, tandis que s'il y a de la lithine on ajoute de l'acide sulfurique. Si dans le même essai on doit doser l'acide phosphorique, on traite le précipité de phosphate de plomb d'après le § **135.** b., après l'avoir bien lavé.

β. (Applicable seulement avec les alcalis fixes.) On sépare l'acide phosphorique à l'état de phosphate de fer, d'après une des méthodes du § **134.** d. On peut aussi très bien aciduler la liqueur avec de l'acide chlorhydrique, ajouter une suffisante quantité de perchlorure de fer, étendre assez fortement avec de l'eau, ajouter de l'ammoniaque jusqu'à *neutralité* et faire bouillir. Tout l'acide phosphorique se précipite à l'état de phosphate de fer avec du chlorure basique de fer. — Ce moyen est surtout bon quand on veut seulement séparer l'acide phosphorique sans le doser. — On peut aussi précipiter l'acide phosphorique à l'état de phosphate basique de magnésie suivant le § **134.** e. — Les alcalis se trouvent dans le liquide filtré à l'état d'azotates ou de chlorures.

b. *De la baryte, de la strontiane, de la chaux et de l'oxyde de plomb.*

On dissout dans l'acide chlorhydrique ou dans l'acide azotique et l'on pré-

---

(*) *Zeitschr. f. analyt. Chem.*, IV, 19, et IV, 28.
(**) *Dingler's polyt. Journ.*, CLXIX, 289. — *Zeitschr. f. analyt. Chem.*, II, 391.
(***) *Zeitschr. f. analyt. Chem.*, II, 256.
(****) *Zeitschr. f. die gesammten Naturwis.*, 1864, 208.

cipite avec un léger excès d'acide sulfurique, sans addition d'alcool pour la baryte, mais avec addition de ce liquide pour la strontiane, la chaux et l'oxyde de plomb. Dans le liquide filtré on détermine l'acide phosphorique d'après le § **134**. b. α., après avoir chassé l'alcool par évaporation. Il sera plus exact de saturer le liquide par le carbonate de soude, évaporer à siccité et fondre le résidu avec le mélange de carbonate de potasse et de soude. On dissout ensuite dans l'eau et l'on opère d'après le § **134**. b. α.

c. *De la magnésie* (voir aussi d. h. k. l.).

On ajoute du perchlorure de fer, on étend d'eau, on ajoute un excès de carbonate de baryte préparé par précipitation, on laisse reposer à froid pendant plusieurs heures en agitant souvent, on filtre et dans le liquide on sépare la magnésie de la baryte d'après le § **154**.

d. *De toutes les terres alcalines et des alcalis fixes* (voir aussi h. k. et l.).

α. On dissout dans le moins possible d'acide azotique, on ajoute un peu de chlorhydrate d'ammoniaque, on précipite par l'acétate de plomb, on ajoute un peu de carbonate de baryte précipité, on laisse digérer, on filtre, on enlève rapidement avec l'acide sulfhydrique l'excès de plomb dans le liquide filtré et dans celui-ci on dose les bases. Résultats exacts.

β. On dissout dans l'eau, et pour les phosphates alcalino-terreux dans le moins possible d'acide azotique, on ajoute de l'azotate d'argent neutre, puis du carbonate d'argent jusqu'à réaction neutre. Tout l'acide phosphorique se précipite à l'état de $3AgO,PhO^5$. Il n'est pas nécessaire de chauffer. On filtre, on lave le précipité, on le dissout dans l'acide azotique étendu, on précipite l'argent par l'acide chlorhydrique et dans le liquide filtré, on détermine l'acide phosphorique d'après le § **134**. b. α.

Le liquide séparé du phosphate d'argent est débarrassé de l'excès d'argent par l'acide chlorhydrique et l'on y dose les bases d'après les méthodes connues. (*Chancel* *). Cette méthode est commode et donne aussi de bons résultats quand il ne faut pas séparer de petites quantités d'acide phosphorique d'une grande quantité d'alcalis. (Si la combinaison contient de l'alumine ou du peroxyde de fer, ceux-ci sont complètement précipités par le carbonate d'argent et sont mélangés au phosphate d'argent.)

γ. On précipite l'acide phosphorique à l'état de phosphate d'urane (§ **134**. c.), et dans le liquide filtré on sépare l'oxyde d'urane des terres alcalines, etc., d'après les §§ **160** et **161**, appendice. Bons résultats.

δ. On précipite l'acide phosphorique d'après le § **134**. d. α ou β. Les terres alcalines restent dans le premier cas à l'état de chlorures avec l'acétate alcalin et le chlorure alcalin ; dans le second on les a sous forme d'azotates. Résultats bons.

e. *De l'alumine.*

Le meilleur moyen de séparer l'acide phosphorique d'avec l'alumine, c'est de précipiter le premier à l'état de phospho-molybdate d'ammoniaque (§ **135**. l.). On arrive aussi à de bons résultats en précipitant à l'état de phosphate

---

(*) *Compt. rend.*, XLIX, 997.

d'étain (h. α.). Les anciennes méthodes sont à peine employées ; nous ne citerons brièvement que les deux qu'on appliquait le plus souvent.

α. Méthode d'*Otto*. Elle consiste à précipiter l'acide phosphorique par la mixture magnésienne dans la liqueur additionnée d'acide tartrique et d'ammoniaque. Il est difficile, même en répétant souvent les précipitations, d'avoir un précipité exempt d'alumine ; d'un autre côté il reste toujours un peu d'acide phosphorique dans la liqueur. Voir *Ilyren* (*), *F. Knapp* (**), *R. Pribram* (***).

β. (Suivant *Berzélius*). — On mélange le composé très finement pulvérisé avec 1 partie 1/2 d'acide silicique pur, plutôt de la silice artificielle, et 6 parties de carbonate de soude dans un creuset de platine et l'on maintient pendant une demi-heure au rouge vif. On détrempe la masse calcinée avec de l'eau, on y ajoute du bicarbonate d'ammoniaque en excès, on laisse digérer assez longtemps, on filtre et on lave. — Sur le filtre on a du silicate d'alumine et de soude et dans la dissolution du phosphate de soude, du bicarbonate de soude, et du carbonate d'ammoniaque. (Si l'on avait filtré avant d'avoir ajouté le bicarbonate d'ammoniaque, un peu d'alumine serait passé dans la dissolution.) Dans le liquide on dose l'acide phosphorique (§ **134** b. α), et dans le résidu insoluble on sépare et l'on dose l'alumine d'après le § **140**. La méthode est ennuyeuse et longue à cause de la difficulté qu'on éprouve à laver le précipité : elle donne cependant des résultats suffisamment exacts. Voir *H. Schweitzer* (***).

f. De l'oxyde de chrome (voir aussi h. k. et l.).

On fond avec le mélange de carbonate et d'azotate de soude et l'on sépare l'acide chromique de l'acide phosphorique d'après le § **166**.

g. Des oxydes métalliques du quatrième groupe (voir aussi h. k, et l.).

α. L'ancienne méthode, qui consistait à décomposer les phosphates par voie de fusion avec le carbonate de soude, ne donne pas de résultats assez exacts, parce qu'il reste toujours un peu d'acide phosphorique dans le résidu lavé. Voir *H. Schweitzer* (*****), qui a essayé de séparer de cette façon l'acide phosphorique d'avec l'oxyde de zinc, et *G. Schweitzer* (******), qui a appliqué le procédé à la séparation d'avec l'oxyde de fer.

β. On dissout dans l'acide chlorhydrique, on ajoute de l'acide tartrique, du sel ammoniac, puis de l'ammoniaque et enfin du sulfhydrate d'ammoniaque ; on opère dans un ballon qu'on puisse fermer et l'on abandonne dans un lieu chaud jusqu'à ce que le liquide paraisse d'un jaune pur, sans aucune teinte verdâtre ; on filtre alors et l'on dose les métaux, comme il est dit aux §§ **108** à **114**. On conclut l'acide phosphorique par différence ou bien d'après le § **134**. b. α. On peut ajouter directement la dissolution de magnésie au liquide filtré contenant du sulfhydrate d'ammoniaque. On redissout le préci- .

(*) *Journ. de pharmacie*, XXI. 28.
(**) *Zeitschr. f. analyt. Chem.*, IV. 151.
(***) *Vierteljährresschr. f. prackt. Pharm.*, XV, 184.
(****) *Zeitschr. f. analyt. Chem.*, IX, 89.
(*****) *Ann. d. Chem. u. Pharm.*, CXLV, 57. — *Zeitschr. f. analyt. Chem.*, VII, 246.
(******) *Zeitschr. f. analyt. Chem.*, IX, 84.

pité après lavage dans la quantité juste suffisante d'acide chlorhydrique et on le précipite de nouveau par l'ammoniaque, après avoir ajouté un peu de mixture magnésienne. — Ce procédé est peu convenable pour le sel de nickel.

h. *Des métaux du deuxième, troisième et quatrième groupe.*

α. Surtout des terres alcalines, de l'alumine, du protoxyde de manganèse, de nikel, de cobalt, et de l'oxyde de zinc, ainsi que du peroxyde de fer, si la quantité de ce dernier n'est pas trop grande.

On précipite l'acide phosphorique à l'état de phosphate d'étain suivant le § **134**. b. δ. aa. Dans le liquide filtré sont toutes les bases libres de tout corps étranger, ce qui en facilite le dosage (*). *Reissig* a obtenu par cette méthode d'excellents résultats. — S'il fallait séparer l'acide phosphorique au moyen de l'étain en présence de beaucoup de peroxyde de fer ou d'alumine, il faudrait opérer comme l'indique *Girard* (§ **134**. b. δ. bb.).

β. Du peroxyde de fer, de l'alumine, des terres alcalines et des autres oxydes non précipitables par le carbonate de baryte (suivant *H. Rose*).

À la dissolution chlorhydrique, qu'on aura autant que possible débarrassée de l'acide libre par évaporation et ensuite par le carbonate de soude, on ajoute du carbonate de baryte en excès, on laisse digérer à froid pendant quelques jours, on filtre et onlave avec de l'eau froide. Le précipité contient tout l'acide phosphorique combiné au peroxyde de fer, à l'alumine, à la baryte et de plus l'excès de carbonate de baryte. Dans le liquide filtré sont toutes les autres bases. On dissout le précipité dans le moins possible d'acide chlorhydrique étendu, on précipite avec précaution la baryte avec de l'acide sulfurique, on filtre, on sature avec du carbonate de soude, on évapore à siccité avec le précipité, on ajoute de l'acide silicique pur en quantité égale au résidu et 6 fois cette quantité de carbonate de soude, on chauffe dans un grand creuset en platine, d'abord lentement, puis peu à peu très fortement et l'on opère pour le reste tout à fait comme il est dit au § **135**. e. β.

γ. De beaucoup de peroxyde de fer, en même temps qu'il y a des terres alcalines, d'après mes propres recherches (*Journ. f. prackt. Chem.*, XLV, 258).

Si dans de pareils composés on cherche à séparer l'acide phosphorique suivant le § **134**. d., on peut y arriver, mais alors la séparation d'une petite quantité d'acide phosphorique d'avec une grande quantité de peroxyde de fer est extrêmement incommode à pratiquer. Il vaut mieux dans ce cas opérer de la façon suivante. On chauffe à l'ébullition la solution chlorhydrique, on retire du feu et l'on ajoute une dissolution de sulfite de soude, jusqu'à ce que le carbonate de soude donne un précipité presque blanc ; on fait bouillir ensuite jusqu'à ce que l'odeur d'acide sulfureux ait disparu, on neutralise presque complètement avec du carbonate de soude le léger excès d'acide, on verse quelques gouttes d'eau de chlore et enfin un excès d'acétate de soude. On reconnaît aussitôt les plus petites quantités d'acide phosphorique à la formation d'un précipité blanc de phosphate de fer (comme l'acide arsénique et l'acide silicique produiraient le même précipité, il faut avoir soin d'éliminer

---

(*) Si l'on fait usage d'acide azotique non concentré, il se forme un peu d'azotate de protoxyde d'étain, qui passe dans la dissolution et qu'il faudrait éventuellement précipiter par l'acide sulfhydrique dans la liqueur acide (*Baeber*, *Zeitschr. f. d. gesammten Naturwiss.*, 1864, 324).

tout d'abord ces acides, s'ils se trouvent dans la substance à analyser). On ajoute maintenant goutte à goutte plus d'eau de chlore, jusqu'à ce que le liquide paraisse rougeâtre, on fait bouillir pour que le précipité se dépose bien, on filtre chaud et on lave avec de l'eau chaude renfermant un peu d'acétate d'ammoniaque. On a alors dans le précipité tout l'acide phosphorique avec un peu de fer et dans le liquide filtré la majeure partie de ce métal avec les autres terres alcalines. On traite le précipité suivant le § **135**. l., c'est-à-dire que l'on précipite dans la dissolution azotique d'abord l'acide phosphorique à l'état de phospho-molybdate d'ammoniaque, puis dans le liquide filtré le fer et l'alumine avec un excès de sulfhydrate d'ammoniaque. Si le précipité ne renferme pas d'alumine, on peut le calciner au rouge, le peser et y doser le fer par les liqueurs titrées (§ **113**) ; on a l'acide phosphorique par différence. — On peut modifier ce procédé de bien des façons. Ainsi au lieu de réduire le perchlorure de fer par un sulfite alcalin, on peut employer l'acide sulfhydrique, dont on chasse l'excès par un courant d'acide carbonique : au lieu de faire précipiter le fer à l'état de peroxyde avec l'acide phosphorique en faisant bouillir avec de l'acétate de soude, on peut faire digérer avec du carbonate de chaux (exempt d'acide phosphorique) ajouté en léger excès. — Si l'on veut précipiter le peroxyde de fer avec l'acide phosphorique au moyen du sesqui-carbonate d'ammoniaque, il faut opérer les précipitations au-dessous de 21°, sans quoi il reste un peu d'acide phosphorique dans la liqueur. (*Spiller* [*]).

i. *Des métaux du cinquième et du sixième groupe.*

On dissout dans l'acide chlorhydrique ou l'acide azotique, on précipite par l'acide sulfhydrique, on filtre, on dose les bases d'après les méthodes indiquées dans les §§ **115** et suivants jusqu'à **127** ; dans le liquide filtré on cherche l'acide phosphorique, d'après le § **134**. b. α. On peut séparer l'acide phosphorique plus simplement de l'oxyde d'argent en précipitant la dissolution azotique avec l'acide chlorhydrique ; de l'oxyde de plomb, plus facilement aussi d'après le § **135**. b.

k. *De toutes les bases, excepté le bioxyde de mercure* (d'après *H. Rose*).

On précipite l'acide phosphorique à l'état de phosphate de protoxyde de mercure d'après la méthode de *H. Rose* (§ **134**. b. γ.).

α. Si la substance est exempte de *fer* et d'*alumine*, le liquide séparé du phosphate de protoxyde de mercure par filtration renferme toutes les bases à l'état d'azotates, avec beaucoup d'azotate de protoxyde de mercure et aussi bien quelque peu d'oxyde. On élimine le protoxyde de mercure par l'acide chlorhydrique. Le protochlorure de mercure n'est mélangé d'aucune autre base. — Si l'acide chlorhydrique ne forme qu'un léger précipité, on ajoute de l'ammoniaque et l'on filtre aussitôt. Dans la liqueur on dose les bases d'après la méthode la plus convenable. Lorsqu'on a séparé le mercure par l'ammoniaque, on sèche le précipité et on le calcine (sous une cheminée ayant un bon tirage). S'il y a un résidu, il faut l'examiner de plus près. S'il consiste en phosphates alcalino-terreux, il faut recommencer le traitement par l'acide azotique et le mercure ; s'il est formé au contraire de magnésie pure ou de

---

[*] *The Journ. of the Chem. Soc.*, 2ᵉ sér., IV, 148. — *Zeitschr. f. analyt. Chem.*, V, 221.

carbonates alcalino-terreux, on le dissout dans l'acide chlorhydrique pour l'ajouter au liquide qui contient déjà la majeure partie des bases. — Fréquemment, au lieu de suivre cette marche, on prend le moyen suivant, qui est meilleur. Dans une capsule en platine on évapore à siccité le liquide séparé par filtration du phosphate de protoxyde de mercure et l'on calcine le résidu au rouge dans un creuset de platine sous une bonne cheminée. S'il y a des azotates alcalins, il faut de temps en temps pendant la calcination ajouter un peu de carbonate d'ammoniaque, pour empêcher la formation d'alcalis caustiques qui attaqueraient le creuset de platine. On traite ensuite le résidu calciné, suivant les circonstances, d'abord par de l'eau, puis ensuite par de l'acide azotique ou immédiatement par de l'acide azotique.

β. Si la substance renferme du fer, mais pas d'*alumine*, il reste en majeure partie non dissous avec le phosphate de protoxyde de mercure. On sépare des autres bases la portion dissoute d'après une des méthodes que nous donnerons plus bas; quant à la partie non dissoute, on l'obtient à l'état de peroxyde de fer mélangé d'alcali, après la calcination du résidu avec les carbonates de potasse et de soude et le traitement par l'eau. On le dissout dans l'acide chlorhydrique et l'on précipite par l'ammoniaque.

γ. Si la substance renferme de l'*alumine*, on ne peut plus employer le procédé que nous venons de décrire, parce que le phosphate d'alumine n'est pas décomposé par sa fusion avec les carbonates alcalins, tandis que l'azotate d'alumine, comme celui de peroxyde de fer, est décomposé par la seule évaporation. En présence de l'alumine on opère donc ainsi : on dissout la matière dans le moins possible d'acide azotique, on précipite à chaud avec l'azotate de protoxyde de mercure, on ajoute un peu d'azotate de bioxyde de mercure, puis après de l'hydrate de potasse ou de soude pur, jusqu'au moment où il se forme un précipité rouge permanent. Le précipité, que l'on traitera ensuite suivant α. et β., ne renferme alors pas d'alumine. *H.Rose. E. E. Munroe* (*).

1. *De toutes les bases sans exception.*

On applique le procédé de *Sonnenschein* (§ **134**. b. β.) et l'on sépare les bases d'avec l'acide molybdique dans le liquide séparé par filtration du phosphate molybdo-ammoniacal. Comme l'acide molybdique se comporte avec l'acide sulfhydrique et le sulfhydrate d'ammoniaque comme un métal du sixième groupe, il est bon de précipiter d'abord les métaux du sixième groupe et ceux du cinquième avec l'acide sulfhydrique dans la dissolution acide, avant de précipiter l'acide phosphorique avec l'acide molybdique. — On n'a plus qu'à séparer ce dernier des métaux des quatre premiers groupes. On y arrive de la façon suivante. À la dissolution acide, placée dans un ballon qu'on puisse fermer, on ajoute de l'ammoniaque jusqu'à réaction alcaline, puis du sulfhydrate d'ammonique en suffisant excès et on laisse digérer. Quand la dissolution paraît jaune rougeâtre (et non plus verdâtre), on filtre le liquide qui contient le sulfure de molybdène dissous dans le sulfhydrate d'ammoniaque, on lave le précipité avec de l'eau additionnée d'un peu de sulfhydrate d'ammoniaque, puis on sépare les sulfures métalliques et les

(*) *Americ. Journ. of scienc. and arts*, May 1871.

oxydes hydratés du quatrième et du troisième groupe d'après les méthodes indiquées plus loin. — Au liquide filtré on ajoute avec précaution de l'acide chlorhydrique en excès convenable, on sépare le sulfure de molybdène d'après le § **128**. d. et dans le liquide filtré on dose les terres alcalines et les alcalis.

Ce procédé de séparation de l'acide phosphorique d'avec les bases est extrêmement commode, surtout lorsque l'on a peu d'acide phosphorique en présence de beaucoup de peroxyde de fer et d'alumine, comme cela arrive, par exemple, dans les minerais de fer, les terres arables, etc. — Comme l'acide silicique et l'acide arsénique donnent aussi avec l'acide molybdique et l'ammoniaque un précipité jaune, il est nécessaire d'éliminer d'abord ces acides.

Comme c'est assez ennuyeux de séparer les bases débarrassées de l'acide phosphorique d'avec l'excès assez considérable d'acide molybdique, on cherche autant que possible à diriger l'opération de façon à éviter cette séparation. Si par exemple on avait un liquide contenant du peroxyde de fer, de l'alumine et de l'acide phosphorique, dans une portion on déterminerait la quantité totale des trois corps par une précipitation convenable au moyen de l'ammoniaque, dans une deuxième portion on doserait l'acide phosphorique avec l'acide molybdique, dans une troisième on déterminerait le fer avec une liqueur titrée et l'on conclurait l'alumine par différence. — J'ai déjà signalé au § **135**. h. γ. la modification très pratique qui consiste à précipiter d'abord l'acide phosphorique avec une petite proportion du fer, puis à doser l'acide phosphorique dans ce précipité avec le peu de fer et l'alumine précipités. De cette façon on n'a plus à séparer l'acide molybdique que d'une petite quantité de fer et d'alumine et non plus de toutes les autres bases, ce qui facilite le travail.

§ 136.

2. Acide borique.

I. Dosage.

L'acide borique se dose soit *indirectement*, soit sous forme de *fluoborure de potassium* (*).

1. Si l'on a une dissolution aqueuse ou alcoolique d'acide borique, on ne peut pas y déterminer la quantité d'acide par une simple évaporation et la pesée du résidu, parce que l'acide borique est entraîné en quantité notable par la vapeur d'eau ou d'alcool. Cela arrive même encore quand on ajoute à la dissolution un excès d'oxyde de plomb.

On procède dès lors d'après une des méthodes suivantes :

a. A la dissolution d'acide borique on ajoute un poids connu, une à deux fois le poids de la quantité supposée d'acide borique, de carbonate de soude pur tout à fait anhydre. — On évapore à siccité, on chauffe le résidu jusqu'à fusion et on le pèse. Il renferme une quantité connue de soude et une proportion inconnue d'acide carbonique et d'acide borique. On y dose d'après une des méthodes du § **139** l'acide carbonique et l'on en conclut par différence l'acide borique (*H. Rose*).

b. Si dans la méthode 1. a. on n'emploie pas moins de 1 équivalent et pas

---

(*) *P. Berg* propose la forme de borate de baryte, par l'emploi de l'eau de baryte, en évitant l'action du CO_2 de l'air. (*Zeitschr. f. analyt. Chem.*, XVI, 25.)

plus de 2 équivalents de carbonate de soude pour 1 équivalent d'acide borique (ce que l'on peut parfaitement faire, si l'on connaît approximativement la proportion d'acide borique), tout l'acide carbonique est expulsé par l'acide borique. Dans ce cas donc il n'y a qu'à retrancher du résidu le poids de soude pour connaître le poids d'acide borique. Comme le dégagement tumultueux d'acide carbonique occasionnerait des pertes, on introduit avec précaution et par petites portions dans le creuset chauffé au rouge la masse saline préalablement bien desséchée. Résultats exacts. *F. G. Schaffgotsch* (*).

c. Si l'on n'a pas de donnée du tout sur la quantité d'acide borique à doser, et si l'on veut s'épargner un dosage d'acide carbonique dans le résidu, on peut évaporer à siccité la solution d'acide borique, après addition d'un poids connu de borate de soude neutre, anhydre et exempt d'acide carbonique; on chauffe au rouge le résidu avec précaution (car la masse boursoufle beaucoup) jusqu'à ce que le poids soit constant. Il faut prendre une quantité de borate neutre suffisante pour qu'elle ne soit pas transformée tout entière en borate acide par l'acide borique libre (*H. Rose*).

d. Si, outre l'acide borique, il n'y avait que des alcalis ou de la magnésie, on procéderait de la manière suivante, indiquée par *C. Marignac*. — On neutralise la dissolution, si elle est alcaline, avec de l'acide chlorhydrique, on ajoute du chlorure double de magnésium et d'ammonium et en quantité telle que pour 1 partie d'acide borique il y ait au moins 2 parties de magnésie, ensuite on verse de l'ammoniaque et l'on évapore. La liqueur doit contenir assez de sels ammoniacaux pour que l'ammoniaque ne produise pas de précipité ou bien que s'il s'en était formé un, il disparaisse bientôt par la chaleur; s'il en était autrement, on ajouterait encore du sel ammoniac. On fait l'évaporation dans une capsule de platine, ou tout au moins on l'y achève et l'on a soin d'ajouter, de temps en temps, quelques gouttes d'ammoniaque. Après la dessiccation, on chauffe au rouge, on traite par l'eau bouillante, on ramasse sur un filtre le précipité insoluble formé de borate de magnésie et d'un excès de magnésie et on le lave avec de l'eau bouillante, jusqu'à ce que le liquide filtré ne soit plus troublé par la dissolution d'argent. — On évapore de nouveau à siccité le liquide filtré et les eaux de lavage après addition d'ammoniaque, on chauffe au rouge, on reprend par de l'eau bouillante et l'on opère avec le résidu insoluble comme tout à l'heure.

On chauffe au rouge les deux résidus ensemble dans la capsule en platine, où l'on a fait la dernière évaporation ; on chauffe le plus fortement possible et assez longtemps pour décomposer les dernières traces de chlorure de magnésium. Après la pesée du résidu on y dose la magnésie et l'on a l'acide borique par différence. On peut déterminer la magnésie en dissolvant dans l'acide chlorhydrique et en la précipitant à l'état de phosphate ammoniacomagnésien. On peut encore y arriver plus promptement et presque aussi exactement, en dissolvant le résidu par ébullition dans un volume connu d'acide sulfurique titré et en déterminant l'excès d'acide sulfurique avec la dissolution titrée de soude (voir l'*Alcalimétrie*).

Si après la dissolution du résidu il restait un peu de platine, on le pèserait

---

(*) *Pogg. Ann.*, CVII, 427.

et on le retrancherait du poids de borate de magnésie. — Les résultats
sont bons. *Marignac* dans deux essais a trouvé 0,276 au lieu de 0,280.

2. Si l'on veut doser l'acide borique à l'état de *fluoborure de potassium*, il
faut qu'il n'y ait que des alcalis (et pour le mieux que de la potasse). On
verse dans le liquide de la lessive de potasse pure, de façon que pour 1 équivalent présumé d'acide borique il y ait au moins 1 équivalent de potasse;
on ajoute un excès d'acide fluorhydrique pur (bien exempt d'acide silicique)
et l'on évapore à siccité au bain-marie dans une capsule en platine. Il faut
employer assez d'acide fluorhydrique pour qu'il s'en dégage pendant l'évaporation et que les vapeurs rougissent le papier de tournesol. Le résidu consiste en $KFl,BoFl^3$ et KFl,HFl. On traite à la température ordinaire la masse
saline desséchée par une dissolution de 1 partie d'acétate de potasse dans
4 parties d'eau, on laisse quelques heures en agitant de temps en temps,
on décante le liquide sur un filtre pesé, on lave le précipité plusieurs fois de
la même façon, par décantation, et à la fin on le lave sur le filtre avec la
dissolution d'acétate de potasse, tant que le liquide qui passe précipite par
le chlorure de calcium. Par ce traitement, on arrive à enlever tout le fluorure double d'hydrogène et de potassium sans dissoudre le fluoborure de
potassium. Puis on achève de laver avec de l'alcool à 84° pour enlever l'acétate de potasse, on sèche le précipité à 100° et on le pèse. Comme le chlorure de potassium, l'azotate, le phosphate et aussi, quoique plus difficilement, le sulfate de potasse, ainsi que les sels de soude, se dissolvent dans
une solution d'acétate de potasse, la présence de ces sels n'empêche pas le
dosage de l'acide borique ; toutefois la quantité des sels de soude ne doit
pas être trop considérable, parce que le fluorure de sodium est très difficilement soluble. Les résultats sont satisfaisants. Dans ses expériences *Stromeyer* a obtenu de 97,5 à 100,2 au lieu de 100. Si la quantité de sels alcalins à éliminer est très grande, on chauffera la masse saline obtenue par
évaporation avec la solution d'acétate de potasse, on laissera reposer 12 heures
à froid, puis on filtrera. De cette façon on atteint le but avec une beaucoup
moindre quantité d'acétate de potasse. Comme le sel obtenu, dont les caractères et la composition sont indiqués au § **93**. 5., peut facilement renfermer
du fluosiliciure de potassium, on l'essaye en en plaçant un peu sur du papier de tournesol humide et en mettant une autre portion dans de l'acide
sulfurique concentré froid. Si le papier est rougi et s'il y a effervescence dans
l'acide, c'est que le sel est impur, c'est-à-dire qu'il contient du fluosiliciure
de potassium. On redissout alors dans de l'eau bouillante le reste de nouveau
pesé, on ajoute de l'ammoniaque, on évapore, on redissout dans de l'eau
bouillante, on ajoute de nouveau de l'ammoniaque et l'on recommence ainsi
au moins six fois. Enfin, après avoir encore chauffé avec de l'ammoniaque,
on sépare l'acide silicique par filtration, on évapore à siccité et l'on traite
encore par la dissolution d'acétate de potasse et l'alcool (*A. Stromeyer**). J'ai
dû modifier ainsi cette manière de séparer la silice, car un seul traitement
par l'ammoniaque, comme l'indique *A. Stromeyer*, ne suffit pas, d'après mes
propres expériences, pour atteindre le but.

(*) *Ann. d. Chem. u. Pharm.*, C, 82.

II. Séparation de l'acide borique d'avec les bases.

a. *Des alcalis.*

On dissout dans l'eau le borate pesé, on ajoute un excès d'acide chlorhydrique, on évapore la solution au bain-marie. A la fin de l'opération on ajoute encore quelques gouttes d'acide chlorhydrique et l'on dessèche le résidu au bain-marie jusqu'à ce qu'il ne se dégage plus de traces de vapeurs d'acide chlorhydrique. Dans le résidu on dose le chlore (§ **141**), on en conclut l'alcali et par suite l'acide borique par différence. — Ce procédé, indiqué par *E. Schweizer* et appliqué par lui à l'analyse du borax, a fourni de bons résultats. On peut l'appliquer à la détermination des bases dans quelques autres borates. — On comprend qu'on pourra dans un autre essai du sel doser l'acide borique d'après I. 1. c. ou 2. — S'il fallait doser l'acide borique en présence d'une grande quantité de sels alcalins, on rendrait le liquide alcalin par de la potasse, on évaporerait à siccité, on reprendrait le résidu par de l'alcool et un peu d'acide chlorhydrique, on ajouterait au liquide filtré de la lessive de potasse jusqu'à forte réaction alcaline, on distillerait pour enlever l'alcool et l'on achèverait d'opérer comme il est dit en I. 1. c. ou 2 (*A. Stromeyer*).

Lunge (*) dose alcalimétriquement la soude dans la boronatro-calcite, c'est-à-dire qu'il dissout le minéral dans l'acide azotique normal (**215**), il revient avec la soude normale, jusqu'à ce que la couleur rouge pâle du tournesol vire au violet, ce qu'on peut atteindre avec une rigueur suffisante.

b. *D'avec la chaux.*

On dissout à chaud dans l'acide chlorhydrique, en évitant d'en mettre un excès inutile, qu'on neutraliserait au besoin avec une quantité suffisante d'ammoniaque, et l'on précipite avec un excès d'oxalate d'ammoniaque (*Lunge*, loc. cit.).

c. *De presque toutes les autres bases à l'exception des alcalis.*

On décompose la combinaison par ébullition ou fusion avec du carbonate de potasse ou de l'hydrate de potasse, on sépare par filtration les bases précipitées, et dans le liquide on dose l'acide borique d'après I. 1. c. ou 2. S'il y a de la magnésie, il peut en passer un peu dans la liqueur filtrée. Si l'on a choisi le procédé I. 2. pour mesurer l'acide borique, la magnésie se précipite à l'état de fluorure de magnésium insoluble lorsqu'on neutralise par l'acide fluorhydrique : on peut enlever tout de suite par filtration ce fluorure, ou l'éliminer plus tard en traitant le fluoborure de potassium par l'eau bouillante dans laquelle ce dernier se dissout, tandis que le sel de magnésium y est insoluble.

d. *Des oxydes métalliques du quatrième, cinquième et sixième groupe.*

On les précipite par l'acide sulfhydrique, ou par le sulfhydrate d'ammo-

---

(*) *Ann. d. Chem. u. Pharm.*, CXXXVIII, 53. — *Zeitschr. f. analyt. Chem.*, V, 206.

niaque (*), et on les détermine par les méthodes données plus haut. Souvent on peut en conclure l'acide borique par différence. S'il faut le doser directement, on évapore le liquide filtré après addition de lessive de potasse et d'un peu d'azotate de potasse, on chauffe au rouge le résidu et l'on y dose l'acide borique d'après 1. 1. d. ou 2. Si le métal a pu être précipité par l'acide sulfhydrique de la dissolution acide ou neutre, l'acide borique, s'il est seul, peut se déterminer immédiatement d'après 1. 1 a., b. ou c., après qu'on aura préalablement chassé tout l'acide sulfhydrique par un courant d'acide carbonique.

e. *De toutes les bases fixes.*

On pèse le borate réduit en poudre fine, on le met dans une capsule en platine d'une assez grande capacité, on y verse une quantité suffisante d'acide fluorhydrique et on laisse digérer (l'acide fluorhydrique évaporé dans une capsule de platine ne doit pas laisser de résidu); on ajoute ensuite peu à peu et goutte à goutte de l'acide sulfurique concentré pur, on chauffe d'abord doucement, puis à la fin assez fortement pour chasser tout l'excès d'acide sulfurique. — Dans cette opération l'acide borique se dégage à l'état de gaz fluoborique ($BoO^3 + 5.HFl = BoFl^3 + 5.HO$). Le résidu renferme les bases à l'état de sulfates. On dose ces bases et on en conclut l'acide borique par différence. On suppose, bien entendu, que la combinaison est décomposable par l'acide sulfurique.

§ 137.

3. Acide oxalique.

I. Dosage.

On précipite l'acide oxalique à l'état d'*oxalate de chaux* et l'on dose celui-ci sous forme de *carbonate de chaux*, de *chaux caustique* ou de *sulfate de chaux*; ou bien on déduit la quantité d'acide oxalique de la quantité de caméléon qu'il faut pour le changer en acide carbonique. On peut encore le déterminer d'après le poids d'or réduit, ou le poids d'acide carbonique qu'il fournit en absorbant un équivalent d'oxygène.

a. *Dosage à l'état de carbonate de chaux.*

Si l'on veut des résultats exacts, il faut que la liqueur soit neutre ou légèrement acidulée par l'*acide acétique :* elle ne doit non plus contenir ni alumine, ni oxyde de chrome, ni oxydes de métaux lourds, surtout le peroxyde de fer et le bioxyde de cuivre. Si ces conditions ne sont pas remplies, il faut faire en sorte de les réaliser. — On précipite avec un excès convenable d'acétate de chaux. On traite le précipité d'oxalate de chaux d'après le § **103.**

(*) L'acide borique ne peut pas être séparé complètement de l'alumine par la précipitation de la solution chlorhydrique par le sulfhydrate d'ammoniaque, ni par le carbonate d'ammoniaque (*Wœhler*), *Ann. d. Chem. u. Pharm.*, CXLI, 268. — *Zeitschr. f. analyt. Chem.*, VI, 225.

b. *Dosage à l'aide de la dissolution de caméléon.*

D'après le § **112**. 2. a. cc. (page 254) on fixe le titre du caméléon avec l'acide oxalique : on dissout dans 150 C. C. d'eau, au besoin d'eau acidulée (le mieux avec de l'acide sulfurique et l'on ajoute s'il le faut une plus grande quantité d'acide sulfurique, de façon que le liquide renferme de 6 à 8 C. C. d'acide monohydraté), la combinaison dans laquelle on veut doser l'acide oxalique et qui ne doit contenir aucune autre substance pouvant agir sur le caméléon : on chauffe à 60° et l'on verse goutte à goutte en remuant sans cesse la solution de caméléon jusqu'à ce que la coloration rouge apparaisse (page 254). Comme on a déterminé exactement à combien d'acide oxalique correspondent 100 C. C. de caméléon, un calcul simple fera connaître combien de cet acide a été détruit par le volume de caméléon employé dans l'analyse. — Les résultats sont très exacts.

c. *Dosage par l'or réduit (H. Rose).*

α. *Dans les composés solubles dans l'eau.* — A la dissolution d'acide oxalique ou de l'oxalate on ajoute une dissolution de chlorure double d'or et de sodium ou d'or et d'ammonium et on laisse digérer assez longtemps à une température voisine du point d'ébullition, en évitant l'action directe des rayons solaires. On ramasse l'or précipité sur un filtre, on le lave, on sèche, on calcine et l'on pèse. 1 équivalent d'or (196,71) correspond à 3 équivalents d'acide oxalique $C^2O^3(3 \times 36 = 108)$.

β. *Dans les combinaisons insolubles dans l'eau.* — On dissout dans le moins possible d'acide chlorhydrique, on étend de beaucoup d'eau dans un ballon de grande capacité, nettoyé avec une lessive de soude, on ajoute la dissolution d'or en excès, on fait bouillir assez longtemps, on laisse reposer à l'abri des rayons du soleil et l'on opère pour le reste comme en α.

d. *Dosage à l'état d'acide carbonique*

α. On peut opérer comme il sera dit au § **172** et suiv. pour les analyses organiques élémentaires.

β. On peut mettre l'acide oxalique ou l'oxalate avec un excès de peroxyde de manganèse en poudre très-fine et de l'acide sulfurique dans un appareil qui laisse dégager l'acide carbonique bien desséché. La théorie de ce procédé est indiquée par l'équation suivante :

$$C^2O^3 + MnO^2 + HO,SO^3 = MnO,SO^3 + 2.CO^2 + HO.$$

Chaque équivalent d'acide oxalique donne donc 2 équivalents d'acide carbonique. Je renvoie, pour l'appareil et la manière d'opérer, à ce que nous dirons dans le chapitre des Spécialités à propos de l'essai des manganèses. — Je ferai seulement remarquer ici que dans le cas où l'on opère sur de l'acide oxalique libre, il faut d'abord le sursaturer faiblement par l'ammoniaque et en outre, ainsi que la théorie l'indique, il faut pour 9 parties d'acide oxalique anhydre 11 parties de peroxyde de manganèse pur. Comme un excès de ce dernier n'a pas d'inconvénient, on pourra facilement estimer à peu près la quantité qu'il faut en prendre. Le manganèse n'a pas besoin d'être pur, seulement il ne doit pas contenir de carbonates. Lorsqu'on opère avec un appareil assez léger pour pouvoir être pesé sur une balance délicate, les résultats sont tout à fait exacts et dans ce cas cette méthode se recommande par le peu de temps qu'elle exige. — Au lieu de peroxyde de manganèse on peut prendre du chromate de potasse (voir § **139**, I. d.), et au lieu d'un appareil dans lequel on dose l'acide carbonique par la perte de poids, on en emploiera un dans lequel on absorbe l'acide dans des tubes de chaux sodée, dont on détermine l'augmentation de poids. Pour de petites quantités d'acide oxalique le dernier moyen par l'augmentation de poids est préférable (voir § **139**. e.).

II. Séparation de l'acide oxalique d'avec les bases.

Dans l'analyse des oxalates il vaut toujours mieux, dans tous les cas, doser l'acide oxalique dans une portion de la substance d'après un des procédés indiqués en I. et dans une autre portion rechercher les bases. Cette seconde opération se fera en calcinant tout simplement la substance au contact de l'air, à la suite de quoi les sels laisseront comme résidu, soit le métal (sel d'argent), soit l'oxyde pur (sel de plomb), soit enfin un carbonate (sels alcalins ou alcalino-terreux). Dans certains cas, surtout en présence des bases que l'oxyde de carbone réduit, ou qui en combinaison avec l'acide carbonique cèdent ce dernier difficilement ou pas du tout par calcination, il vaut mieux, et c'est plus facile, fondre avec le verre de borax, plutôt que de calciner (voir § **139**, II. c.) : l'augmentation de poids du creuset de platine contenant le verre de borax donne le poids des bases, la perte de poids de la substance donne l'acide oxalique ou l'acide oxalique et l'eau.

S'il fallait, dans la même portion de matière, doser à la fois l'acide et les bases, on pourrait employer un des procédés suivants:

a. On dose l'acide oxalique d'après I. c. et dans le liquide filtré on sépare l'or des autres bases d'après les moyens indiqués dans le cinquième chapitre.

b. Dans beaucoup de sels solubles on peut doser l'acide oxalique d'après I. a. On séparera ensuite les bases de l'excès de sel de chaux, comme il sera dit au cinquième chapitre.

c. Beaucoup d'oxalates, dont les bases sont précipitées par le carbonate de potasse ou de soude et sont insolubles dans un excès de ces réactifs, peuvent être décomposés en oxydes ou carbonates d'une part et en oxalates alcalins de l'autre, par ébullition avec un excès de carbonate de potasse ou de carbonate de soude dissous, qu'on renouvelle au besoin.

d. On peut décomposer par l'acide sulfhydrique ou le sulfhydrate d'ammoniaque tous les sels des quatrième, cinquième et sixième groupes.

§ **138.**

4. **Acide fluorhydrique.**

I. Dosage.

Lorsque l'acide fluorhydrique est libre et en dissolution aqueuse (*), on peut le doser, soit alcalimétriquement avec la soude normale (§ **215**), soit à l'état de *fluorure de calcium*. Dans ce dernier cas, on verse du carbonate de soude en suffisant excès, puis du chlorure de calcium dans le liquide bouillant, tant qu'il se forme un précipité, on laisse déposer et on lave le précipité formé de fluorure de calcium et de carbonate de chaux d'abord par décantation, puis à la fin sur le filtre. Après la dessiccation on le chauffe au rouge dans un creuset de platine (§ **53**), on le met dans une capsule en platine ou en porcelaine avec de l'eau, on ajoute de l'acide acétique en léger excès, on évapore au bain-marie à siccité et l'on chauffe jusqu'à ce que toute odeur d'acide acétique ait disparu. On chauffe avec de l'eau le résidu formé de fluorure de calcium et d'acétate de chaux, on sépare le fluorure de calcium par filtration, on lave, on le sèche, on le calcine d'après le § **53** et on le pèse. Un bon moyen de contrôler la pureté du fluorure de calcium, c'est de le transformer en sulfate de chaux. — Si l'on traitait le mélange de fluorure de calcium et de carbonate de chaux par l'acide acétique avant de l'avoir calciné, le fluorure de calcium ne se laisserait laver que trop difficilement. — La présence de l'acide chlorhydrique ou de l'acide azotique dans la dissolution aqueuse d'acide fluorhydrique ne nuit en rien à l'application de ce procédé. (*H. Rose.*)

II. Séparation du fluor d'avec les métaux.

1. *Dans les fluorures solubles dans l'eau.*

Si la dissolution a une réaction acide, on y ajoute un excès de carbonate de soude. S'il se développe l'odeur de l'ammoniaque, on chauffe jusqu'à ce qu'elle ait disparu. Si le carbonate de soude ne produit pas de précipité, on opère suivant I., et dans le liquide filtré on sépare l'excès de chaux et de soude des autres bases à doser, d'après les méthodes du cinquième chapitre. Si au contraire le carbonate de soude forme un précipité, on chauffe à l'ébullition, on filtre et l'on dose le fluor d'après I, dans le liquide filtré, et les bases dans le résidu. Dans ce cas il faut en outre, pour plus de sécurité, s'assurer toujours s'il n'y a pas réellement de fluor dans le résidu. — Si la dissolution de fluorure est neutre, on y ajoute une quantité convenable de chlorure de calcium, on chauffe à l'ébullition dans une capsule en platine (une capsule en porcelaine pourrait servir, mais moins bien), on laisse

---

(*) On sait que l'acide fluorhydrique attaque fortement le verre et la porcelaine. Il faut donc dans les analyses des fluorures éviter de mettre les solutions acides dans des vases en verre ou en porcelaine. Si l'on n'a pas de capsules en platine ou en argent assez grandes, on peut parfois les remplacer par des vases en gutta-percha ou enduire une capsule en verre de cire ou de paraffine.

déposer, on lave le précipité de fluorure de calcium par décantation avec de l'eau bouillante : après lavage complet on le rassemble sur un filtre, on sèche, l'on calcine et l'on pèse. — Les bases sont dans le liquide filtré, il faut les séparer de l'excès de sel de chaux. — On pourrait du reste les doser dans une portion particulière de la substance, suivant 2. a.

2. *Dans les fluorures insolubles.*

a. Décomposition par l'acide sulfurique monohydraté (dosage indirect du fluor).

α. Dans les fluorures anhydres.

On chauffe un poids déterminé de la substance réduite en poudre fine avec de l'acide sulfurique concentré et pur, à la fin on porte au rouge faible pour chasser tout l'acide sulfurique libre en ajoutant du carbonate d'ammoniaque s'il y avait des alcalis. Dans les sulfates qui restent on détermine la quantité de métaux, et la perte donne le fluor. S'il y avait des métaux dont les sulfates sont décomposés au rouge, ou si le résidu renfermait plusieurs métaux, il faudrait l'analyser complètement avant de faire le calcul définitif. — Dans beaucoup de combinaisons, par exemple avec le fluorure d'aluminium (qui n'est décomposé au rouge par l'acide sulfurique que par l'action prolongée de la chaleur), il ne reste pas un sulfate, mais la base pure. — La topaze (silicate d'alumine en mélange isomorphe avec le fluosiliciure d'aluminium) n'est pas décomposée par l'acide sulfurique bouillant ; il faut la faire fondre avec le bisulfate de potasse.

β. Dans les fluorures hydratés.

aa. *Un essai de la combinaison, chauffé dans un petit tube, donne un dépôt de vapeur d'eau qui ne rougit pas le tournesol.* — On commence par doser l'eau par calcination au rouge, puis ensuite le fluor et le métal d'après II. 2. a. α.

bb. *Un essai donne de la vapeur d'eau à réaction acide.* — En traitant d'abord par l'acide sulfurique, d'après II. 2. a. α., on détermine l'eau et le fluor, et d'autre part le métal. — On mélange ensuite dans une petite cornue en verre une nouvelle portion de la substance avec un excès (environ 6 parties) d'oxyde de plomb récemment calciné, on couvre le mélange d'une couche d'oxyde de plomb, on pèse la petite cornue : en chauffant peu à peu jusqu'au rouge on chasse l'eau (exempte maintenant d'acide fluorhydrique) et l'on en connaît le poids par la perte. En retranchant l'eau du poids d'abord obtenu de l'eau et de l'acide fluorhydrique, on aura le poids du fluor.

b. Décomposition par fusion avec les carbonates alcalins.

Certains fluorures insolubles, par exemple le fluorure d'aluminium, peuvent être complètement décomposés par voie de fusion avec des carbonates alcalins: mais cela n'est pas le cas pour un assez grand nombre, par exemple pour le fluorure de calcium qui se rencontre si fréquemment, et alors la décomposition n'est complète qu'à la condition qu'on ajoute en même temps de l'acide silicique. Dans le premier cas on dose le fluor suivant I. dans la dissolution aqueuse de la masse fondue ; dans le second on suit la marche indiquée au § **166**. 5. — Comme fondant et décomposant on donne la préférence aux carbonates mélangés de potasse et de soude, et l'on évite dans tous les cas une trop haute élévation de température, qui pourrait produire une perte de fluorure alcalin.

5. *Dans toutes les combinaisons fluorées décomposables complètement par l'acide sulfurique.*

Comme on l'a dit au n° 2, presque tous les fluorures métalliques sont décomposés à chaud par l'acide sulfurique monohydraté avec dégagement d'acide fluorhydrique. Si l'on ajoute de l'acide silicique ou un silicate en quantité suffisante, il ne se dégage plus de l'acide fluorhydrique, mais du fluorure de silicium et de l'eau $(SiO^2 + 2.HFl = SiFl^2 + 2.HO)$. Sur cette réaction reposent deux procédés de dosage du fluor. Dans le premier le fluorure de silicium est mesuré par l'augmentation de poids des tubes d'absorption : ce moyen, que j'ai indiqué il y a quelques années (*) et qui suivant moi est le seul applicable dans beaucoup de cas, donne les résultats les plus exacts quand on opère bien. Dans l'autre méthode on mesure la perte de poids de l'appareil à dégagement (**).

a. *Dosage par l'absorption du fluorure de silicium dégagé.*

Cette méthode qui n'est pas le résultat de quelques essais, mais le fruit d'un long travail, exige pour être exacte que l'on remplisse rigoureusement les conditions que j'ai trouvées avec beaucoup de peine. — La combinaison de fluor doit être réduite en poudre aussi fine que possible : comme silice on prendra du quartz également en poudre, qu'on aura préalablement chauffé au rouge à l'air pour détruire les poussières organiques qu'il pourrait renfermer. L'acide sulfurique concentré aura pour densité 1,848, sera incolore et pur et ne devra renfermer ni composés nitreux, ni acide sulfureux. — L'air qu'on emploiera devra être pris à l'air libre ; on ne remplira pas le gazomètre dans le laboratoire, mais dans un endroit où l'on n'a pas à craindre qu'il soit mélangé de poussières organiques, de traces de gaz de l'éclairage, etc. Sans toutes ces précautions les résultats perdraient de leur rigueur.

La figure 88 représente la disposition de l'appareil.

Le gazomètre A est rempli d'air puisé au dehors. Le flacon de lavage *b* est à moitié plein d'acide sulfurique concentré, le tube *c* en U contient de la chaux sodée entre deux tampons de coton, et le tube *d* des fragments de verre arrosés avec de l'acide sulfurique concentré. Le courant d'air ainsi débarrassé de vapeur d'eau, d'acide carbonique et des poussières en suspension, arrive dans un ballon *e* d'environ 250 C. C. dans lequel se fera la décomposition. Ce dernier repose sur une plaque en fer, portée par un trépied et chauffée en son milieu par un bec de gaz. La fiole *f* est à moitié remplie d'acide sulfurique concentré : son bouchon qui ferme incomplètement le goulot, est traversé par un thermomètre dont la boule plonge dans l'acide sulfurique. Les ballons *e* et *f* sont placés à peu près à la même distance du

---

(*) *Zeitschr. f. analyt. Chem.*. V, 190.
(**) Voir la note 12 à la fin du volume.

centre de la plaque, afin qu'on puisse juger par le thermomètre de f de la température dans e.

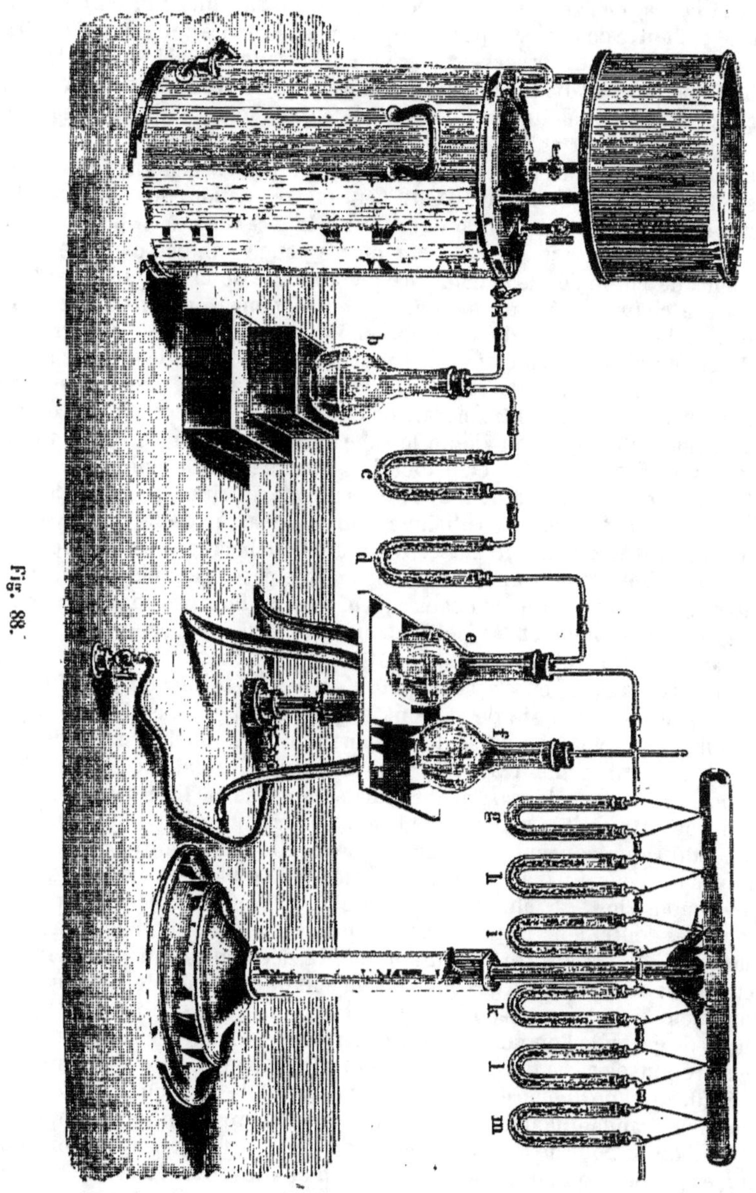

Fig. 88.

L'air sortant de e chargé de fluorure de silicium gazeux et d'un peu de vapeur d'acide sulfurique arrive d'abord dans le tube vide g, puis dans le tube h, dont la branche placée à l'arrivée du gaz renferme du chlorure de calcium fondu, et l'autre de la pierre ponce imprégnée de sulfate de cuivre déshydraté. Ces deux tubes (g et h) servent à retenir la vapeur d'acide sulfurique et celle d'acide chorhydrique que la première met en liberté. Il est nécessaire que le chlorure de calcium et le sulfate de cuivre soient anhydres, sans quoi ils décomposeraient et arrêteraient du fluorure de silicium.

Le courant d'air arrive enfin dans l'appareil d'absorption pesé i, k et l. Les petits tubes en U ont de 10 à 12 centimètres de longueur de branche et environ 12 millimètres de diamètre. Dans la branche de i, par laquelle le courant gazeux arrive, il y a de la pierre ponce imbibée d'eau, entre des tampons de coton ; dans la courbure de la moitié de la seconde branche on met de la chaux sodée, et par-dessus, entre deux tampons de coton, du chlorure de calcium fondu. Le tube plein doit peser de 40 à 50 grammes. — Pour compléter l'absorption, le tube k est rempli moitié avec de la chaux sodée, moitié avec du chlorure de calcium fondu ; enfin, pour retenir la petite quantité d'eau qu'entraînerait de ces tubes à absorption l'air desséché par l'acide sulfurique, on ajoute le tube l dont la courbure inférieure renferme des fragments de verre mouillés avec de l'acide sulfurique. — Les tubes d'absorption arrêtent tout le fluorure de silicium, tout l'acide carbonique que l'acide hydrofluosilicique pourrait chasser de la chaux sodée et toute la vapeur d'eau entraînée. L'air ainsi débarrassé s'échappe en traversant d'abord une branche du tube m non pesé, remplie de chlorure de calcium et l'autre pleine de chaux sodée. — Il ne faut pas employer de longs tubes en caoutchouc et les petits bouts qui servent à relier les parties de l'appareil devront être préalablement lavés et séchés.

L'appareil monté, on s'assure qu'il n'y a pas de fuite : on prend un poids de la substance exempte de carbonate (§ **166**, 8) et aussi finement pulvérisée que possible, tel qu'il se dégage au moins $0^{gr},1$ de fluorure de silicium, on le mêle intimement avec du quartz en poudre calciné à l'air, dans la proportion de 10 à 15 parties de quartz pour une partie présumée de fluorure : on introduit le mélange dans le ballon e, on y ajoute 40 à 50 C.C. d'acide sulfurique concentré et pur et l'on fixe le ballon entre g et d. On fait arriver un courant d'air modéré dont les bulles partent du fond de la fiole à décomposition, on chauffe la plaque de fer, on secoue e souvent et on élève très-lentement la température jusqu'à ce que le thermomètre de f marque 150° à 160°. On reconnaît que la décomposition commence non-seulement aux bulles de gaz qui se dégagent dans le liquide, surtout vers les parois, mais aussi au dépôt de silice qui se fait dans le tube i. Quand les bulles de gaz, que l'on fait disparaître en faisant tournoyer le ballon, cessent de se renouveler, ce qui arrive au bout d'une heure avec de petites quantités (0,1 gr.) de fluorure, et seulement au bout de deux ou trois heures avec une plus grande quantité (1 gr.), on éloigne la lampe, on interrompt le courant d'air au bout de quelque temps, on détache les tubes à absorption i, k et l, et pendant qu'on les pèse on réunit h et m avec un tube de verre. Après la pesée on remonte l'appareil, on chauffe de nouveau vers 150° à 160°, on rétablit le courant d'air, on laisse marcher pendant une demi-heure ou une heure, on interrompt comme précédemment et l'on pèse de nouveau i, k et l. S'il n'y a pas d'augmentation nouvelle de poids ou si elle est insignifiante, l'analyse est terminée : autrement il faut continuer jusqu'à ce qu'on ait atteint le but.

En calculant l'accroissement de poids des tubes tel quel en fluorure de silicium, on commettrait une légère erreur provenant de ce que l'air, qui a traversé des tubes en caoutchouc même très courts, quand il passe à travers de l'acide sulfurique chaud, donne toujours des traces d'acide carbonique et d'acide sulfureux. Il y a donc une légère correction à faire : d'après mes expériences, on peut admettre qu'il faudra retrancher $0^{gr},001$ de l'accroissement de poids des tubes pour chaque heure pendant laquelle l'air (environ 6 litres) aura passé dans l'acide sulfurique chauffé. Les résultats de cette façon sont très satisfaisants et ne s'écartent de la vérité que de quelques milligrammes au plus.

b. Autres dosages du fluorure de silicium dégagé.

α. Méthode de *Wœhler* (elle n'est applicable que si la substance est facilement décomposable par l'acide sulfurique et si la quantité de fluor est grande). On met dans un petit ballon la substance en poudre très fine et, si c'est nécessaire, mélangée intimement avec 10 à 15 parties de quartz en poudre calciné, on y verse de l'acide sulfurique concentré pur, on ferme rapidement avec un bouchon traversé par un petit tube rempli de chlorure de calcium fondu anhydre (mieux à moitié avec du chlorure de calcium anhydre et à moitié avec de la pierre ponce imprégnée de sulfate de cuivre anhydre), on pèse aussi vite que possible tout l'appareil, on le chauffe jusqu'à ce qu'il ne se développe plus de vapeurs de fluorure de silicium, on enlève avec la pompe pneumatique le gaz restant dans le ballon, on laisse refroidir et l'on pèse ; la perte de poids donne le fluorure de silicium dégagé.

β. Quant à la méthode de *F. de Kobell* (*) et *Zaleski* (**), qui consiste à doser le fluor d'après la perte de poids d'un verre de Bohême de composition connue, je renverrai aux travaux originaux et je me contenterai de dire que l'exactitude des résultats obtenus demanderait un vérification directe.

QUATRIÈME SECTION. — ACIDE CARBONIQUE, ACIDE SILICIQUE.

§ 139.

1. Acide carbonique.

I. Dosage.

a. *Dans un mélange de gaz.*

Après avoir complètement desséché les gaz avec une boule de chlorure de calcium, ou les avoir saturés d'humidité (§ 16), on mesure exactement leur volume dans un tube gradué sur le mercure, on introduit dans le tube une

---

(*) *Journ. f. prack. Chem.*, XCII, 585. — *Zeitschr. f. analyt. Chem.*, V, 204.
(**) *Zeitschr. f. analyt. Chem.*, V, 205.

boule de potasse (*) faite dans un moule à balle et fixée à un fil de platine, et l'on a soin que l'extrémité du fil de platine reste complètement plongée dans le mercure ; on abandonne 24 heures au plus, généralement jusqu'à ce qu'il n'y ait plus le moindre changement de volume, on retire la boule de potasse, on mesure le résidu gazeux, on introduit une nouvelle boule de potasse et l'on continue jusqu'à ce qu'il n'y ait plus d'absorption. La diminution de volume donne la quantité d'acide carbonique, en supposant bien entendu qu'il n'y a pas dans le mélange d'autre gaz absorbable par la potasse (voir §§ **12** à **16** et § **198**).

Dans les dosages très exacts, il faut se rappeler que l'acide carbonique ne suit pas exactement la loi de Mariotte (§ **198**. β.).

Si la quantité d'acide carbonique est faible, ce procédé ne donne pas de résultats suffisamment exacts. Alors on emploiera un des procédés que nous indiquerons au chapitre des spécialités à propos du dosage de l'acide carbonique dans « l'analyse de l'air atmosphérique. ». — Pour doser l'acide carbonique dans le gaz de l'éclairage ou dans le gaz de saturation des fabriques de sucre, on peut en outre faire usage d'appareils particuliers imaginés et recommandés, pour le gaz de l'éclairage par *Fr. Rüdorff* (**) et par *Lehmann* et *H. Waehlert* (***), et pour les sucreries par *C. Scheibler* (****) et par *C. Stammert* (*****). Outre ces procédés volumétriques on peut souvent, dans les analyses de mélanges gazeux, faire usage d'une méthode en poids que j'ai imaginée (******) et que je décrirai dans le chapitre des Spécialités.

b. *Dans une dissolution aqueuse.*

α. *Avec la chaux hydratée.*

Dans un ballon d'environ 500 C. C. on met 2,5 à 3 grammes de chaux hydratée exempte de carbonate de chaux (*******). Si l'on ne pouvait pas en avoir de pareille, on y doserait ce qu'elle renferme d'acide carbonique suivant le § **139**. II. *e.*, on opérerait avec un poids connu de cette chaux et l'on retrancherait l'acide carbonique correspondant du résultat total. On ferme le ballon avec un bon bouchon en caoutchouc, on tare ou l'on pèse exactement et enfin on laisse couler l'eau à analyser en faisant tournoyer légèrement le ballon, jusqu'à ce qu'on l'ait rempli aux 2/3 ou aux 3/4, puis on ferme aussitôt.

Bien entendu que dans le remplissage il faut prendre toutes les précautions pour qu'il n'y ait pas d'acide carbonique perdu.

Si l'eau sort par un tuyau, on la reçoit tout simplement dans le ballon. — Si elle est dans une cruche ou dans une bouteille, on refroidit à $+ 4^0$ et

---

(*) L'hydrate HO,KO n'est pas convenable pour faire ces boules : il faut le mêler au quart de son poids d'eau, le fondre dans une capsule de platine et le couler dans le moule dans l'ouverture duquel on a introduit d'avance le bout recourbé du fil de platine.

(**) *Pogg. Ann.*, CXXV, 71. — *Zeitschr. f. analyt. Chem.*, IV, 231.

(***) *Zeitschr. f. analyt. Chem.*, VII, 58.

(****) *Dingler's polyt. Journ.*, CLXXXIII, 506. — *Zeitschr. f. analyt. Chem.*, VI, 261.

(*****) *Dingler's polyt. Journ.*, CII, 568. — *Zeitschr. f. analyt. Chem.*, XI, 231.

(******) *Zeitschr. f. analyt. Chem.*, III, 343.

(*******) On prépare cet hydrate de chaux en éteignant de la chaux fraîchement calcinée de façon que l'hydrate formé soit sec et pulvérulent. On le conserve dans de petits flacons ont on mastique les bouchons avec de la cire à cacheter.

l'on soutire l'eau avec un siphon (*). — Si elle est dans un bassin ou dans un puits, on munit le ballon d'un bouchon disposé comme l'indique la

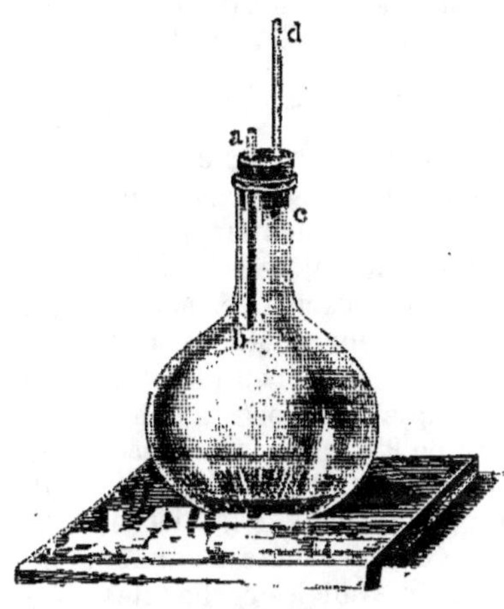

Fig. 89.

figure 89, et l'on plonge le tout dans l'eau jusqu'à ce que l'extrémité supérieure *a* du tube *ab* soit au-dessous du niveau du liquide. Pendant que l'eau pénètre par le tube *ab* dans le ballon et cède son acide carbonique à la chaux, l'air du ballon sort par le tube *cd*. — Si l'eau n'est pas bien riche en acide carbonique libre, on peut encore puiser l'eau avec une pipette ou un tâte-vin.

On pèse maintenant le ballon de nouveau avec son bouchon et l'on a de cette façon la quantité d'eau introduite; il n'y a pas d'autre moyen de mesure qui garantisse mieux contre toute perte d'acide carbonique et qui donne plus d'exactitude quant à la détermination de la quantité d'eau.

Si entre l'opération du remplissage et le dosage de l'acide carbonique dans le précipité il s'écoule un temps assez long, le carbonate de chaux d'abord amorphe passe de lui-même à l'état cristallisé : mais si l'on veut doser l'acide carbonique aussitôt après le remplissage, on chauffe le ballon au bain-marie en soulevant de temps en temps le bouchon. On verse alors, sans secouer le précipité, le liquide clair sur un petit filtre à plis : la filtration se fait très vite, et sans laver on jette le petit filtre tel quel dans le ballon où se trouve le précipité et le reste du liquide ; on dose alors l'acide carbonique suivant II. *e*. Ce moyen, que j'emploie depuis plus de dix ans dans toutes les analyses d'eau minérale, se recommande par sa grande simplicité et l'exactitude des résultats (**). Si l'eau renfermait des bicarbonates alcalins, il faudrait mettre dans le ballon, outre l'hydrate de chaux, une quantité de chlorure de calcium suffisante pour décomposer le carbonate alcalin.

β. *Avec le chlorure de baryum ou le chlorure de calcium et l'ammoniaque.*

A la dissolution de chlorure de baryum ou de chlorure de calcium (***) on ajoute un excès d'ammoniaque, on chauffe quelque temps le mélange à l'ébullition, ce qui produit un précipité de carbonate de baryte ou de chaux, on filtre rapidement le liquide clair et encore chaud et autant que possible à l'abri de l'air. On verse de 50 à 80 C. C. de cette dissolution, tout fraîchement préparée, dans un ballon d'environ 500 C. C., et l'on ferme hermétiquement avec un bouchon en caoutchouc.

(*) Si l'on versait directement de la cruche dans le ballon, il pourrait facilement arriver du gaz acide carbonique dans ce dernier.
(**) *Zeitschr. f. analyt. Chem.*, II, 49 et 311.
(***) Le premier est préférable si l'on opère ensuite d'après aa., le dernier si l'on suit la marche bb.

Pour faire arriver l'eau à analyser dans le ballon, on emploie un des moyens indiqués en α. Si l'eau ne renferme que de l'acide carbonique libre, le mélange ne se trouble pas d'abord, parce qu'il ne se fait que du carbaminate d'ammoniaque $\left(AzH^4O,C\left\{{O \atop \overset{\frown}{H^2AzCO^2}}\right. \right)$: mais s'il y avait aussi des carbonates, il ne se produirait d'abord qu'une précipitation partielle de carbonate de chaux ou de baryte. Comme le carbaminate d'ammoniaque par l'action de l'eau ne se transforme que peu à peu (*) à froid et très lentement (**), surtout en présence de l'ammoniaque libre, il faut soumettre le liquide à l'action convenable de la chaleur pour précipiter tout l'acide carbonique sous forme de carbonate de chaux ou de baryte. La meilleure manière de chauffer est, suivant moi (***), de lester le ballon avec un anneau en plomb et de le plonger dans un vase profond rempli d'eau, que l'on porte à l'ébullition Le contenu du ballon atteint la température de 98°, et la précipitation est complète au bout d'une heure et demie à deux heures : si l'on chauffe moins fort, il faut attendre plus longtemps ; il faut bien se garder de faire bouillir, parce que dans ce cas il se volatilise du carbonate d'ammoniaque venant de l'action du chlorhydrate d'ammoniaque sur les carbonates alcalino-terreux. Maintenant avec le contenu du ballon convenablement chauffé, on opère d'après une des deux méthodes suivantes.

aa. *Dosage par analyse en poids.* — On verse rapidement et après refroidissement le liquide qui surnage le précipité sur un filtre, le plus possible à l'abri de l'air, on remplit le ballon d'eau additionnée de quelques gouttes d'ammoniaque exempte d'acide carbonique, on ferme, on agite, on laisse déposer, on décante de nouveau, on renouvelle encore une fois ce lavage par décantation, on jette le précipité sur le filtre, on le lave jusqu'à ce que les eaux de lavage ne se troublent plus par le sel d'argent acidulé, on le sèche, on le calcine légèrement et on le pèse (**101**. 2. a.). Du poids de carbonate de baryte on déduit la quantité d'acide carbonique, en admettant bien entendu que dans la solution il n'y avait pas d'autres substances que l'acide carbonique, qui puissent être précipitées par l'ammoniaque et le chlorure de baryum. S'il n'en était pas ainsi, si le carbonate de baryte était mélangé de carbonate de chaux, de phosphate de baryte, de peroxyde de fer et autres analogues, alors dans le précipité légèrement calciné, mais non pesé, on dosera l'acide carbonique d'après une des méthodes indiquées en II., par exemple d'après II. c. (fusion avec le verre de borax). Il vaut mieux incinérer le filtre, débarrassé autant que possible de tout le précipité et ajouter à ce dernier les cendres, qu'on aura humectées avec une dissolution de carbonate d'ammoniaque et calcinées de nouveau légèrement. Si la quantité de précipité est considérable, il vaut mieux le peser d'abord en totalité et doser ensuite l'acide carbonique dans une portion pesée de la poudre bien intimement mélangée.

Si l'on ne pouvait pas détacher mécaniquement des parois du verre les dernières traces du précipité, on les dissoudrait, après avoir bien lavé le vase, dans un peu d'acide chlorhydrique étendu, on précipiterait avec du

---

(*) Voir mon travail sur ce sujet dans le *Zeitschr. f. analyt. Chem.*, V, 321.

(**) Voir le travail de *Edw. Divers, Journ. of the Chem. Soc. of London. New ser.*, VIII, 350.

(***) *Zeitschr. f. analyt. Chem.*, II, 50.

carbonate de soude et l'on recueillerait le précipité sur un petit filtre particulier qu'on brûlerait avec le premier.

bb. *Dosage par les liqueurs titrées.* — On filtre comme en aa.; il n'est cependant pas nécessaire de rassembler tout le précipité sur le filtre, il vaut
mieux laisser les parties adhérentes aux parois du vase et les laver par décantation. On lave avec de l'eau additionnée de quelques gouttes d'ammoniaque exempte d'acide carbonique, jusqu'à ce que le liquide ne trouble plus
le sel d'argent acidulé. On pose l'entonnoir sur le ballon dans lequel s'est
formé le précipité, on perce la pointe du filtre et l'on fait tomber, avec la fiole
à jet, le précipité dans le ballon. On étale ensuite le filtre sur une lame
de verre, on le nettoie avec la fiole à jet en recevant toujours le liquide
dans le ballon, ce qui se fait facilement et complètement. Comme le précipité, malgré un lavage prolongé et complet en apparence, même avec de
l'eau non ammoniacale, retient toujours un peu d'ammoniaque, on chauffe
le contenu du vase à une douce ébullition pendant environ une demi-heure.
On ajoute un peu de teinture de tournesol et l'on fait couler avec une burette
à pince de l'acide azotique ou de l'acide chlorhydrique normal (ou normal-
décime), jusqu'à ce que le liquide soit franchement rouge : on chasse l'acide
carbonique en chauffant, puis on ajoute de la soude normale jusqu'à ce que
la couleur bleue apparaisse. Après avoir noté les centimètres cubes d'acide
et de soude, on verse de nouveau 1 C.C. d'acide, on chauffe à l'ébullition et on
ramène de nouveau au bleu avec la soude. On peut recommencer les opérations plusieurs fois de suite. En retranchant de tous les centimètres cubes
d'acide ajoutés successivement ceux qui correspondent aux centimètres cubes
de soude employés, on a la quantité d'acide qui a chassé l'acide carbonique du
carbonate de chaux ou de baryte et qui lui est équivalent. On verra au § **223**
les détails de cette opération. Comme fréquemment la matière colorante du
tournesol se précipite avec l'acide silicique que peut contenir le précipité, il
faut ajouter de nouveau de la teinture bleue. Si malgré cela on craint de ne
pas atteindre le but, on ajoute de la soude jusqu'à ce que l'on ait presque
obtenu la réaction finale, on note la division de la burette contenant l'alcali,
on donne au liquide un volume connu, on filtre, on prend la moitié du volume total du liquide dosé, on ajoute avec précaution la lessive de soude
jusqu'à la coloration bleue, on double cette dernière quantité de soude et
on l'ajoute à ce qu'on avait déjà employé. On pourrait remplacer la teinture
ture de tournesol par le papier de curcuma, ainsi qu'il est indiqué en γ.

Les méthodes décrites en β. ne donnent de bons résultats que lorsqu'on
prend toutes les précautions pour éviter les causes d'erreur. Souvent on a des
résultats trop élevés, parce que le mélange limpide de chlorure de calcium
et d'ammoniaque contient encore du carbaminate d'ammoniaque ou en reprend en absorbant l'acide carbonique de l'air pendant la filtration : ou
bien, surtout par la méthode bb., parce qu'on néglige de chasser, par une
ébullition ou calcination assez prolongée, toute l'ammoniaque que retient
le précipité. — Ces causes d'erreur qui élèvent les résultats sont en partie
compensées, parce que les carbonates alcalino-terreux ne sont pas complètement insolubles dans un liquide contenant du chlorhydrate d'ammoniaque et dans les eaux de lavage. — Si l'on ne chauffe pas le mélange de
l'eau à analyser avec le chlorure de baryum ou de calcium et l'ammoniaque,

comme il a été recommandé, on peut avoir alors des résultats trop faibles, ainsi que je l'ai dit plus haut, soit parce que l'on n'a pas chauffé assez longtemps pour décomposer tout le carbaminate d'ammoniaque, soit parce que par une ébullition tumultueuse, il s'est dégagé du carbonate d'ammoniaque.

γ. Suivant *Pettenkofer* (*) :

Ce procédé simple et rapide consiste à verser dans l'eau à analyser un volume connu d'eau de chaux titrée (ou de baryte, suivant les circonstances), tel que la chaux domine. Après le dépôt complet du carbonate de chaux ou de baryte, on titre avec de l'acide oxalique la quantité de chaux ou de baryte qui reste dans une partie aliquote du liquide, on calcule sur le tout : on a ainsi la différence qui représente la chaux ou la baryte combinée à l'acide carbonique et partant la quantité équivalente de ce dernier acide.

Si l'eau ne renferme que de l'acide carbonique libre, il faut se rappeler, si l'on fait usage d'eau de chaux, que le carbonate de chaux qui se forme tout d'abord est notablement soluble dans l'eau tant qu'il est amorphe, et qu'il lui communique une réaction alcaline. On ne pourra donc mesurer la chaux en excès qu'après la transformation du sel calcaire en sel cristallisé, ce qui n'arrive, quand on ne chauffe pas à 70° ou 80°, qu'après un repos de 8 à 10 heures. C'est pour cela que le plus souvent on emploie de préférence l'eau de baryte (voir le dosage de l'acide carbonique dans l'air à la fin du chapitre des Spécialités).

Mais si l'eau contient un carbonate alcalin ou tout autre sel alcalin dont l'acide précipiterait la chaux ou la baryte, il faut d'abord ajouter une dissolution neutre de chlorure de calcium ou de baryum. Cette addition a de plus l'avantage de faire disparaître les inconvénients qui proviendraient de la présence d'un alcali libre dans l'eau de chaux ou de baryte ou du carbonate de magnésie dans l'eau chargée d'acide carbonique : inconvénients qui résultent de ce que l'oxalate alcalin ou celui de magnésie avec le carbonate de chaux, qui ne manque jamais complètement dans la liqueur à titrer, formeraient de l'oxalate de chaux et un carbonate alcalin ou du carbonate de magnésie, et ces derniers sels absorberaient à leur tour de nouveau de l'acide oxalique.

S'il y a dans l'eau des sels de magnésie, pour empêcher leur précipitation il faut d'abord ajouter un peu de sel ammoniac : mais dans ce cas il ne faut pas hâter la transformation du carbonate de chaux en chauffant, car alors de l'ammoniaque serait mise en liberté.

Il faut, bien entendu, commencer par établir exactement le titre de l'acide oxalique par rapport à l'eau de chaux ou de baryte *Pettenkofer* dissout pour faire un litre 2,8656 gr. d'acide oxalique pur cristallisé ni effleuri, ni humide : la force de ce liquide est donc telle que 1 C. C. correspond à 1 milligramme d'acide carbonique. Dans 45 C. C. de l'eau de chaux on fait couler, à l'aide d'une burette à pince, la dissolution d'acide oxalique jusqu'à ce que la réaction alcaline disparaisse. On opère dans un petit ballon que l'on peut

(*) *Repert. de Buchner*, X, I. — *Journ. f. prackt. Chem.*, LXXXII, 52. En outre *Ann. d. Chem. u. Pharm.*, II, vol. supplém., page 1. — *Zeitschr. f. analyt. Chem.*, 92.

fermer avec le pouce pendant qu'on agite afin de favoriser la réaction. On reconnaît la fin de l'opération avec du papier de curcuma sensible (*). On cesse d'ajouter l'acide oxalique aussitôt qu'une goutte de liquide, posée avec une baguette en verre sur le papier de curcuma, ne produit plus de coloration brune. Un premier essai indique à peu près la relation des deux liqueurs, qu'un second fera connaître très exactement. — S'il faut analyser une eau, par exemple une eau de source, on en met 100 C. C. dans un ballon en verre, on y verse 3 C. C. d'une dissolution neutre presque concentrée de chlorure de calcium ou de baryum et 2 C. C. d'une solution saturée de sel ammoniac : on ajoute 45 C. C. de la solution de chaux ou de baryte titrée, on ferme le ballon avec un bouchon en caoutchouc, on agite et on laisse reposer 12 heures. Le liquide du ballon forme maintenant 150 C. C. On prend avec une pipette deux fois 50 C. C. du liquide devenu clair et limpide par le repos (**), et dans les premiers 50 C. C. on dose approximativement l'excès de chaux ou de baryte avec l'acide oxalique, ce qu'on achève rigoureusement dans la seconde portion du liquide. On triple les centimètres cubes trouvés dans la dernière opération, et l'on retranche le résultat du nombre de centimètres cubes nécessaires pour neutraliser 45 C. C. d'eau de chaux. La différence est équivalente à la chaux ou à la baryte précipitée par l'acide carbonique et chaque centimètre cube correspond à 1 milligramme d'acide carbonique.

La méthode est commode, bonne et surtout applicable aux eaux qui contiennent peu d'acide carbonique. Lorsqu'on fait usage de l'eau de baryte, si le liquide renferme du gypse ou du carbonate de chaux, comme cela arrive presque toujours par exemple dans les eaux de fontaine, il faut, avant de titrer, attendre la transformation complète du carbonate de chaux amorphe en carbonate cristallisé (*K. Knapp* ***) : dans des cas semblables, l'eau de baryte ne présente pas les avantages qu'elle a sur l'eau de chaux, quand il s'agit de doser l'acide carbonique dans une dissolution du gaz dans l'eau pure.

On voit que dans la méthode de *Pettenkoffer* on dose l'acide carbonique qui n'est pas combiné aux bases sous forme de carbonate simple normal, c'est-à-dire, l'acide carbonique libre et l'acide à demi combiné, comme on a l'habitude de l'exprimer dans les analyses d'eaux minérales.

(*) Pour préparer du papier de curcuma convenable pour ces analyses, il faut prendre du papier à filtre qui ne laisse pas de carbonate de chaux dans ses cendres, par exemple le papier dit *de Suède.* — *J. Gottlieb* (*Journ. f. prackt. Chem.*, CVII, 488. — *Zeitschr. f. analyt. Chem.*, IX, 251) préfère employer une dissolution aqueuse de tournesol. Il la prépare avec du tournesol d'abord épuisé avec de l'esprit-de-vin et il la prend très étendue. — *E. Schultze* et *M. Maerker* (*Zeitschr. f. analyt. Chem.*, IX, 534) se servent, comme indicateur, de la coralline ou acide rosolique. On en neutralise avec précaution la solution alcoolique avec de la lessive de potasse et l'on ajoute quelques gouttes de cette teinture. *F. Schultze* (*Zeitschr. f. analyt. Chem.*, IX, 202) se sert de la teinture alcoolique de curcuma.

(**) Il ne faut pas filtrer à travers un filtre en papier (*A. Müller, Zeitschr. f. analyt. Chem.*, I, 84).

(***) *Ann. d. Chem. u. Pharm.*, CLVIII, 112. — *Zeitschr. f. analyt. Chem.*, X, 331.

II. Séparation de l'acide carbonique d'avec les bases et dosage de cet acide dans les sels.

a. *Des carbonates neutres alcalins et alcalino-terreux.*

Si l'on a la certitude que les sels ne renferment qu'un équivalent d'acide pour un équivalent de base, et qu'il n'y a pas en présence d'autre sel à réaction alcaline, on peut titrer alcalimétriquement la base (§§ **219, 220, 223**) et pour chaque équivalent de celle-ci calculer 1 équivalent d'acide carbonique.

b. *Des carbonates qui perdent facilement et complètement leur acide carbonique au rouge.*

Par exemple : carbonates de zinc, de cadmium, de plomb, de cuivre, de magnésie, etc.

α. *Anhydres.* — On chauffe au rouge un poids connu de la substance dans un creuset de platine (avec le cadmium et le plomb on prendra un creuset en porcelaine) et l'on prolonge la calcination jusqu'à ce qu'il n'y ait plus de perte de poids. On obtient ainsi des résultats très exacts. — Avec les substances qui chauffées à l'air absorbent de l'oxygène, on fera la calcination dans un tube à boule, au milieu d'un courant d'acide carbonique desséché. — L'acide carbonique est donné par la perte de poids.

β. *Hydratés.* — On calcine la substance dans un tube à boule dans lequel on fait passer un courant d'air bien desséché ou un courant d'acide carbonique sec si la substance est oxydable : ce tube à boule est relié avec un bouchon bien sec à un tube rempli de chlorure de calcium. — Pendant la calcination on a soin de chauffer avec une lampe la partie du tube du côté du chlorure de calcium, à une température suffisante pour empêcher en ce point la condensation de la vapeur d'eau, en évitant bien entendu de brûler le bouchon. La perte de poids du tube à boule donne l'eau plus l'acide carbonique, l'augmentation de poids du tube à chlorure de calcium donne l'eau. La différence fera donc connaître l'acide carbonique. A la place d'un tube à boule on pourra prendre un tube plus large et mettre la substance dans une petite nacelle que l'on pèsera avant et après.

c. *De toutes les bases sans exception, si les composés sont anhydres.*

On fond du verre de borax dans un creuset de platine pesé, on laisse refroidir sous le dessiccateur, on pèse, on place la substance bien desséchée dans le creuset et l'on pèse de nouveau. On a de cette façon le poids du carbonate et celui du sel de borax. On a soin qu'il soit dans le rapport de 1 : 4. On chauffe lentement pour élever graduellement la température au rouge et on la maintient jusqu'à ce que la masse soit en fusion tranquille. On pèse après le refroidissement. La perte de poids donne le poids d'acide carbonique. Les résultats sont très-exacts (*Schaffgotsch*).

On se rappellera qu'on peut parfaitement maintenir en fusion au rouge le verre de borax pendant 1/4 ou 1/2 heure, sans qu'il éprouve de perte par sublimation, mais que si on le porte au rouge blanc (en chauffant sur le chalumeau à gaz) la perte est déjà sensible au bout de quelques minutes (*). S'il restait quelques bulles de gaz acide carbonique dans la masse fondue, cela n'aurait aucune influence sur le résultat.

Au lieu du verre de borax on peut employer du bichromate de potasse fondu pour chasser l'acide carbonique. On en prend environ 5 parties pour une de carbonate (*H. Rose***). Il faut alors chauffer faiblement et avec beaucoup de précaution, sans quoi le sel perd lui-même de son poids (***). On peut aussi expulser l'acide carbonique des carbonates alcalins en chauffant fortement avec de la silice calcinée (*H. Rose*****).

d. De toutes les bases sans exception (dosage par perte de poids).

aa. Quand les bases combinées à l'acide carbonique forment des sulfates solubles.

On se servira avec avantage de l'appareil représenté dans la figure 90 et dont le dessin fait suffisamment comprendre la disposition. On choisit la capacité des ballons d'après la force de la balance. B peut être plus petit que A. Le tube *a* est fermé en *b* avec une petite boule de cire ou au moyen d'un bout de tube en caoutchouc dans lequel on introduit un bout de baguette de verre. L'autre extrémité, ainsi que celles des tubes *c* et *d*, est ouverte. Le ballon B est presque à moitié rempli d'acide sulfurique concentré, exempt

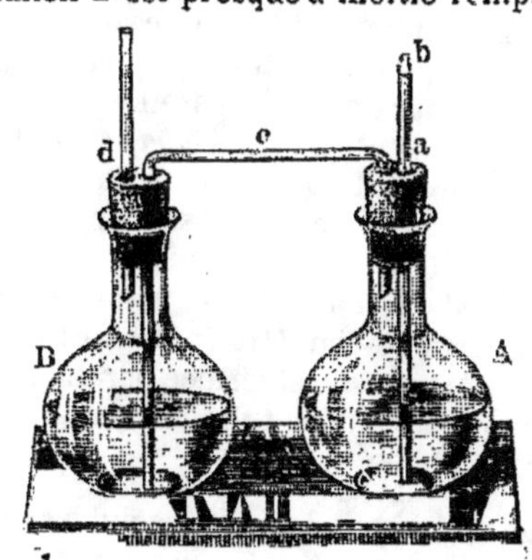

Fig. 90.

de composés oxygénés d'azote et d'acide sulfureux. Les fermetures doivent être toutes hermétiques. On met la substance pesée dans le ballon A, on remplit le ballon au tiers d'eau, on ferme le bouchon et l'on équilibre l'appareil sur une balance. Au moyen d'un petit tube en caoutchouc, qu'on dispose au bout du tube *d*, on aspire quelques bulles d'air. La pression diminue en A, et quand on cesse d'aspirer, l'acide sulfurique de B monte dans le tube *c*. On regarde si le niveau du liquide dans ce tube reste quelque temps à la même hauteur, pour s'assurer qu'il n'y a pas des fuites dans l'appareil. Alors par *d* on aspire une plus grande quantité d'air, ce qui détermine le passage d'une partie de l'acide sulfurique dans A. Aussitôt le carbonate est décomposé, l'acide carbonique chassé se dégage par *c*, puis s'en va dans l'air par le tube *d*, après s'être complètement desséché en traversant l'acide sulfurique concentré de B. Quand le dégagement cesse, on fait de nouveau arriver un peu d'acide sulfurique dans A, en aspirant avec précaution par *d*, et l'on con-

(*) *Zeitschr. f. analyt. Chem.*, I, 65.
(**) *Ann. de Pogg.*, CXVI, 131.
(***) *Zeitschr. f. analyt. Chem.*, I, 185.
(****) *Ann. de Pogg.*, CXVI, 686.

tinue ainsi jusqu'à la décomposition complète du carbonate. Alors en aspirant l'air plus fortement, on fait couler une plus grande quantité d'acide sulfurique dans A, pour que le contenu de ce ballon s'échauffe fortement; quand on ne voit plus se dégager de bulles, on débouche l'ouverture *b* et l'on aspire par *d* jusqu'à ce que l'air qui sort par *d* et arrive dans la bouche n'ait plus du tout la saveur de l'acide carbonique (*). Quand le refroidissement est complet, on reporte l'appareil sur la balance et l'on rétablit l'équilibre avec des poids que l'on place à côté. Ces poids représentent la quantité d'acide carbonique contenue dans la substance.

En prenant les ballons A et B assez petits pour que le poids total de l'appareil tout monté et rempli des liquides ne pèse que 70 grammes environ, on pourra le peser sur une balance délicate. Cette méthode, imaginée par *Will* et moi, donne de bons résultats si la quantité d'acide carbonique n'est pas trop faible. On a modifié cet appareil de mille manières, surtout dans le but de le rendre plus léger; voir la note de la page 377.

Si les carbonates étaient mélangés de sulfites ou de sulfures, dont l'acide sulfureux ou sulfhydrique se dégagerait avec l'acide carbonique, on ajouterait à la substance une dissolution de chromate jaune de potasse plus que suffisante pour décomposer ces sels étrangers; — s'il y avait des chlorures, on mettrait dans le ballon à décomposition A du sulfate d'argent dissous pour arrêter l'acide chlorhydrique; ou bien on adapterait au tube de sortie *d* un petit tube en U, qui serait au commencement taré avec l'appareil et à la fin pesé avec lui. On le remplirait, suivant les indications de *Stolba*, avec des fragments de pierre ponce qu'on aurait d'abord fait bouillir dans une dissolution saturée de sulfate de cuivre jusqu'à ce que tout l'air soit chassé et qu'on sécherait ensuite jusqu'à la déshydratation du sel de cuivre. Ce tube en U remplit parfaitement le but auquel il est destiné avec des branches de 8 centimètres de longueur et de 1 centimètre de diamètre intérieur : l'ouverture, qui ne communique pas directement avec *d*, est fermée par un bouchon à travers lequel on fait passer un petit bout de tube de verre, par lequel on aspire à l'aide d'un tube en caoutchouc.

bb. Lorsque les bases font avec l'acide sulfurique des sels insolubles.

On ne peut plus employer la méthode aa., parce que le sulfate insoluble qui se forme protège contre la décomposition ultérieure le carbonate qu'il recouvre. On modifie l'appareil comme l'indique la figure 91.

On voit que le changement porte seulement sur le tube *ab*, qui est muni d'une boule au dehors et est étiré en pointe fine à la partie inférieure.

On opère de la façon suivante : Dans A on met la substance pesée avec de l'eau : le tube à boule *ab* contient de l'acide azotique étendu en quantité plus que suffisante pour chasser tout l'acide carbonique. On empêche l'écoulement du liquide par la pointe inférieure, en fermant hermétiquement en *b* avec une petite boule de cire molle, ou avec un tube en caoutchouc dans lequel on introduit un bout de baguette en verre. Au commencement la pointe du

(*) Dans les analyses exactes il est bon, pendant qu'on aspire en *d*, de joindre à *a* un tube à chlorure de calcium. Au lieu d'aspirer avec la bouche il vaut mieux se servir d'un aspirateur ou d'une pompe pneumatique.

tube a ne plonge pas dans le liquide du ballon A. — Quand l'appareil a été équilibré sur la balance, on enfonce avec précaution le tube ab, en le tournant sur lui-même, jusqu'à ce que la pointe plonge au fond de A, puis en débouchant de temps en temps l'ouverture b, on laisse couler un peu d'acide azotique jusqu'à ce que tout le carbonate soit décomposé. On chauffe ensuite A jusqu'à ce que l'ébullition commence, on ouvre en b, on aspire l'acide carbonique de l'appareil, comme il est indiqué en a., et après le refroidissement on mesure la perte de poids.

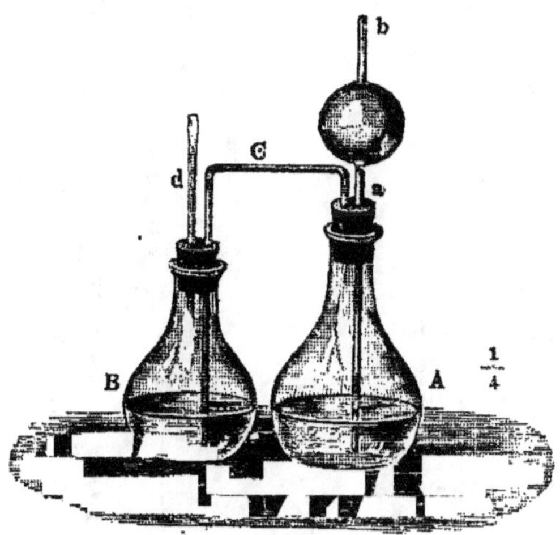
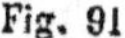
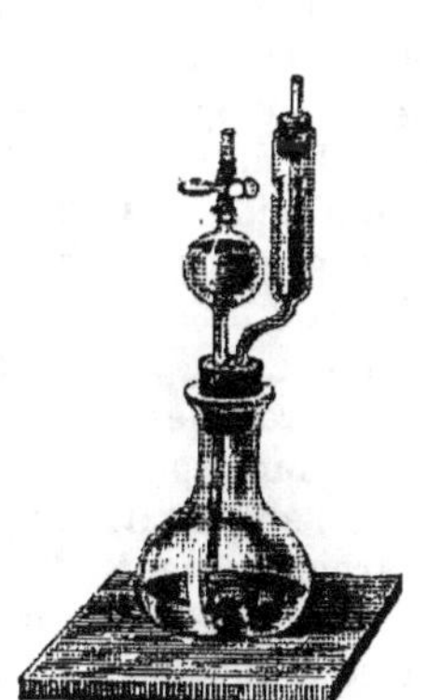

Fig. 91.   Fig. 92.

On voit de suite qu'on peut donner à l'appareil d'autres dispositions. A la place du ballon B on peut mettre le tube C en communication avec un tube à chlorure de calcium, ou un tube rempli de pierre ponce ou d'amiante imprégné d'acide sulfurique concentré; — on peut mettre la substance dans un petit tube qu'on suspendra à l'aide d'un fil dans le ballon contenant l'acide ou qu'on y placera verticalement, de façon à pouvoir le renverser dans l'acide après qu'on aura fait la tare; — on peut fermer le tube a avec une petite pince à caoutchouc qu'on placera en b, etc. Toutes ces modifications ne changent en rien les résultats, quand elles sont faites judicieusement. La figure 92 représente un des appareils employés par *F. Mohr*.

Parmi les appareils légers et que l'on peut se procurer dans le commerce, j'indiquerai encore celui de *Geissler* (*), figure 93. Il est formé de deux parties AB et C; la partie C s'adapte au col a, par une partie usée à l'émeri, afin que la fermeture soit hermétique et que l'on puisse cependant ouvrir en a pour remplir ou vider l'appareil. Dans C se trouve un tube bc ouvert aux deux bouts, pouvant fermer exactement C à l'extrémité c, où les deux parties sont encore usées à l'émeri : ce tube bc passe à frottement doux dans le bouchon

(*) *Journ. f. prackt. Chem.*, LX, 35.

qui le maintient dans la position convenable. Le dessin suffit pour faire comprendre le reste de la disposition. La substance pesée est mise en A, on y ajoute de l'eau et l'on opère le mélange en agitant. On remplit presque complètement C avec de l'acide azotique étendu : pour cela on se sert d'une pipette pour verser l'acide dans C, en soulevant le bouchon *i*, mais en maintenant la partie inférieure de C fermée par le tube *bc*. On adapte C sur A, on remplit la moitié de B avec de l'acide sulfurique concentré et l'on ferme *b* en haut avec une boule de cire ou un bout de tube en caoutchouc et une baguette en verre. Après la pesée on opère la décomposition en soulevant légèrement *b*, afin de laisser passer un peu d'acide de C dans A. L'acide carbonique se dégage par *h* en traversant l'acide sulfurique où il se dessèche. Quand la réaction est achevée, on chauffe avec précaution le ballon A presque à l'ébullition, on débouche en *b* et l'on aspire par le tube *d* pour enlever tout l'acide carbonique, puis on pèse après refroidissement (*).

Si l'on préfère décomposer le carbonate avec de l'acide chlorhydrique, on dessèche l'acide carbonique en le faisant passer dans un tube contenant de la pierre ponce pénétrée de sulfate de cuivre anhydre, qui arrête en même temps les vapeurs d'acide chlorhydrique (*Stolba* **) et que l'on prépare comme il est indiqué en aa. On en remplit un petit tube en U léger, dont la grandeur est proportionnée à celle de l'appareil. Ce tube peut servir tant qu'un tiers de son contenu est encore incolore.

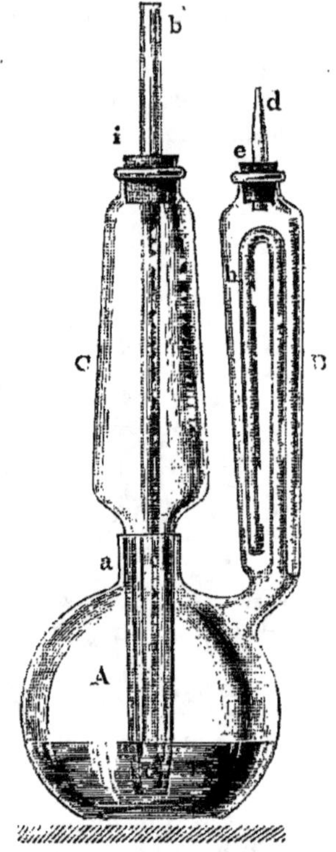

Fig. 95.

Si dans l'une des méthodes décrites en d. bb., on prend un volume connu d'un acide titré, on peut réunir le dosage de l'acide carbonique à celui de la

(*) Parmi les nombreux appareils destinés à doser l'acide carbonique, nous citerons ceux décrits par *H. Rose, Fritzsche Rogers* (*Traité d'analyse chimique* de *H. Rose*, II, 806), *Vohl* (*Ann. d. Chem. u. Pharm.*, LXVI, 247), *M. Schaffner* (*Ann. d. Chem. u. Pharm.*, LXXXII, 335), *Werther* (*Modification de l'appareil de Geissler, Journ. f. prackt. Chem.*, LXI, 99), *J. D. Schmidt* (1855), *A. Mayer* (*Journ. f. prackt. Chem.*, LXVII, 63), *Th. Simmler* (*Journ. f. prackt. Chem.*, LXXI, 158). *Al. Bauer, P. Hard* (*Chem. Gaz.*, 1859), *C. D. Braun Journ. de Dingler*, CLV, 301), *E. J. Reynolds* (*Chem. News*, 1862, 143), *Stolba* (*Zeitschr. f. analyt. Chem.*, I, 368), *Ullgren* (*id.*, VIII, 46), *Johnson* (*id.* IX, 90). *Bunsen* (*id.*, X, 403), et d'autres encore. Le procédé de *Johnson* diffère des procédés ordinaires, en ce que l'appareil et les acides sont saturés d'acide carbonique avant l'expérience, et par conséquent après la réaction on n'a plus à chasser le gaz des liquides et de l'appareil. Bien entendu il faut que d'une pesée à l'autre la température et la pression restent les mêmes.

(*Journ. de Dingler*, CLXIV, 128.

base § **139**, II. *a*. On verse l'acide titré au moyen d'une burette à bout effilé dans le tube à boule de l'appareil, figure 91, page 376, dont on a fermé la pointe avec un peu de suif. La tare faite, on fond le suif en chauffant légèrement et l'on achève comme il est dit (*Stolba**).

e. *De toutes les bases sans exception (dosage par l'augmentation de poids d'un appareil à absorption).*

Cette méthode, rarement employée autrefois, a été surtout appliquée fréquemment par *Kolbe*. En mettant à profit les expériences faites pendant ces dernières années par *G. J. Mulder, Stolba* et *Kolbe*, j'ai essayé de lui donner une forme pratique et je crois que maintenant ce procédé pourra rendre de grands services, tant par sa simplicité que par l'exactitude des résultats.

La figure 94 suffit pour donner une idée de l'appareil tel que je le dispose.

A est un ballon de 150 à 300 C.C. fermé par un bouchon en caoutchouc percé de deux trous; *bb* est un tube deux fois recourbé, muni en *c* d'une boule et que l'on peut, au moyen du caoutchoiu *d* fermé par une pince, mettre en communication soit avec l'entonnoir *e*, soit avec le tube *f* rempli de chaux sodée et communiquant avec le ballon *g* contenant de la lessive de potasse. Le tube *h*, muni d'une boule en son milieu, est taillé en biseau à l'extrémité inférieure. Le tube en U *i*, de 17 centimètres de longueur et 16 millimètres de diamètre, ne renferme que dans la courbure un peu de chlorure de calcium (**); les deux tubes *k* et *l* de mêmes dimensions sont remplis, le premier *k* de chlorure de calcium, le second *l* de pierre ponce à sulfate de cuivre (page 375). Quant aux plus petits tubes *m, n, o, p*, de 11 centimètres de longueur et 12 millimètres de diamètre, *m* renferme du chlorure de calcium, *n* et *o* sont remplis aux $\frac{5}{6}$ de chaux sodée en gros grains (environ 20 grammes) et l'on achève dans la branche de droite avec du chlorure de calcium en grains : *p* contient de la chaux sodée dans la branche droite et du chlorure de calcium du côté du tube *o*, — *i, k, l* et *m* ne servent qu'à débarrasser l'acide carbonique de la vapeur d'eau et de l'acide chlorhydrique, *n* et *o* avec leur chaux sodée absorbent complètement l'acide carbonique et avec leur chlorure de calcium ils empêchent la perte d'un peu de vapeur d'eau (parce que la chaux sodée s'échauffe en absorbant l'acide carbonique); le tube *p* préserve de la vapeur d'eau extérieure les tubes *n* et *o* qu'on devra peser. Les bouchons de *n* et de *o* sont recouverts de cire à cacheter. Les autres tubes sont fermés avec des bouchons en caoutchouc ou avec des bouchons de liège recouverts de cire à cacheter. L'appareil une fois monté peut servir longtemps: il ne faut renouveler pour chaque expérience que le chlorure de calcium de *i* et remplir *n*, quelquefois aussi *o*.

Après avoir pesé la substance et l'avoir mise dans A avec un peu d'eau, on pèse *n* et *o*, on assemble les pièces de l'appareil, on réunit *b* avec *e*, on ferme *d* et l'on aspire l'air avec la pompe aérohydrique ou un aspirateur adapté au caoutchouc *s*, relié au tube en U *r* contenant un peu d'eau et aussi

---

(*) *Journ. f. prackt. Chem.*, XCVII, 312. — *Zeitschr. f. analyt. Chem.*, V, 208 et VI, 444
(**) Il est à peine besoin de dire qu'il faudra s'assurer que le chlorure de calcium n'est nullement alcalin : on a un très bon sel en ajoutant un peu de sel ammoniac à la solution de chlorure pendant l'évaporation.

au tube *p*. La pince *q* est naturellement ouverte. On reconnaît que l'appareil ferme bien à ce que le passage des bulles d'air dans l'eau de *r* cesse au bout de peu de temps. Cela fait, on remplit *e* d'acide chlorhydrique étendu (ou d'acide azotique suivant les circonstances), et en ouvrant *d* avec précaution on en fait couler un peu dans A. Aussitôt le dégagement d'acide

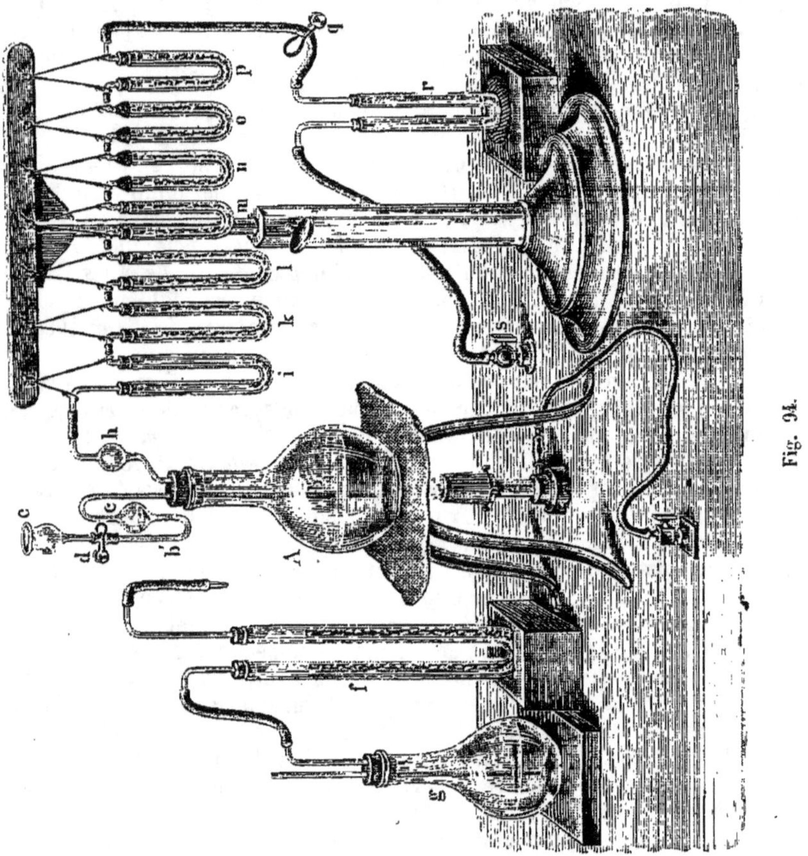

Fig. 94.

carbonique commence et l'on juge de sa force par le passage des bulles de gaz dans l'eau du tube *r*.

· Quand le dégagement se ralentit, on laisse arriver une nouvelle quantité d'acide en ouvrant *d*, et si l'on a mesuré convenablement et approximativement la proportion d'acide, la décomposition du carbonate sera complète quand tout le tube *e* sera vide. On lave *e* avec de l'eau que l'on fait arriver par *d* dans A, on enlève *e*, on réunit *f* avec *d*, et en ouvrant convenablement *d* on fait passer un courant d'air modéré dans l'appareil, pendant qu'on porte le contenu de A à une température voisine de l'ébullition.

Aussitôt que l'acide carbonique arrive sur la chaux sodée, celle-ci s'échauffe et l'on peut juger par l'élévation de température du degré de saturation de la chaux par l'acide. Quand les tubes à chaux sodée sont refroidis, la plus grande partie de l'acide carbonique est absorbée : on laisse encore passer le courant d'air pendant 5 à 10 minutes et l'on est plus certain que tout l'acide carbonique a été enlevé de A, i, k, l et m. Si l'on a chauffé le ballon convenablement, il n'arrive que peu d'eau en i, de sorte que le chlorure de calcium de la partie inférieure du tube est seulement humide et non en déliquescence.

L'expérience terminée, on cesse l'aspiration en s, on enlève les tubes n et o et on les pèse. Leur augmentation de poids donne la quantité exacte d'acide du carbonate. — L'accord et l'exactitude des résultats ne laissent rien à désirer (*). On a les bases, sans aucune matière étrangère introduite, en dissolution à l'état de chlorure (ou d'azotate).

Pour une seconde expérience, on vide i, on y remet du chlorure de calcium, on renouvelle la matière de n. Le contenu de o n'a généralement pas besoin d'être remplacé : mais il est bon alors de mettre ce tube à la place de n et de mettre à la place de o le tube rempli à neuf.

Si l'on préfère chasser l'acide carbonique par la voie sèche, on peut y parvenir en fondant le carbonate finement pulvérisé (pour les carbonates alcalins la pulvérisation n'a pas besoin d'être aussi complète) avec six à dix fois son poids de bichromate de potasse fondu. Le tube à fusion est un morceau de tube à combustion que l'on courbe légèrement en U vers le milieu : d'un côté on le relie à l'appareil de purification de l'air, et de l'autre avec un tube à chlorure de calcium pour dessécher l'acide carbonique, puis des tubes à chaux sodée pour l'absorber, un tube de sûreté, et enfin un aspirateur. Après avoir fait passer lentement un courant d'air, on chauffe le tube et l'on détermine le dégagement d'acide carbonique. L'opération est terminée quand toute la masse est en fusion tranquille. On continue quelque temps le courant d'air et l'on mesure l'augmentation de poids des tubes à absorption. La méthode n'a pas à être modifiée quand même les carbonates renfermeraient des sulfures, des sulfites ou des hyposulfites. (*Persoz* **.)

f. *De toutes les bases sans exception (dosage en chassant, absorbant et dosant volumétriquement l'acide carbonique).*

En faisant dégager l'acide carbonique dans un appareil semblable à celui décrit en e., ou tout autre analogue, on peut aussi déterminer l'acide éliminé par un des procédés qui servent à doser l'acide carbonique libre, c'est-à-dire qu'on peut l'absorber dans un mélange de chlorure de baryum ou de calcium et d'ammoniaque exempte d'acide carbonique : on opère comme il est dit au § **139**. I. b. β. et l'on achève suivant le § **139**. I. b β.bb. Mais cette méthode est bien plus incommode et plus longue que celle du § **139**. II. e., et elle ne donne de résultats sur lesquels on puisse compter, que lorsqu'on a eu soin d'éviter toutes les causes d'erreur que j'ai signalées.

Toutefois, quand il faut doser de très petites quantités d'acide carbo-

(*) Voir les expériences de *Fresenius* dans le *Zeitschr. f. analyt. Chem.*, II, 49 et 341.
(**) *Comptes rendus*, LIII, 239.

nique, il est souvent préférable de les faire absorber par un volume connu d'eau de chaux ou de baryte titrée et d'achever l'opération d'après le procédé de *Pettenkofer* (§ **139**. I. b. γ.). Comme on applique cette méthode pour le dosage de l'acide carbonique atmosphérique, j'y reviendrai à propos de l'analyse de l'air. Je dirai seulement que *Al. Muller* (*), *E. Schulze* (**) et *P. Wagner* (***) ont fait connaître des appareils particuliers et des détails de manipulation pour obtenir des résultats plus satisfaisants.

g. Dosage de l'acide carbonique par les mesures volumétriques.

α. Suivant *C. Scheibler* (****), ce procédé peut s'appliquer à tous les sels décomposables à froid par l'acide chlorhydrique. Il se recommande par la rapidité avec laquelle l'opération se fait et par la rigueur des résultats, mais il exige un appareil spécial. On en fait un fréquent usage pour doser le carbonate de chaux dans le noir animal.

L'appareil très ingénieux qui sert dans cette opération est représenté dans la figure 95. Dans le flacon A on met le carbonate à décomposer. La décomposition se fait en soulevant ce vase, parce qu'alors l'acide chlorhydrique contenu dans un petit tube en gutta-percha S et d'abord relevé, coule sur la matière quand on incline le flacon. Le bouchon en verre de A, usé à l'émeri et graissé, ferme hermétiquement : il est percé d'un trou central dans lequel est mastiqué un bout de tube de verre recourbé à angle droit. L'acide carbonique qui se dégage arrive par le tube en caoutchouc *r* dans une vessie mince en caoutchouc qui se trouve dans le flacon B. Le bouchon de ce dernier est percé de deux autres trous, l'un traversé par le petit tube *q* fermé avec une pince, l'autre par le tube *u* qui communique avec le tube à mesurer le gaz. C'est un tube C, ayant une capacité d'environ 150 C.C., partagé en demi-centimètres cubes, et qui communique par le bas avec le tube D non divisé. Dans le bouchon inférieur en caoutchouc de celui-ci passe un second tube, réuni par un bout de tube en caoutchouc et une pince *p* à un autre tube qui plonge au fond du flacon E à deux tubulures ; la seconde tubulure est munie d'un tube en caoutchouc *v*. Le flacon E est le réservoir à eau. En ouvrant *p*, l'eau de D coule en E : mais en soufflant par le tube *v* on fait monter l'eau dans D. Au commencement on remplit presque complètement E avec de l'eau distillée qu'on verse par D.

Comme toutes les pièces, sauf le flacon à décomposition, sont montées à demeure, on fixe l'appareil sur un support avec des colliers en laiton. A côté du tube à gaz on attache un thermomètre.

Au commencement de chaque expérience on remplit d'eau les tubes D et C, de façon que le niveau coïncide avec le zéro de C. Pour cela on débouche A et l'on souffle par *v* jusqu'à ce que le niveau soit un peu au-dessus du zéro : on produit l'affleurement exactement en ouvrant la pince *p* avec précaution. Si par hasard l'eau passait par le tube *u* et arrivait dans le vase B, il faudrait démonter l'appareil et le nettoyer. Pendant que l'eau monte en C,

(*) *Zeitschr. f. analyt. Chem.*, I, 47.
(**) *Zeitschr. f. analyt. Chem.*, IX, 290.
(***) *Zeitschr. f. analyt. Chem.*, IX, 445.
(****) *Dosage du carbonate de chaux dans le noir animal*, par *C. Schleibler*. 1862, Berlin,

l'air est chassé dans B et comprime la vessie K qu'il doit complètement
vider et aplatir, et si cela n'arrivait pas, on soufflerait avec précaution par
le tube q. Si au contraire la vessie K était vide avant que le liquide ait at-

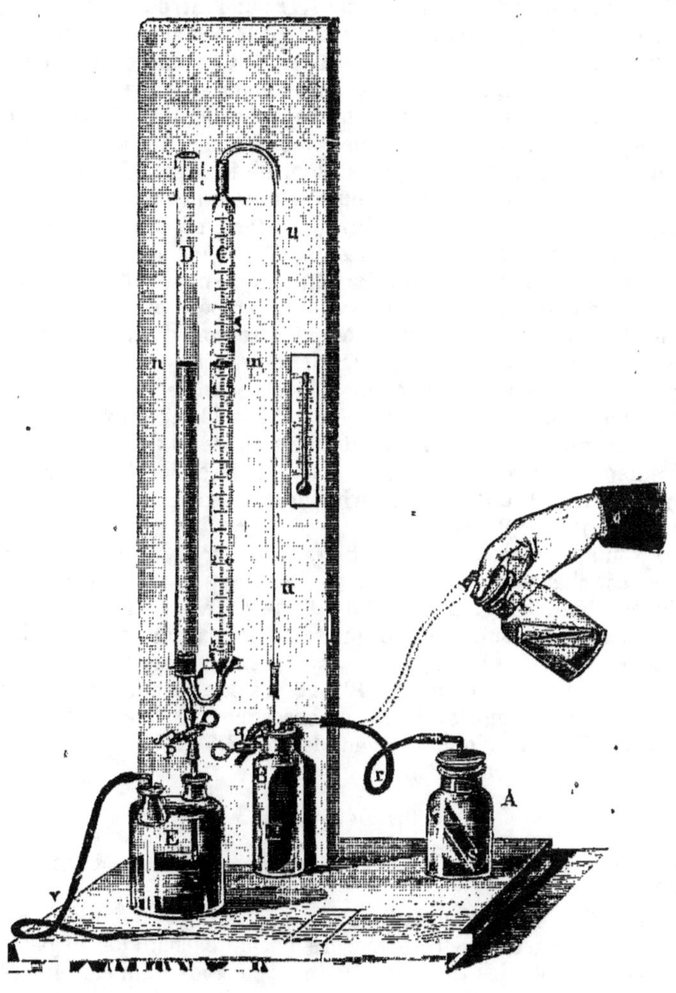

Fig. 95.

teint le zéro dans C, on ouvrirait q pour amener l'affleurement, le niveau
étant le même dans les deux tubes. — On posera l'appareil dans une salle de
température aussi constante que possible et on le préservera de l'action des
rayons directs du soleil, ainsi que du rayonnement des fourneaux, car les
variations subites de température nuisent à l'exactitude des résultats.

On peut appliquer cette méthode à l'analyse de tous les carbonates décomposés à froid par l'acide chlorhydrique. On met l'essai finement pulvérisé dans le flacon A bien sec, on verse dans le cylindre S en gutta-percha 10 C.C. d'acide chlorhydrique de densité 1,12 ; on l'introduit avec précaution dans le flacon et l'on ferme hermétiquement le bouchon graissé. Par cette opération le niveau du liquide baisse un peu en C et monte en D : on rétablit l'équilibre en ouvrant un instant le tube q. On observe le thermomètre et le baromètre : on saisit le flacon A de la main droite et par le col pour éviter l'échauffement, on l'incline pour faire couler l'acide sur le sel et en même temps on ouvre la pince p avec précaution, de façon que le niveau de l'eau *soit le même* dans les deux tubes : on continue *sans interruption* tant qu'il se dégage de l'acide carbonique. L'essai est terminé quand le liquide conserve quelques secondes son niveau en C. On amène alors très exactement les deux niveaux dans les deux tubes à être sur le même plan horizontal, on fait la lecture du volume et l'on observe si la température a varié. Si elle est restée constante, les C.C. observés donnent le volume d'acide carbonique dégagé. Toutefois, comme une petite quantité de gaz reste dissoute dans l'acide chlorhydrique, il y a une correction à faire. *Scheibler* a déterminé ce qui pouvait rester de gaz dissous dans les 10 C.C. d'acide chlorhydrique à la température moyenne et il a trouvé qu'il fallait ajouter 0,8 C.C. au volume mesuré directement avant de ramener à 0° à la pression 760 et à l'état sec (**§ 198**) (*). Pour 1000 C.C. d'acide carbonique dans ces conditions normales, on comptera enfin 1^{gr},97146.

Si l'on voulait éviter toute correction, on pourrait, avant chaque série d'expériences, chercher pour le jour où l'on opère le rapport entre l'acide carbonique obtenu (augmenté des 0,8 C.C. de gaz resté dissous) et celui que donnerait un poids connu de carbonate de chaux pur (de spath d'Islande sec et finement pulvérisé). Supposons, par exemple, que 0^{gr},2737 de carbonate de chaux pur contenant 0^{gr},120428 d'acide carbonique aient fourni 63,8 C.C. de gaz, y compris les 0,8 de correction, et que dans les mêmes conditions 0^{gr},2371 de dolomie en aient donné 56,3 C.C. y compris aussi les 0,8 de correction, la proportion

$$63,8 : 0,120428 = 56,3 : x$$

fournit $x = 0^{gr},10627$ d'acide carbonique ; donc il y en a 44,82 pour 100 dans la dolomie.

β. *E. Dietrich* (**) a fait construire un appareil fort commode destiné au même usage, et avec lequel on mesure l'acide carbonique dégagé sur le mercure. Il a calculé des tables qui donnent le poids d'un centimètre cube d'acide carbonique pour des pressions de 720 à 770 millimètres, et les températures entre 10° et 25°, et qui font connaître la quantité d'acide carbonique absorbée par 5 C.C. d'acide chlorhydrique de densité 1,125 pour des

(*) Il y a toutefois une certaine incertitude dans ce mode de correction, car la quantité d'acide carbonique qui reste absorbée dépend de la concentration de la solution saline formée, et aussi de la quantité d'air mélangé à l'acide carbonique : elle varie donc avec le volume de gaz dégagé. (Voir les nouveaux essais de *Scheibler* et ceux de *Dietrich*, Zeitschr. f. analyt. Chem., III, 105.)

(**) *Zeitschr. f. analyt. Chem.*, III, 162. — IV, 141. — V, 49.

dégagements gazeux compris entre 1 et 100 C.C. Avec l'appareil de *Dietrich* et ses tables, on peut doser très vite et exactement l'acide carbonique, en sorte que la méthode se recommande surtout quand on a une grande série d'analyses à faire.

γ. *G. Rumpf* (*) a décrit un appareil fort simple que chacun peut monter. — Comme il n'offre d'avantages qu'autant qu'on a les tables que l'auteur a calculées, et que celles-ci ne peuvent trouver place ici, je renvoie au travail original.

δ. Pour doser de petites quantités d'acide carbonique dans les minéraux. on peut aussi les envelopper dans un peu de papier à filtre, les faire parvenir au sommet d'un tube divisé, muni d'un robinet en verre et rempli de mercure par aspiration. A l'aide d'une pipette à pointe recourbée, on fait arriver une quantité connue d'acide chlorhydrique sur la substance, on mesure le volume d'acide carbonique, en tenant compte du gaz dissous par l'acide. Voir § **198** pour le calcul en poids.

§ **140.**

2. Acide silicique.

I. Dosage.

Le dosage direct de l'acide silicique se fait toujours de la même manière : par évaporation et dessiccation complète on transforme la modification soluble en acide insoluble, on calcine celui-ci après avoir éliminé tous les corps étrangers et l'on pèse.

Je ferai remarquer ici *qu'il faut toujours s'assurer de la pureté de la silice après la pesée*, si l'on veut se mettre en garde contre des erreurs graves. Nous indiquerons dans le courant de ce paragraphe comment on fait cet essai.

Si l'on a de l'acide silicique à l'état d'hydrate dans une dissolution aqueuse ou acide, exempte de tout autre corps fixe, il n'y a qu'à évaporer dans une capsule en platine et à peser le résidu après calcination.

Quant au dosage volumétrique de la silice [transformation en fluosiliciure de potassium et dosage acidimétrique (voir § **97**. 5.)], je renvoie au mémoire de *Stolba* (**).

II. Séparation de l'acide silicique d'avec les bases

> a. *Dans tous les composés qui seront décomposés par une simple digestion avec l'acide chlorhydrique ou l'acide azotique dans des vases ouverts.*

A ce groupe appartiennent tous les silicates solubles dans l'eau, ainsi que beaucoup d'autres qui y sont insolubles, comme par exemple presque tous les zéolithes. Bon nombre de minéraux ne sont pas directement décomposables par les acides, mais ils le deviennent si, après les avoir réduits en

(*) *Zeitschr. f. analyt. Chem.*, VI, 598.
(**) *Zeitschr. f. analyt. Chem.*, IV, 163.

poudre fine, on les maintient longtemps au rouge (*F. Mohr**). Il faut seulement se rappeler que, si cette calcination est poussée trop loin, une partie des alcalis pourrait se volatiliser.

Le composé réduit en poudre aussi fine que possible (**) et séché à 100° (ou chauffé au rouge si c'est nécessaire), est mis avec un peu d'eau dans une capsule en platine ou en bonne porcelaine (il faut éviter de prendre du platine si le silicate devait dégager du chlore en se dissolvant) : on délaye la poudre pour faire une bouillie bien homogène, on ajoute de l'acide chlorhydrique assez concentré, ou de l'acide azotique si la substance contient du plomb ou de l'argent ; on laisse digérer à une douce chaleur en remuant de temps en temps, jusqu'à ce que la décomposition soit complète, ce qu'on reconnaît à ce qu'on ne sent plus de grains sablonneux sous la baguette en verre à bout arrondi avec laquelle on remue la matière, et à ce qu'il ne se produit pas de grincement en frottant le verre contre la capsule.

Tous les silicates ne se comportent pas de la même manière dans ce traitement : la plupart se changent en une masse gélatineuse, mais avec d'autres la silice se sépare à l'état de précipité pulvérulent et léger : quelques-uns sont facilement et promptement attaqués, tandis que d'autres ne sont décomposés qu'après une longue digestion.

Quand la décomposition est complète, on évapore le tout à siccité au bain-marie et l'on chauffe le résidu en remuant fréquemment jusqu'à ce que tous les grumeaux soient bien divisés, desséchés à fond et qu'il ne se dégage plus de vapeurs acides. — Il vaut mieux, pour plus de sécurité, n'opérer la dessiccation qu'au bain-marie. Parfois il faudra humecter de nouveau la masse séchée avec de l'eau et recommencer l'opération. Si, pour activer la dessiccation, on voulait chauffer un peu plus fort, il vaudrait mieux le faire au bain d'air en suspendant tout simplement avec des fils métalliques la capsule contenant la substance dans une capsule un peu plus grande en argent ou en fer, de façon qu'il reste seulement un petit intervalle entre les deux capsules. Je ne conseille pas de chauffer directement sur la lampe, parce que dans les points où la température est plus élevée la silice se recombine facilement avec les bases éliminées, pour faire des composés que l'acide chlorhydrique ne décompose plus ou décompose incomplètement.

Après refroidissement on humecte la masse uniformément avec de l'acide chlorhydrique, de façon qu'elle soit à demi fluide, on laisse reposer une demi-heure, on chauffe au bain-marie, on ajoute de l'eau chaude, on remue, on laisse déposer, on décante à travers un filtre, on agite de nouveau la silice avec un peu d'acide chlorhydrique, on chauffe, on étend d'eau, on décante de nouveau, on répète l'opération une troisième fois, puis on jette le précipité sur le filtre, on l'y lave complètement avec de l'eau froide, on le sèche bien, on le chauffe au rouge, en poussant à la fin la température aussi haut que possible, en opérant comme il est indiqué au. § **52** ou **53**. — Caractères du résidu, § **93. 9**. — Les résultats sont exacts. Les bases qui

(*) *Zeitschr. . analyt. Chem.*, VII, 293,
(**) Quand on pulvérise les silicates très durs dans le mortier en agate, on peut y introduire de la silice : il vaut mieux prendre le mortier en acier, tamiser et enlever les parcelles d'acier avec un aimant.

sont à l'état de chlorures dans le liquide filtré, seront ensuite dosées d'après les méthodes qui leur conviennent. Si l'on n'opère pas exactement comme nous venons de le dire, si par exemple on ne dessèche qu'à peu près à siccité, au lieu de le faire complètement, on aura des pertes : car dans ce cas, une portion notable de silice se redissout, tandis qu'autrement il n'y en aura que des traces, que l'on ne pourrait cependant laisser de côté dans une analyse délicate, mais qu'il faudrait encore séparer des bases précipitées de leur solution. Cela se fait facilement en faisant longtemps digérer les bases à chaud dans l'acide chlorhydrique ou sulfurique, après les avoir calcinées et pesées : il reste alors des traces de silice. Il est parfois plus rationnel de fondre les oxydes métalliques avec du bisulfate de potasse ou de les traiter par l'acide chlorhydrique après les avoir réduits à l'état métallique (en les calcinant au rouge dans un courant d'hydrogène). — Si avant de calciner on ne sèche pas complètement la silice, on a encore facilement des pertes parce que la vapeur d'eau, en se dégageant, entraîne des flocons de silice. Si l'on a filtré par succion et bien opéré, on peut de suite chauffer au rouge en opérant comme il est dit à la page 90. Il n'y a que l'incinération du filtre qui souvent ne se fait pas complètement.

Pour essayer la pureté de la silice (ce qui est tout à fait indispensable lorsqu'au lieu de se déposer en gelée elle se sépare à l'état pulvérulent), on en chauffe un essai au bain-marie pendant une heure dans une capsule en argent ou en platine, moins bien dans une capsule en porcelaine, avec une dissolution assez concentrée de carbonate de soude pur (pour $0^{gr},1$ de silice pur on prend environ 6 C.C. d'une solution saturée de carbonate de soude et 12 C.C. d'eau (*Eggertz* *). Si la silice est pure, elle donne une dissolution parfaitement limpide. S'il y a un résidu, on décante et on le traite de nouveau de la même façon, mais avec moins de carbonate de soude. S'il y a encore un résidu, on pèse cette silice impure et on la traite d'après b. : on n'oublie pas de ramener par le calcul l'analyse de cette portion à la totalité de l'acide impur.

Si l'on a sous la main de l'acide fluorhydrique *pur*, on peut encore facilement s'assurer de la pureté de la silice en chauffant celle-ci avec de cet acide et un peu d'acide sulfurique dans une capsule en platine : en évaporant la dissolution, l'acide silicique *pur* doit complètement se volatiliser à l'état de fluorure de silicium. S'il y a un résidu, on l'humecte de nouveau avec de l'acide fluorhydrique, on ajoute quelques gouttes d'acide sulfurique, on évapore et l'on chauffe au rouge ; les bases mélangées à la silice restent dans la capsule à l'état de sulfates, ainsi que l'acide titanique s'il y en a (*Berzélius*). Au lieu d'acide fluorhydrique, on peut aussi bien faire usage de fluorure d'ammonium pur.

> **b.** *Dans les combinaisons qui ne peuvent pas être décomposées par une simple digestion avec l'acide chlorhydrique ou l'acide azotique dans un vase ouvert.*

α. *Désagrégation avec les carbonates alcalins.* — Dans le creuset en platine où se fera la fusion on mélange intimement, à l'aide d'une baguette en

---

(*) *Zeitschr. f. analyt. Chem.*, VII, 305.

verre arrondie, la substance à désagréger réduite en poudre fine et tamisée
(§ 25) avec quatre fois son poids de carbonate de soude pur et anhydre ou
de carbonate de potasse et de soude : on essuie le bout de la baguette dans
un peu de carbonate de soude en poudre placé sur une carte et on rejette
cette poudre dans le creuset. On chauffe le creuset bien fermé, suivant sa
grandeur, soit sur la lampe à gaz ou la lampe à alcool à double courant
d'air, soit sur le chalumeau à gaz, soit au feu de charbon, mais alors en
l'enfermant dans un creuset de Hesse et en remplissant l'intervalle qui sépare les deux vases avec de la magnésie calcinée.

Au commencement et pendant assez longtemps on ne chauffe que modérément de façon seulement à concréter la masse : de cette façon l'acide
carbonique se dégage facilement de la masse poreuse, sans qu'on ait à craindre des projections. Plus tard on chauffe de plus en plus fortement, à la fin
on donne un fort coup de feu et l'on ne cesse de chauffer que lorsqu'il ne se
dégage plus de bulles dans la masse en fusion tranquille.

Il ne faut pas que le creuset de platine soit trop petit : il est bon que le
mélange ne le remplisse au plus qu'à moitié. Plus il est grand, moins on a
de perte à craindre. Afin que pendant la fusion on puisse suivre l'opération, il faut qu'on puisse ouvrir le creuset facilement ; aussi il vaut mieux
avoir un couvercle concave qu'on ne fait que poser sur le creuset plutôt qu'un
couvercle à rebords. S'il faut faire la désagrégation sur la lampe à alcool ou
la lampe à gaz, il faut préférer le mélange des carbonates de potasse et de
soude au carbonate de soude, parce que le mélange est bien plus fusible. Il
faut que le creuset soit supporté par un triangle en platine (*fig.* 57, page 86) :
l'ouverture du triangle sera telle que le creuset y entre à peu près au tiers
de sa hauteur : on fera attention, bien entendu, qu'il ne puisse pas tomber
quand le fil de platine sera porté au blanc. — Avec la lampe à alcool à
double courant d'air ou la lampe à gaz, il faudra à la fin de l'opération,
quand on doit pousser à la plus haute température, envelopper le creuset
d'une cheminée, dont le bord inférieur repose sur les extrémités du triangle
de fer qui supporte le triangle en platine. On donnera à cette cheminée de
12 à 14 centimètres de hauteur et environ 4 centimètres de diamètre à l'ouverture supérieure. Les petits cylindres en argile de *O. L. Erdmann* sont
bien préférables (voir *fig.* 20, page 26 : *Analyse qualitative*). — Quand le
creuset est encore rouge, on le prend avec une pince à creuset et on le pose
sur une plaque de fer polie, épaisse et froide. Il se refroidit rapidement et
presque toujours on peut enlever complètement en un seul morceau la matière fondue.

On place la substance (ou le creuset avec son contenu) dans un vase en
verre, on y ajoute 10 à 15 fois le poids d'eau, on chauffe une demi-heure
et l'on verse peu à peu de l'acide chlorhydrique ou de l'acide azotique, suivant les circonstances ; on couvre le vase avec une lame de verre, bien mieux
avec un grand verre de montre ou une capsule en porcelaine bien propre à
l'extérieur, afin qu'on ne perde pas les gouttes de liquide entraînées par
l'acide carbonique, mais qu'on puisse les rejeter dans la liqueur. On nettoie aussi le creuset avec de l'acide chlorhydrique étendu qu'on réunit à la
dissolution.

On favorise la dissolution par une douce chaleur. Quand elle est achevée, on continue à chauffer quelque temps pour chasser tout l'acide carbonique, autrement son dégagement pendant l'évaporation occasionnerait des projections. — Si pendant le traitement par l'acide chlorhydrique il se dépose une poudre saline (chlorure de sodium ou de potassium), c'est un signe qu'on a mis trop peu d'eau ; il faudrait en ajouter encore.

Si la désagrégation est complète, la dissolution dans l'acide chlorhydrique doit être parfaitement limpide, ou l'on doit y voir flotter des flocons légers d'acide silicique. S'il se dépose au fond une poudre lourde, qui offre au frottement avec une baguette en verre les caractères du sable (minéral non désagrégé), cela vient généralement de ce qu'on n'a pas pulvérisé assez finement. On peut, dans ce cas, refondre avec les carbonates alcalins la partie qui a échappé à la désagrégation ; mais il est plus simple de recommencer toute l'opération avec du minéral que l'on pulvérise avec plus de soin.

On verse dans une capsule en porcelaine ou mieux en platine la dissolution chlorhydrique ou azotique avec le précipité de silice qui s'y trouve ordinairement et on la traite d'après le § **140**. II. a. — Pour ne pas trop étendre le liquide, on ne lave le vase en verre qu'une fois et même on s'en dispense, on y dessèche le résidu qui s'y trouve et on le traite ensuite comme celui qu'on obtiendra dans la capsule. — Ce procédé de désagrégation des silicates inattaquables par les acides est le plus fréquemment employé : toutefois, ainsi qu'on le comprend, il ne pourrait pas servir s'il fallait doser les alcalis dans les silicates.

β. *Désagrégation par l'acide fluorhydrique.*

aa. *Avec l'acide en dissolution.* — Dans une capsule en platine, on verse sur le silicate réduit en poudre fine, séché à 100° et au besoin calciné (*), une dissolution concentrée et un peu fumante d'acide fluorhydrique, en ajoutant l'acide peu à peu et en remuant avec un fil de platine. On laisse la masse en bouillie épaisse digérer à une douce chaleur au bain-marie, et l'on ajoute goutte à goutte de l'acide sulfurique monohydraté étendu de son poids d'eau. La quantité de ce dernier doit être suffisante pour ramener toutes les bases à l'état de sulfates. On évapore à siccité au bain-marie, ce qui détermine la volatilisation du fluorure de silicium et du gaz fluorhydrique ; à la fin on chauffe plus fortement sur la lampe, afin de chasser l'excès d'acide sulfurique. On humecte fortement la masse refroidie avec de l'acide chlorhydrique concentré, on laisse reposer une heure, on ajoute de l'eau et l'on chauffe légèrement. S'il y a un résidu, on chauffe quelque temps au bain-marie. On laisse déposer, on décante autant qu'on peut du liquide limpide, on dessèche ce résidu et on le traite de nouveau par l'acide fluorhydrique, l'acide sulfurique et l'acide chlorhydrique, ce qui détermine la solution complète, autant toutefois que la matière a été fortement pulvérisée et qu'elle est exempte de baryte, de strontiane (et de plomb). — Dans la liqueur (ou plus généralement dans les dissolutions réunies),

(*) La désagrégation par l'acide fluorhydrique est en effet souvent facilitée avec beaucoup de minéraux, quand on les soumet en poudre fine à une calcination prolongée (*Hermann Rammelsberg, F. Mohr, Zeitschr. f. analyt. Chem.*, VII, 291.)

contenant les bases à l'état de sulfates et de l'acide chlorhydrique libre, on dose les métaux d'après les procédés indiqués au V° chapitre.

Cette méthode, qui est la plus convenable, est due à *Berzélius*. On l'avait jusqu'à ce jour regardée comme impraticable, car on ne pouvait préparer l'acide fluorhydrique qu'avec un petit appareil distillatoire en platine, ou dont le chapiteau au moins était en platine, et on ne pouvait le conserver que dans des vases de ce métal. — Cette difficulté n'existe plus maintenant; voir § **58**. 2. Il ne faudra toutefois jamais oublier de s'assurer de la pureté de l'acide fluorhydrique.

On peut aussi faire usage d'acide fluorhydrique mélangé avec de l'acide chlorhydrique : ainsi 1 gr. de feldspath en poudre fine se dissout complètement en trois minutes, quand on le fait presque bouillir dans 40 C. C. d'eau additionnés de 7 C. C. d'acide chlorhydrique à 25 pour 100, et 3 1/2 C. C. d'acide fluorhydrique. On ajoute alors 4 C. C. d'acide sulfurique, on sépare par filtration le sulfate de baryte, s'il y en a, et on évapore le liquide jusqu'à ce qu'il ne se dégage plus d'acide fluorhydrique. (*A. Mitscherlich* *.)

Il faut prendre beaucoup de précautions dans l'application de cette méthode, parce que l'acide fluorhydrique, aussi bien gazeux que liquide, est une des substances les plus corrosives : il faut faire le traitement des silicates et l'évaporation à l'air libre, car tous les ustensiles en verre et les vitres des fenêtres sont attaqués fortement par l'acide.

Comme on ne dose l'acide silicique que par la perte de poids (**), on fera bien de combiner cette méthode avec celle indiquée en α.

bb. *Avec l'acide fluorhydrique gazeux.* — On peut, au lieu d'acide en dissolution dans l'eau, faire usage d'acide à l'état gazeux. Ce procédé, souvent employé, est dû à *Brunner* (***). On met 1 à 2 gr. de silicate en poudre aussi fine que possible en couche mince au fond d'une capsule à fond bien plat, on humecte la poudre avec de l'acide sulfurique étendu, et l'on pose la capsule sur un trépied en plomb dans une boîte en plomb de 6 pouces de diamètre et 6 pouces de hauteur, au fond de laquelle on a mis d'avance une couche de 1/2 pouce de spath fluor en poudre, délayé en bouillie épaisse avec de l'acide sulfurique concentré. (On évitera les vapeurs qui se dégagent et on fera le mélange du spath fluor et d'acide sulfurique avec une longue baguette en verre ou mieux en plomb.) Aussitôt qu'on a placé la petite capsule sur son trépied à l'aide d'une pincette ou d'une pince à creuset, on couvre la boîte avec son couvercle en plomb, on lutte les jointures avec un lut gypseux et l'on abandonne 6 à 8 jours dans un lieu chaud. — Si l'on veut que l'opération marche plus vite, on ne fermera pas hermétiquement et l'on chauf-

(*) *Journ. f. prackt. Chem.*, LXXXI, 108.
(**) Il n'y a que dans des cas très rares que l'on dose le silicium qui se dégage à l'état de fluorure. On peut alors faire usage de la méthode proposée par *Story-Maskelin* (*Zeitschr. f. analyt. Chem.*, IX, 580) : seulement elle exige l'emploi d'un alambic particulier en platine.
(***) *Ann. Pogg.*, XLIV, 134.

fera l'appareil à l'air libre avec la lampe à alcool ou une petite lampe à gaz; de cette dernière façon, on peut en quelques heures décomposer 1 à 2 gr. de silicate en poudre, en supposant qu'il est en couche mince qu'on remue de temps en temps, ce qu'il faut faire avec beaucoup de précautions.

Quand la désagrégation est bien faite, le résidu dans la capsule est un mélange de fluosiliciures métalliques et de sulfates. On pose la capsule dans une autre plus grande aussi en platine, on ajoute goutte à goutte de l'acide sulfurique pur, un peu plus qu'il n'en faut pour convertir les bases en sulfates, on évapore au bain d'air, puis on chasse les dernières traces d'acide sulfurique directement sur la lampe et l'on traite le résidu par l'acide chlorhydrique et l'eau, comme il est dit en aa. On ne doit regarder la décomposition comme effectuée, que lorsque la dissolution est complète (abstraction faite d'un peu de sulfate de baryte qui peut rester par hasard).

Si l'on possède un tube de platine convenable, on peut effectuer la désagrégation en chauffant dans un courant de gaz fluorhydrique bien sec le minéral réduit en poudre fine et mis dans une petite nacelle en platine. Le tube de platine est recourbé vers le bas et plonge dans l'eau. Celle-ci reçoit les fluorures volatils et ceux qui sont fixes restent dans la nacelle. (*Sainte-Claire-Deville. Kuhlmann* *.)

cc. *Avec le fluorhydrate d'ammoniaque.* — Au lieu de l'acide fluorhydrique gazeux ou dissous, on peut faire usage du fluorhydrate d'ammoniaque. Dans une capsule en platine on mélange le silicate en poudre très fine avec quatre fois son poids de fluorhydrate d'ammoniaque pur, on humecte bien avec de l'acide sulfurique concentré, on chauffe au bain-marie jusqu'à ce qu'il ne se dégage plus ni fluorure de silicium ni acide fluorhydrique, on ajoute encore un peu d'acide sulfurique, on chauffe de nouveau, à la fin un peu fort, jusqu'à ce qu'on ait chassé la majeure partie de l'acide sulfurique et l'on traite le résidu suivant aa. (*L. de Babo, J. Potyka, Rob. Hoffmann***.) — *H. Rose* (***) fait d'abord chauffer doucement le silicate avec sept fois son poids de fluorhydrate d'ammoniaque et un peu d'eau, puis il élève lentement la température jusqu'au rouge, qu'il maintient tant qu'il se dégage des vapeurs, et alors seulement il traite le résidu par l'acide sulfurique.

dd. *Avec le fluorhydrate de fluorure de potassium.* — Les silicates qui résistent plus ou moins à l'acide fluorhydrique, comme le zircon, le béryle, peuvent être facilement décomposés, au point de vue de la détermination des bases autres que les alcalis, en les fondant avec le fluorhydrate de fluorure de potassium (*Marignac, Gibbs*****); ou bien on mélange une partie de la substance avec 3 parties de fluorure de sodium, on met le tout dans un creuset avec 12 parties de bisulfate de potasse, on chauffe d'abord très doucement, puis on élève lentement la tempé-

(*) *Compt. rend.*, LVIII, 545.
(**) *Zeitschr. f. analyt. Chem.*, VI, 366.
(***) *Pogg. Ann.*, CVIII, 20.
(****) *Zeitschr. f. analyt. Chem.*, III, 599.

rature assez pour que tout soit en fusion tranquille. On dissout le résidu dans l'eau ou dans l'acide chlorhydrique. (*Clarke* *.)

γ. *Désagrégation par l'hydrate de baryte, ou le carbonate de baryte.*

Pour désagréger les silicates avec le carbonate de baryte, il faut une température excessivement élevée, que l'on ne peut atteindre qu'avec les fourneaux de *Sefstrœm*, avec un bon chalumeau à gaz ou une lampe à essence de térébenthine de *Deville*, etc. ; car dans les meilleurs fourneaux à vent le carbonate de baryte ne peut pas fondre : ce n'est que dans cet état qu'il peut désagréger les silicates. Mais alors son action est tellement énergique qu'il décompose facilement et complètement les composés naturels les plus réfractaires. Pour une partie de minéral en poudre impalpable on prend de 4 à 6 p. de carbonate de baryte. On opère la fusion dans un creuset de platine que l'on enferme, si l'on fait usage d'un fourneau de *Sefstrœm*, dans un autre creuset d'argile réfractaire en remplissant l'intervalle de magnésie. Il faut laisser le creuset au moins une demi-heure au feu. — Plus on prend de carbonate de baryte, plus on doit craindre des pertes d'alcali par volatilisation. *Deville* conseille de ne prendre que 0,8 p. de carbonate de baryte pour 1 partie de minéraux feldspathiques.

Avec les minéraux facilement décomposables, on arrive au même but en prenant de l'hydrate de baryte débarrassé de son eau de cristallisation. On prend pour 1 partie de minéral de 4 à 5 parties d'hydrate qu'on mélange bien intimement avec le silicate en poudre, en recouvrant le tout d'une couche de carbonate de baryte. On opérera la désagrégation sur une lampe à gaz ordinaire ou une lampe à alcool de *Berzélius*. Il vaut mieux faire usage de creusets en argent, parce que ceux en platine peuvent être attaqués. Tantôt la masse entre complètement en fusion, tantôt elle ne fait que se concréter fortement.—Pour pouvoir faire usage d'un creuset en platine, *Fellenberg-Rivier* (**) conseille de fondre dans le creuset 4 à 5 parties de chlorure de calcium, de donner un mouvement gyratoire au creuset pendant le refroidissement, d'y mettre 1 partie d'hydrate de baryte et de le faire fondre. Après refroidissement on ajoute environ 1 partie du silicate en poudre très fine, on chauffe d'abord faiblement, puis peu à peu plus fort jusqu'à ce qu'on ne remarque plus de dégagement de gaz. — *Smith* (***), pour arriver au même but, fond 1 partie de silicate avec 3 ou 4 parties de carbonate de baryte et 2 parties de chlorure de baryum.

Qu'on emploie le carbonate ou l'hydrate de baryte, quand la désagrégation est achevée, on nettoie bien l'extérieur du creuset, on le place dans un vase à précipité avec 10 ou 15 parties d'eau, on laisse longtemps digérer : on ajoute de l'acide chlorhydrique ou de l'acide azotique, et l'on opère comme en b. α. Il faut avoir la précaution de ne pas verser trop d'acide chlorhydrique à la fois, parce que le chlorure de baryum, qui s'y dissout difficilement, envelopperait le reste de la partie non attaquée et la préserverait de l'action ultérieure de l'acide. — Dans la liqueur séparée par filtration de

(*) *Zeitschr. f. analyt. Chem.*, VII, 463.
(**) *Zeitschr. f. analyt. Chem.*, IX, 459.
(***) *Journ. f. prackt. Chem.*, LX, 246.

l'acide silicique, on dosera les bases d'après le chapitre V. — On aura soin de constater, comme il est dit en a., la pureté de l'acide silicique pesé, avant de regarder la décomposition comme achevée. — Ces méthodes, qui étaient autrefois très employées pour doser les alcalis dans les silicates, ont perdu de leur importance aujourd'hui que chacun peut faire usage de l'acide fluorhydrique (puisqu'on trouve maintenant facilement l'acide fluorhydrique et le fluorhydrate d'ammoniaque dans le commerce).

δ. Désagrégation par la chaux ou les sels de chaux.

Pour ne pas passer sous silence une méthode recommandée dans ces derniers temps, je dirai que *M. Deville* indique de fondre 1 partie de silicate en poudre avec 0,3 à 0,8 parties de carbonate de chaux (ce qui ne m'a pas réussi avec beaucoup de silicates), de même que *L. Smith* conseille de chauffer au rouge vif 0,5 à 1 gr. de silicate en poudre avec 1 gr. de sel ammoniac grenu fin obtenu en troublant la cristallisation par l'agitation et 8 gr. de carbonate de chaux pur, préparé par précipitation à chaud avec le carbonate d'ammoniaque : toutefois dans ce dernier procédé, si l'on élève trop la température, il peut facilement se perdre des alcalis qui se volatilisent à l'état de chlorure. *Smith* prend un creuset de 95 millimètres de hauteur, 22 millimètres de diamètre à l'ouverture et 16 millimètres au fond : il le fixe dans une position inclinée dans une pince en fer sur la plaque en fer d'un petit fourneau à gaz particulier (*), de façon qu'il y ait environ 15 millimètres qui débordent : on chauffe le creuset d'abord à la partie supérieure, puis légèrement en allant de haut en bas, de façon qu'en cinq minutes environ tout le sel ammoniac soit décomposé : on donne ensuite un fort coup de feu pour maintenir le tout au rouge vif pendant 40 à 60 minutes. En chauffant ainsi on empêche la volatilisation des chlorures alcalins. Après refroidissement on traite comme en γ. (page 591) la masse à demi fondue. — Suivant *Smith*, on peut aussi bien avoir une dissolution renfermant tous les alcalis en versant de l'eau sur la masse calcinée, chauffant pendant plusieurs heures, filtrant et lavant le résidu. Dans la liqueur renfermant les alcalis, du chlorure de calcium et de l'hydrate de chaux, on précipite la chaux par le carbonate et un peu d'oxalate d'ammoniaque.

ε. Désagrégation par l'acide chlorhydrique ou l'acide sulfurique dans un tube fermé (sous une haute pression), suivant A. Mitscherlich (**).

Beaucoup de silicates (et d'aluminates), qui ne sont pas attaqués ou le sont à peine quand on les fait digérer en vase ouvert avec de l'acide chlorhydrique ou sulfurique, éprouvent une décomposition complète lorsqu'on les chauffe entre 200 ou 210° dans un tube fermé à la lampe avec de l'acide chlorhydrique à 25 pour 100, ou avec un mélange de 3 parties d'acide sulfurique concentré et 1 partie d'eau. A cet effet on met 1 gramme environ de la substance finement divisée par lévigation ou par le tamisage dans un tube en verre de Bohême difficilement fusible, fermé à un bout et étiré à l'autre ; on verse l'acide, on ferme avec soin à la lampe et l'on chauffe dans un tube en fer forgé à l'aide

(*) *Zeitschr. f. analyt. Chem.*, XI, 87.
(**) *Journ. f. prackt. Chem.*, LXXXI, 108, et LXXXIII, 455.

d'un bain métallique. Après le refroidissement on ouvre le tube, on en verse le contenu dans une capsule en platine ou en porcelaine et l'on opère d'après le § **140**. II. a. — Cette méthode a sur toutes les autres l'avantage que le protoxyde de fer se dissout sans altération et peut alors être exactement dosé.

DEUXIÈME GROUPE DES ACIDES.

ACIDE CHLORHYDRIQUE, ACIDE BROMHYDRIQUE, ACIDE IODHYDRIQUE, ACIDE CYANHYDRIQUE,

ACIDE SULFHYDRIQUE.

§ 141.

1. Acide chlorhydrique.

I. Dosage.

On peut doser l'acide chlorhydrique avec une grande rigueur aussi bien par les pesées que par les liqueurs titrées (*).

a. Dosage par les pesées.

Dosage du chlore à l'état de chlorure d'argent. — A la dissolution on ajoute un excès d'azotate d'argent additionné d'un peu d'acide azotique, on lave par décantation, en chauffant un peu et en agitant le précipité obtenu ; on sèche et l'on calcine le chlorure d'argent. Voir au § **115**. 1. a. les détails de l'opération. — On évitera de chauffer la dissolution additionnée d'acide azotique avant d'avoir versé l'excès de dissolution d'argent. Aussitôt que celle-ci est en excès, le chlorure d'argent se dépose rapidement par agitation et le liquide, au bout de quelque temps de repos à la chaleur, devient parfaitement limpide : aussi le dosage de l'acide chlorhydrique avec l'argent se fait-il bien plus facilement que celui de l'argent par l'acide chlorhydrique.

b. Méthodes volumétriques.

α. *Avec une dissolution d'argent.* — De même qu'avec une dissolution titrée de chlorure de sodium on peut trouver la quantité d'argent contenue dans un liquide (§ **115**. 5.), de même réciproquement avec une dissolution d'argent d'un titre connu on pourra doser l'acide chlorhydrique ou le chlore combiné à un métal. *Pelouze* a employé ce moyen pour fixer plusieurs équivalents. — *Levol* a le premier apporté une modification qui permet de reconnaître plus facilement la fin de l'opération ; il ajoute au liquide *neutre* 1/10 de son volume d'une dissolution saturée de phosphate de soude. Aussitôt que tout le chlore est combiné à l'argent, une nouvelle addition de la dissolution d'argent donne un précipité jaune qui ne disparaît pas par l'agitation. Plus tard *F. Mohr* a remplacé avec avantage le phosphate de soude par le chromate de potasse.

(*) Voir, § **215**, le dosage acidimétrique de l'acide chlorhydrique libre.

Pour pouvoir appliquer cette méthode facile et très exacte, il faut préparer une dissolution de nitrate d'argent complétement exempte d'acide libre et d'une force chimique connue : la plus commode est celle qui correspond par litre à 1/10 d'équivalent d'acide chlorhydrique, de chlorure de sodium, etc.

Voici la manière qui me semble la plus convenable pour préparer cette dissolution et en fixer le titre.

On dissout de 18,75 à 18,80 grammes d'azotate d'argent pur fondu dans 1100 C.C. d'eau distillée, on filtre la dissolution si c'est nécessaire, et on la mélange bien par agitation.

On pèse successivement quatre essais de $0^{gr},10$ à $0^{gr},18$ de chlorure de sodium pur. On chauffe légèrement celui-ci au rouge, sans le fondre, on le broie avant qu'il soit refroidi, on le met dans un petit tube de verre bien sec et bien fermé. On pèse alors ce tube plein, on fait tomber dans un vase à précipité la quantité de sel qui paraît suffisante, on pèse de nouveau, on prend une deuxième portion de sel dans un autre vase, on pèse de nouveau et ainsi de suite. On dissout chaque essai dans 20 à 50 C.C. d'eau et l'on ajoute trois gouttes d'une dissolution saturée à froid de chromate neutre de potasse pur.

On remplit la burette à pince (mieux vaut se servir du flotteur d'*Erd-mann*) jusqu'au zéro avec la dissolution de nitrate d'argent préparée comme nous l'avons dit et un peu trop concentrée, puis on la laisse couler goutte à goutte dans la dissolution jaune pur contenue dans le vase à précipité et que l'on agite constamment. Chaque goutte produit là où elle tombe une teinte rouge, qui disparaît bientôt par l'agitation, parce que le chromate d'argent qui se forme en ce point est bientôt décomposé par le chlorure métallique. Mais enfin il se forme une coloration rouge faible permanente : alors tout le chlore est combiné à l'argent et il y a un peu de chromate d'argent. On fait la lecture sur la burette et l'on calcule combien il aurait fallu de solution d'argent pour 1/10 d'équivalent de chlorure de sodium ou pour $5^{gr},850$. Soit, par exemple, que pour $0^{gr},110$ de chlorure de sodium il ait fallu 18,7 C.C. de solution d'argent : on posera la proportion $0,110 : 18,7 = 5,850 : x$, d'où $x = 994,50$ C.C.

Sans jeter le liquide du premier essai, on fait de la même façon une deuxième, une troisième expérience, en ayant soin de prendre pour signe de la fin de l'opération la même nuance rougeâtre, et on fait les mêmes calculs. Admettons que les deux derniers essais aient fourni pour 5,850 NaCl 995,0 et 995,0 C.C.; on prend la moyenne 994,2 des trois nombres et l'on sait que c'est à cette quantité de la solution d'argent qu'il faut ajouter 5,8 C.C. d'eau pour compléter le titre normal, c'est-à-dire tel que 1000 C.C. correspondent à 1/10 d'équivalent de chlorure de sodium. Au lieu de 994,2 C.C., si l'on en prend 1000, il faudrait ajouter 5,83 C.C. d'eau. — On remplit donc avec la dissolution d'argent, jusqu'au trait marqué sur le col, un ballon d'un litre bien sec, ou lavé avec un peu de la dissolution, on y verse 5,83 C.C. d'eau et l'on agite après avoir fermé avec un bouchon en caoutchouc pur et bien sec.

La dissolution d'argent doit avoir de cette façon un titre rigoureux, mais il vaut mieux s'en assurer encore par un nouvel essai. La burette étant vidée, on la lave avec la dissolution normale, on la remplit avec cette dernière et l'on fait agir le sel d'argent sur la quatrième portion de sel pesée. Alors les centimètres cubes d'argent employés, multipliés par 0,005850, doivent donner le poids de sel sur lequel on a opéré.

Ayant une bonne dissolution d'azotate d'argent, exactement titrée, on est à même, en saisissant juste le passage de la dissolution du jaune au rouge faible, de doser rigoureusement l'acide chlorhydrique ou le chlore dans une combinaison métallique soluble dans l'eau. Il faut seulement avoir bien soin que la dissolution ne soit pas du tout acide, mais exactement neutre, car les acides libres dissolvent le chromate d'argent. On rend donc la dissolution neutre soit par l'acide azotique, soit par le carbonate de soude, on ajoute 3 gouttes d'une dissolution de chromate neutre de potasse, et on laisse couler goutte à goutte la liqueur d'argent à l'aide de la burette, jusqu'à ce que la nuance rougeâtre apparaisse. Le nombre des centimètres cubes employés permet de calculer la quantité d'acide chlorhydrique ou de chlorure métallique, car 1000 C.C. de la solution d'argent correspondent à $3^{gr},646$ HCl, — 3,546 chlore, — 5,850 ClNa, etc., toujours le dixième de l'équivalent du chlorure cherché.

Si l'on craignait d'avoir ajouté trop d'argent, c'est-à-dire si la coloration rouge était trop forte, on pourrait ajouter 1 C.C. d'une solution de chlorure de sodium équivalente à celle d'argent, qui par conséquent devrait renfermer $5^{gr},850$ de NaCl dans un litre; puis on recommencerait à atteindre la fin de la réaction en versant la liqueur d'argent avec beaucoup de précaution. Il faudrait ensuite retrancher 1 C.C. des centimètres cubes employés.

Les résultats sont on ne peut pas plus satisfaisants. Ils seront d'autant plus exacts qu'on aura pris plus de précautions pour qu'il y ait égalité quant au volume et à la richesse entre le liquide salin servant à fixer le titre et celui qu'on analyse. En effet, si les volumes sont très différents, naturellement les petites quantités d'azotate d'argent qu'il faut pour produire la coloration rouge ne sont plus les mêmes; si les proportions de chlorure métallique ne sont pas à peu près les mêmes, le peu de nitrate d'argent nécessaire pour produire la coloration rouge n'est plus, dans un cas comme dans l'autre, dans le même rapport avec ce qu'il faut pour précipiter le chlorure métallique. Cependant comme la première quantité est par elle-même fort petite, entre 0,05 et 0,1 C.C. l'inexactitude qui peut résulter de ces différentes causes est fort minime. — Si ce qu'il faut de nitrate d'argent pour produire la coloration était constant, la correction serait facile : ce serait une quantité constante à retrancher; mais comme il n'en est pas ainsi, que plus il y a de chlorure d'argent plus il faut de chromate d'argent pour produire un changement sensible de couleur, on voit que dans cette manière d'opérer on ne peut pas atteindre toute la rigueur possible.

β. *Avec la dissolution d'argent et l'iodure d'amidon d'après Pisani* (*). — A la dissolution du chlorure métallique acidulée avec de l'acide azotique, on ajoute de la dissolution d'argent titrée en léger excès, on chauffe et l'on filtre. Dans le liquide on détermine avec la dissolution d'iodure d'amidon l'excès d'argent ajouté (page 249); de la différence on conclut la quantité d'argent combiné au chlore et par suite la proportion de ce dernier. Bons résultats.

(*) *Ann. des mines*, X, 83.

γ. *Par la dissolution de bioxyde de mercure,* d'après *Liebig* (*) (employé surtout pour doser le chlore des chlorures contenus dans les urines).

    aa. *Principe.* — La dissolution d'azotate de bioxyde de mercure donne immédiatement dans une dissolution d'urée un précipité blanc volumineux; cette précipitation ne se produit pas avec le bichlorure de mercure.—Si l'on mélange une dissolution d'azotate de bioxyde de mercure avec un chlorure alcalin, il se forme du bichlorure de mercure et un azotate alcalin. — Dès lors si l'on ajoute un chlorure alcalin à une dissolution d'urée et qu'on y verse goutte à goutte une dissolution étendue d'azotate de bioxyde de mercure, il se forme au point de contact des deux liquides un trouble blanc, mais qui disparaît par l'agitation tant que l'azotate de bioxyde de mercure peut se décomposer, comme il est dit plus haut : une fois que cela ne peut plus se faire, une goutte d'azotate de mercure donne un trouble blanc permanent. Si donc on mesure le volume de la dissolution de sel de mercure employé, si l'on en connaît le titre, on pourra trouver la quantité de chlore, car un équivalent de mercure correspond à 1 équivalent de chlore.

    bb. *Préparation de la dissolution d'azotate de bioxyde de mercure.* — Comme elle doit être exempte de tout métal étranger, on dissout dans l'acide azotique de l'oxyde bien lavé, obtenu en précipitant avec de la soude du bichlorure de mercure cristallisé. On prend 10^{gr},8 d'oxyde sec, on évapore la dissolution à consistance sirupeuse et on l'étend avec de l'eau de façon à faire 550 C.C. — On peut aussi se servir de l'azotate de protoxyde qu'on aurait fait cristalliser plusieurs fois. On le dissout dans de l'eau avec addition d'acide azotique, on chauffe à l'ébullition, on ajoute de l'acide azotique concentré, jusqu'à ce qu'il ne se dégage plus de vapeurs rutilantes, on évapore à consistance sirupeuse et l'on étend d'eau de façon à avoir une dissolution de concentration convenable.

    cc. *On titre cette dissolution* au moyen d'une solution de sel marin de force connue, que *Liebig* prépare en ajoutant 298,4 C.C. d'eau à 20 C.C. d'une dissolution de sel gemme pur ou de chlorure de sodium chimiquement pur, *saturée* à la température ordinaire. Chaque centimètre cube de ce liquide renferme 20 milligrammes de sel marin.

    On prend 10 C.C. de la dissolution de chlorure de sodium que l'on verse dans un petit vase à précipité et l'on y ajoute 3 C.C. d'une solution de 4 grammes d'urée dans 100 C.C. d'eau.

    On verse goutte à goutte dans ces 10 C.C., avec une burette à pince ou à bec latéral, la dissolution de mercure jusqu'à ce qu'il se forme un précipité permanent malgré l'agitation (**).

    dd. Une fois que l'on a trouvé combien de centimètres cubes de la dissolution de mercure correspondent à 10 C.C. de la dissolution de sel marin

---

(*) *Ann. der Chem. und Pharm.,* LXXXV, 297.
(**) Il ne faudra pas regarder l'opération comme achevée si la liqueur ne fait que devenir opaline, car cela peut tenir à des traces de métaux étrangers, et on reconnaîtra que cela n'est pas la fin de l'opération à ce qu'une nouvelle quantité de sel de mercure n'augmentera pas le trouble.

$= 0^{gr},2$ de NaCl, on pourra en faire immédiatement usage, si l'on ne recule pas devant un petit calcul. Mais si l'on veut éviter celui-ci, on étendra la liqueur de façon que chaque centimètre cube corresponde à un nombre entier de milligrammes de sel marin ou de chlore. *Liebig* fait en sorte que 1 C.C. représente $0^{gr},010$ de chlorure de sodium.

ee. Si la liqueur doit servir pour des dissolutions contenant beaucoup de sels étrangers ou de l'urée en excès, non seulement on ajoute 3 C.C. de solution d'urée aux 10 C.C. de la dissolution de chlorure de sodium, avant de verser l'azotate de mercure, mais encore 5 C.C. d'une solution de sel de Glauber saturée à froid (*). Résultats exacts.

Si l'on avait une dissolution de sel marin contenant 1/10 d'équivalent $= 5^{gr},850$ par litre, on pourrait, bien entendu, s'en servir pour fixer le titre de l'azotate de mercure.

δ. *Procédé alcalimétrique* (suivant *Bohlig***).—Si c'est nécessaire pour précipiter les terres alcalines, les terres ou les oxydes métalliques, on ajoute au liquide à essayer un léger excès de carbonate de potasse, on étend d'eau de façon à faire 250 C.C., on mélange, on filtre, et dans 50 C.C. du liquide filtré, on détermine d'abord l'alcalinité d'après le § **220**. Ensuite dans un flacon jaugé de 250 C.C on met 125 C.C. du premier liquide filtré et l'on y ajoute un excès d'oxyde d'argent pur, on remplit d'eau le ballon jusqu'au trait de jaugeage, et l'on agite souvent en évitant l'action de la lumière. Au bout de quelques minutes on jette sur un filtre à plis sec, avec une pipette on prend 100 C. C. du liquide (qui correspondent à 50 C. C. du liquide primitif) et l'on y dose de nouveau l'alcalinité. La différence des C. C. d'acide normal employés dans les deux cas correspond au chlore de la solution. Le résultat n'est évidemment exact qu'autant qu'on aura reconnu qu'une portion du dernier liquide filtré est exempte de chlore. La méthode de *Bohlig* est surtout industrielle.

Parmi ces méthodes de dosage volumétrique du chlore, la première est préférable dans tous les cas ordinaires : toutefois elle ne peut pas s'appliquer aux analyses des urines, parce qu'outre le chlorure d'argent il se forme des précipités d'oxyde d'argent avec les matières colorantes, etc., de l'urine (*C. Neubauer****). La méthode de *Pisani*, b. β., est surtout commode pour doser de petites quantités de chlore, mais on ne saurait l'appliquer en présence de fortes proportions d'azotates alcalins, comme dans les analyses de salpêtres (Voir page 255).

(*) Le motif de cette addition c'est que l'azotate de bioxyde de mercure et d'urée est plus facilement soluble dans l'eau pure que dans l'eau contenant des sels, et dès lors, pour avoir des résultats exacts, il faut autant que possible que le pouvoir dissolvant du liquide dans la fixation du titre et dans l'opération analytique définitive soit le même.

(**) *Zeitschr. f. analyt. Chem.*, IX, 314.

(***) Pour pouvoir appliquer la méthode aux urines, R. *Pibram* (*Zeitschr. f. analyt., Chem.*, IX, 428) chauffe à l'ébullition 10 C. C. d'urine avec 50 C. C. d'une solution de permanganate de potasse pur (1 à 2 grammes de sel par litre), il sépare par filtration les flocons qui se forment bientôt, et après les avoir bien lavés, il dose le chlore suivant b. α. dans la liqueur filtrée.

II. Séparation du chlore d'avec les métaux.

a. *Dans les chlorures solubles.*

On opère exactement comme en I. a. Dans le liquide filtré on sépare les métaux de l'azotate d'argent en excès, comme il sera dit au cinquième chapitre. Les chlorures métalliques solubles peuvent aussi être complètement décomposés par digestion à froid avec de l'oxyde ou du carbonate d'argent. On obtient du chlorure d'argent, tandis que le métal uni au chlore passe à l'état d'oxyde ou de carbonate qui, suivant sa nature, reste dissous ou mélangé au chlorure d'argent. Il faudra se rappeler que des traces d'oxyde d'argent ou de carbonate d'argent passent dans le liquide filtré.

Toutefois ce procédé doit être modifié avec le bichlorure d'étain, et celui de mercure avec les chlorures d'antimoine, le chlorure vert de chrome et le chlorure de platine.

χ. Dans la *dissolution de bichlorure d'étain* l'azotate d'argent précipite, outre le chlorure d'argent, de l'oxyde d'argent et d'étain. Alors pour précipiter d'abord l'étain on additionne la liqueur d'une dissolution concentrée d'azotate d'ammoniaque, on laisse déposer, on décante, on filtre (§ **126**. 1. b.), et dans le liquide filtré on précipite le chlore avec l'azotate d'argent. *Lowenthal*, qui a indiqué ce procédé (*), en a prouvé l'exactitude.

β. Avec le *bichlorure de mercure* l'azotate d'argent précipite du chlorure d'argent, qui entraîne du mercure. On commencera donc par précipiter le mercure avec l'acide sulfhydrique en excès suffisant et l'on dosera le chlore dans le liquide filtré d'après le § **169**.

γ. On décompose, comme en β, les *composés chlorurés d'antimoine*. Il faut, par addition d'acide tartrique, empêcher la précipitation des sels basiques lorsqu'on étend d'eau. On fera bien de s'assurer que le sulfure d'antimoine est exempt de chlore.

δ. Dans la dissolution *du chlorure de chrome vert* tout le chlore n'est pas précipité par l'azotate d'argent (*Péligot*). On commencera donc par précipiter d'abord le chrome avec l'ammoniaque, on filtrera et dans le liquide on dosera le chlore d'après I. a.

ε. Dans la solution de *chlorure de platine*, l'azotate d'argent précipite un chlorure double d'argent et de platine (*Comaille*). Dès lors il faut chauffer le chlorure de platine au rouge dans un courant d'hydrogène et recevoir l'acide chlorhydrique dans une dissolution d'argent (*Bonsdorff*); ou bien évaporer la solution avec un excès de carbonate de soude, fondre le résidu dans un creuset de platine, et doser le chlore dans la solution aqueuse du résidu. Suivant *Topsoë* (**), on peut encore faire digérer à froid avec de la grenaille de zinc la solution étendue, jusqu'à ce qu'il ne se dégage plus d'hydrogène, ajouter un excès d'ammoniaque, chauffer au bain-marie jusqu'à décoloration complète, ce qui indique la précipitation de tout le platine, et doser le chlore dans la liqueur filtrée.

(*) *Journ. f. prackt. Chem.*, LXVI, 571.
(**) *Zeitschr. f. analyt. Chem.*, IX, 50.

b. *Dans les chlorures insolubles.*

α. *Dans les chlorures solubles dans l'acide azotique.* — On les dissout à froid dans cet acide et l'on opère suivant I. a.

β. *Dans les chlorures insolubles dans l'acide azotique* (chlorure de plomb, chlorure d'argent, protochlorure de mercure).

aa. On décompose le *chlorure de plomb*, en le faisant digérer dans de l'eau avec un bicarbonate alcalin. On opère absolument comme pour la décomposition du sulfate de plomb, § **152**. II. b. β.).

bb. On calcine le *chlorure d'argent* dans un creuset de porcelaine, avec 3 parties du mélange de carbonate de potasse et de carbonate de soude, jusqu'à ce que la masse soit concrétée. En traitant par de l'eau on obtient l'argent métallique insoluble, et, dans la dissolution, des chlorures alcalins que l'on traite suivant I. a.

On peut encore décomposer facilement le chlorure d'argent en le faisant digérer avec du zinc dans de l'acide sulfurique étendu. On peut peser l'argent métallique (en essayant ensuite s'il donne dans l'acide azotique une dissolution limpide); dans la dissolution on détermine la quantité de chlore que contient le chlorure de zinc d'après I. a.

cc. On décompose le *protochlorure de mercure* en le faisant digérer avec une lessive de potasse ou de soude. Dans le liquide filtré on dose le chlore d'après I. a. On dissout le protoxyde de mercure dans l'acide azotique ou dans l'eau régale, et l'on dose le mercure d'après le § **117** ou le § **118**.

c. *Les chlorures des métaux des quatrième, cinquième et sixième groupes* peuvent pour la plupart être décomposés par l'acide sulfhydrique ou par le sulfhydrate d'ammoniaque. On dose le chlore dans le liquide filtré suivant le § **169**. On ne négligera pas d'essayer si les sulfures métalliques ne renferment pas encore des chlorures. On obtient en effet avec certains chlorures, par exemple celui du cadmium, des sulfures exempts de chlore avec le sulfhydrate d'ammoniaque, mais non pas avec l'acide sulfhydrique.

d. Dans beaucoup de chlorures métalliques (par exemple ceux du premier et du deuxième groupe) on peut doser le chlore indirectement par perte, en transformant la base en sulfate par évaporation avec de l'acide sulfurique et en pesant le sulfate. (Cette méthode ne peut pas s'appliquer au chlorure d'argent, ni au chlorure de plomb, qui ne se décomposent ainsi que difficilement et incomplètement, et non plus au perchlorure de mercure et au perchlorure d'étain, qui ne sont pas ou presque pas attaqués par l'acide sulfurique.)

APPENDICE : DOSAGE DU CHLORE A L'ÉTAT LIBRE.

§ **142**.

Le dosage du chlore à l'état libre peut se faire soit par pesées, soit volumétriquement. Le dernier moyen doit être le plus souvent préféré. Parmi les nombreuses méthodes préconisées, je n'indiquerai ici que celle qui, sans aucun doute, est la plus exacte et en même temps aussi la plus convenable (*).

1. Méthode par les liqueurs titrées.

Avec l'iodure de potassium (suivant *Bunsen*). — On introduit le chlore, soit gazeux, soit en dissolution aqueuse, dans un excès d'une dissolution d'iodure de potassium dans de l'eau. Chaque équivalent de chlore met en liberté un équivalent d'iode qui reste dissous dans l'excès d'iodure de potassium. En dosant donc cet iode, soit avec l'hyposulfite de soude, soit par un des procédés décrits dans le § **146,** on pourra en conclure la quantité de chlore et cela avec la plus grande exactitude. — S'il faut opérer avec de l'eau de chlore, on en mesurera le volume avec une pipette. Pour éviter de respirer du chlore pendant qu'on aspire le liquide, on réunit la partie supérieure de la pipette à un tube contenant des couches alternatives de coton et d'hydrate de potasse humide. La pipette étant exactement remplie, on en laisse couler le contenu, en agitant, dans un excès d'une dissolution d'iodure de potassium (1 d'iodure sur 10 d'eau). On reconnaît qu'il y a assez d'iodure à ce que la liqueur brune doit rester limpide. — Si le chlore se dégage à l'état

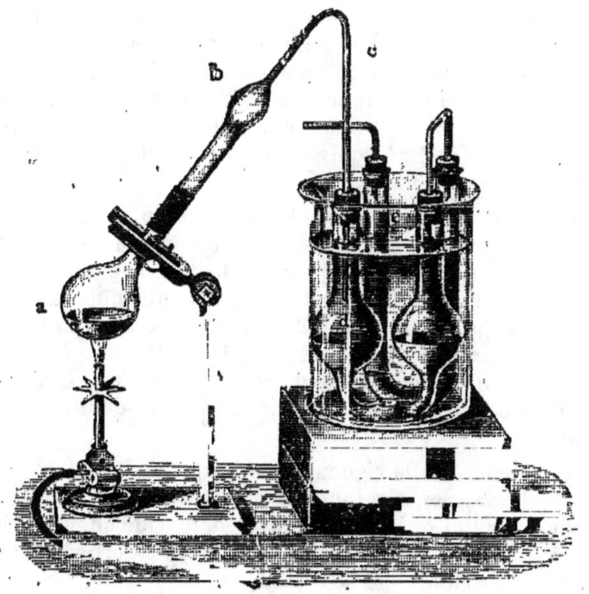

Fig. 96.

gazeux, on pourra faire usage de l'appareil décrit au § **130.** I. e. β., ou du suivant (*fig.* 96), qui est surtout fort commode si le chlore n'est pas pur, mais mélangé à d'autres gaz.

(*) Voir aussi, dans le chapitre des Spécialités, la chlorométrie.

a est le petit ballon duquel le chlore se dégage par l'ébullition de la substance avec de l'acide chlorhydrique : il est réuni au tube *b* au moyen d'un tube en caoutchouc non sulfuré ou débarrassé de son soufre par ébullition dans une lessive de potasse étendue et un lavage complet. Le tube mince *c*, soudé à la boule de *b* et traversant un bouchon en caoutchouc désulfuré, conduit le gaz dans un tube en U à boules *d*, qui contient la dissolution d'iodure de potassium et communique lui-même, pour plus de sûreté, à un second tube en U semblable. Ces deux tubes en U sont placés dans un vase à précipité rempli d'eau. — L'appareil est monté de façon qu'il ne peut pas y avoir d'absorption, que la solution d'iodure reste froide et que le chlore est complètement arrêté. — Lorsque après une ébullition prolongée tout le chlore a été chassé, on vide *d* et *c* dans un vase à précipité et l'on titre avec l'hyposulfite de soude (§ **146**).

2. *Méthodes par les pesées.*

On ajoute au liquide dans lequel on veut doser le chlore et qui doit être parfaitement exempt d'acide sulfurique, par exemple dans 50 grammes d'eau de chlore, un léger excès d'hyposulfite de soude, soit $0^{gr},5$. Le tout est dans un vase en verre fermé à l'émeri, que l'on bouche et qu'on chauffe un instant. L'odeur du chlore disparaît. On porte alors à l'ébullition avec un léger excès d'acide chlorhydrique pour achever la décomposition complète de l'hyposulfite de soude, on filtre et dans le liquide filtré on dose l'acide sulfurique avec la baryte (§ **132**) ; 1 équivalent d'acide sulfurique correspond à 2 équivalents de chlore (*Wicke**[*]**).

Si dans un liquide il y a de l'*acide chlorhydrique* ou *un chlorure métallique avec du chlore libre*, on dosera le chlore libre en présence du chlore combiné de la façon suivante. A une portion pesée du liquide on ajoute un excès d'une dissolution aqueuse d'acide sulfureux, au bout de quelque temps on ajoute de l'acide azotique, puis un peu de chromate de potasse pour décomposer l'excès d'acide sulfureux, et l'on précipite tout le chlore à l'état de chlorure d'argent. Ensuite dans une seconde portion pesée on dose le chlore libre à l'aide de l'iodure de potassium ; la différence donne la quantité de chlore combiné (**).

On voit, par la facilité et la rigueur avec lesquelles le chlore libre se dose par la méthode de *Bunsen*, que tous les oxydes et les peroxydes, qui peuvent dégager du chlore quand on les chauffe avec de l'acide chlorhydrique, pourront être analysés en les chauffant avec de l'acide chlorhydrique et en mesurant la quantité de chlore qui se dégage.

Nous renvoyons au § **142**. 1. pour la manière de conduire l'opération.

(*) *Ann. d. Chem. u. Pharm.*, XCIX, 89.

(**) Si l'on verse directement du nitrate d'argent dans de l'eau de chlore, on n'obtient que les 5/6 du chlore à l'état de chlorure d'argent : $6Cl + 6AgO = 5AgCl + AgO,ClO^5$ (*H. Rose*, *Wellzien*, *Ann. d. Chim. u. Pharm.*, XCI, 45). Si à l'eau de chlore on ajoute de l'ammoniaque, il se fait d'abord du chlorhydrate d'ammoniaque et de l'hypochlorite d'ammoniaque, qui se décompose peu à peu en azote et chlorhydrate d'ammoniaque : il se forme en outre aussi un peu de chlorate d'ammoniaque. (*Schœnbein*, *Journ. f. prackt. Chem.*, LXXXIV, 386.)

§ 143.

2. Acide bromhydrique.

1 Dosage.

Méthode en poids.

a. *A l'état de bromure d'argent.* — Si l'on a de l'acide bromhydrique libre dans une dissolution exempte d'acide chlorhydrique ou de chlorure métallique, on précipite par l'azotate d'argent et l'on opère en tout comme pour l'acide chlorhydrique (§ **141**). Caractères du bromure d'argent, § **94**. 2. — Résultats tout à fait exacts.

b. *Méthodes volumétriques.*

Comme l'acide chlorhydrique et le chlore dans les chlorures alcalins, le brome peut se doser dans les composés analogues au moyen de la *solution titrée d'argent* (§ **141**. I. b. α.), par la *solution d'argent* et l'*iodure d'amidon* (§ **141**. I. b. β.), et par la *méthode alcalimétrique* (§ **148**, I. b. δ). Mais ces moyens sont rarement employés, parce qu'on ne peut les appliquer que lorsqu'il n'y a ni acide chlorhydrique, ni chlorures métalliques.

Bien que les procédés suivants laissent beaucoup à désirer sous le rapport de la rigueur des résultats, nous les indiquons cependant, parce qu'ils sont bons, surtout pour évaluer de petites quantités de brome, dans les liqueurs qui renferment des chlorures (*).

b. *Avec l'eau de chlore et le chloroforme,* suivant *A. Reimann* (**). — La méthode repose sur ce que le chlore chasse le brome des bromures métalliques, puis ensuite se combine avec lui pour former du chlorure de brome, et en outre sur cette remarque que le brome donne au chloroforme une coloration qui varie du jaune à l'orangé, tandis que le chlorure de brome ne lui communique qu'une teinte jaune pâle. La liqueur renfermant en dissolution neutre le bromure alcalin est contenue dans un vase en verre, qu'on peut fermer avec un bouchon à l'émeri : on y ajoute une goutte de chloroforme grosse comme une noisette ; on y verse à l'aide d'une burette, enveloppée d'un papier noir pour empêcher l'action de la lumière, de l'eau de chlore d'une force connue. Par l'agitation le chloroforme devient jaune, une nouvelle addition de chlore le rend orangé, puis de nouveau jaune, et enfin, quand pour 1 équivalent de brome 2 équivalents de chlore ont été employés, la couleur devient blanc jaunâtre ($KBr + 2Cl = KCl + BrCl$). Il est difficile de reconnaître la fin de l'opération. On y arrive plus facilement en plaçant le vase sur un papier blanc et en comparant la couleur du chloroforme à celle d'une dissolution étendue de chromate neutre de potasse, à laquelle on donne la teinte convenable. L'eau de chlore doit avoir une concentration proportionnée à la quantité de brome à doser. On la choisit de façon à en

(*) Voir aussi le § **169**.
(**) *Ann. der Chem. und Pharm.*, CXV, 140.

employer environ 100 C. C. On détermine la proportion de chlore avec l'iodure de potassium et l'hyposulfite de soude (§ **142. 1.**). — La méthode est surtout convenable pour doser de petites quantités de brome dans des eaux-mères. Les résultats sont très-approchés, par exemple : 0,0180 au lieu de 0,0185, — 0,055 au lieu de 0,059, — 0,0112 au lieu de 0,010, etc. — Si les liquides renferment des matières organiques, on évapore le liquide rendu alcalin avec de la soude caustique, on calcine le résidu au rouge dans une capsule en argent, on reprend par de l'eau, on neutralise avec de l'acide chlorhydrique et l'on fait le dosage.

c. *Avec de l'eau de chlore à chaud,* suivant *Figuier* (*). — Le point de départ de ce procédé, c'est que 1 équivalent de chlore met en liberté 1 équivalent de brome dans une dissolution d'un bromure, et que le brome colore le liquide en jaune, mais que cette coloration disparaît par l'ébullition, en sorte que la liqueur d'abord jaune redevient incolore.

On emploie le chlore en dissolution aqueuse étendue. On en prend le titre de suite avant d'en faire usage, en la faisant agir sur une dissolution en proportion connue de bromure de potassium acidulée par quelques gouttes d'acide chlorhydrique (ou plus simplement avec l'iodure de potassium et l'hyposulfite de soude, § **142. 1.**), puis on la fait agir immédiatement sur les eaux-mères. On chauffe celles-ci presque à l'ébullition dans un ballon, on verse de l'eau de chlore d'une burette enveloppée de papier noir, on chauffe le liquide pendant 3 minutes, ce qui doit produire la décoloration. On laisse refroidir 2 minutes, on renverse de l'eau de chlore et on continue ainsi jusqu'à ce qu'une nouvelle addition d'eau de chlore ne produise plus de coloration. — Si les essais durent plusieurs heures, on prend de nouveau le titre de l'eau de chlore et l'on calcule d'après une moyenne. — Les liquides alcalins doivent être acidulés légèrement avec l'acide chlorhydrique. Il ne faut pas qu'il y ait de protoxyde de fer, de protoxyde de manganèse, d'iode ou de matières organiques. Si l'on avait des eaux-mères colorées en jaune par des substances organiques, il faudrait les évaporer à siccité, chauffer légèrement au rouge le résidu, le traiter par l'eau et filtrer. Pendant l'évaporation à siccité il faut ajouter du carbonate de soude, parce que le chlorure et le bromure de magnésium laissent dégager de l'acide chlorhydrique et de l'acide bromhydrique.

J'ai reconnu que la méthode réussit le mieux quand on chauffe la lessive dans un ballon fermé par un bouchon percé de trois trous. Par l'un d'eux on fait arriver un courant d'acide carbonique jusqu'au fond du ballon, par le second on fait passer la longue pointe effilée de la burette contenant l'eau de chlore, et par le troisième sort le courant d'acide carbonique entraînant le brome mis en liberté. On opère en maintenant une douce ébullition. L'analyse ainsi conduite se fait relativement vite, et les résultats peuvent en être acceptés.

d. *Méthode colorimétrique de Heine* (**). — On met le brome en liberté au

---

(*) *Ann. de physique et de chimie,* XXXIII, 303. Cette méthode se recommande pour l'analyse des eaux-mères.

(**) *Journ. f. prackt. Chem.,* XXXVI, 184. — A recommander pour le dosage du brome dans les eaux-mères.

moyen du chlore, on le reprend par l'éther et l'on compare la teinte du liquide bromé à celle d'une solution éthérée de brome d'un titre connu. *Fehling* (*), qui a essayé ce procédé, l'a trouvé exact. Il faut connaître à peu près la richesse en brome du liquide à essayer. Comme les eaux analysées par *Fehling* contenaient au plus $0^{gr},02$ de brome dans 60 gram., il préparait 10 liqueurs d'essai contenant de $0^{gr},002$ à $0^{gr},020$ de brome, en ajoutant à 60 grammes d'une dissolution saturée de sel marin des quantités croissantes de bromure de potassium. On ajoutait ensuite un volume égal d'éther, puis de l'eau de chlore jusqu'à ce que la couleur de l'éther ne devienne pas plus foncée. (Comme il est de la plus haute importance qu'on atteigne juste le point voulu, et que trop ou trop peu de chlore donne un liquide moins foncé, *Fehling* préparait 5 liqueurs d'essai pour chaque proportion et choisissait celle qui paraissait la plus foncée.) — On prend maintenant 60 C. C. de l'eau-mère à essayer, on y ajoute la même quantité d'éther que dans le liquide auquel on comparera, puis de l'eau de chlore. Il faut répéter plusieurs fois chaque essai. Il faut éviter l'action directe des rayons du soleil et opérer rapidement. — On pourrait remplacer avec avantage l'éther par le chloroforme ou le sulfure de carbone. C'est ainsi qu'opère *Caignet*. Il remplace l'eau de chlore par l'hypochlorite de soude et enlève de temps en temps le sulfure de carbone coloré pour saisir mieux la fin de l'opération.

II. Séparation du brome d'avec les métaux.

On analyse les bromures métalliques absolument comme les chlorures correspondants ; on fera usage des méthodes indiquées pour le chlore depuis a. jusqu'à d. On décomposera les bromures par l'acide sulfurique (§ **141**. II. d.) dans des creusets en porcelaine et non pas en platine, ceux-ci étant attaqués par le brome libre. Il ne faut pas oublier que tous les bromures ne sont pas complètement décomposés par l'acide sulfurique : cela arrive surtout pour le perbromure de mercure. En évaporant les bromures métalliques solubles avec de l'acide chlorhydrique et un excès d'eau de chlore, on peut les transformer en chlorures : mais on ne peut appliquer ce moyen qu'aux composés pour lesquels on n'a pas à craindre la volatilisation du chlorure avec la vapeur d'eau : ainsi on ne pourra pas s'en servir pour les bromures de mercure.

Appendice : Dosage du brome libre.

§ 144.

Si l'on a du brome en dissolution aqueuse ou qui se dégage à l'état de vapeurs, on le fait agir sur une dissolution d'iodure de potassium en excès. Chaque équivalent de brome met en liberté un équivalent d'iode, que l'on dose au moyen de l'hyposulfite de soude (§ **146**). Voir au § **142**. 1. la façon la plus convenable de faire agir le brome sur l'iodure de potassium.

(*) *Journ. f. prackt. Chem.*, XLV, 269

Le dosage du brome libre en présence de l'acide bromhydrique ou d'un bromure se fait comme celui du chlore à côté de l'acide chlorhydrique. (Voir § **142**.)

§ **145**.

1. Acide iodhydrique.

I. Dosage.

Pour doser l'acide iodhydrique ou, ce qui revient au même, l'iode dans les iodures métalliques, nous avons de bonnes méthodes volumétriques ou de bons procédés en poids (*).

a. *Méthodes par les pesées.*

α. *Dosage de l'iode à l'état d'iodure d'argent.* — Si l'on a de l'acide iodhydrique dans une solution ne renfermant ni acide chlorhydrique, ni acide bromhydrique, on précipite avec l'azotate d'argent, on ajoute ensuite de l'acide azotique et l'on opère exactement comme pour l'acide chlorhydrique (§ **141**). Si la liqueur était colorée par de l'iode libre, on ajouterait d'abord avec précaution de l'acide sulfureux jusqu'à décoloration complète. — Les parcelles d'iodure d'argent qui pourraient rester adhérentes au filtre ne sont pas réduites par l'incinération, et par une calcination trop forte il y aurait un peu d'iodure d'argent volatilisé. Il faudra donc autant que possible débarrasser le papier du filtre du sel d'argent et éviter de trop chauffer en incinérant le filtre. Voir au § **94**. 3. les caractères de l'iodure d'argent. Résultats très exacts.

β. *Dosage de l'iode à l'état d'iodure de palladium.* — Ce procédé, indiqué la première fois par *Lassaigne*, ne s'emploie guère que pour séparer l'acide iodhydrique des acides chlorhydrique ou bromhydrique, et dans ce cas il a une grande importance. La solution (qui ne doit pas renfermer d'alcool) étant légèrement acidulée avec de l'acide chlorhydrique, on y verse une dissolution de chlorure de palladium tant qu'il se forme un précipité, on laisse reposer 24 à 48 heures dans un lieu chaud, on jette sur un filtre pesé le précipité noir-brun, on le lave à l'eau chaude et on le sèche au bain-marie à 100° jusqu'à ce que le poids soit constant. Voir au § **94**. 3. les caractères du précipité. La méthode donne de très bons résultats.

Au lieu de sécher l'iodure de palladium et de le peser tel quel, on pourrait le chauffer au rouge dans un courant d'hydrogène dans un creuset en porcelaine ou en platine (ce dernier n'est pas attaqué) et l'on calculerait l'iode d'après le poids du résidu de palladium métallique (*H. Rose*). Voir § **122**. 1.

b. *Méthodes volumétriques.*

Lorsqu'il n'y a ni chlorure, ni bromure, on peut appliquer à l'acide iodhydrique et aux iodures métalliques les procédés indiqués pour l'acide chlorhydrique, savoir : *la précipitation par la solution d'argent* (§ **141**. I. b. α.),

____

(*) Voir au § **169** les méthodes qui servent exclusivement à séparer l'iode d'avec le chlore et le brome.

l'emploi de la *solution d'argent avec l'iodure d'amidon* (§ **141**. I. b. β.) et la *méthode alcalimétrique* (§ **141**. I. b. δ).

β. *Avec l'acide azoteux et le sulfure de carbone.* — Cette excellente méthode, depuis longtemps employée dans mon laboratoire, s'applique au dosage des quantités d'iode faibles ou considérables.

Il faut pour cela :

aa. Une dissolution d'iodure de potassium de force connue. On la prépare en séchant à 180° de l'iodure de potassium pur (voir page 112) dont on dissout dans un litre d'eau un poids connu, soit environ 5 grammes.

bb. Une dissolution d'hyposulfite de soude renfermant de 15^{gr},0 à 15^{gr},5 de sel pur cristallisé par litre.

cc. Une dissolution d'acide azoteux dans l'acide sulfurique (obtenue en faisant passer du gaz nitreux à saturation dans de l'acide sulfurique).

dd. Du sulfure de carbone pur (page 96).

ee. Une dissolution de bicarbonate de soude (préparée en dissolvant 5 grammes dans 1000 C. C. d'eau froide. A la fin on ajoute 1 C. C. d'acide chlorhydrique à la solution).

On commence par établir exactement le rapport de la solution d'hyposulfite avec l'iode. Pour cela, dans un flacon de 400 C. C. fermant bien avec un bouchon à l'émeri, on verse 50 C. C. de la solution d'iodure de potassium, puis 150 C. C. environ d'eau, 20 C. C. de sulfure de carbone, un peu d'acide sulfurique étendu et enfin 10 gouttes de la solution de gaz nitreux dans l'acide sulfurique. Après avoir versé les gouttes on agite longtemps et fortement, on laisse reposer : on ajoute encore quelques gouttes de la solution nitreuse et l'on s'assure ainsi que tout l'iode est mis en liberté. Après avoir à plusieurs reprises agité et laissé reposer, on décante autant que possible dans un grand ballon tout le liquide qui surnage au-dessus du sulfure de carbone coloré en violet, on verse 200 C. C. d'eau dans le flacon à l'émeri, on agite fortement, on décante dans le grand ballon et on recommence ce lavage jusqu'à ce que l'eau n'ait plus de réaction acide. Au contenu du ballon on ajoute 10 C. C. de sulfure de carbone, on secoue fortement, on décante dans un autre ballon, on lave un peu le sulfure de carbone, et enfin on agite encore le contenu du second ballon avec un peu de sulfure de carbone qui, en général, se colore à peine. On rassemble alors le sulfure de carbone des deux ballons sur un filtre mouillé avec de l'eau, on le lave jusqu'à ce que l'eau n'ait plus de réaction acide, on met l'entonnoir sur le flacon à l'émeri, on perce le filtre pour réunir le sulfure de carbone qui s'y trouve à la masse principale. Tout l'iode se trouve maintenant dans le flacon de l'émeri, dissous dans le sulfure de carbone. On y verse 50 C. C. de la solution de bicarbonate de soude et avec une burette à pince on laisse couler de la solution d'hyposulfite jusqu'à décoloration complète du sulfure de carbone. Les centimètres cubes employés correspondent à l'iode contenu dans 50 C. C. de la liqueur d'iodure de potassium.

Pour trouver l'iode dans un liquide à analyser, on opère tout à fait de la même manière et l'on calcule l'iode d'après le volume employé de la solution d'hyposulfite de soude. Comme la force de cette dernière ne reste pas toujours la même, il faut en prendre de nouveau le titre pour une nouvelle série de recherches. — La présence des chlorures n'a pas d'influence sur les résultats. S'il agit de doser de petites quantités d'iode, on prend des liqueurs réduites au dixième, on opère sur de moindres quantités et dans des vases plus petits.

L'accord et l'exactitude des résultats ne laissent rien à désirer.

γ. *Avec le permanganate de potasse*, d'après *Reinige* (*). — Cette méthode, qui donne des résultats prompts et exacts, repose sur la décomposition suivante de l'iodure de potassium, et en général de tous les iodures, par le permanganate de potasse :

$$KI + 2.(KO,Mn^2O^7) = KO,IO^5 + 2.KO + 4.MnO^2.$$

Cette réaction a été appliquée pour la première fois au dosage volumétrique de l'iode par *Péan de Saint-Gilles* (**). La température de l'ébullition active la réaction et, quand les liqueurs sont très étendues, on ajoute un peu de carbonate alcalin pour commencer la réaction. — Comme les chlorures et les bromures ne sont pas altérés par le permanganate de potasse, leur présence n'a pas d'influence sur le dosage de l'iode.

Il faut avoir une solution de permanganate de potasse (dont on fixera le titre, soit comme il est dit au § **112**. 2, a., soit en la faisant agir sur une solution d'iodure de potassium de force connue, voir β, comme nous allons le dire plus bas (la liqueur de caméléon devra renfermer à peu près 5 grammes de sel par litre); il faut aussi une solution étendue d'hyposulfite de soude (environ 5 grammes par litre). Comme cette dernière servira à mesurer l'excès de caméléon ajouté, il faut d'abord chercher quel volume de la solution faiblement alcaline de permanganate elle décompose, d'après la réaction

$$KO,Mn^2O^7 + 6.(NaO,S^2O^2) = 2.MnO^3 + 3(NaO,S^4O^5) + KO + 3.NaO.$$

Pour cela on mesure 1 C.C. de permanganate, on ajoute beaucoup d'eau, quelques gouttes d'une solution de carbonate de soude et enfin de la solution d'hyposulfite de soude jusqu'à ce que le liquide ne soit plus coloré en rouge, ce que l'on peut parfaitement saisir dans des solutions très étendues malgré la précipitation du peroxyde de manganèse hydraté.

Après avoir ajouté un peu de carbonate de potasse ou de soude à la liqueur qui renferme l'iode à doser dans un iodure, on porte à l'ébullition légère, et l'on ajoute peu à peu le caméléon, jusqu'à ce que le liquide, au milieu duquel flotte en suspension l'oxyde de manganèse hydraté, soit nettement rouge et conserve cette teinte en maintenant quelque temps l'ébullition. Pour bien reconnaître la couleur on enlève de temps en temps du feu pour permettre à l'oxyde de se déposer plus vite. On verse le tout dans un ballon de 500 C.C., on laisse refroidir, on remplit jusqu'au trait, on prend 100 C.C. avec une pipette et l'on y ajoute l'hyposulfite jusqu'à décoloration. On multiplie le résultat par 5, on calcule la quantité correspondante de caméléon, on la retranche du volume primitif employé, et le reste donne d'après l'équation la quantité d'iodure décomposé. L'opération réussit moins bien quand on veut mesurer l'excès de caméléon dans le liquide même, au milieu duquel est suspendu l'hydrate d'oxyde de manganèse (comme le fait *Reinige*).

(*) *Zeitschr. f. analyt. Chem.*, IX, 59.
(**) *Comptes rendus*, XLVI, 624.

Il est inutile de dire que dans ce procédé il faut éliminer d'abord les matières organiques et les autres substances réductrices.

δ. *Avec la solution d'argent et l'iodure d'amidon*, d'après *Pisani* (*). — Il faut une solution normale décime d'argent (page 394) et une solution titrée d'iodure d'amidon (page 260).

Au liquide contenant l'iode à l'état d'iodure et qui peut être neutre ou faiblement acide on ajoute un peu de carbonate de chaux précipité pur, puis 1/2 à 1 C.C. d'iodure d'amidon et enfin, en agitant, la solution d'argent jusqu'à décoloration de l'iodure d'amidon. Le volume de solution d'argent employé correspond à la quantité d'iode (en ayant soin, bien entendu, de retrancher ce qu'il faut de cette solution d'argent pour décolorer le 1/2 ou 1/1 C.C. d'iodure d'amidon ajouté). Cette méthode repose, comme on sait, sur ce que l'azotate d'argent décompose d'abord l'iodure, puis ensuite l'iodure d'amidon, et n'agit qu'en troisième lieu sur le peu de chlorure qu'il pourrait y avoir. — L'opération est prompte : en l'absence des chlorures et des bromures elle fournit de bons résultats : s'il y a peu de chlorure, elle peut encore être appliquée, mais, s'il y en avait beaucoup, les résultats seraient tout à fait erronés, parce que le chlorure d'argent précipité n'est pas décomposé assez vite par l'iodure qui existe encore et par l'iodure d'amidon. Les bromures sont encore plus défavorables que les chlorures.

ε. *Par distillation avec du perchlorure de fer*, d'après *Duflos*. — Si l'on chauffe de l'acide iodhydrique ou un iodure métallique avec du perchlorure de fer pur dans une cornue, tout l'iode se dégage avec la vapeur d'eau et le perchlorure est réduit à l'état de protochlorure ($Fe^2Cl^3 + III =$ $2.FeCl + HCl + I$). On reçoit l'iode dans une dissolution d'iodure de potassium et on le dose avec l'hyposulfite de soude ou l'acide sulfureux, d'après le § **146**. Il faut avoir grand soin que le perchlorure de fer ne renferme ni chlore, ni acide azotique : le mieux sera de le préparer avec du peroxyde de fer et de l'acide chlorhydrique. Il faut aussi éviter l'action de l'iode éliminé sur les bouchons et le caoutchouc : on fera usage d'un appareil analogue à celui de la figure 78, page 190.

ζ. Quant à la méthode de *Kersting* (**) (*précipitation avec une liqueur titrée de chlorure de palladium*, jusqu'à ce qu'il n'y ait plus de précipité), elle donne de bons résultats, mais elle est trop minutieuse et pour cela peu employée : je renvoie à la source. — J'en dirai autant du procédé de *F. Dupré* (***), qui repose sur l'*action de l'eau de chlore sur les iodures alcalins*. Cette dernière donne de bons résultats quand il n'y a pas de chlorures, mais il n'en est plus de même en présence de ces derniers (****).

η. Comme cela peut être quelquefois utile à connaître, j'indiquerai seulement ici la *méthode colorimétrique* de *H. Struve* (*****), par laquelle on juge de la quantité d'iode par la teinte plus ou moins foncée que prend un volume déterminé de sulfure de carbone, dans lequel on dissout l'iode éliminé.

(*) *Comptes rendus*, XLIV, 352.
(**) *Ann. d. Chem. u. Pharm.*, LXXXVII, 25.
(***) *Ibid.*, XCIV, 365.
(****) *Traité d'analyse* de *H. Rose*, publié par *Finkener*, II, 628.
(*****) *Zeitschr. f. analyt. Chem.*, VIII, 230.

II. Séparation de l'iode d'avec les métaux.

Les iodures métalliques sont analysés en général comme les chlorures cor-respondants. Si dans un iodure alcalin contenant un alcali libre on veut pré-cipiter l'iode à l'état d'iodure d'argent, on sature d'abord presque complè-tement l'alcali libre avec de l'acide azotique, on ajoute un excès de dissolu-tion d'argent, puis enfin de l'acide azotique jusqu'à forte réaction acide. Si l'on ajoutait trop d'acide au commencement, de l'iode pourrait être mis en liberté et l'azotate d'argent ne le transformerait pas complètement en iodure d'argent.

Dans les composés solubles dans l'eau, on peut le plus souvent précipiter l'iode à l'état d'iodure de palladium : on peut aussi dans une portion doser la base en décomposant cette portion en la chauffant avec de l'acide sulfu-rique concentré, et dans une seconde portion mesurer l'iode suivant le § **145**. I. b. ε.

On ne peut pas séparer immédiatement l'iode d'avec le platine par la so-lution d'argent, parce qu'il se précipite avec l'iodure d'argent des composés insolubles de platine : on y arrive facilement, suivant *H. Topsoë* (*), en dis-solvant dans une assez grande quantité d'eau le composé d'iode et de platine, ajoutant une solution de bisulfite de soude et d'acide sulfureux, et chauffant au bain-marie jusqu'à ce que la couleur ait disparu et que le platine soit ainsi transformé en sulfite. Pendant cette opération, il se dépose des flacons blancs de sulfite double de platine et de soude très difficilement solubles, qui ne se dissolvent que par addition nouvelle d'acide sulfureux. Après avoir long-temps chauffé au bain-marie, on laisse refroidir, on précipite avec de l'azotate d'argent non en excès, on ajoute de l'acide azotique, on chauffe environ une heure pour dissoudre le sulfite d'argent qui s'est précipité au commence-ment et l'on sépare l'iodure d'argent par filtration. — Assez souvent, au lieu du sulfite de soude il vaut mieux prendre de l'acide sulfureux, puis y ajouter un excès d'ammoniaque, lorsque le liquide a été chauffé jusqu'à ce que la coloration ait complètement disparu. De cette façon le sulfite de platine est maintenu en dissolution dès le commencement et le sulfite, d'argent ne se précipite après l'addition de la solution d'argent que lorsqu'on ajoute l'a-cide azotique, dont l'excès le redissout aussitôt.

Pour analyser les iodures insolubles, surtout le periodure de mercure, l'iodure d'argent, l'iodure de plomb, le proto-iodure de cuivre, on se sert avec avantage, d'après *E. Meusel* (**), de l'hyposulfite de soude dans lequel ces composés se dissolvent. On prend très peu d'eau et le moins possible du sel de soude. Dans la dissolution on précipite les métaux à l'état de sulfure avec le sulfhydrate d'ammoniaque. On évapore le liquide filtré avec une les-sive de soude et l'on chauffe le résidu dans une capsule en platine jusqu'au rouge naissant, pour décomposer l'hyposulfite et le tétrathionate de soude. On dissout à chaud dans l'eau la masse fondue et l'on y dose l'iode suivant le § **145**. I. b. ε. — Comme il faut une quantité notable de perchlorure de fer pour décomposer le sulfite de soude contenu dans le produit de la fusion, il

(*) *Zeitschr. f. analyt. Chem.*, IX, 30.
(**) *Ibid.*, IX, 208.

ne faudra pas épargner le sel de fer : il faut que le résidu dans l'appareil distillatoire soit encore coloré en rouge-brun foncé.

L'iodure d'argent peut aussi être décomposé par fusion avec le carbonate de soude (voir la décomposition du chlorure d'argent, page 399), mais il ne l'est pas par un courant d'hydrogène au rouge, ni complètement par le zinc, ou par le fer. — On peut décomposer facilement le biiodure de mercure en le distillant avec 8 à 10 parties d'un mélange de 1 partie de cyanure de potassium et 2 parties de chaux anhydre. Appareil : *fig.* 84, pages 272, *ab* est rempli avec la magnésite (*H. Rose* *). L'iodure de palladium est décomposé au rouge par un courant d'hydrogène. Le proto-iodure de cuivre et beaucoup d'autres iodures métalliques sont attaqués par l'ébullition avec la lessive de potasse ou une dissolution de carbonate de soude. Les métaux, qui dans ce cas peuvent passer dans la solution alcaline, en seront précipités par un peu de sulfhydrate d'ammoniaque ou par l'acide sulfhydrique après avoir acidifié avec l'acide acétique.

APPENDICE : DOSAGE DE L'IODE LIBRE.

§ 146.

Le dosage de l'iode libre est une opération importante dans la chimie analytique, car, ainsi que l'a montré *Bunsen* (**), c'est un moyen de doser toutes les substances qui en contact avec l'iodure de potassium mettent de l'iode en liberté (chlore, brome, etc.), ou bien qui en ébullition avec de l'acide chlorhydrique peuvent dégager du chlore (acide chromique, peroxydes, etc.), attendu qu'on peut déterminer le chlore produit par la quantité d'iode mise en liberté.

Parmi les différentes méthodes qu'on emploie le plus généralement pour doser l'iode libre, la première en date est celle de *Schwartz* (***). Elle repose sur cette réaction : $2(Na,S^2O^2) + I = NaI + NaO,S^4O^5$. Pour l'appliquer on dissout de façon à faire un litre $24^{gr},808$ d'hyposulfite de soude pur cristallisé : 1000 C.C. de cette solution correspondent à 12,685 ou 1/10 d'équivalent d'iode. On verse de cette liqueur dans la dissolution de l'iode à doser dans de l'iodure de potassium, jusqu'à ce que le liquide soit jaune clair, puis on ajoute 3 à 4 C.C. d'empois d'amidon léger et limpide, ce qui produit une coloration bleue, et l'on verse de nouveau de l'hyposulfite de soude jusqu'à décoloration.

Le seul reproche qu'on puisse faire à cette méthode très bonne en elle-même, c'est qu'il est difficile de faire par une pesée une dissolution d'hyposulfite de soude d'une force parfaitement déterminée, parce qu'il n'est pas facile d'avoir ce sel tout à fait pur et sec; en outre le titre de la dissolution change, non pas rapidement il est vrai, mais peu à peu, surtout sous l'influence de la lumière.

(*) *Zeitschr. f. analyt. Chem.*, II, 1.
(**) *Ann. der Chem. und Pharm.*, LXXXVI, 26.
(***) *Traité d'analyses volumétriques*, 1853.

Le dosage volumétrique de l'iode indiqué dans le grand travail de *Bunsen*, cité plus haut, eut une grande influence sur le développement de la chimie analytique. Le procédé repose sur ce fait que l'iode, en contact avec une solution aqueuse d'acide sulfureux, ne donne lieu à la réaction suivante : $I + 2.HO + SO^2 = IH + SO^3,HO$, que lorsque la liqueur ne renferme pas plus de 0,04 à 0,05 pour 100 en poids d'acide sulfureux anhydre : car dans les dissolutions concentrées les choses ne se passent pas tout à fait de même, et la réaction inverse $IH + SO^3,HO = I + 2.HO + SO^2$ se produit plus ou moins.

Dans cette méthode, on prend une dissolution dans l'iodure de potassium d'un poids déterminé d'iode libre, et l'on commence par établir rigoureusement le rapport entre cette solution d'iode et une dissolution aqueuse d'acide sulfureux suffisamment étendue. Pour l'analyse on dissout l'iode à doser dans de l'iodure de potassium, on y verse de la solution titrée d'acide sulfureux jusqu'à décoloration, on ajoute de l'empois d'amidon étendu, et enfin avec la solution titrée d'iode on termine la coloration bleue faible.

On calcule ensuite les centimètres cubes de la solution titrée d'iode correspondant à l'acide sulfureux employé, on en retranche ceux qui ont servi à oxyder l'excès d'acide sulfureux, et la différence donne le nombre de centimètres cubes de la solution titrée d'iode, qui renferment autant de ce métalloïde que l'essai sur lequel on a opéré. On n'a donc plus qu'à multiplier ce nombre de centimètres cubes par la quantité connue d'iode que renferme un centimètre cube.

Cette méthode légèrement modifiée est presque exclusivement employée maintenant. La modification était nécessaire à cause de la prompte altération de la solution étendue d'acide sulfureux. Le procédé repose toujours sur le principe choisi par *Bunsen*, mais on remplace l'acide sulfureux par l'hyposulfite de soude, et l'on revient alors à la réaction proposée par *Schwartz*. Je donne avec *F. Mohr* (*) la préférence à cette manière d'opérer, que j'appellerai la *méthode combinée*, parce que la solution d'hyposulfite de soude n'a pas besoin d'avoir un degré de concentration qu'il ne faut pas dépasser, parce qu'elle est bien moins sensible à l'action de l'oxygène de l'air, et enfin parce qu'elle ne perd rien par évaporation. Suivant *Finkener* (**), l'hyposulfite a encore un avantage au point de vue de l'exactitude des résultats, attendu que, suivant ses propres recherches, on arrive à des nombres différents suivant que l'on fait agir la solution sulfureuse de *Bunsen* sur la solution d'iode, ou cette dernière sur la première.

a. Réactifs nécessaires.

Il faut, pour appliquer le procédé combiné :

α. *Une dissolution d'iode* d'une richesse connue. — On dissout de $6^{gr},2$ à $6^{gr},3$ d'iode dans l'eau au moyen d'environ 9 grammes d'iodure de potassium exempt d'acide iodique et de façon à faire 1200 C.C.

β. *Une dissolution d'hyposulfite de soude.* — On dissout dans de l'eau de

(*) *Traité d'analyse par les liqueurs titrées*, traduit par *C. Forthomme*.
(**) *Traité d'analyses chim. de H. Rose*, publié par *Finkener*, II, 937.

12^{gr},2 à 12^{gr},3 d'hyposulfite de soude pur et sec, et on l'étend de manière à avoir 1200 C.C.

γ. *Une dissolution aqueuse d'iodure de potassium.* — On dissout 1 partie en poids d'iodure de potassium exempt d'iodate dans, à peu près 10 parties d'eau. La liqueur doit être incolore et ne pas se colorer en brun immédiatement après l'addition d'un peu d'acide sulfurique étendu ou d'acide chlorhydrique (tous deux exempts de fer).

δ. *De l'empois d'amidon.* — On délaye de l'amidon bien pur avec 100 parties d'eau froide et l'on porte à l'ébullition en agitant constamment. On laisse refroidir et l'on sépare par décantation du léger dépôt qui aurait pu se former. Le liquide doit être presque limpide et sans grumeaux. — Il sera bon de préparer de cet empois à nouveau pour chaque série d'analyses.

b. Dosages préliminaires.

α. *Fixation des rapports entre la solution d'iode et celle d'hyposulfite de soude.*

Avec la burette à pince on fait couler 20 C.C. d'hyposulfite dans un vase à précipité, on ajoute un peu d'eau et 3 à 4 C.C. d'empois, puis avec une seconde burette on verse de la solution d'iode jusqu'à la coloration bleue. Si l'on avait laissé tomber une ou deux gouttes d'iode de trop, on reverserait quelques gouttes d'hyposulfite, puis on reviendrait avec l'iode ajouté lentement et goutte à goutte. Au bout de quelques minutes on fait la lecture sur les deux burettes. Supposons, pour continuer les calculs en β, que pour 20 C.C. de NaO,S^{2}O^2 il ait fallu 20,2 C.C. de solution d'iode.

β. *Détermination exacte de la quantité d'iode renfermée dans la dissolution.*

On le fait avec un poids exact d'iode sec et pur, et il faut reprendre ce titre pour chaque nouvelle série d'expériences, parce que j'ai reconnu qu'une dissolution d'iode dans de l'iodure de potassium change de titre beaucoup plus qu'on ne le croit, même quand on prend le plus grand soin pour la conserver à l'obscurité et dans un endroit frais (*) : voici le meilleur moyen d'opérer.

On chauffe les petits tubes de la figure 97, on les laisse refroidir sous le dessiccateur et on les pèse. On met dans le petit tube intérieur environ 0,2 gram. d'iode pur sublimé (**) (page 112), on place le tube incliné dans un bain de sable, on chauffe jusqu'à fusion de l'iode, on enlève du bain de sable, en tenant toujours le tube incliné, ou le laisse refroidir jusqu'à ce qu'on puisse le tenir à la main, on recouvre avec le tube extérieur, on laisse refroidir sous le dessiccateur, on pèse et l'on a ainsi le poids exact de l'iode contenu dans le tube. Maintenant on laisse glisser le tube intérieur (ou les deux,

---

(*) Pour conserver à une dissolution d'iode dans l'iodure de potassium son titre, que j'avais rigoureusement déterminé, je l'avais distribuée dans de petits flacons à l'émeri parfaitement bouchés et je les avais déposés dans une cave bien fraîche. Au bout de quelques semaines, les différents flacons ne donnaient plus le même titre. Aussi depuis ce temps je ne me fie à ces liqueurs qu'autant que le titre en est pris peu de temps avant leur emploi.

**) Voir la préparation de l'iode pur par *Stass* (*Zeitschr. f. analyt. Chem.*, VI, 419).

si le second renfermait des traces d'iode) dans un flacon à l'émeri contenant 10 C.C. d'une solution d'iodure de potassium. Quand tout l'iode est dissous, on étend d'eau, on verse de la solution d'hyposulfite avec une burette à pince jusqu'à décoloration, on ajoute 3 à 4 C.C. d'empois, puis avec la seconde burette de la solution titrée d'iode (a. α), jusqu'à coloration bleue. On note les indications des deux burettes, et le calcul suivant fait connaître la quantité d'iode de la solution (a. α).

Supposons qu'on ait pesé 0^{gr},150 d'iode et qu'on ait employé 29,5 C.C. d'hyposulfite avec 0,3 C.C. d'iode.

Suivant b. α., 20 C.C. d'hyposulfite équivalent à 20,2 C.C. de la solution d'iode : donc 29,5 C.C. de la première solution valent 29,8 C.C. de la seconde. Ces derniers auraient donc produit sur l'hyposulfite le même effet que l'iode pesé, s'il n'y avait pas eu d'hyposulfite en excès ; comme il a fallu revenir avec 0,3 C.C. de la solution d'iode, l'iode pesé ne représente que 29,8 — 0,3 ou 29,5 C.C. de la solution d'iode.

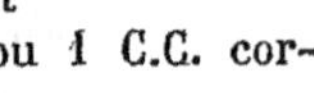

Fig. 97.

Donc ceux-ci contiennent 0^{gr},150 d'iode; par conséquent 1000 C.C. de la solution d'iode renferment 5^{gr},0847 d'iode ou 1 C.C. correspond à 0^{gr},0050847 d'iode.

On recommencera une seconde opération et l'on prendra la moyenne des deux résultats, s'ils ne sont pas trop différents.

γ. *Dilution des liquides titrés pour les amener à un titre commode.*

On peut avec les deux dissolutions maintenant bien connues faire tous les dosages. Bien que le calcul soit très simple en lui-même, il est long à faire à cause du nombre compliqué qui représente la quantité d'iode contenue dans 1 C.C. Il vaut mieux, pour que les résultats soient rapidement obtenus, étendre la dissolution d'iode de façon qu'un centimètre cube renferme juste 0^{gr},005 d'iode. Pour cela on remplit jusqu'au trait avec la solution d'iode le ballon jaugé de 1 litre et l'on y ajoute la quantité d'eau nécessaire : au cas particulier de l'essai supposé, il en faudrait 16,94 C.C., car 5 : 1000 = 5,0847 : 1016,94.

Si le ballon jaugé est assez grand pour qu'au-dessus du trait il puisse contenir le volume d'eau à ajouter, on y verse tout simplement ce dernier : dans le cas contraire on verse l'eau dans le flacon sec qui servira à garder la liqueur titrée, on ajoute la solution d'iode, on mélange, on transvase une partie du liquide dans le flacon jaugé pour le laver, on reverse dans le flacon, on agite et l'on recommence une seconde fois pour que tout soit homogène.

On peut aussi de la même façon étendre la dissolution d'hyposulfite. Il faudrait dans notre exemple ajouter 27,11 C.C. d'eau à 1000 C.C. de la liqueur d'hyposulfite, d'après les considérations suivantes :

20,2 C.C. d'iode correspondant à 20 C.C. d'hyposulfite, par conséquent 1000 C.C. d'iode (qui par addition d'eau seront portés à 1016,94) correspondent à 990,1 C.C. d'hyposulfite. — De ces 990,1 C.C. faisons 1016,94 C.C. en ajoutant 26,84 C.C. d'eau, et les deux dissolutions seront équivalentes. Mais si à 990,1 C.C il faut 26,84 C.C. d'eau, pour 1000 il en faudra 27,11.

Quand il faut étendre les liqueurs, je préfère toujours mesurer exactement 1 litre plutôt que des nombres entiers ou fractionnaires de centimètres cubes, les lectures pouvant amener des erreurs : aussi c'est pour cela que je conseille de préparer 1200 C.C. des liqueurs, afin qu'il en reste toujours un peu plus de 1000 C.C. après les essais.

c. Opérations pour un dosage d'iode.

On pèse l'iode à doser dans les petits tubes de la figure 97, on le dissout comme en b. β. dans la solution d'iodure de potassium, on y ajoute avec la burette de la solution d'hyposulfite de soude jusqu'à décoloration, on met 3 ou 4 C.C. d'empois d'amidon, et enfin on verse de la solution d'iode jusqu'à coloration bleue. En retranchant les centimètres cubes de la solution d'iode employés pour l'excès d'hyposulfite de soude des centimètres cubes de la solution d'iode, qui équivalent à la quantité totale d'hyposulfite, on a le nombre de centimètres cubes de la solution d'iode qui renferment autant de cet élément que la substance essayée. Quand les liqueurs sont d'égale force et que 1 C.C. correspond à 0,005 d'iode, le calcul est très simple. Supposons qu'on ait trouvé 21 C.C. de NaO,S^2O^2 et 1 C.C. d'iode, la quantité d'iode cherchée est $0^{gr},100$, car $21 - 1 = 20$ et $20 \times 0,005 = 0,100$.

Si la dissolution d'iode a été obtenue en faisant passer dans de l'iodure de potassium un courant de chlore (provenant de l'action de l'acide chlorhydrique sur l'acide chromique ou un peroxyde), il faut avoir soin de laisser d'abord refroidir avant d'ajouter l'hyposulfite de soude (parce qu'à chaud une partie du tétrathionate de soude formé se change en sulfate sous l'influence de l'iode libre (*Wright* [*]). Peu importe pour le résultat que la solution d'iode à titrer renferme ou non un acide libre ; seulement il faut opérer rapidement la mesure de l'excès d'hyposulfite, afin que l'acide hyposulfureux libre n'ait pas le temps de se décomposer.

d. Conservation des dissolutions.

Il faut conserver les deux liqueurs dans des flacons à l'émeri placés dans des endroits obscurs et frais, afin qu'elles s'altèrent le moins possible. Dans tous les cas il vaudra mieux, avant chaque nouvelle série d'analyses, vérifier le rapport entre la solution d'hyposulfite et celle d'iode.

Si un liquide renferme de l'iode libre et de l'iode combiné, on détermine d'abord le premier dans un premier essai, d'après la méthode combinée : puis dans une autre portion de substance on dose la quantité totale d'iode. A cet effet on ajoute de l'acide sulfureux jusqu'à décoloration, on précipite par la dissolution d'argent (§ **145**. I. a. α.), on fait digérer le précipité avec de l'acide azotique pour enlever le sulfite d'argent qui aurait pu se précipiter, on filtre, etc. — Ou bien on distille avec le perchlorure de fer, comme il est indiqué au § **145**. I. b. ε.

[*] *Zeitschr. f. analyt. Chem.*, IX, 482.

§ **147**.

4. **Acide cyanhydrique** (*).

1. Dosage.

a. *Dosage en poids.* — Si l'on a de l'acide prussique libre en dissolution, on le verse dans un excès d'azotate d'argent, on ajoute un peu d'acide azotique, on laisse déposer sans chauffer et l'on dose le cyanure d'argent précipité soit en le rassemblant sur un filtre pesé, le sachant à 100° et le pesant (§ **113**.5), soit en le recueillant sur un filtre non pesé, et en le transformant en argent métallique. Pour faire cette dernière opération, on chauffe au rouge dans un creuset en porcelaine pendant un quart d'heure, ou plus généralement jusqu'à ce qu'il n'y ait plus de perte de poids (*H. Rose*). Si l'on veut doser de cette façon de l'acide cyanhydrique dans de l'eau de laurier-cerise ou d'amandes amères, on verse d'abord l'excès, mais pas trop considérable, d'azotate d'argent, puis de l'ammoniaque jusqu'à forte réaction alcaline (il n'est pas nécessaire d'en mettre assez pour dissoudre tout le cyanure d'argent), et l'on acidifie *de suite* avec de l'acide azotique. Quand le précipité s'est déposé, on filtre. Ce n'est qu'ainsi que l'on pourra dans ces liquides changer en cyanure d'argent tout le cyanogène (qui s'y trouve partie sous forme d'acide cyanhydrique, partie à l'état de cyanhydrate d'ammoniaque, et surtout à l'état de cyanhydrate de benzaldéhyde (voir *Feldhaus* **). Suivant *Feldhaus*, voici les proportions à employer : pour 100 grammes d'eau d'amandes, environ 1,2 gramme d'azotate d'argent dissous dans la quantité nécessaire d'eau, et 2 à 5 C. C. d'ammoniaque de densité 0,96. — Par précaution on essayera dans une partie du liquide filtré s'il y a bien un excès d'azotate d'argent; dans une autre partie, on verse de l'ammoniaque jusqu'à forte alcalinité, on sature et rend acide avec de l'acide azotique, et s'il se forme un trouble ou un précipité, c'est que tout le cyanhydrate de benzaldéhyde n'a pas été décomposé, et il faut recommencer l'analyse. S'il faut mesurer au moyen d une pipette un liquide contenant de l'acide cyanhydrique, on placera entre la bouche et l'ouverture de la pipette un tube rempli de chaux sodée en morceaux.

b. *Dosage volumétrique*, d'après *Liebig* (***). — Si l'on ajoute de la potasse à une solution d'acide cyanhydrique jusqu'à réaction fortement alcaline, puis une dissolution étendue d'azotate d'argent, il ne se forme un trouble permanent de cyanure d'argent ou de chlorure d'argent (si l'on a ajouté à la liqueur quelques gouttes d'une solution de sel marin) que lorsque tout le cyanogène est passé à l'état de cyanure double d'argent et de potassium. La première goutte d'azotate d'argent versée après cette transformation produit un précipité permanent 1 équivalent d'argent dans la solution correspond, d'après cela, à 2 éq. d'acide cyanhydrique ($2.KCy + AgO,AzO^3 = AgCy,KCy +$

(*) *Herapath* a indiqué un procédé colorimétrique fondé sur l'intensité de la coloration d'une solution de sulfocyanure ferrique. (Voir *Journ. f. analyt. Chem.*, LX, 212.)

(**) *Zeitschr. f. analyt. Chem.*, III, 54.

(***) *Ann. der Chem. und Pharm.*, LXXVII, 102.

KO,AzO^5). — Pour les essais on prend la solution normale décime contenant dans 1 litre $10^{gr},793$ d'argent : 1 C. C. correspond donc à $0^{gr},005408$ d'acide prussique. Il faudra prendre de 5 à 10 grammes d'acide prussique officinal, tandis qu'on opérera sur 50 grammes d'eau d'amandes amères. En employant juste $5^{gr},408$ ou 54,08 grammes, le nombre des centimètres cubes de la dissolution d'argent divisé par 10 ou par 100 donne immédiatement la proportion pour 100 d'acide cyanhydrique. Avec l'acide prussique officinal on obtient la dilution convenable en l'étendant de 5 à 8 fois son volume d'eau : il faut aussi ajouter un peu d'eau à l'eau d'amandes amères : si le liquide était trouble, la réaction finale ne serait pas assez nette; il vaut mieux alors procéder par les pesées.

Liebig a comparé les résultats de cette méthode avec ceux du procédé a. en prenant des dissolutions différemment étendues, et les essais ont été très concordants. *Souchay* (*) a obtenu un accord presque complet avec de l'acide cyanhydrique pur étendu : les résultats de l'analyse en poids ont été à ceux du procédé volumétrique comme 100 est à 102, 101, — avec de l'eau d'amandes limpide, comme 100 : 102. *Feldhaus* est arrivé au même résultat. La légère différence en plus que l'on remarque s'explique par le petit excès d'azotate d'argent qu'il faut employer pour produire la réaction finale. Moins l'on emploie de substance, plus cette cause d'erreur disparaît. Il faut ajouter encore qu'avec de l'eau d'amandes renfermant du cyanhydrate d'ammoniaque, de l'ammoniaque est mise en liberté et elle agit pour dissoudre du cyanure d'argent. — La présence de l'acide chlorhydrique ou de l'acide formique ne gêne en rien la réaction. Il faut éviter un trop grand excès de potasse.

S'il fallait doser du cyanure de potassium, on en ferait une dissolution d'une richesse connue et l'on en emploierait un volume mesuré renfermant environ $0^{gr},1$ de sel. Si le sel contenait du sulfure de potassium, avant le dosage on ajouterait une petite quantité de carbonate de plomb recemment précipité et on séparerait le sulfure de plomb par filtration.

c. *Dosage volumétrique* suivant *Fordos* et *Gélis*. — Il repose sur la réaction de l'iode sur le cyanure de potassium indiquée d'abord par *Serullas* et *Wohler* : $KCy + 2I = KI + ICy$. Par conséquent 2 équivalents d'iode (253,7) correspondent à 1 équivalent de cyanogène (26,04), ou à 1 équivalent d'acide cyanhydrique (27,04), ou enfin à 1 équivalent de cyanure de potassium (65,17). On prendra de préférence la dissolution d'iode du § **146**. S'il faut doser de l'acide cyanhydrique libre, on ajoute d'abord avec précaution au liquide de la lessive de soude jusqu'à réaction alcaline, on y verse de l'eau de Seltz (de l'eau chargée d'acide carbonique) pour transformer en bicarbonate le léger excès d'alcali, et enfin de la dissolution d'iode jusqu'à ce que le liquide, d'abord incolore, prenne une couleur jaune permanente. — S'il faut doser du cyanure de potassium, on en fait une dissolution d'une richesse connue et l'on emploie un volume renfermant environ $0^{gr},05$ de cyanure. Il faut ici ajouter aussi de l'eau chargée d'acide carbonique. Si le cyanure renfermait du sulfure de potassium, les résultats seraient entachés d'erreur. — Au reste la méthode donne de bons résultats

____

(*) *Zeitschr. f. analyt. Chem.*, II, 180.

(voir *Souchay : loc. cit.*) ; on ne peut pas l'appliquer à l'eau d'amandes amères.

II. Séparation du cyanogène d'avec les métaux.

a. *Dans les cyanures alcalins.*

On les additionne, sans les dissoudre préalablement dans l'eau quand ils sont solides, d'un excès d'une solution de nitrate d'argent, on verse ensuite de l'eau, puis un léger excès d'acide azotique, on laisse déposer sans chauffer et l'on dose le cyanure d'argent comme en I. a. On dose les bases dans le liquide filtré, après avoir éliminé l'excès d'argent.

b. *Dans les cyanures métalliques et les cyanures doubles complètement décomposables par l'azotate d'argent et l'acide azotique ou par l'azotate d'argent et l'ammoniaque.*

On fait digérer quelque temps, en agitant fréquemment, avec une solution étendue d'azotate d'argent (les cyanures doubles, comme le cyanure double de potassion et de nickel, donnent un mélange de cyanure d'argent et de cyanure de nickel), on ajoute après complète décomposition de l'acide azotique en léger excès et l'on fait digérer à une douce chaleur, jusqu'à ce que le cyanure métallique étranger soit complètement décomposé et que le cyanure d'argent soit devenu bien pur et bien blanc. Alors seulement on filtre après addition d'eau. — Par précaution on essaiera si l'argent métallique, provenant de la calcination prolongée au rouge du cyanure d'argent, est bien exempt des métaux qui étaient unis au cyanogène. — Dans le liquide filtré on dose les autres bases après avoir précipité l'argent avec l'acide chlorhydrique. — Par ce moyen on peut analyser exactement les combinaisons du cyanure de potassium avec les cyanures de nickel, de cuivre et de zinc (*H. Rose*).

W. Weith (*) emploie pour décomposer beaucoup de composés cyanogénés, par exemple, le prussiate jaune, le bleu de Prusse, même le cobalticyanure de potassium, une dissolution d'azotate d'argent dans l'ammoniaque. On fait digérer dans un tube fermé à 100° (avec le cobalticyanure de potassium il faut chauffer à 150°) pendant 4 à 5 heures, on fait chauffer légèrement le contenu du tube dans une capsule, jusqu'à ce que les cristaux de cyanure double d'argent et d'ammoniaque soient dissous, on sépare par filtration l'oxyde précipité, on le lave avec de l'ammoniaque et dans le liquide filtré étendu d'eau, on précipite le cyanure d'argent avec l'acide azotique. — Quant à l'oxyde insoluble éliminé, il faut se rappeler que le peroxyde de fer est toujours mélangé avec de l'argent métallique.

c. *Dans le cyanure de mercure.*

On précipite la dissolution aqueuse avec de l'acide sulfhydrique et l'on dose d'après le § **118**. 3. le sulfure de mercure, qui se laisse très facilement sé-

(*) *Zeitschr. f. analyt. Chem.*, IX, 570.

parer par filtration, quand on a soin d'ajouter un peu d'ammoniaque ou
d'acide chlorhydrique. Quand la combinaison est à l'état solide, le cyanogène se dose dans une autre portion de la substance en la calcinant avec
de l'oxyde de cuivre, en recueillant et séparant l'azote et l'acide carbonique (Voir *Analyse organique élémentaire*).

H. Rose et *Finkener* (*), après de longues recherches, sont parvenus à
trouver un procédé pour doser exactement le cyanogène dans les dissolutions de cyanure de mercure. On ajoute à cette solution de l'azotate de zinc
dissous dans de l'ammoniaque. Pour 1 partie de sel de mercure il faut environ 2 parties de sel de zinc. Au liquide limpide on ajoute peu à peu de
l'acide sulfhydrique en dissolution aqueuse, jusqu'à ce que l'addition d'une
nouvelle quantité d'hydrogène sulfuré donne un précipité tout à fait blanc
de sulfure de zinc. Le précipité, qui est un mélange de sulfure de mercure
et de sulfure de zinc, se dépose très bien. Au bout d'un quart d'heure on
filtre et on lave avec de l'ammoniaque faible. Dans le liquide filtré il y a
du cyanure de zinc dissous dans l'ammoniaque avec de l'azotate d'ammoniaque. On ne sent pas l'odeur d'acide prussique, il n'y a donc pas à craindre
qu'il se perde par évaporation. On verse dans ce liquide de l'azotate d'argent, puis de l'acide sulfurique étendu jusqu'à ce que celui-ci domine. Le
cyanure d'argent est d'abord lavé par décantation, puis chauffé avec une
solution de nitrate d'argent pour le débarrasser d'un peu de cyanure de zinc
qui s'est précipité avec lui ; enfin on filtre, on lave et l'on dose d'après le
§ **147**. I. a. On peut ensuite dissoudre dans l'eau régale les sulfures formés et précipiter le mercure à l'état de protochlorure d'après le § **118**.
2. — Les résultats analytiques donnés par *H. Rose* sont très exacts.

> d. *Dans les combinaisons qui peuvent être décomposées par le
> bioxyde de mercure par la voie humide.*

Beaucoup de cyanures simples et de cyanures doubles, qu'ils aient les caractères du cyanure double de potassium et de nickel, ou ceux des combinaisons analogues au ferrocyanure ou au ferricyanure (mais pas les composés
cobalticyaniques), peuvent, comme on le sait, être complètement décomposés par leur ébullition dans de l'eau avec du bioxyde de mercure : tout
le cyanogène se transforme en cyanure de mercure et les métaux restent à
l'état d'oxydes.

H. Rose a montré qu'on pouvait facilement analyser de cette façon les
bleus de Prusse, le ferrocyanure et le ferricyanure de potassium.

On fait bouillir avec de l'eau et *un excès* d'oxyde de mercure pendant quelques minutes, jusqu'à décomposition complète : on ajoute de l'acide azotique par petites portions jusqu'à ce qu'on ait fait presque complètement
disparaître la réaction alcaline, on filtre, on lave avec de l'eau chaude, on
dessèche le précipité, où le chauffe au rouge devant une cheminée qui tire
bien, en élevant graduellement la température, et l'on pèse le peroxyde de fer
qui reste. Dans le liquide filtré on dose le cyanogène d'après c. et dans le
liquide séparé par la filtration du cyanure d'argent on pourra déterminer
la potasse, s'il y en a.

(*) *Zeitschr. f. analyt. Chem.*, I, 288

e. *Dosage des métaux dans les cyanures par la décomposition et la volatilisation du cyanogène.*

Parmi les agents qu'on peut employer pour décomposer complètement les cyanures et en particulier aussi les cyanures doubles, *H. Rose* en recommandé surtout trois : l'acide sulfurique concentré, le sulfate de bioxyde de mercure et le chlorhydrate d'ammoniaque. Les azotates sont moins convenables à cause de la vivacité de la réaction.

α. *Décomposition par l'acide sulfurique.* — Tous les cyanures, simples ou doubles sont complètement décomposés et transformés en sulfates ou en oxydes, si, après les avoir réduits en poudre, on les chauffe dans une capsule en platine, ou dans un creuset en platine assez spacieux, avec un mélange de 3 parties d'acide sulfurique concentré et une partie d'eau, jusqu'à ce que tout l'excès d'acide ait été chassé. La masse qui reste ne renferme plus du tout de cyanogène. On la dissout dans de l'eau, en ajoutant de l'acide chlorhydrique, s'il le faut, puis on dose les oxydes métalliques d'après les méthodes convenables. Ce procédé n'est pas applicable au cyanure de mercure, parce qu'un peu de sulfate de mercure se volatilise avec l'acide sulfurique.

β. *Décomposition par le sulfate de bioxyde de mercure.* — Parmi les composés de mercure et d'acide sulfurique, ceux qui conviennent le mieux sont le sulfate neutre et le sulfate basique (ou turbith minéral). On mélange la combinaison avec 6 parties de ce dernier, on chauffe graduellement dans un creuset de platine, à la fin on maintient au rouge jusqu'à ce que tout le mercure soit volatilisé et que le creuset ne change plus de poids. S'il y a des alcalis, on ajoute de temps en temps, à la fin de la calcination, un peu de carbonate d'ammoniaque pour ramener les bisulfates à la neutralité. Souvent, comme par exemple avec le prussiate jaune, on peut analyser le résidu tout simplement en le traitant par l'eau, qui dissout le sulfate de potasse et laisse intact le peroxyde de fer. Les analyses de contrôle donnent de très bons résultats.

γ. *Décomposition par le chlorhydrate d'ammoniaque.* — On mélange la substance avec deux ou trois fois son poids de sel ammoniac et l'on calcine au rouge dans un courant d'hydrogène (appareil de la figure 79, page 213). L'eau enlève au résidu le chlorure alcalin et laisse le métal réduit. Cette méthode est surtout bonne pour l'analyse du cyanure double de potassium et de nickel et pour celui de cobalt : elle est moins bonne pour les cyanures de fer, parce que le fer réduit retient toujours du charbon.

Lorsqu'on applique une des méthodes e., il faut toujours doser l'azote et le carbone (le cyanogène) d'après le procédé des analyses organiques élémentaires, si la détermination du cyanogène par différence n'est pas suffisante.

f. *Dosage des alcalis, surtout de l'ammoniaque, dans les ferrocyanures solubles.*

A la dissolution bouillante on ajoute un léger excès de chlorure de cuivre, on sépare par filtration le ferrocyanure de cuivre, on débarrasse le liquide filtré du cuivre au moyen de l'acide sulfhydrique et l'on y dose les alcalis.

(*Reindel**). — On peut obtenir le même résultat avec les alcalis fixes en calcinant avec de l'hyposulfite de baryte (*Frœhde***).

g. *Dosage volumétrique des ferrocyanures et des ferricyanures.*

α. D'après *E. de Haen*. — Ce procédé, trouvé dans mon laboratoire, repose sur le fait simple qu'une dissolution de ferrocyanure additionnée d'acide sulfurique (dans laquelle par conséquent on peut admettre qu'il y a de l'acide ferrocyanhydrique en liberté) passe à l'état de ferricyanure correspondant par l'action du permanganate de potasse. Si l'on opère cette transformation dans un liquide très étendu, qui contienne environ $0^{gr},2$ de prussiate jaune dans 100 à 200 C. C., la fin de la réaction est indiquée parce que la dissolution, d'abord jaune pur, devient jaune rougeâtre, et ce changement de nuance est net et facile à saisir (***).

Il faut deux liquides titrés, savoir :

1° Une dissolution de ferrocyanure de potassium pur ;

2° Une dissolution de permanganate de potasse.

On prépare la première en dissolvant dans de l'eau 20 grammes de prussiate jaune cristallisé, tout à fait pur et sec, de façon à faire 1 litre : chaque centimètre cube contient 20 milligrammes de sel. — On prend la seconde d'une concentration telle que pour 10 C. C. de la solution de prussiate il ne faille pas tout à fait une burette entière de caméléon.

Pour fixer la valeur de la dissolution de caméléon par rapport au ferrocyanure de potassium, on prend avec une petite pipette 10 C. C. de la dissolution de prussiate (contenant $0^{gr},200$ de sel), on les étend avec 100 à 200 C. C. d'eau, on accidule avec de l'acide sulfurique, on pose le vase sur une feuille de papier blanc et l'on verse goutte à goutte la solution de caméléon, jusqu'à ce que l'apparition de la teinte jaune rouge indique la fin de l'opération (****). En répétant l'expérience plusieurs fois, on arrive à des résultats parfaitement concordants. Cet essai, facile à faire, doit se recommencer avant chaque série d'analyses, si l'on a des raisons pour croire que le titre du caméléon a pu changer. — Si l'on ajoute à la solution de ferrocyanure acidifiée avec de l'acide sulfurique une trace d'une solution étendue de perchlorure de fer, de façon à produire une teinte vert-bleuâtre, la fin de l'opération se reconnaît facilement, parce que la coloration disparaît aussitôt que tout le ferrocyanure est transformé en ferricyanure (*Gintl.* *****).

S'il faut faire l'essai d'un prussiate du commerce, on en dissout 5 grammes dans 250 C. C. et l'on opère comme plus haut sur 10 C. C. de la dissolution. Si en prenant le titre du caméléon on a trouvé qu'il en fallait 20 C. C. pour 10 C. C. de prussiate pur, et si maintenant on n'a employé que 19 C. C.,

---

(*) *Journ. . prackt. Chem.*, LXV, 452.

(**) *Zeitschr. f. analyt. Chem.*, III, 181.

(***) Au lieu du caméléon, on peut aussi employer une dissolution de chromate de potasse, que l'on ajoute jusqu'à ce qu'une goutte de perchlorure de fer ne colore plus en vert ou en bleu, mais en brun. *E. Meyer* (*Zeitschr. f. analyt. Chem.*, VIII, 508).

(****) Pour s'assurer au commencement, quand on ne croit pas pouvoir s'en rapporter au changement de couleur, que l'opération est terminée, on peut mettre sur une assiette une goutte du liquide avec une goutte de perchlorure de fer, et il ne doit pas y avoir de coloration bleue.

(*****) *Zeitschr. f. analyt. Chem.*, VI, 446.

la proportion 20 : 0,200 = 19 : x nous donnera la quantité de prussiate pur
contenu dans $0^{gr},200$ du prussiate essayé. — On peut encore s'épargner ce
petit calcul en étendant la dissolution de caméléon de façon que 50 C.C. correspondent juste à $0^{gr},200$ de ferrocyanure pur : le nombre de demi-centimètres cubes donne de suite la proportion en centièmes.

Au lieu de fixer le titre du caméléon avec du prussiate jaune, ce que toutefois je préfère, on peut employer une des méthodes du § **112**. 2., en
remarquant que 2 équivalents de prussiate jaune avec son eau de cristallisation = 442,76, 2 équivalents de fer = 56 dissous à l'état de protoxyde, et
1 équivalent d'acide oxalique calculé avec son eau d'hydratation et de cristallisation = 63, sont tous trois équivalant pour la solution de caméléon.

Si l'on veut appliquer la méthode aux ferricyanures solubles, on les ramène à l'état de ferrocyanures, on acidule et l'on opère comme plus haut.
Pour faire la réduction on ajoute à un poids déterminé du ferricyanure un
excès de lessive de potasse ou de soude, on fait bouillir et l'on ajoute, peu à
peu et par petites portions, une dissolution concentrée de sulfate de protoxyde de fer jusqu'à ce que la couleur du précipité paraisse noire, indice qu'il
est formé d'oxyde magnétique. On étend alors pour faire 300 C.C., on mélange, on filtre et l'on fait les essais sur 50 ou 100 C.C. du liquide. L'erreur
provenant du volume occupé par le précipité est si faible, qu'on peut la
négliger. — Suivant *Gintl.* (*loc. cit.*) on atteint encore plus simplement le but
en mettant quelques morceaux d'amalgame de sodium gros comme des pois
dans la solution neutre ou alcaline contenue dans un vase plus haut que
large. Au bout de 10 minutes la réduction est achevée, sans qu'on ait à l'aider
par la chaleur.

Si les ferro ou ferricyanures sont insolubles, mais s'ils sont complètement
décomposés par la lessive bouillante de potasse, comme cela arrive le plus
généralement, on en fait bouillir un poids connu avec de la potasse, on
ajoute du sulfate de protoxyde de fer dans le cas où il y aurait du ferricyanure, puis on opère exactement comme plus haut.

β. Suivant *E. Lenssen.* — Pour doser le ferricyanure on peut opérer encore de la manière suivante, trouvée également dans mon laboratoire et qui
repose sur ce fait que, si l'on met en présence du ferricyanure de potassium
une dissolution d'iodure de potassium et de l'acide chlorhydrique concentré,
il se dépose 1 équivalent d'iode (126,85) pour chaque équivalent de prussiate
rouge (329,63): $H^3Cy^6Fe^2 + IH = 2(H^2Cy^3Fe) + I$. Si donc, d'après le § **146**,
on dose la quantité d'iode mis en liberté, on en déduira la quantité de prussiate rouge. Dans quatre essais *Lenssen* a trouvé : 99,22—101,7—102,1—
100,5 au lieu de 100. — Il faut étendre la liqueur aussitôt après l'addition
de l'acide chlorhydrique. — *C. Mohr*(*) a obtenu des résultats encore plus
exacts en empêchant la formation de l'acide ferrocyanhydrique par une addition de sulfate de zinc, qui produit du ferrocyanure de zinc que l'iode ne
décompose pas. Suivant lui, on ajoute à la dissolution étendue du ferricyanure de l'iodure de potassium et de l'acide chlorhydrique en léger excès,
puis un excès d'une solution de sulfate de zinc bien exempt de fer, on neu-

(*) *Ann. der Chem. und Pharm.*, CV, 62.

tralise l'acide libre avec du bicarbonate de soude en léger excès et l'on dose l'iode éliminé d'après le § **146**.

γ. Pour doser le prussiate jaune dans les bains de teinture, qui renferment des matières organiques ne permettant pas l'emploi du caméléon, *H. Rheineck* (*) fait usage d'un procédé qui repose sur ce fait que, si l'on verse une solution de peroxyde de fer dans une solution de ferrocyanure de potassium, additionnée ou non d'un acide minéral, on n'aura un précipité floconneux bleu de Prusse, suspendu au milieu d'un liquide clair et incolore, que lorsque tout le ferrocyanure sera juste précipité : auparavant le liquide forme une solution claire au commencement, qui devient bleue et trouble. — Dès lors, en versant dans des volumes égaux d'une solution de prussiate jaune pur de force connue et du bain de teinture à essayer une seule et même dissolution de sel de fer au maximum jusqu'à ce que la coagulation soit complète, c'est-à-dire jusqu'à la formation du précipité floconneux, on peut calculer facilement la quantité inconnue de ferrocyanure, car elle est proportionnelle à la quantité de sel de fer employée et la force de la dissolution de ce dernier est donnée par son action sur le prussiate pur.

δ. Suivant *E. Bohlig* (**). — S'il fallait doser le prussiate jaune dans un liquide qui renfermerait en même temps du sulfocyanure de potassium, par exemple dans la lessive brute des fabriques de prussiate, la méthode donnée en α. ne pourrait pas s'appliquer, parce que l'acide sulfocyanhydrique réduit aussi l'acide permanganique. — Dans ce cas, on pourra employer le procédé suivant, qui repose sur la précipitation du ferrocyanogène par la dissolution de sulfate de cuivre et qui a une exactitude suffisante pour les besoins de l'industrie. On dissout 10 grammes de sulfate de cuivre pur dans 1 litre et d'autre part 4 grammes de prussiate jaune pur et cristallisé également pour faire un litre. — Dans 50 C.C de la dernière solution, qui renferment par conséquent 0ᵍʳ,2 de ferrocyanure de potassium, on fait couler de la solution de cuivre renfermée dans une burette jusqu'à précipitation complète du ferrocyanogène. Pour reconnaître exactement si le point est atteint, ou plonge de temps en temps dans le liquide rouge-brun une bandelette de papier à filtrer, qui, retenant à sa surface le précipité de ferrocyanure de cuivre, s'imbibe du liquide clair. Au commencement la partie humide du papier touchée avec une dissolution de perchlorure de fer se colore en bleu foncé, mais peu à peu la réaction s'affaiblit et finit par ne plus se produire. On connaît par là la valeur de la solution de cuivre par rapport au ferrocyanure et l'on peut se servir de cette dissolution de cuivre pour doser dans des liquides le prussiate jaune qu'ils contiennent. — S'il y avait des sulfures alcalins, il faudrait d'abord les éliminer en faisant bouillir avec du carbonate de plomb. Après avoir enlevé le sulfure de plomb par filtration, on acidule avec de l'acide sulfurique étendu et l'on titre.

(*) *Chem. Centralbl.*, 1871, p. 778.
(**) *Polytech. Notizblatt.*, XVI, 81.

§ 148.

5. Acide sulfhydrique.

I. Dosage.

S'il faut doser l'hydrogène sulfuré dans un *mélange gazeux*, recucilli sur le mercure (*), on l'absorbe avec une boule formée de 2 parties en poids de phosphate de plomb ordinaire précipité et 5 parties de gypse calciné. On fait avec ce mélange et de l'eau une bouillie épaisse, que l'on comprime autour du bout d'un fil de platine au moyen d'un moule à balles. Les boules desséchées à 100° sont trempées dans de l'acide phosphorique concentré et sont alors prêtes pour l'usage (*Ludwig* **).

S'il faut doser l'acide sulfhydrique en *dissolution dans l'eau*, on emploiera une des méthodes suivantes.

a. Le dosage de l'acide sulfhydrique par l'iode a été employé pour la première fois par *Dupasquier*. Il faisait usage d'une dissolution alcoolique d'iode. Mais comme peu à peu elle perd de sa valeur par suite de l'action de l'iode sur l'alcool, on lui préfère maintenant une dissolution d'iode dans de l'iodure de potassium. La décomposition a lieu suivant l'équation $SH + I = S + III$: 1 équivalent d'iode (126,85) correspond à 1 équivalent d'acide sulfhydrique (17). Toutefois, d'après *Bunsen*, cela n'est exact qu'autant que la proportion d'acide sulfhydrique dans le liquide ne dépasse pas 0,04 pour 100. C'est pourquoi, quand un liquide sera plus riche que cela, il faudra d'abord l'étendre avec de l'eau bouillie, qu'on aura laissée refroidir à l'abri du contact de l'air.

Pour mesurer de grandes quantités d'acide sulfhydrique on pourra faire usage de la solution d'iode préparée au § **146** ; pour les dissolutions faibles de gaz sulfuré, par exemple pour les eaux minérales, on prendra une solution d'iode cinq fois plus faible, qui par conséquent renfermera environ $0^{gr},001$ d'iode par centimètre cube.

Pour obtenir des résultats exacts, il faut conduire l'expérience avec certaines précautions. On mesure d'abord ou l'on pèse une certaine quantité de l'eau sulfureuse, on l'étend, si c'est nécessaire, ainsi que nous l'avons dit, on ajoute un peu d'empois d'amidon étendu, et enfin en agitant toujours on fait couler dans l'eau la dissolution d'iode jusqu'à coloration bleue permanente. On obtient ainsi le rapport entre la dissolution d'iode et l'eau sulfureuse, mais seulement d'une manière approximative. Supposons que pour 220 C.C. d'eau sulfureuse nous ayons employé 12 C.C. d'une solution d'iode, qui contenait $0^{gr},000918$ d'iode dans 1 C.C. (***). On met alors dans un ballon la quantité de dissolution d'iode qui sera presque nécessaire pour un second essai, on y fait couler (****) la quantité d'eau sulfureuse mesurée ou pesée d'avance ou qu'on mesurera plus tard, on ajoute au liquide limpide l'empoi d'amidon, puis

(*) Il faut éviter de laisser trop longtemps en contact avec le mercure, parce qu'il se ferait un peu de sulfure.
(**) *Ann. der Chem. und Pharm.*, CLXII, 55.
(***) Ces nombres sont ceux que j'ai obtenus dans l'analyse de l'eau de Weilbach.
(****) Voir Exp., n° 82.

la solution d'iode jusqu'à coloration bleue. On évite ainsi la perte d'acide sulfhydrique par évaporation et par oxydation. — Dans l'expérience citée plus haut et recommencée, il fallut 16,26 C.C. de solution d'iode pour 256 C.C. d'eau, ce qui pour 220 C.C. d'eau ferait 15,9 C.C. d'iode, c'est-à-dire 1,9 C.C. de plus qu'en ne prenant pas de précaution. — Malgré cela encore on ne peut pas regarder l'expérience comme terminée et exacte, lorsqu'on opère avec des dissolutions d'iode aussi étendues : il faut chercher combien de cette dernière est nécessaire pour communiquer la coloration bleue finale de l'analyse à un même volume d'eau exempte d'acide sulfhydrique, ayant la même température (*) et pour ainsi dire la même constitution (**) que l'eau essayée. On retranchera ensuite ces centimètres cubes de ceux trouvés dans l'analyse. Dans le cas cité plus haut, il faudrait retrancher 0,5 C.C. des 16,26 C.C. trouvés d'abord. En opérant comme nous venons de l'indiquer, les résultats sont parfaitement d'accord et exacts (Exp. n° 82).

b. Méthode de *Fr. Mohr* légèrement modifiée. — On verse le liquide contenant de l'acide sulfhydrique dans un léger excès d'une dissolution d'arsénite de soude, dont on connaît la force par rapport à la dissolution d'iode (§ **127**.5. a.) et l'on ajoute de l'acide chlorhydrique jusqu'à ce que la réaction soit franchement acide. On étend d'eau pour faire 300 C C., on filtre à travers un filtre sec, on s'assure dans une petite portion du liquide avec de l'acide sulfhydrique que la liqueur contient encore de l'acide arsénieux, et alors dans 100 C.C., après avoir ajouté du bicarbonate de soude en poudre, on dose le reste de l'acide arsénieux. On multiplie par 3 (puisqu'on n'a opéré que sur 100 C.C. de liquide) le volume d'iode employé, on retranche le résultat du volume d'iode correspondant à la quantité d'acide arsénieux mis en contact avec l'eau sulfureuse, et la différence fait connaître la quantité d'iode qui a servi à décomposer l'acide sulfhydrique. Il faut faire attention dans le calcul que maintenant 2 équivalents d'iode correspondent à 3 équivalents de HS, car d'une part 1 équivalent ArO^3 décompose 3.HS pour faire ArS^3 et 3.HO, et d'autre part exige 2 équivalents d'iode pour se transformer en acide arsénique.

On ne pourrait pas analyser de cette façon des dissolutions très étendues d'acide sulfhydrique, parce que d'abord le sulfure d'arsenic ne se déposerait qu'au bout d'un temps fort long et ensuite il y en aurait toujours une petite portion qui resterait en dissolution (***).

c. On fait agir la solution aqueuse d'acide sulfhydrique sur un excès de la dissolution d'arsénite de soude, on ajoute de l'acide chlorhydrique, on laisse déposer et l'on dose le sulfure d'arsenic d'après le § **127**. 4. Avec des eaux assez sulfureuses, les résultats sont exacts (Exp. n° 82); mais si la proportion d'hydrogène sulfuré est minime, les résultats sont trop faibles parce qu'un peu de sulfure d'arsenic se dissout. Dans les analyses des eaux de Weilbach cette

---

(*) *Ann. der Chem. und Pharm.*, CII, 186.

(**) Dans le cas où l'eau à essayer renfermerait du bicarbonate de soude, je recommande de mettre aussi de ce sel dans l'eau qui servira à faire la contre-épreuve, car la présence de ce sel a de l'influence sur la production de la réaction finale.

(***) De l'eau qui contenait 0,003 HS par litre, traitée par une dissolution d'acide arsénieux dans l'acide chlorhydrique, ne donna qu'au bout de 12 heures un précipité qu'on ne pouvait pas filtrer.

méthode m'a donné 0,006621 et 0,006604 pour 1000, tandis que l'eau prise au même moment à la source a fourni avec l'iode 0,007025 de HS pour 1000. Au lieu d'acide arsénieux on peut précipiter avec de l'acétate de cuivre additionné d'un peu d'acide acétique, ou avec la dissolution d'argent, et doser le soufre à l'état de sulfate de baryte (§ **148**. II) dans le sulfure de cuivre séparé par filtration, ou bien doser l'argent à l'état métallique dans le sulfure d'argent. Avec le sel de cuivre les résultats obtenus avec des liquides très étendus sont parfois un peu trop faibles ; nous ne pouvons pas dire s'il en est de même avec le sulfure d'argent, parce que nous n'avons pas d'expérience à ce sujet. Comme dissolution d'argent, *Lyte* (*) recommande le chlorure d'argent dissous dans de l'hyposulfite de soude, additionné de quelques gouttes d'ammoniaque.—Si, comme l'a fait *Lyte* dans une analyse d'eau renfermant du sulfate de protoxyde de fer, on emploie du sulfate de plomb récemment précipité pour enlever l'acide sulfhydrique, on se débarrassera de l'excès de sulfate après la filtration et le lavage en épuisant le précipité avec une solution chaude d'acétate d'ammoniaque, on transformera le sulfure de plomb qui reste en sulfate avec l'acide azotique, etc., et l'on pèsera.

Pour les eaux minérales, la méthode a. est toujours préférable, si son exactitude n'est pas diminuée par la présence des hyposulfites.

d. Si l'acide sulfhydrique se dégage à l'état gazeux, on l'amène, s'il est en assez grande quantité, dans plusieurs tubes en U dont les branches à boule (*fig.* 96, page 400) renferment une dissolution d'arsénite de soude, puis au sortir du dernier tube en U on fait passer encore le gaz dans un dernier tube rempli de pierre ponce imbibée d'une solution de soude : on mélange à la fin tous les liquides et l'on opère suivant b. ou c.—S'il faut au contraire doser de très petites quantités d'acide sulfhydrique mêlées à une grande proportion d'air, on fait arriver le mélange gazeux en petites bulles dans un volume connu d'une dissolution titrée d'iode dans l'iodure de potassium, contenue dans un long tube en verre incliné et abrité de l'action directe du soleil. En cherchant avec l'hyposulfite de soude la quantité d'iode qui reste (§ **146**), on conclut par différence le poids d'iode transformé en acide iodhydrique par l'acide sulfhydrique et par conséquent on connaît ce dernier. On mesure le volume du gaz analysé en l'amenant dans le réactif à l'aide d'un aspirateur et en jaugeant le volume d'eau écoulée. La disposition de l'appareil est la même que pour doser l'acide carbonique dans l'air : toutefois pour le dosage de l'acide sulfhydrique, il ne faut pas prolonger par un tube en caoutchouc le tube étroit qui amène le gaz dans le tube à absorption.

D'après mes propres expériences on peut aussi très bien doser de petites ou de grandes quantités d'acide sulfhydrique en mesurant l'augmentation de poids des tubes d'absorption. Il faut avoir soin seulement que le mélange gazeux renfermant l'hydrogène sulfuré soit complètement débarrassé de son eau, en passant d'abord dans un tube à chlorure de calcium. Pour arrêter l'acide sulfhydrique on prend des tubes en U qui renferment sur les 5/6 de la pierre ponce imbibée de sulfate de cuivre et sur 1/6 (à l'extrémité de sortie) du chlorure de calcium. Voici comment on prépare la pierre ponce. On en met des morceaux gros comme des pois dans une petite capsule en porce-

(*) *Compt. rend.*, XLIII, 765.

laine, on les arrose avec une dissolution concentrée et chaude de 50 à
55 grammes de sulfate de cuivre, on dessèche la masse en la remuant constamment, on place la capsule dans l'étuve à air ou à huile et on l'y maintient environ quatre heures entre 150° et 160°. Un tube contenant à peu
près 14 grammes de ponce cuivreuse absorbe environ 0,2 d'acide sulfhydrique. Pour plus de sûreté, on mettra deux pareils tubes dans l'appareil. Si
la ponce est moins desséchée, elle absorbe bien moins d'hydrogène sulfuré ;
si elle l'est trop, jusqu'à dégagement de l'eau d'hydratation, il y a décomposition de l'acide sulfhydrique et formation d'acide sulfureux. — Je me borne
à ces courtes indications, parce que nous reviendrons à cette question à
propos de l'analyse des soudes brutes, dans le chapitre des applications.

Enfin on peut encore doser de petites quantités d'acide sulfhydrique
mélangé à d'autres gaz, en faisant passer le mélange gazeux dans de l'eau
bromée, qui transforme le soufre en acide sulfurique. (Voir H. A. 2.)

II. Séparation et dosage du soufre dans ses combinaisons avec les métaux.

A. *Méthodes basées sur la transformation du soufre en acide sulfurique.*

1. Méthodes par la voie sèche.

a. *Oxydation par les azotates alcalins* (applicable à tous les sulfures). —
Si les sulfures ne perdent pas de soufre par la chaleur, on mélange la substance en poudre et pesée avec 5 parties de carbonate de soude déshydraté
et 4 parties d'azotate de potasse : on fait le mélange avec une baguette en
verre qu'on nettoie avec du carbonate de soude. On chauffe dans un creuset en platine ou en porcelaine (qui sera toutefois un peu attaqué), en élevant graduellement la température jusqu'à la fusion (*), que l'on maintient
quelque temps, on laisse refroidir, on chauffe le résidu avec de l'eau, on
filtre, on fait bouillir le résidu avec une solution de carbonate de soude
pur (pour enlever aussi complètement que possible le reste d'acide sulfurique), on filtre, on lave, on débarrasse le liquide filtré de tout l'acide
azotique en évaporant à plusieurs reprises avec de l'acide chlorhydrique
pur et enfin l'on dose suivant le § **132** l'acide sulfurique provenant de la
transformation du soufre (**). Quant au résidu insoluble, métal, oxyde ou carbonate, on peut soit le peser directement, soit l'analyser suivant les circonstances. — En présence du plomb, on fait passer dans la dissolution de
la masse fondue, avant sa filtration, un courant d'acide carbonique, pour
précipiter la petite quantité d'oxyde de plomb qui se dissout dans le liquide
alcalin. — Si par l'action de la chaleur les sulfures perdaient du soufre,
on les mélangerait, après les avoir réduits en poudre fine, avec 4 parties
de carbonate de soude, 8 parties de salpêtre et 24 parties de sel marin pur
et parfaitement desséché, puis on opérerait comme il vient d'être dit.

(*) Si l'on chauffe avec du gaz de l'éclairage sulfuré, l'acide sulfurique dans la masse
fondue peut être augmenté d'une quantité préjudiciable à la rigueur de l'analyse (*Price*,
Zeitschr. f. analyt. Chem., III, 485). Si l'on fond dans un creuset en platine, il ne faut
pas élever la température plus qu'il n'est nécessaire, sans quoi le creuset serait attaqué
d'une façon appréciable.
(**) Voir la note 13 à la fin du volume.

b. *Oxydation par le chlorate de potasse.* — On revient à l'oxydation du soufre par un mélange de chlorate de potasse et de carbonate de soude. Ce procédé a l'avantage que l'acide sulfurique qui est dans la masse fondue

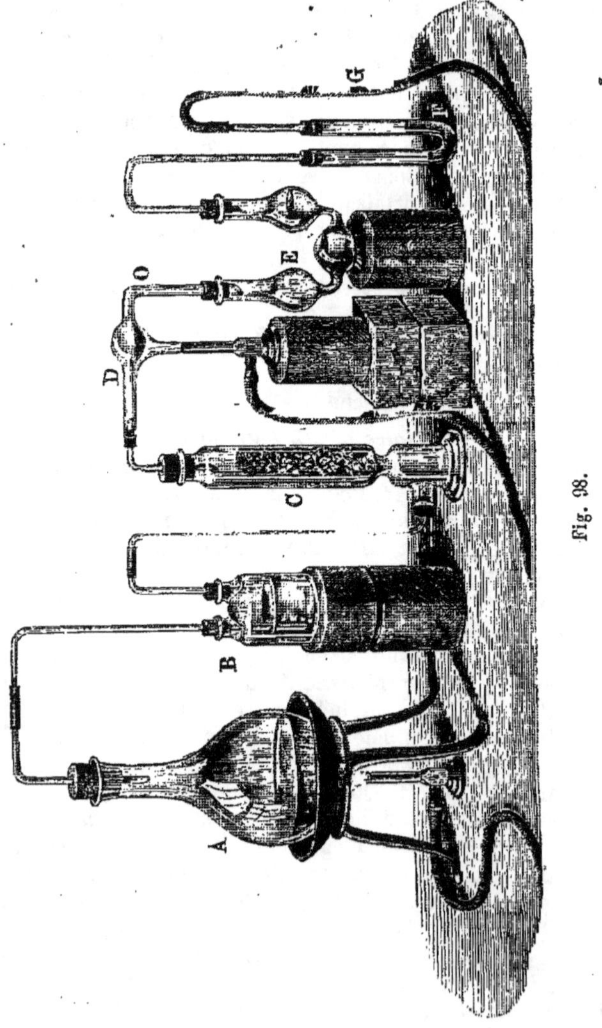

se laisse bien mieux précipiter à l'état de sulfate de baryte que lorsqu'il y a des azotates en présence, mais il offre le danger que certains sulfures, par exemple le fahlerz, le sulfure d'antimoine (*), produisent une violente explosion, au moins avec le mélange qu'on emploie ordinairement, savoir :

(*) *Ann. der Chem. und Pharm.*, CVII, 128.

1 partie de sulfure, 5 parties de chlorate de potasse et 5 parties de carbonate de soude (ou 4 parties du mélange des carbonates de potasse et de soude) : cela n'arrive pas, il est vrai, avec d'autres sulfures. En outre, avec certains sulfures, comme la pyrite de fer, la pyrite de cuivre, la décomposition n'est pas complète (*Fr. Mohr*). — Il faut donc employer le chlorate de potasse avec beaucoup de circonspection. — *H. Rose* recommande de prendre, pour 1 partie de la substance, 6 à 8 parties de carbonate de soude et 1 partie de chlorate de potasse (*).

   c. *Oxydation par le chlore gazeux* (suivant *Berzélius* et *H. Rose*, méthode convenable surtout pour les sulfures à composition complexe). — On fait usage de l'appareil ci-dessus (*fig.* 98) ou de tout autre analogue, en évitant autant que possible l'emploi du caoutchouc vulcanisé. On ne prendra donc que des bouchons en liège, et l'on réunira les bouts de tubes en les faisant se toucher bien serrés.

   A est l'appareil à dégagement du chlore (**). B contient de l'acide sulfurique concentré, C du chlorure de calcium. Le tube à boule D (dont la partie rectiligne doit être assez étroite et que l'on inclinera légèrement pour éviter le retour en arrière des vapeurs épaisses des chlorures volatils) renferme la substance à décomposer, qui a été préalablement pesée. E est un récipient contenant de l'eau (ou bien, en présence de l'antimoine, une dissolution d'acide tartrique dans de l'acide chlorhydrique étendu); F est un tube en U contenant aussi un peu d'eau, et enfin G est un tube qui conduit le gaz dans un ballon plein de chaux humide.

   Quand l'appareil est préparé, on pèse le corps à analyser dans un petit tube en verre étroit, fermé à un bout, et l'on introduit cette substance dans la boule D, en prenant la précaution de ne pas salir les tubes latéraux de

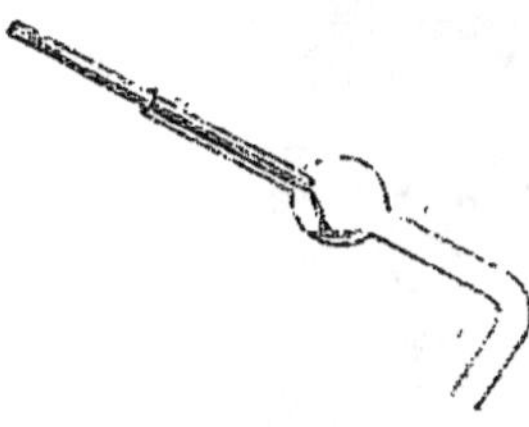

Fig. 99.

la boule (*fig.* 99). L'appareil étant plein de chlore, on réunit D à C et on laisse d'abord le chlore agir à froid. Lorsqu'il ne se produit plus de changement et que le récipient E est tout à fait rempli de chlore, on chauffe la boule D très doucement et l'on a soin, en chauffant aussi le tube O, qu'il ne s'obstrue pas par suite de la sublimation de quelques chlorures volatils. — Le sulfure est complètement décomposé par le chlore, les métaux se transforment en chlorures qui restent en partie dans la boule et en partie passent dans le récipient E, s'ils sont volatils, comme le chlorure d'antimoine, le chlorure d'arsenic, le bichlorure de mercure : le soufre se combine au chlore pour faire du chlorure de soufre qui coule dans le récipient E. Au contact de l'eau ce chlorure se décompose d'abord en acide chlorhydrique et en acide hyposulfureux avec dépôt de soufre. L'acide hyposulfureux à

son tour se dédouble en soufre et acide sulfureux qui se transforme en acide
sulfurique sous l'action de l'eau de chlore de E. Le résultat final est donc
de l'acide sulfurique et plus ou moins de soufre. Comme le dépôt de soufre
rend difficile le traitement ultérieur du contenu du récipient, on cherche

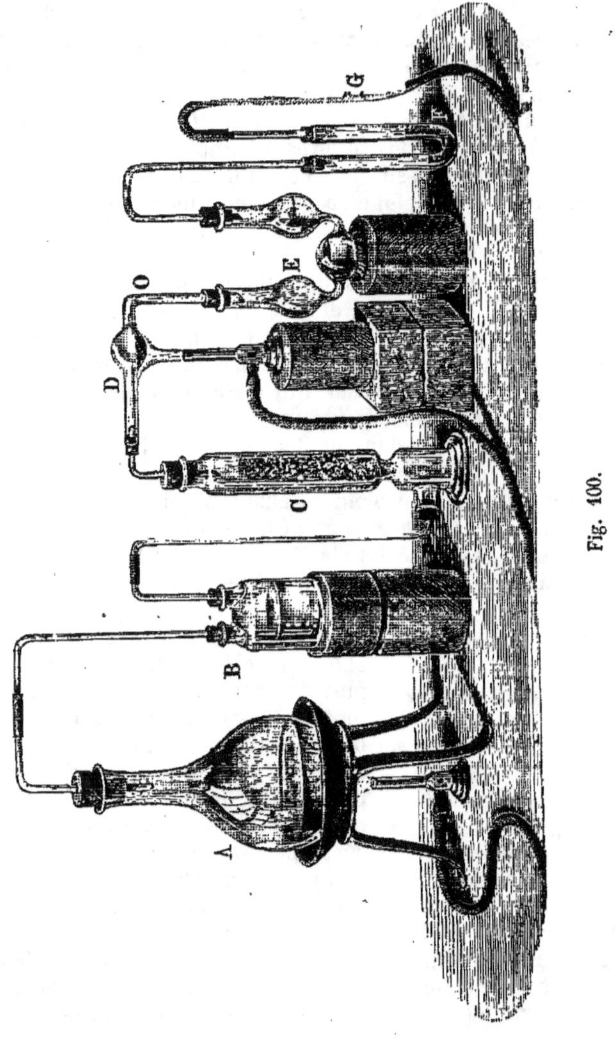

à éviter ce dépôt autant que possible, et cela en chauffant lentement, de façon
qu'il ne vienne jamais que peu de chlorure de soufre à la fois dans le liquide
de E complètement saturé de chlore. L'opération est terminée quand il ne
distille plus rien de la boule, sauf du perchlorure de fer lorsqu'il y a de ce
métal, mais dont on n'a pas besoin d'attendre la volatilisation complète.

— On chauffe alors le tube à boule de D vers O, pour faire arriver en E, ou tout au moins au bout du tube à boule, tout le chlorure de soufre et les chlorures métalliques. On laisse un instant l'appareil abandonné à lui-même, on coupe le tube au-dessous de la courbure O et l'on ferme la partie coupée, au moins quand il y a des chlorures volatils à l'extrémité inférieure du tube O, avec un bout de tube de verre fermé en bas à la lampe. On abandonne tout pendant 24 heures, afin que les chlorures volatils, absorbant pendant ce temps de l'humidité, se dissolvent ensuite sans dégagement de chaleur : on dissout les chlorures qui sont au bout du tube avec de l'acide chlorhydrique étendu, on réunit ce liquide à ceux des tubes E et F, on chauffe très légèrement pour chasser le chlore libre et on laisse reposer jusqu'à ce que le soufre séparé, qui semblait liquéfié, soit complètement solidifié. On le sépare sur un filtre pesé, on le sèche et on le pèse. On précipite le liquide filtré avec du chlorure de baryum (§ **132**) et l'on a ainsi la quantité de soufre oxydé à l'état d'acide sulfurique. — Dans le liquide séparé par filtration du sulfate de baryte, qui renferme, outre l'excès de chlorure de baryum, les chlorures métalliques volatils, on sépare et l'on dose ceux-ci d'après les méthodes qui seront indiquées au cinquième chapitre.

Quant aux chlorures restés dans le tube à boule, on pourra ou les peser tels quels (chlorure d'argent, chlorure de plomb), ou bien, quand on ne le pourra pas (ainsi le cuivre se change partie en protochlorure, partie en bichlorure), on les dissout dans de l'eau, de l'acide chlorhydrique, de l'eau régale ou tout autre dissolvant, et l'on dose les métaux soit par les procédés déjà connus, soit par ceux que nous étudierons dans le cinquième chapitre. Pour pouvoir peser de nouveau le chlorure d'argent ou celui de plomb, il vaudra mieux les réduire par un courant d'hydrogène et dissoudre les métaux dans l'acide azotique.

S'il ne s'agit que de doser le soufre dans des substances qui renferment aussi de l'acide sulfurique, *O. Lindt* (*) dirige dans de la lessive de soude pure le chlorure de soufre et les chlorures métalliques : il se produit une décomposition de laquelle il résulte du sulfure de sodium, de l'hyposulfite de soude, du chlorure de sodium et de l'hypochlorite de soude. La décomposition terminée, on continue encore le courant de chlore pendant deux heures dans la lessive de soude, ce qui produit dans la liqueur du chlorate de soude et du chlorure de sodium, on évapore à siccité, on calcine avec précaution le résidu pour décomposer le chlorate de soude, et enfin dans la dissolution aqueuse du résidu on dose l'acide sulfurique provenant du soufre suivant le § **132**.

d. *Oxydation par le bioxyde de mercure* (suivant *Bunsen*). — Cette méthode, que nous ferons connaître en détail à propos du dosage du soufre dans les matières organiques (§ **188**), est surtout bonne pour doser le soufre dans les sulfures volatils et dans ceux qui laissent dégager du soufre quand on les chauffe.

(*) *Zeitschr. f. analyt. Chem*, IV, 570.

2. Méthode par la voie humide.

    a. *Oxydation du soufre à l'aide des acides qui cèdent de l'oxygène ou à l'aide des halogènes* (*).

α. On pèse le sulfure réduit en poudre fine dans un petit tube en verre fermé par un bout et l'on introduit ce tube dans un flacon à l'émeri assez grand et dans lequel on avait versé une quantité d'acide azotique rouge, fumant, bien exempt d'acide sulfurique (**), plus que suffisante pour décomposer tout le sulfure. On ferme le flacon aussitôt. Lorsque la réaction tout d'abord tumultueuse a cessé, on agite un peu : si l'on ne détermine pas par là une nouvelle réaction et si les vapeurs sont complètement condensées, on enlève le bouchon, on lave avec un peu d'acide azotique et l'on chauffe légèrement le flacon.

    aa. Tout le soufre a été oxydé. On étend avec beaucoup d'eau et dans le liquide limpide (***) on dose l'acide sulfurique suivant le § **132** : il faudra auparavant débarrasser le liquide de toute trace d'acide azotique, en évaporant avec addition d'un peu de chlorure de sodium, et vers la fin en ajoutant à plusieurs reprises au liquide refroidi de l'acide chlorhydrique concentré. On aura soin de s'assurer que le sulfate de baryte est pur, et s'il le faut on le purifiera comme il est dit au § **132**. — Dans le liquide filtré on séparera les bases de l'excès de sel de baryte suivant les méthodes indiquées au cinquième chapitre.

    bb. Il flotte encore du soufre non dissous dans le liquide. On ajoute par petites portions du chlorate de potasse ou en outre de l'acide chlorhydrique concentré et on laisse digérer longtemps au bain-marie. On arrive presque toujours à dissoudre ainsi tout le soufre. Si cependant cela n'avait pas lieu et si le soufre séparé était d'un jaune bien pur, on étendrait d'eau, on rassemblerait le soufre sur un filtre pesé, on le laverait avec soin, on le sécherait et on le pèserait. Après la pesée, on chaufferait au rouge, soit la totalité, soit une partie de ce soufre, pour s'assurer qu'il est pur. S'il y a un résidu fixe (ordinairement du quartz, des gangues, etc., mais aussi parfois du sulfate de plomb, de baryte, etc.), on en retranche le poids de celui du soufre impur. Dans le liquide filtré on dose l'acide sulfurique comme en aa. et l'on ajoute le poids de soufre correspondant calculé à celui qu'on a obtenu directement. Si le résidu de la calcination du soufre renferme un sulfate insoluble, il faut le décomposer d'après le § **132** et calculer le soufre qu'il représente pour l'ajouter au poids obtenu directement.

(*) En présence du plomb, de la baryte, de la strontiane, de la chaux, de l'étain et de l'antimoine, il faut préférer la méthode b. à la méthode a.

(**) On ne peut être certain de l'absence d'acide sulfurique dans de l'acide azotique ou chlorhydrique qu'en évaporant ceux-ci presque à siccité au bain-marie, mettant les dernières gouttes dans de l'eau distillée et ajoutant du chlorure de baryum. Si l'on n'a pas d'acide tout à fait pur, on mesure dans celui qu'on emploiera la proportion d'acide sulfurique qu'il contient et l'on opère avec un volume connu.

(***) Le liquide ne peut naturellement être limpide qu'autant qu'il n'y a pas de métaux formant des sulfates insolubles. S'il y avait de ces derniers, il faudrait opérer suivant bb., car alors il est moins facile de reconnaître si l'oxydation du soufre est complète.

S'il y avait du bismuth, il faudrait éviter d'employer le chlorate de potasse ou l'acide chlorhydrique, car la présence du chlore rend plus difficile le dosage de ce métal.

β. On mélange dans un ballon bien sec le sulfure métallique réduit en poudre fine avec du chlorate de potasse aussi en poudre et exempt de sulfate, puis on ajoute par petites portions de l'acide chlorhydrique de concentration moyenne, on ferme le ballon avec un verre de montre ou un petit ballon renversé. Après avoir laissé agir longtemps à froid, on chauffe légèrement à la fin au bain-marie, jusqu'à ce qu'il ne se dégage plus d'odeur de chlore ; alors, suivant que tout le soufre est ou n'est pas dissous, on achève l'opération suivant α. aa. ou α. bb. Inutile de dire que dans le dernier cas il faut aussitôt étendre d'eau et filtrer. L'oxydation du soufre peut se faire aussi très bien, plus complétement et plus rapidement que par le chlorate de potasse et l'acide chlorhydrique, en chauffant avec de l'acide azotique de densité 1,56 et du chlorate de potasse, en ajoutant ce dernier par petite portion au liquide chauffé au bain-marie. Voir à ce sujet les expériences de *Storer* (*), et celles de *Pearson* et *Bowditch* (**).

γ. Au lieu des agents d'oxydation indiqués en α. et en β., on prend souvent de l'eau régale concentrée ; *J. Lefort* conseille de mélanger pour cela 1 partie d'acide chlorhydrique fort avec 3 parties d'acide azotique très concentré.

δ. On peut aussi transformer avec le brome le soufre des sulfures en sulfate. Pour cela on met dans un peu d'eau les pyrites ou les blendes, on ajoute peu à peu du brome et l'on fait digérer à une très douce chaleur. Pour oxyder le soufre des sulfures obtenus par voie humide, il suffit de bonne eau bromée. *P. Waage* préfère le brome à tous les autres agents d'oxydation, mais il recommande, avant de s'en servir, d'avoir soin de le purifier par distillation dans un appareil sans caoutchouc.

> b. *Oxydation du soufre par le chlore au milieu d'un liquide alcalin,*
> suivant *Rivot, Beudant* et *Daguin* (***).

On chauffe plusieurs heures le sulfure en poudre très fine ou le soufre brut car cette méthode peut servir à y doser le soufre) avec une lessive de potasse exempte de sulfate (ce qui dissout tout le soufre libre, ainsi que les sulfures d'arsenic et d'antimoine), puis on fait passer un courant de chlore dans le liquide. Le soufre passe rapidement à l'état de sulfate de potasse, tandis que les métaux oxydés restent non dissous. Le liquide alcalin filtré est acidulé et l'on y précipite l'acide sulfurique avec le chlorure de baryum (§ **132**). L'arsenic et l'antimoine transformés en acide passent avec le soufre dans la dissolution ; il n'en serait pas de même pour le plomb, s'il y en avait dans la substance, il se changerait en peroxyde complétement insoluble : aussi la méthode est-elle tout à fait convenable en présence du sulfure de plomb. Avec le sulfure de fer il se forme d'abord du sulfate de

---

(*) *Zeitschr. f. analyt. Chem.*, IX, 71.
(**) *Ibid.*, IX, 82.
(***) *Comptes rendus*, 1855, 855.

potasse et de l'hydrate de, peroxyde de fer, qui par l'action prolongée du chlore se change en ferrate de potasse. Aussi dans ce cas, aussitôt que la liqueur commence à se colorer en rouge, on interrompt le courant de chlore et l'on chauffe quelques instants avec un peu de quartz en poudre, pour décomposer l'acide ferrique.

Il arrive parfois dans l'application de cette méthode, surtout en présence du sable quartzeux, de la pyrite de fer, de l'oxyde de cuivre, etc., qu'il se produit un abondant dégagement d'oxygène. Lorsque cette décomposition commence, elle s'oppose presque complètement à l'action oxydante du chlore. On peut éviter cet inconvénient dans les analyses, en pulvérisant aussi finement que possible les substances à analyser.

c. Quant à la méthode de *Cloëz* et *Guignet* (oxydation du soufre par le permanganate de potasse), je renvoie dans le chapitre des Applications à l'analyse de la poudre à canon.

B. *Méthodes basées sur la transformation du soufre en acide sulfhydrique ou en sulfure métallique.*

a. Pour doser le soufre dans les sulfures alcalins ou alcalino-terreux solubles dans l'eau, ne renfermant pas d'excès de soufre, le mieux est d'opérer suivant le § **148**. I. b. ou c. S'il n'y a pas d'acides de soufre, on pourra aussi transformer le soufre des sulfures en acide sulfurique avec l'eau bromée. — On dose les bases dans une portion particulière que l'on décompose par évaporation avec l'acide chlorhydrique ou l'acide sulfurique, ou bien lorsqu'il n'y a que des alcalis, en la calcinant au rouge dans un creuset de porcelaine avec 5 parties de sel ammoniac. — Si les combinaisons en question renferment un excès de soufre, on peut le doser en l'oxydant au moyen du chlore dans une solution alcaline, ou bien opérer suivant B. c. ou suivant C.; s'il y a des hyposulfites ou des sulfites, on procède suivant le § **168**.

b. On peut aussi doser directement le soufre contenu dans les liquides alcalins, soit à l'état de monosulfure, soit à l'état de sulfhydrate de sulfure, au moyen d'une solution ammoniacale d'argent ou de cuivre d'un titre connu. Au liquide chaud et additionné d'ammoniaque, on ajoute de la solution d'argent jusqu'à ce que dans un essai filtré une nouvelle addition d'argent ne produise qu'un léger trouble (*Lestelle* [*]). Si l'on opère avec le cuivre, on ajoute de l'ammoniaque au liquide, on chauffe de 50 à 60° et l'on ajoute la solution de cuivre en remuant fréquemment et en portant à l'ébullition, jusqu'à ce qu'il ne se forme plus de précipité de $CuO,5.CuS$, et que le liquide commence à se colorer en bleu (*Verstraet* [**]). Si l'on dissout 9,754 grammes de cuivre pur dans 40 grammes d'acide azotique, si l'on fait bouillir et si l'on ajoute 180 à 200 C. C. d'ammoniaque et de l'eau pour faire un litre, 1 C. C. correspondra à $0^{gr},01$ de NaS. — Ces méthodes conviennent surtout pour les opérations industrielles, par exemple pour doser le sulfure de sodium dans une lessive de soude, etc. — Il va sans dire qu'on pourrait aussi mesurer en poids les sulfures d'argent, de cuivre, de plomb précipités (dans

(*) *Zeitschr. f. analyt. Chem.*, II, 94.
(**) *Zeitsch. f. analyt. Chem.*, IV, 216.

le cas où l'on ferait usage d'une solution d'oxyde de plomb dans la lessive de potasse).

c. Si en chauffant les sulfures métalliques avec l'acide chlorhydrique tout le soufre est chassé à l'état d'acide sulfhydrique, on peut chauffer la substance dans un petit ballon avec de l'acide chlorhydrique concentré, jusqu'à complète décomposition et jusqu'à ce que tout le gaz sulfhydrique soit expulsé, puis on dose ce dernier avec la solution d'arsénite de soude d'après le § **148**. I. — Si la substance est liquide, on pourra faire usage de l'appareil de la page 579, employé pour doser l'acide carbonique. On n'aura qu'à remplacer le tube *h* par un petit réfrigérant redressé (voir dans le chapitre des Applications l'analyse des soudes brutes). Avec les polysulfures, on recueillera le soufre déposé dans le ballon sur un filtre séché à 100°, on le lavera, on le séchera d'abord à 70°, puis un instant à 100° et on le pèsera.

C. Méthode qui repose sur la séparation et la pesée du soufre.

Pour doser le soufre dans les polysulfures alcalins, on peut opérer avec avantage de la façon suivante, indiquée par *Mortreux*. On épuise 10 grammes de la substance avec de l'eau bouillie, on étend le liquide filtré avec les eaux de lavage de façon à en avoir 100 grammes ou centimètres cubes ; on verse 10 grammes ou centimètres cubes de ce liquide, qui renferment par conséquent 1 gramme de la substance, dans une burette à robinet en verre de 40 à 45 C. C. de capacité et dont le tube inférieur d'écoulement est étroit et coupé bien net. On ajoute, en agitant de temps en temps la burette fermée, une dissolution d'iode dans de l'iodure de potassium (1 partie d'iode, 1 partie d'iodure et 5 parties d'eau), jusqu'à ce que le liquide soit juste complètement décoloré et qu'un essai ne brunisse plus du papier trempé dans une solution de sulfate de protoxyde de fer et desséché. On verse 8 à 10 C. C. de sulfure de carbone, on ferme la burette, on presse sur le bouchon avec le doigt et l'on secoue. On maintient quelque temps la burette renversée, puis on la redresse, on laisse couler dans une petite capsule pesée presque toute la dissolution du soufre dans le sulfure de carbone ; on ajoute de nouveau du sulfure de carbone dans la burette, on mélange, on fait couler ce dissolvant dans la capsule et l'on recommence encore une fois cette opération. Après l'évaporation du sulfure de carbone on pèse le soufre qui reste.

TROISIÈME GROUPE DES ACIDES

ACIDE AZOTIQUE, ACIDE CHLORIQUE.

§ 149.

1. Acide azotique.

I. Dosage.

Lorsque l'acide azotique est libre dans une dissolution qui ne renferme pas d'autres acides, on le dose très simplement : ou bien en prenant la densité du liquide, ou bien par les liqueurs titrées en le neutralisant avec de la lessive de soude étendue (voir le chapitre des Spécialités : *acidimétrie*). — On arrive au même but par la méthode suivante : On ajoute à la dissolution de l'eau de baryte jusqu'à ce que la réaction commence à être alcaline, on évapore presque à siccité après avoir ajouté de l'eau distillée chargée d'acide carbonique, on étend d'eau, on filtre la dissolution qui n'est plus alcaline, on lave le carbonate de baryte formé, et l'on dose la baryte d'après le § **101** dans le liquide filtré réuni aux eaux de lavage : pour chaque équivalent de baryte on compte 1 équivalent d'acide azotique. — On peut encore très simplement sursaturer avec de l'ammoniaque, évaporer à siccité dans une capsule en platine pesée et prendre le poids du résidu (AzH^4O, AzO^5) desséché entre 110° et 120° (*Schaffgotsch*). Naturellement les résultats ne sont exacts qu'autant que l'ammoniaque employée ne laisse pas de résidu, quand on l'évapore sur la lame de platine.

II. Séparation de l'acide azotique d'avec les bases et dosage de l'acide azotique combiné.

Le dosage de l'acide azotique en combinaison est une opération importante et parfois difficile, qui dans ces derniers temps a occupé beaucoup de chimistes. Je conseillerai tout d'abord, lorsqu'on aura fait choix d'une méthode, de l'essayer sur un poids connu d'un azotate pur, afin de bien connaître la marche de l'opération et d'acquérir le tour de main nécessaire dans des méthodes souvent assez compliquées. Je ne citerai, parmi les nombreux procédés recommandés, que les plus simples et les meilleurs.

a. *Méthodes qui reposent sur la volatilisation de l'acide azotique par la voie sèche.*

α. Dans les sels des métaux lourds ou des terres, on peut doser l'acide azotique par une simple calcination au rouge de la combinaison anhydre.

Si l'on est certain que l'oxyde est bien resté dans l'état où il se trouvait dans la substance à analyser, la perte de poids donne le poids d'acide azotique.

β. Si le résidu de la calcination des azotates n'a pas une composition

constante, ou si pendant la calcination le creuset était attaqué (azotates
alcalins, azotates alcalino-terreux), on fond la substance anhydre et débarrassée des matières organiques ou volatiles avec un fondant non volatil et
on dose l'acide azotique par la perte de poids. On a recommandé comme
fondant le verre de borax (*Schaffgotsch**), dans la proportion de 1 de nitrate
pour 3 de verre de borax ; — le bichromate de potasse (*Persoz***), dans la
proportion de 1 de nitrate et environ 2 de bichromate : — et l'acide silicique (*Reich****). Tous trois donnent de bons résultats, lorsque l'expérience
est faite avec une parfaite connaissance des propriétés de ces fondants, et
lorsqu'on tient compte avec soin des particularités de leur action. L'acide
silicique s'emploiera de préférence, parce qu'on peut facilement préparer
ce fondant et que son usage est simple et certain. — Je vais décrire la méthode en l'appliquant à l'azotate de potasse ou de soude.

On le fond à une basse température, on le verse dans une petite capsule
en porcelaine chauffée, on pulvérise et l'on sèche encore une fois la poudre
bien complètement avant de peser. On met dans un creuset en platine 2 à
3 grammes de quartz en poudre, on chauffe fortement au rouge et l'on pèse
après refroidissement. On ajoute $0^{gr},5$ du salpêtre réduit en poudre, comme
nous l'avons indiqué, on mélange intimement et l'on s'assure par une nouvelle pesée que rien n'a été perdu. Le creuset couvert est soumis alors pendant une demi-heure à une température rouge faible à peine visible à la
lumière du jour, puis pesé avec son couvercle après refroidissement. La
perte de poids donne le poids d'acide azotique. — Les sulfates et les chlorures alcalins ne sont pas décomposés à cette température, mais en chauffant davantage on pourrait facilement les volatiliser. Il faut éviter l'action
des gaz réducteurs. Les exemples cités par *Reich*, ainsi que les analyses
faites dans mon laboratoire, sont très satisfaisants.

b. *Méthode qui repose sur la distillation de l'acide azotique hydraté.*

Tous les azotates sont décomposés par leur distillation avec de l'acide sulfurique de concentration moyenne. L'hydrate d'acide azotique qui se condense dans le récipient peut se doser en poids ou avec des liqueurs titrées.
Ce procédé, employé par *Gladstone*, a été de nouveau étudié avec soin
par *H. Rose* et *Finkener* (***). Pour avoir des résultats exacts, on distille de 1
à 2 grammes d'azotate avec un mélange froid de 1 volume d'acide sulfurique
concentré et 2 volumes d'eau. Pour 1 gr. de salpêtre on prendra 5 C.C.
d'acide sulfurique et 10 C.C. d'eau. On fera la distillation dans un bain de
sable ou de paraffine entre les températures de 160 à 170° (pour 1 et 2
grammes de salpêtre, la durée de la distillation est de 3 à 4 heures); ou
bien on fera usage d'un bain-marie en faisant le vide dans l'appareil. Ce dernier moyen est le meilleur. — On étire le col de la cornue tubulée et on le
recourbe vers le bas afin de le mettre en communication avec un tube en
U, offrant des renflements dans chaque branche et à la partie inférieure. Ce

<hr>

(*) *Pogg. Ann.*, LVII, 260.
(**) *Répertoire de chimie appliquée*, 1861, 253.
(***) *Zeitschr. f. analyt. Chem.*, I, 86.
(****) *Zeitschr. f. analyt. Chem.*, I, 309.

récipient contient un volume connu de soude ou de potasse normale (§ **215**). La distillation dans le vide peut se faire sans qu'on ait besoin de pompe pneumatique, de la façon suivante, indiquée par *Finkener*. On met dans la cornue tubulée la quantité mesurée d'eau et d'acide sulfurique concentré et dans un ballon à col étroit d'environ 200 C.C. de capacité on verse la quantité convenable de potasse ou de soude titrée, étendue de façon à faire à peu près 30 C.C. On réunit hermétiquement au moyen d'un tube en caoutchouc la cornue avec le ballon, de façon que l'extrémité du col de la cornue étiré en pointe arrive jusque dans la panse du ballon, puis on chauffe jusqu'à l'ébullition le contenu du ballon et celui de la cornue, dont la tubulure est restée ouverte. Lorsque par une ébullition prolongée on a chassé tout l'air de l'appareil, on introduit dans la cornue par la tubulure le sel pesé et renfermé dans un petit tube en verre, on ferme aussitôt hermétiquement la cornue et l'on éloigne les lampes. On distille alors l'acide azotique au bain-marie en refroidissant le ballon. On connaîtra évidemment la quantité d'acide azotique en reprenant le titre de l'alcali. Si l'on craignait de n'avoir pas, par une première distillation, chassé tout l'acide azotique dans le récipient, on pourrait, en chauffant le ballon et en refroidissant la cornue, faire repasser dans celle-ci de l'eau par distillation, puis recommencer une nouvelle distillation de la cornue dans le ballon. Le liquide qui se volatilise dans ces opérations est toujours parfaitement exempt d'acide sulfurique, ce qui fait que les résultats sont très exacts. Les bases restent dans la cornue à l'état de sulfate. S'il y avait des chlorures, on ajouterait au contenu de la cornue une quantité de sulfate d'argent dissous suffisante pour les décomposer, ou bien, s'il y avait beaucoup de chlorures, on prendrait de l'oxyde d'argent humide. On obtient ainsi de l'acide azotique tout à fait exempt de chlore.

   c. *Méthodes qui reposent sur la décomposition des azotates par les alcalis et les terres alcalines.*

  α. Les azotates dont les bases sont complètement éliminées par les alcalis caustiques ou carbonatées, et qui ne forment pas dans ces circonstances des précipités de sels basiques, peuvent s'analyser fort simplement en les faisant bouillir avec un excès d'une dissolution titrée de potasse ou de soude ou aussi d'un carbonate alcalin. Après le refroidissement on étend d'eau de façon à faire 1/4 ou 1/2 litre, on mélange, on laisse déposer, on prend une portion du liquide clair surnageant, on y dose la quantité d'alcali encore libre, et en calculant pour le tout on en conclut la quantité d'acide azotique. Cette méthode fut appliquée par *Langer* et *Wawnikiewicz* (*), mais elle était déjà parfaitement connue (quatrième édition du *Traité d'analyse quantitative*). *Haye*, en s'en servant pour l'azotate d'argent et celui de bismuth, a obtenu de bons résultats; mais ils ne furent pas aussi satisfaisants avec la décomposition de l'azotate de protoxyde de mercure par le carbonate de soude (**). Si l'on applique la méthode à l'azotate d'ammoniaque, il

(*) *Ann. d. Chem. u. Pharm.*, CXVII, 230.
(**) H. Rose. *Zeitschr. f. analyt. Chem.*, I, 306.

faut, après l'addition de la lessive alcaline, chauffer jusqu'à ce que toute l'ammoniaque soit chassée.

Bien entendu qu'on ne peut opérer suivant ce procédé qu'à la condition qu'il n'y a pas d'autre acide avec l'acide nitrique.

β. Dans les azotates dont les bases sont précipitées par l'hydrate de baryte ou l'hydrate de chaux ou par leurs carbonates (ou encore par le sulfhydrate de sulfure de baryum récemment préparé et exempt d'hyposulfite de baryte (*Claus**), on peut encore (autant toutefois qu'il n'y a pas d'autres acides) doser l'acide azotique avec beaucoup d'exactitude en opérant la précipitation soit à chaud, soit à froid : on filtre, dans le liquide filtré on fait passer, si c'est nécessaire, un courant d'acide carbonique pour enlever l'excès de baryte, on chauffe, on filtre de nouveau et dans le liquide on dose la baryte avec l'acide sulfurique. 1 équivalent de ce dernier correspond à 1 équivalent d'acide azotique. En appliquant ce procédé à l'azotate de bismuth, il faut faire bouillir après l'addition de l'hydrate de baryte jusqu'à ce que l'oxyde de bismuth précipité soit tout à fait jaune (*Ruge, Luddecke***).

d. *Méthodes qui s'appuient sur la décomposition de l'acide azotique par le protochlorure de fer.*

α. L'action de l'acide azotique libre sur le protochlorure de fer a été appliquée pour la première fois par *Pelouze* au dosage de l'acide azotique. La décomposition se fait d'après l'équation suivante :

$$6.FeCl + KO,AzO^5 + 4.HCl = 4.HO + KCl + 3.Fe^2Cl^5 + AzO^2.$$

. *Pelouze* emploie donc dans cette réaction une quantité connue de protochlorure de fer et en excès, et mesure ce qui reste après l'opération au moyen du caméléon. Le procédé que j'indique en note (***) donne tantôt de bons, tantôt de mauvais résultats ; ils ne sont jamais complètement satisfaisants. Tous ceux qui ont étudié cette méthode sont d'accord à cet égard : on peut consulter *Fr. Mohr* (***), *Abel* et *Bloxam* (****). Les nombreux essais faits dans mon laboratoire confirment toutes ces observations.

. Parmi les causes d'inexactitude on peut citer les suivantes :

a. Avant tout l'action de l'air sur le bioxyde d'azote qui se trouve dans le ballon avec de la vapeur d'eau et qui régénère de l'acide azotique.

b. On ne chasse pas complètement du liquide tout le bioxyde d'azote, il en résulte qu'il y a plus de caméléon réduit que par le protoxyde de fer seul : on n'a cela à craindre que dans les liqueurs étendues.

c. Il peut se dégager de l'acide azotique avant qu'il ait agi sur le proto-

(*) *Zeitschr. f. analyt. Chem.*, I, 372.
(**) *Zeitschr. f. analyt. Chem.*, VI, 233.
(***) On dissout à chaud 2 gr. de fil de clavecin avec 80 à 100 C. C. d'acide chlorhydrique concentré et pur, dans un ballon de 150 C. C. environ et fermé par un bouchon traversé par un tube de verre ; on introduit 1,2 gramme de l'azotate de potasse à essayer ou une quantité équivalente de tout autre azotate, et après avoir replacé le bouchon, on porte rapidement à l'ébullition. Au bout de 5 à 6 minutes, on vide dans un plus grand ballon le liquide devenu limpide, on étend fortement d'eau et l'on dose le protochlorure restant avec le permanganate de potasse.
(****) *Traité d'analyse par les liqueurs titrées*, traduction de *C. Forthomme*, Paris, 1874.
(*****) *Quart. Journ. of the Chem. Soc.*, IX, 97.

chlorure de fer : cela peut arriver quand le liquide bout violemment après addition de l'azotate et quand l'excès de protochlorure de fer est relativement faible.

d. Il peut encore y avoir par-ci par-là quelque perte de fer par suite d'une ébullition mal conduite, surtout quand une portion du protochlorure de fer se concrète à l'état solide à la surface liquide.

Je suis cependant parvenu à modifier le procédé de telle façon que les causes d'erreur sont éliminées et que l'on peut regarder la méthode comme satisfaisante au point de vue de la constance et de l'exactitude des résultats.

On prend une cornue tubulée d'environ 200 C.C., que l'on dispose de façon que son col assez long soit relevé. Dans la panse on met $1^{gr},5$ de fil de clavecin (rigoureusement pesé) avec 30 à 40 C.C. d'acide chlorhydrique pur et fumant. Par la tubulure on fait passer un tube qui plonge d'environ 2 centimètres dans la cornue et au moyen duquel on fait arriver un courant d'hydrogène lavé dans la potasse ou d'acide carbonique pur, puis on réunit le col de la cornue avec un tube en U contenant un peu d'eau. On place la panse de la cornue dans un bain-marie et l'on chauffe légèrement jusqu'à dissolution complète du fer. On laisse refroidir dans le courant d'hydrogène ou d'acide carbonique et l'on fait glisser dans la cornue, par le col, un petit tube de verre renfermant l'azotate pesé (la quantité doit être telle qu'il n'y ait pas plus de $0^{gr},200$ d'acide azotique environ). Après avoir relié de nouveau le col de la cornue au tube en U, on chauffe au bain-marie environ 1/4 d'heure, on enlève le bain-marie, on chauffe à l'ébullition avec une lampe jusqu'à ce que la dissolution, dont la teinte est très foncée par suite de l'absorption du bioxyde d'azote, ait pris la couleur du perchlorure de fer, et quand on a atteint ce point on maintient encore l'ébullition pendant quelques minutes. Il faut avoir soin que pendant toute l'opération il ne se dépose pas de sel solide sur les parois de la cornue. Avant de cesser l'ébullition, on active le courant d'hydrogène ou d'acide carbonique, afin que l'air ne puisse pas rentrer par le tube en U quand on enlèvera la lampe. On laisse refroidir dans le courant de gaz, on étend fortement d'eau et enfin on mesure ce qui reste de protoxyde de fer, soit avec le chromate de potasse, page 237. β., soit avec le permanganate de potasse, page 236. γ. — 54,04 d'acide azotique correspondent à 168 de fer passant de l'état de protochlorure à celui de perchlorure. Les expériences que j'ai faites (*) pour doser l'acide azotique dans du salpêtre pur m'ont donné : 100,1 — 100,03 — 100,05 au lieu de 100.

β. Depuis que l'on sait titrer directement et avec exactitude le peroxyde de fer, il est plus commode, après l'action de l'acide azotique, de mesurer la quantité de peroxyde formé que la quantité de protoxyde de fer qui reste non peroxydé. C'est ce qu'a proposé pour la première fois *C. D. Braun* (**).

Voici la manière d'opérer que je recommande comme la meilleure. Outre les liquides nécessaires pour titrer le peroxyde de fer avec le protochlorure

(*) *Ann. d. Chem. u. Pharm.*, CVI, 217.
(**) *Journ. f. prackt. Chem.*, LXXXI, 121.

d'étain (*), page 242, il faut une dissolution acide de protoxyde de fer, que l'on prépare en dissolvant à chaud 100 grammes de sulfate de fer, autant que possible bien exempt de peroxyde, dans 150 à 200 C.C. d'acide chlorhydrique de 1,10 à 1,12 de densité et en faisant 500 C.C. avec de l'acide chlorhydrique fumant. Comme il n'est pas possible d'avoir cette dissolution tout à fait pure, on détermine dans 50 C.C. avec le protochlorure d'étain la petite portion de peroxyde de fer qu'il pourrait y avoir. Il faut chauffer la dissolution dans une atmosphère d'acide carbonique et faire l'essai de suite avant ou après l'opération suivante.

On met l'azotate pesé (dont le poids sera tel qu'il n'y ait pas plus de 0^{gr},2 d'acide azotique) avec 50 C.C. (plus ou moins suivant les circonstances) de la solution acide de protoxyde de fer dans un ballon à long col, fermé par un bouchon traversé par deux tubes. L'un de ceux-ci pénètre jusqu'au milieu du ballon, l'autre dépasse à peine le bouchon en dedans. Par le premier on fait arriver un courant d'acide carbonique, et quand l'appareil est plein d'acide carbonique, on laisse couler les 50 C.C. de la solution chlorhydrique de sulfate de fer; on fait encore passer pendant quelque temps le courant de gaz carbonique et l'on chauffe d'abord lentement, puis peu à peu à l'ébullition jusqu'à ce que le liquide ait perdu sa couleur noirâtre et pris celle du perchlorure de fer, et aussi jusqu'à ce que le gaz qui sort du ballon, conduit dans de l'empois d'amidon clair additionné d'iodure de potassium, ne le bleuisse plus. On enlève alors le bouchon, on lave, si c'est nécessaire, le long tube, et après avoir étendu le liquide d'une ou deux fois son volume d'eau, on dose le perchlorure de fer comme il est indiqué à la page 243. On fera bien de laisser refroidir dans le courant d'acide carbonique, pour pouvoir mesurer avec l'iode le léger excès de protochlorure d'étain. — De la quantité totale de la dissolution d'étain employée on retranchera d'abord le petit excès, qu'on aura mesuré avec la dissolution d'iode, puis la petite quantité qui correspond au peroxyde trouvé dans les 50 C.C. de solution de protoxyde de fer employés. Le reste fera connaître le fer contenu dans le peroxyde formé, et en multipliant par 0,32166 on aura l'acide azotique : car 6 équivalents de fer (168) correspondant à 1 équivalent d'acide azotique (54,04), on aura 168 : 54,04 = le fer à l'état de peroxyde : x.

On voit aussi qu'on pourra, une fois pour toutes, multiplier par le nombre précédent la quantité de fer qui entre dans la dissolution de perchlorure, qui sert à fixer le titre du protochlorure d'étain, et inscrire sur l'étiquette du flacon le produit, comme représentant la quantité d'acide azotique qui correspond à 10 C.C. de la dissolution de perchlorure de fer. — Si l'on n'a pas sous la main une solution de perchlorure de fer de force connue, on peut directement établir le titre du protochlorure d'étain par rapport à l'acide azotique, en faisant agir sur 50 C.C. de la solution chlorhydrique de sulfate de protoxyde de fer un poids exactement connu d'azotate de potasse pur, et déterminer ainsi la proportion de perchlorure de fer produit. — Les résultats sont bons, si le travail est fait avec soin,

---

(') Elle est surtout commode si l'on a de nombreux dosages à faire. Mais s'il n'y en a qu'un petit nombre, il vaut mieux, comme en α., dissoudre le fil de fer dans l'acide chlorhydrique au milieu d'un courant d'acide carbonique.

et si les dosages sont faits immédiatement les uns après les autres (*).

γ. Suivant *Schlœsing* (**).

La méthode suivante, que *Schlœsing* a imaginée surtout pour doser l'acide azotique dans les tabacs, a surtout cela d'avantageux qu'elle peut s'appliquer en présence des matières organiques. On fait usage de l'appareil représenté dans la figure 101.

L'azotate dissous est mis dans le ballon A, dont le col étiré à la lampe est relié par un tube en caoutchouc *a* avec un tube étroit *b* : *c* est un second

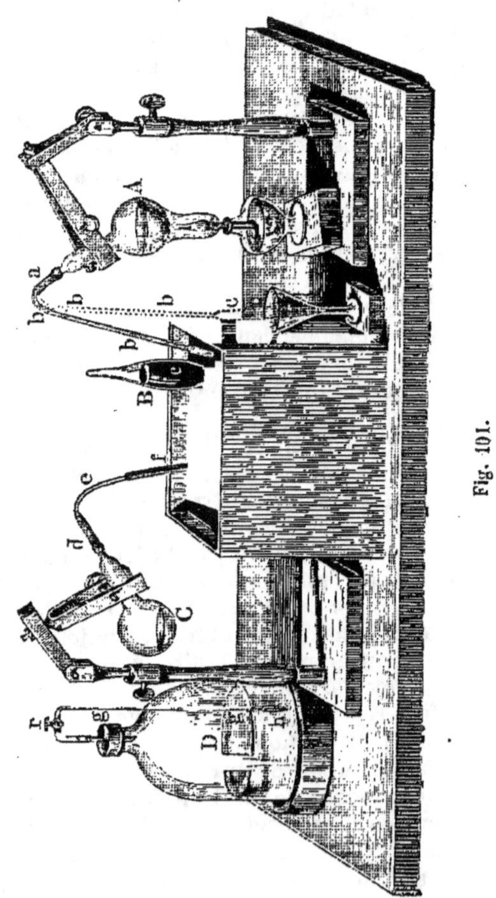

Fig. 101.

tube étroit en caoutchouc de 15 centimètres de longueur et réuni à *b*. — On fait bouillir la dissolution du sel, qui doit être neutre ou alcaline, jus-

(*) *Zeitschr. f. analyt. Chem.*, I, 58. Voir dans le même journal, VIII, 452, une modification du procédé par *Holland*, qui supprime l'emploi d'un gaz indifférent.
(**) *Ann. de Chim. et de Phys.*, XL, 5ᵉ série, XL, 479.

qu'à ce que son volume ne soit plus que faible : la vapeur d'eau ayant chassé l'air du ballon A et des tubes, on plonge c dans un verre qui contient une dissolution de protochlorure de fer dans l'acide chlorhydrique, on éloigne la lampe, on règle l'ascension du liquide en pressant le tube c entre les doigts, et quand la dissolution de fer est presque toute absorbée, on fait monter 3 ou 4 fois de l'acide chlorhydrique par portions séparées, pour nettoyer complètement le tube, le débarrasser de toute trace de protochlorure, ce qui est indispensable. Avant que l'air puisse pénétrer dans les tubes, on ferme c avec une pince de fer, on plonge c sous le mercure de la cuve et l'on pousse son extrémité sous la cloche B. — On replace la lampe sous A pour continuer la réaction, on remplace l'effet de la pince en fer par la pression des doigts, que l'on supprime aussitôt qu'il y a une pression de l'intérieur vers l'extérieur. Au bout de 8 minutes la réaction est généralement terminée, on retire c de dessous B. — B est une petite cloche faite avec une allonge. Elle doit avoir trois ou quatre fois la capacité du gaz à recueillir ; quand le dégagement gazeux est tumultueux, il est quelquefois nécessaire, pour mieux refroidir les vapeurs, de plonger la cloche dans la cuve. La partie supérieure de B est étirée et fermée, comme on le voit dans la

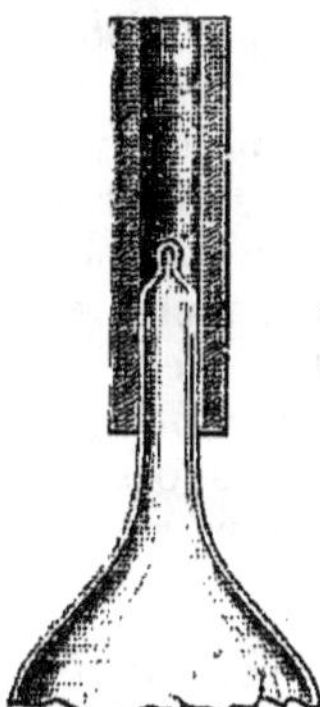

Fig. 102.

figure 102, pour que plus tard on puisse y adapter un tube en caoutchouc et casser facilement l'extrémité. La cloche est d'abord remplie avec de l'eau pour chasser tout l'air, puis ensuite avec du mercure et à la fin avec une pipette recourbée on y introduit un lait de chaux bouilli. Le bioxyde d'azote qui arrive en B est débarrassé par la chaux de toute trace de vapeurs acides. Il faut maintenant faire passer ce gaz dans le ballon C, pour l'y transformer en acide azotique au moyen de l'oxygène. Le ballon C contient un peu d'eau et est relié par le tube en caoutchouc d au tube en verre c, qui porte à son extrémité environ 10 centimètres de tube mince en caoutchouc. On chauffe à l'ébullition l'eau contenue dans le ballon C, de façon à chasser par la vapeur *tout* l'air contenu dans l'appareil et dans les tubes, on réunit f à la pointe de la cloche B, que l'on a d'avance rayée au diamant ou à la lime et l'on casse cette pointe. Tout d'abord la vapeur se précipite dans la cloche, en entraînant avec elle les parcelles d'eau de chaux qui sont amassées dans la pointe : mais on enlève maintenant la lampe, le courant a lieu en sens contraire et le bioxyde d'azote passe dans le ballon. En pressant f avec les doigts on peut régler la vitesse du courant gazeux. Aussitôt que le lait de chaux arrive au bout du tube f, on ferme celui-ci avec une pince. Pour faire arriver dans C les dernières traces d'oxyde d'azote, on fait passer dans la cloche 20 à 30 C.C. d'hydrogène pur que l'on absorbe de même dans C. On ferme de nouveau f avec la pince, on sépare ce tube de la pointe de la cloche pour le réunir au tube en verre h du réservoir à oxygène D, on ouvre le robinet r, puis la pince et on laisse arriver l'oxygène dans C. Le but atteint, on ferme r, on sépare h de f, on attend un quart d'heure et l'on dose au moyen de la lessive de soude titrée et très étendue l'acide azotique libre régénéré (§ 215).

L'exactitude des résultats dépend du soin que l'on met à expulser complètement l'air de A et de C. Les expériences que *Schlœsing* cite comme épreuves de la méthode (et celles qui furent répétées dans mon laboratoire) (*) sont on ne peut pas plus satisfaisantes. *R. Fruhling* (**), *H. Grouven* et *C. Schulze* (***) ont obtenu aussi de très bons résultats. Si la quantité d'acide azotique est faible, il est bon de prendre un assez grand excès de protochlorure de fer.

Il est facile, tout en conservant le principe, de modifier le procédé de bien des façons. Déjà *Schlœsing*, quand il s'agit de très petites quantités d'acide azotique (au-dessous de 0,010 gr.), prend un appareil un peu différent. *Fruhling* et *Grouven* (*loc. cit.*) l'ont aussi modifié, mais pas cependant dans ce qu'il a d'essentiel. — L'appareil de *E. Reichardt* (****) est tout différent : il supprime la cuve à mercure, en recevant le bioxyde d'azote dans un récipient rempli de lessive de soude, et dont on a préalablement chassé tout l'air par un courant d'hydrogène. — Mais comme il est difficile d'avoir ce dernier gaz tout à fait privé d'oxygène, on obtient facilement des résultats trop faibles avec l'appareil de *Reichardt*.

Dans toutes ces modifications le principe fondamental de la méthode est conservé, à savoir la transformation par l'oxygène du bioxyde d'azote en acide azotique, que l'on dose acidimétriquement ; mais le procédé de *F. Schulze*, parfaitement décrit par *H. Vulfert* (*****), s'écarte du précédent en ce sens que le bioxyde d'azote produit est recueilli d'abord dans une cloche à robinet remplie de mercure, puis conduit dans un tube gradué où l'on mesure son volume (******). S'il est mélangé avec un autre gaz, on apprécie son volume en l'absorbant avec une dissolution de protochlorure de fer. Toutefois, dans les expériences de *Vulfert*, il n'y eut jamais plus de 0,33 C.C. de gaz non absorbé. — Les résultats de ce procédé ont été toujours fort bons, même avec de très petites quantités d'acide azotique et en présence de beaucoup de matière organique.

> e. *Méthodes qui reposent sur la transformation de l'acide azotique en ammoniaque.*

Si l'on chauffe un azotate dans un liquide alcalin au milieu duquel se forme de l'hydrogène à l'état naissant, tout l'acide azotique se transforme en ammoniaque (*******) et de la quantité de la dernière on peut déduire celle du premier. *Fr. Schulze* (********) a le premier fondé sur ce principe un procédé de dosage de l'acide azotique, puis bientôt après *W. Wolf* (*********), *Harcourt* (**********) et en même temps *Siewert* (***********) ont traité la même

(*) *Zeitschr. f. analyt. Chem.*, I, 39.
(**) *Landwirthschaftl. Versuchsschat.*, IX, 14 et 150.
(***) *Zeitschr. f. analyt. Chem.*, VI, 384,
(****) *Zeitschr. f. analyt. Chem.*, IX, 24.
(*****) *Zeitschr. f. analyt. Chem.*, IX, 400.
(******) Voir la note 15 à la fin du volume.
(*******) La transformation se fait aussi dans les dissolutions acides, mais elle n'est pas complète. *L. Gmelin. Martin.*
(********) *Chem. Centralblat.*, 1861, 657 et 855.
(*********) *Chem. Centralblat.*, 1862, 579. — *J. für prackt. Chem.*, LXXXIX. 95.
(**********) *Journ. of the Chem. Soc.*, XV, 585.
(***********) *Ann. d. Chem. u. Pharm.*, CXXV, 293.

question. Plus tard les méthodes et les appareils ont été modifiés par *Bunsen* (*) et par *Hager* (**). *Schulze* réduit avec le zinc platiné, *W. Wolf, Harcourt* et *Siewert* avec le zinc et la limaille de fer, *Bunsen* avec une spirale zinc-fer. L'emploi du zinc et du fer semble donner les meilleurs résultats : c'est pourquoi je donnerai d'abord la méthode de *Harcourt*, qui fait usage d'une solution aqueuse de potasse ; puis je décrirai le procédé de *Siewert*, qui se sert d'une solution alcoolique d'hydrate de potasse. — Toutefois, en présence des matières organiques, ces méthodes ne donnent pas de bons résultats (*Fruhling* ***). — Et même en l'absence de ces matières, on n'est pas parfaitement d'accord sur la confiance qu'on peut accorder à ces procédés. Tandis que les analyses de contrôle de *Harcourt* et de *Siewert* paraissent satisfaisantes, *Wolf* (*loc. cit.*) indique comme condition de réussite les trois points suivants : 1). il est indispensable que la transformation de l'acide azotique en ammoniaque se fasse dans un liquide *froid* (en chauffant on trouve trop peu d'ammoniaque, quelque long temps qu'on prolonge le dégagement d'hydrogène, probablement parce qu'une partie de l'azote se dégage tel que); 2). pour avoir un dégagement abondant et régulier d'hydrogène, il faut l'action combinée du zinc et du fer ; 3). la concentration de la lessive de soude ou de potasse ne doit être ni plus grande, ni plus faible que 1 : 7 ou 1 : 8, c'est-à-dire que pour 1 partie de NaO il faut 7 à 8 parties d'eau. — Ces observations sont en partie en désaccord avec les recommandations de *Harcourt*. — Enfin *Finkener* (****) rejette toutes les méthodes qui reposent sur ce principe, parce que, si tout l'acide azotique est en réalité décomposé, tout l'azote n'est pas transformé en ammoniaque. — Je n'ai pas assez étudié les méthodes pour pouvoir me prononcer ; je dois dire toutefois que les résultats obtenus dans mon laboratoire avec les procédés de *Harcourt* et de *Siewert* ont été généralement bons.

Harcourt fait usage de l'appareil que la figure 105 suffit pour faire comprendre. On place d'abord le tube *c* dans une position verticale en le faisant tourner de 180° dans la tubulure, on fait couler dans *d* au moyen d'une burette graduée un volume connu d'acide titré, on y ajoute un peu de teinture de tournesol, on replace le tube *c* horizontal et dans les boules, on verse encore un peu d'acide titré. Laissant le petit ballon *b*, qui contient un peu d'eau, dans son bain de sable, on détache le ballon *a* de son bouchon, on y introduit environ 50 grammes de zinc finement granulé et 25 grammes de limaille de fer passée au tamis et purifiée par calcination dans un creuset fermé, puis enfin l'azotate pesé (par exemple 0^{gr},5 de salpêtre), 20 C.C. d'eau et 20 C.C. d'une lessive de potasse de densité 1,3. — On chauffe la partie du bain de sable au-dessous de *a*, jusqu'à ce que le contenu de ce ballon soit amené à l'ébullition. Quand les bulles d'air et d'hydrogène traversent *c* régulièrement, il n'y a pas à craindre de perte d'ammoniaque. Quand la distillation marche, on amène enfin à l'ébullition légère l'eau du ballon *b*. Le liquide est ainsi distillé deux fois dans une opération,

(*) *Zeitschr. f. analyt. Chem.*, X, 411.
(**) *Zeitschr. f. analyt. Chem.*, X, 354.
(***) *Landwirthschaftl. Versuchsschat.*, VIII, 473.
(****) *Traité d'analyse* de *H. Rose*, publié par *Finkener*, II, 829.

et les traces de potasse qui pourraient s'échapper de *a* sont retenues dans
b. Pour plus de sûreté, les extrémités des tubes abducteurs par lesquels le
gaz se dégage de chaque ballon sont étirées et recourbées en crochet. Il
faut de 1 à 2 heures pour achever la distillation. On peut la regarder comme
terminée quand l'hydrogène, qui se dégage en plus grande abondance à

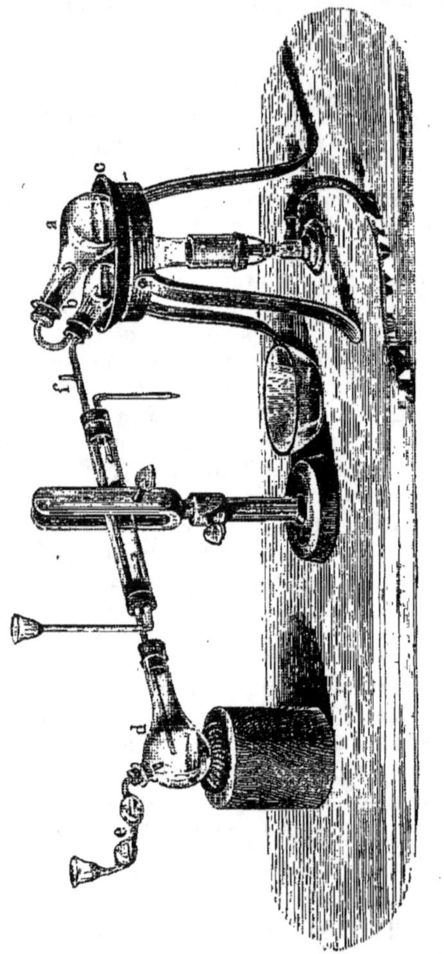

Fig. 105.

mesure que la lessive de potasse se concentre, a passé bien régulièrement
pendant 5 à 10 minutes dans le tube *c*. Lorsque, par suite du refroidissement de l'appareil, le liquide de *c* a passé en *d* par absorption, on enlève le
petit bouchon en caoutchouc qui ferme la tubulure *f* et l'on fait couler un
filet d'eau dans le tube réfrigérant pour amener en *d* les dernières traces
d'ammoniaque. On tourne le tube *e* verticalement, on le lave avec de l'eau, on
l'enlève et l'on ferme la tubulure avec un bouchon. On détache le récipient,

on lave encore l'extrémité du tube réfrigérant et l'on titre l'excès d'acide libre.— Il suffit de laver les métaux qui restent en *a* avec de l'eau, de l'acide étendu et de nouveau avec de l'eau, pour qu'ils puissent servir à une nouvelle opération. Il est vrai que lorsqu'ils ont déjà servi, le dégagement d'hydrogène est plus lent qu'avec du zinc neuf et de la limaille de fer récemment calcinée, mais l'ammoniaque se produit aussi bien. Les chlorures et les sulfates n'ont pas d'influence : en présence de l'oxyde de plomb il semble bon d'ajouter du sulfate de potasse.

Siewert emploie pour 1 gramme de salpêtre 4 grammes de limaille de fer, 8 à 10 grammes de limaille de zinc, il ajoute 16 grammes d'hydrate de potasse solide et 100 C.C. d'alcool de densité 0,825. En se servant d'alcool, il évite l'absorption du liquide pendant l'ébullition. Son appareil consiste en un ballon de 300 à 350 C.C., muni d'un tube à dégagement qui amène les gaz dans les deux petits ballons B et C (*fig.* 104), de 150 à 200 C.C. et qui contiennent l'acide titré. Le tube *b* est taillé en biseau à ses deux extrémités ; pendant l'opération le tube *c* reçoit une bande de papier de tournesol et la réaction terminée, il sert à faire passer le liquide de B dans C et réciproquement. — Une fois l'appareil monté, on peut laisser le dégagement gazeux se terminer à froid, ou bien, dès le début, on peut l'activer par une douce chaleur. Au bout d'une demi-heure l'ammoniaque formée passe avec la vapeur d'alcool qui distille. Quand tout l'alcali volatil s'est dégagé du ballon, on chauffe avec précaution pour en chasser les dernières traces, jusqu'à ce que la vapeur d'eau apparaisse dans le tube à dégagement, ou bien on verse encore rapidement 10 à 15 C.C. d'alcool dans le ballon à dégagement et l'on recommence la distillation.

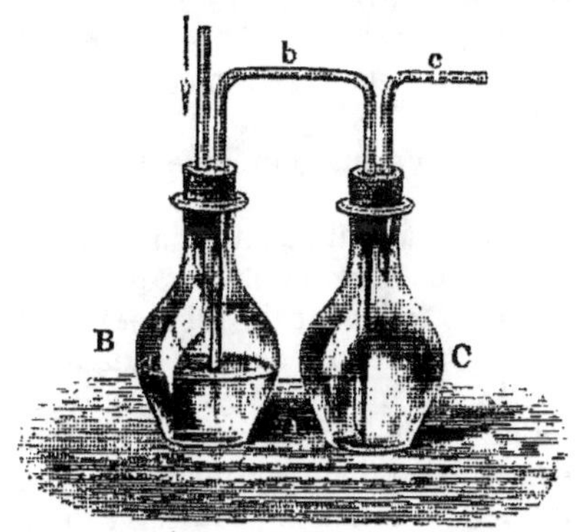

Fig. 104.

f. *Méthode dans laquelle l'acide azotique est dosé par la perte d'hydrogène, suivant Fr. Schulze* (*).

Si l'on dissout de l'aluminium dans une lessive de soude, il se forme de l'aluminate de soude avec dégagement d'hydrogène. La quantité de gaz obtenue correspond à celle d'aluminium dissous. Si l'on ajoute un azotate au mélange, on a moins d'hydrogène qu'en l'absence du nitrate, parce que l'hydrogène naissant transforme l'acide azotique en ammoniaque ($AzO^3 + 8.H = AzH^3 + 5.HO$). La quantité d'hydrogène manquant est proportionnelle à la quantité d'acide azotique changé en ammoniaque. Comme cette transformation est complète, si la réaction s'effectue lentement (ce que nie *Finkener*, p. 444), comme à une faible proportion d'acide nitrique correspond un grand déficit

(*) *Zeitschr. f. analyt. Chem.*, II, 300.

d'hydrogène, on peut prendre cette expérience comme base d'un procédé de dosage de l'acide azotique, même quand il n'est qu'en faible proportion. — Toutefois *F. Schulze* (*) n'admet pas que la méthode, qui donne des résultats exacts en l'absence des substances organiques, soit rigoureuse en présence de ces dernières. Aussi dans ce dernier cas, il faut soumettre la substance à analyser à un traitement préalable. On la chauffe avec de la lessive de potasse étendue jusqu'à ce que toute l'ammoniaque soit chassée, on ajoute une solution concentrée de permanganate de potasse, jusqu'à ce que le liquide paraisse encore rouge même après une ébullition prolongée pendant 10 minutes ; on verse enfin un peu d'acide formique pour décomposer l'excès d'acide permanganique, on filtre, on lave, on concentre le liquide filtré, on le neutralise exactement avec de l'acide sulfurique étendu et on le soumet à l'opération que nous allons décrire (*F. Schulze* **).

Je vais d'abord décrire l'*azotomètre* (***) de *Knop*, puis j'indiquerai la marche de l'opération.

Le petit ballon à fond plat A (*fig.* 105) a une capacité d'environ 50 C.C. Son col est fermé à l'émeri par le tube B, qui se renfle en boule : la baguette en verre *c* peut fermer hermétiquement l'orifice inférieur du tube et est assez longue pour qu'en soulevant le bouchon vers l'extrémité de *c*, on puisse introduire du liquide en B à l'aide d'une pipette. On mesure le gaz avec le tube C partagé en 1/10 de C.C. Ce tube est réuni par le caoutchouc *l* à un second tube D de même diamètre, mais non divisé. A la tubulure inférieure *f* de ce dernier est adapté un ajutage pour permettre de laisser couler l'eau de D. Le haut de C est réuni par un tube en caoutchouc *k* avec un tube capillaire, et celui-ci est réuni à la tubulure *a* par un tube plus court.

Pour faire une série d'expériences, il faut préparer une assez grande quantité de limaille d'aluminium, que l'on débarrasse avec un aimant des parcelles d'acier qui pourraient s'y trouver. On commence d'abord par déterminer bien exactement le *poids* d'hydrogène, qu'un poids connu de cet aluminium peut fournir en se dissolvant dans la potasse. Cet essai préalable est indispensable, parce que les diverses sortes d'aluminium varient sous ce rapport. Pour cela on met dans A un poids connu, environ $0^{gr},075$ d'aluminium, et l'on y ajoute de l'eau. D'autre part on verse dans B juste 5 C. C. de lessive de potasse et l'on ferme hermétiquement A avec B. On verse de l'eau en D, jusqu'à ce que le niveau en C atteigne exactement le trait supérieur, le zéro de C et l'on réunit C avec A en introduisant le petit tube *h* dans le bout de caoutchouc *p*. Quand on s'est assuré que le niveau de l'eau en C est bien au zéro, on observe la température de la chambre et l'on plonge A dans un vase plein d'eau à cette température. On laisse couler de l'eau par *n* jusqu'à ce que le niveau en C arrive à une division principale, par exemple la division 1. Si au bout de quelque temps les deux niveaux n'ont pas changé,

---

(*) *Zeitschr. f. analyt. Chem.*, VI, 379.
(**) *Zeitschr. f. analyt. Chem.*, N. F. IV, 206 ; VII, 390.
(***) *Chem. Centralbl.*, 1860. — L'appareil primitif de *Knop* différait de celui-ci en ce que le tube D n'avait pas de tubulure inférieure. On enlevait l'eau en la versant simplement dans un flacon. La modification de *Rautenberg* consiste à envelopper les deux tubes C et D d'un tube plus large que l'on remplit d'eau, afin d'avoir le gaz à une température plus uniforme pendant l'expérience.

ce qui indique que, toutes les pièces de l'appareil sont hermétiquement réunies, condition indispensable, on soulève un peu le tube *c* en le faisant glisser dans le bouchon, pour laisser couler la lessive alcaline de B dans A.

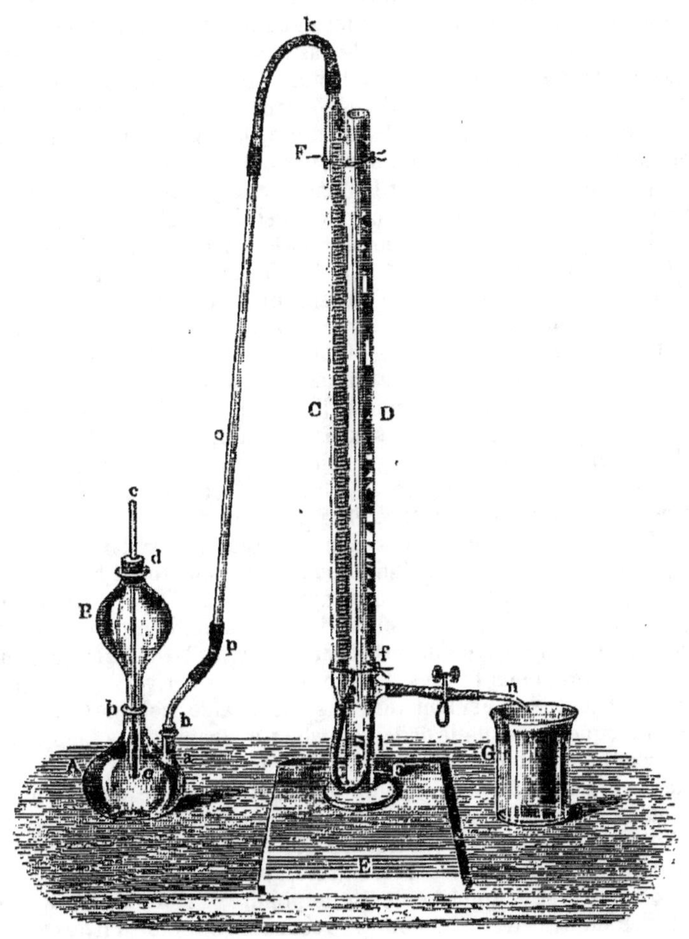

Fig. 105.

Comme la pression en A est moindre que la pression en B ou la pression atmosphérique, à cause de la différence des niveaux dans les tubes C et D, il faut avoir bien soin de refermer en *c* avec la baguette en verre, aussitôt qu'il ne restera plus en B que la petite quantité de liquide suffisante pour intercepter la communication des deux récipients. Il faudra retrancher du volume ultérieur du gaz celui du liquide qui a passé de B en A, volume que nous avons supposé être de 5 C.C. A mesure que l'aluminium se dissout et que l'hydrogène se dégage, le niveau baisse en C et monte en D et il faut laisser couler de l'eau par l'ajutage n de façon à maintenir les deux niveaux à peu près sur le même plan. Lorsque le dégagement gazeux a cessé et quand on s'est assuré que la température de l'eau, dans laquelle plonge A, est la même que celle de la chambre, on amène les deux niveaux en C et en D à être sur le même plan horizontal, afin que le gaz soit, comme au commencement, à la pression extérieure, et l'on fait la lecture du niveau dans C. Ce volume, diminué du volume du liquide versé en A, donne le nombre de C.C. d'hydrogène produits par le poids employé d'aluminium, le gaz étant saturé d'humidité à la température et à la pression ordinaires. On le ramène à l'état sec, à zéro et à la pression 760 (§ **198**) et l'on calcule le poids à raison de $0^{gr},08961$ pour 1000 C.C. : en divisant par ce poids celui de l'aluminium, on a l'équivalent de la poudre métallique employée. Par exemple *Schulze* a trouvé une fois 10,5042, c'est-à-dire que $10^{gr},5042$ d'aluminium dégagent 1 gramme d'hydrogène (il faudrait $9^{gr},16$ d'aluminium tout à fait pur) : maintenant, comme 8 équivalents d'hydrogène $=8$ correspondent à 1 équivalent d'acide azotique$=54$, on voit que $8 \times 10,5042 = 84^{gr},0336$ de l'aluminium en question correspondront à 54 grammes d'acide azotique.

Je suppose donc que l'on connaisse l'équivalent de la poudre d'aluminium que l'on va employer, et qu'il s'agisse un autre jour de faire un dosage d'acide azotique. On commence par chercher pour ce jour-là combien un poids connu, par exemple $0^{gr},05$ d'aluminium donnera de C.C. d'hydrogène (c'est-à-dire pour la température et la pression qui correspondent au jour où l'on fait l'analyse, et c'est pour cela qu'il faut opérer dans une salle dont la température ne variera pas). Supposons qu'on ait trouvé 58,4 C.C. On met dans le petit ballon A le liquide à essayer (20 C.C. de l'extrait aqueux évaporé), on ajoute un poids bien connu de l'aluminium en poudre, assez pour qu'il y ait au moins 2 parties de métal pour 1 partie d'acide azotique, on monte l'appareil comme nous l'avons dit et on ne laisse arriver la lessive alcaline que goutte à goutte; car si l'on veut que tout l'acide azotique soit transformé en ammoniaque, afin que le déficit d'hydrogène représente bien la quantité d'acide azotique, il faut que la dissolution de l'aluminium soit conduite de telle façon qu'on remarque à peine un dégagement de gaz au bout d'une heure et que l'opération dure en tout au moins 3 ou 4 heures. Après s'être assuré que les indications du baromètre et du thermomètre sont les mêmes qu'au commencement, on fait la lecture. Supposons, d'après une expérience de *Schulze*, qu'on ait employé $0^{gr},15$ de poudre d'aluminium, une quantité déterminée de salpêtre, et qu'on ait recueilli 95,6 C.C. d'hydrogène. Combien y avait-il d'acide azotique? $0^{gr},15$ d'aluminium auraient dégagé $3 \times 58,4 = 175,2$ C.C. : comme on n'en obtient que 95,6, le déficit d'hydrogène est donc de 79,6 C.C., qui correspondent à 0,06815 d'aluminium, d'après la proportion : $58,4 : 0,050 = 79,6 : x$,
et par conséquent à 0,0438 d'acide azotique, d'après cette seconde proportion : $84,0536 : 54 = 0,06815 : x$.

(Le poids $0^{gr},085$ de salpêtre ajouté par *Schulze* correspondait en réalité à $0^{gr},0443$ d'acide.)

g. Méthodes dans lesquelles l'azote de l'acide azotique est mis en liberté et mesuré en volume ou en poids.

On peut les appliquer aux azotates qui se décomposent au rouge en oxyde métallique ou en métal et en composés oxygénés de l'azote, et on applique le procédé mis en usage pour doser l'azote dans les matières organiques, § **185**. C'est ainsi que *Marignac* a fait l'analyse des composés de l'acide azotique avec le protoxyde de mercure : *Broméis*, d'après des indications de *Bunsen*, a employé un moyen analogue pour l'azotite de plomb, etc.

Si l'on veut mesurer en poids l'azote dégagé par la calcination d'un nitrate avec du cuivre métallique en poudre, on peut prendre le procédé indiqué dans ce but par *Gibbs* (*).

h. Quant à la marche à suivre pour mesurer les petites quantités d'acide azotique qui se trouvent dans les eaux de fontaine, on en parlera au chapitre des spécialités, à propos de l'analyse des eaux naturelles.

§ 150.

2. Acide chlorique.

I. Dosage.

L'acide chlorique libre en dissolution aqueuse, exempte d'autres composés chlorés, se dose en le transformant d'après une des méthodes données au § **150**. III. c. et d. en acide chlorhydrique que l'on mesure d'après le § **141** ; — ou bien en saturant par une lessive de soude, évaporant la liqueur et traitant le résidu suivant II. a. ou b.

II. Séparation de l'acide chlorique d'avec les bases et dosage de l'acide chlorique en combinaison.

a. Suivant *Bunsen* (**). — Quand on fait agir l'acide chlorhydrique sur un chlorate, l'acide chlorique est réduit. Comme dans cette réaction il ne se dégage pas d'oxygène, les réactions suivantes peuvent avoir lieu :

$$
\left.\begin{array}{l} ClO^5 \\ HCl \end{array}\right\} \left\{\begin{array}{l} ClO \\ ClO^3 \\ HO \end{array}\right. \qquad
\left.\begin{array}{l} ClO^3 \\ 2.HCl \end{array}\right\} \left\{\begin{array}{l} 3.ClO \\ 2.HO \end{array}\right. \qquad
\left.\begin{array}{l} 3.HCl \\ ClO^5 \end{array}\right\} \left\{\begin{array}{l} 2.ClO \\ 2.Cl \\ 3.HO \end{array}\right. \qquad
\left.\begin{array}{l} 4.HCl \\ ClO^5 \end{array}\right\} \left\{\begin{array}{l} ClO \\ 4.Cl \\ 4.HO \end{array}\right. \qquad
\left.\begin{array}{l} ClO^5 \\ 5.HCl \end{array}\right\} \left\{\begin{array}{l} 6.Cl \\ 5.HO \end{array}\right.
$$

On ne saurait prévoir laquelle de ces décompositions se produit, ou si elles ont lieu simultanément. Dans tous les cas et quoi qu'il arrive, il y a toujours, lorsqu'on fait intervenir une dissolution d'iodure de potassium, 6 équivalents d'iode mis en liberté pour 1 équivalent d'acide chlorique dans le chlorate. 761,1 grammes d'iode libre correspondent donc à 75,46 d'acide chlorique. — L'opération se fait comme nous l'avons décrit au § **142**. 1. L'exemple cité par *Bunsen* indique de bons résultats. Cependant, suivant *Finkener* (***), il y aurait de cette façon trop peu d'iode éliminé : pour obtenir un résultat

---

(*) *Zeitschr. f. analyt. Chem.*, III, 393.
(**) *Ann. d. Chem. u. Pharm.*, LXXXVI, 282.
(***) *Traité d'analyse* de *H. Rose*, publié par *Finkener*, II, 612.

plus exact, il conseille de faire bouillir pendant cinq minutes et dans un courant d'acide carbonique 33 C. C. d'acide chlorhydrique, 66 C. C. d'eau, 10 grammes d'iodure de potassium et 1 C. C. de solution concentrée d'acide sulfureux : on laisse refroidir, dans l'atmosphère d'acide carbonique, et l'on fait alors agir cette liqueur sur le chlorate contenu dans un flacon à l'émeri. Celui-ci doit être rempli d'acide carbonique et le liquide acide doit le remplir presque complètement. On chauffe au bain-marie pendant cinq minutes, en fixant bien le bouchon, on laisse complètement refroidir, on agite, on étend d'eau et l'on dose l'iode éliminé.

b. On chauffe le chlorate pesé avec un excès d'une dissolution de sulfate de protoxyde de fer dans de l'acide chlorhydrique. On conduit l'opération d'après les règles indiquées au § **149**. II. d. β; 12 équivalents de fer passant de l'état de protochlorure à celui de perchlorure correspondent à 1 équivalent d'acide chlorique ($12.FeO + ClO^5 + HO = 6.Fe^2O^5 + HCl$).

c. Suivant *H. Toussaint*, on peut très-facilement décomposer l'acide chlorique (et en général tous les acides oxygénés du chlore, sauf l'acide perchlorique) en dissolution aqueuse étendue par l'acide azoteux ou un azotite et surtout par l'azotite de plomb. À la solution aqueuse étendue du chlorate on ajoute un léger excès d'une solution d'azotite de plomb (*), on acidule avec de l'acide azotique, on chauffe et l'on transforme l'acide chlorhydrique formé en chlorure d'argent, suivant le § **141**. I. a.

Si l'on voulait, d'après le même principe, faire un dosage volumétrique de l'acide chlorique, on mettrait dans un flacon à l'émeri une solution très-étendue de chlorate de potasse, de force connue, avec un excès d'azotate d'argent, on acidulerait avec de l'acide azotique, on chaufferait au bain-marie et l'on ajouterait la solution d'azotite de plomb, en secouant fréquemment pour favoriser le dépôt de chlorure d'argent, jusqu'à ce qu'une goutte ne produise plus de trouble. Un calcul simple fera ensuite connaître la proportion d'acide chlorique dans une liqueur à analyser, en la traitant de même avec la solution d'azotite de plomb ainsi titrée. Les résultats cités par l'auteur, ainsi que ceux obtenus dans mon laboratoire, sont très satisfaisants.

d. On peut aussi réduire l'acide chlorique avec l'hydrate de protoxyde de fer. On additionne la solution du chlorate d'une quantité suffisante de sulfate de protoxyde de fer, on sursature fortement avec une lessive de potasse exempte de chlore, on fait bouillir longtemps, on sépare par filtration l'hydrate d'oxyde salin formé, on le lave, on acidule le liquide filtré avec de l'acide azotique, et l'on y précipite le chlore avec la solution normale d'argent (§ **141**. I. a.). (*C. Stelling* ***.) J'ai reconnu qu'il valait mieux faire 250 C. C. du liquide filtré et essayer dans une portion si, après addition d'acide sulfurique jusqu'à réaction acide, puis très peu d'une solution d'in-

---

(*) Pour le préparer, on se procure d'abord du sous-azotite ($4PbO,AzO^5,HO$) en maintenant longtemps à l'ébullition 1 partie d'azotate de plomb dans 50 parties d'eau avec 1 1/2 partie de plomb : ce sel se dépose sous forme de poudre blanche quand on refroidit brusquement la liqueur qui était d'abord jaune et qui s'est ensuite décolorée : on met ce sous-sel en suspension dans l'eau et l'on y fait passer un courant d'acide carbonique jusqu'à sa décomposition complète. La liqueur filtrée peut se conserver longtemps dans des flacons complètement remplis.

(**) *Zeitschr. f. analyt. Chem.*, VI, 32.

digo et enfin d'un peu d'acide sulfureux, l'indigo n'était pas décoloré. Ce n'est qu'après s'être ainsi assuré que la transformation du chlorate en chlorure est complète, que l'on peut avec le reste des 250 C. C. déduire le chlorate du chlorure d'argent obtenu.

CHAPITRE V

SÉPARATION DES CORPS

§ 151.

Dans le chapitre IV nous avons indiqué les moyens à employer pour doser les bases et les acides, lorsque la combinaison ne renferme qu'un seul acide ou une seule base. C'était la préparation nécessaire à la solution du problème dont nous allons nous occuper maintenant, la séparation des corps, c'est-à-dire le dosage des bases et des acides dans les composés complexes renfermant plusieurs bases ou plusieurs acides.

On peut arriver à ce but par trois moyens différents, savoir : a. par *analyse directe*, — b. par *analyse indirecte*, — c. par *différence*. Par analyse directe, nous entendons celle dans laquelle on sépare réellement les bases ou les acides les uns des autres. Ainsi nous séparons la potasse de la soude par le chlorure de platine, — le cuivre de l'étain par l'acide azotique, — l'arsenic du fer par l'acide sulfhydrique, — l'iode du chlore par l'azotate de protoxyde de palladium, — l'acide phosphorique de l'acide sulfurique par la baryte, — le charbon du salpêtre par l'eau, etc. Dans tous ces cas on donne à l'un des corps une forme insoluble dans les circonstances où l'autre entre dans un composé soluble ou est lui-même soluble; — parfois aussi l'un des corps peut être volatilisé, tandis que l'autre reste fixe, ou enfin on peut opérer une séparation analogue par tout autre moyen convenable. Ce procédé est le plus fréquemment employé, et quand on a le choix il faut lui donner la préférence.

On appelle au contraire *analyse indirecte* celle dans laquelle on ne fait pas de séparation réelle, mais on fait entrer les corps dans des combinaisons telles et dans des circonstances telles que l'on peut d'un produit obtenu conclure, par le calcul, les bases ou les acides qui se trouvent ensemble dans un même composé. — Ainsi dans une combinaison contenant de la potasse et de la soude on peut doser ces deux bases en les transformant ensemble en sulfates, que l'on pèse et dans lesquels on mesure la quantité d'acide sulfurique (§ **152. 5.**). — Enfin on fait un *dosage par différence* quand on pèse deux corps ensemble, puisqu'en déterminant le poids de l'un on conclut, en retranchant celui-ci du poids total, le poids de l'autre corps. Ainsi l'on dose l'alumine et le peroxyde de fer ensemble en prenant le poids total, on mesure par les liqueurs titrées le poids de peroxyde de fer et l'on conclut le poids d'alumine par différence. L'analyse indirecte et le dosage par différence sont certainement d'un fréquent usage ; mais ils n'offrent réellement d'avantage que lorsqu'on ne peut pas faire d'analyse directe. On ne peut pas indiquer tous les cas particuliers où l'analyse directe sera préférable ; aussi, dans ce qui suit, je me suis borné à faire connaître les circonstances où son emploi est le plus fréquent. — Quant aux calculs à faire dans les analyses indirectes, je les ai expliqués d'une manière générale sous le titre de « Calcul des analyses » dans la seconde section de la première partie ; du reste, quand cela m'a paru nécessaire, j'ai donné à ce sujet ce qu'il y avait d'important en même temps que j'indiquais la méthode.

En rédigeant ce chapitre j'ai eu deux buts en vue : d'abord fournir un guide certain dans le travail pratique, ensuite donner une connaissance aussi générale et aussi claire que possible des questions traitées. — J'ai donc conservé la subdivision des corps en groupes adoptée dans l'analyse quantitative ; en suivant, autant que c'était possible, la marche systématique, j'ai indiqué d'abord la séparation des corps formant un groupe de ceux qui en composent un autre, puis la séparation de chaque corps de tous ceux ou de quelques-uns de ceux qui entrent dans les groupes précédents, et enfin la séparation des corps de tout un groupe : j'ai cru que ce moyen était le plus certain d'obtenir le résultat cherché. — On comprend du reste que les méthodes qui permettent de séparer tous les corps d'un groupe de ceux d'un autre, sont applicables aussi à la séparation d'un corps appartenant à un groupe d'avec un seul corps ou plusieurs qui font partie d'un autre groupe. Il n'est pas non plus nécessaire de dire que l'application des méthodes spéciales sera toujours préférable à l'emploi des procédés généraux, parce que dans les premières on tient compte des circonstances particulières dans lesquelles on peut se trouver placé. Quant à ce qui est des méthodes générales de séparation des corps d'un groupe de ceux d'un autre, j'ai indiqué celles qui me semblent les plus convenables. Toutefois je ne veux pas dire par là que dans certains cas particuliers on n'en pourrait pas imaginer d'autres meilleures, plus rationnelles et qui résoudraient plus facilement la question : il y a là un vaste champ livré à la perspicacité du chimiste. Pour les bases comme pour les acides nous supposons toujours au point de départ qu'on les a à l'état libre ou sous la forme d'un sel soluble dans l'eau : dans les cas où cela ne serait pas, nous avons eu soin d'en faire la mention spéciale.

Parmi la multitude des méthodes indiquées pour des séparations générales ou particulières, nous avons toujours choisi, autant toutefois que cela était possible, celles que l'expérience avait ratifiées et qui se recommandaient par la plus grande exactitude dans les résultats. — Si par hasard il s'en trouve deux qui sont également bonnes sous ce double point de vue, ou bien je les indique toutes deux ou je donne la préférence à la plus simple. — Je n'ai pas hésité à laisser de côté des procédés qui, d'abord recommandés, ont été plus tard l'objet de critiques méritées ou bien que mes propres expériences m'ont démontré ne pouvoir être conservés dans la science. — Autant que j'ai pu, je me suis efforcé de caractériser nettement les cas où plusieurs méthodes étant en présence, il fallait donner la préférence à l'une ou à l'autre.

Quand l'exactitude du procédé de séparation ressort de ce que nous avons dit dans le chapitre IV, nous n'avons pas cru devoir en parler davantage ; mais quand les paragraphes des chapitres précédents méritent une attention particulière, nous les rappelons entre parenthèses.

Comme le développement actuel de la chimie amène presque chaque jour de nouvelles méthodes d'analyses, que l'on préfère souvent avec raison, mais parfois aussi à tort aux procédés anciens, l'époque actuelle, sous ce point de vue comme sous beaucoup d'autres, doit être regardée comme une période de transition dans laquelle le présent lutte avec le passé. Je fais cette observation pour que l'on comprenne l'impossibilité où l'on est parfois de pouvoir toujours ajouter à la description d'une méthode les raisons réelles qui la font préférer et pour lesquelles elle est plus exacte ; et aussi pour qu'on n'oublie pas que dans ces conditions il ne faut pas perdre de vue l'ensemble général de la question. C'est dans ce but que j'ai coordonné les méthodes de séparation d'après des principes fondamentaux scientifiques, bien convaincu que par là cette étude sera considérablement facilitée et qu'elle pourra en outre conduire soit à appliquer les principes connus à d'autres corps, soit à chercher de nouveaux procédés là où l'on n'a tiré des anciens que des méthodes défectueuses. — Pour ne pas négliger le point de vue pratique, qui exige que l'on puisse trouver facilement et rapidement toutes les méthodes qui se rapportent à la séparation de deux corps, j'ai fait précéder chaque paragraphe d'un petit tableau qui, je crois, remplira le but. Enfin pour faciliter les recherches j'ai placé en *marge* des numéros d'ordre comme dans l'analyse qualitative : c'est à ces numéros que se rapportent les nombres des tableaux synoptiques qui se trouvent en tête de chaque chapitre et les nombres qui dans le texte sont entre parenthèses, sans être précédés du signe (§) des paragraphes.

Je termine cette introduction par cette observation importante : *On ne doit regarder une séparation comme bien faite, que lorsqu'on s'est assuré que les substances pesées sont pures et exemptes de celles dont on devait les séparer.*

I. — SÉPARATION DES BASES ENTRE ELLES

PREMIER GROUPE

Potasse. — Soude. — Ammoniaque — (Lithine) (*).

§ 152.

La potasse d'avec la soude : 1. 2. 6. — d'avec l'ammoniaque : 4. 5
La soude   »   la potasse : 1. 2. 6. —   »   l'ammoniaque : 3. 4
L'ammoniaque »   la potasse : 4. 5.   —   »   la soude : 3. 4. 5.
(La lithine d'avec les autres alcalis : 7. 8. 9).

*Méthodes qui reposent sur la différence de solubilité des chlorures
doubles de platine et d'un alcali dans l'alcool.*

a. La potasse d'avec la soude.

Une condition essentielle à remplir dans cette méthode, c'est que les deux **1**
alcalis soient à l'état de chlorures. Si donc ils n'avaient pas cette forme, la
première chose à faire serait de la leur donner. Dans la plupart des cas on
y parvient par une simple évaporation à siccité avec de l'acide chlorhydrique
en excès. Avec les azotates il faut renouveler 4 à 6 fois l'évaporation avec
l'acide chlorhydrique jusqu'à ce que le poids de la masse saline, légèrement chauffée au rouge, ne diminue plus. Avec les sulfates, les phosphates
et les borates, l'évaporation avec l'acide chlorhydrique ne réussit pas. On
a vu aux §§ **135** et **136** les procédés pour séparer les alcalis des deux derniers acides et les transformer en chlorures. — Nous indiquerons plus
bas (2) comment on opère en présence de l'acide sulfurique, parce que ce
cas est très fréquent.

On pèse ensemble les deux chlorures de potassium et de sodium (**)
(§§ **97**, **98**), on les dissout dans une capsule en porcelaine avec le moins
d'eau possible, on ajoute une dissolution aqueuse de chlorure de platine
concentrée et aussi neutre que possible ; on en met un excès, c'est-à-dire
une quantité plus que suffisante pour transformer les chlorures alcalins
en chlorure double de platine. Il serait bon d'avoir une dissolution de chlorure de platine d'une force connue et d'en prendre une quantité calculée
approximativement d'avance ; on évapore presque à siccité au bain-marie,
dont on ne chauffe pas tout à fait l'eau à l'ébullition (en évitant que le chlo-

(*) Quant à la séparation de l'oxyde de cæsium et de celui de rubidium d'avec les autres
alcalis, je renvoie dans la partie des spécialités à « l'Analyse des eaux minérales ».

(**) Je ferai ici une remarque qui semblera peut-être inutile, mais à laquelle cependant
on ne fait pas assez souvent attention : c'est qu'on ne doit jamais regarder les chlorures
alcalins comme purs et propres à être pesés, que lorsqu'ils donnent dans l'eau une dissolution claire et limpide, qui n'est précipitée ni par l'ammoniaque, ni par le carbonate
d'ammoniaque.

rure double de platine et de sodium perde son eau de cristallisation), on verse sur le résidu de l'alcool, à 76 ou 80 pour 100, on couvre la capsule avec une lame de verre et l'on abandonne quelques heures pendant lesquelles on remue de temps en temps avec un agitateur. Si le liquide qui recouvre le précipité n'est pas jaune foncé, c'est que la quantité de chlorure de platine n'a pas été suffisante. Quand le dépôt est opéré, on verse le liquide clair sur le filtre pesé d'avance (le mieux serait de faire usage du filtre à amiante § **97**. 4. α.) et l'on examine attentivement le précipité, en faisant même usage de la loupe ou du microscope si c'est nécessaire. S'il a l'aspect d'une poudre jaune lourde (qui, avec un grossissement suffisant, paraît formée de petits cristaux octaédriques), c'est du chlorure double de platine et de potassium pur (*). On le fait dans ce cas tomber sur le filtre, en se servant pour cela du liquide filtré, on le lave avec de l'alcool à 76 ou 80 pour 100 et l'on achève de le traiter comme il est dit au § **97**. 4. α. (au lieu de peser le chlorure double de platine et de potassium ou le platine qu'il renferme, on peut doser le potassium qu'il renferme en chauffant le sel double au rouge faible dans un courant d'hydrogène : puis en reprenant par l'eau le chlorure de potassium on le mesure par une pesée directe ou par la méthode de dosage volumétrique du chlore (§ **141**. I. b. α.) — Mais si au milieu de la poudre jaune cristalline on aperçoit des particules salines blanches (sel marin), c'est qu'il n'y avait pas assez de chlorure de platine pour changer complètement le chlorure de sodium en chlorure double. Alors on ajoute au précipité qui est dans la capsule un peu d'eau pour dissoudre le chlorure de sodium, puis une nouvelle portion de chlorure de platine : on évapore presque à siccité et l'on achève comme plus haut. On dose la quantité de soude en retranchant du poids des deux chlorures de potassium et de sodium le poids du chlorure de potassium, calculé d'après le poids du chlorure double de platine et de potassium.

Pour être bien certain que toute la potasse est précipitée, on évapore avec précaution, presque à siccité et sans dépasser la température de 75° (*G. Bischof*), le liquide filtré après y avoir ajouté de l'eau, un peu de chlorure de platine et un peu de chlorure de sodium, s'il n'y avait pas assez de soude : on traite le résidu comme il vient d'être dit. On peut alors ajouter à l'alcool 1/4 de son volume d'éther, pour diminuer encore l'action dissolvante de l'alcool sur le chlorure double de platine et de potassium. Si dans ce cas il reste encore un peu de chlorure double non dissous, on le rassemble sur un petit filtre particulier et on le lave d'abord avec le mélange d'alcool et d'éther. Mais comme ce reste de sel de platine n'est généralement pas pur, on le traite sur le filtre avec de l'eau bouillante jusqu'à dissolution, on évapore la liqueur additionnée de quelques gouttes de chlorure de platine, on traite le résidu avec de l'alcool, et s'il reste du chlorure double on le pèse avec le précipité principal ou bien à part.

Si l'on ne veut pas doser le chlorure de sodium par différence, mais le mesurer directement, on peut employer un des moyens suivants : α. On

---

(*) Si les petits cristaux sont jaune-orangé foncé, relativement gros, et paraissent toujours plus clairs par transparence, c'est que le chlorure double est mélangé de chlorure double de platine et de lithium. (*Jenzsch, Pogg. Ann.*, CIV, 102.)

évapore le liquide filtré alcoolique jusqu'à ce qu'on ait chassé l'alcool, on étend d'eau, on laisse digérer la dissolution avec de la tournure de fer pur jusqu'à ce que tout le platine soit précipité : on filtre, on ajoute de l'eau de chlore pour transformer le protochlorure de fer en perchlorure, on précipite avec de l'ammoniaque, on sépare l'hydrate d'oxyde de fer par filtration, et dans la liqueur filtrée, on dose le chlorure de sodium. —β. On évapore à siccité le liquide filtré, en achevant dans un creuset en porcelaine : on chauffe le résidu au rouge faible dans un courant d'hydrogène, on reprend par l'eau et dans le liquide ainsi obtenu on mesure le chlorure de sodium. Ce dernier moyen convient surtout quand on a peu de liquide. — γ. *A. Mitscherlich* conseille d'évaporer à siccité avec addition d'acide sulfurique le liquide filtré qui renferme le chlorure double de platine et de sodium, de chauffer au rouge le résidu, d'enlever avec de l'eau le sulfate de soude, que l'on dosera suivant le § **98**. 1. — Toutes ces méthodes, bien entendu, ne donnent le sel de soude pur qu'à la condition que la séparation de la potasse et de la soude a été bien faite. Elles ont l'avantage de donner le sel de soude en nature, de sorte qu'après la pesée on peut s'assurer de sa nature et de sa pureté.

Si la dissolution contient de l'acide sulfurique et aussi de l'acide chlorhydrique ou tout autre acide volatil, on transforme d'abord complètement les alcalis en sulfates neutres (§§ **97**, **98**) et on les pèse dans cet état. Il y a maintenant deux moyens pour doser la potasse.

α. On transforme les sulfates en chlorures et l'on achève comme plus haut. Pour opérer ce changement on prenait autrefois généralement les sels de baryte ou mieux une solution alcoolique de chlorure de strontium. Mais comme le sulfate de baryte entraîne avec lui une quantité notable des sels alcalins et le sulfate de strontiane aussi, on évitera l'emploi des sels de baryte. *H. Rose* chauffe au rouge et à plusieurs reprises les sulfates alcalins avec du sel ammoniac pur, jusqu'à ce qu'il n'y ait plus de changement de poids : c'est un procédé simple et surtout convenable lorsqu'on n'a entre les mains que de petites quantités de substance. En ne chauffant pas plus qu'il ne faut on n'aura pas à craindre de perte de chlorure alcalin. — *L. Smith* recommande les sels de plomb. On dissout les sulfates alcalins dans l'eau, on précipite avec précaution avec de l'acétate neutre de plomb pur en évitant d'en mettre en excès, on ajoute un peu d'alcool, on filtre, on précipite l'excès de plomb avec l'acide sulfhydrique et l'on évapore à siccité le liquide filtré additionné d'acide chlorhydrique. Cette méthode bien conduite donne de bons résultats.

β. On précipite directement la potasse dans la dissolution des sulfates. Voici comment opère *R. Finkener* (*) : dans une assez grande capsule en porcelaine on met la dissolution un peu étendue des sels, on y ajoute du chlorure de platine dissous, en quantité plus que suffisante pour transformer toute la potasse en chlorure double de platine et de potassium, on évapore au bain-marie de façon à n'avoir plus que quelques centimètres cubes; après refroidissement on ajoute, en remuant toujours, et d'abord par petites portions, un mélange de 2 p. d'alcool absolu et 1 partie d'éther,

____

(*) *Traité d'analyse* de *H. Rose*, 6ᵉ édition, publiée par *Finkener*, II, 945.

de façon à en verser environ vingt fois le volume du résidu de l'évaporation ; au bout d'un peu de temps on filtre et on lave le précipité avec l'alcool éthéré jusqu'à ce que le liquide passe incolore. Si l'addition de la première portion du liquide alcoolique éthéré déterminait la séparation d'une dissolution aqueuse concentrée de sulfate de soude, on ajouterait d'abord assez d'acide chlorhydrique pour déterminer le mélange intime des deux liquides. — Le précipité lavé, formé de chlorure double de platine et de potassium et de sulfate de soude est séché, puis chauffé dans un creuset de porcelaine jusqu'à carbonisation du filtre : ensuite on le chauffe au rouge à peine sombre dans un courant d'hydrogène, on épuise le résidu avec de l'eau chaude, on chauffe le platine au rouge au contact de l'air, on le pèse et on en déduit le poids de potasse.

La séparation de la potasse et de la soude par le chlorure de platine, lorsqu'elle est conduite avec soin et, comme nous venons de le dire, en prenant du chlorure de platine pur, donne des résultats tout à fait satisfaisants et bien plus exacts que ceux fournis par toute autre méthode. Si l'on avait quelques raisons de douter de la pureté du chlorure double de platine et de potassium pesé, on aurait toujours la ressource de le dissoudre dans l'eau bouillante, d'évaporer de nouveau la dissolution après addition d'un peu de chlorure de platine, etc., et de peser de nouveau le sel double.

Si l'on a une série d'analyses à faire, on peut doser la potasse volumétriquement dans le chlorure double précipité. Pour cela on broie le chlorure double avec le double de son poids d'oxalate de soude pur (exempt de chlorures), on fond le mélange dans un creuset de platine, on épuise le résidu avec de l'eau, on neutralise presque le liquide filtré avec de l'acide acétique et l'on dose le chlore dans le chlorure alcalin avec la solution normale décime d'argent (§ **141**. I. b. α.). Comme le chlorure double renferme un équivalent de potassium pour 3 de chlore, on calculera $\frac{1}{3}$ équivalent de potassium pour chaque équivalent de chlore trouvé. — Si la quantité de chlorure double de platine et de potassium est très petite, on l'humecte sur le filtre avec une dissolution concentrée d'oxalate neutre de potasse, on laisse sécher, on calcine au rouge dans un creuset fermé et l'on achève comme plus haut. En pesant le platine on a un excellent contrôle (*F. Mohr* *).

b. L'ammoniaque d'avec la soude.

3 On opère exactement comme en a., si les alcalis sont à l'état de chlorures. Voir aussi le § **99**, 2. S'il y a aussi de la potasse, le précipité renferme les deux chlorures doubles de platine et de potassium et de platine et d'ammoniaque. Dans ce cas on calcine au rouge avec précaution le précipité pesé et assez longtemps, mais pas trop fortement, pour que le chlorhydrate d'ammoniaque soit complètement volatilisé : on continue la calcination dans un courant d'hydrogène, ou après addition d'un peu d'acide oxalique : on reprend le résidu par de l'eau, on y ajoute, dans le cas où l'on aurait fait

(*) *Zeitschr. f. analyt. Chem.*, XII, 137.

usage d'acide oxalique, quelques gouttes d'acide chlorhydrique et l'on dose d'après le § **97**, 3., le chlorure de potassium qui est passé dans la dissolution. En calculant le poids correspondant de chlorure double de platine et de potassium, on le retranche du poids total des deux chlorures doubles de platine et la différence permet de calculer le poids de chlorhydrate d'ammoniaque. La pesée du platine métallique réduit est un bon contrôle. — Cette méthode est rarement employée, parce que celle indiquée plus bas, sous le n° 2, donne de meilleurs résultats.

2. *Méthodes fondées sur la volatilisation des sels ammoniacaux ou de l'ammoniaque.*

L'ammoniaque d'avec la soude et la potasse.

a. *Les sels des alcalis à séparer contiennent le même acide et cet acide est volatil; en outre on peut, en les chauffant à 100°, les débarrasser de toute leur eau, sans qu'il se perde d'ammoniaque (p. ex. : chlorures).*

On pèse la totalité des sels dans un creuset de platine, on chauffe le creuset couvert d'abord lentement, puis ensuite assez longtemps au rouge faible, on laisse refroidir et l'on pèse de nouveau. La perte de poids donne la quantité de sel ammoniacal. — Si les sels étaient des sulfates, il faudrait prendre deux précautions : d'abord chauffer très lentement, parce que la décrépitation du sulfate d'ammoniaque occasionnerait des pertes ; ensuite les sulfates alcalins fixes retenant une partie de l'acide sulfurique du sulfate d'ammoniaque, il faut les transformer en sulfates neutres en les calcinant dans une atmosphère de carbonate d'ammoniaque, avant d'en prendre le poids (voir §§ **97**, **98**). On ne peut pas de cette façon séparer le chlorhydrate d'ammoniaque des sulfates alcalins fixes, parce qu'en le calcinant avec ces derniers il les transforme en chlorures totalement ou en partie.

b. *Dans les sels à séparer, l'une ou l'autre des conditions de a. n'est pas remplie.*

Si les circonstances ne peuvent pas se modifier d'une façon assez simple pour qu'on puisse appliquer la méthode a., il faut doser les alcalis fixes et l'ammoniaque dans deux portions différentes de la combinaison à analyser. — On calcinera légèrement l'essai employé pour doser la potasse et la soude jusqu'à ce qu'on ait chassé tout le sel ammoniacal. Suivant les circonstances, on transformera les alcalis fixes en chlorures ou en sulfates et l'on opérera suivant (1), (2) ou (6). — On mesure l'ammoniaque dans une autre portion suivant le § **99**. 3.

3. *Méthodes indirectes.*

Il y en a naturellement beaucoup : mais en général on n'emploie guère que la suivante.

La potasse d'avec la soude.

On transforme les deux alcalis en sulfates neutres ou en chlorures (§§ **97**.

98), on les pèse, on dose la quantité d'acide sulfurique (§ **132**) ou de chlore (§ **141**), et l'on calcule avec cette donnée les quantités de potasse et de soude (voir plus loin « Calcul des analyses », § **200**) (*).

Le dosage indirect de la potasse et de la soude ne peut guère s'appliquer que lorsque le mélange renferme des quantités notables de ces deux bases. Dans ce cas il se recommande surtout par la promptitude avec laquelle se fait l'analyse, si dans les chlorures pesés en dose le chlore par les liqueurs titrées (§ **141**. I. b.).

APPENDICE AU PREMIER GROUPE : Séparation de la lithine d'avec les autres alcalis.

7   Pour séparer la *lithine* d'avec la *potasse* et la *soude*, on peut, outre les méthodes indirectes, faire usage de deux procédés réels de séparation.

a. On traite les azotates ou les chlorures, après les avoir desséchés à 120°, par un mélange de volumes égaux d'alcool absolu et d'éther anhydre, on laisse digérer au moins 24 heures en agitant de temps en temps (les sels doivent être parfaitement pulvérisés), on jette rapide- ment sur un filtre, on ferme l'entonnoir avec une lame de verre et on lave plusieurs fois le résidu avec le mélange alcoolique. D'une part on analyse les nitrates ou chlorures de potassium et de sodium qui sont restés non dissous, d'autre part on analyse l'azotate ou le chlo- rure de lithium dissous, en distillant le liquide et en transformant le résidu en sulfate. — Par ce moyen on a toujours un poids un peu trop considérable de lithine, parce que les sels de potasse et de soude, surtout les chlorures, ne sont pas tout à fait insolubles dans l'alcool éthéré. — Si l'on voulait obtenir du procédé toute l'exactitude qu'il peut comporter, après la distillation on ajouterait au résidu d'azotate ou de chlorure de lithium impur une goutte d'acide azotique ou d'acide chlor- hydrique suivant le sel, puis de l'alcool éthéré, on réunirait le résidu nouveau au résidu principal et l'on transformerait le chlorure ou l'azo- tate de lithine en sulfate. Si les sels qui doivent être traités par le mé- lange d'alcool et d'éther ont été chauffés au rouge, même faiblement, il se forme par l'action de l'eau sur le chlorure de lithium, de la lithine caustique et par suite du carbonate de lithine avec l'acide carbonique de l'air : il faut, d'après cela, avant de faire digérer, ajouter quelques gouttes d'acide azotique ou d'acide chlorhydrique. — La séparation des chlorures alcalins par le moyen de l'alcool et de l'éther a été employée pour la première fois par *Rammelsberg* (**), et plus tard par *Jensch* (***). Elle ne donne toutefois que des résultats approximatifs, car le sel de lithine obtenu par l'évaporation de la solution alcoolique ne paraît jamais pur quand on l'examine au spectroscope (*Diehl* ****).

(*) Il y a d'autres procédés indirects pour doser la potasse et la soude, entre autres celui de *Stolba* (*Zeitschr. f. analyt. Chem.*, II, 397), et celui de *F. Mohr* (*loc. cit.*, VII, 173).
(**) *Pogg. Ann.*, LXVI, 70.
(***) *Pogg. Ann.*, CIV, 105.
(****) *Ann. d. Chem. u. Pharm.*, CXXI, 97.

S'il fallait analyser des sulfates, il faudrait d'abord les transformer en azotates ou en chlorures, pour que la séparation puisse se faire avec l'alcool et l'éther. On y arrive le mieux avec les sels de plomb. Voir (2). On ne réussit pas avec le sulfate de lithine en le chauffant au rouge avec le sel ammoniac, pas plus qu'en précipitant l'acide sulfurique avec un sel de baryte (ou de strontiane), parce que le sulfate de baryte en se précipitant entraîne beaucoup de lithine (*Diehl*).

b. On pèse les alcalis ensemble, le mieux sous la forme de sulfates, et l'on dose la lithine à l'état de phosphate, suivant le § **100**. Si la quantité de lithine est relativement faible, on transforme les sulfates pesés en chlorures (7), on sépare d'après les méthodes données au § **100** la plus grande partie de la potasse et de la soude par l'alcool, puis on dose la lithine (*Mayer* *). 8

c. On peut doser indirectement la lithine à côté de la potasse ou de la soude et arriver à des résultats plus exacts, en opérant d'abord suivant a. On évapore à siccité la dissolution alcoolique de chlorure de lithium contenant encore un reste de chlorure de potassium ou de sodium, on chauffe modérément, on pèse, on dissout dans de l'eau, on dose le chlore dans la solution et l'on calcule la proportion de lithium et potassium ou de sodium. — *Bunsen* (**) employait aussi ce procédé au dosage indirect de la lithine en présence de la potasse et de la soude, en précipitant avec le chlorure de platine la potasse dans le liquide séparé par filtration du chlorure d'argent et débarrassé de l'excès d'argent. Il ne faut pas oublier ici que suivant *Jenzsch* (***) le chlorure double de platine et de potassium obtenu dans ces circonstances n'est pas pur, mais renferme de la lithine et semble être un mélange de chlorure double de platine et de potassium et de chlorure double de platine et de lithium. 9

D'après ce que nous avons dit à la fin du n° (7), on comprend qu'on ne pourra pas mesurer indirectement la lithine dans un mélange de sulfate de lithine et de potasse ou de soude, en pesant le mélange et en dosant l'acide sulfurique précipité avec un sel de baryte.

On fera la séparation de la lithine d'avec l'ammoniaque, comme celle de la potasse et de la soude d'avec l'ammoniaque, suivant (4) et (5).

(*) *Ann. der Chem. und Pharm.*, XCVIII, 193.
(**) *Ann. der Chem. und Pharm.*, CXXII, 348.
(***) *Pogg. Ann.*, CIV, 102.

DEUXIÈME GROUPE

Baryte. — Strontiane. — Chaux. — Magnésie.

I. Séparation des oxydes du deuxième groupe d'avec ceux du premier.

§ 153.

La baryte d'avec la potasse et la soude ;   10. 12. — d'avec l'ammoniaque : 11.
La strontiane d'avec la potasse et la soude : 10. 13. — d'avec l'ammoniaque : 11.
La chaux d'avec la potasse et la soude :   10. 14. — d'avec l'ammoniaque : 11.
La magnésie d'avec la potasse et la soude : 15 à 26. — d'avec l'ammoniaque : 11.

A. Méthodes générales.

1. Toutes les terres alcalines d'avec la potasse et la soude.

10 Principe : *Le carbonate d'ammoniaque ne précipite d'une dissolution contenant du sel ammoniac que la baryte, la strontiane et la chaux.*

On additionne la dissolution, dans laquelle les bases sont supposées à l'état de chlorures, avec autant de chlorhydrate d'ammoniaque qu'il en faut pour empêcher la magnésie d'être précipitée par l'ammoniaque ; on étend assez fortement, on ajoute un peu d'ammoniaque, puis du carbonate d'ammoniaque en léger excès, on laisse reposer dans le vase couvert pendant 2 heures en un lieu chaud, on filtre, on lave le précipité avec de l'eau très légèrement ammoniacale.

Le *précipité* renferme la *baryte*, la *strontiane* et la *chaux :* dans la *dissolution* se trouvent la *magnésie* et les *alcalis*. C'est là au moins ce que l'on peut admettre pour les analyses qui ne demandent pas la plus grande rigueur. Mais dans le cas où il faut la plus scrupuleuse exactitude, il faut faire attention que la dissolution contient encore des traces très faibles de chaux et un peu plus considérables de baryte, parce que les carbonates de ces bases ne sont pas tout à fait insolubles dans un liquide qui contient du chlorhydrate d'ammoniaque : de même aussi le précipité peut renfermer un peu de carbonate ammoniaco-magnésien.

On traite le précipité d'après le § **154**; quant au liquide filtré, — dans les analyses exactes, — on l'additionne de 3 ou 4 gouttes d'acide sulfurique étendu (mais pas davantage), puis ensuite d'oxalate d'ammoniaque et on laisse reposer 12 heures à une douce chaleur. S'il se forme par là un précipité, on rassemble celui-ci sur un petit filtre, on le lave, on le traite sur le filtre par un peu d'acide chlorhydrique étendu, qui laisse le sulfate de baryte tandis qu'il dissout l'oxalate de chaux. Comme il aurait pu se déposer avec ce dernier un peu d'oxalate de magnésie, on verse de l'ammoniaque dans la solution chlorhydrique, on filtre après le dépôt et l'on réunit ce liquide filtré au liquide principal.

On évapore à siccité la liqueur qui contient la *magnésie* et les *alcalis*, on chasse les sels ammoniacaux en chauffant légèrement au rouge dans un creuset en platine couvert ou dans une petite capsule en platine ou en por-

celaine également couverte (*). — Dans le résidu on sépare la magnésie des
alcalis d'après une des méthodes données aux numéros (15) à 24).

2. Toutes les terres alcalines d'avec l'ammoniaque; — 11
principe et traitement comme pour la séparation de la potasse et de la
soude d'avec l'ammoniaque (4) et (5).

B. Méthodes plus spéciales.

Chaque terre alcaline seule d'avec la potasse et la soude.

1. La baryte d'avec la potasse et la soude.

On précipite la baryte par l'acide sulfurique étendu (§ **101**. 1. a.), on 12
évapore le liquide filtré à siccité et l'on chauffe au rouge le résidu, en ajoutant à la fin du carbonate d'ammoniaque (§§ **97**. 1. — **98**. 1.). On a soin
que la quantité d'acide sulfurique ajoutée soit suffisante pour transformer
complètement les alcalis en sulfates. — Dans les analyses rigoureuses, pour
ne pas laisser échapper les sels alcalins entraînés par le sulfate de baryte et
que les lavages ne peuvent enlever, on détache du filtre le sulfate de baryte
desséché, on le chauffe avec assez d'acide sulfurique concentré et pur pour
l'y dissoudre complètement, on étend de beaucoup d'eau la dissolution refroidie, puis on jette sur le même filtre le sulfate de baryte maintenant
presque absolument pur, on le chauffe au rouge et on le pèse. Quant au
liquide filtré, on l'évapore à siccité dans une capsule en platine, on chasse
l'acide sulfurique et l'on dose la petite quantité d'alcalis qui s'y trouve.

Cette méthode, à cause de sa grande rigueur, est préférable à celle indiquée en A., quand on a de la baryte à ne séparer que d'un des deux alcalis
fixes : s'ils s'y trouvent tous les deux à la fois, l'autre procédé est plus
commode, en tant que les alcalis sont à l'état de chlorures.

2. La strontiane d'avec la potasse et la soude.

On peut, comme avec la baryte, séparer la strontiane des alcalis au moyen 13
de l'acide sulfurique (§ **102**. 1. a.). Toutefois, quand on est libre dans son
choix, il ne faut pas préférer la précipitation de la strontiane à l'état de
sulfate à la méthode décrite au numéro (10). (Voir § **102**.)

3. La chaux d'avec la potasse et la soude.

On précipite la chaux avec l'oxalate d'ammoniaque (§ **103**. 2. b. α.), on 14
évapore à siccité le liquide filtré et l'on dose les alcalis dans le résidu calciné
au rouge. Dans cette dernière opération, on aura soin de dissoudre dans
l'eau le résidu débarrassé des sels ammoniacaux par calcination, de séparer
par filtration le résidu insoluble s'il y en a un, d'aciduler le liquide filtré
avec de l'acide chlorhydrique ou de l'acide sulfurique suivant les circonstances, puis ensuite d'évaporer à siccité, parce que l'oxalate d'ammoniaque,
pendant la calcination, décompose en partie les chlorures alcalins et transforme les bases en carbonates, s'il n'y a pas en présence beaucoup de sel

---

(') On enlève aussi par là la petite quantité d'acide sulfurique qu'on avait ajoutée pour
précipiter les traces de baryte, en même temps que les sulfates alcalins chauffés au rouge
avec beaucoup de sel ammoniac se changent en chlorures alcalins.

ammoniac. Les résultats sont plus exacts que suivant A (si après la précipitation par le carbonate d'ammoniaque on n'a pas encore employé l'oxalate d'ammoniaque).

4. La magnésie d'avec la potasse et la soude (*).

a. Méthodes basées sur le peu de solubilité de la magnésie dans l'eau.

15 α. On prépare une dissolution des bases aussi neutre que possible et exempte de sels ammoniacaux (peu importe qu'il y ait de l'acide sulfurique, de l'acide chlorhydrique ou de l'acide azotique), on ajoute de l'eau de baryte tant qu'il se forme un précipité, on chauffe à l'ébullition, on filtre et on lave avec de l'eau bouillante. Le précipité renferme la magnésie à l'état d'hydrate. On la dissout dans l'acide chlorhydrique, on précipite la baryte avec l'acide sulfurique et la magnésie à l'état de phosphate ammoniaco-magnésien (§ **104**. 2.). On sépare de la baryte suivant (10) ou (12) les alcalis qui sont dans la liqueur à l'état de chlorures, d'azotates ou d'alcalis caustiques, suivant les circonstances. *Liebig*, qui le premier a employé cette méthode, préfère pour la précipitation le sulfure de baryum cristallisé. — La méthode ne donne pas une séparation bien complète, parce que l'hydrate de magnésie est moins insoluble dans les dissolutions de sels alcalins que dans l'eau pure. Il faudra donc essayer si les sels alcalins pesés ne renferment pas un peu de magnésie, dont il faudra tenir compte si l'on en trouve.

16 β. On précipite la dissolution avec un peu de lait de chaux pur, on fait bouillir, on filtre, on lave. Dans le précipité on sépare la chaux de la magnésie d'après (36), dans le liquide filtré on sépare la chaux des alcalis d'après (10) ou (14). — On peut employer cette méthode lorsqu'il s'agit d'éliminer la magnésie dans une liqueur contenant de la chaux et des alcalis et dans laquelle on ne veut doser que les alcalis. Ici aussi, pour la raison que nous avons donnée en α., il reste un peu de magnésie dans les sels alcalins.

17 γ. On évapore à siccité la dissolution des chlorures (il ne faut pas qu'il y ait d'autres acides), on chauffe au rouge s'il y a du sel ammoniac, on chauffe le résidu avec un peu d'eau (dans laquelle se dissout un peu de magnésie éliminée), on ajoute du bioxyde de mercure délayé dans de l'eau, on évapore à siccité au bain-marie en remuant fréquemment et l'on opère exactement comme il est indiqué au § **104**. 3. b. — Il n'est pas nécessaire de pousser la calcination au rouge jusqu'à ce que tout l'oxyde de mercure soit chassé : il vaut mieux séparer par filtration la magnésie contenant un reste de cet oxyde, qui sera ensuite chassé par la dernière calcination. On reprend le résidu avec un peu d'eau chaude, on filtre rapidement et on lave la magnésie avec un peu d'eau chaude, mais on ne prolonge pas le lavage plus qu'il ne faut. Les alcalis sont à l'état de chlorures dans la dissolution. — Cette méthode, donnée par *Berzelius*, fournit de bons résultats et je me suis assuré qu'elle est la meilleure de celles indiquées ici. Le travail n'est pas rendu plus difficile par l'addition d'une quantité de bioxyde de mercure plus que suffisante : à la fin, pour plus de sécurité, on essaye si les chlorures alcalins

(*) On peut appliquer également les méthodes *a. α.* et *β.* à la séparation de la magnésie d'avec la lithine.

contiennent de la magnésie, dont en général ils retiennent toujours des traces.

δ. Si les bases sont à l'état de chlorures, on ajoute de l'acide oxalique *pur* (*), en quantité suffisante pour former un quadroxalate avec la totalité des bases considérées comme de la potasse, on ajoute un peu d'eau, on évapore à siccité dans une capsule en platine et l'on chauffe au rouge. Par cette opération on transforme complètement le chlorure de magnésium, partiellement les chlorures alcalins en oxalates, qui par la calcination donnent des carbonates alcalins et de la magnésie. On reprend le résidu à plusieurs reprises avec de petites quantités d'eau bouillante, en ne s'inquiétant pas de ce que le précipité tombe tout ou partie sur le filtre, ou reste dans la capsule en platine. Lorsqu'on a enlevé par les lavages tous les sels alcalins, on dessèche le filtre, on le brûle dans la capsule, on chauffe fortement au rouge et l'on pèse la magnésie. Si la dissolution était un peu trouble, on l'évaporerait à siccité, on reprendrait le résidu par de l'eau et l'on séparerait par filtration le léger reste de magnésie ; enfin dans le liquide filtré on verse de l'acide chlorhydrique et l'on dose les alcalis à l'état de chlorures.

18

19

Si les bases sont à l'état de sulfates, on ajoute à la dissolution bouillante du chlorure de baryum jusqu'à ce qu'il ne se forme plus de précipité, on évapore le liquide filtré avec de l'acide oxalique en excès et l'on opère comme en (18). Il reste avec la magnésie un peu de carbonate de baryte que l'on sépare d'après (29).

20

Ces méthodes sont dues à *Mistcherlich* et ont été décrites par *Lasch* (**). J'ai reconnu que les résultats ne sont pas tout à fait bons. En général on trouve trop peu de magnésie. Dès lors il faudra toujours essayer après la pesée, avec le phosphate de soude et l'ammoniaque, si les alcalis ne contiennent pas de magnésie. Fréquemment on obtient encore ainsi un précipité pesable, qu'il ne faudra pas laisser de côté (***).

Le procédé (18) réussit aussi très bien avec les azotates et a été surtout employé dans ce cas par *Deville*. Pendant l'évaporation il se dégage de l'acide carbonique et des gaz nitreux.

b. *Méthodes fondées sur la précipitation de la magnésie par le phosphate (ou l'arséniate) d'ammoniaque.*

21

Dans la dissolution qui contient la magnésie, la potasse et la soude, on verse un excès d'ammoniaque et un peu de sel ammoniac, s'il n'y en a pas déjà, et l'on précipite la magnésie avec du phosphate d'ammoniaque pur, qu'on ajoute en léger excès. Dans le liquide filtré, débarrassé par évaporation de l'ammoniaque libre, on précipite l'acide phosphorique avec l'acétate de plomb, ce qui donne du phosphate et du chlorure de plomb. Dans le liquide chaud, on enlève l'excès d'oxyde de plomb avec l'ammoniaque et le carbonate d'ammoniaque ou l'acide sulfurique, et l'on dose la potasse et la

---

(*) *Th. Schœrer* (*Zeitschr. f. analyt. Chem.*, XI, 197), au lieu d'acide oxalique, prend de l'oxalate d'ammoniaque pur.

(**) *Journ. f. prackt. Chem.*, LXIII, 343.

(***) Je ne recommande pas la méthode de *Sonnenschein* (faire bouillir les chlorures avec du carbonate d'argent), parce que le liquide filtré contient toujours de la magnésie, et en contient plus que des traces.

soude dans le liquide filtré d'après les §§ **97**, **98**. (*O. L. Erdmann* [*].) — (*Heintz* [**].) — Cette méthode est un peu longue, mais fort exacte. Si la dissolution renfermait trop de sel ammoniac, il faudrait d'abord en chasser la majeure partie par sublimation.

22   Au lieu d'éliminer l'excès d'acide phosphorique avec l'oxyde de plomb, on peut employer l'oxyde de fer ou celui d'argent.

α. *Avec le peroxyde de fer.* Dans le liquide débarrassé de l'ammoniaque par la chaleur et au besoin neutralisé par l'acide chlorhydrique, on verse du perchlorure de fer jusqu'à ce que la liqueur ait une couleur jaune, on ajoute du carbonate d'ammoniaque jusqu'à neutralisation, ou de façon que l'acidité ne soit produite que par l'acide carbonique, on fait bouillir, on sépare par filtration du phosphate basique de fer (qui doit avoir une couleur brune rougeâtre s'il y a assez de perchlorure de fer), on lave, on évapore à siccité le liquide filtré avec les eaux de lavage, on chasse les sels ammoniacaux et l'on dose la potasse et la soude d'après les §§ **97**, **98**.— Méthode bonne et commode.

β. *Avec l'oxyde d'argent.* On évapore à siccité le liquide séparé par filtration du phosphate ammoniaco-magnésien, on chauffe au rouge avec précaution, on dissout dans l'eau et l'on mélange avec de l'azotate d'argent et un léger excès de carbonate d'argent. Après filtration on enlève dans le liquide filtré l'excès d'argent avec l'acide chlorhydrique et l'on évapore à siccité la dissolution avec de l'acide chlorhydrique. (*Chancel* [***].)

La séparation avec l'arséniate d'ammoniaque est moins longue, mais moins exacte et plus désagréable à opérer qu'avec le phosphate (§ **127**. 2.) : il faut évaporer le liquide filtré jusqu'à siccité après addition de sel ammoniac et chauffer le résidu au rouge sous une cheminée tirant bien. L'excès d'acide arsénique se volatilise, tandis que les alcalis restent à l'état de chlorures (mais retenant toujours un peu de chlorure de magnésium). *C. de Hauer* a aussi employé une méthode semblable ([****]).

c. *Méthode fondée sur la précipitation de la magnésie à l'état de carbonate ammoniaco-magnésien.*

23   Dans la dissolution concentrée des sulfates, azotates ou chlorures, on verse un excès d'une dissolution concentrée de sesquicarbonate d'ammoniaque dans une solution aqueuse d'ammoniaque (environ 250 grammes de sel avec 360 C. C. de liquide ammoniacal de densité 0,92 et de l'eau de façon à faire 1 litre). Au bout de 24 heures on sépare par filtration le carbonate ammoniaco-magnésien $(MgO,CO^2 + AzH^4O,CO^2 + 4Aq)$ qui s'est déposé, on le lave avec le mélange d'ammoniaque caustique et de carbonate d'ammoniaque qui sert à faire la précipitation, on sèche, on chauffe fortement et assez longtemps au rouge et l'on pèse la magnésie. On évapore à siccité le liquide filtré en le chauffant d'abord à une température inférieure à 100°, on chasse les sels ammoniacaux et l'on dose les alcalis à l'état de chlorures ou de sul-

[*] *Journ. f. prackt. Chem.*, XXXIX, 278.
[**] *Pogg. Ann.*, LXXIII, 119.
[***] Comptes rendus, L, 94.
[****] *Jahrbuch der k. k. geolog. Reichsanstalt.*, IV, 86.

fates. Les résultats sont bons quand il n'y a que la soude. En présence de la potasse il faut laver avec de l'eau la magnésie calcinée avant de la peser, car elle retient une quantité très appréciable de carbonate de potasse. On réunit ces eaux de lavage au liquide principal. Avec la soude seule ce lavage de la magnésie calcinée n'est pas nécessaire, parce qu'elle ne retient pas de carbonate de soude en quantité qu'on puisse peser. On trouve en général un peu moins de magnésie que le poids véritable : l'erreur moyenne est de 9/1000. (*F. G. Schaffgotsch* *. — *H. Weber* **.)

d. *Méthode fondée sur la précipitation des alcalis à l'état de fluosiliciures* suivant *Stolba* (***).

Si l'on a du chlorure de potassium avec du chlorure de magnésium ou **24** de l'azotate de potasse avec de l'azotate de magnésie, on peut dans une portion de liquide précipiter la potasse à l'état d'hydrofluosilicate (§ **97**. 5) et dans une autre portion précipiter la magnésie à l'état de phosphate ammoniaco-magnésien (§ **104**. 2.). Si l'on veut éviter le partage de la liqueur, il faut dans le liquide séparé par filtration de l'hydrofluosilicate de potasse précipiter l'excès d'acide hydrofluosilicique avec une solution alcoolique d'acétate de potasse, laver le précipité avec un mélange à volumes égaux d'alcool concentré et d'eau et dans la liqueur filtrée doser la magnésie. — Si l'on avait des sulfates, la méthode est rendue si difficile par la faible solubilité du sulfate de magnésie dans l'eau alcoolisée, qu'elle ne présente plus aucun avantage.

Le procédé est moins bon pour séparer la magnésie d'avec la soude, parce que l'hydrofluosilicate de soude est moins insoluble dans l'alcool que le sel de potasse. On ne peut pas l'appliquer avec des sulfates : avec les chlorures ou les azotates il faut, si l'on veut avoir des résultats relativement bons, ajouter après l'acide hydrofluosilicique deux volumes d'alcool concentré et laisser complètement déposer le précipité avant de filtrer.

e. *Méthode indirecte par laquelle on trouve en même temps la quantité de potasse et celle de soude, lorsque les deux bases sont ensemble.*

α. On pèse les sulfates, on partage leur dissolution en deux parties. Dans **25** l'une on dose la magnésie suivant le § **104**. 2., et dans la seconde la potasse suivant (2). On calcule d'après cela la quantité de sulfate de magnésie et celle de sulfate de potasse, et l'on déduit le sulfate de soude par différence.

β. On transforme avec précaution les bases en sulfates neutres purs, on **26** les pèse, on les dissout dans l'eau et l'on dose la quantité d'acide sulfurique avec le chlorure de baryum (§ **132**) : dans le liquide filtré on précipite l'excès de baryte avec l'acide sulfurique, et dans le nouveau liquide filtré et concentré par évaporation on dose la magnésie d'après le § **104**. 2. (*List* ****.)

(*) *Pogg. Ann.*, CIV, 482.
(**) *Vierteljahrsschrift. f. prackt. Pharm.*, VIII, 161.
(***) *Zeitschr. f. analyt. Chem.*, IV, 160.
(****) *Ann. der Chem. und Pharm.* LXXXI, 117.

En retranchant du poids total des sulfates le poids de sulfate de magnésie calculé d'après la quantité trouvée de magnésie, on a le poids des sulfates alcalins : puis de la quantité totale d'acide sulfurique en retranchant celle de cet acide unie à la magnésie, on aura le poids d'acide sulfurique combiné aux alcalis. On est alors ramené au cas du § **152**. 3. (6).

Les méthodes indirectes ne fournissent des résultats exacts que lorsqu'elles sont conduites avec le plus grand soin. Mais la rigueur du procédé β. est encore diminuée par la propriété qu'a le sulfate de baryte d'entraîner avec lui des sels solubles.

II. Séparation des oxydes du second groupe entre eux.

§ 154.

La baryte d'avec la strontiane : 28. 31. 40. — la chaux : 28. 30. 31. 35. 40.
—   la magnésie : 27. 29.
La strontiane d'avec la baryte : 28. 31. 40. — la chaux : 34. 38. 39.
—   la magnésie : 27. 29.
La chaux d'avec la baryte : 28. 30. 31. 35. 40. — la strontiane : 34. 38. 39.
—   la magnésie : 27. 32. 33. 36. 37. (*).
La magnésie d'avec la baryte : 27. 29. — la strontiane : 27. 29.
—   la chaux : 27. 32. 33. 36. 37 (*).

A. Méthode générale.

27   Tous les membres du groupe les uns d'avec les autres. — On opère comme en (10). On précipite la magnésie dans le liquide filtré avec le phosphate de soude et d'ammoniaque (**). On dissout dans l'acide chlorhydrique les carbonates précipités de baryte, de strontiane et de chaux, et l'on sépare les bases d'après (28). Pour avoir les traces de magnésie que retient le précipité obtenu avec le carbonate d'ammoniaque, on évapore à siccité le liquide séparé par filtration du sulfate de strontiane et du sulfate de chaux, on reprend le résidu par l'eau et l'on précipite la dissolution avec le phosphate de soude et d'ammoniaque et l'ammoniaque.

B. Méthodes spéciales.

1. Méthodes fondées sur l'insolubilité du fluosiliciure de baryum.

28   La baryte d'avec la strontiane et la chaux. — Dans la dissolution pas trop étendue, neutre ou légèrement acide, on verse un excès d'acide hydrofluosilicique récemment préparé ou conservé dans un flacon en gutta-percha : on y ajoute un volume d'alcool à 95 0/0 égal au 1/3 du volume total du liquide, on laisse reposer 12 heures, on recueille sur un filtre pesé le précipité de fluosiliciure de baryum, qu'on séchera à 100°, après l'avoir lavé avec un mélange en parties égales d'eau et d'alcool, jusqu'à ce que le liquide qui

(*) Voir aussi la méthode de Oeffinger (Zeitschr. f. analyt. Chem., VIII, 456).

(**) Ce réactif est préférable au phosphate de soude employé ordinairement. Voir Fr. Mohr (Zeitschr. f. analyt. Chem., XII, 56).

(***) Pour séparer la baryte d'avec la strontiane, la chaux et la magnésie, Smith (Traité d'analyse de H. Rose, II, 52) précipite la baryte avec le chromate neutre de potasse. Frerichs (Zeitschr. f. analyt. Chem., XIII, 515) préfère opérer dans la solution étendue en présence d'un excès d'acide acétique. On filtre après un dépôt de plusieurs heures, on lave avec de l'acide acétique étendu et l'on pèse après dessiccation à 110°. Il faut se rappeler pour le traitement du liquide filtré qu'on ne peut pas précipiter la chaux avec l'oxalate d'ammoniaque en présence du chromate de potasse.

passe n'ait plus la moindre réaction acide (mais on ne lave pas davantage) : puis dans le liquide filtré on précipite la strontiane ou la chaux par l'acide sulfurique étendu (§ **102**. 1. a. et § **103**. 1). Résultats exacts. — Caractères du fluosiliciure de baryum, § **71**. — S'il y avait à la fois de la strontiane et de la chaux, on pèserait d'abord les sulfates et on les séparerait suivant (34) : ou bien on les tranformerait en carbonates (§ **132**. II. ·b.) et on les séparerait suivant (38) ou (39).

2. *Méthodes fondées sur l'insolubilité du sulfate de baryte et aussi du sulfate de strontiane dans l'eau et dans une dissolution d'hyposulfite de soude.*

a. La baryte et la strontiane d'avec la magnésie. — On précipite la baryte et la strontiane par l'acide sulfurique (§ **101**. 1. a. et § **102**, 1. a.) et dans la liqueur filtrée on précipite la magnésie à l'aide du phosphate de soude et d'ammoniaque et de l'ammoniaque (§ **104**. 2.). **29**

b. La baryte d'avec la chaux. — On additionne la solution d'un peu d'acide chlorhydrique, puis on y verse de l'acide sulfurique très étendu (1 : 500) tant qu'il se forme un précipité, on laisse déposer et l'on mesure le sulfate de baryte d'après le § **101**. 1. α. On mélange le liquide filtré avec les eaux de lavage qu'on a concentrées par évaporation et après avoir neutralisé l'acide par l'ammoniaque, on précipite la chaux à l'état d'oxalate (§ **103**. 2. b. α.). — Cette méthode est surtout bonne lorsqu'il s'agit de séparer de petites quantités de baryte d'une grande quantité de chaux. — S'il faut séparer le sulfate de baryte du sulfate de chaux, on peut (en l'absence d'acide libre) traiter à plusieurs reprises et à chaud le mélange des sels par une dissolution d'hyposulfite de soude. Le sulfate de chaux se dissout, le sulfate de baryte reste insoluble. On précipite ensuite la chaux par l'oxalate d'ammoniaque dans le liquide filtré (*Diehl* *). **30**

3. *Méthodes fondées sur la manière différente dont se comportent le sulfate de baryte d'une part et le sulfate de strontiane et celui de chaux d'autre part, vis-à-vis des carbonates alcalins.*

La baryte d'avec la strontiane et la chaux.

Les sulfates des trois bases obtenus par précipitation sont mis en digestion à la température ordinaire (15 à 20°), pendant 12 heures avec une dissolution pas trop étendue de carbonate d'ammoniaque et l'on a soin de remuer de temps en temps : on décante le liquide à travers un filtre et l'on traite plusieurs fois le résidu de la même façon ; enfin on lave avec de l'eau et dans le précipité encore humide on sépare avec de l'acide chlorhydrique étendu et froid le sulfate de baryte resté tel d'avec le carbonate de strontiane et celui de chaux formés. — Si l'on voulait opérer plus promptement la séparation, on pourrait faire bouillir quelques instants les sulfates avec une dissolution de carbonate de potasse (et non pas de soude), à laquelle on aurait ajouté du sulfate de potasse dans la proportion de 1/3, ou un peu plus, du carbonate alcalin. Par là on décomposera encore les sulfates de strontiane et de chaux, mais pas celui de baryte. — Si les bases sont en dissolution, on les fait bouillir immédiatement avec un excès de la dissolution du mélange **31**

<hr>

(*) *Journ. f. prackt. Chem.*, LXXIX, 430.

de carbonate et de sulfate de potasse. Le précipité séparé par filtration est formé, dans ce cas, de sulfate de baryte et de carbonate de strontiane et de chaux, qu'on sépare comme il est dit plus haut avec l'acide chlorhydrique froid étendu (*H. Rose* *).

4. Méthode fondée sur l'insolubilité du sulfate de chaux dans l'alcool.

La chaux d'avec la magnésie.

52 a. On dissout les bases à l'état de chlorures, on chasse l'eau par évaporation, on ajoute au résidu de l'alcool concentré (mais pas absolu) jusqu'à dissolution du résidu, on fait digérer la solution à froid avec un excès d'acide sulfurique pur concentré : on abandonne quelques heures, on met sur un filtre le précipité formé de sulfate de chaux et d'un peu de sulfate de magnésie, on le débarrasse de la liqueur acide qui le baigne avec de l'alcool concentré, presque absolu, et quand *on a complètement enlevé l'acide*, on le lave avec de l'alcool à 35 ou 40 0/0, jusqu'à ce que le liquide qui passe ne laisse rien par évaporation sur le platine. On pèse le sulfate de chaux comme il est indiqué au § **103**. 1. Quant à la magnésie, on la dose dans la liqueur filtrée (§ **104**. 2.) après en avoir chassé l'alcool. *A. Chizynski* (**), en opérant ainsi, a obtenu de très bons résultats, même en présence de l'acide phosphorique.

b. De petites quantités de chaux d'avec beaucoup de magnésie.

53 On transforme les bases en sulfates neutres, on dissout la masse dans l'eau et en remuant constamment on ajoute de l'alcool jusqu'à ce qu'il se produise un faible trouble permanent. On filtre au bout de quelques heures, on lave le sulfate de chaux précipité avec de l'alcool, auquel on a ajouté un égal volume d'eau et l'on en détermine la quantité d'après le § **103**. 1. a. (il faudra toujours essayer si le sulfate de chaux n'a pas entraîné de magnésie) : ou bien on dissout le gypse précipité dans de l'eau acidulée avec de l'acide chlorhydrique, et alors, d'après le numéro (36), on sépare la chaux de la petite quantité de magnésie qui a pu se précipiter en même temps. (*Scheerer* ***.)

5. Méthode fondée sur l'insolubilité des sulfates de strontiane et de baryte dans une dissolution de sulfate d'ammoniaque.

La strontiane d'avec la chaux (****).

54 On dissout dans le moins d'eau possible, autant toutefois qu'on a des sels solubles, on verse dans la liqueur une solution de 1 partie de sulfate d'ammoniaque dans 4 parties d'eau, qui contiendra environ 50 fois plus de sel solide que le mélange à analyser, on fait bouillir quelque temps en renouvelant l'eau qui se vaporise et en ajoutant un peu d'ammoniaque (parce que par l'ébullition la dissolution de sulfate d'ammoniaque devient un peu acide); on peut aussi, au lieu de chauffer, laisser digérer 12 heures à la température ordinaire. On filtre et on lave avec une dissolution concentrée de sulfate

(*) *Pogg. Ann.*, XCV, 286, 299, 427.
(**) *Zeitschr. f. analyt. Chem.*, IV, 348.
(***) *Ann. der Chem. und Pharm.*, CXVI, 237.
(****) Voir la note 16 à la fin d   volume.

d'ammoniaque le précipité formé de sulfate de strontiane et d'un peu de sulfate double d'ammoniaque et de strontiane : il faut laver jusqu'à ce que
l'eau qui passe ne soit pas troublée par l'oxalate d'ammoniaque. On calcine
au rouge le précipité avec précaution, on l'humecte avec un peu d'acide sulfurique étendu (pour ramener à l'état de sulfate un peu de sulfure de strontium formé), on chauffe de nouveau au rouge et l'on pèse. On précipite avec
l'oxalate d'ammoniaque la liqueur filtrée fortement étendue et l'on dose la
chaux d'après le § **103**. 2. b. α. — Si l'on avait les sulfates solides, on les
pulvériserait très finement, on ferait bouillir avec une dissolution concentrée
de sulfate d'ammoniaque, en renouvelant l'eau qui se vaporise et en ajoutant un peu d'ammoniaque. Les résultats sont très approchés, par exemple :
1,048 SrO,AzO^5 au lieu de 1,053 et 0,497 CaO,CO^2 au lieu de 0,504 (*H. Rose* [*]).

On peut aussi séparer de la même façon la **baryte** d'avec la **chaux**.   35

6. *Méthodes fondées sur l'insolubilité de l'oxalate de chaux dans
le chlorhydrate d'ammoniaque et l'acide acétique.*

La chaux d'avec la magnésie.

a. On additionne la solution assez étendue d'une quantité de chlorhydrate   36
d'ammoniaque suffisante pour que l'ammoniaque, qu'on ajoute en léger
excès, ne produise pas de précipité, on verse de l'oxalate d'ammoniaque
tant qu'il se fait un précipité, puis ensuite une quantité plus considérable,
pour transformer la magnésie en oxalate (qui reste dissous). Cet excès est
malheureusement nécessaire pour précipiter complètement la chaux, parce
qu'une dissolution de chlorure de magnésium, qui n'est pas additionnée d'oxalate d'ammoniaque, dissout de l'oxalate de chaux (Exp. n° 83). On laisse reposer pendant 12 heures sans chauffer, on décante le liquide clair à travers
un filtre, autant qu'on le peut, pour le séparer de l'oxalate de chaux et d'un
peu d'oxalate de magnésie formant le précipité, on lave de nouveau celui-ci
par décantation, on le dissout de suite dans l'acide chlorhydrique, on ajoute
de l'eau, puis de l'ammoniaque en excès et un peu d'oxalate d'ammoniaque.
On laisse reposer jusqu'à ce que le liquide se sépare parfaitement limpide, on
décante à travers le filtre déjà employé, on y fait tomber le précipité et l'on
opère ensuite suivant le § **103**. 2. b. α. La plus grande partie de la magnésie se trouve dans le premier liquide filtré, le second en renferme encore
un peu. On évapore le dernier pour le réduire à un petit volume après addition d'un peu d'acide chlorhydrique jusqu'à réaction acide, on mélange les
deux liqueurs et l'on précipite la magnésie avec le phosphate de soude et d'ammoniaque (**) suivant le § **104**. 2. S'il y a beaucoup de sels ammoniacaux,
le dosage de la magnésie sera plus exact en évaporant à siccité les liquides
dans une grande capsule en platine ou en porcelaine; puis on chauffe au
rouge par portions la masse saline dans une plus petite capsule en platine,
jusqu'à ce que les sels ammoniacaux soient chassés. On traite le résidu par
l'acide chlorhydrique et l'eau, on chauffe, et après refroidissement on ajoute
de l'ammoniaque jusqu'à réaction à peine alcaline. S'il y a assez de sel

[*] *Pogg. Ann.*, CX, 296.
(**) Ce précipitant est préférable au phosphate de soude ordinaire, que l'on emploie
ordinairement. *F. Mohr* (*Zeitschr. f. analyt. Chem.*, XII, 56).

ammoniac dans la dissolution, il ne se précipite pas d'hydrate de magnésie, mais parfois quelques flocons d'acide silicique ou d'alumine. Dans ce cas on filtre et enfin on précipite avec l'ammoniaque et le phosphate de soude et d'ammoniaque. Si le précipité formé par l'ammoniaque est un peu volumineux, on le redissout avec un peu d'acide chlorhydrique, on évapore à siccité au bain-marie, on traite le résidu par l'acide chlorhydrique et l'eau, on ajoute de l'ammoniaque jusqu'à réaction alcaline, l'on filtre et on ajoute cette liqueur filtrée à la dissolution principale.

Il n'y a que ce moyen d'obtenir des résultats réellement bons par cette méthode si fréquemment employée, ainsi que je m'en suis assuré par des expériences directes et nombreuses. Une seule précipitation avec l'oxalate d'ammoniaque ne peut suffire que si la quantité de magnésie est relativement faible. Exp. n° 84 (*).

57   b. Si la chaux et la magnésie sont combinées à l'acide phosphorique, on dissout dans le moins possible d'acide chlorhydrique, on ajoute de l'ammoniaque jusqu'à ce qu'il se forme un abondant précipité, on le dissout dans de l'acide acétique et dans cette solution on précipite la chaux par un excès d'oxalate d'ammoniaque. Comme l'acide acétique libre n'empêche pas la précipitation d'un peu d'oxalate de magnésie, le précipité contient encore ici un peu de magnésie, — et comme l'oxalate de chaux n'est pas complètement insoluble dans l'acide acétique, le liquide filtré (dans lequel on dosera la magnésie par l'ammoniaque et le phosphate de soude et d'ammoniaque) renferme un peu de chaux : ces deux causes d'erreur se compensent jusqu'à un certain point. Dans un travail tout à fait rigoureux on séparerait, à la fin, la petite quantité de magnésie et de chaux des précipités pesés de carbonate de chaux et de pyrophosphate de magnésie.

7. Méthode fondée sur l'insolubilité de l'azotate de strontiane dans l'alcool éthéré.

La strontiane d'avec la chaux (suivant *Stromeyer*).

58   On traite dans un flacon fermé les azotates bien secs par l'alcool absolu, auquel il est bon d'ajouter un volume égal d'éther (*H. Rose*). On sépare par filtration dans un entonnoir couvert l'azotate de strontiane non dissous, on le lave avec le mélange d'alcool et d'éther, on le dissout dans l'eau et l'on dose à l'état de sulfate de strontiane (§ **102**. 1.). On précipite la chaux avec l'acide sulfurique dans le liquide filtré. — Bons résultats.

8. Méthodes indirectes.

La strontiane d'avec la chaux.

59   On dose ces deux bases à l'état de carbonates en précipitant avec le carbonate ou avec l'oxalate d'ammoniaque (§§ **102, 103**) ; on détermine ensuite la quantité d'acide carbonique totale et l'on en déduit la proportion

---

(*) J'ai publié à ce sujet de nouvelles recherches dans le *Zeitschr. f. analyt. Chem.*, VII, 1310. — Voir en outre *Wittstein : Zeitschr. f. analyt. Chem.*, II, 318, et *E. Cossa*, id., VIII, 41. — Suivant *Hager* (id., IX, 254), le précipité d'oxalate de chaux serait exempt de magnésie, si l'on filtre de suite. Mais il y aurait à craindre que dans ce cas la précipitation de la chaux ne soit pas complète.

de strontiane et celle de chaux d'après le procédé indiqué au § **200**. Pour doser l'acide carbonique on peut fondre avec le verre de borax (§ **139**. II. c.); mais cela n'est pas nécessaire, parce que la température rouge-blanc modérée, que fournit un chalumeau à gaz sans même l'enveloppe en argile, est suffisante pour chasser tout l'acide carbonique du carbonate de chaux ainsi que du carbonate de strontiane. (*F. G. Schaffgotsch *.*) Quand on veut employer ce moyen commode, on précipite les carbonates à chaud, on les comprime fortement dans le creuset de platine et l'on retourne tantôt d'un côté, tantôt de l'autre la masse fortement concrétée que l'on calcine jusqu'à ce qu'il n'y ait plus de perte de poids. — L'expérience fournit de bons résultats, si l'une des bases n'est pas en trop petite quantité.

On comprend facilement que cette séparation indirecte peut s'appliquer à 40 d'autres bases, pour doser la **chaux** en présence de la baryte, ou la **baryte** avec la **strontiane**. Pour chasser l'acide carbonique du carbonate de baryte, il faut employer le verre de borax (§ **139**. II. c.).

TROISIÈME GROUPE.

Alumine. — Oxyde de chrome.

I. *Séparation des oxydes du troisième groupe d'avec les alcalis.*

§ 155.

1. D'avec l'ammoniaque.

a. On peut séparer les sels de chrome et d'alumine d'avec les sels ammo- 41 niacaux par la calcination. Toutefois ce procédé ne peut s'appliquer à l'alumine qu'en l'absence du chlore, à cause de la volatilisation du chlorure d'aluminium. Il est donc plus sûr de mélanger la combinaison avec un excès de carbonate de soude et de calciner ensuite.

b. On dose l'ammoniaque d'après une des méthodes indiquées au § **99**. 5. 42 en faisant usage, pour la chasser, de la lessive de potasse ou de soude. Dans le résidu on dose l'oxyde de chrome et l'alumine d'après (43).

2. D'avec la potasse et la soude.

a. On précipite et l'on dose l'oxyde de chrome et l'alumine avec l'ammo- 43 niaque en appliquant les préceptes indiqués au § **105**. a. et au § **106**. 1. a. Dans la dissolution sont les alcalis, qu'on débarrassera des sels ammoniacaux par évaporation et par calcination du résidu au rouge. S'il y a beaucoup de sels alcalins, il sera bon de redissoudre dans l'acide chlorhydrique le précipité modérément lavé et de répéter la précipitation par l'ammoniaque.

b. On peut aussi très bien séparer l'*alumine* d'avec la potasse et la soude 44 en chauffant les azotates : voir (46).

(*) *Pogg. Ann.*, CXIII, 615.

II. *Séparation des oxydes du troisième groupe d'avec les terres alcalines.*

§ 156.

1. L'alumine d'avec la baryte : 45 à 50 et 51.
— strontiane : 45 à 50 et 51.
— chaux : 45 à 50 et 52. 53. 54.
— magnésie : 45 à 50 et 53. 54.
2. L'oxyde de chrome d'avec les terres alcalines : 55 à 58.

a. SÉPARATION DE L'ALUMINE D'AVEC LES TERRES ALCALINES.

A. Méthodes générales.

Toutes les terres alcalines d'avec l'alumine.

1. Méthode fondée sur la précipitation de l'alumine par l'ammoniaque et sa solubilité dans la lessive de soude.

45 La dissolution suffisamment étendue et chaude étant dans une capsule de platine ou dans une capsule en porcelaine, on l'additionne d'une quantité convenable de sel ammoniac, s'il n'y en a pas déjà, on y verse très lentement, presque goutte à goutte (*Wainkle* *) et en excès modéré de l'ammoniaque autant que possible exempte d'acide carbonique, on chauffe à une douce ébullition, que l'on maintient jusqu'à ce qu'on ne reconnaisse plus d'ammoniaque libre. Ordinairement dans ces conditions il se précipite avec l'alumine un peu de magnésie et aussi de petites quantités de carbonate de chaux, de baryte ou de strontiane : mais par l'ébullition avec le sel ammoniac les terres alcalines précipitées se redissolvent, de sorte qu'à la fin le précipité d'alumine ne renferme plus de magnésie, etc., ou n'en contient que des traces inappréciables. On laisse déposer et l'on opère pour le dosage de l'alumine exactement d'après le § **105**. a. Dans les analyses rigoureuses il faut, après avoir suffisamment lavé le précipité d'alumine, le redissoudre dans l'acide chlorhydrique et précipiter de nouveau avec l'ammoniaque comme nous venons de le dire. Pour séparer l'alumine de la chaux ou de la magnésie, la double précipitation est nécessaire, si la liqueur renferme des sulfates. Lorsqu'on a pesé l'alumine, on la maintient quelque temps en fusion avec du bisulfate de potasse, on dissout la masse dans l'eau et l'on tient compte du résidu de silice (qui ne manque jamais si l'on a fait bouillir dans un vase en verre ou en porcelaine). La dissolution additionnée d'un excès de lessive de potasse n'est jamais parfaitement limpide : on y voit flotter quelques flocons de magnésie (et sans doute aussi des traces de carbonate de chaux, de baryte ou de strontiane). S'ils sont en quantité notable, on filtre, on les dissout dans l'acide azotique, on précipite par l'ammoniaque, on fait bouillir le liquide jusqu'à ce qu'il ne répande plus l'odeur de l'ammoniaque, on filtre, on évapore le liquide dans une petite capsule en platine, on chauffe au rouge, on pèse la petite quantité de magnésie qui reste (et qui peut renfermer des traces des autres terres alcalines), on la retranche du poids de l'alumine et on la dissout dans de l'acide chlorhydrique

(*) *Zeitschr. f. analyt. Chem.*, X, 96.

pour l'ajouter au liquide filtré primitif. — Pour achever la séparation des terres alcalines on évapore d'abord la liqueur qui les renferme, après avoir acidulé avec de l'acide chlorhydrique : le mieux est d'opérer dans une capsule en platine, mais on peut aussi le faire dans un ballon en verre ou dans une capsule en porcelaine. A la liqueur concentrée et chaude on ajoute peu à peu un excès d'ammoniaque. Cela produit en général encore un léger précipité d'alumine, que l'on sépare par filtration, qu'on lave et qu'on pèse avec le précipité principal. Dans la liqueur filtrée on dose les terres alcalines d'après le § **154**.

Au lieu de précipiter l'alumine comme on vient de le dire, on peut opérer comme il suit. On ajoute un excès notable d'ammoniaque à la liqueur bouillante, on fait bouillir deux minutes, on verse de l'acide acétique jusqu'à réaction nettement acide, on chauffe de nouveau quelques minutes, on ajoute de nouveau l'ammoniaque jusqu'à réaction faiblement alcaline et l'on achève comme plus haut (*).

> 2. *Méthode fondée sur l'inégale décomposition des azotates à une température modérée*, suivant *Deville*.

Cette méthode simple et commode suppose que les bases sont à l'état d'azotates purs. On évapore à siccité dans une capsule en platine couverte et l'on chauffe graduellement au bain de sable ou d'air; le mieux serait d'employer un épais disque de fer, muni de cavités dont l'une contiendrait la capsule en platine et l'autre remplie de tournure de laiton recevrait le thermomètre (*voir* page 52, fig. 42) : on chauffe vers 200 à 250°, jusqu'à ce qu'une baguette en verre trempée dans l'ammoniaque ne décèle plus de vapeur d'acide nitrique. On peut aussi sans danger chauffer jusqu'à ce qu'il se dégage quelques vapeurs nitreuses. — Le résidu consiste en alumine, azotate de baryte, de strontiane et de chaux, azotate et azotate basique de magnésie.

On humecte la masse avec une dissolution concentrée d'azotate d'ammoniaque et l'on chauffe légèrement (mais pas jusqu'à complète volatilisation de l'eau). On recommence cette opération jusqu'à ce qu'on ne reconnaisse plus de dégagement d'ammoniaque. (L'azotate basique de magnésie insoluble dans l'eau se dissout dans l'azotate d'ammoniaque à l'état d'azotate neutre de magnésie avec dégagement d'ammoniaque.) On ajoute de l'eau et on laisse digérer à une douce chaleur.

> Lorsque l'azotate d'ammoniaque ne donne plus que des traces imperceptibles d'ammoniaque, il faut verser de l'eau chaude dans la capsule, remuer et ajouter une goutte d'ammoniaque étendue. Cela ne doit pas produire de trouble dans le liquide. Si au contraire la liqueur ne restait pas limpide, ce serait un indice que les nitrates n'ont pas été chauffés assez longtemps. Dans ce dernier cas il faudrait encore évaporer le contenu de la capsule et le chauffer de nouveau.

L'alumine reste non dissoute sous forme d'une substance dense grenue. On décante après la digestion, on lave avec de l'eau bouillante, on chauffe

(*) *Traité de chimie analyt.* de *H. Rose*, 6ᵉ éd., II, 647.

fortement au rouge dans le vase même où s'est faite la séparation et l'on pèse. Après la pesée on s'assure, comme en (45), de la pureté de l'alumine. On sépare les terres alcalines d'après le § **154**. — On peut de la même façon séparer l'alumine d'avec la potasse et la soude (44).

> 3. *Méthode dans laquelle on applique simultanément les procédés 1 et 2.*

47   On précipite l'alumine comme en (45), on lave de la même façon, on la traite encore humide par l'acide azotique et l'on opère suivant (46) pour éliminer les petites quantités de magnésie, etc., précipitées en même temps : on réunit la liqueur ainsi obtenue avec la dissolution principale des terres alcalines et l'on achève suivant (45).— Ce procédé, comme on le voit, peut s'appliquer aux chlorures et est parfois aussi fort commode.

> 4. *Méthode basée sur la précipitation de l'alumine par l'acétate ou le formiate de soude à la température de l'ébullition.*

48   Opérer comme pour la séparation du peroxyde de fer d'avec les terres alcalines. La méthode est surtout employée quand il faut séparer en même temps l'alumine et le peroxyde de fer d'avec les terres alcalines. En général la précipitation de l'alumine n'est pas complète, de sorte qu'il faut suivant (45) séparer dans le liquide filtré l'alumine qui y est restée dissoute.

> 5. *Méthode fondée sur la précipitation de l'alumine par le succinate d'ammoniaque.*

49   Opérer comme pour la précipitation du peroxyde de fer par le succinate d'ammoniaque (§ **159**) : méthode surtout appliquée pour séparer l'alumine et le protoxyde de fer d'avec les terres alcalines. Il faut essayer le liquide filtré comme en (48).

> 6. *Méthode fondée sur la formation par la voie sèche d'un aluminate alcalin.*

50   *Voir* § **161.**

B. Méthodes spéciales.

Chaque terre alcaline d'avec l'alumine.

> 1. *Méthodes fondées sur la précipitation de chaque sel alcalino-terreux.*

51   a. La baryte et la strontiane d'avec l'alumine. — On précipite la baryte et la strontiane avec l'*acide sulfurique* (§§ **101** et **102**) et dans le liquide filtré l'alumine d'après le § **105**. a. Cette méthode est surtout bonne en présence de la baryte. Dans les analyses exactes il faudra purifier le sulfate de baryte comme en (12).

52   b. La chaux d'avec l'alumine.— Dans la dissolution on verse de l'ammoniaque jusqu'à ce qu'il se forme un précipité permanent, on ajoute de l'acide acétique pour redissoudre le précipité, puis un peu d'acétate d'ammoniaque et enfin de l'*oxalate d'ammoniaque* en léger excès (§ **103**. 2. b. β.) :

on filtre, après dépôt à froid, l'oxalate de chaux et l'on précipite l'alumine d'après le § **105**. a. *Voir* aussi § **161**. 4. b.

   c. La magnésie et de petites quantités de chaux d'avec l'alu- 53 mine. — On met un peu d'acide tartrique, on sursature avec l'ammoniaque et dans le liquide clair on précipite (en présence d'une quantité suffisante d'alumine il ne se précipite pas de tartrate de chaux) d'abord la chaux avec l'oxalate d'ammoniaque, puis la magnésie avec le phosphate de soude et d'ammoniaque. S'il faut doser l'alumine dans le liquide filtré, on l'évapore d'abord à siccité après addition de carbonate de soude et de salpêtre, on chauffe le résidu au rouge, on humecte avec de l'eau, on dissout dans l'acide chlorhydrique (et pas dans la capsule en platine) et l'on précipite l'alumine par l'ammoniaque. — Il faut redissoudre dans l'acide chlorhydrique le phosphate ammoniaco-magnésien, qui peut contenir du tartrate basique de magnésie, précipiter de nouveau par l'ammoniaque avec addition de phosphate de soude et d'ammoniaque, calciner et peser.

     2. *Méthode fondée sur la précipitation de l'alumine par le carbonate de baryte.*

  L'alumine d'avec la magnésie et de petites quantités de chaux. 54 — Le liquide étendu et faiblement acide étant dans un ballon, on y ajoute un excès suffisant de carbonate de baryte délayé, on laisse reposer à froid le ballon fermé jusqu'à ce que l'hydrate d'alumine se soit déposé, on décante trois fois, puis on filtre, et dans le précipité on dose l'alumine d'après (15) : dans le liquide filtré on précipite d'abord la baryte par l'acide sulfurique (50) et l'on sépare la chaux et la magnésie d'après le § **154**.

   b. Séparation de l'oxyde de chrome d'avec les terres alcalines.

   1. S'il s'agit de séparer l'oxyde de chrome de toutes les terres al- 55 calines, le mieux est de transformer l'oxyde de chrome en acide chromique. On peut y arriver par la voie sèche ou par la voie humide.

   a. *Méthode par voie sèche.* — On mélange la substance en poudre avec environ 8 fois son poids d'un mélange de 2 parties de carbonate de soude et 1 partie de salpêtre, on chauffe à fusion dans un creuset en platine. En traitant la masse fondue par de l'eau chaude, le chrome se dissout à l'état de chromate alcalin (et on le dose suivant le § **130**) : dans le résidu sont les terres alcalines à l'état de carbonates ou à l'état caustique (la magnésie). Si le résidu n'est pas tout à fait blanc, on lui enlève le reste de l'acide chromique en le faisant bouillir avec une dissolution de carbonate de soude.

   b. *Méthode par voie humide* (bonne seulement pour séparer le chrome de 56 la baryte, la strontiane et la chaux).

   α. On neutralise presque avec du carbonate de soude la solution acide de l'oxyde de chrome et des terres alcalines : on ajoute un excès d'acétate de soude et l'on fait passer un courant de chlore en chauffant et en maintenant la liqueur presque neutre en ajoutant de temps en temps du carbonate de soude. Quand tout l'oxyde de chrome est changé en acide chromique, on précipite à chaud avec le carbonate de soude et l'on opère en tout comme au n° (55) (*Gibbs* *). On peut remplacer le chlore par du brome : mais avec de l'eau bromée la transformation en acide chromique marche trop lentement.

β. On neutralise la dissolution avec du carbonate de soude, on y verse de l'hypochlorite de soude et l'on chauffe, en ajoutant de l'hypochlorite s'il le faut, jusqu'à ce que tout le chrome soit changé en acide chromique. On additionne encore de carbonate de soude, on chauffe, on jette sur un filtre la liqueur jaune, on fait bouillir de nouveau le résidu avec du carbonate de soude dissous et l'on achève comme en (55).

57   2. **L'oxyde de chrome d'avec la baryte, la strontiane et la chaux.** — Pour séparer la baryte et la strontiane, on précipite avec de l'acide sulfurique la dissolution étendue, chaude et légèrement acide : après refroidissement, s'il y a de la strontiane on ajoute au liquide de l'alcool, et après le dépôt des sulfates alcalino-terreux on les sépare par filtration de la liqueur qui renferme l'oxyde de chrome. — On ne peut pas séparer l'oxyde de chrome des terres alcalines par l'ammoniaque, parce que, même en évitant tout contact avec l'acide carbonique, une partie des terres se précipite combinée avec l'oxyde de chrome. — On ne peut pas précipiter complètement la chaux avec l'oxalate d'ammoniaque en présence d'un sel de chrome, mais on y parvient avec l'acide sulfurique et l'alcool (§ **103**. 1.).

58   3. On peut avec le carbonate de baryte séparer **l'oxyde de chrome** d'avec la **magnésie** et de **petites quantités de chaux.** Il faut opérer comme en (54) (**).

III. Séparation de l'oxyde de chrome d'avec l'alumine.

§ 157.

59   a. On fond les oxydes avec deux fois leur poids d'azotate de potasse et quatre fois leur poids de carbonate de soude dans un creuset de platine, on traite la masse fondue par l'eau bouillante, on fait passer le tout du creuset en platine dans une capsule en porcelaine ou un vase à précipité, on ajoute une assez grande quantité de chlorate de potasse, on sursature faiblement avec de l'acide chlorhydrique, on évapore à consistance sirupeuse et pendant l'évaporation on ajoute encore par portions du chlorate de potasse pour chasser tout l'acide chlorhydrique libre. On étend alors avec de l'eau, et l'on sépare l'acide chromique d'avec l'alumine suivant le § **130**. II. c. α. — Si l'on n'évaporait pas avec l'acide chlorhydrique et le chlorate de potasse, une partie de l'acide chromique serait réduite par l'acide azoteux contenu dans le liquide et alors l'ammoniaque précipiterait de l'oxyde de chrome avec l'alumine. (*Dexter* ***.)

60   b. On fait avec les oxydes une dissolution chlorhydrique, on ajoute de la lessive de potasse ou de soude en excès suffisant et l'on sature la liqueur limpide et verte avec du chlore gazeux. L'oxyde de chrome est ainsi transformé

(*) *Zeitschr. f. analyt. Chem.*, III, 528.
(**) Nous indiquerons dans le chapitre des applications, à propos de l'analyse des silicates, le mode de séparation de l'acide chromique et de l'acide titanique.
(***) *Pogg. Ann.*, LXXXIX, 142.

en chromate alcalin et l'alumine se dépose en partie. Quand le liquide est devenu jaune pur, on le chauffe pour chasser l'excès de chlore, on l'additionne de carbonate d'ammoniaque avec lequel on laisse digérer pour décomposer l'acide hypochloreux et précipiter l'alumine encore dissoute, et l'on achève suivant le § **130**. II. c. α. (*Vohler* *.)

c. On neutralise presque avec du carbonate de soude la dissolution acide, 61 on ajoute un excès d'azotate de soude, on fait passer un courant de chlore ou l'on met du brome dans la liqueur et l'on chauffe. L'oxyde de chrome se change ainsi facilement en acide chromique, surtout si l'on ajoute de temps en temps du carbonate de soude pour maintenir le liquide presque neutre. Lorsque tout l'oxyde de chrome est changé en acide chromique, on sépare l'alumine d'avec l'acide chromique d'après le § **130**. II. c. α. (*Gibbs* **.)

QUATRIÈME GROUPE

OXYDE DE ZINC. — PROTOXYDE DE MANGANÈSE. — PROTOXYDE DE NICKEL. — PROTOXYDE DE COBALT. — PROTOXYDE DE FER. — PEROXYDE DE FER. (OXYDE D'URANE).

I. *Séparation des oxydes du quatrième groupe d'avec les alcalis*

§ 158.

A. Méthodes générales.

1. Tous les oxydes du quatrième groupe d'avec l'ammoniaque. 62 — On opère comme pour la séparation de l'oxyde de chrome et de l'alumine d'avec l'ammoniaque, § **155** (41). Il faut seulement ne pas oublier que les oxydes du quatrième groupe calcinés avec du sel ammoniac se comportent de la façon suivante : le peroxyde de fer se volatilise en partie à l'état de perchlorure; les oxydes de manganèse se changent en chlorure mélangé de protoxyde, avec volatilisation d'un peu de protochlorure de manganèse (***); les oxydes de nickel et de cobalt sont réduits à l'état métallique, sans qu'une partie se volatilise à l'état de chlorure (****); l'oxyde de zinc se volatilise sous forme de chlorure. — Aussi il vaudra mieux, au moins toutes les fois qu'on le pourra, ajouter du carbonate de soude. — On dose l'ammoniaque dans un essai spécial.

2. Tous les oxydes du quatrième groupe d'avec la potasse et la 63 soude. — Dans la dissolution contenue dans un ballon on verse du sel ammoniac, s'il n'y en a pas déjà en quantité suffisante. puis de l'ammoniaque jusqu'à neutralité ou même réaction faiblement alcaline, enfin du sulfhydrate d'ammoniaque jaune, saturé d'acide sulfhydrique : on remplit

(*) *Ann. der Chem. und Pharm.*, CVI, 121.
(**) *Zeitschr. f. analyt. Chem.*, III, 327.
(***) *Zeitschr. f. analyt. Chem.*, XI, 424.
(****) *Zeitschr. f. analyt. Chem.*, XII, 73.

presque complètement le ballon avec de l'eau, on le ferme, on laisse déposer les sulfures précipités et on les sépare par filtration du liquide qui contient les alcalis. On aura soin en opérant de prendre les précautions indiquées à propos de ces divers métaux (du § **108** au § **113**) (*). Si malgré cela le liquide filtré était encore brunâtre, on l'acidulerait avec de l'acide acétique, on le ferait bouillir et l'on filtrerait pour séparer la petite quantité de sulfure de nickel qui se serait déposée. Dans un cas comme dans l'autre on acidule le liquide filtré avec de l'acide chlorhydrique, on évapore, on enlève le soufre par filtration si c'est nécessaire, on continue l'évaporation jusqu'à siccité, on chauffe au rouge le résidu pour chasser les sels ammoniacaux et l'on dose les alcalis d'après les méthodes données au § **152**.

B. Méthodes spéciales.

64 1. L'oxyde de zinc d'avec la potasse et la soude, en précipitant le zinc par l'hydrogène sulfuré dans la dissolution des acétates (*voir* 87).

2. Le protoxyde de nickel et le protoxyde de cobalt d'avec les alcalis, en calcinant les chlorures dans un courant d'hydrogène et en reprenant le résidu par l'eau ; ou bien en précipitant les alcalis à l'état d'hydrofluosilicate (§ **97**. 5.) (*Stolba* **) : ce moyen est moins convenable pour la soude que pour la potasse.

3. Le peroxyde de fer d'avec la potasse et la soude en précipitant avec l'ammoniaque ou en chauffant les azotates (*voir* 45 et 46).

65 4. Le protoxyde de manganèse d'avec les alcalis. On additionne de chlorhydrate d'ammoniaque la dissolution neutre ou faiblement acide et l'on précipite le manganèse avec un léger excès de carbonate d'ammoniaque, sous forme de carbonate de protoxyde de manganèse blanc. Quand le précipité s'est déposé dans un lieu chaud, on le sépare par filtration, on le lave avec de l'eau chaude, et on le transforme par calcination à l'air en oxyde salin (*H. Tamm* ***) : dans le liquide filtré, on sépare les alcalis des sels ammoniacaux en chauffant au rouge faible le résidu de l'évaporation. — Il ne faut pas précipiter le manganèse à l'état d'hydrate de peroxyde, parce que celui-ci reste toujours alcalin (****).

II. *Séparation des oxydes du quatrième groupe d'avec les terres alcalines.*

§ **159**.

L'oxyde de zinc d'avec la baryte et la strontiane : 66. 67. 68. 73.
»   d'avec la chaux : 66. 68. 73.
»   d'avec la magnésie : 66. 68.
Le protoxyde de magnésie d'avec la baryte et la strontiane : 66. 67. 70. 71. 72.
»   d'avec la chaux et la magnésie : 66. 70. 71. 72.

(*) Pour séparer le manganèse d'avec les alcalis on peut opérer suivant le § **109**. 2. b. Pour séparer le nickel et le cobalt des alcalis, on peut précipiter les métaux d'après le procédé indiqué en (66), en remplaçant l'acétate de soude par l'acétate d'ammoniaque.
(**) *Zeitschr. f. analyt. Chem.*, IX, 100.
(***) *Zeitschr. f. analyt. Chem.*, XI, 425.
(****) *Zeitschr. f. analyt. Chem.*, XI, 298.

Le protoxyde de nickel et celui de cobalt d'avec la baryte et la strontiane : 66. 67. 73. 75.
    »   »   d'avec la chaux : 68. 73. 75.
    »   •   d'avec la magnésie : 66. 74.
Le peroxyde de fer d'avec la baryte et la strontiane : 66. 67. 69.
    »   d'avec la chaux et la magnésie : 66. 69.

A. Méthodes générales.

**Tous les oxydes du quatrième groupe d'avec les terres alca- 66
lines.** — Après addition de sel ammoniac et d'ammoniaque (si la liqueur
est acide), on précipite par le sulfhydrate d'ammoniaque comme en (63). On
a soin que le sulfhydrate d'ammoniaque soit complètement saturé d'acide
sulfhydrique, exempt de carbonate et de sulfate d'ammoniaque et un peu
jaune, et on l'emploie avec excès. Après avoir laissé déposer le précipité
dans le ballon rempli d'eau, on filtre et on le lave avec de l'eau contenant
un peu de sulfhydrate d'ammoniaque, aussi rapidement que possible et
autant qu'on peut à l'abri du contact de l'air. — On acidule le liquide filtré
avec de l'acide chlorhydrique, on chauffe, on sépare le soufre par filtration
et les terres alcalines d'après le § **154.** — Si le liquide était un peu brun
à cause d'un peu de sulfure de nickel resté dissous, on acidulerait avec de
l'acide acétique au lieu d'acide chlorhydrique. On pourrait aussi ajouter
de l'acétate de soude ou d'ammoniaque ; on ferait passer un courant d'acide
sulfhydrique, on chaufferait et l'on filtrerait.

Si les terres alcalines sont en grande proportion, il est bon de traiter de
nouveau par l'acide chlorhydrique le précipité un peu lavé (en présence du
nickel ou du cobalt, il n'est pas nécessaire que la dissolution soit complète), on chauffe longtemps la dissolution et on la précipite de la même
façon qu'avant. S'il ne s'agit que de séparer le nickel et le cobalt, on peut
aussi, après l'addition du sulfhydrate d'ammoniaque, aciduler avec de l'acide
acétique, ajouter de l'acétate de soude, faire passer un courant d'acide
sulfhydrique en chauffant et filtrer. Il faut cependant s'assurer toujours
que tout le nickel et tout le cobalt sont bien précipités, en ajoutant encore
au liquide filtré du sulfhydrate d'ammoniaque (*voir* 90).

Pour séparer le manganèse des terres alcalines, on peut faire la précipitation suivant le moyen décrit au § **109.** 2. b. : mais nous conseillons
ici encore de faire une double précipitation.

B. Méthodes spéciales.

**1. La baryte et la strontiane d'avec tous les oxydes du qua- 67
trième groupe.** — Dans la solution faiblement acide, on précipite la
baryte et la strontiane avec l'acide sulfurique (§ **101** et § **102**), on lave
d'abord le sulfate de baryte avec de l'eau acidulée avec de l'acide chlorhydrique. Mais par ce moyen même on n'évite pas toujours d'avoir un précipité qui renferme du fer. Il faudra donc toujours, après la pesée, essayer
si les sulfates des terres alcalines n'ont pas retenu du fer, etc.

2. L'oxyde de zinc d'avec les terres alcalines.

a. On transforme les bases en acétates et dans la solution on précipite 68
le zinc d'après le § **108.** 1. b.

    b. On évapore la dissolution des chlorures avec un excès de chlorhydrate d'ammoniaque, on chauffe le résidu au rouge et au besoin on recommence l'opération. Le zinc se volatilise complètement à l'état de chlorure et les terres alcalines restent.

69   **3. Le peroxyde de fer d'avec les terres alcalines.**

    a. A la dissolution un peu acide on ajoute une quantité notable de sel ammoniac, on chauffe à l'ébullition, on verse de l'ammoniaque en léger excès, on fait bouillir pour chasser l'ammoniaque libre et l'on filtre. La solution ne renferme plus de fer; le précipité ne renferme ni chaux, ni baryte, ni strontiane, mais il contient une légère trace de magnésie (*H. Rose* [*]). Pour les analyses exactes, on fera bien de redissoudre l'hydrate de peroxyde de fer lavé dans de l'acide chlorhydrique et de le précipiter de nouveau.

    b. On précipite le fer à l'état d'acétate ou de formiate basique, *voir* (84) et (85). Méthode bonne et fréquemment employée.

    c. On précipite le fer avec le succinate d'ammoniaque (86).

    d. On décompose les azotates par la chaleur (46). Bonne méthode, *voir* aussi *Latschinow* (**).

    e. On précipite la dissolution étendue et faiblement acide avec le carbonate de baryte et l'on filtre après avoir laissé digérer quelque temps à froid (54) : on ne peut opérer ainsi que pour séparer le peroxyde de fer d'avec la chaux et surtout la magnésie.

    4. Le protoxyde de manganèse d'avec les terres alcalines.

    a. *Méthodes fondées sur la séparation du manganèse à l'état de sesquioxyde ou de peroxyde.*

70   *α*. Dans l'édition précédente, nous avons indiqué en détail les méthodes de *Gibbs* (***), *Schiell* (****), *H. Rose* (*****) et autres, qui consistent à précipiter le manganèse à l'état de peroxyde hydraté, soit avec le peroxyde de plomb, soit par un courant de chlore ou par du brome dans la dissolution additionnée d'acétate de soude. Mais nous croyons devoir les abandonner, parce que toujours une partie notable des terres alcalines est entraînée avec le précipité de manganèse. *Finkener* (******) a fait la même observation. Suivant *Gibbs* (*******), on pourrait corriger ce défaut par une double précipitation. Mais comme le précipité entraine presque toujours des alcalis, il ne se trouve pas dans des conditions convenables pour être pesé après la calcination. On devra donc, le moins possible, employer ces méthodes.

71   *β*. Suivant *Deville*. — Les bases doivent être à l'état de nitrates. On chauffe à 200 ou 250° dans une capsule en platine couverte, jusqu'à ce qu'il ne se dégage plus de vapeurs et que la masse soit devenue noire, puis on

(*) *Pogg. Ann.*, CX, 500.
(**) *Zeitschr. f. analyt. Chem.*, VII, 213.
(***) *Ann. d. Chem. u. Pharm.*, LXXXVI, 54.
(****) *Sillim. Journ.*, XV, 275.
(*****) *Pogg. Ann.*, CX, 303.
(******) *Traité d'analyse* de H. Rose, II, 923.
(*******) *Zeitschr. f. analyt. Chem.*, III, 531.

achève comme au n° (46). — Sous l'influence d'une petite quantité de matière organique ou d'une température trop élevée, des traces de peroxyde de manganèse pourraient être réduites et se dissoudre dans l'azotate d'ammoniaque : il faudra toujours essayer si la dissolution ne renferme pas de manganèse. Suivant mes propres recherches, le précipité n'est pas toujours exempt de terres alcalines.

> b. *Méthodes fondées sur le dosage volumétrique du manganèse*, suivant *Bunsen* et *Krieger* (*).

α. **Le manganèse d'avec la magnésie.** — On précipite avec une **72** lessive de soude (§ **109**. 1. b.). On chauffe au rouge et l'on pèse le précipité bien lavé. Si la quantité de magnésie est suffisante, le résidu a pour formule $Mn^2O^3,MgO+x.MgO$. On en traite un poids connu d'après le procédé indiqué à la page 401 : on a ainsi la quantité de manganèse et par différence celle de magnésie (1 équivalent de chlore ou l'équivalent d'iode mis en liberté correspond à l'équivalent Mn^2O^3).

β. **Le manganèse d'avec la baryte et la strontiane.** — On précipite avec le carbonate de soude (§ **109**. 1. a). Le précipité calciné a pour formule $Mn^2O^3,BaO+x.BaO,CO^2$. On traite un essai comme en α. et l'on obtient ainsi la quantité de manganèse. On trouve la quantité de carbonate de baryte en retranchant le poids de sesquioxyde de manganèse du poids total et en ajoutant à la différence autant d'acide carbonique qu'en remplace l'oxyde de manganèse trouvé, savoir 1 équivalent CO^2 pour 1 équivalent Mn^2O^3.

γ. **Le manganèse d'avec la chaux.** — On opère comme pour la baryte et la strontiane, mais après la calcination on humecte plusieurs fois avec du carbonate d'ammoniaque, on sèche et l'on chauffe légèrement au rouge jusqu'à ce que le poids soit constant. Avec la chaux il vaudra mieux chauffer au chalumeau à gaz de façon à obtenir la chaux à l'état caustique.

N.B. Ce dosage volumétrique du manganèse suppose que pour 1 équivalent de Mn^2O^3 il y a plus d'un équivalent de MgO,CaO, etc., car autrement le résidu renfermerait, outre Mn^2O^3, aussi de l'oxyde salin Mn^2O^3,MnO. — Pour pouvoir aussi appliquer le procédé dans ce cas, on dissout, suivant *Krieger*, un essai pesé du précipité, on y ajoute la moitié de son poids d'oxyde de zinc, on précipite avec le carbonate de soude, on pèse le précipité après l'avoir calciné longtemps au contact de l'air et l'on emploie le résidu, ou une partie seulement, au dosage volumétrique. Tout le manganèse est alors à l'état de Mn^2O^3. Cette méthode, on le voit, est un peu longue.

En appliquant les dosages indiqués au n° 72, il faut faire bien attention que la précipitation du manganèse par la lessive de soude ou le carbonate de soude n'est complète, que si l'on prend bien strictement les précautions indiquées au § **109**. 1. a. et b. et que les précipités ne peuvent être exempts d'alcalis, que si on les traite encore par l'eau bouillante après la calcination.

5. **Le protoxyde de cobalt, le protoxyde de nickel, l'oxyde de** **73** **zinc d'avec la baryte, la strontiane et la chaux.** — On verse du car-

<hr>

(*) *Ann. der Chem. und Pharm.*, LXXXVII, 268.

bonate de soude en excès, on ajoute du cyanure de potassium, on chauffe un peu, jusqu'à ce que tous les carbonates de nickel, de cobalt et de zinc soient de nouveau dissous, et l'on sépare par filtration les carbonates alcalino-terreux des cyanures métalliques dissous dans le cyanure de potassium. On dissout les premiers dans l'acide chlorhydrique et on les sépare suivant le § **154**; on traite les seconds d'après le § **160**. (*Haidlen* et *Fresenius* [*].)

74 6. Le protoxyde de cobalt et celui de nickel d'avec la magnésie. — On précipite la dissolution avec un mélange d'hypochlorite de potasse et de potasse caustique. Après avoir complétement lavé le précipité formé de peroxyde de nickel, de cobalt et de magnésie hydratée, on le fait digérer encore humide à la température de 50 à 40° avec un excès d'une dissolution de bichlorure de mercure. Il se forme un sel double $MgCl + 3.HgCl$ et la magnésie est dissoute, en même temps qu'une quantité correspondante de bichlorure basique de mercure se précipite (*Ullgren* [**]). On évapore la dissolution et les eaux de lavage après y avoir ajouté du bioxyde de mercure pur et l'on dose la magnésie suivant le § **104**. 5. b. — On calcine les oxydes de nickel et de cobalt pour chasser le mercure et on les sépare, comme on le dira plus loin.

75 7. Le protoxyde de cobalt et celui de nickel d'avec la baryte, la strontiane et la chaux. — On chauffe les chlorures au rouge dans un courant d'hydrogène et l'on sépare par l'eau le cobalt et le nickel réduits d'avec le chlorure de baryum, etc.

III. *Séparation des oxydes du quatrième groupe les uns d'avec les autres et d'avec ceux du troisième groupe.*

§ **160**.

L'alumine d'avec	l'oxyde de zinc :	76. 77. 85. 86. 87. 97.
»	le protoxyde de manganèse :	76. 77. 78. 85. 86. 108.
»	les protoxydes de nickel et de cobalt :	76. 77. 80. 85. 86. 97.
»	le protoxyde de fer :	76. 77. 78. 85.
»	le peroxyde de fer :	77. 78. 84. 91. 92. 104.
L'oxyde de chrome d'avec	l'oxyde de zinc, le protoxyde de manganèse, de nickel, de cobalt et de fer :	76. 77. 93. 94.
»	le peroxyde de fer :	77. 91. 93. 94.
L'oxyde de zinc d'avec ([***])	l'alumine :	76. 77. 85. 86. 87. 97.
»	l'oxyde de chrome :	76. 77. 93. 94.
»	le protoxyde de manganèse :	81. 87. 88. 109.
»	le protoxyde de nickel :	88. 100. 101. 102.
»	le protoxyde de cobalt :	88. 96. 99. 101. 102.
»	le protoxyde de fer :	76. 82. 85. 86. 103. 108.
Le protoxyde de manganèse d'avec	l'alumine :	76. 77. 78. 85. 86. 108.
»	l'oxyde de chrome :	76. 77. 93. 94.
»	l'oxyde de zinc :	81. 87. 88. 109.
»	le protoxyde de nickel :	81. 89. 90. 101.
»	le protoxyde de cobalt :	89. 90. 96. 101.
»	le peroxyde de fer :	76. 82. 85. 86. 108.

[*] *Ann. d. Chem. u. Pharm.*, XLIII, 140.
[**] *Berzelius' Jahresber.*, XXI, 146.
[***] Voir la note 17 à la fin du volume.

Le protoxyde de nickel d'avec. .	l'alumine :	76. 77. 80. 85. 86. 97.
»	l'oxyde de chrome :	76. 77. 93. 94.
»	l'oxyde de zinc :	88. 100. 101. 102.
»	le protoxyde de manganèse :	81. 89. 90. 101.
»	le protoxyde de cobalt :	95. 96. 98. 110 (*).
»	le peroxyde de fer :	76. 80. 82. 85. 86. 89. 106.
Le protoxyde de cobalt d'avec. .	l'alumine :	76. 77. 80. 85. 86. 97.
»	l'oxyde de chrome :	76. 77. 95. 94.
»	l'oxyde de zinc :	88. 96. 99. 101. 102.
»	le protoxyde de manganèse :	89. 90. 96. 101.
»	le protoxyde de nickel :	95. 96. 98. 110.
»	le peroxyde de fer :	76. 80. 82. 85. 86. 89. 106.
Le protoxyde de fer d'avec. . . .	l'alumine :	76. 77. 78. 85.
»	l'oxyde de chrome :	76. 77. 93. 94.
»	le peroxyde de fer :	76. 83. 85. 105. 107. 111.
Le peroxyde de fer d'avec. . . .	l'alumine :	77. 78. 84. 91. 92. 104 (**).
»	l'oxyde de chrome :	77. 91. 93. 94.
»	l'oxyde de zinc :	76. 82. 85. 86. 105. 106.
»	le protoxyde de manganèse :	76. 82. 85. 86. 108.
»	le protoxyde de nickel :	76. 80. 82. 85. 86. 89. 106 (***).
»	le protoxyde de cobalt :	76. 80. 82. 85. 86. 89 106 (****).
»	le protoxyde de fer :	76. 83. 85. 105. 107. 111.
»	l'oxyde d'urane :	Note 21 à la fin du volume.

A. Méthodes générales.

1. *Méthode fondée sur la précipitation de certains oxydes par le carbonate de baryte.*

Le peroxyde de fer, l'alumine et l'oxyde de chrome d'avec toutes les autres bases du quatrième groupe.

La dissolution suffisamment étendue des chlorures ou des azotates, mais **76** pas des sulfates, renfermant un peu d'acide libre (s'il y en avait trop on en neutraliserait la plus grande partie par le carbonate de soude) et étant dans un ballon, on y ajoute un léger excès de carbonate de baryte en poudre fine délayée dans de l'eau, on ferme et on laisse digérer assez longtemps à froid en agitant de temps en temps. Le peroxyde de fer, l'alumine et l'oxyde de chrome se séparent complètement (l'oxyde de chrome est plus long à se précipiter), tandis que les autres bases restent en dissolution : il n'y a que des traces de cobalt et de nickel qui pourraient se déposer en même temps, mais on peut éviter cet inconvénient, au moins pour le nickel, en ajoutant du sel ammoniac au liquide (*Schwarzenberg* ****). On décante, on agite avec de l'eau froide, on laisse déposer, on décante encore une fois, on filtre et on lave avec de l'eau froide. Le précipité contient, outre les oxydes séparés, du carbonate de baryte et dans la liqueur filtrée il y a un sel de baryte mélangé aux oxydes restés dissous.

S'il y avait du protoxyde de fer, et si l'on voulait le séparer du per-

(*) Voir la note 18 à la fin du volume.
(**) Voir la note 19 à la fin du volume.
(***) Voir la note 20 à la fin du volume.
(****) *Ann. der Chem. und Pharm.*, XCVII, 216.

oxyde, etc., il faudrait pendant toute l'opération empêcher l'accès de l'air. On ferait la dissolution de la substance, la précipitation, le lavage par décantation dans un ballon a (fig. 106), dans lequel on ferait passer un cou-

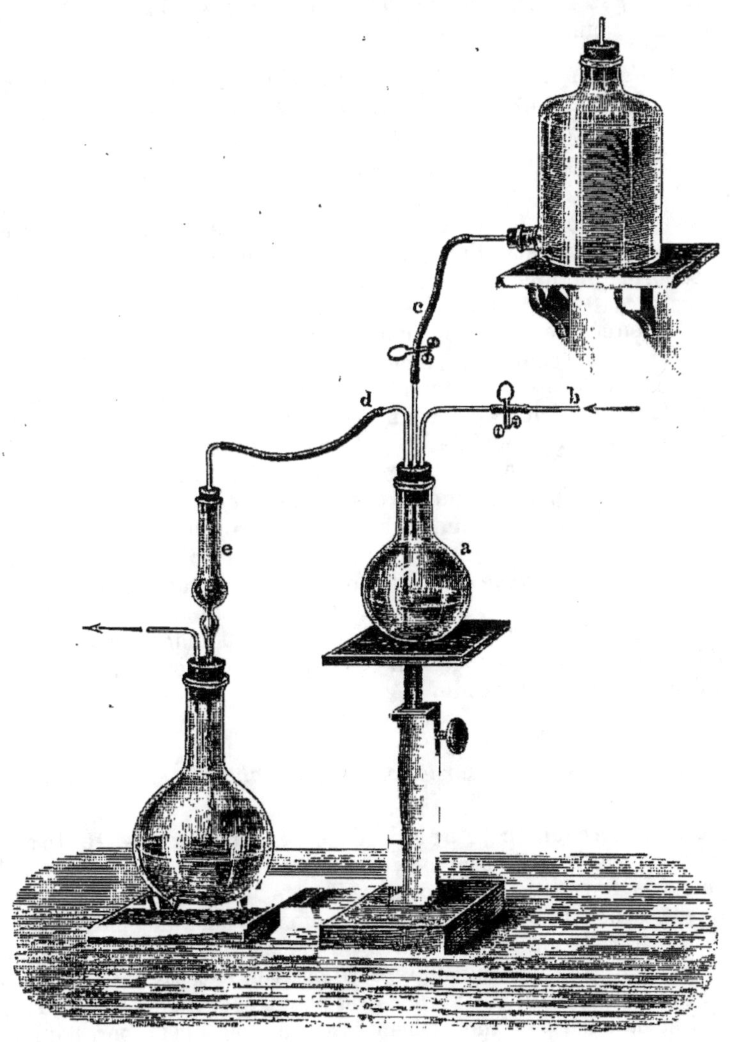

Fig. 106.

rant d'acide carbonique b. On fait arriver par le tube c l'eau bouillie et refroidie dans un courant et dans une atmosphère d'acide carbonique : on enlève l'eau de lavage par le tube d, qui passe à frottement dans le bou- chon du ballon, et cette eau, en traversant le tube-filtre à amiante e, y laisse les traces du précipité qu'elle pourrait entraîner. Le liquide sera poussé dans *d* par la pression de l'acide carbonique, et il faudra monter l'appareil à gaz en conséquence. Si *e* est placé assez bas, le tube *d* pourra fonctionner comme un siphon.

2. *Méthode fondée sur la précipitation des oxydes du quatrième groupe par le sulfure de sodium ou le sulfhydrate d'ammoniaque, dans une dissolution alcaline obtenue au moyen de l'acide tartrique.*

L'alumine et l'oxyde de chrome d'avec les oxydes du qua- **77** **trième groupe.** — On additionne la solution de tartrate neutre de potasse pur (*), puis de lessive pure de potasse ou de soude, jusqu'à ce que le liquide soit de nouveau limpide (**) : on verse du sulfure de sodium tant qu'il se forme un précipité, on laisse déposer jusqu'à ce que le liquide ne soit plus verdâtre ou brunâtre, on décante, on remue le précipité avec de l'eau additionnée de sulfure de sodium, on décante encore une fois, on jette sur un filtre le précipité contenant tous les métaux du quatrième groupe, on le lave avec de l'eau additionnée de sulfure de sodium et l'on sépare les métaux dans ce précipité d'après B. — On évapore le liquide filtré jusqu'à siccité après y avoir ajouté de l'azotate de potasse, on fond le résidu et, d'après le § **157**, on sépare l'alumine de l'acide chromique formé. — S'il ne s'agit que de séparer l'alumine des oxydes du quatrième groupe, il vaut mieux saturer le liquide d'ammoniaque après l'addition de l'acide tartrique, et précipiter avec le sulfhydrate d'ammoniaque la dissolution placée dans un ballon et dans laquelle on aura mis du sel ammoniac. Après le dépôt complet on filtre et on lave le précipité avec de l'eau additionnée de sulfhydrate d'ammoniaque. On évapore à siccité le liquide filtré, auquel on a ajouté du carbonate de soude et un peu d'azotate de potasse, on fond et l'on dose l'alumine dans le résidu.

B. Méthodes spéciales.

1. *Méthodes fondées sur la solubilité de l'alumine dans les alcalis caustiques.*

a. L'alumine d'avec le peroxyde et le protoxyde de fer et de **78** **petites quantités de protoxyde de manganèse** (mais non pas d'avec le protoxyde de cobalt et celui de nickel). — A la solution chlorhydrique on ajoute du carbonate de soude ou de la potasse caustique pure, jusqu'à ce qu'on ait saturé la plus grande partie de l'acide libre : on verse peu à peu et en remuant la liqueur ainsi préparée dans un excès de lessive de potasse pure en excès et chauffée d'avance presque à l'ébullition dans une capsule en platine ou en argent, moins bien dans une capsule en porcelaine, mais dans tous les cas pas dans un vase en verre. Si le fer est à l'état de perchlorure, il se précipite alors sous forme de peroxyde hydraté, tandis que l'alumine reste en dissolution à l'état d'aluminate de potasse. Comme

---

(*) On peut le préparer facilement en dissolvant du tartrate acide pur dans une lessive de potasse. L'avantage du tartrate acide sur l'acide tartrique tient à ce que ce dernier renferme quelquefois de l'alumine.

(**) L'oxyde de chrome et l'oxyde de zinc ne peuvent pas se trouver ensemble dans une dissolution alcaline (*Chancel*, Compt. rend., XLIII, 927).

l'hydrate d'oxyde salin de fer se lave mieux que celui de peroxyde, il sera bon. en présence de beaucoup de fer, de réduire avec précaution une portion du perchlorure de fer en le chauffant avec du sulfite de soude ajouté avec précaution, de sorte que lorsqu'on versera goutte à goutte le liquide dans la lessive bouillante de potasse, il se fera un précipité noir grenu. Les précipités de fer retenant toujours de l'alcali, on les redissout dans l'acide chlorhydrique (s'il y a du protoxyde on fait bouillir avec de l'acide azotique) et l'on précipite de nouveau avec de l'ammoniaque.

Au liquide alcalin filtré on ajoute d'abord deux gouttes d'acide chlorhydrique. Il se produit par là un précipité qui doit se redissoudre par l'agitation, s'il y a assez de potasse. Lorsqu'on est assuré ainsi que cette condition est remplie, on acidifie avec de l'acide chlorhydrique, on fait bouillir avec un peu de chlorate de potasse (pour détruire les traces des matières organiques), on concentre par évaporation et l'on précipite l'alumine suivant le § **105**. a. — C'est en opérant ainsi que l'on obtient les meilleurs résultats avec cette méthode de séparation, employée surtout autrefois et dans laquelle il y a cependant toujours à craindre que quelque peu d'alumine reste dans le précipité de fer.

79   b. **L'alumine d'avec le peroxyde et le protoxyde de fer, le protoxyde de cobalt et celui de nickel.** — On fond les oxydes avec de la potasse caustique hydratée dans un creuset en argent, on fait bouillir la masse avec de l'eau et l'on sépare par filtration le liquide alcalin contenant l'alumine d'avec les oxydes exempts d'alumine, mais retenant de la potasse. (*H. Rose.*)

2. *Méthodes fondées sur la manière dont se comportent les oxydes avec l'ammoniaque ou le carbonate d'ammoniaque en présence du chlorhydrate d'ammoniaque.*

80   a. **Le peroxyde de fer et l'alumine d'avec les protoxydes de cobalt et de nickel.** — On peut très complètement séparer le peroxyde de fer d'avec les protoxydes de cobalt et de nickel, en ajoutant à la dissolution chaude du chlorhydrate d'ammoniaque, puis un excès d'ammoniaque : on laisse le précipité en digestion pendant plusieurs heures, on le lave, on le redissout dans l'acide chlorhydrique, on précipite de nouveau avec l'ammoniaque de la même façon et l'on recommence l'opération une troisième fois. Dans la liqueur filtrée, neutralisée avec l'acide acétique, on précipite le nickel et le cobalt avec le sulfhydrate d'ammoniaque. Si l'on voulait avant éliminer le sel ammoniac, il faudrait le faire par évaporation à siccité et calcination du résidu dans une capsule ou un creuset en porcelaine, mais non pas dans un vase en platine, parce qu'il se produirait des taches de nickelure de platine difficiles à enlever (*).

S'il fallait séparer de l'alumine et du peroxyde de fer d'avec les protoxydes de cobalt et de nickel, on remplacerait l'ammoniaque par du carbonate d'ammoniaque pour empêcher la dissolution d'un peu d'alumine.

(*) Cette méthode, que j'ai déjà donnée dans la précédente édition, pour séparer de petites quantités de fer d'avec le cobalt et le nickel, a été employée avec succès aussi par *Baumhauer (Zeitschr. f. analyt. Chem.*, X, 218) pour de grandes quantités de fer.

b. **Le protoxyde de manganèse d'avec le protoxyde de nickel 81
et l'oxyde de zinc.** — Dans la dissolution faiblement acidulée et contenant du sel ammoniac on précipite le manganèse par le carbonate d'ammoniaque à l'état de carbonate de manganèse blanc, on laisse le précipité se
déposer dans un lieu chaud, on filtre à travers un papier un peu épais, un
double filtre s'il le faut, on lave avec de l'eau chaude, on sèche le précipité
et on le transforme en oxyde rouge en le calcinant au contact de l'air.
Cette nouvelle méthode, imaginée par *Tamm* (*), et que j'ai vérifiée (**)
comme bonne, permet aussi de séparer le manganèse d'avec le nickel et le
zinc : ces deux derniers métaux restent complètement dans la dissolution.
Mais on ne peut pas l'appliquer au cobalt, qui se précipite en partie avec le
manganèse.

*3. Méthodes fondées sur la manière dont se comportent à l'ébullition
les dissolutions neutralisées.*

a. **Le peroxyde de fer d'avec les protoxydes de manganèse, de 82
nickel, de cobalt, l'oxyde de zinc et d'autres bases puissantes,** suivant *Herschel* (***), *Schwartzenberg* (****) et mes propres recherches.
A la dissolution étendue on ajoute beaucoup de sel ammoniac (pour
6 partie d'oxyde, au moins 20 de sel ammoniac), puis du carbonate d'ammoniaque en petite quantité, et à la fin on en verse goutte à goutte une
solution très étendue, tant que le précipité de fer se redissout, ce qui se
fait rapidement d'abord, mais très lentement vers la fin. On a atteint le
point convenable quand le liquide a perdu sa transparence, sans que toutefois on y puisse distinguer un précipité, et lorsque, en ne chauffant pas, la
liqueur au lieu de s'éclaircir devient toujours plus trouble. On porte maintenant très lentement à l'ébullition, qu'on maintient encore quelque temps
après que tout l'acide carbonique s'est dégagé. Le fer se sépare à l'état de
sel basique qui se dépose promptement, si la dissolution n'est pas trop
concentrée. On verse le liquide chaud sur un filtre, et on lave par décantation et filtration avec de l'eau bouillante contenant un peu de sel ammoniac.
On redissout le précipité dans l'acide chlorhydrique et l'on précipite le fer
avec l'ammoniaque. Dans le premier liquide filtré on verse de l'ammoniaque.
S'il se forme quelques flocons d'hydrate de peroxyde de fer, on les sépare
par filtration, on les dissout dans l'acide chlorhydrique, on précipite par
l'ammoniaque et l'on débarrasse ainsi complètement ces petites quantités
d'oxyde de fer des autres bases. Mais si l'ammoniaque précipitait beaucoup de peroxyde de fer, c'est que le travail serait manqué, et il faudrait
recommencer à précipiter la dissolution chlorhydrique du précipité suivant
le numéro (82). Pour que les résultats soient exacts, le liquide ne doit pas
contenir plus de 3 à 4ᵍʳ de peroxyde de fer par litre et doit être tout à fait
exempt d'acide sulfurique, parce qu'avec ce dernier on ne peut pas atteindre le point exact de saturation.

(*) *Chem. News*, XVI. 37.
(**) *Zeitschr. f. analyt. Chem.*, XI, 425.
(***) *Ann. de chim. et de phys.*, XLIX, 308.
(****) *Ann. d. Chem. u. Pharm.*, XCVII, 216.

83   **b. Le peroxyde de fer d'avec le protoxyde de fer.** — Dans les combinaisons qui se dissolvent difficilement dans l'acide chlorhydrique, mais qui sont décomposées au-dessous de 326° par l'acide sulfurique de concentration moyenne (à la température de l'ébullition le protoxyde de fer se peroxyde et une partie de l'acide sulfurique est réduite en acide sulfureux (*de Kobell* *). *Scheerer* (**) sépare le peroxyde de fer du protoxyde en faisant la dissolution dans une atmosphère d'acide carbonique, qu'on maintient pendant toute l'opération : il étend la dissolution en y introduisant des morceaux de glace exempte d'air, il ajoute du carbonate d'ammoniaque jusqu'à neutralisation presque complète de l'acide, puis de la magnésite en poudre fine (carbonate neutre de magnésie anhydre), et non pas de la magnésie blanche, et il fait bouillir pendant 10 à 15 minutes. De cette façon tout le peroxyde de fer est précipité. On lave, comme il est dit au n° (76), avec de l'eau bouillie, additionnée d'un peu de sulfate d'ammoniaque et refroidie à l'abri du contact de l'air. *De Kobell* (***), pour faire la dissolution, se sert d'un mélange de 1 volume d'acide sulfurique concentré, 2 volumes d'eau et 1 volume d'acide chlorhydrique concentré. On peut encore dissoudre la substance sans oxyder le protoxyde de fer en la chauffant à 210° avec de l'acide chlorhydrique, ou avoir un mélange de 4 parties d'acide sulfurique monohydraté et 1 partie d'eau, dans un tube fermé à la lampe. (*A. Mitscherlich* ****.)

Avec les silicates la dissolution se fait aussi fort bien au moyen de l'acide fluorhydrique et de l'acide chlorhydrique, ou de l'acide fluorhydrique et de l'acide sulfurique étendu. Pour empêcher l'accès de l'air, on place au-dessus du bain-marie, dans lequel on chauffera la capsule en platine, un cylindre en gypse muni d'un couvercle : celui-ci porte un trou par lequel on fait arriver un courant d'acide carbonique et l'on a soin que tout le cylindre soit rempli d'acide carbonique avant de commencer à chauffer. *Werther* (*****), *J.-P. Cooke* (******), *Wilbur* et *Whittlesey* (*******) et d'autres ont décrit des méthodes et des appareils semblables. Il faut surtout avoir soin que l'acide fluorhydrique soit exempt d'acide sulfhydrique et d'acide sulfureux.

84   **c. Le peroxyde de fer d'avec l'alumine.** — A la dissolution étendue, qui renferme les chlorures ou les sulfates, on ajoute un peu de carbonate de soude, si c'est nécessaire pour neutraliser un trop grand excès d'acide libre; puis avec de l'hyposulfite de soude on réduit tout le fer à l'état de protoxyde : on met ensuite une plus grande quantité d'hyposulfite de soude et l'on fait bouillir sans interruption jusqu'à ce que toute odeur d'acide sulfureux ait disparu. L'alumine se précipite d'après la réaction suivante :
$$Al^2O^3,3.SO^3 + 3(NaO,S^2O^2) + 3.HO = Al^2O^3,3HO + 3.NaO,SO^3 + 3.SO^2 + 5S.$$
On filtre, on lave bien le précipité et, après l'avoir chauffé au rouge, on en déduit l'alumine. Dans le liquide filtré on décompose l'acide hyposulfureux en

---

(*) *Ann. der Chem. und Pharm.*, XC, 241.
(**) *Pogg. Ann.*, LXXXVI, XC let XCIII, 448.
(***) *Ann. d. Chem. u. Pharm.*, XC, 244.
(****) *Zeitschr. f. analyt. Chem.*, I, 54.
(*****) *Journ. f. prackt. Chem.*, XCI, 329.
(******) *Zeitschr. f. analyt. Chem.*, VII, 99.
(*******) *Zeitschr. f. analyt. Chem.*, X, 98.

excès en chauffant avec de l'acide chlorhydrique, on sépare le soufre par filtration, et dans la liqueur on dose le fer. (*Chancel* *.)

4. Méthode fondée sur la manière dont se comportent les acétates à la température de l'ébullition.

Le peroxyde de fer et l'alumine d'avec le protoxyde de manganèse, l'oxyde de zinc, le protoxyde de cobalt, le protoxyde de nickel, le protoxyde de fer. — La solution suffisamment étendue des chlorures étant dans un ballon, on y ajoute d'abord du carbonate de soude ou d'ammoniaque, s'il y a beaucoup d'acide libre, jusqu'à ce que la majeure partie de celui-ci soit neutralisée : alors dans le liquide encore limpide, mais déjà fortement coloré en rouge s'il y a beaucoup de fer, on verse une solution concentrée d'acétate de soude ou d'acétate d'ammoniaque, pas en trop grande quantité (cela dépend de la quantité d'oxyde à précipiter) et l'on porte à l'ébullition, que l'on maintient quelque temps. (En faisant bouillir trop longtemps, le précipité deviendrait mucilagineux.) Si l'acétate alcalin employé avait une réaction alcaline, il faudrait le ramener à la neutralité avec de l'acide acétique. En enlevant le feu, il faut, si l'on a bien opéré, que le précipité se rassemble promptement au fond du vase et que le liquide surnageant soit tout à fait limpide. On lave aussitôt le précipité par filtration et décantation avec de l'eau bouillante additionnée d'un peu d'acétate de soude ou d'ammoniaque. Dans les analyses où l'on ne tient pas à une extrême rigueur, on peut se contenter de cette précipitation, mais si l'on veut une plus grande exactitude, il faut redissoudre le précipité lavé dans l'acide chlorhydrique pour le débarrasser de toute trace de bases fortes (**).

Si la méthode doit être appliquée à la séparation du peroxyde de fer d'avec le protoxyde, il sera bon, pour prévenir l'oxydation du protoxyde, d'ajouter une notable quantité de chlorhydrate d'ammoniaque ou de chlorure de sodium. (*Reichardt* ***.)

Le précipité est de l'acétate basique de peroxyde de fer ou d'alumine : on le dissout dans l'acide chlorhydrique pour précipiter de nouveau les bases par l'ammoniaque. — Cette méthode convient plutôt pour séparer le peroxyde de fer ou le peroxyde de fer et l'alumine d'avec les autres bases, que pour séparer l'alumine seule. — C'est un bon moyen et que l'on emploie souvent.

Au lieu des acétates alcalins, on pourra avec avantage prendre les formiates correspondants (§ **81**. f.).

(*) *Comptes rendus*, XLVI, 987. — Voir aussi *Werther* (*Journ. f. prackt. Chem.*, XCI, 529), et *Gibss* (*Zeitschr. f. analyt. Chem.*, III, 591). J'ai cru devoir indiquer cette méthode souvent employée, mais je dois ajouter que je ne regarde pas comme tout à fait bonne.

(**) Le précipité d'alumine et d'oxyde de fer est souvent difficile à laver parce qu'il bouche les pores du filtre. La filtration est si lente que l'eau de lavage se refroidit et alors, si le liquide est acide, il se redissout de l'oxyde de fer. Pour éviter cet inconvénient, il faut neutraliser autant que possible, sans cependant rien précipiter, avant d'ajouter l'acétate alcalin, et ajouter au liquide beaucoup d'acétate de soude (1 1/2 à 2 grammes pour 0,1 gramme de fer et d'alumine). Le lavage alors est facile. (*Jungck. Zeitschr. f. analyt. Chem.*, XV, 291.)

(***) *Zeitschr. f. analyt. Chem.*, V, 64.

  5. *Méthode fondée sur la manière dont se comportent les succi-*
   nates.

86 Le peroxyde de fer (et l'alumine) d'avec l'oxyde de zinc, les protoxydes de manganèse, de cobalt et de nickel. — A la dissolution qui ne doit pas renfermer une quantité notable d'acide sulfurique et autant toutefois qu'elle est acide, ce qui est le cas le plus général, on ajoute de l'ammoniaque jusqu'à ce que la liqueur soit de couleur brun-rouge, puis de l'acétate de soude ou de l'acétate d'ammoniaque (*H. Rose*), jusqu'à ce que la teinte soit rouge foncé; on précipite avec un succinate neutre alcalin en chauffant légèrement : après refroidissement on sépare par filtration le succinate de fer du liquide qui contient tous les autres métaux. On lave d'abord le précipité avec de l'eau froide, puis avec de l'eau ammoniacale chaude, ce qui lui fait perdre la plus grande partie de son acide et le fait foncer en couleur. Après dessiccation on le chauffe au rouge, on humecte avec un peu d'acide azotique et on le calcine une seconde fois. Faite avec soin, la séparation est complète et réussit surtout quand il y a relativement beaucoup de peroxyde de fer. On peut aussi l'appliquer en présence de l'alumine, qui se précipite complètement avec le peroxyde de fer. (*E. Mitscherlich, Pagels* (*).

  6. *Méthodes fondées sur la manière dont se comportent les sulfures vis-à-vis des acides ou les dissolutions acétiques avec l'acide sulf-hydrique.*

87 a. L'oxyde de zinc d'avec l'alumine et le protoxyde de manganèse. —La dissolution des acétates exempte d'acides minéraux et contenant un excès d'acide acétique est traitée par l'acide sulfhydrique, qui ne précipite que le zinc (§ **108**. b.). Pour transformer facilement les oxydes en acétates, on les fait passer d'abord à l'état de sulfates et l'on précipite avec l'acétate de baryte. — On fait alors passer le courant d'acide sulfhydrique dans le liquide, sans le chauffer ni le filtrer, mais en ajoutant encore, si c'est nécessaire, de l'acide acétique. On lave avec de l'eau additionnée d'acide sulfhydrique le précipité, qui est un mélange de sulfure de zinc et de sulfate de baryte. On le chauffe avec de l'acide chlorhydrique, on filtre et dans la liqueur on dose le zinc d'après le § **108**. a. — Dans le liquide séparé du sulfure de zinc on dose les autres oxydes, après la précipitation de la baryte. — *Brunner* a recommandé, pour séparer le zinc du nickel, une méthode un peu différente (**).

88 b. L'oxyde de zinc d'avec les protoxydes de nickel, cobalt et manganèse. — On ajoute à la solution chlorhydrique du carbonate de soude jusqu'à ce qu'il se forme un léger précipité permanent, puis une goutte d'acide chlorhydrique pour le redissoudre. Dans cette liqueur presque neutre, on fait passer un courant d'hydrogène sulfuré jusqu'à ce que le précipité de sulfure de zinc, qui ne tarde pas à se former, n'augmente plus. On verse quelques gouttes d'une dissolution très étendue d'acétate de soude

(*) *Jahresber. v. Kopp u. Will*, 1858, 617.
(**) *Journ. de Dingler*, CL, 369. — *Chem. Centralbl.*, 1859, 26.

et l'on continue le courant d'acide sulfhydrique encore quelque temps.
Ayant ainsi précipité tout le zinc, on laisse reposer 12 heures, on filtre, on
lave avec de l'eau contenant de l'acide sulfhydrique et dans le liquide filtré
l'on dose le cobalt et le nickel (*Schmit* et *Brunner* *). Bonne méthode.
Voir *Klaye* et *Deus* (*). Le procédé peut servir aussi pour séparer le zinc
du manganèse.

c. **Le protoxyde de cobalt et le protoxyde de nickel d'avec 89
le protoxyde de manganèse et les oxydes du fer.** — On précipite
avec du sulfhydrate d'ammoniaque la dissolution exempte d'acide azotique,
après avoir neutralisé avec de l'ammoniaque le peu d'acide qui serait libre :
on ajoute ensuite de l'acide chlorhydrique très étendu, puis on fait passer
un courant d'acide sulfhydrique jusqu'à saturation, en remuant souvent le
liquide. Dans ces circonstances le sulfure de manganèse et le sulfure de fer
se dissolvent, tandis que le sulfure de cobalt et le sulfure de nickel, même
en petite quantité, restent non dissous. — Les résultats sont très approchés,
si l'on traite de nouveau de la même façon les sulfures reprécipités dans le
liquide filtré par addition d'ammoniaque et de sulfhydrate d'ammoniaque.
Il faut s'assurer, après avoir pesé les combinaisons de nickel et de cobalt,
qu'elles ne contiennent ni fer, ni manganèse.

d. **Les protoxydes de cobalt et de nickel d'avec le protoxyde 90
de manganèse.** — A la solution acide on ajoute un excès de carbonate
de soude, puis un fort excès d'acide acétique : le liquide redevient limpide,
et en supposant qu'il renferme environ 1 gramme de nickel ou de cobalt,
on l'additionne de 30 à 50 C. C. d'une solution d'acétate de soude (1 : 10),
puis on fait passer à saturation un courant d'acide sulfhydrique, en maintenant à la température de 70°. La précipitation achevée, on sépare par
filtration le précipité de sulfure de nickel et de sulfure de cobalt, on lave
et l'on dessèche. On concentre le liquide filtré par évaporation, on y ajoute du
sulfhydrate de sulfure d'ammoniaque, puis un excès d'acide acétique, ce
qui produit souvent un nouveau précipité léger de sulfure de cobalt et de
nickel. Pour plus de certitude on essaye encore une fois de cette façon le
liquide filtré. Dans les précipités réunis on dose le cobalt et le nickel, suivant le § **110**. 1. b. α. et le § **111**. 1. c., et dans la liqueur filtrée, on aura
le manganèse, suivant le § **109**. 2.

7. *Méthodes qui reposent sur l'action de l'hydrogène sur les oxydes au
rouge.*

a. **Le peroxyde de fer d'avec l'alumine et l'oxyde de chrome. 91**
Suivant *Rivot* (**). — On précipite avec de l'ammoniaque, on chauffe et
l'on filtre : on chauffe le précipité au rouge, on le pèse, on le réduit en poudre, et l'on en pèse une portion dans une nacelle en porcelaine. On introduit
celle-ci dans un tube de porcelaine horizontal, par une des extrémités duquel
on fait arriver un courant d'hydrogène desséché avec l'acide sulfurique et le
chlorure de calcium. L'autre extrémité est fermée par un bouchon à travers
lequel passe un tube en verre étroit et ouvert aux deux bouts. L'air étant

(*) *Zeitschr. f. analyt. Chem.*, X, 200.
(**) *Ann. de phys. et de chim.*, XXX, 188.

chassé de l'appareil, on chauffe lentement au rouge et l'on maintient cette
température tout le temps qu'il se forme de l'eau (environ une heure). On
laisse refroidir dans le courant d'hydrogène; on retire la nacelle et on la
pèse. La perte de poids donne le poids d'oxygène combiné au fer. — Si l'on
veut maintenant doser les oxydes séparément, ce qui paraît nécessaire s'il y
a peu d'oxyde de fer, on traite le mélange d'alumine, d'oxyde de chrome et
de fer métallique par un mélange de 1 partie d'acide azotique et 50 ou
40 parties d'eau. Le fer se dissout, l'oxyde de chrome et l'alumine ne sont
pas attaqués. On pèse ceux-ci directement et l'on précipite le premier avec
l'ammoniaque après avoir fait bouillir la solution. — Les exemples que donne
Rivot sont très satisfaisants. La méthode est surtout recommandable lorsqu'il y a beaucoup d'alumine et peu de fer.

b. Le peroxyde de fer d'avec l'alumine.

92 Après la réduction par l'hydrogène (comme en a), *Deville* fait d'abord passer un courant de gaz acide chlorhydrique, puis de nouveau de l'hydrogène.
L'alumine reste, le fer se volatilise à l'état de chlorure et est dosé soit par
perte, soit directement. Dans ce dernier cas, on dissout le chlorure qui se
trouve dans les tubes et dans le récipient tubulé, en faisant bouillir de l'acide
chlorhydrique étendu et en dirigeant les vapeurs dans le tube de porcelaine.
Il faudra pour cela incliner le tube du côté du récipient. Si l'on possède un
tube en platine, cela facilitera beaucoup l'opération. (*Cooke* *.)

8. *Méthodes fondées sur la tendance à passer à un degré supérieur
d'oxydation par l'action des agents oxydants ou de chloruration par
l'action du chlore.*

a. L'oxyde de chrome d'avec tous les oxydes du quatrième
groupe.

93 α. On fond tous les oxydes avec du salpêtre et de la soude (*voy.* § 157 (59)),
on fait bouillir le résidu avec de l'eau, on ajoute une quantité assez notable
d'alcool aqueux et l'on chauffe quelques heures. On filtre : dans le liquide on
dose le chrome suivant le § 130 et dans le résidu les bases du quatrième
groupe. — Voici la théorie de ce procédé : par la fusion les oxydes de zinc,
de cobalt, de nickel, de fer, de manganèse (ce dernier toutefois partiellement) se séparent, et d'autre part il se forme du manganate (peut-être aussi
un peu de ferrate) et du chromate de potasse. Celui-ci et du permanganate
de potasse se dissolvent par ébullition avec l'eau, tandis que le peroxyde de
manganèse hydraté provenant de la formation de l'acide permanganique et
les autres oxydes restent non dissous. L'addition de l'alcool, aidée de la chaleur, a pour effet de décomposer le manganate et le permanganate de potasse
avec dépôt de peroxyde hydraté. En filtrant on a donc en dissolution tout
le chrome à l'état de chromate alcalin, et dans le résidu tous les métaux du
quatrième groupe. — S'il y avait de l'alumine, elle se trouverait partie avec
les oxydes du quatrième groupe, partie dans le liquide filtré à l'état d'aluminate de potasse. Dans ce cas il faudrait traiter la liqueur suivant (59).

(*) *Zeitschr. f. analyt. Chem.*, VI, 226.

Si l'on avait entre les mains du *fer chromé*, combinaison naturelle d'oxyde de chrome et de protoxyde de fer, le procédé précédent ne suffirait pas pour opérer la désagrégation complète, et l'on choisirait dans ce cas une des méthodes données dans les applications à propos du fer chromé.

β. Dans la dissolution chaude, presque neutralisée et additionnée d'acé-94 tate de soude, on transforme l'oxyde de chrome en acide chromique par un courant de chlore (61). S'il y a du peroxyde de fer et de l'alumine, ils se précipitent à la température d'ébullition par l'action de l'acétate de soude, tandis que l'acide chromique et l'oxyde de zinc qui pourraient se trouver avec lui restent dans la liqueur. S'il y avait du manganèse, du nickel et du cobalt, la méthode n'est plus aussi simple, parce qu'alors le manganèse se précipite à l'état d'hydrate de peroxyde avec une partie du cobalt, presque tout le nickel et même aussi du zinc, tandis qu'il reste dans la dissolution l'acide chromique avec la plus grande partie du zinc et le reste du cobalt et du nickel. (*W. Gibbs.*)

b. Le protoxyde de cobalt d'avec le protoxyde de nickel.

α. Suivant *H. Rose* (*). — Dans un ballon assez grand, on étend la solu-95 tion chlorhydrique avec une quantité d'eau telle, que pour 2 grammes des oxydes il y ait environ 1 litre d'eau : on fait passer un courant de chlore jusqu'à saturation et jusqu'à ce que la partie vide du ballon en soit remplie. On ajoute alors un excès de carbonate de baryte ou de chaux délayé dans de l'eau, on laisse reposer à froid pendant 5 à 6 heures, en agitant souvent, on sépare par filtration l'hydrate de peroxyde de cobalt précipité d'avec le liquide qui renferme le nickel. — Au lieu de chlore, *Henry* prend du brome. *Denham Smith* se sert d'une dissolution étendue de chlorure de chaux, que l'on décompose complètement par une addition d'acide sulfurique, de façon qu'il ne reste plus d'hypochlorite.

D'après les essais de *Fr. Gauhe* (**), la méthode de *Rose* ne serait pas exacte, parce que si l'on fait agir trop peu de temps les carbonates alcalino-terreux, la précipitation du cobalt sera incomplète : tandis que si l'action est trop prolongée il se précipitera du nickel avec le cobalt. Elle ne peut donc être bonne qu'en restant dans des limites difficiles à apprécier, et elle ne peut pas convenir pour des analyses rigoureuses.

β. La méthode de *Gibbs*, développée par *H. Rose* (***) (faire bouillir les sulfates avec du peroxyde de plomb) ne donne que des résultats approchés. Voir *Gauhe* (*loc. cit.*).

9. *Méthode fondée sur les propriétés des azotites.*

Le protoxyde de cobalt d'avec le protoxyde de nickel et aussi 96 le protoxyde de manganèse et l'oxyde de zinc. — La séparation du cobalt à l'état d'azotite double de cobalt et de potasse, qui fut employée d'abord par *Fischer* (****) et plus tard par *A. Stromeyer* (*****), par *Genth* et

---

(*) *Pogg. Ann.*, LXXI, 515. — *Handb. d. analyt. Chem.*, 6ᵉ éd., II, 145.
(**) *Zeitschr. f. analyt. Chem.*, V, 84.
(***) *Pogg. Ann.*, CX, 415.
(****) *Pogg. Ann.*, LXXII, 477.
(*****) *Ann. d. Chem. u. Pharm.*, CXVI, 218.

Gibbs (*), par *H. Rose* (**), par *F. Gauhe* (***) et par moi, donne des résultats tout à fait satisfaisants, qu'il s'agisse de séparer de grandes quantités de cobalt de peu de nickel ou peu de cobalt de beaucoup de nickel ; le procédé est surtout bon dans ce dernier cas. Il faut cependant, pour bien réussir, qu'il n'y ait ni baryte, ni chaux, ni strontiane, sans quoi il y aurait aussi du nickel précipité sous forme d'azotite triple de nickel, de potasse et de baryte, etc. (*Künsel, O.-L. Ernmann* ****). La meilleure manière d'opérer est la suivante. On commence par concentrer fortement la dissolution des oxydes, d'où l'on aura d'abord enlevé le fer, s'il y en a, puis on neutralise avec de l'hydrate de potasse presque tout l'excès d'acide libre, s'il est considérable. On verserait de l'acide acétique pour redissoudre le précipité floconneux qu'un excès de potasse aurait pu produire et pour rendre le liquide un peu acide. On ajoute alors une suffisante quantité d'une dissolution concentrée d'azotite de potasse, neutralisée préalablement avec de l'acide acétique et débarrassée par filtration des flocons de silice et d'alumine qui pourraient s'y être formés. On laisse reposer 24 heures dans un lieu chaud : on prend avec une pipette un essai du liquide clair, qu'on additionne de nouveau d'azotite de potasse, et l'on attend assez longtemps pour voir s'il se forme encore un précipité. Si cela n'arrive pas, c'est que la précipitation est complète ; dans le cas contraire, on reverse l'essai dans la dissolution principale, on ajoute à celle-ci une nouvelle quantité d'azotite de potasse et on l'essaye de même après un long repos. Ce n'est qu'ainsi qu'on peut être assuré que tout le cobalt est précipité. On filtre enfin et l'on traite le précipité suivant le § **111**. 1. d. — On fait bouillir le liquide filtré avec de l'acide chlorhydrique en excès, on précipite avec la lessive de potasse, on redissout le précipité dans l'acide chlorhydrique, on précipite le nickel à l'état de sulfure, d'après la page 224. γ., et l'on transforme le sulfure en protoxyde de nickel ou en nickel métallique. Il n'y a que ce moyen de le retirer pur d'un liquide renfermant beaucoup de sels alcalins et aussi de l'alumine et de la silice.

10. *Méthodes fondées sur l'action du cyanure de potassium.*

97   a. L'alumine d'avec l'oxyde de zinc et les protoxydes de cobalt et de nickel. — On ajoute à la dissolution du carbonate de soude, puis une suffisante quantité de cyanure de potassium, et on laisse digérer à froid jusqu'à ce que les carbonates de zinc, de nickel et de cobalt soient de nouveau dissous. On sépare l'alumine par filtration et on la lave. Comme elle est toujours alcaline, il faut de nouveau la dissoudre dans l'acide chlorhydrique et la précipiter avec l'ammoniaque (*Fresenius* et *Haidlen* *****).

    b. Le protoxyde de cobalt d'avec le protoxyde de nickel.

98   *F. Gauhe* (******) a étudié dans mon laboratoire le procédé de *Liebig* (*******) qui consiste à transformer le cobalt en cobalticyanure de potassium et le nic-

(*) *Ann. d. Chem. u. Pharm.*, CIV, 309.
(**) *Pogg. Ann.*, CX, 412.
(***) *Zeitschr. f. analyt. Chem.*, V, 74.
(****) *Zeitschr. f. analyt. Chem.*, III, 161.
(*****) *Ann. d. Chem. u. Pharm.*, XLIII, 129.
(******) *Zeitschr. f. analyt. Chem.*, V, 75.
(*******) *Ann. d. Chem. u. Pharm.*, LXV, 244. — LXXXVII, 128.

kel en cyanure double de nickel et de potassium. On a reconnu que par l'ébullition de la liqueur, renfermant le cyanure de potassium et de l'acide cyanhydrique libre (première méthode de *Liebig*), le cyanure double de cobalt et de potassium formé d'abord ne se changeait pas complètement en cobalticyanure, mais que la transformation était facile et complète par l'action du chlore (seconde méthode de *Liebig*). On peut donc dès lors faire une bonne séparation, et l'on emploiera ce moyen surtout quand il y aura à séparer peu de nickel de beaucoup de cobalt. Voici comment on opère : par évaporation ou par addition d'un peu de lessive de potasse, on débarrasse de la plus grande partie de l'acide libre la dissolution chlorhydrique du cobalt et du nickel, on ajoute du cyanure de potassium pur jusqu'à ce que le précipité soit redissous, puis un peu plus de cyanure de potassium, on étend d'eau et — soit après avoir fait bouillir assez longtemps, soit de suite — on fait passer dans le liquide un courant de chlore, en ajoutant souvent de la potasse ou de la soude, de façon qu'à la fin il y ait encore une forte réaction alcaline. — Au lieu de chlore on peut prendre du brome, ce qui rend l'opération bien plus facile. — Au bout d'une heure tout le nickel est précipité à l'état d'oxyde hydraté noir. On prend un peu de liqueur et l'on essaye avec du chlore ou du brome si la précipitation est complète, on filtre et on lave le précipité avec de l'eau bouillante. Comme il retient toujours des alcalis, il faut le redissoudre dans l'acide chlorhydrique et doser le nickel suivant le § **110**. 1. a. ou le § **110**. 2.

Quant au cobalt, le plus simple est de le déterminer par différence, en cherchant d'abord le poids total du cobalt et du nickel et en retranchant ce dernier. Si l'on voulait le mesurer directement, comme il y a dans la dissolution une grande quantité de sels, le mieux serait d'évaporer à siccité avec un excès d'acide chlorhydrique, reprendre le résidu par peu d'eau, et chauffer la solution avec un excès d'acide sulfurique pur dans une grande capsule en platine, jusqu'à ce que l'on ait chassé la plus grande partie de l'acide sulfurique. On traite alors par l'eau la masse rouge-rosé, formée en grande partie par des sulfates acides alcalins, et l'on y dose le cobalt suivant le § **111**. 1. c.

Fleck (*) a décrit une autre méthode par le cynanure de potassium, qui n'est pas meilleure. Elle repose sur ce fait que si le monosulfure de cobalt se dissout facilement dans le cyanure de potassium, tout comme le sulfure de nickel, il n'en est plus de même du sulfure de cobalt qui se dépose après addition de sulfhydrate d'ammoniaque dans une solution de cobalt, à laquelle on a d'abord ajouté un excès d'ammoniaque et qu'on a abandonnée à l'action de l'air jusqu'à ce qu'il n'y ait plus de changement de couleur.

c. Le protoxyde de cobalt d'avec l'oxyde de zinc. — Dans la dissolution des deux oxydes contenant un peu d'acide chlorhydrique libre, on verse assez de cynanure de potassium ordinaire (préparé d'après la méthode de *Liebig*) pour redissoudre le précipité de cyanure de cobalt et de cyanure de zinc qui se forme d'abord ; on en ajoute encore un peu plus ; on fait bouillir quelques instants et l'on verse de temps en temps une ou deux gouttes d'acide chlorhydrique, mais de façon toutefois à ne pas rendre la

(*) *Journ. f. prackt. Chem.*, XCVII, 303. — *Zeitschr. f. analyt. Chem.*, V, 399.

dissolution acide. Après refroidissement on ajoute un peu de chlore ou de brome et on laisse digérer pour achever la transformation du cobalt en cobalticyanure de potassium. — On mélange ensuite la solution avec de l'acide chlorhydrique dans un ballon dont le col est incliné, et l'on fait bouillir jusqu'à ce que le cobalticyanure de zinc, qui s'était d'abord précipité, soit redissous et que tout l'acide cyanhydrique soit expulsé. On verse maintenant un excès de lessive de potasse ou de soude ; on fait bouillir jusqu'à ce qu'on ait une liqueur claire et limpide (dans laquelle on peut admettre que le cobalt est à l'état de cobalticyanure de potassium, et tout le zinc à l'état de zincate alcalin), et l'on y précipite le zinc par l'acide sulfhydrique (§ **108**). Avec le liquide filtré on opère suivant (98) pour doser le cobalt. — La séparation des deux métaux est complète et facile à faire (*Fresenius* et *Haidlen*).

100   d. Le protoxyde de nickel d'avec l'oxyde de zinc. — On mélange la dissolution concentrée avec un excès de lessive de potasse pure et concentrée, puis on ajoute de l'acide prussique en solution aqueuse jusqu'à ce que le précipité soit redissous : on verse du monosulfure de potassium (et non pas du sulfhydrate d'ammoniaque), on laisse digérer à chaud et déposer le sulfure de zinc, on filtre, on lave le sulfure de zinc avec une dissolution étendue de sulfure de potassium, on dissout le précipité dans l'acide chlorhydrique et l'on précipite le zinc avec le carbonate de soude suivant le § **108**. f. a. Dans la liqueur filtrée on dose le nikel en la chauffant longtemps avec de l'acide chlorhydrique fumant et de l'acide azotique, ou au lieu de ce dernier avec du chlorate de potasse : on évapore et enfin on précipite avec la lessive de potasse (*Wöhler* *).

Klay et *Deus* (**), qui ont essayé la méthode dans mon laboratoire, ont vu qu'au lieu de lessive de potasse et d'acide cyanhydrique on pouvait prendre du cyanure de potassium, mais tout à fait pur et récemment dissous : si la dissolution de cyanure de potassium renferme du carbonate ou du formiate d'ammoniaque, ou aussi du cyanate de potasse, comme cela arrive même au bout de peu de temps, la précipitation du zinc à l'état de sulfure est très contrariée. — Si on lave le sulfure de zinc à la fin complètement avec de l'eau chargée d'acide sulfhydrique, on peut le doser aussi suivant le § **108**. 2.

101   e. Cobalt et nickel d'avec le manganèse et le zinc, suivant *W. Gibbs* (***). — Dans la dissolution des chlorures on ajoute de l'acétate de soude et l'on y fait passer un courant de gaz acide cyanhydrique. Le cyanure de zinc se précipite aussitôt plus ou moins complètement sous forme de poudre blanche. On ajoute alors du sulfure de sodium, qui transforme tout le zinc et tout le manganèse en sulfures, tandis que le cobalt et le nickel restent dissous à l'état de cyanure double : on les sépare comme au n° (98). — Cette méthode a un grand inconvénient, c'est l'emploi de l'acide prussique gazeux.

(*) *Ann. d. Chem. u. Pharm.*, LXXXIX, 376.
(**) *Zeitschr. f. analyt. Chem.*, X, 197.
(***) *Zeitschr. f. analyt. Chem.*, III, 332.

11. *Méthodes fondées sur la volatilisation du zinc.*

a. Le protoxyde de cobalt et celui de nickel d'avec l'oxyde de zinc. — *Berzelius* (*) indique la méthode suivante pour séparer complètement le cobalt et le nickel d'avec le zinc. On précipite la dissolution avec un excès de lessive de potasse, on fait bouillir, on sépare par filtration les hydrates des protoxydes de nickel et de cobalt entraînant beaucoup d'oxyde de zinc d'avec la dissolution d'oxyde de zinc dans l'alcali caustique, on lave *complètement* avec de l'eau bouillante et on dose le zinc dans le liquide filtré (§ **108**). — On dessèche le précipité, on le chauffe au rouge et on le pèse : on le mélange dans un creuset en porcelaine avec du sucre pur (obtenu par cristallisation dans l'alcool), on chauffe lentement jusqu'à carbonisation complète du sucre : on place alors le creuset en porcelaine, muni de son couvercle, dans un bain de magnésie contenu dans un creuset plus grand en argile et également couvert, et l'on chauffe dans un fourneau à vent pendant au moins 1 heure à la plus haute température qu'on puisse obtenir. Dans ces conditions les métaux sont réduits : le nickel et le cobalt retenant du charbon restent dans le creuset, tandis que tout le zinc disparaît en vapeurs ; on traite le résidu par l'acide azotique, on précipite les oxydes par la potasse et on les pèse. La différence entre ce dernier poids et celui obtenu auparavant fait connaître la quantité d'oxyde de zinc, qui s'était précipité tout d'abord avec les deux oxydes. — *Klaye* et *Deus* ont obtenu par ce moyen de bons résultats. Ils recommandent de remplacer par du charbon de sucre le sucre qui se boursoufle trop. En essayant de remplacer par la calcination sur le chalumeau à gaz le procédé de calcination indiqué par *Berzelius*, on n'a rien eu de bon.

b. Le zinc d'avec le fer dans les alliages. — Suivant *Bobierre*, on peut faire facilement et exactement cette analyse en chauffant l'alliage au rouge dans un courant d'hydrogène.

12. *Méthodes fondées sur le dosage volumétrique de l'un des corps et le dosage de l'autre par différence.*

a. Le protoxyde de fer d'avec l'alumine. — On les précipite tous deux avec l'ammoniaque (§ **105**. a. et § **113**. 1.). On redissout tout le précipité pesé ou seulement une partie en faisant digérer avec de l'acide chlorhydrique concentré, ou bien en faisant fondre avec du bisulfate de potasse et en traitant par de l'eau additionnée d'acide sulfurique, puis on dose le fer volumétriquement suivant le § **112**. 3. a. ou b. On obtient l'alumine par différence (**). Ce procédé est commode et applicable surtout quand il y a relativement peu de peroxyde de fer. Si l'on avait à sa disposition beaucoup de substance, il serait naturellement plus commode de partager la dissolution en deux parties en volume ou en poids, de doser dans l'une le peroxyde de fer plus l'alumine, et dans l'autre le fer. — Au lieu de doser volumétriquement le fer, on peut aussi le précipiter par le sulfhydrate d'ammoniaque, après addition d'acide tartrique et d'ammoniaque (77).

(*) *Berzelius' Jahresber.*, XXI., 144.
(**) Si en redissolvant le précipité il restait de la silice, il faudrait tenir compte de son poids.

b. Le peroxyde de fer d'avec le protoxyde de fer (ou l'oxyde de zinc, ou le protoxyde de nickel).

105   α. Dans une portion on dose tout le fer, soit volumétriquement, soit en poids, à l'état de peroxyde. On dissout un second essai en chauffant avec de l'acide sulfurique dans un ballon, à travers lequel on fait passer un courant d'acide carbonique pour expulser tout l'air, on étend d'eau et l'on dose le protoxyde de fer avec les liqueurs titrées (§ **112**. 2. a.). On obtient le peroxyde de fer par différence. — Ou bien on dissout de la même façon la combinaison dans de l'acide chlorhydrique et l'on dose le perchlorure de fer avec le protochlorure d'étain suivant le § **113**. 3. b. Dans ce cas c'est le protoxyde qu'on a par différence. Si l'on veut doser le protochlorure de fer dans une dissolution chlorhydrique, on choisira de préférence la méthode de *Penny* (p. 257. b.). — Ces procédés simples et commodes devront remplacer les anciennes méthodes compliquées. Si le composé dans lequel on doit doser les deux oxydes est difficile à attaquer par les acides, on le chauffe à 210° dans un tube fermé à la lampe, avec 4 p. d'acide sulfurique monohydraté et 1 p. d'eau, ou aussi avec de l'acide chlorhydrique (*Mitscherlich* (*voir* p. 592). Si ce moyen ne suffit pas, on le fond avec du borax (1 p. du minéral et 5 à 6 p. de verre de borax) dans une petite cornue en verre, que l'on fait communiquer avec un flacon plein d'azote (obtenu en y brûlant du phosphore), parce que l'atmosphère d'acide carbonique serait peu convenable. On dissout ensuite dans l'acide chlorhydrique bouillant et au milieu d'une atmosphère d'acide carbonique la masse pulvérisée avec le verre de la cornue (*Hermann. De Kobell*); — ou bien, ce qui en général est plus simple, on dissout la combinaison dans un mélange d'acide fluorhydrique et d'acide sulfurique, en évitant l'accès de l'air (83).

106   Le fer peut aussi se doser volumétriquement sans difficulté en présence de l'oxyde de zinc, du protoxyde de nickel, etc. Souvent il vaut mieux, dans une partie de la solution, doser le fer plus l'oxyde de zinc ou le protoxyde de nickel ; dans une autre le fer seul, et déduire l'autre métal par différence. Cependant il ne faudra opérer ainsi que lorsque le fer sera en proportion relativement faible.

107   β. Le peroxyde de fer d'avec le protoxyde, suivant *Bunsen*. — On remplit le petit ballon *d* (*fig.* 85, p. 322) aux deux tiers avec de l'acide chlorhydrique fumant et l'on expulse l'air avec de l'acide carbonique produit en mettant dans l'acide quelques fragments de carbonate de soude. On jette rapidement dans le petit ballon la substance pesée dans un petit tube étroit et court, fermé par un bout, puis un léger excès de bichromate de potasse pesé, qui se trouve aussi dans un petit tube de verre ; on adapte le tube à dégagement, et l'on opère tout à fait, pour le reste, comme il est dit au § **130**. e. β. On obtient naturellement moins d'iode libre que s'il n'y avait pas de protoxyde de fer, car une partie du chlore est employé à transformer le protochlorure de fer en perchlorure, et pour chaque équivalent d'iode en moins que la quantité qui correspond au poids de bichromate employé, on compte 2 équivalents de protoxyde de fer.

Si dans un second essai on veut doser tout le fer, on dissout également avec de l'acide chlorhydrique dans le petit ballon ; on opère la réduction du peroxyde de fer à l'aide d'une balle en zinc pur, fixée à un fil fin de platine; et pour empêcher l'accès de l'air pendant l'ébullition, on munit le petit ballon de l'ajutage *bb'*, représenté dans la figure 107.

Aussitôt qu'on reconnaît à la couleur du liquide que la réduction est complète, on refroidit le petit ballon en le plongeant dans l'eau froide; on soulève le bouchon supérieur; on jette quelques morceaux de carbonate de soude dans l'acide; on retire la boule de zinc du tube *b*, en la lavant et recueillant le liquide dans le petit ballon; on enlève *bb'* et après avoir rapidement ajouté le bichromate de potasse pesé, on achève l'opération comme il est dit plus haut.

c. Le protoxyde de manganèse d'avec l'alumine et le peroxyde de fer, suivant *Krieger* (*). — On précipite avec du carbonate de soude; on laisse digérer quelque temps le précipité au milieu du liquide; on lave par décantation d'abord, puis sur le filtre; on dessèche, on chauffe au rouge, et dans une

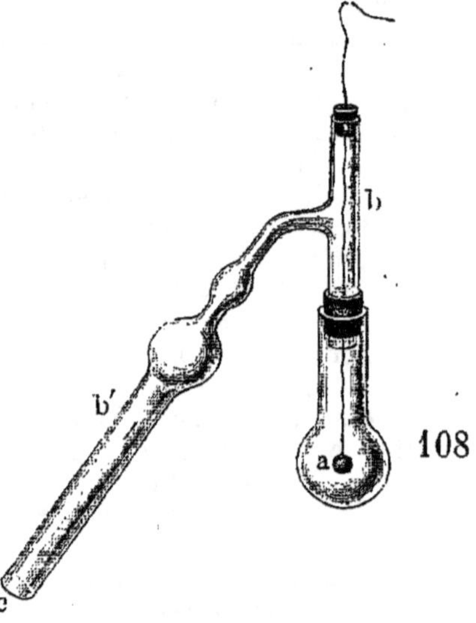

Fig. 107.

portion on dose le manganèse comme au n° (72). On fera attention que le précipité contient le manganèse à l'état de Mn^3O^4, et dans les analyses rigoureuses on tiendra compte de la petite quantité de manganèse qui peut passer dans le liquide filtré (**109**. 1. a.). — Au lieu de carbonate de soude, on peut prendre du carbonate d'ammoniaque pour précipiter les bases (65), et cela même serait préférable.

d. Le protoxyde de manganèse d'avec l'oxyde de zinc, suivant 109 *Krieger*. — On précipite avec le carbonate de soude à l'ébullition, on lave le précipité avec de l'eau bouillante, on sèche et l'on calcine. Si la quantité de zinc est suffisante, le précipité est $ZnO + xMn^2O^3$. On en pèse une portion, dans laquelle on dose le manganèse comme au n° (72). — S'il n'y a pas assez de zinc, on opère suivant (72. *N. B.*). Il faudra, suivant le § **109**. 1. a., tenir compte des petites quantités de manganèse qui peuvent passer dans la liqueur filtrée.

e. Le protoxyde de cobalt d'avec le protoxyde de nickel. — On 110 dose les deux métaux suivant le § **110**. 1. a. et 2. et le § **111**. 1. b.; on dissout les métaux réduits dans l'acide chlorhydrique additionné d'acide azotique, on évapore plusieurs fois à siccité en ajoutant de l'acide chlorhydrique jusqu'à ce que tout l'acide azotique soit chassé, et dans la solution des chlorures on dose le cobalt suivant le § **111**. 3. On a le nickel par différence. — La méthode n'est applicable qu'avec de petites quantités de nickel et elle ne donne que de médiocres résultats.

(*) *Ann. d. Chem. u. Pharm.*, LXXXVIII, 261.

111 13. *Méthode indirecte.*

Le peroxyde de fer d'avec le protoxyde. — Parmi les nombreuses méthodes indirectes que les procédés volumétriques ont rendues inutiles, je ne citerai que la suivante. On dissout dans l'acide chlorhydrique au milieu d'un courant d'acide carbonique, on ajoute à la solution un excès de chlorure d'or et de sodium, on ferme le flacon, et on laisse déposer l'or réduit. On filtre et l'on pèse l'or d'après le § **123**. Dans la dissolution ou dans une autre portion du composé on dose la totalité du fer. — 1 équivalent d'or correspond à 6 équivalents de protochlorure ou de protoxyde de fer ($6.FeCl + AuCl^3 = 3.Fe^2Cl^3 + Au$) (*H. Rose*).

V. *Séparation du peroxyde de fer, de l'alumine, du protoxyde de manganèse, de la chaux, de la magnésie, de la potasse, de la soude.*

§ 161.

Comme ces oxydes se rencontrent ensemble dans la plupart des silicates et encore dans beaucoup d'autres circonstances, je crois devoir consacrer un paragraphe spécial aux procédés qu'on pourra employer pour les séparer.

1. *Méthode fondée sur l'emploi du carbonate de baryte, applicable surtout quand le mélange contient peu de chaux.*

112 Avec du carbonate de baryte (*) dans la dissolution bien exempte de chlore, on précipite le fer (qui doit être à l'état de peroxyde) et l'alumine (54 et 76). Après avoir redissous le précipité dans l'acide chlorhydrique, on précipite la baryte avec l'acide sulfurique, on filtre et l'on sépare dans le liquide le fer d'avec l'alumine suivant une des méthodes indiquées au § **160**, surtout d'après le n° 104, si la quantité d'alumine n'est pas trop faible.

Dans le liquide séparé par filtration du précipité formé par le carbonate de baryte, on précipite la baryte avec l'acide sulfurique, ajouté seulement en très léger excès dans le liquide additionné d'eau, d'un peu d'acide chlorhydrique et chauffé. On sépare le précipité par filtration, on le lave jusqu'à ce que l'eau de lavage ne trouble plus avec le chlorure de baryum : on concentre si cela est nécessaire, on précipite et l'on dose le manganèse à l'état de sulfure (§ **109**) : on chauffe le liquide filtré additionné d'acide chlorhydrique, on sépare par filtration le soufre éliminé, on précipite la chaux avec l'oxalate d'ammoniaque, et enfin on sépare la magnésie d'avec les alcalis par l'un des procédés donnés au § **153**.

2. *Méthode fondée sur l'emploi d'un acétate ou d'un formiate alcalin.*

113 On commence par éliminer par évaporation le trop grand excès d'acide

---

(*) Avant d'ajouter le carbonate de baryte, il est *indispensable* d'essayer si sa dissolution dans l'acide chlorhydrique est complétement précipitée par l'acide sulfurique, de sorte que le liquide filtré ne laisse aucun résidu quand on l'évapore dans une capsule en platine.

qu'il pourrait y avoir, on étend d'eau, on ajoute du carbonate de soude (*)
jusqu'à neutralisation presque complète (ce qui ne doit pas occasionner un
précipité permanent), puis de l'acétate et du formiate de soude, et l'on opère
en général d'après le n° (85). Après un lavage complet, on redissout dans
l'acide chlorhydrique, on précipite la dissolution avec de l'ammoniaque (45),
et l'on sèche, on calcine et l'on pèse le précipité. On le dissout dans de l'acide
chlorhydrique concentré, et l'on y dose volumétriquement le fer au moyen du
protochlorure d'étain suivant le § **113**. 3. b. ; ou bien on le fait digérer avec
16 fois son poids d'un mélange de 8 parties d'acide sulfurique monohydraté
et 3 parties d'eau, ou bien on le fond avec du bisulfate de potasse, on dissout dans de l'eau et l'on dose le fer suivant le § **113**. 3. a. ; on obtient l'alumine par différence. Si dans la dissolution du précipité il restait de la silice insoluble, il faudrait la séparer par filtration, la calciner, la peser et la
retrancher de l'alumine. — Dans le liquide filtré renfermant le manganèse,
les terres alcalines et les alcalis, on précipite le premier par le sulfhydrate
d'ammoniaque (§ **109**. 2) ; on chasse ensuite le sulfhydrate en excès en faisant bouillir avec de l'acide chlorhydrique, on sépare par filtration le soufre
déposé, et l'on précipite la chaux par addition d'ammoniaque et d'oxalate
d'ammoniaque ; enfin, chassant les sels ammoniacaux par calcination, on
dose dans la solution chlorhydrique du résidu la magnésie avec le phosphate
de soude. Si l'on devait déterminer les alcalis, il faudrait séparer la magnésie, d'après le § **153**. 4. — Ce procédé est commode, et remplit parfaitement le but qu'on se propose, surtout lorsqu'il y a beaucoup de peroxyde
de fer et relativement peu d'alumine. Comme l'alumine n'est pas aussi
complètement précipitée par les acétates ou les formiates alcalins que le
peroxyde de fer, il est indispensable d'essayer si le sulfure de manganèse,
une fois pesé, ne renferme pas d'alumine.

3. *Méthode fondée sur l'emploi du sulfhydrate d'ammoniaque.*

Le liquide étant dans un ballon et additionné de sel ammoniac, puis d'am- 114
moniaque jusqu'à ce qu'il commence à se faire un précipité, on y verse du
sulfhydrate d'ammoniaque jaune, on remplit presque complètement le ballon avec de l'eau, on le ferme, on laisse reposer dans un lieu chaud, on sépare par filtration le précipité formé de sulfure de fer, de sulfure de manganèse et d'alumine hydratée, on le lave sans interruption avec de l'eau
contenant du sulfhydrate d'ammoniaque. — Dans le liquide filtré on sépare
la chaux, la magnésie et les alcalis, comme il est indiqué au n° (113). On
dissout le précipité dans l'acide chlorhydrique et l'on sépare l'alumine d'avec
le fer et le manganèse suivant (77) ou 78, puis le fer du manganèse d'après
(82) ou (83).

Les procédés suivants sont surtout commodes lorsqu'il n'y a pas de manganèse, ou qu'il y en a fort peu.

4. *Méthodes basées sur l'emploi de l'ammoniaque.*

a. Après avoir ajouté une proportion relativement considérable de sel am- 115

(*) S'il fallait doser les alcalis dans le liquide filtré, on remplacerait les sels de soude
par les sels d'ammoniaque correspondants.

moniac, et en prenant toutes les précautions indiquées au n° (45), on précipite par l'ammoniaque la dissolution qui doit renfermer tout le fer à l'état de peroxyde. Le précipité renferme tout le peroxyde de fer et toute l'alumine. Il peut rester en dissolution des traces très faibles de cette dernière, si en chauffant on a chassé. presque toute, mais non pas toute l'ammoniaque libre, et si la dissolution n'est pas trop concentrée et renferme du sel ammoniac en quantité suffisante. Le précipité peut renfermer un peu de chaux, de magnésie et d'oxyde salin de manganèse. Il est donc bon, après avoir lavé le précipité, de le redissoudre dans l'acide chlorhydrique et de répéter cette précipitation de la même manière. De cette façon on a un précipité bien exempt de terres alcalines et aussi de manganèse, s'il y en a peu dans la substance à analyser. Après un lavage complet, on le sèche, on le chauffe au rouge et l'on achève comme au n° (115). Si en dissolvant le précipité il restait de la silice, il faudrait la peser et la retrancher. — On concentre le liquide séparé par filtration de l'alumine et du peroxyde de fer; on y précipite et l'on y dose le manganèse suivant le § **109**. 2., à l'état de sulfure, puis dans le liquide filtré on détermine les terres alcalines et les alcalis suivant le n° (115). On fait digérer avec de l'acide chlorhydrique étendu le sulfure de manganèse pesé, on fond le résidu qu'il pourrait y avoir avec du bisulfate de potasse et l'on essaye en traitant par l'eau s'il n'y aurait pas un peu d'alumine dans la dissolution.

116   b. On précipite l'alumine, le peroxyde de fer et la chaux en une seule opération à l'aide de l'ammoniaque, du carbonate et de l'oxalate d'ammoniaque, on décante et l'on filtre. On dissout le précipité dans l'acide chlorhydrique, on ajoute de l'acide tartrique pour empêcher la précipitation du fer et de l'alumine et l'on sépare la chaux à l'état d'oxalate avec l'ammoniaque. Dans la dissolution on sépare le fer de l'alumine d'après (77). Dans le premier liquide filtré on sépare la magnésie des alcalis d'après (18). Si dans cette dernière liqueur il y avait de l'acide sulfurique, il faudrait d'abord l'éliminer avec le chlorure de baryum, puis séparer la baryte de la magnésie (29), après qu'on aurait séparé les terres alcalines des alcalis en évaporant avec de l'acide oxalique, chauffant au rouge et traitant par l'eau bouillante (*Mitscherlich, Lewinstein*) (*). — Comme l'alumine en présence de l'oxalate d'ammoniaque ne se précipite que peu à peu et quand on chauffe (*Pisani*), avant la première filtration il faut avoir soin de laisser digérer quelque temps à chaud; en outre, comme le précipité contient toujours un peu de magnésie, je conseille, après la séparation du peroxyde de fer d'avec l'alumine, d'essayer s'il n'y aurait pas de la magnésie dans le liquide séparé du fer par filtration ainsi que dans l'alumine. — En présence de quantités appréciables de manganèse, la méthode n'est pas applicable.

117   c. On précipite avec l'ammoniaque, on laisse digérer assez longtemps à chaud, jusqu'à ce que l'excès d'ammoniaque soit presque complétement chassé; on filtre, on lave avec soin, on calcine, puis on ajoute au précipité, sans le pulvériser, au moins 10 fois son poids de carbonate de soude anhydre; on couvre le creuset et pendant au moins 3/4 d'heure on chauffe au

---

*) *Journ. f. prackt. Chem.*, LXVIII, 99.

chalumeau à gaz ou par tout autre moyen convenable (la lampe à alcool à double courant d'air est insuffisante) jusqu'à ce qu'on ne remarque plus de décomposition du carbonate de soude. On fait bouillir la masse fondue avec de l'eau et un peu de potasse caustique, le mieux dans une capsule en argent, jusqu'à extraction complète, on ajoute quelques gouttes d'alcool, si la couleur verdâtre de la solution décelait la formation de manganate de soude, et on lave le précipité par décantation et filtration, d'abord avec de l'eau alcaline, puis avec de l'eau pure. On dissout le précipité dans l'acide chlorhydrique : on chauffe après addition de quelques gouttes d'alcool, pour réduire plus facilement le perchlorure de manganèse, et enfin avec l'acétate d'ammoniaque on sépare le peroxyde de fer des parties de manganèse, de chaux et de magnésie qui étaient contenues dans le précipité produit par l'ammoniaque : on peut doser ces corps séparément ou réunir le tout à la masse principale. On sépare l'alumine dans la solution alcaline suivant le n° 87 (*Richter* *).

5. *Méthode fondée sur la décomposition des azotates*, suivant *Deville*.

Cette méthode suppose que toutes les bases ne sont combinées qu'à l'acide azotique.

On opère d'abord suivant le n° (46). Les vapeurs nitreuses, qui se dégagent pendant que l'on chauffe les nitrates, ne sont pas un indice de la décomposition totale des azotates de fer et d'alumine, car ces vapeurs peuvent aussi se former par suite de la transformation de l'azotate de protoxyde de manganèse en peroxyde. On cesse de chauffer lorsqu'il ne se forme plus de ces vapeurs et que la couleur noire que prend la substance est bien uniforme.

— Après le traitement par l'azotate d'ammoniaque, on a en dissolution de l'azotate de chaux, de l'azotate de magnésie et des azotates alcalins, et dans le résidu de l'alumine, du peroxyde de fer et du peroxyde de manganèse, et en présence de beaucoup de manganèse, de petites quantités de terres alcalines. (Nous avons déjà dit (71) que, dans certaines circonstances, il pouvait se dissoudre un peu de manganèse : on en trouve des traces dans la magnésie, d'avec laquelle on peut les séparer.)

Pour la séparation ultérieure, *Deville* emploie maintenant un des procédés suivants :

a. On chauffe le précipité avec de l'acide azotique moyennement concentré, jusqu'à ce que le peroxyde de manganèse reste avec sa couleur noire bien nette, tandis que le peroxyde de fer et l'alumine se dissolvent. On calcine le premier et l'on pèse l'oxyde salin qui reste. On évapore la dissolution dans un creuset en platine, on chauffe au rouge et l'on pèse le mélange de peroxyde de fer et d'alumine (et peut-être un peu d'oxyde salin de manganèse). On en traite une portion d'après le n° (92) et l'on a ainsi le poids d'alumine. S'il y avait du manganèse, on ne pourrait pas déduire le fer par différence. *Deville* alors évapore la dissolution des chlorures avec de l'acide sulfurique, il chauffe légèrement au rouge et en reprenant par l'eau le

(*) *Journ. f. prackt. Chem.*, LXIV, 378.

résidu formé de peroxyde de fer et de sulfate de protoxyde de manganèse, il en retire ce dernier. (Si l'on avait chauffé trop fort, on aurait pu décomposer une partie du sulfate de manganèse ; dans ce cas on humecte le résidu avec un mélange d'acide oxalique et d'acide azotique, on ajoute un peu d'acide sulfurique et l'on recommence l'opération.)

b. Dans le liquide filtré on précipite d'abord la chaux par l'oxalate d'ammoniaque et l'on sépare la magnésie d'avec les alcalis d'après le § **153**. 4.

Cette méthode est surtout convenable en l'absence du manganèse.

6. *Méthode formée par la combinaison des méthodes 4 et 5.*

119 On précipite avec l'ammoniaque (45), on décante, on filtre, on lave, on retire du filtre autant qu'on peut du précipité encore à moitié humide, on dissout le reste dans l'acide azotique, on reçoit le liquide dans la capsule où se trouve la majeure partie du précipité, de sorte que tout se dissout : on opère suivant (118) et l'on mélange avec le premier liquide filtré le liquide qu'on a séparé du peroxyde de fer et de l'alumine et qui contient encore de petites quantités de magnésie. — On emploiera volontiers cette méthode en l'absence du manganèse et l'on pourra, le plus souvent, doser l'alumine en prenant d'abord le poids total de l'alumine et du peroxyde de fer et en déterminant la quantité de fer par les liqueurs titrées ; *voir* (104).

APPENDICE AU QUATRIÈME GROUPE, aux §§ **158**, **159**, **160**.

Séparation de l'oxyde d'urane d'avec les autres oxydes des groupes I à IV.

120 Nous avons déjà dit, au § **114**, que l'oxyde d'urane n'est pas séparé complètement des alcalis par l'ammoniaque, parce que le précipité d'oxyde d'urane ammoniacal retient facilement des alcalis fixes. On le dissout donc dans l'acide chlorhydrique, on évapore la dissolution dans un creuset de platine, on chauffe légèrement au rouge le résidu dans un courant d'hydrogène (p. 213, *fig.* 79), on enlève les chlorures alcalins avec de l'eau et l'on chauffe de nouveau au rouge dans un courant d'hydrogène le protoxyde d'urane, qu'on pèsera tel quel ; ou bien on le chauffe à l'air, ce qui le transforme en oxyde salin. — Au lieu de dissoudre le précipité dans l'acide chlorhydrique et de traiter la solution comme il est dit, on peut aussi chauffer avec du sel ammoniac, mais avec précaution, lentement et pas trop fort (en élevant rapidement la température et en la portant au rouge vif, il se dégagerait du chlorure d'uranium) ; on traite ensuite le résidu par l'eau (*H. Rose*).

On peut aussi, comme *H. Rose* l'a déjà indiqué, séparer complètement l'urane d'avec les alcalis par le sulfhydrate d'ammoniaque. *Remelé* (*), qui a étudié à fond la réaction, recommande d'opérer comme il suit. A la solution *neutre* ou *faiblement acide* on ajoute un excès de sulfhydrate d'ammo-

____
(*) *Zeitschr. f. analyt. Chem.*, IV, 379.

niaque jaune, qui produit un précipité d'oxysulfure d'urane, et l'on chauffe
aussitôt, pendant environ une heure, à une température voisine de l'ébullition, ce qui change complètement l'oxysulfure en un mélange de protoxyde
d'urane et de soufre. Le liquide dans lequel est suspendu le précipité, qui
au début avait une couleur foncée à cause de l'urane dissous, paraît alors
jaune et limpide. On sépare par filtration le précipité qui renferme tout
l'urane : on opère d'abord par décantation et à la fin on lave sur le filtre
avec de l'eau froide ou chaude. On fera bien d'ajouter à l'eau un peu de
sulfhydrate d'ammoniaque ou de chlorhydrate d'ammoniaque, parce que,
en prenant de l'eau pure, elle passe facilement trouble au commencement.
Le précipité, après dessiccation, est d'abord grillé et ensuite, pour la pesée,
transformé en oxyde salin par chauffage au rouge au contact de l'air ou
en protoxyde par chauffage au rouge dans un courant d'hydrogène (§ **114**).

Fr. Stolba (*) sépare l'oxyde d'urane d'avec les a l c a l i s par l'acide hydro- **121**
fluosilicique avec addition d'esprit-de-vin. On ajoute à l'oxyde d'urane
alcalin une quantité suffisante pour le dissoudre de solution aqueuse
d'acide hydrofluosilicique de 3 à 4 pour 100 de $HFl,SiFl^2$, et l'on chauffe un
peu. Quand la poudre jaune a disparu, on laisse refroidir, on ajoute 3 ou
4 fois le volume d'alcool à 75 ou 80 pour 100, on mélange, on laisse déposer dans un lieu obscur ou tout au moins à l'abri des rayons directs
du soleil, on filtre, on lave avec de l'alcool jusqu'à ce que le liquide qui
coule n'ait plus de réaction acide, et l'on dose l'alcali volumétriquement,
suivant le § **97**. 5. Par l'action directe de la lumière solaire, la dissolution
alcoolique d'urane se trouble en laissant déposer du fluosiliciure d'urane
vert insoluble. — Si l'on veut aussi doser l'urane, on évapore à siccité la
solution filtrée alcoolique, on chauffe le résidu avec un excès d'acide sulfurique pour chasser l'acide hydrofluosilicique, on dissout le résidu dans
l'eau additionnée d'un peu d'acide azotique, et dans le liquide filtré on
dose l'urane suivant le § **114**.

La méthode peut s'employer pour analyser les sels d'urane alcalins
solubles dans l'alcool. Il faut ici faire attention que la présence d'une quantité
notable d'acide chlorhydrique ou azotique n'influe pas d'une façon sensible
sur le résultat, tandis qu'en présence de l'acide sulfurique, la proportion
d'alcali trouvé est un peu trop faible, parce qu'il se précipite en même
temps un peu de sulfate alcalin.

L'oxyde d'uranium peut être séparé de la b a r y t e par l'acide sulfurique **122**
seul, et de la s t r o n t i a n e et de la c h a u x par l'acide sulfurique avec addition
d'alcool. Par l'ammoniaque la séparation est incomplète, parce que le précipité
d'urane retient des quantités de terres alcalines qu'on ne saurait négliger.
Toutefois dans ces précipités on peut séparer l'uranium des terres alcalines, en les chauffant au rouge faible avec du sel ammoniac dans un courant d'hydrogène et en traitant le résidu par l'eau.

On peut aussi séparer l'u r a n e d'avec la s t r o n t i a n e et la c h a u x en pré- **123**
cipitant avec le sulfhydrate d'ammoniaque, comme il est dit plus haut pour
la séparation d'avec les alcalis. Pour éliminer les carbonates alcalino-terreux qui seraient précipités en même temps, on traite *à froid* par l'acide

___

(*) *Zeitschr. f. analyt. Chem.*, III, 71.

chlorhydrique étendu le précipité bien lavé de protoxyde d'urane et de soufre, ce qui ne dissout pas l'oxyde d'urane. — Le sulfhydrate d'ammoniaque ne convient pas pour séparer la **baryte** de l'urane (*Remelé* *).

124   On peut séparer la **magnésie** de l'urane, non seulement par le sulfhydrate d'ammoniaque en présence du sel ammoniac, mais aussi par l'ammoniaque. On chauffe à l'ébullition la dissolution additionnée d'une quantité suffisante de sel ammoniac, on sursature avec de l'ammoniaque, on continue l'ébullition jusqu'à ce que l'odeur d'ammoniaque ne soit plus que faible, on filtre chaud, et avec de l'eau ammoniacale chaude on lave le précipité, qui ainsi obtenu ne contient pas de magnésie (*H. Rose*). Il sera toujours prudent d'essayer si le protoxyde d'urane, obtenu par calcination dans un courant d'hydrogène, ne cède pas encore un peu de magnésie à l'acide chlorhydrique étendu et froid.

Pour séparer l'oxyde d'urane d'avec l'**alumine**, le mieux est d'ajouter un excès de carbonate d'ammoniaque au liquide contenant un peu d'acide libre. L'oxyde d'urane reste tout entier en dissolution, tandis que toute l'alumine se dépose. Après avoir filtré, fait bouillir et évaporé la dissolution, on ajoute de l'acide chlorhydrique jusqu'à ce qu'on ait redissous le précipité formé, on chauffe de façon à chasser tout l'acide carbonique et l'on précipite avec l'ammoniaque (§ **114**).

Suivant *W. Gibbs* (**), le mieux pour séparer l'**oxyde de chrome** de l'urane, c'est d'ajouter un léger excès d'hydrate de soude à la liqueur, de porter à l'ébullition et d'ajouter de l'eau bromée, qui change rapidement l'oxyde de chrome en acide chromique. On sépare par filtration le liquide renfermant du chromate de soude du précipité rouge orangé foncé, formé d'uranate de soude et d'un peu de chromate d'urane ; on le lave avec de l'eau chaude contenant un peu de soude, on le dissout dans l'acide azotique chaud, on fait bouillir quelques minutes pour chasser un peu d'acide azoteux et l'on précipite l'acide chromique suivant le § **130**. I. a. β. avec l'azotate de protoxyde de mercure (le mieux à la température d'ébullition, suivant *Gibbs*). Dans le liquide filtré on a tout l'urane (avec de l'azotate de protoxyde de mercure).

125   La séparation de l'urane d'avec les **métaux du quatrième groupe** repose sur ce fait que le carbonate d'ammoniaque empêche la précipitation de l'urane par le sulfhydrate d'ammoniaque, mais pas du tout celle des autres métaux. Dans la solution on verse un mélange de carbonate et de sulfhydrate d'ammoniaque, on laisse déposer dans un ballon fermé et on lave le précipité avec de l'eau additionnée de carbonate et de sulfhydrate d'ammoniaque.

Après avoir chassé dans la liqueur filtrée par une douce chaleur la plus grande partie de l'excès de carbonate d'ammoniaque, on acidifie avec de l'acide chlorhydrique, on chauffe, on sépare par filtration le soufre mis en liberté et l'on précipite l'urane soit par le sulfhydrate d'ammoniaque (voir plus haut la séparation de l'urane d'avec les alcalis), soit par l'ammo-

---

(*) *Zeitschr. f. analyt. Chem.*, IV, 383.
(**) *Zeitschr. f. analyt. Chem.*, XII, 310.

niaque après avoir chauffé avec de l'acide azotique (*H. Rose* *, *Remelé* **).
Comme dans la précipitation par le carbonate d'ammoniaque et le sulfhydrate d'ammoniaque il passe toujours un peu de nickel dans le liquide filtré, la méthode convient moins bien en présence du nickel.

On peut séparer l'oxyde d'urane du p e r o x y d e d e f e r (***) au moyen d'un
excès de carbonate d'ammoniaque. La petite quantité de peroxyde de fer qui
passe dans la solution avec l'urane se précipite d'elle-même en abandonnant le liquide au repos pendant un jour. On pourrait aussi le précipiter
avec un peu de sulfhydrate d'ammoniaque avant de précipiter l'urane
(*Pisani* ****).

C'est avec le carbonate de baryte qu'on sépare de l'oxyde d'urane les
p r o t o x y d e s d e n i c k e l, d e c o b a l t, d e m a n g a n è s e, l'o x y d e d e
z i n c et la m a g n é s i e. Le liquide renfermant un peu d'acide libre et dans
lequel on a mis un excès de carbonate de baryte est abandonné à froid
pendant 24 heures et agité fréquemment (76).

Suivant *Gibbs* et *Perkins* (*****), on peut séparer l'urane d'avec le c o b a l t, 126
le n i c k e l et le z i n c en ajoutant à la solution neutre ou faiblement acide des
chlorures de l'acétate de soude en excès, puis quelques gouttes d'acide acétique. On fait ensuite bouillir le liquide, et pendant une demi-heure on y
fait passer un courant rapide d'acide sulfhydrique. Le cobalt, le nickel et
le zinc sont précipités à l'état de sulfure et l'urane reste en dissolution. —
Je conseille d'essayer le liquide filtré avec un mélange de carbonate et de
sulfhydrate d'ammoniaque, pour s'assurer s'il n'est pas resté quelque peu
de nickel, de cobalt ou de zinc dans la dissolution.

· CINQUIÈME GROUPE

OXYDE D'ARGENT, PROTOXYDE DE MERCURE, BIOXYDE DE MERCURE, OXYDE DE PLOMB,
OXYDE DE BISMUTH, OXYDE DE CUIVRE, OXYDE DE CADMIUM.

I. *Séparation des oxydes du cinquième groupe d'avec ceux des quatre premiers.*

§ 162.

L'oxyde d'argent d'avec les oxydes des groupes I à IV : 127. 128.
Le bioxyde et le protoxyde de mercure d'avec les oxydes des groupes I à
IV : 127. 129.
L'oxyde de plomb d'avec les oxydes des groupes I à IV : 127. 130.
    »   » le protoxyde de manganèse : 142.
L'oxyde de bismuth d'avec les oxydes des groupes I à IV : 127. 140.
    »   » le protoxyde de manganèse : 142.

(*) *Zeitschr. f. analyt. Chem.*, I, 412.
(**) *Zeitschr. f. analyt. Chem.*, IV, 385.
(***) Voir la note 21 à la fin du volume.
(****) *Comptes rendus*, LII, 106.
(*****) *Zeitschr. f. analyt. Chem.*, III. 334.

L'oxyde de cuivre d'avec les oxydes des groupes I à IV : 127. 131. 132. 133. 13 i. 135.
    »   »   l'oxyde de zinc : 136. 137.
    »   »   le protoxyde de manganèse : 142.
    »   »   le peroxyde de fer : 138.
    »   »   le protoxyde de nickel : 159.
L'oxyde de cadmium d'avec les oxydes des groupes I à IV : 127.
    »   »   l'oxyde de zinc : 141.
    »   »   le protoxyde de manganèse : 142.

A. Méthode générale.

Tous les oxydes du cinquième groupe d'avec ceux des quatre premiers.

Principe : *L'acide sulfhydrique précipite dans une dissolution acide les métaux du cinquième groupe, mais non pas ceux des quatre premiers.*

Les points principaux auxquels il faut faire le plus attention sont les suivants :

127   *α.* Pour la séparation des oxydes du cinquième groupe d'avec ceux des groupes I, II et III, il suffit que la dissolution dans laquelle on fera la précipitation par l'acide sulfhydrique ait la réaction acide, quelle qu'en soit la cause. Mais s'il s'agit d'opérer la séparation d'avec les oxydes du groupe du fer, il faut nécessairement que le liquide renferme un acide minéral libre, autrement il pourrait se précipiter aussi du zinc et suivant les circonstances du nickel et du cobalt.

β. Même en ajoutant au liquide de l'acide chlorhydrique, cela ne suffit pas toujours pour empêcher la précipitation du zinc. *Rivot* et *Bouquet* ont prétendu qu'il était impossible de séparer complètement le cuivre du zinc par l'hydrogène sulfuré, ce que *Calvert* a confirmé par de nouvelles recherches. Au contraire *Spirgatis* (*) et déjà auparavant *H. Rose* étaient arrivés à ce résultat que la séparation était complète en présence d'une quantité suffisante d'acide libre.

Devant cette divergence d'opinion, j'ai cru nécessaire d'étudier de nouveau la question et voici, d'après de nouvelles expériences faites dans mon laboratoire par *Grundmann*, les précautions que nous recommandons (**).

Dans la dissolution renfermant du c u i v r e et du z i n c on verse beaucoup d'acide chlorhydrique, par exemple pour $0^{gr},4$ d'oxyde de cuivre dans 250 C.C. 50 C.C. d'acide chlorhydrique de densité 1,1 : on fait passer le courant d'acide sulfhydrique jusqu'à grand excès en opérant à 70°, on filtre avant que l'excès d'acide sulfhydrique soit dégagé ou décomposé, on lave avec une solution aqueuse d'hydrogène sulfuré, on sèche, on grille à l'air, on redissout dans l'eau régale, on évapore presque à siccité, on ajoute de l'eau et de l'acide chlorhydrique, comme plus haut, et l'on précipite de nouveau par l'acide sulfhydrique. Alors le précipité ne renferme pas trace de zinc et on le traite d'après le § **119**. 3.

(*) *Journ. f. prackt. Chem.*, LVII, 184.
(**) *Journ. f. prackt. Chem.*, LXXIII, 241.

S'il y a du cadmium, on opère de la même façon sauf que l'on ajoute un peu moins d'acide, par exemple : pour 0^{gr},4 d'oxyde de cadmium dans 250 C.C. de liquide, on prendra seulement 10 C.C. d'acide chlorhydrique de densité 1,1. — Si la quantité de zinc est un peu notable, on dissout le sulfure de cadmium, qui se précipite le premier, dans l'acide chlorhydrique chaud, on évapore presque à siccité, on ajoute 10 C.C. d'acide chlorhydrique, environ 250 C.C. d'eau et l'on précipite de nouveau. Par cette double précipitation les résultats sont tout à fait bons.

γ. Les autres métaux du cinquième groupe se comportent comme le cadmium, c'est-à-dire qu'ils ne sont pas complètement précipités par l'acide sulfhydrique lorsqu'il y a trop d'acide libre dans une solution concentrée. C'est le plomb qui exige la plus petite quantité d'acide pour rester dissous, puis viennent ensuite par ordre : le cadmium, le mercure, le bismuth, le cuivre, l'argent. Il faut donc tenir compte de cette remarque d'avoir soin d'essayer sur une portion du liquide filtré, en y ajoutant beaucoup d'acide sulfhydrique en dissolution aqueuse, si la précipitation des métaux du cinquième groupe est complète.

δ. Si l'acide chlorhydrique ne produit pas de précipité dans la dissolution, il faudra le préférer pour aciduler ; dans le cas contraire on fera usage d'acide sulfurique ou d'acide azotique : avec ce dernier il faut toujours que la liqueur soit fortement étendue.

Eliot et *Storer* (*) sont arrivés au même résultat que nous et ont montré de plus que si *Calvert* avait obtenu des résultats inexacts, c'est parce qu'il prenait des dissolutions trop étendues : car pour empêcher la précipitation du zinc il ne faut pas seulement qu'il y ait une certaine proportion entre le zinc et l'acide libre, mais aussi un certain degré de dilution qu'on ne saurait dépasser sans inconvénients. Je partage tout à fait l'opinion des chimistes, qui pensent qu'on pourrait opérer dans des circonstances telles qu'une seule précipitation suffirait pour opérer la séparation complète, mais il me semble préférable dans la pratique d'en faire deux : on arrivera ainsi plus sûrement au but.

ε. Pour séparer le cuivre d'avec le nickel (et le cobalt), ce qui se présente fréquemment, il n'est pas nécessaire de faire une double précipitation, ainsi que je m'en suis assuré. — Si la solution qu'il faut traiter par l'acide sulfhydrique contient assez d'acide chlorhydrique libre et pas trop d'eau, le sulfure de cuivre est tout à fait exempt de sulfure de nickel : tandis que d'autre part, si la quantité d'acide libre n'est pas trop considérable, le liquide filtré ne renferme pas trace de cuivre. Les remarques faites en β pour la séparation du cuivre et du zinc sont aussi applicables ici.

ζ. D'après les expériences de *Follenius* (**), on peut par une seule précipitation séparer complètement le cadmium d'avec le zinc, en faisant passer les métaux dans une dissolution sulfurique, renfermant 25 à 50 p. 100 d'acide sulfurique étendu de densité 1,19. On précipite à 70° avec l'hydrogène sulfuré. — On filtre sur un filtre d'asbeste pesé (page 84), on sèche dans

(*) *On the Impurities of commercial Zinc*, etc. *Memoirs of the American Academy of Arts*, etc. New Series, VIII.
(**) *Zeitschr. f. analyt. Chem.*, XIII.

un courant d'air chaud, on chauffe légèrement au rouge dans un courant d'acide sulfhydrique gazeux pur (pour transformer en sulfure la petite quantité de sulfate de cadmium mélangé au précipité), on fait partir le peu de soufre qui aurait pu être mis en liberté en chauffant un peu dans un courant d'air et enfin l'on pèse.

B. Méthodes spéciales.

Chaque oxyde du cinquième groupe à séparer de chaque oxyde ou de tous les oxydes des quatre premiers groupes.

128 1. On séparera très facilement et très exactement l'argent des oxydes des quatre premiers groupes à l'aide de l'acide chlorhydrique. On aura soin seulement de ne pas verser un trop grand excès d'acide chlorhydrique et d'avoir une dissolution suffisamment étendue; autrement il resterait de l'argent non précipité. On n'oubliera pas non plus d'ajouter de l'acide azotique, sans quoi le chlorure d'argent ne se déposerait pas bien. On traite ce chlorure d'argent précipité suivant le § **115**. 1. a.

129 2. Pour séparer le mercure des métaux des quatre premiers groupes, on chauffe au rouge la combinaison : le mercure ou ses composés se volatilisent, tandis que les autres substances fixes restent. Ce procédé peut s'appliquer très bien soit aux amalgames, soit aux combinaisons d'oxydes, de chlorures ou de sulfures. S'il faut doser le mercure par la perte de poids, on fait la calcination dans un creuset, ou dans un tube à boule, ou bien encore dans une petite nacelle en porcelaine que l'on introduit dans un tube plus large : il est en outre fort commode d'opérer dans un courant d'hydrogène (voir § **118**, 1. a. et aussi l'essai des minerais de mercure dans le chapitre des spécialités).

On peut encore séparer très bien le mercure des métaux des quatre premiers groupes en le précipitant à l'état de protochlorure au moyen de l'acide phosphoreux (§ **118**. 2.). — S'il était à l'état de protoxyde, on pourrait tout simplement précipiter directement la liqueur avec l'acide chlorhydrique (§ **117**. 1.).

130 3. On séparera très bien l'oxyde de plomb des bases dont les sulfates sont solubles en précipitant au moyen de l'acide sulfurique. Les résultats sont tout à fait exacts, si l'on suit bien les règles indiquées au § **116**. 3.

Si l'on a ensemble du plomb et de la baryte à l'état de sulfates, on fait digérer le précipité avec une dissolution de sesquicarbonate d'ammoniaque ordinaire et sans chauffer. Le sel de plomb seul est décomposé. On lave d'abord avec une dissolution de carbonate d'ammoniaque, puis avec de l'eau, et l'on sépare le carbonate de plomb du sulfate de baryte au moyen de l'acide acétique ou de l'acide azotique étendu (*H. Rose* *). — On arrive au même résultat en faisant digérer les sels insolubles bien lavés dans une dissolution concentrée d'hyposulfite de soude et à la température de 15 à 20° (mais pas davantage). Le sulfate de baryte reste insoluble tandis que le sulfate de plomb se dissout. Dans le liquide filtré on dose le plomb (suivant le

(*) *Journ. f. prackt.*, LXVI, 166.

§ **116**. 2.) à l'état de sulfure. *J. Lœwe* (*). La méthode employée par *Rivot, Beudant* et *Daguin*, consistant à séparer le plomb au moyen d'un courant de chlore gazeux dans la dissolution chaude et additionnée d'acétate de soude, ne doit, suivant *H. Rose* (**), être appliquée qu'avec beaucoup de prudence, car avec le peroxyde de plomb il se précipite souvent d'autres métaux, même de ceux qui ne sont pas peroxydés par l'action du chlore, tel que l'oxyde de zinc.

4. L'oxyde de cuivre d'avec tous les oxydes métalliques des groupes I à IV.

a. S'il est nécessaire, on évapore la dissolution avec de l'acide sulfurique 131 pour la débarrasser le plus possible d'acide chlorhydrique et d'acide azotique. La liqueur étant ensuite suffisamment étendue, on la porte à l'ébullition et l'on y ajoute une solution d'*hyposulfite de soude* (***) tant qu'il se forme un précipité noir. Quand, celui-ci se déposant. le liquide surnageant ne renferme plus que du soufre en suspension, tout le cuivre est précipité. Le précipité est le sulfure Cu²S, qui se laisse très bien laver sans s'oxyder. On le transforme en sulfure anhydre en le chauffant au rouge dans un courant d'hydrogène (§ **119**. 5.). — Les autres bases sont dans le liquide filtré et les eaux de lavage. On évapore après addition d'acide azotique, on filtre et dans ce liquide on dose les autres oxydes (****). Bons résultats. La méthode exige une certaine habitude, parce qu'il n'est pas aussi facile de reconnaître la fin de la précipitation du cuivre que par l'emploi de l'hydrogène sulfuré.

Si le liquide à précipiter renferme de l'acide chlorhydrique ou de l'acide azotique, et si l'on ne veut pas les éliminer avant l'addition de l'hyposulfite de soude, il faut employer beaucoup plus du réactif précipitant, parce que : en présence de l'acide chlorhydrique, le protochlorure de cuivre qui se forme n'est décomposé que par un grand excès d'hyposulfite de soude; en présence de l'acide azotique, le précipitant n'agit sur le sel de cuivre que lorsque tout l'acide azotique a été décomposé.

b. On précipite le cuivre à l'état de *sulfocyanure*, suivant le § **119**. 3. b. et 132 aussi § **119**. 4. e., et les autres métaux restent en dissolution (*Rivot*). S'il y a des alcalis qu'on désire doser dans le liquide filtré, il faut employer du sulfocyanhydrate d'ammoniaque au lieu de sulfocyanure de potassium pour opérer la précipitation. Ce procédé convient surtout pour séparer le cuivre du zinc. Ce dernier peut être immédiatement précipité dans la liqueur filtrée au moyen du carbonate de soude. --- On peut encore opérer de même

---

(*) *Journ. f. prackt. Chem.*, LXXVII, 75.

(**) *Ann. Pogg.*, CX, 417.

(***) Le sel du commerce n'est généralement pas assez pur : il faut alors à sa dissolution ajouter un peu de carbonate de soude et filtrer.

(****) L'emploi de l'hyposulfite pour précipiter certains métaux à l'état de sulfures a été indiqué déjà, en 1842, par *C. Himly* (*Ann. d. Chem. u. Pharm.*, XLIII, 150), et cette remarque resta longtemps inaperçue. Plus tard, *Vohl* (*Ann. d. Chem. u. Pharm.*, XCVI, 257) et *Sater* (*Chem. Gaz.* 1855. 369) reprirent cette question. Mais c'est *Flajolot* (*Mém. des Mines*, 1853, 641) qui le premier a appliqué cette réaction aux analyses quantitatives, et les résultats qu'il a obtenus ne laissent rien à désirer.

pour séparer le cuivre d'avec le fer (*H. Rose* *) ; il n'est pas nécessaire ici de réduire complétement le peroxyde de fer au moyen de l'acide sulfureux, car la séparation réussit aussi bien, quand même la dissolution se colore en rouge de sang, par addition du sulfocyanure de potassium.

133   c. Il y a encore une autre méthode, recommandée surtout par *Flajolot* (**); elle consiste à précipiter le cuivre avec une dissolution aqueuse d'iode dans l'acide sulfureux, après avoir éliminé la plus grande partie de l'acide libre, et avoir ajouté de l'acide sulfureux. Mais, suivant *H. Rose* (***), les résultats sont inexacts, parce qu'il reste une quantité appréciable de cuivre dans la liqueur contenant un excès d'acide sulfureux. On peut, il est vrai, obvier à cet inconvénient en versant dans la solution chlorhydrique, ne contenant que peu d'acide en excès, du protochlorure d'étain en excès, du chlorhydrate d'ammoniaque, puis de l'iodure de potassium jusqu'à ce que ce dernier commence juste à dominer (*E. Fleischer* ****). Mais comme il faut dans ce cas, avant de pouvoir doser les bases des groupes I à IV, éliminer dans la liqueur filtrée l'excès de protochlorure d'étain et le bichlorure formé, la méthode n'offre aucun avantage.

134   d. Si la dissolution n'est pas trop étendue, si les bases sont à l'état de sulfates et qu'il n'y ait ni acide chlorhydrique ni acide azotique, on peut aussi précipiter complétement le cuivre avec un *hypophosphite alcalin*. Vers environ 70° il se dépose un hydrure de cuivre, qui chauffé davantage se décompose en cuivre et en hydrogène. Il vaut mieux ne pas chauffer au delà de 90°. La précipitation est complète, quand une goutte de liquide ne brunit plus par l'hydrogène sulfuré. On lave le cuivre spongieux par décantation et on le dessèche dans un courant d'hydrogène. — La séparation est complète (*W. Gibbs* et *A. Chauvenet* *****). La méthode convient surtout pour séparer le cuivre des métaux du groupe IV, que l'on pourra ensuite précipiter dans le liquide filtré avec le sulfhydrate d'ammoniaque.

135   e. On peut précipiter le cuivre avec le courant d'une pile dans une solution exempte d'acide chlorhydrique, contenant un peu d'acide azotique libre (20 C. C. d'acide de densité 1,2 dans 200 C. C. de liquide) et dans laquelle il peut aussi y avoir de l'acide sulfurique. On fait déposer le cuivre sur un objet en platine formant le pôle négatif (le mieux est de prendre un cône en platine). On a soin que la précipitation soit complète en donnant une force suffisante au courant, le faisant agir pendant un temps convenable et en enlevant le cône hors du liquide sans interrompre le courant. En opérant bien, on sépare ainsi complétement le cuivre des métaux des groupes I, II, III et IV. Tous les métaux de ces groupes restent en dissolution, à l'exception du manganèse, qui se dépose au pôle positif à l'état de peroxyde. Cependant la méthode exige une certaine habitude, et la réalisation de certaines conditions qu'on ne peut connaître que par de nombreux essais préalables ; elle est bonne surtout pour les usines métallurgiques et les fabriques dans lesquelles on a toujours des batteries constantes

(*) *Pogg. Ann.*, CX, 424.
(**) *Ann. des Mines*, 1853, 641.
(***) *Pogg. Ann.* CX, 425.
(****) *Zeitschr. f. analyt. Chem.*, IX, 256.
(*****) *Zeitschr. f. analyt. Chem.*, VII, 256.

en activité. Ce procédé électrolytique a été indiqué pour la première fois par *Gibbs* (*), autant qu'il me semble, et plus tard il a été perfectionné surtout par *Luckov* (**). *Lecoq de Boisbaudran, Ullgren* (***) et *Merrick* (****) ont aussi publié des travaux sur ce sujet. Enfin il a été décrit très exactement et dans tous ses détails par les soins de la direction des établissements métallurgiques de Mansfeld (*****), qui a donné la préférence à la méthode de *Luckov* et l'a adoptée. Voir le chapitre des Spécialités : minerais de cuivre, etc.

5. L'oxyde de cuivre d'avec l'oxyde de zinc.

a. *Bobierre* (******) a employé avec succès le procédé suivant pour l'analyse **136** d'un grand nombre d'alliages de cuivre et de zinc. On chauffe pendant au plus 3/4 d'heure au rouge l'alliage placé dans une petite nacelle en porcelaine, introduite dans un tube de porcelaine à travers lequel on fait passer un rapide courant d'hydrogène. Le zinc part en vapeurs, le cuivre reste. — Si l'alliage cuivre-zinc renferme un peu de plomb (moins de 2 à 3 pour 100), celui-ci se volatilise complètement avec le zinc et se dépose dans le tube de porcelaine en avant de la petite nacelle. Si l'alliage contient plus de plomb, il se volatilise en partie, et le reste se trouve dans le cuivre (*Burstyn* *******).

b. La méthode indiquée plus loin (159), proposée par *A. W. Hofmann* **137** pour séparer le cuivre du cadmium, convient aussi pour séparer le cuivre d'avec le zinc (faire bouillir les sulfures précipités avec de l'acide sulfurique étendu, qui dissout le sulfure de zinc et laisse le sulfure de cuivre). (*G. C. Wittstein* ********.)

6. L'oxyde de cuivre d'avec le peroxyde de fer. — Le plus an- **138** cien procédé, qu'on emploie pour séparer ces deux oxydes, consiste à les précipiter avec de l'ammoniaque, et à séparer par filtration le peroxyde de fer d'avec la solution ammoniacale de cuivre. Mais si l'on veut par ce moyen obtenir des résultats exacts, il faut suivant la quantité de cuivre recommencer la précipitation deux et même trois fois, en général la recommencer jusqu'à ce que le liquide filtré ne soit plus coloré en bleu d'une façon sensible, autrement le peroxyde de fer retient toujours de l'oxyde de cuivre.

7. L'oxyde de cuivre d'avec le protoxyde de nickel. — Si l'on a **139** une dissolution azotique, on l'additionne d'acide chlorhydrique et on l'évapore à siccité; on dissout les chlorures dans l'eau, on ajoute un poids de crème de tartre pure double de celui présumé des métaux; on chauffe un peu pour favoriser la dissolution, et l'on verse peu à peu une dissolution d'hydrate de potasse dans de l'alcool jusqu'à ce que le précipité d'oxydes hydratés d'abord formé se redissolve. Après refroidissement on ajoute une

---

(*) *Zeitschr. f. analyt. Chem.*, III, 534.
(**) *Dingler's polyt. Journ.*, CLXXVII, 296, et *Zeitschr f. analyt. Chem.*, VIII, 25.
(***) *Zeitschr. f analyt Chem.*, VII, 255.
(****) *Americ. Chem*, II. 136.
(*****) *Zeitschr. f. analyt. Chem.*, XI, 1.
(******) *Compt. rend.*, XXXVI, 224.
(*******) *Zeitschr. f. analyt. Chem.*, XI, 175.
(********) *Vierteljahrsschr. f. prackt. Pharm.*, XVII, 461. — *Zeitschr. f. analyt. Chem.*, VIII, 202.

dissolution de sucre de raisin pur, et l'on fait bouillir une ou deux minutes.
Le cuivre se dépose à l'état de protoxyde. Après s'être assuré que la précipitation est complète en ajoutant une goutte de la solution de sucre au liquide clair, on filtre et l'on dose le cuivre, soit en le calcinant, en traitant
par l'acide azotique et calcinant de nouveau pour le ramener à l'état de
bioxyde, soit en le transformant en sulfure (§ **119**. 5. c.), soit enfin par
un procédé volumétrique avec des liqueurs titrées (§ **119**. 4. e.). On évapore à siccité le liquide qui renferme le nickel, on calcine le résidu au
rouge, on enlève le carbonate de potasse par des lavages, on calcine une
seconde fois, on dissout dans l'eau régale et l'on précipite le nickel avec la
lessive de potasse suivant le § **110**. 1, a (*Dewilde* *). Il faut filtrer et laver
rapidement le protoxyde de cuivre, sans quoi une partie se redissout : la
méthode est ennuyeuse et n'offre pas plus de rigueur que la séparation par
l'acide sulfhydrique.

140   8. Le bismuth d'avec les métaux des quatre premiers groupes
excepté le peroxyde de fer. — On précipite le bismuth, d'après le
§ **120**. 4., à l'état de chlorure basique, et on le dose sous la forme métallique. Toutes les autres bases restent en dissolution. Les résultats sont
très exacts (*H. Rose* **).

141   9. L'oxyde de cadmium d'avec l'oxyde de zinc. — On fait une
dissolution chlorhydrique ou azotique aussi neutre que possible, on y ajoute
une suffisante quantité d'acide tartrique, puis de lessive de potasse ou de
soude, jusqu'à ce que la liqueur limpide ait une réaction nettement alcaline.
On étend avec de l'eau en quantité pas trop faible, et l'on fait bouillir 1 heure
1/2 à 2 heures. On précipite ainsi tout le cadmium à l'état d'oxyde hydraté
exempt d'alcalis (qu'on dose suivant le § **121**.), tandis que le zinc reste
complètement dissous (et on le détermine suivant le § **108**. 1. b.) (*Aubel*
et *Ramdohr* ***). Les exemples cités sont très satisfaisants. Comme la séparation n'est rigoureuse que lorsqu'on opère dans de bonnes proportions,
je donnerai les quantités relatives de substances avec lesquelles *Aubel* et
Ramdohr ont obtenu de bons résultats. On fit dissoudre environ 1 gramme
de ZnO et 1 gramme de CdO dans l'acide chlorhydrique, on ajouta 30
grammes d'une dissolution de crème de tartre (qui en 1 gramme contenait 23 centigrammes d'acide tartrique), 50 grammes d'une lessive de
soude de densité 1,16 et 120 grammes d'eau : on fit bouillir 2 heures (il ne
faut en aucun cas chauffer dans un vase en verre : il vaut mieux prendre
une capsule en platine ou en argent).

142   10. Le protoxyde de manganèse d'avec les oxydes de plomb, de
bismuth, de cadmium et de cuivre. — Si l'on a une dissolution contenant du protoxyde de manganèse et l'une des autres bases, on précipite la
liqueur chaude avec du carbonate de soude, on lave le précipité avec de
l'eau bouillante, d'abord par décantation, puis sur le filtre ; on sèche, on
chauffe au rouge pendant quelque temps, on pèse, et dans une portion du
résidu on dose le manganèse volumétriquement (72). S'il y a une quantité

(*) *Chem. News*, 1863, VII, 19.
(**) *Pogg. Ann.*, CX, 429.
(***) *Ann. d. Chem. u. Pharm.*, CIII, 33.

suffisante d'oxyde de plomb, de bismuth, de cadmium ou de cuivre, le résidu a pour composition $Mn^2O^3 + x.MnO$ ou $Mn^2O^3 + x.BiO^3$ (*Krieger* [*]). Il ne faut pas oublier, en ajoutant au liquide filtré un peu de sulfhydrate d'ammoniaque, d'essayer si le carbonate de soude a bien précipité tous les oxydes. — Lorsqu'on précipite l'oxyde de cuivre par les carbonates alcalins, la liqueur doit être étendue de façon à ne contenir qu'environ 1 gramme de cuivre par litre : le carbonate alcalin sera ajouté en léger excès et l'on fera bouillir le tout environ une demi-heure, de façon que le carbonate basique vert bleuâtre devienne foncé, grenu et par là plus facile à laver. (*W. Gibbs* et *E. R. Taylor* [**].)

II. *Séparation des oxydes du cinquième groupe entre eux.*

§ **163.**

L'oxyde d'argent d'avec	l'oxyde de cuivre :	145. 148. 150. 164. 165.
»	l'oxyde de cadmium :	145. 148. 150.
»	l'oxyde de bismuth :	145. 147. 150. 161.
»	le bioxyde de mercure :	145. 148. 150. 158. 160.
»	l'oxyde de plomb :	145. 146. 147. 150. 155. 164. 165.
Le bioxyde de mercure d'avec	l'oxyde d'argent :	145. 148. 150. 158. 160.
»	le protoxyde de mercure :	144.
»	l'oxyde de plomb :	145. 146. 147. 150. 159. 160.
»	» de bismuth :	145. 147. 150 151. 158.
»	» de cuivre :	145. 149. 150. 158. 160.
»	» de cadmium :	145. 150. 158.
Le protoxyde de mercure d'avec	le bioxyde de mercure :	144.
»	l'oxyde de cuivre :	144.
»	» de cadmium :	144.
»	» de plomb :	144. 146.

(Voir en outre la séparation du bioxyde de mercure d'avec les autres métaux.)

L'oxyde de plomb d'avec	l'oxyde d'argent :	145. 147. 150. 155. 164. 165.
»	le protoxyde de mercure :	144 146.
»	le bioxyde de mercure :	145. 146. 147. 150. 158. 160.
»	l'oxyde de cuivre :	146. 147. 150. 152.
»	» de bismuth :	146. 147. 152. 161. 162.
»	» de cadmium :	146. 147. 150.
L'oxyde de bismuth d'avec	l'oxyde d'argent :	145. 147. 150: 161.
»	» de plomb :	146. 147. 152. 161. 162.
»	» de cuivre :	147. 150. 151. 153. 161.
»	» de cadmium :	147. 150. 151. 152. 157.
»	le bioxyde de mercure :	145. 147. 150 151. 158.
L'oxyde de cuivre d'avec	l'oxyde d'argent :	145. 148. 150. 164. 165.
»	» de plomb :	146. 147. 150. 152.
»	» de bismuth :	147. 150. 151. 153. 161.
»	le bioxyde de mercure :	145. 149. 150. 158. 160.
»	le protoxyde de mercure :	144.
»	l'oxyde de cadmium :	149. 150. 152. 154. 156.159 (***)
»	le protoxyde de cuivre :	163. 165.
L'oxyde de cadmium d'avec	l'oxyde d'argent :	145. 148. 150.
»	» de plomb :	146 147. 150.
»	» de bismuth :	147. 150. 151. 152. 157.
»	» de cuivre.	149. 150. 152 154. 156. 159.
»	le bioxyde de mercure :	145. 150. 158.
»	le protoxyde de mercure :	144.

[*] *Ann. d. Chem. u. Pharm.*, LXXXVII. 264.
[**] *Zeitschr. f. analyt. Chem.*, VII, 258.
[***] Voir la note 22 à la fin du volume.

1. *Méthodes fondées sur l'insolubilité de certains chlorures dans l'eau ou dans l'alcool.*

145 a. L'oxyde d'argent d'avec les oxydes de cuivre, de cadmium, de bismuth, le bioxyde de mercure, l'oxyde de plomb.

α. Pour séparer l'oxyde d'argent d'avec les oxydes de cuivre, de cadmium et de bismuth, à la dissolution azotique renfermant un excès d'acide, on ajoute de l'acide chlorhydrique tant qu'il se forme un précipité, et l'on sépare le chlorure d'argent du liquide qui contient les autres oxydes, d'après le § **115**. 1. a. — En présence du bismuth, on chauffe encore le chlorure d'argent avec de l'acide azotique, après avoir enlevé le liquide surnageant, puis on le lave avec de l'acide azotique étendu et enfin avec de l'eau.

β. Si l'on veut séparer par l'acide chlorhydrique le bioxyde de mercure d'avec l'oxyde d'argent, il y a certaines précautions à prendre, parce que le chlorure d'argent se dissout dans une solution d'azotate de bioxyde de mercure (*Wackenroder*, *Liebig* *, *Debray* **). Bien que cette dissolution abandonne le chlorure d'argent par l'addition de la quantité d'acide chlorhydrique nécessaire pour obtenir du bichlorure de mercure, ou aussi par une addition d'acétate de soude, on ne saurait cependant admettre que de cette façon tout l'argent est précipité. — D'après cela, dans la dissolution azotique, qui ne doit pas contenir de protoxyde de mercure et doit être suffisamment étendue et acidulée par l'acide azotique, on verse de l'acide chlorhydrique tant qu'il se forme un précipité. Après dépôt, on filtre le liquide clair, on chauffe le précipité avec un peu d'acide azotique, pour le débarrasser du peu de sel basique de mercure qu'il aurait pu entraîner, on ajoute de l'eau, puis quelques gouttes d'acide chlorhydrique, et l'on sépare le chlorure d'argent par filtration. Dans la liqueur on dose le mercure à l'état de sulfure (§ **118**. 3); et enfin on s'assure que celui-ci ne contient pas d'argent, en le chauffant au rouge dans un courant d'hydrogène, ce qui donnerait l'argent métallique comme résidu.

γ. Pour la séparation de l'argent d'avec le plomb, on ajoute de l'acétate de soude avant d'opérer la précipitation. La liqueur sera chaude et l'acide chlorhydrique assez étendu. On ne verse pas plus de ce dernier qu'il n'en faut. De cette façon la séparation est facile, le chlorure de plomb se dissolvant dans l'acétate (*Anthon*). — On lave le chlorure d'argent avec de l'eau chaude. — Dans le liquide filtré on précipite le plomb avec l'acide sulfhydrique. — Si l'on veut éviter l'influence parfois fâcheuse de l'acétate de soude, il faut donner beaucoup de soin au lavage du chlorure d'argent. Il est bon, après avoir pesé le chlorure d'argent, de le réduire dans un courant d'hydrogène au rouge faible et de voir si l'argent obtenu renferme du plomb. — Quant au dosage de faibles quantités d'argent en présence de beaucoup de plomb, voir au chapitre des Spécialités « l'analyse du plomb pauvre ».

δ. Pour doser l'argent dans les alliages, on fait usage, dans les ateliers de monnaies, de la méthode volumétrique (§ **115**. 5.). S'il y avait du bioxyde de mercure, on ajouterait au liquide de l'acétate de soude avant

(*) *Ann. der Chem. u. Pharm.*, LXXXI, 128.
(**) *Compt. rend.*, LXX. 819.

de verser la dissolution de sel marin. — À l'hôtel de la monnaie des Indes britanniques on précipite l'argent en chlorure, que l'on pèse (*).

    144

b. **Le protoxyde de mercure d'avec le bioxyde de mercure, les oxydes de cuivre, de cadmium et de plomb.** — Dans la solution froide et fortement étendue on verse de l'acide chlorhydrique tant qu'il se forme un précipité (protochlorure de mercure) : on laisse celui-ci se déposer, on le recueille sur un filtre pesé, on le sèche à 100° et l'on pèse. Tous les autres oxydes sont dans le liquide. — S'il fallait opérer sur un corps solide insoluble dans l'eau, on le traiterait directement à froid par l'acide chlorhydrique étendu, ou bien on le dissoudrait dans de l'acide azotique faible et l'on précipiterait après avoir fortement étendu d'eau. — Il faut toujours faire bien attention de ne pas transformer le protoxyde de mercure en bioxyde par l'acte de la dissolution. — S'il y a du plomb, il faut laver le protochlorure de mercure avec de l'eau à 60 ou 70°, jusqu'à ce que le liquide qui passe ne soit ni précipité, ni même coloré par l'acide sulfhydrique. Pour plus de sécurité on s'assure enfin que le protochlorure de mercure pesé, convenablement chauffé avec du soufre dans un courant d'hydrogène, ne laisse pas de résidu de sulfure de plomb.

    145

c. **Le bioxyde et le protoxyde de mercure d'avec les oxydes de cuivre et de cadmium, moins bien d'avec l'oxyde de plomb et de bismuth.** — Si le mercure est à l'état de bioxyde ou à l'état de bioxyde et de protoxyde, on le précipite suivant le § **118**. 2. sous forme de protochlorure, en employant l'acide chlorhydrique et l'acide phosphoreux. On lave le précipité, surtout en présence du bismuth, d'abord avec de l'eau contenant de l'acide chlorhydrique, puis avec de l'eau pure, jusqu'à ce que l'eau de lavage ne soit plus précipitée ni même colorée par l'hydrogène sulfuré (*H. Rose* **). S'il y a du plomb, il faut tenir compte de ce qui est dit plus haut (144).

d. Il ne faut pas employer le procédé de séparation du plomb d'avec le mercure, le cuivre et le bismuth, qui consiste à concentrer la dissolution azotique, à ajouter de l'acide chlorhydrique et de l'alcool et à laver le chlorure de plomb avec de l'alcool. La méthode (146) est bien plus exacte.

    146

2. *Méthodes fondées sur l'insolubilité du sulfate de plomb.*

L'oxyde de plomb d'avec tous les autres oxydes du cinquième groupe.—On ajoute de l'acide sulfurique pur en excès, pas trop faible, à la dissolution azotique, on évapore jusqu'à ce que l'acide sulfurique commence à se volatiliser : on laisse refroidir, on ajoute de l'eau (dans laquelle se dissolvent très bien les sulfates de mercure et de bismuth, s'il y a assez d'acide sulfurique libre) et, avec un filtre *sans plis*, on sépare le sulfate de plomb insoluble de la liqueur qui contient tous les autres oxydes. Si l'on craignait que le résidu de l'évaporation ne contienne plus assez d'acide sulfurique libre, on ajouterait un peu de cet acide étendu avant de reprendre par l'eau. On lave le précipité avec de l'eau additionnée d'acide sulfurique, on la chasse ensuite avec de l'alcool, on sèche et l'on pèse (§ **116**. 3.). Dans le liquide filtré on précipite les autres oxydes par l'acide sulfhydrique. S'il y

---

(*) *Chem. centralbl.* 1872. 202.
(**) *Pogg. Ann.*, CX, 554.

avait de l'argent en certaine quantité, on ne pourrait pas appliquer cette méthode, à cause de la difficulté avec laquelle le sulfate d'argent se dissout. — Dans ce cas on peut, comme l'ont fait *Eliot* et *Storer* (*), précipiter la majeure partie de l'argent avec du sel ammoniac dans la dissolution chaude additionnée d'azotate d'ammoniaque, évaporer le liquide filtré, chasser les sels ammoniacaux par calcination, et dans le résidu séparer du plomb, au moyen de l'acide sulfurique, la petite quantité d'argent qui a pu se dissoudre.—Pour séparer le plomb du bismuth, la meilleure manière d'opérer est la suivante, d'après *H. Rose* (**). Si les deux oxydes sont dissous à la faveur de l'acide azotique, ce qui arrive le plus souvent, on réduit par évaporation à un faible volume et l'on ajoute assez d'acide chlorhydrique pour dissoudre tout l'oxyde de bismuth : en même temps l'oxyde de plomb se dépose en partie à l'état de chlorure. Si un essai du liquide clair décanté se trouble par l'addition d'une goutte d'eau, il faut ajouter encore de l'acide chlorhydrique, de façon qu'il ne se forme de trouble permanent que par l'addition de plusieurs gouttes d'eau. On reverse les liqueurs troubles dans la masse et on lave les vases avec de l'alcool. On ajoute maintenant de l'acide sulfurique étendu, on abandonne quelque temps en agitant, on ajoute de l'alcool de densité 0,8 : on remue bien, on laisse déposer, on filtre, on lave le sulfate de plomb d'abord avec de l'alcool additionné d'un peu d'acide chlorhydrique, puis avec de l'alcool pur et on le dose d'après le § **116**. 3. On ajoute au liquide filtré une grande quantité d'eau et l'on opère suivant le § **120**. 4. avec le chlorure basique de bismuth.

　　3. *Méthodes basées sur l'action du cyanure de potassium sur les oxydes et les sulfures* (d'après *Fresenius* et *Haidlen* ***).

147　　a. L'oxyde de plomb et celui de bismuth d'avec tous les autres oxydes du cinquième groupe. — On ajoute à la dissolution *étendue* du carbonate de soude en *léger* excès, on verse du cyanure de potassium (exempt de sulfure), on chauffe un peu pendant quelque temps, on filtre et on lave. Sur le filtre restent du carbonate de plomb et du carbonate de bismuth retenant de l'alcali : dans la liqueur sont les autres métaux à l'état de cyanures unis au cyanure de potassium. On les sépare les uns des autres comme il suit. Dans les analyses tout à fait exactes, il ne faut pas oublier que dans le liquide filtré il y a généralement des traces de bismuth, que l'on peut précipiter par le sulfhydrate d'ammoniaque.

148　　b. L'oxyde d'argent d'avec le bioxyde de mercure, l'oxyde de cuivre et celui de cadmium. — Si la solution renferme beaucoup d'acide libre, on le neutralise presque complètement avec de la soude, puis on verse du cyanure de potassium jusqu'à ce qu'on ait redissous le précipité formé. De cette façon les métaux sont dissous à l'état de cyanures unis au cyanure de potassium. On ajoute ensuite de l'acide azotique étendu en léger excès. Les cyanures doubles sont décomposés : le cyanure d'argent insoluble se précipite d'une façon permanente, le cyanure de mercure reste dissous, et les cyanures de cuivre et de cadmium se redissolvent dans

(*) *Proceedings of the American Academy of the Arts and Sciences*, 1860, sept. XI. 52.
(**) *Pogg. Ann.*, CX, 452.
(***) *Ann. d. Chem. u. Pharm.*, XLIII, 129.

l'excès d'acide azotique. On traite le cyanure d'argent suivant le § **115**. 5. Si le liquide filtré ne contient que du mercure et du cadmium, on traite immédiatement par l'acide sulhydrique, qui précipite complètement les métaux à l'état de sulfures ; mais s'il y a du cuivre, on évapore d'abord le liquide avec de l'acide sulfurique, jusqu'à ce qu'on ne sente plus l'acide prussique, puis on précipite par l'acide sulfhydrique (§ **119**. 3.).

c. L'oxyde de cuivre d'avec le bioxyde de mercure et l'oxyde 149 de cadmium. — On ajoute à la dissolution, comme en b., du cyanure de potassium jusqu'à ce qu'on ait redissous le précipité formé, on en verse ensuite un peu plus, puis une dissolution aqueuse d'acide sulfhydrique ou du sulfhydrate d'ammoniaque tant qu'il se forme un précipité. Par là on précipite complètement le sulfure de cadmium et le bisulfure de mercure, tandis que le cuivre reste dans la liqueur à l'état de sulfure de cuivre dissous dans le cyanure de potassium. On laisse déposer, on décante plusieurs fois : pour plus de sûreté on traite encore le précipité par un peu de cyanure de potassium, on chauffe légèrement, on filtre et on lave les sulfures. — Pour doser le cuivre dans la liqueur filtrée, on l'évapore avec addition d'acide azotique et d'acide sulfurique, jusqu'à ce que l'odeur d'acide prussique ait complètement disparu et l'on précipite avec l'hydrogène sulfuré (§ **119**. 3.).

d. Tous les métaux du cinquième groupe les uns d'avec les 150 autres. — On ajoute à la solution étendue du carbonate de soude, puis du cyanure de potassium en excès, on laisse digérer quelque temps à une douce chaleur et l'on filtre. Sur le filtre il reste du carbonate de plomb et du carbonate de bismuth (retenant de l'alcali), qu'on séparera plus tard. — On ajoute au liquide filtré de l'acide azotique en excès, on chauffe un peu, jusqu'à ce que le cyanure de cuivre, qui s'était déposé au commencement avec le cyanure d'argent, soit de nouveau dissous : on sépare par filtration le cyanure d'argent qui reste non dissous et on le traite comme au § **115**. 3. — Au nouveau liquide filtré on ajoute encore du carbonate de soude jusqu'à neutralité, puis du cyanure de potassium, et l'on fait passer un courant d'acide sulfhydrique. On y verse encore un peu de cyanure de potassium (pour redissoudre le peu de sulfure de cuivre qui aurait pu être précipité) et l'on sépare par filtration le précipité formé de sulfure de mercure et de sulfure de cadmium d'avec la liqueur qui renferme tout le cuivre. On dose celui-ci comme il est dit en c. et l'on sépare les premiers suivant (145) ou (158).

4. *Méthodes fondées sur la formation et la précipitation de sels basiques insolubles.*

a. L'oxyde de bismuth d'avec les oxydes de cuivre et de cad- 151 mium, le bioxyde de mercure (et aussi ceux des quatre premiers groupes, excepté le peroxyde de fer). — On précipite le bismuth sous forme de chlorure basique suivant le § **120**. 4., et dans le liquide filtré on précipite le cuivre, etc., par l'acide sulfhydrique. Les résultats sont assez bons (*H. Rose* *).

(*) *Pogg. Ann.*, CX, 450.

152 _ b. L'oxyde de bismuth d'avec les oxydes de plomb et de cadmium. — On sépare le bismuth d'après le § **120**. 1. c. à l'état d'azotate basique de bismuth, et dans le liquide filtré on précipite le plomb et le cadmium avec l'acide sulfhydrique. Résultats tout à fait bons. (*J. Lœve* *.)

 c. L'oxyde de bismuth et l'oxyde de cuivre d'avec les oxydes de plomb et de cadmium. — On sépare le bismuth suivant le § **120**. 1. c. sous forme d'azotate basique ; on chauffe ensuite la capsule au bain-marie jusqu'à ce que l'azotate neutre de cuivre soit transformé complètement en sel basique vert bleuâtre et que par addition d'eau il ne se forme plus de dissolution bleue. On laisse refroidir, on traite par une dissolution aqueuse d'azotate d'ammoniaque (1 : 500), on filtre, on lave avec la même dissolution : dans la liqueur on sépare le plomb du cadmium, et dans le résidu le cuivre du bismuth. Résultats très satisfaisants (*J. Lœve* *).

  5. *Méthodes fondées sur la solubilité de certains oxydes dans l'ammoniaque ou dans le carbonate d'ammoniaque.*

153 a. L'oxyde de cuivre d'avec l'oxyde de bismuth.

 α. On verse un excès de carbonate d'ammoniaqué dans la solution (azotique) et l'on chauffe un peu. Le bismuth se dépose à l'état de carbonate tandis que le carbonate de cuivre est redissous par l'excès de carbonate d'ammoniaque. Toutefois comme le premier précipité entraîne toujours un peu de cuivre, il est nécessaire, après le lavage, de le redissoudre dans l'acide azotique et de précipiter de nouveau avec le carbonate d'ammoniaque. Il faut quelquefois recommencer cette opération une troisième fois, et laver à l'eau additionnée de carbonate d'ammoniaque. Dans le liquide filtré on dose le cuivre à l'état de sulfure, après avoir chassé le carbonate d'ammoniaque par la chaleur et avoir acidulé convenablement avec l'acide chlorhydrique (§ **119**. 5.). On obtient de cette façon de l'oxyde de bismuth tout à fait exempt de cuivre, mais dans la dissolution de cuivre il passe un peu d'oxyde de bismuth ; c'est pourquoi ce procédé ne donne pas des résultats aussi exacts que celui du n° (151) (*H. Rose* **).

 β. On ajoute à la dissolution un peu de sel ammoniac et on la verse, goutte à goutte, dans de l'ammoniaque étendue. Le bismuth se précipite à l'état de sel basique, tandis que le cuivre reste dissous sous forme de sel double ammoniacal (*Berzelius*). Le précipité de bismuth est lavé avec de l'ammoniaque étendue, dissous dans l'acide azotique étendu et dosé d'après le § **120**. — On détermine le cuivre dans la liqueur ammoniacale. — Dans ce procédé il sera bon aussi de faire deux précipitations, comme en α.

154 b. L'oxyde de cuivre d'avec l'oxyde de cadmium. — On verse un excès de carbonate d'ammoniaque. Le carbonate de cadmium se précipite, tandis que l'oxyde de cuivre reste dissous avec un peu d'oxyde de cadmium. En abandonnant à l'air, l'oxyde de cadmium encore dissous se dépose, tandis que l'oxyde de cuivre reste toujours dissous (*Stromeyer*). On traite cette dernière dissolution suivant (153). Ce procédé de séparation est plus commode mais moins exact que celui du n° (149) ou (159).

(*) *Journ. f. prackt. Chem.*, LXXIV, 345.
(**) *Pogg. Ann.* CX, 430.

c. Le chlorure de plomb et le chlorure d'argent peuvent être **155** séparés à l'aide de l'ammoniaque qui dissout le dernier et laisse le premier à l'état de chlorure basique. Il ne faut pas oublier que le chlorure d'argent doit être récemment précipité et à l'abri de l'action directe de la lumière. On précipite le chlorure d'argent de la solution ammoniacale avec de l'acide azotique. Il faut essayer avec l'acide sulfhydrique si, dans le liquide séparé du chlorure d'argent par filtration, il n'y aurait pas des quantités appréciables de chlorure d'argent resté en dissolution à la faveur des sels ammoniacaux.

6. *Méthode fondée sur la précipitation du cuivre à l'état de sulfocyanure.*

L'oxyde de cuivre d'avec l'oxyde de cadmium (et, voir (132), **156** d'avec les oxydes des groupes I à IV). — On précipite le cuivre suivant le § **119**. 5. b., à l'état de sulfocyanure (*Rivot*) et dans le liquide filtré le cadmium à l'état de sulfure. Bons résultats (*H. Rose*). — Le palladium peut aussi se séparer facilement du cuivre par ce moyen (*Wœhler* [*]).

7. *Méthode fondée sur les propriétés des chromates.*

Le bismuth d'avec le cadmium. — On précipite le bismuth d'après **157** le § **120**. 2. Le liquide filtré contient tout le cadmium. On concentre par évaporation et l'on précipite le cadmium par une addition convenable de carbonate de soude, suivant le § **121**. 1. a. (*J..Lœwe* [**], *W. Pearson* [***]). Les exemples cités sont satisfaisants.

8. *Méthode fondée sur l'action des acides sur les sulfures.*

a. Le bioxyde de mercure d'avec l'argent, le bismuth, le cui- **158** vre, le cadmium et moins bien le plomb. — On traite le précipité des sulfures parfaitement lavé par de l'acide azotique tout à fait pur, de concentration moyenne et en chauffant à l'ébullition. Tous les sulfures se dissolvent, sauf celui de mercure. Pour que l'opération réussisse, il faut que le sulfure de mercure soit bien pur, c'est-à-dire, que ce ne soit pas du bisulfure mélangé avec du mercure métallique très divisé (comme cela arrive quand on traite par l'hydrogène sulfuré des solutions de sels de protoxyde de mercure); il faut en outre qu'il n'y ait pas du tout de chlore. *G. de Rath* ([****]) a appliqué avec succès, à la séparation du mercure et du bismuth, cette méthode généralement employée dans l'analyse qualitative.

b. L'oxyde de cuivre d'avec l'oxyde de cadmium. — On fait **159** bouillir avec de l'acide sulfurique étendu (1 partie d'acide concentré et 5 parties d'eau) les sulfures précipités et bien lavés, et l'on filtre au bout de quelque temps pour séparer le sulfure de cuivre non dissous, qu'on dosera suivant le § **119**. 5., d'avec la liqueur qui contient tout le cadmium (*A. W. Hofmann* [*****]).

[*] *Ann. d. Chem. u Pharm.*, CXL, 149, et *Zeitschr. f. analyt. Chem.*, V, 403.
[**] *Journ. f. prackt. Chem.*, LXVII, 469.
[***] *Philos. Mag.*, XI, 204. — *Journ. f. prackt. Chem.*, LXVIII, 255.
[****] *Pogg. Ann.*, XCVI, 322.
[*****] *Ann. d. Chem. u. Pharm.*, CXV, 286.

9. *Méthodes fondées sur la volatilisation de certains métaux, oxydes, chlorures ou sulfures.*

160 a. Le mercure d'avec l'argent, le plomb, le cuivre (en général d'avec les métaux dont les chlorures ne sont pas volatils). On précipite par l'acide sulfhydrique, on rassemble le précipité des sulfures sur un filtre pesé, on sèche à 100°, on pèse et l'on mélange bien intimement. On met une portion de la matière dans la boule D (fig. 108), on y fait passer un courant lent de chlore gazeux et l'on chauffe la boule d'abord lentement, puis peu à peu jusqu'au rouge faible. Pendant l'opération on fait communiquer G avec un ballon contenant de la chaux hydratée humide. — D'abord il distille du chlorure de soufre, qui se décompose dans l'eau des tubes E et F : puis bientôt le bichlorure de mercure formé se volatilise. On le recueille partie dans le récipient E, partie dans la portion postérieure du tube O. On coupe celle-ci, on en chasse le sublimé avec de l'eau dans le récipient E, où l'on verse aussi l'eau du tube F. On ajoute à la solution un excès d'ammoniaque, on chauffe doucement, jusqu'à ce qu'il ne se dégage plus d'azote, on acidule avec de l'acide chlorhydrique et l'on dose le mercure d'après le § **118.** 3., dans la liqueur, qui ne doit plus avoir l'odeur du chlore et qu'on aura débarrassée par filtration du peu de soufre qu'elle pourrait encore tenir en suspension. Si le résidu du tube D n'est formé que de chlorure d'argent ou de chlorure de plomb, on peut le peser directement ; mais s'il contient plusieurs métaux, on réduit les chlorures en les chauffant au rouge dans un courant d'hydrogène et l'on dissout les métaux dans l'acide azotique pour opérer leur séparation ultérieure. — On fera bien attention que s'il y avait du plomb, il ne faudrait chauffer que modérément les sulfures dans le courant de chlore et les chlorures dans le courant d'hydrogène, sans quoi il se volatiliserait facilement du chlorure de plomb.

Si l'on ne veut pas peser directement le mercure, mais le doser par différence, on peut simplifier beaucoup l'appareil. Mais alors il faut mettre grand soin à dessécher les sulfures à 100°. On ne saurait donc conseiller cette méthode que s'il y avait beaucoup de mercure avec seulement un peu d'un autre métal. On pèse le précipité toutes les demi-heures et l'on regarde le poids le plus faible comme le plus exact. On calcine alors une partie aliquote du précipité dans un creuset à couvercle percé, au milieu d'un courant d'hydrogène, ou bien dans une nacelle en porcelaine renfermée dans un tube. La méthode n'est applicable que lorsqu'il n'y a qu'*un seul* métal avec le mercure. On calcule, d'après le résidu du creuset ou de la nacelle, ce qu'on aurait obtenu en opérant sur tout le précipité, on calcule ensuite le résidu en sulfure tel qu'il était dans le précipité séché à 100° et par différence on a le sulfure de mercure. — Par la calcination dans l'hydrogène, le sulfure d'argent donne de l'argent métallique, le bisulfure de cuivre se change en protosulfure. En présence du plomb on ne peut pas appliquer la dernière méthode, parce que dans le courant d'hydrogène le sulfure de plomb diminue trop facilement de poids (§ **83.** f.).

Dans les alliages ou les mélanges d'oxydes, on peut très fréquemment et très simplement doser le mercure par la perte de poids produite par la calcination, surtout dans un courant d'hydrogène.

b. L'oxyde de bismuth d'avec les oxydes d'argent, de plomb

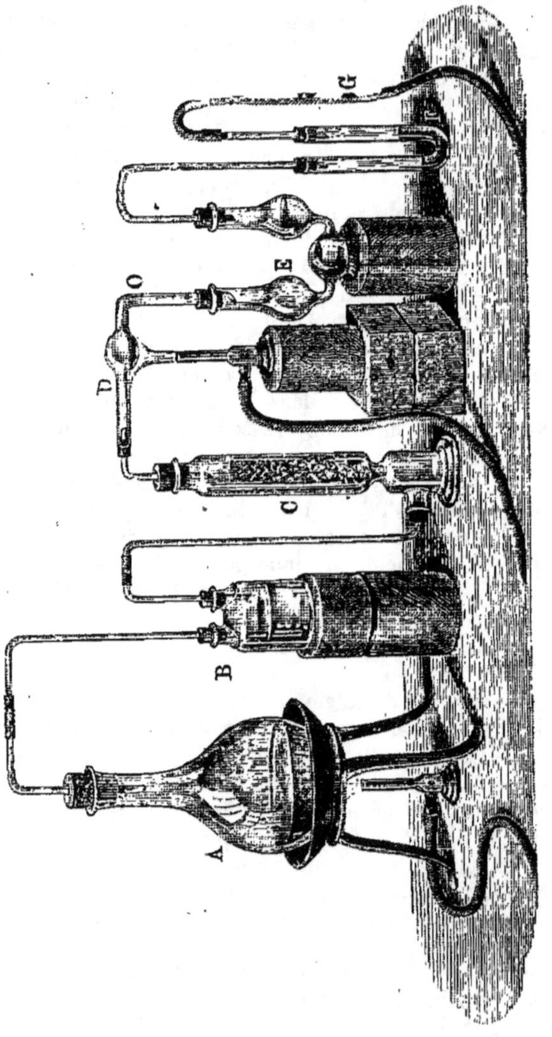

et de cuivre. — La séparation se fait exactement de la même façon que celle du mercure d'avec les mêmes métaux (160). — La méthode est surtout commode quand il s'agit d'un alliage. On a soin toutefois de ne pas trop élever la température (parce qu'il se volatiliserait du chlorure de plomb), mais de la maintenir suffisamment longtemps (sans quoi du bismuth resterait dans le résidu). Comme température la plus convenable, *Aug. Vogel* (*) indique de 360° à 370°. Dans les tubes E et F (*fig.* 108) on met de l'eau contenant de l'acide chlorhydrique et l'on y dose le bismuth suivant le § **120**.

10. Précipitation à l'état de métal ou d'oxyde inférieur d'un métal par un autre.

162   L'oxyde de plomb d'avec l'oxyde de bismuth. — On précipite la dissolution avec du carbonate d'ammoniaque (§ **116**. 1. a. et § **120**. 1. a.) et l'on dissout dans l'acide acétique les carbonates lavés ; dans la dissolution enfermée dans un flacon qu'on peut boucher, on place une baguette pesée de plomb pur, on remplit presque complètement d'eau de façon que le plomb soit tout entier immergé, on ferme le flacon et on l'abandonne pendant 12 heures en agitant de temps en temps. On ramasse sur un filtre le bismuth précipité et séparé du plomb avec la fiole à jet : après lavage on le dissout dans l'acide azotique, on évapore la dissolution et l'on dose le bismuth suivant le § **120**. Dans le liquide filtré on trouve la quantité de plomb suivant le § **116**. En pesant de nouveau la baguette de plomb séchée, on trouve la portion de celle-ci qui a passé dans la solution (*Ullgren* **).

Patera (***) recommande de précipiter dans une solution azotique étendue et conseille de laver d'abord le bismuth avec de l'eau, puis avec de l'alcool, de le rassembler sur un petit filtre, de le sécher et de le peser. — Si l'on craignait l'oxydation du bismuth très divisé, il faudrait le fondre avec du cyanure de potassium (§ **120**. 4.).

163   b. Le protoxyde de cuivre d'avec le bioxyde. — On peut parfaitement doser le protoxyde de cuivre en présence du bioxyde avec une solution d'azotate d'argent. *H. Rose* (****) a étudié le premier l'action de cette dissolution sur le protoxyde de cuivre. Suivant *Hampe* (*****), qui a examiné cette réaction avec soin, elle a lieu, pour une dilution convenable et en chauffant à une douce chaleur, suivant l'équation : $3.Cu^2O + 5(AgO,AzO^5) + x.HO = (4CuO,AzO^5 + 3.HO) + 2(CuO,AzO^5) + 5Ag + (x-5)HO$. On met le mélange bien finement pulvérisé des deux oxydes dans environ 200 fois son poids d'eau et une quantité plus que suffisante d'azotate d'argent tout à fait pur et neutre. On chauffe à 40°, on laisse reposer trois jours, on filtre, on lave, et dans le précipité dissous dans l'acide azotique on mesure la quantité d'argent à l'état de chlorure. Pour 5 équivalents d'argent trouvés, il y avait dans le mélange 6 équivalents de cuivre à l'état de protoxyde. Si maintenant dans une seconde portion de la substance on dose la totalité du cuivre, on aura par différence ce qui s'y trouve sous forme de bioxyde.

11. Séparation de l'argent par la coupellation.

164   Pour séparer dans les alliages l'argent d'avec le cuivre, le plomb,

(*) *Zeitschr. f. analyt. Chem.*, XIII, 61.
(**) *Berzelius' Jahresber.*, XXI, 148.
(***) *Zeitschr. f. analyt. Chem.*, V, 226.
(****) *Journ. f. prackt. Chem.*, LXXI, 412.
(*****) *Zeitschr. f. analyt. Chem.*, XIII, 207.

etc., on se servait autrefois de la méthode dite par *coupellation*. On fond l'alliage avec assez de plomb pur, pour qu'à 1 p. d'argent correspondent 16 à 20 p. de plomb, et l'on chauffe dans une petite coupelle en poudre d'os, placée dans le moufle du fourneau. Le plomb et le cuivre s'oxydent, leurs oxydes pénètrent dans les pores de la coupelle, tandis que l'argent pur reste non oxydé. Une partie en poids de la masse d'une coupelle absorbe environ l'oxyde qui provient de deux parties de plomb : on calculera d'après cela la quantité de la matière à essayer sur laquelle il faudra opérer. Je n'ai indiqué ici cette méthode, qu'on applique rarement dans les laboratoires, que parce qu'elle est une des meilleures pour doser de petites quantités d'argent dans les alliages (voir *Malaguti* et *Durocher*[*] et *Hampe*[**]). Quant à la manière de conduire l'opération, je renvoie au chapitre des spécialités : « Dosage de l'argent dans les galènes. »

12. *Méthodes fondées sur le dosage d'un oxyde par les liqueurs titrées.*

a. Le protoxyde de cuivre avec le bioxyde ([***]). — On dissout la substance avec l'acide chlorhydrique, dans un courant d'acide carbonique si c'est nécessaire, et dans la dissolution on dose le bichlorure de cuivre avec le protochlorure d'étain suivant le § **119**, 4. d. Puis dans une autre portion de la matière on mesure la quantité totale de cuivre par un des moyens indiqués au § **119**.

Ce que nous avons dit à la page 286 fait comprendre qu'on pourra aussi arriver au même résultat en appliquant l'action du protoxyde de cuivre sur le perchlorure de fer.

b. L'oxyde d'argent en présence de l'oxyde de plomb et du bioxyde de cuivre. — On peut, par le procédé de *Pisani* (§ **115**. II), doser de petites quantités d'argent en présence du plomb et du cuivre.

SIXIÈME GROUPE

OXYDE D'OR, OXYDE DE PLATINE, PROTOXYDE D'ÉTAIN, PEROXYDE D'ÉTAIN, OXYDE D'ANTIMOINE (ACIDE ANTIMONIQUE), ACIDE ARSÉNIEUX, ACIDE ARSÉNIQUE.

1. *Séparation des oxydes du sixième groupe d'avec les oxydes des cinq premiers groupes.*

§ **164**.

L'or d'avec		
. . . . . . les oxydes des groupes I à III :	166. 171	
» » du groupe IV .	166. 169. 171.	
» l'argent :	169. 188.	
» le mercure :	169. 182.	
» le plomb :	169. 194.	
» le cuivre :	169. 171.	
» le bismuth :	169. 171. 194.	
» le cadmium :	169. 171.	

[*] *Comptes rendus*, XXIX, 689.

[**] *Zeitschr. f. analyt. Chem.*, XI, 221.

[***] On ne saurait plus employer la méthode de *Commaille* (Comp. rend., LVI, 309) avec sécurité, depuis que *Stass* a démontré que l'argent précipité en poudre par une solution ammoniacale de protochlorure de cuivre, se dissout avec facilité dans l'ammoniaque au contact de l'air.

Le platine d'avec. . . les oxydes des groupes I à III : 166. 172.
» » du groupe IV : 166. 170. 172.
» l'argent : 170. 188.
» le mercure : 170. 172.
» le plomb : 170.
» le cuivre : 170. 172.
» le bismuth : 170. 172.
» le cadmium : 170. 172.
L'étain d'avec . . . . les oxydes des groupes I et II : 166. 173. 181.
» » du groupe III : 166. 173.
» le zinc : 166. 168. 173. 175.
» le manganèse : 166. 168. 175.
» le nickel et le cobalt : 166. 168. 173. 175. 180.
» le fer : 166. 168.
» l'argent : 167. 168. 173. 180.
» le mercure : 167. 168. 173.
» le plomb : 167. 168. 173. 180.
» le cuivre : 167. 168. 175. 173. 180.
» le bismuth : 167. 168.
» le cadmium : 167. 168. 173. 175.
L'antimoine d'avec. . les oxydes des groupes I et II ? 166. 178.
» » du groupe III : 166.
» le zinc : 166. 168. 174.
» le manganèse : 166. 168.
» le nickel et le cobalt : 166. 168. 174. 179. 180.
» le fer : 166. 168. 178.
» l'argent : 167. 168. 174. 180.
» le mercure : 167. 168. 174. 176. 189.
» le plomb : 167. 168. 174. 180. 191.
» le cuivre : 167. 168. 174. 178. 180. 192.
» le bismuth : 167. 168.
» le cadmium : 167. 168. 174.
L'arsenic (*) d'avec . les oxydes du groupe I : 166. 178. 184. 186. 187.
» » du groupe II : 166. 177. 178. 184. 186. 187. 190.
» » du groupe III : 166. 185. 186.
» le zinc : 166. 168. 177. 183. 184. 186. 187.
» le manganèse : 166. 168. 177. 183. 185. 186. 187.
» le nickel et le cobalt : 166. 168. 177. 179. 180. 183. 184.
183. 186. 187.
» le fer : 166. 168. 177. 178. 183. 185. 186.
» l'argent : 167. 168. 177. 180. 186.
» le mercure : 167. 168. 186. 189.
» le plomb : 167. 168. 177. 180. 183. 184. 186.
190.
» le cuivre : 167. 168. 177. 178. 180. 183. 184.
185. 186. 192. 193.
» le bismuth : 167. 168. 177. 186.
» le cadmium : 167. 168. 177. 184. 185. 186.

A. Méthodes générales.

1. *Méthode fondée sur la précipitation des oxydes du sixième groupe par l'acide sulfhydrique dans une dissolution acide.*

Séparation de tous les oxydes du sixième groupe d'avec ceux des quatre premiers.

166 Dans la dissolution acidulée (de préférence avec de l'acide chlorhydrique) on fait passer en excès un courant d'acide sulfhydrique et l'on sépare par

(*) Voir la note 23 à la fin du volume.

filtration le précipité des sulfures (correspondant aux oxydes du sixième groupe).

Il faut faire attention aux remarques α. β. et γ. du § **162** (127). Quant à l'observation γ, il faut considérer que si l'on intercale l'antimoine et l'étain dans la série des métaux qui y sont indiqués, ils viennent prendre place entre le cadmium et le mercure. — Quant aux circonstances particulières dans lesquelles chaque métal du sixième groupe sera seul précipité complètement, je renvoie à ce qui a été dit à ce sujet dans le quatrième chapitre. Je ferai seulement ici les remarques suivantes :

α. L'acide arsénique et l'oxyde de zinc, comme l'a trouvé *Wœhler*, ne peuvent pas être séparés par l'acide sulfhydrique, parce que, même en présence d'un grand excès d'acide, le zinc est précipité en tout ou en partie avec l'arsenic. Si donc ces deux corps sont dans la même dissolution, il faut, avant de faire passer le courant d'acide sulfhydrique, transformer l'acide arsénique en acide arsénieux en le faisant chauffer avec de l'acide sulfureux.

β. En présence de l'antimoine, il faut ajouter de l'acide tartrique, car ce n'est qu'ainsi qu'on aura du sulfure d'antimoine exempt de chlorure. En outre, si l'on fait la précipitation avec l'hydrogène sulfuré à la température de l'ébullition, le sulfure d'antimoine devient noir au bout de quelque temps et tellement dense qu'il se sépare du liquide comme du sable, ce qui facilite beaucoup la filtration et le lavage. (*S. P. Schœfeler* *.)

2. *Méthode fondée sur la solubilité des sulfures du sixième groupe dans les sulfures alcalins.*

a. Les oxydes du groupe VI (excepté l'or et le platine) d'avec ceux 167 du groupe V. — On précipite la solution acide avec l'hydrogène sulfuré, en prenant les précautions indiquées pour chaque métal dans le quatrième chapitre, et en tenant compte de ce qui est dit au n° 166. Le précipité est formé par les sulfures des métaux des groupes V et VI. Immédiatement après le lavage, on le traite par un excès de sulfhydrate d'ammoniaque jaune. En général voici comment il est bon d'opérer. On étale le filtre dans une petite capsule en porcelaine, on ajoute le sulfhydrate d'ammoniaque, on couvre avec une lame de verre ou mieux un grand verre de montre, et l'on chauffe au bain-marie (il faut éviter l'action de l'air). Après avoir ajouté un peu d'eau, on décante sur un filtre le liquide jaune qui surnage le précipité, on fait de nouveau digérer ce dernier avec le sulfhydrate d'ammoniaque, on recommence s'il le faut trois ou quatre fois, on filtre et on lave les sulfures du groupe V avec de l'eau renfermant du sulfhydrate. — S'il y a du sulfure d'étain, il faudra ajouter un peu de soufre en poudre au sulfhydrate d'ammoniaque, dans le cas où il ne serait pas très jaune. En présence du cuivre, dont le bisulfure est un peu soluble dans le sulfhydrate d'ammoniaque, on emploiera de préférence le sulfure de sodium. Toutefois on ne pourrait agir ainsi que dans le cas où il n'y aurait pas de mercure, car le sulfure de ce métal se dissout dans le sulfure de sodium.

Au liquide alcalin filtré on ajoute peu à peu de l'acide chlorhydrique jus-

(*) *Berichte der deutschen Chem. Gesellsch.*. 1871, 279.

qu'à ce qu'il domine, on laisse déposer et l'on recueille sur un filtre les sulfures du sixième groupe (mélangés avec du soufre).

Je rappellerai cependant ici que *Schneider* (*) n'a pas pu séparer complètement, au moyen du sulfure de potassium, le bisulfure de bismuth d'avec le bisulfure d'étain ; mais il y parvint en faisant passer un courant d'acide sulfhydrique dans la dissolution potassique de tartrate de peroxyde de bismuth et de protoxyde d'étain (dont la décomposition donne du protoxyde de bismuth et du peroxyde d'étain).

Si la dissolution contient beaucoup d'acide arsénique avec de petites quantités de cuivre, de bismuth, etc., il est commode de précipiter ces métaux (avec une très faible proportion de sulfure d'arsenic) en traitant par l'acide sulfhydrique, mais sans prolonger son action. On filtre, on fait digérer avec le sulfhydrate d'ammoniaque (ou le sulfure de potassium), et après avoir acidulé la dissolution dans le sulfhydrate, on l'ajoute à la liqueur qui renferme la majeure partie de l'acide arsénique, que l'on soumet alors à l'action complète de l'acide sulfhydrique. (§ **127**. 4. b.)

168   b. Les oxydes du groupe VI (excepté l'or et le platine) d'avec ceux des groupes IV et V.

α. On verse dans la dissolution de l'ammoniaque jusqu'à neutralité, et si cela est nécessaire du sel ammoniac, puis du sulfhydrate d'ammoniaque jaune en excès suffisant : on laisse digérer assez longtemps à une douce chaleur dans un ballon fermé, et l'on opère comme au n° (167). Il est nécessaire ici de faire digérer plusieurs fois avec du sulfhydrate d'ammoniaque qu'on renouvelle. Sur le filtre restent les sulfures des groupes IV et V, qu'on lavera avec de l'eau additionnée de sulfhydrate d'ammoniaque. (En présence du nickel cette méthode offre certaines difficultés; il passe aussi très facilement des traces de sulfure de mercure dans le liquide filtré). En présence du cuivre (et en l'absence du mercure), au lieu d'ammoniaque et de sulfhydrate d'ammoniaque, on fera usage de la soude et de sulfure de sodium (**).

β. Si l'on a des combinaisons solides (sels ou oxydes), il vaut souvent mieux les fondre dans un creuset de porcelaine fermé, sur la lampe à gaz, avec 5 parties de carbonate de soude sec et 5 parties de soufre. Quand la matière est complètement fondue et que l'excès de soufre est volatilisé, on laisse refroidir et l'on traite par de l'eau, qui dissout les sulfosels formés par les métaux du sixième groupe, et laisse au contraire les sulfures des groupes IV et V. De cette façon on peut, même dans l'oxyde d'étain

---

(*) *Ann. d. Chem. u. Pharm.*, CI, 64.

(**) A propos de ce mode de séparation des oxydes du groupe VI d'avec ceux des groupes IV et V, *Bloxam* (*Ann. d. Chem. u. Pharm.*, LXXXIII, 204) a indiqué de nombreuses exceptions. Il a trouvé qu'à l'aide du sulfhydrate d'ammoniaque on ne pouvait pas séparer de petites quantités de sulfure d'étain d'avec beaucoup de sulfure de mercure ou de cadmium (1 : 100) et que surtout la séparation du cuivre d'avec l'étain et l'antimoine (et aussi l'arsenic) se fait mal, parce que tout l'étain reste avec le cuivre. Je ne saurais confirmer ce dernier résultat : je dirai plutôt que *Lucius*, dans mon laboratoire, a parfaitement séparé le cuivre d'avec l'étain à l'aide du sulfure jaune de sodium. Toutefois, si l'on veut obtenir de bons résultats, il faut, comme je l'ai dit plus haut, faire digérer quatre ou cinq fois successives avec le dissolvant et ne pas employer celui-ci en trop petite quantité.

calciné, trouver facilement et doser le fer qu'il renferme (*H. Rose*). On opère suivant (167) avec la dissolution des sulfosels. S'il y a du cuivre, il peut se dissoudre une très petite quantité de sulfure de cuivre avec les sulfures du sixième groupe. — Parfois il se dissout aussi un peu de sulfure de fer, et la liqueur se colore en vert. Dans ce cas on ajoute un peu de sel ammoniac, et on laisse digérer jusqu'à ce que la couleur redevienne jaune. — Au lieu du mélange de carbonate de soude et de soufre, on peut prendre du foie de soufre ou encore, suivant *Frœhde* (*), fondre la substance avec 4 ou 5 parties d'hyposulfite de soude.

B. Méthodes spéciales.

1. *Méthodes fondées sur l'insolubilité de certains métaux dans les acides.*

a. L'or d'avec les métaux des groupes IV et V, dans les alliages.

α. On chauffe l'alliage à l'ébullition avec de l'acide azotique pur, pas trop concentré (ou avec de l'acide chlorhydrique, suivant les circonstances). L'or seul ne se dissout pas. Il faut que l'alliage soit réduit en poudre (en limaille fine ou en feuille mince). Si l'on traitait par de l'acide azotique concentré et à une température inférieure à l'ébullition, il pourrait se dissoudre un peu d'or par suite de l'action de l'acide azoteux. — Cette méthode n'est applicable, en présence de l'argent et du plomb, que si la proportion de ces métaux dépasse 80 pour 100, autrement tout l'argent et tout le plomb ne se dissoudraient pas. Aussi quand un alliage d'or contient moins de 80 pour 100 d'argent, on le fond avec 5 parties de plomb avant de le soumettre à l'action de l'acide azotique. Il faut essayer la pureté de l'or pesé, en le dissolvant dans de l'eau régale étendue et froide (il ne faut pas la prendre concentrée et chaude, car elle dissoudrait du chlorure d'argent). Quand on a traité un alliage d'or et d'argent, on obtient ainsi en général un peu de chlorure d'argent ; si l'on peut le peser, ou le réduire, on retranchera l'argent du poids de l'or.

Dans les hôtels de monnaies, en Allemagne d'après les règlements de la Conférence des monnaies de Vienne, on ajoute pour 1 partie présumée d'or 2 parties 1/2 d'argent pur, on les enveloppe dans un petit morceau de papier, et l'on place l'essai dans une coupelle où se trouve déjà la quantité convenable de plomb (**). Quand le plomb a été absorbé (***), le bouton est mis en feuille mince par le martelage ou sous un laminoir, puis chauffé au rouge et roulé en cornet. Celui-ci est traité d'abord avec de l'acide azotique de densité 1,2 puis avec le même acide de densité 1,5 : on lave,

169

(*) *Zeitschr. f. analyt. Chem.*, V, 405.

(**) Si l'essai d'or pesé (0,25 gr.) renferme de 98 à 92 pour 100 d'or, il faut 5 gr. de plomb ; — de 92 à 87,5 : 4 gr. — de 87,5 à 75 : 5 gr. — de 75 à 60 : 6 gr. — de 60 à 55 : 7 gr. Pour moins encore il faut 8 gr. de plomb.

(***) Par la coupellation il y a toujours un peu d'or perdu (environ de 1 à 5 millièmes). Cette perte augmente avec la quantité de plomb à coupeller et dépend aussi du rapport entre l'or et l'argent. Plus il y a d'argent, moins il se perd d'or. Enfin les gros boutons d'or perdent moins que les petits. (*H. Rœssler, Dingl. polytech. Journ.*, CCVI, 185. — *Zeitschr. f. analyt. Chem.*, XIII, 87.)

on chauffe au rouge et l'on pèse (*). Même après avoir été lavé plusieurs fois avec de l'acide azotique de densité 1,5 le cornet renferme toujours encore 0,57 à 1,0 millième d'argent, qui reste à l'état de chlorure quand on le dissout dans l'eau régale froide et étendue (*H. Rœssler*, loc. cit.).

β. On chauffe l'alliage très divisé (en limaille ou en feuille) dans une grande capsule en platine avec un mélange de 2 parties d'acide sulfurique concentré et 1 partie d'eau, jusqu'à ce qu'il n'y ait plus de dégagement de gaz, et que l'acide sulfurique commence à se volatiliser ; ou bien on fond l'alliage avec du bisulfate de potasse (*H. Rose*). En traitant par de l'eau qu'on emploie bouillante à la fin, on sépare l'or des sulfates des autres métaux. Il est bon de recommencer l'opération avec l'or séparé de l'alliage et enfin d'essayer sa pureté.

γ. On peut réunir les méthodes α. et β., c'est-à-dire traiter d'abord à chaud par de l'acide azotique de densité 1,2 le métal passé à la coupelle et laminé, bien laver, puis chauffer l'or pendant cinq minutes à l'ébullition avec de l'acide sulfurique concentré, laver de nouveau et chauffer au rouge (*Mascazzini. — Bugatti*).

170   **b. Le platine d'avec les métaux des groupes IV et V dans les alliages.** — On opère la séparation en chauffant l'alliage divisé ou laminé en feuille mince avec de l'acide sulfurique concentré pur, additionné d'un peu d'eau : ou aussi en fondant avec du bisulfate de potasse (169. β.); mais il ne faut pas traiter par l'acide azotique, parce que suivant les circonstances le platine allié peut se dissoudre.

2. *Méthode fondée sur la précipitation de l'or à l'état métallique.*

171   **L'or d'avec tous les oxydes des groupes I à V, excepté l'oxyde de plomb, celui d'argent et le protoxyde de mercure.** — On précipite la solution chlorhydrique avec l'acide oxalique, suivant le § **123.** b. γ., ou bien avec le sulfate de protoxyde de fer, § **123.** b. α., et l'on filtre l'or après dépôt complet. On n'oubliera pas, une fois la réduction terminée, d'ajouter une quantité suffisante d'acide chlorhydrique pour que les oxalates insolubles dans l'eau ne se précipitent pas avec l'or. Si l'on a à séparer de l'or et du cuivre, l'addition de l'acide chlorhydrique ne suffit pas pour obtenir l'or pur, parce que l'oxalate de cuivre précipité avec lui ne se dissout que très difficilement dans cet acide. *E. Purgotti* (**) recommande dans ce cas, après la précipitation faite, d'ajouter au liquide bouillant de la lessive de potasse jusqu'à neutralité et encore de l'oxalate neutre de potasse s'il le faut. Il se forme alors de l'oxalate double de cuivre et de potasse qui se dissout avec une couleur bleue d'azur. Après lavage on a l'or pur.

6. *Méthode fondée sur la précipitation du platine à l'état de chlorure double de potassium ou d'ammonium.*

172   **Le platine d'avec les oxydes du quatrième et du cinquième**

(*) *Kunst. und Gewerbeblatt für Baiern,* 1857, 151. — *Chem. Centralbl.,* 1857, 507. — *Polyt. Centralbl.,* 1857. 1151, 1471, 1639.
(**) *Zeitschr. f. analyt. Chem.,* IX, 128.

groupe, excepté le plomb et l'argent et le protoxyde de mercure. — On précipite le platine, d'après le § **124**, avec le chlorhydrate d'ammoniaque ou le chlorure de potassium et on lave complètement le précipité avec de l'alcool. Après avoir pesé le chlorure double il faut essayer, en le fondant avec du bisulfate de potasse, s'il ne renferme pas d'autres métaux (surtout du fer)

4. *Méthodes fondées sur la précipitation des oxydes insolubles dans l'acide azotique.*

a. L'étain d'avec les autres métaux des groupes IV et V (excepté le bismuth, le fer, le manganèse *) dans les alliages. — On traite par l'acide azotique suivant le § **126**. 1. a. l'alliage divisé, ou la poudre métallique obtenue par la réduction des oxydes dans un courant d'hydrogène. Le liquide filtré contient tous les autres métaux à l'état d'azotates. — Comme l'oxyde d'étain entraînerait facilement un peu d'oxyde de cuivre et d'oxyde de plomb, il faut, dans les recherches exactes, en traiter une portion suivant (168). β. pour y chercher ces métaux et les doser.

Pour éviter tout d'abord que l'étain retienne du cuivre, *Brunner* recommande de traiter d'abord l'alliage par l'eau régale (1 p. d'acide azotique, 4 p. d'acide chlorhydrique, 5 p. d'eau). La dissolution est ensuite étendue de beaucoup d'eau et légèrement chauffée. On ajoute des cristaux de carbonate de soude jusqu'à ce qu'il ne se forme plus de précipité et l'on fait bouillir. (En présence du cuivre il faut que le précipité d'abord vert bleuâtre prenne une teinte brune ou noire.) Après une ébullition de 10 à 15 minutes, on laisse refroidir et l'on ajoute goutte à goutte de l'acide azotique jusqu'à réaction nettement acide et de façon que le précipité soit devenu blanc pur, après avoir été abandonné pendant plusieurs heures. L'oxyde d'étain ainsi obtenu est complètement exempt de cuivre, mais il peut retenir un peu d'oxyde de fer, qu'il faut en séparer d'après (168). β.

Avant de regarder l'oxyde d'étain comme pur, il faut encore s'assurer qu'il ne renferme pas de silice, ce qui arrive souvent. Pour cela on en fond dans un creuset de platine une portion avec 3 ou 4 parties de carbonates mélangés de potasse et de soude, on fait bouillir avec de l'eau, on filtre, on verse de l'acide chlorhydrique, on sépare par filtration la silice qui peut s'être précipitée : on précipite l'étain dans la liqueur avec l'acide sulfhydrique, et dans le liquide filtré on dose à la manière ordinaire (§ **140**) la silice qui pourrait s'y trouver encore. Si l'on avait obtenu de la silice en ajoutant l'acide chlorhydrique, on filtrerait la seconde fois sur le même filtre (*Khittel* **).

(*) Si l'alliage d'étain renferme du bismuth ou du manganèse, il reste toujours dans l'oxyde d'étain de l'oxyde de manganèse ou de bismuth, que l'on ne peut pas enlever par l'acide azotique ; s'il y a du fer, il se dissout toujours au contraire de l'oxyde d'étain avec le peroxyde de fer, même après des évaporations répétées (*H. Rose, Pogg. Ann.*, XCII, 169, 170, 172).

(**) *Chem. Centralbl.*, 1857. 929.

174   b. **L'antimoine d'avec les métaux des groupes IV et V dans les alliages** (excepté le bismuth, le fer et le manganèse). — On opère comme en (173), on filtre le précipité et on le transforme par la calcination en antimoniate d'antimoine (§ **125**. 2.). Les résultats ne sont qu'approchés, parce qu'il se dissout un peu d'oxyde d'antimoine. *Varrentrapp* (*) conseille de fondre préalablement avec un poids connu de plomb pur les alliages de plomb et d'antimoine, dans lesquels ce dernier métal domine.

> **5.** *Méthode fondée sur la précipitation de l'oxyde d'étain par des sels neutres* (par exemple le sulfate de soude) *ou par l'acide sulfurique.*

175   **L'étain d'avec les oxydes des groupes I, II et III, ainsi que le protoxyde de manganèse, l'oxyde de zinc, les protoxydes de cobalt et de nickel, l'oxyde de cuivre, de cadmium (l'oxyde d'or).** — On précipite la dissolution chlorhydrique, qui doit contenir tout l'étain à l'état de bioxyde (de perchlorure), suivant le § **126**. 1. b. par l'azotate d'ammoniaque ou le sulfate de soude (suivant *Lœwenthal*), ou encore par l'acide sulfurique, qui, suivant *H. Rose*, conduit également bien au but. — Si l'on a un alliage, on l'oxyde d'abord en le faisant digérer avec l'acide azotique; quand la réaction est terminée, on évapore dans une capsule en porcelaine la plus grande partie de l'acide, on humecte la masse avec de l'acide chlorhydrique concentré, et au bout d'une demi-heure on verse de l'eau, dans laquelle le métachlorure d'étain se dissout avec les autres chlorures. — On dissout les alliages d'or et d'étain dans l'eau régale, on chasse par évaporation l'excès d'acide et l'on étend de beaucoup d'eau avant de précipiter avec l'acide sulfurique.

Il faut faire attention que dans cette manière d'opérer, s'il y avait de l'acide phosphorique, il se précipiterait en tout ou en partie avec l'oxyde d'étain. — Quand le précipité a été lavé par décantation, il sera bon, suivant *Lœwenthal*, de le traiter encore par un mélange bouillant de 1 p. d'acide azotique (de densité 1,2) et 9 p. d'eau, avant de le jeter sur le filtre et d'achever le lavage. — Les résultats sont très bons. — Si la liqueur renferme du peroxyde de fer, il s'en précipite toujours une partie avec l'oxyde d'étain. Il faut d'après cela essayer suivant (168). β. s'il y a du fer dans l'oxyde d'étain, le doser si l'on en trouve et le retrancher (**).

(*) *Dingl. polyt. Journ.* CLVIII, 316.

(**) *Hugo Tamm* (*Chem. News*, XXIV, 207 et 221) sépare l'*antimoine* d'avec les autres métaux (moins bien avec l'étain et l'arsenic) à l'état de gallate d'antimoine insoluble dans les liqueurs neutres, presque insoluble dans les liquides légèrement acides. Les autres métaux ne sont pas précipités, parce que leurs gallates insolubles dans l'eau, se dissolvent très facilement dans les liqueurs faiblement acides. L'antimoine doit être à l'état de protochlorure $SnCl^2$: la solution sera neutre ou légèrement acide et surtout concentrée. On ne mettra pas un excès d'acide gallique et l'on s'assurera qu'il y en a assez, en mettant une goutte du liquide clair sur du papier à filtre et en touchant avec de l'ammoniaque, ce qui produira une coloration rouge si l'acide gallique est en excès. Le gallate d'antimoine séché à 100° a pour composition $SnO^3,2(C^{14}H^6O^{10})+3.HO$. Il s'altère rapidement à l'humidité. Au lieu de le peser, on peut le dissoudre dans l'acide chlorhydrique et le changer en sulfure. Il faut que l'antimoine soit à l'état de protochlorure $SnCl^2$. Pour s'assurer qu'il n'y a pas

6. *Méthode fondée sur l'insolubilité du sulfure de mercure dans l'acide chlorhydrique.*

Le mercure d'avec l'antimoine. — Dans un appareil à distillation, **176** on fait digérer à chaud avec de l'acide chlorhydrique de concentration moyenne les sulfures précipités. Le sulfure d'antimoine se dissout, tandis que celui de mercure reste. Après avoir chassé tout l'acide sulfhydrique par ébullition, on ajoute de l'acide tartrique, on étend d'eau, on filtre, on mélange le liquide filtré avec celui qui a passé à la distillation et qui renferme un peu d'antimoine, et l'on précipite par l'acide sulfhydrique. On peut peser le sulfure de mercure tel quel (*Fr. Field* *).

7. *Méthodes fondées sur la transformation de l'arsenic et de l'antimoine en arséniate et en antimoniate alcalins.*

a. L'arsenic d'avec les métaux et les oxydes des groupes II, IV **177** **et V.** — Si l'on a un arsénite ou un arséniate, on fond le composé avec 3 p. de carbonates de potasse et de soude et 1 p. de salpêtre : si c'est un alliage qu'il faut analyser, on fond avec 3 p. de carbonate de soude et 3 p. d'azotate de potasse : on fait bouillir le résidu avec de l'eau et l'on sépare les oxydes ou les carbonates qui restent non dissous d'avec les arséniates alcalins, dans lesquels on dosera l'acide arsénique suivant le § **127**. 2. Pour de petites quantités d'arsenic on pourra opérer la fusion dans un creuset en platine ; mais pour de grandes quantités il faudra prendre un creuset en porcelaine, parce que le platine serait attaqué. Quand on se servira de creuset en porcelaine, la masse sera mélangée de silice et d'alumine, ce qu'il ne faudra pas oublier. Si les alliages contiennent beaucoup d'arsenic, une partie de cet élément peut très facilement se volatiliser malgré toutes les précautions que l'on peut prendre. Il vaut donc mieux dans ce cas commencer l'oxydation par l'acide azotique, puis évaporer et fondre le résidu d'après les indications données plus haut avec le carbonate et l'azotate de potasse.

b. L'arsenic et l'antimoine d'avec le cuivre et le fer, surtout **178** **dans les minerais sulfurés.** — On met le minerai réduit en poudre fine en suspension dans une lessive de potasse pure et l'on y fait passer un courant de gaz chlore (voir page 432). Le fer et le cuivre se déposent à l'état d'oxydes et la dissolution renferme du sulfate, de l'arséniate et de l'antimoniate de potasse (*Rivot, Beudant* et *Daguin* **).

---

de perchlorure, on chauffe avec un peu d'iodure de potassium. Il ne doit pas se séparer d'iode ($SnCl^4+2.KI=SnCl^2+2.KCl+2.I$). S'il y avait du perchlorure on le transformerait en protochlorure avec l'iodure de potassium et on chasserait l'iode par volatilisation.

La méthode est surtout bonne pour les alliages avec le cuivre, le plomb, l'argent, le bismuth, le mercure, le cadmium. Elle a un inconvénient, c'est d'introduire dans la liqueur qui renferme les autres métaux un acide organique fixe qui, modifiant l'action des réactifs ordinaires sur ces métaux, nécessite leur précipitation à nouveau par l'hydrogène sulfuré.

(*) *Chem. Soc. Quart. Journ.*, XII, 52.
(**) *Comptes rendus*, 1853, 855.

179   c. **L'arsenic et l'antimoine d'avec le cobalt et le nickel.** — On étend d'eau la dissolution azotique, on ajoute un grand excès de potasse, on chauffe légèrement et l'on fait passer un courant de chlore gazeux jusqu'à ce que le précipité soit noir. Tout l'arsenic et l'antimoine restent en dissolution, les autres métaux se déposent à l'état de sesquioxydes (*Rivot, Beudant, Daguin* *).

8. *Méthodes fondées sur la volatilisation de certains métaux et de certains chlorures.*

180   a. **L'étain, l'antimoine, l'arsenic d'avec le cuivre, l'argent, le plomb, le cobalt et le nickel.** — On chauffe les sulfures dans un courant de chlore parfaitement sec et l'on opère exactement comme suivant (160). Lorsqu'il y a de l'antimoine, on remplit les tubes E et F (*fig.* 108) avec une dissolution aqueuse d'acide tartrique mélangée d'acide chlorhydrique. — Les métaux alliés peuvent aussi se séparer de cette façon. Il faut diviser les alliages autant qu'on le pourra. — Les arséniures ne sont que très lentement décomposés de cette manière. Dans la séparation du cuivre d'avec l'arsenic, la température ne doit pas dépasser 200° et il sera bon de mettre de l'eau de chlore dans le récipient (*Parnell* **). Si l'on sépare ainsi l'étain d'avec le cuivre, il reste, d'après les expériences de *H. Rose* (***), une légère trace d'étain dans le chlorure de fer.

181   b. **L'oxyde d'étain, l'oxyde d'antimoine (et aussi l'acide antimonique), l'acide arsénieux et l'acide arsénique, d'avec les alcalis et les terres alcalines.** — Dans un creuset de porcelaine on mélange la combinaison à l'état solide avec 5 parties de sel ammoniac pur en poudre, on couvre avec le couvercle concave d'un creuset en platine, sur lequel on étale un peu de sel ammoniac, on chauffe légèrement au rouge jusqu'à ce que tout le sel ammoniac soit chassé, on mélange de nouveau le contenu du creuset avec du sel ammoniac, et l'on recommence la même opération jusqu'à ce que le creuset ne diminue plus de poids. Dans ces conditions, il se volatilise des composés chlorurés d'étain, d'antimoine et d'arsenic, tandis que les chlorures alcalins et alcalino-terreux restent dans le creuset. La décomposition est très rapide avec les composés alcalins. Avec les composés alcalino-terreux, il est à remarquer que ceux qui renferment de l'acide antimonique ou de l'oxyde d'étain sont décomposés complètement après deux calcinations avec du sel ammoniac (seulement la séparation de la magnésie d'avec l'acide antimonique ne réussit pas tout à fait par ce moyen). Les arséniates alcalino-terreux sont très difficiles à décomposer; les composés de baryte, de strontiane et de magnésie ne sont débarrassés d'arsenic qu'après cinq traitements consécutifs, et l'arséniate de magnésie ne peut pas être décomposé par ce procédé (*H. Rose* ****). Suivant *Salkowski* (*****), l'arséniate de baryte se transforme en chlorure de baryum exempt d'arsenic par une seule calcination au rouge avec le sel ammoniac; mais l'arséniate

---

(*) *Comptes rendus*, 1853, 835.
(**) *Chem. News*, XXI, 155. — *Naumann's Jahresber.*, 1870, 1007.
(***) *Pogg. Ann.*, CXII, 169.
(****) *Pogg. Ann.*, LXXIII, 582; LXXIV, 578; CXII, 173.
(*****) *Journ. f. prackt. Chem.*, CIV, 158.

de chaux, même après six traitements consécutifs par le sel ammoniac, donne un résidu qui contient encore de l'acide arsénique.

c. Le mercure d'avec l'or (l'argent et en général les métaux non vola- 182
tils). — On chauffe l'alliage pesé dans un creuset de porcelaine, on maintient au rouge jusqu'à ce qu'il n'y ait plus de diminution de poids, et la perte donne la quantité de mercure. Si l'on voulait le doser directement, il faudrait faire usage de l'appareil représenté dans la figure 84, page 272. Si la méthode doit être appliquée à la séparation du mercure d'avec les métaux oxydables à l'air, il faut faire l'opération dans un courant d'hydrogène (*fig.* 79, p. 213).

9. *Méthode fondée sur la volatilisation du sulfure d'arsenic.*

L'acide arsénique d'avec les oxydes de manganèse, de fer, de 183
zinc, de cuivre, de nickel, de cobalt (moins bien celui de plomb, mais pas ceux d'argent, d'aluminium, de magnésium). On chauffe au rouge la combinaison mélangée avec du soufre et dans une atmosphère d'hydrogène (*fig.* 79, p. 213); le couvercle du creuset ne doit pas être en platine, mais en porcelaine; la substance peut avoir été desséchée à l'air ou légèrement calcinée; il faut opérer sous une hotte de cheminée qui tire bien. Tout l'arsenic se volatilise et il ne reste que les sulfures de manganèse, fer, zinc, plomb, cuivre, qu'on peut directement peser. Après cette pesée on mélange le résidu avec une nouvelle quantité de soufre, on calcine de nouveau, on pèse encore et l'on continue ces opérations jusqu'à ce que deux pesées successives soient parfaitement d'accord. Cependant il arrive d'ordinaire que, lorsque la matière a été bien intimement mélangée avec le soufre, une seule calcination suffit. Les résultats sont très bons. — Dans la séparation du *nickel*, on ne peut pas peser le résidu, car on sait qu'il n'a pas une composition constante ; on peut dès lors s'éviter la peine de chauffer dans un courant d'hydrogène : il suffit de chauffer tout simplement l'arséniate de protoxyde de nickel avec le soufre pour chasser tout l'arsenic. On maintient la chaleur assez élevée et assez longtemps pour qu'on n'aperçoive plus dans l'intérieur du creuset de sulfure rouge d'arsenic. Il est bon de recommencer l'opération une seconde fois. — La séparation de *l'arsenic* d'avec le *cobalt* ne réussit pas complètement, même par des traitements répétés avec le soufre : mais il faut oxyder avec de l'acide azotique le résidu de la calcination, évaporer à siccité, mélanger le nouveau résidu avec du soufre, et calciner de nouveau. Il faut opérer de la même manière avec le cobalt gris et le cobalt brillant (*H. Rose* *). N'oublions pas de rappeler que depuis longtemps déjà *Ebelmen* (**) avait appris à séparer l'acide arsénique d'avec le peroxyde de fer, en calcinant la combinaison dans un courant d'acide sulfhydrique.

(*) *Zeitschr. f. analyt. Chem.*, I, 413.
(**) *Ann. de chim. et de phys.*, 3ᵉ série, XXV, 98.

> 10. *Méthode fondée sur la séparation de l'arsenic à l'état d'arsé-*
> *niate de protoxyde de mercure.*

184 L'acide arsénique d'avec les alcalis, les terres alcalines. l'oxyde de zinc, les protoxydes de cobalt et de nickel, les oxydes de plomb, de cuivre, de cadmium. — On opère exactement comme pour la séparation de l'acide phosphorique au moyen du mercure (§ **134.** b. γ). Dans le résidu insoluble on ne pourra pas doser l'acide arsénique, comme on ferait pour l'acide phosphorique : il vaudra mieux, si l'on ne veut pas le doser par perte mais directement, employer, pour le séparer du protoxyde de mercure, une des méthodes données dans ce paragraphe. On traite le liquide filtré suivant le § **135.** k. α. (*H. Rose*).

> 11. *Méthode fondée sur la séparation de l'arsenic à l'état d'arséniate*
> *ammoniaco-magnésien.*

185 L'acide arsénique d'avec les oxydes de cuivre, de cadmium, de fer, de manganèse, les protoxydes de nickel, de cobalt, l'alumine. — On additionne la solution chlorhydrique, qui doit contenir tout l'arsenic à l'état d'acide arsénique, avec assez d'acide tartrique pour qu'en sursaturant ensuite avec de l'ammoniaque la liqueur reste claire : on précipite suivant le § **127.** 2. l'acide arsénique à l'état d'arséniate ammoniaco-magnésien, on filtre après avoir laissé déposer, on lave une fois avec un mélange de 5 parties d'eau et 1 partie d'ammoniaque, on dissout de nouveau dans un peu d'acide chlorhydrique, on ajoute une très petite quantité d'acide tartrique, on sursature de nouveau avec de l'ammoniaque, on ajoute encore un peu de chlorure de magnésium et de chlorhydrate d'ammoniaque, on laisse déposer et l'on dose le précipité maintenant pur suivant le § **127.** 2. — Dans le liquide filtré on peut précipiter par le sulfhydrate d'ammoniaque les bases du quatrième et du cinquième groupe : s'il y a de l'alumine, on ajoute au liquide séparé des sulfures par filtration du carbonate de soude et un peu de salpêtre, on évapore à siccité, on fond et l'on dose l'alumine dans le résidu. — La méthode est plus convenable pour séparer d'avec les oxydes énumérés de grandes quantités d'arsenic plutôt que de petites, parce que dans ce dernier cas le peu d'arséniate ammoniaco-magnésien, qui reste en dissolution, influe d'une façon plus sensible sur la rigueur du résultat.

> 12. *Méthode fondée sur la séparation de l'arsenic à l'état d'arsénio-*
> *molybdate d'ammoniaque.*

186 L'acide arsénique d'avec tous les oxydes des groupes I à V. — On précipite l'acide arsénique d'après le § **127.** 2. b., en ayant bien soin de chauffer longtemps à 100°. Il vaut mieux doser les bases dans une autre portion de la substance.

> 13. *Méthode fondée sur l'insolubilité de l'arséniate de fer.*

187 L'acide arsénique d'avec les bases des groupes I et II, ainsi que l'oxyde de zinc, les protoxydes de manganèse, de nickel et de cobalt. — A la solution chlorhydrique on ajoute une quantité suffisante de perchlorure de fer pur et, après avoir neutralisé la majeure partie de l'acide libre avec du carbonate de soude, on précipite le peroxyde de fer et avec lui l'acide arsénique soit à froid par le carbonate de baryte, soit à la température de l'ébullition par l'acétate de soude ; le précipité doit avoir une basicité qui lui communique une couleur brun-rouge. La méthode convient surtout quand on veut éliminer l'acide arsénique en renonçant à le doser. On pourrait jusqu'à un certain point mesurer la quantité d'arsenic en le précipitant par l'acide sulfhydrique dans la solution chlorhydrique de l'arséniate basique de fer.

14. *Méthodes fondées sur l'insolubilité des chlorures métalliques.*

a. L'argent d'avec l'or. — On traite l'alliage par de l'eau régale éten- 188
due et froide, on étend d'eau et l'on sépare par filtration le chlorure d'or d'avec celui d'argent. Cette méthode ne peut s'appliquer qu'autant que l'alliage renferme moins de 15 pour 100 d'argent : car pour une plus grande proportion, le chlorure d'argent formé d'abord empêche l'action ultérieure de l'eau régale sur les parties non encore attaquées. — On peut de la même façon séparer l'argent du platine.

**b. Le bioxyde de mercure d'avec les composés oxygénés de 189
l'arsenic et de l'antimoine.** — Dans la dissolution chlorhydrique on précipite l'oxyde de mercure à l'état de protochlorure, au moyen de l'acide phosphoreux (§ **118**. 2.). L'acide tartrique qu'il faut ajouter en présence de l'antimoine ne gêne pas la réaction (*H. Rose* *).

15. *Méthodes fondées sur l'insolubilité de certains sulfates dans l'eau ou dans l'alcool.*

**a. L'acide arsénique d'avec la baryte, la strontiane, la chaux, 190
le plomb.** — On opère comme pour séparer l'acide phosphorique des mêmes bases (§ **135** b.). Si l'on avait des combinaisons de ces oxydes avec l'acide arsénieux, on transformerait en arséniates avant d'ajouter l'acide sulfurique, et cela en chauffant la solution chlorhydrique avec du chlorate de potasse, ou en traitant par le brome.

b. L'antimoine d'avec le plomb. — On traite l'alliage par un mé- 191
lange d'acide azotique et d'acide tartrique. La dissolution des deux métaux est prompte et facile. On précipite la plus grande partie du plomb à l'état de sulfate (§ **116**. 5.), on filtre : on précipite avec de l'acide sulfhydrique, et pour séparer de l'antimoine le plomb que n'a pas précipité l'acide sulfurique, on traite (168) les sulfures par le sulfhydrate d'ammoniaque (*A. Streng* **).

(*) *Pogg. Ann.*, CX, 556.
(**) *Dingl. polyt. Journ.*, CLI, 589.

*16. Méthode fondée sur la séparation du cuivre à l'état de sulfo-
cyanure ou de protoiodure.*

192 Le cuivre d'avec l'arsenic et l'antimoine. — Suivant le
§ 119. 3. b., on précipite le cuivre à l'état de sulfocyanure dans la dissolution convenablement préparée : on laisse déposer, on filtre, on lave le
précipité (en ajoutant à l'eau un peu d'azotate d'ammoniaque, sans quoi
le liquide passerait parfois un peu trouble) et dans la liqueur filtrée on
précipite l'antimoine et l'arsenic par l'acide sulfhydrique. Bons résultats.
— Le procédé suivant, par le protoiodure de cuivre, est moins exact.
On dissout dans l'acide azotique ou l'acide sulfurique, en ayant soin
que l'excès d'acide soit faible, on étend avec de l'eau pure, ou en présence
de l'antimoine avec de l'eau contenant de l'acide tartrique ; puis on précipite le cuivre avec l'iodure de potassium, en ayant eu soin d'ajouter de
l'acide sulfureux. L'antimoine et l'arsenic restent dans la dissolution
(*Flajolot*). Les résultats ne sont qu'approchés, parce qu'il reste un peu de
protoiodure de cuivre dans la liqueur, à cause de l'excès d'acide sulfureux
qu'elle renferme. — On ne saurait conseiller, avec *Fleischer* (*), l'emploi
du protochlorure d'étain pour réduire le bioxyde ou le bichlorure de cuivre,
parce qu'alors la séparation ultérieure de l'étain, de l'arsenic et de l'antimoine est trop difficile.

17. Méthode fondée sur la séparation du cuivre à l'état d'oxalate.

193 Le cuivre d'avec l'arsenic. — A la solution azotique on ajoute de
l'ammoniaque jusqu'à ce que le précipité bleu ne se redissolve plus et l'on détermine ensuite la dissolution par une addition d'oxalate d'ammoniaque en
excès. On ajoute alors avec précaution de l'acide azotique ou chlorhydrique
jusqu'à réaction acide et on laisse reposer. Le cuivre se dépose presque
complètement à l'état d'oxalate, que l'on transforme en oxyde par calcination à l'air. On rend le liquide filtré ammoniacal et l'on précipite avec du
sulfhydrate d'ammoniaque les traces de cuivre encore dissous (*F. Field* **).

18. Méthode fondée sur l'action du cyanure de potassium.

194 L'or d'avec le plomb et le bismuth. — Si ces métaux sont en dissolution, on peut les séparer avec le cyanure de potassium de la même façon qu'on sépare le mercure d'avec le plomb et le bismuth (147). On décompose la dissolution de cyanure double d'or et de potassium en la faisant
bouillir avec de l'eau régale et, après avoir chassé l'acide cyanhydrique, on
dose l'or d'après l'une des méthodes du **§ 123.**

(*) *Zeitschr. f. analyt. Chem.*, IX, 256.
(**) *Chem. Gaz.*, 1857. 513. — *Journ. f. prackt. Chem.*, LXXII, 183.

II. *Séparation des oxydes du sixième groupe les uns d'avec les autres.*

§ 165.

Le platine d'avec l'or : 195. 214. 215. — d'avec l'étain, l'antimoine, l'arsenic : 196.
L'or d'avec le platine : 195. 214. 215. — d'avec l'étain : 196. 213. — d'avec l'antimoine
et l'arsenic : 196.
L'étain d'avec le platine : 196. — d'avec l'or : 175. 196. 213. — d'avec l'arsenic : 199.
206. 207. 208. 214. 212. 216. 217. — d'avec l'antimoine : 197. 201. 208. 209. 210. 212.
216. — le protoxyde d'étain d'avec le bioxyde d'étain : 221.
L'antimoine d'avec le platine et l'or : 196. — d'avec l'arsenic : 200. 201. 202. 203. 204.
206. 207. — d'avec l'étain : 197. 201. 208. 209. 210. 212. 216. — l'oxyde d'antimoine
d'avec l'acide antimonique : 220.
L'arsenic d'avec le platine et l'or : 196. — d'avec l'étain : 199. 206. 207. 208. 211. 212.
216. 217. — d'avec l'antimoine : 200. 201. 202. 203. 204. 206. 207. 218. — l'acide arsénieux d'avec l'acide arsénique : 198. 205. 219 (*).

1. *Méthode fondée sur la précipitation du platine à l'état de chlorure double de platine et de potassium.*

Le platine d'avec l'or. — Dans la dissolution des chlorures on préci- 195
pite le platine d'après le § **124**. b., et dans le liquide filtré on dose l'or
d'après le § **123**. b.

2. *Méthodes fondées sur la volatilité des chlorures de certains métaux.*

a. Le platine et l'or d'avec l'étain, l'antimoine, l'arsenic. 196
— On chauffe l'alliage finement divisé ou les sulfures dans un courant de
chlore. L'or et le platine restent, les chlorures des autres métaux se volatilisent, voir (160).

b. L'antimoine d'avec l'étain. — On précipite avec l'acide sulfhy- 197
drique la dissolution, qui doit renfermer l'étain à l'état de protochlorure ou
de protoxyde, et non pas en bichlorure ou en oxyde supérieur; on filtre, on
sèche le précipité (le mieux dans un tube filtre à amiante) et l'on fait passer
à la température ordinaire un courant d'acide chlorhydrique gazeux sec sur
le précipité. Dans ces conditions, le protosulfure d'étain et le sulfure d'antimoine se changent en chlorures correspondants, mais le protochlorure
d'antimoine s'en va seul avec le courant d'acide chlorhydrique et peut être
arrêté par de l'eau. Lorsque tout le protochlorure d'antimoine a été enlevé,
on dissout le protochlorure d'étain dans de l'acide chlorhydrique étendu
et dans la solution on dose l'étain suivant le § **126** (*Ch. Tookey* **). Ce procédé ne peut rendre que rarement des services, car il est difficile de remplir les conditions nécessaires à sa réussite, savoir la formation d'un précipité bien exempt de bisulfure d'étain.

c. L'acide arsénieux d'avec l'acide arsénique. On prend un poids 198
de substance tel qu'il n'y ait pas plus de 0,2 gr. environ d'acide arsénieux : on l'introduit dans une cornue tubulée, avec 45 grammes de chlo-

(*) Voir la note 24 à la fin du volume.
(**) *Chem. Soc. J.*, XV, 462. — *Journ. f. vrackt. Chem.*, LXXXVIII, 455. — *Jahresb. von
Kopp u. Will.*, 1862. 600,

rure de sodium, 135 grammes d'acide sulfurique exempt d'acide arsénieux
et de densité 1,61, et enfin 30 grammes d'eau ; dans la cornue on met une
spirale en fil de platine et un thermomètre, afin de ne pas dépasser la température de 125°. On dose alors l'arsenic qui se trouve dans le liquide distillé condensé suivant le § **127**. 4. a., et celui qui reste dans le résidu
suivant le § **127**. 4. b. — Le sulfure d'arsenic fourni par le premier correspond à l'acide arsénieux, celui donné par le dernier donne l'acide arsénique. Les résultats sont satisfaisants (*Rieckher* *). — Si la substance à
analyser est un liquide étendu, on le rend légèrement alcalin avec du carbonate de soude, et on le concentre jusqu'à environ 20 C.C. (à la fin on
ferait bien d'employer une cornue). Comme appareil, je recommande celui
de la figure 78, p. 190. À l'extrémité libre du tube à boule, on fera bien
d'adapter encore un tube à boule (un tube à chlorure de calcium) rempli
de fragments de verre, pour éviter plus sûrement toute perte de chlorure
d'arsenic : dans le ballon récipient on met de l'eau et l'on humecte les
fragments de verre avec une lessive faible de soude. Après l'expérience,
on lave les morceaux de verre et l'on réunit l'eau de lavage à celle du récipient.

3. *Méthodes fondées sur la volatilisation de l'arsenic et de son sulfure.*

199   a. L'arsenic d'avec l'étain (*H. Rose*). — On transforme en sulfures
ou en oxydes, on sèche à 100° et l'on chauffe une portion pesée et mélangée
d'un peu de soufre dans un tube à boule, à travers lequel on fait passer un
courant d'acide sulfhydrique sec : on élève la température très lentement
au commencement, pour l'amener peu à peu à être assez élevée. Le sulfure d'arsenic et le soufre se volatilisent, tandis que le sulfure d'étain
reste. Pour recueillir le sulfure d'arsenic, on réunit le tube à boule, comme
il est dit au n° (160), avec des tubes contenant une dissolution aqueuse
d'ammoniaque. — Lorsqu'il ne se forme plus de sublimé dans la partie
froide du tube, malgré l'action continue de la chaleur, on laisse refroidir
et l'on coupe le tube au-dessous de la boule ; on casse le tube en petits morceaux que l'on chauffe dans une lessive de soude jusqu'à ce que le dépôt
qui les couvre soit dissous : on réunit cette solution au liquide ammoniacal, on ajoute de l'acide chlorhydrique puis, sans filtrer, du chlorate de
potasse, et l'on chauffe un peu jusqu'à la solution complète du sulfure d'arsenic. On sépare du soufre par filtration et l'on dose l'acide arsénique suivant le § **127**. 2. On ne peut pas peser tel quel le sulfure d'étain noir-
brun qui se trouve dans la boule, parce qu'il ne correspond pas à la
formule SnS. On le pèse, et dans une portion pesée on dose l'étain qu'on
transforme en oxyde, en humectant avec de l'acide azotique et en grillant à
l'air (§ **126**. 1. c.).

Si l'étain et l'arsenic forment un alliage, on les transforme en oxydes en
traitant convenablement par l'acide azotique. Si l'on veut avoir des sulfures, on fond jusqu'à fusion tranquille 1 partie de l'alliage finement

---

(*) *Pharm. Centralbl.*, XI, 92.

divisé avec 5 parties de soufre et 5 parties de soude dans un creuset en porcelaine fermé. On dissout dans l'eau, on sépare par filtration le sulfure de fer ou tout autre analogue qui pourrait s'y trouver, et l'on précipite la dissolution par l'acide chlorhydrique.

Si dans l'alliage on veut doser l'étain seul directement et l'arsenic par différence, on transforme, comme on l'a dit, en sulfures ou en oxydes, on mélange avec du soufre et l'on calcine au milieu d'un courant d'acide sulfhydrique dans un creuset de porcelaine à couvercle percé. Il faut ramener à l'état d'oxyde le sulfure d'étain qui reste parfaitement exempt d'arsenic et le peser comme tel.

b. L'arsenic d'avec l'antimoine, quand ils sont alliés ensemble. — 200 On chauffe un essai pesé avec 1 partie de soude et 2 parties de cyanure de potassium dans un tube à boule, dans lequel on fait passer un courant d'acide carbonique sec : on élève la température très lentement, puis peu à peu on la pousse fortement jusqu'à ce que tout l'arsenic soit volatilisé (on évite de respirer les vapeurs. Il vaut mieux faire arriver l'extrémité du tube à boule dans un ballon où se condensent les vapeurs arsenicales). Après refroidissement on traite le contenu de la boule d'abord par un mélange de parties égales d'alcool et d'eau, puis par de l'eau et l'on pèse l'antimoine qui reste. La perte de poids donne l'arsenic. — Ce procédé ne donne que des résultats approchés. Si l'on voulait fondre l'alliage directement dans un courant d'acide carbonique, sans employer de fondant, il faudrait chauffer avec beaucoup de précautions, sans quoi il se volatiliserait beaucoup d'antimoine. *H. Rose* a opéré de cette dernière manière.

4. Méthodes fondées sur l'insolubilité de l'antimoniate de soude.

a. L'antimoine d'avec l'étain et l'arsenic (d'après *H. Rose*). — Si 201 ces corps sont à l'état métallique, on les réduit en poudre fine, on en met un poids connu dans une capsule en porcelaine et l'on oxyde en ajoutant peu à peu de l'acide azotique de densité 1,4 : on dessèche la masse au bain-marie, on la jette dans un creuset en argent, dans lequel on fait tomber les parcelles adhérentes à la capsule avec un peu de lessive de soude, on évapore à siccité, on ajoute 8 fois le poids de soude hydratée solide et l'on maintient longtemps en fusion. On traite la masse refroidie par l'eau bouillante, jusqu'à ce que le résidu se présente comme une poudre fine, on étend un peu avec de l'eau et l'on ajoute assez d'alcool de densité 0,85 pour que le volume de l'alcool soit à celui de l'eau comme 1 : 3. Après avoir laissé reposer 24 heures en agitant de temps en temps, on filtre, on lave le vase avec de l'alcool aqueux (1 vol. d'alcool : 5 vol. d'eau) et on lave le précipité sur le filtre d'abord avec de l'alcool, qui pour 2 vol. d'eau contient 1 vol. d'alcool, puis avec un mélange à volumes égaux, et enfin avec 1 vol. d'eau pour 3 vol. d'alcool. A tous ces liquides alcooliques de lavage on ajoute quelques gouttes de carbonate de soude. Il faut laver jusqu'à ce qu'une portion du liquide filtré, acidulé avec de l'acide chlorhydrique, ne soit plus colorée par l'hydrogène sulfuré.

On sépare l'antimoniate de soude du filtre, on dissout dans un mélange d'acide chlorhydrique et d'acide tartrique, avec lequel on a d'abord lavé le filtre, on précipite avec l'acide sulfhydrique et l'on dose l'antimoine suivant le § **125**. 1. — Lorsque l'alliage renferme beaucoup d'étain, il faudra de nouveau fondre l'antimoniate de soude avec l'hydrate de soude, etc.

Dans le liquide filtré contenant l'étain et l'arsenic on verse de l'acide chlorhydrique, ce qui détermine un précipité d'arséniate d'étain : avant de filtrer on fait passer un courant prolongé d'acide sulfhydrique, on laisse reposer jusqu'à ce que l'odeur ait presque complètement disparu, et l'on sépare ensuite les sulfures pesés et mélangés de soufre suivant (199).

Si la substance ne contient que de l'*antimoine* et de l'*arsenic*, on chauffe le liquide filtré alcoolique en ajoutant fréquemment de l'eau, jusqu'à ce que l'on ne sente pour ainsi dire plus l'odeur de l'alcool, on verse de l'acide chlorhydrique et l'on dose l'acide arsénique à l'état d'arséniate ammoniaco-magnésien (§ **127**. 2.), ou de sulfure d'arsenic (§ **127**. 4. b.).

202   b. Souvent, dans les analyses de minéraux, on a de petites quantités de *sulfure d'arsenic* et de *sulfure d'antimoine* mêlées avec du soufre. Le meilleur moyen alors de séparer les métaux, c'est d'oxyder le précipité avec de l'acide azotique fumant exempt de chlore, après l'avoir préalablement épuisé avec du sulfure de carbone ; on évapore la dissolution jusqu'à siccité, on ajoute au résidu un fort excès de carbonate de soude, un peu d'azotate de soude et l'on traite la masse fondue comme il est dit au n°(201). a. — Si l'on a du sulfure d'étain mélangé avec du sulfure d'antimoine, on les oxyde avec de l'acide azotique de densité 1,5 et l'on traite suivant (201). a. le résidu de l'évaporation à siccité.

203   c. Dosage du sulfure d'arsenic dans le sulfure d'antimoine du commerce (suivant *Wacklenroder*). — On fait détoner 20 grammes du sulfure d'antimoine en poudre fine avec 40 grammes d'azotate de soude et 20 grammes de carbonate de soude, en jetant le mélange peu à peu dans un creuset de Hesse chauffé au rouge : on reprend à plusieurs reprises avec de l'eau la masse fortement chauffée au rouge : dans le liquide filtré additionné d'acide chlorhydrique et traité par l'acide sulfureux, on précipite avec l'acide sulfhydrique l'arsenic avec un peu d'antimoine ; on fait digérer le précipité humide avec du carbonate d'ammoniaque, on filtre, on acidule le liquide filtré, on y fait passer un courant d'acide sulfhydrique et l'on dose l'arsenic à l'état de sulfure suivant le § **127**. 4.

5. Méthodes fondées sur la précipitation de l'arsenic à l'état d'arséniate ammoniaco-magnésien.

204   a. L'arsenic d'avec l'antimoine. — On oxyde les métaux ou leurs sulfures avec l'eau régale, ou avec l'acide chlorhydrique et le chlorate de potasse, ou l'acide chlorhydrique bromé, ou enfin avec le chlore dans une dissolution alcaline (p. 452. b.) : on ajoute de l'acide tartrique, beaucoup de chlorhydrate d'ammoniaque, puis un excès d'ammoniaque. (Il ne doit pas par là se produire de précipité : s'il y en avait un, c'est que la quantité de sel ammoniac ou d'acide tartrique ne serait pas suffisante.) On précipite alors l'acide arsénique suivant le § **127**. 2., et l'on dose l'antimoine dans le liquide filtré suivant le § **125**. 1. — Comme avec l'arséniate ammoniaco-magnésien, il pourrait se précipiter du tartrate basique de magnésie, il sera bon, après avoir un peu lavé le précipité, de le redissoudre dans l'acide chlorhydrique et de le précipiter de nouveau par l'ammoniaque, après addition d'un peu de mixture magnésienne. — Cette méthode est bonne.

b. L'acide arsénique d'avec l'acide arsénieux. — A la dissolution suffisamment étendue on ajoute beaucoup de sel ammoniac, on précipite l'acide arsénique d'après le § **127**. 2. et dans le liquide filtré l'on dose l'acide arsénieux en le précipitant par l'acide sulfhydrique (§ **127**. 4.). — *Ludwig* (*) ayant remarqué que si la solution est très concentrée il se précipite de l'arsénite de magnésie avec l'arséniate ammoniaco-magnésien, il faut avoir soin de dissoudre dans l'acide chlorhydrique le précipité magnésien pesé et de l'essayer par l'acide sulfhydrique. S'il se forme un précipité, c'est qu'il y a de l'acide arsénieux. **205**

c. L'oxyde d'étain et l'oxyde d'antimoine ou l'acide antimonique d'avec l'acide arsénique. — *Lennsen* (**) réussit fort bien à séparer l'oxyde d'étain d'avec l'acide arsénique en faisant digérer avec de l'ammoniaque et du sulfhydrate d'ammoniaque jaune les oxydes obtenus par oxydation avec l'acide azotique et en précipitant dans la solution limpide l'arsenic à l'état d'arséniate ammoniaco-magnésien, suivant le § **127**. 2. En acidifiant le liquide filtré, l'étain se dépose à l'état de bisulfure. — La méthode ne peut donner de bons résultats que si l'arsenic est déjà à l'état d'acide arsénique avant l'addition du sulfhydrate d'ammoniaque; car dans une dissolution d'acide arsénieux dans le sulfhydrate jaune, la mixture magnésienne ne précipite pas l'arsenic. On peut aussi, de cette façon, séparer l'antimoine d'avec l'arsenic. **206**

6. Méthodes fondées sur l'action du bisulfite de potasse dissous ou de l'acide oxalique sur les sulfures récemment précipités.

a. L'arsenic d'avec l'antimoine et l'étain (suivant *Bunsen* ***). — En faisant digérer le sulfure d'arsenic récemment précipité avec de l'acide sulfureux et du sulfite de potasse, le précipité se dissout : si l'on fait bouillir, le liquide se trouble par suite d'un dépôt de soufre, qui disparaît bientôt en grande partie par une ébullition prolongée. Après avoir chassé l'acide sulfureux, le liquide contient de l'arsénite et de l'hyposulfite de potasse : $2.\text{ArS}^3 + 8(\text{KO}, 2\text{SO}^2) = 2.(\text{KO}, \text{ArO}^5) + 6(\text{KO}, \text{S}^2\text{O}^2) + 5\text{S} + 7.\text{SO}^2$. Les sulfures d'antimoine et d'étain ne produisent pas cette réaction. On peut donc les séparer facilement du sulfure d'arsenic, en précipitant la dissolution des trois sulfures dans le sulfure de potassium, étendue à environ 300 C.C., avec un grand excès, environ 1 litre, d'une solution aqueuse saturée d'acide sulfureux : on fait digérer quelque temps au bain-marie le liquide avec le précipité, puis on fait bouillir jusqu'à ce qu'on ait chassé tout l'acide sulfureux, environ les 2/3 de l'eau, et que le soufre mis en liberté ait disparu, ce qui arrive au bout d'environ une heure et demie d'ébullition. Le sulfure **207**

(*) *Archivf. Pharm.*, XCVII, 24.
(**) *Ann. d. Chem. u. Pharm.*, CXIV, 116.
(***) *Ann. d. Chem. u. Pharm.*, CVI, 3. — Voir la note 25 à la fin du volume.

d'antimoine ou d'étain qui reste ne contient plus d'arsenic, qui se trouve tout entier dans le liquide filtré, d'où l'on peut le précipiter par l'acide sulf-hydrique. — Pour doser l'arsenic, *Bunsen* oxyde le sulfure sec avec le filtre au moyen de l'acide azotique *fumant :* il chauffe *légèrement* la dissolution étendue avec un peu de chlorate de potasse (pour oxyder complètement la substance du papier), et enfin il dose l'arsenic à l'état d'arséniate ammo-niaco-magnésien. — Dans la séparation du sulfure d'étain de la solution d'arsénite de potasse, il faut avoir soin de laver le sulfure d'étain avec une dissolution de sel marin concentrée, parce qu'avec de l'eau pure le liquide passe trouble à travers le filtre. Quand le lavage avec le sel marin est achevé, on chasse celui-ci avec une solution d'acétate d'ammoniaque addi-tionnée d'un léger excès d'acide acétique. Il ne faut pas réunir cette der-nière eau de lavage à la première qui renferme du sel marin, parce que l'acétate d'ammoniaque s'oppose à la précipitation de l'acide arsénieux par l'acide sulfhydrique.

208   b. L'étain d'avec l'arsenic et l'antimoine (suivant *F. W. Clarke**). — La méthode repose sur les faits suivants : le bisulfure d'étain récemment précipité, encore humide, se dissout complètement quand on le fait bouillir assez longtemps avec de l'eau et un excès d'acide oxalique et dès lors l'étain, à l'état de bichlorure, n'est pas précipité par l'hydrogène sul-furé dans une dissolution chaude contenant un excès d'acide oxalique. — Les composés sulfurés de l'arsenic ne sont pas ou sont à peine attaqués par leur ébullition avec l'acide oxalique, et l'acide sulfhydrique reprécipite les moindres traces qui auraient pu se dissoudre. — Le sulfure d'antimoine précipité se dissout très abondamment dans la solution bouillante d'acide oxalique, mais l'hydrogène sulfuré ne reprécipite pas l'antimoine de cette dissolution.

D'après cela, *Clarke* recommande d'ajouter à la dissolution des trois métaux, dans laquelle l'étain doit être peroxydé, assez d'acide oxalique pour qu'il y en ait environ 20 grammes pour 1 gramme d'étain. La liqueur doit être assez concentrée pour que l'acide oxalique cristallise par le refroi-dissement. Alors faisant bouillir la solution, on y fait passer un courant d'acide sulfhydrique pendant 20 minutes et l'on abandonne encore pen-dant une demi-heure dans un lieu chaud, puis l'on filtre. Suivant *Clarke*, tout l'arsenic et tout l'antimoine, complètement ou presque complètement débarrassés de sulfure d'étain, sont précipités et tout le sulfure d'étain est dans la liqueur. De cette dernière on retire l'étain en la rendant légère-ment alcaline avec de l'ammoniaque, ajoutant assez de sulfhydrate d'am-moniaque pour redissoudre le précipité d'abord formé, décomposant le sulfure par un excès d'acide acétique, laissant déposer le précipité de bisul-fure d'étain dans un endroit chaud, et le dosant suivant le § **126**. l. c. Il ne faut pas employer d'acide plus fort que l'acide acétique, et qui dès lors pourrait mettre de l'acide oxalique en liberté. — Pour avoir des résultats tout à fait exacts, *Clarke* recommande de redissoudre dans un sulfure alca-lin le précipité des sulfures d'arsenic et d'antimoine, d'ajouter un excès d'a-cide oxalique, de faire bouillir avec de l'acide sulfhydrique pour remettre

---

*) *Chem. News*, XXI, 124. — *Zeitschr. f. analyt. Chem.*, IX, 487.

en dissolution les dernières traces d'étain. — D'après des analyses faites dans mon laboratoire par M. *Fr. Phillips*, cette dernière précaution est indispensable si l'on veut avoir des résultats exacts. — L'insuccès de la méthode, signalé par *G. C. Wittstein* (*), tient probablement à ce que la dissolution qu'il employait renfermait trop d'acide chlorhydrique libre, ce qui fut cause qu'à l'ébullition la précipitation était incomplète et l'engagea à l'achever à froid. Dans les essais de *Phillips*, l'acide chlorhydrique libre était toujours neutralisé, autant que possible, par une lessive de potasse (**).

> 7. *Méthodes fondées sur la précipitation des métaux à l'état métallique et sur les différences d'action des acides sur ces métaux.*

a. L'étain d'avec l'antimoine (procédé de *Gay-Lussac*, un peu modifié). — On chauffe avec de l'acide chlorhydrique une portion pesée de l'alliage finement pulvérisé (ou de toute autre combinaison), on ajoute du chlorate de potasse par petites portions jusqu'à dissolution, puis on partage le liquide en deux parties égales a. et b. Dans a. on précipite les deux métaux avec une baguette de zinc, on les lave rapidement avec de l'eau chaude additionnée d'un peu d'acide chlorhydrique, puis avec de l'alcool, enfin avec de l'éther, on sèche à 100° et on les pèse; — on chauffe b. additionné d'acide chlorhydrique avec une baguette d'étain. Dans cette opération, l'antimoine se dépose sous forme d'une poudre noire, et le bichlorure d'étain est réduit à l'état de protochlorure. Avec de l'eau contenant de l'acide chlorhydrique on enlève l'antimoine attaché à la baguette d'étain, on le rassemble sur un filtre pesé, on le sèche et on le pèse. On obtient l'étain par différence. — Comme suivant les expériences de *A. W. Clasen* (***), l'antimoine métallique précipité se dissout sensiblement dans l'acide chlorhydrique froid ou chaud à différents degrés de concentration, il est difficile d'éviter une perte d'antimoine.   **209**

b. L'étain de l'antimoine, suivant *Tookey* (****), en tenant compte des perfectionnements de *Clasen* (*loc. cit.*) et de *Allfield* (*****). — Dans la dissolution chlorhydrique, additionnée s'il le faut de quelques gouttes d'acide azotique ou d'un peu de chlorate de potasse et portée à l'ébullition, on met, tant qu'il s'en dissout, du fer (en lames ou fils) aussi pur que possible (se dissolvant sans résidu ou presque sans résidu dans l'acide chlorhydrique). L'antimoine est précipité, et l'étain est ramené à l'état de protochlorure. Quand tout l'antimoine est précipité, et que tout le fer paraît dissous, on ajoute encore un peu d'acide chlorhydrique, on laisse déposer, on décante le liquide et l'on s'assure que le fer n'y précipite plus rien. On est ainsi certain qu'il n'y a plus de fer non dissous, ni d'antimoine en dissolution. — On lave l'antimoine d'abord avec de l'eau un peu acide,   **210**

(*) *Vierteljahresschr. f. prackt. Pharm.*, XIX, 551.
(**) Voir la note 26 à la fin du volume.
(***) *Journ f. prackt. Chem.*, XCII, 477. — *Zeitschr. f. analyt. Chem.*, IV, 440.
(****) *Journ. of the Chem. Soc.*, XV, 462. — *Journ. f. prackt. Chem.*, LXXXVIII, 435.
(*****) *Zeitschr. f. analyt. Chem.*, IX, 107.

puis avec de l'alcool qu'on chasse à la fin avec de l'éther. Avant de peser on sèche à 100°. On précipite l'étain avec l'acide sulfhydrique (§ **126.** 1. c.) dans le liquide contenant le fer. — La méthode bien conduite donne de bons résultats. Voir *Clasen* (*loc. cit.*).

211   c. Dosage de l'arsenic dans l'étain métallique, suivant *Gay-Lussac* (*). — On dissout le métal laminé ou en grenaille dans un mélange de 1 équiv. d'acide azotique et 9 équiv. d'acide chlorhydrique, à une douce chaleur. La dissolution se fait sans dégagement de gaz : il se forme du protochlorure d'étain et du chlorhydrate d'ammoniaque. L'arsenic reste sous forme de poudre. $AzO^5 + 9.HCl + 8Sn = 8.SnCl + AzH^4Cl + 5.HO$. Il ne faut pas, d'après cela, employer l'eau régale en proportion beaucoup plus grande que 1 équiv. d'AzO^5 et 9 équiv. de HCl pour 8 équiv. de métal.

212   d. Beaucoup d'étain d'avec peu d'antimoine et d'arsenic. — On traite l'alliage des trois métaux, réduit en poudre aussi fine que possible, par de l'acide chlorhydrique concentré dans un courant d'acide carbonique : tout l'étain se dissout à l'état de protochlorure. Une partie de l'arsenic et de l'antimoine se dégage à l'état d'hydrogène antimonié et arsénié, tandis que l'autre partie reste à l'état métallique, probablement en combinaison solide avec l'hydrogène. On fait passer le courant gazeux dans plusieurs tubes en U, contenant de l'acide azotique rouge fumant, exempt de chlore, qui oxyde l'arsenic et l'antimoine. La dissolution achevée, on étend le contenu du ballon avec de l'eau purgée d'air, on laisse déposer et, dans une portion mesurée du volume connu du liquide, on dose l'étain soit en poids, soit par les liqueurs titrées : on filtre le reste du liquide, on sèche dans un creuset en porcelaine le filtre avec son contenu bien lavé, on y ajoute le contenu des tubes en U qu'on évapore, et dans le résidu on sépare l'antimoine de l'arsenic suivant (201). Par précaution on traitera avec le fer suivant (210) une portion aliquote de la solution chlorhydrique, pour y chercher et y doser les petites quantités d'antimoine qui auraient pu accidentellement passer dans la solution chlorhydrique.

213   e. L'étain d'avec l'or. — On peut séparer l'or d'un grand excès d'étain en faisant bouillir l'alliage réduit en poudre fine avec de l'acide sulfurique faiblement étendu, auquel on ajoute avec précaution de l'acide chlorhydrique. L'étain se dissout à l'état de protochlorure. On chauffe jusqu'à ce que l'acide sulfurique commence à se volatiliser. Il se forme de l'oxyde d'étain qui se dissout dans l'acide sulfurique concentré, tandis que l'or reste. En ajoutant beaucoup d'eau, l'oxyde d'étain se dépose mélangé avec de l'or divisé, et le tout forme un dépôt rouge-pourpre. Enfin, en chauffant avec de l'acide chlorhydrique concentré, l'oxyde d'étain se redissout, tandis que l'or reste pur (*H. Rose* **).

214   f. Le platine d'avec l'or. — On traite par une solution de protochlorure de fer la dissolution dans l'eau régale, débarrassée autant que possible de son acide azotique par une évaporation convenable avec de l'acide chlorhydrique, et l'on dose l'or suivant le § **123.** b. Dans le liquide filtré on précipite le platine par l'acide sulfhydrique, suivant le § **124.** c.

(*) *Ann. de chim. et de phys.*, XXIII, 228.
** *Pogg. Ann.*, CXII, 172.

8. *Méthode fondée sur l'extraction de l'or par le mercure.*

Dosage de l'or dans le minerai de platine. — On traite quelques **215**
heures le minerai par de petites quantités de mercure pur bouillant, on décante, on recommence l'opération, on lave avec du mercure chaud, et l'on
distille tout le mercure avec précaution. L'or reste (*Deville* et *Debray*). Il
faut essayer le résidu.

9. *Méthode fondée sur la précipitation de certains métaux à l'état de sulfures par l'hyposulfite de soude.*

L'arsenic et l'antimoine d'avec l'étain. — On chauffe à l'ébullition **216**
la dissolution additionnée d'un excès d'acide chlorhydrique, et l'on ajoute
de l'hyposulfite de soude jusqu'à ce que le précipité ne soit plus orangé ou
jaune, mais blanc, et que le liquide ait pris une teinte opaline, par suite
du soufre éliminé. L'arsenic et l'antimoine sont complètement précipités,
tandis que tout l'étain reste en dissolution (*Vohl* [*]). On dose les premiers, s'il n'y en a qu'un, suivant le § **125**. 1. et le § **127**. 4. Quand ils
sont tous deux ensemble, on les sépare suivant (201) ou (204). Dans le
liquide filtré on dose l'étain suivant le § **126**. 1. c. — Il paraît que *Len-
sen* [**] a obtenu de bons résultats par ce procédé : j'ai pour mon compte
été moins satisfait. Comme en l'absence d'acide chlorhydrique libre, l'étain
est aussi précipité par l'hyposulfite de soude, la séparation ne peut avoir
lieu avec succès qu'autant que l'acide chlorhydrique en présence empê-
chera la précipitation de l'étain, sans contrarier cependant celle de l'antimoine.

10. *Méthode fondée sur la précipitation de l'étain à l'état d'arséniate.*

L'étain d'avec l'arsenic. — Pour doser l'étain et l'arsenic dans le **217**
stannate de soude du commerce, qui renferme fréquemment beaucoup d'arséniate de soude, *Ed. Hœffely* [***] propose le moyen suivant. A un essai
pesé on ajoute une quantité connue et en excès d'arséniate de soude, puis
de l'acide azotique en excès et l'on fait bouillir : on filtre le précipité dont
la composition est $2SnO^2.ArO^5 + 10Aq$: on le lave et on le calcine, ce qui le
ramène à l'état de $2SnO^2.ArO^5$. Dans le liquide filtré on dose l'excès d'a-
cide arsénique suivant le § **127**. 2. Le précipité pesé donne la quantité
d'oxyde d'étain : dans le précipité d'une part et dans le liquide filtré de
l'autre, on a la quantité totale d'acide arsénique, qui donne celle du composé analysé en retranchant la quantité ajoutée pour l'analyse.

11. *Méthode fondée sur la précipitation de l'arsenic et de l'antimoine de l'hydrogène arsénié et de l'hydrogène antimonié.*

Pour doser les deux métaux dans un mélange de leurs combinaisons avec **218**

[*] *Ann. d. Chem. u. Pharm.*, XCVI, 240.
[**] *Ann. d. Chem. u. Pharm.*, CXIV, 118.
[***] *Phil. Mag.*, X, 220.

l'hydrogène, on fait passer le gaz à travers une dissolution neutre d'azotate d'argent. L'hydrogène antimonié donne de l'antimoniure d'argent, tandis que l'arsenic reste en dissolution, par suite de la réduction du sel d'argent qui le transforme en acide arsénieux. Ce procédé a été employé par *A. W. Hoff-mann* (*) pour démontrer qualitativement la présence de l'arsenic et de l'antimoine. On peut l'appliquer au dosage des deux métaux réunis sous forme de composés hydrogénés. On sépare par filtration et on lave le précipité formé d'argent et d'antimoniure d'argent. On ajoute à la dissolution un léger excès d'acide chlorhydrique, on sépare par filtration le chlorure d'argent et l'on précipite le liquide filtré par l'acide sulfhydrique. Le précipité renferme l'arsenic à l'état de sulfure, mais avec un peu de sulfure d'antimoine, qu'il faudra séparer d'après (202) ou (207). Quant au précipité d'argent et d'antimoniure d'argent, on le chauffe avec de l'acide tartrique en y ajoutant très peu d'acide azotique et l'on dose l'antimoine suivant le § **125**. 1.

Tous les moyens qu'on a proposés pour séparer l'antimoine et l'arsenic *en dissolution*, en se basant sur ce qui précède (ajouter à la solution du zinc et de l'acide chlorhydrique et recevoir le gaz dans la solution de nitrate d'argent, etc.), sont défectueux, parce qu'il se perd toujours un peu des composés hydrogénés gazeux et qu'en outre il reste toujours de l'antimoine et de l'arsenic à l'état de métal dans le flacon à dégagement.

12. *Méthodes fondées sur le dosage volumétrique de chaque oxyde.*

219   a. L'acide arsénieux d'avec l'acide arsénique. — Dans une portion de la substance, dans laquelle on a transformé tout l'arsenic en acide arsénique, on dose la quantité totale de celui-ci, suivant le § **127**. 2.; dans une autre portion on dose l'acide arsénieux suivant le § **127**. 5, a. On obtient l'acide arsénique par différence.

220   b. L'oxyde d'antimoine d'avec l'acide antimonique. — Dans une portion de la substance on dose tout l'antimoine suivant le § **125**. 1., et dans une autre on dose l'oxyde suivant le § **125**. 5. On a l'acide antimonique par différence.

221   c. Le protoxyde d'étain d'avec le bioxyde. — Après avoir transformé dans une portion de la substance, par digestion avec de l'eau de chlore ou tout autre moyen, le protoxyde ou le protochlorure en peroxyde ou en perchlorure, on dose tout l'étain suivant le § **126**. 1. b.; dans une seconde portion, que l'on aura dissoute s'il le faut à l'aide de l'acide chlorhydrique dans un courant d'acide carbonique, on dose le protoxyde ou le protochlorure suivant le § **126**. 2.

(*) *Ann. d. Chem. u. Pharm.*, CXV, 287.

II. — SÉPARATION DES ACIDES ENTRE EUX.

Nous rappelons que dans les procédés suivants nous supposons en général que les acides sont à l'état libre, ou combinés avec les bases alcalines. *Voir* ce qui est dit plus haut, p. 453. Lorsque plusieurs acides doivent être dosés dans une même substance, très souvent on détermine les uns dans une portion de la matière, et les autres dans une autre. Dans ce qui va suivre, pour ne pas être entraîné trop loin, nous ne considérerons pas tous les cas possibles, mais seulement les plus importants et ceux qui peuvent se présenter le plus souvent.

PREMIER GROUPE.

ACIDE ARSÉNIEUX, ACIDE ARSÉNIQUE, ACIDE CHROMIQUE, ACIDE SULFURIQUE, ACIDE PHOSPHORIQUE, ACIDE BORIQUE, ACIDE OXALIQUE, ACIDE FLUORHYDRIQUE, ACIDE SILICIQUE, ACIDE CARBONIQUE.

§ 166.

1. **L'acide arsénieux et l'acide arsénique d'avec tous les autres acides.** — On précipite tout l'arsenic avec l'acide sulfhydrique dans la dissolution (§ **127**. 4. a ou b.), et dans le liquide filtré on dose les autres acides. Il faut seulement se rappeler qu'en présence du peroxyde de fer, de l'acide chromique ou de toute autre substance décomposant l'acide sulfhydrique, le sulfure d'arsenic est mélangé avec du soufre. Bien entendu qu'on ne pourra doser l'acide sulfurique dans le liquide filtré, qu'autant qu'on aura évité l'action de l'air, dont l'oxygène fait toujours passer à l'état d'acide sulfurique un peu du soufre de l'acide sulfhydrique, et qu'il n'y aura pas non plus de composés oxygénés (comme par exemple d'acide chromique) dont la réduction peut aussi oxyder en partie le soufre de l'hydrogène sulfuré. Il vaudra donc mieux doser l'acide sulfurique, s'il y en a, dans une portion particulière de la substance, suivant le § **223**. — L'acide arsénique peut encore se séparer des acides qui font avec la magnésie des sels solubles, par une précipitation à l'état d'arséniate ammoniaco-magnésien, suivant le § **127**. 2.

2. **L'acide sulfurique d'avec les autres acides** (*).

a. *D'avec les acides de l'arsenic, les acides phosphorique* (**), *borique, oxalique et carbonique.*

On verse du chlorure de baryum dans la dissolution étendue et fortement 223

(*) *Wohlwill* a indiqué (*Ann. d. Chem. u. Pharm.*, CXIV, 185) la séparation de l'acide sulfurique d'avec l'acide sélénique.

(**) S'il y avait l'acide phosphorique à l'état d'acide métaphosphorique, il faudrait d'abord le ramener à l'état d'acide orthophosphorique en fondant avec un carbonate alcalin.

acidulée avec de l'acide chlorhydrique, et l'on sépare par filtration le sulfate de baryte, qu'on dosera suivant le § **132** : dans le liquide filtré sont les autres acides. — S'il y a des acides avec lesquels la baryte fait des sels insolubles dans l'eau, mais solubles dans les acides, le sulfate de baryte les entraîne facilement et en quantité d'autant plus grande qu'on aura laissé plus longtemps déposer ; cela arrive surtout avec l'oxalate et le tartrate de baryte et les sels de baryte d'autres acides organiques (*H. Rose*). Dans ces cas, je conseille de laisser après le lavage digérer le précipité de baryte avec une dissolution de bicarbonate de soude dans un entonnoir fermé en bas par un bouchon, puis ensuite avec de l'eau, avec de l'acide chlorhydrique étendu, et de laver de nouveau avec de l'eau. — Chaque fois en outre il faudra essayer la pureté du sulfate de baryte, après la pesée, suivant le § **132**. 1. — Dans les liquides séparés par filtration du sulfate de baryte et renfermant les autres acides, on peut doser ces derniers, comme il est dit dans la quatrième partie, en n'oubliant pas d'éliminer d'abord l'excès de chlorure de baryum ajouté. On préférera cependant doser les autres acides dans un nouvel essai de la substance, ce qui est du reste nécessaire quand il s'agit de doser l'acide carbonique en présence de l'acide sulfurique.

b. D'avec l'*acide fluorhydrique*.

224   α. Si l'on a une solution aqueuse d'acide sulfurique et d'acide fluorhydrique, tous deux libres, le mieux est de déterminer dans une première portion l'acidité totale avec la solution titrée de soude (§ **215**), et dans une autre portion de mesurer l'acide sulfurique d'après le § **132**. I. 1. On conclut l'acide fluorhydrique par différence. Il faudra purifier le sulfate de baryte en le fondant avec du carbonate de soude (voir p. 330).

225   β. S'il s'agit de doser les deux acides dans des minéraux ou d'autres substances solides renfermant des sulfates associés à des fluorures, le meilleur moyen d'arriver au but, si le fluorure est décomposable par l'acide sulfurique, c'est de doser le fluor dans une portion d'après le § **138**. 3. a. Ensuite on fond une seconde portion avec quatre fois son poids de carbonate de soude (ce qui décompose complètement les sulfates et plus ou moins complètement les fluorures). On reprend la masse fondue avec de l'eau, on filtre, on acidifie avec l'acide chlorhydrique et l'on précipite avec le chlorure de baryum. Le sulfate de baryte ainsi obtenu est souvent mélangé avec du fluorure de baryum, aussi est-il indispensable de le purifier en le fondant avec du carbonate de soude (p. 330).

226   γ. Lorsque les deux acides sont sous forme de sels alcalins, on peut bien les séparer en ajoutant, s'il le faut, encore un peu de carbonate de soude à la solution et en précipitant le fluor suivant le § **138**. I., avec la précaution que le chlorure de calcium ne soit ajouté qu'en très petit excès. L'acide sulfurique se trouve, pour la plus grande partie, dans le liquide séparé par filtration du carbonate de chaux et du fluorure de calcium, et pour le reste, une très petite portion, dans la dissolution d'acétate de chaux séparée par filtration du fluorure de calcium. On le précipite, dans ces deux liqueurs acidifiées, au moyen du chlorure de baryum, et on le dose suivant le § **132**. I. 1. (*H. Rose*).

δ. Les composés insolubles seront désagrégés en les fondant avec 6 par- **227** ties du mélange de carbonate de potasse et du carbonate de soude, plus 2 parties d'acide silicique. La masse refroidie est reprise par l'eau : on ajoute du carbonate d'ammoniaque à la dissolution, on chauffe en remplaçant le carbonate d'ammoniaque qui part par volatilisation, on filtre l'hydrate de silice qui se dépose, on le lave avec de l'eau contenant du carbonate d'ammoniaque : pour achever de précipiter toute la silice, on ajoute une solution d'oxyde de zinc dans l'ammoniaque, on évapore jusqu'à ce que toute l'ammoniaque soit chassée, on filtre et l'on achève alors suivant γ. — Pour plus de sûreté, on essayera si le précipité renfermant l'oxyde de zinc ne contient pas aussi de l'acide sulfurique.

c. D'avec l'*acide chromique.*

On fait bouillir la combinaison solide avec de l'acide chlorhydrique con- **228** centré (p. 521. β.) et l'on déduit la quantité d'acide chromique de la quantité de chlore mis en liberté. On enlève un peu d'acidité à la liqueur avec de l'ammoniaque, on étend d'eau et l'on précipite l'acide sulfurique en faisant bouillir longtemps avec du chlorure de baryum. Comme le sulfate de baryte ainsi obtenu renferme de l'oxyde de chrome (*H. Rose*), il faut le fondre avec du carbonate de soude, etc. (voir le § **132**. I. 1.).

d. D'avec l'*acide hydrofluosilicique.*

On précipite d'abord l'acide hydrofluosilicique à l'état de fluosiliciure de **229** potassium d'après le § **133**, et dans le liquide filtré l'acide sulfurique par la baryte.

e. D'avec l'*acide silicique.* Voir (242).

3. L'acide phosphorique d'avec les autres acides.

     a. D'avec les *acides de l'arsenic* (222); d'avec l'*acide sulfurique* **230**   (223); d'avec l'*acide silicique* (242).

b. D'avec l'*acide chromique.*

On précipite l'acide phosphorique à l'état de phosphate ammoniaco-magnésien avec l'azotate de magnésie, après addition d'azotate d'ammoniaque et d'ammoniaque. Dans le liquide filtré on dose l'acide chromique d'après le § **130**. I. a. β., ou I. b.

c. D'avec l'*acide borique.*

On précipite l'acide phosphorique avec une dissolution de chlorure de **231** magnésium et de chorhydrate d'ammoniaque (§ **134**. b. α.), on dissout le précipité bien lavé dans l'acide chlorhydrique, on le reprécipite par de l'ammoniaque, après addition d'un peu de chlorure de magnésium et d'ammoniaque, et l'on détermine l'acide phosphorique à l'état de pyrophosphate de magnésie. — Dans le liquide filtré on dose l'acide borique sous forme de borate de magnésie suivant le § **136**. I. 1. δ.

d. D'avec l'*acide oxalique.*

α. S'il faut doser les deux acides dans un même essai, on ajoute à la dis- **232** solution aqueuse un excès de chlorure double d'or et de sodium, on chauffe. et l'on détermine la quantité d'acide oxalique d'après l'or réduit (§ **137**. c.). Dans le liquide filtré on élimine d'abord l'excès d'or par l'acide sulf-hydrique et l'on précipite l'acide phosphorique avec le mélange de chlorure de magnésium et de chlorhydrate d'ammoniaque.

233   β. Si l'on a assez de matière, on dose dans une portion l'acide oxalique suivant le § **137**. b. ou d., et dans une autre l'acide phosphorique. Si la substance est soluble dans l'eau, on peut, si la quantité d'acide oxalique est minime, précipiter immédiatement avec le sulfate de magnésie en présence du sel ammoniac et de l'ammoniaque; autrement on chauffe la substance au rouge avec le mélange des carbonates alcalins, ce qui détruit l'acide oxalique, et l'on dose l'acide phosphorique dans le résidu dissous dans l'acide acétique (§ **134**. I. b. β.).

> e. Les *phosphates* d'avec les *fluorures*.

234   α. Les phosphates et les fluorures métalliques s'accompagnent fréquemment dans les minéraux. Par exemple dans l'analyse de tous les phosphorites on a à doser des quantités relativement faibles de fluor, en présence de beaucoup d'acide phosphorique et souvent avec des bases, telles que l'alumine et le peroxyde de fer, qui rendent la séparation des deux acides encore plus difficile. Suivant mes propres expériences (*), dans des cas pareils on arrive le plus souvent au but, en mesurant dans une portion de substance le fluor sous forme de fluorure de silicium d'après le § **138**. II. 5. a. et en dosant l'acide phosphorique dans un autre essai. Quant au premier dosage, on n'oubliera pas que, dans le cas où la substance renfermerait des carbonates, il faut d'abord chasser tout l'acide carbonique. Pour cela on chauffe avec de l'eau un poids connu de la matière réduite en poudre fine, on ajoute de l'acide acétique jusqu'à léger excès, et aussi de l'acétate de chaux, dans le cas où par hasard le fluor se trouverait à l'état de fluorure soluble dans l'eau. Après avoir évaporé à siccité au bain-marie, on reprend le résidu par l'eau, on filtre, on lave avec de l'eau la partie insoluble, on la dessèche, on la sépare aussi complètement que possible du papier du filtre, on y ajoute les cendres du filtre, on pèse : on essaye sur une portion pesée, chauffée avec de l'acide chlorhydrique, si tout l'acide carbonique a été chassé. Quant au dosage de l'acide phosphorique, on dissout la matière réduite en poudre fine dans l'acide chlorhydrique, on évapore à siccité au bain-marie, on humecte le résidu avec un peu d'acide chlorhydrique, on ajoute de l'acide azotique, on chauffe, on étend d'eau, on filtre, on évapore à siccité le liquide filtré avec les eaux de lavage, on dissout le résidu dans l'acide azotique et dans la solution on dose l'acide phosphorique avec le molybdate d'ammoniaque (§ **134**. I. b. β.).

235   β. Si l'on a en dissolution aqueuse un phosphate alcalin avec un fluorure alcalin, on précipite l'acide phosphorique suivant le § **135**. II. d. β. à l'état de phosphate d'argent ou suivant le § **135**. II. k. sous forme de phosphate de protoxyde de mercure. Tout le fluorure alcalin se trouve dans le liquide filtré. Si l'on a fait la séparation avec le sel d'argent, on enlève l'argent

---

(*) *Zeitschr. f. analyt. Chem.*, V, 190 et VI, 103.

dans la liqueur filtrée avec le chlorure de sodium et l'on dose alors le fluor, sous forme de fluorure de calcium. d'après le § **138**. I.

Si l'on précipite l'acide phosphorique avec l'azotate de protoxyde de mercure, il ne faut pas faire usage de vase en verre ou en porcelaine, parce que la liqueur est toujours acide. On élimine le mercure dans le liquide filtré en neutralisant par le carbonate de soude et en faisant passer un courant d'acide sulfhydrique sans filtration préalable, on sépare ensuite par filtration le sulfure de mercure et l'on dose dans la liqueur le fluor sous forme de fluorure de calcium (§ **138**. I.) (*H. Rose*).

γ. Quant aux substances insolubles dans l'eau et indécomposables par les **236** acides, on les fond avec du carbonate de soude et de l'acide silicique comme en (227), on traite la masse fondue par l'eau et la solution par le carbonate d'ammoniaque ; de cette façon on dissout en combinaison avec les alcalis tout le fluor et tout ou partie seulement de l'acide phosphorique. On opère avec la partie dissoute comme il est indiqué en (255) et dans le résidu insoluble on recherche d'après (234) l'acide phosphorique qui pourrait s'y trouver.

δ. Dans les composés décomposables par les acides on peut, suivant les **237** circonstances, doser indirectement le fluor. On dissout dans l'acide chlorhydrique, on évapore avec un léger excès d'acide sulfurique jusqu'à ce que tout l'acide fluorhydrique soit chassé (on ne doit pas chauffer au point de volatiliser de l'acide sulfurique, car alors il pourrait se perdre un peu d'acide phosphorique); dans le résidu on dose l'acide phosphorique d'une part et les oxydes de l'autre. Si maintenant on connait le rapport entre l'acide phosphorique et les bases dans la substance analysée, on peut calculer la quantité de fluor d'après l'excès des bases trouvées, car l'oxygène de celles-ci est équivalent au fluor cherché. — Il faut naturellement qu'il n'y ait pas d'autres acides, ou qu'on les ait déterminés dans une portion à part de la substance.

　　4. L'acide fluorhydrique d'avec les autres acides.

　　　a. Les *fluorures métalliques* d'avec les *borates*.

On additionne d'un peu de carbonate de soude la dissolution dans la- **238** quelle on suppose un borate alcalin avec un fluorure alcalin, et l'on ajoute un excès d'acétate de chaux. Il se forme un précipité qui renferme tout le fluor à l'état de fluorure de calcium, et en outre du carbonate et un peu de borate de chaux, la plus grande partie de ce dernier ayant été redissoute par l'excès de sel de chaux. Pour doser dans le précipité le fluorure de calcium, on le traite exactement suivant le § **138**. 1. La petite quantité d'acide borique qui était dans le précipité se trouve par là volatilisée en partie, en partie dissoute dans l'eau avec laquelle on traite la masse évaporée avec de l'acide acétique. — Il faut donc, d'après cela, doser l'acide borique dans une portion spéciale en suivant le § **136**. I. 2. (*Stromeyer* *).

　　　b. Les *fluorures* d'avec l'*acide silicique* et les *silicates*.

　Beaucoup de silicates naturels contiennent des fluorures : il faut donc

____
(*) *Ann. d. Chem. u. Pharm.*, C. 91.

faire attention de ne pas laisser échapper ces derniers dans l'analyse des minéraux.

Si les silicates fluorifères sont décomposables par les acides (ce qui n'est que rarement le cas) et si l'on sépare la silice par évaporation, tout le fluor peut se volatiliser.

239 α. Méthode de Berzelius. — On fond au rouge vif et assez longtemps la matière réduite en poudre fine, mélangée avec 4 p. de carbonate de soude, on reprend la masse par l'eau avec laquelle on la fait bouillir, on filtre, on lave d'abord avec de l'eau bouillante, puis avec une dissolution de carbonate d'ammoniaque. On a ainsi en dissolution tout le fluor à l'état de fluorure de sodium, et de plus du carbonate, du silicate et de l'aluminate de soude. On ajoute à cette solution du carbonate d'ammoniaque, et l'on chauffe en remplaçant le carbonate d'ammoniaque qui se vaporise. On sépare par filtration le précipité d'acide silicique hydraté et d'alumine hydratée qui se forme, et on le lave avec du carbonate d'ammoniaque. Pour enlever la dernière trace de silice hydratée dans la solution, on ajoute au liquide filtré une dissolution d'oxyde de zinc dans l'ammoniaque, on évapore jusqu'à ce que toute l'ammoniaque soit chassée et l'on sépare par filtration le précipité formé d'oxyde de zinc hydraté et de silicate de zinc (*). Dans ce précipité on dose la silice en le dissolvant dans l'acide azotique, évaporant la solution à siccité reprenant le résidu par l'acide azotique et recueillant sur le filtre la silice séparée. Dans le liquide filtré alcalin on dose le fluor à l'état de fluorure de calcium suivant le § **138.** I. — Enfin pour avoir la silice, on traite par l'acide chlorhydrique, suivant le § **140.** II. a., le résidu insoluble dans l'eau et le précipité obtenu par le carbonate d'ammoniaque.

240 β. Si des substances facilement décomposables par l'acide sulfurique renferment des fluorures avec des silicates et de la silice, on peut dans une portion ne doser que l'acide silicique suivant (259), et dans une autre portion, suivant le § **138.** II. 5. a., éliminer le fluor à l'état de fluorure de silicium que l'on mesurera.

> c. Les *fluorures métalliques*, les *silicates* et les *phosphates* les uns d'avec les autres.

241 Les composés de cette sorte, qu'on rencontre assez fréquemment dans la nature, seront décomposés suivant (259). Toutefois il ne faut pas compter toujours sur une complète décomposition des phosphates, car le phosphate de chaux, par exemple, n'est décomposé que partiellement par le carbonate de soude fondu. — Après avoir séparé la silice par le carbonate d'ammoniaque et la solution ammoniacale d'oxyde de zinc, on a une liqueur dont on fait un volume déterminé : on en essaye une portion avec la solution azotique d'acide molybdique pour savoir s'il y a de l'acide phosphorique. Si ce dernier ne s'y trouve pas, on dose le fluor à l'état de fluorure de calcium dans le reste du liquide (§ **138.** I.). Mais s'il y a de l'acide phosphorique,

---

(*) Le traitement par le carbonate d'ammoniaque sépare tout l'acide silicique dans le liquide filtré, de sorte que l'addition de l'oxyde de zinc et de l'ammoniaque, comme le recommandait *Berzelius*, et plus tard *Regnault*, paraît tout à fait inutile (*H. Rose*).

on traite le reste mesuré du liquide suivant (235). Dans le résidu du traitement primitif de la substance et dans le précipité formé par le carbonate d'ammoniaque, on dose la majeure partie de l'acide silicique et de l'acide phosphorique et les bases ; — dans le précipité fourni par la solution ammoniacale d'oxyde de zinc on mesure le reste de la silice, et dans la liqueur séparée par filtration de ce précipité on dose la proportion d'acide phosphorique précipitée par l'oxyde de zinc.

Comme l'acide phosphorique se rencontre dans une foule de cas, il est bon, surtout quand il est en petite quantité, d'en faire un dosage direct dans une autre portion de la substance. Pour cela on décompose le silicate par un mélange d'acide fluorhydrique et d'acide chlorhydrique (page 589), on ajoute une quantité suffisante, mais pas trop grande, d'acide sulfurique, et l'on évapore jusqu'à ce que tout le fluor soit chassé sous forme de fluorure de silicium et d'acide fluorhydrique. Il ne faut pas chauffer jusqu'aux vapeurs d'acide sulfurique, dans la crainte de perdre de l'acide phosphorique. On reprend le résidu par l'acide azotique, on étend d'eau, on filtre, et dans la liqueur filtrée on précipite l'acide phosphorique avec l'acide molybdique.

Si la substance est facilement décomposable par l'acide sulfurique, on peut chasser le fluor à l'état de fluorure de silicium et le doser suivant le § **138**. II. 3. a.

5. L'acide silicique d'avec tous les autres acides.

a. *Dans les composés désagrégés par l'acide chlorhydrique.* — On fait di- **242** gérer plus ou moins longtemps la substance avec de l'acide chlorhydrique ou azotique, on évapore à siccité au bain-marie, à une température pas trop élevée (§ **140**. II. a.) : suivant les circonstances on reprend le résidu par l'eau, l'acide chlorhydrique ou l'acide azotique, on sépare par filtration la silice éliminée et l'on dose les autres acides dans le liquide filtré. — Il ne faudra pas perdre de vue les points suivants :

α. La méthode ne peut pas s'appliquer en présence des borates ou des fluorures : on procédera alors comme il est dit au n° (243).

β. En présence de l'acide phosphorique, l'acide silicique en retient toujours une portion qu'on ne peut pas enlever par des lavages avec de l'eau acide (*H. Rose, W. Skey* *). Alors on lave longtemps la silice avec de l'eau ammoniacale, ce qui élimine presque tout l'acide phosphorique. On évapore à siccité l'eau de lavage additionnée d'un peu d'acide chlorhydrique, on dissout dans l'eau en ajoutant un peu d'acide azotique, on sépare par filtration le peu de silice que l'ammoniaque avait dissoute et dans le liquide on dose le reste de l'acide phosphorique.

b. *Dans les composés non attaqués par l'acide chlorhydrique.* — On désa- **243** grège la substance en la faisant fondre avec les carbonates mélangés de potasse et de soude, et l'on traite le résidu soit immédiatement par l'acide chlorhydrique ou l'acide azotique étendu, pour opérer suivant (242), avec

---

(*) *Zeitschr. f. analyt. Chem.*, VIII, 70.

la solution (pas applicable en présence du fluor ou de l'acide borique) : ou bien, dans le liquide obtenu en faisant bouillir le résidu avec de l'eau, on précipite la silice passée en solution en faisant bouillir avec du carbonate d'ammoniaque et dans le liquide filtré on sépare les dernières traces de silice avec la solution ammoniacale d'oxyde de zinc suivant (259).

La silice se trouve alors partie dans le résidu insoluble dans l'eau, partie dans le précipité formé par le carbonate d'ammoniaque, partie enfin dans le précipité fourni par l'oxyde de zinc. On la sépare de ces précipités d'après le § **140**. II. a. — Tout le fluor et l'acide borique se trouvent dans le dernier liquide alcalin filtré (259) : — quant à l'acide phosphorique, nous renvoyons au n° (241). — La majeure partie de l'acide sulfurique se trouve dans le dernier liquide alcalin filtré : mais par précaution il sera bon de le chercher dans les liquides acides séparés par filtration d'avec l'acide silicique.

8. L'acide carbonique d'avec tous les autres acides.

244   Comme l'acide carbonique est chassé lorsqu'on chauffe ses sels avec des acides plus forts, la présence des carbonates n'a aucune influence sur le dosage de la plupart des autres acides, et comme on peut d'autre part doser cet acide par la perte de poids ou en absorbant le gaz éliminé, la présence des sels à acides non volatils ne gêne en rien la détermination de l'acide carbonique. Si donc on a des combinaisons formées de carbonates, de sulfates, de phosphates, etc., on peut doser dans une portion l'acide carbonique et dans une autre les autres acides, ou bien faire les deux dosages avec le même essai. Dans ce dernier cas on opérera de préférence suivant la page 578. e. ou page 561. g., et l'on déterminera les autres acides dans la dissolution qui reste dans le ballon à décomposition. — Si l'on a des fluorures avec des carbonates, il faut avoir bien soin de ne pas chasser l'acide carbonique par l'acide sulfurique ou l'acide chlorhydrique, car une partie de l'acide fluorhydrique mis en liberté se dégagerait avec l'acide carbonique : on fera usage d'un acide fixe faible, soit l'acide tartrique, soit l'acide citrique. — Si, comme cela arrive parfois dans les analyses, on a dans un précipité du carbonate de chaux et du fluorure de calcium, on les sépare en traitant le mélange par de l'acide acétique, évaporant à siccité et reprenant le résidu par l'eau ; l'acétate de chaux provenant du carbonate se dissout, le fluorure de calcium reste.

DEUXIÈME GROUPE.

ACIDE CHLORHYDRIQUE, ACIDE BROMHYDRIQUE, ACIDE IODHYDRIQUE, ACIDE CYANHYDRIQUE, ACIDE SULFHYDRIQUE.

I. *Séparation des acides du deuxième groupe d'avec ceux du premier*

§ **167**.

a. *Tous les acides du deuxième groupe d'avec ceux du premier.*

245   La dissolution étendue étant additionnée d'acide azotique, on y verse de

l'azotate d'argent en excès et l'on sépare par filtration les composés insolubles d'argent avec le chlore, le brome, l'iode, etc. Dans la liqueur restent
tous les acides du premier groupe, parce que leurs sels d'argent sont solubles dans l'eau ou dans l'acide azotique. — L'acide carbonique, dans tous
les cas, exige un dosage particulier qu'on peut faire suivant le § **139**. d.
e. ou g. Dans le cas où l'on applique la méthode d, ou g., il ne faut pas
oublier ce qui a été dit à la page 375.

> b. *Chacun des acides du deuxième groupe d'avec chacun de ceux du
> premier.*

Comme il est souvent incommode, pour séparer ultérieurement les acides **246**
du deuxième groupe, de les mettre sous la forme de composés d'argent insolubles, on abandonne souvent la marche générale pour doser séparément
les acides de chaque groupe. Si l'on a assez de matière, on détermine les
divers acides sulfurique, phosphorique, le chlore, etc., dans des portions
distinctes.

Parmi toutes les combinaisons que l'on pourrait imaginer, nous nous
bornerons aux suivantes, qui nous semblent les plus essentielles.

1. L'acide sulfurique se sépare facilement du chlore, du brome, de **247**
l'iode et du cyanogène par une précipitation à l'état de sel de baryte : s'il
fallait doser les acides du deuxième groupe dans le même essai, on ferait
usage d'azotate ou d'acétate de baryte. — On ne peut pas doser de cette
façon l'acide sulfurique en présence de l'acide sulfhydrique, parce qu'une
portion du soufre de l'acide sulfhydrique s'oxyde au contact de l'air et fournit de l'acide sulfurique. J'ai reconnu que l'erreur provenant de là peut
être fort considérable (*). Pour l'éviter on précipite d'abord l'acide sulfhydrique par le chlorure de cuivre, puis on dose l'acide sulfurique dans le liquide filtré, — ou bien on transforme complètement l'acide sulfhydrique
en acide sulfurique au moyen du chlore ou du brome, et on le retranche
de la quantité totale de ce dernier acide. Dans d'autres cas, il vaudra mieux
chasser l'acide sulfhydrique en chauffant avec de l'acide chlorhydrique suivant la page 434 c. et doser l'acide sulfurique dans la dissolution restante.

2. On précipite l'acide phosphorique avec l'azotate de magnésie et **248**
l'ammoniaque après addition d'azotate d'ammoniaque ; — l'acide oxalique par l'azotate de chaux : dans le liquide filtré on trouvera le chlore, le
brome, l'iode, etc.

3. Chlorures dans les silicates. — Pour doser le chlore dans les **249**
silicates il y a bien des choses à considérer : — a.) s'ils se dissolvent dans l'a-
cide azotique étendu, on précipite directement (sans chauffer) avec de l'a-
zotate d'argent la dissolution fortement étendue ; on enlève dans le liquide
filtré l'excès d'argent avec l'acide chlorhydrique étendu (sans chauffer) et l'on
sépare la silice comme à l'ordinaire ; — b.) si par l'action de l'acide azotique les silicates deviennent gélatineux, on étend d'eau, on laisse déposer,
on filtre, on lave la silice déposée et l'on traite le liquide filtré comme en a.;
— c.) si les silicates ne sont pas décomposés par l'acide azotique, on les

(*) *Journ. f. prackt. Chem.*, LXX, 9.

mélange avec les carbonates de potasse et de soude, on humecte la masse avec de l'eau, on la dessèche dans le creuset, on fait fondre, on fait bouillir avec de l'eau, on élimine la silice dissoute avec du carbonate d'ammoniaque et l'oxyde de zinc dissous dans l'ammoniaque (239), puis après addition d'acide azotique on précipite par l'azotate d'argent ; — d.) si les silicates sont facilement décomposés par les acides, on peut y mesurer le chlore en les chauffant avec de l'acide sulfurique de concentration moyenne et en recevant l'acide chlorhydrique expulsé dans deux récipients successifs dont le premier contient de l'eau et le second de l'eau ammoniacale. Pendant l'opération on fait passer un courant d'air dans l'appareil et l'on chauffe jusqu'à ce qu'il se dégage d'abondantes vapeurs d'acide sulfurique. Outre ce qu'il faut pour établir le courant d'air, on pourra disposer l'appareil comme celui de la figure 78 (page 190). (*H. Rose.*) Dans les récipients on dose l'acide chlorhydrique suivant le § **141**. a. — Comme dans les procédés a.) et.b.) le chlorure d'argent obtenu pourrait contenir de la silice, on le soumettra, après l'avoir pesé, à l'action réductrice d'un courant d'hydrogène au rouge et l'on traitera le résidu par l'acide azotique. La silice restera.

250   4. Chlorures en présence des fluorures. — S'ils sont tous deux en dissolution aqueuse, on peut opérer suivant (245); mais il est plus commode de précipiter le fluor avec l'azotate de chaux ; et dans le liquide filtré le chlore avec la solution d'argent. — On fond les composés insolubles avec le carbonate de soude et l'acide silicique, et l'on opère comme en (251).

251   5. Le chlore en présence du fluor dans les silicates. — On opère suivant (259). On sature presque complètement avec de l'acide azotique le liquide filtré alcalin, on précipite avec l'azotate de chaux, on sépare d'après (244) le fluorure de calcium d'avec le carbonate de chaux, et dans le liquide filtré on précipite le chlore avec la dissolution d'argent.

252   6. Les sulfures métalliques dans les silicates. — Si la combinaison est décomposable par les acides, on la traite en poudre très-fine par l'acide azotique fumant exempt d'acide sulfurique (§ **148**. II. 2. a.) ou avec de l'acide azotique de faible concentration dans un tube fermé à la température de 120 à 150 (*). Quand tout le soufre est oxydé, on chasse avec de l'eau dans une capsule en porcelaine le contenu du ballon ou du tube, on évapore au bain-marie, on traite par l'acide chlorhydrique ou l'acide azotique, on étend d'eau, on sépare l'acide silicique par filtration et dans le liquide on dose l'acide sulfurique. — Si la substance n'est pas décomposable par les acides, on la fond avec 4 p. de carbonate de soude et 1 p. de salpêtre, on fait bouillir la masse fondue avec de l'eau, on élimine la silice dissoute dans le liquide filtré en l'évaporant avec de l'acide chlorhydrique ou de l'acide azotique et l'on achève comme il est dit plus haut.

253   7. Les sulfures d'avec les carbonates. — S'il s'agit de doser le soufre dans les sulfures métalliques facilement décomposables par les acides (par exemple dans le sulfure de calcium) en présence de l'acide carbonique, on décompose la substance en la chauffant avec de l'acide chlor-

(*) *Carius.* Voir dosage du soufre dans les matières organiques.

hydrique, on dessèche d'abord le mélange d'acide sulfhydrique et d'acide carbonique; on retient l'hydrogène sulfuré en faisant passer les gaz dans un tube rempli de pierre ponce imprégnée de sulfate de cuivre (page 425) et enfin on arrête l'acide carbonique dans un second tube contenant de la chaux sodée (page 378). Dans le chapitre des Spécialités nous développerons ce procédé au sujet de l'analyse des soudes brutes.

APPENDICE : *Analyse des composés renfermant des sulfures alcalins, des carbonates, des sulfates et des hyposulfites.*

§ 168.

La méthode suivante a été appliquée pour la première fois par *G. Werther* [*] à l'analyse du résidu de la combustion de la poudre. *N. Fedorow* [**] a montré que la première méthode indiquée renfermait une cause d'erreur. On en a tenu compte dans ce qui suit : 254

Sur la substance à analyser, on verse de l'eau dans laquelle on a mis en suspension du carbonate de cadmium [***], puis on agite fréquemment le tout placé dans un vase fermé. Le sulfure alcalin est complètement décomposé par le carbonate de cadmium. Le précipité jaune est séparé par filtration et traité par l'acide acétique (non pas par l'acide chlorhydrique). Le carbonate de cadmium se dissout, tandis que le sulfure reste. On oxyde ce dernier avec du chlorate de potasse et de l'acide azotique (page 432) ou avec du brome (page 432), et l'on précipite avec le chlorure de baryum l'acide sulfurique formé par le sulfure.

On chauffe la liqueur séparée par filtration du sulfure de cadmium et on y ajoute une dissolution d'azotate neutre d'argent. Le précipité formé de carbonate et du sulfure d'argent ($KO,S^2O^2 + AgO,AzO^3 + HO = KO,SO^3 + AgS + AzO^3,HO$) est filtré et lavé avec de l'eau chargée d'acide carbonique : on le débarrasse du carbonate d'argent au moyen de l'ammoniaque et dans la dissolution ammoniacale acidulée préalablement avec l'acide azotique, on précipite l'argent avec le chlorure de sodium. Chaque équivalent de chlorure d'argent ainsi obtenu correspond à 1 équiv. de carbonate [****]. On dissout le sulfure d'argent dans de l'acide azotique étendu bouillant, on dose dans la solution l'argent à l'état de chlorure et on calcule d'après lui la quantité d'hyposulfite, en remarquant que 1 équiv. AgCl correspond à 2 équiv. de soufre dans l'acide hyposulfureux, par conséquent à 1 équiv. d'hyposulfite (KO,S^2O^2).

Dans la liqueur débarrassée par filtration du sulfure et du carbonate d'argent, on enlève d'abord l'excès d'argent par l'acide chlorhydrique, puis

[*] *Journ. f. prackt. Chem.*, LV, 22.
[**] *Zeitschr. f. analyt. Chem.*, IX, 127.
[***] Pour obtenir le carbonate de cadmium exempt d'alcalis, il faut le précipiter avec le carbonate d'ammoniaque.
[****] De la quantité obtenue il faut retrancher une quantité équivalente au sulfure trouvé ($KS + CdO,CO^2 = CdS + KO,CO^2$), mais il faut ajouter une quantité équivalente au sulfure d'argent, car chaque équivalent de sulfure d'argent venant de l'hyposulfite d'argent, il y a un équivalent d'acide azotique produit, $HOAzO^5$, qui décompose un équivalent de carbonate d'argent. C'est cette correction qui était passée inaperçue dans la première manière d'opérer de *Werther*.

on précipite l'acide sulfurique par un sel de baryte. Il faut naturellement retrancher de la quantité que l'on trouve de ce dernier acide, celle qui correspond à l'acide hyposulfureux, par conséquent 0,28 p. en poids d'acide sulfurique pour 1 p. en poids de chlorure d'argent provenant du sulfure. Le reste donne la quantité d'acide sulfurique que contient réellement la substance.

En dosant l'alcali à l'état de sulfate d'après le § **97** ou le § **98** dans le liquide séparé par filtration du sulfate de baryte, on aura un contrôle de l'analyse.

Voir aussi l'analyse de la soude brute et des lessives des résidus de soude, dans le chapitre des Spécialités.

II. *Séparation des acides du deuxième groupe entre eux.*

§ **169.**

4. L'acide chlorhydrique d'avec l'acide bromhydrique. On ne connaît pas de méthode exacte pour séparer le chlore d'avec le brome, de façon qu'on puisse les doser chacun en poids (tout ce qu'on a proposé laisse à désirer) : il faut toujours avoir recours à un moyen indirect.

255   a. On précipite avec l'azotate d'argent, on lave le précipité, on fait passer le précipité dans une capsule en porcelaine avec la fiole à jet, on épuise le filtre avec de l'ammoniaque chaude, on laisse l'ammoniaque s'évaporer dans un creuset de porcelaine pesé, on y ajoute la portion principale du précipité, on fond et l'on pèse. Ensuite on met une portion du mélange de chlorure et de bromure d'argent dans un léger tube à boule en verre peu fusible et que l'on a pesé. Pour faire cela, le mieux est de refondre le mélange des sels dans le creuset et d'en couler une portion dans le tube. On fond le tout dans la boule, on laisse refroidir et l'on pèse. On a donc le poids total du tube et le poids des sels introduits. Il faut faire les pesées aussi exactement que possible. On fait ensuite passer dans le tube un courant très lent de gaz chlore pur et sec, on chauffe le contenu de la boule à fusion et l'on secoue de temps en temps la matière fondue. Au bout de vingt minutes environ on détache le tube à boule, on le laisse refroidir, on l'incline pour que l'air chasse le chlore, on pèse ; on fait encore passer du chlore pendant dix minutes et l'on pèse de nouveau. L'expérience est terminée si les deux pesées sont d'accord : s'il y avait une différence de poids, il faudrait recommencer l'opération une troisième fois. La différence de poids multipliée par 4,22297 ou en nombre rond par 4,225 donne le poids de bromure d'argent décomposé par le chlore. Voir plus bas (§ **200**) l'explication du calcul.

Cette méthode donne des résultats très exacts si la quantité de brome n'est pas trop faible : mais il n'en est plus de même s'il n'y a que des traces de brome dans de grandes quantités de chlorure, comme cela arrive dans le eaux mères des marais salants. — Pour qu'on puisse opérer dans ce cas, il faut chercher à obtenir une combinaison d'argent renfermant tout le brome et seulement une petite portion du chlore. On y parvient de plusieurs manières et l'on comprend qu'alors. pour doser le chlore, il faut précipiter complètement avec l'argent une portion de la substance et retrancher du précipité total le bromure d'argent trouvé.

α. Après avoir ajouté un léger excès de carbonate de soude et sans séparer par filtration le précipité qui pourrait se former, on évapore le liquide à siccité, on épuise le résidu par de l'alcool absolu chaud et l'on évapore, après addition d'une goutte de lessive de soude, le liquide alcoolique qui renferme tout le bromure et seulement une faible portion du chlorure : on acidule avec de l'acide azotique la dissolution aqueuse du résidu et l'on précipite avec la solution d'argent.

β. Suivant *Fehling* (*). Dans la dissolution *froide* on verse une quantité **256** d'azotate d'argent tout à fait insuffisante pour produire la précipitation complète et l'on agite fortement, puis on laisse assez longtemps le précipité en contact avec le liquide en agitant fréquemment. On obtient ainsi un précipité qui renferme tout le brome, en admettant bien entendu que la quantité d'argent ait été suffisante pour le brome contenu dans la substance.

Fehling cite les nombres suivants :

Si le liquide renferme 1 p. de brome pour 1000 de chlore, on emploie 1/5 à 1/6 de la quantité d'azotate d'argent nécessaire pour la précipitation complète; s'il y a 1 de brome pour 10 000 de chlore, on ne prend que 1/10 : il suffira de 1/30 pour 50 000 de chlore avec 1 de brome et 1/60 pour 100 000 de chlore avec 1 de brome.

Il faudra *parfaitement* laver le précipité avant de le sécher, de le calciner et de le peser. On traite ensuite par le chlore comme plus haut.

γ. *Marchand* a un peu modifié la méthode de *Fehling*. Il réduit par le **257** zinc le mélange de chlorure et de bromure d'argent obtenu par une précipitation fractionnée; il décompose par le carbonate de soude la dissolution de chlorure et de bromure de zinc, il évapore à siccité et traite le résidu par l'alcool absolu (ce qui dissout tout le bromure de sodium et fort peu de chlorure); il évapore la dissolution à siccité, reprend le résidu par l'eau, précipite de nouveau par l'azotate d'argent et soumet une portion du précipité pesé au traitement par le chlore.

δ. Si dans un ballon à distillation on chauffe modérément avec de l'acide chlorhydrique et du peroxyde de manganèse un liquide contenant un chlorure et un peu de bromure, tout le brome passe d'abord, puis ensuite seulement vient le chlore. *Mohr* (**) fonde sur ce fait la méthode suivante pour concentrer le brome. On distille comme il est indiqué et, au moyen d'un tube doublement recourbé, on fait arriver les vapeurs dans un large flacon de *Woulf* contenant de l'ammoniaque un peu concentrée. Dans le flacon il se forme d'épaisses fumées qui remplissent peu à peu toute la capacité. On reçoit l'excès des vapeurs du premier flacon dans un second à col étroit renfermant de l'eau ammoniacale. Il faut que les deux récipients soient assez grands pour qu'il ne puisse pas se perdre de vapeurs. Aussitôt

(*) *Journ. f. prackt. Chem.*, XLV, 269.
(**) *Ann. d. Chem. u. Pharm.*, XCIII, 80.

que tout le brome s'est dégagé, ce qu'on reconnaît à la couleur de l'espace vide dans le ballon et dans les tubes, on débouche le ballon pour qu'il n'y ait pas de son côté absorption des vapeurs de bromure d'ammonium. Après le refroidissement on mélange les liquides des récipients, qui renferment tout le brome avec une quantité relativement faible de chlore.

258   b. Au lieu de traiter suivant a. le mélange de chlorure et de bromure d'argent par le chlore, on pourrait avec l'hydrogène le réduire à l'état d'argent métallique (*). Après avoir exactement pris le poids du métal, on calcule la quantité de chlorure d'argent correspondante, que l'on retranche du poids du mélange de chlorure et de bromure soumis à la réduction, et l'on se sert de la différence de poids pour faire le même calcul que celui indiqué en a. (*Wackenroder*). Cette méthode n'offre pas d'avantage sur celle donnée en a., parce qu'il faut chauffer longtemps et fortement dans un courant d'hydrogène pour réduire complètement le bromure d'argent. On voit que l'on peut d'abord traiter suivant a. une quantité donnée du mélange de chlorure et de bromure d'argent, et comme contrôle la traiter ensuite d'après b. La différence de poids trouvée directement dans la première expérience doit être tout à fait égale à celle calculée dans la seconde, en retranchant du poids du mélange la quantité équivalente de chlorure d'argent déduite du poids du métal pur.

259   c. *F. Mohr* (**) précipite le brome et une partie du chlore avec une quantité connue d'argent, puis il pèse le précipité. On voit que par ce moyen on a ce qu'il faut pour faire le calcul comme en b. On peut peser directement la quantité d'argent pur dont on fera usage et la dissoudre dans l'acide azotique, ou bien on fait usage d'une solution titrée d'argent. — Ce procédé est sans doute plus commode que celui indiqué en a., mais je ne le crois pas aussi exact, surtout pour de petites quantités de brome. Il suppose qu'un poids connu d'argent donne exactement la quantité correspondante de chlorure, ce que la pratique ne vérifie pas. Il ne faut pas négliger des erreurs de quelques milligrammes, car on compterait la différence en brome quand même il n'y en aurait pas. On ne peut pas commettre une pareille erreur et dans la même mesure d'après la méthode a. On peut s'assurer sans peine que si l'on chauffe avec précaution du chlorure d'argent pur dans un tube à boule léger au milieu d'un courant de chlore, le tube ne change pas de poids et l'on peut bien plus facilement reconnaître une erreur de 1/2 milligramme qu'une erreur de 2 milligrammes dans la transformation de 2 à 3 grammes d'argent en chlorure, surtout quand on fait usage d'un filtre, ce qu'on ne peut guère éviter dans les précipitations partielles dans lesquelles, on le sait, le précipité se dépose moins bien.

260   d. On a proposé comme modification de cette méthode celle de *Pisani* (***), dans laquelle on ajoute en léger excès une quantité connue d'une solution d'argent, on filtre et dans le liquide filtré on dose l'argent avec l'iodure d'amidon (page 260). On pèse le précipité comme en c. Cette méthode évite la précipitation partielle.

(*) Voir la note 27 à la fin du volume.
(**) *Ann. d. Chem. u. Pharm.*, XCIII, 76.
(***) *Compt. rend.*, XLIV, 352.

e. Dans une portion on dose (avec l'azotate d'argent) soit en poids, soit **261** par des liqueurs titrées, le chlore plus le brome ; dans une seconde portion on dose le brome volumétriquement (§ **143**. I. b. α. ou β.) ou bien par le procédé colorimétrique (§ **143**. I. b. γ.), et l'on calcule le chlore par différence. Cette méthode se recommande pour les essais rapides des eaux-mères.

f. Voyez enfin encore (271) et (272).

2. L'acide chlorhydrique d'avec l'acide iodhydrique.

a. À la dissolution on ajoute de l'azotate de protoxyde de palladium et l'on **262** dose l'iodure de palladium (§ **145**. I. a. β.). Du liquide filtré on chasse l'excès de palladium par un courant d'acide sulfhydrique, on décompose l'excès d'hydrogène sulfuré par le sulfate de peroxyde de fer, et enfin on précipite le chlore avec la dissolution d'argent. — En général il est plus simple de doser l'iode dans *une* portion avec le protochlorure de palladium, suivant le § **145**. I. a. β., et dans une *seconde* portion de précipiter l'iode et le chlore avec la dissolution d'argent : on détermine ensuite le chlore par différence. Si l'on ne peut pas employer l'azotate de palladium et si le chlore et l'iode doivent être mesurés dans une même partie de la substance, on peut ajouter un volume connu d'une dissolution de protochlorure de palladium ; et dans un volume égal de cette dernière on détermine la proportion de chlore, que l'on retranche ensuite. — Les résultats sont exacts. Dans les liquides qui renferment beaucoup de chlorures alcalins et peu d'iodures (comme cela arrive souvent), on concentre, au point de vue de l'iodure, en évaporant le liquide à siccité après addition de carbonate de soude, on reprend le résidu par de l'alcool, on évapore la dissolution additionnée d'une goutte de lessive de soude, et l'on reprend le résidu par de l'eau.

b. On opère exactement comme pour le dosage indirect du brome en pré- **263** sence du chlore (255), en ayant grand soin de ne laisser attaché au filtre que le moins possible du précipité de chlorure et d'iodure d'argent, parce qu'on sait que l'iodure d'argent ne se dissout que très peu dans l'ammoniaque. Pour ne pas perdre le peu d'iodure qui reste après le filtre, on incinère celui-ci, et l'on évapore le résidu avec deux gouttes d'acide azotique et une goutte d'acide iodhydrique dissous. La perte de poids du précipité d'argent fondu dans le courant de chlore multipliée par 2,569 donne la quantité d'iodure d'argent décomposé par le chlore. On peut aussi employer les méthodes (259) et (260). Elles donnent pour le dosage de l'iode en présence du chlore des résultats plus exacts que lorsqu'il s'agit de séparer le brome et le chlore, parce que la différence entre l'équivalent de l'iode et celui du chlore est bien plus grande que celle des équivalents du brome et du chlore. — Quant à la concentration à donner à l'iodure métallique, voir (262).

c. On met l'iode en liberté avec l'acide azoteux, on le rassemble avec le **264** sulfure de carbone, et on le dose avec l'hyposulfite de soude dans le sulfure de carbone lavé (p. 406. β.).

Quant au chlore, on le dose dans la liqueur séparée du sulfure de carbone ou mieux, dans une portion spéciale de la substance on dose le chlore plus l'iode avec l'argent et du précipité pesé de chlorure et d'iodure d'argent, on retranche l'iodure d'argent, correspondant à l'iode trouvé. — Bonne méthode.

Si la quantité d'iode est faible, on réussit bien encore en opérant de la façon suivante :

Au sulfure de carbone contenant l'iode, complètement lavé avec de l'eau et mis au fond d'un flacon à l'émeri sous une couche d'eau, on ajoute goutte à goutte, en secouant, de l'eau de chlore étendue, non titrée, *juste* jusqu'à ce que la couleur disparaisse et qu'alors tout l'iode soit changé en ICl^5. On sépare la dissolution du sulfure de carbone, on ajoute un excès suffisant d'iodure de potassium dissous et l'on dose l'iode mis en liberté suivant le § **146**. Pour 6 p. d'iode que l'on trouve alors il faut en compter 1 dans la substance analysée. Si l'on veut éviter la décantation et le lavage du sulfure de carbone, on verse tout le liquide, après décoloration par le chlore, dans une éprouvette graduée pas trop large, on mesure le volume total de la solution de pentachlorure d'iode, en retranchant celui du sulfure de carbone, et l'on opère alors sur une portion aliquote du volume mesurée avec une pipette.

Au lieu de sulfure de carbone, *Moride* (*) se sert de benzine ; *Roger* (**) emploie le chloroforme, et au lieu de décomposer l'iodure avec l'acide azoteux, ce dernier chimiste fait usage de l'acide iodique, indiqué d'abord par *Liebig*, qu'on ajoute en dissolution étendue au liquide étendu acidulé avec de l'acide sulfurique. Il ne faut alors prendre que les $\frac{5}{6}$ de l'iode trouvé pour le calculer en acide iodhydrique cherché, d'après l'égalité $5.III + IO^5 = 5.HO + 6I$.

265   d. Dans une portion on dose le chlore et l'iode suivant le § **141**. I. b. α., dans une seconde on dose l'iode seul suivant le § **145**. I. b. γ. δ. ou ε. On conclut le chlore par différence.

Le procédé du § **145**. I. b. δ. (suivant *Pisani*) est très rapide et avec peu de chlorure donne des résultas encore assez approchés. Il n'en est plus de même s'il y a beaucoup de chlorure (page 408). — La méthode du § **145**. I. b. γ. (suivant *Reinige*) ne peut pas être employée s'il y a des matières organiques ou d'autres substances qui réduisent le permanganate de potasse ; le procédé du § **145**. I. b. ε. doit être abandonné en présence des chlorates, azotates ou azotites.

266   e. La méthode suivante, employée par *Wallace* et *Lamont* (***), convient aux usages industriels. On neutralise presque complètement la lessive avec l'acide azotique, on évapore à siccité et l'on fond le résidu dans une capsule en platine jusqu'à oxydation de tous les sulfures. On traite par l'eau, on filtre, on ajoute de l'azotate d'argent jusqu'à ce que le précipité paraisse tout à fait blanc, on le lave, on le fait digérer avec de l'ammoniaque concentrée et l'on pèse l'iodure d'argent qui reste. A ce poids on ajoute la quan-

---

(*) *Compt. rend.*, XXXV, 789.
(**) *Journ. de pharm.*, XXXVII, 410.
(***) *Chem. Gaz.*, 1859, 157.

tité calculée qui a passé dans la solution ammoniacale, à raison de $\dfrac{1}{2495}$ de la quantité d'ammoniaque de densité 0,89 employée.

Voir aussi (268), (271) et (272).

3. Les acides chlorhydrique, bromhydrique, iodhydrique les uns des autres.

a. Dans une portion, en précipitant avec la solution d'argent, on les dé- **267** termine tous trois ensemble (§ **141**. I. a. ou b. α.); dans une seconde portion, on précipite pour doser l'iode avec du chlorure de palladium en aussi léger excès que possible (§ **145**. I. a. β.). Le liquide filtré est d'abord débarrassé par l'acide sulfhydrique de l'excès de palladium, puis par le sulfate de peroxyde de fer de l'excès d'acide sulfhydrique, et l'on précipite avec la solution d'argent le chlore et le brome ensemble, soit en totalité, soit par fraction; enfin l'on dose le brome suivant (255).

Avec une grande quantité de chlore et une petite proportion de brome on peut aussi précipiter l'iode par l'azotate de protoxyde de palladium (parce que dans ce cas on peut être certain qu'il ne se précipite pas de bromure de palladium) et l'on opère comme en a. avec le liquide filtré

Ces méthodes donnent de bons résultats, mais ne peuvent guère s'employer que si la quantité d'iode est déjà un peu notable.

b. A la dissolution neutre, étendue et froide, contenant un iodure alca- **268** lin avec un chlorure ou un bromure alcalin, ou avec les deux ensemble, on ajoute une solution neutre saturée d'azotate de protoxyde de thallium et l'on secoue fortement : on verse le réactif jusqu'à ce que le précipité passager qui se forme, dans des essais répétés, paraisse blanc et non pas jaune comme le premier précipité permanent. On fera bien de verser la solution de thallium avec une burette pour pouvoir l'ajouter goutte à goutte. Si le précipité blanc de chlorure ou de bromure de thallium ne disparaissait pas aussitôt par l'agitation, on ajouterait encore de l'eau, mais pas en quantité plus que suffisante, afin de ne pas dissoudre l'iodure de thallium.

Après avoir abandonné 8 à 12 heures dans un endroit frais, on décante à travers un filtre pesé et séché à 100° le liquide contenant le chlorure et le bromure métallique, on lave un peu le filtre, afin de ne pas faire passer plus tard trop d'eau à travers le précipité, on fait tomber le précipité jaune d'iodure de thallium sur le filtre, on lave avec le moins d'eau possible, on sèche à 100° et l'on pèse. Dans le liquide filtré on précipite le chlore ou le brome avec l'argent. S'il y a à la fois du chlore et du brome, on traite le mélange de chlorure et de bromure d'argent suivant (255). — Résultats tout à fait bons. (*Hubner* et *Spezia* *) (*Hubner* et *Frerichs* **).

c. On élimine l'iode avec le sulfure de carbone ou le chloroforme, **269** comme au n° (264). Dans le liquide séparé du sulfure de carbone, on dose le chlore et le brome suivant (255), et dans le premier l'iode suivant (page 406. β.). Ce procédé s'emploie surtout pour de petites quantités d'iode et complète sous ce rapport le procédé (267).

(*) *Zeitschr. f. analyt. Chem.*, XI, 397.
(**) *Zeitschr. f. analyt. Chem.*, XI, 400.

270   *d.* Dans une portion, on dose le chlore, le brome et l'iode ensemble, en ajoutant au liquide un léger excès d'une solution titrée d'azotate d'argent, et en mesurant dans le liquide filtré le léger excès d'argent avec l'iodure d'amidon (page 260). On pèse le précipité, voir (265). On connaît le poids total des chlorure, bromure et iodure d'argent, plus le poids d'argent qu'ils renferment.

Dans une autre portion de la substance on mesure la quantité d'iode comme au n° (269), on en déduit l'iodure d'argent et l'argent correspondant. En les retranchant des poids précédemment connus, on aura le poids total du chlorure et du bromure d'argent et le poids total d'argent contenu dans ces deux sels, c'est-à-dire les données suffisantes pour calculer le chlore et le brome (258).

271   *e.* Le chlorure d'argent récemment précipité étant transformé en bromure par une dissolution de bromure de potassium et les bromure et chlorure d'argent, aussi récemment précipités, étant changés en iodure d'argent par une dissolution d'iodure de potassium, *F. Field* (*) a fondé sur ces faits le procédé suivant de dosage des trois halogènes, combinés aux métaux dans une même dissolution. Dans trois flacons à l'émeri on met trois poids égaux de la substance, on ajoute environ 30 C.C. d'eau, un excès de dissolution d'argent, on agite fortement et on lave complètement avec de l'eau chaude les précipités I, II et III. On sèche I et on le pèse : son poids donne le poids total de chlorure, de bromure et d'iodure d'argent ; — on fait digérer II pendant 10 heures avec une dissolution de bromure de potassium et III avec une dissolution d'iodure de potassium, en ayant bien soin que les solutions soient étendues et ne soient ni en grand excès, ni chaudes, sans quoi elles pourraient dissoudre une notable portion des sels d'argent. II étant lavé, calciné et pesé, représente un mélange de bromure et d'iodure d'argent, enfin III est de l'iodure d'argent pur. Le calcul se fait de la façon suivante :

α. La différence entre les équivalents du brome et du chlore (= 44,88) est à l'équivalent du chlorure d'argent (= 145,45) comme la différence entre les poids de II et I est au poids du chlorure d'argent contenu dans I.

β. La différence entre les équivalents de l'iode et du brome (= 46,90) est à l'équivalent du bromure d'argent (= 187,88) comme la différence entre II et III est à la quantité de bromure d'argent dans II. Si maintenant on retranche du précipité II le poids du bromure d'argent trouvé, on obtient la quantité d'iodure d'argent.

γ. Enfin si l'on retranche du poids du précipité I le chlorure d'argent trouvé en α et l'iodure d'argent obtenu en β, on a le poids du bromure d'argent. La méthode est intéressante au point de vue théorique, mais elle ne peut être appliquée avec avantage que lorsque les trois métalloïdes sont en quantités notables. *Field* a obtenu d'assez bons résultats.

Ce procédé a été étudié plus tard par *B. Huschke* (**) et par *Siewert* (***).

(*) *Quart. Journ. of the Chem. Soc.*, 10, n° 39, 234. — *Chem. News*, II, 325.
(**) *Zeitschr. f. analyt. Chem.*, VII, 134.
(***) *Zeitchr. f. die gesammt. Naturwiss.*, 1868, n° 1. — *Zeitschr. f. analyt. Chem.*, VII, 469.

Le premier employa une solution de bromure de potassium de force 1 : 48, une d'iodure de potassium de force 1 : 54 et laissa digérer pendant une heure : il obtint 5,248 et 5,206 d'iode au lieu de 5,287, — 5,313 et 3,349 de brome au lieu de 3,335 et 1,477, — et 1,496 de chlore au lieu de 1,503.

Siewert opéra avec des dissolutions froides et des dissolutions chaudes, et obtint des résultats moins satisfaisants : suivant ses expériences, la transformation du chlorure d'argent en bromure n'est pas nette ; en outre, en faisant bouillir le bromure d'argent avec une solution de chlorure de sodium, il se forme du chlorure d'argent. Au contraire *Siewert* réussit très bien à transformer complètement le chlorure et le bromure d'argent en iodure.

La méthode de *Field* ne peut donc guère être appliquée que lorsque les trois halogènes sont ensemble en quantités relativement assez notables, et lorsque l'on peut se contenter de résultats approximatifs. Il faut absolument la rejeter dans les analyses d'eaux minérales (comme par exemple dans celle de *J. Mitteregger* (*), où l'on ne prenait que 500 gram. d'eau), et en général toutes les fois que l'on aura de faibles quantités de bromure et d'iodure à doser en présence de beaucoup de chlorure.

f. Quant au procédé de *H. Hager*, basé sur ce que le chlorure d'argent 272 récemment précipité est soluble dans une dissolution bouillante de sesquicarbonate d'ammoniaque, tandis que le bromure s'y dissout à peine, et l'iodure pour ainsi dire pas du tout, et qu'en outre on peut séparer le bromure d'avec l'iodure d'argent par l'ammoniaque, je renvoie au travail original (**). On n'obtient ainsi que des résultats approximatifs. — J'en ferai autant de la méthode de *Sonstadt* (***), par laquelle on dose l'iode à l'état d'iodate de baryte.

4. Analyse de l'iode mélangé de chlore.

a. On dissout un poids connu de l'iode desséché dans une dissolution 273 froide d'acide sulfureux, on précipite avec la solution d'argent : on fait digérer le précipité avec de l'acide azotique pour éliminer le sulfite d'argent qui pourrait s'être précipité et l'on pèse le précipité d'argent. On calcule l'iode et le chlore d'après les formules suivantes, dans lesquelles A représente le poids de l'iode à analyser, x le poids d'iode, y celui de chlore et B le poids du précipité d'iodure et de chlorure :

$$x + y = A$$
$$\frac{Ag + I}{I} x + \frac{Ag + Cl}{Cl} y = B.$$

Mais

$$\frac{Ag + I}{I} = 1,8508 \qquad \frac{Ag + Cl}{Cl} = 4,0457 ;$$

donc

$$y = \frac{B - 1,851\,A}{2,1929} .$$

(*) *Chem. Analyse des Radeiner Sauerbrunnens* von Dr. *Jos. Mitteregger*, Wienn, 1872.
(**) *Pharm. Centralbl.*, XII, 42. — *Zeitschr. f. analyt. Chem.*, X, 341.
(***) *Chem. News*, XXVI, 173. — *Zeitschr. f. analyt. Chem.*, XII, 91.

274   b. Si l'on a en dissolution du chlore et de l'iode libres, on dose l'iode à l'état d'iodure de palladium (§ **145**. I. a. β.) dans une portion préalablement chauffée avec de l'acide sulfureux : on traite une seconde portion suivant le § **146**. Si l'on retranche la quantité réelle d'iode calculée d'après le palladium de la quantité apparente totale donnée par la dernière opération, la différence donne la quantité d'iode équivalente au chlore que l'on cherche.

5. Analyse du brome contenant du chlore.

275   a. On opère exactement comme au n° (273). On pèse le brome dans une petite boule en verre. Soit A le poids du brome essayé, B celui du précipité de bromure et de chlorure d'argent, x celui de brome et y celui de chlore, on aura :

$$x + y = A \qquad y = \frac{B - 2,34997\,A}{1,69574}.$$

276   b. On met le brome anhydre pesé dans un excès d'une dissolution d'iodure de potassium et l'on dose suivant le § **146** l'iode éliminé.

On déduit de ces données le brome et le chlore à l'aide des équations suivantes :

Soit A le brome pesé renfermant les poids x de brome et y de chlore, et i le poids d'iode trouvé :

$$x + y = A \qquad y = \frac{i - 1,5866\,A}{1,9907}.$$

Bunsen, à qui l'on doit les méthodes 4. et 5., en a montré l'exactitude par des exemples (*).

6. Le cyanogène d'avec le chlore, le brome et l'iode.

277   a. On précipite la dissolution avec la solution d'argent, on rassemble le précipité sur un filtre pesé et on le sèche au bain-marie jusqu'à ce qu'il ne diminue plus de poids : on y détermine alors la quantité de cyanogène d'après la méthode des analyses organiques élémentaires. On calcule le cyanogène trouvé en cyanure d'argent, on le retranche du poids total des sels d'argent, et la différence donne le poids de chlorure, bromure et iodure d'argent.

278   b. On précipite avec la solution d'argent comme (277), on sèche à 100°, on pèse ; on chauffe le précipité d'argent, ou une partie aliquote dans un creuset en porcelaine que l'on incline deci delà jusqu'à fusion complète : on réduit la masse fondue par le zinc après addition d'acide sulfurique étendu, on sépare par filtration l'argent métallique et le paracyanure d'argent, et dans la liqueur on dose avec la solution d'argent le chlore, le brome et l'iode. La différence des précipités d'argent est égale au poids du cyanure d'argent. *Neubauer* et *Kerner* (**) ont obtenu ainsi de fort bons résultats.

(*) *Ann. d. Chem. u. Pharm.*, MXXXVI, 274, 276.
(**) *Ann. d. Chem. u. Pharm.*, CI, 544.

c. On précipite comme en (277) avec la dissolution d'argent, on pèse et 279
l'on chauffe le précipité ou une partie aliquote avec de l'acide azotique
de densité 1,2 dans un tube fermé pendant plusieurs heures à 100° ou
pendant environ une heure seulement, mais à 150°. Le cyanure d'argent
est alors complètement décomposé, tandis que les autres sels restent
intacts. On filtre le contenu du tube, on lave le précipité resté non dissous,
on le pèse et par différence on a le cyanure d'argent (*K. Kraut* [*]).

d. On précipite une portion avec la solution d'argent et l'on pèse le 280
précipité total : dans une seconde portion on dose le cyanogène volumétriquement (§ **147**. I. b. ou c.).

7. Le ferro ou le ferricyanogène d'avec l'acide chlorhy- 281
drique. — S'il faut analyser du ferrocyanure ou du ferricyanure de potassium auquel est mélangé un chlorure alcalin, on dose dans une portion le
ferrocyanogène ou ferricyanogène d'après le § **147**. II. g. ; on acidule une
autre portion avec de l'acide azotique, on précipite avec l'azotate d'argent,
on lave le précipité, on le fond avec 4 p. de carbonate de soude et 1 p. de
salpêtre, on reprend la masse fondue avec de l'eau et l'on y dose le chlore
suivant le § **141**.

8. L'acide sulfhydrique d'avec l'acide chlorhydrique. 282
— Si on les séparait avec un sel métallique, comme cela était souvent indiqué
autrefois, on aurait de faux résultats, parce qu'il y a toujours du chlorure
entraîné avec le précipité de sulfure métallique. D'après cela on les précipite tous deux à l'état de composé d'argent et dans une portion pesée du
précipité desséché à 100° et pesé on dose le soufre. A moins que l'on ne
préfère — comme cela sera généralement le cas — doser l'acide sulfhydrique
dans une partie de la dissolution suivant le § **148**. I. a. b. ou c., et dans
une autre le soufre et le chlore ensemble combinés à l'argent. Si, pour
déterminer l'acide sulfhydrique, on fait usage d'une dissolution d'azotate
d'argent additionnée d'un excès d'ammoniaque, on peut, après la séparation du sulfure d'argent par filtration, doser directement le chlore à l'état
de chlorure d'argent, en ajoutant de l'acide azotique et encore de l'azotate
d'argent neutre si c'est nécessaire. Il faut s'assurer si le sulfure d'argent
est bien pur, car s'il y avait en présence un sel de chaux, il pourrait contenir du carbonate de chaux facilement précipité avec lui, mais que l'on
enlèvera en épuisant le précipité avec de l'acide acétique faible. Comme
contrôle on réduira le sulfure d'argent dans un courant d'hydrogène et l'on
pèsera l'argent métallique. — S'il faut chasser l'acide sulfhydrique d'une
dissolution acide, afin d'y déterminer directement du chlore au moyen de
la solution d'argent, il vaut mieux, suivant *H. Rose*, ajouter une solution
de sulfate de peroxyde de fer, qui ne chasse que le soufre que l'on sépare
aisément par filtration après qu'il s'est déposé.

9. *Les acides chlorhydrique, cyanhydrique, ferrocyanhydrique,
sulfocyanhydrique* entre eux (**).

[*] *Zeitschr. f. analyt. Chem.*, II, 215.
(**) Voir la note 28 à la fin du volume.

TROISIÈME GROUPE

ACIDE AZOTIQUE. — ACIDE CHLORIQUE.

I. *Séparation des acides du troisième groupe d'avec ceux des deux premiers.*

§ 170.

283   a. Si un liquide renferme de l'acide azotique ou de l'acide chlorique avec d'autres acides libres, et si le premier n'est pas non plus uni à une base, on peut dans une portion doser acidimétriquement (*voir* les spécialités) la quantité totale des acides libres : puis dans une autre portion on détermine les autres acides, et par différence on obtient l'acide azotique ou l'acide chlorique.

284   b. Si l'on a des mélanges de sels, dans une portion on dose volumétriquement l'acide azotique ou l'acide chlorique (§ 149. II. d. α. β. ou γ. ou II. e. et § 150.), ou aussi, quant à l'acide azotique, suivant le § 149. II. a. β. Dans une seconde portion on mesure les autres acides. Bien entendu qu'il faut s'assurer que la matière ne renferme pas de substances dont la présence nuirait à l'emploi des méthodes indiquées.

285   c. Si l'on a à séparer des azotates ou des chlorates d'avec beaucoup de chlorures, dont les carbonates ou les phosphates tribasiques correspondants sont insolubles, on fait digérer et bouillir la dissolution avec un excès de carbonate ou de phosphate tribasique d'argent récemment précipité et bien lavé. Les chlorures métalliques se décomposent en donnant du chlorure d'argent et des phosphates ou carbonates, qui se déposent avec l'excès de carbonate ou de phosphate d'argent, tandis que les chlorates et les azotates restent dissous (*H. Rose, Chenevix, Lassaigne* *).

286   d. Si l'on a un chlorate alcalin et un chlorure, on peut précipiter avec le nitrate d'argent d'abord une partie de la combinaison non calcinée, puis une autre partie après une calcination préalable et calculer l'acide chlorique d'après la différence des deux poids de chlorure d'argent ; ou bien dans une portion on dose le chlore au moyen de la solution d'argent et on dose encore le chlore dans une seconde portion après une réduction préalable de l'acide chlorique par l'acide azoteux ou l'hydrate de protoxyde de fer (§ 150. II. c. et d.).

287   e. Si l'on a de l'azotate de soude ou de potasse avec de l'azotite ou du carbonate, comme cela arrive dans l'analyse des azotites alcalins du commerce, on dose dans une portion le carbonate alcalin en le titrant avec un acide normal suivant le § 219 (les azotites alcalins n'ont pas de réaction alcaline) : dans une seconde portion on mesure l'acide azoteux avec le per-

(*) *Journ. de Pharm.*, XVI, XVI, 289.

manganate ou le chromate de potasse (page 329) et l'on conclut l'azotate par différence.

On peut aussi prendre une méthode indirecte pour doser l'acide azotique et l'acide azoteux, lorsqu'il n'y a qu'un seul alcali, soit de la potasse, soit de la soude. On mélange intimement un essai pesé avec du chlorhydrate d'ammoniaque en poudre, on chauffe modérément dans un creuset de porcelaine, jusqu'à ce que l'on ait expulsé l'excès de sel ammoniac et les produits de la décomposition, on dissout le résidu dans l'eau et avec la solution d'argent titrée on mesure (§ **141**. I. b. α.) la quantité de chlorure de sodium formé, si c'est un mélange de sels de soude qu'on analyse. Après avoir fait la correction nécessitée par le carbonate de soude qui pourrait se trouver mélangé à la substance, dont on retranchera le poids du poids pris pour faire l'analyse et dont on retranchera aussi le poids équivalent en chlorure de sodium de la quantité de ce dernier sel trouvée avec la liqueur titrée d'argent, on a les données pour faire le calcul de l'analyse. En effet, on calcule le chlorure de sodium obtenu en azotate de soude et on en retranche le poids total de l'azotate plus l'azotite de la substance : la différence que l'on obtient ainsi correspond à l'azotite de soude que l'on calcule aisément, en posant la proportion :

$$\frac{\text{La différence } 16 \text{ entre } NaO,AzO^5 \text{ et } NaO, AzO^5}{69,08 \text{ équivalent de } NaO, AzO^5} = \frac{\text{différence trouvée}}{x}$$

x étant la quantité cherchée d'azotite de soude. Enfin, en retranchant du poids total celui du carbonate et celui de l'azotite, on aura le poids d'azotate. Bien entendu que cette méthode ne peut s'appliquer que s'il n'y a pas d'autres substances mélangées (voir *Tichborne* [*] et mes remarques sur le procédé [**]). — Il y a un moyen indirect analogue fondé sur l'expulsion par le verre de borax des acides azoteux, azotique (et carbonique), § **139**. II. c. et § **149**. II. a. β. : il y en a encore un autre qui repose sur l'action oxydante différente de l'acide azoteux et de l'acide azotique sur une dissolution de sulfate de protoxyde de fer additionnée d'acide chlorhydrique (page 440). Voir C.-D. *Brame* ([***]).

II. Séparation des acides du troisième groupe entre eux.

On ne connaît pas encore de méthode pour séparer l'acide azotique 288 d'avec l'acide chlorique : il faut se contenter de doser ensemble les deux acides dans une portion de la substance, ce qui réussit le mieux d'après la méthode décrite au § **149**. II. d. β. pour l'acide azotique et pour l'acide chlorique au § **150**. II. b. Dans une seconde portion on dose l'acide chlorique en évaporant à siccité avec un excès de carbonate de soude, fondant le résidu jusqu'à complète transformation du chlorate en chlorure et dosant enfin le chlore, en faisant attention qu'il ne reste pas d'azotite d'argent difficilement soluble mélangé avec le chlorure d'argent. 1 équivalent de chlorure d'argent correspond à 1 équivalent d'acide chlorique, en supposant bien entendu qu'il n'y avait pas de chlorure dans la substance.

(*) *Chem. News*, 1865, n° 504.
(**) *Zeitschr. f. analyt. Chem.*, IV 446.
(***) *Zeitschr. f. analyt. Chem.*, VI, 47.

CHAPITRE VI

ANALYSE ÉLÉMENTAIRE DES SUBSTANCES ORGANIQUES

§ 171.

On sait que les matières organiques ne se composent que d'un nombre très restreint des nombreux éléments ou corps simples étudiés dans la chimie minérale. — Un très petit nombre de substances organiques n'en renferment que deux : C et H ;

Le plus grand nombre en contient trois, en général C, H et O ;

La plupart des autres sont formées par quatre : le plus souvent C, H, O et Az ;

Il en est quelques-unes qui en renferment cinq : C, H, O, Az et S ;

Et enfin très peu en ont six : C, H, O, Az, S et Ph.

Ces faits sont vérifiés par toutes les combinaisons organiques que l'on a jusqu'ici rencontrées dans la nature. Toutefois on peut en préparer artificiellement dans lesquelles on introduit d'autres corps simples ; ainsi nous en connaissons un grand nombre qui contiennent du chlore, de l'iode ou du brome ; dans d'autres il y a de l'arsenic, de l'antimoine, de l'étain, du zinc, du platine, du fer, du cobalt, etc. : et il est bien possible que les autres éléments puissent être introduits de la même façon dans les molécules des composés organiques.

Cependant il ne faut pas confondre ces combinaisons avec celles dans lesquelles un acide organique est uni à une base minérale, ou une base organique à un acide inorganique pour former des sels ou des composés haloïdes, tels que le tartrate de plomb, le silicate d'oxyde d'éthyle, le borate de morphine, etc. : dans ceux-ci on pourra trouver tous les divers éléments, mais ils ne font pas partie intégrante de la molécule organique.

Dans l'analyse d'une matière organique on peut : ou bien se proposer de trouver la proportion quantitative des composés plus simples en lesquels on peut la dédoubler, par exemple chercher dans une gomme-résine les quantités de résine, de gomme et d'essence, ou bien avoir pour but de déterminer les poids des éléments proprement dits qui constituent la substance. — On fait les premières analyses suivant des méthodes analogues à celles que nous avons décrites pour la décomposition des matières minérales, c'est-à-dire que, soit par voie de dissolution, soit par voie de sublimation, soit enfin par tout autre moyen on isole directement les divers principes immédiats, ou on les fait entrer dans des combinaisons connues. Dans la suite nous ne parlerons pas de ce genre d'analyses, pour lesquelles il y a presque autant de procédés différents qu'il peut se présenter de cas divers, mais nous nous occuperons de la seconde analyse dite *Analyse élémentaire* des matières organiques.

Elle a pour but, d'après ce que nous venons de dire, de chercher les poids des éléments. Pour cela on les isole, ou bien, suivant les combinaisons, on les fait passer dans des composés connus et, d'après les poids ou les volumes de ceux-ci, on conclut les proportions des éléments cherchés. On n'aura donc pas à suivre d'autres principes que ceux qui servent de guide dans la plupart des méthodes de dosage ou de séparation des composés minéraux.

Comme la plupart des substances organiques peuvent se transformer sans difficultés en produits de décomposition bien caractérisés, faciles à séparer et à peser, l'analyse organique élémentaire est généralement une des questions de la chimie analytique les plus simples à résoudre; en outre le petit nombre des éléments constituants des substances organiques donnant toujours les mêmes produits de décomposition, la marche des opérations est à peu près toujours la même, et quelques méthodes suffisent pour tous les cas. — C'est à cette dernière circonstance qu'il faut attribuer le degré de perfection auquel est arrivée si promptement l'analyse élémentaire organique : car les efforts de beaucoup de chimistes se sont concentrés sur l'étude des perfectionnements qu'on pouvait apporter à quelques procédés seulement.

On peut ne se proposer que de déterminer le nombre relatif des éléments constituants, — on analyse, par exemple, les différentes sortes de bois pour connaître leur valeur au point de vue du combustible, les huiles au point de vue du pouvoir éclairant, — ou bien on ne se contente pas de connaître le nombre relatif des équivalents, mais on veut en déterminer le nombre absolu, on veut savoir combien entrent d'équivalents de carbone, d'oxygène, d'hydrogène, etc., dans un équivalent du composé. C'est cette dernière question qu'on se propose surtout dans les recherches purement scientifiques : nous verrons plus loin qu'on ne parvient pas toujours à la résoudre. — On n'arrive pas à ces deux buts par une seule opération : il faut, pour obtenir chaque résultat, une expérience particulière.

La réussite d'une analyse organique élémentaire dépend de deux choses : d'abord de la méthode, ensuite de sa mise en pratique. Pour cette dernière il faut de la patience, des précautions et de l'habileté; pour peu qu'on possède ces qualités seulement à un degré ordinaire, on réussira au bout de peu de temps. Le choix de la méthode est indiqué par la nature connue des éléments de la matière : elle subit seulement quelques modifications d'après les caractères et l'état d'agrégation de la substance à analyser. Aussi avant d'indiquer les procédés à employer dans les divers cas, nous allons dire comment on peut déterminer la nature des corps simples, entrant dans la composition des substances organiques.

I. *Essai qualitatif des matières organiques pour en reconnaître les éléments.*

§ 172.

Pour faire un choix convenable du procédé analytique, il n'est pas nécessaire de connaître tous les éléments d'une combinaison organique : ainsi, par exemple, qu'il y ait ou non de l'oxygène, cela ne change en rien le mode d'opérer ; mais au contraire il faut être parfaitement certain de la présence ou de l'absence de l'azote, du soufre, du phosphore, du chlore, de l'iode, du brome, etc., ainsi que de la nature des métaux qui peuvent s'y rencontrer. On fait les essais préliminaires comme nous allons l'indiquer.

1. *Recherche de l'azote.*

Les corps qui renferment une certaine proportion d'azote répandent par la combustion ou la calcination l'odeur bien connue des plumes ou des cheveux brûlés. Si l'on saisit nettement et sans hésiter ce caractère, il est inutile de faire des essais ultérieurs ; autrement on fera l'une ou l'autre des expériences suivantes :

a. On mélange la substance avec de l'hydrate de potasse pulvérisé ou avec de la chaux sodée (§ **66.** 4.) et l'on chauffe le mélange dans un tube à essai. Dans le cas où la matière est azotée, il se dégage de l'ammoniaque, facile à reconnaître à son odeur, à sa réaction alcaline et aux fumées blanches qu'elle forme avec les acides volatils. Si ces réactions ne donnaient pas une certitude complète, on lèverait tous les doutes en chauffant une plus grande quantité de la substance dans un tube court avec un excès de chaux sodée, faisant arriver les produits de la réaction dans de l'acide chlorhydrique étendu, évaporant presque à siccité au bain-marie après addition de chlorure de platine, reprenant le résidu avec de l'alcool. Si tout se dissout sans résidu de chlorure double de platine et d'ammoniaque, c'est que la substance ne contient pas d'azote.

b. *Lassaigne* a proposé un autre moyen fondé sur la formation du cyanure de potassium, quand on chauffe au rouge avec du potassium une matière organique azotée. Voici la meilleure manière d'opérer :
On chauffe la substance en question avec un petit morceau de potassium dans un tube à essai ; après la combustion complète du potassium, on traite le résidu par un peu d'eau, et avec précaution on additionne la solution filtrée de deux gouttes d'une dissolution de sulfate de protoxyde de fer un peu peroxydé, on laisse digérer, puis on verse de l'acide chlorhydrique. S'il se forme une coloration bleue ou vert bleuâtre ou bien un précipité de la même couleur, c'est que la substance était azotée.
Les deux méthodes sont sensibles. La première est la plus employée et suffit dans presque tous les cas : la dernière réussit moins bien avec les alcaloïdes oxygénés (morphine, brucine).

c. Dans les substances organiques qui renferment des oxydes de l'azote, ce dernier métalloïde ne se reconnaît pas bien par les procédés a. ou b. ; mais en chauffant dans un tube, ce qui produit souvent une détonation, on voit des vapeurs rouges, acides, qui bleuissent le papier amidonné imprégné d'iodure de potassium.

2. *Recherche du soufre.*

a. On fond les substances solides avec environ 12 parties d'hydrate de potasse pur et 6 parties de salpêtre ; ou bien on les mélange intimement avec un peu de carbonate de soude pur et de salpêtre : on fait fondre le salpêtre dans un creuset en porcelaine et l'on y projette le mélange par petites portions. On dissout la masse refroidie dans l'eau et, après avoir acidulé avec de l'acide chlorhydrique, on essaye avec le chlorure de baryum s'il y a de l'acide sulfurique.

Dans cet essai il faut faire bien attention que les réactifs soient bien exempts d'acide sulfurique. Comme les composés sulfurés que renferme le gaz d'éclairage pourraient induire en erreur, il faut chauffer avec une lampe à alcool.

b. On traite les liquides avec de l'acide azotique fumant exempt d'acide sulfurique, ou avec un mélange d'acide azotique pur et de chlorate de potasse, d'abord à froid, à la fin en chauffant, puis on essaye la solution comme en a., après avoir presque évaporé à siccité, repris le résidu par de l'eau et avoir filtré si c'est nécessaire.

c. Si dans un petit tube fermé on chauffe avec un tout petit morceau de sodium une matière organique sulfurée bien sèche, le soufre se transforme en sulfure de sodium, que l'on peut reconnaître par le moyen indiqué en d. dans la solution obtenue, en traitant par un peu d'eau les fragments de la partie inférieure du tube (*Schœnn* *).

d. Comme les méthodes a. et b. ne font qu'indiquer la présence du soufre en général, sans rien apprendre sur l'état où il se trouve dans la combinaison, je vais encore indiquer le moyen de reconnaître la présence du soufre, mais seulement quand il n'est pas oxydé.

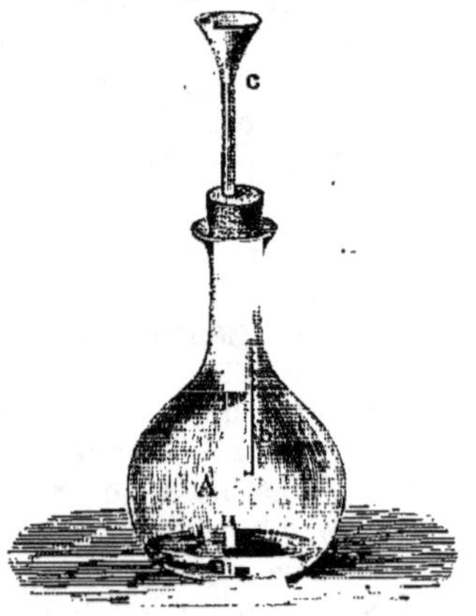

Fig. 109.

On fait bouillir la substance avec une lessive concentrée de potasse et l'on évapore presque à siccité. On reprend le résidu par un peu d'eau, on verse la solution dans un petit ballon A (*fig.* 109); par le tube à entonnoir c on verse lentement de l'acide sulfurique étendu et l'on observe si la bande de papier b brunit, cette bande ayant été préalablement trempée dans une solution d'acétate de plomb et humectée avec quelques gouttes de carbonate d'ammoniaque. Il n'est pas nécessaire de dire que le bouchon de l'appareil ne doit pas fermer hermétiquement.

On peut encore reconnaître avec une lame d'argent bien polie s'il se forme du sulfure de potassium, ou employer le nitroprussiate de soude, ou bien encore la dissolution d'oxyde de plomb dans une lessive de soude (*voir* Anal. qual. Acide sulfhydrique).

3. *Recherche du phosphore.*

a. On opère comme pour le soufre en a. ou b. et l'on cherche l'acide phosphorique dans la solution au moyen du sulfate de magnésie après addition

(*) *Zeitschr. f. analyt. Chem.*, VIII, 52.

de chlorhydrate d'ammoniaque et d'ammoniaque, ou du perchlorure de fer avec addition d'acétate de soude, ou mieux avec le molybdate d'ammoniaque (*voir* Anal. qual.). Si l'on a opéré suivant b., on chassera d'abord par évaporation la plus grande partie de l'excès d'acide azotique.

b. Dans beaucoup de cas on obtient de bons résultats par le procédé suivant (*Schœnn* *). On carbonise la matière organique dans un creuset fermé, on broie le charbon, on le mêle avec environ la moitié de son volume de magnésium en poudre, on l'introduit au fond d'un tube en verre fort fermé à un bout et l'on chauffe assez fortement en secouant le tube, pour que la poudre de charbon ne soit pas chassée au dehors. Si la matière renferme du phosphore, on aperçoit une lueur phosphorescente en travers du tube dans l'obscurité et souvent on voit sur les parois un peu de phosphore jaune ou rouge. Le reste du phosphore est dans le résidu à l'état de phosphure de magnésium. Si l'on casse le fond du tube, qu'on y mette un peu d'eau et que l'on chauffe, il se dégagera de l'hydrogène phosphoré facile à reconnaître à son odeur caractéristique.

4. *Recherche de l'iode, du brome et du chlore.*

Je renvoie pour cela au § **190**. J'indiquerai cependant ici deux procédés, qui suffisent dans la plupart des cas.

a. Si l'on a une substance solide, on en fait tomber un peu dans un petit tube à essai dont le fond est chauffé au rouge. En général l'iode se décèle par la belle couleur violette de ses vapeurs. On met le petit tube dans un plus grand, on ajoute un peu d'eau et d'ammoniaque et au bout de quelque temps on peut reconnaître dans le liquide de l'acide iodhydrique ou bromhydrique ou chlorhydrique d'après les réactions connues (*voir* Anal. qual.). S'il s'agit d'un liquide, on en met un peu dans un petit tube à boule, tel que ceux qui servent dans l'analyse élémentaire des liquides (§ **180**), on introduit ce petit tube, la pointe en bas, dans un tube à essai dont le fond est chauffé au rouge, et alors par l'action de la chaleur un peu de liquide est chassé hors de la boule (*Erlenmeyer* **).

b. D'après *Bilstein* (***), on prend dans la boucle d'un fil de platine un peu d'oxyde de cuivre, on le chauffe au rouge, on l'humecte avec de l'eau et l'on fait de nouveau rougir. S'il n'y a pas coloration de la flamme, l'oxyde est bon pour la réaction. On fixe alors un peu de la substance après l'oxyde, et l'on introduit la boucle dans la flamme d'un brûleur de *Bunsen* à demi ouvert, près du bord inférieur et intérieur de la flamme. Le charbon brûle d'abord, puis, s'il y a un des halogènes, on voit apparaître la coloration caractéristique bleue ou verte de la flamme, que produit le chlorure, le bromure ou l'iodure de cuivre (*voir* Anal. qual.).

5. *Recherche des matières inorganiques.*

On chauffe une partie de la substance sur une lame de platine et l'on voit

(*) *Zeitschr. f. analyt. Chem.*, VIII, 55.
(**) *Zeitschr. f. analyt. Chem.*, IV, 137.
(***) *Zeitschr. f. analyt. Chem.*, XII, 05.

s'il reste un résidu. Avec les matières difficilement combustibles, on active l'opération en chauffant avec le chalumeau à gaz jusqu'au rouge vif, au-dessous de la partie de la lame de platine sur laquelle se trouve la substance. Souvent on obtient bien mieux une combustion complète, en mélangeant avec du bioxyde de mercure le résidu d'une première calcination incomplète et en chauffant de nouveau au rouge. — On étudie le résidu d'après les procédés ordinaires. — On comprend facilement qu'on ne pourrait pas de cette façon reconnaître les métaux volatils dans les composés organiques volatils, par exemple, l'arsenic dans le cacodyle.

Il ne faut jamais négliger ces essais préliminaires, car on s'exposerait aux plus grossières erreurs. Qu'on se rappelle, par exemple, la taurine, à laquelle on attribuait autrefois la composition $C^4AzH^7O^{10}$ et dans laquelle plus tard on a trouvé des proportions si notables de soufre.

II. *Dosage quantitatif des éléments contenus dans les substances organiques.*

§ 173.

Notre but n'est pas de faire l'histoire de toutes les phases par lesquelles est passée la méthode d'analyse organique élémentaire : je ne ferai donc qu'indiquer les procédés reconnus aujourd'hui comme les plus convenables et les plus faciles à exécuter. Je décrirai tout spécialement les méthodes les plus commodes et je serai plus court pour les autres, parce que quiconque voudra appliquer ces dernières devra déjà être familiarisé avec les manipulations générales de l'analyse élémentaire. Quant au choix de la méthode, j'ai tenu compte des différents besoins des chimistes travaillant soit au point de vue de la science pure, soit au point de vue des applications faciles. Ainsi on comprend que les procédés, qui nécessitent des appareils compliqués, ne peuvent convenir que dans les laboratoires, où l'on fait journellement des analyses organiques, mais ne peuvent pas être recommandés aux chimistes qui n'ont qu'une occasion par-ci par-là de faire une analyse élémentaire. Pour ceux-ci il faut des méthodes n'exigeant que les appareils les plus simples.

Comme l'exactitude des résultats dépend autant de la façon dont on monte les appareils que de la manière dont on dirige l'opération, je recommanderai le même soin pour l'une et l'autre de ces opérations et j'engagerai tout d'abord à suivre bien scrupuleusement les règles que nous allons indiquer, car elles sont le fruit d'une longue expérience et d'un grand nombre de travaux exécutés par les plus habiles chimistes.

Pour avoir une idée nette des nombreux cas que peut embrasser cette question, je dirai d'abord les divisions que nous croyons avoir dû faire dans l'ensemble des corps organiques, qu'on peut avoir à soumettre à l'analyse élémentaire.

A. Substances renfermant du carbone et de l'hydrogène ou bien du carbone, de l'hydrogène et de l'oxygène.

   a. Corps solides.

      α. Facilement combustibles, non volatils. Combustion avec l'oxyde de cuivre.

         1. Procédé de *Liebig*, § **174**.

         2. Modification de *Bunsen*, § **175**.

      β. Corps difficilement combustibles, fixes.

         1. Combustion avec le chromate de plomb (et le bichromate de potasse), § **176**.

         2. Combustion avec l'oxyde de cuivre et le chlorate ou le perchlorate de potasse, § **177**.

         3. Combustion avec l'oxyde de cuivre et l'oxygène gazeux, § **178**.

      γ. Corps volatils ou qui s'altèrent à 110°, § **179**.

   b. Corps liquides.

      α. Volatils, § **180**.

      β. Non volatils, § **181**.

  Appendice à A (du § **174** au § **182**), § **182**.
      Appareils modifiés.

B. Combinaisons dans lesquelles se trouvent du carbone, de l'hydrogène, de l'oxygène et de l'azote.

   a. Dosage du carbone et de l'hydrogène, § **183**.
   b. Dosage de l'azote.

      α. En volume.

         1. Méthode relative, § **184**.

            aa. Suivant *Liebig*.
            bb. Suivant *Bunsen*.
            cc. Suivant *Marchand* et *Gottlieb*.

         2. Dosage absolu de l'azote, § **185**.

            aa. Suivant *Dumas*.
            bb. Suivant *Simpson*.

      β. Dosage de l'azote en le transformant en ammoniaque suivant *Varrentrap* et *Will*, § **186**.

      γ. Modification du procédé de *Varrentrap* et *Will*, par *Péligot*, § **187**.

C. Analyse des composés organiques sulfurés, § **188**.

D. Dosage du phosphore dans les composés organiques, § **189**.

E. Analyse des matières organiques contenant du chlore, du brome, ou de l'iode, § **190**.

F. Analyse des matières organiques renfermant des substances minérales, § **191**.

Appendice aux §§ **174** à **191**.
   Dosage direct de l'oxygène dans les substances organiques et méthodes d'analyse élémentaire qui s'écartent des procédés ordinaires, § **192**.

A. Analyse des substances formées de carbone et d'hydrogène seuls, ou bien de carbone, d'hydrogène et d'oxygène.

Le principe de cette méthode, telle qu'on l'emploie aujourd'hui et telle
qu'elle fut indiquée d'abord par *Liebig*, est des plus simples. Par la combustion on transforme la substance en acide carbonique et en eau, on sépare
ces produits, on en prend le poids : d'après l'acide carbonique on calcule
le carbone, et d'après l'eau on détermine l'hydrogène. Si la somme des poids
de carbone et d'hydrogène donne le poids de la substance brûlée, c'est que
celle-ci ne contient pas d'oxygène ; si cette somme est moindre, la différence représente le poids d'oxygène.

La combustion se fait soit en chauffant la matière organique au rouge
avec des corps riches en oxygène et qui le cèdent facilement (bioxyde de
cuivre, chromate de plomb, etc.), soit avec de l'oxygène libre.

a. Corps solides.

α. *Corps fixes et facilement combustibles* (par exemple : sucre,
   amidon, acide tartrique (*)).

Combustion par l'oxyde de cuivre.

1. *Procédé de Liebig.*

§ **174**.

I. *Appareils et préparations préliminaires.*

Pour faciliter le travail aux commençants, nous allons d'abord énumérer
tous les objets nécessaires pour faire une analyse.

1. *La substance.* — Elle doit être réduite en poudre aussi fine que possible, parfaitement pure et tout à fait sèche. On fait la dessiccation suivant
ce qui est dit au § **26**. — Les substances qui pourraient être altérées par
l'action de l'air chaud seront desséchées dans un courant d'acide carbonique sec ou d'hydrogène sec (*Rochleder* **).

2. *Un petit tube pour peser la substance.* — C'est un petit tube en verre
(*fig.* 110) parfaitement sec, de 4 à 5 centimètres de longueur et environ

---

(*) Il est à peine nécessaire de dire ici que les substances facilement combustibles peuvent aussi être traitées, ainsi que nous le dirons plus bas, comme les matières difficilement combustibles. Les méthodes applicables dans ces derniers cas, offrant une bien
plus grande garantie d'exactitude à cause de la combustion complète du carbone, ont
pour la plupart remplacé dans ces derniers temps les autres méthodes, qui ont pour elle
une grande simplicité.

(**) *Zeitschr. f. analyt. Chem.*, VI, 235.

1 centimètre de diamètre, fermé avec un léger bouchon en verre à l'émeri, ou avec un bouchon en liège entouré de feuilles d'étain. Il faut en connaître exactement le poids avec celui du bouchon, au moins à 1 centigramme près.

On fera bien, jusqu'au moment où l'on commencera l'analyse, de le mettre à côté de la substance dans l'étuve à dessiccation. Sur la balance on le maintiendra vertical à l'aide d'un petit support en fer-blanc (*fig.* 111).

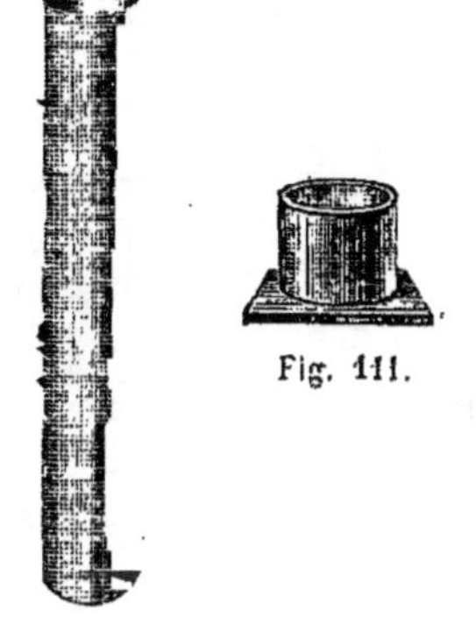

Fig. 111.

Fig. 110.

5. *Le tube à combustion.* — On choisit un long tube en verre difficilement fusible (verre de potasse) d'environ 12 à 14 millimètres de diamètre et 2 millimètres d'épaisseur de paroi : on le nettoie au dedans avec un morceau de toile ou de papier buvard attaché avec un fil à une longue baguette en fer et l'on en coupe une longueur de 90 centimètres ; on le ramollit au milieu avec le chalumeau à gaz, on l'étire alors pour lui donner la forme de la figure 112, et l'on sépare en *b* en deux morceaux. On laisse

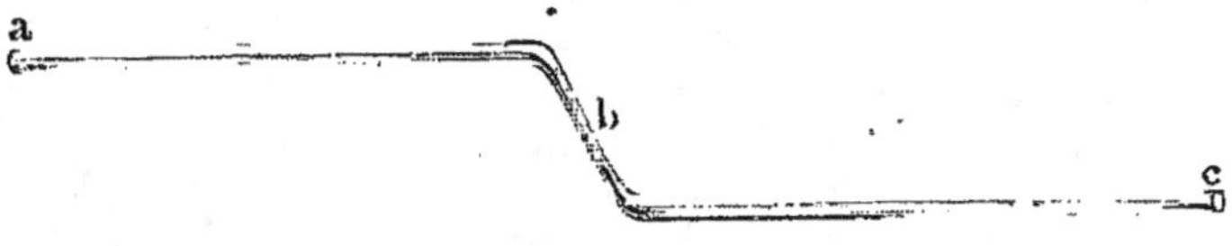

Fig. 112.

un instant la pointe dans la flamme pour que le verre y prenne plus d'épaisseur : on fond les bords *a* et *c* et l'on a de cette façon deux tubes à combustion. On a soin que le bout effilé du tube ait la forme de la figure 113 et non pas celle

Fig. 113.   Fig. 114.

de la figure 114; de même qu'il faut que l'ouverture du tube reste parfaitement ronde. On le dessèche parfaitement. Pour le dessécher on peut l'envelopper d'une spirale de papier et le placer sur un poêle ou un bain de sable, et de temps en temps aspirer l'air chaud intérieur au moyen d'un tube de verre plongé dans l'intérieur du tube à combustion ; ou bien, si l'on veut aller plus vite, on chauffe le tube sur toute sa longueur avec une lampe à alcool ou à gaz, en aspirant toujours l'air chaud intérieur (*fig.* 115). On ferme hermétiquement avec un bouchon le tube ainsi séché et on le conserve dans un endroit chaud, jusqu'au moment de s'en servir.

Si l'on n'a pas de tubes suffisamment peu fusibles, il faut nécessairement

Fig. 115.

les entourer d'une lame mince de laiton, de cuivre, ou enfin de toile métallique, et maintenir cette enveloppe avec du fil de fer.

4. *Un appareil à potasse*, qu'on trouve partout maintenant dans le commerce ; il est en verre et a la forme de la figure 116, que lui a donnée *Liebig*. On le remplit autant que le montre l'ombre de la figure, avec une dissolution limpide de lessive de potasse de densité 1,27 (§ **66.** 6.) (*), autant que possible exempte d'acide carbonique. Pour introduire le liquide on plonge l'extrémité *a* dans la solution de.potasse contenue dans un verre et l'on aspire par le bout *b*, soit par l'intermédiaire d'un tube en caoutchouc, soit, pour plus de précaution, à l'aide d'une pipette *b* (*fig.* 117). On nettoie les deux bouts du tube avec un peu de papier en dedans et en dehors et l'on essuie tout l'appareil avec un linge fin et sec.

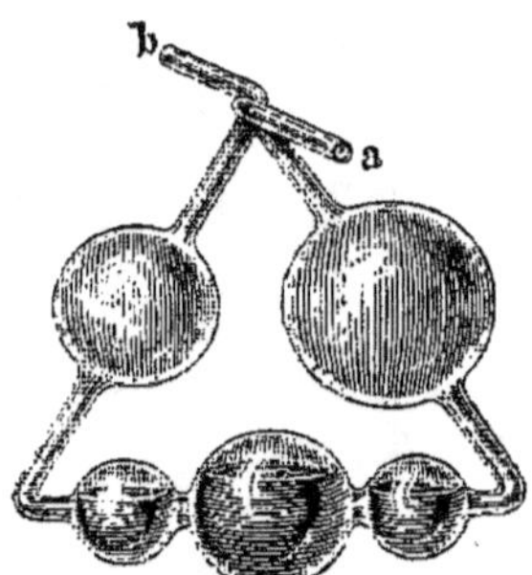

Fig. 116.

5. *Un tube à chlorure de calcium* de la forme de la figure 118 et qu'on peut également se procurer dans le commerce. — Pour le remplir on ferme

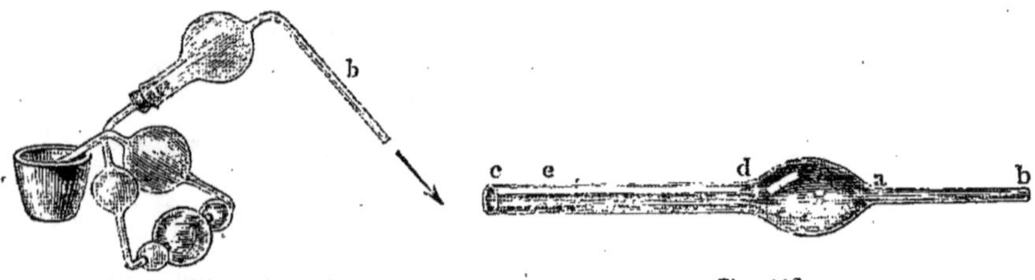

Fig. 117. Fig. 118.

d'abord l'extrémité *a* du tube *ab*, qui ouvre dans la boule, avec un petit tampon d'ouate de façon qu'un peu de coton pénètre à environ 1 centi-

(*) Si la lessive de potasse est pure, c'est-à-dire si elle ne contient pas ou presque pas d'alumine ni de silice, on peut la prendre plus concentrée, d'une densité plus grande que 1,27, sans avoir à craindre qu'elle forme de la mousse. *J. Lœwe* (*Zeitschr. f. analyt. Chem.*, IX, 220) recommande de dissoudre dans 1 partie d'eau 1 partie de bonne potasse caustique (contenant environ 80 pour 100 d'hydrate de potasse). Un appareil à boules rempli de cette dissolution peut alors servir pour plusieurs analyses.

mètre dans le tube étroit. Pour cela on met à l'ouverture *c* un peu d'ouate bien lâche et l'on aspire brusquement l'air par l'extrémité *b*. On remplit la boule de gros morceaux de chlorure de calcium (§ **66**. 7. a.), le tube *dc* jusqu'en *e* de plus petits fragments mélangés de poudre grossière, et l'on ferme avec un bon bouchon traversé par un petit bout de tube de verre : on coupe

Fig. 119.

a portion du bouchon qui dépasse le tube, on garnit de cire à cacheter et l'on arrondit un peu en *g* les bords du tube *fg* (*fig.* 119).

Le tube représenté par la figure 120 est préférable, parce qu'après l'ex-

Fig. 120.

périence on peut recueillir l'eau, qui s'est en grande partie condensée dans la petite boule vide *a* et essayer sa réaction. Il a en outre l'avantage qu'on peut l'employer plus souvent, avant qu'il soit nécessaire de changer le chlorure de calcium.

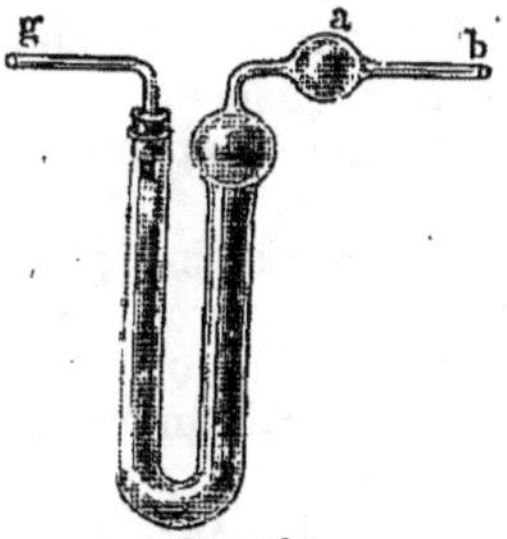

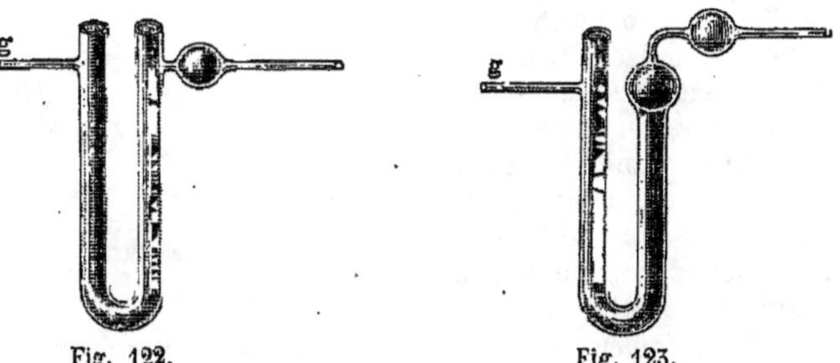

Le tube de *Marchand* (*fig.* 121) est plus commode pour faire la pesée. On laisse également vide la boule *a* tournée du côté du tube à combustion.

Pour éviter l'emploi des bouchons percés, *Volhard* (*) recommande le tube à chlorure de la figure 122.

Enfin on peut (*fig.* 123) combiner les deux formes (*Fresenius* **).

Fig. 121.

Pour être tout à fait certain que le tube à chlorure de calcium n'arrête

Fig. 122.   Fig. 123.

que l'eau et pas en même temps un peu d'acide carbonique (car le chlo-

(*) *Ann. der Chem.*, CLXXVI, 359. — *Zeitschr. f. analyt. Chem.*, XIV, 333.
(**) *Zeitschr. f. analyt. Chem.*, XIV, 334.

rure de calcium a quelquefois une réaction alcaline), on fait passer un courant lent d'acide carbonique sec dans le tube une fois rempli, puis on chasse tout l'acide carbonique du tube par un courant d'air sec.

6. *Un petit tube en caoutchouc vulcanisé.* — Il doit être assez étroit pour qu'on ne puisse qu'avec une certaine difficulté y faire entrer d'un côté l'extrémité *g* du tube à chlorure, de l'autre le bout *a* de l'appareil à potasse. Dans ce cas il n'est pas nécessaire de ficeler les jointures. Si cependant le tube était un peu trop large, on le fixerait avec du cordonnet de soie détordu ou du fil de clavecin recuit. — On voit qu'il est plus commode d'avoir des tubes de même diamètre, pour faire l'extrémité *g* du tube à chlorure et l'extrémité *a* de l'appareil à potasse. Avant d'employer le tube en caoutchouc il faudra le débarrasser du peu de soufre qu'il retient et le sécher au bain-marie.

7. *Des bouchons en liège.* — On les choisit mous, bien lisses, ayant le moins possible de pores apparents : il faut que le bouchon ferme hermétiquement le tube à combustion, dans lequel il s'enfoncera environ d'un tiers, mais avec une certaine difficulté : on le perce avec précaution à l'aide d'une lime ronde et fine, de façon que le trou soit bien cylindrique, bien centré et bien lisse à l'intérieur : le tube *ba* du tube à chlorure doit y entrer tout juste et ensuite on desséchera le liège au bain-marie. Il est bon d'avoir en réserve un second bouchon préparé de la même façon. — Suivant *Sonnenschein*, on peut employer des bouchons en bon caoutchouc vulcanisé : ils durent plus longtemps, ferment plus hermétiquement et ne sont pas hygroscopiques (*). On les emploie maintenant beaucoup plus que les bouchons de liège.

8. *Un mortier pour les mélanges.* — C'est un mortier en porcelaine, plus large que haut et muni d'un bec. L'intérieur ne doit pas être verni et ne doit présenter ni cavités ni fentes. Avant de s'en servir on le nettoie avec de l'eau, on le sèche dans un lieu chaud où on le laisse jusqu'au moment d'en faire usage.

9. *Un tube à aspiration.* — La meilleure forme est celle de la figure 124. Dans l'ouverture *a* on place un bouchon à travers lequel on fait passer le bout *b* de l'appareil à potasse. On peut du reste le remplacer très-bien par un bout de tube en caoutchouc (**).

10. *Un tube en verre,* ouvert aux deux bouts, de 60 centimètres de longueur, assez large pour pouvoir s'adapter par-dessus la partie effilée du tube à combustion : pour l'usage on le fixe à un support à entonnoir (***).

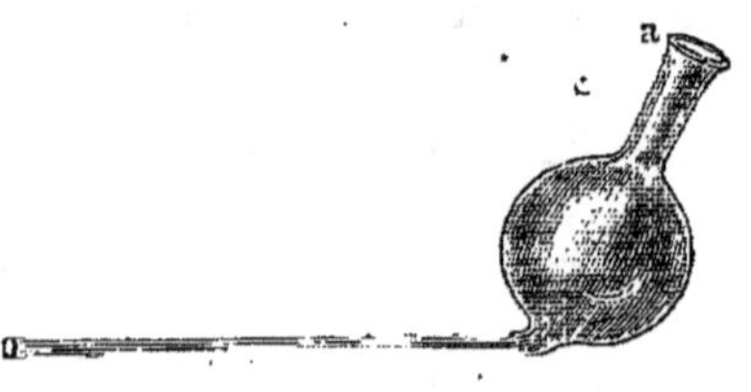

Fig. 124.

11. *Une feuille de papier glacé,* dont on coupera bien nettement les bords.

(*) Voir toutefois *Dibbits. Zeitschr. f. analyt. Chem.*, XV, 137.

(**) Maintenant on remplace généralement l'aspiration, en général désagréable avec la bouche, par l'aspiration au moyen d'un aspirateur (voir plus loin).

(***) On remplace aussi ce tube par un système de tubes remplis de chaux sodée et de chlorure de calcium (voir plus loin).

12. *De l'oxyde de cuivre.* — Avec de l'oxyde de cuivre (*) préparé suivant le § **66**. 1., on remplit presque complètement un creuset de Hesse d'environ 100 C.C., on le ferme avec un bon couvercle, on le chauffe au rouge très-faible entre quelques charbons ou dans un fourneau à gaz convenable, et l'on a soin qu'il soit refroidi au moment d'en faire usage, tout juste pour qu'on puisse le toucher sans se brûler.

13. *Une pompe pneumatique avec un tube à chlorure de calcium* (voir la *fig.* 132). Voir aux §§ **176, 178, 179**, la manière de conduire une analyse sans cet instrument.

14. *Du sable chaud.* — On le prendra dans le bain de sable du laboratoire ou on le chauffera autrement. Sa température sera supérieure à 100°, mais pas assez élevée pour brunir le papier.

15. *Une petite rigole en bois* pour contenir le sable (voir la *fig.* 132).

16. *Un fourneau à combustion.* — Autrefois on se servait exclusivement du fourneau de *Liebig* chauffé avec du charbon de bois. Plus tard on a fait usage de fourneaux chauffés à l'alcool, et actuellement, dans la plupart des laboratoires, on se sert de fourneaux à gaz, non pas que ceux-ci soient meilleurs, mais ils sont d'un usage plus commode et plus propre. Nous décrivons d'abord le fourneau au charbon, puis ensuite celui au gaz.

a. Le *fourneau à combustion de Liebig* est en tôle; il a la forme d'une caisse longue, ouverte en haut et sur un des petits côtés, et il sert à chauffer le tube à analyse avec des charbons rouges. — La figure 125 le représente vu en dessus. Il a 50 à 60 centimètres de longueur et 7 à 8 de profondeur. Le fond, qui représente une grille à cause des fentes étroites qu'on y a découpées, a environ 7 centimètres. Les parois latérales sont généralement

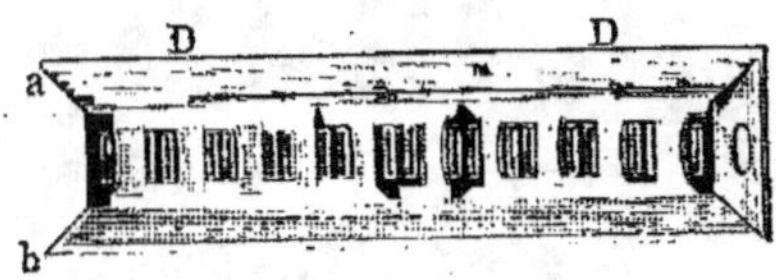

Fig. 125.

inclinées en dehors, de façon que leur écartement à la partie supérieure, soit à peu près de 12 centimètres. Le tube à analyse est supporté, de distance en distance, par de fortes lames de tôle ayant la forme D (*fig.* 126) et rivées sur le fond entre les fentes. Leur hauteur doit correspondre exactement à celle du bord inférieur de l'ouverture circulaire percée dans la paroi antérieure du fourneau (*fig.* 126, A). Cette ouverture est assez grande pour qu'on y puisse passer le tube avec facilité. On a en outre deux écrans dont l'un a la forme de la figure 127, l'autre celle de la figure 126, A, en suppo-

<hr>

(*) Si les battitures de cuivre dont on se sert pour préparer l'oxyde renferment de la chaux, on les fait d'abord digérer assez longtemps avec de l'eau additionnée d'un peu d'acide azotique, on les lave et on les traite par l'acide azotique exempt de chlore, soit directement, soit après une calcination au moufle. Suivant *E. Erlenmeyer*, on purifie l'oxyde de cuivre contenant du chlorure en chauffant l'oxyde au rouge dans un tube, d'abord dans un courant d'air humide, puis dans de l'air sec quand le courant qui sort du tube ne rougit plus le tournesol: cette opération a aussi pour avantage de chasser tous les composés oxygénés de l'azote qui pourraient être restés dans l'oxyde. — Pour être certain d'avoir de l'oxyde de cuivre bien exempt de toutes les impuretés qui pourraient nuire à l'exactitude de l'analyse, on dissoudra du cuivre, obtenu par dépôt galvanique, dans de l'acide azotique pur, on évaporera à siccité et l'on calcinera convenablement le nitrate de cuivre ainsi obtenu. (*C. Reischauer. Zeitschr. f. analyt. Chem.*, II, 197. — *J. Lœwe*, idem, IX, 217.)

sant l'arête supérieure un peu arrondie. Les sections pratiquées dans ces écrans doivent pouvoir recevoir le tube sans difficulté. — On pose le four-neau sur deux briques reposant elles-mêmes sur un support so-lide et on lui donne une légère in-clinaison en avant (voir *fig.* 154). Il faut avoir soin toutefois de ne pas fermer les ouvertures infé-rieures du fourneau avec les bri-

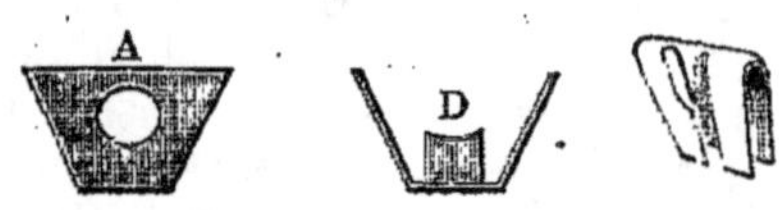

Fig. 126. Fig. 127.

ques. Si l'on a de bons tubes, on inclinera le fourneau en plaçant entre son fond et les briques une pièce en fer ou un morceau de brique, de façon que l'air puisse circuler par-dessous : on peut aussi poser directement le fourneau sur un trois-pieds. — En posant le tube dans une rigole en tôle très-mince, on l'empêche beaucoup de se déformer. — *Gawalovski* (*) a construit un fourneau à charbon avec un courant d'air qu'on pouvait régler à volonté.

b. Les *fourneaux à gaz* ont des formes très-diverses (**). La figure 128 re-présente la construction la plus fréquemment employée. L'appareil se com-

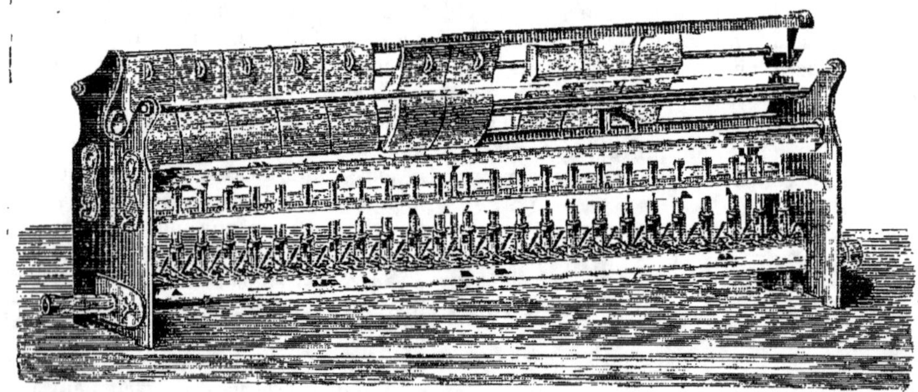

Fig. 128.

pose de deux parties, le système de lampes et le support. Le premier est formé par des becs *Bunsen* dont le nombre varie de 24 à 36 et qui sont munis chacun d'un robinet. Ces becs sont vissés sur un tube de 75 à 90 cen-timètres de longueur, 25 millim. 3 de diamètre et mis en communication

<hr>

(*) *Zeitschr.* . *analyt. Chem.*, XIV, 509.
(**) Voir les travaux de *Baumhauer* (*Ann. d. Chem. u. Pharm.*, XC, 91). — *Hoffmann* (idem, XC, 235), — *Sonnenschein* (*Journ. f. prackt. Chem.*, LV, 478), — *Magnus* (idem, LX, 32), — *Wetheril* (*Journ. de Kopp et Liebig*, 1855, 828), — *Pebal* (*Ann. d. Chem. u. Pharm.*, XCV, 24). — J. *Lehman* (idem, CII, 180), — *Babo* (1857), *Heintz* (*Pogg. Ann.*, CIII, 142). — G. J. *Mulder*, — A. W. *Hoffmann* (*Ann. d. Chem. u. Pharm.*, CVII, 37), — *Berthelot* (*Compt. rend.*, XLVIII, 469), — *Erlenmeyer* (*Ann. d. Chem. u. Pharm.*, CXXXIX, 17, et *Zeitschr. f. analyt. Chem.*, VI, 110), — *Leopolder* (*Zeitschr. f. analyt. Chem.*, VIII, 198), — *Donny*, — *Glaser* (*Ann. d. Chem. u. Pharm.*, Suppl. VII, 213, et *Zeitschr. f. analyt. Chem.*, IX, 302).

avec la conduite de gaz. Les becs sont tantôt arrondis à la partie supérieure, tantôt aplatis. La figure représente le support en fer de *Babo*. Les flammes sortent par une fente, enveloppent le tube entouré de magnésie ou d'asbeste et soutenu par de minces supports, puis ressortent en haut par une nouvelle fente. La chaleur est arrêtée, puis renvoyée par des plaques d'argile réfractaire, posées de chaque côté et formant une sorte de dôme : celles qui sont d'un côté sont fixées à demeure, mais celles de l'autre côté peuvent s'enlever à volonté séparément, suivant les besoins.

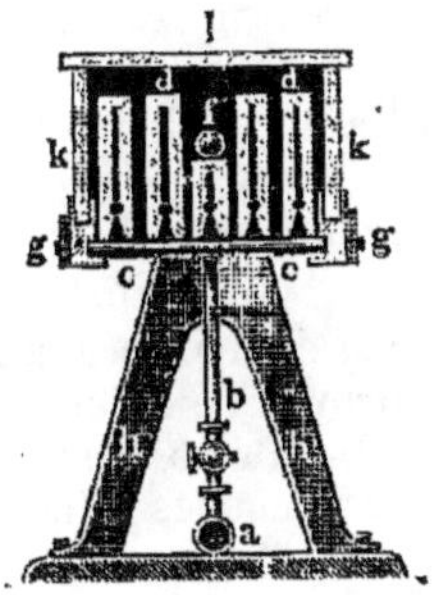

Le fourneau qu'a fait construire *A. W. Hoffmann*, et qui est fort en usage en Angleterre, a une forme toute différente et tout à fait commode : il est représenté dans les figures 129 et 130.

Sur le tube en laiton épais a (*fig.* 129), réuni par ses deux bouts avec la conduite de gaz, sont fixés 30 à 34 tubes épais b, munis de robinets et de régulateurs du courant d'air : ces tubes ont 50 centimètres de haut, 1 centimètre de diamètre et chacun d'eux se termine par un bras transversal cc.

Fig. 129.

Sur chacun de ces bras sont vissés 5 becs de gaz ordinaires (en papillon, brûlant environ 120 litres de gaz à l'heure pour donner l'effet maximum de lumière) et sur chacun desquels on peut poser des brûleurs en argile. Ceux-

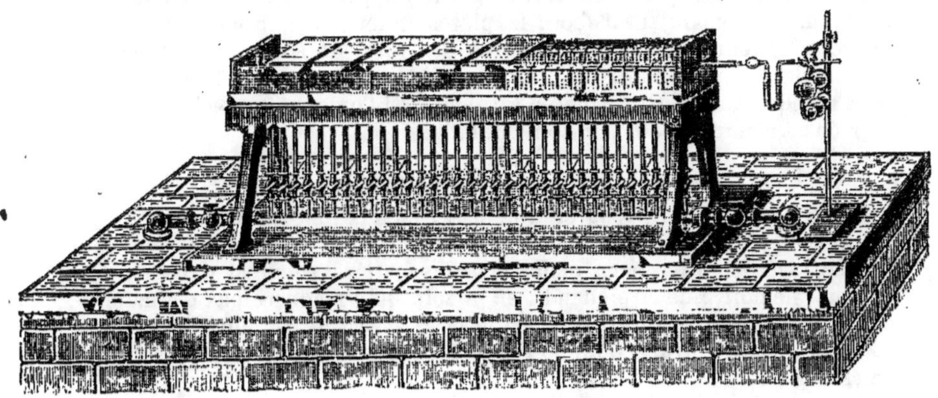

Fig. 130.

ci $d. d. d. d.$ sont de simples cylindres creux, fermés en haut, en terre de pipe ordinaire fortement calcinée, ou bien ce sont des masses creuses de même substance, ayant 8,5 centimètres de haut, 2 centimètres de diamètre extérieur, 1 centimètre de diamètre intérieur, dont les parois latérales sont percées d'une multitude de petites ouvertures de la grosseur d'une épingle. Un cylindre de dimensions indiquées ci-dessus à 10 séries de 15 trous chacune. Les brûleurs en argile e sont faits de même, mais ils n'ont que 4,5 centimètres de hauteur et 70 à 80 ouvertures. Les brûleurs les plus bas servent de support au tube à analyse *f*, qui se trouve ainsi dans une sorte de rigole en argile. Tout le système est solidement fixé par un fort cadre en fer *gg*, qui est supporté lui-même par deux forts pieds en fonte *hh*, vissés sur une plaque en fer *i*. En outre le cadre en fer *gg* est muni d'une rainure dans laquelle on peut poser des plaques en argile *kk* que l'on peut enlever ou glisser à volonté. Ces plaques sont de la même hauteur que les grands brûleurs en argile, mais elles les dépassent d'environ 1,5 centimètre quand elles posent sur le cadre en fer. Enfin sur ces plaques latérales on peut en poser d'autres transversales *l* formant couvercle. La figure 130 montre tout l'appareil monté. Dans la partie antérieure, du côté de l'appareil à potasse, on a enlevé les plaques en argile pour qu'on puisse voir la disposition des brûleurs, mais pendant une opération tout est fermé. La distance la plus convenable à laisser entre les brûleurs est d'environ 5 millimètres. Comme il est important, pour la parfaite uniformité de la température, que les bras transversaux portant les brûleurs en argile conservent toujours la même distance, ils sont enchâssés dans des encoches taillées dans le cadre en fer *gg* (*fig.* 129).

Enfin je rappellerai encore le fourneau construit d'après le principe de *Donny* par *G. Glaser* avec le concours de *Kekulé* : ce fourneau préserve bien les tubes, mais il consomme plus de gaz que celui d'*Erlenmeyer*. Ce qu'il offre de particulier, c'est que le tube à combustion est porté par une série de pièces en fer percées de trous, placées les unes à côté des autres et recouvertes par des plaques d'argile également percées. Les gaz chauds de la flamme, qui chauffent d'abord les pièces en fer, doivent passer à travers les deux systèmes de plaques percées de trous, en sorte que le tube est chauffé de tous les côtés et aussi par en haut. Comme les pièces en fer sont mobiles, on peut les enlever à volonté, si l'on veut empêcher la chaleur de se communiquer par conductibilité.

II. *Pratique de l'analyse.*

a. On pèse d'abord l'appareil à potasse, puis le tube à chlorure de calcium, et l'on met de la substance, environ 0^{gr},350 à 0^{gr},600 (plus pour les matières riches en oxygène, moins pour les matières pauvres), dans le petit tube qui ne doit plus être chaud : on a soin qu'il n'adhère pas de matière aux parois, au moins en haut, et on le pèse avec son contenu. Comme on connaît le poids du tube vide, on est certain de n'avoir ni trop, ni trop peu de substance.

b. On étale la feuille de papier glacé sur une table propre, on place en son milieu le mortier encore chaud, et on lave celui-ci et le tube à combustion également chaud avec de l'oxyde de cuivre chaud (que l'on met à part). On remplit le tube à combustion jusqu'au point *b* (*fig.* 131) avec de l'oxyde de cuivre, soit en puisant directement l'oxyde dans le creuset avec le tube, soit au moyen d'un petit entonnoir chaud en cuivre et d'une petite cuiller en argentan. — On verse ensuite une portion de l'oxyde du tube dans le mortier, on y fait tomber la substance qui est dans le petit tube de façon à enlever le tout autant que possible, et l'on remet le tube de côté avec soin, car il faudra le repeser. On mélange avec précaution la substance et l'oxyde aussi intimement qu'on peut en frottant seulement avec le pilon, sans presser fortement, puis on verse dans le mortier presque le reste de l'oxyde de cuivre du tube, de façon à ne laisser tout au plus que 3 ou 4 centimètres

Fig. 151.

pleins, et l'on mélange avec le tout. Après avoir ensuite bien nettoyé le pilon, on le retire du mortier et on introduit le mélange dans le tube en le prenant avec celui-ci, auquel on imprime un mouvement de rotation entre les doigts. On verse sur une carte glacée ce qui reste dans le mortier et on le fait passer dans le tube. — On met encore un peu d'oxyde de cuivre dans le mortier, on lave le mortier avec cet oxyde qu'on frotte partout avec le pilon, on verse également dans le tube (ce qui le remplit à peu près jusqu'en *a*), on le remplit enfin avec de l'oxyde de cuivre pur jusqu'à environ 3 ou 4 centimètres de l'ouverture : par précaution on ajoute en avant de l'oxyde de cuivre un tampon de tournure de cuivre, oxydée en la chauffant au rouge dans un courant d'air, et l'on ferme aussitôt avec un bouchon. — On fait le remplissage au-dessus de la feuille de papier, afin de pouvoir recueillir et remettre dans le mortier les parcelles qui pourraient tomber (*).

c. On frappe le tube à plat suivant sa longueur sur la table, afin que la partie effilée soit complètement vide d'oxyde de cuivre et qu'il se forme un petit canal tout le long de l'arête supérieure, ainsi que cela est indiqué par l'ombre dans la figure 151. Si l'on n'y parvenait pas par ce moyen (parce que le bec aurait une forme défectueuse), on frappe quelques coups contre la table avec l'ouverture du tube tenu horizontalement. — Ensuite on pose le tube dans la rigole en bois D (*fig.* 152), on le réunit au moyen d'un bouchon au tube à chlorure de calcium B et à la pompe pneumatique, et l'on enveloppe le tube à combustion de sable chaud sur toute sa longueur. On enlève l'air lentement (si l'on aspirait trop fortement, on ferait arriver une partie du mélange dans le tube à chlorure) : en ouvrant le robinet *a* on laisse rentrer de l'air desséché en passant sur du chlorure de calcium et l'on répète cette opération dix à douze fois. On est certain de cette façon d'avoir enlevé toute l'humidité qu'a pu absorber l'oxyde de cuivre pendant l'opération du mélange et du remplissage. — Si au lieu d'une pompe à main on fait usage d'une pompe à eau, on interpose entre celle-ci et le tube à chlorure de calcium B un tube en verre à deux branches (*fig.* 153) : on réunit la branche *a* avec le tube à chlorure, l'extrémité *b* avec la trompe, tandis qu'on adapte

(*) J'ai vu dans le laboratoire de *G. J. Mulder* remplir le tube d'une autre façon, qui n'est pas moins commode. Le tube étant maintenu vertical dans un support à cornue, on y verse le mélange, préparé dans une capsule en cuivre, à l'aide d'un petit entonnoir en cuivre poli et chaud : l'opération se fait rapidement et facilement. La partie antérieure du tube est remplie avec de l'oxyde de cuivre en morceaux, dont la couche a au moins 2 décimètres ; on ne pratique pas de canal supérieur, et l'on a soin d'empêcher par un petit tampon d'asbeste ou de tournure de cuivre que de l'oxyde ne soit entraîné par le gaz.

en *c* un bout de tube en caoutchouc fermé avec une pince à ressort. Après
avoir fait le vide on laisse chaque fois rentrer l'air par l'orifice *c*.

d. On réunit l'extrémité *b* (*fig.* 134) du tube à chlorure de calcium pesé

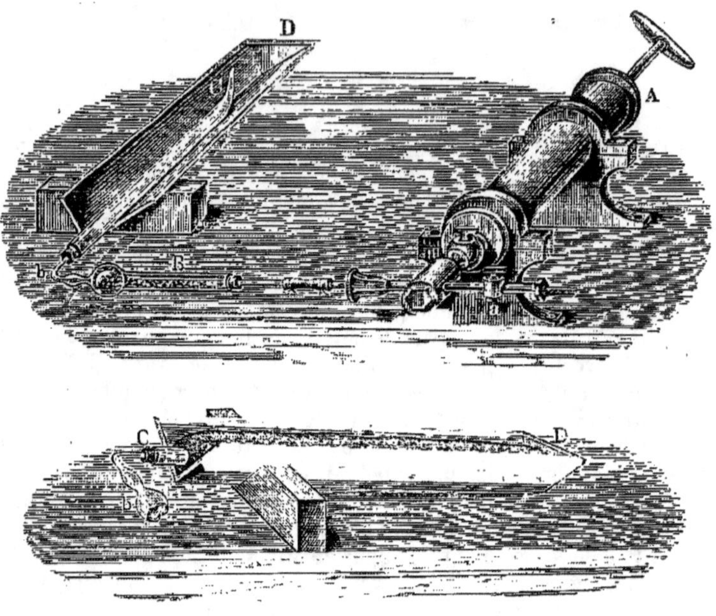

Fig. 152.

au tube à combustion à l'aide du bouchon desséché, on place le tube dans
le fourneau : on adapte l'autre extrémité du tube à
chlorure au tube à potasse au moyen d'un tube en
caoutchouc, et l'on serre les jointures avec du cordonnet de soie, si toutefois cela est nécessaire. En
tirant les fils pour les serrer on aura soin d'appuyer
l'un contre l'autre les bouts des deux pouces, sans quoi, si le fil se rom-
pait, on casserait tout l'appareil. Il vaut mieux faire reposer l'appareil à
potasse sur un morceau de drap plié en plusieurs doubles. La figure 134
montre la disposition générale de l'appareil.

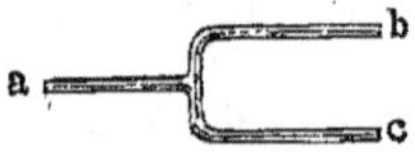

Fig. 133.

e. Il faut maintenant s'assurer qu'il n'y a pas de fuite. Pour cela on
donne à l'appareil à potasse la position indiquée dans la figure, c'est-à-dire
que sous la boule *r* on place un petit morceau de bois de l'épaisseur
d'un doigt, de façon que cette boule soit plus haute ; on chauffe la boule *m*
en en approchant un charbon incandescent et, quand une portion de l'air
a été chassée de l'appareil, on enlève le bois *s* et on laisse refroidir. La
lessive de potasse monte dans la boule *m* et la remplit plus ou moins. Si
l'équilibre qui s'établit après le refroidissement persiste pendant quelques
minutes, on peut regarder l'appareil comme fermant bien ; mais si la

lessive tend peu à peu à se mettre au même niveau dans les deux branches, c'est qu'il y a des fuites. (On utilise le temps entre les deux observations en prenant de nouveau le poids du petit tube qui renfermait la substance.)

f. On fait glisser le tube à combustion de façon que son extrémité non effilée sorte du fourneau d'au moins 3 centimètres, on glisse l'écran simple en avant du fourneau pour garantir le bouchon, et l'on place l'écran double sur le tube à 6 centimètres environ de la partie antérieure (voir la *fig.* 134); on replace le petit morceau de bois *s* sous la boule *r* du tube à

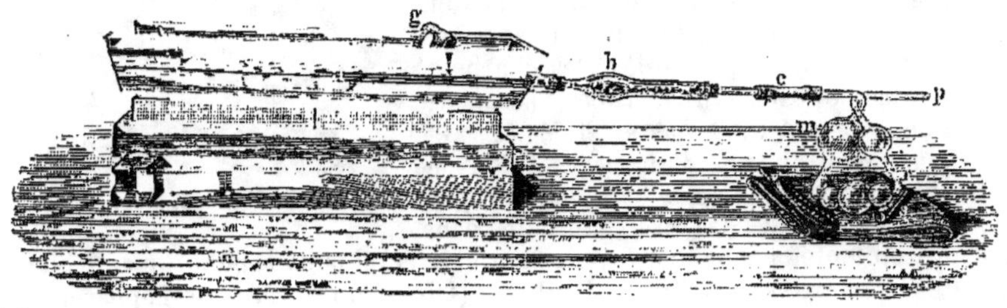

Fig. 134.

potasse et l'on pose de petits morceaux de charbon incandescent d'abord au-dessous de la partie antérieure du tube limitée par l'écran : peu à peu on enveloppe toute cette portion du tube de charbons allumés de façon à l'amener lentement au rouge. Maintenant on recule l'écran de 5 centimètres, on met des charbons et l'on continue de cette façon en avançant peu à peu vers la partie effilée, chaque fois que la portion nouvelle chauffée a été portée au rouge. On a soin que la portion antérieurement chauffée soit constamment maintenue au rouge. La portion du tube qui sort du fourneau doit être assez chaude pour qu'on puisse à peine la tenir entre les doigts sans se brûler. Toute l'opération est généralement terminée au bout de trois quarts d'heure ou d'une demi-heure. Il est tout à fait inutile d'activer la combustion du charbon en agitant l'air au-dessus du fourneau : cela ne doit se faire, comme nous allons le voir, que vers la fin de l'opération.

Pendant le chauffage la lessive de potasse est peu à peu refoulée hors de la boule *m* par l'action de l'air dilaté. Quand la chaleur commence à agir sur l'oxyde de cuivre qui avait servi au lavage du mortier, il se dégage un peu d'acide carbonique et de vapeur d'eau, qui, chassant l'air de l'appareil, déterminent le passage de grosses bulles de gaz dans l'appareil à potasse. — Mais quand on arrive à chauffer le mélange proprement dit, le dégagement de gaz devient rapide. Les premières bulles ne sont qu'incomplètement absorbées parce qu'elles sont mélangées d'air, mais plus tard l'absorption est si complète que parfois on ne voit pas une seule bulle se dégager. On conduit la chaleur de façon qu'entre le passage de deux bulles il s'écoule de 1/2 à 1 seconde. La figure 135 représente l'état normal de l'appareil à potasse pendant l'opération.

On voit qu'une bulle de gaz qui arrive par m passe d'abord dans la boule b, puis de b en c et de c en d; enfin elle traverse la lessive de potasse dans e pour sortir en f.

g. Lorsque tout le tube est enveloppé de charbons incandescents et que le dégagement gazeux a cessé, on active la combustion des charbons en agitant au-dessus une feuille de carton ; si cela ne produit pas un nouveau dégagement de gaz, on redresse l'appareil à potasse, on enlève les charbons vers la partie postérieure du tube et l'on place l'écran en avant de la partie effilée. Le refroidissement du tube d'une part, et de l'autre l'absorption de l'acide carbonique par la potasse, font que la lessive monte dans

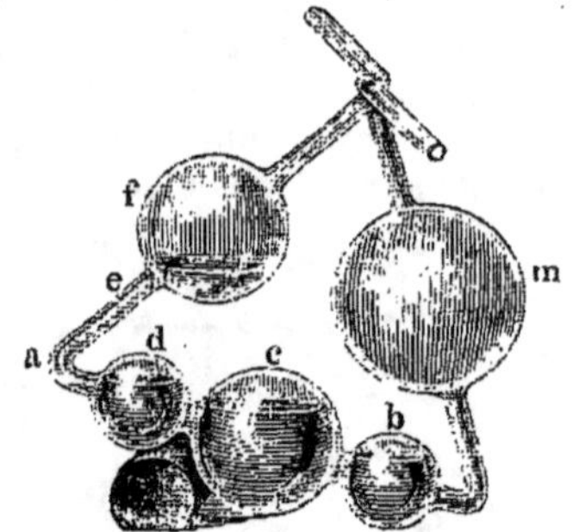

Fig. 135.

l'appareil lentement d'abord, puis bientôt avec plus de rapidité quand elle est une fois parvenue dans la boule m. (Lorsqu'on a redressé l'appareil à potasse, il n'y a pas à craindre que le liquide remonte jusque dans le tube à chlorure de calcium.) Lorsque la boule m est à peu près à moitié remplie, on casse la pointe du tube à combustion avec une pince ou des ciseaux, et aussitôt la potasse se met de niveau dans le tube à boules. On donne de nouveau à celui-ci sa première position inclinée, on couvre la pointe effilée avec le tube de verre (§ **174**. 10.) soutenu par le bras du support à entonnoir, on attend quelques minutes pour que l'acide carbonique du tube à chlorure et du tube à combustion soit absorbé par la potasse, puis, au moyen d'une pipette ou d'un tube en caoutchouc, on aspire lentement l'air à travers tout l'appareil, jusqu'à ce que les bulles ne diminuent plus de volume en traversant la potasse.

La figure 136 montre la disposition de l'appareil à ce moment de l'opération. Si, au lieu d'aspirer avec la bouche, on fait usage d'un aspirateur (*fig.* 136), on a l'avantage de pouvoir mesurer le volume d'air qui a passé à travers l'appareil. *Liebig* recommande de ne pas aspirer un volume d'air plus grand que ce que peut contenir le tube à chlorure de calcium et le tube à combustion, environ 80 à 100 C. C. — Il ne faut pas en effet en enlever davantage si l'on adopte la disposition simple de *Liebig*, savoir le tube h et un appareil à potasse sans petit tube à chaux sodée : autrement on s'exposerait à des erreurs sensibles.

L'analyse est maintenant terminée. — On détache l'appareil à potasse, on enlève le tube à chlorure de calcium avec le bouchon qui ne doit pas être brûlé, on ôte celui-ci, on redresse verticalement le tube à chlorure, la boule en haut. Au bout d'une demi-heure(*), on pèse les deux tubes et l'on calcule les résultats, qui en général sont très justes. Le *carbone* est presque

(*) *Lœwe* prétend, au moins en faisant usage de lessive de potasse très concentrée,qu'une demi-heure ne suffit pas pour un refroidissement convenable. Suivant lui, le poids de l'appareil n'est constant qu'au bout de deux ou trois heures. Pendant que l'appareil sera abandonné au refroidissement, il faudra fermer les extrémités du tube avec des bouts de tube en caoutchouc fermés par des morceaux de baguette de verre ; mais on aura soin de les enlever pour la pesée.

toujours trouvé très exactement, plutôt un peu en moins, environ 0,1
pour cent. Il y a toutefois quelques causes d'erreur qui ne changent pas cependant les résultats d'une manière sensible et qui se compensent en partie.
D'abord pendant la combustion et quand on fait à la fin passer le courant

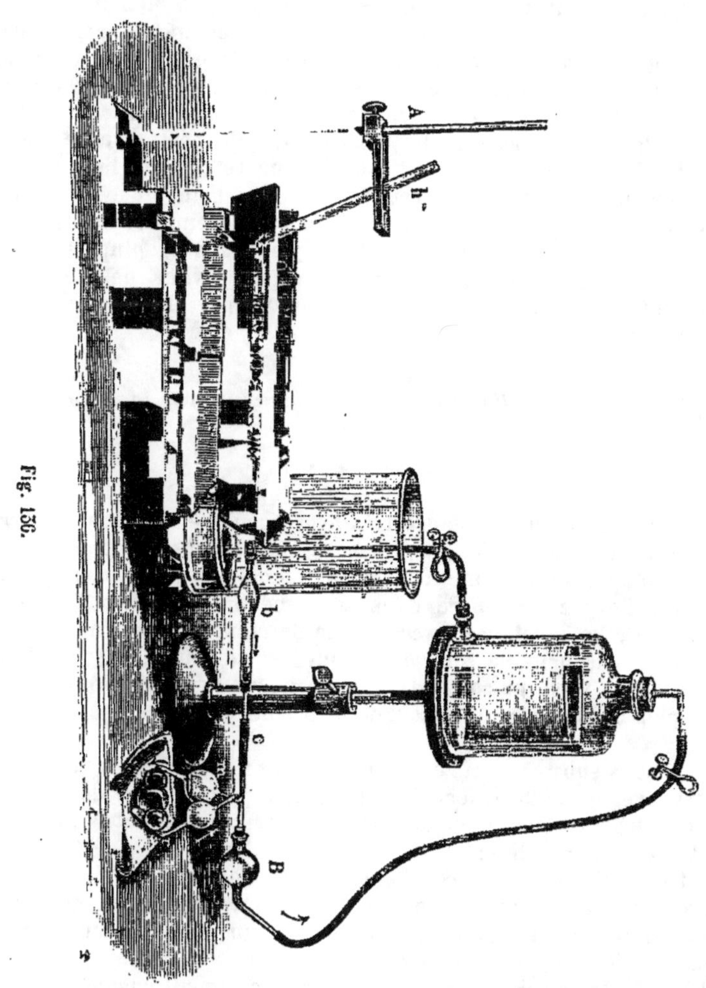

Fig. 136.

d'air, il y a des traces d'humidité enlevées de l'appareil à potasse. Cette
perte est plus grande quand le dégagement gazeux est rapide, parce que le
liquide s'échauffe, et aussi quand de l'azote ou de l'oxygène traverse l'appareil à boules (*voir* § **178** et § **183**). On peut se mettre à l'abri de cette
erreur, en plaçant en avant du tube à boules un petit tube plein de fragments
d'hydrate de potasse ou de chaux sodée et que l'on pèse avec l'appareil à

potasse. — En second lieu l'air atmosphérique, avec lequel on balaye l'appareil à la fin, laisse son acide carbonique dans le tube de *Liebig*. On obvie à cet inconvénient en reliant la partie effilée du tube au moyen d'un bouchon ou d'un caoutchouc avec un tube rempli d'hydrate de potasse. — Troisièmement, avec les substances riches en eau ou en hydrogène, il arrive souvent que le poids de l'appareil à potasse est augmenté, parce que l'acide carbonique ne sort pas complètement sec du tube à chlorure de calcium : on pourrait y remédier en remplaçant le tube à chlorure de calcium par un appareil contenant un peu d'acide sulfurique concentré (*voir* § **182**).

Dans la plupart des cas la quantité d'*hydrogène* trouvée est un peu trop élevée, en moyenne de 0,1 à 0,15 pour 100, ce qui tient surtout à ce que l'air qui traverse l'appareil est humide; mais on évite cette erreur en faisant passer l'air d'abord dans un tube plein de potasse caustique solide. — Je remarquerai toutefois que, dans la plupart des cas, il est superflu de compliquer l'opération pour éviter de faibles erreurs, dont l'influence sur les résultats est connue par un nombre considérable d'expériences.

    2. *Modification apportée par* Bunsen *à la méthode décrite en* 1. (*).

§ **175**.

Lorsque l'on a une substance très hygroscopique ou qui ne pourrait pas être mélangée avec de l'oxyde de cuivre chaud, sans qu'on eût à craindre une décomposition, la méthode 1. est modifiée en ce sens qu'on laisse refroidir l'oxyde de cuivre dans un tube ou un ballon fermé, que le mélange de la substance avec l'oxyde de cuivre ne se fait plus dans un mortier, mais dans le tube lui-même, et qu'enfin on évite de faire le vide dans le tube, puisque, dans ce nouveau procédé, l'oxyde de cuivre n'est plus dans des conditions qui lui permettent d'absorber l'humidité de l'air.

On pèse la substance en l'enfermant dans un petit tube en verre d'environ 20 centimètres de long, fermé à un bout, à paroi mince, de 7 millimètres de diamètre inférieur, dont on ferme l'ouverture pendant la pesée avec un petit bouchon bien lisse.

Outre ce tube le procédé de *Bunsen* exige: le tube à combustion, l'appareil à potasse, le tube à chlorure de calcium, des tubes en caoutchouc vulcanisé, un bouchon percé, un tube aspirateur, un fourneau à combustion et de l'oxyde de cuivre (*voir* § **174**).

Pour laisser refroidir l'oxyde de cuivre récemment calciné et en remplir le tube à combustion sans qu'il puisse attirer l'humidité de l'air, on se sert d'un tube large fermé à un bout ou d'un ballon (*fig.* 157).

On y verse l'oxyde encore chaud et l'on ferme hermétiquement avec un bouchon. On épargne du temps en prenant de suite autant d'oxyde

---

(*) *Kolbe, Dictionnaire de chimie*, supplément, p. 186. — A. *Strecker, Dictionnaire de chimie*, 2ᵉ édit., I, 852

qu'il en faudra pour remplir le tube à combustion. Si la fermeture est
bonne, on peut faire usage du contenu même après plusieurs jours et
encore après qu'on en a employé une partie et qu'on a plusieurs fois
ouvert le ballon.

Pour remplir le tube à combustion préalablement desséché et lavé avec
de l'oxyde de cuivre, on commence par y faire arriver une couche d'oxyde
d'environ 10 centimètres, en l'introduisant dans le tube ou dans le ballon
qui contient l'oxyde de cuivre (*fig.* 138), et l'on secoue légèrement en
inclinant le tout.

Un peu auparavant on a pesé le tube renfermant la matière à analyser.
Après avoir enlevé le bouchon avec précaution de façon que rien ne puisse
se perdre, pas même la poussière qui le recouvrirait, on introduit le tube par
l'extrémité ouverte aussi avant que possible dans le tube à combustion et,

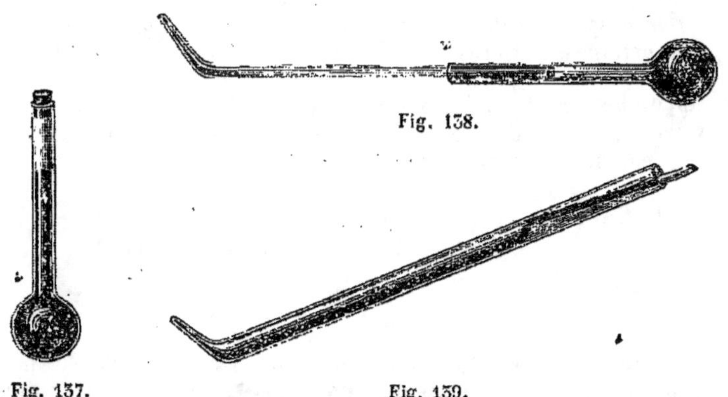

Fig. 138.

Fig. 137.   Fig. 139.

en tenant le tout incliné comme le montre la figure 139, on fait tomber,
en tournant le tube sur lui-même, la quantité de substance qu'on juge
nécessaire à l'analyse. On appuie légèrement le bord du petit tube contre
la paroi supérieure du tube à combustion pour empêcher que le premier
touche la poudre déjà versée.

Quand on a ainsi introduit la quantité convenable de matière, on remet
le tube à combustion dans la position horizontale de façon que le petit
tube soit légèrement incliné, l'extrémité fermée en bas : en le retirant
alors lentement et en le tournant légèrement sur lui-même, on fait retom-
ber dans le tube les parcelles de poudre qui auraient pu rester adhérentes
au bord, de façon à rendre bien nette et propre la partie que fermera le
bouchon. On ferme et l'on pèse, après avoir eu soin de boucher aussi le tube
à combustion. La différence des deux pesées du petit tube donne le poids
de matière qu'on analysera.

On fait ensuite de nouveau arriver du tube ou du ballon contenant
xyde une quantité de celui-ci égale à celle déjà introduite, en lavant
aussi les parois pour détacher les parcelles qui pourraient y adhérer.

On fait le mélange avec un fil de fer bien poli, terminé en pointe et tourné
en forme de tire-bouchon (à une spire) (*fig.* 140), auquel on imprime deux

mouvements rapides, l'un d'avant en arrière, l'autre de rotation. Le mélange
est fait en quelques minutes et si complet, avec des substances en poudre

Fig. 140.

qui ne s'agglomère pas, qu'on n'en peut plus distinguer les moindres
parcelles. — On procède alors à la combustion comme il est dit dans le
§ **174**.

> β. *Corps solides difficilement combustibles, non volatils* (par exemple
> certaines matières résineuses et extractives, les houilles, etc.).

Lorsqu'on les traite par les méthodes indiquées plus haut, il peut facilement y avoir des parcelles de carbone qui échappent à la combustion. On obvie à cela par un des moyens suivants.

I. Combustion avec le chromate de plomb, ou avec le
chromate de plomb et le bichromate de potasse.

§ 176.

On a besoin de tous les objets énumérés au § **174**, sauf l'oxyde de cuivre
qu'on remplace par le chromate de plomb (§ **66**. 2.). On en chauffe un peu
plus que la quantité qu'il faudra pour remplir le tube à combustion, dans
une capsule en platine ou en porcelaine, au-dessus de la lampe à gaz ou de
la lampe de *Berzelius*, jusqu'à ce que la couleur devienne brune, et l'on a soin
qu'au moment de s'en servir la température soit encore d'environ 100° ou
un peu au-dessous. On peut prendre le tube à combustion assez étroit, parce
que, à volume égal, le chromate de plomb cède beaucoup plus d'oxygène
que l'oxyde de cuivre.

On opère tout à fait comme il est dit au § **174**. On croyait autrefois qu'a-
vec le chromate de plomb il était tout à fait inutile de dessécher avec la
pompe le tube chauffé, parce qu'on pensait que le chromate n'était pas hygroscopique ou l'était beaucoup moins que le bioxyde de cuivre. Mais on ne
peut plus s'en dispenser, depuis que *Erdmann* (*Journ. f. prackt. Chem.*, LXXXI,
180) a démontré que le chromate absorbe l'humidité aussi rapidement que
l'oxyde de cuivre.

Comme l'action oxydante plus active du chromate de plomb tient surtout
à ce qu'il fond à une température convenable, il faut à la fin, en poussant le
feu, chauffer jusqu'à ce que tout le contenu du tube, là où est la substance,
soit complètement fondu. Il ne faut cependant pas chauffer aussi fort la
partie antérieure, parce qu'alors le chromate perdrait toute sa porosité et
les produits de la décomposition, qui auraient pu échapper à l'oxydation, ne
subiraient pas une combustion complète.

Comme sous ce dernier point de vue le chromate de plomb laisse un peu ä désirer à cause de sa structure compacte, il vaut mieux achever de remplir le tube avec de l'oxyde de cuivre fortement calciné et grossièrement pulvérisé, ou bien avec de la tournure de cuivre qu'on aura oxydée à la surface, en la chauffant au rouge dans un moufle ou dans un creuset au contact de l'air.

Pour les matières très difficilement combustibles, comme le graphite, il est bon non seulement que toute la masse soit mélangée bien intimement, mais encore qu'à la fin elle cède plus d'oxygène que l'on n'en obtient avec le chromate de plomb. Pour cela on ajoute à ce dernier, après sa fusion, 1/10 de son poids de bichromate de potasse en poudre. De cette façon on peut oxyder complètement les matières les plus difficiles à brûler (*Liebig* *).

On peut aussi obtenir de très bons résultats avec l'oxyde de cuivre et le bichromate de potasse. *Gintl* (*) a une manière d'opérer qui se rapproche beaucoup de la méthode de *Bunsen*. Dans le tube à combustion il met d'abord une couche de 6 centimètres d'oxyde de cuivre en grains, après cela 3 centimètres de bichromate de potasse fondu, puis pulvérisé et conservé à l'abri du contact de l'air, ensuite la substance à brûler et enfin de nouveau 3 centimètres d'oxyde de cuivre. On fait le mélange avec le fil en tire-bouchon, en prenant la précaution qu'il reste au fond du tube au moins 3 centimètres d'oxyde de cuivre non mélangé de bichromate. Enfin le tube est rempli d'oxyde de cuivre à la manière ordinaire et l'on procède à la combustion. Comme à la fin de l'opération la lessive de potasse reçoit de l'oxygène, il faut laver l'appareil avec de l'air un peu mieux débarrassé d'acide carbonique et de vapeur d'eau et aussi munir l'orifice de sortie du tube à potasse d'un petit tube qu'on pèsera avec lui et que l'on remplit aux 2/3 avec de la chaux sodée et le reste avec du chlorure de calcium.

2. Combustion avec l'oxyde de cuivre et le chlorate ou le perchlorate de potasse.

§ 177.

Il faut pour cela tous les objets énumérés au § 174 ou 175 et en outre une petite quantité de chlorate de potasse. Pour le débarrasser de son eau, on le chauffe jusqu'à commencement de fusion, et après le refroidissement on le réduit en poudre grossière, que l'on conserve dans un lieu chaud jusqu'au moment d'en faire usage.

L'opération se fait comme au § 174 ou 175, avec cette seule différence que la couche d'oxyde de cuivre dans la partie postérieure du tube est un peu plus longue (5 centimètres) et qu'on y mélange, en secouant, environ 1/8 (3 à 4 grammes) de chlorate de potasse. On ajoute ensuite 2 centimètres d'oxyde de cuivre pur, puis le mélange. — Quand en chauffant on arrive au point où se trouve le chlorate de potasse, il faut, en enlevant du charbon ou en tournant les robinets du gaz, prendre la plus grande précaution pour que le chlorate de potasse ne se décompose que très lentement ; autrement

(*) *Zeitschr. f. analyt. Chem.*, VII, 320.
(**) *Meyer* a donné des expériences de contrôle de cette manière très convenable d'opérer (*Ann. d. Chem. u. Pharm.*, XCV ,204).

le courant de gaz serait tellement violent qu'il projetterait la lessive de potasse hors du tube à boules et l'analyse serait perdue.

L'oxygène qui se dégage chasse tout l'acide carbonique qui remplit l'appareil, brûle toutes les parcelles de charbon et oxyde le cuivre réduit. Il ne peut donc se dégager d'oxygène que quand toutes les matières oxydables auront été oxydées.

Aussi lorsque beaucoup de gaz a traversé l'appareil à potasse sans être absorbé, il est inutile de casser la pointe du tube et de faire passer un courant d'air, car le tube ne renferme que de l'oxygène, mais ni acide carbonique ni vapeur d'eau. Cependant il faut faire aspirer dans le tube à chlorure et dans celui à potasse de l'air desséché et exempt d'acide carbonique, pour ne pas peser un appareil plein d'oxygène.

On sait que le chlorate de potasse se décompose tumultueusement; aussi on peut le remplacer, comme *Bunsen* l'a conseillé le premier, par du perchlorate de potasse dont la décomposition se fait d'une façon plus calme. On l'introduit fondu et encore chaud dans la partie fermée du tube, on met par-dessus un tampon lâche d'asbeste récemment calciné et l'on remplit comme à l'ordinaire. Si l'on fait le mélange comme l'indique *Bunsen* (§ **175**), il faut toujours (même avec le chlorate de potasse) mettre le tampon d'amiante, afin qu'en mélangeant la matière à analyser ne vienne pas en contact avec le sel qui doit dégager l'oxygène.

Comme l'oxygène desséché qui traverse la lessive de potasse entraîne un peu de vapeur d'eau, on adapte en avant du tube à boules, soit avec un bouchon, soit avec un tube en caoutchouc, un petit tube rempli aux 2/3 avec de la chaux sodée et le reste avec du chlorure de calcium, et l'on pèse ce tube avec l'appareil à boules. L'augmentation de poids de ce dernier et du petit tube donne la quantité d'acide carbonique.

    3. Combustion avec l'oxyde de cuivre et l'oxygène gazeux.

§ 178.

Beaucoup de chimistes aujourd'hui brûlent les matières organiques avec l'oxyde de cuivre et l'oxygène gazeux qui se dégage d'un gazomètre. *Hess, Dumas et Stass, Erdmann et Marchand, Piria, Strecker, Wœhler, Lœwe, Glaser* et d'autres ont décrit la manière d'opérer dans ces circonstances. Ils n'emploient pas cette méthode seulement pour les substances difficilement combustibles, mais ils l'appliquent d'une façon générale au dosage du carbone et de l'hydrogène dans toutes les matières organiques. Depuis plusieurs années ce procédé d'analyses est en pratique avec les autres dans mon laboratoire.

Comme ces méthodes exigent, avec le gazomètre plein d'oxygène, des dispositions convenables pour dessécher complètement le gaz et le débarrasser de toute trace d'acide carbonique, on voit facilement que l'appareil sera bien plus compliqué que celui si simple de *Liebig* ou de *Bunsen*. Aussi on ne saurait recommander ce procédé que dans le cas où l'on aurait à faire une série d'analyses organiques ou en particulier à analyser des substances non pulvérisables et qui dès lors ne peuvent pas se mélanger intimement avec l'oxyde de cuivre.

Pour chauffer le tube à combustion, *Hess* ainsi qu'*Erdmann* et *Marchand* employèrent l'alcool. Mais depuis que l'usage du gaz est devenu général dans les laboratoires, on a remplacé les fourneaux à alcool par des fourneaux à gaz. On peut du reste fort bien chauffer avec la grille représentée dans la figure 125 en faisant usage du charbon de bois : il faut seulement donner à la grille 70 à 80 centimètres de longueur. Le moyen qu'on emploie pour chauffer n'a aucune influence sur l'opération en elle-même et sur l'exactitude des résultats, il faut seulement pouvoir régler la température et la porter suffisamment haut.

La combustion avec le concours de l'oxygène gazeux peut se faire de deux façons, suivant que l'on mélange ou que l'on ne mélange pas la substance avec de l'oxyde de cuivre. Le dernier mode d'opérer, d'après lequel il faut placer la matière dans une petite nacelle que l'on introduit dans le tube à combustion, est le plus commode, parce qu'une première analyse étant terminée, le tube à combustion est tout prêt pour en recommencer une seconde. C'est ce procédé que je vais décrire le premier ; j'indiquerai ensuite ceux dans lesquels on mélange la substance avec l'oxyde de cuivre.

a. *Combustion dans une petite nacelle.*

Comme il importe surtout dans cette méthode de pouvoir faire un certain nombre de combustions dans le même tube, il faut choisir un fourneau à gaz construit de façon à endommager le tube le moins possible, tel par exemple que le fourneau de *Donny* perfectionné par *Glaser* ou le fourneau de *Hofmann*.

La figure 141 représente l'appareil complet avec le fourneau, tel qu'il est décrit par *Glaser* (*).

Aux deux extrémités du fourneau sont deux supports en fer montés sur une plaque en fer. Ils portent deux bandes parallèles reliées entre elles : verticalement au-dessus de chaque bande se trouve une tringle ronde en fer, boulonnée aux deux bouts à chaque support. Des plaques d'argile portant une rainure en haut et en bas peuvent être facilement placées entre les bandes de fer et la tringle située au-dessus, et servent à supporter, comme l'indique la figure 142, les gouttières en fer qui, rapprochées les unes des autres, forment une sorte de canal semi-cylindrique dans lequel on loge le tube à combustion. On voit une de ces gouttières en bas, à droite dans la figure 141.

Les flammes des brûleurs placés au-dessous des gouttières en fer chauffent d'abord celles-ci : une partie de la flamme passe à travers les trous du canal en fer, se croise par-dessus le tube à combustion et sort ensuite par les orifices du couvercle en argile (*fig.* 142). La forme de ce couvercle concentre la chaleur sur le tube. Par cette dispositioin on obtient le résultat important réalisé dans la grille à charbon de *Liebig*, savoir l'échauffement

(*) *Ann. der Chem. u. Pharm.*, volume supplém. VII, 213, et *Zeitschr. f. analyt. Chem.*, IX, 592.

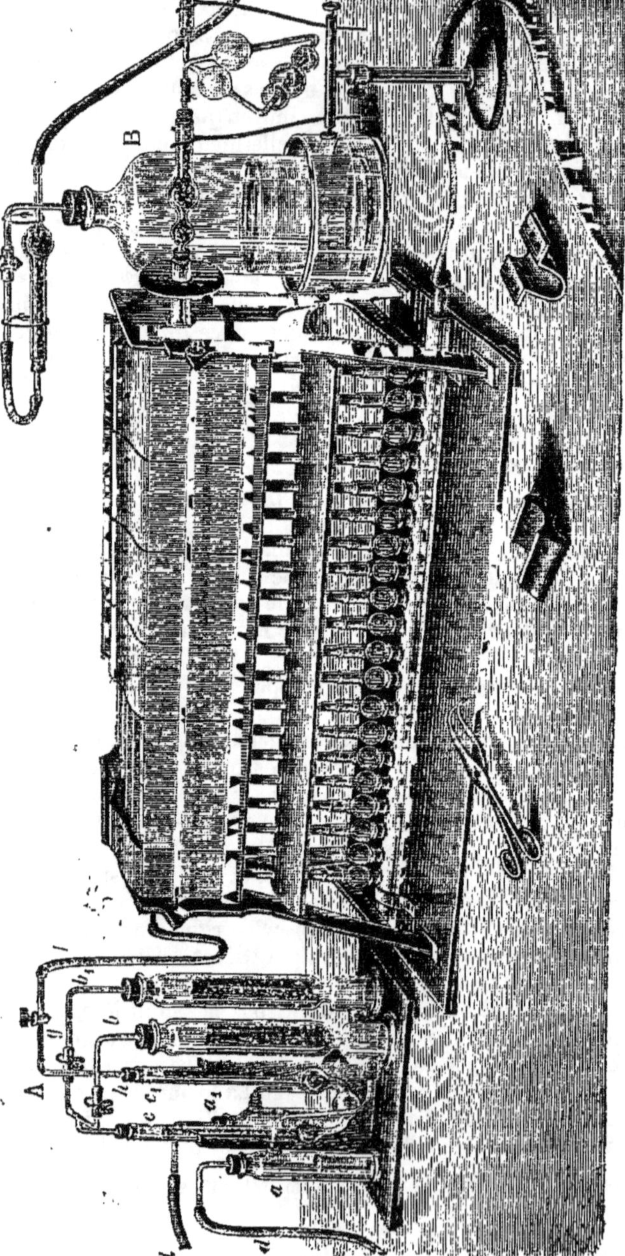

Fig. 141.

du tube en dessus et sur les côtés. (Dans les combustions ordinaires on ne serre pas toutes les rigoles en fer les unes contre les autres, mais à l'endroit où se trouve le mélange de la substance on enlève deux ou trois de ces morceaux du canal. A mesure que la combustion s'effectue, on peut au moyen d'une pince replacer ces rigoles près des autres, en soutenant d'une main le tube à combustion enveloppé dans une toile métallique.)

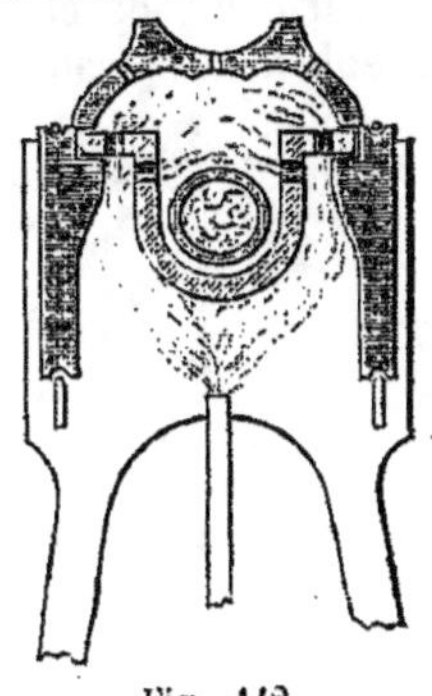

Fig. 142.

Le tube à combustion est ouvert aux deux bouts. De a en b (*fig.* 143), il contient de la tournure de cuivre oxydée et de l'oxyde en grain, retenus par des bouchons en toile métallique de cuivre (*). En bc est une spirale en cuivre oxydée, faite avec une bande de toile métallique en fil de cuivre. (On la remplace par une spirale en cuivre métallique, dans les analyses des substances renfermant du chlore, du brôme ou de l'azote.) Dans la partie ad

Fig. 143.

se trouve la nacelle avec la substance ; enfin en de est une spirale en cuivre métallique fixée à un fil de cuivre. Le tube enveloppé dans une toile métallique est introduit dans le canal du fourneau, après qu'on a enlevé trois rigoles en fer, là où se trouve la nacelle. Alors avec des bouchons en caoutchouc on réunit l'extrémité antérieure du tube avec un tube à chlorure de calcium non pesé et la partie postérieure avec les appareils à purification, à dessiccation et les gazomètres. Dans ces appareils (*fig.* 141), a qui communique par le tube d avec le gazomètre à oxygène, et a_1 qui communique par l avec le gazomètre à air, contiennent tous deux une lessive de potasse : b et b_1, dans les deux tiers inférieurs renferment du chlorure de calcium et dans le tiers supérieur de la chaux sodée. Enfin le tube en U cc, par lequel passeront l'air et l'oxygène, est rempli de chlorure de calcium : il communique avec le tube à combustion par le tube en caoutchouc f et le tube de verre g muni d'un robinet en verre.

Pour empêcher toute diffusion des gaz provenant de la combustion de la substance dans les tubes à dessécher, *Lœwe* interpose entre le tube à combustion et l'appareil dessiccateur une fermeture à mercure, représentée dans la figure 144. L'air ou l'oxygène arrive par a et sort par b. Au fond du tube c se trouvent quelques gouttes de mercure, dans lesquelles plonge l'extrémité effilée du tube a. Pour assurer la fermeture hermétique du tube c, on enduit le bouchon en caoutchouc d'une solution de gélatine.

Avant de procéder à l'analyse, on chauffe le tube dans le fourneau sur

(*) Au lieu de toile métallique en cuivre, *Lœwe* (*Zeitschr. f. analyt. Chem.*, IX, 218) emploie une sorte de calotte hémisphérique en toile de fil de platine pas trop serrée, dont la convexité est tournée du côté des appareils à absorption.

toute sa longueur, on y fait passer lentement un courant d'air sec et on
laisse refroidir en maintenant le courant d'air sec. On enlève la spirale de
cuivre en *de*, on introduit la nacelle
contenant la substance, on replace
la spirale et l'on réunit la partie antérieure du tube aux appareils à absorption, après avoir placé l'écran en
tôle et en argile (*Lœwe*) que l'on voit
dans la figure 141. Au moyen d'un
tube de verre à robinet on relie à
l'aspirateur B le tube large muni
d'une boule, placé au-dessus des tubes à absorption et relié à ceux-ci.
Ce tube non pesé renferme dans sa

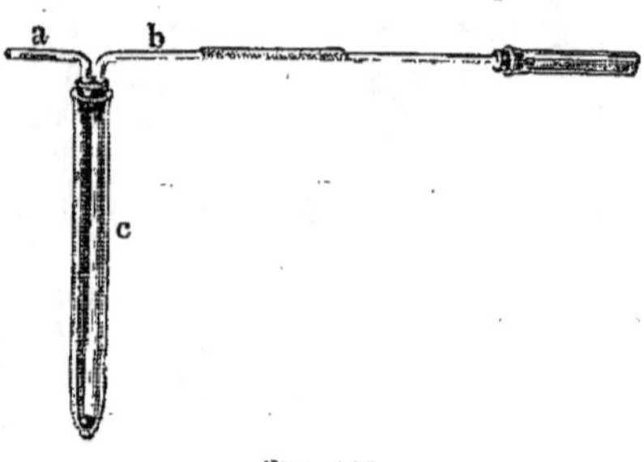

Fig. 141.

boule et dans la moitié de sa longueur du chlorure de calcium et le reste
est plein de chaux sodée. Cet aspirateur est formé par une cloche tubulée
plongeant dans un cristallisoir plein d'eau. En ouvrant le robinet on aspire
l'air et l'on établit une différence de niveau de 12 à 15 centimètres. Cet
aspirateur, que *Piria* (*) a employé le premier, a pour but de diminuer la
pression que produirait le tube à potasse dans le tube à combustion : c'est
aussi un moyen simple de s'assurer si l'appareil ne fuit pas.

Tout étant ainsi préparé, on ferme les robinets de l'appareil à dessécher,
on ouvre celui de l'aspirateur et l'on chauffe au rouge faible la partie antérieure du tube à combustion ainsi que la spirale en cuivre à la partie postérieure; on ouvre alors le robinet de l'appareil dessiccateur et l'on fait
arriver un courant très lent d'oxygène, qui devra être complètement arrêté
par la spirale en cuivre et a pour but d'empêcher les produits de la combustion de se répandre dans la partie postérieure de l'appareil.

L'échauffement de la substance a lieu, suivant sa volatilité, soit directement soit par rayonnement, et l'on règle facilement la température en plaçant ou en enlevant les plaques d'argile formant couvercle. Lorsqu'à la fin
il ne reste plus que du charbon dans la nacelle, on laisse refroidir la
spirale en cuivre, et l'on fait arriver un plus fort courant d'oxygène, qui
achève la combustion complète et transforme en oxyde le cuivre qui a
été réduit. On termine l'oxydation par un courant d'air, qui chasse l'oxygène
de tout l'appareil. On ferme les robinets des gaz, celui de l'aspirateur, on
interrompt la communication entre celui-ci et les tubes à absorption, on
laisse ces derniers se refroidir et on les pèse.

Je décrirai dans un chapitre particulier (§ **192**) la méthode de *Cloez*, pour
la donner dans son ensemble.

b. *Combustion de la substance mélangée avec l'oxyde de cuivre.*

Il faut pour cette méthode un tube fermé à un bout et recourbé comme
le montre la figure 145.

Les opérations sont au commencement tout à fait les mêmes que dans
le procédé de *Bunsen* (§ **175**). Le tube est long d'environ 50 centimètres :

on remplit la partie postérieure fermée de *a* en *b* d'oxyde de cuivre calciné en grains, en *bc* on met la substance mélangée à l'aide du fil de métal avec l'oxyde de cuivre en poudre, on verse en *c d* de l'oxyde calciné en grains, et

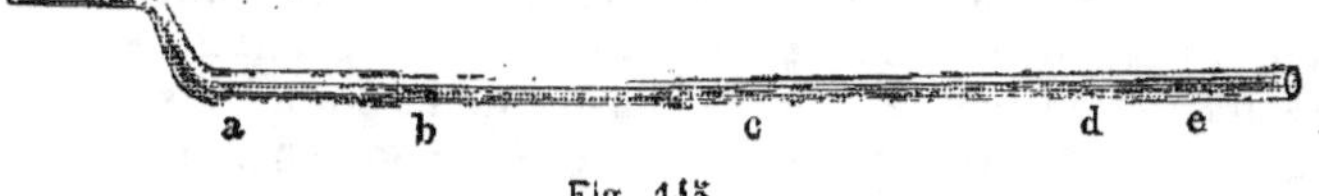

Fig. 145.

pour fermer le tout on enfonce en *de* une spirale en toile métallique de cuivre oxydé. Après avoir adapté les tubes à absorption pesés. on opère la combustion à la manière ordinaire en chauffant d'avant en arrière, en ayant soin, avant de chauffer la partie où se trouve la substance, de porter au rouge faible la partie *ab*, pour y brûler les produits de distillation qui pourraient s'y porter. Quand tout le tube est rouge et que le dégagement gazeux s'arrète, on laisse un peu refroidir la partie postérieure du tube, assez pour pouvoir la toucher sans se brûler les doigts, on adapte à la partie effilée du tube un bout de tube mince en caoutchouc, dont l'autre extrémité est reliée au tube *cc* à chlorure de calcium de l'appareil à dessiccation et à purification de la figure 141. On brise dans le tube en caoutchouc la pointe du tube à combustion et l'on termine l'analyse dans un courant lent d'oxygène : on chasse ce gaz par un lent courant d'air, on laisse refroidir et l'on pèse les tubes à absorption.

γ. *Corps solides hygroscopiques, corps volatils, ou corps qui subissent une modification à 100°, par exemple qui perdent de l'eau.*

§ **179.**

aa. Les *Substances hygroscopiques*, brûlées par un des procédés indiqués plus haut, donnent facilement une quantité d'hydrogène trop grande. — C'est pourquoi *Stein* (*) propose de les analyser de la façon suivante. La méthode est celle décrite au § **178.** a. La partie du tube où doit se trouver la nacelle contenant la substance ne sera pas enveloppée dans la rigole en tòle ou dans la toile métallique, pour empêcher en cette place la propagation de la chaleur par conductibilité. — On pèse dans la nacelle la substance seulement desséchée à l'air ou sous le dessiccateur. Après avoir mis la nacelle dans le tube d'abord chauffé au rouge puis refroidi, et avoir constaté que l'appareil ferme bien, on allume à 9 ou 12 centimètres en arrière de la nacelle un ou deux brûleurs et l'on fait passer sur la substance un courant lent d'air ainsi chauffé. D'ordinaire on voit bientôt paraître de l'eau dans le tube à chlorure de calcium, puis cette eau disparaît au bout de quelques instants, sans qu'on puisse la faire reparaître en chauffant un peu plus fort le courant d'air et en refroidissant avec de l'éther la boule du tube à chlorure. On enlève alors les tubes à absorption et pendant qu'on

(*) *Zeitschr. f. analyt. Chem.*, V, 33.

les pèse on maintient dans le tube un courant d'air sec non chauffé. La pesée du tube à potasse avec le tube à chaux potassée ou sodée qui l'accompagne permettra de reconnaître s'il y a eu décomposition, tandis que l'accroissement de poids du tube à chlorure de calcium donnera la proportion d'eau. En renouvelant la dessiccation dans le courant d'air sec et chaud et en pesant de nouveau le tube à chlorure de calcium on saura quand la dessiccation sera achevée. Alors seulement on commencera la combustion de la substance parfaitement sèche.

Dans les cas où il faudrait une température plus élevée pour chasser l'eau chimiquement combinée, *Stein* fixe à l'aide de quatre fils fins de cuivre une lame de cuivre entre les brûleurs et le tube, là où se trouve la nacelle, il interpose un thermomètre entre la lame et le tube et il allume un bec sous la lame. La température dans le tube est naturellement inférieure à celle que marque le thermomètre. En coupant les fils après la dessiccation complète, on enlève facilement la lame de cuivre.

bb. *Corps volatils, ou qui subissent une modification à* 100°, *par exemple qui perdent de l'eau.* — Si, avec de pareilles substances, on opérait comme il est dit au § **174**, on perdrait une partie de la substance ou de l'eau en faisant le mélange avec l'oxyde chaud, ou en faisant le vide dans le tube enveloppé de sable chauffé, et il serait impossible d'avoir des résultats exacts. Si l'on faisait de la même façon le mélange à froid, il absorberait une quantité notable d'eau.

On procède alors suivant le § **175** ou suivant le § **178**. — On peut aussi fort bien analyser ces substances avec le chromate de plomb : toutefois il faut avoir la précaution de le laisser refroidir dans un tube fermé, et il faut faire le mélange dans le tube à combustion avec le fil métallique en tire-bouchon.

b. Corps liquides.

α. *Volatils* (par exemple : huiles essentielles, alcools, etc.)

§ **180**.

1. Pour l'analyse des matières volatiles il faut tous les objets énumérés au § **174**, excepté ceux qui servent à faire la pesée, le mélange et le vide dans le tube. Le tube à combustion sera plus long : avec les substances les moins volatiles on lui donnera 50 centimètres et 60 à 85 pour celles qui le sont beaucoup. Si l'on n'opère pas la combustion dans un courant d'oxygène suivant la méthode du § **178**. a., il faut en outre un tube ou un ballon, comme au § **175**, pour y puiser l'oxyde de cuivre, et de plus une petite ampoule en verre pour contenir le liquide à brûler. Voici comment on fait ces ampoules :

On étire à la lampe un tube de verre de 50 centimètres de longueur et 8 millimètres de diamètre, comme le montre la figure 146 ; on fond en *d* et l'on souffle A en boule comme dans la figure 146. On coupe en β et l'ampoule est faite. On en fait aussi de plus larges. Il faut avoir soin que le tube ne soit pas trop court, pour que l'humidité de l'haleine ne pénètre pas dans la boule. On pèse d'abord deux de ces boules vides, on les remplit de liquide, on les ferme à la lampe et on les pèse de nouveau. Pour les remplir on chauffe la boule à la lampe, puis on plonge rapidement la pointe dans le liquide à analyser : une partie de ce dernier monte par le refroidissement. Si le liquide est très volatil, les portions qui arrivent tout d'abord dans la boule encore chaude se transformant subitement en vapeurs, repoussent le liquide ; mais quand ces vapeurs sont condensées, le remplissage n'en est que plus complet. — Si le liquide est peu volatil, il n'en arrive tout d'abord que peu dans l'ampoule ; dans ce cas on chauffe de nouveau pour vaporiser les quelques gouttes introduites : alors la vapeur entraîne l'air et, en plongeant la pointe dans le liquide, quand la condensation est produite par le refroidissement, la boule se remplit presque en entier. On fait tomber dans le renflement le liquide qui reste dans la partie effilée et l'on ferme à la lampe. — Pour remplir le tube à combustion, on y fait d'abord tomber une couche de 6 centimètres de l'oxyde de cuivre refroidi dans le tube ou dans le ballon ; au milieu de la partie effilée de l'une des ampoules pleines on fait un trait à la lime, on casse rapidement la pointe et on laisse tomber l'ampoule dans le tube (*fig.* 148). On ajoute une nouvelle couche d'oxyde de 6 à 8 centimètres, puis la seconde ampoule : on remplit enfin presque complètement avec l'oxyde de cuivre, on ferme et l'on procède à la combustion. (Il vaut mieux mettre dans la moitié antérieure du tube un peu d'oxyde de cuivre en grains (§ **66**. 1.), ou bien de tournure de cuivre oxydée à la surface, de façon que les gaz ne soient pas arrêtés, même quand il n'y a pas de canal ou quand il est fort étroit ; si ce canal était large, un peu de vapeur pourrait échapper à la combustion.

Avec les substances très volatiles, la combustion demande à être dirigée avec beaucoup de précaution, et il faut un peu modifier la manière que nous avons indiquée. D'abord on chauffe au rouge la moitié anté-

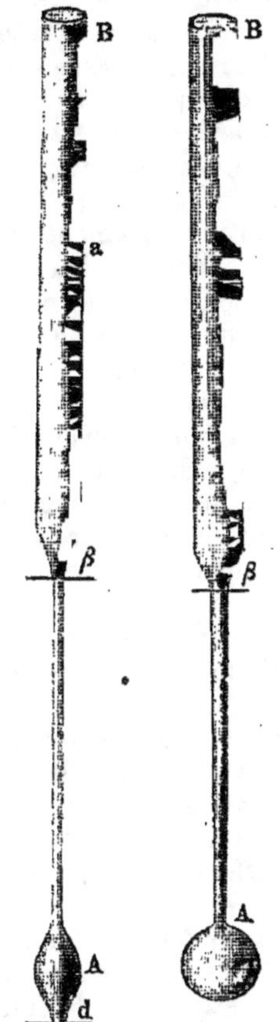

Fig. 146.

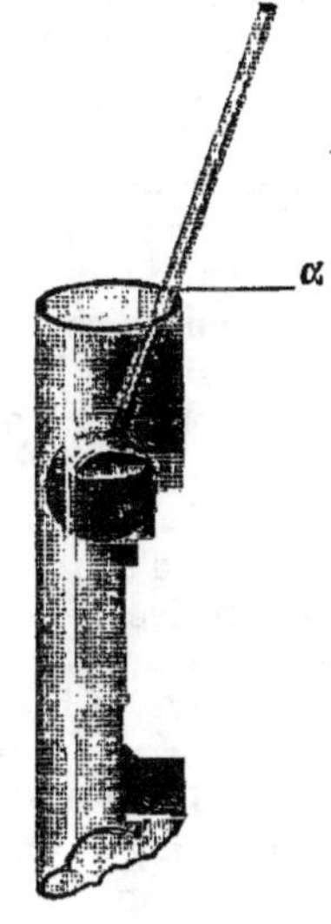

Fig. 147.

Fig. 148.

rieure du tube en la séparant du reste par un écran (et avec les matières très volatiles on prend deux écrans), on place un charbon rouge derrière le tube pour chauffer la partie effilée, afin qu'il ne s'y condense pas de vapeurs, et l'on approche du charbon incandescent de la première ampoule. La chaleur fait sortir et volatiliser le liquide dont la vapeur se brûle en passant sur l'oxyde de cuivre rouge, et le dégagement gazeux commence. On chauffe peu à peu vers la seconde ampoule et l'on a soin que l'opération marche plutôt lentement que vite. — Si l'on ne chauffe pas progressivement, mais tout d'un coup, la lessive de potasse sera immanquablement projetée hors de l'appareil. — Enfin on entoure tout le tube de charbon et l'on termine à la manière ordinaire. Si l'air qu'on aspire dans l'appareil répand l'odeur de la substance analysée, c'est que la combustion a été incomplète.

2. Avec les liquides dont le point d'ébullition est élevé et qui sont très carburés, tels que les huiles essentielles, il se dépose facilement du charbon sur le cuivre réduit qui entoure la substance; aussi, pour obvier à cet inconvénient, il vaut mieux partager la quantité de matière à analyser dans trois ampoules qu'on sépare par une couche d'oxyde de cuivre.

3. Si l'on a des liquides peu volatils, il vaut mieux vider les boules avant la combustion. Pour cela, quand le tube à combustion est plein on le réunit à la machine pneumatique, on donne un coup de piston : la bulle d'air qui se trouve dans chaque ampoule se dilate et chasse le liquide qui vient imprégner l'oxyde de cuivre environnant.

4. Si l'on craint que la combustion du charbon par l'oxyde de cuivre ne soit pas complète, crainte souvent justifiée, on achève l'opération dans un courant d'oxygène, que l'on fait dégager avec du chlorate ou du perchlorate de potasse placé d'avance à la partie postérieure du tube (§ **177**), ou bien on le fait arriver d'un gazomètre dans le tube chauffé au rouge, disposé comme il est indiqué dans la figure 145 (§ **178. 6.**).

5. Si l'on doit faire l'analyse dans l'appareil décrit au § **178**. a. (dans u courant d'oxygène en faisant usage d'une nacelle), il faut que les ampoules soient étirées en une longue pointe effilée et soient presque complètement remplies de liquide. On ferme les pointes à la lampe et l'on introduit les ampoules dans le tube à combustion sans les ouvrir. Quand les deux moitiés du tube sont portées au rouge, on approche un charbon incandescent de la première ampoule, qui est brisée par la dilatation du liquide. Quand le contenu de cette première est brûlé on opère sur la seconde, etc. — Pour les liquides très volatils, comme les éthers, il n'est pas toujours commode d'appliquer cette méthode, à cause des explosions qui peuvent arriver.

β. *Corps liquides non volatils* (par exemple, huiles grasses).

§ **181.**

Pour les brûler on procède toujours de l'une ou l'autre de ces deux manières : 1.), ou bien on fait usage de chromate de plomb ou d'oxyde de cuivre avec le chlorate et, s'il le faut, le perchlorate de potasse, ou enfin on achève dans un courant final d'oxygène suivant le § **178**. b. Ou bien, 2.) on opère avec l'appareil décrit au § **178**. a.

1. Dans le premier cas, on agit en général suivant le § **176, 177** ou § **178.** b. On pèse la substance dans un petit tube que l'on maintient avec un pied en laiton sur le plateau de la balance (*fig.* 149). Pour faire le mé-

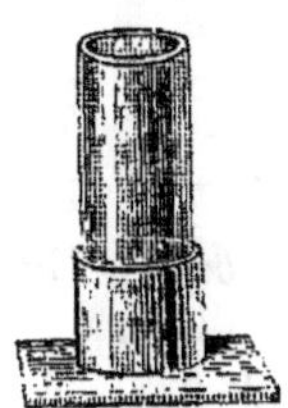

lange on introduit d'abord dans le tube à combustion, sur une longueur de 6 centimètres, de l'oxyde de cuivre mélangé de chlorate de potasse ou de chromate de plomb, on jette ensuite le petit tube avec la substance et on laisse couler toute l'huile dans le tube. En inclinant convenablement celui-ci, on fait en sorte que le liquide coule dans le tube, de façon à ne pas mouiller le premier tiers ou le premier quart antérieur et la partie de la paroi où se trouvera le canal longitudinal. On achève de remplir avec l'oxyde de cuivre ou le chromate de plomb (refroidi dans un tube ou dans un ballon), en ayant soin que le petit tube soit rempli de l'agent

Fig. 149.

oxydant : on place ensuite dans du sable chaud, afin que l'huile, devenant plus fluide, pénètre complètement l'oxyde de cuivre ; on fait le vide, si on le juge nécessaire, et l'on procède au chauffage. Il est bon de prendre un tube assez long. En général on préférera le chromate de plomb ; quand on en fera usage on aura soin, à la fin de l'opération, de chauffer assez fortement pour que tout le contenu du tube soit fondu. Si l'on a des corps gras solides ou des matières résineuses qui ne peuvent pas se pulvériser et par

conséquent pas se mélanger à la manière ordinaire, on opère comme avec les huiles grasses. Pour les peser on les place dans une petite nacelle en verre pesée, que l'on fait en coupant un tube longitudinalement (*fig.* 150), on les y fond, on pèse de nouveau et l'on fait glisser cette nacelle dans le tube déjà

Fig. 150.

rempli sur 6 centimètres de longueur avec du chromate de plomb ou de l'oxyde de cuivre mélangé de chlorate. On fait fondre la substance, qui alors se répand dans le tube comme une huile, et l'on achève comme pour ces dernières. — En employant du chromate de plomb on fera bien d'ajouter du bichromate de potasse (§ **176**).

2. S'il faut brûler des graisses ou des substances analogues au milieu d'un courant d'oxygène dans l'appareil décrit au § **178.** a., on les pèse dans une nacelle en porcelaine, en cuivre ou en platine, que l'on introduit dans le tube, et l'on remplit la partie postérieure avec de l'oxyde de cuivre, comme il est dit plus haut. Il faut conduire la combustion avec beaucoup de précautions. Lorsque l'oxyde des deux moitiés du tube a été porté au rouge, on approche un charbon incandescent de la substance. Les produits volatils de la distillation sèche de la matière brûlent aux dépens de l'oxyde de cuivre. Quand on remarque que ce dernier est réduit à la surface, on cesse de chauffer la substance et l'on ne recommence que lorsqu'on a de nouveau oxydé le cuivre dans le courant d'oxygène. A la fin on a soin de brûler dans l'oxygène tout le carbone qui reste dans la nacelle.

Appendice à A. du § **174** au § **181** inclusivement (*).

§ **182**.

Appareils modifiés.

1. *Jonction du tube à chlorure de calcium avec le tube à combustion.*

On sait que *Berzelius* ne réunissait pas, comme le faisait *Liebig*, le tube à combustion au tube à chlorure avec un bouchon, mais qu'il l'étirait en avant en une longue pointe courbée d'abord à angle obtus vers le haut, puis recourbée vers le bas et qu'il introduisait, en la maintenant avec un tube en caoutchouc, dans le tube à chlorure de calcium ayant une forme particulière. Cette disposition est fort incommode pour charger le tube. *Lœwe* (**) a dernièrement repris cette disposition, quand on fait usage d'un tube ouvert à l'extrémité postérieure. Il étire la partie antérieure en une pointe étroite, ouverte, pas trop mince, légèrement courbée qu'il fixe à l'aide d'un petit bouchon en caoutchouc, que traverse la pointe, dans la tubulure latérale de la boule d'un tube en U à chlorure de calcium. *Lœwe* recommande beaucoup ce mode de fermeture, parce que le tube, en se dilatant, serre de plus en plus le bouchon dans la tubulure, tandis qu'avec le mode ordinaire, quand le bouchon entre dans le tube à combustion, c'est l'inverse qui a lieu : le bouchon est moins serré.

Al. Mitscherlich (***) enveloppe aussi le bout étiré du tube avec un anneau en caoutchouc et l'introduit dans l'appareil à absorption de l'eau (c'est un tube rempli d'acide phosphorique anhydre).

2. *Appareils modifiés pour absorber l'eau.*

On sait que le chlorure de calcium n'est pas la substance la plus convenable pour enlever la vapeur d'eau aux gaz humides. D'après mes propres recherches (****), l'acide sulfurique concentré vaut mieux, et même il serait surpassé encore dans une certaine mesure par l'acide phosphorique anhydre (*****). Aussi bon nombre de chimistes substituent au tube à chlorure de calcium un tube à acide sulfurique. On peut prendre de petits tubes en U de la forme des figures 121, 122, 123 (page 584). On les remplit de fragments de verre ou de pierre ponce calcinée, que l'on mouille avec de l'acide sulfurique pur et concentré. *Schrœtter* (******) recommande surtout la forme de la figure 151. Les deux tubes contiennent la pierre ponce imbibée d'acide sulfurique et dans la boule il y a quelques gouttes d'acide sulfurique concentré.

Je ferai ici une observation, c'est que, si l'on emploie l'acide sulfurique pour absorber la vapeur d'eau produite par la combustion, il faut le prendre

---

(*) Les procédés de dosage direct de l'oxygène, qui se trouvaient indiqués ici dans l'édition précédente, sont traités au § **192**.
(**) *Zeitschr. f. analyt. Chem.*, IX, 218.
(***) *Analyse élémentaire avec l'oxyde de mercure.* Berlin, 1875.
(****) *Zeitschr. f. analyt. Chem.*, IV, 177.
(*****) Voir aussi *Dibbits, Zeitschr. f. analyt. Chem.*, XV, 154.
(******) *Zeitschr. f. analyt. Chem.*, VIII, 199.

aussi pour dessécher les gaz, oxygène et air, que l'on fait passer dans le tube à combustion. Si l'on desséchait le courant d'air avec du chlorure de calcium et si l'on absorbait l'eau de combustion avec de l'acide sulfurique, ou inversement, il en résulterait de légères erreurs, comme je l'ai montré (*loc. cit.*), ainsi que *Dibbits* (*loc. cit.*).

Quant à craindre, comme l'a avancé *Hlasiwetz* (*), que, dans les conditions d'une analyse organique, les appareils à absorption de la vapeur d'eau pourront arrêter de l'acide carbonique, cela n'est pas fondé. Voir mes expériences (*loc. cit.*).

On peut fort bien faire usage de tubes remplis d'acide phosphorique anhydre : *Mitscherlich* les a beaucoup recommandés dans ces derniers temps. On leur donnera la forme de la figure 152.

Le diamètre intérieur est de 15 millimètres et la longueur de 200 millimètres. On maintient l'acide phosphorique anhydre entre deux tampons d'amiante.

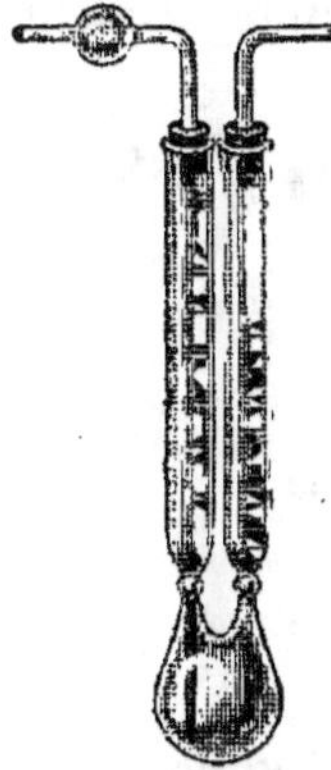

Fig. 151.

L'acide ne doit pas contenir de phosphore mélangé. Si dans une analyse

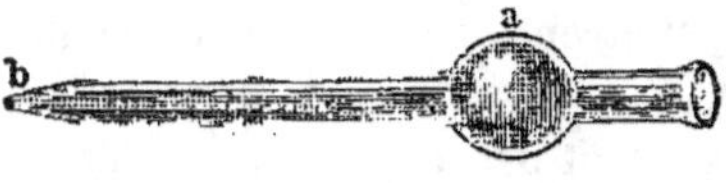

Fig. 152.

il se fait une quantité reconnaissable d'acide phosphorique aqueux et si l'on craint alors qu'il y ait possibilité qu'il ait retenu du chlore, de l'acide chlorhydrique, de l'acide carbonique, etc., il faut, pour chasser ceux-ci, chauffer à la fin le tube assez fort pour qu'en le touchant avec un papier à filtre humide, il se produise un léger bruissement. Alors dans ce cas l'eau seule aura été retenue.

Comme nous l'avons dit plus haut, on introduira le bout effilé du tube à combustion dans l'extrémité large du tube à acide phosphorique.

3. *Appareils modifiés pour absorber l'acide carbonique.*

a. L'appareil à potasse de *Liebig* a été souvent modifié. — Celui de *Geissler* (*fig.* 153) se tient seul sans support, le gaz y traverse trois fois la lessive alcaline et il est presque impossible que le liquide puisse en être projeté au dehors. Il est très facile à remplir et à vider. Pour le remplir on plonge le bout *a* dans la solution de potasse et l'on aspire par *b :* pour le vider on retourne l'appareil et l'on souffle par *a*. — Un inconvénient, c'est que la solution ne communique pas dans les trois boules ; dès lors il se fait facilement dans la première boule du bicarbonate de potasse qui peut obstruer les tubes. A cause de cela aussi il faut renouveler la solution alcaline plus souvent qu'avec le tube ordinaire de *Liebig* (*J. Lœwe* **).

La figure 154 représente l'appareil à potasse de *E. Mitscherlich*, un peu

'*) *Chem. Centralblat*, 1856, 517.
('*) *Zeitschr. f. analyt. Chem.*, VII, 224.

modifié par *Al. Mitscherlich*. Après avoir mis de *a* en *b* des fragments de
potasse caustique, puis de *b* en *c* de l'acide phosphorique anhydre maintenu

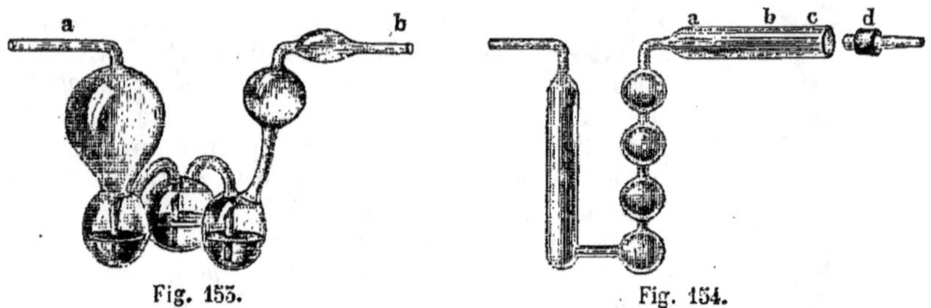

Fig. 153.   Fig. 154.

entre des tampons d'amiante, on introduit en *c* un petit bout de tube enveloppé par un anneau en caoutchouc *d*. On remplit alors l'appareil avec
la lessive de potasse, de façon que le gaz en arrivant chasse un peu de
lessive dans la boule supérieure.

De Koninck (*) a modifié l'appareil de *E. Mitscherlich* en réunissant les
boules par de petits tubes recourbés qui pénètrent de côté dans les boules.

b. G. J. Mulder (**) remplace le tube à boules par un tout autre appareil à
absorption. Au lieu de lessive de potasse il fait usage de chaux sodée. Au
tube à chlorure de calcium on adapte d'abord un petit tube en U *a* (*fig.* 155),

qui contient de petits morceaux
de verre, 6 à 10 gouttes d'acide
sulfurique concentré et en haut
de chaque branche un tampon
d'amiante. A ce petit tube on en
réunit un plus grand *b*, aussi en
U, rempli aux $\frac{7}{8}$ avec de la chaux
sodée en grains (environ 20 gram-
mes), et le 1/8 restant en haut de
la seconde branche contient du
chlorure de calcium (environ
5 grammes). On fait enfin suivre
le tube *b* d'un troisième tube en U
plus petit *c*, rempli de fragments
d'hydrate de potasse. On pèse *a*
et *b* ensemble: *c* ne sert qu'à
protéger *b* et on ne le pèse pas.

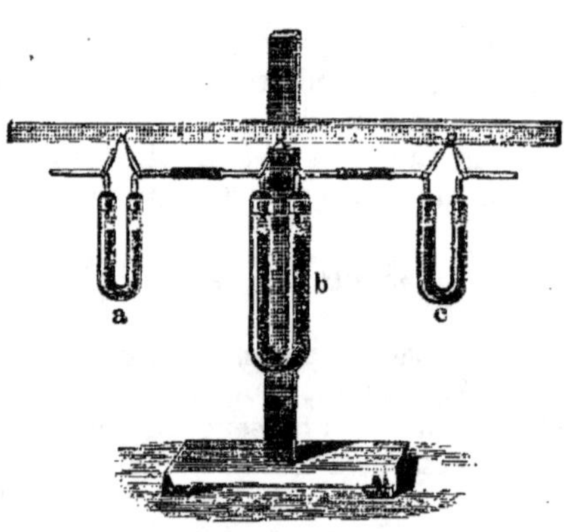

Fig. 155.

— Le tube avec l'acide sulfurique ne sert qu'à pouvoir observer la marche
du dégagement gazeux; il suffit d'y mettre juste assez d'acide sulfurique
pour intercepter la communication entre les deux branches. Dans une
bonne expérience, son poids n'augmente pas de plus d'un milligramme et
le plus souvent l'accroissement de poids ne peut pas se mesurer.

(*) *Zeitschr. f. analyt. Chem.*, IX, 481.
(**) *Zeitschr. f. analyt. Chem.*, 1, 2.

Si après chaque analyse on ferme les tubes avec de petits capuchons en caoutchouc, l'appareil peut servir plusieurs fois. — L'acide sulfurique a sur les autres liquides l'avantage de faire voir si la combustion a été ou non complète : dans le premier cas l'acide reste incolore, dans le second il se colore en brun par les carbures d'hydrogène qui se dégagent, et alors on ne doit pas compter sur de bons résultats. — L'accroissement de poids du petit tube à acide sulfurique vient de ce que l'air, desséché par le chlorure de calcium, renferme encore des traces de vapeur d'eau.

On peut très bien supprimer le petit tube à acide sulfurique et on en aura tous les avantages, en prenant pour arrêter la vapeur d'eau le tube à acide sulfurique de *Schrœtter* (*voir* p. 610, *fig.* 151).

L'absorption de l'acide carbonique par la chaux sodée est aussi rapide que complète : en faisant passer le courant gazeux dix fois plus vite que cela n'a lieu dans la marche régulière d'une analyse organique, il ne sort pas trace d'acide carbonique du tube. On peut suivre l'absorption du gaz par l'échauffement de la chaux sodée : l'eau qui pourrait se dégager de la chaux sodée est retenue par le chlorure de calcium qui remplit le haut de la seconde branche. On aura soin de garnir de cire fine tous les bouchons. — Le tube plein de chaux sodée pèse environ 40 grammes. — La première fois qu'on en fait usage, on l'emploie seul : la seconde fois qu'on voudra s'en servir, il faudra avoir la précaution de lui adjoindre un second tube, rempli comme lui et pesé à part. Rarement ce second tube change de poids, et alors on peut employer une troisième fois le premier, toujours accompagné du second tube. Si dans cette troisième opération le deuxième tube a augmenté de poids, on met le premier de côté et l'on prend le second seul pour une nouvelle analyse, etc. — Lorsque pour achever la combustion on a fait usage d'un courant d'oxygène, tout l'appareil à la fin est plein de ce gaz. Si l'on a eu soin de remplir les tubes d'oxygène pour la première pesée, on n'aura pas à la fin à chasser ce gaz par un courant d'air. En un mot, il faut que les tubes à peser soient toujours pleins du même gaz, quand on prend leur poids. — Pendant les pesées, *Mulder* ferme les extrémités des tubes avec de petits capuchons faits avec des bouts de tube en caoutchouc. Suivant *Dibbits* (*), cela est inutile.

L'appareil à absorption de *Mulder* est tout à fait convenable quand l'acide carbonique est mélangé avec un autre gaz. L'absorption est complète, il ne se perd pas trace d'eau, et l'on n'a rien à craindre d'un courant trop rapide par suite d'un dégagement subit de gaz. Si pour retenir l'eau on voulait faire usage d'un tube à acide sulfurique, il faudrait à la suite du tube à chaux sodée mettre un petit tube à acide sulfurique qu'on pèserait avec celui-ci, pour ne pas perdre les traces de vapeur d'eau qu'entraînerait le courant de gaz très desséché par l'acide sulfurique et qui traverserait ensuite la chaux sodée et le chlorure de calcium.

Au lieu de chaux sodée, *Kreusler* (**) prend de l'hydrate de baryte, qui arrête aussi complètement l'acide carbonique.

(*) *Zeitschr. f. analyt. Chem.*, XV, 157.
  Zeitschr. f. analyt. Chem., V, 216.

B. ANALYSE DES COMPOSÉS ORGANIQUES CONTENANT DU CARBONE, DE L'HYDROGÈNE, DE L'OXYGÈNE ET DE L'AZOTE.

Le principe général des analyses de ces composés est le suivant : dans *une première portion* de la substance on dose le carbone et l'hydrogène sous forme d'acide carbonique et d'eau ; — dans *une seconde portion* on dose l'azote soit à l'état gazeux, soit sous forme de sel double de platine et d'ammoniaque, soit par neutralisation de l'ammoniaque produite par l'azote : on détermine l'oxygène par différence.

Comme l'azote a une certaine influence sur le dosage du carbone et de l'hydrogène, nous ne nous contenterons pas d'indiquer ici la manière de mesurer l'azote, mais nous considérerons aussi les modifications rendues nécessaires dans le dosage du carbone et de l'hydrogène par la présence de l'azote.

a. Dosage du carbone et de l'hydrogène dans les matières organiques azotées.

§ 183.

1. Lorsqu'on chauffe au rouge des substances organiques azotées avec du bioxyde de cuivre, il se dégage avec l'acide carbonique et la vapeur d'eau une portion de l'azote à l'état gazeux ; une autre portion très-faible en général, mais qui cependant est assez notable avec les composés très riches en oxygène, passe à l'état de bioxyde d'azote qui, au contact de l'air des appareils, se change en tout ou en partie en acides nitreux. Si donc, avec les substances azotées, on opérait tout simplement d'après les méthodes indiquées plus haut (§§ 174 et suiv.) sans aucune modification, on obtiendrait des nombres trop forts pour le carbone, parce que la potasse absorberait non seulement l'acide carbonique, mais encore les acides nitreux formés et une portion du bioxyde d'azote (qui peu à peu se transforme, au contact de la potasse, en protoxyde d'azote et acide azoteux). On évite cet inconvénient d'abord en faisant le mélange bien intime, en chauffant lentement, et quand c'est possible, en ne faisant pas usage du chromate de plomb soit seul, soit mélangé au bichromate ou au chlorate de potasse (car avec ces comburants et une élévation rapide de température, le dégagement d'oxyde d'azote est bien plus abondant qu'avec l'oxyde de cuivre et un chauffage lent et modéré) : ensuite on a la précaution de prendre un tube à combustion de 12 à 15 centimètres plus long, qu'on prépare d'abord comme à l'ordinaire, mais qu'on achève de remplir sur une longueur de 9 à 12 centimètres avec de la tournure de cuivre fine et bien décapée (§ 66. 5.). (On ne peut pas remplacer la tournure de cuivre par du cuivre pulvérulent obtenu en réduisant l'oxyde par l'hydrogène, parce que cette poudre métallique retient l'hydrogène avec force et par suite décompose une portion notable d'acide carbonique en oxyde de carbone et oxygène. (*Schrœtter, Lautemann, Journ f. prackt. Chem.*, LXVII, 316.) Pendant l'expérience on chauffe d'abord cette portion au rouge et on l'y maintient pendant toute la durée de l'ana-

lyse. Les méthodes ordinaires restent d'ailleurs telles que nous les avons décrites, pour toutes les autres parties du travail. — L'effet du cuivre est de décomposer tous les composés oxygénés de l'azote en oxygène auquel il s'unit et en gaz azote pur. Cette décomposition n'étant produite que par le cuivre fortement chauffé au rouge dans un courant lent de gaz, il faut avoir soin de maintenir constamment la partie antérieure du tube au rouge vif et ne pas conduire l'opération trop rapidement (*). — Comme le cuivre métallique récemment réduit retient de l'hydrogène et que celui que l'on conserve quelque temps absorbe de la vapeur d'eau, il faut l'introduire chaud dans le tube à combustion (à la température d'une étuve à 100°). *Liebig* conseille de donner à la tournure de cuivre la forme de cylindres en la comprimant un peu dans un tube; on peut, de cette façon, l'introduire et la retirer facilement et rapidement du tube à combustion. Les spirales en toile métallique à fil de cuivre sont bien plus commodes.

2. Si les matières azotées doivent être brûlées dans l'appareil décrit au § **178**. *a.*, il faut des tubes d'environ 80 centimètres de longueur. A la partie antérieure on mettra de même une couche de 15 à 18 centimètres de tournure de cuivre ou une spirale de même longueur en toile métallique. Il faut avoir soin que la moitié antérieure au moins de cette couche reste non oxydée, pendant qu'on chauffe au rouge dans le courant d'air, et même aussi quand on opère la combustion. — Quand l'opération est terminée, on ferme le robinet à oxygène aussitôt qu'on voit commencer l'oxydation de la couche de cuivre métallique et l'on ouvre un peu le robinet du gazomètre à air pour que le refroidissement se fasse dans un courant d'air bien lent.

3. Comme le cuivre métallique est oxydé presque après chaque analyse et qu'il faut alors le réduire de nouveau, *Steins* (**) le remplace par de l'argent (des copeaux d'argent fin), qui a en outre l'avantage d'arrêter le chlore, s'il s'en dégageait quelque peu. Suivant les expériences de *Calberla* l'argent au rouge vif décompose complètement le bioxyde d'azote, sans avoir la moindre action sur l'acide carbonique.

b. Dosage de l'azote dans les composés organiques.

Comme nous l'avons déjà dit, il y a deux procédés essentiellement différents. Suivant l'un, on élimine l'azote à l'état gazeux et pur et l'on mesure son volume; — suivant l'autre, on le change en ammoniaque, que l'on dose soit à l'état de sel double de platine, soit en la neutralisant.

α. Dosage de l'azote en volume.

Toutes les méthodes qu'on a proposées pour atteindre ce but peuvent se ramener à deux. Dans les unes on recueille tout le gaz azote qui provient de la décomposition d'une portion pesée de la matière; — dans les autres on

---

(*) Voir les expériences de *Thorp* (*Journ. of the Chem. Soc.*, série 2, vol. IV, p. 359. — *Chem. Centralbl.*, 1867, 205. — *Zeitschr. f. analyt. Chem.*, V, 413).

(**) *Zeitschr. f. analyt. Chem.*, VIII. 83.

détermine seulement le rapport entre l'acide carbonique et l'azote mélangés
qui se dégagent et l'on en conclut la quantité d'azote, ce qui nécessite la
connaissance de la quantité réelle de carbone. Les méthodes fondées sur le
premier principe peuvent s'appeler *méthodes absolues* ou *quantitatives* et les
autres *méthodes relatives* ou *qualitatives*. Je choisirai dans chaque groupe les
procédés les plus commodes et qui donnent les meilleurs résultats.

1. Dosage relatif de l'azote en volume.

§ 184.

aa. D'après *Liebig* (*).

On ne peut appliquer cette méthode qu'aux substances qui ne renferment pas trop peu d'azote comparativement à la proportion de carbone. Il
faut avoir 6 à 8 tubes en verre fort, exactement gradués, ayant 50 centimètres de longueur et 15 millimètres de diamètre, et en outre une éprouvette
assez haute, élargie à la partie supérieure (*voir* plus loin la *fig.* 157).

On prend un tube à combustion de 60 centimètres de longueur, fermé à
un bout, on y introduit une couche d'oxyde de cuivre de 6 centimètres ; on
prend environ $0^{gr},500$ de la substance réduite en poudre très fine, mais il
n'est pas nécessaire d'avoir ce poids exactement, et l'on mélange intimement
avec une quantité d'oxyde de cuivre suffisante pour remplir le tube jusqu'à
la moitié : on introduit le mélange dans le tube, par-dessus on verse une
couche d'oxyde de cuivre pur, puis enfin on achève avec de la tournure de
cuivre de façon qu'il y en ait au moins une longueur de 12 centimètres. On
adapte le tube à dégagement et l'on pose le tube à combustion dans le fourneau ; on enveloppe la partie antérieure avec des charbons incandescents,
en protégeant avec un écran la partie où se trouve la substance : on chauffe
peu à peu vers le mélange en reculant chaque fois l'écran de 5 centimètres.
Lorsqu'on a brûlé à peu près le quart de la matière et que par les produits
de la combustion on a ainsi expulsé tout l'air atmosphérique de l'appareil,
on place au-dessus de l'orifice du tube à dégagement plongé sous le mercure
un des tubes gradués complètement plein de mercure (**) ; on le remplit
aux 3/4 de gaz, on l'enlève en laissant échapper le mercure et l'on regarde
dans le tube suivant sa longueur. Si l'on n'y reconnaît pas de coloration rouge,
on peut être certain que le gaz n'est pas mélangé de la moindre trace de bioxyde
d'azote. (Il faut répéter cet essai au milieu et vers la fin de l'opération, si
l'on veut avoir la certitude qu'il n'y a pas de bioxyde d'azote dans tous les
tubes.) Après cet essai préliminaire, on remplit les tubes gradués les uns
après les autres (*fig.* 156), en conduisant la combustion lentement et régulièrement. Il faut avoir un appareil qui permette de supporter à la fois 6 à 8

(*) *Analyse des matières organiques*, 2ᵉ édit., p. 66.
(**) Pour remplir un tube avec du mercure de façon qu'il ne reste pas de bulles d'air,
on verse le liquide avec un entonnoir dont le tube plonge jusqu'au fond de l'éprouvette,
on laisse un petit espace vide, on ferme avec le pouce, on retourne doucement, de façon
à ramasser avec la grosse bulle d'air les petites, qui adhèrent encore aux parois, puis on
achève de remplir le vide.

tubes (*), ou bien il faut faire tenir les tubes pleins par un aide. On marque l'ordre suivant lequel le remplissage s'est fait. — Pendant toute l'opération

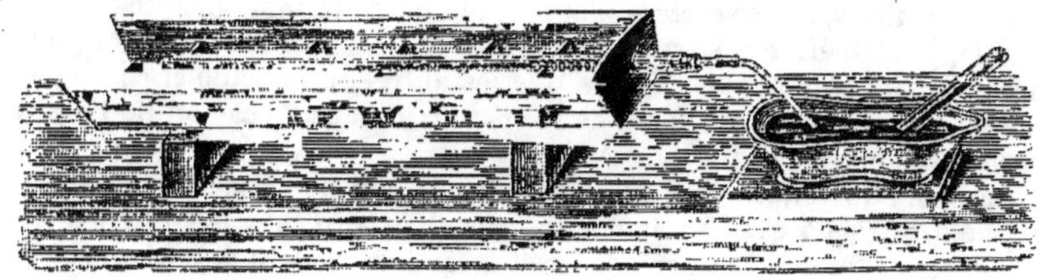

Fig. 156.

on maintiendra au rouge vif la partie antérieure du tube à combustion.

Lorsque tous les tubes sont pleins, on mesure le volume du gaz dans chacun. On plonge d'abord complétement le tube dans une éprouvette rem-plie de mercure (*fig.* 157), afin que la température soit bien uniforme et égale à celle du mercure : on soulève le tube de façon que le niveau soit le même à l'intérieur et à l'extérieur, on fait la lecture (§ **13**) et on note le volume. Ensuite, au moyen de la pipette (*fig.* 158) presque pleine de potasse, on fait arriver un peu de l'alcali dans le tube; on favorise l'absorption de l'acide carbonique en agitant l'éprouvette de haut en bas, mais en maintenant toujours l'ouverture sous le mercure et en l'appuyant contre la paroi de l'éprouvette : on plonge le tube de nouveau dans le mercure pour redonner au gaz une température connue, on amène le niveau intérieur à être le même que le niveau extérieur et l'on fait la lecture. — (On peut négliger la pression produite par la petite couche de lessive

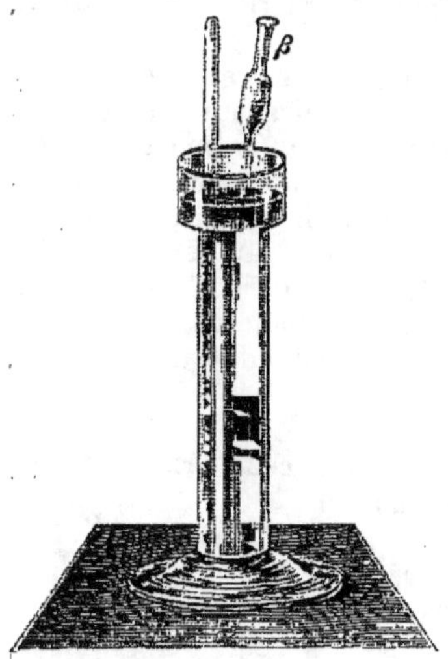

Fig. 157.

Fig. 158.

alcaline.) En retranchant du volume primitif (azote + acide carbonique) le second volume (azote), on a le volume d'acide carbonique. — Quand on a ainsi analysé le contenu de l'un des tubes, on lave le mercure avec un peu d'eau acidulée avec de l'acide chlorhydrique, puis avec de l'eau pure, on essuie avec du papier à filtre et l'on passe au deuxième tube. — En général on trouve que les résultats obtenus avec les différentes éprouvettes sont assez concordants; cependant il arrive parfois que les nombres, fournis par les divers tubes, diffèrent d'une façon qui n'est pas négligeable, sur-

(*) Un appareil de cette façon est décrit et figuré dans « le Laboratoire chimique de Giessen » par *J. P. Hoffmann*. Heidelberg, 1842.

tout quand la matière azotée se décompose avant la combustion complète en produits volatils différents. En général on prend la moyenne arithmétique des résultats, qui s'écartera d'autant moins de chaque analyse gazeuse partielle que l'opération sera meilleure. — Toutefois, si les premiers tubes fournissent beaucoup plus d'azote que les autres, cela semblera indiquer que tout l'air n'était pas chassé de l'appareil, et dans ce cas on ne tiendra pas compte de ces premiers mélanges gazeux.

Le rapport du volume d'acide carbonique à celui de l'azote donne immédiatement, et sans qu'il y ait d'autre calcul à faire, le rapport entre les équivalents du carbone et ceux de l'azote ; car 1 équivalent de carbone brûle avec 2 équivalents d'oxygène pour donner 2 volumes d'acide carbonique, et 1 équivalent d'azote donne également 2 volumes de gaz azote.

Supposons que le volume d'acide carbonique soit au volume d'azote comme 4 : 1, c'est que la combinaison renferme, pour 4 équivalents de carbone $= 4 \times 6 = 24$, un équivalent d'azote $= 14$. Donc si sur 100 parties nous avons trouvé 26 parties de carbone, le composé renferme 15,17 d'azote, car on a la proportion : $24 : 14 = 26 : x$; $x = 15,17$.

Comme dans ce procédé l'air n'est jamais complétement expulsé du tube à combustion, il y a là une cause d'erreur infaillible qui a pour effet de donner une proportion d'azote toujours un peu trop forte. Cependant, quand la quantité d'azote est un peu considérable, on ne saurait avoir de doute sur le véritable rapport : si l'on trouvait, par exemple, la proportion de 1 à 4,1, on verrait de suite que le résultat exact serait 1 : 4. Toutefois avec des matières peu azotées les résultats seraient fort douteux et l'expérience a démontré que la méthode ne peut plus s'appliquer quand la matière renferme moins de 1 équivalent d'azote pour 8 équivalents de carbone.

bb. Suivant *Bunsen* (*).

Cette méthode donne des résultats plus exacts que celle décrite en aa., mais elle demande plus de temps et exige plus de peine et plus d'adresse.

On étire d'abord à un bout un tube en verre fort, difficilement fusible, de 38 centimètres de longueur et 2 centimètres de diamètre, et cela comme l'indique la figure 159, A : puis on ramasse le verre en *a* ainsi que le montre la même figure B. Cette dernière manipulation est nécessaire pour donner au verre la force suffisante pour résister à la pression qui agira de dedans en dehors. En général la portion étirée doit conserver une épaisseur aussi forte que possible.

Le tube étant parfaitement nettoyé, on y introduit un mélange intime d'environ 5 grammes d'oxyde de cuivre poreux, calciné, avec 3 à 6 centigrammes de la matière à analyser (il n'est pas nécessaire de peser

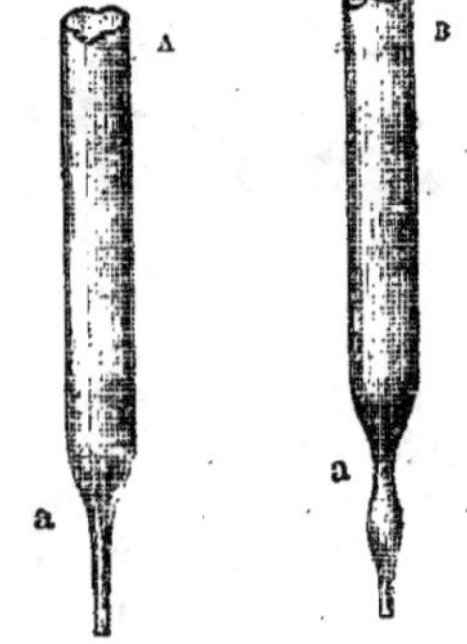

Fig. 159.

(*) Voir l'article de *Kolbe* dans le *Dictionnaire de chimie*, supplément de la première édition.

exactement), et l'on ajoute une petite quantité de tournure de cuivre pur. On étire ensuite l'autre bout du tube comme plus haut à 17 ou 20 centimètres de la première extrémité. — Pour les corps liquides volatils, on les enfermera dans un tube capillaire fermé à un bout ou aux deux extrémités.

Cela fait, on réunit le tube, comme le représente la figure 160, d'une part avec le ballon B à moitié rempli d'acide sulfurique destiné à dessécher l'hy-

Fig. 160.

drogène qui se dégage du flacon A, d'autre part avec une pompe pneumatique, dont le robinet p est ouvert.

Lorsqu'on est certain que l'hydrogène (qui sort par p) a traversé l'appareil assez longtemps pour chasser tout l'air, on tourne le robinet p, on ferme en c avec une pince, on élève rapidement le piston de la pompe et on ferme aussitôt le robinet s. L'hydrogène se trouve ainsi raréfié dans le tube et on peut, sans craindre de boursouflures, fondre le verre au chalumeau en d. On fait alors le vide autant que possible et l'on ferme également en b en fondant le verre.

Si l'on chauffait au rouge le tube ainsi préparé, sans prendre plus de précaution, il arriverait infailliblement qu'il se soufflerait et pourrait s'ouvrir par l'effet de la pression interne; on évite cet inconvénient en l'enfermant dans une enveloppe (*fig.* 161) faite en forte tôle.

Les deux moitiés s'adaptent exactement l'une sur l'autre et forment un espace cylindrique creux de 30 centimètres de longueur et 5 à 6 centimètres de diamètre. On les remplit toutes deux d'une bouillie de plâtre fraîchement gâché avec une poignée de poil de vache; on applique le tube à combustion dans le milieu d'une des demi-enveloppes, on le recouvre avec l'autre, aussitôt que le plâtre commence à se solidifier, et l'on maintient fermé avec de petites chevilles (*fig.* 162). La paroi latérale de chaque partie

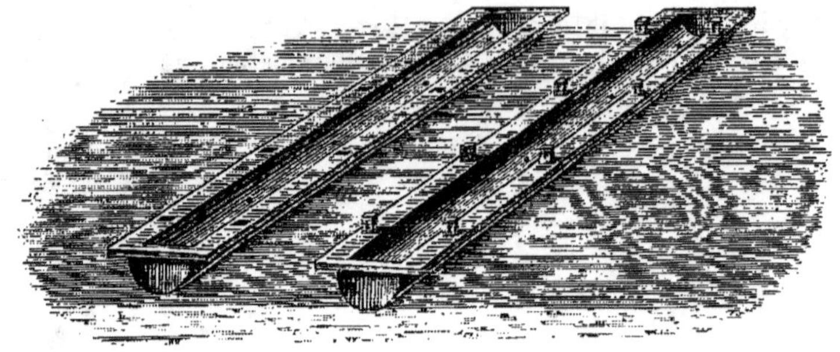

Fig. 161.

de l'enveloppe est percée de 10 à 12 trous pour livrer passage à la vapeur d'eau.

Lorsque le plâtre est complètement solidifié, on chauffe lentement la forme au rouge sombre dans un fourneau convenable. Quand on ne sent plus

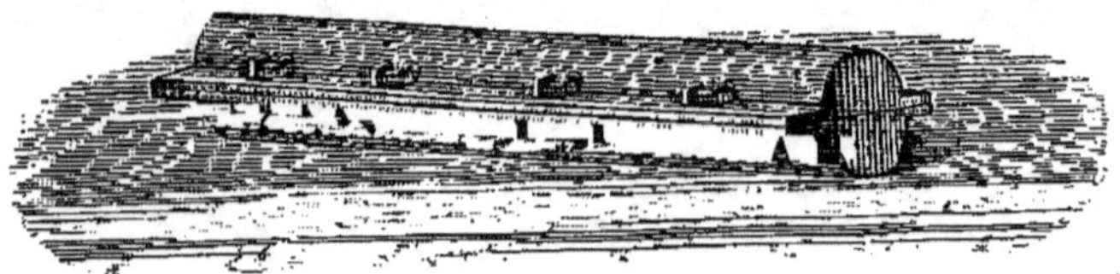

Fig. 162.

l'odeur des poils brûlés et que la forme entourée de charbon est complètement rouge, on couvre les charbons de cendres et l'on chauffe encore au rouge de cette façon pendant une demi-heure. Après refroidissement, on retire le tube avec précaution : il doit être mat et non transparent, avoir une surface bulbeuse, en un mot, présenter des signes certains qu'il a été ramolli. On casse une des pointes sous le mercure, de façon que le contenu gazeux passe dans un tube gradué rempli de mercure et dans lequel on a eu la précaution de déposer une goutte d'eau (§ **16**). Celle-ci aura pour effet de saturer de vapeur d'eau le gaz qui est déjà humide par lui-même. Il n'est pas nécessaire de faire arriver tout le gaz dans le tube gradué ; toutefois, plus le volume sera grand, et mieux ce sera.

On observe le baromètre, le thermomètre, le niveau du mercure ; on fait passer dans l'éprouvette une boule humide de potasse fixée à un fil de fer ou de platine, pour absorber l'acide carbonique. Après avoir desséché le gaz azote restant, en substituant à la première boule de potasse une autre boule de la même substance, mais non humide, on mesure le volume du gaz. En réduisant enfin les deux volumes à la même température, à la même pression et à l'état sec, on obtient le rapport des volumes d'acide carbonique et d'azote, et par suite celui des équivalents de carbone et d'azote dans la substance.

cc. Suivant *Marchand* (*), avec les modifications de *Gottlieb* (**).

On étire une des extrémités du tube à combustion, que l'on prend assez long ; on y introduit d'abord un tampon d'asbeste, puis le mélange de $0^{gr},1$ à $0^{gr},12$ de la substance avec beaucoup d'oxyde de cuivre, ensuite 6 centimètres d'oxyde de cuivre pur, 12 à 14 centimètres de tournure de cuivre, et enfin 6 centimètres de chlorure de calcium fondu en poudre grossière. A l'autre bout du tube on adapte un tube à dégagement coudé à angle droit, dont la branche verticale a environ 80 centimètres de longueur, et pendant 2 heures on fait passer dans l'appareil un courant d'hydrogène sec ; vers la fin, on plonge l'ouverture du tube à dégagement dans le mercure d'une cuve. On fond alors l'extrémité effilée du tube à combustion, on chauffe l'oxyde de cuivre pur (dont l'oxygène brûle l'hydrogène en produisant le vide dans l'appareil), on place l'éprouvette graduée remplie de mercure au-dessus de l'ouverture du tube à dégagement, et l'on procède à la combustion de la matière organique. On recueille 90 à 100 C.C. de gaz dont la moitié sert à l'analyse et le reste à essayer s'il n'y aurait pas de bioxyde d'azote. Les résultats donnés par *Gottlieb* ne laissent rien à désirer (***).

dd. *Simpson* (****) a proposé une quatrième méthode : la combustion se fait avec un mélange d'oxyde de cuivre et de bioxyde de mercure.

2. Dosage absolu de l'azote en volume.

§ 185.

aa. Suivant *Dumas*.

On peut l'appliquer à toutes les matières azotées. — Il faut avoir une éprouvette graduée de 250 C.C. à bords rodés, pour qu'on puisse la fermer avec un verre dépoli.

Dans le tube à combustion, qui doit avoir 70 à 80 centimètres de longueur et est fermé à un bout sans être effilé, on introduit d'abord une couche de 12 à 15 centimètres de bicarbonate de soude pur et sec, puis 4 centimètres d'oxyde de cuivre, et par-dessus le mélange intime d'oxyde de cuivre et de la substance pesée ($0^{gr},500$ à $0^{gr},600$ ou plus encore pour les matières pauvres en azote) ; par-dessus on verse l'oxyde qui a servi à nettoyer le petit mortier et une couche d'oxyde pur, enfin une colonne d'environ 15 centimètres de tournure de cuivre (*****). Après avoir formé un petit

---

(*) *Journ. f prackt. Chem.*, XLI, 177.
(**) *Ann. d. Chem. u. Pharm.*, LXXVIII, 241.
(***) C'est sur le même principe que repose le moyen indiqué par *Heintz* (*Journ. f. prakt. Chem.*, LV, 229) pour le dosage absolu de l'azote.
(****) *Ann. d. Chem. u. Pharm.*, XCV, 64.
(*****) *Melsens* emploie des tubes de $1^{m},1$ à $1^{m},25$, qu'il remplit ainsi : bicarbonate de

canal le long de la partie supérieure du tube, en le frappant à plat sur la
table, on le réunit au tube abducteur *cf* (*fig.* 163), on le place dans le fourneau et l'on chauffe lentement au rouge la partie postérieure (sur une longueur d'environ 6 centimètres) en garantissant avec des écrans les autres
portions du tube. Le bicarbonate de soude est décomposé; l'acide carbonique qui se dégage chasse l'air de l'appareil. Quand le dégagement gazeux
a duré un certain temps, on plonge l'extrémité ouverte du tube à dégagement sous le mercure et sous un tube à essai rempli de lessive de potasse,

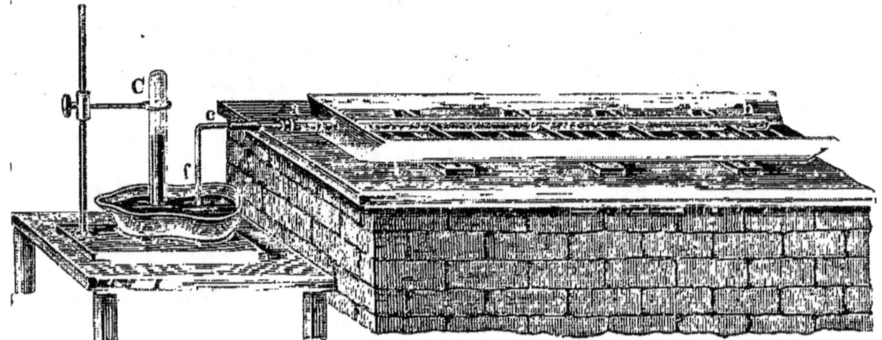

Fig. 103.

puis on avance un peu le charbon. Si les bulles de gaz sont complètement
absorbées, c'est que tout l'air a été chassé, et l'on procède alors à la combustion ; dans le cas contraire, il faut continuer le dégagement d'acide carbonique jusqu'à ce qu'on arrive à l'absorption complète du gaz. — On fait
rendre le gaz provenant de la décomposition dans l'éprouvette graduée remplie aux 2/5 de mercure, et pour l'autre tiers avec une lessive concentrée de
potasse et qu'on a retournée sur la petite cuve à mercure au moyen de la
lame de verre (*). On chauffe comme dans une combustion ordinaire : d'a-
bord on porte au rouge la partie antérieure, puis on avance peu à peu les
charbons vers l'autre extrémité. A la fin on décompose le reste du bicarbonate de soude, pour chasser dans l'éprouvette avec l'acide carbonique tout
le gaz azote qui remplit l'appareil. On attend que le volume du gaz ne diminue plus, même quand on agite l'éprouvette, et l'on transporte celle-ci, en

soude, 10 cm. ; oxyde de cuivre en grains, 30 cm.; substance mélangée d'abord avec de
l'oxyde en poudre, puis avec de l'oxyde en grains. 30 cm.; oxyde en grains, 30 cm.; cuivre
métallique, 20 cm. — *Stromeyer* recommande d'ajouter du carbonate de soude à l'oxyde
de cuivre, pour s'opposer à la formation de composés oxygénés de l'azote (*Ann. d. Chem.
u. Pharm.*, CXVII, 250).

(*) Voici comment on fera pour remplir et transporter l'éprouvette. On y verse d'abord
le mercure, on enlève les bulles d'air adhérentes aux parois à la manière ordinaire, on
verse la lessive de potasse jusqu'à quelques millimètres du bord, on achève de remplir
avec de l'eau pure, de façon qu'elle déborde, on glisse sur les bords rodés la lame de
verre dépoli, on retourne, on plonge l'ouverture sous le mercure et on retire l'obturateur. De cette façon l'opération est facile, la lessive ne touche pas les mains. — Voir la
note 29.

la fermant au moyen d'une petite capsule en porcelaine pleine de mercure, dans un vase en verre large, élevé et plein d'eau. Il est plus commode de faire usage d'une petite capsule en fer à laquelle on a rivé (et non pas soudé) deux lames opposées en fer, comme le montre la figure 164 (*). Le mercure et la potasse tombent au fond et sont remplacés par de l'eau. On plonge l'éprouvette dans l'eau, on rétablit le niveau intérieur sur le même plan horizontal que le niveau extérieur, on mesure le volume, on note la température, la pression, et l'on calcule le volume d'azote à 0°, à la pression normale de 760 millimètres, en tenant compte de la vapeur d'eau ; enfin on en déduit le poids (*voir* Calcul des analyses) (**). — Les résultats sont en général un peu trop forts, environ de 0,2 à 0,5 pour 100 ; ce qui tient à ce que le courant d'acide carbonique même prolongé n'enlève pas tout l'air qui reste adhérent à l'oxyde de cuivre, et à ce que l'azote est souvent mélangé avec une petite quantité de bioxyde d'azote (*voir* plus bas).

Fig. 164.

Il est bon, avant de procéder à des analyses véritables, d'essayer la méthode en employant les mêmes matériaux et une substance non azotée, par exemple du sucre ; on connaîtra, de cette façon, la grandeur de l'erreur d'une façon approchée. On ne doit pas avoir dans ce cas plus de 1 à 1 1/2 C.C. de gaz non absorbable.

Avec les substances difficilement combustibles, *Strecker* (***) conseille d'ajouter de l'acide arsénieux en poudre fine à l'oxyde de cuivre destiné à faire le mélange. Le premeir se transforme en vapeurs et brûle tout le charbon, comme ferait un courant d'oxygène. De l'acide arsénieux se sublime à la partie antérieure du tube et il s'y forme de l'arséniure de cuivre.

Cette méthode a été aussi modifiée de bien des façons.

Thudichum et *Vanklym* (****) produisent le courant d'acide carbonique avec un mélange intime pulvérulent de 5 parties de carbonate anhydre de soude et 13 parties de bichromate de potasse fondu. — Il a l'avantage de ne pas donner d'eau. Ils regardent en outre comme nécessaire de suivre la recommandation de *Franckland* (*****) et de mesurer le bioxyde d'azote presque toujours mélangé à l'azote en petite quantité. Pour cela, on mesure d'abord le volume du gaz, puis on y fait arriver un peu d'oxygène, et l'on mesure avec le pyrogallate de potasse l'excès d'oxygène non employé à l'oxydation du bioxyde d'azote. Ce dernier gaz est donné par la différence du volume, et le reste est de l'azote pur. Un volume de bioxyde renferme un demi-volume d'azote. Enfin les mêmes chimistes préfèrent mesurer les gaz sur le mercure plutôt que sur l'eau, qui renferme toujours de l'air dissous.

(*) *Reichhardt, Zeitschr. f. analyt. Chem.*, V, 37.
(**) *Brown* a publié dans le *Zeitschr. f. analyt. Chem.*, IV, 450, des tables qui abrègent la transformation des volumes en poids.
(***) *Dictionn. de Chimie*, 2e édit., I, 879.
(****) *Journ. of the Chem. Soc.*, 2e sér., VII, 293. — *Zeitschr. f. analyt. Chem.*, IX, 270
(*****) *Philos. Transact.*, CXLVII, 62. — *Zeitschr. f. analyt. Chem.*, VIII, 490.

L. Kessler (*) conseille de recevoir d'abord les gaz dans un sac en caoutchouc désulfuré contenant une lessive de potasse, puis de les faire passer de là dans les tubes gradués.

Au lieu de dégager l'acide carbonique dans le tube même à combustion, on peut produire le courant avec du gaz préparé dans un appareil à part. Le tube à combustion sera alors ouvert à la partie postérieure, à laquelle on adaptera un tube pouvant se fermer avec un robinet en verre ou une pince de *Mohr*. Entre ce tube et celui à combustion, on intercalera une fermeture à mercure comme celle de la figure 144, page 603. L'appareil à acide carbonique doit être disposé de façon qu'on puisse, sans interrompre le dégagement du gaz, fermer le robinet, et en outre fournir le gaz pur et sec sous une pression qui lui permette de surmonter la contre-pression du mercure à l'autre bout de l'appareil.

bb. Suivant *Simpson* (**).

Le principe de cette méthode est le même que celui du procédé de *Dumas*; il n'y a de différence caractéristique que dans la mise en pratique : on peut l'appliquer à toutes les matières azotées, et les résultats sont exacts même avec les substances difficilement combustibles. L'acide carbonique qui doit expulser l'air de l'appareil provient du carbonate de manganèse ; — la combustion se fait aux dépens de l'oxyde de cuivre mélangé de bioxyde de mercure ; — l'oxygène gazeux libre est arrêté par le cuivre chauffé au rouge ; — on recueille le mélange gazeux dans un appareil particulier, on absorbe l'acide carbonique avec une lessive de potasse et l'on fait passer l'azote dans un tube gradué pour connaître son volume. La mesure se fait sur le mercure.

On choisit un fort tube à combustion de 80 centimètres de longueur et on le ferme à un bout. On y introduit d'abord un mélange de 12 grammes de carbonate de manganèse séché à 100° et 2 grammes de bioxyde de mercure. (L'addition de ce dernier empêche la formation possible d'oxyde de carbone, par suite d'un peu de matière organique qui pourrait se trouver dans le sel de manganèse). A environ 2 centimètres du mélange on pousse un tampon d'asbeste récemment calciné et de telle façon que lorsque le tube sera horizontal il y ait un canal suffisamment large : par-dessus on verse 1 gramme d'oxyde de mercure. On mêle la substance exactement pesée (de $0^{gr},5$ à $0^{gr},6$) avec 45 fois son poids d'un mélange de 4 parties d'oxyde de cuivre récemment calciné et 6 parties de bioxyde de mercure, qu'on a préparé d'avance et desséché, puis on verse sans perte le tout dans le tube. On lave le mortier avec de l'oxyde de cuivre pur et un peu du mélange des oxydes, que l'on introduit dans le tube à combustion. On enfonce un nouveau tampon d'asbeste, qui sera à 30 centimètres du premier ; le mélange ne doit pas former une couche trop épaisse : il faut y faire attention et avoir soin aussi de profiter du deuxième bouchon d'amiante, pour repousser toutes les parcelles du mélange qui auraient pu rester adhérentes à la paroi

(*) *Compt. rend.*, LXXIV, 683.
(**) *Ann. der Chem. und Pharm.*, XCV, 74.

antérieure du tube. On ajoute de 6 à 9 centimètres d'oxyde de cuivre pur, puis un nouveau tampon d'asbeste et 20 à 24 centimètres de cuivre métallique (préparé en réduisant par l'hydrogène à une température relativement basse de l'oxyde de cuivre grenu) (*). On étire maintenant le tube en avant et on le réunit à l'aide d'un tube en caoutchouc avec un tube à dégagement, recourbé à angle droit et plongeant dans une cuve à mercure.

Après avoir formé le canal longitudinal, on pose le tube dans le fourneau et l'on prépare l'appareil destiné à recueillir le mélange gazeux. Il est représenté dans la figure 165. Il est en verre fort et a une capacité de 200 C.C.; la partie supérieure a 7 ou 8 millimètres de diamètre extérieur. On enfonce le tube supérieur dans un bout de tube épais en caoutchouc vulcanisé de 5 centimètres de long, de façon que celui-ci dépasse de 3 centimètres, on lie fortement avec du cordonnet de soie, on enfonce dans le tube en caoutchouc, jusqu'à la rencontre avec le tube en verre, un morceau de 15 millimètres d'une baguette en verre massive de même diamètre que l'intérieur du tube en caoutchouc et dont les extrémités sont coupées bien nettes, et enfin on adapte au bout un tube à dégagement à diamètre intérieur très petit et ayant la même dimension extérieure que le bout de la baguette en verre. Ce tube à dégagement étant lui-même bien serré contre le caoutchouc

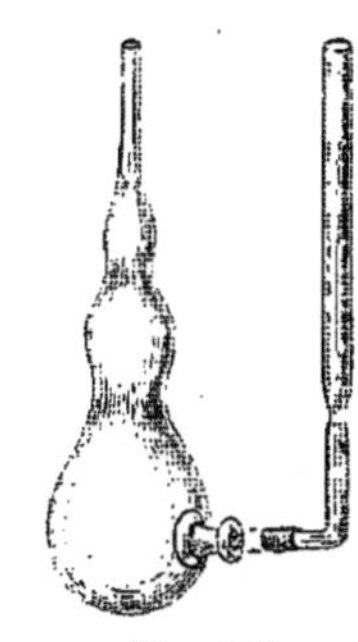

Fig. 165.

avec un fil de soie, on ficelle également la portion occupée intérieurement par la baguette en verre, de façon à avoir une fermeture bien hermétique. Pour s'assurer qu'il n'y a pas de fuite, on remplit l'appareil à moitié de mercure, on le maintient sur la cuve et l'on examine si le niveau reste constant. S'il en est ainsi, on remplit tout le vase avec du mercure et 16 à 17 C.C. de lessive concentrée de potasse, on le retourne dans la cuve et on le fixe comme l'indique la figure 166.

On chauffe la moitié postérieure du carbonate de manganèse avec quelques charbons (**) en protégeant le reste avec un écran; lorsqu'au bout de quelques minutes l'acide carbonique a chassé l'air de l'appareil, on enlève les charbons et l'on chauffe au rouge peu à peu la partie du carbonate de manganèse voisine de l'écran, et en même temps le cuivre et l'oxyde de cuivre de la partie antérieure : pendant ce temps on protège toujours le mélange avec des écrans. Quand le dégagement d'acide carbonique cesse, on introduit l'extrémité du tube à dégagement, qui depuis le commencement plongeait sous le mercure, dans la tubulure inférieure de l'appareil, sans les retirer de dessous la surface du liquide de la cuve, et l'on chauffe lentement le mélange en allant d'avant en arrière. Pendant toute la combustion il ne faut pas seulement maintenir au rouge la partie antérieure du tube, mais encore celle qui renferme le sel de manganèse déjà épuisé.

Quand la combustion est achevée, on décompose le sel de manganèse derrière l'écran, et par l'acide carbonique on chasse tout le gaz azote dans
l'appareil. On enlève le tube abducteur aussitôt que toutes les bulles sont
complètement absorbées par la potasse.

Il faut maintenant faire passer le gaz dans le tube gradué. Pour cela,
sous le mercure on fixe solidement, à l'aide d'un bouchon, dans la tubulure

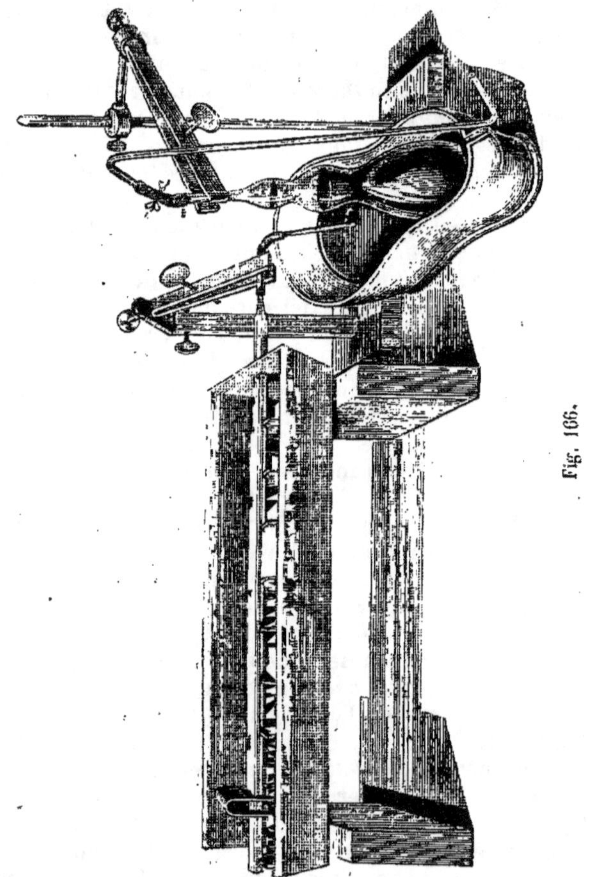

Fig. 165.

du vase, un tube ayant la forme représentée dans la figure 165. Pour que
le bouchon n'introduise pas d'air dans le mercure, on le mouille avec une
solution de bichlorure de mercure. On verse du mercure dans le tube de
façon que le niveau y soit notablement plus haut que dans le vase, et l'on
abandonne pendant deux heures pour que l'absorption de l'acide carbonique
soit complète.

Dans l'intervalle on remplit de mercure le tube gradué après y avoir dé-

posé une goutte d'eau et on le retourne sur la cuve. On fait passer sous
son ouverture inférieure le bout du tube lié à l'appareil à gaz, on délie la
ficelle qui serre la baguette en verre et l'on verse du mercure par le tube
vertical (*fig.* 467). Quand presque tout le gaz a été ainsi chassé, on ne verse
plus le mercure que goutte à goutte, jusqu'à ce que la lessive de potasse
commence à apparaître dans le tube à dégagement. De cette façon il reste
hors de l'éprouvette graduée juste autant d'azote qu'il y avait d'air au

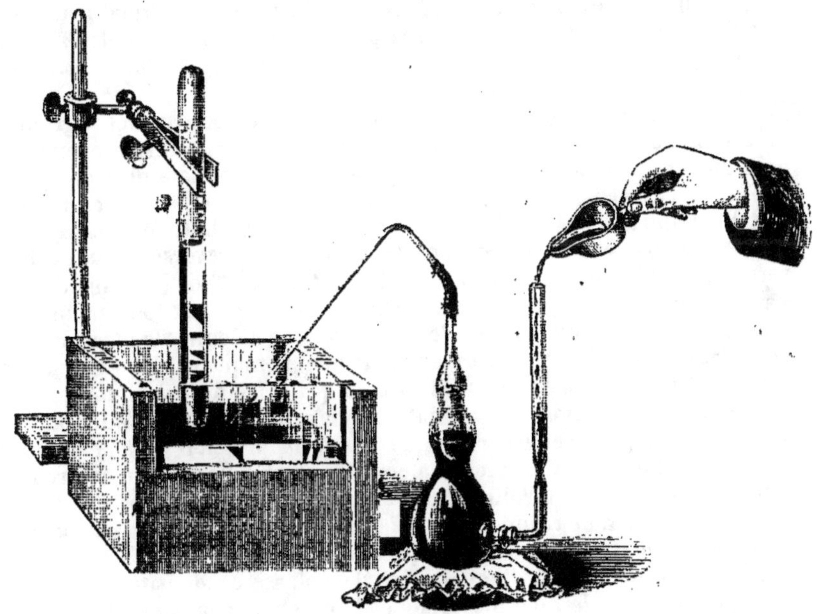

Fig. 167.

commencement (le contenu du tube à dégagement). Il faut avoir soin, en
versant le mercure, de ne pas entraîner d'air. Pour cela on maintient toujours, dès le début, le tube presque plein, et l'on choisit la baguette de verre
de dimension telle que le gaz ne puisse sortir qu'en éprouvant une notable
résistance. Après avoir observé le baromètre et le thermomètre, on mesure
le volume du gaz humide et l'on calcule son poids. Les résultats que *Simpson*
donne pour l'analyse des alcaloïdes, du salpêtre et du chlorhydrate d'ammoniaque sont très satisfaisants.

cc. Suivant *W. Gibbs.*

E. Franckland et *H.-E. Armstrong* (*), dans leur travail sur le dosage du
carbone et de l'azote des matières organiques dans les eaux potables, avaient
décrit un moyen de doser l'azote, dans lequel, au moyen d'une pompe à air

(*) *Journ. of the Chem. Soc.* [II], VI, 77. — *Zeitschr. f. analyt. Chem.*, VIII, 489.

de *Sprengel*, on enlève l'air dans le tube à combustion avant et après la combustion. *W. Gibbs* (*) a indiqué un procédé dans lequel on fait aussi usage de la pompe de *Sprengel* et qui dans son ensemble est une combinaison des méthodes de *Franckland* et d'*Armstrong* d'une part et de *Simpson* de l'autre. Il y a cependant des différences essentielles en quelques points, et ce procédé a donné d'excellents résultats pour le dosage de l'azote dans l'asparagine et dans l'allantoïne. Je renvoie au mémoire original pour ce qui regarde la construction de la pompe pneumatique à mercure de *W. Gibbs*, laquelle est bien moins fragile que celle de *Franckland* et d'*Armstrong*. Voici comment on dirige l'opération.

Dans un tube à combustion assez court on met d'abord quelques grammes de carbonate de magnésie, par-dessus la substance à analyser mélangée avec du chromate de plomb et 5 à 6 grammes de chromate de protoxyde de mercure. La partie antérieure du tube est enfin remplie avec du cuivre métallique bien divisé, récemment réduit. On relie le tube avec la pompe à mercure au moyen d'un bouchon en caoutchouc, traversé par un tube de verre, dont l'autre extrémité est reliée au tube en T de la pompe. Il faut s'assurer que tout l'appareil tient bien le vide. Pour cela on fait marcher la pompe quelques instants et l'on regarde si la colonne de mercure reste bien stationnaire dans le tube manométrique. Lorsque le vide est fait complètement dans le tube à combustion, ce qui exige de 5 à 10 minutes, on chauffe avec précaution le carbonate de magnésie jusqu'à ce que tout l'appareil soit rempli d'acide carbonique et que la pression soit la même en dedans et en dehors. On procède alors à la combustion à la manière ordinaire. Lorsqu'elle est terminée, on fait marcher la pompe pour refaire le vide complet. Comme récipient du gaz, on prend celui de *Simpson* (fig. 165), rempli seulement de mercure. L'opération terminée, on absorbe l'acide carbonique avec 50 C.C. d'une lessive de potasse de densité 1,2 ; on fait passer l'azote dans le tube mesureur et l'on achève comme en bb. (**).

β. *Dosage de l'azote en le transformant en ammoniaque* (***), *suivant Varrentrapp et Will.*

§ 186.

La méthode que nous allons décrire s'applique à tous les composés azotés qui ne renferment pas l'azote à l'état d'acide azotique, hypoazotique, etc. Elle repose sur le même principe que celui qui fait découvrir l'azote dans les matières organiques (§ **172**. 1. a.), savoir que, si l'on chauffe au rouge une substance organique azotée avec un alcali hydraté, l'eau de celui-ci est décomposée, l'oxygène et le carbone forment de l'acide carbonique qui s'unit à l'alcali, tandis que l'hydrogène, à l'état naissant, se combine à tout l'azote pour donner de l'ammoniaque. — Avec les matières très azotées, comme l'acide urique, le mellon, etc., au commencement de la décomposition tout

(*) *Améric. Journ. of Sciences and Arts*, XLVIII. — *Zeitschr. f. analyt. Chem.*, XI, 208.
(**) Voir la note 50 à la fin du volume.
(***) Voir la note 51 à la fin du volume.

l'azote n'est pas employé à faire de l'ammoniaque : une portion avec le carbone de la substance se change en cyanogène qui s'unit au métal de l'alcali, ou en acide cyanique qui se combine à l'alcali lui-même. Toutefois, comme l'a montré l'expérience directe, avec un excès d'hydrate alcalin et un chauffage suffisamment prolongé, on obtient toujours comme résultat final la transformation complète de tout l'azote en ammoniaque.

Dans toutes les matières organiques azotées la proportion de carbone est bien supérieure à celle de l'azote ; il en résulte que, lorsque le premier s'oxyde aux dépens de l'eau, il y a toujours une quantité d'hydrogène libre plus que suffisante pour transformer l'azote en ammoniaque, par exemple : $C^2Az + 4.HO = 2.CO^2 + AzH^3 + H$. Tantôt l'excès d'hydrogène se dégage libre, mais tantôt aussi il s'unit au carbone non oxydé et forme avec lui, suivant les proportions et la température, du gaz des marais, du gaz oléfiant ou des vapeurs de carbures d'hydrogène facilement condensables, et dans tous les cas des gaz qui étendent en quelque sorte l'ammoniaque. Or cette sorte de dilution étant nécessaire pour le succès de l'opération, je dirai de suite ici que, si la substance est très riche en azote, on fera bien de la mélanger en plus ou moins grande proportion avec une substance non azotée, comme par exemple du sucre pur.

On admettait autrefois que la méthode était applicable à toutes les substances azotées qui ne renfermaient pas l'azote sous formes de composés oxygénés de l'azote. Mais des expériences répétées ont démontré que cela ne pouvait pas être accepté dans toute sa généralité. Il est vrai que beaucoup ont affirmé que la méthode de *Will* et *Varrentrapp* ne donnait que des résultats erronés, parce qu'ils ont mal opéré et avec des produits impurs, par exemple de la chaux sodée contenant de l'azotate de soude ; cependant il y a d'autres expérimentateurs auxquels on ne peut pas faire ce reproche. Ainsi *Strecker* a trouvé que, pour la guanidine, on obtient des résultats trop faibles, et *Koninck* et *Marquart* sont arrivés à la même conclusion pour la bryonicine. *Bitthausen* et *Kreusler* (*) ont également obtenu des nombres trop faibles avec la leucine et n'ont eu des résultats à peu près exacts qu'en mêlant la leucine avec du sucre. De vives discussions se sont élevées pour savoir si la méthode était bonne pour les matières albumineuses et leurs congénères. Tandis que *Nowack* et *Seegen* (**) le contestent, *Kréusler* (***) au contraire l'affirme et attribue à la présence de l'azotate de soude dans la chaux sodée la différence des résultats qu'il a obtenus avec ceux de *Nowack* et *Seegen*. *Abesser* et *Maerker* (****), en dosant l'azote dans le foie, la viande de cheval et l'albumine du sang, ont obtenu des nombres de 0,22, 0,23 et 0,53 au-dessous de ceux fournis par les mesures de l'azote en volume.

D'autre part, *E. Schulze* (*****) a trouvé que la méthode de *Will* et *Varrentrapp*, contrairement à ce qu'on pensait, pouvait s'appliquer aux matières végétales contenant des azotates (betteraves, tabac), lorsque la proportion d'acide azotique ne dépassait pas une certaine limite : ainsi avec 2 à 3

(*) *Zeitschr. f. analyt. Chem.*, X, 350.
(**) *Zeitschr. f. analyt. Chem.*, XI, 324 ; — XII, 316 ; — XIII, 460.
(***) *Zeitschr. f. analyt. Chem.*, XII, 354.
(****) *Zeitschr. f. analyt. Chem.*, XII, 447.
(*****) *Zeitschr. f. analyt. Chem.*, VI, 584.

pour 100 d'acide azotique les résultats sont tout à fait exacts, tandis que pour 6 à 7 pour 100 on trouve environ 0,2 pour 100 d'azote en moins.

Le dosage de l'ammoniaque se fait en le recueillant dans de l'acide chlorhydrique, en transformant le sel ammoniac en sel double de platine, que l'on pèse directement ou que l'on calcine, et qui fait connaître, par le platine obtenu, l'ammoniaque ou la quantité correspondante d'azote.

Certains composés organiques azotés ne donnent pas d'ammoniaque avec la chaux sodée, mais des bases volatiles azotées et non oxygénées : c'est ainsi qu'avec le bleu d'indigo on obtient l'aniline, avec la narcotine, la morphine, la quinine, la cinchonine, de nouvelles bases volatiles. Toutes celles-ci donnent avec l'acide chlorhydrique un sel double de platine comme l'ammoniaque. Si on le pesait, pensant que c'est le sel de platine et d'ammoniaque, et si l'on en concluait l'azote, on commettrait naturellement une grave erreur. Mais si on le calcine et si d'après le poids de platine on calcule l'azote, la faute est évitée, parce que ces bases donnent, comme l'ammoniaque, un sel double de platine qui, pour 1 équivalent de platine, renferme 1 équivalent d'azote (*Liebig*). — Il n'est pas nécessaire de donner d'autres explications sur le reste de l'opération (absorption et dosage de l'ammoniaque).

aa. Appareils et matériaux nécessaires.

1. La substance. Il faut la réduire en poudre aussi fine que possible. On n'y parvient pas toujours facilement, par exemple avec les substances albumineuses desséchées. Cela est cependant indispensable pour obtenir de bons résultats avec beaucoup de substances. *H. Ritthausen* (*), qui a appelé l'attention sur ce point, indique comment il faut s'y prendre pour réduire en poudre les matières albumineuses. Après la dessiccation on met la substance dans un petit tube pour la peser : on prendra un tube comme celui de la fig. 110, page 582, si le mélange peut se faire avec la chaux sodée dans un mortier : on le choisira plus long et plus mince, s'il faut faire le mélange avec le fil métallique en tire-bouchon (*voir* § **175**).

Un tube à combustion. Il aura 40 centimètres de longueur, à peu près 12 millimètres de diamètre, il sera étiré à un bout en une pointe retournée vers le haut, et les bords de l'autre extrémité seront fondus et arrondis (§ **174**. 5.). — On le place dans un fourneau ordinaire à combustion (§ **174**. 16.).

5. De la chaux sodée (**). Bien que nous ayons donné au § **66**. 4. la préparation de la chaux sodée en poudre sablonneuse ou en grains, et que nous ayons recommandé d'employer pour cela une lessive de soude faite avec du carbonate de soude cristallisé, parce que la soude caustique préparée en grand contient toujours ou presque toujours de l'azotate de soude, nous croyons devoir revenir encore sur cette opération qui peut être l'origine de nombreuses erreurs. Il faut s'assurer que la chaux sodée est bonne et bien exempte d'azote, et le moyen le plus sûr, c'est de la chauffer avec du sucre

---

(*) *Journ. f. prackt. Chem.*, N. F., VIII, 10. — *Zeitschr. f. analyt. Chem.*, XIII, 240.
(**) *S. W. Johnsonn* (*Zeitschr. f. analyt. Chem.*, XII, 222 et 416) remplace la chaux sodée par un mélange de 1 volume de carbonate ou de sulfate de soude sec avec 1 volume d'hydrate de chaux sec.

chimiquement pur. Dans cet essai la chaux sodée doit seulement se concréter même en la chauffant le plus possible ; elle ne doit pas fondre : puis, en
évaporant avec du chlorure de platine l'acide chlorhydrique dans lequel on
a recueilli les gaz et en reprenant le résidu par l'alcool, on ne doit pas avoir
de chlorure double de platine et d'ammoniaque.

On fera bien de chauffer dans une capsule en platine ou en porcelaine la
quantité de chaux sodée en poudre ou en grains nécessaire pour remplir le
tube, afin de la bien complètement dessécher. Pour les substances non volatiles on emploiera la chaux sodée encore chaude.

4. De l'asbeste. Avant de s'en servir on en calcine une petite quantité
dans un creuset en platine.

5. Un appareil à boules de *Varrentrapp et Will*. On peut se le procurer à peu près partout. On voit sa forme dans la figure 168. On le remplit

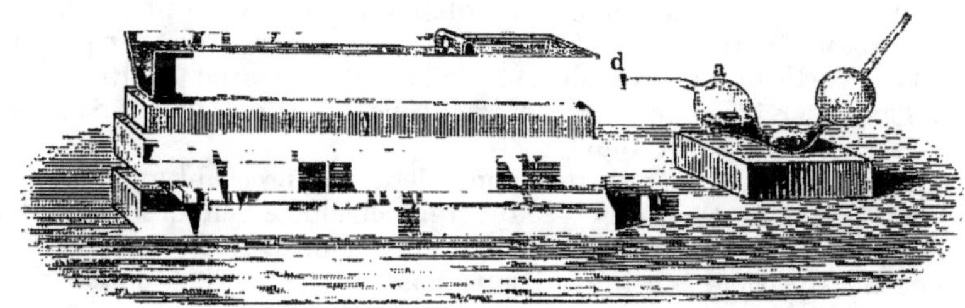

Fig. 168.

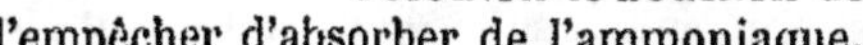

d'acide chlorhydrique de densité 1,07 en plongeant une extrémité dans le
liquide et en aspirant par le tube *d*, ou bien on fait usage d'une pipette. La
quantité d'acide sera telle que le niveau soit comme il est représenté dans
la figure 168.

Pour éviter que l'acide arrive dans le tube à combustion, on fera mieux
de donner à l'appareil la forme de la figure 169, recommandée par *Arendt* et *Knop*.

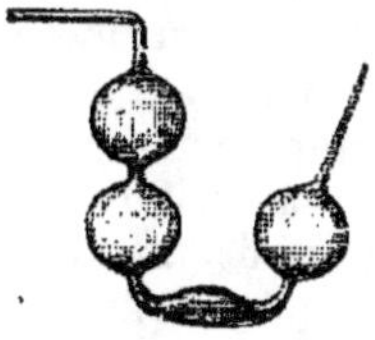

Le tube en U à boules de *Péligot* peut très bien
servir de récipient (*voir* § **187**).

6. Un bon bouchon mou en liège ou en caoutchouc, bien percé, fermant hermétiquement le tube
à combustion et à travers lequel passe le tube *d*
de l'appareil à boules. E. *Mulder* (*) recommande de
recouvrir le bouchon de liège avec une feuille d'étain
pour l'empêcher d'absorber de l'ammoniaque.

Fig. 169.

7. Une pipette aspiratoire remplie d'hydrate de potasse en morceaux, fermée avec un bouchon à travers lequel passe la pointe du tube à
boules.

8. Un mortier pour le mélange (§ **174**. 8).

9. Une feuille de papier glacé.

(*) *Chem. Centralbl.*, 1861, 44. — *Zeitschr. f. analyt. Chem.*, I, 98.

Je ne parlerai pas des réactifs nécessaires pour traiter le liquide après la combustion, parce qu'en général on n'a pas à les préparer au commencement de l'expérience.

bb. *Marche de l'opération.*

On remplit la moitié du tube à combustion avec de la chaux sodée en poudre comme du sable, on mélange cette quantité peu à peu avec un poids connu de la substance (§ **174**), en prenant le mortier un peu chaud, si c'est possible, et en évitant toute pression forte; on verse 3 centimètres de chaux sodée sablonneuse dans le fond du tube, puis le mélange (environ 18 centimètres), ensuite la chaux sodée employée pour laver le mortier (5 centimètres), et enfin de la chaux sodée pure, plutôt en grains (10 centimètres), de sorte qu'il reste encore à peu près 4 centimètres vides. On ferme avec un tampon d'asbeste, on frappe le tube à plat sur la table pour former un petit canal dans la partie du tube remplie avec de la chaux sodée en poudre, on le réunit à l'aide d'un bouchon avec l'appareil à boules et on le place dans le fourneau à combustion (*fig.* 168).

On s'assure d'abord que l'appareil ferme bien, en approchant un charbon allumé de la boule *a* ou un morceau d'argile chaud, et en observant si, après le refroidissement, le liquide se maintient dans cette boule à un niveau constant supérieur à celui de l'autre boule. Si cela a lieu, on chauffe d'abord la partie en avant du tube, puis peu à peu celui-ci tout entier, en avançant progressivement et lentement, et en général on procède comme pour une combustion ordinaire (§ **174**). — On a soin de maintenir toujours la partie antérieure à une température rouge modérée. Si cette partie était trop froide, il se dégagerait trop de carbures d'hydrogène dont la présence dans l'acide chlorhydrique est toujours désagréable; si elle était trop chaude, on courrait risque de décomposer l'ammoniaque en azote et en hydrogène.

On maintient le tampon d'amiante assez chaud pour que de l'eau ne puisse pas s'y condenser, eau qui retiendrait toujours de l'ammoniaque. — Il faut diriger la combustion de façon que le dégagement gazeux soit continuel et régulier. On ne doit pas craindre que le gaz arrive trop rapidement et que de l'ammoniaque ne soit pas absorbée, mais bien plutôt que l'acide chlorhydrique ne remonte dans le tube, ce qui ne manquerait pas d'arriver, si le dégagement gazeux s'arrêtait; dans ce cas l'opération serait manquée. Avec les composés très azotés on n'évite cet inconvénient qu'avec les plus grandes précautions, parce que l'affinité de l'acide chlorhydrique pour l'ammoniaque qui remplit presque tout l'appareil est très grande. On peut cependant se mettre à l'abri de cet accident; il suffit d'introduire dans le mélange une quantité de sucre pur, du sucre candi cristallisé dans l'alcool (*), à peu près égale à celle de la substance, et qui pendant la combustion donne du gaz non absorbable qui étend l'ammoniaque.

Lorsque tout le tube est porté au rouge et que le gaz a *complètement* cessé de se dégager (ce qui arrive quand tout le charbon déposé à la surface du

---

(*) Voir *Kreusler* (*Zeitschr. f. analyt. Chem.*, XII, 562) pour la proportion d'azote contenu dans les divers sucres du commerce. Le sucre candi blanc renferme environ 0,012 pour 100 d'azote, le beau sucre blanc des colonies 0,033, le sucre de betterave 0,039.

mélange est oxydé et que la masse est redevenue blanche), on casse la pointe du tube à combustion et par aspiration on fait passer dans l'appareil, et à travers le tube à boules, un volume d'air égal à plusieurs fois le volume du tube à combustion, afin de faire arriver toute l'ammoniaque dans l'acide chlorhydrique. Pour que les vapeurs acides n'arrivent pas dans la bouche, on fait usage de la pipette aspiratoire remplie de potasse ou bien on se sert d'un aspirateur (*).

Si la substance à analyser renferme un sel ammoniacal, il y aura inévitablement une perte d'ammoniaque en faisant le mélange avec la chaux sodée dans le mortier. Il faut alors mélanger dans le tube à combustion même (§ 175). Beaucoup de chimistes préfèrent même ce mode d'opérer pour toutes les matières azotées (**).

S'il fallait opérer avec des liquides volatils, on les pèserait dans une ampoule en verre et l'on agirait comme pour le dosage du carbone (§ 180), en remplaçant l'oxyde de cuivre par la chaux sodée. Il vaut mieux, avec les liquides, prendre un tube à combustion plus long que pour les solides.— En général on dirige l'opération en chauffant le tiers antérieur du tube, rempli de préférence avec de la chaux sodée en grains, et en chassant le liquide de l'ampoule par l'échauffement graduel de la partie postérieure : de cette façon la matière se répand dans la partie moyenne sans s'y décomposer et, en poussant le feu d'avant en arrière, il est facile de produire un dégagement de gaz régulier.

La combustion achevée, on vide l'appareil à boules dans une petite capsule en porcelaine, on le lave avec de l'eau, jusqu'à ce que le liquide de lavage n'ait plus de réaction acide. S'il s'était formé des carbures d'hydrogène volatils, on les séparerait par filtration à travers un filtre mouillé. — On ajoute à la liqueur une dissolution de chlorure de platine *pur* (***) en excès, on évapore le tout à siccité au bain-marie et l'on traite le résidu par un mélange de 2 volumes d'alcool concentré et 1 volume d'éther. Si le liquide prend une couleur jaune foncé, on peut être certain que la quantité de chlorure de platine est suffisante, autrement il faut en ajouter de nouveau (le mieux dissous dans de l'alcool) (****). — Enfin on rassemble sur un filtre séché à 125° et pesé le sel double de platine, on le lave avec le mélange d'alcool et d'éther et on le pèse (§ 99. 2.). On pèse le filtre séché entre deux verres de montre qui se recouvrent exactement et qui sont serrés l'un contre l'autre par une pince. Le sel double ainsi obtenu n'est pas toujours d'un beau jaune, mais plus souvent il est de couleur foncée, jaune brun. C'est ce qu'on observe

(*) Si l'on voulait éviter cette aspiration, on pourrait, suivant *Bouis*, placer au fond du tube une couche d'oxalate de chaux desséché à 110°.

(**) *Ritthausen, Zeitschr. f. analyt. Chem.*, XIII, 240.

(***) Si le chlorure de platine renferme du chlorure de potassium ou du chlorhydrate d'ammoniaque, on trouve trop d'azote, tandis qu'il y en a trop peu, s'il contient de l'acide azotique. Ce dernier est nuisible parce que, pendant l'évaporation, il se dégage du chlore qui décompose une partie de l'ammoniaque. Il ne faut jamais manquer d'essayer le sel de platine avant de l'employer.

(****) Comme les sels doubles de platine et de quelques-unes des bases volatiles, que donnent en se décomposant plusieurs matières organiques azotées, sont plus solubles dans l'alcool que le sel de platine et d'ammoniaque, on fera usage pour le lavage, au lieu d'alcool éthéré, d'éther auquel on ajoute quelques gouttes d'alcool. (*A. W. Hoffmann.*)

surtout avec les matières difficiles à brûler et riches en carbone, parce qu'alors il est difficile d'éviter la formation de carbures d'hydrogène volatils, qui se carbonisent pendant l'évaporation avec l'acide chlorhydrique. Toutefois des expériences directes ont montré que cette coloration foncée du précipité n'a pas d'influence fâcheuse sur le résultat. — On peut purifier le sel double de platine, surtout quand il n'y en a pas une trop grande quantité. Pour cela on le dissout sur le filtre avec de l'eau bouillante, on reçoit le liquide filtré dans une petite capsule en platine pesée ou dans un petit creuset en porcelaine pesé, et l'on chasse l'eau par évaporation. Après avoir séché à 125°, l'augmentation de poids de la capsule ou du creuset donne le poids du sel double.

Pour s'assurer si le sel de platine est pur, il faut toujours le transformer en platine suivant le § **99**. 2. — S'il s'était formé des bases azotées volatiles avec l'ammoniaque, on ne pourrait conclure l'azote de la matière que *du poids de platine métallique obtenu* (page 629).

Avec les substances auxquelles la méthode s'applique (*) et en faisant usage de chaux sodée pure, les résultats sont exacts : plutôt un peu plus faibles que trop forts, environ dans le rapport de $100 : 99,5$. Cela peut tenir à ce que des traces de sel ammoniac en vapeur sont entraînées par les gaz non condensés (**). Il se peut aussi que la combustion ne soit pas complète, c'est-à-dire qu'il se dégage des produits de décomposition encore azotés et non précipités par le sel de platine ; enfin il serait possible qu'un peu d'ammoniaque soit décomposée en azote et en hydrogène dans la partie antérieure du tube trop fortement chauffée. Si l'on voulait, pour éviter l'avant-dernière cause d'erreur, augmenter, suivant la recommandation de *Mulder*, la couche antérieure de chaux sodée grenue, on courrait le danger d'accroître les chances de décomposition de l'ammoniaque (*W. Knop* ***). Si le résultat est trop élevé, c'est le plus souvent parce que le chlorure de platine n'est pas pur. Le meilleur moyen de tenir compte de cette cause d'erreur ou de celle qui proviendrait de ce que l'acide chlorhydrique renfermerait de l'ammoniaque serait de traiter exactement comme on le fait dans l'analyse des quantités d'acide chlorhydrique et de chlorure de platine égales à celles employées, dans l'analyse et de retrancher la petite quantité de chlorure double de platine et d'ammoniaque qu'on pourrait trouver ainsi de celle obtenue dans l'analyse.

La présence d'azotate ou d'azotite de soude dans la chaux sodée pourrait non seulement fournir des résultats trop élevés, mais aussi des résultats trop faibles par suite de la combustion par le nitrate ou le nitrite de l'ammoniaque produite (*Kreusler* ****).

(*) *Liebermann* (*Ann. d. Chem. u. Pharm.*, CLXXXI, 105), en dosant dernièrement l'azote dans le lait par le procédé *Will* et *Varrentrapp*, a toujours obtenu des nombres bien sensiblement plus faibles que par la méthode de *Dumas*.

(**) C'est pour cette raison que *Mulder* remplace l'appareil à boules par un tube en U rempli de fragments de verre mouillés avec de l'acide chlorhydrique.

(***) *Chem. Centralbl.*, 1860, 44.

(****) *Zeitschr. f. analyt. Chem.*, XII, 565.

γ. *Modification de la méthode Varrentrapp et Will, par Péligot.*

§ 187.

Cette modification consiste à recevoir l'ammoniaque formée dans une quantité connue d'acide sulfurique ou d'acide oxalique titré et à déterminer, à l'aide de la lessive de soude titrée (ou d'eau de baryte également titrée), l'acide qui reste libre, afin d'en conclure celui qui a été neutralisé par l'ammoniaque et par suite aussi la quantité de cette dernière (*voir* § **99**. 3.).

On fera usage, pour plus de commodité, de l'acide oxalique normal ou de l'acide sulfurique normal (§ **215**). 10 C.C. de ces acides renferment 0^{gr},63 d'acide oxalique cristallisé ou 0^{gr},49 d'acide sulfurique monohydraté, et correspondent par conséquent à 0,17 d'ammoniaque ou à 0,14 d'azote : ils suffisent quand on prend 0^{gr},5 d'une substance qui contient de 10 à 20 pour 100 d'azote. On peut mettre l'acide dans l'appareil de la figure 168 ou 169. Dans le premier cas, on verse dans un vase à précipité le volume mesuré d'acide, on en fait passer par aspiration autant qu'on peut dans l'appareil à boules, dont on lave le tube avec soin en ne perdant pas l'eau de lavage; après la combustion on reverse dans le vase à précipité, on lave les boules avec soin et l'on procède à la neutralisation. Il est plus commode de prendre le récipient de la figure 170. Le tube *a* muni du bouchon en caoutchouc *b* est d'abord relié au tube à combustion avec un bon bouchon, puis au tube en U *c*, dans lequel on a versé un volume connu d'acide avec une burette à pince. La combustion achevée, on lave d'abord le tube *a*, en recevant l'eau dans le récipient *c*, on ajoute un peu de teinture de tournesol et l'on fait couler d'une seconde burette de la soude normale jusqu'à ce que la couleur soit presque bleue. On verse le tout dans un vase à précipité, on lave avec de l'eau et l'on achève de titrer. —Avec ce récipient on n'a pas à craindre de perte d'acide, ni d'absorption ou de projection au dehors. En ne transvasant le liquide que quand le point de saturation est presque atteint, on n'a besoin de laver qu'avec peu d'eau.

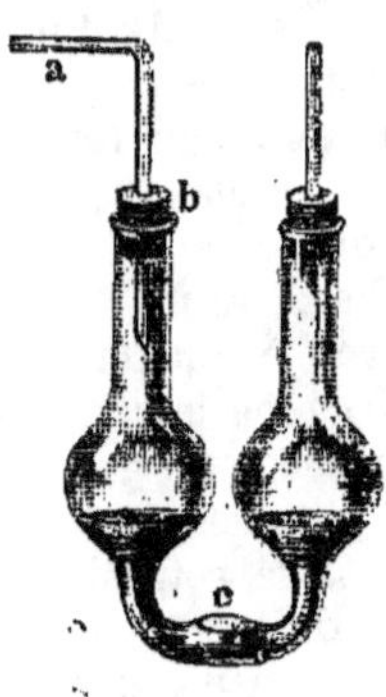

Fig. 170.

Bien entendu qu'on peut donner au récipient toute autre forme : par exemple *J. Volhard* (*) prend le tube de *Will* et *Varrentrapp*, qui, au lieu de se terminer par une boule effilée, se termine par un petit ballon d'*Erlenmeyer* de 150 à 200 C.C.

Il faut que la lessive de soude employée pour saturer l'excès d'acide soit parfaitement exempte d'acide carbonique. Je l'étends en général de façon qu'il faille 3 C.C pour 1 C.C. d'acide. Plusieurs chimistes préfèrent l'eau de baryte. Avec des liquides fortement colorés, le papier de tournesol sensible est préférable à la teinture pour saisir le point de neutralité.

La méthode de *Will* et *Varrentrapp* modifiée par *Péligot* est surtout fort commode pour les recherches de chimie technique et de chimie agricole. Si l'on est bien habitué à la manipulation des liqueurs titrées, si celles-ci

(*) *Ann. Chem.*, CLXXVI, 282. — *Zeitschr. f. analyt. Chem.*, XIV, 352.

sont bien exactement préparées, et si enfin les vases gradués sont bien jaugés, ce procédé ne le cède en rien en exactitude à celui décrit au § **186**.

Disons cependant que, sous ce point de vue, les résultats obtenus par
différents chimistes ne paraissent pas d'accord. Ainsi, d'une part, *Maerker* (*)
avance qu'avec des substances riches en carbone et en azote on obtient
avec la liqueur titrée des résultats plus faibles qu'avec le sel de platine,
parce qu'il se formerait des produits analogues à l'aniline, qui échappent
au titrage. D'un autre côté, *Kreussler* (**), en analysant la chair de bœuf,
des résidus d'extrait de viande et la conglutine, a trouvé des nombres
presque tout à fait concordants avec les méthodes par le platine, par les
liqueurs titrées et par le dosage de l'azote d'après *Dumas*.

Si l'on applique le procédé *Péligot* industriellement, comme on le fait
dans les fabriques d'engrais, il sera bon de remplacer le tube de verre par
un tube en fer. Voici comment procède *Thibault* (***). Il prend un tube en
fer forgé de 20 millimètres de diamètre et de 90 centimètres de longueur.
On laisse déborder de chaque côté 15 centimètres en dehors du fourneau.
Les deux extrémités sont fermées par des bouchons traversés par des tubes
de verre. Dans la partie antérieure du tube, on met une couche de chaux
sodée en grains de 35 millimètres environ de longueur, que l'on retient
entre deux tampons de fils de fer. La substance à analyser, mélangée avec
de la chaux sodée en poudre, est placée dans une nacelle de 20 centimètres
en tôle, qu'on introduit par la partie postérieure du tube. On met l'acide
titré dans le récipient ordinaire. On chauffe d'abord au rouge tout le tube
vide pour le nettoyer, et l'on fait passer un courant d'hydrogène pur. Après
refroidissement, on charge la partie antérieure de chaux sodée en grains,
on introduit la nacelle avec la chaux sodée en poudre, on fait passer le courant d'hydrogène, et l'on chauffe le tube au rouge. On laisse refroidir la
partie postérieure, on retire la nacelle avec un bout de fil de fer disposé à
cet effet, on enlève un peu de la chaux sodée en poudre, on mélange la
substance dans la nacelle avec ce qui reste de chaux sodée, et l'on recouvre le mélange avec la chaux qu'on avait mise de côté. On remet la nacelle
dans le tube, et l'on chauffe de nouveau peu à peu au rouge, en maintenant le courant lent d'hydrogène. L'opération terminée, on détache le récipient à acide, on enlève la nacelle, on chauffe le tube plus fortement, on
fait passer un courant plus rapide d'hydrogène, pour débarrasser la couche
de chaux sodée en grains des carbures d'hydrogène qui s'y seraient condensés. Le tube est alors prêt pour une nouvelle analyse que l'on peut
recommencer de suite et, avec un nombre suffisant de nacelles, on peut
faire sans interruption une série d'analyses.

C. Analyse des composés organiques sulfurés (****).

§ **188**.

Si l'on voulait y doser le carbone par la méthode ordinaire, en le brûlant

---

(*) *Zeitschr. f. analyt. Chem.*, XII, 221.
(**) *Zeitschr. f. analyt. Chem.*, XII, 557.
(***) *Journ. de Pharm. et de Chim.* [4], XXII, 39. — *Journ. of the Chem. Soc.*, CLIX, 433
(****) En donnant dans la recherche qualitative du soufre dans les matières organiques la
méthode basée sur l'emploi du sodium, nous avons dit qu'elle était due à *Schœnn*. Je dois

avec de l'oxyde de cuivre ou du chromate de plomb, on aurait des résultats trop forts, parce que, surtout avec l'oxyde de cuivre, une partie du soufre passerait à l'état d'acide sulfureux, qui serait absorbé avec l'acide carbonique dans l'appareil à potasse. Pour éviter cette erreur, *Liebig* et *Wœhler* placent, entre le tube à chlorure et l'appareil à potasse, un petit tube de 10 à 20 centimètres de long rempli de bioxyde de plomb parfaitement sec. Suivant les expériences de *Carius* (*), ce moyen n'est pas suffisant pour arrêter tout l'acide sulfureux avec les matières riches en soufre, et d'autre part il nuit à la rigueur du dosage du carbone, parce que l'oxyde de plomb arrête toujours une quantité non négligeable d'acide carbonique (*Bunsen*). D'après *Carius*, il vaut mieux brûler les substances sulfurées dans un tube de 60 à 80 centimètres de long avec du chromate de plomb, en ayant soin que les 10 à 20 centimètres en avant, remplis de chromate pur, ne soient portés qu'au rouge faible. Le chromate de plomb peut, sans une nouvelle fusion, être employé trois ou quatre fois et, en le traitant par la méthode de *Vohl* (page 115), il peut servir de nouveau, comme si on ne l'avait jamais employé à brûler de substance sulfurée.

Nous dirons au § **192** comment *Cloëz* analyse ces matières.

La présence du soufre n'a pas d'influence sur le dosage de l'azote par les méthodes des §§ **185**, **186** et **187**. — Quant au dosage du soufre, on le transforme toujours en sulfate de baryte : on y arrive soit par voie sèche, soit par voie humide. Les deux modes d'opérer peuvent être appliqués de bien des façons, et comme, suivant les circonstances, tantôt une méthode, tantôt une autre conduira au but plus exactement, plus facilement ou plus rapidement, je suis forcé de décrire dans ce qui suit un certain nombre de ces procédés.

Si la matière contient en outre de l'oxygène, on le détermine par la perte de poids.

a. Méthodes par la voie sèche (**).

1. *Méthode qui s'applique surtout au dosage du soufre dans les substances peu sulfurées non volatiles, par exemple les matières protéiques; suivant Liebig.*

On met un morceau d'hydrate de potasse exempt de sulfate (§ **66**. 6. c.) dans une capsule en argent assez grande, on ajoute 1/8 de salpêtre pur, et l'on fond les deux ensemble, après addition de quelques gouttes d'eau. Après refroidissement, on introduit un poids connu de la matière réduite en poudre fine, on fond sur la lampe en remuant avec une spatule en argent, et l'on maintient en fusion en activant le feu, jusqu'à ce que la masse soit devenue blanche, c'est-à-dire jusqu'à ce que le charbon, d'abord éliminé,

---

dire ici qu'elle a été indiquée pour la première fois par *Vohl* (*Zeitschr. f. analyt. Chem.,* II, 442).

(*) *Ann. d. Chem. u. Pharm.,* CXVI, 28.

(**) Outre les méthodes décrites ici, il y en a encore beaucoup d'autres que je rappellerai seulement ici, par exemple celle de *Heintz* (*Poggend. Ann.,* LXXXV, 424; *Ann. d. Chem. u. Pharm.,* CXXXVI, 225, — celle de R. *Otto* (*Zeitschr. f. analyt. Chem.,* XII, 117), — celle de W. F. *Gintl* (*id.,* VII, 501), — celle de *Mulder* (*id.,* IX, 271), et d'autres encore. Quant à celle de *Al. Mitscherlich,* j'y reviendrai au § **192**.

soit complètement brûlé. Si cela tardait à arriver, on ajouterait encore un peu de salpêtre, par petites portions. On dissout la masse refroidie dans l'eau, on sursature avec de l'acide chlorhydrique la dissolution placée dans un vase qu'on recouvre avec une capsule en verre, et l'on précipite par le chlorure de baryum. On lave d'abord le précipité par décantation avec de l'eau bouillante, puis on achève le lavage sur le filtre. Après la calcination, le sulfate de baryte doit toujours être traité comme il est dit au § **132**. 1.; sans cela les résultats sont toujours trop forts. Comme la présence de composés sulfurés dans le gaz de l'éclairage pourrait occasionner des erreurs, il vaut mieux chauffer avec la lampe à alcool de *Berzelius*. Comme en outre il n'est pas toujours facile d'avoir des réactifs absolument dépouillés d'acide sulfurique, il sera bon de faire une expérience parallèle avec les mêmes quantités d'hydrate de potasse, de salpêtre et d'acide chlorhydrique, sans y mettre de la substance sulfurée. Si de cette façon on trouve un peu de sulfate de baryte, on le retranchera de la quantité fournie par l'analyse.

2. *Méthode qui s'applique surtout aux substances non volatiles ou difficilement volatiles et qui renferment plus de* 5 *pour* 100 *de soufre ;* suivant *Kolbe* (*).

Dans la partie postérieure d'un tube à combustion fermé à un bout, long de 40 à 45 centimètres, on met une couche de 7 à 8 centimètres d'un mélange intime de 8 parties de carbonate de soude pur et anhydre avec 1 partie de chlorate de potasse pur (**), par-dessus la substance sulfurée pesée, puis de nouveau 7 à 8 centimètres du même mélange ; on mêle intimement la matière avec les sels à l'aide du fil métallique en tire-bouchon (*fig.* 140, page 597), de façon que la substance soit bien uniformément répartie dans la masse, et enfin on achève de remplir avec du carbonate de potasse ou de soude anhydre auquel on a ajouté un peu de chlorate ; on détermine un canal le long du tube en le frappant à plat sur la table, on le pose dans un fourneau à combustion, on chauffe la partie antérieure au rouge et, en avançant les charbons vers l'autre extrémité, on enveloppe la partie qui contient la substance. — Avec les matières très carburées, il est bon de mettre au fond du tube quelques morceaux de chlorate de potasse pur, pour brûler tout le charbon et pour transformer complètement en sulfate les composés de potasse et d'acides inférieurs du soufre qui pourraient se produire. Dans le contenu du tube, on dose l'acide sulfurique comme en 1, en ayant soin toutefois d'évaporer d'abord à siccité le liquide acidulé avec de l'acide chlorhydrique, pour éliminer la silice qui aurait pu être enlevée au verre.

3. *Méthode applicable aussi bien aux substances volatiles qu'aux substances fixes ;* suivant *Debus* (***).

On dissout dans de l'eau 1 équivalent (149 parties) de bichromate de potasse purifié par cristallisation et 2 équivalents (106 parties) de carbonate de soude, on évapore à siccité, on pulvérise la masse saline jaune-citron

---

(*) *Supplément au Diction. de Chimie*, p. 205.

(**) Au lieu du mélange de chlorate de potasse et de carbonate de soude, *Hobson* employait un mélange de chlorate de potasse et de carbonate de magnésie.

(***) *Ann. der Chem. und Pharm.*, LXXVI, 90

(KO,CrO^3 + NaO,CrO^3 + NaO,CO^2), on la chauffe au rouge dans un creuset de Hesse et on l'introduit encore chaude dans un ballon, comme il est indiqué à la figure 137, page 596 (*). Dans un tube à combustion ordinaire, on verse de 7 à 10 centimètres de la masse saline réduite en poudre, on y ajoute la substance, puis on introduit par-dessus 7 à 10 centimètres de la même poudre saline. On mélange avec le fil en tire-bouchon, on remplit le vide avec le sel, et l'on chauffé comme à l'ordinaire. Quand le tout est chauffé au rouge, on fait passer pendant une demi-heure ou une heure un courant lent d'oxygène sec. Après le refroidissement, on nettoie l'extérieur du tube pour enlever les cendres, on le coupe en plusieurs morceaux au-dessus d'une feuille de papier, et l'on fait dissoudre dans un vase à précipité avec la quantité suffisante d'eau. On ajoute de l'acide chlorhydrique en excès notable, un peu d'alcool, on chauffe légèrement jusqu'à ce que la liqueur soit d'un beau vert, on sépare par filtration l'oxyde de chrome (qui retient de l'acide sulfurique) formé pendant la combustion, on le lave d'abord avec de l'eau acidulée avec de l'acide chlorhydrique, puis avec de l'alcool : on le sèche, on le met dans un creuset de platine, on ajoute les cendres du filtre, on mélange avec 1 partie de chlorate de potasse et 2 parties de carbonate de potasse (ou de soude), et l'on chauffe au rouge jusqu'à la transformation complète de l'oxyde de chrome en chromate de potasse. On dissout la masse fondue dans de l'acide chlorhydrique étendu, on réduit en chauffant avec de l'alcool, on ajoute cette dissolution à celle séparée plus haut de l'oxyde de chrome par filtration, et dans le liquide bouillant on précipite l'acide sulfurique par le chlorure de baryum (§ **132**. 1.). En appliquant cette méthode à des substances renfermant des quantités connues de soufre, *Debus* a obtenu de bons résultats : ainsi, au lieu de 100 de soufre, il a eu 99,76 et 99,50; — dans la xanthogénamide, il a trouvé 30,2 de soufre au lieu de 30,4, etc.

4. *Méthode qui s'applique aux substances volatiles solides ou liquides;* suivant *J. Russell* (**) (d'après les idées de *Bunsen*).

Dans un tube à combustion long de 40 centimètres, fermé à un bout, on met 2 à 3 grammes de bioxyde de mercure pur, puis un mélange de parties égales d'oxyde de mercure et de carbonate de soude anhydre pur; on mêle avec cela la substance. On remplit le reste du tube avec du carbonate de soude auquel on ajoute un peu d'oxyde de mercure. On réunit l'extrémité ouverte du tube avec un tube à dégagement, qui plonge sous l'eau pour condenser les vapeurs de mercure. Avant de chauffer, on place un écran en avant de la partie qui renferme la substance, on chauffe fortement la partie antérieure, et l'on maintient cette température pendant toute l'opération. En même temps on chauffe une autre portion du tube, vers l'extrémité fermée, mais pas aussi fortement, afin qu'il y ait dans le tube des places où l'oxyde de mercure ne soit pas décomposé. Quand la partie en

(*) Il faut avant tout s'assurer que la masse saline ne contient pas de soufre. Pour cela, on en réduit un essai avec de l'acide chlorhydrique et de l'alcool, on ajoute du chlorure de baryum, on laisse reposer 12 heures et l'on examine attentivement s'il n'y a pas trace de précipité.

(**) *Journ. f. prackt. Chem.*, LXIV, 230.

avant de l'écran est rouge, on enlève celui-ci, et l'on chauffe le mélange de façon que la décomposition soit terminée en 10 ou 15 minutes : en même temps on chauffe les parties antérieures qui ne l'avaient pas été, et à la fin l'oxyde pur qui est à l'extrémité. De temps en temps on essaye si le gaz contient de l'oxygène libre. On dissout le contenu du tube dans de l'eau, on ajoute un peu de bichlorure de mercure pour décomposer le peu de sulfure de sodium qui aurait pu se former, on acidule avec de l'acide chlorhydrique, on oxyde avec du chlorate de potasse le peu de sulfure de mercure produit, et enfin on précipite l'acide sulfurique avec du chlorure de baryum. — Les résultats que *J. Russell* a obtenus avec du soufre pur, du sulfocyanure de potassium et du sulfure de carbone, ne laissent rien à désirer.

> 5. *Méthodes fondées sur la combustion de la matière sulfurée par l'oxygène gazeux* (*).

Ces méthodes ont été indiquées par *C. M. Warren* (**), *W. G. Mixter* (***), *A. Sauer* (****) et *G. Brügelmann* (*****). Elles ont l'avantage d'amener le soufre à l'état d'acide sulfurique dans un liquide qui contient peu d'autres substances : elles donnent en outre de bons résultats et peuvent s'appliquer aux matières organiques de toute sorte. Je ferai remarquer d'abord que le procédé de *Waren*, en même temps qu'il fournit la proportion de soufre, permet aussi de doser le carbone, l'hydrogène et le chlore, tandis que celui de *Brügelmann* rend possible le dosage du soufre, du phosphore et du chlore dans la même portion de la substance.

a. *Waren* brûle la substance dans un tube ouvert aux deux bouts, dont le tiers postérieur est recourbé vers le haut à angle obtus. La substance se trouve dans cette partie recourbée qui est chauffée avec une lampe à gaz spéciale. Le mélange de l'excès d'oxygène et du produit de la combustion passe d'abord sur une longue couche d'amiante : à la suite de celle-ci il y a un espace vide d'environ 6 centimètres ; puis un tampon serré d'amiante, une nouvelle couche d'amiante pure avec de l'oxyde puce de plomb (assez fortement chauffé pour qu'il ne puisse pas s'y condenser de vapeur d'eau), et enfin de nouveau un tampon d'amiante. C'est dans la couche de peroxyde de plomb qu'après la combustion se trouve le soufre de la matière sous forme de sulfate de plomb. On prend donc ce mélange de sulfate de plomb, d'amiante et d'oxyde de plomb, on le fait digérer 24 heures avec une solution concentrée de bicarbonate de soude, qui décompose le sulfate de plomb, et dans le liquide filtré on dose l'acide sulfurique suivant le § **132. 1**.

b. La méthode de *Mixter* repose sur l'emploi de l'oxygène mélangé avec de la vapeur de brome, que l'on renferme dans un flacon de 4 à 10 litres. Son tube à combustion ressemble à celui de *Waren*. L'appareil est fermé par lui-même et l'on y fait circuler d'une façon continue l'oxygène bromé. Cette circulation se produit par l'échauffement de la portion relevée du

(*) Voir la note 32 à la fin du volume.
(**) *Zeitschr. f. analyt. Chem.*, V, 169.
(***) *Zeitschr. f. analyt. Chem.*, XII, 212.
(****) *Zeitschr. f. analyt. Chem.*, XII, 52, et XII, 178.
(*****) *Zeitschr. f. analyt. Chem.*, XV, 1, et XV, 175.

tube à combustion dans laquelle se trouve la matière. En lavant toutes les parties de l'appareil, on obtient une dissolution qui renferme tout le soufre de la substance sous forme d'acide sulfurique, plus de l'acide bromhydrique et un peu de brome libre; on y dose l'acide sulfurique suivant le § **132**. 1.

c. L'appareil de *Sauer* est relativement plus simple, nous allons le décrire ici. Le principe est le suivant : brûler la matière dans un courant d'oxygène et recueillir l'acide sulfureux formé dans de l'acide chlorhydrique additionné de brome, dans lequel acide on dosera l'acide sulfurique suivant le § **132**. 1., après avoir chassé par évaporation la plus grande partie de l'acide chlorhydrique et tout le brome libre.

α. Avec les *substances qui, chauffées, donnent peu de vapeur et surtout n'abandonnent pas de soufre* (par exemple le coke), l'opération est bien simple.

On prend l'appareil de la figure 171. Dans un tube en verre de 60 à 80 cen-

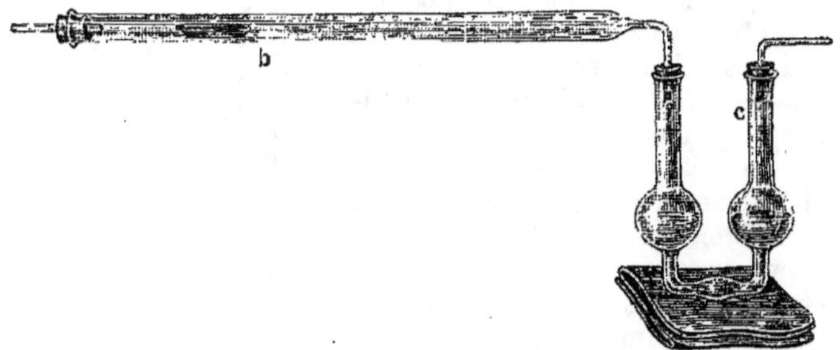

Fig. 171.

timètres de longueur, placé dans le fourneau à combustion, on met la substance en *b* dans une petite nacelle de porcelaine. Le récipient *c* contient de l'acide chlorhydrique bromé. — On fait passer dans le tube un courant d'oxygène purifié et l'on chauffe au rouge la partie où se trouve la nacelle. On reçoit dans une solution de potasse ou dans de l'acide chlorhydrique le brome qui se dégage en *c*, pour ne pas en être incommodé. — Lorsque la substance est brûlée, on fait passer dans le récipient *c* le liquide qui pourrait s'être condensé et l'on chasse, avec un courant d'oxygène ou d'air, le contenu gazeux du tube à combustion.

Comme il y a assez souvent un peu d'acide sulfurique anhydre dans la partie antérieure du tube, même après le passage de l'air ou de l'oxygène on lave le tube avec de l'eau que l'on réunit au liquide du récipient (*F. Munck* *).

On peut peser les cendres qui restent dans la nacelle et y doser les sulfates, si celles-ci en contiennent, en traitant directement par l'acide chlorhydrique s'il n'y a pas trop de peroxyde de fer, où, dans le cas contraire, en fondant d'abord avec le mélange de carbonate de potasse et de soude (§ **132**. II).

(*) *Zeitschr. f. analyt. Chem.*, XVI, 16.

β. Avec les *substances volatiles avec ou sans décomposition*, l'appareil est un peu plus compliqué. Il est représenté dans la figure 172. Le tube à combustion long d'environ 85 centimètres est rétréci en *b* sur une étendue d'à peu près 5 millimètres. La substance, que nous supposerons ici n'être pas volatile à la température ordinaire, est placée dans la petite nacelle en porcelaine *d* : on place le tube dans le fourneau à combustion ; le tube *x x* qui amène l'oxygène est fixé en dehors du fourneau. Ce tube est un peu élargi en *b* (dans l'intérieur du tube large). Le bout du tube en caoutchouc *z* peut, suivant les besoins, être relié à un appareil donnant de l'acide carbonique sec et pur, ou de l'oxygène pur ou de l'air atmosphérique purifié. Au récipient *y*, contenant l'acide chlorhydrique bromé, on joint un appareil destiné à arrêter la vapeur de brome avec de la chaux hydratée ou de l'acide chlorhydrique étendu. — Suivant *Sauer*, on laisse vide l'espace compris entre la nacelle et la partie étranglée *b* du tube. Je pense toutefois, d'après *Warren* (*) et mes propres expériences (**), qu'il vaut mieux remplir cette portion de tube, au moins en partie, avec de l'amiante.

L'appareil étant monté, on chauffe la partie étranglée *b* au rouge vif, on fait passer par le tube *x x* un courant lent d'oxygène, par le tube *z* on fait arriver un courant d'air très lent et l'on chauffe peu à peu la substance. Les vapeurs qui se dégagent, et les gaz, arrivent peu à peu en *b* en contact avec l'oxygène et brûlent. Quand la combustion s'opère, on laisse arriver une quantité d'oxygène plus que suffisante.

Lorsqu'il ne se dégage plus de gaz et que la partie *a b* du tube a été portée au rouge en allant de *a* en *b*, on augmente un peu le courant d'air jusqu'à ce qu'on ne voie plus de combustion en *b*, puis par le tube *z* on fait arriver, au lieu d'air, de l'oxygène pour brûler le résidu dans la nacelle et tout ce qui est combustible et adhère aux parois du tube.

Il faut surtout avoir bien soin, en chauffant la substance avec précaution, qu'il ne se ramasse pas, entre *b* et *c*, des produits goudronneux non brûlés.

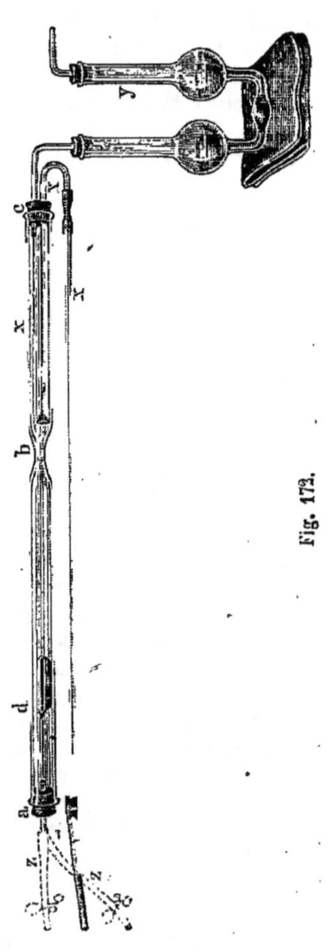

Fig. 172.

(*) *Zeitschr. f. analyt. Chem.*, III, 272.
(**) *Zeitschr. f. analyt. Chem.*, III, 539.

Si cela arrivait, il faudrait à la fin les brûler avec précaution dans un courant d'oxygène.

Il faudra toujours examiner si dans la nacelle une partie du soufre ne serait pas restée à l'état de sulfate, parfois même aussi à l'état de sulfure. Ainsi, par exemple, dans l'analyse du caoutchouc vulcanisé on trouve souvent, dans le résidu, du sulfure de zinc. On dissoudra donc le résidu dans de l'acide chlorhydrique bromé et l'on dosera à part l'acide sulfurique dans ce liquide ou on le réunira à celui du récipient.

γ. Pour doser le *soufre dans le gaz de l'éclairage,* on peut opérer de la même façon. On commence par remplir l'appareil avec de l'acide carbonique, on fait passer dans le tube le volume mesuré du gaz et on le brûle dans la partie étranglée en y faisant arriver de l'oxygène. A la fin on fait passer un nouveau courant d'acide carbonique pour balayer tout le gaz et l'amener à être brûlé.

δ. Pour doser le *soufre dans les substances liquides et facilement volatiles,* comme par exemple le sulfure de carbone, on pèse la matière dans un petit tube de la forme indiquée dans la figure 173 et de 5 à 6 millimètres de diamètre. On a pesé d'abord le tube vide et ouvert, et on le pèse plein et fermé aux deux bouts à la lampe. Dans la partie postérieure du tube on met quelques fragments de porcelaine, qu'on introduit en les forçant un peu. Après avoir rempli tout l'appareil d'acide carbonique, on introduit dans le bouchon *a* (fig. 172) l'une des branches, qui doit être étirée en pointe, du petit tube en U. Lorsque la partie étranglée du tube à combustion est portée au rouge, on fait arriver l'oxygène par le tube *x x,* on pousse un peu le tube en U, pour briser la pointe contre les fragments de porcelaine, et l'on chauffe modérément le liquide pour que les vapeurs n'arrivent que lentement dans la partie chauffée. Je crois qu'ici, tout comme dans le cas précédent, il est nécessaire de remplir

Fig. 173.

d'amiante la partie entre *d* et *b* du tube à combustion. Lorsque tout le liquide a été chassé du tube en U, on introduit la branche libre dans le tube en caoutchouc qui amènera l'acide carbonique, on brise la pointe dans ce tube, et l'on fait passer un courant d'acide carbonique jusqu'à ce qu'on n'aperçoive plus de combustion en *b.*

d. *G. Brügelmann* brûle aussi la matière dans un tube ouvert aux deux bouts, mais il fait absorber les produits de la combustion par une courte colonne de chaux vive en grains ou de chaux sodée pure également en grains (4 parties de chaux pure et 1 partie d'hydrate de soude pur).

Il y a bien des choses à dire à propos de la chaux. Quelquefois on peut directement employer la chaux du commerce préparée avec du marbre, surtout si l'on y mesure tout d'abord la petite quantité de sulfate qu'elle peut renfermer et si l'on en tient compte dans le calcul de l'analyse. Mais, dans la plupart des cas, il vaudra mieux préparer soi-même la chaux dont on pourra avoir besoin. A cet effet on éteint avec de l'eau de la chaux de marbre, on y ajoute de l'acide azotique pur, de façon qu'il reste encore un peu de chaux non dissoute et que le liquide ait encore une réaction alcaline. On évapore sans filtrer à feu nu, jusqu'à ce que le point d'ébullition soit monté à 140°. La solution bouillante se recouvre d'une pellicule d'azotate de chaux qui tend à se déposer. On mélange alors le tout en remuant intimèment dans un vase à précipité avec 2 volumes d'un mélange de 2 volumes d'alcool absolu et 1 volume d'éther et on laisse déposer pendant 12 heures dans un flacon fermé. On décante la dissolution pure d'azotate de chaux dans une capsule en porcelaine et l'on évapore d'abord avec précaution pour chasser l'alcool et l'éther, puis on achève à siccité complète en remuant la masse. On conserve l'azotate de chaux ainsi obtenu dans un flacon bien bouché. On en prend une portion que l'on met dans un ballon en porcelaine non vernissé à l'intérieur et l'on chauffe au rouge dans un fourneau convenable. Quand le sel est décomposé, ce qu'on reconnaît à ce qu'il ne se dégage plus de gaz, on jette dans le ballon une nouvelle quantité de nitrate et l'on continue jusqu'à ce que le ballon soit rempli de chaux vive. On casse le ballon, on détache la chaux des fragments de porcelaine, on la divise, dans un mortier en porcelaine, en grains dont les plus gros auront environ encore 5 millimètres de diamètre. Enfin on sépare la poussière avec un tamis à mailles d'un millimètre. Il faudrait diviser de même la chaux de marbre qu'on se procurerait dans le commerce.

L'application de la méthode est un peu différente suivant la nature de la substance.

α. *Substances solides de toutes sortes, volatiles ou non.* On prend un tube à combustion de 50 centimètres de longueur et 12 millimètres de diamètre. A l'extrémité tournée vers le gazomètre à oxygène, on enferme une lame de platine roulée en spirale et fermant bien, de façon à laisser environ 2 centimètres vides à cette extrémité. Par l'autre bout, on verse une colonne de chaux vive ou de chaux sodée en grains, on frappe le tube pour bien tasser la colonne de chaux, on nettoie le tube et l'on fixe la colonne de chaux par une seconde spirale en platine, ou bien, avec les substances phosphorées, par des fragments de verre sur une longueur de 5 centimètres. Avec les substances dont la volatilité ou la nature pourrait déterminer un mélange explosible, on ajoute une couche d'amiante de 15 à 20 centimètres, puis enfin la matière elle-même en morceaux (par exemple, avec les matières végétales) ou dans une nacelle. Les 15 derniers centimètres du tube doivent rester vides. On pose le tube dans le fourneau, de telle façon qu'il sorte d'environ 5 centimètres du côté du gazomètre, et l'on a soin que la gouttière en tôle, dans laquelle on pose le tube, ne recouvre que la partie du tube dans laquelle se trouvent la chaux, la spirale en platine (ou les fragments de verre qui la remplacent) et 1 centimètre de la colonne d'amiante. Si la substance doit être prise en trop grande quantité pour qu'on puisse se servir d'une nacelle, comme lorsqu'il s'agit de parties de végétaux, on l'introduit dans le tube et l'on relie celui-ci avec le tube qui amènera l'oxygène et n'aura pas plus de 5 millimètres de diamètre. On règle le courant de façon que ce gaz soit toujours en excès, sans quoi tout le soufre ne se transformerait pas en sulfate de chaux. En général il faut régler le courant de façon à faire passer 100 C.C. de gaz en une minute. On chauffe maintenant au rouge les 5 centimètres antérieurs de la couche de chaux, puis lentement au rouge aussi les 5 suivants, et enfin la substance.

— Si l'on peut mettre la matière dans une petite nacelle, on chauffe d'abord au rouge toute la couche de chaux, les morceaux de verre ou la lame de platine, et un centimètre de la colonne d'amiante, on fait passer le courant d'oxygène, puis on enlève le bouchon du côté du gazomètre, on introduit rapidement la nacelle et l'on referme aussi vite.

Il faut conduire la combustion de la matière en la chauffant avec précaution et en maintenant toujours un excès d'oxygène, ce dont on s'assurera en approchant de temps en temps de l'extrémité, par laquelle sort le gaz, un bout d'allumette présentant un point en ignition. Il faut avoir soin que pendant toute l'opération la couche de chaux reste parfaitement blanche : en outre, lorsque la matière commence à devenir incandescente (il faut éviter une combustion avec flamme), il ne faut pas lui donner de chaleur du dehors, jusqu'à ce que l'incandescence cesse. Les irrégularités de combustion peuvent se corriger en réglant le courant d'oxygène. — A la fin on chauffe lentement au rouge tout le reste du tube. Cela fait, tout le charbon étant brûlé et l'oxygène sortant toujours bien franchement de l'appareil, l'opération est terminée. — Si l'on a séparé la substance de la chaux par une couche d'amiante et des fragments de verre ou une spirale de platine, à l'aide d'une goutte d'eau froide jetée sur le tube encore chaud, on casse celui-ci à l'endroit où la spirale de platine touche l'amiante; mais si l'on n'a pas mis d'amiante, il faut traiter tout le contenu du tube.

On commence d'abord par nettoyer le tube ou son fragment à l'extérieur, on retire la spirale de platine qui est tout au bout du tube, et l'on verse les deux premiers centimètres cubes de chaux dans un vase à précipité pour essayer s'ils renferment de l'acide sulfurique, en les dissolvant dans de l'acide chlorhydrique. Si l'on en trouve, l'opération est manquée. Mais s'il n'y en a pas, on verse tout le contenu du tube dans le vase à précipité (excepté les spirales en platine et la nacelle qu'on lavera dans le tube), on traite par l'eau et l'acide chlorhydrique (additionné, s'il le faut, d'un peu de brome), on filtre et dans le liquide on dose l'acide sulfurique suivant le § **132. 1.**

β. Les *composés liquides volatils* seront pesés dans de petites boules en verre mince, figurant un petit ballon à col long d'au moins 8 centimètres et très étroit (§ **180**). Après avoir introduit la matière, on fond le tube à la lampe. On remplit le tube à combustion comme en α : la colonne d'amiante aura 20 centimètres. Lorsqu'on l'aura introduite, on étranglera le tube à la lampe tout contre l'amiante. Lorsque la partie du tube remplie par la chaux, la spirale de platine ou les fragments de verre et un centimètre d'amiante, sera portée au rouge, on introduira la petite boule fermée, en dirigeant la pointe du côté de la partie rétrécie du tube. On ferme alors hermétiquement le tube avec un bouchon en caoutchouc bien graissé, traversé par le tube à parois épaisses qui doit amener le courant d'oxygène; on fait passer celui-ci, et en enfonçant le tube qui amène le gaz, on pousse l'ampoule de façon à faire casser la pointe. On ramène la boule un peu en arrière, s'il le faut, de façon qu'elle soit à environ 4 centimètres de la partie étranglée du tube à combustion, on retire le tube qui amène l'oxygène, de sorte qu'il ne dépasse le bouchon que de quelques millimètres. Il faut chauffer la petite boule avec la plus grande précaution et fort lentement, en se guidant sur le degré de volatilité de la substance. Lorsque tout le liquide a disparu dans l'ampoule, on la brise en enfonçant le tube qui amène l'oxygène, on ramène ce tube à sa première position, on chauffe tout le tube au rouge et l'on achève l'analyse comme en α.

γ. *Dosage du soufre dans le gaz de l'éclairage.* On dispose le tube à combustion comme en α. La colonne d'amiante a 20 centimètres de longueur. — La partie postérieure est fermée avec un bouchon percé de deux trous, dans lesquels on fait passer des tubes étroits. Quand la partie antérieure du tube est chauffée au rouge, on fait arriver l'oxygène par un des tubes, à raison de 110 à 120 C.C. par minute, puis ensuite, avec précaution, le gaz de l'éclairage renfermé dans un ballon en verre de capacité connue, ou bien dont on détermine le volume à l'aide d'un compteur. Pour amener le gaz il faut éviter les longs tubes en caoutchouc. Il faut régler le courant de gaz de façon que l'oxygène soit toujours en excès. Si à l'orifice d'arrivée du gaz on voyait une petite flamme, il faudrait ralentir l'écoulement du gaz. La combustion ne doit se faire que dans la portion chauffée du tube, et il n'y a que si l'opération marche trop vite que la combustion se fait dans la couche d'amiante. On emploie environ 10 litres de gaz de l'éclairage, qui doivent mettre une heure 1/2 à 2 heures pour bien brûler. A la fin on chauffe au rouge toute la colonne d'amiante et l'on arrête l'opération quand l'oxygène sort bien nettement de l'ouverture du tube. On achève comme en α. — Le travail original renferme tous les détails pour la mesure du gaz, etc.

6. *Dosage du soufre dans les charbons minéraux et dans le coke.*

Eschka (*) emploie la méthode suivante assez simple. Avec une baguette en verre on mélange intimement dans un creuset en platine 1 gramme de la substance, en poudre aussi fine que possible, avec un gramme de magnésie calcinée et $0^{gr},5$ de carbonate de soude anhydre. Avec une lampe à alcool on chauffe le creuset ouvert et incliné, de façon que la moitié seulement du creuset soit portée au rouge. Pour activer la combustion, qui suivant la nature de la substance peut durer 3/4 d'heure à une heure, on remue le mélange avec un fil de platine. Quand le charbon est brûlé et que la couleur, de grise qu'elle était, est devenue jaunâtre ou brune, on ajoute au mélange $0^{gr},5$ à 1 gramme de nitrate d'ammoniaque déshydraté *en poudre fine,* que l'on mêle *intimement* dans le creuset, et l'on porte de nouveau au rouge pendant 5 à 10 minutes, en fermant cette fois le creuset avec son couvercle. De cette façon on change certainement en sulfates les sulfures qui auraient pu se former au commencement.

On met dans un vase à précipité le mélange, qui a dû conserver son état pulvérulent, on lave le creuset avec de l'eau que l'on recueille dans le vase, on chauffe le tout dont le volume peut être de 150 C.C., on filtre, on acidule avec de l'acide chlorhydrique et l'on précipite l'acide sulfurique avec le chlorure de baryum (§ **132**. 1.). — Si la magnésie calcinée et le carbonate de soude renfermaient des sulfates, il faudrait en mesurer la proportion et retrancher l'acide sulfurique correspondant de celui trouvé. — On peut, au lieu de calciner au rouge avec l'azotate d'ammoniaque, dissoudre

(*) *Zeitschr. f. analyt. Chem.*, XIII, 344.

le produit de la première calcination dans de l'acide chlorhydrique bromé.

Dans cette manière d'opérer, comme dans toutes les autres données précédemment, on a sous forme de sulfate de baryte tout le soufre du charbon, c'est-à-dire aussi celui qui pourrait s'y trouver à l'état de sulfate de chaux. Si l'on voulait doser le soufre qui n'est pas sous forme de sulfate, il faudrait d'abord débarrasser le charbon du gypse, en faisant bouillir pendant 24 heures l'essai en poudre fine avec de l'eau dans laquelle on a dissous un poids égal au sien de carbonate de soude. De cette façon le sulfate de chaux est décomposé, tandis que le sulfure de fer n'est pas attaqué. On filtre, on lave avec de l'eau bouillante et l'on prend le résidu pour y doser le soufre. Dans le liquide filtré on peut mesurer l'acide sulfurique correspondant au sulfate de chaux (*Crace-Calvert* *).

II. MÉTHODE PAR VOIE HUMIDE

1. Suivant *Beudant, Daguin* et *Rivot* (**).

On peut doser facilement le soufre dans beaucoup de matières organiques en les chauffant avec une lessive de potasse pure, ajoutant deux volumes d'eau et faisant passer un courant de chlore. L'oxydation achevée, on chasse l'excès de chlore en chauffant, on acidule, on filtre et l'on précipite avec le chlorure de baryum. *C. J. Mertz* a comparé cette méthode dans mon laboratoire à celle de *Liebig* décrite en I. 1. : il a opéré sur des copeaux de corne et il a trouvé que le procédé était commode et exact (***).

2. Suivant *Carius*.

Ce savant a soumis à de nombreuses recherches, faites avec le plus grand soin sur des substances très diverses, le dosage du soufre (et celui du phosphore, du chlore, du brome, de l'iode, de l'arsenic et d'autres metaux) dans les matières organiques. Nous lui devons les méthodes suivantes, caractérisées par ce fait que l'oxydation a lieu dans un tube fermé avec un liquide volatil acide et qui sont faciles à appliquer pour des expérimentateurs exercés. —Les nombreux exemples cités à l'appui par l'auteur ne laissent rien à désirer sous le rapport de l'exactitude.

Lorsque *Carius* publia pour la première fois sa méthode (****), il employait comme agent oxydant de l'acide azotique de 25 à 60 p. 100. Mais comme par ce moyen plusieurs composés sulfurés, surtout les acides sulfoniques (*****), ne sont pas oxydés ou ne le sont que très incomplètement, il conseilla d'abord de neutraliser leur dissolution dans l'acide azotique par du carbonate de soude, puis de fondre avec un excès de carbonate de soude. Plus tard (******) il employa pour oxyder ces composés sulfurés réfractaires le bi-

---

(*) *Chem. News*, XXIV, 76. — *Zeitschr. f. analyt. Chem.*, XII, 331.
(**) *Compt. rend.*, 1853, 835.
(***) Suivant la méthode de *Liebig*, on a trouvé, sur 100 parties de corne séchée à 100, 3,37 et 3,345 pour 100 de soufre, et avec le procédé *Beudant, Rivot* : 3,31 et 3,35.
(****) *Ann. d. Chem. u. Pharm.*, CXVI, 11.
(*****) Ce sont des dérivés organiques, dans lesquels un ou plusieurs H sont remplacés par le reste HSO^3 (acide sulfurique H^2SO^4 — OH) ou par le reste HSO^2 (acide sulfureux H^2SO^3 — OH).
(******) *Ann. d. Chem. u Pharm.*, CXXXVI, 129. —*Zeitschr. f. analyt. Chem.*, IV. 451.

chromate de potasse avec de l'acide azotique de densité 1,4, jusqu'à ce qu'enfin il reconnût dans son dernier travail (*) que l'hydrate d'acide azotique de densité 1,5 oxyde complétement tous les corps entre 200° et 320°. Dans ces limites de température l'acide azotique subit déjà seul une décomposition croissante en oxygène, eau et autres acides nitreux. Pour opérer l'oxydation complète il suffit de prendre 1,5 à 2 fois la quantité d'acide hydraté qui serait théoriquement nécessaire. Tout excès plus grand, au lieu de favoriser la réaction, la gêne plutôt. Par exemple, pour 0,24 gramme de mercaptan méthylique, l'une des substances qui exigent le plus d'oxygène, il ne faudrait prendre que 3,3 au plus 4,4 grammes d'acide azotique hydraté.

Les différentes substances organiques sont plus ou moins facilement oxydées par l'acide azotique : pour les unes il suffit de les chauffer à peu près une heure entre 150° et 200° ; enfin pour les acides sulfoniques très difficilement oxydables ainsi que leurs dérivés, il faut chauffer plusieurs heures entre 250° et 260° ; mais à 300° l'oxydation est complète en peu de temps.

Pour appliquer ces méthodes il y a certaines règles à suivre avec soin.

On choisira un tube tel que ceux qu'on emploie pour la combustion ordinaire, de 15 millimètres de diamètre intérieur et 45 à 50 centimètres de long. L'épaisseur de la paroi devra être de 1,5 à 2 millimètres. Pour opérer sans avoir à craindre d'explosion, il ne faut jamais sous aucun prétexte mettre plus de 4 grammes de l'hydrate d'acide azotique pour 50 C.C. de capacité du tube.

On pèse la substance dans un petit tube comme le représente la figure 174 en grandeur naturelle.

On prend un poids d'acide déterminé d'après les considérations précédentes, on l'introduit dans le tube à expérience contenant déjà le petit tube avec la substance, et l'on ferme le mieux possible le tube à analyse en le tirant en un tube capillaire à paroi épaisse.

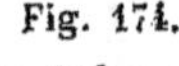

Fig. 174.

Le chauffage doit se régler, pour la durée et l'élévation de la température, d'après la nature de la substance. En général on ne doit pas chauffer plus d'une heure et demie, en ne comptant pas la première demi-heure nécessaire pour atteindre la température.

On chauffe les tubes dans l'étuve à air en tôle représentée dans la figure 175. On introduit les tubes en verre dans les tubes en fer. Ceux-ci ne sont pas hermétiquement fermés et leurs ouvertures sont dirigées du côté de la paroi d'une cage en bois fermée, pour éviter les accidents dans le cas d'une explosion possible.

Après refroidissement on chauffe avec précaution la partie effilée du tube pour chasser tout le liquide qui y serait condensé, puis on porte au

(*) *Ber. der deutsch. Chem. Gesellsch.*, III, 697. — *Zeitschr. f. analyt. Chem.*, X, 103.

rouge la pointe même du tube. Sous l'action de la pression intérieure la pointe s'ouvre et les gaz se dégagent. Si l'on avait quelque doute sur l'achèvement complet de l'oxydation, on refermerait la pointe quand les gaz ne se dégagent plus, et l'on chaufferait de nouveau. Cette manière d'opérer se commande aussi lorsqu'avec des substances très difficilement oxydables il faut chauffer jusqu'à 300° et que l'on craint que la solidité du tube ne lui permette pas de supporter, en un seul coup, la pression qui se produira pendant l'opération faite en une seule fois à cette température.

Enfin on retire le liquide acide du tube, on étend d'eau et l'on dose l'acide sulfurique suivant le § **132**. 1. — *Külz* (*) (à propos du dosage du soufre dans la bile) évapore plusieurs fois le contenu du tube avec de l'acide chlorhydrique concentré pour décomposer l'acide azotique, il reprend par

Fig. 175.

de l'eau, filtre, et dans le liquide filtré il précipite l'acide sulfurique avec le chlorure de baryum.

3. Suivant *A. H. Pearson* (**).

On met la substance pesée dans une capsule en porcelaine, on ajoute de l'acide azotique marquant 39° Baumé (densité 1,37), puis du chlorate de potasse, et l'on chauffe doucement en couvrant la capsule avec un entonnoir dont on a recourbé le tube à angle droit. On ajoute peu à peu du chlorate de potasse et l'on chauffe jusqu'à complète oxydation. La quantité de chlorate et la durée de la réaction dépendent de la nature de la substance. Pour l'oxydation complète de 1 gramme de sulfocyanure de potassium il faut de 5 à 10 minutes, tandis que pour 1 gramme de soufre il faut de 3/4 d'heure à une heure. Dans la dissolution on dose l'acide sulfurique suivant le § **132**. 1. — Ce moyen ne peut pas convenir naturellement pour les composés sulfurés volatils.

(*) *Zeitschr. f. anal. Chem.* XI, 353.
(**) *Zeitschr. f. analyt. Chem.*, IX, 271.

Les substances sulfurées, qui laissent des cendres après l'oxydation, pourraient bien renfermer à l'état de sulfate une partie du soufre que l'on trouve dans l'analyse. Il faut donc dans un essai à part chercher les sulfates que peut renfermer la matière et retrancher du poids total de soufre le soufre correspondant au sulfate trouvé. Nous avons déjà indiqué comment on opère avec les charbons minéraux (page 645). En général avec les autres substances on y arrive en les faisant bouillir avec de l'acide chlorhydrique ; les sulfates sont dissous et dans la liqueur on dose l'acide sulfurique suivant le § **132**. 1.

D. Dosage du phosphore dans les matières organiques.

§ **189**.

Le dosage du phosphore dans les matières organiques se fait comme celui du soufre : c'est-à-dire que l'on oxyde la matière soit par voie sèche, soit par voie humide, et l'on mesure l'acide phosphorique dans le liquide obtenu.

Pour faire l'oxydation on pourra parfaitement suivre les méthodes indiquées au § **188**. I. 1: 2. 4 et 5. d., ainsi que en II. 2.

Dans le liquide contenant l'acide phosphorique on pourra, suivant les circonstances, ou bien précipiter de suite à l'état de phosphate ammoniaco-magnésien avec la mixture magnésienne (ammoniaque plus chlorures de magnésium et d'ammonium), ou bien prendre la solution d'acide molybdique (§ **134**. b. α. et β.), après avoir chassé par évaporation avec de l'acide azotique l'acide chlorhydrique qui pourrait se trouver dans la solution.

On ne peut pas doser le phosphore par l'incinération de la matière et le dosage de l'acide phosphorique dans les cendres. La vitelline, qui oxydée avec l'acide azotique fournit 3 pour 100 d'acide phosphorique, ne donne que 0,5 pour 100 de cendres (*Baumhauer*).

Si une substance renferme des phosphates outre le phosphore en combinaison organique, on chauffe à l'ébullition une partie spéciale avec de l'acide chlorhydrique, on filtre, s'il le faut, et dans la liqueur on dose le phosphore qui existe sous forme de phosphate. On le retranche du poids total de phosphore trouvé, pour avoir la quantité qui n'est pas oxydée dans la matière.

E. Analyse des matières organiques contenant du chlore, du brome ou de l'iode.

§ **190**.

Lorsqu'on brûle une substance organique chlorée avec de l'oxyde de cuivre, il se forme du chlorure de cuivre qui, dans la méthode ordinaire d'analyse, vient se condenser dans le tube à chlorure de calcium et rend inexact le dosage de l'eau. — On obvie à cet inconvénient en prenant du chromate de plomb et en opérant exactement suivant le § **176**. Le chlore est dans ce cas transformé en chlorure de plomb qui reste dans le tube.

Si l'on brûle avec l'oxyde de cuivre dans un courant d'oxygène, le chlorure de cuivre est changé en oxyde de cuivre et en chlore, qui est retenu en partie dans le tube à chlorure de calcium, en partie dans l'appareil à potasse. — Pour éviter ces causes d'erreur, *Stœdler* (*) recommande de remplir la partie antérieure du tube avec de la tournure de cuivre bien décapée, que l'on maintient au rouge faible et qui dans cet état retient le chlore. Il faut interrompre le courant d'oxygène aussitôt que la tournure commence à s'oxyder. — Suivant *A. Vœlker* on évite facilement le dégagement de chlore en question en mêlant 1/5 d'oxyde de plomb à l'oxyde de cuivre. — *Kékulé* place dans la partie antérieure du tube quelques morceaux de chromate de plomb fondu.

K. Kraut (**) modifie le procédé de *Stœdler* en plaçant en outre tout à fait en avant dans le tube environ 15 centimètres de feuilles d'argent roulées en spirale. On peut alors sans inconvénient continuer le courant d'oxygène, jusqu'à ce que le gaz passe à travers l'appareil à potasse. En adoptant cette modification on peut opérer aussi bien sur les matières bromées ou iodées que sur les substances chlorées. Lorsqu'il n'y a que de l'iode, l'emploi du cuivre concurremment avec l'argent est superflu. Lorsque la lame d'argent a servi un certain nombre de fois, il suffit de la chauffer au rouge dans un courant d'hydrogène.

En chauffant la tyrosine bibromée avec du chromate de plomb, ou avec un mélange de chromate de plomb et de chromate de potasse, ou enfin avec de l'oxyde de cuivre dans un courant d'oxygène, *Gorup-Besanez* (***) a toujours obtenu des nombres trop faibles pour le carbone, parce que le bromure métallique fusible formé au début enveloppe du carbone et le soustrait à la combustion. Les résultats n'ont été exacts qu'en prenant un tube à combustion étiré à une extrémité en une longue pointe en forme de baïonnette : dans ce tube il met d'abord une colonne de 9 centimètres d'oxyde de cuivre, puis un tampon d'amiante, ensuite une nacelle de porcelaine contenant la substance en poudre fine, bien mêlée avec environ son poids d'oxyde de plomb parfaitement desséché, un nouveau tampon d'amiante, de l'oxyde de cuivre en grains, enfin du chromate de plomb ou du cuivre métallique. Il chauffe d'abord au rouge la portion antérieure, puis les couches postérieures et enfin avec beaucoup de précaution et peu à peu la petite nacelle. De cette façon tout ce qui est combustible distille et, arrivant en vapeur sur la couche d'oxyde de cuivre, s'y brûle complètement. Dans la nacelle reste un mélange de bromure de plomb et d'oxyde du même métal. Il terminait la combustion dans un courant d'oxygène, en ne chauffant pas trop fort la nacelle. — Si l'on met dans la partie la plus antérieure du tube une lame d'argent, on peut aussi obtenir exactement la quantité d'hydrogène.

Quant à ce qui est du dosage des halogènes, on appliquera une des méthodes suivantes.

(*) *Ann. d. Chem. u. Pharm.*, LXIX, 335.
(**) *Zeitschr. f. analyt. Chem.*, II, 242.
(***) *Zeitschr. f. analyt. Chem.*, I, 455.

I. Méthodes par voie sèche.

1. *Calcination avec la chaux ou la chaux sodée.*

Comme la calcination du marbre fournit facilement de la chaux exempte
de chlore, on emploie de préférence cette base pour décomposer les matières organiques chlorées, bromées ou iodées. Il faudra cependant essayer
la chaux pour s'assurer si par hasard elle ne renfermerait pas de chlore. Si
l'on en trouvait des traces, on les mesurerait dans une portion de chaux
et, en faisant l'analyse organique avec un poids connu de chaux, on retrancherait le poids connu de chlore qui s'y trouve du poids total trouvé (*).

Dans un tube à combustion de 40 centimètres, fermé à un bout en une
extrémité arrondie on verse d'abord 6 centimètres de chaux, puis la
substance, de nouveau 6 centimètres de chaux : on fait le mélange avec le
fil de fer en tire-bouchon, on remplit presque complètement avec de la
chaux, on forme un canal longitudinal en frappant un peu le tube à plat
sur une table et enfin on chauffe comme à l'ordinaire. On enferme les
liquides volatils dans de petites ampoules. La combustion achevée, on jette
la chaux dans de l'eau, on ajoute de l'acide azotique étendu et l'on précipite avec la solution d'argent (§ **141**). Voici la nouvelle manière d'opérer :
quand on a cessé de chauffer on ferme l'ouverture du tube avec un bouchon, on nettoie l'extérieur du tube et on le plonge par la partie fermée
dans un vase à précipité rempli aux 2/3 d'eau distillée. Le tube se brise
en plusieurs fragments. On ajoute de l'acide azotique de façon à dissoudre
toute la chaux, on sépare du charbon par filtration et l'on précipite par la
solution d'argent. Comme avec les matières très azotées il peut se faire
du cyanure de calcium, on aura nécessairement à faire une séparation du
cyanure d'avec le chlore, le brome ou l'iode, suivant le § **169**. 6.

Si la chaux contenait un peu de sulfure de calcium, comme cela arrive
quelquefois (*F. Sestini*), il faudrait opérer à la fin la séparation du chlorure
et du sulfure d'argent.

Si, au lieu de chaux, on fait usage de chaux sodée (qui naturellement doit
être exempte de chlore ou en contenir en proportion connue), on a l'avantage de transformer tout le charbon en acide carbonique, de sorte qu'il ne
se forme pas de cyanure (**).

Si l'on procède de cette façon avec des matières organiques iodées, avant
d'ajouter l'azotate d'argent il faut, avec quelques gouttes d'une solution
aqueuse d'acide sulfureux, transformer en acide iodhydrique l'iode mis en
liberté.

Classen (***) pour cette raison préfère, avec les substances iodées, faire
pendant plusieurs heures passer un courant d'acide carbonique humide sur
la masse, après la calcination ; il chauffe ensuite avec de l'eau, filtre, et

---

(*) *F. Sestini* (*Zeitschr. f. analyt. Chem.*, IV, 51) et *Brügelmann* (*id.*, XV, 5) ont donné
des procédés particuliers pour préparer de la chaux pure, c'est-à-dire ne contenant ni
chlorure ni sulfure de calcium.
(**) *Traité d'analyse chim.* de *H. Rose*. 6ᵉ édit., par *R. Finkener*, II, 755.
(***) *Zeitschr. f. analyt. Chem.*, IV, 202.

dans le liquide filtré il précipite l'iode en iodure d'argent, après avoir neutralisé avec précaution avec l'acide azotique.

Dans les substances à caractère acide (par exemple l'acide chlorospiroylique), les halogènes se dosent souvent d'une façon plus simple. Il suffit de dissoudre ces composés dans une lessive de potasse étendue, d'évaporer la solution à siccité et de calciner légèrement au rouge le résidu, pour transformer tout le chlore, le brome ou l'iode, en sel haloïde soluble (*Lœwig*).

2. *Calcination avec le peroxyde de fer et le fer* (*E. Kopp*[*]).

On se sert d'un tube en verre de 60 centimètres environ de longueur, 5 à 6 millimètres de diamètre intérieur, et fermé à un bout. Pour pouvoir bien régler la décomposition, on mêle intimement la substance avec du peroxyde de fer préparé en calcinant à l'air du sulfate de fer pur, et l'on verse d'abord le mélange dans le tube. On ne tassera pas la colonne qui aura 12 à 18 centimètres de longueur. Après avoir lavé le mortier avec du peroxyde qu'on verse dans le tube, on introduit quelques spirales serrées de fil de fer assez fin, sur une longueur de 20 à 25 centimètres. On achève de remplir avec des fragments poreux de carbonate de soude déshydraté par la chaleur, comme on en obtient facilement en chauffant modérément le sel cristallisé dans une capsule en platine.

On chauffe d'abord au rouge la partie du tube qui renferme les spirales en fer, puis le mélange d'avant en arrière jusqu'au bout fermé du tube. La matière organique est par là complètement détruite. Les halogènes sont complètement transformés en chlorure, bromure ou iodure de fer; si un peu de ces composés ferriques était emporté, il serait décomposé par le carbonate de soude qui retiendrait le radical halogène. Après refroidissement, on nettoie le tube à l'extérieur, on le casse en morceaux, et l'on fait bouillir le tout assez longtemps avec de l'eau. Les composés haloïdes du fer sont alors complètement décomposés par le carbonate de soude ; on filtre, on lave, on acidule avec précaution le liquide avec de l'acide azotique, et l'on précipite avec le nitrate d'argent.

3. *Combustion de la matière dans un courant d'oxygène.*

α. *C. M. Warren* (**), pour doser le chlore dans les matières organiques, applique son procédé d'analyse organique, que nous avons déjà eu l'occasion de décrire à propos du dosage du soufre dans ces substances (§ **188**. I. 5. a.), et sur lequel nous reviendrons encore plus loin dans le § **192**. La manière d'opérer est la même que celle déjà indiquée plus haut au § **188**. Le chlore mis en liberté par la combustion de la matière dans le courant d'oxygène est absorbé par la couche d'oxyde brun de cuivre, placé entre deux tampons d'amiante dans la partie antérieure du tube à combustion (l'oxyde se prépare en précipitant une solution de cuivre avec une lessive de potasse et en chauffant au rouge sur la lampe à gaz).

Si dans la même portion de substance on voulait aussi doser le carbone et l'hydrogène en même temps que le chlore, il faudrait chauffer la partie antérieure du tube convenablement, pour que l'oxyde de cuivre puisse rete-

(*) *Zeitschr. f. analyt. Chem.*, XV, 107.
(**) *Zeitschr. f. analyt. Chem.*, V, 171.

nir le chlore, sans cependant retenir une trace d'acide carbonique ni d'eau. *Warren* y arrive en enveloppant cette partie du tube d'un bain d'air chauffé avec une lampe à gaz et dont on peut facilement régler la température.

Les substances difficilement combustibles, comme le chloroforme, exigent un autre traitement, sans quoi, dans l'espace vide entre la couche d'asbeste et le tampon qui retient l'oxyde de cuivre, il se condense des produits liquides difficilement volatils. Dans ce cas, on mélange l'amiante du côté postérieur du tube avec de l'oxyde de zinc (environ 5 grammes), et dans la partie antérieure on met aussi un mélange d'amiante et d'oxyde de zinc (environ 1 gramme). La température du bain d'air ne doit pas dépasser 160°.

Après la combustion, on enlève à l'amiante avec de l'acide azotique étendu le chlorure et l'excès d'oxyde, et l'on précipite la dissolution avec l'azotate d'argent.

Les exemples cités par *Warren* donnent des résultats en moyenne satisfaisants. Il reste encore à savoir si la méthode peut s'appliquer aux composés bromés. *Warren* croit que c'est probable.

β. Le procédé de dosage du soufre (et du phosphore) de *G. Brügelmann*, décrit au § **188**. I. 5. d., est très convenable pour doser en même temps le chlore, si l'on a soin de choisir de la chaux exempte de chlore; et si l'on remplace la chaux par de la chaux sodée, on pourra doser aussi le brome et l'iode. La combustion achevée, et après avoir essayé si les 2 centimètres antérieurs de chaux ou de chaux sodée sont bien exempts de chlore, on dissout la chaux avec de l'acide azotique très étendu, qui a d'abord servi à nettoyer le tube, on fait ensuite digérer assez longtemps avec de l'acide azotique étendu la portion du tube attaquée par le chlorure de calcium fondu formé, on filtre et l'on précipite avec le nitrate d'argent.

Les résultats cités par *Brügelmann* sont très satisfaisants. La décomposition de la matière se faisant, comme dans la méthode de *Warren*, dans un courant d'oxygène, il faudra pour l'analyse des substances difficilement combustibles, telles que le chloroforme, introduire nécessairement une modification analogue à celle indiquée en α.

II. Méthodes par voie humide.

1. *Méthode de Carius* (*).

Comme pour son procédé de dosage du soufre, *Carius* a perfectionné successivement sa méthode de dosage du chlore, du brome et de l'iode dans les matières organiques, méthode qui du reste est basée comme la première sur l'oxydation de la matière par l'acide azotique dans un tube fermé. Ce qu'il y a de mieux, c'est de faire usage d'acide azotique de densité 1,5 comme nous l'avons déjà dit au § **188**. II. 2., à propos du dosage du soufre. De cette façon il n'est plus nécessaire d'employer concurremment du bichromate de potasse, comme le faisait d'abord *Carius*. — La manière d'opérer est absolument la même que pour le dosage du soufre, avec cette seule précaution en plus d'ajouter un léger excès d'azotate

(*) *Zeitschr. f. analyt. Chem.*, I, 240 ; IV, 451 ; X, 105.

d'argent à la substance pesée et aux 4 grammes d'acide azotique. Tout le chlore, le brome ou l'iode de la matière se sépare à l'état de chlorure, bromure ou iodure d'argent. Il ne peut pas se former d'iodate ou de bromate, qui serait aussitôt réduit par l'acide azoteux formé pendant la réaction. En présence de l'azotate d'argent la décomposition de la matière organique se fait avec une facilité extraordinaire : le plus souvent elle a lieu déjà à froid, au moins en partie. Avec les composés de la série aromatique la séparation des halogènes est plus difficile, mais il suffit toujours de chauffer entre 250 et 260° pour que la décomposition soit complète. — On sépare par filtration et l'on pèse le précipité de chlorure, bromure ou iodure d'argent. *Carius* conseille avant la filtration de neutraliser la plus grande partie de l'acide azotique libre avec du carbonate de soude pur. Il faut aussi faire bien attention qu'avec les matières iodées l'iodure d'argent avec l'excès d'azotate d'argent fond dans le tube chauffé en formant un composé jaune qui, par le refroidissement, se solidifie en une masse jaune opaque. Pour enlever complètement à cette dernière l'azotate d'argent, il faut la chauffer de une à deux heures sous le liquide étendu : on a alors l'iodure d'argent tout à fait pur.

Suivant *Linnemann* (*) le dosage de l'iode est moins satisfaisant que celui du brome et celui du chlore. Il attribue les pertes qu'il a obtenues à ce que l'iodure d'argent serait un peu soluble dans un liquide renfermant de l'acide azotique et de l'azotate d'argent. Aussi recommande-t-il de ne pas prendre un trop grand excès d'azotate d'argent, par exemple, seulement la quantité correspondante à 1 $\frac{1}{2}$ équivalent.

2. Avec les composés bromés, iodés ou chlorés facilement décomposables, par exemple ceux obtenus par substitution dans les acides, on peut doser les halogènes facilement, en décomposant la combinaison à l'aide de l'eau et de l'amalgame de sodium, au contact desquels on la laisse pendant quelques heures : puis on précipite avec l'azotate d'argent, en acidulant avec de l'acide azotique, s'il s'agit de composés chlorés ou bromés. Avec les composés iodés, on ajoute d'abord l'azotate d'argent au liquide encore alcalin, puis après seulement l'acide azotique pour redissoudre l'oxyde d'argent précipité avec l'iodure (*Kékulé* **).

5. Pour mesurer l'iode dans l'iodhydrate d'éthyltropine, *K. Kraut* (***) a employé un moyen fort simple qui a l'avantage de ne pas faire perdre la substance. Ce même procédé a été mis en usage par *R. Maly* (****) pour doser le brome extra-radical dans un composé obtenu en faisant agir le brome sur la thiosinamine.

On dissout dans de l'acide azotique un poids connu d'argent pur, on précipite la solution étendue avec de l'acide chlorhydrique, on décante sur un filtre pesé pour retenir les traces de chlorure d'argent entraîné et on lave avec soin. On ajoute au chlorure d'argent un poids connu de la substance.

Au bout de quelques minutes en chauffant, tout l'iode s'est porté sur l'argent et la substance est combinée avec l'acide chlorhydrique. On ras–

(*) *Zeitschr. f. analyt. Chem.*, XI, 525.
(**) *Jahresb. von Kopp und Will*, 1861, 832.
(***) *Zeitschr. f. analyt. Chem.*, IV, 167.
(****) *Zeitschr. f. analyt. Chem.*, V, 68.

semble le mélange de chlorure et d'iodure d'argent sur le premier filtre,
et l'on calcule la quantité d'iode d'après la différence entre le poids du
mélange des deux sels d'argent et le poids total du chlorure déduit du poids
d'argent pur primitivement pesé.

La méthode ne donne que l'iode ou le brome qui prend la place du chlore
dans le chlorure d'ammonium (*Maly*. Loc. cit.).

4. Enfin, dans les composés des bases organiques avec l'acide chlorhydrique ou bromhydrique ou iodhydrique, on précipite tout simplement les
halogènes dans la solution aqueuse avec l'azotate d'argent.

F. ANALYSE DES MATIÈRES ORGANIQUES RENFERMANT DES MATIÈRES MINÉRALES.

§ 191.

Si la substance organique à analyser contient des principes minéraux, il
faut naturellement chercher d'abord la proportion de ceux-ci avant de procéder au dosage du carbone, etc., car autrement on ne connaîtrait pas la
quantité réelle de matière organique contenue dans la substance et dont les
éléments doivent fournir l'acide carbonique, l'eau, etc. ; en outre on ne
pourrait pas doser l'oxygène par différence.

Si l'on a à analyser des sels ou d'autres composés analogues, on y détermine les bases d'après les méthodes décrites au quatrième chapitre; — si
les matières minérales doivent être regardées comme des impuretés, par
exemple les cendres dans les houilles, on en détermine aussi exactement
que possible la quantité, en brûlant un poids connu de la substance dans un
creuset de platine incliné ou une capsule en platine, et en faisant usage d'un
cylindre qui facilite le tirage (voir analyse des cendres). — Si les cendres
restaient encore mélangées avec du charbon, il faudrait à plusieurs reprises
mêler avec de l'oxyde de mercure pur et calciner jusqu'à poids constant.
Les substances qui contiennent des sels fusibles ne se laissent quelquefois
pas complètement brûler, quand on renouvelle souvent la calcination
même avec l'oxyde de mercure, parce que le charbon est préservé de l'action de l'oxygène par l'enveloppe de sel fondu. Dans ce cas, le mieux est
de carboniser d'abord, de lessiver avec de l'eau, puis d'incinérer le résidu.
Il faut, bien entendu, évaporer à siccité la solution aqueuse et ajouter son
résidu aux cendres.

Si simple qu'il paraisse au premier abord, le dosage des matières minérales dans les substances organiques n'est cependant pas toujours facile.
Souvent les cendres ne donnent pas simplement la somme des composés
inorganiques tels que la matière les contenait d'abord, parce que, par
exemple, les bases peuvent s'unir à des acides qui se sont produits pendant
la combustion, parce que des chlorures volatils se sont perdus pendant
l'incinération (*Behaghel v. Adlerskron* *) etc. Je renvoie donc ici au chapitre des spécialités qui traitera de l'analyse des cendres.

Si l'on a des combinaisons dont les cendres contiennent de la potasse,
de la soude, de la baryte, de la chaux ou de la strontiane, et si on les brûle
avec de l'oxyde de cuivre, une partie de l'acide carbonique est retenue par

---

(*) *Zeitschr. f. analyt. Chem.*, XII, 590.

les bases. Comme cette quantité arrêtée n'est pas constante et qu'abstraction faite de cela les résultats ne sont exacts qu'autant que tout le charbon est chassé et pesé à l'état d'acide carbonique, on ajoute à la substance, avant de la mélanger à l'oxyde de cuivre, un corps qui décompose le carbonate de chaux, etc., par exemple de l'oxyde d'antimoine, du phosphate de cuivre, de l'acide borique (*Fremy*), etc., ou bien on brûle la substance, d'après le § **176**, avec du chromate de plomb additionné de 1/10 de bichromate de potasse. Je recommande cette méthode tout particulièrement : des expériences exactes ont montré qu'alors il n'y a pas trace d'acide carbonique arrêté par les bases.

Si l'on pèse la substance qui fournit des cendres dans une petite nacelle en porcelaine ou en platine et si l'on opère suivant la méthode du § **178**. a., on peut, avec un seul essai, doser les cendres, le carbone et l'hydrogène. A l'acide carbonique obtenu il faut ajouter celui que les cendres ont pu retenir ; si ce dernier ne peut pas se calculer exactement, on pourra le doser soit avec le verre de borax, soit en fondant avec le bichromate de potasse suivant la méthode de *Persoz*, soit de toute autre façon (§ **139**).

Dans la combustion des matières renfermant du mercure, on empêche ce métal d'aller se condenser dans le tube à chlorure de calcium en achevant de remplir le tube avec une couche de cuivre métallique (tournure, lame roulée en spirale ou spirale de toile métallique) et en ne chauffant pas trop la partie antérieure.

Les substances à radicaux métalliques ou celles qui contiennent des métaux volatils se laissent très bien analyser par la méthode de *Carius* (page 646). Dans la dissolution azotique on dose le métal à la façon connue. Si les corps renferment en outre du soufre, on peut d'abord précipiter les métaux avec le carbonate de soude, autant toutefois que c'est possible, puis dans le liquide filtré doser l'acide sulfurique.

Avec les substances qui renferment en même temps du chlore, du brome ou de l'iode, il faut d'abord avec l'acide chlorhydrique précipiter l'argent dans la liqueur séparée par filtration du bromure, chlorure ou iodure d'argent, puis dans le second liquide filtré doser le métal que contient la matière organique.

Par une modification convenable de l'appareil ordinaire à analyse élémentaire, on peut avec les composés à mercure doser le mercure en même temps que le carbone et l'hydrogène (*Franckland* et *Duppa**). — Les composés arséniés s'analyseront de la même façon que les composés phosphorés avec la méthode de *Brügelmann* (voir pages 643 et 649) (**).

APPENDICE AUX §§ **174** A **191**

§ **192**.

Dans cet appendice je donne d'abord en A. les méthodes qui permettent de doser directement l'oxygène, soit que ce dosage se fasse en même temps que celui des autres éléments, soit qu'on l'éxécute séparément : — en B. je

---

(*) *Ann. d. Chem. u. Pharm.*, CXXX, 107. — *Zeitschr. f. analyt. Chem.*, IV, 158.
(**) *Zeitschr. f. analyt. Chem.*, XVI, fascicule 1.

décrirai quelques méthodes spéciales qui diffèrent essentiellement des procédés ordinaires, soit par le principe même, soit par la disposition des appareils.

A. Méthodes qui permettent de doser directement l'oxygène, soit seul, soit concurremment avec les autres éléments dans les substances organiques.

Comme nous l'avons dit, dans les méthodes ordinaires d'analyse élémentaire on ne dose l'oxygène que par différence. Autrefois on ne connaissait pas de procédé pour le mesurer directement, maintenant, il est vrai, on en a plusieurs, mais on ne s'en sert en général que tout à fait exceptionnellement, parce que la plupart sont compliqués, ennuyeux, et ne donnent de bons résultats que lorsqu'on les applique avec de grandes précautions. Je ferai remarquer en outre que les méthodes que je vais décrire, soit en détail, soit très sommairement, n'ont été jusqu'à présent vérifiées, sous le rapport de la rigueur, que par ceux qui les ont imaginées.

a. *Baumhauer* (*) fut le premier qui proposa une méthode pour doser directement l'oxygène. Elle consistait à employer, dans le procédé ordinaire de dosage du carbone et de l'hydrogène, un volume mesuré d'oxygène, qui servait à oxyder de nouveau le cuivre réduit par la formation de l'acide carbonique et de l'eau. La différence entre la quantité contenue dans les produits de l'analyse et la quantité disparue dans l'appareil est égale à la quantité d'oxygène de la substance analysée.

Comme par ce moyen il n'est pas facile de connaitre le volume exact de l'appareil et de tenir compte des effets de la température et de la pression, que dès lors il en résulte une incertitude difficile à éviter, *Baumhauer* (**) a préféré prendre un poids connu d'un composé pouvant par calcination fournir une quantité déterminée d'oxygène : il a trouvé que l'iodate d'argent sec remplit parfaitement le but. De cette façon, l'on peut non seulement doser le carbone, l'hydrogène et l'oxygène dans un seul et même poids de la substance, mais même encore l'azote, en modifiant convenablement l'appareil.

Le tube à combustion de 70 à 80 centimètres est ouvert aux deux bouts et renferme d'avant (c. à. d. de l'extrémité reliée aux tubes à absorption pesés) en arrière les substances suivantes :

20 centimètres de tournure de cuivre, 20 centimètres de fragments de porcelaine (lavés préalablement à l'acide chlorhydrique et calcinés au rouge), entre deux tampons d'amiante, 25 centimètres d'oxyde de cuivre calciné, en grains bien débarrassés de tout oxyde en poudre fine, puis un espace vide de 5 centimètres dans lequel on introduit la substance pesée, soit dans une nacelle, soit, si c'est un liquide, dans une petite ampoule en verre; si la matière est difficilement combustible, on pourra la mélanger avec de l'oxyde de cuivre. Enfin, après un espace vide de 6 à 7 centimètres on met une seconde nacelle renfermant un poids connu (quelques grammes) d'iodate d'argent pur (***) desséché à environ 140°. Il faut en outre un appareil pouvant donner un courant continu et régulier d'hydrogène pur

---

(*) *Ann. d. Chem. u. Pharm.*, XC, 228.
(**) *Zeitschr. f. analyt. Chem.*, V, 141.
(***) Voir la préparation dans le *Zeitschr. f. analyt. Chem.*, V, 143.

et un gazomètre rempli d'azote pur. Chacun de ces deux gaz doit passer dans un seul et même appareil à purification placé en arrière du tube à combustion. Cet appareil à purification est formé d'un tube rempli de tournure de cuivre, que l'on maintient au rouge pendant toute l'opération, d'un tube en U rempli de pierre ponce sulfurique et d'un second tube en U dont une moitié est remplie de chaux sodée et l'autre, celle du côté du tube à combustion, renferme du chlorure de calcium.

Avant d'adapter les tubes qui doivent absorber l'eau et l'acide carbonique, on chauffe la partie antérieure du tube un peu au delà de la colonne de tournure de cuivre, et l'on fait passer un courant lent d'hydrogène, pour être bien certain que le cuivre métallique ne contient ni protoxyde, ni bioxyde. On chasse alors l'hydrogène par l'azote et l'on chauffe en maintenant un faible courant gazeux la portion où se trouvent les fragments de porcelaine et l'oxyde de cuivre. On réunit alors au tube à combustion le tube à chlorure de calcium et l'appareil à potasse avec son petit tube à hydrate de potasse. Après avoir fait passer l'azote pendant assez de temps pour en avoir rempli tout l'appareil et en avoir saturé la potasse, on pèse les tubes à absorption et on les remet en place. On chauffe avec précaution la substance à analyser, en continuant un lent courant d'azote ; sitôt que la substance brûle ou tout au moins est carbonisée complètement, on commence à chauffer, mais très lentement, l'iodate d'argent. L'oxygène qui se dégage brûle le charbon de la matière organique et oxyde de nouveau le cuivre réduit. L'excès d'oxygène est retenu par la tournure de cuivre. Après la complète décomposition de l'iodate d'argent, on laisse encore passer l'azote quelques instants et l'on détache les tubes à absorption pour les peser. On ferme alors peu à peu les robinets du fourneau à gaz, en terminant par ceux du bout qui chauffent la tournure de cuivre. Sans interrompre le courant d'azote, on attend que l'oxyde de cuivre soit complètement refroidi, et l'on place un nouveau tube à chlorure de calcium pesé. On remplace à ce moment le courant d'azote par un courant d'hydrogène pour réduire les oxydes de cuivre formés à la surface de la tournure. L'oxygène de ces oxydes avec l'hydrogène forme de l'eau, dont on aura le poids par l'augmentation de poids du second tube à chlorure de calcium. En retirant avec un fil de fer la nacelle hors du tube à combustion, celui-ci sera prêt pour une nouvelle analyse.

Le calcul, fort simple, est le suivant :

On ajoute les quantités d'oxygène de l'acide carbonique formé, de l'eau pesée d'abord et de celle trouvée après le passage de l'hydrogène sur la tournure de cuivre oxydée : de la somme on retranche l'oxygène donné par le poids d'iodate d'argent (suivant *Baumhauer*, 100 p. du sel séché à 140° donnent 16,92 p. d'oxygène), et la différence représente l'oxygène contenu dans la substance organique brûlée.

Les analyses d'acide oxalique et d'acide urique, citées comme exemples par *Baumhauer*, sont très satisfaisantes (*).

Si l'on veut doser l'azote dans la même portion de substance, l'appareil est disposé de la même façon, seulement il faut pouvoir fermer avec une

---

(*) *A. Mitscherlich* indique une cause d'erreur difficile à éviter dans la méthode de

pince le tube en caoutchouc qui relie la partie postérieure du tube à combustion avec les tubes en U. On opère exactement comme plus haut jusqu'au moment où l'on va commencer la combustion de la matière. Alors, pendant que le courant lent d'azote passe toujours dans l'appareil, on réunit le tube à potasse avec un système de tubes devant servir à mesurer le volume total du gaz, contenu dans tout l'appareil avant et après la combustion. Le système consiste en deux tubes verticaux reliés par le bas au moyen d'un très fort tube en caoutchouc. L'un des tubes est fixe et divisé, l'autre est fixé à une ficelle et peut être élevé ou abaissé. Le système renferme du mercure de façon à remplir tout le tube en caoutchouc et à peu près la moitié de chaque tube en verre. Avant de réunir le tube divisé à l'appareil à potasse, on a soulevé le tube mobile de façon à remplir complètement le premier de mercure.

Quand le niveau du mercure est au point où commencent les divisions du tube, on ferme la pince à l'arrière du tube à combustion, on le laisse refroidir et l'on calcule le volume du gaz dans tout l'appareil à l'aide de deux lectures à deux pressions différentes, l'une avec une pression intérieure moindre que la pression extérieure de 20 millimètres environ, l'autre quand le mercure est au même niveau dans les deux tubes. On brûle alors la substance comme plus haut, seulement il n'y a plus de courant d'azote et l'on ne chauffe pas l'iodate d'argent. La combustion terminée, on laisse refroidir quelques heures et l'on fait deux nouvelles lectures à des pressions différentes pour en conclure le nouveau volume gazeux. La différence des volumes donne le volume et par suite le poids d'azote dans la substance. Cela fait, on détache le système des tubes mesureurs d'avec l'appareil à potasse, on ouvre la pince à l'autre bout du tube à combustion et l'on termine la combustion comme plus haut en chauffant l'iodate de potasse.

Quelque séduisant que paraisse ce procédé de dosage simultané de l'azote, il offre cependant des inconvénients dans la pratique, de sorte que, de l'avis même de *Baumhauer*, on ne pourra s'en servir que dans des cas fort rares. Il vaut mieux en général doser l'azote dans une nouvelle portion de la matière.

b. La méthode de *Stromeyer* repose sur le dosage direct du cuivre métallique et du protoxyde de cuivre formés par la combustion. Il traite le résidu par une dissolution de perchlorure de fer et d'acide chlorhydrique, mieux de sulfate de peroxyde de fer et d'acide sulfurique, et il titre avec le caméléon le protoxyde de fer obtenu :

$$Cu + Fe^2 Cl^3 = Cu\,Cl + 2.Fe\,Cl \text{ ou } Cu^2 O + Fe^2 Cl^3 + H\,Cl = 2.Cu\,Cl + HO + 2.Fe\,Cl.$$

On voit que, peu importe s'il s'est fait du cuivre ou du protoxyde de cuivre, pour 1 équivalent d'oxygène cédé par le bioxyde de cuivre, on trouvera 2.Fe Cl ou 2.Fe O. — Si donc on ajoute l'oxygène de l'acide carbonique et de l'eau trouvés et que l'on retranche autant de fois 1 équivalent d'oxygène qu'on aura trouvé de fois 2.Fe O, la différence donnera l'oxygène de la substance. — Comme l'oxyde de cuivre employé doit être exempt de protoxyde, on le prépare en chauffant du carbonate basique de cuivre dans

Baumhauer, surtout avec les substances très riches en carbone et en hydrogène : il prétend qu'il est très difficile de réoxyder complètement le cuivre réduit dans un courant d'oxygène, parce qu'avec les morceaux un peu gros il reste toujours un noyau de protoxyde.

un ballon en verre et non dans un creuset. L'oxyde ainsi préparé ne convient pas pour le dosage du carbone et de l'hydrogène, parce que l'acide carbonique et la vapeur d'eau se produisent trop rapidement. C'est pourquoi *Stromeyer* conseille de ne pas doser l'oxygène en même temps que le carbone et l'hydrogène, mais d'opérer sur une portion particulière de la substance. Comme l'oxyde de cuivre qu'il emploie est bien plus facilement réductible, il en faut bien moins que de l'oxyde en grains. Les matières organiques, qui renferment assez d'oxygène pour transformer tout leur hydrogène en eau, exigent environ trois fois plus d'oxygène que le calcul ne l'indique : il en faut quatre fois plus, s'il y a excès d'hydrogène. Pour être plus certain de réussir, on en prendra encore un peu plus. — On mélange l'oxyde de cuivre avec la moitié de son poids de carbonate de soude sec. Ce mélange se concrète par la chaleur rouge et brûle les dernières parcelles de carbone. Le soufre que pourrait contenir la matière organique se change en sulfate de soude, — le chlore donne du chlorure de sodium, et il ne faut pas oublier que dans ce cas l'oxygène abandonne le sodium et entre en jeu pour former l'acide carbonique et la vapeur d'eau. Avec les matières azotées la méthode est plus délicate : les produits nitrogénés donnent trop de cuivre réduit, parce qu'il se dégage des composés nitreux inférieurs ; mais avec d'autres composés azotés le résultat était à peu près exact.

On mélange la substance dans une petite capsule, au moyen d'une petite spatule, avec l'oxyde de cuivre et le carbonate de soude, on la verse à l'aide d'un petit entonnoir dans le tube en verre et l'on ajoute autant d'oxyde qu'il y en avait déjà. On granule ce dernier comme la poudre de guerre, en le mélangeant avec un peu d'eau et 1/10 de carbonate de soude, de façon à faire une pâte de consistance convenable. On fait passer cette pâte à travers un tamis dont les trous ont environ deux millimètres de diamètre, on sèche et l'on débarrasse de la poussière en tamisant. Au moyen d'un bouchon ou d'un tube en caoutchouc on réunit le tube avec un autre plus court étiré en pointe et ouvert. Après avoir formé un canal le long du tube, on chauffe avec soin d'arrière en avant à la manière ordinaire. Quand tout le tube a été porté au rouge, on ferme le petit tube à la lampe et on laisse refroidir. On verse le contenu du tube avec ses fragments dans une fiole à fond plat ; on se sert pour faire la dissolution d'une solution de sulfate de peroxyde de fer à 8 pour cent de peroxyde et bien exempte d'acide azotique et de protoxyde de fer. On prend le double de ce qu'il faudrait en calculant d'après l'oxygène que l'on a trouvé dans la substance par le moyen ordinaire, c'est-à-dire par la différence (car ici il ne s'agit que d'un contrôle), et l'on ajoute de l'acide sulfurique étendu préparé avec de l'acide distillé, en en versant un peu plus qu'il n'en faut pour saturer le carbonate de soude et dissoudre l'oxyde de cuivre. On ferme le vase avec une soupape en caoutchouc de *Mohr* (à moins qu'on ne préfère faire passer dans l'appareil un courant d'acide carbonique) et l'on chauffe avec précaution jusqu'à ce que tout l'oxyde de cuivre soit dissous. Si, par suite d'une action trop énergique de la chaleur, il restait des taches rouges après le verre, on verserait après refroidissement le liquide dans un ballon jaugé d'un litre, on chaufferait les fragments de verre avec un peu de perchlorure de fer et d'acide chlorhydrique et l'on ajouterait ce liquide au premier dans le ballon. Si la dissolution n'a pas la couleur du sulfate de cuivre, mais une teinte vert-jaune, c'est qu'il n'y a pas assez d'acide sulfurique : on en ajouterait un peu. Enfin on remplit le ballon avec de l'eau jusqu'au trait de jauge, on mélange, et pour titrer on prend 1/4 de litre que l'on étend encore avec 1/4 de litre d'eau. Pour corriger de l'erreur provenant de ce qu'un liquide, contenant du sulfate de cuivre et du sulfate de peroxyde de fer, nécessite pour obtenir la coloration plus de caméléon que de l'eau pure, on dissout 1/4 de l'oxyde de cuivre employé (du fin et du grenu) dans de l'acide sulfurique étendu, on y ajoute 1/4 de la solution de sulfate de peroxyde de fer, on fait du tout un 1/2 litre et l'on y verse une solution de caméléon, dix fois plus étendue que celle employée, jusqu'à décoloration et apparition de la teinte rouge. Les résultats cités par l'auteur sont assez satisfaisants (*) : cependant on trouve toujours qu'on emploie moins d'oxygène que ne l'indique la théorie, et dès lors on a un résultat trop fort pour l'analyse de la substance. — Probablement que cette différence doit tenir en grande partie à la présence de l'air atmosphérique dans le tube, et pour cette raison *Stromeyer* fait remarquer qu'on aurait des résultats plus exacts, si l'on chassait d'abord l'air de l'appareil en faisant le vide et en remplissant avec de l'acide carbonique.

c. *Al. Mitscherlich* s'est occupé pendant plusieurs années à chercher une méthode d'analyse organique permettant de doser tous les éléments dans une seule opération. Pour cela il décomposait d'abord la matière en la chauffant dans un courant de chlore (**), ce qui transformait l'hydrogène en acide chlorhydrique, l'oxygène en acide carbonique et en oxyde de carbone : on dosait ces produits, et les nombreuses analyses faites de cette façon fournissent de bons résultats pour l'hydrogène et l'oxygène. Plus tard (***) il remplaça le chlore par le chlorure double de platine et de potassium, pour pouvoir doser outre l'oxygène et l'hydrogène le carbone au moyen d'une seule combustion. Enfin il perfectionna encore sa méthode en brûlant la matière non plus avec le chlorure double seul, mais avec un mélange de chlorure de potassium et de chlorure double de platine et de potassium. Mais comme dans ces procédés une partie du carbone part à l'état de chlorure, ce qui rend difficile le dosage du carbone, il chercha un autre moyen et arriva à en trouver un qui permet de doser exactement par *une seule analyse*, outre le carbone, l'hydrogène et particulièrement

(*) Voici, pour bien faire comprendre, les résultats d'une analyse complète : 0,202 gr. de sucre de canne furent mélangés avec 3 gr. CuO plus 1,5 gr. NaO,CO² , et l'on ajouta 3 gr. de CuO en grains. On fit dissoudre dans 50 C. C. d'une solution de sulfate de peroxyde de fer à 8 pour 100 de Fe²O³ et dans 8 C. C. d'acide sulfurique monohydraté, et l'on fit 1 litre du tout. 250 C. C., étendus à 500 C. C., exigèrent dans deux essais 48,6 C. C. d'une solution de caméléon, dont 17,3 C. C. = 1 gramme de sulfate double de fer et d'ammoniaque, ou 0,02048 gr. d'oxygène. Pour une dissolution de 0,75 gr. de CuO en grains dans de l'acide sulfurique, mélangée avec 12,5 C. C. de sulfate de peroxyde de fer, plus de l'eau pour faire un demi-litre, il fallut pour obtenir la teinte rouge 0,9 C. C. de caméléon. Ceux-ci retranchés des 48,6 laissent 47,7 C. C. de caméléon employés, lesquels, multipliés par 4, donnent 190,8 = 0,225071, quantité d'oxygène cédée par l'oxyde de cuivre. Cela fait pour 1 équivalent de sucre (C¹²H¹¹O¹¹) 190,5 O, au lieu de 192 (24 équivalents) qui seraient nécessaires pour brûler C¹².

(**) *Zeitschr. f. analyt. Chem.*, VI, 136.

(***) *Zeitschr. f. analyt. Chem.*, VII, 272.

aussi l'oxygène, de plus l'azote, le chlore, le brome, l'iode, le soufre, le phosphore et toute autre substance minérale (*).

La méthode consiste à brûler la matière avec du bioxyde de mercure. Au-dessous de la température à laquelle l'oxyde rouge de mercure se décompose seul, il se forme, aux dépens de l'oxygène de l'oxyde, de l'eau, de l'acide carbonique et du mercure. En pesant l'acide carbonique et l'eau on a le carbone et l'hydrogène. Du poids de mercure réduit on déduit le poids d'oxygène cédé pour la combustion, et en le retranchant du poids d'oxygène contenu dans les produits de la combustion on a la quantité d'oxygène de la matière organique. Si la substance est azotée, l'azote se dégage tel quel ou à l'état de bioxyde d'azote. Le chlore, le brome, l'iode, s'il y en a, se combinent avec le mercure réduit. On trouve le soufre et le phosphore sous forme de sulfate et de métaphosphate de mercure. Ces sels, avec les composés minéraux que pourrait renfermer la matière à analyser, restent avec l'oxyde de mercure en excès, et il n'y a plus qu'à les séparer et à les doser.

Al. Mitscherlich a analysé ainsi un grand nombre de substances, et des plus différentes, et presque toujours avec des résultats très satisfaisants. Du reste les autres chimistes n'ont pas encore fait d'objection à ce procédé.

Mitscherlich a décrit avec beaucoup de soin la disposition des appareils et la manière d'opérer. Comme on ne peut obtenir des résultats utiles qu'en observant scrupuleusement toutes les précautions reconnues nécessaires par l'auteur, une description succincte du procédé n'aurait aucune utilité : c'est pourquoi nous préférons renvoyer au travail original.

d. *A. Ladenbourg* (**) oxyde la substance dans un tube fermé avec de l'iodate d'argent et de l'acide sulfurique. On pèse la matière dans une petite ampoule en verre, on la met dans un tube de verre avec de l'acide sulfurique monohydraté pur et un poids connu d'iodate d'argent, puis enfin on ferme le tube à la lampe. En secouant le tube on casse l'ampoule et l'on chauffe. La réaction terminée et le tube refroidi, on pèse celui-ci, on chauffe la pointe pour la faire ouvrir : en chauffant et en faisant le vide on chasse l'acide carbonique absorbé par l'acide sulfurique, on pèse et l'on recommence jusqu'à ce qu'on ait un poids constant. La perte de poids donne l'acide carbonique produit, par conséquent le poids de carbone de la matière. On coupe le tube, on prend le contenu, on ajoute de l'iodure de potassium et l'on dose l'iode libre d'après le § **146.** Du poids d'iode trouvé on conclut la quantité d'iodate non décomposé et par suite la quantité qui a été employée à brûler la substance, d'où l'on conclut le poids d'oxygène nécessaire pour oxyder la matière à analyser.

Les exemples cités par *Ladenbourg* ne laissent en général rien à désirer.

e. *J. Maumené* (***) brûle la substance avec de la litharge, mélangée avec 1,4 de phosphate de chaux pour empêcher la fusion. On obtient ainsi de l'acide carbonique et de l'eau comme dans la méthode ordinaire, mais en outre on a du plomb métallique. Pour retrouver ce dernier après l'analyse, on mêle

---

(*) *Zeitschr. f. analyt. Chem.*, XIII, 74. — XV, 571, et aussi dans le mémoire : *Analyse élémentaire au moyen de l'oxyde de mercure.* Berlin, 1875.

(**) *Ann. d. Chem. u. Pharm.*, CXXXV, 1. — *Zeitschr. f. anal. Chem.*, IV, 192.

(***) *Comptes rendus*, LV, 452.

le contenu du tube, après la combustion, avec environ le double de litharge pure, on verse dans un creuset, on couvre d'une couche de litharge pure et l'on fait fondre. On obtient un culot métallique que l'on nettoie et que l'on pèse. On trouve l'oxygène de la substance en retranchant de celui de l'acide carbonique et de celui de l'eau l'oxygène correspondant au. poids de plomb trouvé. *Maumené* ne dit pas comment il évite l'erreur nécessairement occasionnée par l'oxygène de l'air contenu dans l'appareil.

f. *Cretier* (*) fait passer les produits de la distillation sèche de la substance sur du magnésium pesé et chauffé dans un tube à combustion également pesé. De cette façon l'eau est décomposée et aussi en grande partie les composés oxygénés du carbone. On pèse de nouveau les tubes et l'on soumet à une analyse particulière le mélange gazeux sorti du tube et qui consiste en hydrogène, hydrure de méthyle et peut-être oxyde de carbone. De ces données on conclut le carbone, l'hydrogène et l'oxygène de la substance. L'exactitude de ces résultats laisse beaucoup à désirer.

B. *Méthodes d'analyse élémentaire qui diffèrent essentiellement de la méthode ordinaire, soit par le principe même, soit par la disposition des appareils, et qui ne permettent pas de doser directement l'oxygène.*

a. *Cloëz* (**) a décrit un procédé de dosage du carbone, de l'hydrogène (et de l'azote), qui convient aux substances solides aussi bien qu'aux liquides, aux corps fixes et aux corps volatils, qu'ils ne contiennent que du carbone, de l'hydrogène et de l'oxygène, ou bien qu'ils renferment encore de l'azote, du chlore, du brome, de l'iode, du soufre et des principes minéraux. Pour pouvoir indiquer ce procédé complètement, j'ai préféré le donner ici en appendice. Ce qu'il y a de caractéristique dans la méthode, qui est du reste calquée en général sur celle du § **178**, c'est que le tube à combustion en verre est remplacé par un tube en fer forgé, et qu'au lieu d'un courant d'oxygène on emploie seulement de l'air purifié. Par suite de la première modification, l'appareil peut rester monté pour un grand nombre d'analyses, ce qui est fort commode pour les recherches purement scientifiques et surtout aussi pour les essais industriels. Beaucoup d'analyses faites à titre d'épreuves ont démontré la rigueur du procédé : la plupart des résultats sont très satisfaisants.

Le tube à combustion AB (*fig.* 176) est en fer étiré et a 20 à 22 millimètres de diamètre et 115 centimètres de lon-

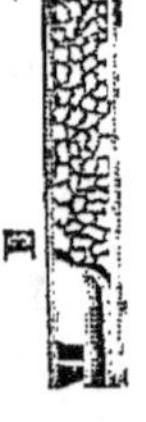

Fig. 176.

(*) *Zeitschr. f. analyt. Chem.*, XIII, 1.
(**) *Ann. de physique et de chimie*, 3ᵉ série, LXVIII, 394.

gueur ; 20 centimètres environ sortent de chaque côté du fourneau à combustion. On commence par oxyder la surface interne du tube en le chauffant au rouge et en y faisant passer un courant de vapeur d'eau (*). Cela fait, on introduit au milieu, entre E et F, une longue colonne d'oxyde de cuivre en poudre, que l'on maintient entre des spirales en ruban de cuivre oxydé à la surface. Les portions vides FB et AE du tube sont destinées à recevoir de longues nacelles demi-cylindriques en forte tôle de fer, que l'on peut retirer à l'aide d'un fil de fer rivé à une extrémité. La nacelle de l'extrémité antérieure a 20 centimètres de longueur. Pour la combustion de substances qui ne renferment que du carbone, de l'hydrogène et de l'oxygène, on la remplit d'oxyde de cuivre en grains ; si les matières sont facilement combustibles, on se dispense de l'introduire dans le tube : si l'on opère sur des matières azotées, on la remplit de tournure de cuivre et, avec les substances chlorées ou sulfurées, on y met du chromate de plomb ou de la litharge. La nacelle qui est à la partie postérieure en CE a 30 centimètres de longueur : on y met de l'oxyde de cuivre modérément calciné, quand on opère avec des substances ne contenant que du carbone, de l'hydrogène et de l'oxygène ; pour l'analyse des matières sulfurées, chlorées ou bromées, on la remplit de chromate de plomb fondu et réduit en poudre. Pour absorber la vapeur d'eau produite, *Cloëz* fait usage d'un tube en U rempli de fragments de pierre ponce imbibée d'acide sulfurique : à la suite on adapte l'appareil à potasse, puis un tube en U plein de fragments d'hydrate de potasse. Le courant d'air qui doit traverser le tube à combustion passe d'abord dans un petit flacon contenant une lessive de potasse étendue, dans laquelle plonge à peine le tube qui amène le gaz, puis de là, il se rend dans une éprouvette rétrécie à la partie inférieure et remplie de pierre ponce imbibée d'acide sulfurique concentrée (*fig.* 79, page 213), et enfin à travers deux longs tubes horizontaux à extrémités recourbées, dont le premier est plein de chlorure de calcium poreux et le second de fragments de potasse caustique (**).

S'agit-il d'analyser une substance solide formée de carbone, d'hydrogène et d'oxygène, on remplit les deux nacelles d'oxyde de cuivre, on chauffe le tube dans toute la longueur enfermée dans le fourneau et l'on fait passer pendant dix à quinze minutes un lent courant d'air : la partie antérieure reste ouverte. On laisse refroidir ensuite la portion du tube qui contient la nacelle CE, on saisit le tube avec une pince (*fig.* 177), on enlève le bouchon A, on retire la nacelle et on la laisse refroidir dans un tube de fer fermé ne servant qu'à cet usage, à moins que l'on ne préfère la laisser refroidir dans le tube à combustion même. Quand la température est assez abaissée

---

(*) Cette opération a acquis une grande importance depuis que MM. *Sainte-Claire Deville* et *Troost* (*Compt. rend.*, LVII, 965) d'une part, et *Cailletet* (*id.*, LVIII, 527 et 1057) d'autre part, ont montré que par ce moyen on enlevait au fer porté au rouge sa perméabilité pour les gaz.

(**) Cette disposition de l'appareil à dessécher n'est pas convenable. Elle laisse entrer de l'air desséché sur du chlorure de calcium et sortir du tube devant absorber l'eau de l'air desséché par de l'acide sulfurique. C'est ce qui explique pourquoi *Cloëz* trouva toujours quelques centièmes pour 100 d'hydrogène en trop. Il faut modifier la disposition, de façon que l'air privé de l'acide carbonique sorte à la fin par un tube à acide sulfurique.

pour qu'on n'ait plus à craindre la volatilisation ou la décomposition de la
matière qu'on va mélanger, on retire la nacelle avec la pince, on la pose
sur une mince feuille de cuivre, et avec une petite pelle recourbée en fer
poli (*fig.* 178) on met une portion de l'oxyde de cuivre dans une petite
main en feuille de laiton (*fig.* 179). On répand rapidement la substance à
brûler sur toute la surface de l'oxyde de cuivre laissé dans la nacelle, par-
dessus on verse celui qu'on a mis de côté dans la main en laiton, on pousse
la nacelle dans le tube à combustion, qui a été auparavant relié aux appareils à absorption, on ferme le tube en arrière, et l'on fait passer lentement
le courant d'air. On conduit la combustion comme à l'ordinaire, c'est-à-
dire qu'on chauffe la substance d'avant en arrière, en maintenant toujours
au rouge les parties antérieure et moyenne du tube. On juge de la marche

Fig. 177.   Fig. 178.   Fig. 179.

de l'opération et l'on en reconnaît la fin, en comparant le mouvement des
bulles de gaz dans le flacon à potasse de l'appareil destiné à purifier l'air
avec le passage du gaz dans le tube à potasse pesé. L'analyse terminée, on
enlève l'appareil à absorption pesé, on continue à chauffer le tube dans
lequel on fait passer un fort courant d'air pour oxyder de nouveau le cuivre
réduit, et l'on peut procéder immédiatement à une nouvelle analyse.

On traite de même les substances liquides non volatiles, en les répan-
dant sur la couche d'oxyde de la nacelle CE au moyen d'un petit tube effilé,
que l'on pèse de nouveau après avoir vidé la quantité convenable du liquide. — Les carbures d'hydrogène volatils (amylène, benzine, etc.) sont
pesés dans un petit tube fermé par un bouchon et dont l'extrémité est
étirée. Après avoir enlevé le petit bouchon, on pose le tube sur la couche
d'oxyde de cuivre de la nacelle CE et à l'extrémité de celle-ci, on l'introduit
dans le tube à combustion et l'on fait passer un courant d'air très lent en
portant au rouge la moitié antérieure du tube. Si le courant d'air ne suffit
pas pour amener, à la température ordinaire, le liquide en vapeurs sur
l'oxyde de cuivre, on chauffe la partie où se trouve la matière volatile en
allant d'avant en arrière.

Pour l'analyse des matières azotées on remplace la nacelle D remplie
d'oxyde de cuivre par une autre pleine de tournure de cuivre, dont la surface d'abord oxydée a été réduite par un courant d'hydrogène au rouge.
Le courant d'air doit alors être très lent et ne devenir plus fort que vers
la fin, de façon que la partie antérieure de la nacelle soit toujours métallique et par là capable de décomposer les combinaisons oxygénées de
l'azote.

Avec les matières renfermant du soufre, du chlore, du brome ou de
l'iode, on met dans la nacelle CE du chromate de plomb et en D de la
litharge parfaitement sèche ou aussi du chromate de plomb, et on ne

chauffe la nacelle antérieure qu'au rouge naissant, afin que son contenu ne puisse pas fondre.

Pour brûler les matières organiques qui contiennent des éléments minéraux, on les met dans une petite nacelle en porcelaine, que l'on place sur une lame de platine à bords redressés et que l'on pousse au moyen d'un fil de platine presque contre la couche d'oxyde de cuivre qui est en permanence au milieu du tube. Quand les produits de la distillation sèche sont brûlés, on brûle le résidu de charbon avec l'oxygène du courant d'air. Avec les substances difficiles à brûler, par exemple, le charbon graphitoïde des cornues à gaz, l'opération est sans doute plus longue que lorsqu'on emploie l'oxygène pur, mais les résultats sont aussi exacts.

L'appareil que nous venons de décrire peut servir également à doser l'*azote* en volume d'après le principe de la méthode *Dumas* (§ **185**. aa.). La nacelle antérieure sera remplie de tournure de cuivre d'abord oxydé, puis réduit par l'hydrogène, et dans l'autre on mettra la substance avec de l'oxyde de cuivre. Par la partie postérieure du tube on fait passer un courant d'acide carbonique pur au moyen d'un tube à robinet, jusqu'à ce que tout l'air soit chassé. On arrête l'acide carbonique en fermant le robinet, on introduit le bout du tube à dégagement antérieur sous une éprouvette remplie de mercure et de lessive de potasse : on chauffe au rouge en prenant les précautions ordinaires, à la fin on soulève un peu l'éprouvette pour diminuer la pression et l'on fait de nouveau arriver l'acide carbonique pour amener tout l'azote dans l'éprouvette. Les détails de l'opération sont du reste les mêmes que ceux indiqués au § **185**. aa. Dans la construction de l'appareil à acide carbonique, il faut avoir soin de pouvoir donner au gaz la force élastique nécessaire pour vaincre la pression de la colonne de mercure,

b. *C. M. Warren*, dont nous avons déjà décrit la méthode de dosage du soufre et du chlore dans les matières organiques au § **188**. 5. a. et au § **190**. 3., brûle aussi la substance seulement ou presque seulement avec de l'oxygène pour doser le carbone et l'hydrogène. Son tube à combustion est recourbé en arrière et vers le haut à angle obtus. La matière se place dans cette partie relevée, où elle se chauffe avec une lampe à gaz particulière. La portion horizontale du tube contient près de la courbure 30 à 36 centimètres d'amiante bien régulièrement étalé, 6 à 9 centimètres d'oxyde de cuivre en grains fortement calciné et enfin un nouveau tampon d'amiante. L'oxyde de cuivre sert d'indicateur, pour savoir si des vapeurs non brûlées ont pu parvenir jusque-là et dans ce cas pour en compléter la combustion.

c. Je renvoie aux travaux originaux pour les méthodes suivantes :

Celle de *Wheeler* (*), qui dose en une seule opération le carbone, l'hydrogène et l'azote, — celle de *Franz-Schulze* (**), qui repose sur les mesures volumétriques des gaz et dose aussi l'azote, — et aussi celle de *Schlœsing* (***),

---

(*) *Journ. f. prackt. Chem.*, XCVI, 259. — *Zeitschr. f. analyt. Chem.*, V, 217.
(**) *Zeitschr. f. analyt. Chem.*, V, 269.
(***) *Compt. rend.*, LXV, 957.

qui permet de mesurer en même temps le carbone, l'hydrogène et l'oxygène.

d. Tandis que les procédés ordinaires d'analyse organique procèdent tous par voie sèche pour oxyder les substances, *Brunner* (*) propose d'y arriver par voie humide, en traitant la matière par le bichromate de potasse et l'acide sulfurique. — *Ullgren* a un peu modifié le moyen en prenant de l'acide chromique et de l'acide sulfurique, et comme il l'a appliqué au dosage du carbone dans les différentes sortes de fer, nous y reviendrons à propos de l'analyse de la fonte.

III. *Détermination de l'équivalent des matières organiques.*

Les méthodes qui permettent de fixer les équivalents des substances organiques sont très différentes suivant les propriétés de la matière. En général il y a trois procédés pour arriver à ce but.

§ 193.

1. On détermine la quantité d'un corps, dont l'équivalent est bien connu, unie dans un composé bien caractérisé avec la substance dont on doit trouver l'équivalent.

C'est ainsi qu'on détermine les équivalents des acides, des bases organiques et d'un grand nombre de substances indifférentes, qui cependant ont la propriété de s'unir aux acides ou aux bases. — Nous verrons plus loin, en traitant du calcul des analyses, comment on déduit l'équivalent des résultats obtenus par l'expérience : nous nous bornons ici à indiquer les opérations pratiques.

a. Avec les *acides organiques* on emploie de préférence le sel d'argent, parce qu'on peut être presque toujours certain qu'on n'aura ni composé basique ni combinaison hydratée, et que l'analyse est extrêmement facile. — Toutefois il n'est pas rare qu'on fasse usage d'autres sels, surtout de ceux de baryte, de plomb ou de chaux. (Avec les composés de plomb, il faut faire attention de ne pas prendre pour neutres des sels basiques, et avec les sels de chaux ou de baryte, il ne faut pas croire anhydres des combinaisons qui pourraient être hydratées.) — Nous avons indiqué dans le quatrième chapitre la manière de procéder à propos de chaque base en particulier.

b. Avec les *bases organiques* qui forment des sels bien cristallisables avec l'acide sulfurique, l'acide chlorhydrique ou tout autre acide facile à doser, on détermine l'équivalent en mesurant la quantité d'acide qui entre dans un poids connu du sel, d'après les méthodes ordinaires. — Si les sels ne cristallisent pas, on met, suivant *Liebig*, un poids connu de l'alcaloïde dans un tube à dessécher (*fig.* 180) que l'on pèse, on y fait passer long-

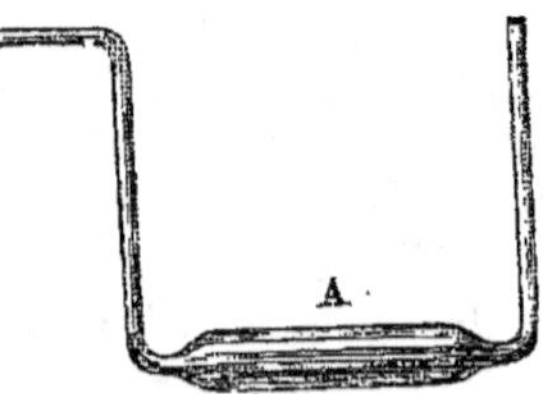

Fig. 180.

temps un courant lent de gaz acide chlorhydrique parfaitement sec, à la fin (en maintenant le tube à la température de 110°) (*fig.* 34, page 47) on chasse l'excès de gaz par un courant d'air, et l'accroissement de poids du tube fait connaître le poids d'acide chlorhydrique absorbé. — Comme contrôle on peut dissoudre le chlorhydrate dans de l'eau et doser le chlore avec la dissolution d'argent. — On peut aussi obtenir les équivalents des bases avec les sels doubles qu'elles forment avec le chlorure de platine : on calcine ces sels avec précaution (§ **124**) et l'on pèse le résidu métallique.

c. Avec les *substances indifférentes* on n'a le plus souvent que leurs combinaisons avec le plomb, car la plupart de ces matières ou bien ne se combinent pas avec les autres bases ou ne forment pas de composés qu'on puisse obtenir purs. Et encore dans ce cas il peut rester du doute sur la valeur de l'équivalent, car l'oxyde de plomb s'unit souvent au composé dans des proportions variables : toutefois ces combinaisons ne sont pas sans intérêt, car elles apprennent si la substance s'unit telle quelle à l'oxyde de plomb ou s'il y a de l'eau éliminée.

Quelquefois les substances organiques forment avec de l'eau des composés solides et cristallisables, de l'analyse désquels on peut déduire l'équivalent.

§ 194.

2. On détermine la densité de la vapeur de la combinaison.

Des nombreuses méthodes qu'on a proposées pour atteindre ce but, je ne décrirai que les deux qui sont les plus simples et les plus fréquemment employées dans les laboratoires. Dans toutes ces expériences il faut toujours que la température soit poussée assez haut pour qu'on puisse admettre que la vapeur se dilate comme les gaz. Ce point est important, car aux températures voisines du point d'ébullition la densité est toujours plus grande; elle diminue graduellement à mesure que la température augmente, et ne devient constante qu'à partir d'une certaine limite qu'il faut atteindre.

A. *Procédé de Dumas.*

Voici l'ensemble des opérations : on pèse un ballon en verre plein d'air sec et dont on mesurera plus tard le volume, on calcule le poids d'air qu'il renferme au moment de la pesée, on le retranche du premier poids, ce qui donne le poids du ballon vide. On y introduit en quantité un peu notable la substance dont il faut connaître la densité de la vapeur; on porte à une température suffisamment supérieure au point d'ébullition de la matière, jusqu'à ce que tout soit transformé en vapeurs et que l'excès de celles-ci ait chassé tout l'air du ballon; on ferme celui-ci à la lampe, on le pèse, et en retranchant le poids du ballon vide on a le poids de la vapeur. On a ainsi les données nécessaires pour calculer la densité. Il est inutile de dire qu'il faut avoir exactement la température et la pression, aussi bien à la première pesée qu'au moment de la fermeture du ballon, pour ramener les gaz aux conditions normales.

On voit que cette méthode ne s'applique qu'aux substances volatiles sans décomposition : elle ne donne non plus de résultats exacts que si *le composé est parfaitement pur.* Nous allons suivre le procédé pratique, renvoyant, pour les calculs et leurs conséquences, au « Calcul des analyses », § **204**.

a. *Appareils et objets nécessaires.*

1. La substance. — Il en faut environ 8 grammes. Il faut connaître son point d'ébullition.

2. Un ballon de verre à col étiré. — On prend un ballon ordinaire de verre pur, sans bulles, de la contenance de 250 à 500 C.C., on le nettoie avec de l'eau, on le dessèche complètement en y faisant le vide et y laissant rentrer de l'air sec plusieurs fois de suite (on se servira pour cela de l'appareil figuré au § **174** (*fig.* 152). Puis on ramollit à la lampe le col du ballon près de la panse et on l'étire pour lui donner la forme de la figure 181.

Fig. 181.

On coupe la pointe et on fond les bords à la lampe à alcool. — (Comme il faudra plus tard fondre rapidement et fermer hermétiquement cette pointe, on fera bien d'essayer le verre avec le bout du col qu'on a détaché ; si le verre ne se prête pas facilement à cette opération, le ballon ne saurait être employé, il faut en prendre un autre.)

3. Une marmite de fer ou de cuivre pour contenir le liquide dans lequel on chauffe le ballon (*fig.* 182).

Quant au liquide à mettre dans la marmite, il faut le choisir tel qu'on puisse le chauffer au moins à 50 ou 40° au-dessus du point d'ébullition de la substance. On peut faire presque toutes les expériences avec de l'eau ou de l'huile. Un bain de chlorure de calcium est cependant plus agréable que le bain d'huile, quand sa température (qui va à 180° avec une solution complètement saturée) suffit, parce qu'alors on peut mieux nettoyer le ballon.

4. Un support pour fixer le ballon. — On le fera facilement avec un bâton et des fils de fer : on le soutiendra avec un support à cornues (*fig.* 182).

5. Du mercure en quantité plus que suffisante pour remplir le ballon.

6. Un tube de 100 C. C. exactement calibré et divisé.

7. Une lampe à gaz ou à alcool et un chalumeau.

8. Un bon baromètre.

9. Un thermomètre exact à échelle élevée.

b. *Marche de l'opération.*

α. On place le ballon sur la balance et on le pèse. En même temps on met un thermomètre dans la cage de la balance. — On laisse le ballon dix minutes et on regarde si son poids reste constant. Quand cela est obtenu, on note la température et en même temps la hauteur du baromètre.

β. On chauffe le ballon légèrement et l'on plonge sa pointe dans environ 8 grammes de la substance qui sera naturellement liquide, ou qu'on aura fondue à une douce chaleur. (Si la matière a un point du fusion élevé, il faut non seulement chauffer le ballon, mais encore son col effilé, afin que le liquide ne s'y solidifie pas.) Quand le ballon se refroidit (ce qu'il faut activer en versant sur lui quelques gouttes d'éther, quand on opère avec des substances très volatiles), le liquide monte et se répand dans le ballon. On n'y introduit pas plus de 5 à 7 grammes de matière.

γ. On chauffe le contenu de la petite marmite (a. 5.) à 40 ou 50°, on fixe le ballon et un thermomètre dans le bain comme on le voit dans la figure 182. Maintenant on élève graduellement la température jusqu'à 30 ou 40° au-dessus du point d'ébullition de la substance et l'on fait en sorte (avec le bain d'huile ou de chlorure de calcium) qu'elle soit parfaitement uniforme et constante, ce qu'on obtient en réglant le feu. Aussitôt que le ballon est à une température supérieure à l'ébullition de la matière, un courant de vapeur s'échappe par la pointe et sa force augmente avec la

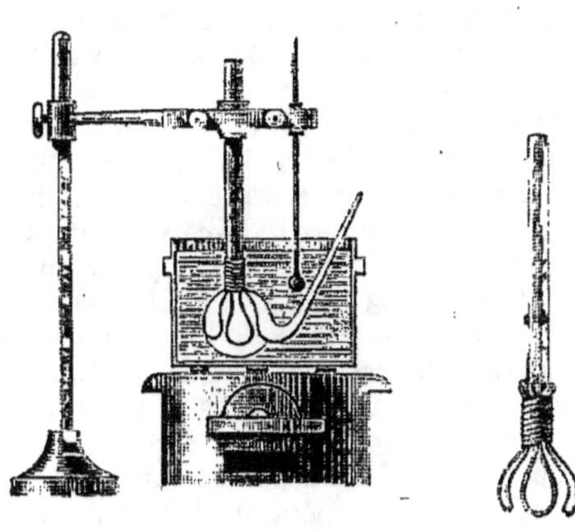

Fig. 182.

température. Mais bientôt il diminue et cesse complètement (au bout d'un quart d'heure environ). Si quelques gouttes de liquide se condensaient dans la partie effilée du ballon, on les chasserait en promenant dessous un charbon allumé. Enfin, quand l'équilibre s'est établi à la température convenable entre le gaz interne et l'air extérieur, on ferme la pointe complètement et rapidement avec le chalumeau et l'on note aussitôt le thermomètre. — Pour s'assurer que la pointe est bien fermée, on la refroidit en soufflant dessus avec le chalumeau : aussitôt un peu de vapeur se condense et forme une goutte liquide qui, par capillarité, reste à l'extrémité du tube. Si la pointe n'était pas fermée, cela n'arriverait pas. On observe encore une fois le baromètre, parce que la pression aurait pu changer pendant l'opération.

δ. On enlève du bain le ballon fermé, on le lave avec soin quand il est froid, on l'essuie et on le pèse comme plus haut.

ε. On plonge la partie effilée, suivant la longueur, dans une cuve à mercure, à l'extrémité on fait un trait à la lime et on brise la pointe. Aussitôt le mercure se précipité dans le ballon où le vide s'est fait par suite de la condensation de la vapeur. (On tient le ballon dans le creux de la main et l'on appuie celle-ci sur le bord de la cuve.) Si au moment de la fermeture il ne restait plus d'air dans le ballon, il se remplit complètement de mercure, autrement il reste une bulle d'air. Dans les deux cas on mesure le mercure qui a été introduit en le versant dans un tube gradué (a. 6.); — et dans le dernier on remplit ensuite le ballon d'eau que l'on mesure également. La différence des deux volumes donne la quantité d'air restée.

Avec ces résultats, qui sont assez exacts quand l'opération est bien conduite, on fait les calculs que nous dirons plus loin, § **204**.

B. *Méthodes basées sur le principe de Gay-Lussac.*

Dans ces procédés on mesure le volume de la vapeur formée, dans des conditions convenables, par un poids déterminé de la substance, tandis que, par la méthode de *Dumas*, on mesure après coup le poids de la matière dont la vapeur occupe un volume connu d'avance. — Le meilleur moyen d'appliquer la méthode est celui de *A.-W. Hofmann* (*).

Il faut pour cela un tube de verre calibré, fermé en haut, long d'environ 1 mètre, de 15 à 20 millimètres de diamètre intérieur. On le remplit avec soin de mercure et on le retourne dans une petite cuvette contenant du mercure, de sorte qu'il se forme en haut une chambre barométrique de 20 à 30 centimètres. Sur presque toute sa longueur le tube est enveloppé par un manchon en verre de 80 à 90 centimètres de long et 30 à 40 millimètres de diamètre : ce manchon se termine en haut, au-dessus de la partie fermée du tube barométrique, par un tube abducteur recourbé à angle droit. En bas le manchon est fermé par un bouchon percé de deux trous : le trou central, large, laisse passer le baromètre calibré, tandis que le second trou, plus étroit, est traversé par un tube abducteur. L'enveloppe a pour but de porter et de maintenir le tube intérieur à une température constante et assez élevée. Pour cela on fait arriver par le tube étroit supérieur la vapeur d'un liquide convenablement choisi, ayant un point d'ébullition constant et suffisamment élevé (de l'eau ou de l'aniline, etc.). Si l'on prend de l'eau, on laisse la vapeur sortir dans l'atmosphère par le tube abducteur inférieur; avec l'aniline ou tout autre liquide, on réunit ce tube à un réfrigérant convenable. *Hofmann* s'est assuré par des observations directes que de cette façon, et avec un dégagement assez rapide de la vapeur, la température entre l'enveloppe et le baromètre, et par suite celle de ce dernier, restent constantes et égales à la température de l'ébullition du liquide, de sorte qu'il est inutile d'observer la température pendant l'expérience.

Pour opérer, on pèse le liquide dont on veut mesurer la densité de la vapeur dans une toute petite fiole faite avec un bout de tube de verre mince, fermé avec une lame de verre rodée sur les bord du tube. On choisit la grandeur des fioles suivant la nature du liquide : les plus petites renfermeront environ 10 milligrammes d'eau, les plus grandes 100 milligrammes. On introduit la petite fiole pleine dans le tube barométrique. Ordinairement l'obturateur se détache aussitôt que la fiole arrive dans la chambre barométrique. Que cela arrive ou non, on commence à chauffer dans un vase en verre ou en cuivre le liquide qui doit fournir la vapeur et l'on fait arriver celle-ci dans l'enveloppe. Bientôt la petite fiole s'ouvre, le liquide en sort, se répand en vapeurs, et la colonne de mercure descend. Lorsque la température est devenue constante et que le niveau du mercure ne change plus dans le tube, on fait les lectures : on note la pression atmosphérique, le niveau du mercure en dedans et en dehors du tube. Pour ces dernières mesures il est bon, quand le tube est gradué en centi-

(*) *Bericht der deutsch. Chem. Gesellsch.*, I, 198. — *Zeitschr. f. analyt. Chem.*, VIII, 85.

mètres cubes, d'y ajouter une division en millimètres. — La température de la vapeur et du mercure est égale, comme nous l'avons dit, au point d'ébullition du liquide dont la vapeur sert à chauffer, point d'ébullition correspondant, bien entendu, à la pression que supporte le liquide. Dans le calcul que l'on fera, comme nous le dirons plus loin au § **204**, il faudra, si la température est élevée, tenir compte de la tension de la vapeur de mercure et de la température du mercure. Quant à cette dernière, il y a une légère incertitude que l'on ne peut pas éviter, car on ne peut pas savoir la température moyenne du mercure entre la partie chauffée dans l'intérieur de l'enveloppe et la partie restée froide au dehors. Mais cela a peu d'influence sur les résultats.

Les avantages de ce procédé d'*Hofmann* sont importants : il permet, d'après le principe de *Gay-Lussac*, de mesurer la densité des vapeurs à de hautes températures sans que l'on soit incommodé par les vapeurs de mercure ; l'atmosphère de vapeur fournit une température constante que l'on obtiendrait difficilement par tout autre moyen, enfin la mesure du volume de la vapeur se fait avec une grande exactitude. Mais le plus grand avantage, c'est que sous des pressions aussi faibles, qui peuvent tomber à 20 et même à 10 centimètres, on peut opérer à des températures relativement basses. Pour beaucoup de corps dont le point d'ébullition est voisin de 120°, même de 150° (suivant *A. Schrœder* on peut aller à 182°), on peut dans ces conditions se contenter de l'emploi de la vapeur d'eau. La vapeur d'aniline, qui bout à 185°, est assez chaude pour obtenir exactement la densité de la vapeur de l'aniline elle-même, celle de la toluïdine, qui bout à 198°, et celle de la naphtaline, qui bout à 218° (suivant *A. Schrœder* on peut même mesurer celle de la coumarine, dont le point d'ébullition est 270°) (*).

H. Wichelhaus (**) a employé un appareil dont la forme diffère un peu de celui d'*Hofmann*. Il est représenté dans la figure 183.

a est une petite coupe en verre, au fond de laquelle s'adapte le bout ouvert du baromètre usé à l'émeri : on a introduit cette coupe dans la cuve à mercure sous le baromètre, quand on a introduit la substance dans ce dernier, et l'on fixe le tube barométrique au fond de la coupe, en sorte qu'en retirant le tout de la cuve on a une sorte de baromètre à siphon. On introduit le tout dans le manchon où circulera la vapeur, et de cette façon toute la colonne de mercure sera à la même température.

Le mercure chassé du tube coulera par le tube étroit de la petite coupe et s'échappera par le tube *c* qui emmène la vapeur. La ligne *b* indique le niveau constant à partir duquel on mesurera la hauteur de la colonne de mercure qui restera dans le tube. Le tube extérieur *d* a la forme d'un cylindre élargi par le bas, afin qu'on n'ait pas besoin de produire une trop grande quantité de vapeur. Le tout repose sur un gros bouchon, à travers lequel passe le tube abducteur *e*. A la partie supérieure le tube baromé-

---

(*) Voir dans le *Ber. d. deutsch. Chem. Gesellsch.*, IV, 471, et dans le *Zeitschr. f. analyt. Chem.*, XI, 98, l'application ingénieuse faite par *A. Schrœder* de l'appareil d'*Hofmann* pour doser l'eau de cristallisation dans les sels, etc.

(**) *Ber. d. deutsch. Chem. Gesellsch.* 1870, 166. — *Zeitschr. f. analyt. Chem.*, IX, 469.

trique doit être retenu dans le manchon par un anneau de liège à contour

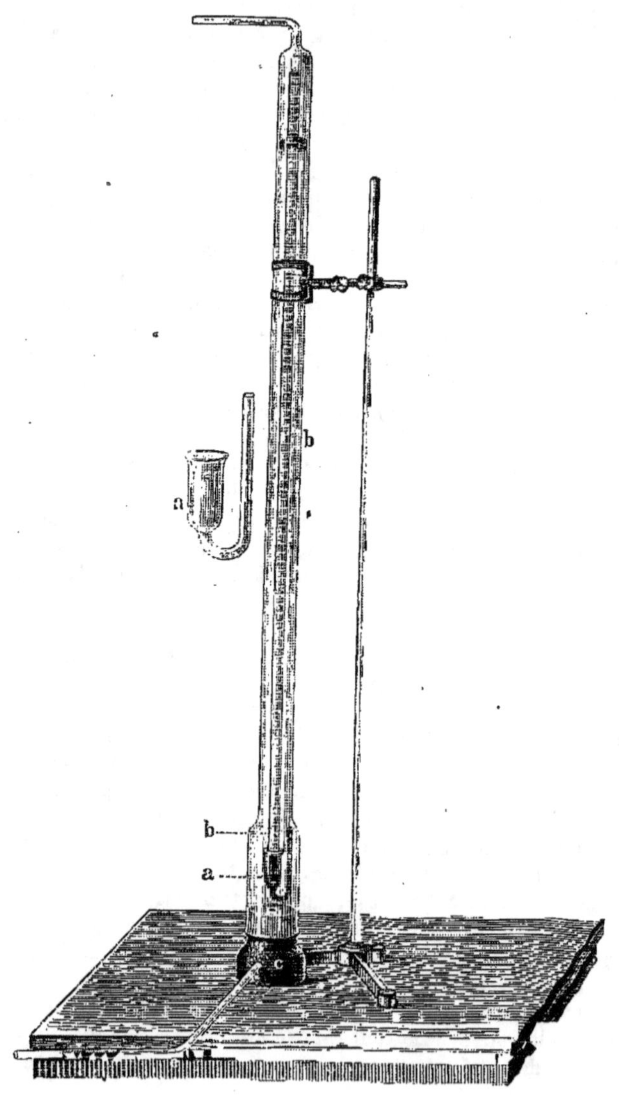

Fig. 183.

échancré, comme le montre la figure, car on ne pourrait pas laisser reposer ce tube sur la petite cuvette sans s'exposer à la briser.

Hugo-Schiff (*), *W. M. Watts* (**) et d'autres encore ont donné également des méthodes reposant sur le principe de celle de *Gay-Lussac*.

C. Les procédés de *Grabowsky* (***) et de *Landolt* (****) s'appuient sur un principe qui diffère un peu de celui de *Gay-Lussac*. D'après *Grabowski*, on chauffe dans un même bain d'air à une température parfaitement la même deux tubes égaux tout d'abord remplis de mercure. Dans l'un des tubes on a mis la substance pesée, contenue dans une ampoule ou une petite fiole. Quand la vapeur du liquide est arrivée à l'état de vapeur sur-chauffée, on fait arriver de l'air sec dans l'autre tube, jusqu'à ce qu'on en ait un volume égal à celui de la vapeur. Cette égalité dans les volumes doit alors se maintenir, sauf le cas où il y aurait dissociation, aussi bien si l'on élève la température que si on l'abaisse jusqu'à la limite inférieure de la densité normale de la vapeur. Après refroidissement complet, on mesure la quantité d'air employé et l'on en déduit simplement la densité de la vapeur.

Tandis que dans la méthode de *Grabowski* on se propose de mesurer la quantité de la substance normale (l'air) à laquelle on compare la vapeur, *Landolt* au contraire détermine le poids de la vapeur d'après la quantité de la substance normale (eau ou chloroforme). Ces deux procédés ont de commun qu'on amène les deux substances à comparer à avoir le même volume à la même température et sous la même pression. *L. Pfaundler* (*****) a fait un travail critique sur ces deux méthodes et a été conduit à modifier l'appareil de *Grabowski* (chauffage avec la vapeur au lieu d'un bain d'air et autres dispositions pour introduire l'air). Voir l'original pour les détails.

C. et *V. Meyer* (******) déterminent la vaporisation de la substance dans un cylindre en verre de 100 C. C. de capacité, 10 c. m. de hauteur, terminé par un long tube de 60 c. m., élargi en entonnoir par le haut, ouverture que l'on peut fermer avec un bouchon en caoutchouc qui enfonce toujours jusqu'à un même trait marqué. Un peu au-dessous de l'entonnoir, un petit tube abducteur se rend sous un tube éprouvette gradué. On chauffe par la vapeur d'eau ou d'aniline, de benzoate d'éthyle, de diphénylamine, ou avec un bain de plomb fondu. Les liquides servant à chauffer sont placés dans un ballon en verre à long col (la boule a une contenance de 80 C. C., le col 52 cent. de haut et 4 de large). On chauffe à la température voulue pour la transformation complète de la substance en vapeur, jusqu'à ce qu'il ne se dégage plus de bulles d'air par le petit tube supérieur : on place le tube éprouvette, on laisse tomber la substance de poids p, en enlevant le bouchon et le replaçant aussitôt : la vapeur chasse un volume V d'air, qu'on mesure à la pression H et à la température t ambiante, saturé de vapeur d'eau. La densité cherchée $d = \dfrac{p \cdot 760 \cdot (1 + 0,003665\,t)}{(H - f) \cdot V \cdot 0,001293}$.

Les résultats cités par les auteurs sont très satisfaisants.

(*) *Zeitschr. f. analyt. Chem.*, I, 321.
(**) *Zeitschr. f. analyt. Chem.*, VII, 82.
(***) *Zeitschr. f. analyt. Chem.*, V, 338.
(****) *Zeitschr. f. analyt. Chem.*, XI, 322.
(*****) *Ber. der deutsch. Chem. Gesellsch.*, V, 575. — *Zeitschr. f. analyt. Chem.*, XII, 100.
(******) *Zeitschr. f. analyt. Chem.*, XVIII, 294. — XIX, 214.

D. La méthode de *Bunsen* (*) repose sur ce principe bien connu que l'on aura la densité d'un gaz ou d'une vapeur, si l'on connaît son poids et celui de l'air à volume égal et dans les mêmes conditions de température et de pression : seulement la manière dont ce savant en fait l'application est tout à fait originale. Il faut pour cela trois, ou quelquefois seulement deux tubes dont la capacité intérieure est la même à un centième de centimètre cube et dont le poids du verre est le même aussi à une fraction de milligramme près. *Bunsen* les ferme par un moyen si hermétique et en même temps si simple, qu'il est possible de se servir de ces tubes pesés, une fois pour toutes, pour mesurer tant de densités de vapeurs que l'on voudra. Pour chauffer, il a fait construire un grand bain d'air d'une forme particulière, qui permet d'obtenir, pour une très longue durée, des températures presque absolument constantes.

La méthode, dont les détails se trouvent dans le mémoire indiqué au renvoi, a ceci de particulier qu'en employant toujours les mêmes tubes on obtient la densité du gaz ou des vapeurs par la seule mesure de deux différences de poids, sans avoir à se préoccuper du volume, de la pression et de la température du gaz ou de la vapeur. L'exactitude des résultats obtenus par *Bunsen* est telle que, pour l'acide carbonique aussi bien que pour la vapeur d'éther, les différences ne se manifestent que dans les troisièmes décimales : seulement l'application pratique du procédé exige une grande dextérité et une grande habitude dans le maniement des appareils en verre.

E. La densité de la vapeur des substances dont le point d'ébullition est très élevé se prendra suivant la méthode de *Deville* et *Troost*. Voir le travail original.

§ 195.

3. Un grand nombre de substances indifférentes ne se combinent ni avec les bases ni avec les acides, ou donnent des composés dont on ne peut pas bien déduire les équivalents. Dans ce cas on résout la question en cherchant par l'action des acides, des bases, des halogènes, etc., à former des produits de décomposition, ou de substitution ou de toute autre transformation dont on connaît les équivalents, — ou bien encore on déduit l'équivalent d'après le mode de formation du composé. Dans ce cas on regarde comme le plus exact celui qui rend le mieux compte soit de la formation, soit des produits de la décomposition. — Cette dernière manière de résoudre la question exige qu'on discute alors les faits mêmes de la chimie organique et nous n'en parlerons pas ici, parce qu'on ne peut plus y appliquer de méthodes expérimentales générales.

(*) *Zeitschr. f. analyt. Chem.*, VI, 1.

DEUXIÈME SECTION — CALCUL DES ANALYSES

De même que la pratique des analyses suppose la connaissance de la chimie générale, de même ici il faut savoir les lois générales qui règlent les combinaisons chimiques, bien comprendre les équivalents et avoir les notions des plus simples calculs. — C'est une erreur de croire qu'il faut être grand mathématicien pour faire les calculs que nécessitent les analyses chimiques : on pourra résoudre tous les problèmes ordinaires avec la seule connaissance du calcul des fractions décimales et des équations du premier degré. — Je ne dis pas cela pour empêcher les jeunes chimistes de se livrer à l'étude si importante des mathématiques, mais simplement pour que ceux qui n'ont pas le loisir d'approfondir ces sciences exactes ne reculent pas devant la crainte de ne pouvoir aborder les calculs qu'exige la chimie analytique. — Aussi dans ce qui suit j'ai tâché d'indiquer la marche à suivre de la manière la plus simple possible et en évitant l'emploi des logarithmes.

I. Calcul des éléments cherchés d'après les composés trouvés et calcul de la composition cherchée en centièmes.

§ 196.

Comme on l'a vu dans les méthodes de dosage et de séparation, les corps dont on veut avoir les poids sont parfois obtenus tels quels, mais le plus souvent on les fait entrer dans des combinaisons d'une composition connue. — En général on calcule sur 100 parties, parce que de cette façon on a une idée exacte de la composition. Si l'on obtient les éléments chacun séparément, le calcul se fait de suite ; mais s'ils entrent dans des combinaisons, il faut les en dégager.

1. Calcul des résultats en centièmes, quand la substance cherchée a été isolée.

a. Dans les substances solides, liquides ou gazeuses que l'on pèse.

§ 197.

Dans ce cas le calcul est si simple que j'en donne un exemple seulement pour que la question soit traitée complètement.

On a analysé du protochlorure de mercure et l'on a séparé le mercure à l'état métallique (§ **118**. 1.). $2^{gr},945$ de chlorure ont fourni $2^{gr},499$ de mercure :

$$2,945 : 2,499 = 100 : x$$
$$x = 84,85,$$

c'est-à-dire que, d'après notre analyse, 100 parties de protochlorure de mercure renferment 84,85 parties de mercure, et par conséquent 15,15 parties de chlore.

Comme on sait déjà que le protochlorure de mercure renferme 2 équivalents de mercure et 1 équivalent de chlore et comme on connaît les équivalents de ces deux éléments, on peut calculer d'après cela la composition exacte en centièmes. — Quand on analyse les substances d'une composition connue, on a soin, pour qu'on puisse voir facilement la rigueur de l'opération, de placer en regard les résultats calculés et ceux donnés par l'expérience, par exemple :

	TROUVÉ.	CALCULÉ. (voir § **84**. b.)
Mercure.	84,85	84,94
Chlore.	15,15	15,06
	100,00	100,00

b. Dans les gaz dont on mesure les volumes.

§ 198.

Lorsqu'on a mesuré un gaz en volume, il faut d'abord en chercher le poids avant de faire le calcul en centièmes. Cette question préliminaire n'est elle-même qu'une simple règle de trois, quand on sait combien pèse un volume déterminé du gaz pris dans les mêmes circonstances. — Les conditions qu'il faut considérer sont : la *température* et la *pression*. Il faut ajouter encore l'*état hygrométrique*, lorsqu'on a recueilli le gaz sur l'eau ou quand on l'a rendu humide.

La table n° 5, à la fin du volume, donne en grammes le poids d'un litre des principaux gaz, supposés secs à la température de 0° et sous la pression de $0^m,760$. Il faut avant tout savoir comment on ramène à 0° et à la pression de $0^m,760$ des volumes gazeux mesurés à une autre température et à une autre pression.

α. **Réduction d'un volume gazeux, à une température quelconque, à 0° ou à toute autre température comprise entre 0° et 100° C.**

On sait qu'autrefois on admettait sur la dilatation des gaz les deux lois suivantes :

1) Tous les gaz se dilatent également entre les mêmes limites de température.

2) La dilatation d'un seul et même gaz entre les mêmes limites de température est indépendante de sa densité primitive.

Bien que ces deux principes n'aient pas été vérifiés par les expériences délicates de *Magnus* et de *V. Regnault*, on peut cependant les admettre pour les gaz qu'on mesure le plus fréquemment dans les analyses, car pour eux il y a peu de différence dans les coefficients de dilatation et jamais ils ne sont soumis à des pressions un peu considérables.

D'après les mesures des savants que nous citons plus haut, la valeur du coefficient de dilatation d'un gaz entre 0° et le point d'ébullition de l'eau est 0,3665. Par conséquent pour chaque degré du thermomètre centigrade les gaz se dilatent de $\dfrac{0,3665}{100}$ ou 0,003665.

Quel est le volume à 10° d'un centimètre cube de gaz à 0° ? Ce sera

$$1 \times (1 + 10 \times 0,003665) = 1,03665 \ C.C.$$

Quel est le volume à 10° de 100 C.C. de gaz à 0° ? On trouvera

$$100 \times (1 + 10 \times 0,003665) = 100 \times 1,03665 = 103,665 \ C.C.$$

Quel est à 0° le volume de 1 C.C. de gaz à 10° ? On aura

$$\frac{1}{1 + 10 \times 0,003665} = 0,965 \ C.C.$$

Quel volume occupent à 0° 103,665 C.C. à 10° ?

$$\frac{103,665}{1 + 10 \times 0,003665} = 100 \ C.C.$$

On peut résumer ces calculs d'une manière générale.

Si l'on veut ramener le volume d'un gaz d'une température basse à une température supérieure, on cherche d'abord ce que devient l'unité de volume en ajoutant à 1 le produit de l'élévation de température par le facteur 0,003665, puis on multiplie le résultat par le volume donné. Réciproquement pour réduire le volume d'un gaz à une plus basse température, on divise le volume donné par le nombre par lequel on multipliait plus haut.

À propos de l'acide carbonique il faut remarquer que son coefficient de dilatation s'écarte un peu de celui de l'air et des autres gaz permanents.

Suivant *Magnus* il ne serait pas pour 1° égal à 0,003665 mais à 0,00369 et
suivant *Regnault* à 0,00371.

β. Réduction d'un volume de gaz de densité connue à la pression de 0,760 ou toute autre.

Suivant la loi de *Mariotte*, qui peut être regardée comme vraie pour les
gaz non liquéfiables et pour les autres dans les limites des différences de
pression qu'on observe dans les analyses, les volumes des gaz sont en raison
inverse des pressions qu'ils supportent.

Supposons qu'un gaz occupe 10 C.C. sous la pression d'une atmosphère,
il en occupera 1 sous la pression de 10 atmosphères, et 100 sous celle de
1/10 d'atmosphère.

Il n'y a donc rien de plus simple que de trouver le volume d'un gaz à
une pression quelconque quand on le connaît sous une pression donnée.

Supposons que sous la pression de 780 millimètres un gaz occupe 100 C.C.,
quel sera son volume à 760? Il sera plus grand et donné par la proportion :

$$760 : 780 = 100 : x$$
$$x = 102,63 \text{ C.C.}$$

Quel est, à la pression de 760 millimètres, le volume de 100 C.C. mesuré
à 750 millimètres? On posera :

$$760 : 750 = 100 : x$$
$$x = 98,68 \text{ C.C.}$$

Pour réduire à la pression de 1000 millimètres le volume de 150 C.C. de
gaz mesuré à la pression de 760 millimètres, on trouvera :

$$1000 : 760 = 150 : x$$
$$x = 114 \text{ C.C.}$$

γ. Ramener un volume de gaz humide à ce qu'il serait à l'état sec.

On sait que l'eau se transforme en vapeur à toute température, que
cette vapeur a une force élastique qui ne dépend que de la température et
est la même, que l'eau se vaporise dans le vide ou dans un espace plein
d'air. En outre, cette force élastique a un maximum pour chaque température, maximum qu'elle atteint quand l'espace est saturé. La table suivante donne la tension maximum pour les degrés de température qu'on
rencontre dans les analyses.

TEMPÉRATURE EN DEGRÉS CENTIGRADES	TENSION EN MILLIMÈTRES	TEMPÉRATURE EN DEGRÉS CENTIGRADES	TENSION EN MILLIMÈTRES
0	4,525	21	18,505
1	4,867	22	19,675
2	5,231	23	20,909
3	5,619	24	22,211
4	6,032	25	23,582
5	6,471	26	25,026
6	6,959	27	26,547
7	7,456	28	28,148
8	7,964	29	29,832
9	8,525	30	31,602
10	9,126	31	33,464
11	9,751	32	35,419
12	10,421	33	37,473
13	11,130	34	39,630
14	11,882	35	41,893
15	12,677	36	44,268
16	13,519	37	46,758
17	14,409	38	49,368
18	15,351	39	52,103
19	16,345	40	54,969
20	17,596		

D'après cela si l'on a recueilli un gaz sur l'eau, son volume, toutes choses égales d'ailleurs, sera plus grand que si l'on avait opéré sur le mercure, parce qu'il est mélangé à une quantité de vapeur d'eau correspondant à la température, et comme la tension de celle-ci est une portion de la force élastique totale du volume gazeux qui fait équilibre à la pression extérieure, il en résulte que le gaz seul ne supporte pas toute cette dernière pression. Pour avoir par conséquent la pression réelle à laquelle est soumis le gaz, il faut retrancher de la pression apparente la force élastique de la vapeur d'eau.

Supposons que nous ayons mesuré sur l'eau 100 C.C. de gaz à 15° et sous la pression de 759 millimètres. Quel serait le volume du gaz s'il était sec et sous la pression normale de 760 millimètres?

D'après la table, la tension de la vapeur à 15° est de 12,677 millimètres; le gaz n'est donc pas sous la pression de 759 millimètres, mais bien de 759 — 12,677, c'est-à-dire de 746,323 millimètres.

Nous sommes ramenés au calcul de β. et nous dirons :

$$760 : 746,323 = 100 : x$$
$$x = 98,20 \text{ C.C.}$$

Lorsque maintenant par les calculs indiqués en α., en β., et s'il le faut en γ., on a ramené le volume du gaz aux conditions normales pour lesquelles a été faite la table 5, la transformation du volume en poids n'est plus qu'une règle de trois.

Quel est, en centièmes, le poids d'azote d'une substance dont $0^{gr},5$ ont donné à l'analyse 50 C.C. de gaz azote sec à 0° et à 760 millimètres?

Nous trouvons dans la table que 1 litre (1000 C.C.) d'azote à 0° et à la pression 760 millimètres pèse $1^{gr},25617$. Nous poserons donc :

$$1000 : 1,25617 = 50 : x$$
$$x = 0^{gr},0577;$$

et en outre :

$$0,5 : 0,0577 = 100 : x$$
$$x = 7,54.$$

La substance analysée renferme donc 7,54 pour 100 d'azote en poids.

2. Calcul des résultats en poids et en centièmes quand la substance cherchée fait partie d'une combinaison, ou quand une combinaison doit être déduite du poids connu d'un de ses éléments.

§ 199.

Si l'on n'a pas telle quelle la substance qu'on veut doser, mais si elle a été pesée ou mesurée en volume sous une autre forme, par exemple, l'acide carbonique à l'état de carbonate de chaux, le soufre sous forme de sulfate de baryte, l'ammoniaque en azote, le chlore par une solution titrée d'iode, etc., il faut d'abord calculer la quantité du corps cherché d'après la quantité de la substance trouvée, avant de procéder aux opérations indiquées en 1.

Pour arriver au but on peut faire une règle de trois ou employer une méthode abrégée.

Nous avons pesé l'hydrogène à l'état d'eau et trouvé 1 gramme d'eau : combien y a-t-il d'hydrogène ?

Un équivalent d'eau est formé de

1 partie en poids d'hydrogène,
8 parties en poids d'oxygène,
____
9 parties en poids d'eau.

Il en résulte que 1 partie en poids d'eau renferme $\frac{1}{9} = 0,11111...$ partie d'hydrogène et dès lors :

$$\text{Eau} \times 0,11111... = \text{hydrogène.}$$

Exemple :
Dans 517 d'eau combien y a-t-il d'hydrogène ?

$$517 \times 0,11111 = 57,444.$$

On peut encore dire que puisque une partie d'eau renferme $\frac{1}{9}$ p. d'hydrogène.

$$\text{Eau divisée par } 9 = \text{hydrogène.}$$

Exemple :

Dans 517 d'eau combien y a-t-il d'hydrogène?

$$\frac{517}{9} = 57,444.$$

De cette façon, on peut trouver pour chaque combinaison des nombres constants par lesquels on la multipliera ou la divisera pour trouver un de ses éléments cherché (*voir* tableau 3).

Par exemple, on connaît l'azote d'après le poids de chlorure double de platine et d'ammoniaque en divisant celui-ci par 15,884, ou en le multipliant par 0,062957 : le carbone d'après l'acide carbonique, en multipliant le poids de ce dernier par 0,2727 ou en le divisant par 3,666.

Ces nombres ne sont plus aussi simples et aussi commodes que ceux que nous avons trouvés pour l'hydrogène : on ne peut pas les retenir aussi facilement. Mais on peut, comme par exemple pour l'acide carbonique, avoir une autre formule générale; ainsi :

$$\frac{\text{acide carbonique} \times 3}{11} = \text{carbone}.$$

Parce que l'acide carbonique $CO^2 = 22$ renferme 6 de carbone, donc le poids 1 d'acide carbonique contient $\frac{6}{22}$ ou $\frac{3}{11}$ de son poids de carbone.

On peut encore obtenir très simplement les résultats cherchés au moyen de la table 4. On y trouve la quantité de l'élément cherché pour des poids de la combinaison trouvée depuis 1 jusqu'à 9, de sorte qu'on n'a plus qu'une addition à faire.

Ainsi pour l'hydrogène, par exemple, nous trouvons :

Trouvé	Cherché	1	2	3	4	5	6	7	8	9
Eau.	Hydrog.	0,11111	0,22222	0,33333	0,44444	0,55555	0,66667	0,77778	0,88889	1,00000

Dans une partie d'eau il y a 0,11111 parties d'hydrogène, — dans 5 parties d'eau 0,55555 d'hydrogène, — dans 9 parties 1,00000 d'hydrogène, etc.

Si l'on veut savoir combien d'hydrogène renferment 5,17 d'eau, on ajoutera les nombres correspondant à 5, à 0,1 et à 0,07, de la façon suivante :

Pour 5 unités. . . .	0,55555	
Pour 0,1	0,011111,	savoir 1/10 de 1 partie.
Pour 0,07	0,0077778,	savoir 1/100 de 7 parties.
	0,5744388.	

De même si l'on avait 517 parties d'eau on ferait l'addition suivante :

Pour 500 parties.	. .	55,555	100 fois 5 parties.
Pour 10 parties.	. .	1,1111	10 fois 1 partie.
Pour 7 parties.	. .	0,77778	
		57,44388.	

3. Calcul des résultats en centièmes et en poids dans les analyses indirectes.

§ **200.**

D'après ce que nous avons dit à la page 452 sur les analyses indirectes, on comprend qu'on ne puisse pas donner de règle générale pour faire les calculs qui s'y rapportent. Il faut dans chaque cas se guider d'après la marche suivie dans l'analyse, marche qu'il faut dès lors parfaitement comprendre. Nous ferons ici quelques calculs appliqués aux séparations indirectes les plus importantes, décrites dans le cinquième chapitre : ils serviront d'exemples pour les autres.

a. *Dosage indirect de la soude et de la potasse.*

Le meilleur moyen à employer c'est de prendre le poids total des deux chlorures et le poids de chlore qui s'y trouve contenu.

Voici un exemple qui montrera la marche du calcul :

Je suppose qu'on ait trouvé 5 grammes de chlorure de potassium et de sodium, renfermant 1,6876 de chlore.

Cherchons la quantité de chlorure de potassium qu'on aurait si tout ce chlore était uni au potassium.

$$\text{Éq. du chlore} : \text{Équiv. de KCl} = \text{Chlore trouvé} : x$$
$$35,46 : 74,59 \qquad 1,6876 : x$$
$$x = 3,550$$

Si tout le chlore était uni au potassium on devrait avoir 3,550 de chlorure métallique ; donc puisqu'on en a moins, c'est qu'il y a du chlorure de sodium, dont la quantité est proportionnelle à la différence $3,550 - 3,000 = 0,550$ et sera donnée par la proportion suivante :

La différence des équivalents de KCl et de NaCl (16,09) est à l'équivalent de NaCl (58,50) comme la différence trouvée est au chlorure de sodium cherché. Par conséquent :

$$16,09 : 58,50 = 0,550 : x,$$
$$x = 2,000 \text{ NaCl},$$
$$\text{et } 5 - 2 = 1,000 \text{ KCl}.$$

De là la règle simple.

On multiplie le chlore du mélange par $2{,}1035\ \left(=\dfrac{74{,}59}{55{,}46}\right)$, on retranche du produit la somme des chlorures, et l'on multiplie la différence par $3{,}6358\ \left(=\dfrac{58{,}50}{16{,}09}\right)$: cela donne le chlorure de sodium.

Les formules suivantes (*) conduisent au même but.

Soient x la quantité de chlorure de potassium, y celle de chlorure de sodium et P le poids trouvé des deux chlorures. On aura d'abord

$$x + y = P.$$

D'autre part, dans $KCl = 74{,}6$ il y a $35{,}46$ de chlore, dans x il y en aura $\dfrac{55{,}46}{74{,}6}\,x$. Dans $NaCl = 58{,}5$ il y a $55{,}46$ de chlore, dans y il y aura $\dfrac{55{,}46}{58{,}5}\,y$, et si p représente le poids total du chlore trouvé, on aura la seconde équation

$$\frac{35{,}46}{74{,}6}\,x + \frac{35{,}46}{58{,}5}\,y = p,$$

ou

$$0{,}475\,x + 0{,}606\,y = p.$$

Cette équation, avec la première $x + y = P$, donnera

$$\text{Chlorure de potassium } x = 4{,}6349\,P - 7{,}647\,p,$$
$$\text{Chlorure de sodium } \quad y = 7{,}647\,p - 3{,}6349\,P.$$

b. *Dosage indirect de la strontiane et de la chaux.*

On peut prendre le poids des carbonates et y doser la quantité totale d'acide carbonique (§ **154**. 8). Supposons qu'on ait 2 grammes de carbonates et 0,7383 gr. d'acide carbonique.

$$\begin{array}{cccccc}
\text{Équiv. de } CO_2 & & \text{Équiv. de } SrO,CO_2 & & CO_2 \text{ trouvé} & \\
22 & : & 73{,}75 & = & 0{,}7383 & : \quad x \\
& & & & x = 2{,}47498. &
\end{array}$$

C'est-à-dire que si tout l'acide carbonique était uni à de la strontiane, le carbonate pèserait 2,47498 grammes. La différence de poids 0,47498 est proportionnelle au carbonate de chaux qui s'obtiendra par la proportion. La différence (23,75) des équivalents de SrO,CO_2 et de CaO,CO_2 est à

(*) *Kretschx. Zeitschr. f. analyt. Chem.*, XV, 44.

l'équivalent (50) de CaO,CO^2 comme la différence trouvée est au carbonate de chaux cherché, ainsi :

$$25,75 : 50 = 0,47498 : x$$
$$x = 1$$

Il y a donc 1 gramme de carbonate de chaux et 1 gramme de carbonate de strontiane.

De là la règle : on multiplie l'acide carbonique trouvé par $3,3523$ $\left(= \dfrac{73,75}{22} \right)$, on retranche du produit la somme des carbonates, on multiplie la différence par $2,40526$ $\left(= \dfrac{50}{23,75} \right)$ et le résultat donne le carbonate de chaux.

c. *Dosage indirect du chlore et du brome* (§ **169**. 1).

Le mélange de chlorure et de bromure d'argent pèse 2 grammes et la perte de poids produite par le courant de chlore est 0,100 grammes. Combien y a-t-il de chlore et de brome dans le mélange ?

En remarquant que cette perte de poids n'est autre chose que la différence entre le poids de bromure d'argent dans le mélange primitif et le poids de chlorure qui s'est formé à sa place, on posera de suite la proportion : la différence entre les équivalents du bromure d'argent et du chlorure d'argent est à l'équivalent du bromure d'argent comme la perte de poids trouvée est au bromure d'argent que contient le mélange; par conséquent :

$$44,49 : 187,88 = 0,1 : x$$
$$x = 0,422297$$

Dans les deux grammes du mélange il y a donc 0,422297 de bromure d'argent, et par conséquent $2 - 0,422297 = 1,577703$ gr. de chlorure d'argent.

Règle générale : il faut multiplier la perte de poids par $\dfrac{187,88}{44,49}$ ou 4,22297 pour avoir la quantité de bromure d'argent. Avec ces données on peut maintenant, d'après les §§ **199** et **166**, calculer la quantité en poids et en centièmes de chlore et de brome.

APPENDICE

I. **Valeur moyenne, perte, excès dans les analyses.**

§ **201**.

Lorsque dans une analyse on dose un élément par différence, c'est-à-dire quand on l'obtient en retranchant du poids total la somme des poids des éléments trouvés directement, il est évident que, le calcul étant fait en centièmes, la somme des éléments donne toujours le nombre 100. Toute perte ou tout excès dans le dosage direct des éléments porte sur la valeur de celui qu'on détermine par différence et l'on n'a d'après cela une rigueur suffisante qu'autant que le dosage des autres parties du composé a été fait avec exactitude. Le résultat est d'autant meilleur que le nombre des éléments dosés directement sera moindre.

Si au contraire on a déterminé chaque élément séparément, pour que les résultats soient absolument exacts, la somme de parties devrait reproduire juste le poids du tout. Mais, ainsi que nous l'avons vu (§ **36**), chaque analyse est toujours entachée de quelque cause d'inexactitude et en réalité en ramenant tout aux centièmes, on aura tantôt plus, tantôt moins que 100 pour le poids total.

Dans des cas pareils il faut cependant indiquer les résultats tels qu'ils sont obtenus.

Ainsi *Pelouze* a trouvé dans l'analyse du chromate de chlorure de potassium :

Potassium . . .	21,88
Chlore	19,41
Acide chromique . .	58,21
	99,50

Berzélius donne pour l'analyse de l'uranate de potasse :

Potasse	12,8
Oxyde d'urane . . .	86,8
	99,6

Plattner donne pour l'analyse de la pyrite de fer magnétique :

	de Fahlun	du Brésil
Fer . . .	59,72	59,64
Soufre	40,22	40,43
	99,94	100,07

Il n'est pas permis de répartir cette perte ou cet excès proportionnellement sur tous les éléments parce que jamais ils n'y participent dans la même mesure, et ensuite cette façon de corriger justifierait les critiques qu'on aurait le droit de faire à l'analyse. — On ne doit pas craindre d'avouer franchement qu'on a trouvé trop ou trop peu, tant que la perte ou l'excès reste compris dans certaines limites, qui varient avec les diverses analyses et qu'on sait toujours apprécier avec un peu de réflexion.

Lorsqu'on a répété une analyse deux ou trois fois, on a l'habitude de prendre la moyenne des nombres obtenus comme le résultat le plus exact. On comprend qu'on ne doit avoir confiance dans cette manière de voir qu'autant que cette moyenne différera peu des résultats partiels (que l'on devra du reste toujours indiquer ou au moins dont on devra faire connaître le maximum et le minimum).

Comme l'exactitude d'une analyse ne dépend pas de la quantité de substance sur laquelle on opère, autant toutefois qu'elle n'est pas trop faible, il faut prendre les moyennes sans se préoccuper de la quantité de matière soumise à l'analyse, c'est-à-dire, qu'il ne faut pas ajouter, d'une part, les poids différents sur lesquels on a opéré, d'autre part les résultats divers trouvés, puis calculer d'après cela la proportion en centièmes ; mais il faut faire le calcul pour chaque analyse en particulier et prendre la moyenne de ces divers résultats.

Supposons qu'une substance AB renferme 50 pour 100 de A et que, dans deux analyses successives, nous ayons trouvé :

1)   2 grammes de AB donnent   0,99 gr. de A.
2)   50 grammes de AB donnent   24,00 gr. de A.

D'après l'analyse 1), AB renferme 49,50 pour 100 de A.
»   2)   »   48,00   »
          Somme   .   .   97,50 pour 100 de A.
          Moyenne .   .   48,75   »

Il serait faux de dire :

$$2 + 50 = 52 \text{ gr. AB donnent } 0,99 + 24,00 = 24,99 \text{ gr. de A,}$$

donc 100 AB renferment 48,06 de A : car on voit facilement que dans cette manière de raisonner l'influence de la meilleure analyse 1) sur la valeur moyenne disparaît presque complètement, à cause de la proportion relativement faible de la substance à laquelle elle se rapporte.

II. Détermination des formules empiriques

§ 202.

Lorsqu'on connaît la composition d'une substance en centièmes, on peut trouver une *formule empirique*, c'est-à-dire exprimer en équivalents le rapport des éléments dans une formule qui, si on la calcule de nouveau en centièmes, s'accorde complètement ou au moins avec une approximation suffisante avec les résultats trouvés directement.

On arrive à déterminer ces rapports par des considérations fort simples dont nous donnerons quelques exemples.

Comment trouver le rapport des équivalents des corps simples qui composent l'acide carbonique ?

L'équivalent de l'oxygène est à la quantité d'oxygène qui entre dans un équivalent d'acide carbonique comme 1 est à x, c'est-à-dire au nombre des équivalents d'oxygène dans l'acide carbonique, ainsi :

$$8 : 16 = 1 : x$$
$$x = 2$$

On trouvera de même le nombre des équivalents de carbone par la proportion :

$$6 \quad : \quad 6 \quad = 1 : x$$

(Équiv. de C)   (quantité de carbone dans
1 équiv. d'acide carbonique)

$$x = 1$$

Supposons maintenant que nous ne connaissions pas l'équivalent de l'acide carbonique, mais sa composition :

$$27,273 \quad \text{carbone}$$
$$72,727 \quad \text{oxygène}$$
$$\overline{}$$
$$100,000 \quad \text{acide carbonique.}$$

Le nombre relatif des équivalents est tout à fait indépendant du nombre que nous prendrons pour équivalent du composé : supposons que ce soit 100. Alors avec cette supposition les proportions précédentes deviennent

$$8 \quad : \quad 72,727 \quad = \quad 1 : x$$

(Équiv. de O)   (quantité de O dans
l'équiv. supposé 100)

$$x = 9,0910$$

et en outre

$$6 \quad : \quad 27,273 \quad = \quad 1 : x$$

(Équiv. de C)   (quantité de C dans
l'équiv. supposé 100)

$$x = 4,5455$$

Nous voyons que les *nombres* qui représentent les équivalents d'oxygène et de carbone ont changé, mais leur *rapport* est resté le même, car

$$4,5455 : 9,0910 = 1 : 2$$

En général voici comment on opérera :

On prend un grand nombre quelconque, plus commodément 100, pour équivalent du composé, et l'on cherche combien de fois l'équivalent de chaque élément est contenu dans la quantité de cet élément renfermée dans l'équivalent supposé de la combinaison. Une fois qu'on a trouvé ainsi les nombres que représentent ces rapports, la formule empirique est faite : toutefois on lui donne la forme la plus simple.

Prenons un exemple plus compliqué, soit la recherche de la formule empirique de la mannite.

La composition en centièmes de la mannite est :

$$
\begin{array}{ll}
59,56 & \text{carbone} \\
7,69 & \text{hydrogène} \\
52,75 & \text{oxygène} \\
\hline
100,00 &
\end{array}
$$

Nous poserons les proportions suivantes :

$$
\begin{array}{lllllll}
6 & : & 39,56 = 1 & : & x & \qquad & x = 6,593 \\
1 & : & 7,69 = 1 & : & x & \qquad & x = 7,690 \\
8 & : & 52,75 = 1 & : & x & \qquad & x = 6,593
\end{array}
$$

Si nous voulons nous pouvons avoir pour la mannite la formule empirique suivante :

$$C^{6,393}H^{7,690}O^{6,393}$$

On voit de suite que le nombre des équivalents de carbone et d'oxygène est le même : demandons-nous si l'on ne pourrait pas exprimer ces rapports par des nombres plus simples.

On répondra à cette question par un calcul facile qu'on peut faire de bien des façons ; on peut poser la proportion :

$$6,593 \; : \; 7,690 = 60 \; : \; x$$

(au lieu de 60 on pourrait prendre tout autre nombre; mais celui-ci est commode, parce qu'il est multiple de plusieurs autres qu'on rencontre fréquemment).

$$x = 70$$

Nous aurons alors la formule plus simple :

$$C^{60}H^{70}O^{60} = C^6H^7O^6$$

La composition de la mannite en centièmes, sur laquelle nous nous sommes appuyés, ayant été calculée d'après la formule, celle-ci ne laisse aucun doute. Mais prenons maintenant les résultats d'une analyse réelle

Oppermann a obtenu avec 1,595 gr. de mannite brûlée par l'oxyde de cuivre 2,296 d'acide carbonique et 1,106 d'eau. On en déduit :

$$
\begin{array}{ll}
59,51 & \text{carbone} \\
7,71 & \text{hydrogène} \\
52,98 & \text{oxygène} \\
\hline
100,00 &
\end{array}
$$

En faisant les calculs indiqués plus haut, on arrive d'abord comme première expression de la formule empirique à

$$C^{6,332}H^{7,740}O^{6,622}$$

et en posant

$$6,552 : 7,710 = 6,0 : x$$

on a

$$x = 7,06$$

En examinant ces nombres, on remarque de suite qu'on peut sans erreur sensible remplacer 7,06 par 7 et que la différence entre 6,552 et 6,222 est tellement faible qu'on peut regarder ces deux nombres comme égaux. Dès lors on arrive encore à la formule :

$$C^6H^7O^6,$$

que l'on vérifiera en calculant de nouveau d'après elle la composition en centièmes. Moins cette dernière calculée différera de celle obtenue directement, plus on aura de raisons pour regarder la formule comme exacte. Mais si ces deux compositions diffèrent plus qu'on ne pourrait l'admettre, d'après les causes d'erreur inhérentes aux méthodes analytiques, il faut rejeter la formule et en chercher une autre. On voit facilement que, pour une substance dont on ne connaît pas l'équivalent, on peut avec une seule et même analyse ou avec des analyses assez concordantes calculer plusieurs formules, parce que les nombres donnés par l'analyse ne seront jamais rigoureux. Ainsi avec la mannite, nous aurons

	calculé.			trouvé.
D'après $C^6H^7O^6$		D'après $C^8H^9O^8$		
C 39,56		C . . . 39,67 . .	39,31	
H 7,69		H . . . 7,44 . .	7,71	
O 52,75		O . . . 52,89 . .	52,98	
100,00		100,00	100,00	

III. Détermination des formules rationnelles

§ 203.

Si, outre la composition en centièmes, on connaît aussi l'équivalent d'un composé, on peut établir une *formule rationnelle*, c'est-à-dire une formule qui ne donne pas seulement le rapport des équivalents des éléments, mais encore leur nombre absolu.

Les exemples suivants le feront comprendre.

1. Détermination de la formule rationnelle de l'acide hyposulfurique.

Par l'analyse on a trouvé la composition en centièmes de l'acide hyposulfurique et celle de l'hyposulfate de potasse, savoir :

Soufre.	44,44	Potasse.	59,562
Oxygène.	55,56	Acide hyposulfurique	60,458
Acide hyposulfurique	100,00	Hyposulfate de potasse	100,000

(Équivalent de la potasse $= 47,14$)

La proportion

$$59,562 : 60,458 = 47,14 : x$$

donne

$$x = 72$$

c'est-à-dire l'équivalent de l'acide hyposulfurique ou la somme des équivalents des éléments qui doivent former l'équivalent de l'acide.

Nous ne pouvons plus maintenant, comme nous l'avons fait pour la mannite (§ **202**), prendre un équivalent hypothétique, puisque nous connaissons le véritable et nous poserons :

$$100 : 44,44 = 72 : x$$
$$x = 32$$

c'est-à-dire la somme des équivalents du soufre ; en outre :

$$100 : 55,56 = 72 : x$$
$$x = 40$$

c'est-à-dire la somme des équivalents d'oxygène.

Or dans 32 l'équivalent 16 du soufre est contenu deux fois : dans 40 l'équivalent 8 de l'oxygène est contenu 5 fois ; donc la formule rationnelle de l'acide hyposulfurique est S^2O^5.

2. Détermination de la formule rationnelle de l'acide benzoïque.

Stenhouse avec $0^{gr},3807$ d'acide benzoïque séché à 100° a obtenu $0^{gr},9575$ d'acide carbonique et $0^{gr},1698$ d'eau.

$0^{gr},4287$ de benzoate d'argent séché à 100° donnent $0^{gr},202$ d'argent. De ces résultats on a déduit la composition suivante :

Carbone.	68,67	Oxyde d'argent.	50,67
Hydrogène.	4,95	Acide benzoïque	49,33
Oxygène.	26,38		100,00
Acide benzoïque hydraté	100,00		

(Équivalent de l'oxyde d'argent 115,93).
$$50,67 : 49,43 = 115,93 : x$$
$$x = 112,864$$

C'est l'équivalent de l'acide benzoïque anhydre, par conséquent celui de
l'acide hydraté est $112,864 + 9 = 121,864$. Nous poserons donc :

$$100 : 68,67 = 121,864 : x \qquad x = 83,684$$
$$100 : \ \ 4,95 = 121,864 : x \qquad x = \ \ 6,032$$
$$100 : 26,38 = 121,864 : x \qquad x = 32,148$$

$$\frac{83,684}{6} = 13,95$$

$$\frac{6,032}{1} = 6,032$$

$$\frac{32,148}{8} = 4,02$$

On voit de suite qu'on peut remplacer 13,95 par 14, — 6,035 par 6,
— 4,02 par 4, et la formule de l'acide benzoïque hydraté sera

$$C^{14}H^6O^4$$

Elle donne :

	calculé.	trouvé.
C. . .	68,85	68,67
H. . .	4,92	4,95
O. . .	26,23	26,58
	100,00	100,00

3. Détermination de la formule rationnelle de la théine.

Avec de la théine débarrassée de son eau de cristallisation, *Stenhouse* a
obtenu :

1. Avec 0,285 gr. de substance : 0,5125 d'acide carbonique et 0,132
d'eau.

2. En brûlant avec l'oxyde de cuivre : un mélange gazeux tel que $CO^2 : Az$
$= 4 : 1$.

3. Avec 0,5828 gr. de sel double de chlorhydrate de théine et de chlorure
de platine : 0,143 gr. de platine.

D'après cela on calcule la composition suivante en centièmes :

Carbone.	49,05
Hydrogène	5,14
Azote	28,61
Oxygène.	17,20
	100 00

et pour équivalent de la théine 195,85.

car on a tout lieu d'admettre que la formule du sel double est :

$$\text{théine} + HCl + PtCl^2.$$

On obtient maintenant l'équivalent de ce sel par la proportion :

$$0,145 : 0,5828 = 98,59 \text{ (équivalent du Pt)} : x$$
$$x = 401,80$$

et alors l'équivalent de la théine se trouvera en retranchant de 401,80 un équivalent de chlorure de platine (169,51) plus un équivalent d'acide chlorhydrique (36,46), ce qui donne :

$$401,80 - (169,51 + 36,46) = 195,83.$$

Nous arrivons maintenant aux proportions suivantes :

$$100 : 49,05 = 195,83 : x \qquad x = 96,054$$
$$100 : 5,14 = 195,83 : x \qquad x = 10,066$$
$$100 : 28,61 = 195,83 : x \qquad x = 56,027$$
$$100 : 17,20 = 195,83 : x \qquad x = 33,683$$

or

$$\frac{96,054}{6} = 16,01 \text{ ou } 16$$

$$\frac{10,066}{1} = 10,07 \text{ ou } 10$$

$$\frac{56,027}{14} = 3,99 \text{ ou } 4$$

$$\frac{33,683}{8} = 4,21 \text{ ou } 4$$

Ce qui conduit à la formule :

$$C^{16}H^{10}Az^4O^4,$$

Elle donne :

	calculé.	trouvé.
Carbone. . .	49,45	49,05
Hydrogène . .	5,15	5,14
Azote. . . .	28,92	28,61
Oxygène. . .	16,48	17,20
	100,00	100,00

Le sel double de platine donne pour le platine :

calculé.	trouvé.
24,57	24,54

4. Détermination de la formule rationnelle dans les sels à oxacides.

a. *Dans les combinaisons qui ne renferment pas d'éléments isomorphes.*

On peut arriver à la formule rationnelle des sels oxacides, en cherchant le rapport des quantités d'oxygène dans l'acide et dans la base du sel.

Le sulfate double de soude et d'ammoniaque cristallisé fournit à l'analyse :

Soude.	17,93
Oxyde d'ammonium . . .	15,23
Acide sulfurique.	46,00
Eau.	20,84
	100,00

$$1 \text{ éq. NaO} = 31,04 \text{ contenant } 8 \text{ p. d'oxygène, dans } 17,93 \text{ il y en a } 4,62$$
$$1 \text{ éq. AzH}^4\text{O} = 26,04 \qquad \text{»} \qquad 8 \qquad \text{»} \qquad 15,23 \qquad \text{»} \qquad 4,68$$
$$1 \text{ éq. SO}^3 = 40 \qquad \text{»} \qquad 24 \qquad \text{»} \qquad 46,00 \qquad \text{»} \qquad 27,60$$
$$1 \text{ éq. HO} = 9 \qquad \text{»} \qquad 8 \qquad \text{»} \qquad 20,84 \qquad \text{»} \qquad 18,52$$

Les quantités d'oxygène dans les parties constituantes du sel sont donc entre elles comme

$$4,62 : 4,68 : 27,60 : 18,52$$

ou

$$1 : 1,01 : 5,97 : 4,01$$

Au lieu de quoi on peut sans erreur prendre :

$$1 : 1 : 6 : 4$$

Nous aurons donc la formule

$$NaO,AzH^4O,2SO^3 + 4HO$$

ou

$$NaO,SO^3 + AzH^4O,SO^3 + 4 \text{ Aq.}$$

b. *Dans les combinaisons qui renferment des éléments isomorphes.*

Les éléments isomorphes peuvent, comme on le sait, se trouver en toutes proportions dans une substance. Si donc on veut établir une formule pour les composés qui contiennent des éléments isomorphes, il faut réunir tous ceux-ci et n'en faire en quelque sorte qu'un seul corps dans la formule. Ces cas se présentent fréquemment dans l'analyse des minéraux.

A. Erdmann a trouvé dans la m o n r a d i t e.

		quantités d'oxygène.
Acide silicique. .	56,17. . . . . . . ' .	29,957
Magnésie . . .	31,63. . . . 12,652 ⎰	14,601
Protoxyde de fer.	8,56. . . . 1,949 ⎰	
Eau. . . .	4,04.	3,590
	100,40	

Or   3,590 : 14,601 : 29,958   comme   1 : 4,07 : 8,3,

au lieu de quoi on peut admettre

$$1 : 4 : 8$$

Soit R l'équivalent d'un métal, nous aurons la formule :

$$4\,(RO,SiO^2) + HO \text{ ou bien } 4\left(\begin{matrix}Mg\\Fe\end{matrix}\right\rbrace O,SiO^2\right) + HO.$$

Toutefois il n'y a pas que les substances isomorphes qui entrent ainsi dans les combinaisons, mais en général toutes celles qui ont une composition analogue. Ainsi on trouve que KO,NaO,CaO,MgO, etc., peuvent se remplacer. Il faut aussi dans ce cas les réunir toutes ensemble dans la formule.

Abich a trouvé dans l'a n d é s i n e :

		quantités d'oxygène.
Acide silicique.	59,60.	31,79
Alumine. . .	24,28. . . . 11,22 ⎱	11,70
Peroxyde de fer	1,58. . . . 0,48 ⎰	
Chaux. . . .	5,77. . . . 1,61 ⎱	
Magnésie . .	1,08. . . . 0,45 ⎰	3,90
Soude . . .	6,53. . . . 1,68 ⎰	
Potasse . . .	1,08. . . . 0,48 ⎰	
	99,92	

$$3,90 : 11,70 : 31,79 = 1 : 3,0 : 8,15$$

et l'on peut admettre

$$= 1 : 3 : 8$$

Appelant R l'équivalent d'un métal, nous arriverons à la formule :

$$RO + R^2O^3 + 4.SiO^2$$

ou

$$RO.SiO^2 + R^2O^3\,3.SiO^2$$

ue l'on peut aussi écrire :

$$\left.\begin{array}{l} Ca \\ Mg \\ Na \\ K \end{array}\right\} O, SiO^2 + \left.\begin{array}{l} Al^2 \\ Fe^2 \end{array}\right\} O^3, 3.SiO^2$$

On voit dès lors que ce minéral n'est autre que la **leucite** (KO, SiO^2 + $Al^2O^3, 3.SiO^2$), dans laquelle la potasse est en grande partie remplacée par de la chaux, de la magnésie, de la soude et une partie de l'alumine par du peroxyde de fer.

, IV. Calcul de la densité de la vapeur des corps volatils et application du résultat au contrôle des analyses et à la détermination de l'équivalent.

§ 204.

On sait que le poids spécifique d'un gaz composé est égal à la somme des poids de ses éléments à l'état gazeux dans 1 volume.

Par exemple : 2 vol. d'hydrogène et 1 vol. d'oxygène donnent 2 vol. de vapeur d'eau. — S'il n'y avait qu'un volume de vapeur, son poids spécifique serait la somme de celui de l'oxygène et du double de celui de l'hydrogène; ce serait :

$$\begin{array}{r} 2 \times 0,0691 = 0,1382 \\ + 1,1056 \\ \hline = 1,2438 \end{array}$$

Mais comme il y a 2 vol. de vapeur, pour avoir le poids spécifique il faut diviser par 2 et on aura $\dfrac{1,2438}{2} = 0,6219$.

On reconnaît sans peine que la connaissance de la densité de la vapeur d'une substance composée formera un contrôle précieux, pour s'assurer qu'une formule représente bien le rapport exact des équivalents des éléments, en admettant, bien entendu, que la densité de la vapeur est obtenue exactement et à une température supérieure à celle de l'ébullition d'au moins 30 à 40° : car ce n'est que dans cette condition que la densité est constante et peut être regardée comme exacte et caractéristique.

Exemple : Les résultats de l'analyse élémentaire conduisent pour le camphre à la formule empirique :

$$C^{10}H^8O.$$

Dumas a trouvé que la densité de la vapeur de camphre était 5,3136. Comment reconnaîtrons-nous si la formule est exacte au point de vue du rapport des équivalents?

La densité de la·vapeur de carbone est 0,8292
» de l'hydrogène » 0,0691
» de l'oxygène » 1,1056

$$10 \text{ équiv. } C = 10 \text{ vol.} = 10 \times 0,8292 = 8,2922$$
$$8 \text{ équiv. } H = 16 \text{ vol.} = 16 \times 0,0691 = 1,1056$$
$$1 \text{ équiv. } O = 1 \text{ vol.} = 1 \times 1,1056 = 1,1056$$
$$\overline{10,5034}$$

Cette somme 10,5034 est le double de la densité trouvée $\left(\dfrac{10,534}{2} = 5,252 \right)$, ce qui montre donc que le nombre relatif des équivalents est exact. — Pour savoir maintenant si la formule est aussi exacte quant au nombre absolu des équivalents, on ne pourrait le vérifier d'après la densité de la vapeur que si l'on savait combien 1 équivalent de camphre donne d'unités de volume de vapeur. Ainsi, suivant *Liebig*, ce serait 2 volumes et la formule serait $C^{10}H^8O$, tandis que *Dumas* en admet quatre, et il faut dans ce cas prendre la formule $C^{20}H^{16}O^2$.

La connaissance de la densité de la vapeur ne donne donc réellement qu'un contrôle de l'analyse, mais pas un moyen certain d'établir la formule rationnelle ; et si malgré cela on l'applique à ce dernier usage, cela ne peut être que pour les substances dans lesquelles on peut, d'après certaines analogies, conclure le rapport de condensation : ainsi l'expérience nous apprend que pour les hydrates des acides volatils, pour les alcools, etc., l'équivalent correspond à 4 volumes.

Or, nous avons obtenu plus haut pour formule de l'acide benzoïque hydraté $C^{14}H^6O^4$: *Dumas* et *Mitscherlich* ont trouvé 4,26 pour la densité de sa vapeur.

On arrive à ce nombre en divisant par 4 la somme des poids des éléments en vapeur dans un équivalent d'acide benzoïque hydraté. En effet

$$14 \text{ vol. de carbone} = 11,609$$
$$12 \text{ vol. d'hydrogène} = 0,829$$
$$4 \text{ vol. d'oxygène} = 4,422$$
$$\overline{16,860}$$
$$\frac{16,860}{4} = 4,215.$$

Hermann Kopp (*) a remarqué que, si l'équivalent d'une substance est rapporté à celui de l'hydrogène $H = 1$ et sa densité de vapeur à celle de l'air atmosphérique $= 1$, la division de l'équivalent par la densité de vapeur donne un des trois quotients :

$$28,944 \qquad\qquad 14,472 \qquad\qquad 7,256$$

(*) *Comptes rendus*, XLIV, 1347.

suivant que la formule correspond à 4, à 2 ou à 1 volume de vapeur.

28,944 correspond à une formule représentant 4 volumes.
14,472   »   »   »   2   »
7,236   »   »   »   1   »

Kopp nomme ces nombres les quotients normaux. Si la densité de la vapeur n'est pas exactement connue, mais seulement approximative (donnée cependant par l'expérience), au lieu de ces nombres on en obtient qui en approchent toutefois assez.

On peut donc, si l'on connaît l'équivalent d'un corps, s'assurer si sa densité de vapeur est exacte ou non.

Ainsi *Gay-Lussac* a trouvé 1,6133 pour densité de la vapeur d'alcool éthylique, et *Dalton* 2, 1 (*).

Quel est le véritable nombre? L'équivalent de l'alcool $C^4H^6O^2 = 46$.

$$\frac{46}{2,1} = 21,9$$

$$\frac{46}{1,6135} = 28,5$$

On voit que le nombre de *Gay-Lussac* est le plus exact, car il donne le résultat qui s'approche le plus du quotient normal 28,944.

Il sera en outre facile de calculer la densité théorique de la vapeur d'une substance, quand on connaîtra son équivalent et qu'on saura à combien de volumes il correspond.

Par exemple : l'équivalent de l'acide benzoïque hydraté est 122. Divisons-le par 28,944, nous obtenons 4,215, c'est-à-dire le même nombre que donne l'expérience pour la densité de la vapeur.

Enfin au moyen de ces quotients nous pouvons calculer approximativement l'équivalent d'un corps, si nous connaissons d'une manière approchée (par l'expérience) sa densité de vapeur, et si nous savons de plus quelle est la condensation.

Par exemple : la densité de la vapeur d'éther acétique $= 3,06$ (*Boulay et Dumas*). Si nous multiplions par 28,944, nous aurons 88,56, tandis que l'équivalent véritable est 88.

Il nous reste maintenant à indiquer comment, d'après les données observées au § **194** A et B, on calculera cette densité de vapeur qui, on le voit, est fort utile.

Suivant A. Choisissons pour exemple l'expérience de *Dumas* pour la densité de la vapeur de camphre.

Les données immédiates de l'expérience étaient les suivantes :

<hr>

(*) *Dict. de Gmélin*, IV, 550.

Température de l'air . . . .   13°,5
Pression barométrique. . . . .   742 millim.
Température du bain. . . . .   244°
Augmentation de poids du ballon. 0gr,708
Volume du mercure introduit dans le ballon. . . .   295 C.C.
Air resté.   0

Nous avons trois questions à résoudre :

1. Combien pèse l'air qui remplit le ballon? (Il faut le savoir pour répondre à la deuxième question.)

2. Combien pèse la vapeur de camphre qui remplit le ballon?

3. Quel volume occuperait cette vapeur à 0° et à la pression de 760 millimètres?

La résolution de ces problèmes est facile, les calculs semblent seulement un peu longs, à cause de certaines réductions et corrections qui sont nécessaires.

1. Combien pèse l'air du ballon?

D'après la quantité de mercure introduit, la capacité du ballon est de 295 C.C.

Ramenons à 0° et à 760 millimètres les 295 C.C. d'air qui sont à 13°,5 et à la pression de 742 millimètres.

Nous aurons, d'après le § **198** :

$$760 : 742 = 295 : x$$
$$x = 288 \text{ C.C.} \quad \text{(vol. de l'air à 13°,5 et à 760 millim.).}$$

en outre :

$$\frac{288}{1 + 13,5 \times 0,00366} = \frac{288}{1,04941} = 274 \text{ C.C. (à 0° et à 760 millim.).}$$

Comme 1 C.C. d'air à 0° et à 760 millimètres pèse 0gr,0012936, les 274 C.C. pèseront 0,00129364 × 274 ou 0gr,3544.

2. Combien pèse la vapeur?

On tare le ballon plein d'air, puis on le pèse : on a le poids p gr. Ensuite on tare le ballon plein de vapeur et on a le poids P. Cela donne :

$$\text{Poids du ballon plus la vapeur} = P,$$
$$\text{Poids du ballon plus l'air} = p.$$

Donc :   poids de la vapeur — poids de l'air = P — p,

et le poids de vapeur = P — p (augmentation du poids du ballon) + poids de l'air.

Poids de l'air dans le ballon   = 0gr,35444
Augmentation de poids du ballon = 0gr,70800
                                       ____
Poids de la vapeur   = 1gr,06244

3. Quel est le volume qu'occuperait la vapeur à 0° et à 760 millimètres?

D'après ce qui précède, nous savons que $1^{gr},06244$ de vapeur occupe 295 C.C. à 244° et à la pression de 742 millimètres. Avant de faire les réductions du § **198**, il faut faire les corrections suivantes :

a) 244° du thermomètre à mercure correspondent, d'après les recherches de *Magnus*, à 259° réels, c'est-à-dire du thermomètre à air (*voir* la table 6).

b) Suivant *Dulong* et *Petit*, le verre pour chaque degré se dilate de $\frac{1}{55000}$ de son volume à 0°. Le volume du ballon était donc, au moment de la fermeture, $295 + \dfrac{295 \times 259}{55000} = 297$ C.C.

Faisons maintenant les réductions de température et de pression. La proportion.

$$760 : 742 = 297 : x$$

donne $x = 290$ C.C. (volume de la vapeur à 760 millimètres et à 259°), et l'équation.

$$\frac{290}{1 + 259 \times 0,00366} = x$$

donne $x = 154,6$ C.C. volume de la vapeur à 0° et à 760 millimètres.

Ainsi 154,6 C.C. de vapeur de camphre à 0° et à 760 pèsent $1^{gr},06244$. Par conséquent 1 litre (1000 C.C.) pèse $6^{gr},87218$, parce que

$$154,6 : 1,06244 = 1000 : 6,87218$$

Maintenant 1 litre d'air à 0° et à 760 millimètres pèse $1^{gr},2936$: par conséquent le poids spécifique de la vapeur de camphre, par rapport à l'air, est 5,31245, puisque

$$1,2936 : 6,87218 = 1 : 5,31245.$$

Suivant B. — Détermination de la densité de la vapeur d'éther suivant la méthode de *A. W. Hoffmann* et *Wichelhaus*.

Poids de l'éther. . . . . 0,0724 gram.
Chauffé à. . . . . 100°

Volume lu, ... 49,201 C. C.
Hauteur du baromètre . . . . 754 millim.
Température de l'air . . . . 20°
Hauteur de la colonne de mercure après
  avoir chauffé à 100°. . . . . 500 millim.
Tension de la vapeur de mercure à 100°. 0,746 millim.

Le volume lu à 100° correspond à un nombre de centimètres cubes un peu plus grand, à cause de la dilatation du verre. Le verre se dilate de $\frac{1}{35000}$ pour 1° centigrade, dès lors les 49,201 C.C. lus correspondent en réalité à $49,201 + \frac{49,201 \times 100}{5500}$ ou 49,542 C.C.

Il faut ramener ce volume à 0°. Suivant le § **198** le volume 49,542 d'air à 100° serait à 0° $\frac{49,542}{1 + 0,003665 \times 100} = 56,108$ C.C. et toujours à la pression de l'expérience.

Cette pression est égale à la pression atmosphérique moins la hauteur du mercure à 100° soulevé dans le tube à vapeur et la tension de la vapeur de mercure à 100°

La hauteur barométrique est 754 m.m. à 20° : la ramenant à zéro elle sera $\frac{754}{1 + 0,00018 \times 20} = 751,295$ m.m., 0,00018 étant le coefficient de dilatation cubique absolu du mercure. La colonne de mercure de 500 m.m. dans le tube à vapeur est à 100° : ramenée à zéro elle sera $\frac{500}{1 + 0,00018 \times 100}$ = 294,695 m.m. La force élastique du gaz sera donc : 751,295 — (294,695 + 0,746) = 455,854 m.m. Ramenant les 56,108 C.C. à la pression 760, ils seront $56,108 \times \frac{455,854}{760} = 21,6579$ C.C.

Or 1000 C.C. d'air à 0° et à la pression 760 pèsent 1,2956 gr. Les 21,6579 pèseront $21,6579 \times 0,0012956 = 0,0280$ gr. Le poids du même volume d'éther étant 0,0724 gr., la densité de la vapeur d'éther sera $\frac{0,0724}{0,0280} = 2,586$.

DEUXIÈME PARTIE

SPÉCIALITÉS

I. ANALYSE DES EAUX NATURELLES

A. Analyse des eaux douces ordinaires (eaux de source, de fontaine, de rivière, de fleuve, etc.) (*)

§ 205.

Les substances que l'on recherche d'*ordinaire* pour le dosage dans l'analyse des eaux douces sont les suivantes :

a. *Substances dissoutes.*

    α. Substances inorganiques.

       Bases : Soude, ammoniaque, chaux, magnésie.

       Acides et halogènes : acide sulfurique, acide azotique, acide azoteux, acide silicique, acide carbonique, chlore.

    β. Substances organiques : acides humiques et autres matières organiques.

b. *Substances en suspension :* argile, etc.

Je ne m'occuperai ici que de ces matières ; si dans l'analyse on avait en vue de doser quelques autres éléments particuliers, on opérerait suivant une des méthodes indiquées dans le § **206** jusqu'au § **213**.

I. *L'eau à analyser est limpide.*

1. **Dosage du chlore.** — On peut le faire soit en poids, a., soit par les liqueurs titrées, b.

a. *Analyse en poids.* — On opère sur 500 ou 1000 gr. ou C.C. (**) — On

---

(*) Voir aussi le chapitre de l'analyse qualitative.

(**) Comme le poids spécifique des eaux douces diffère peu de celui de l'eau distillée, on peut tout simplement, au moins pour les recherches ordinaires, mesurer l'eau en volumes. En prenant des nombres entiers de centimètres cubes on facilite beaucoup les calculs.

acidule avec de l'acide azotique et l'on précipite par le nitrate d'argent. On ne filtre que quand le précipité, mis à l'abri de l'action de la lumière, s'est complètement déposé (§ **141**. 1. a). Si la quantité de chlore est tellement petite que le sel d'argent ne produit qu'un faible trouble, il faut par évaporation réduire le volume de l'eau à 1/2, 1/4, 1/6, etc., filtrer, laver le précipité et opérer sur le liquide filtré comme il est dit.

b. *Dosage volumétrique*. — On réduit à un faible volume, par évaporation, 1000 grammes ou C.C. d'eau et dans le résidu, sans le filtrer, on dose le chlore suivant le § **141**. 1. b. α., avec la solution d'argent et addition de chromate de potasse.

2. Dosage de l'acide sulfurique. — On emploie 1000 grammes ou C.C. — On acidule l'eau nettement, mais pas trop fort, avec de l'acide chlorhydrique et l'on y verse du chlorure de baryum. On filtre après dépôt complet (§ **132**. 1. 1.). Pour de petites quantités d'acide, on réduit l'eau acide à 1/2, 1/4, 1/6 de son volume avant de verser le chlorure de baryum. — Le liquide filtré peut servir pour le dosage direct de la soude (§ **205**. 7).

5. Dosage de l'acide azotique.

A. Pour doser *exactement* l'acide azotique dans les eaux naturelles, il ne convient d'appliquer parmi les procédés donnés au § **149**, que ceux qui donnent des résultats exacts même en présence des matières organiques. Ce sont surtout la méthode de *Schlœsing* (§ **149**, II., d. γ) fondée sur la décomposition de l'acide azotique par le protochlorure de fer et celle de *Schulze* (page 443), ainsi que celle du même chimiste indiquée au § **149**. II. f.

Dans le procédé de *Schulze* (page 443), exactement décrit par *Wulferd* (*), on recueille le bioxyde d'azote sur le mercure et on le mesure. Il faut pour cela une cuve profonde, contenant relativement beaucoup de mercure et une éprouvette particulière munie en haut d'un robinet en verre soudé à l'éprouvette. Les résultats obtenus dans ces conditions sont tout à fait satisfaisants. Sans rien enlever à l'exactitude de la méthode, *Tiemann* (**) l'a rendue plus pratique en remplaçant le mercure par une lessive de soude bouillie.

La méthode ainsi modifiée convient parfaitement au dosage de l'acide azotique dans les eaux. On prend l'appareil de la figure 184, qui se comprend sans explication. Le ballon A jauge environ 150 C.C. Le tube *c b a*, étiré en *a* en une pointe pas trop fine, dépasse le bouchon en caoutchouc d'environ 2 centimètres dans le ballon. Le tube *e f g* est coupé au contraire au ras de la face inférieure du bouchon. La partie inférieure du tube *g h* est enveloppée dans un bout de tube en caoutchouc pour la préserver de la casse. La cuve B et le tube C aussi étroit que possible et divisé en $\frac{1}{10}$ C.C. sont remplis d'une lessive de soude à 10 p. c. et qu'on a fait bouillir.

(*) *Zeitschr. f. analyt. Chem.*, IX, 400.
(**) *Analyse de l'eau*, par W. *Kubel*, 2ᵉ édit. par F. *Tiemann*, 1874, 55.

Dans une capsule on réduit par évaporation à 50 C.C. un volume de 100 à 500 C.C., selon les circonstances, de l'eau à essayer. On verse le contenu de la capsule dans le ballon A et on lave la capsule à plusieurs reprises avec un peu d'eau distillée qu'on reverse dans le ballon. Il importe peu que la totalité ou partie seulement du précipité, qui a pu se former pendant l'évaporation, parvienne dans le ballon.

Les tubes étant tous ouverts, on porte à l'ébullition et vers la fin de l'opération on plonge le bout du tube $efgh$ dans la lessive de soude, de

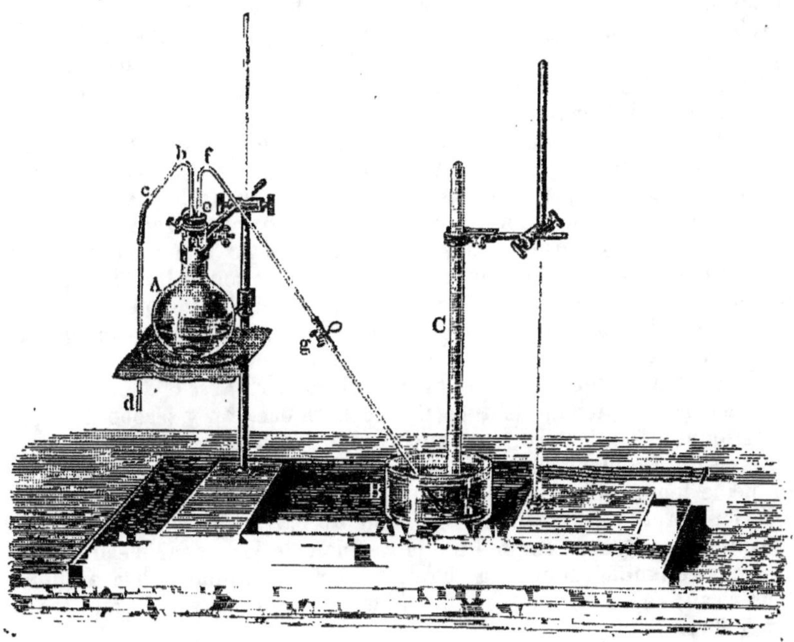

Fig. 184.

façon que la vapeur d'eau se dégage en partie au milieu du liquide alcalin. Au bout de quelques minutes on ferme en g, en pressant le caoutchouc avec les doigts. Si tout l'air a été chassé par la vapeur d'eau, la lessive de soude monte rapidement et on sent un léger choc contre les doigts. Dans ce cas on ferme en g avec une pince et on laisse la vapeur sortir par d. On continue l'ébullition jusqu'à ce qu'il ne reste plus environ que 10 C.C. de liquide en A. On enlève la lampe, on ferme en c avec une pince et l'on remplit d'eau le tube cd. S'il restait une petite bulle d'air en c, on la ferait partir en pressant avec les doigts.

On place alors le tube gradué au-dessus de l'extrémité du tube $efgh$, de façon que celui-ci pénètre de 2 à 3 centimètres dans l'éprouvette. On prend un petit vase à précipité, sur lequel on a fait vers le haut deux marques *entre lesquelles* il y a une capacité d'environ 20 C.C. et on le remplit jusqu'au trait supérieur d'une solution de protochlorure de fer presque saturée, renfermant de l'acide chlorhydrique libre. On remplit un second vase semblable avec de l'acide chlorhydrique concentré. Lorsque les caoutchoucs en *c* et en *g* sont aplatis par l'effet de la pression extérieure, on plonge *d* dans la solution de protochlorure de fer, on ouvre en *c* pour faire arriver dans A 15 à 20 C.C. de liquide, puis on plonge *d* dans l'acide chlorhydrique et on laisse monter ce dernier en petite quantité et par deux fois pour laver le tube *d c b a* et n'y pas laisser de chlorure de fer. On voit quelquefois apparaître en *b* une petite bulle d'acide chlorhydrique gazeux, mais elle disparaît complètement ou presque complètement quand la pression augmente à l'intérieur de l'appareil.

On chauffe maintenant le ballon A d'abord très doucement, jusqu'à ce que les tubes en caoutchouc *c* et *g* se gonflent un peu et à ce moment on remplace la pince *g* par la pression des doigts. Quand la pression du gaz est assez forte, on laisse lentement monter le bioxyde d'azote en C. A la fin on chauffe plus fort jusqu'à ce que le volume de gaz n'augmente plus en C et on retire le tube à dégagement de la lessive de soude. Il ne faut pas précipiter la fin de l'opération, afin que le gaz chlorhydrique soit bien complètement absorbé par la soude. Comme il faut pour le succès de l'analyse que les tubes en caoutchouc ferment très hermétiquement, on fera bien de les serrer contre les tubes en verre avec un fil fort. *F. Hess* (*).

On ferme maintenant le tube C avec le pouce, on y secoue le liquide emprisonné et on le porte dans une grande éprouvette à pied remplie d'eau à 15° ou 18°. On plonge C dans l'eau, et enfin on lit le volume du gaz (§ **15**), en même temps qu'on note la température de l'eau et la pression atmosphérique. Après avoir ramené le volume du gaz à zéro et à la pression de 760 m.m., en tenant compte de la tension de la vapeur d'eau (§ **198**), on trouve en milligrammes la quantité d'acide azotique anhydre contenu dans l'eau, en multipliant par 2,413 les C.C. de bioxyde d'azote sec à 0° et à 760 m.m.

Si une eau renferme de l'acide azoteux, celui-ci est calculé dans cette méthode en acide azotique. Alors si l'on peut doser la quantité d'acide azoteux, il faudra pour chaque équivalent d'acide azoteux retrancher du résultat total un équivalent d'acide azotique, ou pour chaque partie en poids d'acide azoteux trouvé retrancher 1,421 parties d'acide azotique.

B. Pour un dosage *approximatif* de l'acide azotique dans les eaux, on emploie ordinairement le procédé de *Marx* (**), toutefois modifié. Il repose, comme l'ancienne méthode de *Boussingault* (***), sur la décomposition de l'indigo par l'acide azotique. Mais tandis que *Boussingault* opère la réaction dans une solution chlorhydrique en chauffant, *Marx* additionne l'eau de beaucoup d'acide sulfurique concentré et utilise la chaleur développée dans le mélange. La méthode a l'avantage d'être rapide. Elle a été étudiée

(*) *Zeitschr. f. analyt. Chem.*, XIII, 260.
(**) *Zeitschr. f. analyt. Chem.*, VII, 412.
(***) *Chimie agricole et Physiologie*, II, 214, 1862.

par *H. Trommsdorff* (*), *F. Goppelsrœder* (**), *H. Struve* (***), *van Bemmelen* (****), *H. Warrington* (*****), *Kubel* et *Tiemann* (******), *Sulton* (*******), et d'autres encore.

Avant de décrire la manière d'opérer, telle qu'on la pratique dans mon laboratoire, je vais donner quelques-unes des remarques les plus importantes que suggèrent les travaux des chimistes cités plus haut. On verra par là que les résultats, obtenus avec la solution titrée d'indigo, ne peuvent être acceptés que dans des conditions tout à fait déterminées et ne peuvent pas être regardés comme tout à fait rigoureux.

a. Les quantités d'indigo oxydées par l'acide azotique ne restent les mêmes qu'autant que l'on opère toujours dans les mêmes conditions (dilution, température, proportion d'acide sulfurique).

b. Toutes les conditions étant les mêmes, on décompose des quantités différentes d'indigo, suivant que l'on ajoute peu à peu la solution d'indigo à l'eau contenant de l'acide azotique et additionnée d'acide sulfurique ou bien suivant qu'on en ajoute une quantité suffisante avant d'avoir mélangé l'acide sulfurique (*van Bemmelen*).

c. Il faut donc faire toujours en sorte, après avoir fixé la valeur de la solution d'indigo d'après une solution d'acide azotique de richesse connue, de ne l'employer que dans les conditions mêmes où l'on a déterminé ce titre, en choisissant les circonstances où il y a le plus d'indigo oxydé.

d. Comme les produits de l'action de l'acide azotique sur l'indigo ne sont pas incolores, mais jaunes, le liquide se colore quand il commence à y avoir un excès d'indigo : d'abord il est brun pâle en l'absence de chlorures, puis il devient verdâtre avec un excès d'indigo un peu plus grand ; mais naturellement il prend des nuances différentes suivant la quantité d'acide azotique, c'est-à-dire, suivant la proportion des produits jaunes d'oxydation qui masquent ou altèrent la coloration bleue que produirait l'indigo. La quantité d'acide sulfurique ajoutée et la présence des chlorures ont aussi une influence sur la couleur du liquide, lorsque l'indigo commence à être en excès. Il n'est donc pas facile de saisir la fin de la réaction et il faut pour réussir une certaine habitude.

e. Ces circonstances amèneront donc plus ou moins d'incertitude dans les résultats, incertitude qui augmentera encore naturellement s'il y a en présence des matières organiques oxydables : car alors l'acide azotique mis en liberté agira non seulement sur l'indigo, mais encore sur ces matières organiques. — Si donc il y a des substances organiques en quantité notable, on n'aura des résultats assez approximatifs, que si on les oxyde avant de procéder au dosage de l'acide azotique, — mais si elles ne sont qu'en minime proportion, comme c'est généralement le cas avec les eaux de fon-

(*) *Zeitschr. f. analyt. Chem.*, VIII, 364, et IX, 371.
(**) *Zeitschr. f. analyt. Chem.*, IX, 5, et X, 200.
(***) *Zeitschr. f. analyt. Chem.*, XI, 25.
(****) *Zeitschr. f. analyt. Chem.*, XI, 156.
(*****) *Chem. New.* des 2 et 9 février 1877.
(******) *Anleitung zur Untersuchung von Wasser*, 2· édit., 65.
(*******) *Volumetric analysis.*

taine, l'influence de ces matières organiques est si faible qu'on peut n'en pas tenir compte.

f. Si une eau renferme de l'acide azoteux, celui-ci agit aussi comme oxydant sur la solution d'indigo : si donc la proportion de cet acide n'est pas négligeable il y aura une correction à faire. Il n'y a pas d'expériences exactes indiquant à combien d'acide azotique correspond une quantité donnée d'acide azoteux dans son action sur l'indigo : *Kubel* et *Tiemann* retranchent 0,473 p. d'acide azotique pour une partie d'acide azoteux.

g. Quand les chlorures métalliques sont en aussi faible quantité que cela arrive en général dans les eaux de source, leur présence n'a pas ou a peu d'action sur la réaction finale.

Manière d'opérer.

Il faut :

a. Une dissolution d'azotate de potasse pur dans de l'eau distillée, contenant 1,8724 gr. de salpêtre par litre. Chaque centimètre cube renferme alors 1 milligramme d'acide azotique (AzO^5).

b. Une dissolution de bon carmin d'indigo dans de l'eau. On détermine approximativement sa relation avec la solution de salpêtre, comme nous le dirons plus bas, et on l'étend d'eau de façon que 6 à 8 C.C. correspondent à 1 milligr. d'acide azotique.

c. De l'acide sulfurique de densité 1,842 et chimiquement pur (tout à fait exempt d'acide sulfureux, d'acide arsénieux et des divers composés oxygénés de l'azote).

d. Plusieurs ballons de 200 C.C. environ en verre mince.

e. Un petit tube gradué de 50 C.C. partagé en centimètres cubes.

f. Une burette à pince divisée en $\frac{1}{10}$ de C. C.

g. Une pipette de 25 C.C., ou à sa place une seconde burette à pince.

h. Une pipette de 5 C.C., avec division en C.C. ou en 1/2 C.C.

i. Un ballon jaugé de 250 C.C.

aa. *Essai préliminaire.*

On mesure 25 C.C. de l'eau à essayer, on les verse dans un des ballons, on remplit le petit tube gradué avec de l'acide sulfurique concentré et la burette avec la solution d'indigo. On verse d'un seul coup l'acide sulfurique dans l'eau, on secoue un instant et aussitôt, sans arrêt et aussi vite que possible, on laisse couler l'indigo en agitant jusqu'à ce que le liquide soit juste verdâtre et reste avec cette nuance.

S'il a fallu pour cela 20 C.C. d'indigo au moins, l'eau est convenable pour faire l'essai exact ; dans le cas contraire, il faut ajouter à l'eau une quantité suffisante d'eau distillée et recommencer l'essai préliminaire.

bb. *Essai définitif*.

α. On mesure 25 C.C. de l'eau primitive ou de l'eau convenablement étendue, dans une proportion connue : on verse dans un des petits ballons, on ajoute autant de solution d'indigo qu'on en avait employé dans l'essai préliminaire, on mesure un volume d'acide sulfurique concentré égal au volume du liquide dans le ballon (eau plus solution d'indigo), on verse en un seul coup tout cet acide dans le ballon, on secoue et l'on ajoute rapidement avec la burette assez d'indigo pour que le liquide soit verdâtre et reste avec cette coloration.

β. On recommence l'essai, mais on ajoute 0,5 C.C. de solution d'indigo de moins qu'on en a employé en tout en α. On opère du reste comme en α. C'est la quantité d'indigo trouvée dans ce deuxième essai qui est la bonne et servira pour faire le calcul.

γ. D'après la valeur connue approximativement de la solution d'indigo, on calcule la quantité de la solution de salpêtre qui correspond à la solution d'indigo employée en β., on multiplie ce nombre de centimètres cubes par 10 et l'on verse ce volume de solution de salpêtre dans un ballon jaugé de 250 C.C. qu'on achève de remplir avec de l'eau pure. En opérant comme en β., on cherche combien il faut de solution d'indigo pour 25 C.C. de cette liqueur. Si la quantité de la dissolution d'indigo employée ne correspond pas encore assez exactement avec celle trouvée en β., on cherche en augmentant ou en diminuant la richesse du liquide restant dans le ballon de 250 C.C. à avoir un liquide convenable pour pouvoir faire la comparaison. C'est la valeur de l'indigo ainsi obtenue que l'on prendra pour faire le calcul.

δ. Si l'eau renferme une quantité notable de matières organiques, on les décompose d'abord avec du permanganate de potasse (voir plus loin). On peut réunir ainsi le dosage de la matière organique à celui de l'acide azotique.

4. Dosage de l'acide azoteux.

On ne trouve pas d'acide azoteux dans les bonnes eaux potables; on le rencontre assez communément dans celles qui sont de moins bonne qualité et dans d'autres eaux naturelles. En général la proportion en est très faible, mais il est d'une grande importance d'en rechercher la présence pour pouvoir juger de la qualité d'une eau.

Il y a deux méthodes proposées et employées pour déterminer l'acide azoteux dans les eaux : l'une colorimétrique par comparaison fondée sur la coloration par l'iodure d'amidon et proposée par *H. Trommsdorff* [*]. L'autre est basée sur la transformation de l'acide azoteux en acide azotique par le permanganate de potasse : elle a été indiquée d'abord par *Péan de Saint-Gilles* [**], plus tard elle a été soumise à un examen critique par *S. Feldhauss* [***] et enfin elle a été perfectionnée par *W. Kubel* [****]

[*] *Zeitschr. f. analyt. Chem.*, VIII, 358.
[**] *Comptes rendus*, 1858, XLVI, 624.
[***] *Zeitschr. f. analyt. Chem.*, I, 426.
[****] *Journ. f. prackt. Chem.*, CII, 229.

surtout au point de vue de l'essai des eaux. Les deux méthodes se complètent : la première convient surtout pour essayer les eaux qui ne renferment que peu d'acide azoteux et la seconde est préférable quand il y en a davantage (plus de 1 milligr. dans 100 C.C. d'eau. *Ticmann-Kubel*).

a. *Méthode par l'iodure d'amidon*. Elle repose sur ce fait que de l'eau tout à fait exempte d'acide azoteux ne donne pas la réaction de l'iodure d'amidon, quand on l'additionne d'acide sulfurique étendu pur et d'une dissolution d'iodure de zinc et d'amidon (*), en abandonnant dans l'obscurité (**). Mais si l'eau contient de l'acide azoteux, suivant la proportion, la coloration bleue se produit plus ou moins rapidement.

Pour appliquer la méthode il faut avoir de l'eau pure (***) tout à fait exempte d'acide azoteux, de l'acide sulfurique pur, une solution d'iodure de zinc et d'empois, une solution d'azotite de potasse dont 1 C.C. renferme 0,01 milligr. d'acide azoteux (AzO^3) (****) et quatre tubes à essai portant un trait de jauge à 50 C.C. et d'un diamètre tel que ces 50 C.C. représentent une couche liquide de 15 à 16 centimètres de hauteur.

α. *Essai préliminaire*. A 50 C.C. de l'eau à essayer on ajoute 1 C.C. d'acide sulfurique étendu et 1 C.C. de la solution d'iodure de zinc et d'empois. S'il se fait de suite ou dans la première minute une coloration bleue, c'est que l'eau renferme trop d'acide azoteux pour être soumise telle quelle à l'essai, c'est-à-dire, que dans l'expérience la coloration bleue serait trop intense pour pouvoir faire la comparaison. Dans ce cas, on verse 25, 10 ou 5 C.C. de l'eau dans le tube à essai, on remplit d'eau jusqu'au trait des 50 C.C. et on recommence l'essai avec l'acide sulfurique et l'iodure de zinc. L'eau primitive ou l'eau étendue sera bonne pour l'essai définitif lorsque la coloration bleue ne sera manifeste qu'au bout de deux minutes et encore en

(*) Pour préparer la dissolution d'iodure de zinc et d'empois, on prend 5 grammes de fécule, 20 grammes de chlorure de zinc et 100 grammes d'eau : on fait bouillir, en remplaçant l'eau qui s'évapore, pendant plusieurs heures ou mieux jusqu'à ce que la pellicule d'empois qui se forme soit presque complètement dissoute : on ajoute alors 2 grammes d'iodure de zinc sec, on étend pour faire un litre et l'on filtre. La filtration se fait lentement, mais on obtient toutefois un liquide clair, qui laisse bien déposer quelques flocons au bout de quelques mois, mais qui reste tout à fait incolore dans un vase fermé conservé dans l'obscurité. (*Richter : Zeitschr. f. analyt. Chem.*, VIII, 358.)

(**) Sous l'influence directe des rayons du soleil, de l'eau pure d'acide azoteux acidulée avec de l'acide sulfurique et additionnée d'iodure de zinc et d'empois donne la coloration bleue au bout de 10 minutes : à la lumière diffuse il faut quelques heures ou un jour.

(***) Si l'on n'a pas d'eau exempte d'acide azoteux on peut en préparer facilement en prenant de l'eau de fontaine aussi pure que possible, y ajoutant quelques gouttes d'acide sulfurique et distillant. On reçoit chaque quart du liquide qui distille dans des récipients différents et on essaie chacun avec l'iodure de zinc : on fera usage des portions qui seront reconnues pures d'acide azoteux.

(****) On la prépare en dissolvant environ 2,5 grammes d'azotite de potasse fondu dans de l'eau de façon à avoir 100 C.C. On prend 10 C.C. qu'on étend d'eau pour faire un litre. On essaie cette solution avec une dissolution de permanganate de potasse, contenant 0,3163 grammes de sel pur dans un litre (voir plus loin b. Méthode par le caméléon), et d'après cet essai, on étend d'eau de façon qu'un litre renferme 0gr,1 d'acide azoteux, par conséquent 0gr,0001 dans 1 C.C. Alors 10 C.C. de cette dissolution étendus à 100 C.C. avec de l'eau pure donnent la dissolution nécessaire pour faire la comparaison, laquelle solution contient 0,00001 gramme d'acide azoteux dans 1 C.C. — Comme la dissolution d'azotite de potasse ne conserve pas son titre, il faut le chercher de nouveau avant chaque série d'expériences.

regardant de haut en bas dans la longueur du tube à travers la colonne de liquide, placée sur un fond de papier blanc.

. β. *Essai.* Dans un des ballons à essai on verse 50 C.C. de l'eau à essayer, telle qu'elle est ou convenablement étendue, puis dans le deuxième tube on verse 0,1 C.C. de la dissolution d'azotate de potasse; on en verse 0,2 C.C. dans le troisième et 0,3 C.C. dans le quatrième : on remplit ces trois tubes d'eau distillée jusqu'au trait. Dans chacun des quatre tubes on verse 1 C.C. d'acide sulfurique étendu, puis 1 C.C. de solution d'iodure de zinc, on mélange et l'on observe. Si dans l'eau qu'on essaie et dans l'un des trois autres tubes la réaction de l'empois d'amidon apparaît en même temps et se comporte de même, c'est que les deux liquides contiennent autant d'acide azoteux. Si cela n'arrivait pas, il faudrait recommencer l'essai avec d'autres liquides préparés avec de nouvelles quantités connues d'acide azoteux.

Pour comparer les intensités de coloration, on commence d'abord par regarder les tubes de haut en bas sur un fond blanc, puis quand la teinte se forme, on met les deux tubes à côté l'un de l'autre, on les incline un peu et on regarde la feuille de papier blanc à travers une couche de liquide d'égale épaisseur. S'il y a si peu d'acide azoteux que la réaction ne se produise qu'au bout de 10 à 20 minutes, on n'a pas besoin de constater s'il y a augmentation égale de la coloration, mais seulement de voir quel est le tube dans lequel la teinte bleue a apparu en même temps que dans l'eau.

Pour le calcul il n'y a qu'à se rappeler qu'il y a dans la quantité d'eau essayée autant d'acide azoteux, qu'il y en a dans le volume de la dissolution d'azotite, versée d'abord dans le tube qui offre les mêmes phases de coloration que l'eau.

b. *Méthode par le caméléon.* Avec des liquides comme les eaux naturelles, aussi étendus et renfermant presque toujours des matières organiques, on ne peut pas appliquer la méthode d'oxydation de l'acide azoteux par le permanganate de potasse, comme on le fait dans d'autres cas (*voir* § **131**. 5), c'est-à-dire, qu'on ne peut pas se contenter d'ajouter le caméléon à l'eau acidulée jusqu'à coloration rouge, parce qu'il faut trop de temps pour atteindre la fin de la réaction, et alors le permanganate réagissant nécessairement sur la matière organique, le dosage de l'acide azoteux est entaché d'erreur. Le procédé modifié par *Kubel* permet toutefois d'arriver plus rapidement au but, de telle sorte que l'influence des matières organiques, toujours en si minime quantité dans les eaux de source, ne se fait pas sentir.

On prépare une dissolution de sulfate double de fer et d'ammoniaque pur, contenant 3,92 gr. de sel cristallisé pur et sec dans un litre (on dissout le sel dans le ballon jaugé d'un litre avec de l'eau bouillie et un peu d'acide sulfurique étendu) : en outre on fait une dissolution équivalente de permanganate de potasse pur, c'est-à-dire telle que 10 C.C. de cette solution peroxydent juste 10 C.C. de la solution de fer, en ne donnant au liquide qu'une coloration rouge faible.

Pour opérer, on ajoute à 100 C.C. de l'eau à essayer un excès de caméléon (5, 10, 20 C.C. suivant le cas), puis 6 à 8 C.C. d'acide sulfurique pur étendu (1 : 5) et aussitôt dans ce liquide rouge de la solution du sel de fer jusqu'à décoloration : puis de nouveau du caméléon jusqu'à production de coloration rouge pâle, quand même ce ne serait que pour un temps assez court.

En retranchant de la quantité totale du caméléon employée le volume de solution de fer ajouté, la différence représente le caméléon qui a oxydé l'acide azoteux contenu dans le volume d'eau essayé. Chaque centimètre cube correspond à 0,19 milligr. d'acide azoteux.

Les expériences publiées par *Tiemann* et *Kubel* montrent qu'en opérant de cette façon les matières organiques sont sans influence.

5. Dosage de la silice, de la chaux et de la magnésie.

On évapore à siccité, le mieux dans une capsule en platine, 1000 grammes ou C.C. Après addition d'un peu d'acide chlorhydrique, on traite le résidu par l'acide chlorhydrique et l'eau, on sépare la silice par filtration et on la traite suivant le § **140**. II, a. — Dans le liquide filtré on dose la magnésie et la chaux suivant le § **154**. 6. a. (36).

6. Dosage du résidu total et de la soude.

a. On évapore à siccité avec précaution, dans une capsule en platine pesée, 1000 grammes ou C.C. d'eau. On commence en chauffant directement sur la lampe et l'on achève au bain-marie. On chauffe le résidu au bain d'air à 180° jusqu'à ce qu'il ne diminue plus de poids. On obtient ainsi la quantité totale des sels (avec le peu de matière organique qu'il peut y avoir).

b. Au résidu on ajoute un peu d'eau, puis avec précaution de l'acide sulfurique pur étendu en excès modéré. (Il faut couvrir la capsule pour éviter les pertes par projection.) On met la capsule sur le bain-marie. Après dix minutes on lave avec la fiole à jet la capsule en verre qui sert de couvercle, on évapore à siccité, on chasse l'acide sulfurique libre, on chauffe le résidu au rouge, en ajoutant à la fin un peu de carbonate d'ammoniaque (§ **97**. 1.) et on le pèse. Il est formé de sulfate de soude, sulfate de chaux, sulfate de magnésie et un peu de silice déposée. Il ne doit pas rougir le papier bleu de tournesol humide. — En retranchant de son poids celui connu de la silice et ceux des sulfates de chaux et de magnésie correspondant aux quantités déjà trouvées de ces bases, on aura le poids de sulfate de soude renfermé dans le résidu.

7. Dosage direct de la soude.

Si l'on veut doser directement la soude, ce qu'il y a de mieux c'est de le faire suivant le § **209** dans le liquide filtré obtenu au § **205**. 2 dans le dosage de l'acide sulfurique.

8. D'après les nombres obtenus de 1 à 7, ramenés à 1000 parties d'eau, on conclut de la façon suivante la quantité d'acide carbonique combiné.

On fait la somme des quantités d'acide sulfurique correspondant aux bases trouvées, on en retranche d'abord celle qu'on a mesurée directement, puis ensuite celles qui correspondent à l'acide azotique (éventuellement aussi à l'acide azoteux) et au chlore obtenus (pour 1 équivalent de chlore, 1 équivalent de SO^3). Le reste est équivalent à l'acide carbonique uni aux bases à l'état de carbonates neutres. Ainsi 40 parties d'acide sulfurique trouvées en excès représenteront 22 parties d'acide carbonique. — Pour contrôle il faudrait évaporer 1000 C.C. d'eau dans un ballon, jusqu'à réduction considérable de volume : on ajouterait un peu de teinture de tournesol, puis de l'acide chlorhydrique ou azotique titré et l'on opérerait comme il est dit à la page 370. bb.

9. Contrôle.

On ajoute les quantités de soude, de chaux, de magnésie, d'acide sulfurique, d'acide azotique, d'acide silicique, d'acide carbonique et de chlore, et l'on retranche de la somme le poids d'oxygène équivalent à celui du chlore, (car celui-ci se combine directement au métal et non pas à l'oxyde) et il faut que l'on retrouve un nombre sensiblement égal au poids du résidu total obtenu en 6. a. — Il ne faut pas s'attendre à avoir un *accord parfait*, car en évaporant l'eau il y a un peu de chlorure de magnésium partiellement décomposé et rendu basique, puis la silice chasse un peu d'acide carbonique : en outre le carbonate de magnésie se laisse difficilement déshydrater sans perdre de l'acide carbonique et il reste dans le résidu sous forme de carbonate basique, tandis que dans le calcul nous introduisons la quantité d'acide carbonique correspondant au sel neutre.

10. Dosage de l'acide carbonique libre.

Dans les eaux de fontaine on le fera plus commodément d'après le procédé de *Pettenkofer* § **139**. γ. (page 371). On obtient ainsi la quantité d'acide carbonique que l'eau contient en plus que celle qui correspond aux carbonates neutres, par conséquent la quantité d'acide libre et de celui qui forme des bicarbonates.

11. Dosage des matières organiques.

Beaucoup d'eaux de fontaines renferment tellement de matières organiques qu'elles en sont colorées en jaune : d'autres en contiennent de très petites quantités, beaucoup en sont pour ainsi dire complètement exemptes. Le dosage exact des matières organiques n'est pas facile et la méthode suivante qu'on emploie souvent ne conduit qu'à un résultat approché. On chauffe au rouge le résidu de l'évaporation desséché à 180°, on le traite par du carbonate d'ammoniaque, on chauffe de nouveau légèrement au rouge et l'on conclut la matière organique d'après la perte de poids. Or on n'a rien de certain sur l'état où se trouve la magnésie dans le résidu desséché à 180°, et ensuite chauffé au rouge, — la silice chasse de l'acide carbonique qui n'est pas repris dans le traitement par le carbonate d'ammoniaque, etc. Cependant, comme pour l'usage des eaux il est de la plus grande importance de savoir ce qu'elles renferment de matières organiques, beaucoup de chimistes se sont occupés de cette question. On ne peut cependant pas dire encore que le but ait été atteint. *Franckland* et *Armstrong* (*) font bouillir pendant 2 ou 3 minutes un volume connu d'eau (1 litre) avec 50 C.C. d'une solution saturée d'acide sulfureux, 0,2 gram. de sulfite de soude et quelques gouttes d'une solution de protochlorure ou de perchlorure de fer. Si l'eau renferme beaucoup de matières organiques on réunit le ballon ou la cornue avec un tube réfrigérant redressé. On évapore ensuite à siccité dans une capsule en verre en préservant de toute poussière, on mélange ensuite avec du chromate de plomb tout à fait pur le résidu débarrassé par le traitement primitif d'acide carbonique, d'acide azotique et

(*) *Journ. of the Chem. Soc.*, VI, 77. — *Zeitschr. f. analyt. Chem.*, VIII, 488.

d'acide azoteux, on introduit le mélange dans un tube à combustion, on le recouvre d'oxyde de cuivre et de tournure de cuivre, on fait le vide dans le tube avec une pompe *Sprengel* à mercure, on opère la combustion à la manière ordinaire, d'abord très lentement : par le moyen de la pompe on fait arriver les produits de la combustion dans une éprouvette sur le mercure et dans le mélange gazeux on détermine à la manière ordinaire l'acide carbonique, le bioxyde d'azote et l'azote : on en conclut le carbone et l'azote des matières organiques.

W. Dittmar et *H. Robinson* (*), qui ont modifié la méthode *Franckland-Armstrong*, opèrent de la même façon. Pour doser le carbone et l'azote de la matière organique dans l'eau ils prennent des volumes d'eau différents : ils évaporent à siccité une portion avec addition d'acide sulfureux, l'autre avec de l'acide sulfureux et un peu de protochlorure ou de perchlorure de fer : ils opèrent d'abord dans un ballon dont le col est incliné, puis à la fin dans une capsule, en ajoutant suivant les circonstances un peu de sulfate de potasse pour augmenter le résidu : enfin ils soumettent ce dernier à l'analyse organique élémentaire pour y mesurer le carbone et l'azote. Pour le dosage du carbone on met dans le tube une spirale en argent, puis de l'oxyde de cuivre en grains. Pour absorber l'eau et l'acide sulfureux on prend un tube avec de l'acide sulfurique concentré et un peu d'acide chromique et à la suite un second tube plein de chlorure de calcium : on chauffe la spirale en argent et l'oxyde de cuivre dans un courant d'air jusqu'à ce que le gaz sortant ne trouble plus l'eau de baryte, on introduit alors dans le tube à combustion une nacelle en platine contenant le résidu de l'évaporation et l'on fait la combustion dans un courant d'oxygène. On absorbe l'acide carbonique dans un tube à chaux sodée. On dose l'azote par le procédé de *Will* et *Warentrapp* (§ **138**). On mesure l'ammoniaque colorimétriquement avec le réactif de *Nesler* (voir plus bas).

F. Schulze (**), *F. Bellamy* (***) et d'autres ont aussi dosé le carbone dans le résidu de l'évaporation. On a fait différentes objections à ces méthodes (****); on a surtout fait remarquer que pendant l'évaporation des substances organiques devaient être perdues par volatilisation ou par décomposition. Néanmoins pour les eaux riches en matières organiques on obtient de cette façon des données qui ne sont pas sans valeur.

Comme ces procédés sont longs et ennuyeux à appliquer et n'ont pas pour eux la compensation de conduire complètement au but, on se contente presque toujours de chercher combien de permanganate de potasse est réduit par la matière organique et par conséquent combien il faut d'oxygène pour l'oxyder.

Des expériences comparatives faites de cette façon ont une certaine valeur : elles ne permettent cependant pas d'exprimer numériquement la proportion des matières organiques, parce que celles-ci, suivant leur na-

(*) *Chem. News*, 20 juillet 1867.

(**) *Landwirthschaftliche Versuchsstationen*, X, 516. — *Zeitschr. f. analyt. Chem.*, VIII, 494.

(***) *Zeitschr. f. analyt. Chem.*, VIII, 163.

(****) Voir *J. A. Wanklyn, E. T. Chapmann* et *M. H. Schmidt* (*Journ. of the Chem. Soc.* [II] VI, 152, et *Zeitschr. f. analyt. Chem.*, VIII, 492.) — en outre *Kubel-Tiemann* (loc. cit.).

ture, détruiront des quantités différentes de caméléon : elles n'autorisent pas non plus à conclure si l'eau est ou non nuisible à la santé, car il n'y a aucun doute qu'il y ait à ce point de vue une grande différence entre les produits organiques azotés, venant des décompositions putrides, et les substances humiques dissoutes dans les eaux.

Pour essayer d'établir une différence entre les substances organiques facilement oxydables et celles qui le sont moins, *Fleck* (*) prend une dissolution alcaline d'oxyde d'argent au lieu de permanganate de potasse. Il est certain que la quantité d'argent réduit ne permet pas davantage de tirer une conclusion sur la quantité de matière organique (**) : ce sont seulement des nombres à comparer, comme avec le caméléon, et qui peuvent être des caractéristiques pour les différentes eaux. On en dirait autant des procédés de *Wanklin, Chapmann* et *Smidt* (***), qui proposent de tirer quelques indications sur certaines matières organiques albuminoïdes, d'après la quantité d'ammoniaque que donnerait, par son ébullition avec de l'hydrate de potasse et du permanganate, l'eau d'abord debarrassée de l'ammoniaque qu'elle peut renfermer. En opérant ainsi on n'arrive nullement au dosage quantitatif de l'azote de la matière organique, parce que par le traitement en question il n'y a que certaines substances qui abandonnent tout leur azote à l'état d'ammoniaque, tandis que pour d'autres une proportion tantôt plus grande, tantôt moindre d'azote se transforme en autres produits azotés.

La question est donc encore tout entière de savoir quelle est la méthode qui rendra les meilleurs services pour indiquer si une eau est ou non potable. Ce qui paraît dès lors de plus convenable, c'est d'offrir dans ce qui va suivre le moyen de bien connaître les différentes méthodes.

A. *Méthodes basées sur la réduction du permanganate de potasse.*

Il y a plus de trente ans que le permanganate de potasse a été employé par *Forchhammer* (****) pour essayer les eaux au point de vue de la matière organique et plus tard il a été repris par *E. Monnier* (*****). Le premier l'ajoutait à l'eau chaude non acidulée, le second à l'eau chaude acidulée, jusqu'à coloration rouge. Aujourd'hui on l'emploie un peu autrement. On le fait d'abord agir en excès, on ajoute de l'acide sulfurique, puis on titre jusqu'à coloration rouge faible. *H. Trommsdorff* (******), qui a étudié avec soin la méthode de *Schulze*, fait agir le caméléon sur l'eau d'abord alcaline, et seulement à la fin sur la liqueur acide, tandis que *Kubel* (*******) ne produit l'oxydation que dans l'eau acide. Comme l'action est plus énergique dans des solutions alcalines que dans les liquides acides, on emploie généralement un peu plus de permanganate dans le procédé *Schulze-Trommsdorff*

(*) *Journ. f. prackt. Chem.*, N. F. IV, 364.

(**) 1 gr. de glucose précipite 0,900 gr. d'argent, — 1 gr. d'acide urique 1,285, — 1 gr. d'acide gallique 5,812 gr.

(***) *Journ. of the Chem.*, Soc., N. S. V. 591.

(****) *Institut*, 1849, 383.

(*****) *Compt. rend.*, L, 1084.

(******) *Zeitschr. f. analyt. Chem.*, VIII, 344.

(*******) *Anl. zur Untersuchung von Wasser von Kubel u. Tiemann*, 2ᵉ édit., 104.

que dans celui de *Kubel*, toutes choses égales d'ailleurs : mais en somme les différences sont faibles.

Je vais décrire la méthode de *Schulze-Trommsdorff*, à laquelle il faut donner la préférence.

α. Réactifs nécessaires,

a. De l'eau distillée sans action réductrice sur le caméléon, ou qui n'agit qu'à peine. On se la procure en ajoutant à l'eau que l'on va distiller un peu de permanganate de potasse cristallisé et d'hydrate de soude pur. On rejette le premier quart qui passe à la distillation. Il ne faut employer aucune matière organique (cire, caoutchouc, etc.) pour fermer les joints de l'appareil distillatoire. *Trommsdorff* ne regarde comme pouvant servir que l'eau dont 100 C.C. ne décolorent pas plus d'un C.C. de la solution de caméléon préparée en e.

b. Une lessive de soude. — On la préparera avec de la soude caustique obtenue avec le sodium. On dissout dans 2 parties de l'eau distillée (a,) une partie de la soude qu'on *vient de fondre* dans un creuset en argent.

c. Acide sulfurique étendu. — On mélange 3 volumes d'eau distillée pure avec 1 vol. d'acide sulfurique concentré et pur.

d. Une solution d'acide oxalique $\left(\dfrac{N}{100}\right)$. On dissout dans l'eau distillée de façon à faire un litre 0,63 gram. d'acide oxalique pur, cristallisé en fines aiguilles par le refroidissement brusque d'une solution chaude concentrée et desséchée à la température ordinaire sur du papier à filtre. — On peut aussi prendre 10 C.C. d'une solution normale d'acide oxalique et en faire un litre. — Les 0,63 gram. d'acide oxalique cristallisé dans un litre réduisent 0,3163 gram. de permanganate de potasse. On conserve la dissolution d'acide oxalique dans un flacon à l'émeri et dans l'*obscurité*,

e. Une dissolution de permanganate de potasse, — On dissout environ 0,32 gram. de permanganate cristallisé dans un litre d'eau distillée pure. Pour en fixer exactement le titre on chauffe à 60° 20 C.C. de la solution d. d'acide oxalique après addition de 2 C.C. d'acide sulfurique pur étendu, puis on verse la solution de permanganate jusqu'à coloration rouge faible permanente. On ajoute alors de l'eau, si c'est nécessaire, à la liqueur de caméléon de façon que 20 C.C. correspondent juste à 20 C.C. d'acide oxalique. 1000 C.C. de la solution de permanganate ainsi étendue renferment juste 0,3163 gram. de sel pur. — On conserve la liqueur dans l'obscurité dans des flacons à l'émeri. Pour s'en servir on fait usage de la burette de *Gay-Lussac* ou d'une burette à robinet en verre, qui est fort commode et que l'on se procure maintenant facilement et à bon marché.

β. Marche de l'essai.

On verse 100 C.C. de l'eau à essayer dans un ballon d'environ 300 C.C., on ajoute 1/2 C.C. de la lessive de soude et 10 C.C. de la solution de permanganate : on chauffe à l'ébullition que l'on maintient environ 10 minutes, on laisse refroidir à 50 ou 60°, on ajoute 5 C.C. d'acide sulfurique étendu, puis 10 C.C. de la solution $\dfrac{N}{100}$ d'acide oxalique. Aussitôt que le liquide est tout à fait incolore, on y fait couler goutte à goutte en agitant de la solution de caméléon, jusqu'à coloration rouge *faible* et permanente. La quantité de permanganate employée dans ce dernier cas, qui représente la différence entre la quantité totale de caméléon et celle d'acide oxalique, représente le permanganate employé pour décomposer la matière organique contenue dans les 100 C.C. d'eau (*).

On exprime les résultats d'une façon comparable en indiquant la quantité de permanganate de potasse ou la quantité d'oxygène disponible pour l'oxydation, qu'il faut pour oxyder la matière organique de 1000 C.C. d'eau. 1 C.C. de la solution e. de permanganate renferme 0,0003165 gram. de permanganate ou 0,00008 gram. d'oxygène disponible.

S'il a fallu pour les 100 C.C. d'eau plus de 4 C.C. de permanganate pour brûler la matière organique, il faut faire un second essai en prenant plus de permanganate et aussi proportionnellement de lessive de soude, parce que l'excès de permanganate restant non décomposé après l'ébullition doit toujours être au moins comme 2 : 1 par rapport à la quantité décomposée. — Avec les bonnes eaux de fontaine l'addition première de 10 C.C. de caméléon doit suffire, parce que 100 C.C. de ces eaux ne décolorent pas plus de 1 à 2 C.C. de permanganate de potasse.

B. *Méthode fondée sur la réduction de l'oxyde d'argent.*

H. Fleck (**), qui le premier a fait usage d'une solution alcaline d'azotate d'argent pour doser comparativement les matières organiques dans les eaux de fontaine, pense qu'elle est préférable à la solution de permanganate, parce que celle-ci par ébullition en présence des alcalis décompose toutes les substances organiques sans distinction, tandis que l'azotate d'argent alcalin ne réduirait que les matières pouvant avoir une influence fâcheuse. Par exemple, il ne réduit pas les acides gras et leurs sels, les acides du groupe lactique, succinique, tandis qu'il détruit les matières colorantes de la bile, les matières colorantes végétales et animales, la taurine, les mucosités vésicales, l'acide urique, l'acide tannique, l'acide gallique, les substances protéiques dissoutes, le sucre de raisin, et surtout les produits volatils des décompositions putrides. On voit que parmi les substances réduites il y en a beaucoup qui en effet rendent les eaux non potables, mais bon nombre aussi n'ont pas d'influence fâcheuse.

α. Réactifs nécessaires.

a. Une solution alcaline d'argent. — On dissout 17 grammes d'azotate d'argent dans environ 40 C.C. d'eau et l'on verse la dissolution dans un ballon jaugé d'un litre contenant déjà 48 gram. d'hydrate de soude

---

(*) Cela n'est toutefois exact qu'autant que l'eau ne contient pas d'acide azoteux, car celui-ci réduit aussi le permanganate. S'il y avait de l'acide azoteux, il faudrait pour une partie de cet acide trouvé retrancher 1,66 p. de permanganate solide, c'est-à-dire, 5 équivalents d'acide azoteux pour 2 de permanganate. — Si l'eau renferme de l'ammoniaque en traces appréciables, il en résultera aussi une cause d'erreur. Dans ce cas on fait bouillir l'eau pour réduire son volume aux deux tiers : on chasse ainsi l'ammoniaque, on ajoute de l'eau distillée et l'on traite alors par le caméléon. Toutefois on peut en opérant ainsi perdre de petites quantités de matière organique volatile.

(**) *Journ. f. prackt. Chem.* (N. F.), IV, 364.

et 50 gram. d'hyposulfite de soude cristallisé, déjà dissous dans de l'eau. On agite, on remplit avec de l'eau jusqu'au trait de jauge, on agite de nouveau, on transvase dans un grand ballon et l'on chauffe pendant un quart d'heure à l'ébullition. Il se dépose un peu d'argent, correspondant aux matières organiques qui se trouveraient dans la solution. Au bout de 24 heures on sépare par décantation d'avec l'argent déposé. On conserve dans des flacons noirs ou noircis et à l'abri de la lumière. — Pour l'usage on prend une burette de *Gay-Lussac* ou une burette à robinet en verre.

b. Une solution d'iodure de potassium. — On dissout pour faire un litre 1/20 d'équivalent, soit 8,299 gram. d'iodure de potassium chimiquement pur, desséché à 180°. Cette dissolution (*) précipite juste 1/20 d'équivalent d'argent ou 5,3965 gram. dans une dissolution d'azotate d'argent.

c. Une petite quantité d'un mélange récemment préparé de volumes égaux de dissolutions moyennement concentrées de bichromate de potasse, d'acide chlorhydrique pur et d'empois d'amidon.

β. Manière d'opérer.

Il s'agit ici de mesurer combien d'argent sera précipité dans la solution alcaline d'argent, par les matières organiques contenues dans un litre d'eau et ayant de l'action sur le sel d'argent. On arrive à ce résultat par trois opérations : a). Détermination de la quantité d'argent dans la dissolution d'argent : — b). Traitement de l'eau à essayer par une quantité connue de la liqueur d'argent : — c). Détermination de la quantité d'argent restée en dissolution et par conséquent de la quantité réduite.

a. On mesure 10 C.C. de la solution d'argent dans un vase à précipité, on ajoute 100 C.C. d'eau distillée et on laisse couler avec une burette de la solution d'iodure de potassium jusqu'à ce qu'il y ait une trace de ce sel en excès. On trouve ce moment en essayânt, lorsque la précipitation de l'iodure d'argent devient plus faible, si une goutte de la liqueur placée sur une assiette en porcelaine est aussitôt bleuie par une goutte de la liqueur à l'acide chromique et l'empois. On reconnaît le plus léger excès d'iodure de potassium, parce que l'iodure d'argent n'est décomposé qu'après un contact assez prolongé des deux gouttes. Si l'on avait déjà mis trop d'iodure de potassium on en serait quitte pour ajouter un peu de la dissolution d'argent et l'on ferait plus attention en approchant de la fin de l'opération.

b. On verse 100 C.C. de l'eau à essayer dans un vase à précipité, on ajoute 10 C.C. de la solution d'argent (**), on chauffe à l'ébullition, ce qui provoque d'ordinaire un précipité blanc de sels de chaux et de magnésie ; ce précipité devient peu à peu gris, puis noir, si les matières organiques réduisent l'argent. On prolonge l'ébullition pendant 10 minutes jusqu'à ce que le précipité se dépose rapidement quand l'ébullition cesse. On remplace alors l'eau évaporée par de l'eau distillée et on laisse refroidir.

(*) *Fleck* détermine la quantité d'iodure de potassium dans la dissolution en précipitant l'iode à l'état d'iodure d'argent suivant le § **143**. I. a. α.

(**) Si l'addition de la liqueur d'argent donnait de suite un précipité, ce pourrait être ou du sulfure d'argent ou de l'argent métallique : le premier indiquerait de l'hydrogène sulfuré ou des sulfures métalliques dissous, le second la présence de sels de protoxyde de fer (ou peut-être de protoxyde d'étain).

c). Dans le liquide refroidi, que l'on ne sépare pas du dépôt, on mesure comme en a. l'argent encore dissous. La différence entre les centimètres cubes de la solution d'iodure de potassium trouvés en c. et en a. correspond à l'argent précipité et chaque centimètre cube représente 0,0053965 ou en nombre rond 0,0054 gram. d'argent. En multipliant l'argent trouvé par 10, on a la quantité d'argent réduit par un litre d'eau.

C. *Méthodes fondées sur la transformation en ammoniaque de l'azote des substances albuminoïdes.*

Comme nous l'avons déjà dit, cette méthode due à *Wanklyn, Chapman* et *Smith* consiste à chasser d'abord de l'eau l'ammoniaque qui s'y trouve telle, en chauffant l'eau dans un appareil distillatoire avec ou sans addition d'un alcali, puis à décomposer par le permanganate de potasse et l'hydrate de potasse les substances albuminoïdes que peut contenir l'eau et à recueillir et doser l'ammoniaque provenant de cette décomposition. On voit que le procédé donne deux résultats : d'abord l'ammoniaque qui peut se trouver dans l'eau, puis celle qui provient des matières organiques.

α. Réactifs et ustensiles nécessaires.

a. Réactif de Nessler. — On chauffe à l'ébullition en remuant 35 gram. d'iodure de potassium et 13 gram. de bichlorure de mercure dans 800 C.C. d'eau. Quand on a une solution limpide, on y ajoute goutte à goutte une solution saturée à froid de bichlorure de mercure jusqu'à ce qu'il commence à se former un précipité permanent. On met alors encore 160 gram. d'hydrate de potasse ou 120 gram. d'hydrate de soude, on fait un litre en ajoutant de l'eau, on additionne encore d'un peu de bichlorure de mercure saturé et on laisse déposer. La liqueur éclaircie a une teinte un peu jaunâtre. Il faut qu'en en mettant 2 C.C. dans 50 C.C. d'eau renfermant 0,05 milligr. d'ammoniaque, il se produise aussitôt une coloration brune jaune. On conserve dans un flacon bien bouché. Pour l'usage on prend dans un petit flacon une portion de la provision.

b. Des dissolutions de chlorhydrate d'ammoniaque de force connue. — La plus forte renferme dans 1 C.C. un milligr. de AzH^3 (on dissout pour faire un litre 3,15 gram. de chlorure d'ammonium dans de l'eau distillée). La plus faible contien 0,01 milligr. de AzH^3 dans 1 C.C. (on mêle 10 C.C. de la première solution avec 990 C.C. d'eau distillée).

c. Une solution alcaline de permanganate de potasse. — On dissout 100 gram. d'hydrate de potasse solide et 4 gram. de permanganate de potasse cristallisé dans 500 C.C. d'eau, on porte à l'ébullition que l'on maintient 15 minutes, on verse dans le ballon jaugé d'un demilitre et après refroidissement on complète les 500 C.C. avec de l'eau.

d. Du carbonate de soude récemment calciné ou une dissolution de carbonate de soude débarrassée par l'ébullition de toutes traces d'ammoniaque.

e. De l'eau distillée exempte d'ammoniaque. — Si l'eau

distillée du laboratoire se colore quand à 50 C.C. on ajoute 2 C.C. du réactif de *Nessler*, il faut en préparer qui soit exempte d'ammoniaque. On s'en procure facilement en ajoutant une trace d'acide sulfurique étendu à l'eau qu'on redistillera.

f. Une cornue tubulée à l'émeri, qui toute remplie contient un peu plus d'un litre. On la soutient avec une forte pince à cornue et on la chauffe directement avec un large bec de gaz, sans la faire reposer sur aucun support.

g. Un grand réfrigérant de Liebig. — Le tube réfrigérant a 90 centim. de long et 3 centim. de diamètre. — Le col de la cornue entouré d'une bande de papier est introduit directement dans le tube réfrigérant.

h. Environ 6 éprouvettes en verre blanc de 17 centim. de hauteur et à peu près 4 centim. de diamètre. Pour s'en servir on les place sur une lame de porcelaine ou une feuille de papier blanc.

i. Des vases gradués. — Un ballon de 1/2 litre pour mesurer l'eau, une éprouvette jaugée de 50 C.C. pour la solution alcaline de permanganate de potasse, une burette pour la solution de sel ammoniac et une pipette de 2 C.C. pour le réactif de *Nessler*.

Comme presque toujours dans les laboratoires la surface des vases est couverte de poussière avec traces de sels ammoniacaux, il faut avoir soin de bien les essuyer immédiatement avant de s'en servir avec de l'eau distillée et en outre il faut une grande propreté pendant toute l'expérience.

β. Marche de l'analyse.

a. On verse 500 C.C. de l'eau à essayer dans la cornue bien lavée, solidement attachée au support et réunie au réfrigérant : puis on chauffe directement avec la flamme (*). On promène d'abord celle-ci au-dessous de la cornue et avec un linge on essuie les gouttes d'eau qui se condensent au commencement sur le verre. En chauffant de cette façon l'eau est rapidement portée à l'ébullition. On reçoit le liquide condensé dans une des éprouvettes. Lorsqu'on a recueilli 50 C.C., on remplace la première éprouvette (A) par une seconde et l'on continue la distillation jusqu'à ce qu'on ait recueilli 150 C.C. Il reste maintenant dans la cornue 300 C.C. — On interrompt un instant l'ébullition, avec un entonnoir à long tube on verse par la tubulure 50 C.C. de la solution alcaline de permanganate de potasse, on ferme la cornue et l'on recommence la distillation. S'il se produisait des soubresauts, on pourrait les empêcher en remuant un peu le contenu de la cornue. Quand on a recueilli 50 C.C. dans une première éprouvette (B. 1), on la remplace par une seconde (B. 2), puis par une troisième (B. 3) et on arrête alors la distillation.

b. Il reste maintenant à mesurer la petite quantité d'ammoniaque que

(*) Si l'eau avait une réaction acide, il faudrait avant de chauffer y ajouter un peu de carbonate de soude récemment calciné, pour mettre l'ammoniaque en liberté. Cette addition n'est pas nécessaire dans les eaux qui contiennent des carbonates alcalino-terreux, ce qui est le cas le plus général.

renferment les éprouvettes (A), (B. 1), (B. 2) et (B. 3). C'est à quoi l'on arrive par un procédé colorimétrique avec le réactif de *Nessler* (*).

Pour cela on verse avec la pipette 2 C.C. du réactif de *Nessler* dans l'éprouvette A. S'il y a de l'ammoniaque, le liquide après agitation se colore en brun rougeâtre, d'une teinte d'autant plus forte qu'il y a plus d'ammoniaque. Il s'agit maintenant d'arriver au même ton en mêlant avec de l'eau et le réactif *Nessler* un volume connu de la dissolution de chlorhydrate d'ammoniaque. On verse un volume connu de la solution la plus faible de sel ammoniac (0,01 milligr. AzH^5 par C.C.) dans une éprouvette bien propre, on ajoute de l'eau distillée exempte d'ammoniaque jusqu'au trait, puis 2 C.C. du réactif de *Nessler*. Après avoir agité, on place l'éprouvette avec l'éprouvette A sur un fond blanc (porcelaine ou feuille de papier) et l'on regarde de haut en bas la couleur dans les deux colonnes. Si les tons sont les mêmes le but est atteint : le contenu de l'éprouvette A renferme autant d'ammoniaque que le liquide préparé avec la solution connue de sel ammoniac. Si les tons ne sont pas les mêmes, il faut préparer une nouvelle éprouvette de comparaison, en prenant plus ou moins de la solution de sel ammoniac que la première fois.

On ne peut pas procéder en ajoutant peu à peu la solution du sel ammoniac au liquide préalablement additionné de réactif de *Nessler*. Cela produit des troubles et il n'est pas possible de comparer les teintes des dissolutions *troubles*. — Remarquons en outre que les liquides, qui avec le réactif de *Nessler* offrent la même coloration, ne renferment la même quantité d'ammoniaque qu'autant que ces liquides ont la même température (moyenne) (*Nessler*) (**) : enfin l'essai colorimétrique ne réussit que lorsque dans 50 C.C. de liquide la quantité d'ammoniaque est comprise entre 0,0025 millig. et 0,0500 millig.

L'ammoniaque trouvée dans le liquide de l'éprouvette A était dans l'eau à cet état, c'est-à-dire sous forme d'un sel ammoniacal. Suivant de nombreux essais de *Chapman, Wanklyn* et *Smith*, il suffit d'augmenter la quantité trouvée en A dans le rapport de 3 à 4 pour avoir *toute l'ammoniaque* renfermée dans les 500 C.C. d'eau. On évitera ainsi la peine de doser les autres portions du liquide recueilli avant l'addition de la liqueur alcaline de permanganate.

On opère avec les éprouvettes B. 1, B. 2 et B. 3 comme avec l'éprouvette A; on ajoute les quantités d'ammoniaque trouvées dans ces dernières et l'on a l'ammoniaque produite par la décomposition des substances organiques azotées. *Chapman, Wanklyn* et *Smith* appellent l'ammoniaque trouvée en A ammoniaque libre et celle fournie par B. 1, 2, 3 l'ammoniaque albuminoïde.

12. Dosage de l'ammoniaque.

On attribue avec raison une grande importance au dosage de l'ammoniaque dans les eaux naturelles, car une proportion notable de ce composé permet de conclure que l'eau a été souillée par des substances, qui par suite d'une putréfaction ont donné naissance à des matières azotées, dont

(*) Cette méthode de dosage de l'ammoniaque a été indiquée pour la première fois par W. A. *Miller* (*Zeitschr. f. analyt. Chem.*, IX, 459).

(**) *Zeitschr. f. analyt. Chem.*, VII, 415.

l'eau n'a pas été complètement purifiée par l'action de l'air et par la filtration à travers le sol.

On peut employer pour ce dosage bien des procédés : nous indiquerons ici les plus importants.

a. **Élimination de l'ammoniaque par distillation et sa transformation en chlorure double de platine et d'ammoniaque.** — Cette méthode est surtout appliquée dans les analyses d'eaux minérales et nous la décrirons au § **209**.

b. **Élimination de l'ammoniaque par distillation et dosage colorimétrique avec le réactif de Nessler.** — Nous avons indiqué la manière d'opérer plus haut à la page 718. — Ce moyen est surtout bon pour trouver les petites quantités d'ammoniaque dans les eaux.

c. **Essai colorimétrique direct avec le réactif de Nessler après précipitation de la chaux, etc.** — Cette méthode, qui se recommande par sa grande simplicité et qui suffit dans la plupart des cas, n'est qu'un perfectionnement de celle de *Chapmann* (*). Elle a été indiquée par *Frankland* et *Armstrong* (**) et perfectionnée par *Hugo Trommsdorf* (***).

Dans une éprouvette on prend 300 C.C. de l'eau à essayer avec 2 C.C. d'une solution de carbonate de soude (1 p. de carbonate cristallisé et 2 p. d'eau distillée) et 1 C.C. d'une solution d'hydrate de soude (1 p. d'hydrate et 2 p. d'eau distillée) : on ferme, on secoue et on laisse déposer. En général le liquide s'éclaircit assez pour qu'on puisse en soutirer 100 C.C. Si cela n'arrivait pas, il faudrait en filtrer 100 C.C. à travers un filtre lavé. A ces 100 C.C. placés dans une éprouvette ou un tube à réaction marqué d'un trait de jauge on ajoute d'abord un C.C. de réactif de *Nessler* (page 718). S'il se forme une coloration plus que jaune, on ajoute encore un C.C. du réactif. Dans une seconde éprouvette ou un second tube de même dimension et de même verre que le premier, on verse 90 C.C. d'eau distillée bien exempte d'ammoniaque (page 718, e.), puis 0,6 C.C. de la solution de carbonate de soude et 0,3 C.C. de la solution d'hydrate de soude : on remplit jusqu'au trait et avec une pipette de 1 C.C. partagé en 1/100 C.C. on laisse couler une quantité mesurée quelconque d'une solution étendue, mais de force connue, de chlorure d'ammonium (page 718) : on ajoute 1 ou 2 C.C. de réactif de *Nessler* suivant les circonstances, on secoue et *au bout de quelques minutes* on compare la coloration dans les deux éprouvettes ; on achève en tout comme nous l'avons dit à la page 719, en remplissant les mêmes conditions et en prenant les mêmes précautions. Si le réactif de *Nessler* produisait dans les 100 C.C. d'eau à essayer une coloration jaune rougeâtre foncée, il faudrait prendre seulement une fraction des 100 C.C. de l'eau éclaircie ou filtrée, compléter avec de l'eau distillée les 100 C.C. et faire l'essai.

d. **Précipitation de l'ammoniaque par l'iodure mercuropotassique et dosage du mercure dans le précipité.** — Ce

(*) *Zeitschr. f. analyt. Chem.*, VII, 478.
(**) *Zeitschr. f. analyt. Chem.*, VII, 479.
(***) *Zeitschr. f. analyt. Chem.*, VIII, 356.

procédé indiqué par *Fleck* (*) convient surtout quand l'eau renferme des proportions relativement grandes d'ammoniaque. Il complète les méthodes b. et c. qui s'appliquent surtout aux eaux pauvres en ammoniaque.

Dans le procédé de *Fleck*, on précipite l'ammoniaque avec le réactif de *Nessler* à l'état d'iodure de mercure-ammonium ($AzHg^4I + 2,HO$), c'est-à-dire sous forme de composé défini.

Pour pouvoir séparer facilement le précipité par filtration, il faut faire en sorte qu'il se dépose mélangé avec du carbonate de chaux ou de la magnésie hydratée : aussi, pour être certain que cela a bien lieu, on ajoute à l'eau un peu d'une solution de sulfate de magnésie. Pour doser le mercure on dissout l'iodure de mercure-ammonium dans une solution d'hyposulfite de soude et l'on mesure volumétriquement le mercure avec une solution de foie de soufre. 4 équivalents de mercure correspondent à 1 équivalent d'ammoniaque.

Il faut pour appliquer la méthode :
Le réactif de *Nessler* (page 718).
Une dissolution de sulfate de magnésie (1 : 8).
Une dissolution d'hyposulfite de soude (1 : 8).
Une dissolution titrée de foie de soufre.
Du papier de plomb (on le prépare en trempant du papier à filtre dans une dissolution d'acétate neutre de plomb (1 : 10), et le séchant: on le conserve dans un flacon bien bouché).

Pour préparer la dissolution de foie de soufre, on fond jusqu'à fusion tranquille dans un creuset en porcelaine fermé 10 grammes d'un mélange de carbonate de potasse et de soude avec 4 grammes de soufre : on dissout le sulfure refroidi dans de l'eau, on ajoute 10 grammes d'hydrate de soude et l'on étend d'eau pour faire un litre. Dans un flacon bien bouché le liquide peut se conserver des semaines entières sans altération. — Pour titrer il faut une dissolution de bichlorure de mercure de force connue. On met 1 gramme de bichlorure dans 100 C.C. d'eau. On prend 10 C.C. de cette liqueur, on y ajoute du carbonate d'ammoniaque, on dissout le précipité blanc formé dans quelques gouttes de la dissolution d'hyposulfite de soude, puis au moyen d'une burette on verse la dissolution de foie de soufre ; le précipité d'abord floconneux devient peu à peu grenu, la liqueur s'éclaircit et l'on ajoute le foie de soufre jusqu'à ce qu'une goutte de liquide clair déposée sur le papier de plomb ne forme plus qu'un cercle brun pâle.

Si la liqueur de foie de soufre était trop concentrée, il faudrait l'étendre : le degré convenable est que 100 C.C. correspondent à environ $0^{gr},5$ de mercure.

Pour opérer, on verse dans une éprouvette 200 C.C. de l'eau à analyser avec 0,5 C.C. de la solution de sulfate de magnésie : on y ajoute 4 C.C. de réactif de *Nessler*, on ferme l'éprouvette, on secoue et on laisse déposer. Si le précipité, au lieu d'être rouge, était jaune à cause d'une trop faible quantité d'ammoniaque, on prendrait une plus grande quantité d'eau, au moins 500 C.C. Il faudrait, bien entendu, augmenter proportionnellement la quantité de sulfate de magnésie et de réactif de *Nessler*.

(*) *Journ. f. prackt. Chem.*, (N. F.), V, 265.

Quand le précipité est bien déposé, on décante aussi loin que possible le liquide clair, on ramasse le précipité sur un petit filtre, et on le lave avec de l'eau froide, jusqu'à ce que le liquide qui passe n'ait plus de réaction alcaline. Bien entendu qu'il faut opérer dans une atmosphère qui ne renferme ni ammoniaque, ni hydrogène sulfuré.

On remplit avec de la solution d'hyposulfite le filtre laissé dans l'entonnoir; on dissout ainsi l'iodure de mercure-ammonium, on lave le filtre avec de l'eau froide et dans la dissolution, dont le volume doit être au moins de 100 à 150 C.C., on dose le mercure avec la solution de foie de soufre; pour 4 équivalents de mercure (400) on comptera 1 équivalent d'ammoniaque (17,04).

En comparant les méthodes b. c. et d., *Kubel* et *Tiemann* (*) ont obtenu des résultats généralement satisfaisants et assez concordants.

II. *L'eau à analyser est trouble.*

1. On en remplit un grand ballon jaugé, on le ferme avec un bouchon en verre, on laisse l'eau se clarifier à froid par le repos, on enlève le liquide clair avec un siphon autant qu'on le peut, on filtre le reste et l'on pèse le contenu du filtre après dessiccation ou calcination. Avec l'eau clarifiée on opère comme il est dit en I.

2. On remplit avec l'eau un second flacon à l'émeri, on le ferme et on laisse déposer dans l'obscurité. Quand l'eau est bien limpide, on la soutire avec précaution au moyen d'un siphon, en évitant de remuer le dépôt. On secoue le dépôt avec le peu d'eau qui reste, on verse le tout dans un petit verre à pied, on couvre avec un verre de montre et on laisse de nouveau déposer. On décante presque toute l'eau et avec un tube étroit, effilé en tube capillaire, on aspire un peu du dépôt, que l'on place sur une lame de verre pour l'examiner au microscope et chercher s'il n'y aurait pas des substances organiques (bactéries, infusoires, etc.).

Quant au calcul de l'analyse, je renvoie au § **213** : je remarquerai seulement que d'*ordinaire* (car il y a ici un certain arbitraire) on s'appuie sur les principes suivants :

On combine d'abord le *chlore* au sodium, et s'il en reste (ce qui est rare) on l'unit au calcium.

On combine d'abord l'*acide sulfurique* à la chaux, l'acide *azotique* à l'ammoniaque, et s'il reste de cet acide on l'unit à la chaux, si toute cette base n'est pas saturée par le chlore, auquel cas on prend la magnésie. On laisse la *silice* libre et l'on transforme le reste de la chaux et la magnésie en carbonate et en général en carbonate neutre.

Il ne faut pas oublier que les données de l'analyse qualitative nécessitent quelquefois une autre manière de calculer les résultats. Si, par exemple, l'eau évaporée a une réaction alcaline, c'est qu'il y a du carbonate de soude.

(*) *Kubel et Tiemann. Traité d'analyse des eaux*, 2ᵉ édit., page 97.

ordinairement avec du sulfate de soude et du chlorure de sodium, parfois aussi avec de l'azotate de soude. La chaux et la magnésie sont alors complètement à l'état de carbonates.

Pour représenter les résultats, le plus commode est de les rapporter à 1000 parties en poids, ou simplement à 1 litre, attendu que la densité de l'eau de fontaine diffère à peine de celle de l'eau distillée. Je préfère cela à tout autre mode de représentation, surtout à celui de *Kubel* et *Tiemann* qui prennent 100000 p. d'eau, et cela parce que le litre est l'unité à laquelle tout le monde est habitué et en outre parce qu'en reculant la virgule de trois rangs à la droite, on a de suite en milligrammes le poids des substances dans un litre, ce que l'on se représente plus facilement.

APPENDICE.

MESURE DE LA DURETÉ DES EAUX.

Souvent pour les usages industriels il suffit de déterminer ce que l'on appelle la *dureté* des eaux. On entend par là la propriété que lui communique une plus ou moins grande proportion de sels de chaux ou de magnésie. Les eaux sont dites *dures* quand elles renferment beaucoup de ces sels, et *douces* si elles en contiennent peu. La *dureté totale* est celle de l'eau non bouillie, la *dureté permanente* est celle qu'elle conserve après l'ébullition et quand on a ramené son volume au volume primitif par une addition convenable d'eau distillée : enfin la *dureté temporaire* est la différence des doux.

D'après les résultats de l'analyse d'une eau on peut calculer ces différentes sortes de dureté; mais comme l'analyse complète d'une eau est toujours très longue, on a cherché à arriver plus rapidement au même but, et ce fut *Clark* (*) qui y parvint le premier. Son procédé a été modifié de bien des façons, mais le réactif qu'il a proposé le premier, la *solution de savon*, est toujours employé dans toutes les méthodes ayant pour but la mesure de la dureté des eaux. Le savon décompose les sels de chaux et ceux de magnésie, et l'on reconnaît facilement qu'il y a un léger excès de savon, à ce que le liquide agité forme une mousse persistante. Comme on ne reconnaît à cet indice rien autre chose que la décomposition complète des sels alcalino-terreux, mais qu'on ne sait pas si l'on n'a que des sels calcaires ou une quantité équivalente de sels de magnésie, le résultat obtenu avec la solution de savon est tout autre que celui fourni par une véritable analyse : il faut alors faire une convention sur la manière dont on représentera les résultats. Malheureusement on n'est pas d'accord à cet égard dans les différents pays et ce qu'on entend par degré de dureté ou degré hydrotimétrique n'est pas le même en Allemagne qu'en France ou en Angleterre. -

(*) *Jahresber f. Chem.*, 1850, 608.

En *Allemagne* le degré hydrotimétrique représente les parties de *chaux* (oxyde de calcium) qui se trouvent dans 100000 parties d'eau, autrement dit les milligrammes de chaux dans 100 grammes d'eau. On compte les sels de magnésie en quantité équivalente de sels calcaires. — En *France* le degré de dureté c'est la quantité de *carbonate de chaux* (ou l'équivalent de sels magnésiens) contenue dans 100000 p. d'eau, et en *Angleterre* le *carbonate de chaux* dans 70000 p. d'eau (nombre de grains dans un gallon). Les degrés hydrométriques sont d'après cela dans les rapports suivants :

Allemands		Français		Anglais
0,56	:	1	:	0,70

On transformera les degrés allemands en degrés français en les multipliant par 1,7857 et en degrés anglais en multipliant par 1,25.

Il résulte des expériences comparatives faites par *Kubel* et *Tiemann* que la méthode de *Clark*, modifiée par *A. Faiszt* et *C. Knausz* (*) est la meilleure : il faut cependant ajouter que le procédé *Boutron* et *Boudet* et celui de *Wilson* (**) offrent certains avantages. Je me contenterai de décrire ici la première méthode.

α. Objets nécessaires.

a. Une dissolution de chlorure de baryum de force connue. — On dissout 0,523 gram. de chlorure de baryum cristallisé sec et pur (Ba Cl + 2. Aq.) dans de l'eau distillée, de façon à faire un litre : cela correspond à 0,120 gram. de chaux, 100 C.C. correspondent à 12 milligr. de chaux, par conséquent à 12 degrés hydrotimétriques allemands.

b. Un flacon de 200 C.C. fermé avec un bon bouchon à l'émeri et portant un trait de jauge jusqu'au point où affleurent 100 C.C. d'eau.

c. Une solution titrée de savon. — Pour préparer le savon, on ramollit au bain-marie 150 parties de savon de plomb (emplâtre de litharge simple), on y ajoute 40 p. de carbonate de potasse pur et l'on broie pour faire une masse homogène. On traite par l'alcool concentré, on laisse déposer, on filtre, on sépare par distillation l'alcool d'avec le liquide filtré et l'on sèche au bain-marie le savon qui forme le résidu (*Hugo Trommsdorff* ***).

On dissout 20 p. de ce savon de potasse dans 1000 p. d'alcool étendu à 56° ou de densité 0,9213 : — on verse 100 C.C. de la dissolution a. de chlorure de baryum dans le flacon à l'émeri b. et l'on y fait couler avec une burette la dissolution de savon, jusqu'à ce qu'en secouant fortement il se forme une couche épaisse de mousse, persistant au moins pendant *cinq minutes* à la surface du liquide. On verse d'abord la solution du savon en portions assez grandes, puis à la fin goutte à goutte et l'on secoue après chaque addition. On secoue en agitant le flacon fermé de haut en bas verticalement.

(*) *Gewerbeblatt aus Wurtemberg*, 1852, 193. — *Chem. pharmac. Centralblait*, 1852, 513.
(**) *Ann. d. Chem. u. Pharm.*, CXIX, 318. — *Zeitschr. f. analyt. Chem.*, I, 103.
(***) *Zeitschr. f. analyt. Chem.*, VIII, 333.

Si la solution de savon était bien préparée il en faudrait moins de 45 C.C. pour les 100 C.C. de chlorure de baryum. Après avoir fait un second essai de contrôle comparatif entre la solution de savon et celle de chlorure de baryum, on étend la première avec de l'alcool à 56°, de façon que 45 C.C. soient juste suffisants pour produire la mousse persistante.

d. Le tableau suivant est établi d'après les expériences directes de *Faiszt* et *Knausz*.

Solution de savon employée.	Degrés hydrotimétriques.
3,4 C.C.	0,5
5,4 »	1,0
7,4 »	1,5
9,5 »	2,0

Une différence de 1 C.C. de savon = 0,25 degré hydrotimétrique.

11,5 C.C.	2,5
13,2 »	3,0
15,1 »	3,5
17,0 »	4,0
18,9 »	4,5
20,8 »	5,0

Une différence de 1 C.C. de savon = 0,26 degré hydrotimétrique.

22,6 C.C.	5,5
24,4 »	6,0
26,2 »	6,5
28,0 »	7,0
29,8 »	7,5
31,6 »	8,0

Une différence de 1 C.C. de savon = 0,277 degré hydrotimétrique.

33,3 C.C.	8,5
35,0 »	9,0
36,7 »	9,5
38,4 »	10,0
40,1 »	10,5
41,8 »	11,0

Une différence de 1 C.C. de savon = 0,294 degré hydrotimétrique.

43,4 C.C.	11,5
45,0 »	12,0

Une différence de 1 C.C. de savon = 0,31 degré hydrotimétrique.

On voit d'après cette table que la valeur hydrotimétrique n'est pas proportionnelle à la quantité de solution de savon employée : la valeur hydrotimétrique correspondant à 1 C.C. de solution de savon augmente de haut en bas. C'est à cause de cela qu'il faut avoir cette table pour obtenir des résultats plus exacts.

β. Manière d'opérer.

aa. Détermination de la dureté totale d'une eau.

Dans un tube à essai on verse 20 C.C. de l'eau à essayer, on y ajoute environ 6 C.C. de solution de savon, on secoue·et l'on observe si le liquide devient seulement opalin, ou s'il se forme un léger trouble, ou un trouble plus fort ou un véritable précipité. Suivant les indications de cet essai préliminaire on choisit la quantité d'eau convenable pour l'expérience définitive. Dans le flacon à l'émeri on versera 100 C.C. d'eau si elle est très douce, 50 C.C. plus 50 C.C. d'eau distillée si elle est moins douce, 20 C.C. plus 80 C.C. d'eau distillée si elle est dure et seulement 10 C.C. avec 90 C.C. d'eau distillée, si elle est très dure. Si dans l'essai préliminaire, en secouant dans le tube à essai, il se forme à la surface du liquide une pellicule écumeuse, c'est un signe que les sels de magnésie sont dominants et dans ce cas il est toujours nécessaire d'étendre avec beaucoup d'eau distillée.

On fait alors couler dans l'eau avec une burette la dissolution de savon, on secoue après chaque addition et l'on cesse aussitôt que la mousse caractéristique se forme d'une façon permanente. Dans ce premier essai on verse d'abord la solution de savon par portions notables et à la fin par C.C. pour arriver rapidement au but. Dans le second essai on se sert du premier résultat pour approcher de suite de la fin de l'opération et l'on achève avec rigueur en ne versant l'eau de savon que goutte à goutte.

En général on peut regarder la concentration de l'eau comme convenable lorsqu'on emploie de 20 à 45 C.C. d'eau de savon. On ne doit jamais en prendre plus de 45.

Une fois qu'on a le nombre des C.C de la solution de savon, on trouve le degré hydrotimétrique à l'aide de la table précédente de la façon suivante :

Si le nombre C.C. de savon se trouve dans la table, par exemple 22,6, on a directement en face le degré de dureté; ici ce sera 5,5 (en supposant qu'on ait opéré directement sur 100 C.C. de l'eau à essayer). Mais si l'on a un nombre de C.C de savon qui ne se trouve pas dans la table, on calcule facilement le degré de dureté comme il suit :

On prend le degré hydrotimétrique correspondant au plus grand nombre de C.C. de savon qui approche le plus ou moins de ceux trouvés, et l'on y ajoute le produit de la différence entre ces deux nombres de C.C. multipliée par le nombre de degrés hydrotimétriques correspondant à la différence de 1 C.C. de savon.

Voici un exemple :

Pour 100 C.C. d'eau on a trouvé 43,6 C.C. de savon : le degré hydrotimétrique sera 11,562, parce que

$$43,4 \text{ C.C. de solution de savon} = \ldots \quad 11,500 \text{ degrés.}$$
$$45,6 - 43,4 = 0,2 \text{ qui} \times 0,31 = \ldots \quad 0,062$$

$$\text{Dureté réelle} \ldots \quad 11,562.$$

Si l'on a été obligé *d'étendre* l'eau, il faudra naturellement augmenter le degré hydrotimétrique en proportion, par exemple, dans le rapport de 10 à 100, ou de 20 à 100, ou de 50 à 100, etc. (*).

bb. Détermination de la dureté permanente.

On porte à l'ébullition dans un ballon d'un litre 500 C.C. de l'eau ; on fait bouillir pendant une demi-heure ou une heure et l'on a soin de remplacer de temps en temps par de l'eau distillée l'eau qui se vaporise. Après le refroidissement on verse l'eau dans un flacon jaugé de 500 C.C., on lave le ballon avec un peu d'eau distillée qu'on introduit dans le flacon, on achève de remplir au trait de jauge, on secoue, on laisse déposer, on filtre à travers un filtre sec et dans 100, 50 ou 25 C.C. on mesure la dureté.

B. Analyse des eaux minérales (**).

§ 206.

Comme nous l'avons déjà fait remarquer dans l'analyse qualitative, le nombre des substances à considérer, et par conséquent à doser, dans les eaux minérales, est bien plus considérable que dans les eaux douces. Nous pouvons résumer comme suit les éléments dont il faudra tenir compte :

a. Bases : potasse, soude, lithine, cæsium, rubidium, ammoniaque, chaux, baryte, strontiane, magnésie, alumine, protoxyde de fer, protoxyde de manganèse (oxyde de zinc, protoxyde de nickel, protoxyde de cobalt, oxyde de cuivre, oxyde de thallium, oxyde de plomb, oxyde d'antimoine et parfois encore d'autres oxydes métalliques).

b. Acides : acide sulfurique, acide phosphorique, acide silicique, acide carbonique, acide borique, acide azotique, acide azoteux, acide hyposulfureux, chlore, brome, iode, fluor, acide sulfhydrique, acide crénique et acide apocrénique, acide formique, acide propionique, etc. (acide arsénieux et acide arsénique, acide titanique).

(*) Le degré hydrotimétrique français correspond à 1 centigramme de carbonate de chaux par litre. L'hydrotimètre qu'on emploie est une burette anglaise dans laquelle 2,4 C.C. sont partagés en 23 parties, le zéro ne partant que de la 1re division au-dessous du trait circulaire. On titre l'eau de savon de sorte que 22 divisions précipitent juste 40 C.C d'une dissolution de 0,224 gr. de carbonate de chaux pur dans un litre (dissous avec HCl et évaporé à siccité) ou 0,250 gr. de chlorure de calcium pur et fondu, ou 0,549 gr. de chlorure de baryum pur cristallisé (Ba Cl + 2 Aq). On opère avec 40 C.C. de l'eau à essayer (dans un flacon à l'émeri jaugé) ou 20 C.C. plus 20 C.C. d'eau distillée, etc. Une fois la mousse persistante obtenue, les degrés de l'instrument donnent de suite le degré hydrotimétrique ou le nombre de centigrammes de CO^2,Ca O dans un litre d'eau. Il faudrait avoir aussi une table de correction analogue à celle de *Faisxt*.

(**) Voir le *Traité d'analyse qualitative*, trad. Forthomme, 5e édit. 1875.

c. **Éléments non combinés et gaz indifférents** : Oxygène, azote, carbures d'hydrogène légers.

d. **Matières organiques indifférentes.**

Beaucoup de ces substances dominent dans la plupart des sources, surtout la soude, la chaux, la magnésie, parfois le protoxyde de fer et en outre l'acide sulfurique, l'acide carbonique, la silice, le chlore et l'acide sulfhydrique. Les autres ne se trouvent en général qu'en petites quantités et souvent même en proportions des plus minimes. Les corps que nous avons mis plus haut entre parenthèses ne se rencontrent le plus souvent que dans le résidu de l'évaporation de grandes masses d'eau, ou dans les dépôts ocreux et boueux ou bien dans les concrétions solides (*) qui se forment dans la plupart des sources minérales, là où l'air agit soit sur l'eau qui coule, soit sur celle qui est conservée dans des réservoirs.

Je partage ce qui suit en deux parties, savoir : 1° pratique de l'analyse ; 2° calcul, contrôle et représentation des résultats.

I. — PRATIQUE DE L'ANALYSE DES EAUX MINÉRALES

Le travail se divise en deux parties suivant les circonstances, l'une qui se fait à la source même, l'autre qui se fait dans le laboratoire.

A. Travail a la source.

I. Appareils et objets nécessaires.

§ 207.

Nous donnons dans ce qui suit la liste de tout ce qu'il faut emporter à la source pour y faire les opérations convenables.

1. Une pipette ordinaire ou un tâte-vin de 200 à 250 C.C. de capacité.

2. Quatre ballons à ébullition d'environ 500 C.C. Chacun contient environ 3 gram. d'hydrate de chaux (page 567) bien exempt d'acide carbonique ou dont on en connaît la proportion et, si l'eau minérale renferme du carbonate de soude, 1 1/2 gram. de chlorure de calcium desséché. Chaque ballon est pesé avec l'hydrate de chaux, etc., et son bouchon en caoutchouc, puis le poids est indiqué sur une étiquette. Les ballons doivent autant que possible avoir un goulot de même diamètre, afin qu'on puisse leur adapter un même bouchon traversé par des tubes, comme l'indique la figure 89, page 568.

3. Un bon thermomètre à échelle bien visible.

4. Environ 8 flacons en verre blanc de 2 à 5 litres, fermant avec de bons bouchons à l'émeri.

(*) J'ai déjà dit, dans le volume d'*Analyse qualitative*, que si l'on trouvait dans ces dépôts du plomb, du cuivre, etc., il fallait s'assurer que ces métaux ne provenaient pas des tuyaux de conduite métalliques, des robinets, etc.

5. Quatre flacons ou ballons en verre blanc de 7 litres fermés avec des bouchons à l'émeri ou en caoutchouc.

6. Une bonbonne en verre, enveloppée d'osier, comme celles dans lesquelles on expédie l'acide sulfurique : on l'aura bien lavée et rincée avec de l'eau distillée.

7. Un flacon jaugé de 1 litre et un de 1/2 litre.

8. Deux entonnoirs, un grand et un moyen.

9. Du papier à filtre de Suède.

10. Ballons, vases à précipité, lampe à alcool, éolypile (petit chalumeau à esprit de vin), chalumeau, baguettes en verre, tubes de verre, tubes de caoutchouc, limes, ciseaux, couteau, bouchons en caoutchouc et en liège, fil, etc.

11. Des réactifs et surtout les suivants : ammoniaque, acide chlorhydrique, acide acétique, azotate d'argent, chlorure de baryum, azotate d'ammoniaque, acide tannique et acide gallique (ou infusion de noix de galles), teinture de tournesol (récemment préparée), papiers réactifs.

Suivant les circonstances, il faudra encore :

    a. Si l'eau contient de l'acide sulfhydrique ou un sulfure alcalin.

12. Une dissolution titrée d'iode dans de l'iodure de potassium. — Elle doit être très étendue ; elle renfermera, pour le mieux, 0,001 gram. d'iode par C.C. On peut la préparer en ajoutant 4 vol. d'eau à 1 vol. de la dissolution de *Bunsen* (§ **146.** b. γ.).

13. De l'empois d'amidon.

14. Une burette à pince et quelques pipettes.

15. Une dissolution d'acide arsénieux dans l'acide chlorhydrique ou d'arsénite de soude et même, pour parer aux éventualités, l'appareil et les réactifs indiqués à la page 670.

    b. Si l'eau renferme beaucoup de protoxyde de fer, et s'il faut le doser (volumétriquement) à la source même.

16. Une dissolution de permanganate de potasse. On l'étend pour les eaux fortement ferrugineuses, de façon qu'il en faille 100 C.C. pour faire passer 0,100 gram. de fer de l'état de protoxyde à celui de peroxyde. Pour des eaux plus faibles, il faut l'étendre davantage. — Si le caméléon doit être titré sur place, il faut en outre des fils de clavecin, ou une dissolution titrée d'acide oxalique (page 234), des burettes et des pipettes. •

    c. S'il faut doser dans l'eau tous les gaz dissous.

Suivant que l'eau est pauvre ou riche en acide carbonique, on applique les méthodes décrites au § **208.** 10. a. ou b. et il faut alors :

17. Les appareils décrits dans ce paragraphe.

    d. *S'il faut doser les gaz qui se dégagent de la source.*

    Il faut :

18. Les appareils que nous décrirons au § **208**. 10 et 11.

    e. *Si la source est profonde et s'il faut puiser de l'eau à diverses pro-*
fondeurs.

19. Il faut emporter l'appareil que nous indiquons page 735.

    f. *S'il faut prendre la densité d'une eau très gazeuse.*

20. On emporte un ou plusieurs flacons tels que ceux qui sont représentés et décrits au § **208**. 15.

II. *Pratique des opérations.*

§ **208**.

1. On examine l'**a p p a r e n c e** de l'eau (couleur, limpidité, etc.). Souvent au premier aspect une eau paraît claire et cependant, en la regardant avec soin dans un grand flacon en verre blanc, on y voit flotter des flocons nombreux incolores ou colorés. — Dans ce dernier cas on laisse l'eau reposer un jour dans un endroit frais et obscur, on décante avec précaution à l'aide d'un siphon et l'on examine au microscope la nature du dépôt. On y trouvera fréquemment des infusoires, des végétaux cryptogamiques, etc. (*).

2. On regarde s'il se dégage des gaz à la source, si l'eau est mélangée de bulles gazeuses ou si elle dégage du gaz quand on l'agite dans un flacon à demi rempli.

3. On observe la saveur et l'odeur. Pour reconnaître de petites quantités de matière odorante (**), on remplit un verre à boire ou mieux encore une carafe à moitié avec l'eau, on ferme avec la main, on agite fortement et en retirant la main on sent immédiatement si quelque odeur s'est développée.

4. On essaie la **r é a c t i o n** de l'eau avec les divers papiers réactifs (les meilleurs sont le papier de tournesol bleu et le papier très faiblement rougi) et l'on fait attention si la teinte prise par le papier bleu de tournesol ou celui de curcuma change ou non par simple dessiccation à l'air.

5. On prend la **t e m p é r a t u r e** de l'eau. Pour cela on plonge le thermomètre dans la source et on lit l'indication pendant qu'il est dans l'eau, c'est le meilleur moyen de faire l'observation. D'autres fois on plonge dans la source un grand flacon dans lequel est le thermomètre; lorsqu'il est plein on le laisse assez longtemps au milieu de l'eau, puis on le retire et l'on note l'indication du thermomètre qu'on laisse dans le flacon. — Si l'eau coule par un tuyau, on la reçoit dans un grand entonnoir en verre dont on diminue l'orifice de façon qu'il sorte autant d'eau qu'il en arrive; on plonge le thermomètre au milieu de la masse d'eau qui remplit l'entonnoir et on l'observe au bout d'un temps assez long.

(*) Voir *Schulz* : Annuaire du congrès des naturalistes du duché de Nassau, fascicule VIII, page 49.
(**) Voir la note 33 à la fin du volume.

Il faut compléter l'observation de la température en indiquant :

a. La date;

b. La température de l'air;

c. En observant si la température de la source est constante pendant les diverses saisons.

6. On remplit avec l'eau les flacons 4 et 5 du § **207**, ainsi que la bonbonne. Il faut ici prendre bien des précautions pour ne pas troubler l'eau de la source, en touchant avec les vases les dépôts du fond ou des parois du bassin. Si l'on ne peut pas remplir avec de l'eau limpide, il faut la filtrer dans quatre des huit petits flacons et dans les plus gros. On prend un grand entonnoir avec un filtre à plis en bon et pur papier, afin que la filtration se fasse promptement. Fréquemment on peut éviter de

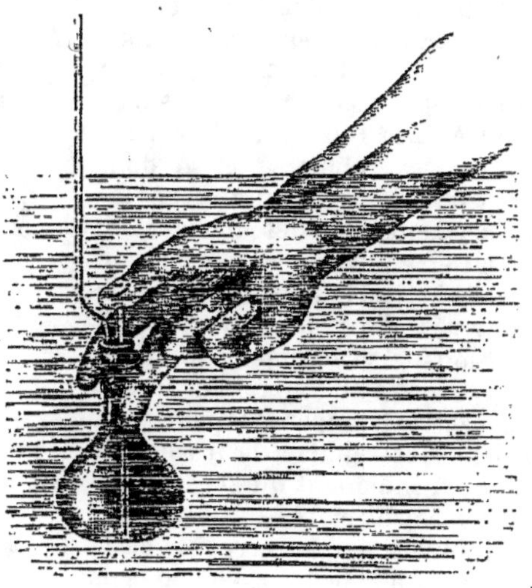

Fig. 185.

filtrer en remplissant les flacons de 6 à 7 litres, laissant reposer pendant 1 ou 2 heures et soutirant l'eau éclaircie au moyen d'un siphon dans d'autres flacons. — On ferme bien les vases et on les étiquète.

Comme il y a souvent des impuretés qui flottent sur la surface de l'eau, il est bon de plonger complètement et lentement les flacons au milieu du liquide. S'il faut éviter d'agiter l'eau de la source, on ferme le flacon ou le ballon comme il est représenté dans la figure 185. Aussitôt qu'on enlève le pouce, l'eau pénètre par l'ouverture que le doigt laisse libre, tandis que l'air s'échappe par le tube dont l'orifice est au-dessus du niveau.

Si le niveau de l'eau est à une profondeur trop grande pour qu'on puisse y plonger le bras, on fixe solidement le flacon à une perche, ou bien on le leste avec un poids et on l'attache à une corde. Pour assurer dans ce cas au flacon la position verticale, on peut employer un filet percé au centre d'un trou à travers lequel on fait passer le col du ballon : on rabat le filet autour de la fiole, on en noue les bords au-dessous du fond en y suspendant un poids et l'on attache le col à une corde.

Pour les sources minérales profondes dont on veut analyser l'eau à diverses distances du niveau, on pourra employer l'appareil de la figure 186.

Le ballon en verre fort *a* est muni autour de son col d'une garniture en laiton *b*, bien mastiquée et portant deux tubes en laiton *c* et *d*. Le tube *c* communique par la partie inférieure avec le tube en verre *e* qui descend presque jusqu'au fond du ballon. Le tube *d*, au contraire, se termine en bas par une partie *v* (*fig*. 187) courte, fendue, ayant la forme d'une demi-lune qui enveloppe le tube de verre à sa partie supérieure dans l'intérieur de la garniture en laiton. Le bout du tube ne doit pas dépasser le fond supérieur de la garniture. Les tubes en laiton peuvent être fermés par les robinets *f* et *u*, dont les clefs à large ouverture sont munies de leviers *g* et *h*, qui permettent de les tourner. Si les robinets doivent être ouverts ou fermés en même temps, ce qui arrive le plus souvent, les leviers *g* et *h* sont réunis par les traverses *k* et *i*. Si dans la position de la figure les robinets sont fermés, on les ouvrira en remontant la traverse *i*. Pour ne pas se tromper on peut, aux points où les leviers sont réunis à la traverse *i*, graver les lettres *b. f.* indiquant que la traverse étant en bas il y a fermeture. Les tubes *m* et *e'* sont réunis aux robinets par les écrous *n* et *o*. Le ballon est enveloppé par un filet en soie blanche et lesté par le poids *p*. Il est soutenu par une corde *q*, munie de nœuds qui permettent de mesurer la profondeur à laquelle on descend. Les deux autres cordons *r* et *s* servent à tourner les robinets. Ces cordes sont enroulées autour d'une poulie en bois et bien marquées pour qu'on ne puisse pas les confondre.

Pour l'usage on nettoie d'abord parfaitement le flacon, on ferme les robinets et l'on descend l'appareil à la profondeur voulue. Pendant cette opération une personne dirige l'appareil, une seconde tire le cordon *r* et une troisième soutient seulement *s*, et l'on fait attention que le ballon ne tourne pas sur lui-même afin que les cordons ne s'entrelacent pas. Quand le tout est à la profondeur voulue et après avoir attendu que l'eau soit redevenue tranquille, on tire la corde *s* en lâchant *r* ; la traverse *i* s'élève,

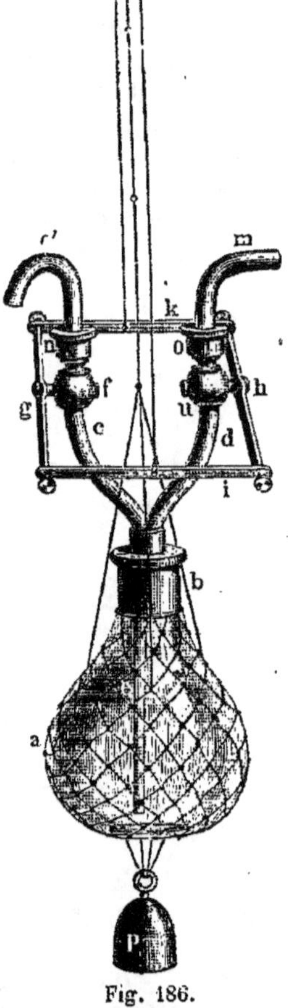

Fig. 186.

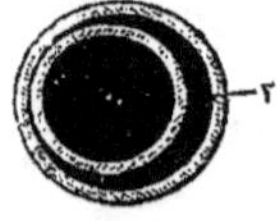

Fig. 187.

k s'abaisse et les robinets sont ouverts. L'eau pénètre par *e* tandis que l'air s'échapppe par *m* en arrivant à la surface en grosses bulles ; quand celles-ci cessent c'est que le remplissage est terminé. On ferme les robinets et l'on remonte l'appareil en ne faisant que soutenir *r* et *s*. Si le ballon est bien construit on le trouve complètement plein sans la moindre bulle d'air. Pour le vider on le retourne, on met l'ouverture *m* au-dessus du récipient et l'on ouvre les robinets (*).

7. **Pour doser la quantité totale d'acide carbonique** (**), on remplit avec de l'eau fraîche prise à la source et presque jusqu'au col, chacun des petits ballons indiqués au § **207**. 2. et pesés avec leur bouchon en caoutchouc et l'hydrate de chaux ou l'hydrate de chaux et le chlorure de calcium qu'ils renferment.

Si la source permet d'y plonger le ballon, on le ferme avec un bouchon traversé par deux tubes (fig. 188) et on le plonge dans l'eau, de façon que celle-ci entrant par le tube *a b*, l'air sorte par *c d*. — Si la source sort par un étroit trou de sonde, et qu'on n'y puisse pas introduire le ballon ; on plonge seulement dans le tuyau la pipette ou le tâte-vin bien lavé avec l'eau minérale, de façon qu'il se remplisse de bas en haut : après l'avoir retiré on l'essuie rapidement à l'extérieur, et on le vide dans le ballon pesé.

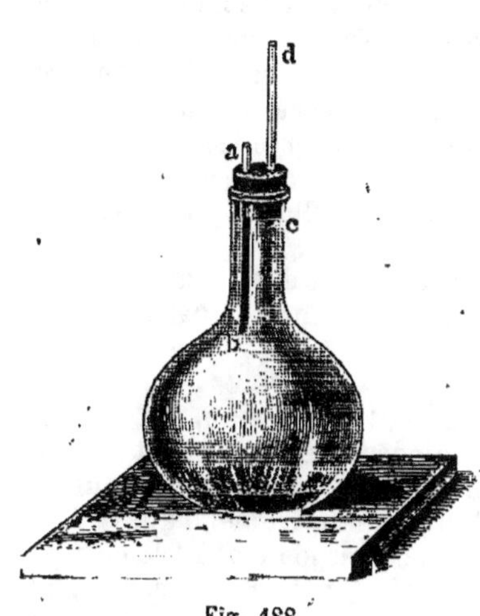

Fig. 188.

Si l'eau minérale coule par un tuyau, on place tout simplement le ballon sous l'orifice d'écoulement, mais cependant pas tout à fait contre, afin de ne pas faire arriver dans le ballon l'acide carbonique gazeux, qui quelquefois se dégage avec l'eau sans être absorbé par elle.

Si l'on veut doser l'acide carbonique dans l'eau puisée à une certaine profondeur au moyen de l'appareil de la figure 186 et qui peut dans ce cas être sursaturée d'acide carbonique, l'opération est plus exacte si l'on opère sur la totalité de l'eau qui remplit le ballon *a*. Pour cela, on prend un ballon ayant environ une fois et demi la capacité de *a*, on y met une quantité plus que suffisante de chaux hydratée exempte d'acide carbonique (ou un poids connu d'hydrate de chaux dans lequel on connaît la proportion d'acide carbonique), et par précaution du chlorure de calcium pour décomposer

(*) L'appareil dont se sert *Frésénius* a les dimensions suivantes : capacité du ballon 600 C.C. ; diamètre des tubes en laiton 7 millimètres ; ouverture des robinets 5 millimètres ; longueur des leviers 90 millimètres ; longueur des traverses 105 millimètres ; poids lestant 2,5 kilogr.

(**) Voir au § **139**. b. d'autres procédés de dosage de l'acide carbonique. Celui que nous indiquons ici se recommande par sa plus grande simplicité et l'emporte sur les autres en exactitude.

le carbonate de soude, s'il y en avait. Une fois le ballon retiré de la source, on dévisse les traverses *i* et *k* pour pouvoir manœuvrer les robinets séparément, on enlève aussi les ajutages *m* et *e'* et on retire les petites quantité de liquide qui se trouveraient dans les écrous au-dessus des robinets. On retourne le ballon verticalement, on introduit le tube *u* dans le ballon, on ouvre le robinet, puis ensuite lentement celui de l'ouverture *f*. Lorsqu'on a vidé environ le quart du contenu, on renferme les robinets, on bouche le ballon à analyse avec son bouchon en caoutchouc, on le fait tournoyer entre les doigts pour délayer la chaux et absorber l'acide carbonique qui s'est répandu dans l'espace vide. On opère de même sur les trois autres quarts de l'eau. Cela fait, pour recueillir l'acide carbonique qui s'est dégagé dans le ballon puiseur, on y verse environ 50 C.C. d'eau de chaux ou d'un lait de chaux clair, on agite assez longtemps et l'on verse le liquide et l'eau de lavage dans le ballon à analyse. On ferme celui-ci et l'on ficelle le bouchon.

Il faut mesurer très exactement le contenu du ballon *a*, c'est-à-dire la quantité d'eau employée à l'analyse.

Comme la quantité d'acide carbonique libre dissous dans l'eau dépend de la pression, il faut observer au moment de l'expérience la hauteur barométrique.

8. Si la source renferme de l'acide sulfhydrique, on le dose avec la solution titrée d'iode (§ **207**. 12) en opérant en tous points comme il est dit au § **148**. I. a. — Si l'eau renferme des hyposulfites alcalins, il faut, bien entendu, avant de calculer l'acide sulfhydrique d'après l'iode employé, retrancher de ce dernier la quantité correspondant à l'acide hyposulfureux, qu'on aura dû doser préalablement. — Si l'on veut contrôler le dosage volumétrique par une analyse en poids, on choisira la méthode décrite au § **148**. I. c. avec la solution de cuivre, ou avec la dissolution d'acide arsénieux.

Pour savoir dans l'eau minérale quelle est la partie du composé sulfuré trouvé qu'il faut calculer comme acide sulfhydrique, ou comme sulfhydrate de sulfure, ou comme sulfure, il est important de s'assurer si l'eau abandonne en tout ou en partie son composé sulfuré sous l'action d'un courant d'un gaz inerte. Pour cela on fait passer dans un volume connu de l'eau minérale un courant d'hydrogène, lavé d'abord dans une dissolution alcaline concentrée de permanganate de potasse, puis dans une lessive de potasse, en mettant l'eau dans un ballon fermé par un bouchon percé de deux trous. Dans l'un passe un tube qui amène l'hydrogène et qui plonge au fond du ballon, dans l'autre est enfoncé un tube à angle droit dont l'extrémité ne dépasse pas la face interne du bouchon. Quand le gaz qui sort ne contient plus trace d'acide sulfhydrique, ce qu'on reconnaît à ce qu'il ne décolore plus une petite quantité de dissolution d'iodure d'amidon très faiblement bleuâtre (ce qui n'arrive qu'au bout de quelques heures), on cesse le courant d'hydrogène et, dans l'eau minérale ainsi traitée, on dose de nouveau le soufre, avec la solution d'iode ou celle de cuivre ou celle d'acide arsénieux. Il faut faire agir l'hydrogène dans un lieu froid et à l'ombre. — L'emploi d'une pompe à air accélère considérablement le départ de l'acide sulfhydrique.

Le sulfure, qui dans ces circonstances reste dissous dans l'eau, se trouvait dans l'eau minérale, lorsqu'il y a aussi de l'acide sulfhydrique, à l'état de sulfhydrate de sulfure. Ce moyen, ainsi que celui employé par *W. B.* et *E. Rogers* (*), convient fort bien pour résoudre la question avec les eaux qui ne renferment que de l'acide sulfhydrique libre ou presque que de cet acide et pas d'hyposulfites (**); mais il est sans valeur lorsqu'avec des sulfures ou des sulfhydrates de sulfure il y a, comme cela arrive souvent, des hyposulfites.

Dans ce dernier cas on dose d'abord ensemble le soufre combiné à l'hydrogène ou aux métaux, en employant de préférence une dissolution de cadmium, parce qu'elle est aussi sensible que celle de tout autre métal (Exempt. analyt., n° 104) et de plus elle n'est pas attaquée par l'hyposulfite de soude. Toutefois il ne faut pas peser immédiatement le sulfure de cadmium, parce qu'il retient facilement du chlorure de cadmium (Exempt. analyt., n° 105), mais on dose le soufre qu'il contient suivant le § **148**. II. A. 1 ou 2. Ensuite dans une nouvelle quantité d'eau on chasse l'acide sulfhydrique libre, puis ensuite celui combiné au sulfure à l'état de sulfhydrate, on les dose tous deux en recueillant les gaz expulsés dans une dissolution d'argent ammoniacale et l'on trouve enfin par différence (s'il n'y a pas de bisulfure) le soufre combiné à l'état de monosulfure.

On peut aussi appliquer la méthode que *Simmler* (***) a employée dans les analyses de l'eau minérale de Stachelberger, analyses qu'il a faites avec le plus grand soin. On chasse d'abord l'acide sulfhydrique libre au moyen de l'hydrogène et en s'aidant d'une pompe pneumatique, puis, dans l'eau ainsi débarrassée d'hydrogène sulfuré, on verse une solution de sulfate de protoxyde de manganèse au moyen d'un tube à entonnoir et l'on chasse l'acide sulfhydrique mis par là en liberté (qui était comme sulfacide uni au sulfure métallique).

On sépare le sulfure de manganèse par filtration, on ajoute du nitrate neutre d'argent au liquide chaud; il se forme, autant toutefois qu'il y a un hyposulfite, un précipité qui renferme du sulfure d'argent et en général du chlorure d'argent. On filtre, on enlève le chlorure avec l'ammoniaque, on dissout le sulfure d'argent lavé dans l'acide azotique, on dose l'argent à l'état de chlorure et l'on conclut l'acide hyposulfureux, *voir* § **168** (254). Il n'est pas nécessaire, bien entendu, de traiter le sulfure d'argent à la source.

Dans le sulfure de manganèse recueilli sur le filtre on a le soufre combiné au métal à l'état de monosulfure; mais si l'eau renfermait un bisulfure (ce qui lui donne une teinte jaunâtre quand elle est en grande masse), le sulfure de manganèse serait mélangé au soufre rendu libre par le changement du bisulfure en monosulfure : en traitant par l'acide chlorhydrique, le soufre libre reste non attaqué.

Je n'en dirai pas davantage sur ce procédé, en renvoyant au travail

(*) *Journ. f. prackt. Chem.*, LXIV, 123.
(**) Voir mes analyses des eaux minérales de Weilbach (*Journ. f. prackt. Chem.*, LXX, 8), et celle de la fontaine anti-dartreuse de Francfort-sur-le-Mein (*Jaresber. d. physikal. Vereins fur* 1873-1874. 6954).
(***) *Journ. f. prackt. Chem.*, LXI, 27.

original où *Simmler* a parfaitement décrit sa méthode et ses appareils.

9. Si l'eau renferme du carbonate de protoxyde de fer en quantité un peu notable, l'addition de l'acide tannique ou gallique produit une coloration violette foncée et l'on dose le protoxyde de fer avec la solution étendue de permanganate de potasse (§ **207**. 16). On prend pour cela 500 C. C. d'eau. On fait l'essai dans un vase en verre blanc, placé au-dessus d'une feuille de papier blanc. Il faut avant additionner l'eau d'un peu d'acide sulfurique.

On fera plusieurs essais, jusqu'à ce que l'on ait des résultats suffisamment constants (*). Si l'eau répand l'odeur de l'acide sulfhydrique ou si elle contient des matières organiques, ce procédé ne peut plus s'appliquer (**). — Si l'eau est riche en chlorures métalliques, les résultats seront trop élevés, d'après ce que nous avons dit à la page 236, si l'on n'a pas soin de prendre toutes les précautions que nous indiquons (***).

10. S'il faut doser tous les gaz dissous dans l'eau,

a). et s'il s'agit d'une eau *pauvre en acide carbonique*, on en remplit d'abord un ballon complètement, comme le montre la figure 189. Pour cela on plonge le ballon rempli de l'eau minérale dans la couche de la source que l'on veut explorer, soit en attachant le ballon à une perche, soit en le lestant avec un poids ; au moyen d'un tube en gutta-percha *a*, qui plonge

Fig. 189.

au fond du ballon, on aspire tout le liquide de façon à le remplacer par

(*) Il est surtout fort important d'opérer rapidement si l'on veut savoir combien l'eau perd de protoxyde de fer depuis la source jusque dans les réservoirs ou dans les bains ou bien lorsqu'on la conserve plus ou moins longtemps dans des cruchons. — Les dosages de fer, que j'ai faits de cette façon dans les sources de Schwalbach, s'accordent presque complètement avec les résultats des analyses en poids. — Ce procédé rend surtout de grands services, quand il s'agit de rassembler les eaux de sources ferrugineuses, parce que l'on peut de suite et sur les lieux mêmes essayer chaque petite source avec assez d'exactitude.

(**) Lorsqu'il n'y a que de l'acide sulfhydrique avec du protoxyde de fer, on pourrait modifier le procédé de la façon suivante ; toutefois je n'ai pas essayé : on détermine d'abord quelle est la quantité d'une dissolution d'iode qui correspond à un volume donné d'une solution de permanganate de potasse, quant à leur action sur un volume égal d'une dissolution aqueuse très étendue d'acide sulfhydrique. On traite 500 C.C. de l'eau minérale par la solution d'iode, puis 500 C.C. par le caméléon. Le premier essai donnera l'acide sulfhydrique, le second donnera le fer quand on en aura retranché le volume de caméléon correspondant à la quantité de solution d'iode trouvée nécessaire pour décomposer l'acide sulfhydrique.

(***) L'odeur particulière, qu'on remarque parfois en essayant avec le permanganate de

d'autre eau prise ainsi au milieu de la masse. Pour empêcher l'eau de refluer quand on cesse d'aspirer, on ferme le robinet b, ou bien on adapte au tube en gutta un bout de tube en caoutchouc que l'on pince avec les doigts. Le ballon est fermé avec une lame de caoutchouc vulcanisé c, qui fait soupape. Une fois le remplissage achevé on retire le vase de la source.

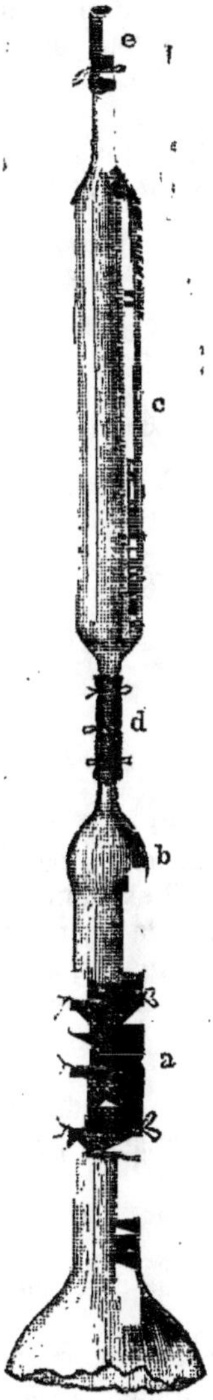

Cela fait, on réunit rapidement le ballon à un robinet en caoutchouc a (*) (*fig.* 190), que l'on remplit d'eau bouillie et l'on ferme (*R. Bunsen* **).

Si l'eau minérale coule d'un tuyau, on adapte à celui-ci un tube en caoutchouc qu'on fait plonger au fond du ballon, on laisse couler l'eau longtemps et l'on ferme enfin avec la fermeture précédente en caoutchouc.

Ensuite on réunit l'autre extrémité du robinet a avec le tube b, dans lequel on met un peu d'eau, et l'on adapte à ce dernier un tube divisé c, encore à l'aide d'un robinet en caoutchouc d semblable à a. Ce tube doit pouvoir contenir au moins 1 1/2 fois le volume du gaz dissous dans l'eau, mesuré froid et à la pression ordinaire. Si donc on voulait appliquer cette méthode à de l'eau chargée d'acide carbonique, il faudrait, d'après la capacité ordinaire du tube c, prendre une si faible quantité d'eau, qu'on ne pourrait pas doser les autres gaz dissous avec l'acide carbonique.

On incline maintenant l'appareil de façon qu'il arrive un peu d'eau dans la boule b et l'on fait bouillir, en ayant soin que le robinet a soit fermé et d ouvert, jusqu'à ce que tout l'air atmosphérique soit chassé et remplacé par de la vapeur d'eau : alors on ferme le tube en caoutchouc e avec une ligature ou une pince à vis. Quand tout est froid on ouvre le robinet a. L'eau du ballon se met aussitôt à bouillir et son gaz se répand dans l'espace vide. On chauffe pendant environ 1 heure 1/2, en ne dépassant pas une température de 90°. De cette façon l'eau se maintient en ébullition constante et tout le gaz se dégage. On chauffe maintenant un peu plus fort jusqu'à ce que, par suite de l'expansion de la vapeur, l'eau bouillie s'élève jusqu'à la ligature d. A ce moment on

Fig. 190.

ferme celle-ci, on détache le tube c du tube b et en plongeant l'extrémité e

potasse des eaux salines acidulées, provient souvent du brome ou du chlorure de brome. Dans les essais des eaux de la source Élisabeth, à Hombourg, j'ai senti très nettement cette odeur de brome.

(*) Voir page 605, en bas.

(**) *Méthode gazométrique*, p. 117.

sous le mercure on ouvre la ligature *e* pour pouvoir mesurer le volume du gaz à l'aide des divisions du tube : on note bien entendu la hauteur barométrique, la température et le niveau du mercure dans le tube *c* (*Bunsen*)(*). Si l'on n'avait pas de tube divisé on pourrait opérer de même, seulement il faudrait connaître le volume du tube. La ligature étant déliée, on ferait en sorte que le niveau intérieur fût le même que le niveau extérieur et l'on fermerait de nouveau l'extrémité *e* : on ferait couler dans un vase jaugé le mercure qui serait dans le tube afin d'en connaître le volume, qu'on retrancherait du volume total et la différence serait le volume du gaz à mesurer.

Comme on ne peut guère avoir sous la main à la source même tout ce qu'il faut pour analyser le gaz expulsé de l'eau, il vaut mieux le transporter au laboratoire dans des tubes fermés à la lampe. À cet effet, on remplace le tube *c* par d'autres semblables mais non divisés et qui aux extrémités sont assez étirés pour qu'on puisse facilement les fermer à la lampe. On

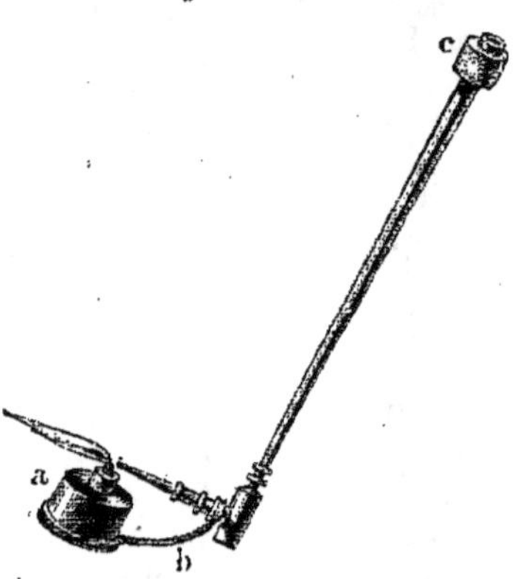

Fig. 191.

opère comme plus haut et après l'ébullition complète de l'eau et la fermeture du tube *d*, on fond les extrémités du tube soit avec un chalumeau disposé comme dans la figure 191 (**), soit avec un éolypile. Il est bon de remplir ainsi deux ou trois tubes. Comme la proportion entre la quantité totale de gaz et le volume de l'eau est connue par la première expérience, il importe peu que les tubes destinés au transport contiennent ou non tout le gaz expulsé et qu'il en reste dans la boule *b*.

On peut prendre d'autres méthodes que celles de *Bunsen*.

Lothar Meyer se sert de l'appareil (***) de *Ludwig*, basé sur le vide de *Toricelli*, modifié par lui et décrit par *Nawrocki* (****). Il s'en est servi pour analyser l'eau des thermes de Landeck (*****).

Herbert Mc. Leod (******) chauffe en ajoutant l'action de la pompe à mercure de *Sprengel*.

L'application de ces méthodes donne de très bons résultats, mais elle exige des appareils compliqués.

b). Comme nous l'avons dit, ce procédé ne peut pas convenir pour les eaux *riches en acide carbonique*. Dans ce cas l'acide carbonique, qui se

---

(*) *Méthode gazométrique*, p. 18.

(**) *a* est une petite lampe ne contenant qu'environ 3 grammes d'huile : elle est rattachée au chalumeau par un anneau et un fil métallique flexible *b*, qui permet de donner à la lampe la direction convenable pour avoir un bon dard. On tient le chalumeau entre es dents à l'aide du bouchon *c*.

(***) *Setschenov, Wiener Sitz.-Ber.* XXXVI, 293. — *Schœffer, id.,* XLI, 589.

(****) *Zeitschr. f. analyt. Chem.,* II, 120.

(*****) *Zeitschr. f. analyt. Chem.,* II, 256.

(******) *Journ. of the Chem. Soc.* [II], VII, 307. — *Zeitschr. f. analyt. Chem.,* IX, 364.

dégagera en grande quantité, entraînera le gaz et rendra inutile l'emploi du vide. Avec de pareilles eaux, j'opére de la façon suivante : on remplit d'abord avec l'eau minérale, comme nous l'avons déjà dit, un ballon d'environ 500 C. C., on le ferme sous l'eau avec un bouchon en caoutchouc percé d'un trou, et à travers ce trou rempli d'eau on fait passer un tube abducteur rempli lui-même d'eau distillée. Ce tube abducteur est d'abord courbé à angle droit, puis à angle obtus vers le bas, et l'extrémité est recourbée un peu vers le haut. On peut donc remplir sans peine les ballons et les tubes abducteurs. On place le ballon sur une toile métallique au-dessus de la lampe, on plonge l'extrémité du tube abducteur dans une capsule contenant de la lessive de potasse bouillie de densité 1,27 et au-dessous de l'ouverture d'un tube également plein de potasse bouillie et ayant la disposition indiquée dans la figure 192. La partie *a* a environ 5 C. C. Sur la partie *b* on colle extérieurement, avant d'opérer, une bande de papier portant une petite échelle qui fera connaître en centimètres cubes le volume de cette portion du tube. On pourra faire rapidement et facilement cette échelle en laissant couler de l'eau à l'aide d'une burette à pince dans le tube retourné jusqu'à ce qu'on arrive à la partie calibrée : alors on laisse couler jusqu'à un nombre entier de centimètres cubes, on marque le niveau, on verse un nouveau centimètre cube, on marque de nouveau et ainsi de suite. Tout étant ainsi disposé on chauffe lentement le ballon. L'acide carbonique est absorbé par la potasse et les autres gaz se rassemblent dans la partie *a*. Peu à peu on porte à l'ébullition que l'on maintient jusqu'à ce que le volume du gaz n'augmente plus. On enlève le tube abducteur, et après refroidissement on mesure le volume du gaz en ne négligeant ni la température, ni la pression : on sépare la partie *a* en fondant le verre à l'étranglement et on la conserve pour les analyses ultérieures du laboratoire. — Si le gaz chassé par une seule opération ne suffisait pas pour remplir le tube jusqu'aux divisions, on y ferait arriver celui fourni par une nouvelle quantité d'eau traitée de la même façon. — Il sera bon de remplir deux tubes. Dans cette méthode il y a une cause d'erreur, en ce sens qu'on ne connaît pas exactement le volume d'eau qui fournit le gaz, attendu qu'en chauffant une partie de l'eau passe dans le tube avant d'avoir abandonné son gaz : il est vrai qu'elle est fortement chauffée, mais pas assez cependant pour qu'on soit certain qu'elle est tout à fait dépouillée des gaz dissous ; en outre on ne connaît pas exactement la tension de la vapeur d'eau émise par la solution alcaline. Toutefois ces incertitudes sont moins préjudiciables que celles provenant de l'application de la méthode a. à une eau riche en acide carbonique, car alors le volume du gaz non absorbé par la potasse est si faible qu'on peut à peine le mesurer.

Fig. 192.

11. Si l'on veut connaître exactement la nature des gaz qui se dégagent librement de la source, on les recueille dans des tubes d'environ 50 à 60 C. C. On les réunit soit avec un tube en caoutchouc, soit avec un bouchon à un

entonnoir, ainsi qu'on le voit dans la figure 193. En *a* les tubes sont étirés de façon à n'avoir que la grosseur d'un fétu de paille. Si l'on voulait recueillir de grandes quantités de gaz, on ferait usage d'une fiole à médecine (*fig.* 194) à col rétréci. Après avoir rempli les tubes ou les fioles avec de l'eau minérale, on les réunit à l'entonnoir et on plonge l'appareil dans la source, l'ouverture de l'entonnoir étant tournée vers le haut. A l'aide d'un tube étroit qui plonge au fond du tube ou de la fiole on aspire l'eau, dont on les a remplis au contact de l'air, jusqu'à ce que l'on soit certain que maintenant tout est plein d'eau telle qu'elle est est dans la source même. On retourne l'appareil sous l'eau et on laisse monter le gaz de la source dans l'entonnoir. Si les bulles gazeuses s'arrêtaient dans le col de l'entonnoir ou dans la partie étranglée du tube, il suffirait, pour les faire monter, de frapper légèrement les bords de l'entonnoir contre un corps solide.

On laisse arriver assez de gaz pour remplir le petit tube et le col de l'entonnoir, on glisse sous celui-ci une capsule, on retire le tout de la source, on chauffe légèrement la partie rétrécie du tube ou de la fiole pour chasser

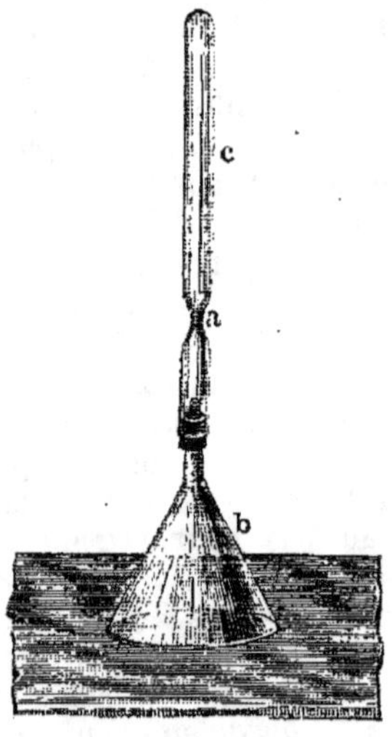

Fig. 193.

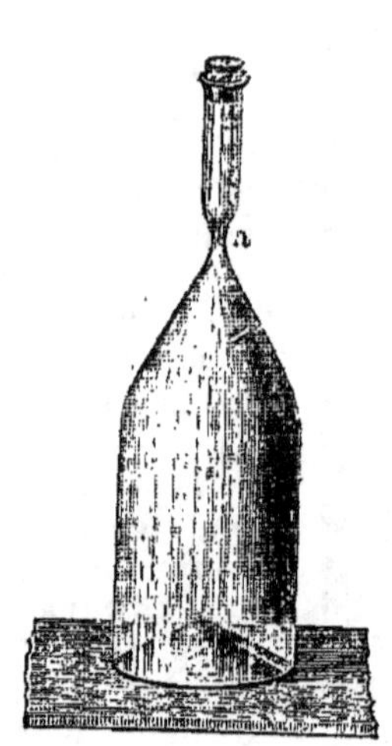

Fig. 194.

l'humidité et l'on ferme à la lampe. Comme le niveau de l'eau dans l'appareil est au-dessus du niveau dans la capsule, la pression intérieure est moindre que la pression atmosphérique et l'on n'a pas à craindre de boursouflure en fondant le verre. Il est bon de préparer ainsi plusieurs tubes ou plusieurs fioles (*R. Bunsen* *).

Si la disposition de la source ne permet pas d'opérer ainsi, on se sert d'un entonnoir lesté avec un cercle en plomb *c* (*fig.* 195), qu'on descend dans la source au moyen d'une corde (*R. Bunsen* **). On réunit le bec de

(*) *Méthode gazométrique*, page 3.
(**) *Méthode gazométrique*, page 5.

l'entonnoir au moyen d'un tube en caoutchouc avec le tube en étain *ab* et celui-ci avec les petits tubes de verre *c, c, c*. Lorsqu'après avoir aspiré l'air on a rempli l'entonnoir avec de l'eau jusqu'au robinet *b*, on laisse arriver le gaz sous l'entonnoir jusqu'à ce qu'il se trouve sous une pression supérieure à la pression atmosphérique. On ouvre alors le robinet *b* et on laisse passer le gaz à travers les tubes *c, c, c*, jusqu'à ce qu'on soit assuré

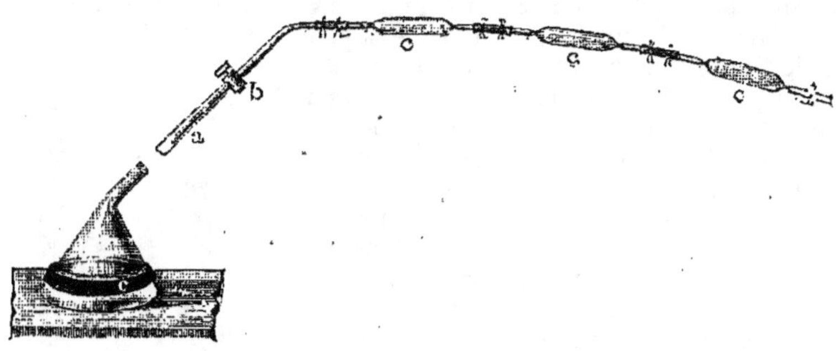

Fig. 195.

que tout l'air atmosphérique a été chassé. Ces tubes, qui ont une capacité d'environ 40 à 60 C.C., ont les deux extrémités effilées et sont réunis par des tubes en caoutchouc, de façon qu'on peut en remplir deux ou trois à la fois. Quand ils sont pleins, on les chauffe légèrement et l'on ferme le premier et le dernier caoutchouc en les pressant soit entre les doigts, soit avec une pince à vis, puis enfin, quand la température est assez abaissée pour que la pression extérieure dépasse un peu la pression intérieure, on les ferme à la lampe l'un après l'autre.

Avec les eaux aigrelettes, la quantité d'acide carbonique qui se dégage de la source domine souvent tellement celle des autres gaz, qu'il faut remplir un grand nombre de tubes pour qu'après l'absorption par la potasse il reste une quantité des autres gaz (azote, gaz des marais, oxygène) suffisante pour qu'on en puisse faire l'analyse. — Dans ce cas, je préfère déterminer d'abord à la source même la proportion entre les gaz absorbables par la potasse et ceux qui ne le sont pas, et d'autre part ne recueillir que les gaz non absorbables, et les rassembler dans les tubes fermés pour les analyser plus tard.

Pour atteindre le premier but, on remplit d'eau minérale une éprouvette graduée de 20 à 30 millimètres de diamètre et contenant de 200 à 300 C.C. On a soin de remplacer d'abord la première eau de remplissage par de l'autre qu'on fait arriver pas aspiration à l'aide d'un tube de verre. On retourne l'éprouvette soit dans le bassin de la source, soit dans une capsule remplie de l'eau minérale. On laisse l'éprouvette se remplir *complètement* du gaz : on la retire de la source à l'aide d'une capsule en porcelaine remplie d'eau, on enlève presque complètement cette dernière avec une pipette, on la remplace par une lessive de potasse bouillie et l'on agite un peu l'éprouvette pour favoriser l'absorption. Puis on lit le volume du gaz non absorbé en notant la température et la pression. Dans certaines sources, même avec des grandes éprouvettes, on ne peut mesurer le résidu gazeux que quand la partie supérieure du récipient est rétrécie, comme dans la figure 196.

Pour ne recueillir que les gaz non absorbables, je me sers toujours de l'entonnoir auquel sont adaptées un tube en caoutchouc et un tube abducteur. Ce dernier plonge dans une capsule en porcelaine remplie d'une lessive de potasse bouillie et sous un petit tube de la forme de la figure 197 : on a eu soin de munir d'une pince le tube en caout-chouc auquel est relié le tube abducteur. Quand on juge que le gaz venant de l'entonnoir est complètement exempt d'air atmosphérique, on plonge le bout du tube abducteur sous le tube de la figure 197 et en réglant convenablement la pince on ne laisse arriver que des bulles de gaz. Comme elles sont presque complètement absorbées, il faudra nécessairement longtemps pour que le tube se remplisse jusqu'en a, et qu'on puisse le fermer.

12. Si la source contient de l'acide sulfhydrique, on prend un assez gros ballon dont le col est légèrement étiré, on le remplit d'eau minérale, on adapte au col un morceau d'un large tube en caoutchouc nettoyé avec de la lessive de soude et muni d'une forte pince : à l'autre bout on fixe un entonnoir qu'on remplit également d'eau, on renverse le tout au-dessous de la surface de l'eau et on recueille les gaz. Quand le ballon est rempli, on le ferme avec la pince, on retourne le ballon et l'on y introduit une suffisante quantité d'une

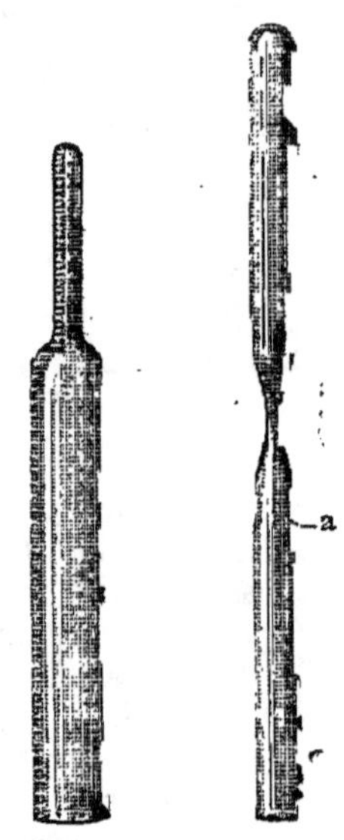

Fig. 196.   Fig. 197.

solution ammoniacale de bichlorure de cuivre : on ferme de nouveau, on agite, on laisse reposer : puis on recueille le sulfure de cuivre sur un filtre et l'on en déduit, suivant le § **148**. II. A. 2., la quantité de soufre (qu'on calculera en acide sulfhydrique). En retranchant du volume total des gaz absorbés par la potasse trouvée en 11, cette quantité d'acide sulfhydrique, la différence fera connaître le volume d'acide carbonique.

13. Pour mesurer le poids spécifique des eaux minérales fortement gazeuses, on prend des flacons comme celui de la figure 198. Ils ont une capacité de 200 à 400 C.C. Le col est fermé par un tube, autant cylindrique que possible, de 50 millimètres de long et 5 à 6 millimètres de diamètre intérieur et sur lequel est une échelle en millimètres. L'orifice, bien arrondi, peut se fermer hermétiquement avec un bouchon en caoutchouc. Pour remplir ce flacon on le plonge sous le niveau de l'eau. A cause des dimensions du col, le liquide pénètre sans difficulté. Quand l'eau arrive à peu près au milieu du col rétréci, on ferme l'ouverture sous l'eau avec le pouce, on retire le flacon et l'on met aussitôt le bouchon que l'on enfonce bien et que l'on ficelle. Dans cet état on peut transporter le flacon : on fera

bien d'en préparer trois ou quatre semblables : on les enveloppera dans un étui en carton pour éviter la casse pendant le transport. Dans le cas où l'on n'en aurait pas de pareils, on peut prendre des fioles à médecine à col étroit, qui n'ont pas besoin d'être munies d'échelle sur le col. •

14. On observe tout ce que la source pourrait offrir de particulier et d'intéressant, ainsi : combien elle fournit d'eau et de gaz libre, — si ces quantités sont constantes dans les diverses saisons, avec les divers niveaux des fleuves ou rivières qui pourraient couler dans le voisinage, si le niveau de la source est constant, — si dans les tuyaux de conduite ou les réservoirs il se forme un dépôt boueux ou une concrétion solide (dans ce cas il faut en emporter une certaine quantité), — à quelle formation géologique appartient

Fig. 198.

le sol d'où sort l'eau minérale, — de quelle profondeur vient-elle, — quelle est son action thérapeutique, etc.

B. Travaux du laboratoire

I. Analyse qualitative.

Elle a été indiquée au § **211** de mon Traité d'analyse qualitative (*).

II. Analyse quantitative.

§ **209**

La marche à suivre est différente suivant qu'il y a ou non des carbonates alcalins. Comme l'opération est plus simple avec les eaux alcalines (on appelle ainsi celles qui contiennent des bicarbonates alcalins), nous étudierons d'abord leur analyse et nous supposerons qu'on a à la fois toutes les substances qu'on rencontre en général dans les eaux alcalines. — Il faudra ensuite indiquer en quoi la méthode change pour les eaux salines et pour les eaux sulfureuses.

Avant de commencer l'analyse proprement dite, on procède à la

Détermination du poids spécifique.

a. Si l'eau est peu gazeuse, on en met un flacon et un flacon d'eau dis-

(*) Les eaux minérales conservées longtemps dans les cruchons répandent souvent l'odeur de l'acide sulfhydrique, tandis qu'elles en sont tout à fait exemptes à la source. Cela tient à ce qu'une partie des sulfates en contact avec le bouchon humide ou toute autre matière organique se transforment en sulfures, desquels l'acide carbonique libre chasse l'acide sulfhydrique.

tillée à la même température que l'on note. — Puis on pèse un flacon à
l'émeri d'environ 100 grammes, d'abord vide et successivement plein d'eau
distillée, puis plein d'eau minérale. En divisant le poids de la dernière par
celui de l'eau pure, on obtient la densité cherchée
— Si l'on avait à sa disposition un flacon un peu grand
à bouchon à l'émeri creux, terminé par un long tube,
ce qu'on appelle un picnomètre ou flacon à densité
(*fig.* 199), il serait préférable de s'en servir. Il faut
avoir soin qu'il n'y ait pas de bulles de gaz apparentes
le long des parois et éviter en essuyant le flacon de
l'échauffer avec la main. Pour se prémunir contre la
différence de température des liquides à peser, on fait
fréquemment usage de flacons à densité (pycnomètre)
dont le bouchon à l'émeri est formé par un petit thermomètre.

b. Avec les eaux fortement gazeuses, cette méthode
n'est pas applicable, si l'on n'a pas d'avance débarrassé l'eau d'une partie de son acide carbonique. Mais
on comprend qu'on n'a pas alors la vraie densité de
l'eau minérale, telle que la fournit la source: c'est
pourquoi différents chimistes sont arrivés à des ré-

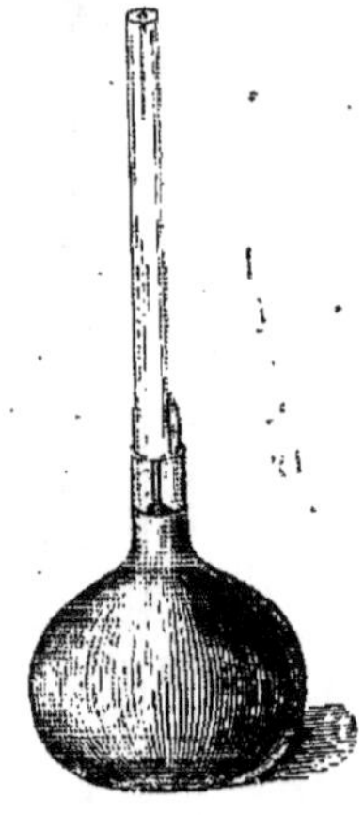

Fig. 199.

résultats non concordants. Avec de pareilles eaux on mesure le poids spécifique au moyen des flacons décrits au § **208**. 13, et qu'on a remplis comme
nous l'avons dit.

On place la fiole dans un lieu dont la température est bien constante, sur
un support horizontal, et tout contre on pose un grand flacon plein d'eau
distillée, dont le col est fermé par un bouchon traversé par un thermomètre qui plonge dans l'eau. Au bout de 12 heures on peut admettre que
les deux liquides ont la même température. On note l'indication du thermomètre et la division [de l'échelle à laquelle correspond le niveau de l'eau
minérale dans son flacon : ces lectures se feront mieux à l'aide d'une
lunette horizontale, mobile sur une tige verticale et placée à 2 ou 3 mètres
des flacons.

On pèse maintenant la fiole avec son bouchon en caoutchouc sur une balance bien sensible, on enlève le bouchon, on ne l'essuie pas, on vide le
flacon, on le lave, on le remplit d'eau distillée un peu au-dessus du niveau
qu'atteignait l'eau minérale, on essuie bien le verre, on le laisse quelque
temps à côté du grand flacon contenant le thermomètre, puis on amène le
niveau à être le même que celui de l'eau minérale. Étant certain que la température est restée la même, on replace le bouchon et l'on pèse. En retranchant des poids du flacon plein dans les deux cas le poids du flacon vide,
sec et muni de son bouchon, on a les données numériques pour calculer
la densité.

Si l'on n'avait pas de flacon à col divisé, mais de simples fioles à médecine
ou des bouteilles ordinaires, on marquerait le niveau de l'eau au moyen de
trois lignes fixes tracées sur trois bandelettes de papier collées sur le col
des vases, et on remplirait de même d'eau distillée jusqu'au même
niveau.

Pour mesurer les quantités d'eau à employer dans les dosages que nous allons décrire, on pourra ou les peser directement ou les mesurer en volume et connaissant la densité en déduire le poids. Je préfère la pesée, parce que le poids est indépendant de la température : en outre quand il le faut on peut prendre tout le contenu d'un flacon et enfin dans certains cas opérer sur des poids d'eau exprimés en nombre entier de grammes.

1. Dosage de la totalité des éléments fixes.

On prend le contenu d'un petit ou d'un grand flacon, environ 200 à 2000 grammes, suivant la concentration de l'eau. — On évapore avec précaution, en versant de l'eau de temps en temps dans une capsule en platine pesée, chauffée à une température inférieure au point d'ébullition. Si l'eau est très gazeuse, il faut avoir soin de tenir la capsule couverte avec un grand verre de montre au commencement de l'opération et après chaque nouvelle addition d'eau. L'évaporation se fait mieux au bain-marie, mais on peut, en prenant des précautions, chauffer directement avec une petite flamme. Toutefois on achèvera toujours au bain-marie, et l'on séchera le résidu au bain d'air chaud ou d'huile à 180° jusqu'à ce que le poids, pris de temps en temps, soit constant et on le notera.

Cela fait, on remplit la capsule à moitié avec de l'eau distillée, on ajoute, en tenant couvert avec une capsule en verre, une goutte d'acide chlorhydrique de temps en temps, jusqu'à décomposition complète de tous les carbonates, on chauffe avec précaution pour chasser l'acide carbonique, on lave la capsule en verre dans celle en platine, on ajoute de l'acide sulfurique étendu pur, en quantité suffisante pour être certain que toutes les bases sont ramenées à l'état de sulfates et l'on évite d'en mettre un trop grand excès. Alors on évapore à siccité, on chauffe légèrement au rouge, et l'on y maintient quelque temps en ajoutant du carbonate d'ammoniaque solide pour transformer les bisulfates alcalins en sulfates neutres (§ **97**. 1), et cela jusqu'à ce qu'on ait un poids constant que l'on mesure.

S'il était resté dans le flacon un léger précipité, qu'on n'aurait pas pu faire partir par lavage, on le dissout dans un peu d'acide azotique, on évapore la solution à siccité, on chauffe au rouge le résidu, et on le traite comme nous allons le dire. On ajoutera son poids au poids principal.

Dans les eaux très ferrugineuses, il vaudra mieux doser le résidu fixe avec l'eau des flacons qui, par une longue exposition à l'air, a laissé déposer complètement le fer à l'état de peroxyde hydrate. On filtre, on lave le précipité et on traite le liquide filtré comme il est dit plus haut. On dissout le précipité dans l'acide azotique. S'il reste un peu de silice insoluble, on la recueille et on la pèse. On évapore la solution azotique, on chauffe le résidu au rouge, on le traite par de l'eau et du carbonate d'ammoniaque pour carbonater le peu de chaux caustique qui pourrait s'être formée, on chauffe modérément pour ne pas redécomposer le carbonate de chaux, on pèse et l'on ajoute le poids à celui du résidu de la capsule chauffée à 180°.

On traite ensuite le peroxyde de fer, etc., par l'acide chlorhydrique et par l'acide sulfurique, on évapore et l'on calcine. Le poids que l'on obtient ainsi est ajouté au poids des sulfates que l'eau a fournis.

Par cette façon d'opérer on évite la difficulté que l'on rencontre en traitant la totalité du résidu par l'acide sulfurique et en le calcinant, difficulté qui vient de ce que si l'on chauffe trop on décompose un peu de sulfate de magnésie et si l'on ne chauffe pas assez, il reste un peu d'acide sulfurique combiné au peroxyde de fer.

Nous verrons plus loin comment on se sert du résidu de l'évaporation et des sulfates qu'on en obtient pour le contrôle de l'analyse.

2. Dosage simultané du chlore, du brome et de l'iode.

Suivant la proportion de chlore que renferme l'eau, on en prend de 200 à 2000 C.C. Si l'eau contient relativement beaucoup de chlore, on acidule de suite avec de l'acide azotique, on précipite avec l'azotate d'argent et on pèse le précipité suivant le § **141**. 1. a., comme chlorure d'argent pouvant contenir un peu de bromure ou d'iodure : ou bien en chauffant dans un courant d'hydrogène on le transforme en argent métallique (§ **115**. 4. a.).

Si l'eau renferme peu de chlore, il faut, avant d'ajouter l'acide azotique, concentrer environ au quart. On filtre, on lave et l'on opère sur le liquide filtré comme plus haut.

3. Dosage de la silice, du fer, du manganèse, de l'alumine, de la chaux (avec la baryte et la strontiane) et de la magnésie.

On prend toujours le contenu d'un ou plusieurs grands flacons, environ 2000 à 7000 grammes. — Cette opération, surtout le dosage du fer, ne sera rigoureuse que si l'eau est limpide et s'il n'y flotte pas de flocons ocreux (voir § **208**. 6). Après avoir pesé le flacon ou les flacons, on graisse un peu le bord du goulot avec le doigt couvert d'une couche à peine visible de suif, et avec précaution, sans perdre une goutte d'eau, on verse un peu d'eau de chaque flacon dans un gobelet en verre, puis dans cette partie d'eau et dans chaque flacon on ajoute avec précaution de l'acide chlorhydrique, jusqu'à ce qu'il domine un peu.

On évapore toute l'eau acidulée dans une ou plusieurs grandes capsules en platine, à la fin au bain-marie; ou évapore à siccité (*) (§ **140**. II. a.), on humecte le résidu avec de l'acide chlorhydrique, on ajoute au bout de quelque temps un peu d'eau, on chauffe, on sépare par filtration la silice non dissoute, on la sèche et on la pèse. Après la pesée on chauffera la silice avec du fluorhydrate d'ammoniaque pur ou de l'acide fluorhydrique pur et de l'acide sulfurique. On retranchera alors du poids les substances non volatiles qui pourraient rester (un peu de sulfate de baryte ou aussi d'acide titanique (**).

Le liquide, séparé par filtration de l'acide silicique, est d'abord précipité par l'ammoniaque, le mieux dans une grande capsule en platine : on chauffe, on filtre et on lave. On redissout dans l'acide chlorhydrique le précipité formé presque complètement d'hydrate de peroxyde de fer : avec une disso-

---

(*) Si l'on évapore dans une capsule en porcelaine, le dosage de la silice est moins exact et quant à celui de l'alumine il n'y faut pas compter.

(**) Pour faire l'essai du résidu, on le fond avec un peu de bisulfate de potasse, on traite la masse fondue par l'eau froide et l'on filtre. L'acide titanique passe en dissolution et se sépare par une ébullition prolongée, tandis que le sulfate de baryte reste non dissous.

lution étendue de carbonate d'ammoniaque on neutralise presque complètement, jusqu'à ce qu'il se forme un trouble, on fait bouillir et l'on sépare
par filtration le précipité complètement exempt de manganèse et de terres
alcalines. Si dans le liquide filtré l'ammoniaque produisait encore des traces
de précipité, on séparerait celui-ci par filtration, on le dissoudrait dans
très peu d'acide chlorhydrique, on précipiterait de nouveau par l'ammoniaque et l'on filtrerait, pour réunir ce dernier liquide au premier.

Le premier précipité de sels basiques de peroxyde de fer et celui très
faible formé éventuellement par l'ammoniaque, sont redissous dans l'acide
chlorhydrique : on ajoute un peu de bitartrate de potasse chimiquement
pur (l'acide tartrique renferme quelquefois de l'alumine), on verse de l'ammoniaque et dans la liqueur limpide on précipite le fer avec le sulfhydrate
d'ammoniaque, en opérant dans un ballon presque plein et qu'on abandonne fermé pendant quelque temps : le fer est ainsi séparé d'avec l'alumine et l'acide phosphorique. On redissout le sulfure de fer dans l'acide
chlorhydrique, on peroxyde la solution avec l'acide azotique, on précipite
avec l'ammoniaque et l'on pèse le *peroxyde de fer* après calcination. Après la
pesée on redissout dans l'acide chlorhydrique fumant, pour s'assurer qu'il
ne reste pas un résidu plus considérable que les cendres du filtre. S'il y en
avait un (silice), il faudrait en retrancher le poids de celui du peroxyde
de fer.

On évapore à siccité dans une capsule en platine le liquide séparé par
filtration du sulfure de fer et qu'on a additionné d'une dissolution de carbonate de soude : celui-ci aura dû être débarrassé de toute trace d'alumine
en le saturant avec de l'acide carbonique et en filtrant après un long repos.
On chauffe le résidu de l'évaporation avec un peu de salpêtre pur, on
humecte avec de l'eau, on fait passer dans un vase à précipité, on dissout
dans l'acide chlorhydrique, on filtre et l'on précipite avec l'ammoniaque. On
obtient le plus souvent quelques flocons de phosphate d'*alumine*. On reconnaît que c'est bien cela, à ce que dans le liquide filtré on peut encore précipiter de l'acide phosphorique avec le molybdate d'ammoniaque : cela
arrive généralement. Cependant s'il n'en était pas ainsi, il faudrait chercher
et doser l'acide phosphorique dans le précipité d'alumine pesé.

Les liquides filtrés, renfermant le manganèse, la chaux et la magnésie,
sont légèrement acidulés avec de l'acide chlorhydrique, puis concentrés et
l'on précipite le manganèse avec le sulfhydrate d'ammoniaque. On a soin
de laisser le ballon fermé pendant 24 heures à une douce chaleur. Après filtration et lavage, on redissout le manganèse dans l'acide chlorhydrique,
pour précipiter de nouveau avec le sulfhydrate d'ammoniaque. Enfin on
mélange le *sulfure de manganèse* avec du soufre, on le calcine dans un
courant d'hydrogène, on le pèse et on s'assure de sa pureté (§ **109**. 2.).

On chauffe le liquide filtré avec de l'acide chlorhydrique, on concentre,
on sépare le soufre par filtration et dans le liquide filtré on précipite la
chaux (et la strontiane) avec l'ammoniaque et l'oxalate d'ammoniaque.
Après dépôt, on filtre, on lave, on sèche, on calcine au rouge, on dissout le
résidu dans l'acide chlorhydrique, on précipite de nouveau avec l'ammoniaque et l'oxalate d'ammoniaque, on laisse déposer, on filtre et enfin pour
faire la pesée on transforme l'oxalate de *chaux* soit en carbonate, soit en

chaux caustique ou en sulfate (§ **103**. 2. b. et § **154**. 6.). En général le précipité contient de la strontiane et l'on a alors la quantité de chaux en retranchant du composé calcaire pesé la strontiane que l'on aura déterminée suivant 6. (soit en carbonate ou pure ou en sulfate).

On évapore à siccité les liquides filtrés, on chasse les sels ammoniacaux en chauffant le résidu au rouge dans une capsule en platine, on humecte avec de l'acide chlorhydrique, on évapore à siccité au bain-marie, on reprend par l'eau et l'acide chlorhydrique, et après s'être assuré sur un petit essai qu'on reversera dans la masse, qu'il n'y a plus de précipité par l'ammoniaque et l'oxalate d'ammoniaque, on précipite la *magnésie* avec le phosphate double de soude et d'ammoniaque après addition d'ammoniaque, enfin on pèse à l'état de pyrophosphate de magnésie (§ **104**. 2.).

Si l'eau minérale était tellement riche en chaux ou en magnésie que le précipité obtenu avec 2000 à 7000 grammes d'eau fût trop considérable, on ramène par évaporation à un litre le liquide séparé par filtration d'avec le manganèse et le soufre provenant de l'excès de sulfhydrate d'ammoniaque : on prend alors une partie aliquote, la moitié ou le quart du liquide, pour y doser la chaux et la magnésie.

    4. Dosage de l'acide sulfurique, de la soude et de la potasse.

On évapore environ 2000 à 4000 grammes d'eau préalablement acidulée avec de l'acide chlorhydrique et l'on sépare la silice comme en 3. Le liquide filtré, qui ne doit pas contenir un grand excès d'acide chlorhydrique, est précipité avec précaution avec du chlorure de baryum à chaud. On pèse d'abord le précipité de sulfate de baryte tel quel, puis on le chauffe avec de l'acide chorhydrique et on le lave. On évapore presque à siccité la solution acide ainsi obtenue et additionnée de quelques gouttes de chlorure de baryum, on ajoute de l'eau, on filtre, on réunit le peu de sulfate de baryte qu'on obtient encore au précipité principal et l'on pèse de nouveau le précipité ainsi purifié (§ **132**. 1.). C'est le poids ainsi obtenu qu'il faut regarder comme le plus exact, et c'est d'après lui que l'on calcule l'*acide sulfurique*. Si dans la silice déjà obtenue on avait trouvé un peu de sulfate de baryte, il faudrait en calculer l'acide sulfurique et l'ajouter au résultat primitif.

On évapore à siccité au bain-marie le liquide séparé par filtration du sulfate de baryte, on reprend le résidu par de l'eau et l'on fait bouillir la dissolution avec un léger excès de lait de chaux pure (§ **153**. 4. a. β.). On filtre, on précipite le liquide avec du carbonate d'ammoniaque après addition d'ammoniaque et enfin on ajoute encore un peu d'oxalate d'ammoniaque. Après avoir laissé déposer le précipité on filtre, on évapore à siccité, on chasse les sels ammoniacaux en chauffant au rouge dans une capsule en platine et l'on recommence de la même façon pour enlever toute la magnésie, dont il reste toujours de petites quantités ; on a soin de n'employer que de petites quantités de réactifs mesurées. Après avoir chassé les sels ammoniacaux en chauffant légèrement au rouge, on pèse enfin les chlorures alcalins contenus dans la capsule en platine couverte.

Pour séparer le chlorure de sodium d'avec celui de potassium et d'avec de petites quantités de chlorure de lithium, on les transforme tous en sels doubles de platine par addition d'un excès de chlorure de platine ; on traite le précipité presque sec avec de l'alcool à 80 p. 100, on filtre, on lave avec de l'alcool (§ **152**. 1. a.) et l'on sèche dans le filtre. Après avoir introduit le chlorure double de platine et de potassium dans une petite capsule en platine pesée, on dissout le reste sur le petit filtre avec de l'eau bouillante, on évapore le tout à siccité et l'on pèse le chlorure double de platine et de potassium séché à 130°. Pour essayer sa pureté, on le traite à plusieurs reprises avec un peu d'eau froide, on verse la solution dans une petite capsule en porcelaine, on ajoute un peu de chlorure de platine, on évapore presque à siccité au bain-marie, on traite par l'alcool, on filtre, on dissout dans un peu d'eau bouillante les petites quantités de chlorure double, qui restent après lavage à l'alcool et dessiccation du filtre : on évapore la solution dans la petite capsule qui contient la masse principale du chlorure double et l'on pèse. Si le nouveau poids n'est pas le même que celui primitivement obtenu, cela indique que le premier chlorure double pesé était mélangé encore avec un peu de chlorure double de platine et de sodium ou de lithium. C'est d'après le dernier poids plus exact que l'on calcule la *potasse*. On obtient le chlorure de sodium et partant la *soude*, en retranchant du poids total des chlorures celui du chlorure de potassium et celui du chlorure de lithium déterminé comme nous le dirons plus loin.

Pour être bien certain que les chlorures alcalins ne renferment plus de terres alcalines, on évapore à siccité la solution de chlorure double de platine et de sodium et de lithium, on chauffe le résidu dans un courant d'hydrogène, on traite par l'acide chlorhydrique et l'eau, on sépare par filtration du platine métallique et l'on essaye d'abord la baryte avec un peu d'acide sulfurique, puis la chaux avec l'ammoniaque et l'oxalate d'ammoniaque et enfin la magnésie avec le phosphate double de soude et d'ammoniaque. Si l'on trouve des traces d'une terre alcaline, il faut les transformer en chlorure et retrancher du poids total des chlorures alcalins.

Pour savoir la *proportion des alcalis combinés avec l'acide carbonique*, on la trouve avec une grande exactitude, mais indirectement, par le calcul de l'analyse, en admettant bien entendu que l'analyse a été faite complètement et avec soin. Quant à une méthode directe, que l'on pourra surtout employer dans une recherche préliminaire sur une eau minérale alcaline, je recommande la suivante :

On fait bouillir longtemps 600 à 800 grammes de l'eau, on filtre et on lave le précipité avec de l'eau chaude. On partage en deux parties égales, ou au moins en proportion connue, le liquide filtré réuni aux eaux de lavage. On concentre fortement une des portions et l'on y dose volumétriquement suivant le § **220** le carbonate alcalin qui s'y trouve (avec les traces de chaux et le peu de magnésie qui peuvent s'y trouver) : on se sert de l'autre portion pour y doser les traces de chaux et de magnésie et cela pour pouvoir corriger le résultat alcalimétrique trouvé, parce que le carbonate de chaux et celui de magnésie neutralisent les acides tout comme une quantité équivalente de carbonate de soude.

5. Dosage de la totalité de l'acide carbonique.

On se sert pour cela des fioles du § **208**. 7, qui ont été préparées à la source. Après les avoir pesées, et s'il ne s'est pas écoulé trop de temps entre le moment du remplissage et celui où l'on fait l'analyse, on les chauffe quelque temps au bain-marie (§ **139**. I. b. α); mais si l'on n'opère pas aussi vite après le travail à la source, il est inutile de chauffer. A travers un petit filtre à plis et sans remuer le précipité, on filtre le liquide clair (*), dont on laisse une petite portion ; sans rien laver on jette le petit filtre dans le ballon où se trouve le précipité et le reste du liquide et on dose l'acide carbonique suivant le § **139**. II. e. (page 378). Pour les eaux minérales très-riches en acide carbonique, je conseille, si l'on a beaucoup de dosages à faire, de recueillir l'acide carbonique dans un appareil à potasse de *Geissler* (*fig.* 153, page 592), à la suite duquel on adapte encore un tube à chaux sodée (page 565). On évite ainsi, en changeant la lessive de potasse chaque deux analyses, de renouveler souvent la chaux sodée, et l'on obtient des résultats qui ne laissent rien à désirer (Exp. n° 87).

Après avoir mesuré le volume de l'eau qui a fourni le précipité de chaux, on multiplie le nombre des centimètres cubes par la densité et on a en grammes le poids de l'eau qui renferme l'acide carbonique trouvé.

S'il faut doser l'acide carbonique des eaux minérales renfermées dans des cruchons ou dans des bouteilles, il y aura évidemment une perte inévitable de gaz au moment où l'on enlèvera le bouchon, si l'eau est saturée. Il faut dans ce cas doser d'abord l'acide carbonique qui se dégage quand on abaisse la pression à une atmosphère, puis ensuite celui qui reste dissous dans l'eau. Parmi les nombreux moyens qu'on a proposés pour percer les bouchons sans perdre de gaz, le plus simple est celui de *Fr. Rochleder* (**), représenté dans la figure 200. Le perce-bouchon *a* est muni d'une ouverture latérale *b*. En haut il est hermétiquement fermé par un bouchon traversé par un petit tube *c*. Quand on enfonce le perce-bouchon, il détache un morceau de liège qui en ferme l'ouverture inférieure et l'air ne peut ni pénétrer du dehors, ni sortir du flacon. On réunit le petit tube *c* à l'aide d'un caoutchouc aux appareils qui servent à dessécher et à recueillir l'acide carbonique (p. 378) : le tube en caoutchouc est muni d'une pince, puis on

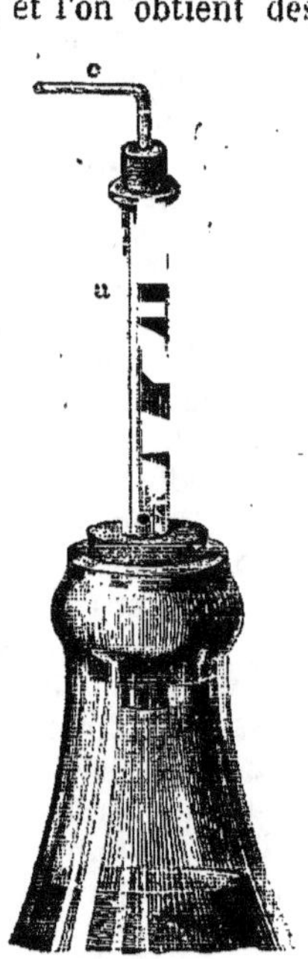

Fig. 200.

descend lentement le perce-bouchon en le tournant sur lui-même. Quand l'orifice *b* se trouve au-dessous du bouchon dans le goulot, le dégagement de gaz commence et on le règle avec la pince. Lorsqu'il ne sort plus de gaz, on enlève le cruchon ou la bouteille et l'on fait passer par aspiration, dans l'appareil, un courant d'air débarrassé d'acide carbonique. L'augmentation

(*) Ce liquide doit être fortement alcalin et ne pas se troubler par l'addition d'une solution de chlorure de calcium.
(**) *Zeitschr. f. analyt. Chem.*, I, 20.

de poids des tubes à absorption, en tenant compte de l'acide carbonique qui remplit la partie vide supérieure du vase, donne la quantité d'acide carbonique dégagé par la diminution de pression. Aussitôt après avoir ôté le vase contenant l'eau minérale, on en soutire l'eau avec un siphon et l'on y dose l'acide carbonique d'après le § **139**. I. b. α.

6. Dosage de l'iode, du brome, de la lithine, de la baryte et de la strontiane (*).

On réduit à 4 ou 5 litres par évaporation dans une bassine en cuivre étamé ou en fer-blanc le contenu d'une bonbonne (environ 60 litres) : on filtre le liquide alcalin et on lave le résidu avec de l'eau bouillante jusqu'à ce qu'il n'ait plus de réaction alcaline. Pour plus de certitude on s'assure avec le spectroscope que le résidu ne renferme plus de lithine.

La solution aqueuse (A) sert avant tout à doser l'iode, le brome et la lithine : dans le résidu (B) on détermine (l'alumine), (le manganèse), la baryte et la strontiane.

A. *Solution aqueuse.* On l'évapore jusqu'à avoir une masse saline humide et en broyant avec un pilon on y incorpore une quantité notable d'alcool à 96 p. 100. On filtre et l'on fait bouillir trois fois le résidu avec de l'alcool à 96°. On distille la solution alcoolique additionnée de deux gouttes d'une forte lessive de potasse. Le résidu de la distillation est dissous dans un peu d'eau, évaporé de nouveau en masse saline humide, puis encore traité comme plus haut par de l'alcool à 96 p. 100. On distille de nouveau et l'on traite encore le résidu de la même façon.

On obtient en définitive une solution alcoolique qui renferme tous les iodures et les bromures alcalins et une quantité relativement faible de chlorures. On l'évapore à siccité dans une capsule en platine, après addition de deux gouttes de lessive de potasse, on chauffe légèrement au rouge et l'on épuise complètement le résidu avec de l'eau bouillante. Si la dissolution était encore colorée en brun, il faudrait de nouveau évaporer avec deux gouttes de lessive de potasse et une très petite quantité de salpêtre, puis de nouveau chauffer le résidu légèrement au rouge (**). En reprenant par l'eau on aura alors certainement un liquide incolore.

On y ajoute du sulfure de carbone, on acidifie avec de l'acide sulfurique étendu, on ajoute avec précaution un peu d'une dissolution d'acide azoteux dans l'acide sulfurique, on secoue et on lave le sulfure de carbone coloré en violet. Dans celui-ci on dose l'*iode* avec une solution faible d'hyposulfite de soude dont on connaît le titre (§ **145**. I. b. β.). Dans le liquide séparé

(*) Si la proportion de manganèse ou celle d'alumine était trop faible pour qu'on puisse la déterminer dans la quantité d'eau employée en 5., on pourra la mesurer ici dans cette plus grande masse d'eau ; de même qu'on y pourra aussi obtenir d'autres bases ou agir (calcium, rubidium, zinc, nickel, cobalt, cuivre, plomb, thallium, antimoine, acide rique, acide arsénieux ou arsénique, acide titanique), s'ils y sont en quantité suffis. et ne nécessitant pas l'emploi d'une plus grande masse d'eau.

(**) Si l'on chauffait fortement au rouge, on pourrait avoir une perte d'iode, par suite de l'action décomposante des chlorures métalliques sur l'iodure de potassium (*Ubaldini, Compt. rend.*, XLIX, 306) : mais cela n'est plus à craindre si l'on chauffe faiblement au rouge en présence de l'hydrate de potasse (voir les expériences de *Frésénius. Zeitschr. f. analyt. Chem.*, V, 318).

du sulfure de carbone, on précipite le brome et le chlore sous forme de sels d'argent et l'on calcule le *brome* par la perte de poids d'une portion du précipité pesée et chauffée dans un courant de chlore (§ **169**. 1. a.).

Dans le liquide séparé par filtration du chlorure et du bromure d'argent, on précipite l'excès d'argent par l'acide chlorhydrique et l'on met de côté le liquide filtré.

Pour doser la lithine (et les autres éléments en petite quantité et qu sont passés dans la solution A) on a : α) les trois résidus provenant du traitement par l'alcool, β) les deux petits filtres à travers lesquels on a fait passer la solution des chlorure, bromure et iodure alcalins débarrassés de la matière organique, et γ) la liqueur filtrée obtenue après avoir enlevé l'excès d'azotate d'argent par l'acide chlorhydrique.

On réunit tout ensemble, on ajoute de l'eau, puis de l'acide chlorhydrique en léger excès, on filtre, si c'est nécessaire, dans un flacon jaugé de 1 ou 2 litres (dans la silice séparée par filtration il pourrait y avoir de l'acide titanique), on remplit jusqu'au trait de jauge et l'on secoue.

Pour doser la lithine on prend une partie aliquote de ce liquide : la quantité à employer dépend de la proportion probable de lithine, dont on a une idée d'après l'intensité de la réaction spectroscopique, obtenue avec un peu du résidu de l'évaporation primitive de l'eau. En général un quart suffit, ce qui correspond à environ 15 litres d'eau. (Dans cette partie on peut aussi chercher le cæsium, le rubidium et le thallium.) — Le reste du liquide servira à rechercher et au besoin à doser l'acide borique et les acides de l'arsenic.

a. On évapore presque à siccité la quantité d'eau mesurée pour déterminer la *lithine*. On broie le résidu avec une quantité suffisante d'alcool absolu, on filtre : on fait bouillir le résidu avec de petites quantités d'alcool aussi souvent qu'il le faut, pour que le résidu de chlorure de sodium et le résidu de l'évaporation du dernier extrait alcoolique n'offrent plus au spectroscope la raie de la lithine. On distille les liquides alcooliques filtrés, on dissout le résidu dans l'eau en ajoutant deux gouttes d'acide chlorhydrique, on évapore jusqu'à masse saline humide, on renouvelle le traitement par l'alcool absolu, on distille de nouveau et l'on recommence encore une fois de la même façon avec le résidu. La dernière fois on ajoute à l'alcool la moitié de son volume d'éther. Il faut toujours essayer les résidus au spectroscope pour s'assurer s'ils renferment encore de la lithine, et dans ce cas il faut continuer le traitement par l'alcool bouillant.

On distille la solution éthérée alcoolique, on humecte le résidu avec un peu d'eau, on ajoute un peu d'acide chlorhydrique, on évapore à siccité au bain-marie dans une capsule en porcelaine, on reprend par l'eau, on ajoute deux gouttes d'une solution de perchlorure de fer, pour éliminer le peu d'acide phosphorique qui aurait pu passer dans la solution aqueuse, puis du lait de chaux pur en léger excès : on fait bouillir, on filtre pour séparer le précipité formé en grande partie de magnésie hydratée, et on le lave avec l'eau bouillante, jusqu'à ce qu'il ne donne plus la réaction de la lithine. On précipite le liquide filtré avec l'oxalate d'ammoniaque, on lave le précipité, on le chauffe au rouge, on le dissout dans l'acide chlorhydrique, on évapore à siccité et on essaie le résidu au spectroscope. Si l'on obtenait encore la raie de la lithine, il faudrait redissoudre dans l'eau et précipiter de nouveau par l'ammoniaque et l'oxalate d'ammoniaque.

On évapore à siccité le liquide ou les deux liquides séparés de l'oxalate de chaux, on chasse les sels ammoniacaux, on humecte le résidu avec de l'acide chlorhydrique, on ajoute un peu d'eau, on évapore à siccité au bain-marie et l'on recommence le traitement par le lait de chaux, etc., en employant de petites quantités de réactifs mesurées avec soin et en contrôlant toujours si les précipités sont bien exempts de lithine. Après avoir encore éliminé les sels ammoniacaux, humecté avec de l'acide chlorhydrique et évaporé au bain-marie, on précipite enfin la lithine à l'état de phosphate (§ **100**), que l'on pèse. On essaie ensuite s'il se dissout bien limpide dans l'acide chlorhydrique et si la solution un peu étendue sursaturée d'ammoniaque à froid donne encore un léger précipité. Si cela avait lieu, il faudrait le redissoudre dans l'acide chlorhydrique, précipiter de nouveau par l'ammoniaque, séparer le précipité par filtration, le peser et le retrancher du poids de phosphate de lithine, ainsi que le léger résidu qui pourrait rester insoluble dans l'acide chlorhydrique (mais bien entendu après l'avoir essayé au spectroscope).

Le liquide séparé du phosphate de lithine peut servir pour rechercher le *cæsium*, le *rubidium* et le *thallium*, à moins que l'on n'ait pour cet essai et même pour des dosages des résidus d'évaporation de plus grandes masses d'eau. On chauffe d'abord le liquide pour chasser l'ammoniaque, on y ajoute, pour précipiter l'acide phosphorique, un peu de perchlorure de fer, puis de l'ammoniaque avec précaution jusqu'à neutralité. On sépare le précipité, qui doit être brun jaunâtre et non pas blanc, on évapore le liquide filtré à siccité, on chasse les sels ammoniacaux en chauffant légèrement au rouge, on dissout dans peu d'eau, on précipite avec une dissolution concentrée de chlorure de platine, on débarrasse le précipité de platine de la plus grande partie du chlorure double de potassium en le faisant bouillir à plusieurs reprises avec de petites quantités d'eau : on réduit au rouge faible dans un courant d'hydrogène, on fait bouillir dans l'alcool, et avec le spectroscope on cherche le cæsium et le rubidium dans le résidu de l'évaporation de la dissolution alcoolique : dans la partie non dissoute par l'alcool on cherche le thallium (*). On ne trouve presque jamais dans 60 litres d'une eau minérale des traces de ces métaux suffisantes pour qu'on puisse espérer les séparer et les doser quantitativement. Si cependant cela arrivait, on pourrait opérer comme suit. Le précipité obtenu avec le chlorure de platine et réduit par l'hydrogène donne un mélange de chlorure de potassium, de rubidium et de cæsium. On en fait une solution concentrée chaude et on l'additionne d'une quantité un peu notable d'acide chlorhydrique et de bichlorure d'étain. Le cæsium se sépare dans ce cas à l'état de chlorure double de cæsium et d'étain sous forme de précipité cristallin (*Stolba* **),

(*) *Bœttger* a trouvé de cette manière le thallium dans la masse saline provenant de l'évaporation des eaux=mères de Nauheim. — Si l'on précipite avec une quantité insuffisante de chlorure de platine l'extrait de ce sel fait avec de l'alcool à 80 °/₀, on a un précipité de chlorure double de platine et de potassium contenant du cæsium et du rubidium; en traitant de même l'extrait aqueux, le chlorure double de platine et de potassium renferme du thallium.

(**) *Zeitschr. f. anal. Chem.*, XII, 440.

tandis que le potassium et le rubidium restent en dissolution. Dans cette dernière on précipite l'étain par un courant d'acide sulfhydrique, dans le liquide filtré on a les chlorures de potassium et de rubidium et par une analyse indirecte, en dosant le chlore dans un poids connu du mélange, on aura la proportion des deux métaux (§ **200**).

b. Le reste du liquide, dont une partie aliquote a servi à doser la lithine, peut servir à chercher les acides de l'*arsenic* et à doser l'*acide borique*.

On traite d'abord assez longtemps par un courant d'acide sulfhydrique le liquide chauffé à 70° et, s'il se forme un précipité, on y cherche l'arsenic (ou aussi l'antimoine) : on débarrasse le liquide filtré de l'hydrogène sulfuré en le chauffant (mais sans le faire bouillir) ; on filtre : on ajoute un léger excès de carbonate de potasse, on évapore à siccité, on reprend le résidu par l'alcool et un peu d'acide chlorhydrique (il peut y avoir de l'acide titanique dans le résidu insoluble) : on ajoute au liquide filtré de la lessive de potasse jusqu'à forte réaction alcaline, on sépare l'alcool par distillation, on chauffe le résidu avec de l'eau après avoir ajouté un peu de carbonate de potasse (pour précipiter les dernières traces de chaux), on fait bouillir, on filtre, on acidule le liquide filtré avec de l'acide chlorhydrique, on sépare l'acide phosphorique qu'il pourrait y avoir d'avec l'acide borique suivant le § **166**. 5. c. (251), et enfin on dose ce dernier suivant le § **136**. I. 1. d.

B. Quant au *résidu insoluble dans l'eau*, on le fait passer avec de l'eau dans une grande capsule en porcelaine, on y ajoute de l'acide chlorhydrique en notable excès, puis aussi cinq gouttes d'acide sulfurique étendu. S'il y avait quelques parcelles du résidu adhérentes à la bassine, on les détacherait avec un peu d'acide acétique étendu, et on les ajouterait au reste. On évapore à siccité. On traite le résidu par l'acide chlorhydrique et l'eau, on sépare la silice, etc., par filtration : on fait bouillir le précipité avec une solution de carbonate de soude, jusqu'à ce qu'on reconnaisse que la silice est dissoute, on filtre dans un entonnoir chauffé à l'eau chaude, et on lave le résidu. (On peut précipiter la silice de la dissolution et y chercher l'acide titanique.) On incinère le filtre contenant le résidu, on fond avec du carbonate de soude, on fait bouillir la masse fondue avec de l'eau, on sépare par filtration la petite quantité insoluble formée de carbonate de baryte, etc. (On peut dans la dissolution séparer encore un reste possible de silice, qu'on essaiera pour l'acide titanique.) On lave le précipité, on le dissout dans l'acide chlorhydrique étendu, on essaie avec l'acide sulfhydrique s'il n'y aurait pas un peu de plomb, on évapore au bain-marie à siccité le liquide qu'on aura, si c'est nécessaire, séparé par filtration de sulfure de plomb, on reprend le résidu par de l'eau additionnée de quelques gouttes d'acide chlorhydrique et l'on précipite avec quelques gouttes d'acide sulfurique étendu. Après dépôt on filtre et l'on ajoute au liquide filtré trois fois son volume d'alcool. S'il se forme un précipité, il est formé de sulfate de strontiane, ou aussi de sulfate de chaux : on le conserve : désignons-le par *x*.

Le sulfate de baryte séparé par filtration et bien lavé est couvert dans son petit entonnoir, que l'on ferme, avec une dissolution concentrée de carbonate d'ammoniaque, et on laisse 12 heures en contact. On ouvre l'entonnoir, on laisse écouler le liquide, on lave le précipité, on le traite par de l'acide azotique très étendu, pour enlever le peu de strontiane qui pourrait y être mêlée et qui est passée à l'état de carbonate, on lave avec de l'eau, on chauffe au rouge et l'on pèse le sulfate de *baryte* ainsi purifié. On met de côté la solution azotique qui peut renfermer de la strontiane : désignons-la par y.

On étend fortement d'eau le liquide séparé par filtration d'avec l'acide silicique, on le traite à chaud par l'hydrogène sulfuré, pour précipiter les métaux des 5e et 6e groupes, s'il y en avait (*), on filtre, on fait bouillir le liquide avec de l'acide azotique, on sépare le peroxyde de fer en le précipitant à l'état de sel basique (§ **160**. B. 5. a.) et l'on sursature le liquide filtré avec de l'ammoniaque. S'il se forme par là un précipité, on le débarrasse du manganèse en le dissolvant dans l'acide chlorhydrique et précipitant par l'ammoniaque, et cela plusieurs fois. — Dans le liquide filtré et suffisamment concentré on précipite le manganèse par le sulfhydrate d'ammoniaque (**) (voir plus haut 5, page 747) et dans le liquide filtré on cherche la chaux, etc., par l'ammoniaque et le carbonate d'ammoniaque. — Si précédemment, en opérant suivant 5., on n'a pas encore dosé l'alumine, on le fera en reprenant le précipité basique assez volumineux et le petit précipité formé après par l'ammoniaque (ils renferment en majeure partie de l'hydrate d'oxyde de fer, et aussi l'alumine qu'il pourrait y avoir avec un reste de silice et peut-être aussi d'acide titanique) : on les dissout et on y cherche l'alumine suivant le procédé indiqué en 5. (page 747).

Quant au précipité formé en majeure partie de carbonate de chaux, après filtration et lavage on le dissout dans l'acide azotique, on y ajoute la solution (y) conservée plus haut et qui peut renfermer du nitrate de strontiane ; on évapore à siccité à la fin dans un ballon chauffé au bain de sable et duquel on aspire l'air humide avec la trompe à eau, et enfin on reprend le résidu avec une quantité pas trop considérable d'un mélange d'alcool et d'éther, pour dissoudre l'azotate de chaux.

S'il y a un résidu insoluble dans l'alcool éthéré, on le redissout dans l'eau et (si tout ne se dissolvait pas, on essaierait le résidu au spectroscope après incinération) l'on évapore pour concentrer, on ajoute une solution concentrée de sulfate d'ammoniaque (1 : 4) et l'on abandonne pendant 12 heures.

A travers un petit filtre on filtre d'abord le précipité (x) conservé plus haut, s'il s'est produit par addition d'alcool dans la liqueur séparée par filtration d'avec le sulfate de baryte, puis le précipité formé par le sulfate d'ammoniaque : il sera bon de fermer l'entonnoir, afin que la solution de sulfate d'ammoniaque puisse dissoudre le peu de sulfate de chaux qui pourrait se trouver dans le précipité formé par l'alcool. Après avoir bien lavé sur le filtre, jusqu'à ce que le liquide qui passe ne soit plus troublé par l'oxalate d'ammoniaque, on sèche et l'on calcine le sulfate de *strontiane*. Après la pesée on fera bien de l'examiner au spectroscope.

(*) S'il se forme un précipité, qui indique la présence des métaux du 5e et du 6e groupe, il faut bien entendu se demander s'ils ne pourraient pas provenir de la bassine dans laquelle on a fait l'évaporation.

(**) Si le précipité par le sulfhydrate d'ammoniaque était noirâtre, il pourrait contenir du nickel ou du cobalt, en outre aussi du zinc ; il faudra séparer ces métaux suivant le § **160**. B. 6.

7. Dosage de l'acide phosphorique.

On peut lier le dosage de l'acide phosphorique à celui du peroxyde de fer, de l'alumine, etc., comme il est indiqué en 3. : on peut aussi prendre la portion 6. Mais on arrive bien plus sûrement au but en employant pour cela un ballon particulier d'eau (environ 6 litres). On évapore avec de l'acide chlorhydrique, on sépare la silice : on évapore de nouveau presque à siccité avec de l'acide azotique, on dissout le résidu dans de l'eau additionnée d'acide azotique, on précipite avec la dissolution azotique de molybdate d'ammoniaque et enfin on dose l'*acide phosphorique* sous forme de pyrophosphate de magnésie (§ **134**. I. b. β).

8. Dosage de l'ammoniaque.

J'opère en général de la manière suivante :
On évapore avec le plus grand soin dans une cornue tubulée environ 2000 grammes de l'eau, additionnée d'une petite quantité mesurée d'acide chlorhydrique étendu; on pousse l'opération de façon à n'avoir qu'un faible volume pour résidu. Au moyen d'un tube à entonnoir, on verse un volume connu de lessive de soude récemment préparée (*), et après avoir un peu relevé le col de la cornue, on porte à l'ébullition jusqu'à ce que le liquide soit presque complètement évaporé. On conduit les vapeurs dans un réfrigérant de *Liebig*, et l'on reçoit le liquide condensé dans un récipient tubulé, qui renferme un peu d'eau acidulée avec une petite quantité connue d'acide chlorhydrique, et dont la tubulure communique avec un tube en U contenant un peu d'eau. On transforme en chlorure double de platine et d'ammoniaque (§ **99**. 2.), avec une quantité connue de chlorure de platine, le sel ammoniac qui se trouve dans le liquide du récipient. Cette opération terminée, on fait une contre-épreuve avec les mêmes quantités d'acide chlorhydrique, de chlorure de platine et d'alcool. En retranchant le peu de sel double qu'on trouve dans celle-ci du poids obtenu précédemment, on a, avec une grande exactitude, celui qui correspond à l'ammoniaque de l'eau.

On peut aussi employer le procédé dont s'est servi *Boussingault* (**), et qui donne également de bons résultats.

Dans un appareil distillatoire on chauffe une grande quantité (environ 10 litres) de l'eau, qu'on réduit environ aux 2/5 (avec les eaux salines il faut ajouter un peu de lessive de soude ou de lait de chaux, si l'on veut être certain que toute l'ammoniaque passe à la distillation). On verse le liquide distillé dans un ballon en verre, réuni à un réfrigérant de *Liebig*, et l'on en distille 1/5. Pour doser l'ammoniaque, on verse 5 ou 10 C.C. d'acide sulfurique très étendu et on mesure l'excès avec une lessive de soude, dont 5 C.C. neutralisent 1 C.C. d'acide sulfurique (§ **99**. 5.). On distille ensuite un second cinquième que l'on traite de même. En général la première portion renferme toute l'ammoniaque.

(*) Si l'eau renferme une quantité un peu notable de matières organiques, on remplacera la lessive de soude par de la magnésie récemment précipitée et délayée dans de l'eau.

(**) *Compt. rend.*, XXXVI, 814.

Voir au § **205**. 12. le moyen de doser l'ammoniaque avec le réactif de *Nessler*.

9. Dosage de l'acide azotique.

Le dosage de l'acide azotique dans les eaux minérales se fait comme dans les eaux de fontaines. § **205**. 3.

10. Recherche et dosage de l'acide crénique et de l'acide apocrénique.

On fait bouillir pendant environ une heure avec de la lessive de potasse une grande partie du précipité, qui s'est formé pendant l'évaporation de l'eau, on filtre, on acidule le liquide filtré avec de l'acide acétique, on ajoute de l'ammoniaque, on filtre le précipité de silice et d'alumine qui se dépose en général au bout de 12 heures, on ajoute de nouveau de l'acide acétique jusqu'à réaction acide, puis de l'acétate neutre de cuivre. S'il se forme un précipité brun, c'est de l'*apocrénate* de cuivre (qui, suivant *Mulder*, retient des proportions variables d'ammoniaque et contient 42,8 pour 100 d'oxyde de cuivre après dessiccation à 140°). On additionne de carbonate d'ammoniaque le liquide séparé par filtration, jusqu'à ce que la couleur verte soit devenue bleue et l'on chauffe. S'il se forme un précipité vert bleuâtre, c'est du *crénate* de cuivre qui, séché à 140°, renferme, suivant *Mulder*, 74,12 pour 100 d'oxyde de cuivre (*).

11. Recherche et dosage des acides organiques volatils.

Scherer (**), dans ses analyses des sources minérales de Bruckenau en Bavière, a trouvé dans ces eaux de l'acide butyrique, de l'acide propionique, de l'acide acétique et de l'acide formique, ce qu'auparavant on n'avait jamais remarqué dans les eaux minérales. Plus tard j'ai retrouvé les mêmes acides, en très petites quantités, il est vrai, dans les eaux sulfureuses de Weilbach. Pour rechercher ces acides, il faut que l'eau soit employée toute fraîche, autrement ils pourraient être le résultat d'une décomposition ultérieure. Voici comment opérait *Scherer*.

On évapore une grande quantité de l'eau minérale, à laquelle on ajoute du carbonate de soude jusqu'à réaction alcaline, dans le cas où elle ne renferme pas déjà de bicarbonate alcalin : on sépare le liquide du précipité par filtration. On acidule avec précaution les eaux-mères avec de l'acide sulfurique et l'on précipite le chlore avec le sulfate d'argent, en ayant soin qu'il y ait plutôt un excès de chlore qu'un excès d'argent. On distille le liquide filtré, tant que le liquide qui passe à une réaction acide : on sature celui-ci avec de l'eau de baryte, on enlève avec l'acide carbonique le léger excès de baryte, on fait bouillir, on concentre, on filtre, on évapore à siccité dans une capsule pesée, on sèche à 100° et l'on pèse tous les sels de baryte ensemble. On reprend le résidu par de l'alcool chaud. Le formiate de baryte reste non dissous; après l'avoir séché et pesé, on l'essaie avec la

(*) Voir le travail de *Mulder* sur l'acide crénique et l'acide apocrénique (*Journ. f. prackt. Chem.*, XXXII, 321), et le travail de *Berzélius* (*Traité de Chimie*, IVe édition).
(**) *Ann. d. Chem. u. Pharm.*, XCIX, 257.

dissolution d'argent et le bichlorure de mercure (*). On évapore à une douce chaleur la dissolution alcoolique des autres sels de baryte, on traite la plus grande partie du résidu avec beaucoup d'eau et l'on précipite avec précaution la baryte avec du sulfate d'argent. On laisse évaporer sous le dessiccateur le liquide séparé du précipité par filtration. Quand il s'est déposé une quantité suffisante de sel d'argent, on la retire du liquide, on la sèche sur l'acide sulfurique et l'on s'en sert pour déterminer l'équivalent de l'acide. Puis on laisse évaporer le reste de la dissolution d'argent à siccité, on presse entre les feuilles de papier à filtre, on sèche sur l'acide sulfurique et l'on en fait l'analyse.

D'autre part, pour contrôle, on détermine avec l'acide sulfurique la quantité totale de baryte dans une autre portion des sels de baryte dissous dans l'alcool. On reconnaît en même temps dans cette opération l'odeur particulière des acides gras volatils (propionique, butyrique, etc.); on peut quelquefois voir sous le microscope des gouttelettes huileuses, quand le liquide est concentré et qu'on l'a laissé quelque temps en repos.

S'il n'y a que des traces d'acides organiques volatils et une proportion notable de chlorures, la précipitation du chlore par le sulfate d'argent d'après la méthode de *Scherer* ne peut plus se faire ou ne se fait qu'avec de grandes difficultés. C'est ce qui m'est arrivé dans l'analyse des eaux antidartreuses de Francfort-sur-le-Mein. J'ai donc suivi une autre marche que celle de *Scherer*, et que l'on pourra appliquer dans les cas analogues. On réduit par évaporation à un faible reste une grande quantité d'eau, après addition, s'il le faut, de carbonate de soude; on filtre le liquide fortement alcalin, on ajoute d'abord peu à peu de l'acide sulfurique jusqu'à neutralisation, puis on en met un peu plus. On chauffe la solution acide dans un appareil distillatoire et l'on distille jusqu'à faible résidu. Le liquide distillé un peu acide est neutralisé avec de la baryte, évaporé à siccité, et le résidu est repris à chaud avec de l'alcool absolu. On laisse évaporer la dissolution que l'on traite de nouveau par l'alcool absolu. Après évaporation de l'alcool on a la somme des composés barytiques des acides propionique, butyrique, etc., solubles dans l'alcool, tandis qu'avec de l'eau on pourra retirer le formiate de baryte des résidus insolubles (**).

12. **Dosage des autres matières organiques** (résines, matières extractives, etc.).

Outre les matières organiques indiquées aux numéros 10 et 11, les eaux minérales peuvent en renfermer d'autres. Celles que l'alcool prend aux résidus de l'évaporation sont en général de nature résineuse; d'autres qui ne se dissolvent pas dans l'alcool peuvent être prises par l'eau. Ces substances sont ordinairement désignées sous le nom de matières extractives,

(*) Je rappellerai que le formiate de baryte peut être quelquefois mélangé avec de l'azotate de baryte.

(**) 100 gram. d'alcool absolu dissolvent à la température d'ébullition : 0,0055 gr. de formiate, — 0,0284 gr. d'acétate, — 0,2640 gr. de propionate et 1,1717 gr. de butyrate de baryte. *E. Luck. Zeitschr. f. analyt. Chem.*, X. 185.

parce qu'on ne connaît rien de certain sur leur nature. Parfois aussi dans le résidu épuisé par l'alcool et par l'eau il y a encore de petites quantités de matières organiques, qui sont des produits de décomposition formés pendant l'évaporation.

Si l'on veut démontrer avec certitude ou même doser les substances résineuses ou extractives, il y a des précautions indispensables à prendre ; pendant le transport de l'eau, il faut empêcher qu'elle soit en contact avec du liège ou du caoutchouc : pendant l'évaporation il faut éviter avec soin la poussière, et il ne faut employer que de l'alcool tout à fait pur, ne laissant pas le moindre résidu par évaporation, sans cela *on trouverait des substances résineuses ou extractives, mais elles ne proviendraient nullement de l'eau minérale.*

Voici le procédé que j'ai suivi pour ce dosage dans l'analyse de l'eau antidartreuse de Francfort-sur-le-Mein (*).

On évapore une grande quantité d'eau (10 à 20 litres) en observant la plus grande propreté, et à la fin on pousse jusqu'à siccité avec précaution : on traite par de l'alcool absolu *tout à fait pur* le résidu broyé. On a de cette façon une dissolution (*a*) et un résidu (*b*). — On distille la dissolution (*a*), on reprend le résidu par de l'eau dans laquelle il se dissout presque complètement et l'on filtre à travers un petit filtre d'asbeste. S'il reste des traces de résine, on lave à l'eau, on sèche, on redissout dans l'alcool absolu et l'on fait évaporer dans une petite capsule en platine pesée. On pèse le résidu, on le chauffe, on cherche à en connaître l'odeur : on pèse le résidu fixe qui pourrait rester et on prend comme résine la différence des deux poids. On réunit au résidu (*b*) le liquide aqueux séparé de la résine par filtration, on épuise ce résidu par de l'eau, on acidule juste la solution avec de l'acide sulfurique étendu et l'on chauffe doucement et assez longtemps pour chasser *tout* l'acide carbonique. On évapore alors à siccité, après avoir ajouté de l'oxyde de plomb récemment calciné et *complètement exempt d'acide carbonique*, on mélange le résidu avec du chromate de plomb et on le soumet à l'analyse organique élémentaire (§ **176**). D'après le charbon trouvé on peut calculer d'une manière assez approximative la quantité de matière humique, en calculant d'après *Schultze* (**) 100 parties de cette substance pour 58 p. de carbone.

On traite par l'acide chlorhydrique étendu la partie insoluble dans l'alcool et dans l'eau. S'il y avait un résidu contenant encore de la matière organique, on le réunirait sur un filtre en amiante, on le laverait, on le brûlerait avec le chromate de plomb (§ **176**), et d'après le carbone on calculerait encore la matière humique insoluble.

15. Recherche des gaz de la source.

§ **210.**

Enfin si l'on veut analyser les gaz qu'on a recueillis à la source et conservés dans les tubes, soit ceux qu'on a chassés de l'eau par l'ébullition

(*) *Zeitschr. f. analyt. Chem.,* XIV, 523.
(**) *Ibid.,* XLVII, 241.

(§ **208**. 10, a. ou b.), soit ceux qui se dégagent naturellement de l'eau (§ **208**. 11), on remplit de mercure un tube gradué semblable à ceux décrits à la page 20, figure 5, après qu'on en a mouillé l'intérieur avec une goutte d'eau : on plonge sous le mercure le tube contenant le gaz, on brise la pointe et, en inclinant convenablement, on fait monter le gaz dans le tube gradué. Après avoir mesuré exactement le volume, en tenant compte de la température et de la pression, on fait passer dans le gaz, à l'aide d'un fil de platine, une boule humide d'hydrate de potasse (*) qui, outre l'eau d'hydratation, contient encore de l'eau de cristallisation. On a soin que l'autre bout du fil de platine ne sorte pas hors du mercure sans quoi, comme il n'est pas mouillé par le métal liquide, il y aurait diffusion et l'air extérieur pénétrerait immanquablement dans l'éprouvette. Lorsque le volume ne diminue plus, on remplace la boule humide par une autre, et enfin, quand il n'y a plus d'absorption, on substitue encore une boule de potasse sèche, qu'on n'enlève qu'au bout d'une heure, et on fait la lecture. Le gaz absorbé est de l'acide carbonique et de l'acide sulfhydrique, si tant est que ce dernier se trouve dans le mélange (on en a déjà déterminé la quantité, mais on le pourrait encore ici, s'il le fallait, en mesurant le sulfure de potassium contenu dans la boule de potasse, page 433. B. a.).

Le résidu gazeux n'est généralement formé que d'oxygène et d'azote et peut dès lors être analysé comme l'air atmosphérique. Si l'on y soupçonne du gaz des marais, il faut d'abord enlever l'oxygène.

Cela se fait le mieux au moyen d'une boule de papier mâché, fixée à l'extrémité d'un fil de platine et qu'on a imbibée d'une dissolution alcaline concentrée de pyrogallate de potasse et que l'on remplacera, s'il le faut, par une seconde au bout d'un temps convenable. Après cette opération on dessèche encore le gaz à l'aide d'une boule de potasse (*Bunsen*). Pour connaître la composition du résidu (**) formé d'azote seul ou d'azote et de gaz des marais, on le fait passer en tout ou en partie dans un eudiomètre ; on y ajoute — pour empêcher la formation d'acide azotique — 8 à 12 volumes d'air et 2 volumes d'oxygène et l'on essaie de faire détoner le mélange. Si cela ne réussit pas, on introduit assez de gaz de la pile pour rendre la combustion possible : on absorbe de nouveau l'acide carbonique formé, on en conclut le volume de gaz des marais et on a l'azote par différence. — Je n'en dirai pas davantage sur les détails de cette opération, qui a été traitée complètement et parfaitement par *Bunsen* dans sa *Méthode gazométrique*, ouvrage excellent que devraient posséder tous ceux qui s'occupent d'analyse de gaz.

Pour reconnaître si le gaz qui reste après l'absorption de l'acide carbonique est bien du carbure d'hydrogène, et dans ce cas pour le doser, je

---

(*) Pour faire de pareilles boules, on coule de l'hydrate de potasse cristallisé et fondu dans un moule à balles de 6 millimètres de diamètre intérieur et au centre duquel on place le bout du fil de platine.

(**) Si le gaz ne renferme que *peu* d'oxygène, on n'a pas à craindre la formation d'oxyde de carbone par l'action de l'oxygène sur l'acide pyrogallique ; mais, s'il y a *beaucoup* d'oxygène, il faut, pour éviter cette cause d'erreur, faire l'essai des carbures d'hydrogène sur une nouvelle portion du gaz dans laquelle on n'aura enlevé que l'acide carbonique, mais non pas l'oxygène (*Boussingault, Calvert, Cloëz, Polcck*).

me suis souvent servi avec succès du procédé suivant. On introduit une des branches d'un tube étroit recourbé en angle de 45° dans l'éprouvette contenant le résidu gazeux et transportée sur l'eau ; à l'autre branche on fixe un bout de tube en caoutchouc fermé avec une pince.

On monte ensuite un appareil composé des parties suivantes :

Un petit tube en U, contenant un peu de lessive de potasse, se termine d'un côté par un petit tube recourbé à angle droit, fermé par un bout de tube en caoutchouc et une pince à vis. L'autre branche est liée à un second petit tube en U rempli de chaux sodée, lequel est suivi d'un tube en verre peu fusible de 2 centimètres de longueur et qui contient vers son milieu, sur environ 8 centimètres, une colonne un peu serrée de tournure de cuivre qui a été fortement oxydée en la chauffant au rouge dans un courant d'oxygène. A la suite vient un tube en U un peu plus grand dans lequel est un peu d'eau de baryte, puis un tube à potasse et enfin un aspirateur. Après s'être assuré en ouvrant le robinet de ce dernier que l'appareil ferme bien, on chauffe au rouge la tournure de cuivre avec deux lampes à gaz, on ouvre la pince à vis avec précaution et l'on fait passer pendant 5 minutes un courant d'air lent à travers l'appareil. L'eau de baryte ne doit pas être troublée. Si cela arrivait, on la renouvellerait après ce premier essai et l'on en recommencerait un second. Si l'eau de baryte reste limpide, on réunit avec un petit bout de tube en verre les deux caoutchoucs fermés avec des pinces. On ouvre alors un peu le tube qui communique avec l'intérieur de l'éprouvette pour que le gaz arrive lentement : il est en général en si petite quantité qu'il reste dans le premier tube en U. Quand il a été complètement aspiré, on laisse pénétrer un peu d'eau et l'on ne ferme la pince que quand le liquide arrive dans le petit tube de jonction. On ferme à ce moment la seconde pince à vis, on enlève le tube et la pince qui sont en avant, et ouvrant ensuite très peu l'appareil on fait passer un très lent courant d'air atmosphérique (filtré à travers du coton) sur le cuivre oxydé, chauffé au rouge. L'air entraîne le gaz qui a pénétré dans les tubes, et si celui-ci renferme du carbure d'hydrogène, l'eau de baryte se trouble ; si la quantité de carbonate de baryte est suffisante pour être mesurée, on en peut conclure la proportion de gaz des marais.

Modifications à la méthode précédente dans le cas des eaux purement salines, c'est-à-dire qui ne renferment pas de bicarbonates alcalins.

§ 211.

1. Dosage de tous les éléments fixes.

Si l'on procède d'après la méthode du § **209**. 1., la quantité de chlorure de magnésium est un peu diminuée, par suite de la décomposition d'une partie de ce sel par la vapeur d'eau : il se dégage de l'acide chlorhydrique et il reste de la magnésie. L'erreur est toutefois très faible et peut la plupart du temps être négligée : cependant, pour les raisons que nous avons données au § **205**. I. 9., la quantité totale des sels trouvés par évaporation ne s'accorde jamais avec la somme des éléments trouvés directement. Si l'on veut toutefois éviter cette erreur, on peut, suivant la recommandation de *Mohr*, évaporer l'eau avec un poids connu de carbonate de soude calciné, ou, suivant *Tillmann* (*), avec une quantité connue de sulfate de potasse. Dans le dernier cas le chlorure de magnésium $MgCl$ avec $2 (KO,SO^3)$ forme le sel double $KO,SO^3 + MgO,SO^3$ plus KCl.

2. Dosage de la chaux et de la magnésie.

Dans une eau minérale à carbonates alcalins, il ne peut pas y avoir de sels de chaux et de magnésie solubles directement : mais toute la chaux et la magnésie que l'on trouve doivent être regardées comme étant à l'état de carbonates dissous à la faveur de l'acide carbonique, bien que par l'ébullition de l'eau toute la chaux et encore moins toute la magnésie ne soient pas précipitées. Il en est autrement avec les eaux salines. Elles renferment presque toujours du carbonate de chaux et du carbonate de magnésie avec d'autres sels de chaux et de magnésie solubles. Pour pouvoir déterminer quelle portion des deux bases est unie à l'acide carbonique, et quelle portion aux autres acides, il faut avec les eaux salines, outre le dosage de la chaux total, etc., d'après le § **209. 5.**, déterminer *la chaux qui reste dissoute après l'ébullition :* les proportions de magnésie unies à l'acide carbonique et aux autres acides se trouvent ensuite par le calcul (voyez plus bas § **213** (**)).

On tare ou l'on pèse un ballon de 1500 C. C., on y verse 1000 C. C. d'eau minérale, on porte à l'ébullition que l'on maintient pendant une heure en remplaçant de temps en temps par de l'eau distillée l'eau qui part en vapeurs. Après refroidissement complet on pèse le ballon avec son contenu, on en retranche le poids du ballon vide et on a celui de l'eau bouillie. On filtre à travers un filtre sec et sans laver le précipité, on pèse le liquide qui passe : on y dose la chaux par une double précipitation avec l'oxalate

----

(*) *Ann. der Chem. und Pharm.*, LXXXI, 369.

(**) J'ai abandonné et remplacé par le procédé décrit plus haut l'ancienne méthode de dosage de la chaux précipitée par l'ébullition et de celle qui reste dissoute et qui consistait à filtrer l'eau bouillie, à laver le précipité complètement avec de l'eau, et à doser la chaux dans le précipité et dans le liquide filtré. On reconnaît facilement que par l'un ou l'autre de ces moyens la chaux est trouvée en quantité un peu trop grande dans la dissolution, et un peu trop faible dans le précipité, pour la raison bien simple que la petite proportion de chlorhydrate d'ammoniaque, qu'il y a toujours dans les eaux salines, réagit sur le carbonate de chaux pendant l'ébullition et que d'autre part le carbonate de chaux n'est pas tout à fait insoluble dans l'eau. La dernière cause d'erreur est encore augmentée quand on lave le carbonate de chaux précipité. — Dans ces conditions on peut parfaitement, dans la méthode indiquée dans le texte, négliger la correction, qui semblerait nécessitée par le peu de carbonate de chaux qui reste en suspension dans l'eau après l'ébullition : cela n'a aucune influence appréciable sur les résultats et rentre dans les limites des erreurs de l'expérience. — Quant à déterminer quelle portion de magnésie est combinée à l'acide carbonique et quelle autre à l'acide chlorhydrique, à l'acide sulfurique, etc., cela ne peut pas se faire exactement par l'ébullition de l'eau et le dosage de la magnésie dans le précipité et dans le liquide filtré : cela est du reste inutile, parce qu'on arrive au résultat désiré par le calcul de l'analyse. Ce n'est dans tous les cas pas possible dans les eaux renfermant du sulfate de chaux, parce que, comme l'a montré *Rohlig* (*Pharm. Centralbl.*, XVIII, 430), le bicarbonate de magnésie et le sulfate de chaux se transforment à l'ébullition en sulfate de magnésie, carbonate de chaux et acide carbonique· —Suivant mes propres expériences, cette décomposition n'a pas lieu dans les eaux riches en sulfate de magnésie.

d'ammoniaque comme cela est dit au § **209**. 5., et l'on calcule la quantité de chaux restée dissoute après l'ébullition dans 1000 grammes de l'eau minérale en résolvant la question :

Le poids du liquide séparé du précipité par le filtre sec ayant donné un poids connu de chaux, combien en aurait donné tout le liquide pesé après le refroidissement (liquide qui renfermait la chaux restant dissoute dans 1000 grammes d'eau minérale)?

En répétant l'opération deux fois on obtient des résultats tout à fait concordants. Bien qu'ils soient un peu trop élevés à cause de la solubilité du carbonate de chaux dans l'eau, on ne doit pas s'en inquiéter, l'erreur étant par trop minime. On pourrait du reste faire une correction (car on sait que 28500 parties d'eau dissolvent une partie de carbonate de chaux) : mais il ne faudrait pas y attacher une trop grande importance et croire à une plus grande exactitude, parce que les eaux minérales renferment différents sels solubles, qui ont une influence notable sur la solubilité du carbonate de chaux, mais influence qu'on ne peut pas calculer.

Dans la chaux trouvée dans l'eau bouillie il y a en général la plus grande partie de la strontiane et de la baryte que pourrait renfermer l'eau, tandis que l'ébullition en a fait précipiter des quantités bien moindres à l'état de carbonates, parce que (on peut au moins l'admettre avec une grande probabilité), par suite d'une double décomposition du bicarbonate de chaux avec le sulfate de baryte et de strontiane, dissous dans l'eau à la faveur du chlorure de sodium, il s'est fait du carbonate de baryte et de strontiane avec du sulfate de chaux et de l'acide carbonique. Par là la quantité de chaux restée dissoute paraîtra un peu trop forte. — Si l'on retranche maintenant, comme on le fait d'ordinaire, de la chaux trouvée (avec de la strontiane et de la baryte) dans l'eau bouillie, *toute* la strontiane et *toute* la baryte trouvées dans l'eau, on commet évidemment une légère erreur à cause de la différence des poids équivalents, car on ne devrait retrancher que la strontiane et la baryte restées dans l'eau bouillie et ajouter à la chaux la quantité équivalente à la baryte et à la strontiane précipitées par l'ébullition.

Si l'on voulait cependant éviter cette erreur, il n'y aurait pas d'autre moyen que de doser la baryte et la strontiane dans la chaux (plus la baryte et la strontiane) trouvée dans l'eau bouillie, et de retrancher ces deux terres du produit chaux + strontiane + baryte donné par l'eau bouillie; puis, d'autre part, il faudrait ajouter à cette quantité de chaux la petite quantité de chaux équivalente à la strontiane et à la baryte que l'on trouverait à l'état de carbonate dans le dépôt produit par l'ébullition. Cette quantité de strontiane et de baryte se trouve en retranchant de la quantité totale de ces bases celle trouvée dans l'eau bouillie.

Mais il n'y a pour ainsi dire pas lieu de s'arrêter à ces corrections peu importantes, en présence de cette considération que le bicarbonate de magnésie peut par l'ébullition se décomposer avec le sulfate de chaux (page 763, renvoi).

5. Dosage de l'iode et du brome.

Dans les eaux alcalines on peut, sans craindre de perdre de l'iode ou du brome, évaporer, sans aucune addition, une grande quantité d'eau comme il est dit au § **209**. 6. Il n'en est plus de même avec les eaux non alcalines, parce qu'une partie de ces halogènes peut se perdre par suite de la décomposition du bromure et de l'iodure de magnésium. Il faut dès lors à la grande quantité d'eau saline à évaporer ajouter, jusqu'à réaction fortement alcaline, du carbonate de soude tout à fait pur (le mieux, qu'on aura préalablement fait bouillir plusieurs fois avec de l'alcool). Puis ensuite on terminera le dosage de l'iode et du brome exactement comme il est indiqué au § **209**. 6.

4. Dosage de la baryte et de la strontiane.

La manière dont se comporte l'eau minérale à l'ébullition ne donne aucune indication suffisante sur la nature de la combinaison, dans laquelle entrent la baryte et la strontiane dans les eaux salines. En général une partie de ces deux bases passe dans le précipité, l'autre reste en dissolution : suivant que l'une ou l'autre de ces portions est plus grande, il faudra calculer ces bases en sulfates ou en carbonates : l'observation au spectroscope pourra parfois donner quelque indication. Il résulte de là des différences dans la représentation de la composition d'une eau minérale, différences regrettables, et à cause desquelles je crois qu'il vaudrait mieux convenir d'indiquer en sulfates la baryte et la strontiane qu'on trouvera dans les eaux minérales. Ces sulfates sont plus solubles dans l'eau contenant du chlorure de sodium que dans l'eau pure : il n'y aurait donc rien d'étonnant à en trouver en dissolution, même le sulfate de baryte : quant à leur précipitation partielle sous forme de carbonate pendant l'ébullition de l'eau, on l'explique fort bien par la double décomposition du bicarbonate de chaux et de ce sulfate, d'où résulterait du sulfate de chaux et du carbonate de baryte et de strontiane, ainsi que je l'ai déjà fait remarquer au § **211**. 2.

5. Dosage de l'ammoniaque, recherche et dosage des acides organiques volatils.

Au § **209**. 8. et 11., j'ai déjà indiqué la légère modification à apporter au procédé de *Boussingault* pour le dosage de l'ammoniaque et à la manière d'évaporer l'eau minérale pour y déceler et y doser les acides organiques volatils, lorsque l'eau ne contient pas de bicarbonate de soude.

Remarque sur l'analyse des eaux sulfureuses.

§ **212**.

Nous avons déjà dit plus haut (§ **208**. 8.) de combien de façons le soufre pouvait se rencontrer dans les eaux sulfureuses : nous avons donné les méthodes les plus convenables pour doser l'acide sulfhydrique soit libre, soit combiné aux sulfures métalliques à l'état de sulfo-sels : en outre nous avons indiqué le meilleur moyen de doser le soufre sous forme de monosulfure ou de bisulfure et aussi à l'état d'acide hyposulfureux.

Je crois utile d'ajouter ici quelques remarques faites par moi et par d'autres chimistes.

1. On ne saurait faire le *dosage de l'acide sulfurique* à la manière ordinaire, parce que l'acide sulfhydrique étant constamment oxydé par l'oxygène de l'air, il en résulterait de graves erreurs. Il faut opérer suivant le § **267** (234).

2. On détermine, comme contrôle, la *quantité totale de soufre*, aussi bien celui combiné à l'oxygène que celui combiné à l'hydrogène ou à des métaux : pour cela on fait passer dans un volume connu d'eau un courant de chlore purgé d'air, on concentre après addition d'un peu d'acide chlorhydrique et l'on précipite avec le chlorure de baryum l'acide sulfurique formé.

3. Quant aux caractères de ces eaux, ils sont naturellement différents suivant qu'elles renferment de l'acide sulfhydrique libre ou des sulfures métalliques ou des sulfo-sels (eaux hépatiques). Comme exemple de la première espèce, je citerai l'eau de Weilbach, dans laquelle presque tout le soufre est à l'état d'acide sulfhydrique libre. Elle répand fortement l'odeur de ce gaz, dégage de l'acide sulfhydrique avec de l'acide carbonique quand on l'agite dans un flacon à moitié rempli ; presque tout l'acide sulfhydrique est chassé par un courant d'hydrogène. Conservé dans un flacon qui renferme de l'air, il se forme bientôt un trouble et un précipité de soufre, en même temps que l'odeur de l'acide sulfhydrique disparaît peu à peu : en outre le dépôt de soufre disparaît de nouveau complètement par l'action prolongée de l'air, en sorte que l'eau redevient parfaitement limpide parce que le soufre s'oxyde et passe à l'état d'acide sulfurique.

Comme exemple de la seconde espèce, on peut citer l'eau de Stachelberg, analysée par *Simmler*. Elle sent peu l'acide sulfhydrique et n'a pour ainsi dire pas d'odeur en hiver : elle bleuit complètement en une minute le papier rouge de tournesol, ne change pas le papier de curcuma, donne avec le protochlorure de manganèse un précipité couleur de chair, avec le sulfate de protoxyde de fer un précipité noir, et colore en violet rouge le nitroprussiate de soude. Si l'on remplit un flacon de cette eau, elle se trouble bientôt, mais au bout de cinq minutes le trouble a disparu et le liquide prend une teinte jaunâtre : si on laisse de nouveau arriver l'air, le trouble se reproduit pour disparaître bientôt ; après et peu à peu l'eau devient de plus en plus jaune par suite de la formation d'un bisulfure, puis, en laissant au contact prolongé de l'air, il se forme un dépôt de soufre et de l'hyposulfite de soude.

On comprend de suite la cause de cette différence dans les propriétés de ces deux eaux, quand on examine le rapport entre le soufre uni à l'hydrogène ou aux métaux et l'acide carbonique libre. Dans l'eau de Weilbach ce rapport est de 1 : 24, et dans celle de Stachelberg il est de 1 : 2. Si dans cette dernière on fait passer un courant d'acide carbonique, l'eau hépatique se change en eau à hydrogène sulfuré libre, car l'acide carbonique chasse l'acide sulfhydrique de sulfure de sodium ou du sulfhydrate du sulfure de sodium ; de même que réciproquement l'acide sulfhydrique chasse l'acide carbonique du bicarbonate de soude. Lorsque, comme ici, les affinités sont si peu différentes, c'est la masse qui l'emporte. Plus donc il y aura d'acide carbonique libre dans une eau contenant du carbonate de soude, moins il y aura d'acide sulfhydrique combiné, plus il y en aura de libre : — La température n'est pas non plus sans produire un effet marqué : par exemple, le bicarbonate de soude peut exister à froid en présence du sulfure de sodium, tandis qu'à une température moins basse il se forme du carbonate neutre de soude avec dégagement d'acide sulfhydrique. — Les eaux sulfureuses qui ne contiennent pas de bicarbonates alcalins, qui par conséquent n'acquièrent pas de réaction alcaline par l'ébullition, doivent être regardées comme de simples dissolutions d'acide sulfhydrique : telle est l'eau de Sandefjord, analysée par *A.* et *H. Strecker.*

II. — CALCUL DE L'ANALYSE DES EAUX MINÉRALES, CONTROLE ET REPRÉSENTATION DES RÉSULTATS

§ 213.

Les résultats obtenus en I sont les données immédiates des expériences directes. Ils ne dépendent nullement des considérations théoriques sur la manière dont les différents corps trouvés sont combinés entre eux. — Comme cette dernière question reste indécise dans l'état actuel de la science, il faut donc avant tout, lorsqu'on rapporte une analyse d'eau minérale, donner les résultats directs et les méthodes suivies pour les obtenir. De cette façon l'analyse aura sa valeur dans tous les temps, et elle donnera au moins un point de départ pour savoir si la composition reste ou non constante.

Quant aux principes d'après lesquels on combine les acides avec les bases pour en former des sels, on suppose que les acides et les bases s'unissent d'après leur affinité relative, c'est-à-dire les bases les plus fortes avec les acides les plus puissants, etc., en tenant compte toutefois de la plus ou moins grande solubilité des sels, qui a, comme on sait, une influence sur le jeu de l'affinité. Ainsi, si dans une eau bouillie on a trouvé de la chaux, de la potasse et de l'acide sulfurique, on supposera d'abord que l'acide sulfurique est combiné à la chaux, etc. — Il ne faut pas se dissimuler toutefois qu'il y a ici quelque peu d'arbitraire et que, suivant la manière dont on fera le calcul, on pourra, avec les mêmes données directes de l'analyse, arriver à des résultats calculés différents.

Il serait bon qu'on pût être d'accord sur la manière de représenter la composition définitive, car sans cela il est on ne peut pas plus difficile de comparer deux eaux minérales : mais il ne faut pas espérer qu'on arrivera facilement et bientôt à cette entente : aussi jusque-là n'aurons-nous de termes de comparaison qu'entre les éléments immédiats fournis par l'analyse directe.

Je crois toutefois qu'on pourrait convenir de ne jamais représenter les sels qu'à l'état anhydre.

Pour rendre aussi clairs que possible les principes qui me paraissent les plus convenables pour calculer une analyse et pour indiquer en outre la manière suivant laquelle on peut contrôler les résultats obtenus, je vais rapporter l'analyse que j'ai faite de la source d'Élisabeth à Hombourg-ès-Monts. J'ai choisi cet exemple parce que le calcul y est un peu compliqué. Il l'est moins pour les eaux alcalines, parce que dans celles-ci il faut transformer toutes les terres alcalines en carbonates et au besoin en bicarbonates.

SOURCE MINÉRALE D'ÉLISABETH A HOMBOURG-ÈS-MONTS.

a. *Données directes de l'analyse.*

Les nombres expriment la moyenne de deux ou trois essais parfaitement concordants et donnent en grammes la quantité des éléments contenus dans 1000 grammes d'eau.

1. Chlorure, bromure, iodure d'argent, ensemble.. . . 28,97763
2. Brome et iode :
   a. Brome 0,002486
      Bromure d'argent correspondant. 0,00584
   b. Iode 0,0000285
      Iodure d'argent correspondant. 0,000055
3. Chlore :
   Chlorure, bromure et iodure d'argent 28,97763
   À en retrancher :
      Bromure d'argent. 0,00584
      Iodure d'argent. 0,00005   0,00589

                  Reste : chlorure d'argent   28,97174
   c. Chlore correspondant. 7,16264
4. Acide sulfurique 0,01796
5. Acide carbonique en totalité 3,52925
6. Acide silicique 0,02655
7. Protoxyde de fer 0,01458
8. Chaux et strontiane supposées à l'état de carbonates. 2,15885
9. Magnésie en totalité. 0,52129
10. Chaux et strontiane (*) restées dissoutes après l'ébulli-
    tion de l'eau et calculées en carbonates.. 0,64635
11. Chaux précipitée par l'ébullition :
    Chaux totale $+$ strontiane, à l'état de carbonates . 2,15885
    Chaux et strontiane restées dissoutes après l'ébul-
    lition et calculées en carbonates. 0,64633

                  La différence $=$ 1,51252
    donne la quantité de chaux précipitée par l'ébul-
    lition et évaluée en chaux 0,84701
12. Dosage de la chaux restée dissoute après l'ébullition :
    Somme de la chaux et de la strontiane restées dis-
    soutes, calculées à l'état de carbonates 0,64643
    À en retrancher la quantité de strontiane (v. 15), cal-
    culée en carbonate 0,01428

                  Différence. $=$ 0,63205
          Chaux correspondante. . 0,35395

(*) Toute la strontiane resta en dissolution. — On n'a pas tenu compte dans ce calcul des traces de baryte qui ne dépassaient pas les limites des erreurs possibles dans le dosage de la chaux.

13. Baryte, strontiane et protoxyde de manganèse :

a. Baryte. 0,00066
b. Strontiane. 0,01002
c. Protoxyde de manganèse. 0,00094
14. Acide phosphorique. 0,00053
15. Lithine. 0,00764
Chlorure de lithium correspondant 0,02165
16. Chlorure de sodium + chlorure de potassium + chlorure de lithium. 10,22880
17. Potasse. 0,21876
Chlorure de potassium correspondant. 0,34627
18. Soude :
Somme des chlorures de potassium, sodium et lithium. 10,22880
    A retrancher :
Chlorure de potassium 0,34627
Chlorure de lithium 0,02163   0,36790

                    Chlorure de sodium. . . 9,86090
                    Soude correspondante. . 5,22899
19. Oxyde d'ammonium 0,010155
20. Poids total des éléments fixes 15,18438
Poids spécifiques 1,01140 à 19°,5.

Il n'y avait que des traces non appréciables des autres éléments : oxydes de cæsium, de rubidium, alumine, protoxydes de nickel et de cobalt, oxydes de cuivre, d'antimoine, acide arsénique, acide borique, fluor, acide azotique, acides organiques volatils, matières organiques fixes, azote, carbures d'hydrogène gazeux et acide sulfhydrique.

b. Calcul.

a. Sulfate de baryte :
Baryte trouvée (13). 0,00066
Acide sulfurique correspondant. 0,00034

                    Sulfate de baryte. 0,00100
b. Sulfate de strontiane :
Strontiane trouvée (13) 0,01002
Acide sulfurique correspondant. 0,00774

                    Sulfate de strontiane. 0,01776
c. Sulfate de chaux :
Acide sulfurique trouvé (4) 0,01796
dont il faut retrancher :
combiné à la baryte 0,00034
combiné à la strontiane. 0,00774   0,00808

                    Différence. 0,00988
Chaux combinée 0,00692

                    Sulfate de chaux. 0,01680

  d. Bromure de magnésium :

Brome trouvé	0,002486
Magnésium correspondant	0,000373
Bromure de magnésium.	0,002859

  e. Iodure de magnésium :

Iode trouvé (2)	0,0000285
Magnésium correspondant	0,0000027
Iodure de magnésium.	0,0000312

  f. Chlorure de calcium :

Chaux trouvée (12) dans l'eau bouillie.	0,35395
dont combiné à l'acide sulfurique (c). . . .	0,00692
Différence.	0,34703
Calcium correspondant. . .	0,24788
Chlore équivalent	0,43949
Chlorure de calcium.	0,68737

  g. Chlorure de potassium :

Potasse trouvée (17)	0,21876
Potassium correspondant.	0,18161
Chlore équivalent	0,16466
Chlorure de potassium.	0,54627

  h. Chlorure de lithium :

Lithine trouvée (15)	0,00764
Lithium correspondant.	0,00356
Chlore équivalent.	0,00807
Chlorure de lithium.	0,02163

  i. Chlorhydrate d'ammoniaque :

Oxyde d'ammonium trouvé (19)	0,01065
Ammonium correspondant	0,00737
Chlore équivalent	0,01452
Chlorhydrate d'ammoniaque.	0,02189

  k. Chlorure de sodium :

Soude trouvée (18)	5,22899
Sodium correspondant.	3,87937
Chlore équivalent.	5,98153
Chlorure de sodium.	9,86090

  l. Chlorure de magnésium :

Chlore trouvé (3).		7,16264
dont combiné au		
Calcium.	0,43949	
Potassium.	0,16466	
Lithium.	0,01807	
Ammonium	0,01452	
Sodium	5,98143	6,61807
Différence.		0,54457
Magnésium correspondant. . .		0,18429
Chlorure de magnésium.		0,72886

m. Phosphate de chaux :
Acide phosphorique trouvé (14)	0,00043
Chaux équivalente (5 équivalents)	0,00051
Phosphate basique de chaux.	0,00094

n. Carbonate de chaux :
Chaux contenue dans le précipité formé pendant l'ébullition (11)	0,84701
dont combiné à l'acide phosphorique (m) . . .	0,00051
Différence.	0,84650
Acide carbonique correspondant.	0,66511
Carbonate neutre de chaux.	1,51161

o. Carbonate de magnésie :
Magnésie totale (9)		0,32129
Magnésium correspondant.		0,19277
dont combiné au		
Brome (d)	0,000373	
Iode (e)	0,000003	
Chlore (f)	0,184290	0,18467
Différence.		0,00810
Magnésie correspondante.		0,01350
Acide carbonique		0,01485
Carbonate neutre de magnésie (*).		0,02835

p. Carbonate de protoxyde de fer :
Protoxyde de fer trouvé (7)	0,01438
Acide carbonique correspondant.	0,00879
Carbonate neutre de protoxyde de fer.	0,02317

q. Carbonate de protoxyde de manganèse :
Protoxyde de manganèse trouvé (13)	0,00094
Acide carbonique correspondant	0,00058
Carbonate neutre de protoxyde de manganèse.	0,00152

r. Silice :
Silice trouvée (6)	0,02655

s. Acide carbonique libre :
Acide carbonique total, suivant (5)		3,52925
dont combiné en sels neutres :		
à la chaux (n)	0,66511	
à la magnésie (o)	0,01485	
au protoxyde de fer (p)	0,00879	
au protoxyde de manganèse (q) . . .	0,00058	0,68933
Différence.		2,63992

(*) Dans l'analyse de la source d'Élisabeth, faite en 1861, on n'a pas fait de correction pour le carbonate de chaux resté en dissolution après l'ébullition de l'eau. Si l'on fait cette correction, il n'y a plus de carbonate de magnésie dans l'eau. Mais on a en plus une quantité équivalente de carbonate de chaux et de chlorure de magnésium et en moins celle de chlorure de calcium.

A retrancher ce qui est uni aux carbonates neutres pour en faire des bicarbonates. 0,68953

Acide carbonique libre. 1,93059

c. Comparaison entre les éléments fixes trouvés directement et la somme des éléments différents.

Les divers dosages ont donc fourni pour 1000 grammes d'eau :

Sulfate de baryte..	0,00100
» de strontiane.	0,01776
» de chaux.	0,01680
Bromure de magnésium.	0,00286
Iodure de magnésium.	0,00003
Chlorure de calcium	0,68757
» de potassium	0,34627
» de lithium.	0,02163
» d'ammonium	0,02189
» de sodium	9,86090
» de magnésium	0,72886
Phosphate de chaux.	0,00094
Carbonate de chaux.	1,51161
» de magnésie.	0,02855
Peroxyde de fer (*).	0,01598
Oxyde salin de manganèse (*)	0,00101
Acide silicique.	0,02635
	13,28861
Le résidu de l'évaporation séché à 180° pesait. . .	13,18438

On ne doit pas s'attendre évidemment à avoir identité entre ces deux nombres, surtout avec une eau comme celle dont il s'agit : bien plus, s'il y avait accord plus parfait, ce serait plutôt une preuve que l'analyse est mal faite. On connaît les causes de cette différence, mais on ne saurait en tenir compte exactement en nombre. D'abord le chlorhydrate d'ammoniaque, en présence du carbonate de chaux pendant l'évaporation, se transforme en chlorure de calcium et il se perd un peu de carbonate d'ammoniaque ; — ensuite les chlorure, bromure, iodure de magnésium, perdant un peu de leurs hydracides, se changent en sels basiques, — en outre l'acide silicique évaporé avec des carbonates chasse de l'acide carbonique. On voit que toutes ces causes ont pour effet précisément de faire que la somme des éléments séparés soit un peu plus grande que le poids du résidu de l'évaporation.

On aura un contrôle plus exact en traitant par l'acide sulfurique le résidu de l'évaporation (page 746) et en comparant ce résidu de sulfates (en y regardant le fer à l'état de peroxyde) avec le nombre obtenu en calculant en sulfates neutres les sels des alcalis, des terres alcalines et du manganèse, ajoutant à la somme le peroxyde de fer, la silice et en outre l'alumine ou

---

(*) Ces corps sont indiqués ici dans l'état où ils se trouvaient dans le résidu séché à 180°.

le phosphate d'alumine et (pour les eaux alcalines) l'acide phosphorique qu'il y aurait en plus calculé en pyrophosphate de soude (ou en phosphate de chaux dans les eaux simplement salines), puis enfin en retranchant de la totalité le sulfate de soude (ou le sulfate de chaux) équivalent au pyrophosphate de soude (ou au phosphate de chaux).

Pour faire bien comprendre, je donnerai le contrôle d'une de mes analyses d'une source d'Ems (*). Le calcul est toujours fait sur 1000 grammes d'eau.

Trouvé : Soude 1,355391, calculée en sulfate de soude . .   3,102402
  — Potasse 0,019891, calculée en sulfate de potasse . .   0,036773
  — Lithine 0,001029, calculée en sulfate de lithine . .   0,003769
  — Chaux 0,084068, calculée en sulfate de chaux . . .   0,204165
  — Strontiane 0,001266, calculée en sulfate de strontiane   0,002245
  — Baryte 0,0006513, calculée en sulfate de baryte . .   0,000992
  — Magnésie 0,064683, calculée en sulfate de magnésie.   0,194050
  — Protoxyde de fer 0,000895, calculé en peroxyde de fer.   0,000994
  — Protoxyde de manganèse 0,0000773, calculé en sulfate de manganèse.   0,000164
  — Silice.   0,049741
  — Phosphate d'alumine.   0,000116
  — Reste d'acide phosphorique 0,000637, calculé en pyrophosphate de soude.   0,001867

                                       Total.   3,597278

A retrancher en sulfate de soude correspondant au phosphate   0,001459

            Sulfates, etc., restant.   3,595819
            Trouvés directement.   3,594699

d. *Exposition de l'analyse.*

Le moyen le plus simple est d'indiquer les parties constituantes sur 1000 parties d'eau en poids (page 725).

On range les substances trouvées dans l'eau en deux catégories :

a. Principes en quantités pondérables appréciables.

b. Principes non appréciables en poids.

Pour les carbonates, on peut fort bien ne pas savoir s'il faut les calculer comme sels neutres et regarder l'excès d'acide carbonique, partie comme à demi combiné (pour faire des bicarbonates), partie comme libre; ou bien s'il faut de suite supposer tous les sels à l'état de bicarbonates, et dans ce cas le reste de l'acide carbonique sera libre. On admet tantôt l'un, tantôt l'autre de ces points de vue. J'ai l'habitude, lorsque je fais une analyse d'eau minérale, d'indiquer sa composition des deux manières, afin qu'on

(*) *Annuaire de la Société des naturalistes de Nassau :* années xxvii et xxviii, 114 et suiv.

puisse comparer les résultats avec ceux fournis par les autres sources semblables.

Il faut avoir soin également d'indiquer l'acide carbonique (en général tous les éléments gazeux) en volume, en centimètres cubes sur 1000, en prenant pour base la température de la source et la pression normale 760^{mm}C.C.

Si l'on voulait d'autres exemples de calcul et de contrôle des résultats, on pourrait consulter les analyses suivantes d'eaux minérales que j'ai faites et qui ont été publiées de 1850 à 1857 à Wiesbaden.

1. Analyse de la source chaude de Wiesbaden (eau saline chaude).
2. Analyse de la source minérale d'Ems (eau chaude alcaline).
3. Analyse des sources de Schlangenbad (sources chaudes renfermant très peu d'éléments dissous).
4. Analyse des sources minérales de Langenschwalbach (eaux ferrugineuses alcalines, riches en acide carbonique).
5. Analyse de la source sulfureuse de Weilbach (eau froide sulfureuse).
6. Analyse de la source minérale de Geilnau (eau alcalino-ferrugineuse acidule, très riche en acide carbonique).
7. Analyse de la nouvelle source alcaline de Weilbach (riche en lithine).
8. Analyse de la source minérale de Niederselter (eau acidule alcaline, riche en acide carbonique)
9. Analyse de la source de Fachingen (eau acidule très riche en bicarbonate de soude.

Dans le travail sur les sources 1. et 2. on trouvera, décrit tout au long, le procédé employé pour étudier les dépôts ocreux boueux et les concrétions de ces sources.

Parmi les autres analyses que j'ai eu occasion de faire, je citerai encore les suivantes :

Sources minérales de Hombourg (très salines, ferrugineuses, riches en acide carbonique).

Sources de Wildungen (riches en acide carbonique, plus ou moins alcalines, ferrugineuses, renfermant beaucoup de bicarbonates alcalino-terreux).

Source à boire, source pour bains et fontaine Hélène à Pyrmont (sources ferrugineuses, riches en sulfate de chaux).

Source à boire de Dribourg (ferrugineuse avec beaucoup de sulfate de chaux).

Source minérale de Herster (source terreuse) et aussi les boues sulfureuses de Satzer.

Eau minérale de Tœnnisstein (alcalines, acidules, très riches en carbonate de magnésie) et sources ferrugineuses de Tœnnisstein.

Sources de Lamscheider (acidules alcalines).

Sources Augusta, Victoria, des Romains, Krœnchen, des Princes, du bassin, et des nouveaux bains à Ems.

Source Charles à Helmstedt (ferrugineuse).

Source acidule de Deutsch-Kreutzer près d'Œdenbourg (alcaline).

Nouvelles sources à Selser près Grosskarben (acidules terreuses).

Source antidartreuse près Francfort-sur-la-Mein (alcalino-sulfureuse).

www.ingramcontent.com/pod-product-compliance
Lightning Source LLC
LaVergne TN
LVHW020229060726
842525LV00001B/21